Erwin Tragatsch

BERÜHMTE MOTORRÄDER

Motor buch Verlag spezial

Einbandgestaltung: Andreas Pflaum

Die vorliegende Spezialausgabe umfaßt die von Erwin Tragatsch veröffentlichten vier Bände der Motorbuchreihe "Motorräder – Berühmte Konstruktionen", die uns mit freundlicher Genehmigung vom WK Spezialverlag für Motorradliteratur, Salzuflen, zur Verfügung gestellt wurden.

ISBN 3-613-02038-6

Ein Unternehmen der Paul Pietsch Verlage GmbH + Co.
1. Spezialausgabe 2000

Druck und Bindung: Fotolito Longo AG, Bozen
Printed in Italy

Inhaltsverzeichnis

	Seite
Bekamo	5
BMW	11
Brough-Superior	27
DKW	33
DKW-Rennmaschinen	46
D-Rad	56
Harley-Davidson	62
Horex	73
Imperia	82
Mars	90
Megola	95
Moto Guzzi	103
MV Agusta	115
Norton	124
NSU	135
Premier	148
Puch	155
Victoria	165
Wanderer	176
Windhoff	183
Zündapp	189

Die Zweitakter von Bekamo

Die Überschrift sollte richtiger „Die Zweitakter von Ruppe“ heißen. Weil es dieser einst so berühmte Techniker war, der sie ab 1922 gebaut hat. In Berlin im Rahmen der „Berliner Kleinmotoren-Aktien-Gesellschaft“ und der „Bekamo Kraftfahrzeug-Aktiengesellschaft“ in der Bremer Straße 48 und dann in Berlin NW 21 in der Alt-Moabiter Straße 94, wo Ende 1924 die Produktion, hauptsächlich auf Grund der durch die Inflation verursachten Probleme, eingestellt werden mußte. Das eigentliche Ende der Bekamo kam aber nicht hier, sondern erst sechs Jahre später, als die 1925 von Kaehlert & Ruppe gegründeten Bekamo-Motorradwerke in Rumburg (Tschechoslowakei) die Tore schlossen.

Genau gesagt, waren es die Zweitakter von Hugo Ruppe. Weil es noch mehrere Männer aus dem Hause Ruppe gab, die eine enge Verbindung mit dem Kraftfahrzeugwesen und damit auch mit Motoren hatten. Da war vor allem der 1854 in Dornburg an der Saale (Thüringen) geborene Kommerzienrat Berthold Ruppe, der schon 1869 mit einem Dampfwagen auf die Straße wollte . . . und nicht durfte. Weil ihm die Polizei die Benutzung von Straßen mit einem solchen Fahrzeug untersagt hatte. Er, der Kommerzienrat, baute später in Apolda die „Apollo“-Automobile, wo er die Firma A. Ruppe & Sohn gegründet hatte. Etwas kompliziert, denn der „A“ in diesem Unternehmen war sein 1882 in Apolda geborener Sohn Arthur, der viele Rennen fuhr und offiziell kaufmännischer Direktor bei A. Ruppe & Sohn war. Er war gleichzeitig auch Vertreter der „Piccolo“-Automobile in Wien. Insofern noch komplizierter, als ja auch „Piccolo“-

Bereits 1922 schuf Hugo Ruppe den 129-cm³-Bekamo-Zweitaktmotor, der unten im Kurbelgehäuse einen Ladepumpen-Zylinder mit kurzem Hub und großer Bohrung besaß. Eine technisch interessante und sportlich erfolgreiche Konstruktion.

Autos bei A. Ruppe & Sohn hergestellt wurden, allerdings erst nach Umwandlung der Firma in eine Aktiengesellschaft. Und da war ja noch ein – 1883 geborener – Sohn, der Paul Ruppe. Er war technischer Direktor in Apolda. Natürlich bei A. Ruppe & Sohn, wo auch Mobbel-Motorwagen das Licht der damaligen Welt erblickten.

Berthold Ruppes erster Sohn hieß aber nicht Arthur und nicht Paul, sondern Hugo. Er kam am 15. August 1879 zur Welt und starb 1946.

Eigenwillige Konstruktionen

Man sagte ihm Eigenwilligkeit und Beharrlichkeit nach. Ansonsten war er voll von Ambitionen und Gedanken, Einfällen und hochinteressanten Konstruktionsideen. Besonders als er 1907 das väterliche Unternehmen verließ, nach Markranstädt zog und dort eine eigene Autofabrik mit 250 Beschäftigten gründete. Die MAF, das hieß: Markranstädter Automobil Fabrik. Und hier baute er vierzylindrige Kleinwagen. Aber ein Hugo Ruppe kopierte nicht etwa, sondern schuf eine eigene Konstruktion: vier Zylinder in Reihe mit Luftkühlung und Ventilator. Eigenwillig auch die Ventilfedern für die obengesteuerten Auslaßventile: keine Schrauben, sondern kleine . . . Blattfedern! Motor und Getriebe im Block, der Hinterradantrieb nicht mit der damals oft üblichen Kette, sondern durch Kardan.

Das war der Berliner Sepp Thevis, der 1923/24 viele Erfolge mit Bekamo-Rennmaschinen errang. Beachtenswert der Holzrahmen seiner damals schnellen Zweitaktmaschine.

Das ging vier Jahre gut, bis 1911. Dann brauchte auch Hugo Ruppe mehr Geld. Er schuf die MAF AG, wobei er als technischer Direktor im Werk blieb. Nach dem Ersten Weltkrieg baute MAF auch größere Automobile mit luftgekühlten Motoren. Bis 1921, als Hugo Ruppe schon nicht mehr die Geschicke von MAF leitete. Damals brach das Werk endgültig zusammen, es wurde an eine andere Fabrik „verkauft“. Bei der gerichtlichen Versteigerung erstanden es die Apollo-Werke in Apolda, das heißt die A. Ruppe & Söhne AG, um dort den 4/20 PS in Serie herzustellen. Hugo Ruppe war inzwischen ein Zweitaktmotorenliebhaber und Konstrukteur eines Fahrrad-Hilfsmotors geworden, den er 1919 dem in Deutschland ansässigen Dänen Jörge Skafte Rasmussen anbot.

Erraten? Ja, das war der allererste DKW-Motor, der Vorgänger aller DKW-Motorräder, aller DKW-Erfolge. Nun sind Konstrukteure meistens „nur Techniker“ und sehr selten auch gute Geschäftsleute. Hugo Ruppe bildete keine Ausnahme. Wie Ferdinand Porsche, Ernst Neumann-Neander, Fritz Cockerell, Norbert Riedel, Heinrich Schlüpmann, Willy Baier, Ernst Dauben und andere. Voll von neuen Einfällen, warf er sich damals ganz auf Zweitaktmotoren, und während der nüchterne Rasmussen vorerst die breite Masse armer Teufel motorisieren wollte, dachte Hugo Ruppe an Höchstleistungen, die man aus einem Zweitakter herausquetschen könnte. Und so entstand 1922 in Berlin seine eigene Motorrad- und Motorenfabrik Bekamo.

Typisch die Hilfspumpe

Typisch für Ruppes Bekamo-Zweitaktmotor war die Hilfspumpe im Kurbelgehäuse zur besseren Vorverdichtung, und typisch, daß er dabei nur an eine höhere Leistung durch bessere Füllung, aber nicht an zusätzliche Produktionskomplikationen und Herstellungskosten gedacht hat. Zweifellos hatte der Bekamo-Motor für einen gegebenen Hubraum eine bessere Leistung gegenüber „normalen“ Zweitaktmotoren. Er war aber durch den zusätzlichen Zylinder mit Hilfskolben schwerer und vor allem teurer zu einer Zeit, als manche Firmen ganz einfache und billige Dreikanalmotoren mit Nasenkolben bauten. Wie dies auch schon 1921 Rasmussen in seinen Zschopauer DKW-Werken tat; wie Zündapp, Ardie, Nestoria, Abako und andere Firmen in Nürnberg und noch weitere Motoradhersteller in ganz Deutschland. Praktisch ausgedrückt war der Bekamo-Motor kostspieliger herzustellen, konnte aber nicht für mehr Geld wie andere Zweitakter damals verkauft

Bei der ersten Bekamo war nicht nur der 129er Motor mit Ladepumpe, sondern auch der Kastenrahmen unorthodox. Er bestand aus eisenarmiertem Eschenholz.

werden. Und die Zahl der Sportler oder erfahrenen Techniker, die bereit waren, für einen besseren Zweitakter mehr Geld auszugeben, war gering. Ein Handikap für Ruppes Bekamo, aber noch nicht das größte.

Das größte Handikap

Dieses entstand durch die ersten der damals hergestellten und gelieferten Fahrgestelle. Keine Rahmen aus Rohren oder Preßstahl, die unorthodoxen Kastenrahmen bestanden aus eisenarmiertem Eschenholz. Wohl sahen sie gar nicht so schlecht aus, doch waren sie eben für den durchschnittlichen Motoradkunden zu ungewöhnlich, zu neu und unerprobt. Und so kam es, daß Ruppes Bekamo bald unter Absatzsorgen zu leiden hatte. Zu spät, viel zu spät sah dies der eigenwillige Hugo Ruppe auch ein; er schuf schnell einen netten Rohrrahmen für den fabelhaften Bekamo-Motor. Allerdings genau im Höhepunkt der Inflation von 1923, als ein halbwegs normales Geschäftsleben fast unmöglich war. Und so kam damit das Ende einer – theoretisch – erfolgreichen Konstruktion, die vorerst unter

Einen vertikalen Zylinder, vor allem auch einen „normalen“ Rohrrahmen gab es bei den letzten 1923/24 in Berlin gebauten 129er Bekamo-Motorrädern.

Nach der Übersiedlung im Jahre 1925 von Berlin nach Rumburg in der Tschechoslowakei wurden vorerst diese 123-cm³-Modelle mit dem TX-Rahmen von Bekamo gebaut. Hersteller war nunmehr die Firma Kaehlert & Ruppe.

Lizenz weitergebaut wurde und auch den Grundstock für andere Konstruktionen lieferte.

Ausgangskonstruktion für DKW-Rennmaschinen

Ein Zeichen für die Qualität des Bekamo-Motors, der in verschiedenen Formen und Ausführungen dann bei Windhoff, Böhme, MFZ, Eichler, Brand, Autoflug und anderen Firmen gebaut wurde und dann – 1926 – auch die Ausgangskonstruktion der damals neuen 173-cm³-DKW-Rennmaschinen mit Wasserkühlung bildete, vorerst mit Hilfspumpe unter, später an der Vorderseite des Kurbelgehäuses. Diese seitliche Ausführung kam später bei den 248er Rennmodellen erstmalig zur Anwendung. Ohne Hugo Ruppes Grundkonstruktion hätte es wohl nie die große Überlegenheit der ersten wassergekühlten DKW-Rennzweitakter mit den damaligen Werksfahrern wie Walfried Winkler, Arthur Müller, Curt Friedrich, Arthur Geiss, Kurt Henkelmann, Hans Sprung, Richard Blau und Hermann Weber gegeben. Auch bei Bekamo gab es erstklassige Fahrer und viele Rennerfolge, aber nie so organisierte Werksteams wie dann bei DKW. So saßen auf Bekamo auch so bekannte Fahrer wie Josef Thevis, Karl Jurisch, Max Hucke, Kurt Ortloff, Kurt und Rudolf Lüderitz, Paul Lüdtke, Fritz Rannacker und andere.

Unter den Firmen, die Bekamo-Motoren in zahlreichen Versionen und mit verschiedenen Hubräumen verwendeten, war auch die Firma Westendarp & Pieper, bekannt als Hersteller der Bruhnschen Taxameteruhren. Sie hatte in ihrem Berliner Werk unausgelastete Kapazitä-

Bei Kaehlert & Ruppe in Rumburg entstand 1926 auch die 173-cm³-Bekamo, die 1927 in Serie ging und ebenfalls den TX-Tankrohrrahmen besaß.

Zwei Rennmaschinen mit zwei verschiedenen Bekamo-Motoren von 173 cm³. Rechts Otto Heller, der Bekamo-Rennfahrer, der später die Tochter des Firmenchefs Kaehlert heiratete und viele Rennen gewann; links Hynek Wohanka vor dem Training zum großen Bergrennen 1926 in Zbraslav-Jiloviste bei Prag. Wohanka gehörte die Velox-Motorradfabrik, er benutzte auch 173er Bekamo-Zweitakter in seinen Maschinen.

ten und begann 1923 mit dem Bau der TX-Motorräder. Ihr Konstrukteur war Ing. Kurt Pohle, der – zusammen mit dem TX-Direktor Rudolf Ahrens – die 173-cm³-TX mit dem wassergekühlten Bekamo-Rennmotor auch bei Rennen erfolgreich steuerte. Die Bekamo selbst wurde mit 129 cm³ Hubraum, später mit 173 cm³ geliefert. Es war die TX, die Hugo Ruppe besonders gefiel. Möglicherweise, weil auch sie ungewöhnlich war und so auch aussah. Der Grund lag im Tankrohrrahmen und auch in der aus Stahlblech gepreßten Vordergabel.

Mit TX-Rahmen aus der Tschechoslowakei

Als dann nach dem Torschluß in Berlin die Firma Kaehlert & Ruppe in Rumburg in der Tschechoslowakei entstand, um wieder Bekamo-Motorräder und -Motoren herzustellen, ging Hugo Ruppe wieder einen unorthodoxen Weg, der ihm sicher mehr schadete als nützte: Er verwandte nicht den vorher in Berlin konstruierten Rohrrahmen, sondern den Rahmen der TX. So kam es, daß die in der Tschechoslowakei hergestellten Bekamo-Modelle wie die in Berlin produzierten TX-

Mehrere Berliner Motorradfabriken bauten ab 1924 Bekamo-Hilfskolbenmotoren unter Lizenz. Unter ihnen Westendarp & Pieper, wo die ungewöhnlichen TX-Maschinen mit den (auch von Bekamo in Rumburg verwendeten) Tankrohrfahrwerken entstanden. Hier TX-Chefkonstrukteur Ing. Kurt Pohle im Jahre 1925 mit einer wassergekühlten TX-Rennmaschine von 173 cm³.

Motorräder aussahen. Vorerst baute man in Rumburg Motoren von 123 cm^3, später auch von 173 cm^3 ein, die mit Ing. Otto Heller, Olbrich und anderen Fahrern viele Rennen gewannen. Daß aber der TX-Tankrohrrahmen ein Verkaufshandikap war, wollte Hugo Ruppe wohl nie einsehen. Erst in den Jahren 1928/29 schien eine Wandlung gekommen zu sein, als man eine 246-cm^3-Bekamo auf den Markt brachte. Mit einem BMW-ähnlichen Rohrrahmen und Dreieckstank, der bei den Aeros-Werkstätten in Kaaden für Bekamo in Rumburg extra gebaut wurde. War die 173er Bekamo-TX ungewöhnlich, so sah die 246-cm^3-Bekamo unharmonisch aus. Sie wurde auch nur noch in Form einiger Prototypen gebaut, bevor Bekamo in Rumburg, das heißt die Firma Kaehlert & Ruppe, den aussichtslosen Kampf aufgab. Vorher hatte man noch Zweitaktmotoren an Velox nach Pilsen und die Firma BAF nach Prag geliefert, doch konnten auch diese Firmen nicht lange existieren.

Hugo Ruppe war zweifellos ein tüchtiger Techniker. Aber kein Mann, der sich einem tüchtigen Kaufmann unterordnen konnte und wollte. So kam es, daß seine Fähigkeiten nie richtig kommerziell ausgewertet werden konnten. Anfangs der zwanziger Jahre war sein Bekamo-Hilfskolbenmotor jeder anderen Zweitaktkonstruktion wohl mindestens um 20 Prozent leistungsmäßig überlegen. Trotzdem blieb er umsatzmäßig zurück, weil man ihm ein Fahrgestell verpaßte, das vielen Kunden nicht gefiel. Ähnlich war es dann später in Rumburg, wo das TX-Tankrohrfahrgestell keinesfalls an übermäßiger Schönheit starb. Dafür starb zuletzt die Bekamo, und eben dieses ungewöhnliche Fahrgestell trug zu ihrem Ableben indirekt viel bei. Das tragische Ende eines ansonsten guten Motorrades!

Nach der Einstellung des Motorradbaues in Rumburg entstanden in der modern eingerichteten Fabrik Motorsägen, die in viele Länder geliefert wurden. Hugo Ruppe wohnte, obwohl Mitinhaber der Firma Kaehlert & Ruppe, nie in Rumburg, sondern war weiterhin in Berlin, wo er Ende der zwanziger Jahre auch Ruppe-Fahrradhilfsmotoren von 98 cm^3 schuf.

In Rumburg hatte der 1925 aus Berlin übersiedelte Bekamo-Rennfahrer und -Betriebsleiter Ing. Otto Heller später die Tochter seines Chefs Kaehlert geheiratet. Er blieb mit der Herstellung von Motorsägen eng verbunden. Nach 1945 war er in England und zuletzt Inhaber eines großen Tankstellenunternehmens in München.

Nachkriegspläne zerbrachen

Hugo Ruppe, der geniale Techniker, lebte nach dem Kriege in sehr bescheidenen Verhältnissen in Zschopau (Sachsen, jetzt DDR), wo er versuchte, ein Unternehmen zur Herstellung eines neuen Fahrradhilfsmotors auf die Beine zu stellen. Zu diesem Zweck wollte er sich damals mit Dr. Ove Rasmussen, dem Sohn von Jörge Skafte Rasmussen – der schon 1919 die Ruppe'sche Fahrradhilfsmotorenkonstruktion erwarb – verbinden, doch kam es nicht dazu. 1946 hatte der unermüdliche und einfallsreiche Techniker ein einziges Zimmer in einem zerstörten Haus und in diesem Zimmer sein wertvollstes Eigentum: eine alte Drehbank. Tragisch, denn Hugo Ruppe starb hier, ohne jemals wieder seine technischen Ideen verwirklichen zu können. Ein deutsches Erfinderschicksal.

Das Ende einer früheren Motorradfabrik. Vor einigen Jahren stand das Gebäude der früheren Bekamo-Motorradwerke in Rumburg zum Verkauf. Ing. Otto Heller, einst Bekamo-Rennfahrer, Betriebsleiter und Schwiegersohn des Mitinhabers Kaehlert, sah durch Zufall die Ruine . . . und schoß dieses traurige Bild.

Eine erfolgreiche Konstruktion: BMW

Technik ist Fortschritt, Fortschritt ist Kampf, und Kampf fordert Opfer. Viele Konstrukteure wollten im Laufe der Jahre durch ihrer Ansicht nach bessere Motorradkonstruktionen dem Fortschritt dienen. Immer wieder kämpften sie für ihre Schöpfungen, immer wieder wurden sie Opfer ihrer Ideen. Mit ganz wenigen Ausnahmen. Und zu diesen gehört zweifellos die 1923 von Dipl.-Ing. Max Friz konstruierte BMW. Heute ist BMW praktisch zum Symbol der deutschen Motorradindustrie, zu einer der beliebtesten und besten Maschinen der Welt geworden. Nicht durch sensationelle Veränderungen der gesunden Grundkonstruktion, sondern durch ihre stetige Weiterentwicklung. Vergleicht man andere Motorräder des Jahres 1923 mit der BMW, wird sofort klar, warum sie immer mehr in den Vordergrund trat, während viele Konkurrenten den Kampf im Laufe der Jahre aufgeben mußten. Bei BMW ging es von Anfang an darum, ein gutes und damit erfolgreiches Motorrad herzustellen. Einmal weil man eine Beschäftigung für die tüchtigen und erfahrenen Arbeiter und Angestellten der einstigen Rapp Motoren Werke GmbH in der Schleißheimer Straße und der Gustav Otto Flugmaschinenfabrik in der Lerchenauer Straße (die am 7. März 1916 zu den Bayerischen Motoren Werken wurden) benötigte, aber auch, weil der hervorragende Techniker Max Friz aufgrund bestimmter Erfahrungen genau wußte, wie ein gutes Motorrad beschaffen sein sollte.

Der Geburt der ersten BMW im Jahre 1923 gingen komplizierte interne und vor allem kommerzielle Reorganisationen innerhalb des neugeschaffenen Unternehmens voraus. Weil man nicht mehr Flugmotoren oder Flugzeuge bauen konnte und andererseits auch mit Material- und Personalproblemen zu kämpfen hatte. Man versuchte vorerst den Weg mit dem Lizenzbau der 498-cm³-Helios, deren Boxer-Zweizylinder-sv-Motor M2 B15 bei BMW entstand und auch an andere Motorradhersteller geliefert wurde. Victoria in Nürnberg war größter Abnehmer; zu den anderen Kunden gehörten SMW, Bison, Heller, Corona, Karü, R. S. und noch einige kleinere Konfektionäre. Der Motor war gut, die bei BMW gebaute Helios jedoch kein perfektes und erfolgreiches Motorrad. So wurde 1922 der Entschluß gefaßt, eine neue Konstruktion, ein komplettes BMW-Motorrad, auf den Markt zu bringen. Auf dem Motorradsalon in Paris wurde 1923 die erste Maschine – eine Kon-

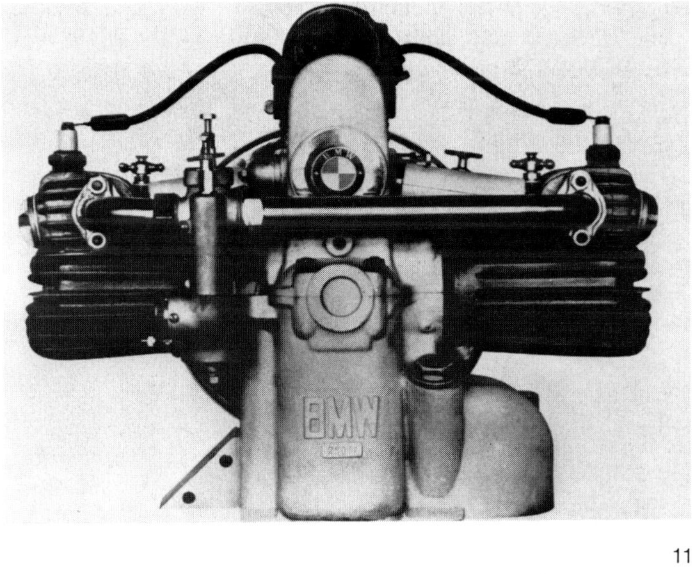

Schon 1921 entstanden bei BMW seitengesteuerte Zweizylinder-Boxermotoren von 493 cm³ unter der Modellbezeichnung M 2 B 15, die nicht nur in der im Hause BMW gebauten Helios verwendet wurden, sondern auch bei Victoria, Karü, Bison, RS, Heller, SMW, KR und anderen kleinen Marken. Dr. Ing. e. h. Max Friz konzipierte und Oberingenieur Martin Stolle schuf diesen Motor.

Im Jahre 1923 erstellte BMW das erste komplette Motorrad, die R 32 mit quergestelltem seitengesteuertem 493-cm³-Zweizylinder-Boxermotor und Kardanantrieb zum Hinterrad. Auch hinter dieser Konstruktion standen Friz und Stolle, doch hatte Stolle BMW verlassen, bevor diese Neukonstruktion fertiggestellt wurde.

struktion von Dipl.-Ing. Max Friz, der während des Ersten Weltkrieges von Daimler zu Rapp bzw. BMW als Flugmotorenkonstrukteur gekommen war – dem staunenden Publikum vorgeführt.

Die erste BMW hieß R 32

Eine richtige Sensation: Diese R 32 hatte bereits den 493-cm³-Boxer-Zweizylinder-Blockmotor quergestellt im rassigen Fahrgestell, eine Welle zum Antrieb des Hinterrades und ein sehr sauberes Aussehen. Sie war seitengesteuert, hatte 68 mm Hub und 68 mm Bohrung, leistete 8,5 PS bei 3900 U/min, war 5:1 verdichtet und besaß ein im Block eingeschlossenes Dreiganggetriebe. Sie wog nur 122 kg und erreichte 90 km/h. Selbstverständlich war diese Ausführung nicht ganz billig, man mußte schon 2200 Mark ab Werk für diese R 32 bezahlen. Trotzdem führte sie sich schnell ein und errang bald viel Anerkennung und Bewunderung. Nicht nur wegen ihrer ungewöhnlichen Konstruktion, sondern

So sah die Motorradfertigung 1924 bei BMW in München aus. Insgesamt wurden von 1923 bis 1926 nur 3100 Exemplare der R 32 gebaut. Eine Fließbandproduktion war damals in Europa noch unbekannt, doch gab es eine Werkmannsarbeit, die BMW bald weltberühmt machte.

Rennfahrer Franz Bieber sah 1924 nicht gerade aus wie Freddy Spencer im Jahre 1983, aber auch die Beschaffenheit der Rennstrecken und die Sorge um die Sicherheit der Zuschauer waren vor rund 60 Jahren keinesfalls erster Klasse, dafür aber die von Bieber erfolgreich gesteuerte Zweizylinder-BMW von 493 cm³.

auch wegen ihrer Zuverlässigkeit.

Der Bau kompletter BMW-Motorräder hatte aber auch Folgen. So gab es vorher außer der Helios auch die kleine Flink, eine 148er Zweitaktmaschine mit dem Berliner Kurier-Motor, die bei den Bayerischen Flugzeug-Werken (den früheren Otto-Werken, die aber nunmehr auch zu BMW gehörten) gebaut wurde. Schon vor der Helios verschwand die Flink, und da man nunmehr alles auf den Bau von BMW-Motorrädern konzentrierte, wurde auch die Herstellung des Boxer-Zweizylinders M 2 B 15 für die Helios und die anderen Marken eingestellt. Victoria wurde davon am meisten betroffen. Kurz entschlossen engagierte man Obering. Martin Stolle, den bei BMW tätigen Konstrukteur, und dieser baute nunmehr bei der Firma Wilhelm Sedlbauer in München neue 496er ohv-Boxer-Zweizylinder für Victoria in Nürnberg. Nicht lange, denn bald darauf erwarb Victoria die Firma Sedlbauer. Martin Stolle blieb dort bis 1924.

1924 die erste kopfgesteuerte BMW

Inzwischen hatte sich auch bei BMW allerhand getan. Rudolf Schleicher, ein junger Ingenieur der Technischen Hochschule in München, schuf 1924 die erste BMW mit obengesteuerten Ventilen, die R 37. Beruhend auf den mit der R 32 gewonnenen Erfahrungen war dies nunmehr eine schnelle und mit 16 PS bei 4000 U/min leistungsfähige Maschine. Sie lief „unfrisiert" 115 km/h, kostete 2900 RM und konnte auf noch höhere Leistungen getrimmt werden. Wie die R 32 wurde auch diese R 37 bis 1936 gebaut. Und während 3100 Stück der allerersten BMW in Münchens Lerchenauer Straße entstanden, gab es nur 175 Exemplare dieser ersten ohv-Zweizylindermaschine von BMW. 1925 war aber auch die erste Einzylinder-BMW, die 245er R 39 – auch mit 68 mm Bohrung und 68 mm Hub – mit obengesteuerten Ventilen entstanden. Auch sie hatte einen Block-Kardanmotor. 1000 dieser Maschinen wurden bis

Die erste BMW-Einzylindermaschine hieß R 39 und wurde von 1925 bis 1927 mit einem kopfgesteuerten 246-cm³-Blockmotor und Kardanantrieb zum Hinterrad hergestellt. Dies war die in kleinen Stückzahlen gebaute Sportversion.

Sehr sportlich wirkte bereits die 496-cm³-BMW R 47 des Jahres 1927. Sie hatte einen von Dipl.-Ing. Rudolf Schleicher konstruierten kopfgesteuerten Motor und schon für BMW typischen Konstruktionsmerkmale, darunter auch den Doppelschleifenrahmen.

In den zwanziger Jahren wurden alle BMW-Werksrennmaschinen von 496 und 746 cm³ aus Serienmodellen entwickelt. Toni Bauhofer, Karl Gall, Sepp Stelzer, Ernst Henne, Rudi Ecker und andere errangen mit diesen Maschinen viele Erfolge. Das Bild zeigt Henne im Jahre 1926, nachdem er das Karlsruher Wildparkrennen gewonnen hatte.

Die BMW R 52, 1928/29 gebaut, besaß einen seitengesteuerten Langhubmotor von 496 cm³, leistete 12 PS bei 3400 U/min und war eine ausgesprochene Tourenmaschine mit viel Elastizität und Durchzugsvermögen.

Schnell, aber auch sehr schwer zu fahren waren die 1928/31 gebauten Werkskompressormaschinen von BMW mit kopfgesteuerten 746-cm³-Motoren. Vor allem waren die Fahrwerke mit der Blattfeder-Vordergabel „zu langsam" für die Motoren, auch fehlte es bei den Kompressoren an Entwicklungsarbeit und daher auch an Zuverlässigkeit. Die damaligen Werksrennfahrer wie Bauhofer, Gall, Stegmann, Henne, Stelzer, Soenius, Zündorf und Köppen verdienten alle Bewunderung.

1927 hergestellt, darunter eine kleine Anzahl von Sportversionen mit 100 km/h Spitze, deren Preis 1870 RM betrug und die damit keinesfalls billig war.

In kürzester Zeit hatten BMW-Motorräder eine große Beachtung gefunden. Viel trugen die Erfolge bei Wettbewerben, Zuverlässigkeitsfahrten und Rennen dazu bei. Vorerst waren es drei Fahrer, die schon 1924 die Aufmerksamkeit auf sich lenkten: Rudolf Schleicher, Rudolf Reich und Franz Bieber. Sie erwiesen sich als die großen Gegner der bis dahin fast unschlagbaren Megola-Werksfahrer Toni Bauhofer, Josef Stelzer und Albin Tommasi. Die Megola war die sensationelle Konstruktion von Fritz Cockerell mit fünfzylindrigem 640-cm³-sv-Radialmotor im Vorderrad, sie hatte weder Kupplung noch Getriebe, aber eine für damalige Verhältnisse fabelhafte Straßenlage. Da gab es z. B. beim Schleizer Dreiecksrennen große Kämpfe zwischen

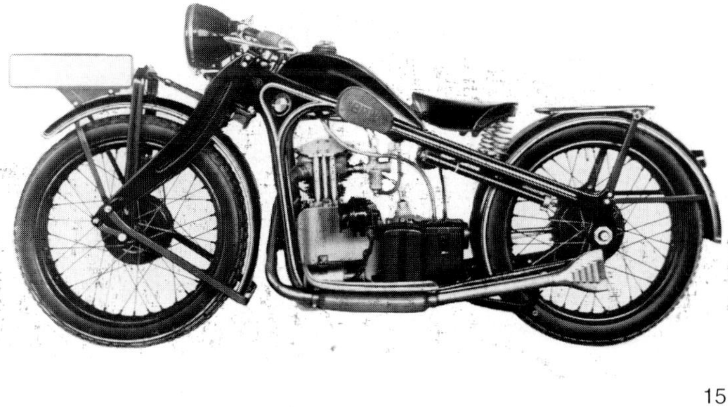

Neue Preßstahlfahrwerke wurden 1929 auch für die neuen kopfgesteuerten 198-cm³-Einzylinder-Modelle eingeführt. Hier die BMW R 2 von 1932, die 6 PS abgab und 108 kg wog.

Auch wenn diese BMW R 11 aus dem Jahre 1933 mit ihrem Preßstahlfahrwerk ein schönes Tourenmotorrad war, bevorzugten viele Käufer doch Maschinen mit dem bewährten Rohrrahmen. Bei dieser Serie IV der R 11, die mit 746 cm³ auch nur 18 PS bei 3400 U/min abgab, war eine Kulissenschaltung am Rahmen angebracht.

Megola und BMW. Toni Bauhofer gewann das Rennen, das letzte große für die Megola. Bald darauf schloß Megola für immer die Tore, und so gingen Toni Bauhofer und Sepp Stelzer zur Konkurrenz, zu BMW. Zweifellos lag hier die große Stärke von BMW, daß man erfahrene Fachleute ins Werk engagierte. Und das betraf auch Bauhofer und Stelzer, beide waren nicht nur erstklassige Rennfahrer, sonder auch erfahrene Techniker.

Erstklassige Werksfahrer

Aber man begnügte sich nicht damit. Da waren die Direktoren Friz und Popp und vor allem auch der damalige Verkaufsdirektor Brenner, die großes Interesse an Rennerfolgen hatten, und so kamen weitere erstklassige Werksfahrer wie Ernst Henne, Paul Köppen, Ernst-Günther Burggaller, Franz Ecker und auch der hervorragende Österreicher Karl Gall bald dazu. Als Toni Bauhofer 1930 zu DKW ging, holte man sich von DKW den tüchtigen Karl Stegmann und dann auch Ernst Zündorf. Außer diesen gab es zahlreiche erstklassige Privatfahrer, die zum Teil sehr schnelle ohv-Modelle fuhren, wie Fritz Wiese, Karl Prelle, Eduard Kratz, Ralph Roese, Otto Steinfellner (Österreich), Theo Schoth, Fritz Bouvain, Adolf Brudes, Hans Krebs, Kurt Mansfeld, Haino Schlutius, Reinhold Meyer, Walter Zirus, Hans Diefenbach, Peter Birnholz, Fritz Niemeck, Rudolf Pohl, Graf Bismarck, Zoltan Medgyessy (Ungarn), Karl Raebel und andere.

1926 wurde die R 32 durch die R 42 mit 12 PS, 1927 die R 37 durch die rassige R 47 mit

Auffallend die neuen, 1936 bei der obengesteuerten R 5 eingeführten Rahmen. Hier hatte der neue 494-cm³-Boxer-Zweizylindermotor (Leistung 24 PS bei 5800 U/min) auch bereits ein Viergang-getriebe, zwei Nokkenwellen und zwei Amal-Vergaser. Es gab auch eine verbesserte Telegabel.

Ab 1938 baute BMW auch eine Geradweg-Hinterradfederung ein, was zur Einführung eines Kreuzgelenks im Kardanantrieb zwang. Das Bild zeigt die derart ausgerüstete R 51 von 1938, deren kopfgesteuerter Motor dem der älteren R 5 ähnelte.

ihrem 18-PS-ohv-Motor abgelöst. Es war gerade diese R 47, die oft in „frisierter Form“ bei Sportveranstaltungen gefahren wurde. Auch Werksfahrer, wie Bauhofer, Gall, Köppen, Henne, Ecker u. a., fuhren im Werk hergerichtete Versionen dieser Type. 1928 kam mit der R 52, einer sv-Zweizylindermaschine, der erste BMW-Langhubmotor zum Verkauf. Er hatte bei 486 cm³ Hubraum 63 mm Bohrung und 78 mm Hub. 1927 war der Bau der ersten einzylindrigen BMW eingestellt worden. Sie war im Verhältnis zu den Zweizylindermodellen zu teuer in der Herstellung. Vom Werk vorbereitete Rennsportversionen dieser kleinen ohv-Maschinen hatten unter Sepp Stelzer zwar 1925 die Meisterschaft gewonnen, aber keinesfalls viele Kunden eingebracht. Erst 1931 entstand wieder eine neue einzylindrige BMW in München. Übrigens hatte BMW 1928 die Dixi Autofabrik in Eisenach (Thüringen) erworben und neben Automobilen in den dreißiger Jahren dort mehrere Motorradmodelle hergestellt. Außer Motorrädern baute BMW auch wieder Flugmotoren und dann, nach Übernahme von Dixi, vorübergehend sportliche Automobile unter englischer Austin-Lizenz.

Fast vergessen sind die kopfgesteuerten Einzylinder von BMW. Dies war die ab 1937 gebaute 346er R 35, die eine ungedämpfte Teleskop-Vordergabel besaß. Eine 155 kg schwere Maschine mit einem Motor, der 14 PS bei 5500 U/min abgab.

1939 war das Jahr des „Schorsch" Meier, der mit dieser BMW-Kompressor-Werksmaschine als erster und bisher auch letzter Deutscher auf einer deutschen Maschine die englische Senior-Tourist-Trophy auf der Insel Man gewann. Ihr Königswellenmotor leistete damals 55 PS bei 7000 U/min und erreichte eine Spitze von 205 km/h. Mit ihr wurde der Münchner Meisterfahrer auch bereits 1938 Europameister, bis 1950 gewann er noch viele große Straßenrennen. Wegen des Kompressorverbotes stieg er – mit weiteren hervorragenden Erfolgen – später auf neue BMW-Rennmaschinen ohne Kompressor um.

BMW-Weltrekorde

Der Wunsch nach großen Rennerfolgen mit Motorrädern führte 1928 zum Bau von Rennmaschinen mit Zoller-Kompressoren. Sie waren schnell, aber unzuverlässig, und erst als Dipl.-Ing. Rudolf Schleicher wieder ins Werk geholt wurde, gab es verbesserte Versionen. Schon 1929 stellte Ernst Henne auf der Autobahn München – Ingolstadt BMW-Weltrekorde auf. Mit einer 746er Maschine fuhr er 216,8 km/h, kam 1930 auf 221,5 km/h, erzielte 1931 238,3 km/h, 1932 dann 244,4 km/h und erreichte 1937 mit einer 498er ohc-Kompressorrennmaschine 279,5 km/h.

Zurück zum Jahr 1928, als man neben der seitengesteuerten R 52 auch eine neue obengesteuerte 492-cm³-Zweizylindermaschine, die R 57 mit 18 PS bei 4000 U/min, auf den Markt brachte und zur gleichen Zeit auch die ersten 745-cm³-Modelle schuf: die der R 57 ähnliche R 62 mit einem quadratischen 78 mm x 78 mm Bohrung/Hub-Motor und die R 63, deren neukonstruierter ohv-Motor von 732 cm³ 83 mm Bohrung und 68 mm Hub aufwies. 1929 gab es dann die ersten Preßstahlrahmen bei BMW, erstmalig auch Steckachsen und serienmäßig eine elektrische Lichtanlage, die bis dahin nur gegen Aufpreis geliefert wurde. Diese seitengesteuerte R 11 wurde in stets weiterentwickelter Ausführung bis 1934 gebaut, zuletzt mit zwei Vergasern und 20 PS bei 4000 U/min. Ähnliches galt für die obengesteuerte 732er R 16, die mit 25 PS begann und schließlich 33 PS hatte. Alle diese Maschinen besaßen noch Blattfedergabeln, und erst die von 1935 bis 1938 gebauten R 12 und R 17 mit 18 PS bzw. 33 PS bekamen Teleskopgabeln und nebst anderen Verfeinerungen auch Vierganggetriebe.

Kompressor-Motoren brachten Auftrieb

Auf dem Rennsektor war BMW zwischen 1931 und 1935 in einem „Versuchsstadium". Immer wieder tauchten neue Modelle auf, zum Teil mit halboffiziellen Fahrern, wie Fritz Wiese von der „Conti", aber auch mit Sepp

Das war der größte BMW-Triumph aller Zeiten: Georg „Schorsch" Meier während seiner Siegesfahrt bei der 1939er Senior-Tourist-Trophy.

Stelzer und Wiggerl Kraus. Erst als BMW neue 498-cm³-Königswellen-Kompressorrennmaschinen entwickelt hatte, stieg man wieder ganz groß mit den Fahrern Otto Ley, Karl Gall, Georg Meier und teilweise auch noch Sepp Stelzer und Ludwig Kraus sowie dem Engländer Jock West, zuletzt – vor dem Krieg – auch Karl Rührschneck und Lodermann in den Rennbetrieb ein. Damals gab es große Kämpfe zwischen dem BMW-Werksteam und den italienischen Gilera (Ex-Rondine-) und Moto-Guzzi-Werksteams mit so großen Fahrern wie Dorino Seranifini, Giordano Aldrighetti, Piero Taruffi, Silvio Vailati, Omobono Tenni und anderen.

Geschweißte neue Rohrrahmen sowie ohv- und sv-Zweizylindermotoren von 494 und 596 cm³ mit Tunnelgehäuse erschienen 1936/37: die Modelle R 5 und R 6, denen 1938 die mit Hinterradfederung ausgerüsteten Versionen R 51, R 61 und R 66 sowie R 71 folgten. Die R 51 hatte einen ohv-Motor mit 24 PS bei 5800 U/min, die R 61 war eine sv-Maschine mit 18 PS bei 4800 U/min, die R 66 hatte 597 cm³ Hubraum und war obengesteuert. Sie gab 30 PS bei 5700 U/min ab. Auch die 746er R 61 hatte nunmehr den modernisierten Rohrrahmen und einen sv-Motor, dessen Leistung 22 PS bei 4900 U/min betrug. Als ausgesprochene Seitenwagenmaschine für die Wehrmacht entstand dann 1941 die R 75 mit 745 cm³ und 26 PS bei 4000 U/min, die als Geländefahrzeug mit angetriebenem Seitenwagenrad entwickelt wurde. Das Getriebe hatte 4 Gelände- und 4 Straßengänge, 2 Rückwärtsgänge und ein sperrbares Ausgleichsgetriebe für das Seitenwagenrad. Erstmalig gab es hier auch eine automatische Fliehkraft-Zündzeitpunktverstellung.

Die BMW-Einzylinder-Maschinen

Von 1927 bis 1931 baute BMW keine Einzylindermodelle. Dann kam die damals steuer- und führerscheinfreie R 2 mit einem 198-cm³-ohv-Blockmotor und leichtem Preßstahlfahrgestell auf den Markt. Sie hatte 6 PS bei 4000 U/min,

Ein 420 kg schweres Gespann für die Wehrmacht wurde ab 1941 bei BMW in Serie gebaut. Es hatte einen kopfgesteuerten 746-cm³-Boxermotor, ein Getriebe mit vier Straßen- und vier Geländegängen sowie zwei Rückwärtsgängen.

Die BMW R 68 von 1952 war mit einem kopfgesteuerten Zweizylindermotor ausgerüstet, der 35 PS leistete und eine Höchstgeschwindigkeit von 160 km/h ermöglichte.

Blockmotor und, wie alle BMW, Kardanantrieb zum Hinterrad. In weiterentwickelter Ausführung wurde sie bis 1936 gebaut. Von 1932 bis 1936 gab es auch die einzylindrige 398 cm^3 R 4, deren ohv-Motor 78 mm Bohrung und 84 mm Hub aufwies. Sie leistete 12 PS bei 4000 U/min, zuletzt waren es 14 PS – 3 PS mehr als die R 3 von 305 cm^3 mit 68/84 mm Bohrung/Hub, die 1936 – noch mit Blattfedergabel – und wie alle Einzylindermodelle mit einem ohv-Motor entstand. 1937 kam die R 35 mit 340 cm^3 dazu. Sie hatte 72 mm Bohrung und 84 mm Hub, besaß bereits eine moderne Telegabel und leistete, wie die ältere 398-cm^3-Maschine, 14 PS. Ihr folgte 1938 die 198er R 20 und dann die 247er R 23, wobei die „steuerfreie" nur 725 Mark, die größere 750 Mark gekostet hat. Welch ein Unterschied zur ersten 247er BMW von 1925–1927, für die man noch 1870 Mark bezahlen mußte!

Überhaupt die damaligen BMW-Preise: Die Zweizylinder R 32 kostete 1924 2200 Mark, die R 37 im Jahre 1926 2900 Mark, die R 62 in 1929 1450 Mark, die R 16 in 1933 2040 Mark und die R 5 in 1936 1550 Mark. Unbekannt blieb der Preis, den die Regierung für das 745-cm^3-Heeresmotorrad mit seinen 10 Gängen bezahlte. Während des Krieges, das heißt ab 1941, wurden 16500 dieser Maschinen gebaut.

Größter Triumph in der englischen T.T.

Den größten Sporterfolg für BMW errang in den Vorkriegsjahren zweifellos Georg Meier, der 1939 mit der 498er Kompressor-ohc-Werksrennmaschine vor seinem englischen Teamkollegen Jock West die englische T.T. auf der Insel Man gewann. Bald nach Kriegsende war es wieder Georg Meier, der – nunmehr im Team mit Wiggerl Kraus – die Farben von BMW mit den über den Krieg geretteten 498-cm^3-Kompressorrennmaschinen hochhielt. Allerdings nur in Deutschland. Ins Ausland konnt er nicht gleich, da in den ersten Nachkriegsjahren Deutschland noch nicht Mitglied der FIM war und auch Kompressormaschinen bei internationalen Rennen nicht mehr zugelassen waren. In Deutschland spielte dies bis

Mit ihrer Langschwingenfederung vorn und hinten waren die BMW-Modelle R 50 und R 60 Mitte der fünfziger Jahre bereits moderne Konstruktionen, sehr beliebt bei sportlich eingestellten Fahrern.

Die letzten Einzylindermodelle stellte BMW von 1960 bis 1967 als R-27-Versionen mit gummigelagerten, kopfgesteuerten Motoren von 246 cm³ her. Sie leisteten 18 PS bei 7400 U/min und galten in ihrer Klasse als Luxusmaschinen.

1950 keine Rolle, da hier vorderhand alle Rennen ohne FIM-„Oberaufsicht" stattfanden und auch in allen Klassen doppelt gewertet wurden: Saugmotoren und Kompressormotoren, wobei die zahlreichen Ladepumpen-DKW-Rennzweitakter auch unter Kompressormotoren fielen. Als Deutschland wieder Mitglied der FIM war, schuf BMW in München (wohin man nach dem Verlust der Eisenacher Werke den Motorradbau zurückverlegte) neue kompressorlose 498er ohc-Rennmaschinen für die Werksfahrer; auch einige gute Privatfahrer konnten sie offiziell bis 1955 käuflich erwerben. Das waren die Zeiten, als außer Georg Meier und Wiggerl Kraus auch Walter Zeller, Gerold Klinger, Ernst Riedelbauch, Ernst Hiller, Alois Huber, Geoff Duke, Dikkie Dale, Fergus Anderson, Gerd von Woedtke und vor allem zahlreiche Seitenwagenfahrer, wie Wilhelm Noll, Willi Faust, Friedrich Hillebrand, Walter Schneider, Helmut Fath, Florian Camathias, Fritz Scheidegger, Max Deubel und Klaus Enders sowie viele andere gute Fahrer diese Maschinen erfolgreich bei Rennen fuhren. Leider war man nach 1955 auch bei BMW sehr rennmüde geworden und unterstützte dann nur noch – und dies auch nur mit „halbem Herzen" – einige Seitenwagenfahrer. Zum großen Bedauern vieler, die in BMW immer die deutsche Spitzenmarke auch bei Rennen sahen. Einer muß hier noch erwähnt werden, der zu den „ganz Alten" bei BMW gehörte und erst nach dem Krieg mit Seitenwagen-Kompressor-Rennmaschinen ins Renngeschehen eingriff: Max Klankermeier, der hervorragende Techniker. Und wohl jeder, der mit dem Renngeschehen zu tun hatte, erinnert sich an Meister Hopf, der aus den BMW-Motoren immer noch einige PS herausholte und sie auch außerordentlich zuverlässig machte.

BMW nach dem Kriege

Die erste Nachkriegs-BMW wurde 1949 gebaut: die R 24, ein 247er ohv-Einzylinder, die sich nur wenig von den früheren R 20/R 23-Modellen unterschied. Über 12000 dieser Maschinen wurden in diesem Jahr gebaut und für 1750 DM auch schnell verkauft. 1950 folgte die fast gleiche R 25, doch hatte sie bereits eine Teleskophinterradfederung und

Bis Mitte der fünfziger Jahre konnte man für gutes Geld auch in Kleinserie gebaute 498-cm³-Rennmaschinen mit obenliegenden Nokkenwellen erwerben. Diese 1953 entstandene Version hatte eine Earles-Vorderradschwinge und auch eine moderne Hinterradschwinge.

auswechselbare Räder. In zwei Jahren konnten 23405 dieser Einzylinder-ohv-Maschinen abgesetzt werden. Der Preis war der gleiche wie bei der R 24. Ein Jahr nach der Produktionsaufnahme der ersten Nachkriegs-Einzylinder baute BMW auch die erste zweizylindrige Nachkriegsmaschine, die R 51/2. Das war 1950. Dem Vorkriegsmodell R 51 mit dem 494er ohv-Boxer-Blockmotor war sie sehr ähnlich, sieht man von den neuen Schrägstromvergasern ab. Ihr folgte die R 51/3 mit einigen Verbesserungen. Insgesamt wurden 23475 Maschinen der R 51/2- und R 51/3-Modelle bis 1954 gebaut. Der Preis der R 51/3: 3000 DM.

Die letzten, 1954 hergestellten, R 51/3 hatten bereits Vollnaben. Alle leisteten 24 PS bei 5800 U/min. Wem dies nicht genügte, konnte ab 1951 auch die R 67 und R 67/2 mit einem auf 590 cm^3 gebrachten 28-PS-ohv-Motor erwerben. Für Seitenwagenbetrieb gab es 1955/1956 die mit Stahlfelgen ausgerüstete R 67/3. Daneben wurden 1453 Exemplare der ersten deutschen „100-Meilen-Maschine", der R 68, einer 590-cm^3-ohv-Hochleistungsversion mit 160 km/h Spitze, gebaut und für 3950 DM angeboten. Den Herstellungsrekord gab es aber bei der einzylindrigen R 25/3. Sie hatte von 1953 bis 1955 ihre Glanzzeit. Der 245er ohv-Motor gab 13 PS bei 5800 U/min ab, gut für fast 120 km/h, die Maschine wog 150 kg. 47700 Exemplare konnten gebaut und für 2060 DM auch abgesetzt werden. Im Gegensatz zur R 67/3 von 1955–1956, die es nur auf 780 Exemplare zum Preis von 3235 DM brachte. Erklärlich teilweise durch die Tatsache, daß man an Stelle dieser Seitenwagenmaschine lieber die damals stark aufkommenden Kleinautos erwarb.

Neue Modelle 1955

Trotzdem gab es gerade 1955, als die große Absatzkrise am internationalen Motorradmarkt begann, eine ganze Reihe neuer BMW-Motorradkonstruktionen. Da war die R 50 mit dem 490er ohv-Motor, neuem Dreiwellen-Getriebe, Vollschwingrahmen und 26 PS, die R 60 mit 28 PS und ab 1960 mit 30 PS, die R 69 mit 35 PS, die ab 1960 zur R 69 S wurde und deren Hochleistungsmotor nunmehr 42 PS bei 7000 U/min abgab. Damals entstand auch die R 50 S mit dem 35-PS-Motor, der diese Leistung bei 7650 U/min erbrachte. Alle diese Modelle waren für den Solo- und Seitenwagenbetrieb ausgelegt, obwohl Seitenwagen immer seltener verwendet wurden. Erwähnt sei, daß man die BMW-Motorräder nach wie vor in München schuf und entwikkelte, die Serienerzeugung aber inzwischen nach Spandau bei Berlin verlegt hatte.

Von 1969 an wurden dann alle neuen BMW-Modelle nur für den Solobetrieb konstruiert. Das betraf vorerst die R 50/5, R 60/5 und R 75/5 mit ohv-Motoren von 32, 40 und 50 PS. Hier gab es nunmehr geteilte Doppelschleifenrahmen mit Langarmschwingen hinten und langhubigen Teleskopgabeln vorn. Die Motoren bekamen einteilige Kurbelwellen, Haupt- und Pleuellager waren als Gleitlager ausgebildet, Drucköl-Umlaufschmierung mit Eyton-Ölpumpe, Drehstromgeneratoren und zum Teil auch elektrische Starter. Diese neuen Motoren hatten 498 cm^3 bei 67 x 70,6 mm Bohrung/Hub, 599 cm^3 bei 73,5 x 70,6 mm Bohrung/Hub und 745 cm^3 bei 82 x 76 mm Bohrung/Hub. Diese BMW-Motorräder erfreuten sich bald großer Beliebtheit auch im Ausland, besonders in Amerika waren die großen Modelle sehr gefragt; bis Mitte 1973 waren

Selten kam es bei BMW zu sensationellen Neukonstruktionen, doch mangelte es nie an der Weiterentwicklung. Sie prägte auch die wirtschaftliche, 1973 gebaute R 60/6 mit kopfgesteuertem 599-cm^3-Motor, der 40 PS bei 6400 U/min abgab.

Fast 200 km/h erreichte schon die 1973 herausgebrachte 898-cm³-BMW R 90 S, erstmals bei dieser Marke ausgestattet mit vorderen Doppelscheibenbremsen. Der kopfgesteuerte Motor leistete 67 PS.

schon rund 65000 verkauft. Beliebt wurden BMW-Maschinen nicht zuletzt bei Behörden im In- und Ausland, vor allem auch deshalb, weil man bei BMW durchhielt und nicht wie in anderen Ländern den Bau großer Motorräder fast ganz aufgab.

Interessant auch die Preisentwicklung. 1923 kostete die erste 493er R 32 von BMW rund 2200 Reichsmark, die ab 1969 gebaute R 50/5 mit dem gleichen Hubraum 4790 Mark (DM). Allerdings gab es in dieser Periode – trotz Beibehaltung der von Friz geschaffenen BMW-Grundkonstruktion – riesige Fortschritte. Hatte die seitengesteuerte R 32 bescheidene 8,5 PS, so kam die obengesteuerte R 50/5 auf 32 PS. Die R 60/5 wurde für 5465 DM, die große R 75/5 für 6250 DM angeboten. Das war aber noch zu Zeiten, als die Japaner mit großen Motorrädern erst „bescheiden" in Europa auftraten und kaum eine Konkurrenz für BMW waren.

Bis 1967 BMW-Einzylinder-Modelle

Einzylindermodelle baute BMW noch bis 1967; dann wurden sie aufgegeben. Auch die 245-cm³-Modelle wurden ständig weiterentwickelt und modernisiert. So hatte die R 25 von 1950/51 ihre 12 PS und die von 1953–1955 gebaute R 25/3 13 PS bei 5800 U/min. Bis 1960 wurde dann die R 26 mit 15 PS und Langarmschwingen gebaut. Das

BMW, früher bei Straßenrennen sehr erfolgreich, verlagerte die sportlichen Aktivitäten mit aufsehenerregenden Ergebnissen auf schwere Cross-Country-Wettbewerbe. Hier eine 1979 gebaute GS 80.

Verkleidet präsentiert sich hier eine BMW R 100 RS von 1976, deren kopfgesteuerten 980-cm³-Motor eine Spitze von 200 km/h ermöglichte. 100 km/h erreichte sie in 4,6 Sekunden, auf die Waage brachte sie 210 kg.

letzte Einzylindermodell war die R 27 mit 18-PS-Motor, der diese Leistung bei 7400 U/min abgab. Die Maschine kostete 2430 DM; nachdem 15364 Stück fertiggestellt waren, ließ man von der weiteren Entwicklung und vom Weiterbau der Einzylindermodelle ab. Teilweise aber auch deshalb, weil man kapazitätsmäßig durch die Zweizylindermodelle ganz ausgelastet war.

Erfolge bei den „Six-Days"

Hier noch ein „Sprung" zurück zum Jahr 1935, als BMW werksseitig 498er Königswellen-Kompressor-Zweizylindermodelle für die Internationale Sechstagefahrt vorbereitete und mit diesen „empfindlichen Instrumenten" trotzdem sehr erfolgreich war. Man gewann mit den Fahrern Ernst Henne, Sepp Stelzer und dem Seitenwagengespann Wiggerl Kraus/Sepp Müller sogar die höchste Auszeichnung, die „Internationale Trophäe". Selbstverständlich veränderte sich auch diese große Wertungsfahrt im Laufe der Jahre, und gab es in den fünfziger und sechziger Jahren Siege bei Geländefahrten mit Fahrern wie Hans Meier, Konrad Wellnhofer, Sebastian Nachtmann, Karl Ibscher u. a., so sind jetzt diese Veranstaltungen infolge des Terrains und der Wertungen vornehmlich eine Angelegenheit kleinerer und leichterer Maschinen geworden.

Noch ein interessanter Vergleich, der ein Bild von der Motorradentwicklung gibt. Die 498er Werks-Kompressorenmaschinen hatten in der zweiten Hälfte der dreißiger Jahre rund 50 PS bei 7000 U/min. Zwanzig Jahre nachher wurde diese Leistung von den in kleiner Serie gebauten 498er RS-ohc-Rennmodellen ohne Kompressor erzielt.

Bisweilen kam der Eindruck auf, als würde BMW zugunsten der Autoherstellung den Motorradbau und seine Weiterentwicklung etwas zurückstellen. Aber immer gab es führende Männer im Aufsichtsrat und im Vorstand, die ihren Glauben an die Zukunft des großen Motorrades behielten. Zum Glück für BMW!

Früher war BMW lange Zeit die führende deutsche Rennmarke in der Solo-Klasse bis 500 cm³ und bei den Seitenwagen. Große Zuverlässigkeit bei hohen Geschwindigkeiten konnten BMW-Maschinen in den letzten Jahren bei schweren Langstreckenwettbewerben wie z. B. Paris – Dakar beweisen. Dennoch muß man bedauern, daß es bei den internationalen Grand-Prix-Rennen keine BMW's mehr gibt und keine deutsche Konkurrenz gegen die derzeit noch übermächtigen Werksmaschinen von Honda, Yamaha und Suzuki.

Sensation der achtziger Jahre

In den ersten achtziger Jahren vergrößerten die Münchner ihre Modellpalette und unterzogen auch Motoren und Fahrwerke einer Weiterentwicklung. Gleichzeitig kündigte sich

Der Franzose Hubert Auriol gewann bereits 1981 auf BMW die schwere Rallye Paris – Dakar. Mit seiner „Wüstenmaschine“ von 980 cm³ gelang ihm 1983 ein weiterer Sieg bei diesem härtesten Motorradwettbewerb der Welt. Sie brachte 76 PS auf die Bremse und erreichte trotz Geländeübersetzung 165 km/h.

eine sensationelle Neukonstruktion in Form einer wassergekühlten Vierzylinder-Doppelnockenwellenmaschine mit 986 cm³ Hubraum an, der eine ähnliche dreizylindrige 746 cm³-Version zwei Jahre später folgen soll.

Vier junge Männer standen hinter dieser aufsehenerregenden BMW-Neukonstruktion, die 1983, genau 60 Jahre nach dem Bau des ersten BMW-Motorrades, sozusagen als Jubiläumsgeschenk den Motorradmarkt bereicherte: BMW-Motorradchef Dr. Eberhard Sarfert, Geschäftsführer Karl Gerlinger, Motorenkonstrukteur Martin Probst und Entwicklungsingenieur Stefan Pachernegg. Sensationell war vor allem der flach im unten offenen Rohrrahmen liegend angeordnete Vierzylinder-Doppelnockenwellenmotor, der in drei Ausführungen – darunter auch als Rennsportversion – gebaut wird. Die obenliegenden Nockenwellen werden durch Rollenkette angetrieben, der Motor hat 67 mm Bohrung und 70 mm Hub. Kardanantrieb des Hinterrades ist bei BMW sicherlich Ehrensache, und

Zweifellos eine erstklassige Maschine für den Straßenverkehr, die BMW R 80 ST mit 797 cm³, 50 PS und einer Höchstgeschwindigkeit von 176 km/h.

da gibt es auch gleich eine neuartige Einarmschwinge. Zweifellos eine schöne Neukonstruktion zur Ergänzung bewährter BMW-Zweizylindermodelle mit bewährten ohv-Motoren. Man darf wohl annehmen, daß die neue BMW-Generation die „alte" hinter sich lassen wird – doch erst dann, bis man von der Perfektion und dem kommerziellen Wert der neuen Modelle hundertprozentig überzeugt ist. Alles andere wäre ein kommerziell-technisches Risiko, auch wenn jahrelange technische Entwicklungen und Erprobungen den neuen Maschinen vorausgingen. Schließlich müssen Motorräder nicht nur von Technikern geschaffen, sondern auch von Geschäftsleuten an den Mann gebracht werden. Und das ist bei der derzeitigen Konkurrenz aus Japan und teilweise auch aus Italien kein leichtes Vorhaben. Was die Amerikaner anbetrifft, sind diese schon immer in einer BMW tangierenden exklusiven Kundensphäre.

Sechzig Jahre Fortschritt

Als 1923 die erste zweizylindrige BMW Typ R 32 entstand, hatte sie die für heutige Begriffe bescheidene Leistung von 8,5 PS, was einer Literleistung von 17 PS entsprach. Jetzt, sechs Jahrzehnte danach, erbringt die keineswegs „überzüchtete" R-100-Reihe 51 kW, das sind 70 PS/Liter, und während man seinerzeit mit allen möglichen technischen Errungenschaften immer mehr Leistung herauszuquetschen versuchte, wird neuerdings so manches aufgeboten, die manchmal überflüssigen „Pferdchen" zu zähmen.

Als die ersten BMW's entstanden, waren sie technisch der Konkurrenz um Meilen voraus. Sie hatten eine tiefe Sattelposition und eine verhältnismäßig gute Straßenlage, an diesen formschönen und glattflächigen Motorrädern gab es keine Ketten- und Leitungsbrüche, keinen ölschleudernden offenliegenden Ventilmechanismus, aber eine bequeme Radmontage und so manches, das für BMW sprach und half, BMW-Motorräder zu verkaufen.

BMW-Motorräder wurden und werden ihrem guten Ruf gerecht. Auch wenn, genauso wie bei der Konkurrenz, hier und da gelegentlich Wünsche offenblieben, wie z. B. bei der Getriebeschaltung, der Seitenwindempfindlichkeit bei Preßrahmenmodellen usw. Dem hohen Ansehen der BWM-Maschinen hat das nie geschadet, die Schwachpunkte wurden ja ausgemerzt.

Wurden jahrelang nur BMW-Motorräder mit 500 und 750 cm³ gebaut, besteht – bis 1983 – die letzte Palette aus je zwei Modellen von 473 und 650 cm³, drei 798-cm³-Versionen und vier von 980 cm³, die alle quer eingebaute kopfgesteuerte Zweizylinder-Boxermotoren besitzen. Dazu gesellte sich 1983 das Motorrad der neuen BMW-Generation, die 987-cm³-Vierzylinder.

Die Sensation des Jahres 1983 war das Erscheinen der neuen BMW mit wassergekühltem Vierzylinder-Doppelnockenwellenmotor von 987 cm³.

„Rolls-Royce“ bei Motorrädern: Brough-Superior

Sie galten jahrelang als die besten Motorräder der Welt. Fest steht, daß George Broughs „Brough-Superior“-Motorräder die teuersten zu ihrer Zeit waren. Zuletzt 1939 gebaut, gelten sie heute als wertvolle Sammlerobjekte. Zwischen 1919 und 1939 bedeutete der Name „Brough-Superior“ unter den Motorradfahrern dasselbe wie „Rolls-Royce“ für Automobilisten: „Ein Fahrzeug, das ohne jedwede Rücksicht auf Herstellungskosten gebaut wurde!“

Daß es sie überhaupt gab, lag an einem Streit. Der Engländer William Brough baute schon seit 1909 Motorräder und stellte diese auch in nur schwach veränderter Form noch 1919 her: Maschinen mit obengesteuerten 496-cm^3- und seitengesteuerten 680-cm^3-Zweizylinder-Boxermotoren, die bei der Firma ABC von Granville Bradshaw konstruiert und gebaut wurden. George Brough, der Sohn des alten William Brough, liebte diese Konstruktionen, mit denen er auch Veranstaltungen bestritt, nicht. Er bevorzugte V-Zweizylindermotoren, und als der „alte Herr“ nicht von den ABC-Boxermotoren abweichen wollte, kam es zum Krach. George Brough ließ sich auszahlen und gründete in derselben englischen Stadt – Nottingham – ein eigenes Unternehmen. Und 1920 hatte er seine erste Maschine – mit dem Namen „Brough-Superior“ am Tank – fertig. Die ersten Fahrgestelle wurden nach seinen Angaben noch bei Montgomery in Coventry gebaut, die 986-cm^3-V-Zweizylindermotoren bei JAP extra für die „Brough-Superior“ ausgesucht, sie hatten seitengesteuerte Ventile.

George Brough fuhr diese Maschinen bei zahlreichen Rennen und Wertungsfahrten. Und errang mit diesen schönen Konstruktionen Erfolge sowie, was für ihn besonders wichtig war, Popularität. Bald war der Name „Brough-Superior“ viel besser bekannt als Brough ohne „Superior“. Der alte William war nur Techniker, der junge George dagegen sehr fortschrittlich und ein wahrer Meister auf dem Gebiete der Propaganda. Außerdem imponierte es den wohlhabenden Kunden, daß der Konstrukteur und Fabrikant selbst die eigenen Erzeugnisse erfolgreich steuerte.

Als Englands Nobelmarke Brough-Superior 1925 mit der SS-100 auf den Markt kam, war diese Maschine das schnellste und teuerste britische Serienmotorrad. Es hatte den kopfgesteuerten V-Zweizylinder-Rennmotor von JAP; George Brough, der Konstrukteur, Rennfahrer und Fabrikant, garantierte für jede SS-100 eine Spitze von 160 km/h.

Heute kaum zu glauben – aber Ende 1925 erwarb das damalige Verteidigungsministerium der Tschechoslowakei statt schwerer und robuster „Wehrmachtmaschinen" zahlreiche englische Straßenrennmotorräder. Wie diese große Brough-Superior, die hier von „Kpt." Vladimir Kucka zwei Jahre lang bei vielen Rennen siegreich gefahren wurde. Es war dies überhaupt die allererste SS-100 außerhalb Englands. Die Polizeinummer „MI-324" bezeugt, daß diese ausgesprochene Rennmaschine dem Ministerium gehörte.

1925 die sagenhafte „SS 100"

Diese Maschine trug die Typenbezeichnung „SS 80", wobei das 80 für die erzielbare Höchstgeschwindigkeit von 80 Meilen (ca. 128 km/h) stand. Daneben baute er ein Modell, dessen 732-cm³-V-Zweizylindermotor mit gegengesteuerten Ventilen von MAG (Motosacoche) aus der Schweiz kam. Und 1925 kam die sagenhafte „SS 100" mit dem obengesteuerten V-Zweizylinder-JAP-Rennmotor von 990 cm³ hinzu. Eine Maschine, die damals mit ihren beiderseitigen, hochgezogenen Auspuffrohren ungemein rassig aussah und auch ihre 100 Meilen (ca. 160 km/h) lief. Jeder Kunde bekam eine Urkunde vom Werk, die diese Geschwindigkeit – für damalige Verhältnisse einmalig – garantierte.

Hervorragend ausgeführt, schön mit ihren länglichen Satteltanks und schnell, gewannen diese Maschinen bald einen guten Ruf. Sie wurden die beliebtesten englischen Motorräder der 1000-cm³-Klasse, obwohl andere Motorradhersteller wie Coventry-Eagle, AJW, Zenith, Montgomery, OEC, Champion, Grindley-Peerless, Cedos, McEvoy, P. & P., Omega, Matchless, Trump-Anzani, New Imperial, Royal-Enfield usw. ebenfalls 1000-cm³-Modelle produzierten und billiger als George Broughs Meisterwerke waren. Aber schon damals zahlte man gerne etwas für den renommierten Namen des Konstrukteurs!

Berühmte Fahrer

Und es war nicht nur George Brough, der Rennen auf seinen eigenen Motorrädern gewann. Eine Reihe berühmter Fahrer wie Freddy Dixon, Bert Le Vack, E. C. E. Baragwanath, Ron Storey, der spätere McEvoy, FN- und Jawa-Konstrukteur George Patchett, der auch in Deutschland bekannt gewordene Eric Fernihough, Noel Pope und andere steuerten diese Maschinen zu zahlreichen Erfolgen. In Deutschland fuhren Ernst Zündorf, Franz Meister und Erich Blickensdorfer; in der Tschechoslowakei Kpt. Kucka und Otto Weinhara; in Jugoslawien Jakusic und in Österreich der aus England stammende Brough-Superior-Importeur Eddy Meyer, ferner Lucky Schmid, Ferry Höndl und auch Josef Koci diese schnellen Renner mit ihren obengesteuerten V-Zweizylindermotoren der englischen Firma JAP von 45 PS, 55 PS und zuletzt auch 75 PS.

Im Laufe der Jahre wurden diese „SS 100"-Brough-Superior-Modelle verändert und verbessert. Zusammen mit den seitengesteuerten „SS-80"-Versionen bildeten sie immer das Zentrum der Typenreihe dieser Fabrik, wo jede Maschine einzeln – oft sogar auf Kundenspezifikation – hergestellt wurde. Und Icke Webb, der Produktionsleiter, war genauso ein „Teil des Werkes" wie diese Modelle. Er hatte mit jeder Maschine zu tun, die in all den Jahren der Motorradproduktion das Werk in Nottinghams Hayd Road verließ. Die mit MAG-Motoren ausgerüsteten 750er wurden 1928 aufgegeben, doch gab es inzwischen auch 674er- und 764er-ohv-Modelle mit JAP-Motoren und zahlreiche Versuchskonstruktionen, die zwar Ausstellungen, aber nicht die Kunden erreichten. Typisch für viele Modelle waren die von Brough gebauten „Castle"-Vordergabeln, der Harley-Davidson ähnlich, und schon 1928 hatten einige Typen die Hinterradfederung von Draper.

Der große Bert le Vack war Entwicklungsingenieur und Rennfahrer bei der Einbaumotorenfabrik JAP (J. A. Prestwich & Co.) in London. Er setzte einen neuen kopfgesteuerten V-Zweizylinder-Rennmotor in ein Brough-Superior-Fahrwerk und brach in Arpajon (Frankreich) den Motorrad-Weltrekord mit 191,55 km/h. Das war am 6. Juli 1924, als die Motorradtage von Arpajon eine führende Position im internationalen Renngeschehen einnahmen.

Als Motorräder fast nur von aktiven Fahrern konstruiert wurden, war George Brough einer der schnellsten in der Welt. 1930 erzielte er in Arpajon über 209 km/h und nahm im selben Jahr u. a. auch an der in Grenoble gestarteten „Internationalen Sechstagefahrt" teil. Allerdings nicht mit dieser 996-cm³-Rennmaschine, sondern mit einer seitengesteuerten SS-80.

Recht bescheiden sah 1927 der Eingang zu den Brough-Superior-Werken im englischen Nottingham aus. Das einmalige Bild zeigt (von links) Firmenchef George Brough, auf einer neuen SS-100 Rennfahrer Eddy Meyer (in England geboren und in Wien Importeur von Brough-Superior), Betriebsleiter Icke Webb und Finanzabteilungsleiter John Smith.

Eine luftgekühlte V-Vierzylinder von 994 cm³

Zu den interessantesten Prototypen von George Brough muß man die seitengesteuerte und luftgekühlte 994-cm³-V-Vierzylindermaschine mit quergestellten Zylindern im Block von 1927, die „Linienvierzylindertype" mit 900 cm³ Hubraum von 1929 und die geradezu sensationelle 800-cm³-Vierzylinder-Brough-Superior von 1932 rechnen. Sie hatte einen modifizierten, wassergekühlten Austin-Automotor und . . . zwei dicht nebeneinanderliegende Hinterräder. Eine Maschine, die für den Betrieb mit Seitenwagen geschaffen und damals in nur 8 Exemplaren auch gebaut wurde. 1938 kam eine weitere Vierzylinderversion mit einem 996-cm³-ohv-Boxermotor, der quergestellt eingebaut war und Kardanantrieb zum Hinterrad hatte, heraus. Der Motor war dem damaligen vierzylindrigen Puch-Motor nicht unähnlich und wurde in Zusammenarbeit mit MAG (Motosacoche) in Genf extra für George Broughs Maschinen gebaut. Vier Maschinen liefen noch im Versuch, als 1939 der Zweite Weltkrieg ausbrach und eine Weiterentwicklung dieser interessanten und schönen Konstruktion verhinderte. Angeboten wurde sie für £ 185. Im Vergleich hierzu kostete die obengesteuerte „SS 100" £ 155 und die seitengesteuerte „SS 80" £ 120 – £ 130 (je nach Ausführung). Bemerkenswert ist jedoch, daß die V-Zweizylindermodelle seit Mitte der dreißiger Jahre mit bei Matchless gebauten Motoren und nicht mehr wie früher

Für Brough-Superior war immer nur das Beste gut genug. Schon 1930 hatte die SS-80-Tourenmaschine mit dem seitengesteuerten V-Zweizylinder-JAP-Motor außer der „Castle"-Vorderradgabel auch eine von Draper konstruierte Hinterradfederung.

Obwohl die SS-100 ursprünglich als reine Rennmaschine konzipiert war, gab es im Laufe der Jahre verschiedene Varianten der obengesteuerten 996-cm³-V-Zweizylinder wie diese schnelle Luxus-Tourensport-Ausführung von 1930. Die auch hier verwendete Draper-Hinterradfederung wurde später durch ein besseres System ersetzt.

mit JAP-Einbaumotoren ausgerüstet wurden . . . wenn man von der Tatsache absieht, daß für Rennen bestimmte Maschinen weiterhin den JAP-Motor hatten. Und als sich damals Eric Fernihough mit der BMW von Ernst Henne um den Weltrekord stritt, hatte seine „Brough-Superior" einen 85-PS-Motor, dessen Zylinder modifizierte Zylinder von Speedway-Motoren waren.

Keine Leistungsangaben

Genauso wie bei Rolls-Royce machte auch George Brough in seinen Katalogen keine Angaben über die Leistung der Motoren. „Sie sind besonders hergerichtete Serienmotoren oder für mich gebaute Motoren" – das war alles, was der Konstrukteur-Fabrikant-Rennfahrer von seinen Maschinen verlautbaren ließ. Das traf natürlich auch auf die größten serienmäßigen Brough-Superior-Modelle zu, die er in der zweiten Hälfte der dreißiger Jahre mit 60grädigen, seitengesteuerten V-Motoren baute. Sie hatten einen Zylinderinhalt von 1150 cm³! Immer bereit zu experimentieren, baute er auch eine Maschine mit einem obengesteuerten 1500-cm³-V-Zweizylinder-JAP-

Diese 1938/39 gebaute SS-100 hatte einen obengesteuerten V-Zweizylinder-Motor von 996 cm³, der nicht von JAP, sondern von der Londoner Motorradfabrik Matchless-AJS (Associated Motor Cycles Ltd.) für Brough-Superior in Nottingham hergestellt wurde.

Wie die SS-100 wurde auch das Tourenmodell SS-80 mit dem seitengesteuerten V-Zweizylindermotor von 996 cm³ ständig weiterentwickelt. Ob solo gefahren oder mit Seitenwagen, galt diese Maschine als hervorragend für lange Touren geeignet.

Motor, die von Harald Karslake gesteuert wurde. Der beste Brough-Superior-Kunde war aber der legendäre Colonel Lawrence von Arabien. Er erwarb insgesamt sieben Maschinen von George Brough; die achte Brough-Superior für T. E. Lawrence wurde gerade produziert, als er starb.

Dann fehlte es an Motoren

Als der Zweite Weltkrieg ausbrach, mußte auch Brough die Motorradproduktion einstellen. Trotzdem bemühte er sich mit Erfolg, auch während der Kriegsjahre seinen Kunden einen guten Service zu geben. In der Hoffnung, daß sie nach Kriegsende wieder zu den treuen Kunden – und das waren die meisten Brough-Superior-Fahrer – gehören würden. In der Haydstraße stellte man Kriegsmaterial her, und als der Krieg zu Ende war, gab es keine Einbaumotoren, die George Broughs Ansichten und Bedürfnissen entsprachen. Er wollte nur das Beste . . . und das gab es 1945 genausowenig in England wie in Deutschland. Matchless baute keine großen Zweizylinder, und JAP kam nicht nur schwer in Schwung, sondern war nicht bereit, existierende große V-Zweizylinder weiterzuentwickeln. George Brough versuchte überall neue Motoren zu bekommen oder einen fähigen Hersteller für von ihm konstruierte Motoren zu finden. Es war vergeblich. Teilweise deshalb, weil er natürlich keine hohen Absatzziffern garantieren konnte. Seine hochklassigen und teuren Maschinen waren schon immer nur für einen beschränkten Kundenkreis gebaut worden, und daran wollte Brough auch nichts ändern. Sein Werk war auch nicht für eine Massenproduktion kleinerer Modelle eingerichtet. Die kleinste Brough-Superior kam 1930 heraus, aber auch sie hatte einen 499-cm³-V-Zweizylinder-ohv-Motor von JAP . . . eine nie vollentwickelte Konstruktion. Und nur wenige dieser „Kleinen" erreichten die Kunden.

George Brough hatte auch nicht den Vierzylinder „Dream" (Traum) von 1938 vergessen, und noch jahrelang arbeitete er, teilweise zusammen mit dem berühmten Freddy Dixon, an der Weiterentwicklung. Es war 1955, da gab er endlich den Traum und auch die Hoffnung auf eine neue Produktion seiner prachtvollen Maschinen auf. Sein Werk, das nach Kriegsende Fahrzeuge für die Armee und Regierung reparierte, erzeugte auch Spezialteile für andere Produzenten. 1970 starb einer der berühmtesten und tüchtigsten Männer der englischen Motorradindustrie im Alter von 78 Jahren: George Brough.

Zwischen George Brough und der JAP-Einbaumotorenfabrik war das Verhältnis in den dreißiger Jahren etwas „gestört". So wurden bei Brough-Superior auch seitengesteuerte 1150-cm³-V-Zweizylinder von Royal Enfield eingebaut.

„Das kleine Wunder“: DKW

Berühmt durch hervorragende und erfolgreiche Zweitakter, war DKW in Zschopau (Sachsen, jetzt DDR) einst die größte Motorradfabrik nicht nur Deutschlands, sondern der ganzen Welt. Wenn man von einer kurzen Periode absieht, in der auch die Viertakt-Modellreihe der von DKW aufgekauften Schüttoff-Werke in Chemnitz weitergebaut wurde, stellte DKW immer nur Zweitakter her. Der Firma DKW ist es in erster Linie zu verdanken, daß Zweitakter, die lange Zeit keinen besonders guten Ruf genossen, überhaupt erst Fuß fassen und daß gute Zweitakter „hoffähig“ werden konnten.

Vergebens wird man heute die Firma DKW in Zschopau suchen, wo 1907 der Däne Jörge Skafte Rasmussen – damals wohnhaft im naheliegenden Chemnitz – eine alte Weberei erwarb und einen Betrieb einrichtete, der während des Ersten Weltkrieges Granaten fertigte. Von 1916 bis 1919 entwickelte er dort auch für die Heeresleitung einen Dampf-Kraft-Wagen (DKW), der aber nicht mehr in Serie ging. DKW („Des Knaben Wunsch“) hieß dann ein 30-cm³-Spielzeug-Zweitaktmotor, den der Konstrukteur Ing. Hugo Ruppe für Rasmussen geschaffen hatte. Das war auch 1919; 30 Jahre später wurde DKW – nunmehr zur Auto Union gehörend – nach Ingolstadt verlegt. So kommt es, daß man den Namen DKW heute bestenfalls im Zweitakt-Museum auf der Augustusburg bei Chemnitz, aber nicht mehr in Zschopau in den Bergen des Erzgebirges finden kann. Heute ist DKW in Nürnberg „beheimatet“ und gehört zur Zweirad-Union, einer „Tochter“ von Fichtel & Sachs.

Zurück zur Original-DKW, zu Ing. Hugo Ruppe, der einer sehr alten Autobauer-Dynastie in Apolda (Thüringen) angehört hat. Die Ruppes stellten die Apollo- und Piccolo-Automobile her, Hugo Ruppe selbst hatte 1908 die Markranstädter Automobil-Fabrik (MAF) gegründet. 1911 kam er in finanzielle Schwierigkeiten und blieb nach einer Reorganisation technischer Direktor. Daß hinter dieser Reorganisation Familienmitglieder standen, bewies die 1921 erfolgte Übernahme von MAF durch Apollo. Übrigens hatten MAF-Automobile ausschließlich luftgekühlte Reihenmotoren. Hugo Ruppe war nach 1918 mit dem Werk nicht mehr verbunden, und so konstruierte er in Berlin eben den kleinen, an J. S. Rasmussen zur Produktion übergebenen Zweitakter mit einer Einlaßsteuerung durch Plattendrehschieber ins Kurbelgehäuse.

Am Anfang ein Fahrrad-Hilfsmotor

Nach dem Ende des Ersten Weltkrieges

Das war „Das Kleine Wunder“, der erste Fahrrad-Hilfsmotor von DKW mit 118 cm³ (1 PS), von dem bis Ende 1922 bereits 25 000 Stück verkauft wurden.

Als 1921 dieser 122-cm³-Roller „Golem" bei DKW in Zschopau (jetzt DDR) entstand, wurde er als „Sesselrad" bezeichnet. Die Gattung Roller gab es erst nach 1945.

bestand ein großer Bedarf an motorisierten Transportmitteln. Der tüchtige Däne Rasmussen sah hier eine große Chance; er vergrößerte den von Ruppe konstruierten Spielzeugmotor, um ihn als Fahrrad-Hilfsmotor – über dem Hinterrad montiert – herzustellen. Er hatte 1 PS, später 1,5 PS, und wurde ein kommerzieller Bombenerfolg, weil er nicht nur leistungsfähiger als Konkurrenzmotoren, sondern auch zuverlässiger war. Dazu kam J. S. Rasmussens Fähigkeit, für gute Reklame zu sorgen. So sah man schon 1921 diese Hilfsmotörchen bei Rennen, und 1922 siegten die DKW-Fahrer Epstein (Charlottenburg), Urban (Löbau), Thiele (Rathenow) und Schumann (Chemnitz) auf der Avus ganz überlegen. Zahlreiche andere Firmen bauten bald DKW-Zweitakter ein. Darunter waren die Marken Hulla, Elfa, Mawi, EMA, Meybein, Ponny, Terra, Eichler, Tautz, KSB, Roland und noch viele andere. Ende 1922 waren bereits 25000 DKW-Motoren in Betrieb. Die meisten hatten 122 cm³, später auch 142 cm³ Hubraum.

Bei DKW in Zschopau wurde bereits 1921 das Sesselrad „Golem" mit einem 122-cm³-Motor und 1922 das verbesserte „Lomos"-Sesselrad – eine Art Vorgänger moderner Roller – gebaut, bald darauf aber die Produktion an die Berliner Firma Eichler übergeben. Weil man in Zschopau inzwischen auch ein „richtiges" Leichtkraftrad mit 142-cm³-Motor hoch oben beim Steuerkopf geschaffen hatte. Es nannte sich „Reichsfahrtmodell", entstand 1922 und wurde ein großer Verkaufserfolg, nachdem es schon bei der großen Reichsfahrt – daher auch der Name! – hervorragend abgeschnitten und seine Zuverlässigkeit bewiesen hatte. Von 1924 an baute man auch schon 173-cm³-Motoren – alles Nasenkolben-Zweitakter –, die man mit Rohrrahmen (ZM) und auch mit einem Preßstahlfahrgestell (SM)

Mit seinem Gebläsemotor von 142 cm³ und Hinterradfederung war der modernere DKW-„Lomos" dem „Golem" weit überlegen. Trotzdem gab DKW-Chef Jörgen Skafte Rasmussen diese Konstruktion an die Firma Eichler in Berlin ab.

Mit dem „Reichsfahrtmodell" von 142 cm³ baute DKW 1922 das erste „richtige" Leichtkraftrad. Es gab auch eine Sportausführung und im Laufe der Zeit einige technische Verbesserungen aufgrund der gesammelten Erfahrungen.

anbot. Gerade in diesen Jahren erreichte der „Kampf" zwischen Zweitaktern und Viertaktern einen Höhepunkt, vor allem zwischen der damals bei Düsseldorf gebauten Snob mit Viertaktmotor und DKW. Man bekämpfte sich auch in der Presse, besonders in den Fachzeitschriften. Und war nicht in den Argumenten besonders wählerisch ... Angeblich beendeten Snob-Fahrer eine große Wertungsfahrt nur deshalb, weil die Fahrer die Maschine mit der damaligen Reichsbahn ans Ziel schickten! DKW mußte aber auch in den eigenen Zweitakter-Reihen kämpfen, besonders gegen die Menschen von Bekamo, Cockerell, Grade, Baier, Windhoff und andere Marken. Interessant dabei, daß die Bekamo-Fabrik demselben Ing. Hugo Ruppe gehörte, der 1919 den ersten DKW-Zweitaktmotor schuf. Diese Bekamo-Motoren, in verschiedenen Ausführungen auch von anderen Marken eingebaut, hatten nunmehr im unteren Kurbelgehäuse einen Pumpenzylinder, der zweifellos ein gewisses Plus an Leistung einbrachte. Die DKW-Fahrer hatten es oft sehr schwer, hier mitzuhalten. Und während man 1925 in Zschopau die sagenhafte E 206 mit ihrem 206-cm³-Zweitaktmotor schuf, die mit ihrem 4,5-PS-Motor ein „Bestseller" wurde, entwickelte man in der Rennabteilung unter Leitung von Ing. Hermann Weber eine neue 173-cm³-Rennmaschine, die nicht nur wassergekühlt war, sondern ebenfalls einen Ladepumpen-Zweitakter besaß. Damals war Bekamo keine Konkurrenz mehr, und auch

In den Jahren 1924/25 stellte DKW zwei Varianten des 174-cm³-Modells her. Dies war die „ZM" mit Rohrrahmen und Zweigang-Blockmotor, der 2,5 PS bei 3000 U/min abgab. Viele Fahrer zogen damals Trittbretter den Fußrasten vor.

Snob hatte inzwischen „die Waffen gestreckt", d. h. die Tore für immer geschlossen.

DKW wurde dagegen, trotz Inflation und starker Konkurrenz, immer größer und mächtiger. Es gab aber nicht nur gute Motorräder, sondern auch einen guten Kundendienst und viele Rennerfolge, die diese Maschinen propagierten. 1926 wurde auch schon eine 248-cm³-Version der wassergekühlten Rennmaschine gebaut und auch, wie die 173er, an Privatfahrer abgegeben. Ing. Weber fuhr selbst noch Rennen zusammen mit anderen hervorragenden Fahrern wie Walfried Winkler, Hans Sprung, Kurt Friedrich, Arthur Müller, Kurt Henkelmann, Arthur Geiss, Xaver Gmelch, Richard Blau, Hans Magnus, Rudolf Michael, Josef Klein, Leo Steinweg, die immer wieder vorn waren.

Erste DKW-Zweizylinder

Aus der serienmäßigen E 206 wurde 1927 die E 250 mit einem ähnlichen 247-cm³-Nasenkolben-Einzylindermotor und 4,5 PS. Damals kam aber auch die erste 498er Zweizylinder-Zweitaktmaschine von DKW mit Luftkühlung, 1928 dann eine wassergekühlte Ausführung. Eine gewisse Ähnlichkeit zu den englischen Scott-Zweitakt-Zweizylindern mit Wasserkühlung konnten diese großen DKW-Zweitakter vorerst nicht ganz verleugnen. Für Rennzwecke hatte man sie schon 1927 mit Wasserkühlung versehen und vornehmlich mit Ernst Zündorf, Karl Stegmann, Josef Klein und Xaver Gmelch eingesetzt.
Neue Gesetze hinsichtlich der Führerschein- und Steuerfreiheit für Maschinen bis 200 cm³ führten 1929 zur Herstellung neuer 198-cm³-Zweitakter, die dann in den folgenden Jahren in zahlreichen Ausführungen gebaut wurden. Allein 1931 gab es folgende 198-cm³-DKW-Modelle: das „Volksrad" für 420 RM – die bei weitem billigste Maschine dieser Klasse damals in Deutschland! Die „Zis" mit Riemenantrieb für 485 Mark, mit Kettenantrieb für 545 Mark, die „Luxus" mit Riemen für 595 Mark, mit Kette für 645 Mark, die „Luxus Spezial" für 725 Mark und „Block" für 895 Mark. Dazu kamen noch 298er und die zweizylindrigen 498er DKW-Zweitakter, die damals – wie auch die kleineren Modelle – Satteltanks bekamen und in Großserie gebaut wurden. Zurück nochmals zum Jahr 1922, als nicht nur der baumlange Techniker Hermann Weber, sondern auch der tüchtige Organisator und Geschäftsmann Dr. Hahn zu DKW in Zschopau stießen. In ein Werk, das buchstäblich im Gebirge eingebettet lag und nicht gerade viel Platz zum Expandieren hatte. So kam es, daß man im Laufe der Jahre zahlreiche Zweigunternehmen gründete, von denen Framo zu den bekanntesten gehörte. Nicht nur wegen der dort hergestellten Sättel, sondern auch wegen der Drei- und Vierradfahrzeuge, natürlich mit DKW-Motoren. 1924 wurde die Firma in „Zschopauer Motorenwerke J. S. Rasmussen" umbenannt, 1925 ein neues, großes Verwaltungsgebäude eingeweiht; 50 000 DKW-Maschinen waren bereits verkauft. Damals führte DKW auch das Ratenzahlungssystem ein und als erstes Unternehmen die Fließbandmontage im Motorradbau. Hinzu kam eine Werksschule. Der Absatz war, dank der sehr gut gelungenen E 206, so groß, daß dieses Modell, für das man 1926 835 Mark zu bezahlen hatte, schon zu dieser Zeit den Bau von 80 000 Motorrädern ermöglichte.

Schon 1928 weltgrößte Motorradfabrik

Bereits 1928 konnte sich DKW als größte Motorradfabrik der Welt bezeichnen. Schon vorher begann man mit dem Bau von Bootsmotoren, jetzt kamen auch DKW-Zweitakter für stationäre Zwecke und Automobile dazu. Sie hatten modifizierte wassergekühlte Zweitakt-Parallel-Zweizylinder-Motorradmotoren von 498 cm³ und 598 cm³. Dadurch wurde auch hier eine rationelle Herstellung erreicht, so daß der Preis der DKW-Automobile niedrig gehalten werden konnte. Hergestellt wurden diese aber nicht in Zschopau, sondern in Spandau; aus Zschopau kamen hauptsächlich die Motoren. Damals gab es schon 10 Zulieferungswerke, die Rasmussen, dem kleinen, aber ungemein tüchtigen Dänen, gehörten. Übrigens schickte er auch seine Automobile bald in Rennen; mit dem von Dixi gekommenen Konstrukteur Ing. Gerhard Macher, mit dem eleganten Walter Österreicher, mit Hans Simons, und auch der 1939 von BMW herübergewechselte Motorradrennfahrer Toni Bauhofer fuhr DKW-Sport- und Rennwägelchen, zumeist die ab 1931 gebauten „Monopostos" mit 598-cm³-Motoren und Frontantrieb. Ove Rasmussen, ein Sohn des Firmengründers, fuhr den ersten „Frontantriebler" 1931 beim Rennen am Eibsee. Schon vorher, 1930, baute DKW auch einen V-Vierzylinder-Zweitakt-Automotor mit Ladepumpe. Diese Kleinwagen bekamen nette Sperrholzkarosserien. Später baute auch Jawa in Prag DKW-Automobile unter Lizenz, genauso wie 246-cm³-Zweitakt-Motorräder mit Motoren, die nach dem Schnürle-Prinzip arbeiteten, das DKW – damals bereits Auto Union – gehörte und natürlich patentiert war. DKW hatte 1932 die Schnürle-Spülung erworben und dann auch gleich weiterentwickelt und in der Serie verwendet.

In den zwanziger Jahren waren Deutschlands Motorradfahrer noch sehr konservativ, und so konnte auch die zweite Ausführung der 174-cm³-DKW, das Modell „SM" mit dem hübschen Preßstahlfahrwerk, nicht den Beliebtheitsgrad der Rohrrahmen-Maschinen erreichen.

Im Sport sehr aktiv

Bis 1932 hatte man auch Rennen mit „normalen" Nasenkolbenmotoren bestritten. Diese genügten aber nicht mehr den Ansprüchen, und so baute man nunmehr Rennmaschinen mit Doppelkolben-Zweitaktmotoren, wie dies bereits Puch in Österreich mit großen Erfolgen tat. Dazu kamen bis 1939 verschiedene Arten von Ladepumpen und Kompressoren sowie Rennmodelle mit 248, 348, 498 und 598 cm³ Hubraum. Alle hatten Zweitaktmotoren mit Wasserkühlung. Berühmte Fahrer wie Toni Bauhofer, Bernd Rosemeyer, H. P. Müller, Wilhelm Herz, Kurt Mansfeld, Karl Bodmer, Otto Ley, Ewald Kluge, Siegfried Wünsche, Walfried Winkler, Heiner Fleischmann, Kurt Hamelehle und andere fuhren sie solo; Hans Schumann, Toni Babl, Hans Kahrmann, Karl Braun, Hans Bock und noch einige mehr mit Seitenwagen.

Sehr aktiv war DKW auch bei Wertungs- und Zuverlässigkeitsfahrten. So gab es z. B. 1934 bei der 2000-km-Fahrt durch Deutschland drei komplette Werksmannschaften mit Ernst Näther, Hans Kahrmann, Otto Ley, Hans Sprung, Albert Becker, Erich Hirth, Arthur Geiß, Arthur Müller und Ewald Kluge, außerdem noch vom Werk genannte Einzelfahrer wie Josef Klopfer, Ilse Thouret, Willy Fähler, Hans Seydel, Hans Walter, Willy Geldbach, Walfried Winkler, Herbert Kirchberg usw. Rennleiter Wolf Doernhöffer war für derartige Veranstaltungen, Obering. August Prüssing für Rennen verantwortlich, obwohl man auch Adolf Meurer und andere als Rennleiter zu verschiedenen Zeiten einsetzte. Zweifellos gehörte die Rennabteilung plus Entwicklungsabteilung bei DKW zu den größten in Deutschland.

Ganz stimmt dies nicht, denn von 1932 an gehörte DKW (als größtes eingebrachtes Kapital) zur damals von Dr. Bruhn gegründe-

DKW kehrte 1925/26 wieder ganz zum Rohrrahmen zurück, als die „E 206" auf den Markt und bald zu überragenden Verkaufserfolgen kam. Ihr Dreikanal-Zweitaktmotor von 206 cm³ leistete 4 PS bei 3500 U/min, wurde 1928 aufgrund neuer Steuergesetze auf 198 cm³ „abgemagert" und gleichzeitig auf 4,5 PS bei 4000 U/min gebracht.

ten Auto Union, die auch die Autofabriken von DKW, Wanderer, Horch und Audi umfaßte, von denen die letzten drei mit Defiziten arbeiteten. Selbst die Motorradproduktion von DKW, die 1929 noch 60000 Einheiten betrug, war 1930 auf 36000 heruntergegangen. Es fehlte an Geld, um selbst billige Motorräder zu kaufen. Davon betroffen waren auch die 1931 eingeführte KM 175 mit 173 cm^3 und noch mehr die größeren, vor allem die 498er Zweizylindermodelle in luft- und wassergekühlter Ausführung. 1932 hatten die DKW-Serienmodelle Preßstahlrahmen, Blockmotoren und Batteriezündung, es gab folgende Preise: KM 125 = 370 RM, KM 175 = 440 RM, Luxus 200 = 535 RM, Luxus Spezial 200 = 585 RM, TM 200 = 700 RM, Block 200 = 775 RM, Block 300 = 825 RM, Luxus Sport 300 = 850 RM, Block 350 = 945 RM. Für 950 RM bekam man die seitengesteuerte 500-cm^3-Schüttoff, für 1245 RM die DKW Super-Sport 500, für 1035 RM die obengesteuerte Schüttoff und für 1295 RM die wassergekühlte 600-cm^3-DKW.

Von 1933 an verließ man bei der Auto Union das alte Dreikanalprinzip mit dem Nasenkolben; die in Serie gebauten Modelle hatten Dr. Schnürles Umkehrspülung. Bei ihr wurde das Gemisch wie bei einem Dreikanalmotor zuerst ins Kurbelgehäuse gesaugt und ging beim Niedergang des Kolbens durch zwei Überströmschlitze nahezu tangential in den Zylinder. Hier strömte es an den Zylinderwänden entlang und drückte den Altgaskern durch den zwischen den beiden Überströmkanälen liegenden Auslaßschlitz hinaus. So kamen Flachkolben zur Verwendung. Die meisten Fahrgestelle waren aus Preßstahl, nur die kleinen Modelle und die 598-cm^3-Supersport-Zweizylinder hatten Rohrrahmen. Die DKW 200 Block konnte schon damals mit elektrischem Anlasser geliefert werden. Ab 1934 wurde die Kraftfahrzeugsteuer „gestrichen", und damit wurden auch wieder mehr Motorräder mit größeren Hubräumen erworben.

„Reichstyp" für nur 333 RM

Trotzdem brachte das Werk eine neue billige 98er Maschine, das Modell „Reichstyp", für nur 333 RM heraus. Es hatte 2,5 PS, ein Dreiganggetriebe und bei nur 45 kg Eigengewicht eine Spitze von 65 km/h. Und das war kein modifiziertes Fahrrad, sondern ein „richtiges" Motorrad. Offiziell hieß das Unternehmen damals: Auto Union AG, Werk Zschopau, Sachsen. Man begann langsam den Mann zu „vergessen", der DKW gründete und so groß machte, den Dänen Jörge Skafte Rasmussen. Die damalige sächsische Regierung, die bei der Auto Union immer mehr Einfluß suchte, hatte diesen tüchtigen „Ausländer" sicherlich nicht ins Herz geschlossen, und man hatte den Eindruck, daß man ihm absichtlich „die Hände band und auf die Seite zu schieben versuchte". Die 598-cm^3-Zweizylinder-Supersport wurde 1934 nicht mehr gebaut. Dafür gab es damals erstmalig auch 498-cm^3-Werksrennmaschinen mit Doppelkolbenmotoren, die sehr schnell, aber auch ziemlich empfindlich waren und besonders wegen ihrer Kerzenprobleme den Bosch-Leuten bei Rennen manches graue Haar wachsen ließen. Das betraf aber auch die kleineren Rennmodelle, denen auf bestimmten Rennstrecken noch keine Kerzen „gewachsen" waren.

PS-mäßig sah es damals folgendermaßen aus: 98-cm^3-Modelle hatten, wie erwähnt, 2,5 PS, 198er 6 oder 7 PS, 298er 9 PS, 348er 11 PS und die beiden SB 498 und SB Luxus 15 PS. Das kleinste erhielt die neue Bezeichnung RT 100 und war praktisch die Vorgängerin der nachher entstandenen RT-Modellreihe, die sich bis in die fünfziger Jahre entwickelte ... aber es dauerte fast 5 Jahre, bis 1939 die RT 125 mit 4,5 PS aus dem 123-cm^3-Zweitaktmotor auf den Markt kam. Über den DKW-Umsatz kann man nur sagen, daß 1934 jeder dritte Motorradkäufer in Deutschland eine DKW erwarb. Es gab auch ein Spezial-Geländemodell, das eine kombinierte Hand- und Fußschaltung besaß, die SB 350; eine Konstruktion, bei der man auch an die Verwendung durch die damalige Reichswehr gedacht hatte. In Kleinserie wurde 1935 auch schon die 247-cm^3-DKW-Rennsport mit Wasserkühlung und Ladepumpe gebaut, mit der zahlreiche Rennfahrer ihre Laufbahn begannen. Selbstverständlich wurde auch bei ihr ein Doppelkolben-Zweitakter mit U-förmigem Zylinder verwendet. Sie hatte zweimal 47,5 mm Bohrung bei 68 mm Hub und gab rund 20 PS ab, in guten Händen auch noch 1 bis 2 PS mehr. Die vor dem Kurbelgehäuse angebrachte Ladepumpe hatte bei 120 mm Bohrung 36 mm Hub.

DKW war neben NSU damals die einzige deutsche Motorradfabrik, wo man „richtige" Rennmaschinen rennfertig erwerben konnte. DKW-Rennmaschinen, besonders die zahlreichen Spezialkonstruktionen, die oft von den Werksfahrern gesteuert wurden, bedürfen ein besonderes Kapitel. Da müßte man z. B. auch gleich die 1935 eingesetzte 498-cm^3-Zweizylinder-Vierkolbenmaschine mit den liegenden, wassergekühlten Zylindern und dem Preßstahlfahrgestell erwähnen, die beim Großen Preis von Deutschland erstmalig, mit H. P. Müller im Sattel, eingesetzt wurde. Sie sah

Mit der luftgekühlten Z 500 brachte DKW 1927 die erste Halbliter-Zweitakt-Zweizylindermaschine heraus, deren thermische Schwierigkeiten bald zum Bau einer ähnlichen wassergekühlten Variante führten. Auf dem Bild die luftgekühlte Zweizylinder-DKW . . .

. . . und hier die wassergekühlte Zweizylinder aus Zschopau. Mit frisierten Ausführungen bestritt DKW bereits 1927 erfolgreich Rennen der 500er Klasse. Fahrer waren Ernst Zündorf, Karl Stegmann, Xaver Gmelch, Sepp Klein, Hans Winkler und die Brüder Bekker (letzere mit Seitenwagen).

phantastisch aus, lag phantastisch und wurde doch kein großer Erfolg. Und so ging es mit vielen anderen Neukonstruktionen, zumal besonders Hochleistungszweitakter – und das war in allen Klassen der Fall – noch immer komplizierte und hochempfindliche Instrumente waren. So kam es z. B., daß die neuen käuflichen DKW-Rennsportmodelle wohl eine Ladepumpe, aber nicht die Einlaßmembrane der Werksmaschinen besaßen. Erklärlich, da ja Privatfahrer sich kaum zu komplizierte Rennmaschinen und die dazugehörigen hochqualifizierten Rennmonteure leisten können.

Wie erfolgreich DKW allein 1935 war, geht daraus hervor, daß die Werksfahrer Toni Bauhofer, Arthur Geiss, Hans Kahrmann, Ewald Kluge, Kurt Mansfeld und Walfried Winkler

Von der steuer- und führerscheinfreien 198er DKW gab es mehrere Varianten, darunter dieses „Vomo"- (Volksmotorrad-)Modell mit 4 PS und Riemenantrieb zum Hinterrad, das unter der Typenbezeichnung ZE herauskam und nur 485 RM kostete.

Ab 1929 gab es Satteltanks und neue Stahlpreßrahmen wie bei dieser 292-cm³-DKW „Luxus" aus dem Jahre 1931 mit Einzylinder-Dreikanalmotor.

(seit 1923 schon DKW-Rennfahrer!) 8 Große Preise, 21 große Rennen sowie auch die „Silbervase" bei der Internationalen Sechstagefahrt gewannen und dazu auch noch, mit Winkler im Sattel, 8 Weltrekorde brachen. Bemerkenswert, daß ab 1935 sowohl 198er als auch 498er DKW-Serienmodelle zum Teil mit elektrischem Anlasser gebaut wurden, sich aber nicht besonders durchsetzen konnten. Der Anlasser selbst lag unter dem Sattel. Verkaufsschlager war aber nach wie vor die kleine RT, nunmehr RT 3, mit dem 98-cm³-Motor, deren Leistung 1937 auf 3 PS gesteigert werden konnte. Auch im Ausland erfreute sich diese Maschine großer Beliebtheit. Ansonsten gab es in dieser Zeit fast nur jährliche Verbesserungen und verschiedene Varianten existierender Modelle. So in der 198-cm³-Klasse, wo aus der KM 200 die KS 200 mit einem Dreigang-Blockmotor und Umkehrspülung bei 63 mm Bohrung und 64 mm Hub wurde, während die 198er SB-Modelle mit 60 mm Bohrung und 68 mm Hub gebaut wurden. Auch die Lichtmaschinen waren verschieden, und die mit elektrischem Anlasser versehene SB A besaß sogar eine mit 100/125 Watt Leistung.

Die Leistungen der vor rund 40 Jahren gebauten Zweitakter sind natürlich mit denen heutiger Konstruktionen nicht zu vergleichen. So brachte die Auto Union (DKW) 1938 eine verbesserte 248-cm³-Rennsport-Serienmaschine heraus, die offiziell auch nur 20 PS bei 5000 U/min abgab. Trotzdem erwies sie sich in der Hand guter Privatfahrer wie Hermann Gablenz, Otto Daiker, Karl Lottes, Otto Kohfink, Hans Häusler u. a. als sehr erfolgreich. Als nach 1945 wieder Rennen in Deutschland stattfanden, war es vor allem diese DKW Rennsport, die in verschiedenen verbesserten Ausführungen zuerst in der 250-cm³-Klasse dominierte. Neu kamen 1938 auch die NZ 250 und NZ 350 mit ihren aus Preßteilen zusammengeschweißten zentralen Kastenfahrgestellen ins Programm; auch vorn gab es eine Preßstahl-Profilgabel. Diese Maschinen hatten sehr glattflächige Motoren und Vierganggetriebe.

1939 das 500000. DKW-Motorad

Ein Bild vom Umfang der damaligen DKW-Produktion erbrachte der 6. Februar 1939, als das DKW-Motorrad Nr. 500000 vom Fließband

Aufgrund neuer Erkenntnisse wagten sich die Zschopauer DKW-Leute auch wieder an den Bau luftgekühlter 492-cm³-Zweizylindermaschinen. Diese 1932 gebaute Version hatte 14 PS und einen Blockmotor mit Dreiganggetriebe und Kugelschaltung.

Bei DKW befaßte man sich nur mit Zweitaktern, und auch diese 198er „SB" bildete keine Ausnahme. Es gab sie ebenfalls mit 246, 346 und als Zweizylinder mit 494 cm³; die große DKW konnte auch mit Elektrostarter geliefert werden.

in Zschopau ging. Zweifellos ein Beweis, daß die einst so verschmähten Zweitakter sich doch durchgesetzt hatten. Knapp vor Kriegsausbruch 1939 hatte allein DKW eine um ein Achtel höhere Belegschaft als 1932 alle Werke der Auto Union. Anfang 1939 betrug der Auto-Union-Tagesumsatz über eine Million Reichsmark, der Jahresexport über 50 Millionen. Er war zum Teil auch auf den großen Umsatz mit stationären DKW-Motoren zurückzuführen. Damals kam auch eine 348-cm³-DKW-Rennsport in Kleinserie – ähnlich der 248-cm³-Rennsport – heraus. Sie hatte bereits Hinterradfederung, 32 PS und eine Spitze von 170 km/h. Diese Doppelkolben-Ladepumpenmaschine besaß die für damalige Verhältnisse gute Literleistung von 91,5 PS, wog trotz Wasserkühlung usw. nur 115,5 kg, brauchte nur 3,6 kg pro PS zu schleppen, der Preis betrug etwa 85 Mark ... Interessant deshalb, weil man 115 RM für ein PS bei der kleinen RT 3 bezahlen mußte. Das war natürlich reine Theorie, zumal es sich hier um Maschinen für vollkommen unterschiedliche Zwecke handelte.

Knapp vor Kriegsausbruch kam dann die RT 125 mit ihrem 123er 5-PS-Motor als vergrößerte und etwas verfeinerte Auflage der guten alten RT 3. Neu war aber auch die NZ 500, deren Kraftquelle, ein luftgekühlter Zweitakt-Zweizylinder mit 498 cm³, durch Änderung des Hubverhältnisses auf 18,5 PS gebracht werden konnte. Auch hier gab es bereits eine Hinterradfederung. Im Zweiten Weltkrieg arbeitete in Zschopau alles auf Hochtouren an für die Wehrmacht modifizierten 348er NZ-Modellen und an Stationärmotoren – bis zur Zerschlagung aller sächsischen Betriebe.

Neubeginn in Ingolstadt

Nach 1945 als „Volkseigener Betrieb" wiedererstanden, baute man als erste Konstruktionen die RT 125 und dann eine 348er Zweitaktmaschine – beide unter dem Namen Ifa – mit einem quergestellten zweizylindrigen Boxer-

Als DKW nach dem Zweiten Weltkrieg in Ingolstadt wieder Motorräder baute, stand diese hervorragende RT 200 ganz im Vordergrund. Ihr 198-cm³-Einzylindermotor war dem der Modelle RT 125, RT 175 und RT 250 sehr ähnlich.

Zweitakt-Blockmotor mit Kardanantrieb. Zahlreiche führende Männer, unter ihnen auch der Rennmaschinenkonstrukteur Ing. Hermann Weber, wurden nach Rußland verpflichtet, wo er bald darauf verstarb. Die eigentliche Auto Union existierte praktisch nicht mehr, und auch Rasmussen, den man vor seinen eigenen Betrieben in den dreißiger Jahren schon so stark „abgesägt" hatte, war nach Dänemark zurückgekehrt. Aus der Ifa wurde später die derzeitige MZ (Motorradwerke Zschopau), doch das ist eine andere Story, zumal die DKW-Geschichte 1949 mit dem Wiederaufbau der Auto Union in Ingolstadt wieder aufgefrischt wurde. Führend dabei die alten Auto-Union-Männer Dr. Bruhn, Dr. Hahn und Dr. Werner. Gleichzeitig mit Ingolstadt baute man auch Zweigunternehmen in Huhde, Düsseldorf, Südafrika sowie die Berini in Rotterdam auf. Die Betriebsleitung in Ingolstadt übernahm der bekannte Techniker und Ex-Rennfahrer Franz Ischinger, der ursprünglich mit Martin Stolle im D-Rad-Werk in Spandau tätig war und anfangs der dreißiger Jahre zur Auto Union ging. Jetzt begann man, in Ingolstadt die RT 125 unter dem alten Namen DKW zu bauen; 1950 waren bereits 10000 neue Maschinen dieses Typs gefertigt.

Zweifellos war diese kleine RT 125 eine ganz hervorragende Konstruktion, und so tauchte sie in der DDR nicht nur in Form der kleinen Ifa, sondern in England bei BSA, in Amerika bei Harley-Davidson und auch in anderen Ländern unter anderen Namen auf. Da gab es viele Probleme und Schwierigkeiten für die „neue" Auto Union in Ingolstadt, die auch bald wieder Automobile baute und im August 1950 die neue Fabrik in Düsseldorf beziehen konnte. Übrigens: Die ersten im Westen gebauten RT-125-Modelle hatten Rahmen, die die Firma Hoffmann in Lintorf für die Ingolstädter Auto Union baute. Und bei Hoffmann war damals auch der Vorkriegs-Rennleiter des Auto-Union-Rennteams, Dipl.-Ing. August Prüssing, eine Zeitlang nach 1950 tätig.

Bald wieder große Sporterfolge

Gut frisierte RT-125-Modelle – besonders die von Carl Döring – errangen bald nach dem Kriege Erfolge auch im „Westen". 1950 bestand in Ingolstadt wieder eine offizielle Rennabteilung, wo vorerst 123er Rennmaschinen, diesmal ohne Wasserkühlung, gebaut wurden. Döring war mit seiner privat zurechtgemachten Maschine bereits 1949 Deutscher Meister geworden. Praktisch gab es in dieser Periode zwei fast gleiche 123-cm³-Rennmaschinen, gebaut von der Ifa in Zschopau und DKW in Ingolstadt. Bereits im März 1950 stellten in Ingolstadt 1900 Beschäftigte 1627 RT-3-Motorräder her, zu einer Zeit, als man in der 250-cm³-Rennklasse noch die Vorkriegs-Ladepumpen-Rennmaschinen, zum Teil mit selbstkonstruierten Kompressoren, fuhr. Ähnlich in der 350-cm³-Klasse: Zahlreiche Vorkriegs-DKW-Fahrer wie Walfried Winkler, H. P. Müller, Hermann Gablenz, Kurt Nitschky, Siegfried Wünsche, Rudi Knees, Kurt Mansfeld, Otto Daiker, Otto Kohfink und andere waren auch wieder im Sattel von DKW-Rennmaschinen. Es war übrigens Siegfried Wünsche, der 1950 der erste offizielle DKW-Werksfahrer wurde – genau ausgedrückt, „Nachkriegswerksfahrer"! H. P. Müller, der hervorragende Bielefelder Rennfahrer, kam damals auch ins Werksteam, wo er vorerst sehr schnelle 123er Ladepumpenmaschinen mit luftgekühltem Motor fuhr und große Erfolge errang. DKW war aber auch bei großen Zuverlässigkeitsfahrten dabei mit einem Werksteam, dem außer Männer wie Döring, Wünsche und Herbert Kirchberg auch der Chef persönlich, Franz Ischinger, angehörte, der das Geländefahren nicht lassen konnte. 1950 kostete die serienmäßige RT 125 ab Werk 945 DM . . . und wurde den Vertretern direkt aus der Hand gerissen. Mit dem nunmehr „zurückgekehrten" Ewald Kluge – der 1938 als erster deutscher Fahrer eine englische T. T. auf der Insel Man auf DKW gewann – wurde das neue Werksteam weiter aufgebaut.

Einen Rohrrahmen, eine moderne Telegabel und 8,5 PS gab es bei der neuen RT 200, die Anfang 1951 auf den Markt kam. Sie hatte 62 mm Bohrung, 64 mm Hub und leistete mit ihren 191 cm³ rund 1 PS mehr als andere damalige Maschinen dieses Hubraums. Nach wie vor besaß sie die gute alte Schnürle-Spülung.

Fuhren die DKW-Werksfahrer bis dahin an neuen, kompressorlosen, luftgekühlten Modellen nur die schnelle 125er, so gab es Mitte 1951 bereits neue 250er mit zwei etwas nach vorn geneigten Zylindern. Ewald Kluge, H. P. Müller und Siegfried Wünsche waren die Fahrer der von Ing. Erich Wolf konstruierten Maschine. Noch war die 125er etwas erfolgreicher als die 250er, und H. P. Müller ist hier der Meister. 1951 kamen auch DDR-Fahrer mit den Ifas in den Westen, doch waren die Ingolstädter ihnen überlegen. Der alte Rudge- und Vorkriegs-DKW-Werksfahrer Bernhard Petruschke war nunmehr im Ifa-Team, das auch unter seiner Leitung stand und in Erhard Krumpholz und Erdmann zwei sehr gute Fahrer hatte. Dennoch war die 250-cm³-DKW noch nicht schnell genug; in der 125-cm³-

Schön und leistungsfähig war die 1952 herausgekommene DKW RT 250 (246 cm³ und 12 PS bei 4500 U/min). Außer der Telegabel besaß sie schon eine gute Hinterradfederung und eine ganz eingeschlossene Hinterradkette.

Klasse gab es bereits Roders schnelle ohc-NSU-Einzylinderrennmaschinen, die immer mehr aufkamen. Ende 1961 kam übrigens auch die serienmäßige RT 250 auf den Markt, mit 70 mm Bohrung und dem alten 64 mm Hub, rund 11,5 PS bei 4500 U/min. Eine hübsche und gute Viertelliter-Einzylindermaschine, beruhend auf der Konstruktions- und Qualitätstradition der alten DKW-Auto Union.

Zurück zu den 125er und 250er Renn-DKWs, die für 1952 einen Drehschieber bekamen und damit ein besseres Drehmoment. H. P. Müller hatte das Werksteam verlassen und wurde durch zwei junge Fahrer ersetzt: Karl Hoffmann und Rudi Felgenheier. Im Mai 1952 nahm die Auto Union den Bau neuer 348-cm³-Dreizylinder-Zweitakt-Rennmaschinen mit Luftkühlung, wieder von Erich Wolf konstruiert, auf. Diese neue Konstruktion mit einem nach vorn liegenden und zwei nur nach vorn geneigten Zylindern drehte 12000 U/min und erreichte 200 km/h ohner Verkleidung. Die Leistung betrug ca. 37 bis 40 PS.

Mit Siegfried Wünsche und Ewald Kluge im Sattel gewannen sie schon 1953 viele Rennen. Leider schied Kluge nach seinem schweren Unfall beim Eifelrennen aus, er wurde durch mehrere Fahrer wie Karl Hoffmann, den

Mitte der fünfziger Jahre bekamen DKW-Motorräder Stachelrippenzylinder. Diese zweizylindrige RT 350 (346 cm³, 18 PS bei 4500 U/min) war das stärkste Serienmodell von DKW nach dem Zweiten Weltkrieg.

jungen August Hobl, die Engländer Len Parry und Cecil Sandford, Hans Bartl u. a. ersetzt bzw. das DKW-Werksteam ergänzt, zumal sich dann auch Siegfried Wünsche nach einer sehr erfolgreichen Laufbahn 1955 vom aktiven Sport zurückzog.

Die Modellpalette bei den DKW-Serienmaschinen bestand 1955 aus den Einzylindermaschinen RT 125, RT 125 H, RT 175, RT 200 und einer 1954 geschaffenen RT 350, die einen sehr schönen Blockmotor mit zwei Parallelzylindern (62 mm Bohrung und 58 mm Hub) besaß. Er leistete 18 PS bei 5000 U/min und war auch seitenwagenfest. Der Preis lag bei 2250 DM. Damals gab es auch den DKW-„Hobby"-Roller mit 74 cm³ Hubraum zum Preis von 885 DM. Später wurde diese Konstruktion in Frankreich unter dem Namen „Manurhin" gebaut und gehandelt. Dieser Kleinroller war gut, kam aber zu spät auf den Markt. Eine Reorganisation gab es damals auch auf dem Gebiete der Rennabteilung, wo Ing. Erich Wolf, Konstrukteur der seit 1951 gebauten 123er, 248er und 348er Ein-, Zwei- und Drei-Zylinder-Rennmaschinen mit luftgekühlten Motoren, durch Helmut Görg (auch ein „alter Zschopauer") ersetzt wurde. Über ihnen stand aber noch ein Mann, der schon in den dreißiger Jahren eine prominente Rolle, damals in der Rennwagenabteilung unter Ferdinand Porsche, gespielt hat: Prof. Dr. Robert Eberan von Eberhorst, der nach 1945 auch längere Zeit in England bei Autofabriken tätig war.

Erich Wolf war zweifellos ein einfallsreicher und tüchtiger Rennmotorradkonstrukteur, doch war er so ein „Leichtbaufanatiker", daß es immer wieder Probleme mit Teilen gab, die unter Rennbedingungen den besonders harten Anforderungen nicht entsprachen. Immer mehr hatte man sich damals auf die schnelle 348-cm³-Dreizylinder-Rennmaschine konzentriert, doch gerade sie war es, die oft mit Defekten liegenblieb. Im Gegensatz zu Wolf war Helmut Görg ein Mann, der keine Risiken einging; zusammen mit Eberan-Eberhorst wurden die Maschinen weiterentwickelt und so standfest gemacht, daß sie viele Erfolge erringen konnten. Daß sie bei dieser Weiterentwicklung an Gewicht zunahmen, ließ sich nicht vermeiden. Ausgeglichen wurde dieser Minuspunkt aber bald durch mehr Leistung der Zweitakter. Zuletzt hatten sie wohl zwischen 46 und 48 PS und waren zuverlässig. 1955 waren nur noch die Werksrennmaschinen von Moto Guzzi schneller als diese DKW-Dreizylinder. Rennleiter Jacob war für den Renneinsatz verantwortlich. In der 250-cm³-Klasse hielt sich Karl Lottes auf einer Ex-Werks-DKW sehr gut, während die Zschopauer Ifa-Leute auch immer besser wurden und mit ihren 123er Einzylinder- und 246er Zweizylinder-Werksrennmaschinen auch im Westen zahlreiche Rennen gewannen. Wenn es damals bei DKW in Ingolstadt ein großes und erfolgreiches Fahrertalent gab, so war es zweifellos der junge August Hobl, aber auch Karl Hofmann wurde immer besser. In Schotten war Hobl schon vor Cecil Sandfords Moto Guzzi und Sigi Wünsches DKW an dritter Stelle. Hobl fuhr auch die schnellste Runde. Ende 1955 fuhr Sigi Wünsche einen Sieg im schwedischen Kristianstad heraus. Dann zog er sich vom aktiven Rennsport zurück.

Inzwischen hatten die serienmäßigen 173er und 198er RT-Modelle moderne Hinterradschwingen bekommen. Auch die Fahrgestelle wurden modernisiert und Telegabeln einge-

Als diese 173-cm³-DKW RT 175 S 1956 entstand, war sie mit Vorder- und Hinterradschwinge eine hochmoderne Konstruktion. Auf den Markt, der nur noch wenig aufnahmefähig war, kam sie zu spät.

Der Name DKW stand nur noch am Tank – der Zweitakt-Fünfgangmotor dieser 125 TS mit einer Leistung von 12,5 PS stammte von Sachs. Man schrieb das Jahr 1969.

führt. Allerdings war 1956/57 der Umsatz schon erheblich zurückgegangen und erreichte nicht mehr die Monatsproduktion von 8000 Maschinen, die es noch 1954 gab. Jetzt lag das Schwergewicht immer mehr auf dem Mopedsektor, wo DKW das Moped „Hummel" mit 48 cm^3 und 1,35 PS bei 2000 U/min herausbrachte. 1957 sah die DKW-Modellpalette den Bau folgender Modelle vor: RT 125, RT 125 H, RT 175 S, RT 175 VS, RT 200 S, RT 200 VS, RT 250 S, RT 250 VS und die zweizylindrige RT 350 S, deren 18,5 PS bei 5000 U/min erreicht wurden. Sie kostete 2250 DM. Das „VS" bei allen Modellen bedeutete „Vollschwingen"-Ausführung, zumal hier Langschwingen verwendet wurden. Auf dem Rollersektor gab es dann – für 950 DM – den „Hobby-Luxus" mit 48 cm^3 Hubraum. Spitzenreiter im Verkauf war aber die RT 175 S mit 9,6 PS, 100 km/h und einem Preis von 1425 DM.

DKW fusionierte mit Victoria und Express

Bis 1954 hatte es große Umsätze bei der deutschen Motorradindustrie gegeben. Dann begann – auch bei der Auto Union (DKW) – der Weg nach unten. Baute man 1953 und 54 noch 66000 Motorräder in Ingolstadt, waren es 1955 nur noch 48000 und 1956 sogar nur noch 28500. 1957 reduzierte man bei DKW die Palette der Modelle auf zwei: die RT 175 VS mit 174 cm^3 und 9,6 PS bei 5000 U/min und die RT 200 VS mit 197 cm^3 und 11 PS bei 5000 U/min. Da auch Victoria und Express mit Schwierigkeiten zu kämpfen hatten, kam es 1958 zur Gründung der Zweirad Union mit dem Sitz in Nürnberg. Dort wurde DKW mit Victoria und Express zusammengelegt und in den Victoria-Werken in der Nopitschstraße konzentriert. Zehn Jahre darauf, 1966, kam die Zweirad Union zur Sachs-Gruppe, zu der bereits Hercules in Nürnberg gehörte.

Das war ein ungewöhnlicher Zusammenschluß, wenn man bedenkt, daß gerade DKW (Auto Union) und Fichtel & Sachs jahrelang zu den großen Konkurrenten gehörten: Sachs durch die Einbau-Zweitakter, die an viele Firmen geliefert wurden, und DKW als Hersteller kompletter Zweitakter. DKW, einst die größte Motorradfabrik der Welt, war ein kleines Glied der Sachs-Gruppe geworden, und man konnte den Eindruck gewinnen, daß der Name DKW immer mehr in den Hintergrund gelangte. Dabei war gerade DKW – international gesehen – einer der prominentesten Namen der deutschen Motorradindustrie, den man hätte mehr forcieren und wieder ganz groß aufbauen sollen. DKW verkörpert nicht nur eine große Tradition, sondern auch eine internationale Reputation. Wohl existiert der Name DKW auch heute noch bei der Zweirad Union, doch wird er vor allem für den Export eingesetzt. Er ist zu gut, als daß man ihn vergessen könnte.

Sehr schnelle und erfolgreiche Zweitakter:

Die DKW-Rennmaschinen

Es hatte einen bestimmten Grund, daß der einst in Zschopau (Sachsen) wohnhafte Däne Jörge Skafte Rasmussen mit den in seinen Werken gebauten DKW-Zweitaktmotorrädern so stark ins Renngeschehen einstieg. Er wollte nicht nur, sondern er mußte den Kunden beweisen, daß es auch gute Zweitaktkonstruktionen gab und daß diese den Viertaktern nicht nur ebenbürtig, sondern sogar überlegen sein können.

Zweitaktern sagte man damals – es war nach dem Ersten Weltkrieg – zwar Einfachheit, aber in Fahrerkreisen auch mangelnde Leistung, geringe Zuverlässigkeit und hohen Kraftfahrstoffverbrauch nach. In vielen Fällen mit gutem Grund. Weil damals nicht nur erfahrene Motorenhersteller, sondern auch bisherige Kriegsmateriallieferanten und vor allem auch Firmen, die bis dahin keinerlei Verbindung zum Motorrad- und Motorenwesen hatten, ganz plötzlich mit Zweitaktkonstruktionen am aufnahmefähigen deutschen Markt auftraten.

Es gab Hunderte von Marken, Hunderte von Konstruktionen und für den Kunden kaum eine Möglichkeit, von vornherein eine gute Konstruktion von dem Gegenteil zu unterscheiden. So kam es, daß unzufriedene Besitzer von Motorrädern mit Zweitaktmotoren diese verdammten und ihnen den damals weitverbreiteten schlechten Ruf verschafften.

DKW-Zweitakter von Ruppe

Jörge Skafte Rasmussen, dessen erste Zweitaktmotoren von einem berühmten Konstrukteur geschaffen wurden, wollte im Kampf bei sportlichen Veranstaltungen die Überlegenheit seiner DKW beweisen. Und so kam es zum Bau von Zweitakt-Rennmotorrädern, die jahrelang eine führende Rolle im nationalen und internationalen Rennsport spielten. Es war Hugo Ruppe, dessen Vater Berthold Ruppe in Apolda die Piccolo- und Apollo-Automobile baute und der selbst jahrelang für die Konstruktion seiner MAF-Automobile in Makranstädt bei Leipzig verantwortlich war, der die DKW-Zweitakter für Rasmussen schuf – und es gab kaum einen besseren Namen in Deutschland, soweit es Zweitakt-Motoren betraf. Allerdings war Hugo Ruppe nicht mehr im DKW-Werk, als diese Zweitakter in das Renngeschehen ernsthaft – es war 1922 – einstiegen. Hugo Ruppe baute damals bereits wieder in seiner eigenen Fabrik in Berlin Motorräder, die nicht weniger berühmten „Bekamo".

So kam es, daß wir in dieser Periode einerseits führende Zweitakter von DKW, Bekamo, Grade, Dolf, Ermag, Zündapp, Stock, dann auch Hirth, Rinne, Windhoff, TX, Eichler usw. oft im großen Kampf gegen die von Snob geführten Viertakter, unter denen sich auch bis 1926 die Marken Flottweg, Universelle,

Bereits 1922/23 setzte DKW die „Reichsfahrt"-Modelle von 118 und 147 cm³ in sportlichen Wettbewerben mit großen Erfolgen ein. Zunächst mit privaten und werksunterstützten Fahrern, später auch mit reinen Werksfahrern.

Zur Gewichtseinsparung hatten die „Reichsfahrt"-Rennversionen von 147 cm³ beim Avus-Rennen 1922 in Berlin praktisch nur verstärkte Fahrradrahmen. Beachtlich die „Stromlinienschwänze" hinter den Sätteln! Mit (von links) Urban, Thiele und Epstein belegte DKW die ersten drei Plätze.

BMW, Horex, Ribi, Imperia, Sut, Alba u. a. befanden, sahen. Ein Kampf, der dank weiterentwickelter DKW-Maschinen immer mehr zu ihrer Angelegenheit wurde.

Die ersten DKW-Rennmaschinen waren noch keine Spezialkonstruktionen, sondern nur „frisierte" Versionen des serienmäßigen Reichsfahrtmodells, dessen Nasenkolben-Dreikanal-Motor einen Hubraum von 147 cm³ hatte und eine Leistung von 5 PS abgab. Als dann Ende 1925 diese Konstruktion aus dem offiziellen Renneinsatz gezogen wurde, hatte man die Leistung auf immerhin 6 PS gebracht, bei auf 173 cm³ vergrößertem Hubraum. Verantwortlich für diese Rennmaschine war ein Mann, der selbst mit ihr Rennen fuhr: Hermann Weber. Seine Teamkollegen waren Max Seyffer, Kurt Friedrich, Richard Blau, Hans Sprung, Kurt Ebstein, Hans Thiele und auch ein Fahrer, der dann auf DKW-Rennmaschinen Weltberühmtheit errang: Walfried Winkler!

Die große Konkurrenz bildeten 1925 andere Zweitakter von Bekamo, TX, Windhoff, Eichler und Rinne; es waren Konstruktionen, die mehr oder weniger vom Zeichenbrett Hugo Ruppes stammten und bis auf den Rinne einen Hilfskolben im Kurbelgehäuse – als Vorkompressor – besaßen. Schon Ende 1924 hatten andere Konkurrenten, wie Cockerell, Dolf, Grade und auch die Snob und Alba mit ihren Viertaktmotoren, die Waffen gestreckt. Jetzt waren aber auch die Reichsfahrtmodelle von DKW zu ersetzen, da sie die Grenze der Entwicklung erreicht hatten. Und so ging der gute DKW-Chef Rasmussen direkt in die „Höhle des Löwen", zu seinem alten Freund und Mitarbeiter Hugo Ruppe.

Hermann Weber war Konstrukteur und Rennfahrer bei DKW in Zschopau (DDR), wo er auch diese ab 1926 in Kleinserie gebauten 173-cm³-Rennmaschinen mit wassergekühlten Motoren und Ladepumpe im Kurbelgehäuse schuf. Eine ähnliche 246er Rennversion entstand bald danach.

Erfolgreiche DKW-Rennmaschinen

Dieser große deutsche Konstrukteur – am 15. August 1879 in Apolda geboren – hatte inzwischen sein Berliner Bekamo-Werk in die Tschechoslowakei nach Rumburg verlegt und war dadurch ziemlich unabhängig, das heißt frei als Konstrukteur geworden.Und so konnte er gleich für DKW eine ganz neue und ganz hervorragende 173-cm³-Rennmaschine schaffen. Einen einzylindrigen Zweitakter, der – wie die Bekamo – auch einen Hilfskolben und von Grund auf Wasserkühlung besaß. Ich betone dies, weil viele Firmen bei Hochleistungs-Zweitaktern ohne Wasserkühlung nicht auskamen, wie wir dies schon bei Grade, TX, Cockerell und Beier fanden, während Windhoff auch Serienmodelle mit Wasserkühlung baute.

So sahen die ersten wassergekühlten DKW-Rennmotoren von 173 und 246 cm³ mit Hilfskolben im Kurbelgehäuse aus. Unter den Bezeichnungen ARe und ORe arbeiteten sie nach dem vorher von Hugo Ruppe geschaffenen Bekamo-Prinzip.

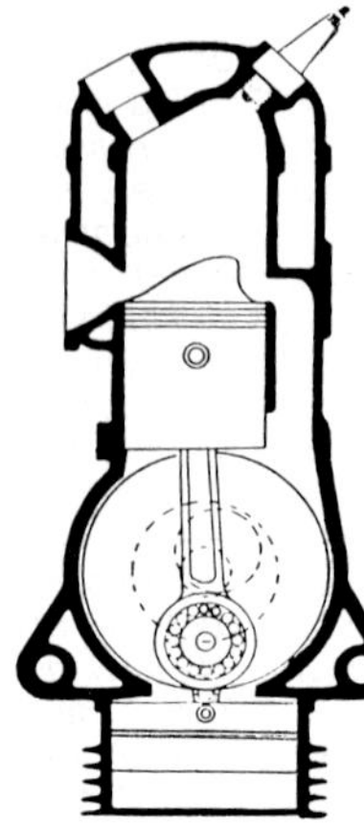

Bald nach dieser neuen Dreikanal-Nasenkolben-DKW stellte man in Zschopau auch eine gleichaussehende Variante mit 247 cm³ Hubraum her. Diese beiden wassergekühlten DKW-Rennmaschinen standen, wenn auch während der Jahre weiterentwickelt, bis 1932 an der Spitze in ihren Klassen, das heißt bis 175 cm³ und 250 cm³. Erfreulich, daß man auch Kleinserien für den Verkauf an Privatfahrer baute, die nunmehr für einen vernünftigen Preis wirklich konkurrenzfähige Rennmaschinen erwerben konnten. Maschinen, mit denen man nicht nur bei Straßen-Rundstreckenrennen, sondern auch bei Berg- und Bahnrennen fuhr und Erfolge errang. Die 173er ARe hatte ursprünglich schon 12 PS, die 247er ORe 17

DKW-Werksrennmaschinen bekamen ab 1932 Doppelkolben-Ladepumpenmotoren und wurden jahrelang unter großem finanziellen und technischen Aufwand weiterentwickelt. 1936 leisteten die 246-cm³-Rennmaschinen mit Membranmotor bereits 24 PS bei 4500 U/min. Große Fahrer wie Arthur Geiss, Walfried Winkler, Ewald Kluge und andere gewannen mit ihnen viele bedeutende Rennen. Das Bild zeigt eine 1937 gebaute Werksmaschine.

Unter der Leitung von Oberingenieur August Prüssing wurden in der großen Zschopauer Rennabteilung auch die zweizylindrigen Werksmaschinen ständig weiterentwickelt. Gebaut wurden sie hauptsächlich mit 498 cm³ und für Seitenwagenrennen auch mit 598 cm³. Hans Schumann, Toni Babl, Hans Kahrmann, Karl Braun u. a. fuhren die Gespanne.

PS bei 4800 U/min. Eine Leistung, die durch fünfjährige Weiterentwicklung zuletzt auf 18,6 PS bei 5300 U/min kam. Hugo Ruppe schuf die Konstruktion, Hermann Weber und dann August Prüssing widmeten sich der Weiterentwicklung, der „PS-Züchtung". Sieht man davon ab, daß es öfters Kerzenschwierigkeiten bei diesen Rennmaschinen gab, waren sie der Traum vieler junger Fahrer – und weit von den Rennzweitaktern entfernt, die man heute auf den Rennstrecken bewundern kann.

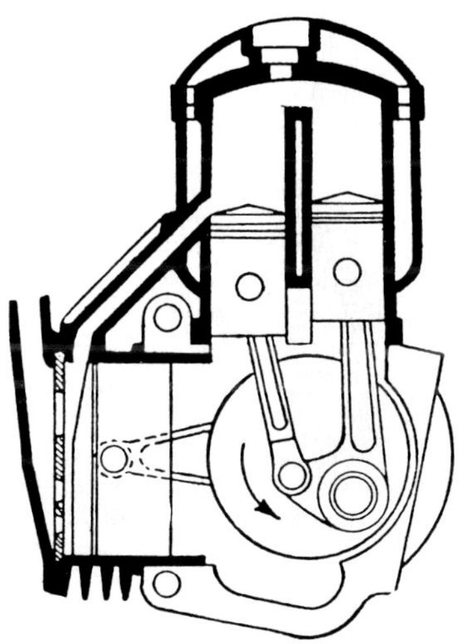

Das Arbeitsprinzip des 1935 erstellten Doppelkolben-Rennmotors von DKW mit der vorn liegenden Ladepumpe.

Groß war die Zahl der mit diesen DKW-Maschinen bekannt gewordenen und erfolgreichen Rennfahrer: Walfried und der mit ihm nicht verwandte Hans Winkler, Xaver Gmelch, Kurt Friedrich, Willy Henkelmann, Hans Sprung, Günter Bartels, Josef Klein, Leo Steinweg, Arthur Müller, Otto Weber, Ernst Magnus, Rudolf Michael, Arthur Geiss, Otto Kohfink, Ferencz Zboray, Anton Uroič, Karl Bohmann, Hans Meyer, Jim Hall, van Dienter, Ernst Lehmann, um nur einen Teil zu nennen.

Auch 500er DKW mit Ladepumpe

Bereits 1927 dachte man in Zschopau auch schon an die 500-cm³-Klasse. Und während die erste derartige Serienversion zwei luftgekühlte Zylinder besaß, stattete man auch hier die 496er-Nasenkolben-Zweitakt-Zweizylindermodelle mit dem doppeltwirkenden Hilfskolben (Ladepumpe) und mit Wasserkühlung aus. Zweifellos hatte die berühmte englische Zweizylinder-Zweitakt-Scott als Vorbild gedient. Man muß aber auch zugeben, daß DKW diese Rennmodelle bald so entwickelt hatte, daß sie der Scott bei Rennen glatt überlegen waren.

Damals gab es vorerst bescheidene 25 PS bei 3800 U/min von der 496er-DKW-Werksrennmaschine. Eine Leistung, die man 1929 auf 27,8 PS bei 4000 U/min, 1930 auf 34 PS bei 5300 U/min und 1931 auf 36 PS bei 4500 U/min gebracht hatte. In der Praxis war sie in Ihrer Klasse nicht so überlegen wie die 173er- und 247er-Rennmodelle in deren Klassen. Auch war sie Privatfahrern nicht zugänglich, wenn man davon absieht, daß man gelegentlich guten Privatfahrern ein Ex-Werksmodell für gutes Geld verkaufte. 1929 wurde auch ein

Speedway-Modell mit diesem Motor – der für diesen Zweck 30 PS bei 6000 U/min abgab – gebaut und von Fritz Niemeck gesteuert.

Niemeck bestritt aber auch gelegentlich Straßen-Rundenrennen, für welche die Zschopauer Fabrik aber auch den Kölner Ernst Zündorf, den bebrillten Karl Stegmann aus Neuölsnitz, die beiden Münchener Xaver Gmelch und Hans Winkler und den Frankfurter Josef Klein engagiert hatte. Gelegentlich fuhr auch der Chemnitzer Herbert Kirchberg diese 500er und 1929/30 aber auch eine 348-cm³-DKW, die damals eingesetzt wurde. Sie war eine „verkleinerte" Version der 496-cm³-Zweizylindermaschine. Man konnte sie als guten Durchschnitt bezeichnen, aber keinesfalls als Spitzenfahrzeug. Meist wurde sie von Günther Bartels, nur gelegentlich auch von Josef Klein, Arthur Geiss und anderen Werksfahrern gesteuert. Sie hatte 23–24 PS und litt, wie alle damaligen Nasenkolben-Rennzweitakter von DKW, unter Kerzenproblemen. Anders ausgedrückt, es gab einfach noch keine Kerzen, die den Ansprüchen bei langen Straßenrennen in derartigen Zweitaktern genügten.

Ich möchte daher etwas über die Anstrengung von Bosch schreiben, dieses Problem zu lösen. Zu diesem Zweck erwarb man alle 1924 bis 1925 gebauten Hirth-Rennmotoren – hochgezüchtete Doppelkolben-Rennzweitakter, die vom Konstrukteur Helmuth Hirth aus Leichtmetall für Versuchszwecke mit 144 cm³ und 244 cm³ Hubraum als Ein- und Zweizylinder gebaut wurden. Für damalige Verhältnisse phantastische Rennmotoren: Die 244er Maschine hatte bereits 1925 eine Leistung von 25 PS! Leider nicht über lange Distanzen, da eben die Kerzen nicht existierten, die über eine längere Zeitspanne den hohen Beanspruchungen standhalten konnten. Es waren wohl ein Dutzend dieser Rennzweitakter, die dann bei Bosch in der Versuchsabteilung der Weiterentwicklung von Rennzündkerzen dienten. Und wie sich bald zeigte, mit guten Resultaten.

Rennkonkurrenz durch Puch

Die Klasse bis 175 cm³ verschwand immer mehr von internationalen Rundstreckenrennen, und so kam es, daß die große Stärke der Zschopauer in der Viertelliterklasse lag – bis beim Großen Preis von Deutschland 1931 diese 250-cm³-Klasse nicht von den sieggewohnten DKW- oder englischen Rudge-, New-Imperial- oder Excelsior-Maschinen, sondern von der österreichischen 248-cm³-Werksrennmaschine von Puch, mit dem kleinen Schweizer Elvetio Toricelli im Sattel, gewonnen wurde. Von einem Rennzweitakter, der zwei Kolben in einem Zylinder und auch eine separate Ladepumpe besaß.

Dies war ein Alarmzeichen für Zschopau. Und als 1932 der inzwischen von BMW zu DKW übergetretene Meisterfahrer Toni Bauhofer beim Lückendorfer Bergrennen in der 250-cm³-Klasse an den Start ging, hatte seine DKW-Werksrennmaschine einen ganz neuen Motor. Einen Doppelkolbenmotor, wie die von Ing. Giovanni Marcellino stammende Puch-Konstruktion. Man erzählte sich damals verschiedene Geschichten, wie diese DKW ent-

Für Privatfahrer baute DKW 1938/39 diese sehr begehrten 248-cm³-Rennzweitakter; 1939 entstand auch eine käufliche zweizylindrige Rennmaschine von 348 cm³, die dem Einzylindermodell sehr ähnelte. Sie trugen die Modellbezeichnungen SS 250 und SS 350 und waren durch die rotschwarzen Tanks leicht erkennbar.

Wilhelm Herz, später Werksfahrer bei NSU, steuerte 1938 diese „private" Ex-Werksrennmaschine von DKW (zwei Zylinder, 498 cm³) zu vielen Erfolgen. Hier am Nürburgring beim Großen Preis von Deutschland.

stand. Franz Gall, ein Bruder des 1939 verunglückten BMW-Werksfahrers, der damals Rennleiter bei Puch war, schwor, eine nach Deutschland verliehene Werks-Puch wäre trotz ausdrücklichen Verbotes, den Motor zu öffnen, doch nach Zschopau gelangt und dort „untersucht" worden. Bei Puch vorher angebrachte Geheimzeichen hätten dies bewiesen.

Wie dem auch sei – Puch zog sich Ende 1932 offiziell vom Rennsport mit diesen schnellen Doppelkolben-Zweitaktern, die auch Wasserkühlung besaßen, zurück. Und es blieb DKW

Die Rennzweitakter der dreißiger Jahre wurden immer komplizierter. Als DKW 1939 diese 248er Typ „US" schuf, hatte sie nicht nur vier Kolben, sondern auch einen richtigen Kompressor für den wassergekühlten Zweizylinder-Zweitaktmotor, der wegen des herannahenden Krieges nicht mehr zur Ausreifung kam.

vorbehalten, sie weiterzuentwickeln und bei Rennen einzusetzen. Dies geschah mit großen Siegen bei zahlreichen Grand-Prix-Rennen. Verbunden mit diesen Erfolgen war eine Reihe hervorragender Fahrer, zu denen außer Walfried Winkler auch Ewald Kluge, Siegfried Wünsche, Arthur Geiß, Bernhard Petruschke, Stanley Woods, Ernie Thomas und auch Privatfahrer wie Hermann Gablenz, Otto Daiker, Karl Lottes, Otto Kohfink und andere gehörten.

DKW-Sieg auch bei der englischen T. T.

Die Krone dieser Erfolge war der Sieg von Ewald Kluge 1938 bei der englischen Leichtgewichts-(250 cm³-)Tourist-Trophy auf der Insel Man, wo es für ihn 1939 auch einen zweiten Platz gab. Hinter dem Engländer Ted Mellors, der eine italienische Benelli-ohc-Werksrennmaschine steuerte. Daß diese

Als DKW (Auto Union) 1949 offiziell ins Renngeschehen zurückkehrte, entstanden Rennmaschinen mit luftgekühlten, kompressorlosen Zweitaktmotoren von 116, 124, 248 und 348 cm³. Dies war die 1951 eingesetzte 248-cm³-Zweizylinder-Rennversion, die in Ingolstadt gebaut wurde. Hinter ihr die damaligen Werksfahrer Siegfried Wünsche, Ewald Kluge und rechts der vielseitige Hermann-Paul (H. P.) Müller.

Erfolge mit hochentwickelten und nicht gerade billigen Spezialrennmaschinen errungen wurden, kann nicht bestritten werden. Die Rennabteilung von DKW in Zschopau, damals unter Leitung von Oberingenieur August Prüssing, gehörte zu den größten der Welt. Und sie verschlang auch große Summen, zumal es bei der Entwicklung und Hochzüchtung dieser Rennzweitakter an Problemen nie mangelte. Probleme, die immer wieder Werkstoffe betrafen, die den immer größer werdenden Anforderungen nicht immer entsprachen. Selbst so erfahrene Zweitaktspezialisten wie Prüssing, der zum Chefkonstrukteur aufgestiegene Hermann Weber, Chefmonteur Karl Wagner, Entwicklungsingenieur Jakob und andere konnten nicht immer ruhig schlafen. Weil mit zunehmenden Motorenleistungen auch die Störungsquellen zunahmen. Und eine Einlaßmembran, die noch bei 6000 U/min perfekt funktionierte, erwies sich bei 6500 U/min schon als Quelle für Defekte. So sah es natürlich auch bei anderen Teilen aus, zumal ja diese DKW-Rennmaschinen immer mit verschiedenen Ladepumpen und später mit „richtigen" Kompressoren ausgerüstet wurden, um dadurch den Viertaktern überlegen zu sein. Es war schon schwierig, die richtigen Baustoffe für die riesigen Beanspruchungen bei diesen Konstruktionen zu finden. Und was die DKW-Leute damals allein mit Zündungs- und Schmierungsproblemen auszuhalten hatten, konnte wohl auch nur durch die Zusammenarbeit zahlreicher Spezialisten gelöst werden. So kam es auch, daß die DKW-Werksmannschaft bei großen Rennen von zahlreichen Ingenieuren und Technikern begleitet war.

Neue 500er Rennzweitakter

Dies um so mehr, als man sich bald mit der 250-cm³-Klasse nicht begnügt hatte und vorerst auch mit neuen 498-cm³-Zweizylinder-Vierkolben-Rennzweitaktern auch in der 500er Klasse ins Rennen ging. Bernd Rosemeyer gehörte zu den Fahrern auf diesen schnellen Maschinen. Andere waren Otto Ley, Toni Bauhofer, Kurt Mansfeld, Oskar Steinbach, Karl Bodmer, Hermann-Paul Müller und Wilhelm Herz. Und es gab Zeiten, wo man ein Dutzend festangestellte Werksfahrer in Zschopau hatte und oft mit zwei Dutzend Werksrennmaschinen an den Start ging. Dies war besonders der Fall, wenn im naheliegenden Hohenstein-Ernstthal der „Große Preis von Deutschland" ausgetragen wurde. Dort wollte man sich bei DKW am wenigsten eine Niederlage holen. Zumal hier immer 300 000 bis 400 000 Besucher die Rennen sahen.

Als „singende Säge" wurde 1955 die sagenhafte 348-cm³-Werksrennmaschine von DKW (Auto Union) bezeichnet. Sie besaß zwei fast senkrechte, etwas nach vorn geneigte Zylinder und zwischen diesen den dritten waagerecht angeordneten Zylinder. Konstruiert von Ing. Erich Wolf, wurde sie später von Ing. Helmut Görg weiterentwickelt. Sie war Deutschlands letzte erfolgreiche Rennmaschine in der 350er Klasse.

Ein Blick auf das Jahr 1934 zurück: Es gab zwei oder drei neue 173-cm³-Werksrennmaschinen mit 17 bis 18 PS bei 5500 U/min, und es gab die 248er-Version mit dem U-Motor, vorn liegender und getrennt angeordneter Ladepumpe und Membran-Einlaßsteuerung. Sie leistete 25,7 bis 26 PS bei 4700 U/min, wurde in etwas „zahmerer" Ausführung auch in Kleinserie gebaut und an gute Privatfahrer veräußert. Die schon erwähnte und konstruktiv oft veränderte 498-cm³-Zweizylinder-Doppelkolben-Rennmaschine leistete rund 40 PS bei 5500 U/min. Als für Seitenwagenrennen auf 598 cm³ aufgebohrte Version hatte sie 48

Auch diese, hier von Ewald Kluge gesteuerte DKW (Auto-Union) hatte – man schrieb 1953 – bereits den Wolfschen Dreizylindermotor, doch befand sich ihre Entwicklung noch im Anfangsstadium.

Schnell und erfolgreich waren auch die luftgekühlten 124-cm³-Werksrennmaschinen von DKW (Auto Union), die von dem damals sehr bekannten „Sissy" Wünsche (im Bild) und anderen Werksfahrern wie August Hobl, H. P. Müller und Ewald Kluge gefahren wurden.

PS und wurde bei Rennen mit Hans Schumann, Toni Babl, Hans Kahrmann, Karl Braun und anderen Fahrern bis 1937 eingesetzt. Dann wurden Seitenwagenrennen verboten, nachdem auch Babl und Braun sowie andere Seitenwagenfahrer verunglückt waren.

Fast zur gleichen Zeit entwickelte die Zschopauer Rennabteilung eine neue 348-cm³-Zweitakt-Rennmaschine. Der größeren 498er-Version ähnlich, hatte auch sie einen zweizylindrigen Doppelkolbenmotor mit gegenläufiger, doppeltwirkender Ladepumpe. Ihre Leistung: 35 PS bei 6000 U/min. Werksseitig wurde sie von Walfried Winkler, Kurt Hamelehle, Heiner Fleischmann und Siegfried Wünsche gefahren. Auch hier gab es eine 32-PS-Serienausführung für Privatfahrer, zu denen unter anderen Fergus Anderson, Rudi Knees und Alfred Hartmann gehörten. Die Beliebtheit der 250er und auch deren Erfolge errang sie nie.

Unterhaltung vor dem Training. Links Ing. Helmut Görg, Entwicklungs- und Rennleiter nach 1953 mit einer Dreizylinder-DKW-Rennmaschine von 348 cm³, rechts der tüchtige Ingolstädter Rennfahrer August Hobl auf einer 124-cm³-Einzylinderrennmaschine.

Ständige Weiterentwicklung

Ein Buch in Lexikonformat würde wohl kaum genügen, um die ständigen Entwicklungsarbeiten und Verbesserungen an den Werksrennmaschinen dieser Periode zu vermerken. So lagen bei den 498-cm³-UL seit 1935 die Kühler innerhalb des Fahrgestells; die im gleichen Jahr entwickelte 498 ULD hatte nicht nur einen liegend angeordneten Zweizylindermotor mit Einlaßsteuerung durch Walzendrehschieber, sondern auch ein neues Fahrgestell aus Preßstahl. Walzendrehschieber für den Einlaß – anstelle der bisherigen Ladepumpe – hatte auch die 248-cm³-ULD von 1936, die 28,5 PS bis 30 PS abgab und die erfolgreichste Werks-250er war. Bis sie durch die US-Version von 1938 abgelöst wurde. Bei dieser wurde ein vorn liegender Rotationskompressor in Verbindung mit dem einzylindrigen Doppelkolbenmotor gebracht. Mit dem Resultat, daß die Leistung vorerst auf 35 PS bei 6000 U/min, nachher bis auf 39,5 PS bei 7000 U/min und in Rekordausführung sogar bis 49 PS bei 7000 U/min anstieg.

Dann bekamen – es war inzwischen 1939 geworden – auch die 348er und 498er Zweizylinder-Werksrennversionen Rotationskompressoren. Als der Krieg begann, hatte die 348er 48,5 PS bei 7000 U/min und die 498er DKW-Rennmaschine ihre 65 PS bei 6000 U/min. Ganz hervorragende, aber auch ziemlich teuer erkaufte Leistungen von Rennmaschinen, die in der damals größten und auch teuersten Rennabteilung, die eine Motorradfabrik je besaß, gebaut wurden.

Rennerfolge zahlten sich aus

Trotz allem haben sich – vom kommerziellen Standpunkt aus gesehen – die Rennerfolge ausgezahlt. Sie brachten nicht nur das Prinzip des Zweitaktmotors immer mehr in den Vordergrund, sondern beeinflußten in ungewöhnlich starkem Maße ihre Entwicklung. Soweit es DKW betraf, machten sie das im Gebirge gelegene Motorradwerk zum größten in der Welt. Jörge Skafte Rasmussen, der Vater aller DKW, „schuf“ noch 1932 zusammen mit Wanderer, Horch und Audi die Auto Union, doch benahm sich die 1933 angetretene Regierung sehr unfair zu dem kleinen Mann, der durch seine Tüchtigkeit dem Namen DKW zur Weltgeltung verhalf. Aus dem Werk in Zschopau wurde nach 1945 die Ifa und dann MZ, während die Auto Union in Ingolstadt neu begann, um auch dort wieder Rennmotorräder mit Zweitaktmotoren zu bauen. Rasmussen war in seine dänische Heimat zurückgekehrt, und die einst so erfolgreichen DKW-Rennmaschinen mit ihren komplizierten wassergekühlten Zweitaktmotoren konnten seit dem Kompressorverbot von 1951 nicht mehr bei Rennen eingesetzt werden. Eine große Epoche war zu Ende.

Als Ing. Erich Wolf in den ersten fünfziger Jahren diese Werksrennmaschinen von DKW (Auto Union) mit luftgekühltem Dreizylindermotor von 348 cm³ schuf, ahnte er natürlich nicht, daß eine derartige wassergekühlte Konstruktion – nunmehr von Honda in Japan gebaut – 1983 die Weltmeisterschaft in der Halbliterklasse erringen würde. Schade, daß dieser Rennzweitakter nicht weiterentwickelt wurde.

Bekannt als „Spandauer Springbock“: Das D-Rad

Kriege haben ihre Schrecken. Aber auch das Ende eines Krieges kann Schrecken herbeiführen. Wie bei Munitionsfabriken, wo man sich plötzlich um eine Produktion für den Frieden kümmern muß ... eine Produktion, für die man meistens gar nicht gerüstet ist. Und so sah nach dem Ersten Weltkrieg auch die Situation bei den großen Spandauer Industriewerken aus, wo bis dahin Waffen und Munition erzeugt wurden.

Hier gab es eine Parallele zu BMW in München, wo man nicht nur mit dem Bau der kleinen 143 cm³ „Flink“, sondern auch mit dem 492-cm³-„Helios“-Motorrad – das allerdings einen zweizylindrigen BMW-Boxermotor besaß – in nicht gerade erfolgreicher Weise den Motorradbau begann. In Spandau war es die von Ing. H. F. Günther konstruierte „Star“, die als Vorbild für das erste „D“-Rad diente. Und auch diese „Star“ besaß einen Boxermotor, der wie bei der Helios der Länge nach eingebaut war. Sein Hubraum betrug 393 cm³ ..., eine typische Nachkriegskonstruktion, die, um einen Betrieb nicht stillegen zu müssen, viel zu schnell und unentwickelt auf den Markt gebracht wurde. Die Kunden dienten hier als „Versuchsfahrer“, und das ließen sie sich nicht lange gefallen. Sie bevorzugten Motorräder, bei denen man sich am nach hinten liegenden Zylinder nicht die Zigaretten anzünden konnte!

Erstes D-Rad mit Boxermotor

Die Star starb damit nicht aus. Sie wurde von Ing. Christiansen, einem führenden Techniker im Spandauer Werk, umkonstruiert und weiterentwickelt und dort auch unter dem neuen Namen „D-Rad“ serienmäßig gebaut. Sie war zweifellos besser als die Star, aber nie ein besonders gutes Motorrad ... Rennversionen mußten zwangsläufig Wasserkühlung bekommen, da die hinteren Zylinder bei hoher Beanspruchung nach wie vor bei Luftkühlung „rot“ wurden und selbst „Papa“ Brumms Feilen nicht genug Material von den fressenden Kolben abnehmenden konnten.

„Papa“ Brumm war in den zwanziger und dreißiger Jahren Berlins erfolgreichster Motoren-„Friseur“. Als Rudge-Vertreter war er der Mann, der die schnellen Rudge-Rennmotoren von Hans Richnow, Bernhard Petruschke, Erich Tennigkeit, Hans Marschall, von Bachmeier und anderen erfolgreichen Rennfahrern schuf. Aber bevor er sich selbständig machte, war er eben in der Versuchsabteilung beim D-Rad in Spandau, und dort arbeitete er auch an den Rennmotoren.

Richtiges „Bauernmotorrad“

Ing. Christiansen, inzwischen Oberingenieur Christiansen geworden, hatte bald jedwedes Vertrauen in die Zukunft des zweizylindrigen Boxermotors aufgegeben. Ihm schwebte ein robustes, einfaches Einzylindermotorrad vor Augen, und es gelang ihm auch, seinen Willen gegen die löbliche „zerspaltene“ Direktion durchzusetzen. Und so baute er die R/4, ein typisches 496-cm³-Einzylinder-Motorrad mit

In den Jahren 1922–1924 bauten die Deutschen Industriewerke in Spandau die ursprünglich von Ing. H. F. Günther für die Marke „Star“ konstruierte 393-cm³-Boxer-Zweizylindermaschine unter dem Namen „D-Rad“.

1927 erschien das erste „richtige" D-Rad, die von Oberingenieur Christiansen geschaffene R/4 mit 496-cm³-Einzylinder-Blockmotor und seitengesteuerten Ventilen. Bekannt wurde sie als „Spandauer Springbock".

seitengesteuerten Ventilen und dem Getriebe im Block. Der schwere Doppelrohrrahmen trug eine robuste Blattfedergabel, und wenn es je ein richtiges „Bauernmotorrad" am deutschen Markt gab, war es dieses D-Rad.

Dem Zweizylindertyp weinte niemand nach, wenn man von einigen – nicht motorradfahrenden – Direktoren absieht. Er war leistungsmäßig schwach und hinsichtlich Zuverlässigkeit eine technische Katastrophe. Kerzen, die im hinteren Zylinder längere Zeit standhielten, hatte man noch nicht erfunden. Und Kolben, die nicht fraßen, waren ein Traum der Besitzer dieser Maschinen.

Die R/4 hatte einen senkrecht stehenden Zylinder mit 82 mm Bohrung und 94 mm Hub und eine Bremsleistung von 10 PS. Nicht gerade viel im Vergleich zu modernen 500-cm³-Maschinen! Sie war aber robust und vor allem zuverlässig. Daß die Maschine mit der

Oberingenieur Martin Stolle übernahm Ende 1926 Christiansens Position und schuf nicht nur weiterentwickelte Serien von seitengesteuerten Modellen, sondern auch mehrere kopfgesteuerte Einzylinder von 498 cm³. Diese 1927 entstandene 498-cm³-Rennmaschine, ein Prototyp, wurde von Franz Seelos, Hans Prybilski und anderen Werksfahrern gesteuert.

viertelelliptischen Blattfederung wie eine Ziege sprang, sei nicht unerwähnt. Deshalb auch das Wort „Bock" in Verbindung mit der guten, alten R/4 aus Spandau, die es unter der Bezeichnung R 1/4 auch als Sportmaschine mit einer Spitze von 120 km/h gab. Noch heute erinnere ich mich an Fahrer, die sie – wegen ihrer Zuverlässigkeit manchmal sogar mit Erfolg – bei Rennen fuhren. Wie Eurich aus Stuttgart, die österreichischen Brüder Svoboda und deren Landsleute Kork und Frankl sowie natürlich später das Werksteam mit Fahrern wie Ing. Curt Weichelt, Franz Seelos, Erich Tennigkeit, Hans Prybylski, Franz Ischinger, Max Polster, Paul Bütow.

Martin Stolle griff ein

Die großen Erfolge dieser Werksfahrer begannen 1926, als Martin Stolle, einst Konstrukteur bei BMW, Sedlmayer, Victoria und 1925 Schöpfer der Stolle-Automobile, in die Deutschen Industriewerke eintrat. Infolge des Ablebens von Hugo Stinnes konnte damals der „Stolle" nicht in Serie gehen, und so wanderte der erfahrene Konstrukteur nach Berlin-Spandau, um dort das D-Rad weiterzubringen und um auch mit seinem Werksteam propagandistisch wertvolle Resultate zu erzielen. Für reine Straßen- und noch mehr für Bahnrennen hatte die existierende Konstruktion keine Aussichten. Die ganze Konstruktion war zu plump, zu schwer, und aus dem seitengesteuerten Einzylinder ließ sich nicht viel herausquetschen. Und wären schon 10 oder weitere 20 km/h dazugekommen, hätte wohl die biedere Blattfedergabel gestreikt.

Trotz allem versuchte man immer wieder, mit veränderten Konstruktionen ins Renngeschehen einzugreifen. Mit einem ohv-Motor, der einen Sunbeam-ähnlichen Zylinderkopf besaß, und sogar mit einem ohc-Einzylinder, der allerdings nie voll entwickelt wurde. Daneben befaßten sich auch Privatfahrer, wie z. B. der bald darauf verunglückte Leipziger D-Rad-Vertreter und Rennfahrer Alfred Gäbelmann, mit dem Umbau ... Sein D-Rad hatte einen selbstgebauten Kopf mit zwei obenliegenden Nockenwellen! Leider kam es nie zum Einsatz. Gäbelmann stieß mit einem entgegenkommenden Auto zusammen, bevor seine Konstruktion eine Rennstrecke erreichte. Schade.

Vorn bei Zuverlässigkeitsfahrten

Bei Zuverlässigkeitsfahrten waren D-Räder immer ganz an der Spitze. Nicht nur, weil Martin Stolles Team sie nicht nur hervorragend vorbereitete, sondern auch, weil seine Fahrer sehr gut, erfahren und diszipliniert waren. Sie gewannen, wo immer sie an den Start gingen: ADAC-Fünfländerfahrt, Tschechoslowakische Zweitagefahrt, Dreitagefahrt im Harz, Ostpreußenfahrt, 24-Stunden-Rennen auf der Opel-Bahn, Deutsche Sechstagefahrt, Internationale Sechstagefahrt, 24-Stunden-Fahrt des Wiener Akademischen Motorsportvereins und viele andere Veranstaltungen.

Stolle entwickelte inzwischen den Typ R/6 mit abnehmbarem Zylinderkopf, verbesserter Auswuchtung des Motors, einer neuen Druckspritzölung, Leichtmetallkolben, besserem Verbrennungsraum und verbesserter Kühlung, großen Innenbackenbremsen, besserer Vordergabel, Steckachsen und noch anderen guten Eigenschaften. Das war 1927. Und Ende 1928 kam die R/9 mit dem nach

Als erstes D-Rad hatte 1929 das Modell R/9 einen nach vorn geneigten Zylinder mit 498 cm³ Hubraum und nach wie vor seitengesteuerten Ventilen. Die Innenbackenbremsen wurden schon vorher eingeführt.

Verbesserte Fahrwerke mit neuen Vordergabeln wies 1930 das erste serienmäßige D-Rad mit obengesteuertem 496-cm³-Motor und angeblocktem Dreiganggetriebe auf. Eine sportliche Maschine, die als Modell R/10 bald sehr populär wurde.

vorne geneigten Zylinder, eine Luxusausführung derselben und auch ein dreirädriger D-Rad-Lieferwagen mit diesem Motor auf den Markt. Die R/9 hatte auch einen Sattel, der 68 cm (gegenüber den 73 cm der R/6) über dem Erdboden lag, und war besser zu beherrschen als das ältere Modell.

R/10 moderner und leichter

Eine Neukonstruktion, die R/10, erschien 1930. Mit ihrem obengesteuerten 496-cm³-Motor war sie weit weg von der R/4 und gehörte zu den ausgesprochenen Qualitätsmaschinen. Auch hier wurden 82 mm Bohrung und 94 mm Hub beibehalten. Die Ventile waren verkapselt, der Kolben aus Leichtmetall, und für die Pleuelstange gab es sogar Nadellager! Es gab Trockensumpfschmierung, Dreiganggetriebe mit Klauenschaltung, einen einfachen offenen Rohrrahmen und noch andere neue Merkmale. Darunter eine moderne Parallelogrammgabel mit eingebauten Steuerungs- und Stoßdämpfern. Eine wirklich gute und fortschrittliche Konstruktion, deren Gewicht mit 145 kg rund 20 kg unter dem Gewicht bisheriger D-Räder lag. Interessant, daß man die alte R/9 mit ihrem 12-PS-Motor auch noch 1930/31 geliefert hat. Teilweise für den „groben" Markt, teilweise, weil man sie wegen der Wirtschaftskrise nur schlecht verkaufte und die Lager voll waren.

Die R/10 litt natürlich auch unter der wirtschaftlichen Situation und errang nicht die Produktionszahlen älterer Modelle. Dabei war sie diesen in jeder Beziehung überlegen und zweifellos die beste je in Spandau von den Deutschen Industriewerken hergestellte Maschine. Sie diente schließlich auch der 1931 herausgebrachten R/11 als Modell. In Wirklichkeit waren sich beide Typen sehr ähnlich. Nur daß die R/10 einen ohv-Motor mit getrenntem Getriebe und die R/11 einen sv-Motor mit getrenntem Getriebe besaß. In beiden Fällen war der Zylinder um 30 Grad nach vorne geneigt. Und die gute alte R/9 hatte man auch noch mit einem schwarz-grünen –

Oberingenieur Martin Stolle war Chefkonstrukteur und Rennleiter zugleich, seine Werksfahrer errangen besonders bei großen Wertungsfahrten viele Erfolge. Bei einer Lagebesprechung hinter einer R/10 von links Paul Bütow, Martin Stolle, Max Polster, Franz Ischinger und Hans Prybilski.

Dieses 1928 „geschossene“ Bild zeigt von links Oberingenieur Martin Stolle mit seiner Frau, den später bei Glas in Dingolfing tätigen Konstrukteur Ludwig Ischinger und dessen Bruder Franz Ischinger, der jahrelang zum erfolgreichen D-Rad-Werksteam gehörte und nach Torschluß beim D-Rad zur Auto-Union (DKW) nach Zschopau ging.

auf Wunsch auch roten – Satteltank versehen, und noch 1932 konnte man sie – mit der alten Blattfedergabel – für 875 bis 925 Mark (je nach Ausführung) erwerben. Schwarz mit Grün abgesetzt war jahrelang die Hausfarbe der Kraftstoffbehälter vom D-Rad.

Verbesserte R/10-Modelle hatten Umlaufschmierung, 18 bis 20 PS und – unnötigerweise – die damals modernen doppelten Auslaßkanäle. Die R/11 gab 16 PS ab und war sehr gut, vor allem sehr geschmeidig. Nur wurde auch sie Opfer einer Periode, in der es einfach nicht genug Geld gab, um 1075 Mark für ein Motorrad anzulegen. Nebenbei bemerkt, kostete die schnelle R/10 ganze 1190 Mark. Aber selbst dieser verhältnismäßig geringe Betrag konnte nur von wenigen Käufern aufgebracht werden. Der Umsatz ging zurück, und die 1927/1928 voll ausgelastete Produktionskapazität konnte 1930–1932 nicht ausgenützt werden. Als Ausweg wollte man ein kleines und billiges D-Rad auf den Markt bringen. So schnell, daß man gar keine

Die 1931 herausgebrachte R/11 war das letzte größere D-Rad. Es beruhte auf Konstruktionsmerkmalen der R/10, hatte aber einen seitengesteuerten 496-cm³-Motor mit angeblockten Getriebe und auch das neue, moderne Fahrwerk. Bald darauf wurde die Marke D-Rad von NSU in Neckarsulm übernommen.

Zeit mit einem eigenen Zweitaktmotor verschwenden wollte. Und so ging man – ohne es laut hinauszuposaunen – zu Bark nach Dresden, der Nachfolgerin von Kühne. Es kam zu einem Abschluß: Bark lieferte an die Spandauer einen einzylindrigen 198-cm³-Dreikanal-Zweitakter.

Für 715 Mark bot man sie an; zu einer Zeit, als 198-cm³-DKW-Modelle zwischen 325 und 850 Mark kosteten. Und wer sich überhaupt ein Motorrad leisten konnte, kaufte DKW. Weil man hier gute und erprobte Maschinen einer großen Fabrik bekam, während man den Begriff des D-Rades immer nur mit robusten, großen Modellen verband. Man traute der neuen 198er nicht; besser ausgedrückt, dem nicht sehr entwickelten und erprobten Bark-Motor. Martin Stolle ging weg. Auch Ischinger, Prybylski, Bütow und andere treue D-Rad-Männer. Die Regierung, die hinter den Deutschen Industrie Werken AG in Spandau stand, veräußerte Ende 1932 alles vorhandene Material an NSU nach Neckarsulm. Derselben Firma, die zusammen mit dem D-Rad jahrelang den Absatz in der 500-cm³-Klasse beherrschte.

Zuletzt in Neckarsulm gebaut

Offiziell „wurde" das D-Rad in Neckarsulm weitergebaut, und die Firma hieß dann noch einige Jahre land NSU-D-Rad, Vereinigte Fahrzeugwerke AG, Neckarsulm. In Wirklichkeit gab es dort nur noch Ersatzteile. Schließlich hatten die guten Neckarsulmer herzlich wenig Interesse, das konkurrierende D-Rad zu erhalten, und außer Abziehbildern am Tank der damaligen NSU-Modelle konnte man kaum einen Spandauer Einfluß bemerken. Wenn man davon absieht, daß es in Neckarsulm auch Briefköpfe und Zeitungsinserate mit NSU-D-Rad gab. Und das war das Ende einer einst in Deutschland und auch im Ausland sehr bekannten und renommierten Motorradfabrik.

In Spandau kehrte man wieder dorthin zurück, woher man ursprünglich kam: zur Herstellung von Waffen. Bald war das gute, alte D-Rad, das unter Martin Stolle einen großen kommerziellen und sportlichen Aufschwung genommen hatte, vergessen. Oder erinnert sich noch heute jemand an das Jahr 1930, als der verstorbene Sohn des Berliner Zoodirektors Franz Heck mit seiner weißen Lederhose und dem Spezial-Speedway-(Dirt Track-)D-Rad mit dem frisierten R/10-Motor seine Runden bei Bahnrennen drehte? Und als im gleichen Jahr Franz Ischingers „frisiertes" R/10-Modell beim großen Rennen auf der Avus den zweiten Platz hinter Arthur Simcocks Werks-ohc-Motosacoche in der 500er-Klasse belegte? Schnell war er damals mit 117,4 km/h ja nicht, aber durchgehalten hatte das D-Rad, während zwei Dutzend Spezialrennmaschinen sauer wurden. Und es gab Zeiten, als zahlreiche Berliner „Motorradtaxen" D-Räder mit Seitenwagen verwendeten. Zeiten, an die sich wohl nur wenige Leser dieser Zeilen erinnern können. Knapp bevor man den Motorradbau in Spandau ganz eingestellt hatte, gab es noch eine 246-cm³-Version der Zweitaktmaschine. Auch mit einem Bark-Motor ausgestattet, wurde sie nur in wenigen Exemplaren gebaut.

In den zwanziger Jahren wurden Motorräder mit Seitenwagen auch als Taxen eingesetzt. Solche Motorradtaxen gab es vor allem in Berlin zur billigen Beförderung von Fahrgästen. Verwendet wurden hier D-Räder, deren robuste Maschinen sich für den Taxenbetrieb gut eigneten. Die seitengesteuerten Blockmotoren von 497 cm³ ließen Fahrer und Fahrgäste nie in Stich.

Amerikas „einzige“ Motorradfabrik: Harley-Davidson

Ganz stimmt die Überschrift nicht. Erstens, weil es immer wieder neue kleine Motorradhersteller in den USA gibt, die – meistens – nach kurzer Zeit die Tore wieder schließen, und zweitens, weil Harley-Davidson einen Teil der Motorräder nicht im Stammhaus in Milwaukee, Wisconsin, oder den amerikanischen Zweigunternehmen, sondern auch in den früheren Aermacchi-Werken in Varese, Italien, baute. Blicken wir zurück, gab es bis 1953 auch noch Indian in Springfield, Mass., als die große Konkurrenz von Harley-Davidson, während bis 1931 weitere amerikanische Marken wie Henderson, Super-X, Cleveland, ACE, Ner-a-car, Thor, Flying-Merkel, Pope, Cyclone, Reading-Standard, Schikkel, Yale, Feilbach, American, Eagle, Militaire, Pierce-Arrow, Sears, Emblem und noch andere existierten. Desgleichen gab es nach dem Zweiten Weltkrieg neue Marken wie Whizzer, Simplex, Powel, Cushman, Mustang usw., deren zum Großteil unorthodoxe Konstruktionen auch kein langes Leben hatten. Dazu kommen noch einige existierende Marken wie Hodaka oder die „wiedererstandene“ neue Indian, bei denen man beim besten Willen nicht von hundertprozentig in Amerika gebauten Maschinen sprechen kann, zumal Japan bzw. Taiwan aus kommerziellen Gründen billigere Herstellungsländer für Motorräder als die USA sind.

Mit Motorradbau 1903 begonnen

Zurück zu Harley-Davidson, das heißt den Herren William A. Davidson, Walter Davidson sen., Arthur Davidson und William S. Harley, die 1903 den Motorradbau in einem kleinen Haus im Garten der Familie Davidson aufnahmen. Der versierte Ole Evinrude, dessen Bootsmotoren bald weltweit berühmt wurden, half ihnen mit seinen Erfahrungen im Motorenbau. Die erste Harley-Davidson hatte 3 PS und Riemenantrieb zum Hinterrad. Alle Teile mußten im eigenen Betrieb hergestellt werden; Zubehörlieferanten für den Motorradbau gab es fast überhaupt nicht. Das Interesse für die neuen, in Milwaukee gebauten Motorräder war so groß, daß die Produktion von Jahr zu Jahr verdoppelt werden mußte. 1906 bezog die Firma ihren heutigen Standort. Dort wuchs das Unternehmen weiter. Bis 1968 wurde es von den Nachkommen der Gründerfamilien Harley und Davidson allein geführt. Ab 1968 ist die „Harley-Davidson Motor Co., Inc.“ in Milwaukee, Wisconsin, USA 53201, ein Unternehmen der „American Machine and Foundry Company“, daher auch das AMF in Verbindung mit dem Namen. Beachtenswert aber, daß beide Familien, Harley und Davidson, nach wie vor an der Leitung des Unternehmens maßgebend beteiligt sind.

In Amerika gebaute Motorräder unterschieden sich immer von Maschinen, die in Europa vornehmlich nach englischen Konstruktionsprinzipien hergestellt wurden. Ihre Fahrgestelle waren robuster, Mehrzylindermotoren standen lange Zeit im Vordergrund. Während amerikanische Motorräder mehr auf Bequemlichkeit für den Fahrer über lange Strecken in den USA gebaut wurden, ließen sie manche Wünsche hinsichtlich Betriebsstoffverbrauch und Eigengewicht offen. In Europa bevorzugte man sportlichere Maschinen und holte aus kleinen Motoren meistens bedeutend

Die ersten Motorräder von Harley-Davidson entstanden bereits 1903 und wurden schnell beliebt. Das abgebildete Einzylindermodell von 573 cm³ hat das Baujahr 1914.

Berühmt wurde Harley-Davidson vor allem durch starke V-Zweizylindermaschinen mit seiten-, wechsel- und obengesteuerten Motoren, doch brachte das Werk 1921/22 auch diese Version mit einem zweizylindrigen Boxermotor von 592 cm³ auf den Markt.

höhere Liter-Leistungen heraus als die Kollegen in den USA.

Auch gute US-Rennmaschinen

Ganz stimmt auch dies nicht. Weil die Amerikaner besonders den Rennsport liebten und für diesen Zweck auch sehr gute Rennmaschinen schufen. So gewannen die Indian-Fahrer O. C. Godfrey, C. B. Franklin und A. Moorhouse 1911 die ersten Plätze der englischen Senior-T. T.-Rennen. Damals bauten auch andere amerikanische Motorradfabriken hauptsächlich für Wertungszwecke außer Werksrennmaschinen auch serienmäßige Rennmodelle. Harley-Davidson befand sich unter diesen führenden Marken. Noch bevor der Erste Weltkrieg zu Ende war, schuf das Werk sehr schnelle, achtventilige V-Zweizylinder-ohv-Rennmotoren. Vorher hatten die in Milwaukee gebauten Serien- und auch Werks-Maschinen gegengesteuerte Ein- und V-Zweizylindermotoren. Bemerkenswert, daß bis kurz nach dem Ersten Weltkrieg die Einzylindermodelle den Zylinder etwas nach vorn geneigt hatten, mit einem Hubraum von 573 cm³. 1920 kam auch eine 596-cm³-Zweizylindermaschine heraus, deren Boxermotor der Länge nach eingebaut war. 1922 erschien die erste 1207-cm³-V-Zweizylinder mit 26,97 mm Bohrung und 101,60 mm Hub auf dem Markt. Der Motor war wechselgesteuert, die Maschine hauptsächlich als Seitenwagenmaschine gedacht. Sie war robust und hervorragend ausgeführt. Bereits 1915 schuf man Dreiganggetriebe, während des Ersten Weltkrieges baute das Werk nicht nur Tausende Maschinen für die amerikanische Armee, sondern auch – wenn auch im beschränkten Maße – für private Kunden.

Typisch für Harley-Davidson-Motorräder der zwanziger Jahre waren nicht nur die robusten Fahrgestelle, sondern auch die Vorderradschwingen, khakifarbenen Betriebsstoffbehälter, ausgesprochenen Tourenlenker mit Drehgriffen und auch die bequemen Pfannensättel mit eingeschlossenen langen Spiralfedern zur

Mitte der zwanziger Jahre kamen 346-cm³-Einzylinder, seiten- und kopfgesteuert, ins Bauprogramm, die besonders in Europa gute Umsätze erzielten. Im Bild eine seitengesteuerte Version aus dem Jahre 1927.

Abfederung. Auf der Lenkstange gab es überhaupt keine Hebel. Als zweitgrößtes Modell erschien die 998-cm³-V-Zweizylindermaschine, die bis auf die Abmessungen – 84 mm Bohrung und 88,9 mm Hub – mit der großen Harley-Davidson fast gleich war. Bemerkenswert, daß man beide Modelle für den Betrieb mit Seitenwagen mit 3,125 mm starken Dichtungen zwischen Zylinder und Zylinderkopf versah. Es gab auch Lieferbeiwagen, und jahrelang hatten die amerikanische Postverwaltung und zahlreiche Firmen diese großen Maschinen im Einsatz. Ganz abgesehen davon, daß auch die Polizei bis heute noch Harley-Davidson-Motorräder benützt.

Maschinen auch nach England, Holland, Italien, Österreich usw., einmal, weil die große englische Motorradindustrie damals nicht genügend Maschinen liefern konnte, während die Amerikaner im Gegensatz zu den Engländern nie – auch nicht im Krieg – die Produktion von Privatmaschinen eingestellt hatten. Zum anderen aber auch, weil sich Harley-Davidson durch die zuverlässigen Militärmaschinen auch in Europa einen guten Namen geschaffen hatte. Mit einer 998er Harley-Davidson fuhr der Engländer D. H. Davison schon 1921 über 160 km/h Durchschnitt auf der englischen Brooklands-Rennbahn. Andere englische Harley-Davidson-Fahrer

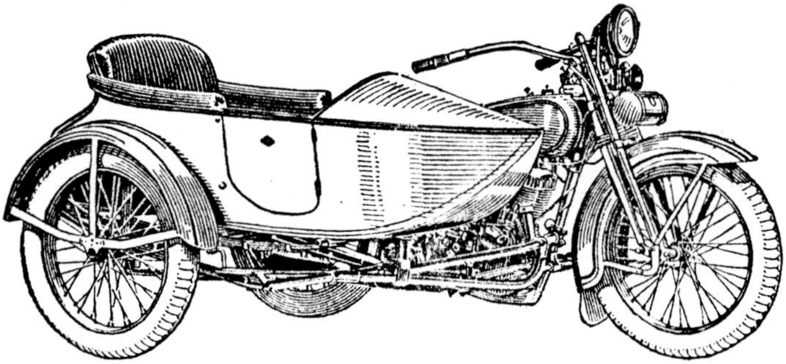

Harley-Davidsons große 1208-cm³-V-Zweizylinder wurde solo und mit Seitenwagen gefahren, auch von Polizei, Post, Feuerwehr usw. Die Abbildung zeigt ein 1926 gebautes Modell.

waren T. R. Allchin, Frank Longmann, Freddy Dixon, Claude Temple u. a. Allchin übrigens steuerte eine 596 cm³ Harley-Davidson, das Modell mit dem zweizylindrigen Boxermotor, zu vielen Erfolgen; Davidson und Temple hatten die Achtventilmaschinen, der berühmte Freddy Dixon kam mit dem Temples-Modell zu vielen Siegen. 1923 erreichte er im Bois de Boulogne über 170 km/h über den „fliegenden Kilometer". In Italien waren es Umberto Faraglia, Alfred Winkler und Malvesi; in Holland Baumann, Baar, van Hamersfeld; in Österreich Eddy Meyer (der später Brough-Superior fuhr), Lucky Schmid, Otto Cecconi, Martin Schneeweiß, Max Grumbier, Franz Suchy, Hans Meier; in der Tschechoslowakei Bohumil Turek, Jarda Kaiser, Rudolf Tesarek jun. u. a., die Harley-Davidson-Rennmaschinen erfolgreich fuhren, in der Schweiz Claude Ceresole und eine Zeitlang auch Alfredo Carmine.

1915 bereits mit acht Ventilen

Zurück zu den Jahren des Ersten Weltkriegs, als man in Amerika wie im tiefsten Frieden Rennen abhielt. Harley-Davidson brachte 1915 die achtventilige 996er ohv-V-Zweizylinder-Werksrennmaschine auch serienmäßig für 1500 $ auf den Markt; wer eine einzylindrige 498er Version mit vier Ventilen wollte, konnte sie für 1400 $ ab Fabrik erwerben. Die große 996er Zweizylinder war damals trotz der Konkurrenz von Excelsior, Cyclone, Indian, Reading-Standard und anderen Marken fast unschlagbar. „Sie war nicht nur zuverlässig, sondern auch sehr schnell, im Gegensatz zu früheren Harley-Davidson-Rennmaschinen", erklärte mir einer der damaligen Werksrennfahrer, Floyd Clymer, der 45 Jahre später in Los Angeles mein Chef wurde. Aber da gab es noch andere große H.-D-Rennfahrer in Amerika, unter ihnen der spätere Automobilmeister Ralph Hepburn, Frank Kunce, Otto Walker, Dud Perkins, Irwin Janke, Ray Weishaar, Joe Wolters, Harry Crandall, Red Parkhurst usw. Konstrukteur dieser schnellen Rennmaschinen war Bill Ottaway. Bald nach 1918 kamen viele Harley-Davidson-

Viele deutsche H.-D.-Fahrer

Besonders groß war aber die Zahl der Rennfahrer dieser Marke in Deutschland. Der erfolgreichste war wohl Paul Rüttchen (später

Trotz verhältnismäßig hohen Gewichts war die Ende der zwanziger Jahre hergestellte obengesteuerte 346-cm³-Einzylinder von Harley-Davidson auch bei sportlichen Wettbewerben erfolgreich.

NSU-Werksfahrer) aus Erkelenz. Da waren auch die Aachener Paul Weyres und der junge Robby Jäcker, der 1932 in Franchorchamps verunglückte. Damals fuhr auch schon Kurt Stoll so eine Harley-Davidson mit Seitenwagen. Gute H.-D.-Fahrer gab es auch in Berlin mit dem dortigen H.-D.-Händler Rudi Ott, mit Willy Jänicke, Georg Herold, Paul Köppen (dem späteren BMW-Werksfahrer), Rudolf Arndt, Ernst-Günter Burggaller (dem nachherigen Bugatti-Autorennfahrer), Konrad Reisdorf, Willi Baier (dem Motorradhersteller), Franz Heck und anderen. Sehr gut auch der derzeitige Rechtsanwalt Werner Huth aus Bischofswalde, der dann auch BMW und sogar NSU-Werksmaschinen neben Nortons fuhr. Zumeist hatten diese Fahrer die großen 998er V-Zweizylindermaschinen, einige auch 348er Einzylindermodelle.

Auch 350-cm³-Einzylinder

Diese kamen 1925 auf den Markt und hatten den großen Modellen nachempfundene Fahrwerke und Einzylindermotoren mit sowohl seitlich- als auch obengesteuerten Ventilen, bei einer Bohrung von 73 mm und 82,5 mm Hub. Die ohv-Versionen hatten schon Sportlenker und zeichneten sich vor allem durch ihre Robustheit bei Rennen auf den damaligen schlechten Straßen aus. Man konnte sie aber auch gut „frisieren". Daneben gab es Ende der zwanziger Jahre auch ausgesprochene Bahnrennmaschinen mit obengesteuerten Einzylindermotoren, die man „Peashooter" nannte. Mit ihren kurzen Auspuffstummeln – die Rohre waren nur ca. 15 cm lang – und der rassigen Bauweise sahen sie sehr gut aus und errangen um 1930 auch viele

Typisch für die ab 1929 gebauten 746-cm³-V-Zweizylinder waren die seitengesteuerten Motoren und die beiden Scheinwerfer. Gedacht waren diese Harley-Davidsons als Konkurrenz zur famosen Indian-„Scout".

Wechselgesteuerte Motoren waren 1929 noch immer die typischen Merkmale der 1208-cm³-V-Zweizylinder, doch wurden damals auf Bestellung für Rennzwecke auch einige in Handarbeit hergestellte kopfgesteuerte Versionen geliefert.

Erfolge auf den Aschen-(Dirt-Track-)Bahnen. Frank Arthur, Vic Huxley, Ginger Lees, Bill Bragg und andere Spitzen-Bahnfahrer der damaligen Zeit fuhren diese Maschinen, die es mit einzylindrigen 348er und 498er ohv-Motoren gab. Weniger erfolgreich war eine 498er Rennmaschine für Straßenrennen, die 1929 der Aachener Paul Weyres ohne gute Resultate bei einigen Rennen fuhr. Sie war zu langsam und zu schwer, ihr fehlte auch die bei Harley-Davidson gewohnte Zuverlässigkeit.

Ende der zwanziger Jahre gab es folgende Modelle: 348er sv- und ohv-Einzylinder, 492er sv-Einzylinder, 746er sv-V-Zweizylinder (mit 78,58 mm Bohrung und 101,6 mm Hub) sowie gegengesteuerte 998er und 1208er V-Zweizylinder, die zwischen 190 und 195 kg wogen. Da gab es noch hintere Außenbackenbremsen und eine mit dem Fuß zu betätigende Lamellenkupplung. Das Dreiganggetriebe hatte den Schalthebel am Tank, die Räder besaßen 25 x 3,85-Reifen, für die Beine waren Fußbretter vorhanden. Ganz neue große V-Zweizylindermotoren erschienen ab 1930, nunmehr mit seitengesteuerten Ventilen. Nur die 1929 herausgekommene 746er H.-D. hatte bisher einen sv-Motor. Auch gab es nunmehr neue, im Gesenk geschmiedete Vordergabeln und verstärkte Fahrgestelle. Die neuen V-Motoren leisteten rund 20% mehr als die älteren Versionen. Sie waren auch leiser, geschmeidiger und drehfreudiger. Die neuen Kupplungen besaßen neun Platten, die Räder wurden austauschbar. Dazu kamen größere Bremsen und beim 1208er-Modell 24 x 4 Zoll-Ballonreifen. Der Satteltank wurde größer und kürzer, auf Wunsch gab es nunmehr auch eine handbetätigte Kupplung.

Auch in Europa viel gefahren

Bis Anfang der dreißiger Jahre hatten Harley-Davidson-Motorräder in Europa gute Umsätze. In London gab es sogar eine eigene Werksniederlage im „Harleyson-House“, wo 1923 z. B. die große 1208er V-Zweizylinder 134 £ kostete und 1936 für 113 £ zu haben war. Damals war auch ein noch größeres Modell mit fast 1300 cm³ Hubraum lieferbar, ebenfalls mit einem zweizylindrigen V-Motor mit seitengesteuerten Ventilen. Groß war auch der Umsatz in Österreich und in der

Die ersten serienmäßigen obengesteuerten V-Zweizylinder von 998 cm³ baute Harley-Davidson 1936. Sie bildeten den Anfang einer bis heute existierenden Kette ähnlicher, inzwischen weiterentwickelter Triebwerke.

Tschechoslowakei. In Deutschland wurde es nach 1933 fast unmöglich, ausländische Maschinen zu importieren. Man sah sie zumeist nur noch bei Seitenwagenrennen. Paul Weyres aus Aachen war wohl der treueste H.-D.-Rennfahrer in Deutschland und nach Paul Rüttchens Markenwechsel zu Standard und NSU auch der erfolgreichste.

Während der dreißiger Jahre wurden die großen V-Zweizylindermaschinen in Milwaukee weiterentwickelt und die Einzylindermodelle 1935 ganz aufgegeben. In Europa verlor die Marke ziemlich an Boden, weil fast überall Devisen fehlten. Dazu kam, daß europäische Firmen robustere und große Maschinen verhältnismäßig billiger liefern konnten.

Neu war in dieser Periode eine 998er V-Zweizylindermaschine mit obengesteuerten Ventilen, die vornehmlich für die USA-Behörden, besonders für die Polizei, gebaut wurde. Im Zweiten Weltkrieg entstanden zahlreiche Prototypen, u. a. eine seitengesteuerte Zweizylindertype – in 1000 Exemplaren gebaut – mit quergestelltem Boxer-Motor. Bestimmt war sie für die US-Armee. Dazu kam 1941 eine 1208er ohv-V-Zweizylindermaschine, Vorläufer der modernen „Electra-Glide". Es war auch diese neue „74", die die sv-V-Zweizylinder von 1098 und 1208 cm³ im Jahre 1947, als das Werk für Privatkunden wieder Motorräder im verstärktem Maße baute, ersetzt hat. Verbesserte Versionen dieses „74" kamen in den folgenden Jahren heraus.

Zweitakter nach DKW-Art

Beinahe sensationell, daß Harley-Davidson, in aller Welt bekannt als Hersteller großer Motorräder, auch eine Zweitaktmaschine, eine einzylindrige 123er, auf den Markt brachte. Fachleute erkannten eine große Ähnlichkeit mit der Vorkriegs-RT-125 von DKW, wie sie dann u. a. auch in England von BSA gebaut wurde. Gerüchten zufolge sollen die Originalzeichnungen dieser Konstruktion bei BSA und Harley-Davidson gelandet sein. Was den Amerikanern aber damals noch fehlte, waren bestimmte Erfahrungen beim Bau solch kleiner Maschinen, so entsprach das Resultat nicht ganz den großen Erwartungen. Allerdings gab es im Laufe der Jahre verbesserte und auch vergrößerte Versionen dieser kleinen Zweitakter, die bis weit in die sechziger Jahre mitgebaut wurden. Auch die 1965 herausgekommenen „Bobcat" war mit ihrem 173-cm³-Motor eine Weiterentwicklung der alten Zschopauer Konstruktion.

Schon bald nach dem Ersten Weltkrieg ging auch Harley-Davidson wie andere US-Motorradfirmen dazu über, keine Spezialrennmaschinen mehr zu bauen. Rennmaschinen – damals auch bei Indian, Excelsior, Henderson, ACE und Reading-Standard – mußten aus den jeweiligen Serienmodellen entstehen. Und so kam es, daß Harley-Davidson-Werksfahrer wie Fred Ludlow, Joe Petrali, Jim Davis, Otto Walker, Ralph Hepburn usw. Rennmaschinen fuhren, die wechselgesteuerte Moto-

Bei Rekordfahrten mit den neuen 998er ohv-Motoren von Harley-Davidson in Daytona erreichte Joe Petrali 1936 einen Durchschnitt von 217 km/h.

Bahnrennen in Amerika kann man nicht mit ähnlichen Veranstaltungen in Europa vergleichen. Das bewies hier Bart Merkel mit einer seitengesteuerten Harley-Davidson-V-Zweizylinder von 737 cm³ in den fünfziger Jahren. Geschossen wurde dieses Bild in Lorain/Ohio.

ren besaßen. Die meisten Rennen gingen über große Distanzen, in Dodge City z. B. über 300 Meilen = 480 km! Hepburn benötigte 1921 3:30:03 Stunden als Sieger mit einem Durchschnitt von rund 136 km/h!

Harley-Davidson stellte 1951 das 746er Modell „K" vor, eine Konstruktion von William J. Harley, einem der Söhne des Firmengründers. Gleichzeitig kam auch die „KR" als leichtere Rennsportversion auf den Markt. Nicht nur die „K", sondern auch die rennfähige „KR" hatte einen sv-Motor und konnte jahrelang mit großen Erfolgen kommerzieller und auch sportlicher Art aufwarten. Gebaut wurde sie in Butler, einem Vorort von Milwaukee. Dort gibt es übrigens auch das H.-D.-Museum, wo alle bisher gebauten Modelle – von 1903 angefangen – ausgestellt sind. Die K-Serien hatten glattflächige Blockmotoren in leichteren Fahrgestellen mit Hinterradschwinge und vorderer Teleskopgabel. Es gab sie in verschiedenen Ausführungen, wie die KRM mit einem „heißen" sv-Motor für das Gelände und zahlreichen anderen Unterschieden vom normalen Modell „K".

1953 kam dann die lang erwartete neue 1212-cm³-Harley-Davidson mit dem prachtvollen ohv-Motor heraus. Außer dieser „74" gab es auch eine neue „Gold-Jubiläum" KH mit einem auf 901 cm³ gebrachten sv-Motor. Aus der KH wurde 1957 der Typ „Sportster" in den Ausführungen C und CH. Diese CH war die „heißeste Serienmaschine", die man damals für gute Dollar erwerben konnte. 1955 gab es die 165er Zweitaktmaschine, die seitengesteuerte 901er „KH" und die große obengesteuerte „74" in verbesserter Form. Dazu ein Transportdreirad mit dem 746-cm³-Motor, das hinten zwei Räder besaß und vorn wie ein „normales" Motorrad aussah. Bereits 1915 – im Ersten Weltkrieg – hatte die Firma mit dem Bau derartiger Dreiräder begonnen.

Harley-Davidson übernahm Aermacchi

William J. Harley, 1959 Vizepräsident und Chefkonstrukteur, schuf damals den „Topper". Wie sich zeigte, kam er fünf Jahre zu spät auf den Markt. Damals kam auch die „Super-10" mit dem 165er Zweitaktmotor heraus; der 901er ohv-V-Zweizylinder „Sportster CH" wurde noch „heißer", die große obengesteuerte „Duo-Glide" noch bequemer. Ihr 1200-cm³-Motor hatte 55 PS in der FL-Ausführung und 60 PS in der FLH-Ausführung bei 5400 Umdrehungen/min. Anfangs der sechziger Jahre gab es in der Verkaufspalette bereits ein 49-cm³-Moped, das dann auf 65 cm³ vergrößert wurde und von Aermacchi in Italien stammte. Allerdings stand hier schon der Name Harley-Davidson auf dem Tank. Es dauerte nicht lange, bis Harley-Davidson die finanziell schwache frühere italienische Flugzeugfabrik in Varese übernahm. Vorerst blieb das „Aermacchi" am Tank, dann kam das H.-D. dazu, und seit einigen Jahren ist „Aermacchi" ganz verschwunden. Hier bekam H.-D. außer guten Konstruktionen mit liegenden Einzylindermotoren bis 348 cm³ auch eine moderne Fabrik, tüchtige Fachleute und im Verhältnis zu Amerika billigere Arbeitskräfte. Das war schon zu einer Zeit, als Namen wie Honda und Yamaha auch in den USA nicht mehr ganz unbekannt waren.

Für Rennen baute man auch seitengesteuerte 748er V-Zweizylindermodelle. Der Typ KR war eine Bahnrennmaschine, die KR-TT wurde für Straßenrennen gebaut. Praktisch konnten 750er sv-Maschinen und 500er ohv- und ohc-Modelle unter gleichen Bedingungen fahren. So gab es die seitengesteuerten Harley-

Das ist eine 1958 gebaute Harley-Davidson „Sportster CH", deren obengesteuerter V-Zweizylindermotor den etwas ungewöhnlichen Hubraum von 883 cm³ besaß.

Rasse und Sportlichkeit konnte man auch dem Modell „Sportster H“ von 1960 nicht absprechen. Auch hier kam der kopfgesteuerte V-Zweizylindermotor von 883 cm³ zum Einbau.

Davidson, die ungemein schnell gemacht wurden und dabei ausgesprochen zuverlässig waren. Außerdem hatten sie „unten“ mehr drin als Konkurrenzmaschinen. Auf kürzeren Strecken waren sie aber doch im Nachteil, und so entschloß man sich schon 1966/67 in Milwaukee, die in Italien gebauten 248er und 348er ohv-Einzylindermodelle mehr in Rennen einzusetzen. Inzwischen mußten sie neuen Rennzweitaktern weichen, die in den letzten Jahren großes Aufsehen und auch große Erfolge errangen. Schließlich kann man nicht mehr als Weltmeisterschaften bei Straßenrennen erringen, und das tat auch der Italiener Walter Villa mit Harley-Davidson-Rennzweitaktern in der 250-cm³-Klasse. Es gab auch 348er und 498er Modelle, doch ist die „Kleine“ am weitesten entwickelt worden. 1971 hatte sie als luftgekühlte Zweizylinder-Rennmaschine 2 x 56 Bohrung und 50 mm Hub = 246,3 cm³. Bei 10500 U/min gab sie 46 PS ab und wog 125 kg. 1972 kam sie auf 52 PS bei 11400 U/min und 1973 auf 54 PS bei 12000 U/min. Jetzt hatte sie Wasserkühlung und wog trotzdem nur 109 kg. Die 1976 von Weltmeister Walter Villa und Gianfranco

Amerikaner lieben große und starke Motorräder. Das war schon immer der Grund für den Bau solcher Maschinen bei Harley-Davidson. Dies ist die FXE mit dem kopfgesteuerten 1207-cm³-V-Motor aus dem Jahr 1974.

Als „Café-Racer" stellte Harley-Davidson 1977 diese XLCR-1000 vor, eine leicht sportliche und nicht zu schwere Konstruktion mit einer etwas ungewöhnlichen Führung der Auspuffrohre.

Bonera gesteuerten Maschinen dürften rund 60 PS gehabt haben. Es waren dies mit Drehschieber-Einlaßsteuerung ausgestattete Zweizylindermodelle. Chef der Rennabteilung in Varese (Schiranna) war Ing. Marco Lazzati. Als führende Techniker arbeiteten hier auch Egidio Cataldi und Francesco Botta, während Gilberto Milani – einst Werksrennfahrer bei Mondial, MV Agusta, Paton und Benelli – sich als hervorragender Rennleiter erwies.

Adieu Italien

Bis 1976 hatte Harley-Davidson eine große Modellpalette, die zwar langsam obengesteuerte Maschinen bis 348 cm^3 abbaute, aber trotzdem von in Italien gebauten 123-cm^3-Zweitaktern bis zu kopfgesteuerten V-Zweizylindern von 1207 cm^3 reichte, die in Milwaukee/USA entstanden. Immer stärker wurde jedoch der Import japanischer Motorräder nicht nur in den USA, sondern in fast der ganzen Welt.

Ihre führende Stellung konnten die in Milwaukee gebauten großen Viertakter trotz höherer Löhne und Gesamtkosten in ihrer Heimat behaupten, während die kommerziellen Erfolge der in Italien hergestellten Zweitakter zu wünschen ließen. Auch modernste Pro-

Mit dem kopfgesteuerten V-Zweizylindermotor von 1338 cm^3 ist diese 1983 gebaute „Tour Glide Classic" von Harley-Davidson eine ausgesprochene Tourenmaschine für lange Strecken.

Eine andere 1338-cm³-Harley-Davidson, Baujahr 1983, kann man als Kombination von „sportlicher Bequemlichkeit" bezeichnen. Wegen ihrer niedrigen Sitzposition trägt sie den Namen „Low Rider" zu Recht.

duktionsmethoden konnten daran nichts grundlegend ändern.

Die amerikanische „Mutter" verlor Interesse an dem italienischen „Kind". So zog sich Harley-Davidson 1978 von der italienischen Motorradproduktion zurück. Das Werk in Schiranna, wo die Flugzeugfabrik Aermacchi einst mit etwas unorthodoxen Modellen in den Motorradbau einstieg, ging nunmehr an Luigi Giacometti über, der sich alsbald als energischer und tüchtiger Chef erwies und bereits 1979 auf der Mailänder Zweiradausstellung erstmals seine Motorräder, die den Namen Cagiva erhalten hatten, ausstellte. Selbstverständlich gab es nicht gleich sensationelle Neukonstruktionen, doch erwies sich das sportfreudige Unternehmen als sehr ambitioniert und auch ideenreich. Nicht nur mit serienmäßigen Tourenmodellen, sondern bald auch mit neuen Geländemaschinen. Man wandte sich auch dem Straßenrennsport zu, wobei natürlich nicht gleich zu erwarten war, daß man gegen die finanzielle und technische Übermacht der Japaner ohne längere „Anlaufperiode" bei den großen Rennen besondere Erfolge erringen konnte.

Veränderungen auch in den USA

Keine Motorradfabrik, die gegen die japanische Konkurrenz antreten will, kann es sich leisten, auf alten Lorbeeren auszuruhen, selbst Harley-Davidson als einzige bedeu-

Kopfgesteuerte V-Zweizylindermotoren von 1338 cm³ treiben die meisten 1983 gebauten Maschinen von Harley-Davidson an, darunter auch diese mächtige „Electra Glide", deren Preis etwas über DM 20000,— lag.

Von 1928 bis 1930 baute Harley-Davidson auch erfolgreiche Einzylinder-Bahnrennmaschinen von 346 und 496 cm³, „Paeshooter" genannt. Hier auf einer 346er Version Englands hervorragender Bill Bragg, dessen Vater Bürgermeister einer Londoner Vorstadt war.

tende Motorradfabrik Amerikas nicht. Wohl wurde ständig weiterentwickelt, modernisiert und die kopfgesteuerten V-Zweizylinder auf eine hohe technische Stufe gebracht. Nicht ganz mithalten konnte aber die alte Einrichtung der Milwaukee-Fabrik, die sich wohl gut für den Motorenbau eignete, aber für die Herstellung kompletter Maschinen keine guten Voraussetzungen bot.

So blieb der Motorenbau in der Juneau Avenue in Milwaukee, wo man natürlich zu modernsten Herstellungsmethoden griff. Die anderen Anlagen wurden in das im Zweiten Weltkrieg eröffnete Werk nach York in Pennsylvanien verlegt, wo sich übrigens auch das große Museum mit allen bisher gebauten Harley-Davidson-Modellen befindet. Benannt ist es nach Rodney C. Gott, einst Präsident der Firma in Milwaukee/Wisconsin. Der Motoradenthusiast Gott war seinerzeit von seinem führenden Posten zurückgetreten, als Harley-Davidson von AFM übernommen wurde, einem großen Wirtschaftsunternehmen, das außer Motorrädern noch andere Interessen besitzt.

William H. Davidson war von 1928 bis 1973 Präsident von Harley-Davidson; nach 45 Jahren gab er diese Position aus Altersgründen auf, während Mitglieder seiner Familie noch in dem Unternehmen blieben, als es an AFM überging. Als es immer schwerer wurde, Profite aus dem Motorradbau zu erzielen und man sogar an rote Zahlen denken mußte, wollte man bei einem Teil der AFM-Chefs von Motorrädern nicht mehr viel wissen.

Zum Glück gab es in Milwaukee und York noch genügend Männer, die ihr Vertrauen zu Harley-Davidson nicht verloren. Zusammen mit großen H.-D.-Händlern und in Verbindung zu anderen interessierten Stellen übernahmen sie das Werk und konnten es damit retten. Hinzu kam die „Hilfe" der amerikanischen Regierung durch erhöhte Importzölle bzw. verringerte Einfuhrquoten für Motorräder, die dem traditionsreichen Unternehmen zu neuem Leben verhalfen.

Die US-Motorradproduktion

Sie besteht praktisch nur aus der Produktion eines einzigen Unternehmens: Harley-Davidson. Hergestellt wurden Mitte 1983 drei Modelle mit kopfgesteuerten V-Zweizylinder-Motoren von 998 cm³, alle anderen mit Motoren von 1138 cm³. Die „kleinen" Versionen XLX-61, XLH-Sportster und XLS-Roadster leisten 52 bzw. 50 PS bei 6000 U/min, wobei die XLX-61 zur Jahresmitte 1983 zu einem Preis von DM 12385,– die billigste Harley-Davidson in der Bundesrepublik Deutschland war.

Fünf der 1338-cm³-Modelle haben 67 PS, die anderen 70 PS. Elektrische Starter sind „normale" Angelegenheiten geworden, und auch über die fünf Gänge bei den meisten neueren Modellen wird kaum noch gesprochen. Zwei Maschinen haben statt Ketten- einen Riemenantrieb zum Hinterrad. Für Nichteingeweihte sind die Modellbezeichnungen etwas kompliziert: FXR Super Glide II, FXRS Super Glide II, FXE Super Glide, FXSB Low Rider, FXWG Wide Glide, FLH El Gl Belt Drive, FLHT Electra Glide, FLHTC Electra Glide Classic, FLT Tour Glide, FLTC Tour Glide Classic, FLHTC Electra Glide Classic Gespann und FLTC Tour Glide Classic Gespann. Wichtig und entscheidend ist wohl, daß das 1903 gegründete Unternehmen nach wie vor erstklassige Motorräder baut und viel Abwechslung in den Motorradmarkt – vor allem zuhause in den USA – bringt.

Aus Oberursel: Die elegante Horex

Es begann mit einem Krach! Da baute 1921 die Motorenfabrik Oberursel AG, Oberursel bei Frankfurt am Main, einen Fahrrad-Hilfsmotor, der 63 cm³ Hubraum hatte und vor dem Tretlager eines normalen Fahrrades angebracht war. Und das gefiel der Ami (Auto Motoren Industrie GmbH in Berlin-Schöneberg) nicht, die einem ähnlich angebrachten ohv-Einzylindermotor von 50 cm³ anbot. Der Oberurseler Motor hieß „Gnom"; Hauptaktionär der Firma war Kommerzienrat Friedrich Kleemann, der als „Hauptbeschäftigung" in Bad Homburg v. d. H. die seinerzeit sehr beliebten "Rex"-Konservengläser produzierte. Und jetzt rannten sie alle zum Kadi: die Berliner Ami-Leute und die Männer aus Oberursel, um zu klären, ob der „Gnom" auch – wie der Ami – vors Tretlager kommen darf.

Die weisen Männer bei Gericht entschieden für den Gnom, von dem böse Zungen behaupteten, Gnom käme von den ersten Buchstaben des Satzes „Geht nicht ohne Mittrete". Was sie nicht wußten, war, daß sie mit ihrem positiven Entscheid zur Gründung der Motorradmarke „Horex" beitrugen. Der Herr Kommerzienrat aus Bad Homburg hatte nämlich einen sehr sportbegeisterten Sohn, der ihn drängte, noch mehr „Motorenaktien" zu erwerben. Als dies 1923 geschehen war, gründeten Papa und Sohn in Bad Homburg die „Horex-Fahrzeugbau AG", in die dann Kleemann senior auch das Oberurseler Motorenwerk, das inzwischen den Namen „Columbus" bekommen hatte, einverleibte. So kam es, daß Horex von Anfang an nur Motoren aus dem eigenen Motorenwerk einbaute.

Der Name Horex entstand durch die ersten zwei Buchstaben der Stadt Homburg und durch das „Rex" der weltberühmten Konservengläser. Die allererste, 1923 gebaute Horex hatte einen einzylindrigen ohv-Motor von 249 cm³, den man auch als Einbaumotor an andere Motorradhersteller wie z. B. Zürtz lieferte. Und kaum waren die ersten Maschinen fertiggestellt, starteten sie auch schon bei Rennen mit einem Werksteam, das aus Juniorchef Fritz Kleemann, dem Frankfurter Philipp Karrer und Henry Veit aus Berlin-Pankow bestand und bei zahlreichen Rennen große Erfolge erringen konnte. 1926 entstanden neue Horex-Modelle, die typisch englische Konstruktionstendenzen und bei Columbus gebaute sv- und ohv-Einzylindermotoren von 496 und 596 cm³ besaßen. Und was Columbus selbst betrifft: die Herstellung dieser Motoren wurde bald ganz von Oberursel ins Horex-Werk nach Bad Homburg verlegt, so daß der Motoren- und der Fahrgestellbau unter ein Dach kamen.

Eine interessante 675-cm³-Horex – praktisch eine aufgebohrte 596er Version – fuhr Fritz Kleemann junior 1927 beim Eröffnungsrennen auf dem Nürburgring; er konnte hier gegen starke Konkurrenz Dritter in der 1000-cm³-

Die erste, 1924 entstandene Horex hatte einen obengesteuerten 246-cm³-Einzylindermotor, der bei Columbus in Oberursel gebaut wurde. Columbus gehörte bereits zu Fritz Kleemanns Horex-Motorradfabrik.

Viele Horex-Modelle wiesen eine typisch englische Bauweise auf, auch die seitengesteuerte 246-cm³-Einzylindermaschine von 1928 bildete keine Ausnahme.

Klasse hinter Paul Rüttchen auf Harley-Davidson und Jean Boivin auf New Imperial werden, obwohl er mit einem „Hubraum-Handicap" von rund 320 cm³ ins Rennen ging. Von 1928 an gab es Satteltanks bei allen Horex-Modellen, und 1929 erwarb das Werk die Lizenz zum Bau der englischen Sturmey-Archer-Einzylindermotoren von 348 cm³ und 498 cm³. Etwas überraschend, daß der sportfreudige Juniorchef von Horex damals keine „richtige" Rennabteilung im Werk aufzog, doch waren die eigenen Columbus-Motoren – und das sei hier offen gesagt – auch bei bestem „Tuning" nie richtige „Renner". Sie waren mehr „Bauern-Motoren" und zeichneten sich auch bei Langstreckenwettbewerben aus. Wie damals bei der Internationalen Sechstagefahrt, wo der bekannte Münchner Rennfahrer und Motorradhändler Josef Kagerer eine 596-cm³-Horex an den Start und auch mit einer „Goldenen" ans Ziel brachte. Eine noch größere Sensation gab es dann beim Großen Preis von Deutschland auf dem Nürburgring, als die von Tom Bullus gesteuerte Horex fünf Runden lang an der Spitze lag – vor dem kompletten BMW-Werksteam mit 750-cm³- und 500-cm³-Kompressormaschinen, die von so großen Fahrern wie Toni Bauhofer, Ernst Henne, Hans Soenius, Karl Stegmann und Paul Köppen gesteuert wurden; vor den DKW-Werksfahrern Ernst Zündorf und Sepp Klein und auch vor dem Engländer H. G. Tyrell Smith, der dann auf Rudge hier den „Großen Preis" gewann, und seinen Landsleuten Graham Walker auf Rudge, Arthur Simcock und Charly Dodson auf Sunbeam sowie auch vor dem großen Iren Stanley Woods auf Norton. Phantastisch dieser Bullus, der ja ein Jahr darauf ins Werksteam von NSU ging, und phantastisch diese Horex mit dem Sturmey-Archer-Motor, der nur obengesteuert war und keine obenliegende Nockenwelle besaß. Er hatte auch nur zwei Ventile, war aber sehr, sehr schnell. Dabei hatte der von Bullus gefahrene Motor nur einen Kolbenring – und das war auch der Grund für sein Ausscheiden nach fünf sehr schnellen Nürburgringrunden. Anfangs der dreißiger Jahre gab es dann bei Horex eine „beschränkte" Renntätigkeit, wobei der frühere DKW-Werksrennfahrer

Die seitengesteuerten Horex-Motorräder von 497 und 597 cm³ des Baujahres 1928 hatten ebenfalls bei Columbus hergestellte Einzylindertriebwerke.

Zwischen Horex (Columbus) und der englischen Einbaumotorenfabrik Sturmey-Archer, zu der auch die Raleigh-Motorradwerke in Nottingham gehören, kam es 1930 zu einem Lizenzabkommen. Folge: die kopfgesteuerten 497er Horex-Modelle bekamen Sturmey-Archer-Lizenzmotoren von der Schwesterfirma Columbus.

Sepp Klein eine bedeutende Rolle spielte. Nicht nur mit der 498er ohv-Rennmaschine, sondern auch mit einer 248er ohv-Horex.

Bei dieser handelte es sich um eine Maschine, die bereits 1929 von Chefkonstrukteur Hermann Reeb entworfen wurde. Mit einem nach vorn geneigten eigenen 198er ohv-Motor, dessen Stoßstangen in einem Rohr am Zylinder lagen. Dieser Motor wurde damals eingeführt, um Horex auch in der steuer- und führerscheinfreien Klasse bis 200 cm³ eine kommerzielle Chance zu sichern. Es gab auch eine fast gleiche 298er Version, während Sepp Kleins 248er durch das Aufbohren der 198er Horex entstand und – soweit mir bekannt – nur in zwei oder drei Exemplaren existierte. Der Motor war an sich ein typischer „Bauernmotor", doch gelang es dem tüchtigen Sepp Klein, aus ihm ganz hervorragende Leistungen herauszuholen und gute Rennerfolge zu erringen. Schließlich hatte der „normale" 198-cm³-Motor nur 8,5 PS, die 298er Version 12 PS und die später gebaute „große" 348er (Modell TM) auch nur 12,5 PS. Durch Weiterentwicklung bekam sie immerhin 14 PS bzw. 18 PS, als Einbaumotor für Victoria sogar 20 und mehr PS, wie die Victoria-Rennerfolge bewiesen.

Diese 348-cm³-Konstruktion beruhte auf dem Original-Sturmey-Archer-ohv-Motor und wurde bereits 1929 für Victoria in Nürnberg bei Horex-Columbus gebaut. In der KR 35 war der Motor sehr beliebt und in der Rennausführung, entsprechend hergerichtet, sehr gefürchtet. Große Fahrer, unter ihnen H. P. Müller, Karl Bodmer, Herbert Adam, Othmar Mühlbacher, Ferdl Mitterer, Joe Will Brand, Kurt Füglein u. a., konnten mit diesem – äußerlich und innerlich einfachen – ohv-Motor viele Rennen gewinnen. Und wenn wir die Entwicklung dieser Konstruktion weiterverfolgen, kommen wir zu einem Horex-Modell, das besonders nach 1945 dominierte, zur unvergessenen „Regina".

Zurück zum Jahr 1932, als Chefkonstrukteur Hermann Reeb neue, sensationelle Modelle mit eigenen Parallel-Zweizylindermotoren von 598 cm³ und 798 cm³ entwarf und diese mit obenliegenden Nockenwellen – durch Kette angetrieben – ausstattete. Es waren dies keinesfalls die allerersten Parallel-Zweizylinder auf der Welt, aber doch sehr fortschrittliche Konstruktionen. Leider wurden sie damals nicht im notwendigen Maßstab weiterentwickelt. Sie wurden – als Einbaumotoren – auch nur an Tornax geliefert. Daß sie entwicklungsfähig und auch sehr schnell waren, bewies später der berühmte Karlsruher Seitenwagenfahrer Karl Braun, der 1935 mit einer solchen Parallel-Zweizylinder von Horex, auf 1000 cm³ aufgebohrt und mit einem Kompressor versehen, die deutsche Straßenmeisterschaft in seiner Klasse gewann. Ich erinnere mich auch hier an den Tornax-Werksfahrer Anton Gosse, der – ebenfalls wie Braun ein Seitenwagenfahrer – jahrelang einen solchen Horex-Motor im Tornax-Fahrgestell hatte.

Bis 1939, bis zum Krieg, konzentrierte Horex den Motorradbau doch mehr auf Einzylinder-ohv-Maschinen von 342, 498 und 598 cm³, die immer weiter entwickelt, aber nie grundsätzlich verändert wurden. Wenn man dabei von einem 598er Modell absieht, das einen Vierventil-Kopf bekam, trotzdem aber nie eine Rennmaschine wurde. Diese Columbus-Motoren galten als robuste und zuverlässige Arbeitspferde. Man hatte fast den Eindruck, der Ex-Rennfahrer und Rennenthusiast Fritz Kleemann der zwanziger Jahre wäre dem Kaufmann Fritz Kleemann der dreißiger und

Eine Sensation gab es 1933, als Horex erstmals mit ohc-Parallel-Zweizylindern von 596 und 796 cm³, deren Nockenwellen durch Ketten angetrieben wurden, auf dem Markt erschien.

späteren Jahre gewichen . . . nicht ganz, wie sich dann nach 1945 gezeigt hat.

Vorher, bei Kriegsbeginn im Jahre 1939, gab es eine Produktionseinschränkung und Typisierung, später folgte die Einschaltung des Werkes in das Rüstungsprogramm, glücklicherweise aber blieben größere Zerstörungen während des Krieges aus. Bereits im Mai 1945 begann mit der Produktion von Ersatzteilen für die Eisenbahn die Nachkriegsperiode von Horex. Bald darauf bekam das Werk als vorderhand einzige deutsche Motorradfabrik die Bewilligung der Alliierten zum Bau eines größeren Motorrades, der 342-cm³-„Regina" mit dem einzylindrigen ohv-Motor, Bohrung 69 mm, Hub 91,5 mm. Das Geschäft florierte: Bereits 1950 entstanden 700 Maschinen monatlich, 1951 waren es mit 400 Mann Belegschaft 1200, und 1952 wurden monatlich sogar 1700 Horex „Regina" mit 550 Belegschaftsmitgliedern hergestellt. Davon gingen 25% ins Ausland. Der Umsatz stieg von Jahr zu Jahr. Nicht nur, weil dieser Typ lange Zeit konkurrenzlos in Deutschland war, sondern auch, weil es sich hier um eine gute und ausgereifte Konstruktion gehandelt hat. Gebaut wurde sie in einer – sagen wir – mittelgroßen Fabrik mit den neuesten und modernsten Maschinen. Kleemann hatte immer gute Verbindungen zu Behörden und zur Teileindustrie. Da es auch nicht an Geld mangelte, konnte er sein Werk immer wieder ausbauen und modernisieren.

Von 1951 an gab es auch eine 248er „Regina", die aber hauptsächlich für den

Horex-Chefkonstrukteur Hermann Reeb schuf diese neue Columbus-Zweizylinderkonstruktion, die man später auch in Fahrwerken von Tornax antraf. Einige der 796-cm³-Motoren wurden auf fast 1000 cm³ aufgebohrt und erfolgreich bei Rennen mit Fahrern wie Karl Braun, Anton Gosse u. a. eingesetzt.

Export, besonders nach der Schweiz, gebaut wurde. Später kam auch die 398er „Regina" dazu. Die 248er hatte 17 PS, die meistgekaufte 348er 19 PS und die 398er 22 PS. Bereits vor 1950 gab es auch schon eine sehr schnelle 348-cm³-Horex, die aus der „Regina" von Friedl Schön mit etwas Werkshilfe entwikkelt und bei Rennen auch erfolgreich eingesetzt wurde. Sie bildete den Auftakt für den Bau „richtiger" Rennmaschinen bei Horex, zu dem schon 1951 Versuche mit Parallel-Zweizylinder-ohc-Rennmodellen unternommen wurden. Mit Hubräumen, die vorerst 398 cm³, dann 446 cm³ und zuletzt auch wirklich 498 cm³ betrugen. Da gab es Ein- und Zweinockenmotoren und auch verschiedene Formen des Wellenantriebs zu den obenliegenden Nocken. Man wollte niemanden kopieren, und so mußte man selbst viel experimentieren, ab 1952 wohl zuviel. Nicht allein wegen des Geldes für diese Experimente, sondern weil es doch nicht genügend Spitzentechniker gab, um das ganze Entwicklungsprogramm erfolgreich durchzustehen. Schließlich mußte man auch an neue Serienmodelle denken, und dazu kam, daß Horex auch noch den Rennfahrer Roland Schnell unterstützte, der – mehr oder weniger getrennt vom Werk – einzylindrige Schnell-Horex-Rennmaschinen von 248 cm³, 348 cm³ und 498 cm³ mit Kettenantrieb zu den obenliegenden Nockenwellen baute. Man hatte damals – als Außenstehender – den Eindruck, das Werk wäre gerade hier in technischer Beziehung zu stark engagiert und deshalb nicht immer voll vorbereitet, wenn ein Renneinsatz bevorstand.

Bereits 1951 gab es eine 496er Horex „Imperator", die bei Rennen und als Prototyp auch bei Versuchsfahrten aufkreuzte, aber nicht in Serie ging. Erst Ende 1954 kam sie auf den Markt, vollkommen umkonstruiert und aus steuerlichen Gründen mit 392 cm³ Hubraum. Da gab es 2 x 66 mm Hub und 61,5 mm Bohrung, vieles gekapselt und die Rollenkette zum Antrieb der obenliegenden Nocken zwischen den beiden Zylindern. Das Fahrgestell wurde mit Telegabel oder mit Schwinge geliefert, die Hinterradschwinge war serienmäßig. Der Motor hatte 26 PS bei 5800 U/min und ein sehr weites Leistungsband. Schon eine prachtvolle Maschine, die – wie sich leider zeigte – zwei Jahre zu spät den Markt erreichte. 1955 wurde dann die „Resident", eine 349-cm³-Einzylinder-hc (high camshaft) bei Horex „geboren", mit 24 PS bei 6500 U/min und 130 km/h Spitze. Praktisch eine verbesserte und weiterentwickelte sowie modernisierte „Regina", die ja schon 1937 als KR 35 auf den Markt gekommen war und dann knapp vor Kriegsausbruch 1939 zur SB 35 wurde.

Wie die zweizylindrige Imperator kam auch die Resident in einer ungünstigen Zeit zum Verkauf, als der „reine" Motorradmarkt übersättigt und bereits so viel Kaufkraft vorhanden war, daß zahlreiche Kunden Kleinautomobile anstatt stärkerer Motorräder erwarben. Noch galt das Motorrad hauptsächlich als Transportmittel von A nach B, noch hatte es nicht den stark sportlichen Einschlag wie seit Ende der sechziger Jahre. Und so schön und gut

Einzylinder-Maschinen dominierten in den dreißiger Jahren. Die 1934 gebaute 496-cm³-Horex mit dem seitengesteuerten Columbus-Motor gehörte dazu.

auch die Imperator- und Resident-Modelle von Horex waren, sie fanden doch damals nicht den erhofften Absatz. Weil eben keine Motorradfabrik besonders zwischen 1955 und 1965 große Maschinen in größeren Stückzahlen verkaufen konnte.

Zurück zur Rennpolitik von Horex, die besonders 1951 mit frisierten 498-cm³-„Imperator"-Modellen begann und dabei zu keinen Erfolgen, wohl aber zu vielen verölten Kerzen führte. So entschloß man sich, diese für Rennzwecke ungeeignete Konstruktion zurückzustellen und 1952 von Grund auf neue 498er Rennzweizylinder für das Werksteam zu bauen, die mit Hugo Schmitz und Friedl Schön im Sattel beim Rennen in Dieburg debütierten und Schmitz gleich einen zweiten Platz einbrachten. Mit einem Zweinockenwellenkopf ausgerüstet, hatte diese Horex schon 50 PS. Es gab aber auch schon eine 248er „Schnell-Horex", die – von Hermann Gablenz hervorragend gesteuert – Zweite hinter der Ex-Anderson-Moto-Guzzi „Gambalunghino" von Hein Thorn-Prikker wurde. Dann Hockenheim: Die neue 500er mit Schmitz, Schön und Harold Ölerich, dem Techniker, der für den verletzten Kurt Mansfeld hier die große Horex fährt. Friedl Schön gewinnt das Rennen gegen starke internationale Konkurrenz. Dann geht's zum allerersten Grand Prix in die Schweiz, wo Werner Gerber neben Friedl Schön fährt und Hans Stärkle, vor dem Kriege NSU-Seitenwagen-Werksfahrer, die dritte Horex mit einem Seitenwagen hat.

Dazu kommen zwei „Schnell-Horex"-Doppelnockenwellen-Einzylinder, die 248er von Hermann Gablenz, die 348er von Roland Schnell gesteuert. Die Horex-Maschinen sind noch zu „neu" für ein solches Rennen. Schön hat Ventildefekt und wird Zehnter, Gerber kommt mit der Zweizylinder nicht zurecht, und Stärkle ist zu langsam. Gablenz und Schnell beenden, aber nicht ganz vorn, das Rennen. Das Eifelrennen auf dem Nürburgring: Schön fährt die schnellste Runde. Dann hat die Kupplung genug. Schmitz stürzt und Mansfelds Horex „Twin" hat Getriebedefekt. Dreimal aus! Schnell und Gablenz in ihren Klassen 3 und 4. Auf der Avus in Berlin geht's weiter. Mit einem Sieg von Friedl Schön, doch ist die

In den ersten Jahren nach dem Zweiten Weltkrieg wurde die 342-cm³-Horex „Regina" das meistgekaufte Motorrad bei den Maschinen über 250 cm³. Horex stellte auch Versionen mit 246 und 498 cm³ her.

Konkurrenz nicht sehr stark. Hier fährt auch Fritz Hoske eine 498er Horex mit einem Doppelnockenwellenkopf, doch ist dies keine Werksmaschine. Er hat sie selbst umgebaut und sehr schnell gemacht. Im Rennen fiel sie allerdings bald aus. Beim Feldbergrennen sind die „Horexen" noch schneller. Kurt Mansfeld fährt die schnellste Runde, hat dann Motorstörungen und wird Dritter. Ähnlich auf der Eilenriede bei Hannover, wo er aber ausscheidet und Friedl Schöns Horex Zweite wird. Inzwischen bewies die 350er von Roland Schnell, daß auch diese Konstruktion schnell und zuverlässig ist. In Bad Homburg baut man deshalb weitere 348-cm³-Einzylindermaschinen und nimmt einen jungen, sehr talentierten Privatfahrer unter Vorvertrag: Werner Haas aus Augsburg ... bis zum Großen Preis auf der Solitude, wo er bereits für NSU fährt und die 125er Klasse gewinnt! Weil die Horex-Leute mit dem Endvertrag etwas zögerten. Gablenz ist hier mit der 248er Schnell-Horex Dritter, aber die großen Werksrennzweizylinder fallen aus. Das Rennen mit all den Weltstars ist doch noch etwas zu hart für die Neukonstruktion. Am Ende der Rennsaison 1952 war Hermann Gablenz (mit Ewald Kluge auf DKW) Zweiter in der Deutschen Straßenmeisterschaft der 250-cm³-Klasse auf Schnell-Horex, und Roland Schnell gewann sogar die 350er Klasse auf der von ihm konstruierten Schnell-Horex mit dem interessanten Doppelnockenwellen-Einzylindermotor. Noch bevor 1952 zu Ende war, hatte er eine ähnliche 498-cm³-Version in Locarno zum Siege gesteuert.

Friedl Schön, bekannter Horex-Werksrennfahrer, baute bereits 1950 die „Regina" für Rennzwecke um und war auch mit ihr erfolgreich.

Horex hatte 1952 einen um 32 Prozent gestiegenen „Regina"-Umsatz und baute dann weitere 5000 qm große Hallen dazu. Gab es vor dem Kriege kaum einen bedeutenden Export, belieferte man nun 50 Staaten. Dem Unternehmen ging es gut, und Fritz Kleemann war bereit, Geld in eine erfolgreiche Rennabteilung zu stecken. 1952 war sie nicht genügend erfolgreich, obwohl die von Roland Schnell konstruierten Rennmaschinen die Meisterschaft in der 350-cm³-Klasse gewannen. Allerdings – und das war entscheidend (!) – war an diesen mehr „Schnell" als „Horex" beteiligt. Das größere Interesse lag aber bei den werksseitig eingesetzten 498er Doppelnocken-Zweizylinderversionen, die nun für 1953 völlig neu konstruiert wurden. Der dickbauchige Motor wich einer schmaleren und stark verrippten Konstruktion, Stirnradantrieb ersetzte den Kettenantrieb vom Motor zum Fünfganggetriebe, und auch der Wellenantrieb zu den obenliegenden Nockenwellen mußte 1953 einem Stirnradantrieb weichen. Auch wurde das Rennfahrgestell bedeutend verkleinert und erleichtert; hinten kamen 16-Zoll-Reifen drauf, vorn wegen einer ruhigeren Lenkung 19-Zoll-Reifen. Das ganze Schmiersystem wurde überarbeitet, und als dann die ersten zwei Maschinen mit Friedl Schön und H. P. Müller beim Eifelrennen eingesetzt wurden, machten sie eine gute Figur – bis die von Gummisegmenten gehaltenen Zahnkränze außer Flucht mit den Getrieberitzeln kamen, was zu Kettenbrüchen führte. Nebenbei bemerkt, es gab nunmehr auch schon mehrere – besonders 348er – Schnell-Horex-Einzylinder, die H. P. Müller und Fritz Kläger einen 2. und 3. Platz beim Eifelrennen brachten. Hier auch gleich ein Wort zur 248er Regina, die sich von der 348er Regina vor allem durch das eine Auspuffrohr – die 348er hatte zwei – unterschied. Sie hatte 65 mm Bohrung und 75 mm Hub, war 7,4:1 verdichtet, der Motor gab 14 PS bei 6000 U/min ab. Das Fahrwerk war mit dem der größeren Regina-Modelle identisch. In Schotten wurde damals der Große Preis von Deutschland ausgetragen. Es gab Krach im Training wegen der gefährlichen Strecke. Am Ziel war H. P. Müller mit der neuen 498er Werks-Horex an dritter Stelle, hinter den BMWs von Walter Zeller und Hans Baltisberger. Trotz allem,

Zu den ab 1951 bei Horex konstruierten 498-cm³-Werksrennmaschinen mit Zweizylinder-Doppelnokkenwellenmotor gehörte auch diese 1952 gebaute Variante. Gefahren wurde sie u. a. von H. P. Müller, Kurt Mansfeld und Friedl Schön.

ganz perfekt war auch hier die Horex nicht, und so kam es, daß H. P. Müller, zweifellos der beste und erfahrenste aller Horex-Werksfahrer, es vorzog, zahlreiche Rennen nicht nur auf seiner 348er Schnell-Horex, sondern auch auf einer 498-cm³-Version, das heißt mit dem Einzylindermodell, zu bestreiten. Die Zweizylinder-Rennmaschinen wurden viel umkonstruiert, umgebaut und modifiziert, doch waren sie weder besonders schnell noch besonders zuverlässig.

Ende 1953 entschloß sich Kleemann zu einem drastischen Schritt: Er ließ alle zweizylindrigen 498er Rennmaschinen in die Ecke stellen und engagierte den bekannten österreichischen Konstrukteur Ludwig Apfelbeck. Dieser schuf eine neue – für die Rennsaison 1954 bestimmte – 348er Parallel-Zweizylinder-Doppelnockenwellen-Rennmaschine mit nach vorn geneigten Zylindern. Mit Georg Braun aus Hechingen – der auch die 248er „Schnell-Horex" von Gablenz und eine 498-cm³-Schnell-Horex (Einzylinder) fuhr – bei mehreren Rennen eingesetzt, war die neue 348er noch nicht voll entwickelt, als sich Horex nach einigen Monaten entschloß, die Rennabteilung aufzugeben. Zuletzt erwarb der Münchner Rennfahrer Hans Bartl diese Maschine mit allen Ersatzteilen in der Absicht, sie privat mit großen Kosten weiterzuentwickeln. Als ihm dies nicht ganz gelang, veräußerte er sie. Es war dann vornehmlich der erfahrene Freiburger Fritz Kläger, der sich mit dieser Konstruktion befaßte und sie auch noch längere Zeit bei Rennen fuhr. Trotz aller Bemühungen kam

Zu den letzten bei Horex gebauten Motorrädern gehörte die wunderschöne „Resident" von 347 cm³. In der zweiten Hälfte der fünfziger Jahre kam sie leider zu spät auf den Markt.

auch er nie ganz nach vorn, und das war dann das Ende der letzten im Horex-Werk in Bad Homburg gebauten Rennmaschinen.

Horex, jahrelang nach dem Zweiten Weltkrieg Deutschlands führende Motorradmarke, war nicht – wie andere Werke – bestrebt, nach großen Absatzjahren die Produktion über ein gewisses Maß zu vergrößern. Man baute aus und modernisierte die Fabrikation. „Übermütig" wurde der erfahrene Fritz Kleemann nicht – schließlich war er seit 1923 im Motorradbau und hatte schon seine Erfahrungen mit guten und natürlich auch schlechten Absatzzeiten. Mitte der fünfziger Jahre ging dann der Motorradabsatz rapide zurück. 1956 standen noch die drei Regina-Modelle von 248, 342 und 399 cm^3, die moderneren 248er und 349er Resident-Einzylinder und die Imperator mit ihrem 392er Parallel-Zweizylindermotor auf dem Programm. Prachtvolle Motorräder, die aber zu einer Zeit der Depression im Motorradgeschäft gebaut wurden, als man mehr Kleinautos als Motorräder, die fast gleichviel kosteten, absetzen konnte.

Ein Einstieg in den Autobau kam für Horex nicht in Frage; Kleemann wußte genau, daß dies einen Selbstmord in kommerzieller Beziehung bedeutet hätte. Zuletzt konzentrierte er sich auf den amerikanischen Markt. Vor allem mit der formschönen 446er Zweizylinder-„Imperator", die 30 PS und vorn und hinten Schwingen hatte. In den USA hieß sie aber nicht Horex, sondern Zündapp, zumal sie dort durch den eingeführten Zündapp-Händler vertrieben wurde. In Deutschland selbst konnte man bis Anfang der sechziger Jahre noch die 248er und 348er Einzylinder-„Resident"-Modelle bekommen. Und dazu die kleine Horex „Rebell" mit 97-cm^3-Zweitakter von Fichtel & Sachs, die allerdings verlorenen Boden nicht gutmachen konnte. Praktisch war dies die letzte Horex-Konstruktion und das Ende einer einst sehr bekannten und guten Marke.

Von 1951 bis 1955 entstand bei Horex in Bad Homburg eine Reihe neukonstruierter 498er Doppelnokkenwellen-Rennmaschinen für Werksfahrer wie Friedl Schön, Hugo Schmitz, Kurt Mansfeld, H. P. Müller, Georg Braun und andere. Die Kleemanns, Besitzer von Horex, steckten viel Geld in die Entwicklung dieser Fahrzeuge. Diese „ähnelten" sich dadurch, daß kaum zwei dieser Rennmaschinen einander hundertprozentig glichen.

Die Tragödie von
Imperia

Ernst Loof, in den dreißiger Jahre mehrfacher deutscher Meister bei Straßen- und Bergrennen, aber auch als Techniker sehr erfolgreich, hatte wieder ein Rennen mit seiner 348-cm³-Imperia-„Python" gewonnen. Tausende jubelten ihm zu, und doch war damals – man schrieb 1935 – dieser große Fahrer und Techniker deprimiert. Weil er schon wußte, daß trotz aller Erfolge die Tage der Imperia-Werke Aktiengesellschaft in Bad Godesberg gezählt waren. Der sportbegeisterte Dr.-Ing. Rolf Schrödter, Chef dieser Motorradfabrik, hatte mehr in den Rennsport, vor allem aber in neue revolutionäre Konstruktionen gesteckt, als das verhältnismäßig kleine Werk verkraften konnte. Und nun ging es dem Ende zu; zum Torschluß bei einer Firma, die besonders in Sportkreisen einen hervorragenden Ruf besaß.

Gegründet wurde Imperia 1923 in Köln-Kalk von Dr. Becker, der auch an anderen Kölner Motorradmarken wie K.M.B. beteiligt war. Die ersten Maschinen hatten typisch englische Fahrgestelle und Einbaumotoren von Blackburne, JAP, Bradshaw und MAG. Kaum waren sie fertig, stieg die Firma auch schon großzügig in den Sport ein. Wie im Jahr 1924 beim Avus-Rennen in Berlin, wo es im Programm zwei 249-cm³-Maschinen mit Ernst Zündorf und Richard Rau, drei 349er Imperias mit Erich Pätzold, Harry Herzogenrath und Martin Heide sowie Imperia-MAG-Maschinen von 499 cm³ mit dem später berühmten Bugatti-Autorennfahrer Ernst-Günther Burggaller und mit Robert Oberdörfer gab. Nicht genug damit, fuhren Herzogenrath und Adam Schumacher auch V-Zweizylindermaschinen von 749 cm³ und Ernst Zündorf eine 998er V-Zweizylinderversion mit MAG-Motoren in diesem Rennen. 1925 waren auch Emil Hobelmann und Hans Soenius, ebenfalls sehr bekannte Rennfahrer, im großen Werksteam von Imperia. Karl Frentzen kam 1926 dazu, bald darauf auch Willi Ehrlenbruch.

Ein sehr großes Werksteam also, obwohl die Fahrer nicht wie 1975 bezahlt wurden und die Kosten zum Großteil selbst tragen mußten. Sie bekamen die Rennmaschinen, einige im Werk tätige auch Spesenvergütungen – und eine Erfolgsprämie, wenn es gut ging. Trotz allem kostete dieser Rennstall sehr viel Geld, und 1926 konnte Becker – auch mit der K.M.B. – nicht mehr weiter. Die K.M.B. ging in den „Motorradfabrikenhimmel", die Imperia

Diese 1925 gebaute 346-cm³-Imperia stammte noch aus der Produktion in Köln-Kalk. Der ölgekühlte Motor wurde von Bradshaw in England konstruiert.

Motosacoche (MAG) in Acacias bei Genf lieferte viele Motoren an Imperia, zwischen 1924 und 1926 auch diesen 496-cm³-Zweizylinder mit wechselgesteuerten Ventilen.

wurde von der Familie Schrödter in Bad Godesberg übernommen. Genauer: von der Bad Godesberger Maschinenfabrik „Rheinland" (Inhaber Dr.-Ing. Rolf Schrödter und Felix Schrödter), die ihren Namen nunmehr auf „Imperia Fahrzeugwerke GmbH" änderte, wobei sich alle Anteile im Schrödterschen Familienbesitz befanden.

„Imperia-Sport" brachte neuen Schwung

Inzwischen fuhren auch zahlreiche Privatfahrer in Köln-Kalk gebaute Maschinen bei Rennen, wie Jupp Wenzel, Erich Göhler, Fritz Klütsch, Moritz Rosenbaum, Max Scharrenbroich und auch der berühmte Kölner „Kolben"-Krämer. Aus vorhandenen Teilen stellte man in Bad Godesberg noch einige dieser Modelle, größtenteils mit V-Zweizylinder-MAG-Motoren von 496, 596 und 746 cm³ her. Dann kam – es war 1929 – die neue, moderne 496-cm³-„Imperia-Sport", inzwischen von Schrödter konstruiert, als Einheitsmodell auf den Markt; sie fand bald viele Kunden. Alle anderen Modelle wurden aufgegeben, zumal auch deren Fahrgestelle veraltet waren. So hatte z. B. die neue „Sport" den modernsten MAG-ohv-Doppelauspuff-Motor und auch schon einen schönen Satteltank. Ihre Leistung betrug 22 PS bei 5000 U/min. 1930 erschien die prächtige „Rheingold" mit dem 678er V-Zweizylinder-ohv-Motor von JAP und die „Berggeist", eine 596-cm³-Einzylindermaschine mit dem wechselgesteuerten MAG-Motor dazu. Damals kam von Standard in Ludwigsburg der tüchtige, in Niederländisch-Indien geborene Rennfahrer und Konstrukteur Ing. A. F. Dom zu Imperia; ihm folgten bald darauf auch die hervorragenden Rennfahrer Ernst Loof, Wilhelm Schminke und Otto Schanz. Schminke aus Weimar war ein Schüler von Ing. Dom, der ihm vorher Standard-Werksrennmaschinen mit MAG-Königswellenmotoren zur Verfügung gestellt hatte und auch Otto Schanz war ein hervorragendes Talent. Tragisch, daß er später in Schleiz tödlich verunglückte, und auch Schminkes Laufbahn wurde durch einen Zusammenstoß mit einem Lastwagen vorzeitig beendet.

1930 kam es zu einer Reorganisation bei Imperia. Aus der „Imperia Fahrzeugwerk GmbH" wurde die „Imperia-Werk AG". Gründer dieser AG waren nicht nur die Brüder Schrödter, sondern auch deren Mutter und Gisela, geb. Bülow. Das Grundkapital, zu dem Werksanlagen usw. gehörten, betrug 300 000 RM, die Reservefonds I und II bezifferten sich auf 42 000 Reichsmark. Auch Max Scharrenbroich, Kaufmann und Rennfahrer aus Bonn, besaß Anteil an dieser 1931 nochmals reorganisierten Firma, ferner der Düsseldorfer Kraftfahrzeughändler Philipp Müller, Ludwig Schneider und zwei weitere bekannte Rennfahrer, Ralph Roese und Willi Ehrlenbruch. Scharrenbroich trat aus und bekam so viele Imperia-Maschinen und Teile, daß er mit diesen ein Geschäft in Bonn eröffnete. Ähnlich war es übrigens 1935 nach dem Torschluß, als die Firma Philipp Müller die Imperia-Lagerbestände übernahm. Ralph Roese, bis dahin einer der erfolgreichsten BMW-Privatfahrer, sollte 1935 neben Ernst Loof die neuen sensationellen Imperia-Zweitaktrennmaschinen

Als Dr.-Ing. Rolf Schrödter Imperia erwarb und die Produktion nach Bad Godesberg verlegte, entstand dort als erstes Modell diese rassige kopfgesteuerte 497-cm³-Einzylinder-Sportmaschine mit Doppelauspuff von MAG.

fahren – es kam nie mehr dazu. Rennen fuhr er auch mit BMW-Sportwagen; nach dem Krieg verunglückte er bei einem Straßenunfall tödlich.

Mit „Python"-Einbaumotoren von Rudge

Dipl.-Ing. Arthur Dom konstruierte 1931 neue, sehr sportliche und gute Fahrgestelle für Imperia. In diese kamen nunmehr hauptsächlich englische 348er und 498er Vierventil-ohv-Einzylindermotoren von Rudge, unter dem Namen „Python" als Einbaumotoren geliefert und damals sogar auch von Zündapp eingebaut. Prächtige, schnelle und zuverlässige Motoren, die von Dom und später von Ernst Loof „frisiert" und sehr erfolgreich bei Rennen eingesetzt wurden. Das waren auch die Modelle der Werksfahrer Schanz und Schminke. Typisch für sie die ziemlich hoch gelegenen Lenkstangen und tiefliegenden Sättel; eine von Ing. Dom bevorzugte Bauweise. Selbstverständlich gab es auch „normale" Sportmodelle, die in Kleinserien gebaut wurden und guten Absatz fanden. Die damaligen Imperia-Fahrwerke und zum Teil gummigefederten Vordergabeln gehörten zu den besten am Markt. Kein Wunder, daß auch viele Privatfahrer auf Imperia-Fahrgestelle Wert legten. Rennmaschinen wie auch serienmäßige Sportmodelle gab es auch mit Fußschaltung für die ebenfalls von Rudge stam-

1929 kam Imperia mit einer modernen kopfgesteuerten V-Zweizylindermaschine heraus, deren 676-cm³-Motor von JAP in London stammte. Sie trug den Namen „Rheingold".

Von Rudge in Coventry gelieferte „Python“-Einbaumotoren wurden ab 1930 von Imperia in verschiedenen Ausführungen verwendet. Alle hatten vier obengesteuerte Ventile und waren schnell und rassig. Hier eine 1932 gebaute 347-cm³-Imperia mit „Python“-Motor.

menden Vierganggetriebe. Auf Imperia-Rennmaschinen mit den kleinen vierventiligen 248er „Python“-Motoren waren einige Fahrer ebenfalls erfolgreich.

Die Liste bekannter deutscher Rennfahrer, die bis 1935 auf Imperia fuhren, ist sehr lang: Otto Kohfink (Werksfahrer), Sebastian Roth, Gerd in der Elst, die Brüder Buttler aus Bottrop, Otto Brindl, Ermer, Hartmann, Colle, Steiner, Kahrmann, Lottes, Schlotterbach, Kate. 1933 kam, buchstäblich mit einem 348-cm³-Rudge-(Python-)Motor unter dem Arm, ein junger, baumlanger Engländer zu Schrödter und bat um ein Rennfahrgestell. Er bekam es und wurde später, allerdings viel später, einer der besten Fahrer der Welt: Fergus Anderson! Seine Kenntnisse der deutschen Sprache waren gleich „Null“, und da weder Dr.-Ing. Schrödter noch Ernst Loof Englisch sprachen, mußte ein Lehrling der Fahrradabteilung als Dolmetscher einspringen. Auch er wurde später ein hervorragender Rennfahrer: Hein Thorn-Prikker. Allerdings erst, als bei Imperia keine Motorräder mehr gebaut wurden. Und auch keine Fahrräder.

Dipl.-Ing. Dom zog sich 1933 vom Rennsport zurück. Als Ausländer und Jude konnte er keine Lizenz als Rennfahrer mehr bekommen. Inzwischen hatte Ernst Loof nicht nur zahlreiche Rennen gewonnen, sondern auch die Leitung der Rennabteilung in Bad Godesberg übernommen. Sie war klein, aber jede Maschine, die dort entstand, war erstklassig.

Die „Butter auf dem Brot“ brachten die Serienmodelle mit „Python“-Sportmotoren, ferner eine 498-cm³-Einzylindermaschine mit wechselgesteuertem MAG-Motor, die 678-cm³-V-Zweizylinder-ohv-Maschine mit JAP-Motor, 1933 ersetzt durch eine 848-cm³-V-Zweizylinder mit einem neuen (von Le Vack noch konstruierten) sv-Motor von MAG, sowie Zweitakter, deren 146er und 198er Villiers-Motoren später durch solche von Bark ersetzt wurden.

Nach 1933 keine ausländischen Motoren mehr

Besser waren diese nicht, aber nach 1933 war es fast unmöglich, ausländische Einbaumotoren einzuführen. So kam es zu einer engen Verbindung zwischen Bark in Dresden, der Nachfolgefirma von Kühne, mit Imperia. Es waren diese Einfuhrschwierigkeiten, die – indirekt! – zum Untergang der Imperia-Werke in Bad Godesberg führten. Die damaligen deutschen Einbaumotoren waren mit wenigen Ausnahmen nicht einmal zum „Frisieren“ geeignet und vollkommen ohne Chancen gegenüber der englischen und italienischen Konkurrenz. So kam es, daß auch JAP-Einbaumotoren aus England und Schweizer MAG-Motoren immer seltener wurden und deren Vertretungen schließen mußten. Bark entwickelte im Auftrag von Dr.-Ing. Schrödter seitengesteuerte und obengesteuerte 348er und 496er Einzylindermotoren für die Serienproduktion, doch ließen sie in bezug auf Leistung, Zuverlässigkeit und Preis viele Wünsche offen.

Direkt katastrophal war die Situation bei den Rennmotoren, da man hier ja gegen die großen und mächtigen Rennställe von BMW, DKW und NSU – von ausländischen Firmen wie Norton, AJS, Excelsior, Moto Guzzi etc. ganz abgesehen – kämpfen mußte. Dieser Situation sah sich Dr.-Ing. Schrödter bereits 1933/1934 gegenüber, zumal der von Loof hervorragend „frisierte“ Python-Rennvierventiler schon schwer zu bekommen war und außerdem, da er seit 1931 werksseitig nicht weiterentwickelt wurde, mit seinen PS auch nicht mehr an der Spitze lag. Imperia stand oder fiel mit dem Sport, zumal die anderen Modelle, die kleinen Zweitakter eingeschlossen, bestenfalls guter Durchschnitt waren und keine bemerkenswerten Profite einbrachten. Die Zweitakter waren billig, aber eine Firma wie Imperia konnte nie gegen die Zweitaktermacht von Firmen wie DKW (Auto Union) ankommen.

Es gab deshalb auch nicht viel Geld in den Kassen von Imperia, als Dr.-Ing. Schrödter sich selbst ans Reißbrett setzte und eigene Motoren und Fahrzeuge entwarf. Bark in Dresden half, da Imperia nicht für den Motorenbau eingerichtet war und nicht einmal einen modernen Bremsstand besaß. Aber auch bei Bark fehlten Erfahrungen mit Rennmotoren. Die „normalen" Viertakter dieser Firma waren Durchschnittsware und beruhten mehr oder weniger auf dem 1925 erstmals von Franz Gnädig konstruierten 346-cm³-ohv-Kühne-Einbaumotor. Der Chef, Ing. Bark, tat sein Möglichstes, aber Erfahrungen mit „heißen" Motoren lassen sich nicht kaufen. Und heiß waren und wurden diese Schrödterschen Neukonstruktionen.

Sensationeller Imperia-Rennmotor

Die sensationellste war ein 348-cm³-Rennmotor mit gegenläufigen Kolben, der nach einem Junkers-Patent gebaut wurde. Er hatte – wo sonst der Zylinderkopf ist – ein zweites Kurbelgehäuse; die beiden Kolben trafen sich (grob ausgedrückt) in der Zylindermitte, wo sich auch die einzige Zündkerze befand. Der untere Kolben steuerte den Gaseinlaß, der obere den Gasaustritt. Dazwischen lag eine Druckausgleichskammer; am oberen Kurbelgehäuse, dessen Kurbeltrieb durch eine außenliegende Kette mit dem unteren verbunden war, befand sich nicht nur der Magnet, sondern auch ein Kompressor. Der Motor hatte 57 mm Bohrung und 2 x 68 mm Hub. Er wog 40 kg und besaß – theoretisch – eine Literleistung von 120 PS. Mit Alkoholbetrieb!

Das war die Situation Anfang 1935, als die FIM (Federation Internationale Motocyclist) eine Änderung in den Bestimmungen für Straßenrennen bekanntgab. Eine Änderung, die den Betrieb mit alkoholhaltigen Betriebsstoffen bei diesen Rennen verbot. Unter großen finanziellen Opfern wurde der erste – luftgekühlte – Motor konstruiert und entwickelt; Ernst Loof sollte ihn auf der Eilenriede fahren. Aber im Training zeigte sich schon: Der ohnehin komplizierte, hochtourige Motor litt unter zu hohen Kolbentemperaturen. Bei Bark am Bremsstand lief er noch auf Alkohol und war gut, hier verwendete man schon das neuerdings vorgeschriebene 50/50-Benzin-Benzol, und das konnte die hohen Temperaturen nicht herunterdrücken. Dazu kam die Verringerung des Kühlwindes für den notwendigerweise hochgebauten Motor durch die Beine des Fahrers und die ständige Notwendigkeit, mit jedem Pfennig zu rechnen.

Ernst Loof fuhr auf der Eilenriede den alten 348-cm³-Python-Motor und dann direkt zu Bark nach Dresden, um den neuen Motor wenigstens für das kommende Avusrennen fertigzubekommen. Den Motor, an dem Imperias Schicksal hing. Mit nicht weniger als 18 verschiedenen Zylindern und 8 differierenden Gebläsebauarten war man dort am Bremsstand, als halb Deutschland auf die sensationelle neue 348er Imperia-Zweitakt-Kompressor-Rennmaschine bereits beim Training auf der Avus wartete. Dann kam sie. Mit einem stark ermüdeten und erschöpften Ernst Loof, mit Dr.-Ing. Schrödter, Ing. Bark und einigen anderen Fachleuten. Es gab Mühe, bis sie ansprang. Als die neue Imperia-Rennmaschine dann doch endlich aufheulte, brach sie

Hervorragend waren auch die 347- und 497-cm³-„Python"-Rennmotoren in den erstklassigen Imperia-Fahrwerken. Mit diesen von Dipl.-Ing. A. F. Dom geschaffenen Rennmaschinen errangen Fahrer wie Ernst Loof, Otto Schanz, Wilhelm Schminke, Otto Kohfink, Hein Thorn-Prikker, Erwin Aldinger u.a. viele Meisterschaften und Siege.

Die Imperia-„Rheingold“ wurde 1932 umkonstruiert und erhielt nunmehr einen seitengesteuerten V-Zweizylindermotor von 846 cm³ von MAG (Motosacoche).

sicherlich alle Lärmrekorde. Immer wieder gab es Defekte: Kolben, Kerzen, Kompressoren. Durch den hochgebauten, kopflastigen Motor stand es auch mit der Straßenlage nicht zum besten. Nachtarbeit half nichts, und als die Fahrer am Sonntag zum Avusrennen antraten, blieb die „Neue“ zugedeckt in der Ecke – Ernst Loof fuhr wieder die altbewährte 350er mit dem Python-Motor. Zum letzten Male. Er wußte, daß der Traum von der neuen Zweitaktkonstruktion ausgeträumt, das Schicksal von Imperia besiegelt war. Nur ein Umbau auf Wasserkühlung hätte vor allem die ständig auftretenden thermischen Probleme gelöst. Aber dafür gab es kein Geld. Um so weniger, als die komplizierte und aufwendige Konstruktion in diesem Falle ganz umkonstruiert hätte werden müssen. Bei Schrödter hatte man für diese Maschine und deren Renneinsatz im Jahre 1935 die Kosten für zwei Fahrer – Ernst Loof und Ralph Roese – auf 77000 RM veranschlagt. Beim Avusrennen war dieser Betrag bereits verbraucht, ohne daß man überhaupt an den Start kam. Solange der Motor lief, war er „unschlagbar“. Nur lief er selten einwandfrei und wenn, dauerte dies nicht einmal eine einzige Runde auf der Avus.

Letzter Versuch: Tandem-Motor

Bald darauf mußte Imperia den Motorradbau aufgeben. Zum großen Bedauern vieler Motorradfahrer, zumal man dort rassige und gute Motorräder gebaut hat. Loof fuhr noch die alten 348er und 498er Imperia-Python-Rennmaschinen und zog sich Ende 1935 vom aktiven Rennsport zurück. Dann ging er zu DKW und BMW, baute nach 1945 die Veritas-Rennwagen, kehrte zu BMW nach München zurück und starb, erst 48 Jahre alt, 1956 an einer Gehirnhautentzündung. Ein tragisches Ende für den in Halberstadt geborenen hervorragenden Rennfahrer und Techniker. Es war aber nicht allein diese 348-cm³-Rennmaschinenkonstruktion, die zum Zusammenbruch bei Imperia führte. Dr.-Ing. Schrödter schuf nämlich gleichzeitig andere, ungewöhn-

Als Imperia englische Einbaumotoren nicht mehr einführen durfte, wurden vornehmlich deutsche Bark-Motoren verwendet. Wie 1934 bei dieser „Sport 500“ mit kopfgesteuertem 449-cm³-Einzylindermotor von Bark

Von Bark kam auch dieser kopfgesteuerte 346-cm³-Motor, der 1936 in die Imperia-„Wehrsport" eingebaut wurde.

liche und daher in der Entwicklung keinesfalls billige Konstruktionen. Nicht nur Motorräder, sondern auch kleine Sport- und Rennwagen. Als Serienmotorrad hatte er eine sensationelle 498-cm³-Zweitakt-Zweizylindermaschine mit einem quergestellten Boxermotor vorgesehen. Mit 65 mm Bohrung, 75 mm Hub und – bei Bark am Prüfstand – 27 PS bei 5000 U/min. Es handelte sich hier nicht um einen Gegenläufer, sondern um einen Tandemmotor, der eine nur einmal gekröpfte Kurbelwelle und damit gleichlaufende Kolben besaß. Der Motor arbeitete mit Gebläseladung sowie Umkehrspülung mit Spülluft-Vorlagerung und besaß ein angeblocktes, vollautomatisches Trilok-Strömungsgetriebe, das über eine Kardanwelle das Hinterrad antrieb.

Diese prächtig aussehende und ganz unorthodoxe Imperia hatte alles: einen „einfachen" Zweitaktmotor, einen komplizierten Antrieb, ein schnittiges Fahrgestell und dazu auch Ate-Öldruckbremsen mit 250 x 300 mm Bremstrommeln. Der Motor war, nach Angabe des Konstrukteurs, außerordentlich unempfindlich und widerstandsfähig auch bei Dauervollast. Schrödter hoffte, diese Konstruktion mit Viergang-Schaltgetriebe für 1550 RM und mit dem vollautomatischen Trilok-Getriebe für 1675 RM herstellen zu können. Es kam aber nicht mehr dazu. Auch bei dieser Konstruktion wären noch wichtige Entwicklungsarbeiten bis zur Serienreife notwendig gewesen. Aber dafür gab es kein Geld mehr, und so blieb diese Sport-Imperia mit einem vollautomatischen Getriebe auch nur ein . . . Traum.

Nicht der letzte Traum in Bad Godesberg. Warum nicht vom Staat die nötigen Mittel zum Bau der Rennfahrzeuge bekommen? Ähnlich wie dies im Falle von Mercedes und der Auto Union geschah? Mercedes und Auto Union bauten große Rennwagen, Imperia dagegen Rennmotorräder und kleine 748-cm³-Rennwagen. Dr.-Ing. Rolf Schrödter wandte sich deshalb an die Reichsregierung mit der Bitte, im nationalen Interesse seine Tätigkeit zu unterstützen und Zuschüsse für den Rennfahrzeugbau zu gewähren. Umsonst.

Dr.-Ing. Schrödters große Pläne

Mit Absicht schrieb ich nicht Rennmotorräder, sondern „Rennfahrzeuge". Weil Dr.-Ing. Rolf Schrödter, trotz der verhältnismäßig beschränkten Mittel, zur gleichen Zeit – das heißt 1934/1935 – auch Sport- und Rennwagen mit neuen, von ihm konstruierten 748er Dreizylinder-Zweitakt-Sternmotoren konstruierte und – als Prototypen – auch gebaut hat. Diese sensationellen Motoren besaßen, wie das neue 498-cm³-Motorrad, Umkehrspülung und Vorverdichtung. Sie sollten in Sportfahrzeugen wie auch in Rennwagen mit Stromlinienkarosserien verwendet werden, wobei der bekannte Stromlinienkarosseriefachmann Freiherr von Koenig-Fachsenfeld in Verbindung mit der TH Darmstadt zahlreiche Karosserien entwarf. Diese Versuche verschlangen viel Geld. So kam es auch, daß die ersten Prototypen nicht mit dem neuen Schrödterschen Zweitakter, sondern mit dem bekannten 996-cm³-ohv-V-Zweizylindermotor von JAP ausgerüstet waren. Der Zweitaktmotor wurde zwar – auch bei Bark in Dresden – für Imperia gebaut, seine Entwicklung war aber noch nicht beendet, als das Godesberger Werk die Tore schließen mußte. Man hatte von diesem Motor 40 PS erwartet und diese auch – kurzfristig am Prüfstand bei Bark – bekommen. Einsatzfähig war er aber nicht, als man die weitere Entwicklung der kleinen deutschen Sport- und Rennwagen einstellen mußte.

Dr.-Ing. Rolf Schrödter, der 1982 seinen 90. Geburtstag in seinem Heim in Bad Godesberg-Mehlem beging, hatte gute Absichten mit dem Bau von neuen deutschen Sport- und Rennfahrzeugen. Sein Fehler war, daß er zuviel riskierte. Weil er, obwohl ihm nicht genügend finanzielle Mittel zur Verfügung standen, zu viele und teilweise zu ungewöhnliche Konstruktionen auf einen Schlag auf den Markt bringen wollte.

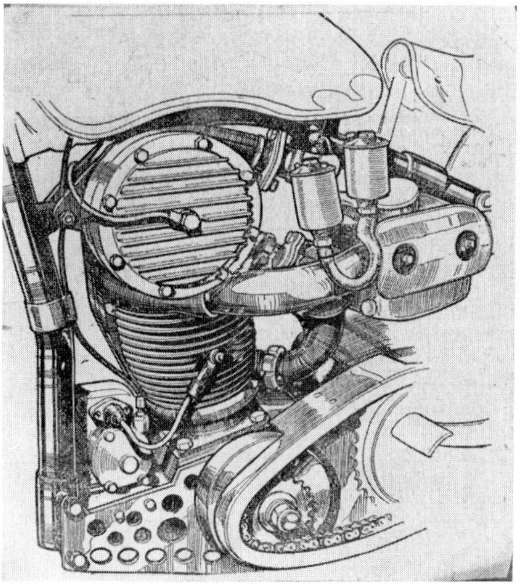

Dieser Motor besiegelte 1935 die Tragödie der Marke Imperia, als ihr Chef Dr.-Ing. Rolf Schrödter diese sensationelle Zweitaktkonstruktion mit 348 cm³ Hubraum, zwei gegenläufigen Kolben, einer Kerze und auch einen Kompressor zu Papier und dann unter großem Aufwand und Zeitdruck auch zum Laufen brachte. Bevor dieser deutsche Rennzweitakter – er leistete mit Alkoholbetrieb 38 PS! – mit Ernst Loof im Sattel zum Einsatz kam, mußte das Werk die Tore schließen.

Hinzu kam, daß er damals mit dem Verbot der Benützung von „Alkohol" bei Straßenrennen, durch die fehlende finanzielle Unterstützung seitens der damaligen Regierung und auch sonst große Schwierigkeiten hatte. Trotz allem blieb der Name „Imperia" ein Symbol für rassige und gute Sport- und Rennmaschinen.

Noch einige Worte zu Dr.-Ing. Rolf Schrödter, der zu den Pionieren im deutschen Flugwesen gehört. Bereits 1911 flog er Freiballons, 1914 lernte er bei der Firma „Wright-Flugmaschinen GmbH" in Berlin-Johannisthal fliegen. Im Ersten und Zweiten Weltkrieg war er technischer Offizier und gehörte auch zum Jagdgeschwader 26 von General Galland. Die Fliegerei hatte Schrödter ganz in ihrem Bann, und so war es auch kaum verwunderlich, daß er nach dem Zweiten Weltkrieg ein neues Unternehmen zum Bau von Unter- und Überdruck-Kammern sowie Großzentrifugen gründete.

Alles, was von dem Imperia-Motorradbau noch übrig blieb, übernahm das Autohaus Müller GmbH & Co. KG. Dazu gehörten auch die Rechte auf den Namen Imperia; schon seit 1932 war dieses Unternehmen an Imperia in Bad Godesberg beteiligt. Erfreulich, daß Rolf-Harald Müller, Enkel des Firmengründers und jetzt Mitinhaber des großen Autohauses, sich noch heute mit der Marke Imperia verbunden fühlt und selbst mehrere dieser Motorräder besitzt. Es existiert auch noch der „Imperia-Maschinenbau", der Stromerzeugungsanlagen herstellt.

Die klassische „weiße Mars"

Es gab immer Motorräder, die durch ihre konstruktiven Eigenarten eine besondere Note bekamen und jetzt zu den klassischen Konstruktionen gehören. Die sagenhafte Megola mit ihrem fünfzylindrigen Umlaufmotor im Vorderrad, die Zweitakt-Bekamo mit ihrem Hilfskolben im Kurbelgehäuse, die vierzylindrige Windhoff mit ihrer Ölkühlung und dem „fehlenden" Fahrgestell gehören genauso in diese Kategorie wie die luftgekühlten dreizylindrigen DKW-Rennmodelle, die „einarmige" Imme und zahlreiche andere unorthodoxe Konstruktionen. Auch die gute alte Mars war eine Maschine, die sich von allgemein angewandten Konstruktionstendenzen unterschied und deshalb heute zu den klassischen Motorrädern der deutschen Motorradindustrie gezählt wird.

Mars, in der Siegmundstraße in Nürnberg-Doos beheimatet, war eine alte Eisenofenfabrik. Man stellte dann auch Fahrräder her und begann 1904 mit dem Bau von Motorrädern und Automobilen. Motorräder mit Schweizer Zedel- und deutschen Fafnir-Einbaumotoren, Ein- und Zweizylindermodelle typisch orthodoxer Konstruktion. Der Autobau wurde 1908 wieder aufgegeben, der Motorradbau bis zum Ersten Weltkrieg weitergeführt.

Maybach-Motor exklusiv für Mars

Berühmt wurde die Marke aber erst 1920, als Chefkonstrukteur Ing. Claus Franzenberg die „weiße" Mars schuf. Weil sie – vorerst – in weißer Farbe am Markt erschien und erst später auch in Grün und Rot geliefert wurde. Viele Firmen und Konstrukteure sorgten damals für Neukonstruktionen, aber nur wenige konnten den Wünschen und Bedürfnissen der Kunden entsprechen. Weil Motorräder auch nach dem Ersten Weltkrieg stark gefragt waren und oft unerfahrene, unterkapitalisierte und im Motorradbau vollkommen neue Unternehmen ihr Glück versuchten, ohne daß ihnen die notwendigen Möglichkei-

Die „weiße Mars" wurde 1920 von Ing. Claus Franzenburg konstruiert. Maybach baute den 956-cm³-Boxer-Zweizylindermotor ausschließlich für die in Nürnberg-Doos beheimatete Motorradfabrik.

Hinter dieser weißen Mars von 1921 – sie wurden später auch in Grün und Rot geliefert – steht keineswegs ein Zelt. Dieses zeltartige Gebilde ist das Dach des bequemen Seitenwagens! Beachtenswert auch das neben dem Hinterrad angebrachte, etwas höher liegende Reserverad und die Andrehkurbel im Zentrum des Motors.

ten und Vorbedingungen für einen erfolgreichen Motorradbau zur Verfügung standen. Mars war gut eingerichtet, soweit es den Bau von Fahrgestellen betraf, konnte aber die notwendigen Motoren nicht im eigenen Betrieb herstellen. So kam es, daß man diese bei einem sehr prominenten und erfahrenen Werk, bei Maybach in Friedrichshafen, ausschließlich für die Verwendung in Mars-Fahrgestellen nach Konstruktionen Franzenbergs herstellen ließ.

Motor wurde angekurbelt

Diese seitengesteuerten Boxer-Zweizylinder-Motoren waren untengesteuert. Sie hatten 956 cm^3 Hubraum und wurden der Länge nach im Kastenrahmen eingebaut. Und es war vor allem dieser Kastenrahmen, der die Mars so exklusiv, so berühmt machte. Er bestand aus geschweißtem und genietetem Stahlblech, hatte im Kraftstoffbehälter das Schaltgestänge sowie den Werkzeugkasten eingebaut und zog sich, durch Seitenbleche verlängert und mit dem hinteren Kotflügel verbunden, über die obere Hälfte des Hinterrades bis zur Achse hin. Der Motor selbst wurde nicht angetreten, wie es bei fast allen damaligen Motorrädern der Fall war, sondern auf der linken Seiten angekurbelt. Das Getriebe lag – um keine große Baulänge zu erhalten – über dem hinteren, der Magnet über dem vorderen luftgekühlten Zylinder. Ich erwähne dies, weil es auch eine in Berlin gebaute Mars-Kopie bei einer kleinen Firma gab, die unter den Namen Aristos, Menos und Sterna auf den Markt kam und einen ähnlichen, aber wassergekühlten Motor besaß. Ihr Konstrukteur war Ing. Johannes Päßler, der allerdings nicht die Möglichkeit hatte, den Motor von Maybach gebaut zu bekommen. Und so konnten diese drei Namen nie die Erfolge und Reputation der weißen Mars erreichen, wobei alle drei fast gleich aussahen, wenn man von kleinen konstruktiven Unterschieden absieht. Und während diese „Mars-Imitationen" bald vom Markt verschwanden, wurde die Mars bis 1932, das heißt zwölf Jahre lang, in Nürnberg-Doos gebaut.

Erfolge auch in Rennen

Bis 1923, bis zur Inflation in Deutschland, hatte die „weiße Mars" auch durch technische Änderungen ihre große und erfolgreichste Zeit. Zusammen mit den Erzeugnissen von NSU, Wanderer und KG (Krieger-Gnädig) gehörte sie zur Spitzenklasse in Deutschland. Wegen des soliden und robusten Fahrgestells und des zuverlässigen Motors, der zwar nie sehr viele PS auf den Bremsstand, dafür aber eine verhältnismäßig große Ausdauer mitbrachte. Trotzdem hatte man großes Vertrauen auch zum Renneinsatz und sogar auch

Bei Mars gab es auch Werksrennfahrer. Im Jahre 1921 errangen Ernst Schulz und Heinz Wilhelm die Plätze 1 und 2 der Meisterschaft Bayerns.

ein offizielles Werksteam mit Fahrern wie Schulz, Wilhelm, Oberländer u. a., die mit diesen „erleichterten" Mars-Zweizylindermaschinen gute Erfolge errangen. Besonders dann, wenn neben Höchstgeschwindigkeit auch Zuverlässigkeit eine Rolle spielte. Eine erfolgreiche Mars-Seitenwagenrennmaschine wurde auch von dem Karlsruher Fritz Göhler bei zahlreichen Veranstaltungen bis Mitte der zwanziger Jahre gefahren.

Die Herstellung der Mars war recht teuer. Allein das Schweißen und Nieten des Fahrgestells kostete viel Arbeitszeit, zumal man damals ja noch nicht die heutigen modernen Schweiß- und Nietmethoden kannte. Auch lieferte Maybach die Motoren nicht gerade billig; hier baute man sonst nur teure Automobil- und Flugmotoren wie auch komplette Automobile. Praktisch erzielte man bei den Motorrädern keine großen Profite. Und als dann die Inflation kam, konnte das angesehene Werk kommerziell nicht mehr mit. Fast schien 1924 das Ende gekommen zu sein, das Ende einer guten Maschine und eines großen Namens im Motorradbau.

Motorenhersteller wechselten

Daß dies nicht der Fall war, verdankte das Werk den Brüdern Johann und Karl Müller, die als Betriebsleiter und Konstrukteur tätig waren und nun mit Hilfe von Banken die Reste der Werkseinrichtung im Konkurs erwarben. Aber nicht den Namen „Mars". Und so kam es, daß diese Maschinen von 1925 an unter dem Namen „M. A." auf den Markt kamen, obwohl es sich grundsätzlich um die alte Mars-Konstruktion von Ing. Franzenberg handelte. In Wirklichkeit gab es weder 1925 noch 1926 neue Mars(M. A.)-Maschinen. Die Brüder Müller nahmen erst im Jahr 1927 den Bau mit verbesserten Motoren, die nicht mehr bei Maybach gebaut wurden, wieder auf. Offiziell entstanden sie bei M. A. in Nürnberg-Doos, doch nehme ich an, daß sie dort nur zusammengebaut wurden. Hersteller dieser neuen Mars-Zweizylinder-Boxermotoren mit Drei- und Vierganggetrieben war die Maschinenfa-

So sah es 1926 bei Bergrennen aus: Hier bewältigen die Karlsruher Brüder Göhler auf einer 956-cm³-Mars mit Seitenwagen eine Kurve.

Als Mitte der zwanziger Jahre die Brüder Johann und Karl Müller die zusammengebrochenen Mars-Werke in Nürnberg-Doos übernahmen, wurde der Name auf den Maschinen von Mars auf MA geändert. Dieses 1930 aufgenommene Bild zeigt eine der letzten – weinroten – 956-cm³-MA-Maschinen, sie hatte u. a. eine starke moderne Tiger-Gabel und auch ein verbessertes Dreiganggetriebe.

brik Immendingen. Ursprünglich die Fürst Hohenzollernsche Maschinenfabrik, lieferte sie Boxer-Zweizylindermotoren auch an andere Motorradhersteller wie Heller in Nürnberg. Dann wurde das Unternehmen von J. G. Mehne in Schwennigen a. N. – einer elektrotechnischen und Uhrenfabrik – übernommen und als Mehne-Zweigwerk weitergeführt. Und von dort dürften die meisten Teile der neuen eigenen Mars-Boxermotoren gestammt haben.

Damals, 1927, bot die reorganisierte Firma die M. A. 25 mit Zweiganggetriebe und in verbesserter Ausführung an. Dazu kam die M. A. 27 (Tourenmodell) mit Dreiganggetriebe und die M. A. 27 (Sportmodell) mit direkt gesteuertem Motor von 16 bis 18 PS, mit Zwei- und Dreiganggetriebe. Das Zweiganggetriebe hatte eine Motorkette mit zwei Hinterradketten, das Dreiganggetriebe nur eine Hinterradkette. Trotz aller Verbesserungen und der Modernisierung wurde die Mars immer weniger gekauft. Weil sie leistungsmäßig gegenüber neuen Konstruktionen immer mehr zurückfiel und weil es auch immer weniger Geld für große und teure Motorräder gab. 1931 kostete sie 1550 Mark, 1932 nur noch 1420 Mark ... und fand kaum noch Abnehmer, obwohl sie 1929 eine neue, moderne „Tiger"-Doppelfedergabel und einen schöneren Kraftstoffbehälter bekommen hatte.

1929 erweitertes Programm

Um das Werk besser auszulasten, schuf man 1929 die M. A.-29-Serien. Mit modernen Motosacoche-(MAG)-Einbaumotoren von 498 cm³ und 598 cm³ Hubraum und wechselgesteuerten bzw. von oben gesteuerten Ventilen. Und mit sehr guten und robusten, aber ansonsten „normalen" Rohr-Doppelschleifenrahmen sowie modernen Satteltanks. Das „Finish" dieser Modelle war ausgezeichnet, die Werksmannschaft erstklassig. Bei beiden Hubraumgrößen handelte es sich um Einzylindermotoren, wobei die 498-cm³-ohv-Version Doppelauspuff hatte. 1930 wurde das Programm auf fünf Modelle ausgeweitet. Eine steuerfreie 198er Zweitaktmaschine mit Villiers-Motor war dazugekommen. Ein weiter Weg von der nunmehr zehn Jahre alten 956-cm³-Mars mit dem Maybachschen Boxer-Zweizylindermotor! Dazu kamen die drei mittelstarken Modelle mit den MAG-Motoren und zuletzt eben noch immer die „Große". Eine weitere Bereicherung der Modellreihe gab es 1932, als man auch verstärkte Fahrradfahrgestelle mit dem neuen 60-cm³-Sachs-Motor ausrüstete und sich zum 198-cm³-Modell mit Villiers-Zweitaktmotor auch seitengesteuerte Viertakter mit JAP- und Sturmey-Archer-Einbaumotoren des gleichen Hubraums hinzugesellten. Dazu kamen noch eine ohv-Version mit dem JAP-Doppelportmotor und zwei seitengesteuerte Maschinen mit 298-cm³-JAP- und 346-cm³-Sturmey-Archer-Motoren. Verändert wurden auch die 500er und 600er Modelle, deren sv- und ohv-Motoren nicht mehr von MAG, sondern von JAP stammten. Und die „Große" wurde nur noch auf Bestel-

In den frühen dreißiger Jahren gab es zahlreiche kleinere MA-(Mars-)Modelle wie diese Sportmaschine, deren kopfgesteuerter 498-cm³-Motor mit Doppelauspuff von MAG (Motosacoche) stammte.

lung gebaut . . . der Anfang des Endes dieser berühmten Konstruktion.

„Stella" auf neuen Wegen

Dies war gleichzeitig auch das vorläufige Ende des Motorradbaues bei Mars in Nürnberg-Doos, wo man ab 1933 praktisch nur noch Fahrräder und Mofas mit Sachsmotoren von 60 cm³, 73 cm³ und 98 cm³ bis zum Krieg gebaut hatte. Nicht immer ohne Probleme, die oft kommerzieller Natur waren und zu Reorganisationen führten. Als dann nach 1945 Mars wieder trotz aller Schwierigkeiten in den Motorradbau eintrat, war dies eine kleine Sensation. Auch wegen der ersten Nachkriegskonstruktion, der „Stella 150", die von Ing. Rudi Albert stammte, der vorher Chefkonstrukteur bei Allright in Köln und dann bei Phänomen in Zittau war, wo er die „Ahoi" geschaffen hatte. Und so ungewöhnlich wie diese „Ahoi" war auch die neue Stella von Mars. Wegen ihrer kleinen Räder und dem mit einem einfachen Gummiband gefederten Sattel. Als Motor verwandte man den 147-cm³-Sachs-Zweitakter, der dann durch die 173er Sachs-Version ersetzt wurde. Man baute auch wieder Mofas mit Sachs-Motoren, und zuletzt – 1955 – kam ein prächtiges und sportliches 49-cm³-Leichtmotorrad, das Modell „Monza", bei Mars heraus.

Wie die „Stella" stammte auch diese prachtvolle Konstruktion von Ing. Albert, der hier ein rassiges und sehr sportliches Leichtkraftrad für die Jugend geschaffen hatte. Leider zu einer Zeit, da man bei Mars schon große geschäftliche Sorgen hatte. 1957 schloß man die Tore, nachdem noch Gritzner-Kaiser den Bau, das heißt den Fortbestand der prachtvollen „Monza" übernommen hatte, um mit ihr dann auch selbst aus der Reihe der Motorradhersteller auszuscheiden.

Bestehen blieb nur das Andenken an die gute, 1920 konstruierte „weiße" Mars mit ihrem bei Maybach gebauten 956-cm³-Boxer-Zweizylindermotor. Später sah ich auch olivgrüne und dunkelrote Versionen dieser schönen und verhältnis guten Konstruktion, die heute zu den klassischen Motorrädern der deutschen Industrie gezählt wird.

Als der Name Mars nach dem Zweiten Weltkrieg wieder in Erscheinung trat, hatte Chefkonstrukteur Ing. Rudi Albert die kleine „Stella" geschaffen. Hier die Version von 1955 mit 173-cm³-Sachs-Motor. Welch ein Unterschied zur „seligen" weißen Mars von 1920!

Fritz Cockerell und seine sagenhafte Megola

Die Megola war zweifellos das ungewöhnlichste Motorrad, das in Deutschland je in Serie gebaut wurde. Nicht nur, weil der Motor fünf Zylinder hatte, sondern auch, weil diese sternförmig im Vorderrad eingebaut waren: eine Ausführung, wie sie die meisten Flugmotoren im Ersten Weltkrieg von 1914 bis 1918 besaßen. Als Fritz Cockerell die erste Megola aufs Papier brachte, kam er direkt aus dem Flugmotorenbau. Ähnlich wie der Engländer Redrup, dessen sternförmiger Dreizylindermotor allerdings in „normaler Position" in einem Motorradrahmen saß.

Auch Cockerells erster Versuchsmotor für die Megola war ein Dreizylinder mit von oben gesteuerten Ventilen. Als er aber am 15. November 1920 die ersten Megola-Maschinen gebaut hatte, besaßen sie Fünf-Zylinder-Motoren mit seitengesteuerten Ventilen.

Fritz Cockerell war von 1909 bis 1911 erster Maschinist auf einem Parsival-Luftschiff, später Chefmonteur bei dem seinerzeit berühmten Leutnant Wilde, der eine Bleriot-Maschine flog. Dann arbeitete er beim Dampfturbinenbau von Maffei in München und war während des Krieges beim Kommandeur der deutschen Kraftfahrtruppe tätig. 1917 kam er auf den Bremsstand der Rapp-Motorenwerke und wurde bei der Überführung des Unternehmens in die Bayerischen Motorenwerke übernommen.

Dann kam es zur Gründung seiner Motorradfabriken, wobei ihm Schweizer Kapital zur Verfügung stand. Die Megola-Werke befanden sich in Münchens Grünwalder Straße 154; die Cockerell wurde vorerst in Münchens Gunzenrainer Straße 6, nachher in der Schwanthaler Straße 5 und in Nürnbergs Siegfriedstraße 17 von der Cockerell Fahrzeug- und Motorenwerke GmbH gebaut. Außer daß der eigenwillige und einfallsreiche Fritz Cockerell hinter beiden Unternehmen stand, hatten sie sonst nicht viel gemeinsam. Bei der Megola schrieb er sogar seinen Namen mit „G" anstatt „C", und so kam aus den drei Chefs Meixner, Cockerell und Landgraf der Name „Megola" zustande. Bei der 1919 erfolgten Gründung der Cockerell-Werke war er vorerst mit Dr. jur. Heinrich Fuld verbunden, doch ging später das Unternehmen – mit Fritz Cockerell als technischem Leiter und Chefkonstrukteur – an Samuel

Väter der sagenhaften Fünfzylinder-Megola waren die Herren Landgraf (links) und – hinter der „Pax" – ihr Schöpfer Fritz Cockerell. Die „Pax" war 1919/20 als dreizylindriger Vorläufer der Megola entstanden, ging aber nie in die Serienproduktion. Cokkerell versuchte den Motor sowohl im Hinterrad als auch im Vorderrad einzubauen und schuf dann aufgrund der Erfahrungen mit der „Pax" die Megola.

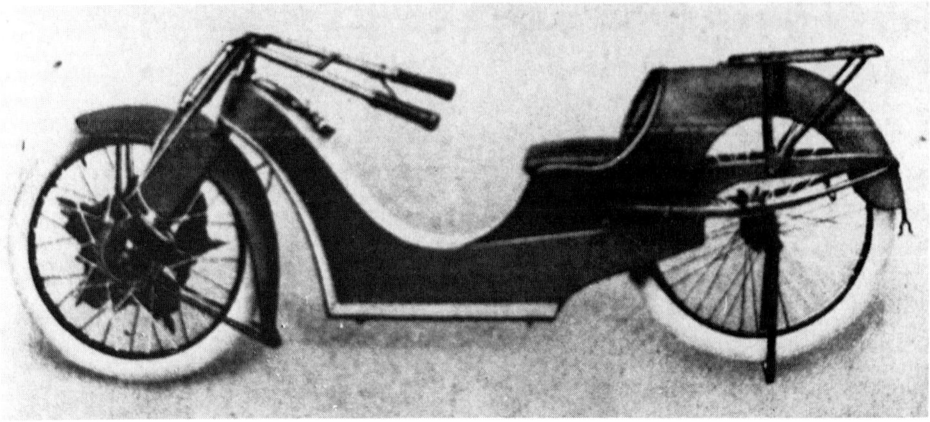

Die erste, 1921 entstandene Fünfzylinder-Megola von 640 cm³ sah noch etwas „eckig" aus. Hinten besaß sie aber schon eine Abfederung durch Blattfedern, während der im Vorderrad eingebaute Radialmotor ohne direkte Federung ein ziemlich „hartes Leben" hatte, was gelegentlich zu Defekten (Brüchen) führte.

Felix Weikersheimer über. Bis 1924, als Megola und auch Cockerell die Tore schließen mußten.

Genial, aber sprunghaft

Um seine Konstruktionen zu verstehen, müssen wir vorerst Fritz Cockerell selbst betrachten. Einen Techniker, voll mit Ideen, Einfällen und Ambitionen, aber ohne die Beharrlichkeit, die oft notwendig gewesen wäre, bereits geschaffene Konstruktionen weiterzuentwikkeln und sie dadurch auch in kommerzieller Beziehung zu Erfolgen zu führen. Immer wieder ließ er Konstruktionen „schwimmen", ohne sie voll zu entwickeln, immer wieder hatte er in der Zwischenzeit einen neuen Einfall, der ihn so beschäftigte, daß er keine Zeit mehr für das Existierende hatte. So kam es, daß er große Mengen zum Teil ganz unterschiedlicher Konstruktionen in einem kleinen Zeitraum schuf, andererseits aber keine dieser Konstruktionen voll entwickelte – weil eben schon wieder etwas Neues ihm den notwendigen Schlaf geraubt hatte.

Durch diese Sprunghaftigkeit, durch den Drang, immer wieder etwas Neues zu bauen, hatte Fritz Cockerell ständig Schwierigkeiten mit Firmen, die ihn beschäftigten, oder mit Partnern, die nicht nur den brillanten Konstrukteur und einfallsreichen Techniker in ihm sahen, sondern auch die Früchte seiner Tätigkeit genießen wollten. Er war in dieser Beziehung kaum viel anders als andere Techniker, kaum anders als z. B. Ferdinand Porsche, nur

Fritz Cockerell kam vom Flugmotorenbau, als er die „Pax" und die fünfzylindrige Megola schuf. Nett die kleinen Zylinder mit ihren seitengesteuerten Ventilen, die fünf kurzen Auspuffrohre mit den fünf niedlichen Schalldämpfern. Jeder Zylinder hatte 128 cm³ Hubraum. Unter der Achse der hier verwendete Pallas-Autovergaser.

hatte er weniger Glück. Verständlich, wenn ein Mann, der sich ganz der Technik verschreibt, nur selten Zeit hat, kommerzielle Probleme zu lösen. Andererseits – wie im Falle von Fritz Cockerell – war in ihm der Erfinder und Techniker so stark und mächtig, daß er auch selbst gehungert hätte, nur um wieder etwas Neues zu schaffen ... im Gegensatz zu seinen Partnern, die eben wegen der Einfälle des technischen Genies Cockerell nicht hungern wollten. Sie waren nur an „handgreiflichen Resultaten" interessiert.

Von der Megola waren diese nur in beschränktem Umfang zu erwarten. Zu ungewöhnlich war diese Motorradkonstruktion, um sie als eine Art Volksmotorrad anbieten und verkaufen zu können. Bei seiner Konstruktion, in das Antriebsrad einen umlaufenden Motor einzubauen, stützte sich Cockerell auf ein eigenes Patent aus dem Jahre 1914, das eine Ringschiebersteuerung betraf. Daraus entwickelte er die Steuerung des Megola-Motors, wobei der Steuerrhythmus insofern interessant war, als er hier 10 Ventile durch nur 3 Nocken steuerte. Als der dreizylindrige ohv-Motor entstand, dachte er nur an den Einbau ins Hinterrad, doch als dann die letzte Vorserienausführung fertig war, saß der nunmehrige 5-Zylinder-sv-Motor im Vorderrad. Hauptvorteile dieser Anordnung: eine sehr gute Kühlung.

Weder Getriebe noch Kupplung

Das Wort „damalige" bezieht sich hier auf die Jahre 1920 bis 1925, die Bauperiode der Megola, es ist im Zusammenhang mit dieser Konstruktion außerordentlich wichtig. Weil man heute keine Megola im normalen Straßenverkehr benützen könnte, da sie weder ein Getriebe noch eine Kupplung besaß. Als sie entstand, gab es nur verhältnismäßig wenige Kraftfahrzeuge auf Deutschlands löcherigen Straßen. Verkehrsampeln existieren überhaupt nicht, und Strafzettel gab es kaum – solange man sich mit dem Dorfpolizisten auf „andere" Weise verständigen konnte. Allein die Behandlungsvorschriften zur Megola klingen für heutige Verhältnisse etwas ungewöhnlich. Hier z. B. das „Ingangsetzen": Der Vorderradständer wird heruntergeklappt und die Maschine am vorderen Ende der Lenkstange angefaßt, angehoben und vorsichtig rückwärts gezogen, bis sie auf dem Vorderradständer steht ... man stellt sich neben die Maschine, setzt den Fuß auf eine Speiche und tritt kräftig an, wobei man den Fuß rasch zurückzieht.

Es gab aber noch – außer dem Tritt in die Speiche – eine zweite Methode, die Megola zu starten. Dazu sagte die Betriebsleitung: „Es werden beide Ständer hochgeklappt und die Maschine angeschoben, wobei im Umgang mit schweren Motorrädern Ungeübte darauf achten müssen, daß die Maschine nicht das Übergewicht nach außen bekommt. Der Start erfolgt am besten, indem man mit ganz aufgezogenem Dekompressionshebel im beschleunigten Schrittempo das Rad zwei oder drei Schritte weit führt – bei ganz resp.

Das ist die andere Seite des Vorderrades mit Magnet und dem kleinen seitlichen Tank. Zu sehen auch die Handpumpe, die das Benzin durch die Radachse dem Vergaser zuführte. In diese Konstruktion steckte Cockerell viel „Gehirnschmalz" – was jedoch nichts daran änderte, daß das Vorderrad bzw. die Gabel hoch beansprucht und auch überlastet war, denkt man an die damaligen schlechten Straßen.

fast geschlossener Drosselklappe und mittlerer Zündung – und dann den Dekompressionshebel plötzlich losläßt. Der Motor wird nun sofort anspringen und in gutem Schritttempo regelmäßig laufen, so daß man bequem aufsteigen kann ..."

Die ganze Betriebsanleitung ist für heutige Verhältnisse wie ein Buch der guten Witze: Läßt sich bei großer Kälte der Motor schwer andrehen, spritze man etwas Benzin in zwei oder drei Zylinder... Die ersten 400 bis 500 km vermeide man es, die Maschine schneller als etwa 40 km/h zu fahren, da der Motor sonst Schaden nehmen kann ... Bei starker Beanspruchung gebe man mit der Handpumpe gelegentlich einige cm^3 Öl ... Alle 200 km gebe man etwas Öl in die Hinterradnabe ... Die Vorderfeder muß von Zeit zu Zeit geschmiert werden, indem man Staufferfett mit einer Messerklinge zwischen die Federblätter bringt ... Nach 3000 bis 5000 km sollen Kolben und Zylinder von Ölkohle gereinigt werden und, wenn erforderlich, auch die Ventile eingeschliffen werden ... Nur um einige Beispiele zu zeigen.

Die Megola war nicht langsam ...

Ansonsten war die Megola – im Verhältnis zu vielen anderen Konstruktionen – gut. Sie war auch schnell ... man konnte sie durch ein größeres Vorderrad noch schneller machen, zumal es hier ja kein Getriebe etc. gab. So hatte 1923 der Toni Bauhofer auf der Avus in Berlin ein 28-Zoll-Vorderrad. Er erzielte die damals sehr hohe Geschwindigkeit von 142 km/h. Und obwohl BMW 1924 schon mit ohv-Modellen antrat, die Dreiganggetriebe besaßen, konnte trotzdem die Megola damals noch die Deutsche Straßenmeisterschaft erringen. So knapp vor dem Torschluß! Toni Bauhofer, Josef Stelzer und Albin Tommasi bildeten damals das offizielle Werksteam von Megola; als es dann aufgelöst wurde, gingen Toni Bauhofer und der Sepp Stelzer zu BMW, während Tommasi bald Ein- und Rennfahrer bei Standard in Ludwigsburg wurde. Landgraf, von dem das „la" in Megola kam, blieb noch jahrelang in der Grünwalder Straße und lieferte Megola-Ersatzteile, die er im Konkurs billig zurückerworben hatte. Auch er war ein guter Techniker, der dann einen netten vierventiligen Einzylinder mit 498 cm^3 gebaut hat.

Zurück zum Megola-Fünfzylinder; das hieß 5x52 mm Bohrung, 5x60 mm Hub und – offiziell – 640 cm^3 Hubraum. Dazu ein Aluminium-Gehäuse mit mehreren abgeschlossenen Kammern. In der mittleren Kammer dann die Kurbelwelle mit 5 Pleuelstangen und Gegengewichten, links davon das Planetengetriebe. Rechts die Gaskammer, aus 5 sternförmigen Kanälen bestehend, die in eine Mittelkammer münden. An diese schließt sich rechts die Nockenkammer an, in der die Nockenscheiben liegen. Der Viertaktmotor arbeitete in der Reihenfolge 1, 3, 5, 2, 4, wobei immer der Zylinder, der sich in der Auspuffperiode befand, übersprungen wurde. Als Vergaser verwendete Cockerell Schlee- oder Pallas-Vergaser, und es ist beachtenswert, daß jeder Zylinder einen eigenen Schalldämpfer besaß ... der allerdings das angenehme „Surren" des Fünfzylindermotors nicht verhindern konnte.

In sechs Jahren 2000 Megolas

Irgendwo las ich einmal, 5000 Megolas wären von 1920 bis 1925 gebaut worden. Eine Zahl, die übertrieben hoch ist und in Wirklichkeit auf 2000 korrigiert werden muß. Diese Zahl teilte mir Fritz Cockerell, der 1965 verstarb, selbst mit. Übrigens hatte die erste Versuchsmaschine eine Vordergabel mit zwei Druckfedern und eine Hinterradfederung durch Blattfedern. In der Serie gab es dann auch Blattfederung für das – stark belastete – Vorderrad. Und ich möchte hier gleich bemerken, daß es auf den damaligen schlechten Land- und Gebirgsstraßen des öfteren Brüche an den Vordergabeln gab. Bei den heutigen Erfahrungen und Kenntnissen der Metallurgie, verbunden mit den heutigen guten Straßen, wäre die Vorderradabfederung nicht so ein Problem, wie sie es damals war. Wir fanden einen ähnlichen Fall wenige Jahre später bei der Neander und der neanderähnlichen Opel von 1930/1931, die wohl nur ganz kurze Blattfedern in der Vordergabel, aber trotzdem damit viel Sorgen hatten.

Ohne Zweifel legte Fritz Cockerell viel „Kopf" in die Megola-Konstruktion. So waren die Speichen so angeordnet, daß man jeden der 5 Zylinder zwischen den Speichen herausnehmen konnte. Auch die Zuführung von Kraftstoff, Öl und Zündstrom zum Motor war sehr überlegt und dadurch auch zuverlässig geregelt. Hatte man einen Reifendefekt am Vorderrad, mußte dieses keinesfalls stets zusammen mit dem Motor herausgenommen werden. Cockerell hatte auch hier vorgesorgt und verwendete Steckschläuche, die ausgewechselt oder repariert werden konnten, ohne Demontage des Vorderrades aus der Gabel.

Daß man überhaupt ohne Getriebe und Kupplung auskam, lag vor allem am enormen Drehmoment des Motors, der in jedem Bereich genügend Kraft hatte, obwohl er ursprünglich

Das meiste Gewicht lag auf dem Vorderrad, und so kam es, daß die Blattfedern über dem Vorderrad immer wieder brachen. Aber bequem war die 1922 gebaute Tourenmaschine von Megola mit ihrem 640-cm³-Sternmotor im Vorderrad schon, und dank des tiefen Schwerpunkts hatte sie auch eine ausgezeichnete Straßenlage.

nur 8,5 PS und später 14 PS bei 4800 U/min abgab, wobei er durch ein Planetengetriebe 1:4 unterstützt wurde. Die Megola erreichte, je nach Ausführung, serienmäßig zwischen 100 und 110 km/h und – wie erwähnt – mit einem größeren Vorderrad sogar 145 bis 150 km/h.

Erfolgreiche Cockerell-Zweitakter

War die sagenhafte Megola ein Viertakter, hatte die seit April 1921 gebaute „Cockerell" vorerst einen 110-cm³-Zweitaktmotor mit liegendem Zylinder. Praktisch ausgedrückt, handelte es sich überhaupt vorerst nur um einen Fahrrad-Hilfsmotor. Etwas später wurden aber auch schon komplette Leichtkrafträder mit diesem Motor gebaut, und es war auch dieser gute Cockerellsche Zweitakter, der anderen Firmen, wie Hermes (Berwald, Hamburg) und Zehnder (Schweiz), als Vorbild diente. Die Zylinder hatten 52 mm Bohrung und Hub, waren aus Grauguß und besaßen eine eingegossene Stahllaufbüchse. Dazu kam ein eigenes Zweiganggetriebe und bald eine Wochenproduktion, die um 400 Einheiten

Kaum zu glauben, aber von 1922 bis Ende 1924 gehörte die Megola zu Deutschlands erfolgreichsten Rennmaschinen. Hier eine 1924 gebaute Ausführung, mit der Toni Bauhofer, Sepp Stelzer und Albin Tommasi viele Siege und Meisterschaften errangen.

Toni Bauhofer im Jahre 1924, als er mit der Megola noch Rennen fuhr, Rekorde brach und zuletzt die Deutsche Meisterschaft in der Klasse über 500 cm³ errang . . .

. . . und derselbe Bauhofer im Jahre 1950, als er vor dem Eilenriede-Rennen in Hannover mit seiner Megola-Rennmaschine unter großem Jubel noch schnell eine Ehrenrunde drehte.

dieser Konstruktion lag. Eine ähnliche 145er Cockerell mit Dreiganggetriebe und Kettenantrieb zum Hinterrad sowie eine 169,5-cm³-Version ähnlicher Bauart folgten der beliebten 110er. Alle drei Grundmodelle wurden auch mit wassergekühlten Motoren geliefert, und genauso wie die Megola gewann 1924 auch die Cockerell eine deutsche Straßenmeisterschaft, und zwar in der Klasse bis 150 cm³, wo die wassergekühlten 145-cm³-Rennmaschinen der Werksfahrer Karl Adam und Hans Letnar dominierten. Hier verwendete Cockerell nicht nur zwei Vergaser, sondern auch zwei Schwungscheiben. Damals, 1924, nahm er selbst auch an Veranstaltungen teil, und bei einer Verbrauchsprüfung in Mailand legte er mit einem Liter Kraftstoff 126 km zurück. Hatte die 145er die quadratischen Abmessungen von 57 x 57 mm und die „Große" von 60 x 60 mm, so ging Cockerell zuletzt nochmals auf kleinere Abmessungen zurück – zu einem 39-cm³-Fahrrad-Hilfsmotor, dem seine ganze Liebe galt. Trotz der damaligen Inflationsperiode und ihrer Folgen. Aber . . . Fritz Cockerell war eben ein Techniker und ein unverbesserlicher Idealist.

Dabei hatte er 1924 sogar in kommerzieller Beziehung recht. Im armen Deutschland lag ein großer Bedarf an billigen und guten Hilfsmotoren für Fahrräder vor. Was nicht zur Verfügung stand, war das Geld, gleich eine 10 000-Einheiten-Serie fertigzustellen. Und so kam es, daß das Geld ausging, als gerade die Kurbelgehäuse für sie bearbeitet wurden. Damit war das Ende nicht nur für diesen „Piccolo"-Fahrrad-Hilfsmotor, sondern für die Firma Cockerell in München und Nürnberg gekommen.

Ein Mann, der nie aufgab

Sicherlich ein harter Schlag, hatte doch der Konstrukteur gleich zwei Firmen in kurzer Zeit – Cockerell und Megola – verloren. Fest steht, daß ihn das berufsmäßig nicht sehr hemmte. Bald hatte er wieder einen neuen Motor fertig. Einen Megola-ähnlichen sechszylindrigen Umlauf-Zweitakter. Dazu kam ein Boxer-Zweizylinder von 220 cm³, der ebenfalls im Zweitakt arbeitete und für Boote bestimmt war. Er hatte zwei vollständig getrennte Kurbelgehäuse und zwei schwimmende Wellen. Dazu kam ein Einzylinder-Zweitaktmotor von 496 cm³ für Krafträder und eine komplette 746-cm³-Maschine mit einem vierzylindrigen wassergekühlten Zweitaktmotor, bei dem – grob ausgedrückt – vier separate Einzylindermotoren gekoppelt wurden.

Bereits 1925 gab es auch einen vierzylindrigen Cockerell-Sportwagen mit 990 cm³ Hubraum und Frontantrieb, mit dem er 1926 beim Gabelbachrennen Zweiter wurde. Er hatte so viel Vertrauen in seine Konstruktion, daß er sogar für die schwere Targa Florio auf Sizilien nannte . . . infolge Geldmangels aber mit seinem Rennfahrzeug per Achse dorthin fahren wollte und dann in Neapel, kurz bevor er aufs Schiff sollte, mit einem irreparablen Motordefekt liegenblieb. Typisch für seine Tätigkeit, die zu verzweigt war, und typisch für die Tatsache, daß er nie eine Konstruktion – auch wenn sie Erfolge versprach – voll entwickelte. Sein schöpferischer Geist schien allen Tatsachen voranzueilen, und oft hatte man den Eindruck, eine mehr oder weniger fertiggestellte Konstruktion schiene ihn nicht mehr zu interessieren . . . er war schon wieder zuviel mit seiner nächsten Schöpfung beschäftigt.

Lieblingskonstruktion: ein Fahrrad-Hilfsmotor

Man bedenke nur, daß er 1927 auch schon einen Sechszylinder-Dieselmotor für Flugzeuge mit 30 Liter Hubraum (!) fertig hatte, stationäre Motoren für Steiger in Ulm konstruierte und 1930 einen 1-Liter-Zweitakt-Einspritzmotor mit Flachkolben baute. Dieser Motor bildete die Grundlage für die Lizenz des französischen Sato-Motors. Und dann erstand Fritz Cockerells Lieblingskonstruktion, der Fahrrad-Hilfsmotor, wieder in einer neuen Form. Ein Liliput-Motor über dem Vorderrad, der komplett mit allen Anbauteilen nur 5 kg wog und für 90 RM angeboten wurde. Eine einfache Konstruktion zum Selbsteinbau in jedem Fahrradrahmen, aber trotzdem kein kommerzieller Erfolg. Wie auch der von ihm geschaffene Motor für einen Motorroller, der nur 16 kg komplett wog.

Mitte der dreißiger Jahre entstand ein hochinteressanter 996-cm³-Zweitaktmotor mit 8 Zylindern, in V-Form und wassergekühlt. Dieser Motor hatte unten im Kurbelgehäuse zwei luftgekühlte Ladepumpen – ähnlich der Ruppeschen Bekamo und den DKW-Rennmaschinenkonstruktionen – und leistete schon

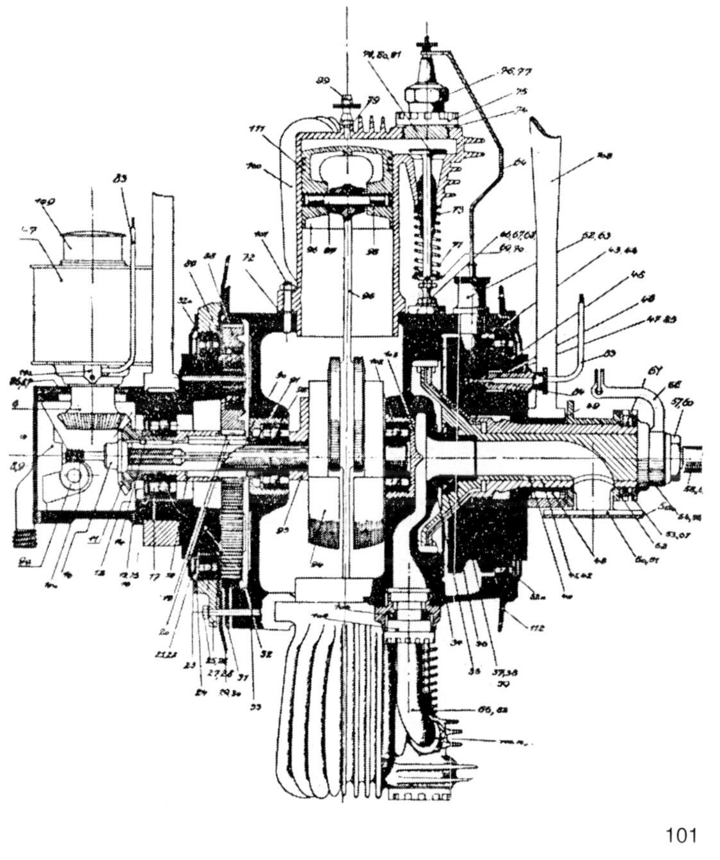

Fritz Cockerells eigenwillige Megola-Konstruktion im Schnitt: der getriebe- und kupplungslose Umlauf-Motor mit den fünf seitengesteuerten Zylindern.

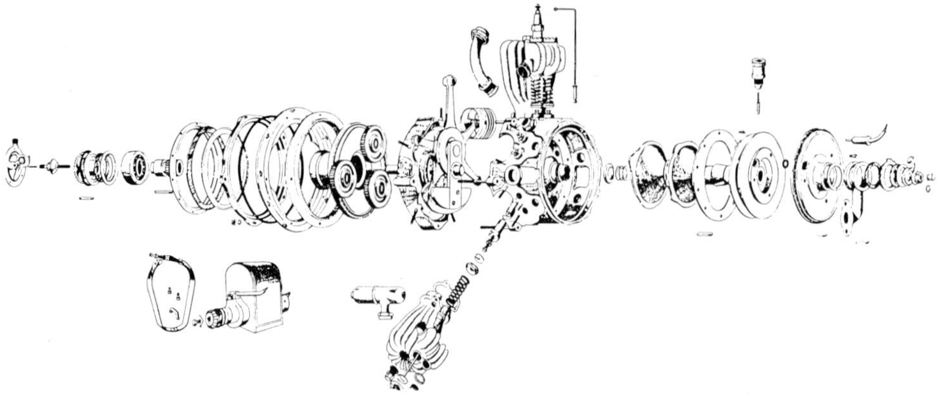

Der Megola-Motor „explodiert“ gezeichnet: vergeblich sucht man hier eine Nockenwelle, sie wurde durch zwei Nockenscheiben auf der rechten Seite des Gehäuses ersetzt. Bei Cockerell war immer alles anders – aber selten schlechter!

damals 38 PS bei 4500 U/min. Er hätte verdient, von einem großen Werk übernommen zu werden. Aber auch er blieb ein Prototyp, eine der vielen Konstruktionen, die bei Cockerell entstanden, aber nie zur Serienherstellung gelangten. Dabei war auch dieser Motor wie die meisten anderen Schöpfungen Cockerells für die Serie von Grund auf geschaffen, war doch der Konstrukteur vor allem ein Herstellungsmann, der immer die Produktionsmöglichkeiten und Einrichtungen gleich in Betracht zog. Weniger dagegen, wie schon erwähnt, die wirtschaftlichen Probleme, z. B. war auch der Ladepumpen-V-8-Zweitakter trotz seiner Leistungsfähigkeit doch nur ein Motor, der lediglich in beschränkter Anzahl für reine Sportfahrzeuge in Betracht kam.

Immer behielt der Techniker die Oberhand

Das aber waren Probleme, für die Fritz Cockerell „keine Zeit“ hatte. Er dachte nur ans Konstruieren . . . an PS-Zahlen . . . an die Verwirklichung seiner Ideen . . . an Herstellungstoleranzen und auch an leichte Montagemöglichkeiten. Als typischem Techniker war es ihm einfach nicht gegeben, sich auch kaufmännisch ins rechte Licht zu setzen. Eine Tatsache, die sehr verständlich ist, da es so viele kommerzielle Probleme gab, daß ihre Bewältigung sicherlich viel von Cockerells technischer Aktivität genommen hätte. Für ihn persönlich wäre es von Vorteil gewesen, wenn er auch kaufmännisch so hoch wie als Techniker gestanden wäre. Aber hier behielt der Techniker immer die Oberhand; Cockerell hätte sicher lieber auf das letzte Stückchen trockenen Brotes als auf die Verwirklichung irgendeiner seiner vielen Einfälle verzichtet. Ein Menschentyp, wie es ihn heute kaum noch gibt.

In seinen späteren Jahren arbeitete er an Dieselmotoren, an stationären Motoren und war nach wie vor fast ganz den Zweitaktern ergeben. Schade, daß er nie mehr Gelegenheit bekam, eine moderne Megola – wie er jahrelang vorhatte – zu schaffen . . . wie zum Beispiel eine Megola mit elektrischem Anlasser, ins Rad eingebauter Kupplung und noch einigen Finessen der „Neuzeit“, wobei ich auch an ein gegossenes speichenloses Vorderrad mit Telefederung und natürlich auch einen leistungsfähigeren Motor denke. Ein Traum, der auf dem ungewöhnlichsten, je in Serie gebauten Motorrad beruht: der sagenhaften Megola!

Italienisches Vollblut: Moto Guzzi

Die roten italienischen Moto-Guzzi-Rennmaschinen waren rund 30 Jahre lang die erfolgreichsten Rennmaschinen der Halbinsel. Schon bei ihrem Debüt 1921 waren sie erfolgreich. Wohl dominierten bei den großen Straßenrennen noch die 348-Garelli-Zweitakter mit ihren Doppelkolbenmotoren, doch wurden sie in ihrer Klasse 1925 abgelöst, als man bei der alten Firma Bianchi 348er Doppelnockenwellen-Einzylinder-Rennmaschinen schuf, die bis 1931 die Szene – wenigstens in Italien – beherrschten. Bei Moto Guzzi in Mandello del Lario am Comer See mischte man damals in der 350-cm³-Klasse nicht mit und baute auch bis nach dem Zweiten Weltkrieg nie eine derartige Touren- oder Rennmaschine. Geboren wurde die Idee zur ersten Moto Guzzi im Ersten Weltkrieg, als drei Freunde (Carlo Guzzi als Techniker, Giorgio Parodi als Businessman und Giovanni Ravelli als Sportler) den Bau von Motorrädern nach Kriegsende beschlossen. Ganz ging der Plan nicht auf. Ravelli verlor noch im Krieg sein Leben, und so waren es Guzzi und Parodi, die dann 1921 mit der ersten Moto Guzzi, einer 496er Einzylindermaschine, auf den Markt kamen. Sie hatte wechselgesteuerte Ventile und – für die folgenden Moto Guzzis typisch – einen liegenden Zylinder. Die Konstruktion war für damalige Verhältnisse ziemlich ungewöhnlich, und um ihren Wert zu beweisen, sah man sie bald bei sportlichen Veranstaltungen. Das Geld für den Motorradbau kam von Emmanuele Parodi, Giorgios Vater, der große Schiffahrtsinteressen und verschiedene Unternehmen besaß. Carlo Guzzis erste 500er hatte 88 mm Bohrung und 82 mm Hub und leistete 8,5 PS bei 3400 U/min. Der Motor war mit dem Getriebe verblockt, die große Schwungscheibe außenliegend und die Farbe der Maschine Rot. Auf Bestellung konnte man auch eine grüne Moto Guzzi bekommen.

Ganz neue 498er Einzylindermodelle kamen 1924 heraus, mit obenliegender Nockenwelle und vier Ventilen. Sie waren eine Sensation und auch sofort erfolgreich.; Guido Mentasti gewann den Großen Preis von Italien und der Nationen in Monza überlegen vor seinem Teamkollegen Erminio Visioli, gegen Werksrennfahrer auch aus England wie Graham Walker, Tommy de la Hay, Frank Hough, Tom Simister, George Stobart, die französischen Peugeot-Werksfahrer Péan, Gillard und Richard und zahlreiche andere große Konkurrenten auf hervorragenden Rennmaschinen von Norton, Triumph, AJS, Sunbeam usw.

250er Rennmaschine lange dominierend

Ein Jahr darauf baute man in Mandello del Lario auch eine 248-cm³-Rennmaschine mit obenliegender Nockenwelle und nur zwei Ventilen für den quadratischen Einzylindermotor (Hub/Bohrung 68 mm). Und während man 1927 das 498-cm³-Rennmodell in dieser Form nicht weiterzüchtete, wurde die 250er bis in die fünfziger Jahre hinein in weiterentwickelter Form gebaut und auch von Privatfahrern erfolgreich eingesetzt. Hohe Erzeugungs-

Bereits die erste – 1921 gebaute – 496 cm³ Moto Guzzi, eine Konstruktion von Carlo Guzzi, hatte einen liegenden Einzylindermotor – typisch für viele folgenden Modelle aus Mandello del Lario.

1924 entstanden bei Moto Guzzi die ersten 498-cm³-Rennmaschinen mit Königswellenmotoren, die in den folgenden Jahren unter Pietro Ghersi, Amedeo Ruggeri, Valentino Gatti, Luigi Arcangeli und dem früh verstorbenen Guido Mentasti viele Erfolge errangen.

preise führten dazu, daß Moto Guzzi jahrelang nur wenige Maschinen exportierte. Meistens waren es sowieso nur diese erfolgreichen Rennmodelle, die 1927 in Deutschland von Orlando Geißler – einem in München wohnenden Tessiner – und von dem späteren DKW- und Rudge-Fahrer Hans Winkler, ebenfalls aus München, gefahren wurden. Schon vorher, bei der englischen T. T. 1926, hatte es eine Riesensensation gegeben, als Pietro Ghersi auf der neuen 248er Moto Guzzi allen englischen T. T.-Spezialisten auf der Insel Man auf und davon fuhr, aber dann disqualifiziert werden mußte: Während des Rennens wechselte er die im Nennungsformular offiziell angeführte KLG-Kerze gegen eine italienische Fert-Kerze.

Obwohl er offiziell nicht gewann, schadete dies dem Ruf der 248er Moto Guzzi nicht, die jahrelang in ihrer Klasse kaum zu schlagen war. Später wurde sie zur „Albatros" und „Gambalunghino" weiterentwickelt; im Grunde genommen blieb ihre Grundkonstruktion mit dem liegenden Zylinder die gleiche wie bei ihrer Geburt 1925. Die Namen zahlreicher großer Fahrer waren mit ihr verbunden: Brusi, Prini, Cimatti, Aldrighetti, Alberti, Sandri, Tenni, Bandini, Fumagalli, S. Woods, Burney, Cann, Gablenz, Anderson, Thomas, T. Wood, Barrington, Musy, Thorn-Prikker, Gehrung, Pagani, Balzarotti, Francischi, A. Meyer, Hollaus, Ruffo, Lorenzetti, Montanari, Nocchi, Wheeler, Mastellari, Handley, Gülich, Johnston, M. Ghersi, Lasagni, Moretti . . ., man könnte noch viele aufzählen, die in aller Welt diese prachtvolle 248er Königswellen-Moto-Guzzi, die es zuletzt auch mit zwei obenliegenden Nockenwellen und vier Ventilen gab, fuhren.

Treibende Kraft war jahrelang Giorgio Parodi, dem Carlo Guzzi und später sein Vetter, Ing. Angelo Parodi, als Techniker zur Seite standen. Nach dem Zweiten Weltkrieg war es vor allem Ing. Giulo Carcano, der hervorragende und zum Teil ungewöhnliche Rennmaschinen schuf. Als in den fünfziger Jahren Giorgio Parodi starb und sein Bruder Enrico Parodi die Leitung übernahm, ließ die Renntätigkeit etwas nach. Wohl auch deshalb, weil die Parodis nach wie vor große Schiffsinteressen hatten. Der tüchtige Ingenieur Angelo Parodi war während des letzten Krieges gestorben, nachdem er noch 1939 die fabelhaften 248er Einzylindermaschinen mit Kompressoren versehen hatte, auf denen dann Fahrer wie Tenni, Pagani, Sandri und Alberti zahlreiche Rekorde brachen und 1939 auch den Großen Preis von Deutschland in Hohenstein-Ernstthal bei Chemnitz gewannen.

Guido Mentasti gewann 1924 mit der neuen 498-cm³-Königswellenmaschine von Moto Guzzi den „Grand Prix des Nations" in Monza und verunglückte bald darauf infolge eines Reifendefektes tödlich.

Von 1933 bis 1951 wurde diese V-Zweizylinder-Königswellen-Rennmaschine von 495 cm³ in verschiedenen Ausführungen mit großen Erfolgen eingesetzt. Stanley Woods siegte 1935 mit ihr bei der englischen Senior-T.T.

Wechselgesteuerte und obengesteuerte 248er und 498er Einzylindermaschinen in bewährter Moto-Guzzi-Tradition und in ständig weiterentwickelter Form baute man bis nach dem Zweiten Weltkrieg weiter. Während des Krieges wurde die „Alce" in großen Stückzahlen mit einem 498er wechselgesteuerten Motor für die Armee gebaut. Und selbst heute gibt es noch eine derartige typische Guzzi in Form der verbesserten und modernisierten „Falcone", deren Einzylindermotor mit 88 mm Bohrung und 82 mm Hub obengesteuert ist und 32 PS bei 4800 U/min leistet. Sie hat einen Doppelschleifen-Rohrrahmen und eine Teleskopgabel. Bei 214 kg Eigengewicht erreicht sie 140 km/h und wird auch viel von Behörden verwendet.

Ungewöhnliche Konstruktionen

Gab es im Bau von Touren- und Sportmaschinen bei Moto Guzzi jahrelang keine wirklichen Sensationen, mangelte es nie an ungewöhnlichen Konstruktionen. So experimentierte man schon 1932 mit einer 498er Dreizylinder-Touren- und einer 498er Vierzylinder-Kompressor-Rennmaschine. Bald darauf entstand die sensationelle 498er V-Zweizylinder-ohc-Werksrennmaschine mit um 120 Grad versetzten Zylindern. Der große irische Rennfahrer Stanley Woods gewann mit einer solchen Moto Guzzi 1935 sogar die englische T. T. auf der Insel Man vor den Norton-Werksfahrern Jimmy Guthrie und Walter Rusk. Es war dies überhaupt der erste Sieg einer italienischen Maschine bei diesem großen und schweren Rennen. Durch Weiterentwicklung kam sie auch noch nach 1945 zu Erfolgen; 1948 fuhr Omobono Tenni und 1949 Bob Foster mit ihr auf der Insel Man die schnellste Runde des Tages. Zweifellos war sie schneller, aber auch etwas unzuverlässiger geworden.

Neue Werksrennmaschinen

Immer wieder versuchte man sich in Mandello an Neukonstruktionen. Die „Condor" von

Ab 1926 baute Moto Guzzi auch 248-cm³-Einzylinder-Rennmaschinen mit obenliegender Nockenwelle. Kurz vor dem Zweiten Weltkrieg wurden sie durch die verbesserte „Albatros"-Serienrennmaschine ersetzt, die bis 1949 im Programm blieb.

Für Werks-, aber auch für Privatfahrer entstand 1938 die in Kleinserie gebaute 498-cm³-Einzylinder „Condor“ mit obengesteuerten Ventilen. Sie konnte besonders bei Langstreckenrennen gute Plazierungen erzielen.

1938, mit einem einzylindrigen ohv-Motor, war zu langsam, und so schuf Carlo Guzzi bald darauf eine sensationelle 497er Dreizylinder-Werksrennmaschine mit nach vorn geneigtem luftgekühltem Doppelnockenwellenmotor und Kompressor. Als dann nach 1945 der Kompressorbann bei internationalen Rennen kam, stellte man diese Konstruktion in die Ecke. Und fuhr die meisten Rennen werksseitig mit der verbesserten Zweizylinder oder auch mit einer neuen 498er Langhub-Einzylinder-ohv-Maschine, der „Gambalungha“, die aus der „Condor“ entwickelt und gewichtsmäßig sehr leicht wurde. Sie gewann mit Fahrern wie Fergus Anderson, Enrico Lorenzetti u. a. zahlreiche kürzere und kurvenreiche Rennen, mit Lorenzetti sogar den Ulster G. P., der 1948 bei sehr schlechtem Wetter gefahren wurde. Es gab mehrere Variationen dieser Werksrennmaschine und für Privatfahrer die etwas weniger empfindlichere und auch langsamere 498er „Dondolino“. Dann wurde auch die 248er „Gambalunghino“ als Gambalungha-„Baby“ von Carcano entwickelt und mit Erfolg eingesetzt. Daneben gab es ständig Neuentwicklungen wie zweizylindrige 248er Doppelnockenwellenmaschinen, auch 348er V-Zweizylinder-Rennmodelle und immer wieder Verbesserungen an der einzylindrigen 248er. Sie blieb die Stärke von Moto Guzzi im Rennsport; die meisten der 3329 Siege von Moto Guzzi bis 1957 – als man sich vom Rennsport ganz zurückzog – entfielen auf 248-cm³-Modelle. Die 498er V-Zweizylinder-Werksrennmaschine – entstanden 1933 – wurde stets verbessert, erleichtert und auch schneller. Noch 1949 war sie eine Spitzenmaschine bei Rennen, konnte aber nur noch selten schnelle Rennen über längere Distanzen durchhalten. Neben ihr gab es die „Gambalungha“ und „Dondolino“ in der Halbliterklasse. Der 1948 in der Schweiz tödlich verun-

In den Jahren 1938/39 gab es harte Kämpfe zwischen Moto Guzzi, DKW und Benelli in der 250er Klasse bei Grand-Prix-Rennen. Daraufhin schuf Ing. Angelo Parodi, Chefkonstrukteur bei Moto Guzzi, 1939 diese Werksrennmaschinen mit Kompressor. Mit ihnen kamen beim Großen Preis von Deutschland in Hohenstein-Ernstthal Nello Pagani und Guglielmo Sandri auf die beiden ersten Plätze.

glückte Omobone Tenni, ferner Fernando Balzarotti, Guido Leonie, Sante Gemiani, Fergus Anderson, Bill Lomas, Enrico Lorenzetti, Bruno Bertacchini, Cecil Sandford, Ken Kavanagh, Dickie Dale, Jean Behra, Franta Juhan, Keith Campbell und andere fuhren diese Maschinen.

Auch eine Achtzylinder-Fünfhunderter

Technisch gesehen waren anfangs der fünfziger Jahre, als Gilera und MV Agusta schon die Halbliter-Vierzylindermodelle bei Rennen einsetzten und auch BMW und andere Werke in der Halbliterklasse mitmischten, die Moto Guzzis ohne Chance. So kam es zum Bau neuer wassergekühlter 498er Reihenvierzylinder-Rennmaschinen mit zwei obenliegenden Nockenwellen und Kardanantrieb zum Hinterrad. 1953 – 1954 eingesetzt, war diese Konstruktion kein Erfolg und wurde 1956 durch eine noch sensationellere Rennmaschine ersetzt. Sie hatte einen 498er V-Achtzylinder-Doppelnockenwellenmotor, Wasserkühlung und Kettenantrieb zum Hinterrad. Eine sehr schnelle, aber doch etwas zu komplizierte und schwer zu fahrende Rennmaschine . . ., praktisch die letzte bei Moto Guzzi hergestellte Rennmaschinenkonstruktion, wenn man von modifizierten, später für Langstrekkenwettbewerbe vorbereiteten großen V-Zweizylindermodelle absieht.

Erfolgsmäßig dominierten in den Jahren bis 1957 aus der „Gambalunghino“ weiterentwikkelte Werksrennmaschinen mit Doppelnokkenwellen-Einzylindermotoren von 248, 318, 348 und 498 cm³, während die Mehrzylinderversionen in der Halbliterklasse zwar technisch einmalig, erfolgsmäßig aber nicht ganz vorn waren. Bereits 1949 war Bruno Ruffo Weltmeister der Viertelliterklasse geworden, 1950 lagen Maurice Cann und Fergus Anderson an zweiter und dritter Stelle. 1951 gewann wieder Bruno Ruffo vor seinem Moto-Guzzi-Markenkollegen Tommy Wood, 1952 Enrico Lorenzetti vor Fergus Anderson, 1953 war Anderson hier Dritter und Erster in der 350-cm³-Klasse vor Enrico Lorenzettis einzylindriger Moto-Guzzi-Werksmaschine. Fergus Anderson war auch 1954 in der 350er-Klasse Weltmeister und zog sich 1955 teilweise vom Rennsport zurück, als er Team-Manager in Mandello del Lario wurde. Unter ihm wurde damals Cecil Sandford Zweiter der 250-cm³-Klasse, und Bill Lomas gewann die Weltmeisterschaft der 350-cm³-Klasse vor seinem Freund und Teamkollegen Dickie Dale. Es waren alles Engländer, die hier im italienischen Werksteam Erfolge errangen . . . mit wenigen Ausnahmen.

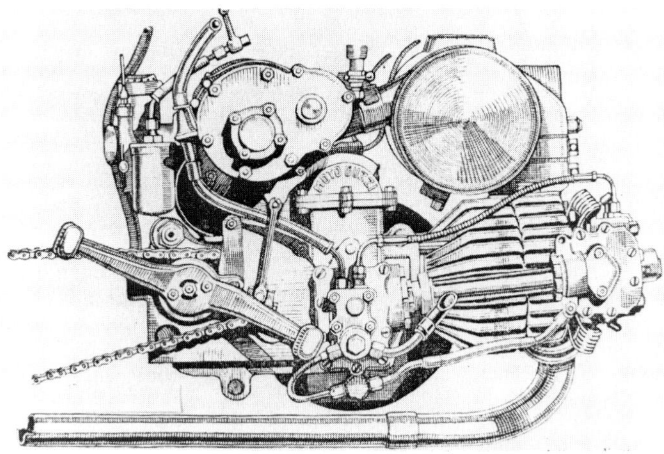

Der schnelle 248-cm³-Kompressormotor der 1939er Moto Guzzis besaß oberhalb des Zylinders eine Druckausgleichskammer zwischen Kompressor und Einlaßventil. Nach 1945 kamen Kompressor-Maschinen lt. FIM-Beschluß bei internationalen Rennen nicht mehr zum Einsatz.

Rennabteilung nach 1957 aufgelöst

So konnte Enrico Lorenzetti 1956 Dritter in der 250-cm³-Klasse und Bill Lomas abermals Weltmeister der 350-cm³-Klasse – mit Dickie Dale an dritter Stelle – werden. Im letzten offiziellen Rennjahr von Moto Guzzi, 1957, war es der Australier Keith Campbell – damals ein Schwager von Geoff Duke –, der den 350er- und zugleich für Moto Guzzi letzten Weltmeistertitel erringen konnte. Dann zog sich das Werk zurück, die hervorragende und so erfolgreiche Rennabteilung wurde aufgelöst. Außer den 3329 Rennsiegen hatte Moto Guzzi 22 Weltrekorde, 14 Weltmeisterschaften, 55

Bei Moto Guzzi mangelte es nie an unorthodoxen Konstruktionen. So schuf man 1939/40 diese 498-cm³-Dreizylinder-Kompressor-Rennmaschine, die 1940/41 von Guglielmo Sandri gefahren wurde.

Meisterschaften außerhalb Italiens, 47 italienische Meisterschaften und nicht weniger als 11 T. T.-Siege auf der Insel Man errungen. Fergus Anderson, seit 1950 im Werksteam und zuletzt Team-Manager, schied 1956 aus. Die Auflösung der Rennabteilung war ein schwerer Schlag für den internationalen Rennsport. Von 1960 bis 1964 bestritt man offiziell Wertungs- und Zuverlässigkeitsfahrten und war auch hier sehr erfolgreich. 1969 errang Moto Guzzi in Monza 19 Weltrekorde über lange Distanzen mit den 748er V-Zweizylindermaschinen.

Meine Verbindung zu Moto Guzzi begann schon 1924, als ich Guido Mentasti in Monza im Großen Preis der Nationen mit der damals neuen vierventiligen 498er ohc-Einzylindermaschine siegen sah. 1928 war ich als junger Rennmonteur mit Oskar Schindler, der eine neue 248er Moto-Guzzi-Rennmaschine bekommen hatte, bei mehreren Rennen und später fast wöchentlich mit Moto-Guzzi-Fahrern bei Rennen irgendwo in Europa zusammen. Gern erinnere ich mich noch an meine Moto Guzzi fahrenden Freunde wie Fergus Anderson, Stanley Woods, Maurice Cann, Tommy Wood, Franta Juhan, Ernie Thomas, Bob Foster, Arthur Wheeler und viele andere. Aber auch an die freundlichen und tüchtigen Rennmonteure von Moto Guzzi mit „Moretto" (Carlo Agostini) an der Spitze, die viel zu den Erfolgen der Marke beitrugen.

Man kann nicht über Moto Guzzi schreiben, ohne die erfolgreichen Rennmaschinen und Fahrer zu erwähnen. Schließlich war das Werk bis zum Zweiten Weltkrieg fast nur durch den Rennsport international bekannt geworden. Hermann Gablenz war der erste deutsche

Diese 1949 gebaute und in der Heckpartie nicht mehr originale 498-cm³-Moto Guzzi „Gambalungo" für kurze Rennen wog nur 125 kg und erreichte 185 km/h. Gesteuert wurden sie zumeist von Werks- und werksunterstützten Fahrern wie Fergus Anderson, Enrico Lorenzetti, Jean Behra und auch von Hein Thorn-Prikker.

Rennfahrer, der nach 1945 eine Moto Guzzi bekam, später erwarb Hein Thorn-Prikker eine „Gambalunghino" von Fergus Anderson und wurde Deutscher Meister. Kommerziell gab es vor 1945 ein großes Preishandikap für italienische Motorräder außerhalb des eigenen Landes. Sie waren zu teuer, man war zum Teil auch nicht besonders am Auslandsabsatz interessiert. So gab es immer wieder Probleme mit Ersatzteilen. Kaum eine Firma – wenn man von Moto Guzzi und Garelli teilweise absieht – hatte in Deutschland vor dem Krieg eine echte Vertretung, und erst nach 1945 wurden die rassigen italienischen Maschinen auch in der Bundesrepublik wirklich bekannt.

Wie schon erwähnt, gab es bis 1939 nur Moto Guzzis von 248 cm^3 und 498 cm^3. Alle Serienmaschinen hatten liegende Einzylindermotoren, die es in verschiedenen Ausführungen gab. Erst nach 1945 entstanden richtige Neukonstruktionen bei dieser früher sehr konservativen Motorradfabrik, darunter die 65-cm^3-Zweitakt-Guzzino, die obengesteuerte, rollerähnliche 160-cm^3-Galetto, eine verbesserte 248er ohv-„Airone", eine „zivile" Super-„Alce" und 1953 die 98-cm^3-Zigolo. Dann gab es die 65-cm^3-„Cardellino", die 124er „Stornello" und 1961 die 198er „Galetto" mit elektrischem Starter. 1964 entstand die erste 48er „Dingo" bei Moto Guzzi, 1966 die „Trotter" und 1966 als große Sensation die erste Moto Guzzi mit einem quergestellten 698er V-Zweizylinder-Blockmotor ..., eine Zylinderanordnung, wie sie früher nur bei Firmen wie Walter, Finzi, Panthette, Helyett und wenigen anderen anzutreffen war. Seit 1929 hat Moto Guzzi auch Dreiräder mit Motorradmotoren wie andere italienische Firmen gebaut.

1966 war ein Krisenjahr bei Moto Guzzi, das IMI (Instituto Mobiliare Italiano) intervenierte

Deutscher Straßenmeister der 250er Klasse wurde Hein Thorn-Prikker, der 1951 mit seiner Moto Guzzi-„Gambalunghino" von Erfolg zu Erfolg eilte. Im Gegensatz zur größeren „Gambalunga" hatte die Viertelliter-Maschine einen Königswellenmotor. Neben Thorn-Prikker rechts Gert in der Elst, der bis 1938 Rennen auf Ardie, Rudge, Imperia, Norton, Sarolea und anderen Marken fuhr, bevor er Renndienstleiter einer großen Benzinfirma wurde.

und reorganisierte das Werk. Das Ergebnis war die SEIMM (Societá Esercizio Industriale Moto Meccaniche), die 1967 die Fabrik mie-

Die letzte 1951er Version der ursprünglich 1933 konstruierten V-Zweizylinder-Rennmaschine (Zylinderwinkel 120°) von 498 cm^3. Diese Moto Guzzi wurde im Laufe der Jahre auch von Omobono Tenni, Freddy Frith, Bob Foster und Fergus Anderson gefahren.

Die Sensation der 1953er Rennsaison war die wassergekühlte 498-cm³-Vierzylinder-Doppelnokkenwellen-Werksmaschine, eine Konstruktion von Ing. Giulo Carcano. Fergus Anderson fuhr sie damals gegen die vierzylindrigen Werksrennmaschinen von Gilera und MV Augusta.

tete und dann 1969 ganz erwarb. Während man bis dahin noch Motorräder als Transportmittel ansah, änderte sich nunmehr die Struktur. Man baute wieder große und sportliche Motorräder. Als Guzzi und Parodi 1921 die Firma gründeten, hatte das ganze Unternehmen eine Fläche von 300 Quadratmetern; jetzt sind es über 60000 Quadratmeter und über 1000 Beschäftigte, die hier Motorräder bauen und jährlich rund 75000 Einheiten produzieren.

Ein Chef für Moto Guzzi und Benelli

Moto Guzzi und Benelli in Pesaro waren jahrelang die großen Gegner auf den Rennstrekken Europas in der 250-cm³-Klasse. Dann gab es Veränderungen durch das Ausscheiden bzw. Ableben der altgewordenen Chefs dieser Unternehmen. Beide Firmen übernahm dann Alejandro De Tomaso, ein seit Jahren in Italien lebender früherer argentinischer Autorennfahrer und Millionär, der auch Autos in Italien baut. Und so arbeiten – obwohl äußerlich unabhängig und selbständig – jetzt doch Benelli und Moto Guzzi unter ein- und derselben Leitung, wobei es hier vorwiegend um die technische Zusammenarbeit – vor allem im Kampf gegen die starke japanische Konkurrenz – geht.

Als wären vier Zylinder nicht genug, schuf Ing. Giulo Carcano 1956 sogar die mächtige Achtzylinder-Werksrennmaschine, deren wassergekühlter V-Motor 78 PS bei 12000 U/min leistete und eine Spitze von 275 km/h ermöglichte. Dickie Dale steuerte sie bei der englischen Senior-T.T.

Während man bei Moto Guzzi an teueren und unorthodoxen Rennmaschinen arbeitete, waren es doch vor allem die 348er und 498er Einzylinder-Doppelnokkenwellen-Motorräder, die die meisten Siege in aller Welt errangen.

Moto Guzzis erste 704er V-Zweizylinder, von Ing. Lino Tonti konstruiert, hatte gleich einen Blockmotor mit Kardanantrieb, 80 mm Bohrung und 70 mm Hub, 42 PS bei 6500 U/min, später gab es die Spezialausführung mit 758 cm^3, wobei bei gleichem Hub die Bohrung auf 83 mm vergrößert und die PS-Zahl auf 50 erhöht wurde. Hinzu kam die zuverlässige obengesteuerte 123er und 153er „Stornello", mit einem nach vorne geneigten Einzylindermotor. Zur modernisierten 498er „Falcone" gesellte sich 1971 eine Sportversion mit 30 PS. Besonderer Wert wurde auf die Weiterentwicklung der großen V-Zweizylinder-ohv-Maschinen gelegt; schon 1972 gab es die 748er Sportversion mit 72 PS bei 7000 U/min und dann die GT 850, deren V-Zweizylinder-ohv-Motor 64 PS bei 6500 U/min abgibt und damit als Tourenmaschine für höchste Beanspruchung ausgelegt ist. Für den US-Markt kam die „amerikanisierte" California-Ausführung heraus. Schon 1973 entwickelte sich die Benelli-Moto-Guzzi-Zusammenarbeit; als Benelli damals eine 498er ohc-Reihenvierzylinder-Seriensportmaschine baute, schuf man in Pesaro für Moto Guzzi eine ähnliche 345er Antriebsquelle. Dasselbe war auch in der 250-cm^3-Klasse der Fall, wo der zweizylin-

Erwin Tragatsch, der Autor dieses Buches (im Bild links), war jahrelang Fergus Andersons Manager und dadurch auch mit Moto Guzzi verbunden. Das Foto zeigt ihn 1955 mit den Werksmonteuren der großen italienischen Rennmarke.

Mit dem neuen Chefkonstrukteur Ing. Lino Tonti zogen bei Moto Guzzi in den sechziger Jahren quergestellte, kopfgesteuerte V-Zweizylinder in das Programm ein. Zunächst waren es 746-cm³-Modelle, später auch 949-cm³-Versionen wie diese „Convert" von 1976.

drige Zweitaktmotor mit 231 cm³ Hubraum für das Werk in Mandello del Lario (Como) von den Benelli-Konstrukteuren entwickelt wurde.

Die Moto-Guzzi-Story ist die Geschichte einer großen, traditionsreichen und auch sportlich sehr erfolgreichen Motorradfabrik. Bei einer Jahresproduktion von rund 75 000 Maschinen, von denen ca. 60 Prozent exportiert werden, beschäftigte das berühmte Werk in Mandello del Lario am Como-See 1983 fast 1000 Mitarbeiter. Chef ist nach wie vor Alejandro De Tomaso, führender Direktor Paolo Donghi. Hergestellt werden vornehmlich Maschinen ab 346 cm³ mit quergestellten V-Zweizylindermotoren, die vor allem beim Export in viele Länder der Welt Vorrang haben.

Viele Moto Guzzis werden auch an die Polizeibehörden in Italien wie auch den USA, Argentinien, England, Finnland, der Schweiz, nach Taiwan, Holland, Griechenland, Yugoslawien und nach anderen Ländern geliefert. Bedauerlich nur, daß diese einst so bekannte und erfolgreiche Rennfirma nicht mehr bei den Grand-Prix-Rennen auftaucht, die von ihr seit den ersten zwanziger Jahren offiziell bestritten wurden.

Motorräder von 123 bis 949 cm³

Die Guzzi-Modellreihe begann 1983 mit kopf-

Im Laufe der Jahre kamen auch V-Zweizylinder mit 343, 486 und 844 cm³ auf den Markt. Dies war die 343er „V 35" von 1977.

Rassig und schnell: die 1983 von Moto Guzzi gebaute „Monza Le Man III", die mit ihrem kopfgesteuerten V-Motor von 49 PS über 175 km/h erreichte.

gesteuerten zweizylindrigen Maschinen von 123 cm³ und führte über die Zweitakt-Zweizylinder von 231 cm³ zu kopfgesteuerten Reihen-Vierzylindern gleichen Hubraums. Drei V-Zweizylindermaschinen haben kopfgesteuerte quergestellte V-Motoren von 346 cm³ und Kardanantrieb zum Hinterrad. Im Aufbau ähnlich sind die Modelle von 490, 643, 844 und 949 cm³ – und diese Technik ist ebenso typisch für moderne Moto Guzzis, wie es früher die liegenden Einzylindermotoren waren.

Bekannt durch hohe Leistung, erstklassige Qualität und Verarbeitung, durch hohe Geschwindigkeiten und rassiges Aussehen bei erstklassiger Straßenlage, eroberten sich Moto Guzzis eine prominente Position im internationalen Motorradbau, und nicht ohne Grund gelten sie als scharfe Konkurrenz zu den führenden Motorradmarken Japans. Typisch ist die „1000 SP" mit 210 kg Eigengewicht und einer Spitze von 200 km/h. Weniger sportlich, aber für Langstreckentouren besser geeignet ist die 190 km/h schnelle „V 1000 G5", während die „V 1000 1 Convert" mit ihrer hydraulischen Kraftübertragung – wie auch andere Modelle – ohne Kupplung und Getriebeschalthebel auskommt und ebenfalls das bewährte Integral-Bremssystem aufweist.

1982 kam auch die weiterentwickelte „California II" von 948 cm³ auf den Markt, die mit ihrem Fünfganggetriebe besonders bei der Polizei viel Anklang fand und auch sonst von Langstreckenfahrern, vornehmlich in den

Besonders für lange Strecken entwickelte Moto Guzzi 1982 die „California II". Sie leistete mit dem kopfgesteuerten V-Zweizylindermotor 949 cm³ von 67 PS bei 6700 U/min und ging mit ihren zwei Dell'Orto-Vergasern auch ihre 190 km/h.

USA, bevorzugt gekauft wurde. Für Sportfahrer ist dagegen die „850 Le Mans III" der große Traum von einem rassigen, 230 km/h schnellen Motorrad. Die im Windkanal entwickelte Sportversion hat eine Verdichtung von 1:9,8, einen elektrischen Starter, fünf Gänge, drei miteinander kombinierte Scheibenbremsen und wiegt ohne Betriebsstoff nur 206 kg.

Aufgrund der mit den größten Modellen gesammelten Erfahrungen schufen die Konstrukteure in Mandello in den letzten Jahren auch Versionen mit kleineren Hubräumen wie zum Beispiel die V-50 Monza mit 490 cm^3 und 48 PS bei 7600 U/min, die nur 160 kg wiegt und 175 km/h erreicht. Mit 346 cm^3 Hubraum kleiner ist die rassige V-35 Imola, deren kopfgesteuerter und quergestellter V-Motor 36 PS bei 8200 U/min leistet, bei einer Verdichtung von 1:10,5, die keinesfalls auf eine „heiße" und empfindliche Konstruktion schließen läßt. Im Gegenteil! Moto Guzzi baut rassige und schnelle Serienmaschinen, ohne diese besonders hochzuzüchten und dadurch empfindlich zu machen. Dank jahrelanger Rennbeteiligung besitzt man genug Erfahrungen, um auch in der Serienherstellung Geschwindigkeit mit Zuverlässigkeit zu vereinen. Die Zeiten hochempfindlicher „zarter" italienischer Motorräder sind definitiv eine Sache der Vergangenheit.

Sechs Jahre fuhr der Engländer Fergus Anderson verschiedene Rennmaschinen von Moto Guzzi, von der 248er „Albatros" bis zur 498er Vierzylinder. Dann wurde er Rennleiter bei Moto Guzzi.

Die modernen Moto Guzzis mit quergestellten, kopfgesteuerten V-Zweizylinder-Zweizylindermotoren erfreuen sich großer Beliebtheit. Auch die 1982 herausgekommene „V 65 SP" mit ihrem rassigen 643-cm^3-Motor macht keine Ausnahme. Sie leistet 52 PS bei 7050 U/min, erreicht 185 km/h und wiegt nur 165 kg.

Rennmaschinen aus Liebe gebaut: MV Agusta

1947 begann der kometenhafte Aufstieg von MV Agusta im Motorradgeschehen. Dabei glaubten manche vorerst, daß es sich nur um eine der vielen italienischen Motorradhersteller handelte, die genauso schnell gehen, wie sie gekommen waren. Andere Kreise übersahen, daß hinter dem „A" kein „u" stand, und betrachteten die neue Firma als Nachfolgerin von Augusta, wo Ende der zwanziger Jahre prachtvolle 173er und 348er ohc-Einzylindermaschinen gebaut wurden. Nur wenige Eingeweihte, denen die Flugzeugindustrie nicht unbekannt war, wußten, daß es sich hier um eine alte, angesehene und kapitalstarke Flugzeugfabrik handelt, die nunmehr auch den Motorradbau aufnahm. Mit der Ambition besonders des Grafen Domenico Agusta, auch Rennmaschinen groß einzusetzen. Tatsächlich war die erste serienmäßig gebaute MV Agusta eine 98-cm³-Zweitaktmaschine, die aber schon im Werk in Cascina Costa von der „Meccanica Verghera" Agusta in mehreren Ausführungen gebaut wurde. Bald darauf gab es auch eine 123er Version und Sportmaschinen außer den normalen Tourenmodellen. Von Rennmaschinen sprach man außerhalb des bis dahin unbekannten Werkes noch nicht. Angeblich war auch die alte Gräfin Agusta, die noch alle Fäden zusammenhielt, vom Motorradbau gar nicht besonders begeistert. Sicherlich weniger als ihre – allerdings schon erwachsenen – Söhne, die Grafen Domenico, Mario und Corrado Agusta.

Die erste Viertaktmaschine von MV Agusta hatte 248 cm³ Hubraum, einen ohv-Block-Einzylindermotor mit Vierganggetriebe, Telegabel und Hinterradfederung. Viel hörte man nie von ihr. Sie sah eher einem „Bauernmotorrad" als einer rassigen italienischen Sportmaschine ähnlich. In Cascina Costa Verghera (Gallarate) machte man auch kaum Versuche, aus ihr besonders viel herauszuholen. Moto Guzzi war damals die führende Rennmarke Italiens, aber bei Gilera schuf Ing. Pietro Remor neue, kompressorlose und luftgekühlte 498er Vierzylinder-Rennmaschinen; derselbe Konstrukteur, der schon in den dreißiger Jahren mit Ing. Carlo Gianini die „Rondine" schuf, die dann 1937 zur Gilera-Vierzylinder-Kompressor-Rennmaschine geworden war.

Mit Ing. Remor kam die Wende

Die neuen Vierzylinder-Gileras waren 1948 fertig; Carlo Bandirola fuhr sie 1949 bei Rennen, nachdem Massimo Masserini schon 1948 in Holland bei der T. T. die ersten Einsätze wagte. Gerade als sie voll entwickelt waren, geschah das Unglaubliche: Ing. Pietro Remor verließ Gilera in Arcore und ging zu MV Agusta nach Cascina Costa, um dort auch neue vierzylindrige 494er Rennmaschinen zu

Als 1950 die ersten, von Ing. Pietro Remor konstruierten luftgekühlten Vierzylinder-Werksrennmaschinen von MV Agusta eingesetzt wurden, hatten diese Halbliter-Modelle noch Kardanantrieb zum Hinterrad. Spitzenfahrer im Werksteam war damals der Italiener Carlo Bandirola.

Diese 1952 beim Großen Preis der Schweiz in Bern eingesetzte 498-cm³-Werksrennmaschine hatte bereits Kettenantrieb zum Hinterrad. Viele große Fahrer steuerten sie im Laufe der Jahre.

schaffen. Das war Ende 1949; als die erste MV Agusta 1950 zum Renneinsatz kam, war sie der Gilera nicht unähnlich. Schließlich war Remor für beide Konstruktionen verantwortlich. Ob es damals Krach zwischen Giuseppe Gilera und Remor gab oder ob Graf Domenico Agusta ihm so viel Geld versprach, daß er Gilera verließ, kam nie an die Öffentlichkeit. Wir wissen aber, daß Agusta immer das erreichte, was er wollte. Und an Geld mangelte es nicht. Die serienmäßigen MV-Agusta-Modelle: Man baute viele Jahre nur kleine Maschinen bis 248 cm³ Hubraum und eigenen Zweitakt- sowie ohv-Viertaktmotoren typisch italienischer Konstruktion. Auch kleine 83er Zweitakter und mehrere Rollermodelle in verschiedenen Ausführungen wurden in Italien und auch in einem spanischen Zweigwerk gebaut. Nach Deutschland wurden sie aber nicht eingeführt – wenn man von 123-cm³-Rennmodellen absieht.

Remors erste 497er MV Agusta waren Vierzylindermodelle, die im Gegensatz zu den Gileras Kardanantrieb zum Hinterrad aufwiesen. Später wurde dieser jedoch durch den konventionellen Kettenantrieb zum Hinterrad ersetzt. Etwas unklar war das Angebot von serienmäßigen, für den „normalen" Betrieb ausgestatteten 497er MV Agustas. Sie hatten einen luftgekühlten vierzylindrigen und quergestellten Reihenmotor, dessen Zylinder nach vorne geneigt eingebaut waren, mit quadratischen Abmessungen: 4 x 54 mm Bohrung und 4 x 54 mm Hub. Man gab für diese „zivile" Maschine 45 PS bei 7500 U/min an und als

MV Agusta baute Werksrennmaschinen auch mit drei und sogar sechs Zylindern in Reihe. Hier die 1958 eingesetzte 498-cm³-Sechszylinder, erkennbar an den drei Auspuffrohren auf beiden Seiten.

Englands John Surtees gewann 1958, 1959 und 1960 sechs Weltmeisterschaften auf MV Agusta-Werksrennmaschinen von 348 und 498 cm³, bevor er als Rennfahrer auf Automobile umstieg und auch hier – als einziger Rennfahrer in der Welt überhaupt – auf Ferrari Weltmeister in der Formel-1-Klasse wurde.

Gewicht 170 kg. Man zeigte sie auf Ausstellungen, zum wirklichen Verkauf kam sie nie. Die Tourenversion der MV Agusta „4" war wohl nur ein Traum, den man allerdings viele Jahre später doch verwirklichen konnte.

Vorderhand gab es nur 125er MV-Agusta-Rennmaschinen. Carlo Ubbiali wurde 1949 Dritter in der Weltmeisterschaft, und MV Agusta lag an dritter Stelle in der Markenwertung hinter FB-Mondial und Morini. Ubbiali fuhr noch einen MV-Agusta-Zweitakter. Er war wohl sehr schnell, doch hatten die Konkurrenzmaschinen – Morini und Mondial – bereits ohc-Motoren. So kam es, daß MV Agusta bereits 1950 auch mit solchen 123ern ins Renngeschehen eingriff. Für 600000 Lira konnte man diese auch kaufen.

Die neue große MV Agusta ging 1950 erstmalig beim Großen Preis von Belgien mit Arcisio Artesiani im Sattel an den Start. Er wurde Fünfter hinter den Gileras von Umberto Masetti und Nello Pagani, der AJS „Porcupine" von Ted Frend und der vierzylindrigen Gilera des temperamentvollen Carlo Bandirola. Beim G. P. der Schweiz – in Genf ausgetragen – siegt Les Graham auf der AJS vor Masetti und Bandirola auf Gileras. Artesianis MV Agusta war noch schwerer als die Vierzylinder-Gilera zu fahren und dazu auch noch langsamer. Die Leistungen der 123er MV-Agusta-Rennmodelle: Zweitakt 11 PS, Viertakt ohc 12 PS ... aber die Werksrennmodelle hatten bereits zwei obenliegende Nokkenwellen und dürften 14, später noch mehr PS geleistet haben. In Monza konnte Arcisio Artesiani mit der 497er MV Agusta sogar Dritter werden. Ing. Remor hatte während der Saison sicherlich noch einige PS in den Motor gezaubert, und Ing. Piero Taruffi, der Remors Nachfolger bei Gilera wurde, hatte damals neue – getrennte – Zylinderköpfe für die Gilera geschaffen.

Vierzylinder zunächst noch mit Problemen

Für 1951 engagierte Graf Domenico Agusta neue Fahrer für die neuen Halbliter-Rennmaschinen: den hervorragenden Engländer Les Graham von AJS, Bruno Bertacchini von Moto Guzzi und Carlo Bandirola von Gilera! Der

Italiens erfolgreichster Werksrennfahrer bei MV Agusta war zweifellos Giaccomo Agostini mit 15 Motorrad-Weltmeisterschaften. Von ihnen gewann er 13 auf 348- und 498-cm³-MV Agustas. Hier nach der Junior-T.T. (350 cm³) 1966 auf der Insel Man, die er mit einer Dreizylinder-Werksmaschine gewann.

Engländer half sofort bei der Weiterentwicklung und erwies sich vor allem schon in technischer Beziehung als sehr „guter Einkauf", zumal er auch als Fahrer absolute Spitzenklasse war. (Übrigens ist der sehr erfolgreiche englische Autorennfahrer Stuart Graham der Sohn dieses großen Motorradrennfahrers.) Als vierter Fahrer blieb Arcisio Artesiani im Team, während in der 125-cm³-Klasse Renato Magi, Franco Bertoni und Felice Benasedo engagiert wurden. Bei einem Rekordversuch verunglückte Magi bald darauf tödlich. Carlo Bandirola gewann den Meisterschaftslauf in Ferrara auf der neuen 497er Vierzylinder-MV-Agusta. Trotzdem war ihre Straßenlage nicht perfekt, die Spitze noch ungenügend, dazu kamen Vergaserprobleme. Vorderhand gab es zwei Vergaser für vier Zylinder; Gilera hatte bereits vier für die ähnliche Konstruktion. Auch ließen die Handlichkeit und die Bremsen noch viele Wünsche offen.

Offen blieb für Eingeweihte auch die Frage, wer bei MV Agusta wirklich für Fahrerverpflichtungen verantwortlich war. So engagierte man für 1952 unter anderen Tito Forconi für die Vierzylinder, obwohl erfahrenere, bessere und erfolgreichere Fahrer zur Verfügung standen, während Les Graham seine Maschinen mit Earles-Federgabeln (Schwingen) ausrüsten ließ. Beim ersten Rennen der Saison 1952 in Faenza gewann die Vierzylinder-Gilera von Alfredo Milani vor Carlo Bandirolas MV Agusta mit Forconi an dritter Stelle. In Parma fuhr Tito Forconi die MV Agusta „4" mit Kardanantrieb, Carlo Bandirola dagegen die neueste Version mit Kettenantrieb zum Hinterrad, Telegabel und Schwingarm-Hinterradfederung. Beide mußten ausscheiden. In Bern, beim Großen Preis der Schweiz, hat auch Les Graham schon eine mit Kettenantrieb ausgestattete MV Agusta, doch schied er aus, Carlo Bandirola wurde Dritter, hinter den „Stachelschweinen" von AJS mit Jack Brett und Bill Doran im Sattel. Die MV Agusta war noch nicht genügend zuverlässig. Beim Großen Preis von Deutschland – auf der Solitude 1952 ausgetragen – fuhr Les Graham die schnellste Runde und wurde doch nur Vierter in der 500-cm³-Klasse. Auch in Holland und Belgien war die MV Agusta noch nicht ganz an der Spitze. Im Gegensatz zur 123er Einzylinder-Werksrennmaschine, die mit dem Engländer Cecil Sandfort ihre Klasse in Holland beim Großen Preis gewann. Dort brannte Carlo Bandirolas Vierzylinder MV Agusta vollkommen aus ... er blieb unverletzt. Beim Ulster Grand Prix war Les Graham lange an der Spitze. Dann platzte ein Reifen. Aus. Gelegentlich fuhr er auch die 123er MV Agusta und war dann auch oft an der Spitze. Phantastisch ging es beim Großen Preis von Italien in Monza zu. Da gab es 11 Vierzylinder, 5 Gilera und 6 MV Agusta, deren Fahrer Les Graham, Bill Lomas, Carlo Bandirola, Tito Forconi, Luigi Ciani und Guglielminetti waren. Sieger wurde Les Graham, der zum ersten Male einen MV-Agusta-Sieg bei einem klassischen Grand-Prix-Rennen errang. Cecil Sandfort, der ruhige Engländer, wurde auf MV Agusta 1952 Weltmeister der 125-cm³-Klasse.

Diese kleine Werksrennmaschine hatte zwei durch Zahnräder angetriebene obenliegende Nockenwellen und freiliegende Haarnadelfedern für die Ventile. Sie wurde in „zahmer" Ausführung auch an Privatfahrer abgegeben und als Werksrennmaschine ständig weiterentwickelt. Für italienische Veranstaltungen gab es sie auch mit 173 cm³, für die 250er Klasse vorerst mit 206 cm³ und dann als vollwertige Viertelliter-Rennmaschine mit 248 cm³ und – wie die 123er – mit zwei obenliegenden Nockenwellen. Privatfahrer mußten sich allerdings vorerst mit Einnockenwellenmaschinen begnügen.

Les Graham, Carlo Ubbiali, Cecil Sandfort und Alfredo Copeta fuhren 1953 die 123-cm³-Werksmaschinen. Hubert Luttenberger und Karl Lottes waren die ersten deutschen Fahrer auf MV Agustas 123er „Privatfahrer-Modellen".

125er Rennmaschine sehr erfolgreich

Ganz groß schnitt MV Agusta zunächst bei der englischen Tourist Trophy ab. Dort gewann Les Graham die 125-cm³-Klasse mit der MV Agusta vor Werner Haas auf NSU und den anderen MV Agustas von Cecil Sandfort und Alfredo Copeta. Mit 125,918 km/h Durchschnitt fuhr Graham – der auch an der kleinen Maschine eine englische Earles-Schwinge fuhr – die schnellste Runde. Es war dies der erste T. T.-Sieg dieses großen englischen Fahrers – und es sollte der letzte sein! Einen Tag darauf verunglückte er in der 500-cm³-Klasse (Senior-T. T.) in der zweiten Runde bei Bry Hill tödlich.

Bei diesem Rennen gab es auch eine 348er Vierzylinder-MV-Agusta, bei der es sich mehr oder weniger um eine „kleine" Version der 498er Werksrennmaschine gehandelt hat, mit 47,5 mm Bohrung und 49 mm Hub; die Halblitermaschinen hatten 53 mm Bohrung und 56 mm Hub. Die 350er war nie eine überragende Rennmaschine. Ähnlich wie eine 498er Sechszylinder, die in späteren Jahren mehrfach eingesetzt, aber nie erfolgreich war.

Mit englischen Earles-Vorderradschwingen rüstete MV Agusta in den ersten fünfziger Jahren auch die 124er und 248er Werksrennmaschinen mit Doppelnockenwellenmotoren aus, die sich als sehr schnell erwiesen.

Fahrerprobleme . . .

Das große Problem bei MV Agusta war nach der Tragödie von Les Graham die Fahrerfrage. Zu viele Rennen wurden durch Stürze italienischer Fahrer oder durch mangelndes technisches Gefühl verloren. So war Carlo Bandirola ein guter Techniker, doch ging trotz seines Alters von über 30 Jahren sein Temperament zu oft mit ihm durch. Beim Großen Preis von Deutschland gewann Bandirola sogar die 350-cm³-Klasse; in der 500-cm³-Klasse gab er – wie sein neuer deutscher Teamkollege Gerhard Mette – auf. In der 125er-Klasse stießen die MV-Agusta-Fahrer auf die Konkurrenz der neuen Rennföxe von NSU, und es war vor allem Werner Haas, der mit der NSU immer wieder gewann. So in Holland, während in Schotten Carlo Ubbiali die Oberhand über Haas behielt. In Monza gab es wenig Erfolge für die Halblitermaschinen, doch konnten Copeta und Sandfort die Plätze 1 und 2 in der 125-cm³-Klasse belegen. Die 350er war, wie schon bei vorhergehenden Rennen, nicht am Start. Erst in späteren Jahren wandte man sich auch ihr mehr zu, 1976 hatte eine Leichtgewichtsversion 78 PS bei 16 000 U/min, nachdem schon 1974/75 eingesetzte Maschinen 74 PS abgaben.

In der Halbliterklasse erwiesen sich auch 1953 die vierzylindrigen Gilera als überlegen. In Monza gab es nur die Plätze 5 mit Cecil Sandfort, 6 mit H. P. Müller und 8 mit Bruno Franzisci. Dafür endete die Markenweltmeisterschaft in der 125-cm³-Klasse mit einem MV-Agusta-Sieg. Diese Doppelnockenwellen-Einzylinder hatten nunmehr 16,5 PS bei 10 000 U/min, die vorerwähnte 350er damals nur 38 PS bei 11 000 U/min, jetzt, nach über zwanzig Jahren, trotz fast gleichgebliebener Grundkonstruktion das Doppelte! Bei gleicher Tourenzahl gab die Halblitermaschine schon 63 PS ab, ließ jedoch die notwendige Zuverlässigkeit noch vermissen.

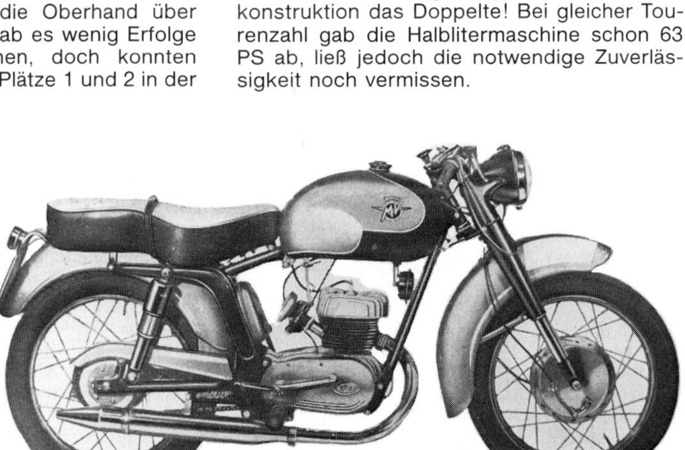

Wie die meisten anderen Firmen baute MV Agusta in den vierziger und fünfziger Jahren serienmäßig kleine Zweitakter sowohl im italienischen Werk als auch in einem spanischen Zweigwerk. Hier eine 147er aus dem Jahr 1957.

Immer mehr Engländer kamen ins Werksteam von MV Agusta. 1954 waren es außer Cecil Sandfort auch Bill Lomas und Dickie Dale. Carlo Bandirola blieb, und in den kleinen Klassen kamen wieder Carlo Ubbiali, Alfredo Copeta und Bruno Francisci zum Einsatz. In Hockenheim war Nello Pagani Dritter in der 500-cm³-Klasse. Bei der T. T. auf der Insel Man wurde Rupert Hollaus auf NSU Sieger der 125er vor Ubbiali und Sandfort, bei den 500ern war Dickie Dale nur Siebenter. Dafür konnte in Assen der schnelle Carlo Bandirola Dritter werden. Bald darauf stürzte er in Faenza. Ein doppelter Beinbruch war die Folge. Aber 1955 war er wieder da und mit ihm auch Umberto Masetti, der – wie Bandirola – vorher bei Gilera fuhr. In Cascina Costa, wo auch Hubschrauber bei MV Agusta gebaut werden, arbeitet man ständig an der Weiterentwicklung der Modelle. So erhielten die 498er und 348er Fünfganggetriebe, die 123er sogar sechs Gänge. Und vollverkleidete Rennmaschinen gab es auch schon. Aber Fahrerprobleme nach wie vor. Schon bei seinem ersten Start für MV Agusta verunglückte Anfang 1955 der berühmte frühere Norton-Werksfahrer Ray Amm aus Südafrika tödlich. Man setzte damals auch den kleinen Luigi Taveri aus der Schweiz in Spanien auf die Halbliter-Vierzylindermaschine, obwohl er davon gar nicht begeistert war. Luigi stürzte, war aber auf der 125er ganz große Klasse und wurde am Jahresende Zweiter hinter seinem Teamkollegen Carlo Ubbiali in der Weltmeisterschaft, die hier ganz im Zeichen von MV Agusta stand, zumal Remo Venturi Dritter wurde. Einen dritten Platz gab es auch bei den Viertelliter-Maschinen. Bill Lomas wurde hier Dritter. Hinter zwei von Geoff Duke und Reg. Armstrong gesteuerten Gileras wurde Umberto Masetti Dritter in der Halbliter-Weltmeisterschaft. Lomas hatte die Lightweight-T. T. (250 cm³) für MV Agusta gewonnen, Ubbiali die Ultra-Lightweight-T. T. (125 cm³) vor Luigi Taveri. In diesen Klassen waren die MV Agustas nicht zu schlagen. Rennleiter war übrigens ein hervorragender Ex-Rennfahrer: Nello Pagani.

1956 großes Jahr für MV Agusta

Ein großes Jahr für MV Agusta war 1956, als der Engländer John Surtees ins Werksteam kam und – wie früher Les Graham – auch bei der Rennmaschinenentwicklung mithalf. Die Rennsaison begann mit Siegen auf der verbesserten 498 cm³ „4" im Londoner Crystal Palace, in Silverstone, in Mettet, in Floreffe. Im Werk baute man auch eine 248er Zweizylinder-Rennmaschine, die aber wieder durch eine Einzylinderversion ersetzt wurde. Carlo Ubbiale gewann die T. T.-Klassen bis 125 und 250 cm³ und John Surtees auch die 500-cm³-T. T. Bei den kleinen Klassen fast aller Rennen dominierten die MV Agustas von Ubbiali und Taveri; die 350er und 500er fielen auch in Holland an John Surtees, der sich dann bei einem Sturz auf der Solitude den Arm brach. Aus für die Rennsaison. Trotzdem hieß der Weltmeister in der 500-cm³-Klasse John Surtees.

John Surtees gewann 1957 nur den dritten Platz in der 500-cm³-Weltmeisterschaft, 1958 jedoch die Klassen bis 350 cm³ und 500 cm³. Den gleichen Erfolg gab es auch 1959 und 1960. So hatte MV Agusta 1956 drei, 1957 keine, aber 1958, 1959 und 1960 jeweils gleich vier Weltmeisterschaften erringen können. Carlo Ubbiali war der erfolgreichste MV-Agusta-Fahrer in den Klassen bis 125 cm³ und 250 cm³. 1960 gewann John Hartle vor John Surtees die 350-cm³-T. T., während in der 500er T. T. die Situation genau umgekehrt war. 1961 wandte sich John Surtees dem Autosport zu, und der Rhodesier Gary Hocking wurde MV-Agusta-Spitzenfahrer. 1961 war er dann schon Weltmeister in der 350er und 500er Klasse – und im MV-Agusta-Werksteam Partner von Mike Hailwood, einem der größten Fahrer aller Zeiten. Die 1962er Senior-T. T. gewann Hocking, die Junior-T. T. Hailwood, der dann auch schon Weltmeister in der 500-cm³-Klasse wurde. Bei fast jedem Start gewann er auch.

Die Siegesserie des Giacomo Agostini

Weniger gut ging es den „kleinen" MV-Agusta-Rennmaschinen. Seit 1961 waren hier die Japaner ernsthaft „eingedrungen", und das bedeutete auch bald für MV Agusta den Rückzug. Man bestritt werksseitig nur noch die Klassen bis 350 und 500 cm³. In der 350-cm³-Klasse mußte Mike Hailwood sich 1963 mit dem zweiten Weltmeisterschaftsplatz hinter Jim Redmann auf Honda begnügen. Er gewann aber die 500er Klasse nicht nur 1963, sondern auch 1964 und 1965 für MV Agusta. Dann begann die Siegesserie des Giacomo Agostini: 1966 Zweiter in der 350-cm³-Klasse, Erster in der 500er Klasse; 1967 dasselbe Bild wie 1966; 1968 schon Doppelweltmeisterschaft, d. h. Gewinner beider Klassen; 1969 und auch 1970, 1971 und 1972 dasselbe. 1973 gewann er „nur" die 350er, sein MV-Agusta-Teamkollege Phil Read die 500er. Dann verließ er MV Agusta. 1974 wurde Phil Read nochmals Weltmeister der Halbliterklasse, mit Franco Bonera – ebenfalls auf MV Agusta – an zweiter Stelle.

Typisch für MV Agusta waren auch die schönen kopfgesteuerten 348-cm³-Zweizylinder-Modelle, die in den mittleren siebziger Jahren den Motorradmarkt bereicherten. Sie wurden serienmäßig in Verghera hergestellt.

Im Laufe der Jahre sammelte MV Agusta 74 Weltmeisterschaftstitel. Als serienmäßige Sportmaschinen mit Vierzylinder-Doppelnockenwellen-Motoren von 743 cm³ angeboten wurden, basierte ihre Konstruktion auf den bei Rennen gemachten Erfahrungen. Es waren dies hochklassige und rassige Motorräder mit 225 km/h Spitze. Später gab es auch Modelle von 790, 893 und 1066 cm³; der große Motor in der „1100 Grand Prix" leistete 119 PS, gut für eine Höchstgeschwindigkeit von 238 km/h.

Erstmals seit vielen Jahren gab es 1975 keine Weltmeisterschaft mehr für die ambitionierte italienische Fabrik. Die 350er war zurückgezogen worden, und in der 500-cm³-Klasse konnte Phil Read nur den zweiten Platz hinter seinem früheren Teamkollegen Giacomo Agostini, der nunmehr für Yamaha fuhr, belegen. Franco Bonera, Reads Teamkollege, konnte nur zwei Rennen um die Weltmeisterschaft bestreiten, und auch Toracca, der neue Mann im MV-Agusta-Team, kam nicht über den 9. Platz hinaus. Dabei hatten die großen 498er Vierzylinder-Doppelnockenwellen-Rennmotoren von MV Agusta über 100 PS bei 14500 U/min. Sie waren auch sehr schnell, doch beschwerten sich die Fahrer immer wieder über Fahrwerke, die diesen phantastischen Viertaktern nicht ganz gewachsen waren. Trotz allem kehrte Giacomo Agostini 1976 – wenn auch nicht in allen Klassen – zu MV Agusta zurück, um die „4" wieder zu fahren. Nicht „ganz offiziell", sondern im „Agostini-Racing-Team" mit Werksunterstützung. Die 350er „4" wurde weiterentwickelt, um gegen die Zweitakter von Yamaha und Harley-Davidson konkurrieren zu können. Arturo Magni war jahrelang der führende Techniker in der Rennabteilung von MV Agusta und leitete auch den Renneinsatz, bei dem er meistens die volle Unterstützung seines Chefs, des Grafen Domenico Agusta, genoß. Leider starb dieser in den sechziger Jahren, an seine Stelle trat sein Bruder, der Graf Corrado Agusta. Auch er unterstützte den Rennsport, hatte aber noch viele anderen Interessen und engagierte sich nicht so für den Motorradbau wie sein verstorbener Bruder. Sicherlich war auch der Bau von Hubschraubern kommerziell wertvoller als die Herstellung von Motorrädern, zumal in einer Zeit, als die japanischen Motorradwerke mit fast unbeschränkten finanziellen Mitteln nicht nur in die Serienproduktion, sondern auch in den Bau und Einsatz von Werksrennmaschinen einstiegen. Da konnte man selbst den großen Giacomo Agostini trotz allem Patriotismus nicht halten, der allein 13 Weltmeisterschaften auf MV-Agusta-Rennmaschinen errungen hatte. Er ging zu Yamaha.

Traurig, aber leider wahr

So konnte man die Situation im Motorradbau bei MV Agusta in Cascina Costa in den letzten siebziger Jahren bezeichnen, auch wenn es 1979 noch einmal einen „Anlauf" gab. Die japanische Konkurrenz zu schlagen, wollte man mit modernen und erstklassigen Neukonstruktionen doch schaffen – oder wenigstens es versuchen. So gab es damals obengesteuerte 123-cm³-Einzylinder, 349- und 482-cm³-Zweizylinder und auch die prächtigen Vierzylindermodelle von 790, 970 und 1066 cm³ mit den hervorragenden Doppelnockenwellen-Reihenmotoren. Hier handelte es sich um exklusive Luxus-Sportmaschinen, um technische Meisterwerke einer erfahrenen Fabrik. Daß diese kaum fähig war, geschäftliche Erfolge zu erringen, muß nicht besondeers betont zu werden. Der Bedarf war gering, und bezüglich des Endpreises waren die Japaner eben doch billiger, auch wenn die

Giacomo Agostini, überall nur „Ago" genannt, gewann 15 Weltmeisterschaften und brillierte auch auf dem schweren T.T.-Rundkurs auf der englischen Insel Man. Hier am Start.

John Surtees 1960 am Start zur englischen Senior-T.T. auf der Insel Man. Er gewann das große Rennen mit der 498-cm³-MV Agusta vor seinem Marken- und Teamkollegen John Hartle.

MV Agusta konstruktiv und hinsichtlich ihrer Qualität keine Konkurrenz zu scheuen hatte. Schließlich hatte die „große" MV Agusta schon damals 119 PS und war jederzeit für eine Spitze von 238 km/h gut. Wer wollte oder konnte aber für ein solches Motorrad 29600 DM ab Werk Verghera bezahlen? Selbst für die „Kleine", die „800 SS Super America" mit 790 cm³, waren 17135 DM zu erlegen. Man konnte fast den Eindruck haben, daß Motorräder hier mehr als eine Art Hobby und weniger aus kommerziellen Gründen entstanden.

Von MV Agusta zu Arturo Magni

Seit Jahren spielte Arturo Magni eine wichtige Rolle bei den Vierzylindermodellen von MV Agusta. Ohne ihn konnte man sich die Rennabteilung, in der es zeitweise außer Ein- und Vierzylindermodellen auch Drei- und Sechszylindermaschinen gab, gar nicht vorstellen. Er, der einst hinter den großen Erfolgen von John Surtees, Gary Hocking, Giacomo Agostini, Mike Hailwood, Phil Read, Carlo Ubbiali, John Hartle, Tarquinio Provini, Dickie Dale, Bill Lomas, Nello Pagini, Carlo Bandirola und anderen stand, nahm bald das Zepter selbst in die Hand und baute aus noch vorhandenen und neuen Teilen Vierzylindermodelle wie 1981 die 790-cm³-„Super America" mit 90 PS bei 10000 U/min auf. In Deutschland kostete sie 18600 DM. Für 27600 gab es die „1000 Ago" mit 954 cm³ und 99 PS bei 10500 U/min. Daß es sich um alles andere als um „Volksmotorräder" handelte, bewies auch die „1100 Grand Prix" mit 99 PS bei 10500 U/min, für die man schon 32400 DM auf den Tisch blättern mußte.

Arturos Magnis Enthusiasmus, seine großen Erfahrungen und sein Können sorgten dafür, daß der Name MV Agusta nie ganz einschlief und daß er auch beim deutschen Importeur, der Hansen GmbH in Baden-Baden, Unterstützung fand. So baute er die Vierzylinder in beschränkter Zahl weiter und stellte auch seine hervorragenden Fahrwerke für den Einbau von BMW-Motoren und Honda-Vierzylindermotoren von 902 cm³ her.

Als diese Zeilen zu Papier gingen, verstärkten sich Nachrichten, daß man – ganz offiziell – bei MV Agusta gewisse Absichten hatte, unter eigenem Namen – Meccanica Verghera S.p.A., Via Adriatico 50, 21010 Verghera, Italien – wieder in den Motorradbau einzusteigen. Eine Information, fast zu schön, um wahr zu sein.

Englands große Rennmarke: Norton

Norton war einst Englands erfolgreichste Marke im internationalen Rennsport. Wo die Norton-Maschinen aus Birmingham bei Straßenrennen an den Start gingen, waren sie auch meist unter den Ersten am Ziel. Obwohl es seit 20 Jahren keine offiziellen Werksteams auf den fabelhaften Norton-„Manx"-Modellen mehr gibt und deren Produktion Mitte der sechziger Jahre eingestellt wurde, sind die Namen der großen Norton-Rennfahrer bei vielen noch in bester Erinnerung: Geoff Duke, John Surtees, Artie Bell, Mike Hailwood, John Hartle, Reginald Armstrong, Derek Minter, Bob McIntyre, Phil Read, Jimmy Guthrie, Stanley Woods, Tim Hunt, Ray Amm, Jack Brett, Harold Daniell, Freddy Frith, Alec Bennett, Jimmy Simpson und andere mehr.

Ein Bild, das der Autor in Ehren hält. Es entstand 1961 beim T.T.-Rennen auf der Insel Man und zeigt ihn (links) mit dem großen H. Rem Fowler, der 1907 mit einer Norton, die einen V-Zweizylinder-Motor von Peugeot hatte, das allererste Rennen hier gewann.

Auch in Deutschland gab es zu bestimmten Zeiten viele große Fahrer auf den schnellen 350er und 500er Einzylinder-Königswellenmaschinen von Norton, unter ihnen die Brüder Otto und Karl Rührschneck, Oskar Steinbach, Werner Mellmann, Hans Bock, Josef Klein, Karl Bodmer, Otto Ley, Kurt Nitschke, Rudi Knees, Gerd von Woedtke, Walter Scheimann, Hans Baltisberger. Fast 70 Siege bei der englischen Tourist Trophy und noch mehr bei den großen Grand-Prix-Rennen sind der beste Beweis dafür, daß Norton zu den Spitzenmarken im Rennsport gehörte. Als der große Joe Craig, viele Jahre technischer Direktor und Norton-Rennleiter, Mitte der fünfziger Jahre das Werk verließ, begann der Abstieg. Norton wurde von der „Associated Motor Cycles Ltd." in London vereinnahmt und später – nach dem Zusammenbruch dieser Firma, die auch Motorräder der Marken AJS, Matchless, Francis-Barnett und James hergestellt hat – nach Andover verlegt. Das alles ist eine sehr lange Geschichte – genauer gesagt, die Tragödie der britischen Motorradindustrie. Als zu diesen Firmen auch BSA und Triumph hinzukamen, wurden die Probleme noch größer. Schuld am Niedergang dieser Industrie, die einst fast konkurrenzlos an der Spitze in der Welt stand, war vor allem wohl ein unerfahrenes Management. Während viele Firmen in England den Kunden ihre Modelle „aufzuzwingen" versuchten, paßten sich japanische Unternehmen schnell den Kundenwünschen an, vor allem in den USA. Dazu kamen seit Jahren Streiks und ähnliche Probleme. Eine tragische Geschichte, von der Norton natürlich auch betroffen war und dadurch viel an Boden verlor.

Zunächst motorisierte Fahrräder

Das alles ahnte James Lansdowne Norton nicht, als er – damals 33 Jahre alt – 1902 die ersten nach ihn benannten Fahrräder mit 1,5-PS-Hilfsmotoren baute. Die Motoren stammten von Clement in Frankreich, die Firma Norton befand sich in Birmingham. Es handelte sich mehr oder weniger um die „Konfektion" von Motorzweirädern. Dann verwendete er für

Die 633-cm³-Norton wurde jahrelang als Seitenwagenmaschine gebaut. Auffallend bei diesem Modell von 1923 der geschlossene Hinterrad-Kettenkasten.

Leichtkrafträder in England unter Moto-Rêve-Lizenz gebaute Motoren, für schwerere Maschinen Motoren von Peugeot in Frankreich. Mit einer solchen V-Zweizylindermaschine gewann 1907 der Privatfahrer H. Rem Fowler die Zweizylinderklasse bei der ersten Tourist Trophy auf der Insel Man. Obwohl Privatfahrer, war sein Mechaniker und Begleiter bei diesem Rennen J. L. Norton.

Bald darauf kam die erste Norton mit einzylindrigem sv-Motor heraus, die 633er „Big Four" mit 82 mm Bohrung und 120 mm Hub. 1911 waren 500 cm³ das Limit bei der T. T., und so schuf Norton eine neue sv-Maschine mit 490 cm³ bei 79 mm Bohrung und 100 mm Hub, die als Typ 16 und zuletzt 16 H in modernisierter und weiterentwickelter Form noch nach dem Zweiten Weltkrieg gebaut wurde und im Krieg selbst viel verwendet wurde. 1909, 1910 und 1911 fuhr der Firmenchef selbst bei der T. T., kam aber niemals ans Ziel. J. L. Norton war schon immer herzkrank und weilte einmal 12 Monate auf der Insel Man, um sich dort zu erholen. Das war natürlich der Firma nicht sehr zuträglich, und als sie vor dem kommerziellen Zusammenbruch stand, wurde sie von R. T. Shelley „gestützt" und auf den Namen „Norton Motors Ltd." registriert.

Jeder Norton-Motor wurde eingefahren

Als sie 1913 abermals in Schwierigkeiten kam, war es wieder die R. T. Shelley Ltd. zusammen mit dem Sattelfabrikanten F. W. Lycett Ltd., die Norton auf die Füße stellten. C. A. Vanderwell, Fabrikant der C. A. V.-Magnete und anderer elektrischer Gegenstände, wurde Direktor bei Norton und Shelley. Nach dem Zweiten Weltkrieg wurde sein Sohn Tony Vanderwell, bekannt als Hersteller der Vanwall-Lager, ebenfalls Norton-Direktor, er finanzierte den Bau der Vanwall-Rennwagen, die bei Norton entwickelte Zylinderköpfe besaßen. Damals kam auch William Mansell in die Firma, der dann eine große Rolle bei Norton spielte. Interessant auch, daß auf der einst berühmten Brooklands-Rennbahn südlich von London der bekannte Rennfahrer und Techniker D. R. O'Donovan für Norton nicht nur Rennen gewann und Rekorde brach, sondern täglich dort jeden Norton-Motor in einem Spezialfahrgestell einfuhr und dann wieder nach Birmingham in Mittelengland zurücksandte, wo er in einem Rahmen eingebaut, an die Kunden weitergeliefert wurde. Es gab dabei auch zwei Rennversionen, die BS (Brooklands Special) und die BRS (Brooklands Road Special), wobei die BR erst zurückgeschickt wurde, wenn sie offiziell 75 m. p. h., das sind rund 120 km/h, erreicht hatte. Nicht schlecht vor 1914 für eine seitengesteuerte 490-cm³-Einzylindermaschine.

Militär-Motorräder wurden „zivil"

D. R. O'Donovan war ein Schwager von R. T. Shelley und galt als hervorragender Motoren-Tuner. Geliefert wurden die damaligen Nortons mit Riemenantrieb und verschiedenen Getrieben von Sturmey-Archer, Roc oder Phillipson. Im ersten Weltkrieg erhielt Norton einen Armeeauftrag, Motorräder nach Rußland zu liefern. Das geschah in den folgenden Jahren, doch gingen diese vorerst in vorge-

1926 lag der Ventilmechanismus bei fast allen obengesteuerten Einzylindermaschinen völlig offen. Diese schöne 490-cm³-Norton mit den Merkmalen typisch englischer Bauweise und Tradition machte keine Ausnahme.

Mit dieser kopfgesteuerten 490-cm³-Norton gewann Stanley Woods 1926 die englische Senior-Tourist-Trophy. Die erfolgreiche Rennmaschine wurde aus der obengesteuerten serienmäßigen Norton entwickelt.

schobene Lager, nur wenige erreichten Rußland. Als dann 1919 der Krieg zu Ende gegangen war, fanden sich große Lager mit Norton-Maschinen in England, für die die Armee keine Verwendung mehr hatte. William „Bill" Mansell kaufte sie für einen Pappenstiel zurück, stattete sie mit „Zivilfarben" aus und verkaufte sie schnell zu sehr guten Preisen zu einer Zeit, als die zahlreichen anderen englischen Motorradwerke noch mit der Materialbeschaffung und den Mangel an Fachkräften zu kämpfen hatten. Ab 1919 baute Norton auch eigene Seitenwagen. Damals gab es auch schon Kettenantrieb zum Hinterrad, und nur ein 490er Modell wurde mit Riemenantrieb angeboten.

1920 übersiedelte das Werk in die Bracebridge Street in Birminghams Stadtteil Aston. „Pa" Norton, wie man den Chef nannte, interessierten Sporterfolge, und ihn schmerzte es, daß seit dem Sieg von Rem Fowler 1907 keine Norton auf der Insel Man größere Erfolge errang. Endlich gab es 1920 wieder einen zweiten Platz mit Duggie Brown, einem auf der Insel Man beheimateten Fahrer. Dann ging es besser. Nortons gewannen viele Rennen, brachen viele Rekorde und siegten auch in zahlreichen Zuverlässigkeitsfahrten.

1922 kam dann die erste ohv-Maschine bei Norton heraus. Auch sie hatte 79 mm Bohrung und 100 mm Hub, doch startete nur eine bei der T. T. – die anderen Fahrer benutzten doch die sv-Einzylindermodelle. Erst 1924 gab es die erhofften großen T. T.-Erfolge, als der in Irland geborene, lange Zeit in Kanada wohnhafte und nunmehr in Southampton ansässige Alec Bennett die Senior-T. T. auf der verbesserten ohv-Norton gewann und George Tucker auf dem gleichen Modell die Seitenwagen-T. T. für sich buchen konnte.

Große Norton-Fahrer

Große und berühmte Fahrer gab es im Norton-Team: Graham Walker, Tom Simister, Jimmy Shaw, Bill Hassall, Norman Black. 1924 saß Graham Walker allerdings schon auf Sunbeam, und der sieggewohnte Alec Bennett gewann überlegen das Senior-T. T.-Rennen auf der nunmehr zuverlässigen ohv-Norton. George Tuckers Seitenwagenmaschine hatte einen 588er ohv-Einzylindermotor. Damals gewannen die Brüder Eddie und Kenneth Twemlow die 250-cm³- und 350-cm³-T. T.-Rennen auf New-Imperial-Maschinen; als sie nach Birmingham zurückkehrten, gab es einen gro-

Die erste 490-cm³-Norton-Rennmaschine mit obenliegender Nockenwelle, konstruiert von W. W. Moore, entstand 1927. Mit ihr fuhr Stanley Woods bei der englischen T.T. die schnellste Runde. Alec Bennett gewann das Rennen auf dem gleichen Modell.

ßen Empfang. Für „Pa" J. L. Norton einen der letzten: Am 21. April 1925 starb er im Alter von nur 56 Jahren an einem Herzversagen.

Walter-William Moore, der mit George Tucker aus Bristol nach Birmingham kam, saß bei der T. T. in dessen Seitenwagen und blieb dann bei Norton. Bemerkenswert deshalb, weil Moore – der 1930 zu NSU als Chefkonstrukteur kam – 1927 die erste Norton mit Königswellenmotor geschaffen hatte. Stanley Woods, der große irische Rennfahrer, hatte 1926 nochmals für Norton die Senior-T. T. mit dem ohv-Einzylinder gewonnen. 1927 trat das Werksteam mit Stanley Woods, Alec Bennett, Joe Craig und Jimmy Shaw bereits mit den ohc-Modellen an. Woods führte das Rennen; als er ausfiel, war es der ruhige und kluge Alec Bennett, der den Sieg vor Jimmy Guthrie auf New Hudson errang ... demselben Guthrie, der bald darauf von Norton engagiert wurde.

1927 starb R. T. Shelley, der nach dem Tode von J. L. Norton die Fabrik leitete. An seine Stelle trat William Mansell. Bereits Mitte der zwanziger Jahre starteten Norton-Werks- und Privatfahrer auch bei kontinentalen Rennen mit großen Erfolgen. In Italien war es der große Tazio Nuvolari, der bis 1924 eine ohv-Norton steuerte. 1927 siegte Stanley Woods u. a. beim G. P. von Belgien und der Schweiz, Joe Craig gewann den G. P. von Frankreich und andere Rennen. Ein großes Norton-Werksteam gab es 1928 mit Stanley Woods, Jimmy Guthrie, Jimmy Simpson und Tim Hunt. Viele Erfolge gab es dennoch nicht. 1929 gewann Tim Hunt den G. P. von Europa in Barcelona, wo Dennis Mansell auf Norton in der Seitenwagenklasse siegte. Percy Hunt, ein reicher junger Fabrikantensohn aus Nordengland, hatte bereits 1928 die Senior-Amateur-T. T. gewonnen und war nunmehr Mitglied des Werksteams von Norton, wo Walter Moore, der Konstrukteur der ohc-Maschinen, das Unternehmen verließ und nunmehr zu NSU nach Deutschland ging.

Der junge, aber hervorragende Techniker Arthur Carroll modifizierte nunmehr die Norton-Rennmaschine. Joe Craig aus Ballymena in Irland wurde Rennleiter, nachdem er sich vom aktiven Sport zurückgezogen hatte. Er war einer der vielen Iren, die es immer wieder bei Norton gab: D. R. O'Donovan, Stanley Woods, Alec Bennett, Jimmy Shaw, Artie Bell, Reg. Armstrong und Reg. McCanless. Mit dem von Carroll verbesserten Motor begannen buchstäblich Siegesserien bei den T. T. und europäischen Grand-Prix-Rennen. Auch nachdem dieser junge und tüchtige Konstrukteur 1934 bei einem Straßenunfall ums Leben gekommen war und Joe Craig die Rennabteilung ganz übernommen hatte, gingen die großen Erfolge mit der einzylindrigen 348er und 498er Norton weiter. Es gab Zeiten, wo in fast jedem Land die Spitzenfahrer auf Norton fuhren. Die 348er ohc-Norton war 1928 herausgekommen und eine verkleinerte 498er Version.

1928 führte auch Norton moderne Satteltanks ein wie bei diesem 1929 gebauten seitengesteuerten Modell 16 H von 490 cm³.

Der hervorragende, damals schon 42jährige Schotte Jimmy Guthrie verunglückte 1937 beim G. P. von Deutschland in Hohenstein-Ernstthal tödlich – in der letzten Kurve der letzten Runde, als er an der Spitze der 500-cm³-Klasse lag. Auch viele deutsche Fahrer wie Steinbach und Bock aus Mannheim, Mellmann und Fiedler aus Lendringsen, Kohlus aus Bayreuth, Sepp Klein aus Frankfurt/M., Otto Ley aus Nürnberg, Otto und Karl Rührschneck aus Nürnberg, Vaasen aus Bambach, Zwolle aus Datteln, In der Elst aus Köln, Walter Hamelehle aus Sindelfingen, Adolf Brudes aus Breslau, Otto Kohfink aus Bietigheim, Hans Soenius aus Köln, Gustav Römer aus Wuppertal, Fritz Fallier aus Nürnberg fuhren Norton, genauso wie die Österreicher Rudolf Runtsch, Franz Falk, Bert Schneider, Ladi Richter, Rudi Thalhammer; die Italiener Pietro und Mario Ghersi, Piero Taruffi; Belgier wie Auguste Goffin; Holländer mit Piet van Wijnsgaarden an der Spitze; De Ortueta und Aranda aus Spanien; Tonda Vitvar, Jindra Kostlivec und andere Tschechoslowaken; die Söhne des früheren ungarischen Reichsverwesers Stefan und Nikolaus von Horthy und Dr. Feledy fuhren Norton-Maschinen mit glänzenden Erfolgen. Norton stellte auch jahrelang die führenden Maschinen bei Seitenwagenrennen mit Fahrern wie Eric Oliver, „Pip" Harris, Cyril Smith, Jaques Drion, Hans Haldemann, Frans Vanderschiek, Jean Murit, Hans Schneider, Hans Schmied, Hermann Böhm, Jack Deronne u. a. an der Spitze. Bill Bod-

In den ersten dreißiger Jahren hatten die ohc-Nortons „International“ von 348 und 490 cm³ nur wenig Konkurrenz bei Rennen. Sie siegten auch in Deutschland mit Fahrer wie Otto Ley, Sepp Klein, Adolf Brudes, Oskar Steinbach, Werner Mellmann, Rudi Meier, Walter Hamelehle, Hans Schneider und anderen.

dice, Jackie Beeton, Ferdinand Aubert und noch andere gehörten auch in diese Klasse.

Noch mehr Norton-Rennfahrer gab es nach dem Zweiten Weltkrieg, u. a. die Werksfahrer Geoff Duke, Reg. Armstrong, Jack Brett, Bill Doran, Ray Amm, Bob McIntyre, Mike Hailwood, John Surtees, Phil Read, Maurice Cann, Johnny Lockett, Ken Kavanagh, John Hartle, Bob Brown, Bob Anderson, Fergus Anderson, Alistair King, Terry Shepherd, Dave Chadwick, Ellis Boyce. Man hatte oft den Eindruck, ohne Norton könnte es keine Rennen mehr geben; so viele waren immer am Start.

Als „Nachwuchs-Prüfstein“ galt jahrelang der Manx-Grand-Prix, der jährlich auf der T. T.-Strecke mit Privatfahrern ausgetragen wird. Oft kam es vor, daß sich Norton von dort gute T. T.-Fahrer holte. So waren z. B. Freddy Frith, Harold Daniell, Geoff Duke, Ken Bills und John Hartle zuerst beim Manx-G. P. erfolgreich, bevor sie Joe Craig ins Norton-Werksteam hineinnahm. Auch bei großen Wertungsfahrten spielte Norton jahrelang mit Fahrern wie Harry Flook, Vic Brittain, Jack Williams eine bedeutende Rolle, ebenso bei USA-Rennen mit Fahrern wie Klamfoth, Matthews, Tuman, Evans, Hill.

Als Norton die meisten Rennen gewann

Besonders zwischen 1930 und 1936 gewann Norton die meisten Rennen, ebenso gleich nach Kriegsende bis fast Mitte der fünfziger Jahre. Waren in den dreißiger Jahren die Marken Rudge, Moto Guzzi, Rondine (Gilera), DKW und BMW die großen Gegner besonders in der 500-cm³-Klasse, übernahmen nach 1945 außer Moto Guzzi noch die von Ing. Piero Remor konstruierten vierzylindrigen Gilera und MV Agusta diese Rolle. Bis auch die Japaner mit großen Mitteln auch hier vordrangen – allerdings zu einer Zeit, als Norton nicht mehr mit Werksrennmaschinen ins Renngeschehen eingriff. Trotzdem blieb Norton noch jahrelang Englands Spitzenmaschine bei Straßenrennen.

Für kurze Bahnrennen eigneten sich die mit schweren Schwungrädern ausgerüsteten Norton-ohc-Modelle nicht besonders, auch nicht die 1929 in kleiner Stückzahl gebauten Bahnrennmaschinen mit ohv-Motor. Die Stärke der Nortons lag immer bei Straßenrennen, und Arthur Carroll als Konstrukteur und Joe Craig, damals Entwicklungsleiter und Rennleiter, taten alles, um die einzylindrigen

Hochgezogene Auspuffrohre waren typisch für Norton-Geländemaschinen, die mit 348 und 490 cm³ in Kleinserie gebaut wurden. Diese 490er Version stammt aus dem Jahre 1935.

Norton-ohc-Modelle CS 1, International und dann „Manx" an der Spitze zu halten.

Von 1936 an gab es gute Hinterradfederungen bei den Norton-Rennmaschinen, ab 1937 die erfolgreichen Köpfe mit zwei obenliegenden Nockenwellen. 1935 hatte Jimmy Guthrie den Einstunden-Weltrekord auf rund 185 km/h geschraubt, und Freddy Frith erreichte über 144 km/h Durchschnitt auf der 60 km langen T. T.-Strecke. 1938 kamen neue Werksmotoren mit zwei obenliegenden Nockenwellen heraus. Vorher hatte die 349er 73,4 mm x 82,5 mm Bohrung/Hub, jetzt erhielt sie 75,9 x 77 mm, die 498er hatte nunmehr 82 mm x 94,3 mm Bohrung/Hub. Man gab ihre Leistung mit 52 PS bei 6000 U/min an. Es wurde, trotz Moto Guzzi, Gilera und BMW, ein erfolgreiches Norton-Jahr.

dann bald bei AJS-Matchless in London zu landen. Erst nach dem Kriege kam er zu Norton zurück: als technischer Direktor und Rennleiter unter C. Gilbert Smith, der nach Kriegsende die Firmenleitung von William Mansell übernommen hatte.

Die ganze Zeit über stellte man bei Norton neben der 633er sv-Maschine nur einzylindrige Modelle mit 348-, 490- und 596-cm³-sv- und meistens ohv-Motoren eigener Erzeugung her. Dazu kamen dann 348er und 498er ohc-Motoren in den „International"- und späteren „Manx"-Modellen, die nur für Rennzwecke entstanden. Man verbesserte von Jahr zu Jahr die Grundkonstruktion, sensationelle Neuheiten gab es nicht. Am berühmtesten wurden die 490er 16 H mit sv-Motor und die 18 mit gleichem ohv-Motor sowie für Sei-

Viele Rennfahrer steuerten nach dem Zweiten Weltkrieg Maschinen von Norton, die von Joe Craig, bis 1955 technischer Direktor und Rennleiter, entwickelt wurden. Dann zog er sich zurück. Das Bild zeigt eine 490-cm³-„Manx" aus dem Jahre 1947.

Joe Craig wurde technischer Direktor

1939, nach Kriegsbeginn, schloß Mansell die Rennabteilung bei Norton. Zuletzt erhielten die Ex-Werksfahrer 1938 Modelle für die T. T., sie waren zu langsam, um den Senior-T. T.-Sieg der BMW-Werksfahrer Georg Meier und Jock West auf zweizylindrigen Kompressorrennmaschinen zu gefährden. Trotz allem blieb der 1938er von Harold Daniell aufgestellte T. T.-Rundenrekord von 145,6 km/h bis nach dem Kriege ungebrochen. Knapp vor Kriegsausbruch ging Joe Craig zu BSA, um

tenwagen-Tourenbetrieb die „Big Four" mit dem 633er sv-Motor. Norton-Motorräder zeichneten sich durch einfache Konstruktion, Zuverlässigkeit, Leistung, erstklassige Qualität und hervorragende Straßenlage aus. Mehr als 100 000 Norton-Maschinen baute man von 1939 bis 1945 für die Armee; meistens 490er 16 H und 633er „Big Four"-sv-Einzylindermodelle. Im August 1945 gab es dann die ersten „Zivil"-Maschinen; die 490er 16 H und die obengenannte Norton 18. Sie hatten verbesserte Fahrgestelle, während die Motoren fast unverändert waren. 1948 kam die erste Zwei-

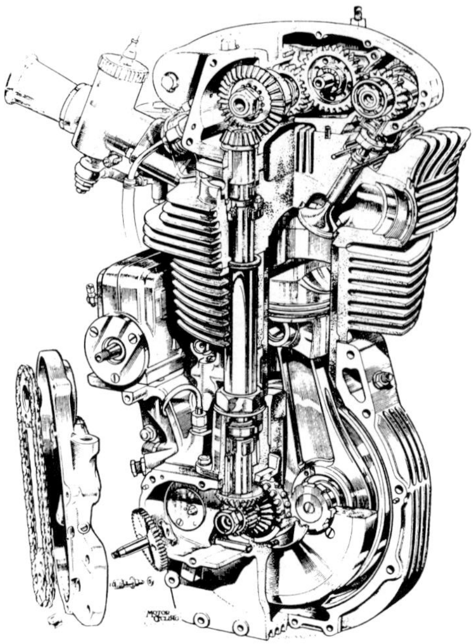

Der schnelle 348-cm³-Norton-„Manx"-Rennmotor mit zwei obenliegenden Nockenwellen, wie er 1954 mit Erfolg gebaut und u. a. von Ray Amm, Jack Brett und Bob Keeler gefahren wurde.

zylinder-Norton, die „Dominator", mit einem ohv-Parallel-Motor auf den Markt, dazu auch eine obengesteuerte 498er Trial-Einzylindermaschine. 1950 entstanden die berühmten, von Rex McCandless konstruierten „Federbett"-Fahrgestelle, die man vorerst für die 348er und 498er „Manx"-ohc-Rennmaschinen verwendete.

Joe Craig, seit 1946 wieder bei Norton, baute sein neues Werksteam mit Harold Daniell, Artie Bell, Ernie Lyons und Kenneth Bills auf, konnte aber in der kurzen, ihm zur Verfügung stehenden Zeit bis zur T. T. nicht viel an den Vorkriegs-Rennmaschinen verändern. Wichtig war nunmehr die Umstellung der Motoren auf Benzin, nachdem man bis 1939 Benzin-Benzol-Gemische verwenden durfte. Daß dies Craig gelang, bewies das Resultat mit Daniell an erster und Bell an zweiter Stelle bei der 1947er Senior-T. T., dem ersten T. T.-Rennen nach dem Kriege. Ende der vierziger und anfangs der fünfziger Jahre gab es auch große Norton-Erfolge in den USA, besonders in Daytona. Bald darauf auch bei Formel-III-Autorennen, als besonders Cooper diese Rennwagen mit 498er Norton „Manx"-Ein- und dann auch Doppelnockenwellenmotoren ausrüstete. Auch zahlreiche Weltrekorde wurden von Geoff Duke, Artie Bell und Eric Oliver auf der Montlhérybahn südlich von Paris aufgestellt.

Erstmals kamen 1951 die 348er und 498er „Manx"-Modelle als Produktions-Rennmaschinen heraus, mit guten Erfolgen bei Straßen- und Bergrennen. Dabei wurde es immer schwerer, besonders bei Straßenrennen, gegen die neuen Gilera- und die Vierzylinder-Rennmaschinen von MV Agusta mit den einzylindrigen Nortons zu siegen. Joe Craig „quetschte" immer mehr PS aus ihren Motoren heraus, doch reichten sie kaum aus, um gegen die Mehrzylinder-Rennmotoren der Italiener zu gewinnen. 1952 veränderte er Bohrung und Hub auf 85,93 und 86 mm bzw. 75,9 x 77 mm, ohne große Verbesserung der Leistung. Geoff Duke, Reg. Armstrong, der Australier Ken Kavanagh und der junge Birminghamer Dave Bennett bildeten das Werksteam. Bennett verunglückte bald beim G. P. der Schweiz. Dann kamen Len Parry und Jack Brett und Ray Amm ins Team.

AMC erwarb Norton

1953 wurde Norton von Associated Motor Cycles Ltd. in London erworben. Vorerst blieb das Werk noch selbständig in Birminghams Bracebridge Street, wo Joe Craig ein sensationelles neues Rennfahrgestell schuf, den „Kneeler", der sich aber nicht bewährte. 1954 war das letzte Jahr der offiziellen Beteiligung von Norton bei den großen internationalen Rennen. In London bei AMC Ltd. spürte man immer mehr die herannahende Krise. Trotzdem gab es wieder neue Norton „Manx"-Rennmotoren, diesmal mit 90 x 78,4 mm und 78 x 73 mm Bohrung und Hub für die 498er und 348er Versionen. Man versuchte dabei auch das Schwungrad nach außen zu verlegen, die Motoren und auch Fahrgestelle bedeutend zu erleichtern, und dazu gab es Getriebe mit 5 Gängen. Und mit Bob Keeler, Gordon Laing, Maurice Quincey und Rudi Allison auch neue Fahrer neben Ray Amm und Jack Brett.

Norton baute damals – erstmalig! – auch eine 248er ohv-Maschine, die gute kommerzielle Aussichten besaß, aber nie in Serie ging. Und dann bekamen die „Manx"-Serienrennmodelle die Bohrung- und Hub-Abmessungen von 76 mm x 76,5 mm und 86 x 85,62 mm sowie zahlreiche Verbesserungen. 1955 verschwanden die alten sv-Modelle 16 H und die „Big Four"

Die siegreichen „Manx"-Rennmaschinen waren jahrelang die schnellsten Einzylinder, auch Privatfahrer konnten sie erwerben. Bestimmt für die Klassen bis 350 und 500 cm³, besaßen sie seit den späten vierziger Jahren auch die von Rex McCandless entwikkelten „Federbett"-Fahrwerke. Hier eine 1957 gebaute „Manx".

mit 633 cm³, auch die 490er „Trial"-Maschine. Dafür kam das 596er ohv-Modell 19 hinzu, als Maschine für Seitenwagenbetrieb.

Ende des Werks-Rennteams

Von 1955 an gab es dann kein Norton-Werksteam mehr; eine Situation die auch dem inzwischen zum technischen Direktor gewordenen Joe Craig nicht zusagte. Langsam „packte er ein", heiratete die Witwe des früheren holländischen Meisterfahrers Piet van Wijngaarden, und obwohl er noch eine neue Einzylinderkonstruktion und sogar einen Vierzylinder aufs Papier – und teilweise sogar in Prototypenform gebracht hatte, konnte er diese Pläne nicht verwirklichen. Zuletzt beschloß man doch, die T. T. und den Ulster G. P. 1955 mit „nackten" Serien-Rennmaschinen mitzumachen. Mit John Surtees, John Hartle und Jack Brett, nachdem Ray Amm zu MV Agusta gegangen war, wo er gleich beim Training zu seinem ersten Rennen in Imola tödlich verunglückte. Ende 1955 hatte Joe Craig, der berühmte Techniker und Ex-Rennfahrer, genug. Er verließ Norton, das Ende vom Ende hatte begonnen.

Ersetzt wurde er als Konstrukteur durch Herbert Hopwood, der von BSA kam; Alan Wilson wurde Rennleiter, wobei er sich hauptsächlich um Privatfahrer zu kümmern hatte. Diese bekamen nunmehr etwas weiter entwickelte 1955er Rennmaschinen zu kaufen, die 348er „Manx" mit 40 PS und die 498er „Manx" mit 50 PS. Joe Craig erfreute sich nicht lange seines Ruhestandes; am 7. März 1957 verunglückte er im Auto bei Innsbruck tödlich. Nellie Craig wurde ziemlich schwer dabei verletzt. Die „Manx"-Rennmaschinen kosteten damals £ 480 und fanden noch immer guten Absatz. Weil es noch keine Japaner gab, die schnelle Rennmaschinen lieferten und die Italiener ihre größeren und besseren Rennmodelle nur für die eigenen Werksfahrer bauten. Norton setzte – obwohl nicht offiziell – in der 500er Klasse damals 498er Maschinen mit 90 mm Bohrung und 76,48 mm Hub ein. Ver-

Nortons obengesteuerte Einzylinder-Maschinen waren traditionsreiche Konstruktionen und – wie auch dieses Modell ES2 von 490 cm³ aus dem Jahre 1962 beweist – auch schöne Motorräder.

antwortlich für die Konstruktion war nunmehr Doug Hele. Neu war 1957 auch die zweizylindrige Type 77 mit 598 cm^3 Hubraum.

Das 60jährige Jubiläum feierte Norton 1958 mit einer 248er Parallel-Zweizylinder-ohv-Maschine mit 60 mm x 44 mm Bohrung/Hub, die zahlreiche Teile der AMC-Produktion besaß und kein großer Verkaufserfolg wurde. 1958 trat auch C. Gilbert Smith, der 1916 zu Norton und Shelley kam, als Generaldirektor und Nachfolger von William „Bill" Mansell zurück. Bert Hopwood wurde sein Nachfolger. Unter ihm experimentierte man noch mit den „Manx"-Rennmodellen, ein Werksteam gab es aber nicht mehr. 1959 verließ ein weiterer bekannter Norton-Techniker die Firma, Edgar Franks. Man erprobte verschiedene „Manx"-Versionen als Versuchsmaschinen bei Rennen, die großen Erfolge blieben aber mit dem Einzylinder aus. Neu war damals die 650er Zweizylinder, die „Dominator", und eine 348er Version der „Jubilee", die „Navigator" hieß.

Trotz allem war 1961 noch ein großes Rennjahr für Norton. Mike Hailwood gewann die englische Senior T. T. auf einer von Bill Lacey frisierten Maschine vor Bob McIntyre, dessen „Manx" von Joe Potts getunt war. An dritter Stelle folgte der Australier Tom Phillis auf einer zweizylindrigen Norton „Domiracer", einer im Werk entwickelten Rennversion des Modells „Dominator 88". Man wollte sie 1962 in Kleinserie herstellen. Es kam nicht dazu. Und noch ärger . . . man gab damals auch den Bau aller „Manx"-Rennmodelle auf. Wenn man davon absieht, daß noch zwei Jahre lang neue „Manx"-Modelle aus existierenden Teilen zusammengebaut wurden. 1962 wurde auch die alte Norton-Fabrik in Birminghams Bracebridge-Street geschlossen und alles, was Norton hieß, nach London in die AMC Ltd. (Matchless-AJS) verlegt. Nur R. T. Shelley, immer zu Norton gehörend, blieb in Birmingham und zog in die frühere James-Motorradfabrik, wo sich auch bereits Francis-Barnett befand.

Viele Marken unter einem Dach

Man nannte das alles „Rationalisation"; in Wirklichkeit steckte AMC Ltd. bereits 1961 in roten Zahlen. Immer mehr verlegte man sich auch auf das US-Geschäft und baute hierfür neue 648er und 745er Parallel-Zweizylindermodelle. 1963 war die Übersiedlung beendet, 1964 hieß die Firma: Norton Motor Cycles Ltd., Plumstead Road, London, SE 18 – wie Matchless und wie AJS, und 1965 waren auch die Modelle aller drei Marken „gemischt". Man wußte als Außenstehender kaum noch, was Matchless, AJS oder Norton war. 1966 wurde AMC Ltd. von der Firma Manganese Bronze Holdings unter Leitung des Ex-Autorennfahrers Dennis Poore übernommen, der schon vorher Villiers in Wolverhampton, die

Selbstverständlich gab es bei Norton auch obengesteuerte Zweizylinder-Maschinen wie diese 1975 entstandene „Commando Interstate" von 828 cm^3, die 51 PS bei 5900 U/min leistete. Sie wog 190 kg und erreichte eine Spitze von 190 km/h.

Die 1975 bei Rennen offiziell eingesetzten „John-Player“-Nortons hatten kopfgesteuerte Commando-Zweizylindermotoren von 748 cm³, die selbstverständlich im Werk besonders hergerichtet wurden.

berühmte Fabrik für Einbau-Zweitaktmotoren, in seinen Bereich gebracht hatte. Zu Villiers gehörte seit Jahren bereits auch eine andere Einbaumotorenmarke, JAP. Alles, was noch zum Rennsport gehörte – inklusive Zeichnungen für Norton-Rennmodelle – wurde verkauft. Vorerst an Colin Seeley, der dann AJS-Matchless (7 R und G 50) behielt und Norton „Manx“ an John Tickle abgab. 1967 entstanden die zweizylindrigen Norton „Commando“-Modelle, deren Motoren bald darauf bei Villiers in Wolverhampton für die nunmehrige Firma Norton-Villiers gebaut wurden. Zwei Jahre darauf wurde das Werk im Londoner Stadtteil Woolwich aufgegeben und alles in eine neue Fabrik nach Andover an der Rennstrecke von Thruxton in Südengland verlegt. Die Produktion konzentrierte sich immer mehr auf die „Commando“-Parallel-Zweizylinder-ohv-Modelle von 748 cm³ und 828 cm³, von denen die letzte „Interstate“-Ausführung 51 PS bei 6520 U/min abgab und eine Spitze von 190 km/h erreichte.

Es gab auch eine Rennabteilung unter Frank Perris, der schon früher Werksfahrer bei AJS-Matchless und für Suzuki erfolgreich war und als Norton-Privatfahrer fuhr. Peter Williams, Sohn des bekannten früheren Rennfahrers und AJS-Matchless-Rennleiters C. J. Williams, spielte hier als Techniker und Fahrer auch eine bedeutende Rolle, doch blieben größere Erfolge aus. Immer wieder gab es Probleme, immer wieder Differenzen, dazu auch sehr viele Streiks. So wollten oder konnten viele, die in London bei AMC lange tätig waren, nicht nach Andover mitgehen. Dann verlegte man wieder einen Teil von Andover nach Wolverhampton, und auch diesmal gab es große Personal-Probleme.

Alles ging drunter und drüber

Vergrößert und noch problematischer wurden die Schwierigkeiten, als Dennis Poore – angeblich im Auftrage der englischen Regierung – die „kranke“ BSA-Gruppe zusammen mit Triumph in Coventry übernehmen „mußte“. Sie war aber nicht wegen der Motorräder, sondern wegen anderer Produktionszweige und eines scheinbar sehr sachunkundigen Managements in Not geraten. Bald ging alles drunter und drüber. Poore wollte die Meriden-Werke der Triumph Engineering Co., Ltd. in Allesley bei Coventry ganz schließen und die Produktion zu BSA nach Birmingham bzw. Norton nach Wolverhampton verlegen. Niemand war zufrieden, und auch die Einstellung der Motorradherstellung bei BSA, einst Englands größte Motorradfabrik, war eine Katastrophe. Die zweite kam, als Arbeiter die Triumph-Werke monatelang besetzten und nicht einmal fertige Maschinen herausließen. Dann bildeten sie eine Kooperative. Inzwischen brach auch Wolverhampton zusammen, und in Birmingham, wo dreizylindrige 740 cm³ Triumph-„Trident“ gebaut wurden, ging es nicht besser.

Man könnte ein Buch über die letzten fünf Jahre der einst so großen englischen Marken Norton, BSA und Triumph – von anderen gar nicht zu reden – schreiben. Über Tragödien in einer Industrie, die einst so groß und berühmt war. Zentrum des 1976er Geschehens war eine neue Fabrik, NVT (Norton-Villiers-Triumph) Motorcycles, Lynn Lane Shenstone,

Ein Blick zurück auf das Jahr 1933, als Norton die Senior-T.T. mit Stanley Woods (Mitte) vor Jimmy Simpson (rechts) und Perciy Hunt (links) gewann. Andere führende Persönlichkeiten bei Norton (von links): mit weißer Hose Juniorchef Denis Mansell, Direktor Gilbert Smith, Seniorchef Bill Mansell, Rennleiter Joe Craig, rechts von Stanley Woods Chefkonstrukteur Arthur Carrol und – mit Armbinde – Chef-Rennmechaniker Bill Mevis.

Die Junior-T.T. auf der Insel Man brachte Norton viele Erfolge. So auch im Jahre 1937, als der unvergessene Schotte Jimmy Guthrie (7) seinen letzten T.T.-Sieg errang. Freddy Frith (43) belegte den zweiten und J. H. „Crasher" White (31) den dritten Platz. Bald darauf verunglückte Guthrie beim Großen Preis von Deutschland in Hohenstein-Ernstthal in führender Position tödlich.

Lichfield, Staffordshire, WS 14 OEA, wo man die neuen „Easy Rider"-Mopeds mit 48er Zweitaktmotoren in verschiedenen Ausführungen anbietet, noch in Andover gebaute Triumph-„Tridents" und Norton-„Commandos" ausverkauft und auch die in Coventry gebauten zweizylindrigen Triumph-„Bonnevilles" auf den Mark bringt. Inzwischen haben auch noch mehr führende Männer von NVT wie Direktor Hugh Palin und andere das Unternehmen verlassen. Die Namen Norton und Triumph stehen vor einer ungewissen Zukunft. Tragisch, wenn man an die vielen hervorragenden Norton-Konstruktionen und die einmaligen Siegesserien in aller Welt denkt.

Inzwischen wurde Triumph in Meriden (Coventry) eine Arbeiter-Kooperation, die gut funktionierte, deren Zukunft jedoch wegen Kapitalmangels ungesichert blieb, trotz mehrerer Finanzspritzen von verschiedenen Behörden bzw. der englischen Regierung. In Wirklichkeit hatte Triumph schon seit Jahren zu Norton keine Verbindung mehr, und bei Norton – jetzt Norton Motors (1978) Ltd., Lynn Lane, Shenstone, Lichfield, Staffs, England – ist der Motorradbau eingestellt worden, wenn man davon absieht, daß dort an großen Maschinen mit Wankel-Motoren in der Hoffnung auf Aufträge von Behörden, insbesondere der Polizei, gearbeitet wird.

Motorräder aus Neckarsulm: NSU

Einst führende Marke bei Rennen, ist NSU heute in der jungen Generation kaum noch bekannt. Ende der fünfziger Jahre stellte man dort den seit 1900 existierenden Motorradbau ein, und aus der einst so berühmten Motorradstadt Neckarsulm wurde eine kleine „Autostadt", die dann von der Auto Union in Ingolstadt und zuletzt mit dieser vom Wolfsburger VW-Konzern aufgesogen wurde.

Geblieben sind Erinnerungen an hochwertige und schöne, an rassige und schnelle Motorräder. Erinnerungen an große Rennfahrer wie Tom Bullus, Bernd Rosemeyer, Paul Rüttchen, Hans Soenius, Rudolf Runtsch, Ted Mellors, Heiner und Toni Fleischmann, Wilhelm Herz, Werner Haas, Rupert Hollaus, H. P. Müller, Hans Baltisberger und viele andere, die NSU zu zahlreichen Siegen, aber auch zu Weltmeisterschaften und Weltrekorden verhalfen.

NSU in Neckarsulm hatte stets hervorragende Techniker, die den Maschinen ihre Besonderheiten aufprägten. Unter diesen waren Karl Schmidt, ein Sohn des Gründers von NSU; der frühere technische Direktor Dr.-Ing. E. h. Georg Schwarz, sein späterer Nachfolger Dipl.-Ing. Viktor Frankenberger; die Konstrukteure Otto Reitz, Walter-William Moore, Albert Roder, Dipl.-Ing. Ewald Praxl, Dr.-Ing. Walter Froede. Und da waren auch sehr sportfreudige Generaldirektoren, von denen nur Fritz von Falkenhayn, Karl Nigtsch und Dr.-Ing. Gerd Stieler von Heydekampf erwähnt seien. In Wirklichkeit war das Werk NSU mehr als „nur" eine Motorradfabrik; es war ein Begriff im Motorradwesen der Welt und auch ein großes Unternehmen, das der Kleinstadt Neckarsulm sein Gepräge gab. Im Laufe der Jahre verschwanden viele einst bekannte Motorradfabriken von der Oberfläche, doch hinterließ keine eine solche Lücke wie gerade NSU. Und hätte man nicht 1957 alles aufgegeben, als Konstruktionen, Einrichtungen usw. an die

Das erste 1901 von NSU in Neckarsulm gebaute Motorzweirad – es hieß Neckarsulmer Motorrad – besaß einen Zedel-Motor.

Beachtenswert die Hinterradfederung und Vorderradgabel der 1913 – mit eigenen Motoren – gebauten V-Zweizylindermaschinen von 3 PS. Hinterradantrieb durch Riemen mit Exzenter, Pedale fehlten nicht.

1914, kurz vor dem Ersten Weltkrieg, brachte NSU auch diese für die damalige Zeit moderne seitengesteuerte Einzylindermaschine von 326 cm³ auf den Markt.

Firma Pretis nach Sarajevo in Jugoslawien veräußert wurden, stände NSU heute höchstwarscheinlich wieder an der Spitze der deutschen Motorradindustrie. So gab man wegen des Baues neuer Kleinwagen alles preis, was mit dem Motorradbau verbunden war, und – wie sich später zeigte – auch die Selbständigkeit dieser populären und einst so stolzen Firma. Niemand bestreitet die Probleme der Motorradindustrie in der zweiten Hälfte der fünfziger und in den ersten sechziger Jahren, doch hätte man das Motorrad – wenn auch in beschränktem Umfang – durchhalten müssen. Zur Aufgabe war der alte Name NSU viel zu gut und auch viel zu schade.

Zuerst Strickmaschinen- und Fahrradfabrik

1873 von Christian Schmidt und Heinrich Stoll als Strickmaschinenfabrik auf einer Insel in der Donau bei Riedlingen gegründet, zog das Unternehmen 1880 nach Neckarsulm, wo es bald in die Neckarsulmer Strickmaschinen Aktiengesellschaft mit einem Kapital von 50000 Mark umgewandelt wurde. Schmidt starb im Alter von nur 38 Jahren; sein Schwager Gottlob Benzhaf trat an seine Stelle und begann 1886 mit dem Bau der „Neckarsulmer" Fahrräder. Diesen folgten 1901 die ersten Motorräder, die noch Schweizer Zedel-Motoren besaßen. Aber schon 1904 wurden die ersten Motoren eigener Herstellung ausprobiert und dann auch in die „Neckarsulmer" Motorräder eingebaut. Fortschrittliche Konstruktion und erstklassige Werksmannsarbeit bereiteten ihnen den Weg zur Weltberühmtheit.

Bald gab es Einzylindermaschinen mit 2, 2¼, 2¾ und 3 HP wie auch Zweizylinder in V-Form mit 3 und 5 HP. Daneben produzierte man Fahrräder für Damen und Herren, Gepäck-

Daß NSU auch schnelle V-Zweizylindermaschinen mit niedrigem Gewicht herstellen konnte, bewies diese 1923 entstandene V-Zweizylinder-Werksrennmaschine von 496 cm³. Sie wurden u. a. von Ernst Islinger, Josef Müller, Eberhard Wenzel und Rudi Arndt gefahren.

Chefkonstrukteur bei NSU war Otto Reitz, der auch für die wechselgesteuerten 496er, 746er und 996er V-Zweizylindermodelle der mittleren zwanziger Jahre verantwortlich zeichnete. Hier eine 1925 entstandene 996-cm³-NSU.

Der Wunsch nach einem leichten und zuverlässigen Motorrad führte 1925 auch zum Bau der kleinen 198-cm³-„Pony"; der Name wurde später von NSU auch für ein anderes Leichtkraftrad verwendet.

dreiräder und – in sehr großen Stückzahlen ab 1904 – Freilaufnaben mit Rücktrittbremsen für andere Fahrradhersteller. Daneben gab es Motorgepäckdreiräder und ab 1906 „Neckarsulmer Viercylinder"-Automobile!

Bald Geschwindigkeits-Weltrekord

Bereits 1909 griff das Werk, das stets vergrößert werden mußte, ernsthaft ins Renngeschehen ein. Man baute damals sogar schon eine Spezial-Rennmaschine mit einem V-Zweizylindermotor von 7,5 PS und Riemenantrieb, die mit dem Amerikaner Lingenfelder im Sattel auf der Rennbahn von Los Angeles einen Geschwindigkeitsweltrekord mit 124 km/h aufstellte. Otto Lingenfelder, der deutscher Abstammung war, gewann noch zahlreiche Bahnrennen mit dieser Rennmaschine aus Neckarsulm. Wie groß schon damals der Motorradexport war, geht aus der Tatsache hervor, daß es in Mailand, Wien, Zürich, Brüssel, Amsterdam, Paris, London und Moskau eigene Werksfilialen gab. Bereits 1912 betrug das Aktienkapital 3,6 Millionen Mark. 1913 hatte man eine sehr robuste und zuverlässige V-Zweizylindermaschine von 3½ PS herausgebracht, die dann in großen Stückzahlen während des Krieges gebaut wurde.

Mit dieser Maschine zog NSU, wie die Maschinen nun hießen, auch in die Friedensperiode. Durch die rasch fortschreitende Geldentwertung mußte 1920 das Aktienkapital auf 10 Millionen, 1921 auf 20 Millionen und 1922 bereits auf 41 Millionen Mark erhöht werden. Vor der Inflation 1923 stand es auf nicht weniger als 82 Millionen Mark. Dennoch stieg der Umsatz, und 1922 gab es schon 3500 Angestellte und Arbeiter. Anfangs der zwanziger Jahre wurde alle 5 Minuten ein Fahrrad, alle 20 Minuten ein Motorrad und alle 2 Stunden ein NSU-Auto fertiggestellt.

NSU-Rennfahrer gab es schon vor dem Ersten Weltkrieg, in den Jahren 1907, 1908, 1909, 1910, 1911, 1913 und 1914 bei der englischen T. T. auf der Insel Man, unter ihnen die deutschen Werksfahrer Max Geiger (der spä-

Ausschließlich für NSU-Werksfahrer konstruierte Otto Reitz 1926 auch obengesteuerte V-Zweizylinder-Rennmaschinen; besonders Ernst Islinger, der ältere Bruder von Franz Islinger, konnte mit dieser 996-cm³-Version viele Erfolge erringen. Beachtenswert die „flexiblen" Auspuffrohre.

ter in London wohnte), Willy Boldt, Rudolf Drechsler, Thomas Erkelenz und Karl Gassert. In den zwanziger Jahren waren es vor allem Jupp Müller, Eberhard Wenzel, Rudi Arndt, die Brüder Ernst und Franz Islinger, Karl Scherer, Alex Seemüller, Erich Tennigkeit, Wilhelm Glöckler und einige andere Fahrer, die auf NSU Rennen gewannen. Besonders aber ab 1927, als man von Otto Reitz konstruierte 248er Einzylinder ohv-Blockmaschinen baute, die sich gut frisieren ließen und die auch zuverlässig waren.

Viele Jahre vorher beherrschten Motorräder mit zweizylindrigen gegengesteuerten V-Motoren das Bauprogramm, nur für Werksfahrer gab es einige speziell erstellte 998er ohv-Modelle. Serienmäßige NSU-Maschinen besaßen zum Großteil wechselgesteuerte Motoren, dach gab es davon auch schnellere Sportversionen, die entsprechend hergerichtet auch für Rennen eingesetzt wurden. So 1926 eine 498er mit 63 mm Bohrung und 80 mm Hub, eine 743er mit 72,5 mm Bohrung und 90 mm Hub sowie eine V-Zweizylinder von 995 cm³ mit 80 mm Bohrung und 99 mm Hub. Die Bremsleistungen: 13 PS, 16 PS und 18 PS. Obwohl es sich um Sportmodelle handelte, kann man eine Literleistung von 18 PS nicht gerade als ein „Sensation" betrachten. Damals jedoch verlangte man vor allem Zuverlässigkeit und konnte auf den zumeist schlechten Straßen sowieso keine hohen Geschwindigkeiten fahren. Hervorragend war auch das „Finish" dieser eleganten Maschinen, die in „Tourenausführung" rund 2 PS weniger als die Sportmodelle auf die Bremse brachten. Alle hatten noch von oben gesteuerte Einlaßventile und untengesteuerte Auslaßventile. Und alle waren Zweizylinder in V-Form mit getrennten Dreiganggetrieben und einer Schraubenfederung am Hintergabelkopf. Die frühere Vorderrad-Kurzschwinge war gerade durch eine parallelogrammartige Doppelfederung mit Stoßdämpfern ersetzt worden. Die Räder konnten ohne Demontage von Ketten und Bremsen untereinander ausgewechselt werden, die Reifen hatten eine Größe von 26 x 2½ Zoll.

Verbesserte Einzylinder-Modelle von 198, 246 und 496 cm³ brachte NSU 1926 heraus, die beiden erstgenannten mit seiten-, gegen- und obengesteuerten Ventilen von 1928.

Schon vor 1914 mit Hinterradfederung

Schon vor 1914 hatte es Hinterradfederungen bei NSU gegeben, die für damalige Verhältnisse recht gut waren. Bei den vielen Schlaglöchern und geringen Geschwindigkeiten kam man jahrelang ohne Getriebe aus; noch 1922 hatte es nur Zweiganggetriebe, 1923 dann auch Dreiganggetriebe gegeben. Der Riemenantrieb wich nur ganz langsam dem Antrieb durch Kette. Bei NSU hielt man sich sehr an die Tradition. Damalige NSU-Direktoren wie Karl Schmidt, Fritz Gehr und Georg Schwarz waren Männer, die mit NSU lebten, mit NSU aufwuchsen und 1929 auch die internationale Weltwirtschaftskrise überwanden, die NSU besonders angriff. Grund war eine seit 1926 bestehende enge Zusammenarbeit mit dem Schebera-Konzern in Berlin auf dem Automobilsektor. Dazu gehörte der verlustreiche Betrieb von Berliner Droschken, der dann zum Verkauf der gerade neugeschaffenen NSU-Autofabrik in Heilbronn an Fiat beitrug.

Von 1926 an hieß die Firma „NSU Vereinigte Fahrzeugwerke AG", sie war bis dahin auch auf dem Autosektor sportlich sehr aktiv. NSU baute die erfolgreichsten deutschen Sport- und Rennwagen der 1500-cm³-Klasse und konnte damals mit Georg Klöble auch das große Avus-Rennen in dieser Klasse gewinnen vor den NSU-Fahrern Jacob Scholl, Ernst Islinger und Josef Müller. Ernst Islinger war damals auch noch die Nr. 1 im NSU-Motorrad-Werksteam, sein damals 16jähriger Bruder Franz Islinger fuhr auch schon Rennen mit vielen Erfolgen. Das Rennen auf der Avus war übrigens der erste Große Preis von Deutschland für Automobile.

Gut in Zuverlässigkeit und Finish

Die 1927 nach längerer Unterbrechung von Otto Reitz, dem damaligen NSU-Chefkonstrukteur, geschaffenen Einzylindermodelle von 248 cm³ gab es in Versionen mit gegen- und obengesteuerten Blockmotoren mit 63 mm Bohrung und 80 mm Hub; die ohv-Maschine gab 10 PS bei 2000 U/min ab, erreichte 100 km/h und kam werksseitig bei Veranstaltungen zum Einsatz. In Rennausführung erreichte sie wohl 115 bis 120 km/h, doch lag auch hier ihre Stärke in der Zuverläs-

Sportlich und bei Rennen auch erfolgreich waren die kopfgesteuerten 246-cm³-Modelle, die meist von Franz Islinger, Walter Glöckler, Ulrich Herzog, Karl Scherer und Erich Tennigkeit in den letzten zwanziger Jahren gefahren wurden.

sigkeit dieser Konstruktion. Freunde von mir, die Brüder Walter und Rudolf Pokorny, NSU-Vertreter in Brünn, und Elly Kaimer, die später die Frau von Walter Pokorny wurde, bestritten mit diesen Maschinen erfolgreich zahlreiche Zuverlässigkeitsfahrten und auch Rennen. Dadurch kannte auch ich diese schöne Sport-NSU gut.

Damals gelangte auch eine einzylindrige 498er sv-Blockmaschine mit 80 mm Bohrung und 99 mm Hub auf den Markt. Sie hatte 11 PS bei 2000 U/min und lief knapp 100 km/h. Die drei zweizylindrigen 498er, 748er und 998er Modelle wurden vorerst noch weitergebaut. Werksseitig setzte NSU damals nur die neue 250er ein. Mit dem erst 17jährigen Franz Islinger, mit Karl Scherer, Karl Herzog und Wilhelm Glöckler; während Scherer auf der Solitude gewann, siegte Glöckler beim Eröffnungsrennen auf dem Nürburgring.

1928 kam eine seitengesteuerte 248-cm³-Einzylindermaschine ins Bauprogramm. Alle Modelle hatten nunmehr durchgehende Doppelrahmen, Dreiganggetriebe, automatische Schmierung, kombinierte Fuß- und Handkupplung, Austauschräder mit Tiefbettfelgen und das bekannt gute NSU-Finish. Ansonsten war die damalige Modellpolitik etwas ungewöhnlich, zumal man außer der seiten- und obengesteuerten 250er auch eine wechselgesteuerte Viertellitermaschine baute. 1929 gab es auch eine 298er sv-Maschine und eine 498er ohv-Einzylinder-Blockmaschine – und bei dieser konservativen Motorradfabrik noch immer ohne den bei anderen Marken schon eingeführten Satteltank! Die große 498er ohv-NSU mit ihren 165 kg und der ziemlich „zahmen" Motorleistung war nie mehr als eine gute Solo-Tourenmaschine; für Rennen war sie zu schwer und zu langsam. Das Krisenjahr 1929 führte auch zur fast vollständigen Aufgabe des Werksteams. Damals gab es bei Rennen schon die werksseitig und privat eingesetzten DKWs mit Ladepumpen und Wasserkühlung und auch die schnellen englischen und italienischen Rennmaschinen, gegen die frisierte NSU-Seriensportmodelle nicht mehr aufkommen konnten.

Das „Wunder" kam mit W. W. Moore

Bis dann das „Wunder" in Neckarsulm geschah, bis sich die Direktion trotz der Weltwirtschaftskrise entschloß, ganz groß in den Rennbetrieb mit neuen Maschinen einzusteigen. Englands berühmter Konstrukteur Bert Le Vack war zu teuer, Dougal Marchand wurde von Motosacoche zu FN gezogen, George-William Patchett hatte bei der damals neuen Firma Jawa unterschrieben; so war es dann ein anderer Engländer, Walter-William Moore, den man von Norton zu NSU holte. Ursprünglich bei Douglas in Bristol tätig, war er 1923 zu Norton gekommen. 1927 schuf er dann die erste 498er Norton mit Königswellenmotor, die, bei der Senior T. T. eingesetzt, gleich mit Alec Bennett das Rennen gewann und mit Stanley Woods die schnellste Runde fuhr. Moore kam nun nach Neckarsulm, um hier für neuen Schwung, neue Rennerfolge und damit neue „Publicity" für NSU zu sorgen. Fast zur gleichen Zeit entstand eine sogenannte „Arbeitsgemeinschaft" zwischen NSU und Wanderer, wo man praktisch die ganze Motorradproduktion nach dem Verkauf des 498er Einzylinder-Preßstahlrahmenmodells samt Produktionseinrichtungen an Jawa in Prag aufgegeben hatte. Die Zusammenlegung der NSU-Wanderer-Motorradproduktion war jedoch mehr Theorie als Praxis. Bei NSU wurden lediglich noch einige Wanderer-Maschinen aus vorhandenen Ersatzteilen zusammengebaut. Außerdem hoffte man,

Von 1930 bis 1937 konstruierte und entwickelte der Engländer Walter-William Moore neue 498er und dann auch 348er Einzylinder-Königswellenmaschinen für die Neckarsulmer, die bis 1932 den hervorragenden englischen Rennfahrer Tom Bullus engagiert hatten.

noch vom guten Namen und Ruf der „Wanderer" zu profitieren. Als man jedoch – bald! – erkannte, daß die 498er ohv-Einzylindermaschine von Wanderer eine technische „Niete" war, hörte diese Zusammenarbeit auf. NSU ging dann später mit dem Spandauer D-Rad-Hersteller, einst der größte NSU-Konkurrent in der Halbliterklasse, eine ähnliche Abmachung ein, als in Spandau der Motorradbau eingestellt wurde. Das Endresultat war aber auch hier das gleiche. Das D-Rad verschwand, und NSU wurde größer und mächtiger als je zuvor.

Bullus, der lange Engländer

Berühmt vor allem auch durch die neuen 498er Einzylinder-ohc-Rennmaschinen, die Walter-William Moore in Neckarsulm geschaffen hatte. Sie konnten ihre Norton-Ähnlichkeit nicht verleugnen, doch hatte Moore vorher mit Norton ein Abkommen getroffen, das ihm alle Rechte auf seine Königswellenkonstruktion gab. Mit ihm kam noch ein Engländer: der lange Tom Bullus, ein junger Rennfahrer aus der Grafschaft Yorkshire, der schon 1925 für P & M fuhr, später mit dem großen Jimmy Guthrie zu New Hudson ging und 1928–1929 für Raleigh Rennen fuhr. 1930 kam er nach Neckarsulm in ein neugeformtes Werksteam, dem auch der bisherige Erkelenzer Harley-Davidson-Fahrer Paul Rüttchen und der Düsseldorfer Velocette-Fahrer Toni Ulmen angehörten. Beim Großen Preis von Deutschland trat erstmals das komplette NSU-Werksteam an, verstärkt noch durch den jungen Sepp Giggenbach aus Mühldorf, der eine auf 598 cm^3 aufgebohrte NSU in der 1000-cm^3-Klasse auf den zweiten Platz brachte. Die 500er-Klasse – und auch den Großen Preis – gewann Graham Walker auf Rudge vor Stanley Woods auf Norton, Tyrell-Smith auf Norton und den beiden NSU-Fahrern Tom Bullus und Toni Ulmen. Paul Rüttchen wurde Siebenter ... und alle vier NSU-Rennmaschinen erreichten nach 424 km (14 Runden) das Ziel.

Moore war klug. Er stellte Zuverlässigkeit an die erste Stelle, und erst dann wandte er sich der Geschwindigkeitserhöhung zu. Daß auch andere NSU-Modelle zuverlässig waren, bewiesen zahlreiche Zuverlässigkeitsfahrten wie die Deutsche Sechstagefahrt oder die Dreitagefahrt im Harz, wo das Werksteam seitengesteuerte 498er fuhr und aus Paul Rüttchen, Toni Ulmen, Karl Wüllner und Dollmann bestand. Bullus, der lange Engländer, konzentrierte sich ganz auf Straßen- und Bergrennen, obwohl er in seiner „Jugend" auch viele Wertungsfahrten fuhr. Dabei war er, als er 1930 zu NSU kam, auch kaum über 20 Jahre alt. Dann folgten bald die Serien der NSU-Siege. Meistens mit Tom Bullus im Sattel, der – so gingen Gerüchte um – angeblich von Moore immer die besten Maschinen bekam und als sein Landsmann auch siegen

„mußte". In Wirklichkeit war der lange Tom gerade in dieser Zeit in ganz großer Form und ein hervorragender Fahrer, der einen sehr reinen, typisch englischen Stil fuhr. Und so siegte er beim Eifelrennen am Nürburgring, auf der Stuttgarter Solitude, gewann am Klausenpaß in der Schweiz in Rekordzeit wie auch in Freiburg am Schauinsland und fuhr auch in Monza beim Großen Preis von Italien der starken Konkurrenz auf und davon. Drei Jahre war er Spitzenfahrer und Sieger zahlreicher Rennen. Ende 1932 kehrte er nach England zurück. Dann heiratete er Hilde Gehr, eine Tochter des kaufmännischen NSU-Direktors Fritz Gehr. Und zog sich vom aktiven Rennsport zurück.

Auch Bernd Rosemeyer im Werksteam

Der Mann, der dann für ihn ins NSU-Werksteam kam, hieß Bernd Rosemeyer. Andere Werksfahrer bis zum Krieg waren Toni und Heiner Fleischmann, Oskar Steinbach, Werner Mellmann, Hans Soenius, Paul Hinze, Ted

Walter-William Moore bemühte sich ständig um die Weiterentwicklung seiner Königswellen-Rennmotoren. Das ist die 348-cm³-Einnockenwellen-Ausführung von 1933 . . .

. . . und dies der 1937 eingesetzte Doppelnockenwellen-Motor von 498 cm³, der ständig gegen die Mehrzylinder-Werksrennmaschinen von BMW und DKW anzukämpfen hatte. Die BMW's besaßen damals schon neue Kompressormotoren mit zwei Nockenwellen je Zylinder. Auch dieser NSU-Motor wurde mehrmals im Laufe der Jahre umkonstruiert.

Mellors, Fergus Anderson, Rudolf Runtsch, Max Reheis, Karl Bodmer, Wilhelm Herz, Hans Stärkle, Guglielmo Sandri, Hans Schumann, Erwin Zimmermann, Albert Schneider und andere, die zum Teil auch 348er Solo- sowie Seitenwagenmaschinen fuhren. Die ersten 348er Rennmodelle, verkleinerte Versionen der 498er, kamen 1933 zum Renneinsatz. Auch sie wurden bis 1938 von Walter-William Moore konstruiert und weiterentwickelt. Zuletzt hatten sie auch zwei obenliegende Nockenwellen.

Zurück zu den serienmäßigen „Brot und Butter"-Motorrädern, obwohl es gerade um 1930 herum nicht allzuviel Brot und noch weniger Butter in Deutschland gab. Endlich brachte NSU die Satteltankmodelle und wegen der inzwischen eingeführten „Steuerfreiheit" auch 198er sv-Einzylinder-Blockmaschinen. Neu war eine 298-cm³-Version, während die eigenen V-Zweizylindermaschinen mit ihren wechselgesteuerten Motoren nicht mehr gebaut

Großer Beliebtheit erfreuten sich neue kopfgesteuerte NSU-Serienmotorräder von 198 und 246 cm³ in den dreißiger Jahren, aber auch noch nach 1945. Das „D“ unter dem NSU am Tank dieser 1933 gebauten Maschine deutet auf den Zusammenschluß mit dem Spandauer D-Rad hin; Einfluß auf die Neckarsulmer Motorradbauer hatte er kaum.

Schwere 494er und 592er Einzylinder mit Blockmotoren wurden, besonders für den Seitenwagenbetrieb, auch noch in den dreißiger Jahren bei NSU gebaut.

wurden. Man offerierte nur die 748er V-Zweizylinder-ohv-Wanderer, die, 1926 konstruiert, nunmehr wie die modernere 498er Einzylinder-Wanderer bei NSU nur noch „im Auslauf“ mitgezogen wurde.

Aktiv auch in der Kleinmotorisierung

Was in den Krisenjahren gebraucht und auch gut verkauft wurde, waren billige Transportmittel, um von A nach B zu kommen. So entstand damals das „Motosulm“ bei NSU; ein verstärktes Fahrrad mit einem über dem Vorderrad liegenden 1,5-PS-Zweitaktmotor von 63 cm³, das 35 km/h erreichte und viel zur Motorisierung der „kleinen Klassen“ beitrug. Damals kam auch Fritz von Falkenhayn in den Vorstand von NSU. Er unterschrieb dann 1934 mit Ferdinand Porsche ein Abkommen zum Bau des VW-Vorgängers und ließ mehrere Prototypen dieses Kleinautos unter Leitung von Moore bei NSU erstellen. Dabei modifizierte der Engländer, der seit seiner Zeit mit Douglas große Erfahrungen mit Boxermotoren besaß, die „inneren“ Teile des Porsche-Prototypmotors. Moore war aber auch für alle Serienmotorräder bis zu seiner Rückkehr nach England Ende 1938 verantwortlich, seine OSL-Maschinen erfreuten sich großer Beliebtheit. Schon 1931 gab es eine für NSU direkt revolutionäre Modellpalette. Mit 173er und 198er Zweitaktern, mit 198er und 298er Viertaktern, einer neuen 592er sv-Einzylinder-Blockmaschine und der nunmehr in Kleinserie gebauten 498er „Super-Sport“-Königswellenmaschine, die serienmäßig 20 PS bei 4440 U/min abgab. Ihre Spitze betrug zwischen 130 und 140 km/h. Geliefert wurde sie vorerst mit zwei Auslaßkanälen, werksseitig eingesetzte Rennmodelle hatten aber immer nur einen Kanal. Sie wurde mit 1700 RM, die reine Rennausführung mit 1880 RM angeboten. Die billigste 173er NSU-Zweitaktmaschine kostete damals 615 RM, die billigste 198er um

Bei NSU verschloß man sich natürlich nicht gegen gute Aufträge der Wehrmacht. So entstand 1937 auch diese Militärmaschine mit obengesteuertem 562-cm³-Motor mit Doppelauspuff.

100 RM mehr. Für die 592er Seitenwagen-Einzylindermaschine berechnete NSU 1195 RM.

Das Motorradgeschäft hatte sich mit den neuen Modellen wieder belebt. Besonders die obengesteuerten 198er und 248er OSL-Modelle fanden viele Kunden. 1936 kam dann die NSU „Quick" mit dem 98er Zweitaktmotor als eine Art Mofa heraus. Bis 1953 in weiterentwickelter Form gebaut, wurde sie in 240000 Exemplaren hergestellt und in viele Länder geliefert. Moore arbeitete ab 1936 auch an neuen zweizylindrigen 348er Doppelnockenwellen-Kompressor-Rennmaschinen, die 1938 erstmalig eingesetzt und dann auch mit 596 cm³ Hubraum gebaut wurden. Unterstützt wurde er dabei von Albert Roder, der früher schon die interessanten „Ziro"- und

Neue 348-cm³-Werksrennmaschinen entstanden bei NSU 1937. Sie besaßen zwei Zylinder, zwei obenliegende Nockenwellen und einen Kompressor. Walter-William Moore und sein Nachfolger Albert Roder hatten mit dieser Neukonstruktion viele Probleme und Sorgen, die für das Werk und die Fahrer auch andauerten, als 1939 der Krieg ausbrach.

„Ermag"-Motorräder konstruierte und bei Victoria war, bevor er zu NSU ging. Er übernahm dort nach dem Weggang Moores die Konstruktionsabteilung, die er auch nach dem Zweiten Weltkrieg bis zu seinem Eintritt in den Ruhestand anfangs der sechziger Jahre leitete. Ursprünglich wollte man auch eine 248er Kompressor-Rennmaschine mit dem neuen Parallel-Zweizylinder-Motor bauen, konzentrierte sich dann aber auf die beiden größeren Klassen und schuf nach dem Kriege auch eine aufgebohrte 596er-Version für Seitenwagenrennen, mit Hermann Böhm als Fahrer.

Dann fielen die Bomben

1938 beschäftigte NSU übrigens 3500 Arbeiter und Angestellte bei einer Produktion von 63000 Motorrädern, 136000 Fahrrädern und

Erst nach 1945 wurden die weiterentwickelten 348er und 498er Zweizylinder-Kompressor-Rennmaschinen von NSU nicht nur schnell, sondern auch standfest gemacht, wobei Wilhelm Herz eine prominente Rolle spielte. Diese Halblitermaschine leistete 1950 98 PS und erreichte 230 km/h – später wurde sie im Rekordtrimm das schnellste Motorrad der Welt. Bei Rennen wurde sie mit großen Erfolgen außer von Wilhelm Herz auch von Hermann Böhm (mit Seitenwagen) und von Heiner Fleischmann gesteuert.

142000 Bremsnaben. 1944 zählte die Belegschaft 7182 Köpfe und der Umsatz nicht weniger als 52,3 Millionen Mark. Dann kamen die Bomben. Am 14. April 1945 wurde das ganze Werk stillgelegt. Nur 850 Mann waren geblieben, die zuerst lediglich Aufräumungsarbeiten verrichteten. Dann reparierte man Lkw, und als man später aus geretteten Teilen wieder die ersten NSU-Motorräder erstellte, geschah dies unter freiem Himmel. Hallen gab es noch

Ab 1952 errang NSU mit zweizylindrigen 248-cm³-Rennmax-Modellen schöne Erfolge bei Großen Preisen, der englischen T.T. und anderen Rennen.

nicht. Sie wurden erst unter Leitung des neuen Generaldirektors Karl Nigtsch wieder aufgebaut. Zur Kriegsproduktion gehörten auch die NSU-Kettenkrafträder mit

Genau so wie die NSU-Rennmax in der 250er Klasse dominierte in der ersten Hälfte der fünfziger Jahre auch die einzylindrige Rennfox bei den 125ern. Von 1951 bis 1954 wurde auch sie in verschiedenen Ausführungen und Entwicklungsstufen werksseitig eingesetzt.

Motorradfahrern ohne Rennambitionen standen ab 1950 „normale“ NSU-„Fox“-Modelle mit 124-cm³-Motoren zur Verfügung. Es gab auch kopfgesteuerte 98er „Fox“-Versionen.

Opel-„Olympia“-Vierzylindermotoren von 1500 cm³.

Bei Rennen sah man in den ersten Nachkriegsjahren nur einzylindrige 348er und 498er Rennmaschinen, für die Albert Roder Köpfe mit zwei obenliegenden Nockenwellen geschaffen hatte. Dann „zog“ Wilhelm Herz, der schon 1939 für NSU fuhr, eine der 348er Zweizylinder-Kompressormaschinen hervor, entwickelte sie bis zur Rennreife und gewann dann überlegen die meisten deutschen Rennen in seiner Klasse. Ein Ansporn für Karl Nigtsch, der eine Rennabteilung im Werk aufbauen ließ. So kam es, daß dann noch derartige 498er Solomaschinen für Heiner Fleischmann und Seitenwagen-Rennmaschinen mit den aufgebohrten Motoren für Hermann Böhm – und Karl Fuchs im Seitenwagen – gebaut wurden. Ende der vierziger Jahre gab es auch die großen und harten Kämpfe zwischen Fleischmann auf NSU und Schorsch Meier auf der Kompressor-Werksmaschine von BMW.

NSU wurde weltgrößte Motorradfabrik

Karl Nigtsch, der sich große Verdienste um den Wiederaufbau von NSU nach 1945 erwarb, starb frühzeitig; sein Nachfolger wurde Dr.-Ing. Gerd Stieler von Heydekampf. 1949 arbeiteten wieder 3000 Beschäftigte in der NSU-Fabrik. Jetzt baute man die 98-cm³-Fox, aber auch andere Modelle – Zwei- und Viertakter – in großen Mengen. Roder hatte den Zentral-Preßrahmen geschaffen, als 1955 in Neckarsulm 350 000 Zweiräder entstanden, war NSU zur größten Motorradfabrik der Welt geworden!

Bis 1954 blieb man noch sehr rennfreudig, als so hervorragende Techniker wie Dipl.-Ing.

Viktor Frankenberger, Dipl.-Ing. Ewald Praxl und Dr.-Ing. Walter Froede dem Chefkonstrukteur Albert Roder und Generaldirektor Dr.-Ing. Stieler von Heydekampf zur Seite standen. Durch die Aufnahme der Bundesrepublik in die FIM konnte man ab 1951 wieder international im Rennsport auftreten. Als der Einsatz von Kompressor-Rennmaschinen wie auch Ladepumpen- und ähnlichen Konstruktionen verboten wurde, mußte auch NSU neue Rennmaschinen schaffen. Es waren die 498er Modelle mit vier quergestellten, luftgekühlten Zylindern und zwei obenliegenden Nockenwellen. Schöne, aber nicht sehr gute Rennmaschinen, weil man nie die Motorenschwingungen beseitigen konnte, und selbst so technisch versierte Fahrer wie Wilhelm Herz und Gerd von Woedtke hatten keine Chancen. Das Resultat waren neue 123er Einzylinder- und 248er Parallel-Zweizylinder-Rennmaschinen mit zwei obenliegenden Nokkenwellen: die Rennföxe und Rennmäxe, die dann bis 1954 auch bei großen internationalen Rennen kaum zu schlagen waren und zahlreiche Meisterschaften in ihren Klassen gewannen. Gefahren wurden sie im Laufe der Jahre von Bill Lomas, Reginald Armstrong, Otto Daiker, Hubert Luttenberger, Romolo Ferri, Wilhelm Hofmann, Roberto Colombo und zuletzt von Werner Haas, Rupert Hollaus, Hans Baltisberger und H. P. Müller. Wie gut die Werks-Rennföxe und -Rennmäxe waren, geht aus den 24 Siegen bei 24 Starts im Jahre 1954 hervor!

Privatfahrer konnten weder die 124er Rennfox noch die 248er Rennmax erwerben. Für sie gab es ab 1953 schnelle 247-cm³-„Sportmax"-Modelle, die im Werk aus 248-cm³-Einzylinder-Max-Modellen entwickelt wurden. Es waren dies schnelle, zuverlässsige und sehr beliebte Renn-NSU's, die 1955 mit H. P. Müller im Sattel sogar die Weltmeisterschaft der 250er Klasse gewannen.

Selbst serienmäßige 248-cm³-Sportmäxe mit ihren 28 PS, deren ohc-Motoren die Rodersche Ultramax-Schubstangen-Steuerung besaßen, liefen bis zu 190 km/h, und so kam es, daß der große H. P. Müller – der Ende 1975 starb – noch 1955 mit einer solchen Maschine Weltmeister der 250-cm³-Klasse werden konnte. Diese von der „Max" abgeleiteten Maschinen hatten einen Zentralpreßrahmen und vorn wie hinten eine Schwinge ähnlich der Serienausführung. Ein Klempner aus Böckingen baute damals Rennverkleidungen für die bis in die sechziger Jahre bei Veran-

Die 247-cm³-Supermax war eine der letzten von NSU in Neckarsulm gebauten Serienmaschinen. Sie kam Ende der fünfziger Jahre heraus und besaß wie die Max und Sportmax einen Nokkenwellenantrieb durch exzentrisch gelagerte Schubstangen.

staltungen eingesetzten Sportmäxe, die von zahlreichen hervorragenden Privatfahrern wie H. P. Müller, Hans Baltisberger, Wolfgang Brand (die vorher Werksfahrer waren), Horst Kassner, Helmuth Hallmeier, Rudi Meier, Fritz Kläger, Georg Braun, Rudi Stein, John Surtees, Florian Camathias, Rudi Heck usw. gefahren wurden. Daneben gab es auch Geländemäxe mit ähnlichen, aber auf 19,5 PS bei 6500 U/min „getunten“ 247-cm³-Motoren. Man sah sie jahrelang mit Werksfahrern und Seitenwagen bei den großen Geländefahrten.

Der hervorragende Engländer Tom Bullus gewann von 1930 bis 1932 für NSU zahlreiche Straßen- und Bergrennen. Seinen Namen erhielten die damals gebauten 498-cm³-Rennmaschinen, die „NSU-Bullus“ hießen.

Baumm'sche „Zigarre“: 11 Weltrekorde

Gustav Adolf Baumm kam 1951 zu NSU, schuf dort mit Werksunterstützung ungewöhnliche – zigarrenförmige – Rekordmaschinen; besser ausgedrückt karossierte Fahrgestelle, in die man NSU-Rennmotoren einbauen konnte. 1954 stellte er 11 Weltrekorde auf, bei denen frisierte 49er Quick- und 98er Fox-Motoren verwendet wurden. Die Quickly war von den Serienmaschinen der 50er-Klasse die beliebteste. Schon 1952 wurden 10000 bei einem Gesamtumsatz von 17500 in dieser Klasse verkauft. Danach kamen die 98er Quick, die 98er Viertakt- und 123er Zweitakt-Fox, die obengesteuerten 198er Lux, die 247er Max und zuletzt die 346er Konsul I und mit 494 cm³ die Konsul II als weiterentwickelte Einzylinder-ohv-Maschinen. 1955 wurden dann beide Konsuls aus der Produktion genommen ... die Kunden kauften in dieser Preislage vorwiegend Kleinwagen. Die Max wurde damals um 1990 DM verkauft. Gut gingen auch die von NSU gebauten 123er und 147er Lambretta-Roller, die in späteren Jahren der eigenen „Prima“ weichen mußten. Daneben lieferte NSU auch Einbaumotoren an ausländische Firmen.

Zurück zum Jahr 1951, als man die 498er Vierzylinder-Rennmaschine in die Mottenkiste

Hermann Böhm, NSU-Werksfahrer und Seitenwagenspezialist, gewann viele Rennen. Hier mit seinem treuen Beifahrer Karl Fuchs auf der 498er NSU-Zweizylinder-Kompressormaschine mit Doppelnockenwellen im Jahre 1950. Böhm verstarb, 67 Jahre alt, Anfang 1983 in Nürnberg.

packte und die Meister der NSU-Rennabteilung Mack und Horch nunmehr an neuen 123er Einzylinder-Rennföxen und 248er Rennmaxen ihr Können bewiesen. Die Rennfox hatte eine obenliegende Nockenwelle, die Rennmax deren zwei. Die Leichtmetallzylinder besaßen eingegossene Laufbüchsen, auch die Köpfe waren aus Leichtmetall. In den Jahren 1952 bis 1954 wurden die Rennföxe von 90 kg auf 80,5 kg, die Rennmäxe von 127 kg auf 117,2 kg abgemagert, während die Leistungen von 13,5 PS auf 16,8 PS, bei den Rennmäxen von 27,5 PS auf 32,7 PS stiegen. Zuletzt lief die 123er schon 168 km/h, die 248er 192 km/h. 1956 gab es serienmäßig die 247er Supermax mit 69 mm Bohrung, 66 mm Hub und 18 PS bei 6500 U/min.

Vor dem Abgesang noch erfolgreiche Rekordjagd

Der letzte Großeinsatz von NSU im Motorradsport erfolgte 1956, als Wilhelm Herz die alte 498er Kompressor-Zweizylinder – nunmehr auf 110 PS gebracht – mit einer „Delphin"-Karosserie versah und auf Weltrekordjagd nach den USA ging. Mit ihm H. P. Müller, der Baumms „Fliegenden Liegestuhl" in den kleinen Klassen mit verschiedenen NSU-Zwei- und Viertaktmotoren fuhr. Baumm war 1955 am Nürburgring bei einer Versuchsfahrt tödlich verunglückt. Trotzdem war das Resultat der Weltrekordfahrten in Amerika ein großer Erfolg für NSU, Wilhelm Herz und H. P. Müller. Zusammen brachen sie 54 Rekorde, Herz wurde in Salt Lake City mit 339 km/h Durchschnitt der schnellste Motorradfahrer der Welt. Trotz dieser Erfolge ging der Motorradbau bei NSU zurück. Man setzte jetzt nur noch auf das Moped „Quickly", von dem 1959 das millionste Exemplar entstand, weiter auf das erste neue NSU-Auto, den „Prinz", und seit 1957 auch auf einen Drehkolbenmotor, der von Felix Wankel konstruiert wurde. Sang- und klanglos verschwand der Motorradbau aus Neckarsulm. NSU war ein Symbol für deutsche Qualitätsarbeit. Auch bei Berücksichtigung der kommerziellen Situation Ende der fünfziger Jahre hätte man einen „Fuß" im Motorradgeschäft behalten sollen. Geblieben sind nur Erinnerungen an prachtvolle NSU-Motorräder und große Fahrer, die der Welt die Überlegenheit von NSU-Maschinen bei zahlreichen Anlässen bewiesen.

1982 in Hockenheim geschossen: Ein einmaliges Bild mit Weltrekordmann Wilhelm Herz (hinter der NSU mit Helm), der auf der 348-cm³-Zweizylinder-Kompressor-NSU von 1950 zahlreiche Rennen gewann. Neben ihm, die Kerzen kontrollierend, sein Sohn Heinz, und auf der Maschine Englands berühmter Rennfahrer Barry Sheene, der die Sitzposition ausprobiert.

Eine komplizierte Story: Premier

Premier in Eger (Cheb) war einst die größte Motorradfabrik in der Tschechoslowakei. Heute erinnern sich nur noch wenige Enthusiasten, daß es Motorräder mit diesem Namen überhaupt gab. In England, wo die Premier-Werke seit 1908 Motorräder herstellten und in Coventry ihr Hauptquartier besaßen; in Deutschland, wo Premier ab 1911 durch Zusammenschluß mit der Nürnberger Firma Christian Braun ein Zweigwerk besaß, und in der früheren österreichisch-ungarischen Monarchie, wohin 1913 dieses Zweigwerk aus wirtschaftlichen Gründen verlegt wurde.

Im Jahre 1918 war es dann „aus" mit dieser Monarchie, in der auch die Stadt Eger an der Grenze mit Deutschland lag. Und so wurde aus der in Österreich-Ungarn gebauten Premier die tschechoslowakische Premier. Weil Eger, nach dem Zusammenbruch der Monarchie, auf dem Gebiete des nunmehr geschaffenen neuen Landes lag. In Wirklichkeit blieb das Werk vorderhand unter englischer Kontrolle, unter Leitung zweier Engländer: Geoffrey Rotherham und Basil Jones. Der baumlange, orthodoxe und streng traditionelle Rotherham – der seinen Vatermörderkragen wohl nie ablegte – war Generaldirektor, sein späterer Schwager Jones der eigentliche Leiter des Unternehmens, das außer Motorrädern vor allem auch Fahrräder und Kinderwagen produzierte. Ende der zwanziger Jahre ging Jones allerdings nach England zurück, und so war es Geoffrey Rotherham, der mit einigen deutschen und tschechischen Direktoren, wie Haubner, Masinda und Schmidt, das Werk leitete, das auf dem deutschsprachigen Gebiet der Tschechoslowakei lag und auch zum Großteil deutschsprachige Mitarbeiter angestellt hatte. Ich erwähne dies, weil man dort ziemlich neutral und international war und vor allem aber auch Interesse hatte, die tschechoslowakische Armee mit Motorrädern zu beliefern. Und so kam es, daß der Verkaufsdirektor Frantisek Masinda war: ein Tscheche, der natürlich auch Deutsch perfekt sprach. Behördenaufträge – und damit war die Armee gemeint – konnte eben ein Tscheche doch besser hereinholen als einer, der in Prag die erste Staatssprache nicht beherrschte.

In England gegründet

Gründer von Premier in Coventry waren die Herren Hillmann, Herbert und Cooper, doch kam bald der alte Herr Rotherham, der Vater von Geoffrey Rotherham, dazu. Ein Mann, der einer alten, angesehenen Familie in Coventry angehörte. Coventry war damals das Zentrum der englischen Fahrrad- und Motorradindustrie. Mit so angesehenen Firmen wie Beeston, Starley, Humber, Rover, Singer, Rex, Sparkbrook, Rudge, Acme, Hobart und zahlreichen anderen Marken. Rotherhams Armaturen hatten bereits einen guten Ruf, und so kam es, daß der alte Herr auch Einfluß in anderen Unternehmen der Branche gewann. Man war daher keinesfalls „neu" im Motorradbau, als die ersten Premier-Motorräder mit 3.5-HP-Einzylinder- und 4.5-HP-V-Zweizylinder-Motoren in Coventry auf den Markt kamen. Und bald war es auch Basil Jones, ein junger Techniker, der diese Maschinen mit Erfolg bei Rennen und Wertungsfahrten steuerte. In den Jahren 1910, 1911 und 1912 bestritt er auch die englische Tourist-Trophy auf der Insel Man. Dann ging er nach Nürnberg, um dort das neue Zweigwerk bei Braun aufzubauen und zu leiten, wobei eine seitengesteuerte 346-cm³-Einzylinder-Premier als Spitzenmodell zur Verfügung stand. Es war in England konstruiert worden, und auch die meisten Teile kamen aus dem Stammwerk in Coventry. Böse Zungen behaupten sogar, nur das Abziehbild am Kraftstoffbehälter wäre in Deutschland erzeugt worden.

Gerade damals befand sich das Wirtschaftsleben Deutschlands wieder in einer Depression, der Umsatz war keineswegs befriedigend. Auch das Geschäft mit Kinderwagen entsprach nicht den Wünschen. Schuld am begrenzten Motorradumsatz trugen aber auch neue Gesetze in Deutschland. So kam es, daß man das Unternehmen über die Grenze, in die besser prosperierende österreichisch-ungarische Monarchie, verlegte. Knapp vor Ausbruch des Ersten Weltkriegs, der dann Basil Jones böse mitspielte ... Geoffrey Rotherham konnte bei Kriegsausbruch 1914 noch schnell in seine englische Heimat zurückkehren, für Basil Jones war es zu spät. Er blieb zurück und wurde während der folgenden Jahre als „feindlicher Ausländer" in

Österreich interniert. In Steyr, wo man dann Steyr-Automobile baute. Wie er mir später erzählte, ging es ihm allerdings nicht zu schlecht in der Internierung, zumal auch die Österreicher einen erfahrenen englischen Techniker gut gebrauchen konnten.

In diesen Jahren lieferte Coventry zahlreiche Maschinen für verschiedene Armeen, auch nach Rußland. Dabei ging durch Versenkung eines englischen Dampfers in der Nordsee eine ganze Ladung von Premier-Motorrädern der englischen Werke verloren. Angeblich liegen diese 200 Maschinen „noch heute" auf dem Meeresgrund ...

Basil Jones, englischer Premier-Werksrennfahrer und später Schwager von Premier-Chef Geoffrey Rotherham, startete 1910 mit dieser englischen V-Zweizylinder-Rennmaschine bei der Tourist Trophy. Das Bild zeigt ihn hinter dem Hotel Sefton in Douglas (Insel Man).

Diese Postkarte mit Seltenheitswert schickte Jones an den in Nürnberg tätigen Premier-Chef Rotherham am 24. Mai 1910 vom Training zur englischen Tourist Trophy. Auf der Rückseite zeigte sie das Bild mit Basil Jones (oben).

Ab 1923 baute Premier in Eger (Tschechoslowakei) diese 269-cm³-Zweitaktmaschine mit dem runden Tank. In späteren Jahren wurde der Hubraum auf 246 cm³ reduziert.

Dreirad mit V-Zweizylinder-Motor

In Coventry geschah noch etwas: Man konstruierte ein Dreirad mit einem V-Zweizylinder-Motor und einen neuen Motorrad-Motor, der für die damals sehr konservativen Engländer eine Sensation bildete. Wegen des ungewöhnlichen Hubraums von 322 cm³, vor allem aber wegen der nebeneinanderstehenden zwei luftgekühlten Zylinder, eine bis dahin ziemlich ungewöhnliche Konzeption. Man schrieb 1915, als dieser Parallel-Zweizylinder-Zweitakter erstmalig lief. Leider mußte wegen des Krieges 1916 die Weiterentwicklung dieser hochinteressanten Konstruktion eingestellt werden. Und als dann 1918 der Krieg zu Ende war, kam Premier in Coventry nicht mehr zum Motorradbau zurück. Man verlegte sich ganz auf das neue Dreirad, baute dann auch einen ähnlichen vierrädrigen Kleinwagen, und dann, 1921, wurde das ganze Premier-Werk in Earlsdon bei Coventry von der Firma Singer „absorbiert". Das war praktisch das Ende der englischen Firma Premier, keinesfalls aber das Ende von Premier in der Tschechoslowakei, wo man sich vorerst – außer mit Fahrrädern und Kinderwagen – auch mit dem Kleinwagen „abgab", diesen aber nie in Serienherstellung nahm.

Konkurrenz durch Jawa

Erst 1923 kam dort der Motorradbau wieder in Schwung. Mit einer 269-cm³-Zweitaktmaschine, außenliegendem Schwungrad, Rundtank und Schwinggabel. Es war dies die erste „rein" tschechoslowakische Premier – und wie sich später zeigte, ein indirekter Grund für das Ende von Premier in der Tschechoslowakei 1933. Wohl wurde diese Konstruktion während der Jahre etwas verbessert und

1926 entstand die 269-cm³-„Liliput" mit dem eckigen Tank. Als Premier 1928 die letzten Zweitakter in Eger baute, besaßen sie schon – im Bild nicht gezeigte – Druid-Federgabeln.

modernisiert. So bekam sie einen Stecktank, eine bessere Vordergabel, ein Dreiganggetriebe und auch einige PS mehr im Einzylinder-Zweitaktmotor, aber nie das gleiche Niveau der 173-cm³-Jawa, mit der sie ab 1932 in Konkurrenz stand. Diese rote, vom Engländer George-William Patchett konstruierte Zweitaktmaschine mit dem guten Villiers-Lizenzmotor war trotz des geringeren Hubraums leistungsfähiger, besser, moderner, schöner, schneller und auch ästhetisch der 269-cm³-Premier weit überlegen. Dazu kam, daß die neue Jawa mit rund 4.500 Kcs fast nur die Hälfte der altmodischen Premier kostete. Kein Wunder daher, daß man sich um die Jawa riß, während die Lagerbestände bei Premier ständig zunahmen, so daß bald nur noch das Geld der „Zivnobank" den Zusammenbruch retten bzw. vorerst abwenden konnte.

Die einstige große tschechoslowakische Bank war aber am Ende von Premier in der Tschechoslowakei nicht schuldlos. Obwohl zu konservativ und mit Neuerungen sehr zurückhaltend, soweit es Neukonstruktionen anbetraf, sah Generaldirektor Geoffrey Rotherham doch die von Jawa kommende Gefahr. Begegnet konnte ihr nur durch eine moderne Neukonstruktion und eine rationellere Produktion werden, und zwar mit Hilfe der Bank. Im Gegensatz zum damaligen Jawa-Chef und Gründer von Jawa, Ing. Dr. h. c. Frantisek Janecek, der von der Waffenproduktion her genügend Geld zur Eigenfinanzierung und außerdem einen einflußreichen Schwager im Ministerium in Prag hatte. Janecek konnte schalten und walten wie er wollte, während Premiers Rotherham ganz unter der Herrschaft von Bankdirektoren stand, die in ihrem Leben nur Geld, aber kaum Motorräder sahen. Sie wollten nicht Geld in ein billiges und gutes Volksmotorrad bei Premier stekken, weil man – verhältnismäßig und theoretisch – mehr an größeren Modellen verdienen konnte. Theoretisch deshalb, weil es damals wegen der internationalen Wirtschaftskrise gar nicht genug Kunden für größere und damit teuerere Motorräder gab, und weil man auch bei Premier in Eger – mit einer Ausnahme – keine zeitgemäße, moderne Konstruktion in der Produktion hatte. So baute man 1932 noch die kleine Zweitaktmaschine,

Aus der großen Premier-Modellpalette konnte 1927 diese seitengesteuerte 346-cm³-Maschine sowohl mit eigenem als auch mit JAP-Motor bestellt werden. Ähnlich sah auch die 490-cm³-Version aus.

nunmehr auch mit Kettenantrieb anstatt des Riemenantriebs, weiter. Eine Konstruktion, die schon 1913, wenn auch in etwas primitiverer Form, entstanden war. Man baute sie, aber nur in geringen und unrentablen Stückzahlen in einem Werk, dessen Drehbänke und andere Bearbeitungsmaschinen noch aus der Jugendzeit der Kaiserin Maria Theresia stammten. Weil auch hier die Bank nichts investieren, das heißt modernisieren wollte.

Modellprogramm eine „Katastrophe“

Das Modellprogramm von Premier in Eger war eine andere „Katastrophe“. Es war viel zu groß und daher unrentabel, oft zu veraltet und unmodern, um größere Umsätze bei der starken Konkurrenz ausländischer Marken in der Tschechoslowakei erzielen zu können. Von 1925 an baute man Einzylinder-Maschinen mit seiten- bzw. kopfgesteuerten englischen JAP-Einbaumotoren von 346 und 490 cm³, ab 1926 auch eine seitengesteuerte V-Zweizylinder von 746 cm³, die hauptsächlich für Militärzwecke und Seitenwagenbetrieb gedacht war. Später kamen Modelle mit fast gleichen (unter JAP-Lizenz gebauten) eigenen Motoren dazu. Der Premier-Katalog von 1930 hatte – soweit ich mich jetzt noch erinnere – folgende Modelle: 269-cm³-Zweitakter mit Zweigang- und Dreigang-Getriebe, 269-cm³-Zweitakter mit Rundtank oder Stecktank (als fast alle anderen Fabriken nur noch Satteltankmaschinen anboten!) sowie auch eine 269-cm³-Zweitakt-Sportmaschine. Dann kamen 346-cm³-Einzylinder und 490-cm³-Einzylinder mit JAP- oder eigenen Motoren. Die ohv-Modelle mit einem oder zwei Auspuffrohren, jedes Modell in Touren- oder Sportausführung, mit Stecktank oder dem damals weißlackierten Satteltank. Dazu kamen zwei Ausführungen der 746-cm³-V-Zweizylinder.

Chefkonstrukteur in Eger war Ing. Hans Baumann, doch war es Ing. Otto Lausmann, der 1929 die modernste, schönste und beste aller Konstruktionen bei Premier schuf. Eine 498-cm³-ohv-Einzylindermaschine mit nach vorn geneigtem Zylinder, deren Langhubmotor zwei Auspuffrohre hatte. Sie besaß ein gutes und modernes Fahrgestell mit hohem Satteltank und war auch sonst die fortschrittlichste und modernste aller je gebauten Premier-Maschinen. Als Luxus- und Sportmodell angeboten, hatte sie normalerweise gute Chancen – aber nicht 1929, als es einfach zu wenige Kunden mit dem notwendigen Geld für so eine Maschine gab. Außerdem waren Premierhändler oft „unbekannte Größen“, und während später Jawa-Händler immer Ersatzteile am Lager halten mußten, konnte man Premier-Ersatzteile fast nur vom Werk in Eger, bestenfalls von einem kleinen Lager in Prag, beziehen. An Kundendienst wurde noch nicht sehr gedacht. Obwohl Premier bis 1930 die größte Motorradfabrik der Tschechoslowakei war, ist das Wort „größte“ in diesem Falle ein nur sehr relativer Begriff. Die Produktion an Motorrädern stieg in keinem Jahr über 2000 Einheiten! Andere Firmen der damaligen Periode wie Bekamo, Grizzly, BD-Praga, MB, Aeros, BV, Poustka, Itar, Walter, JAC, Velox, BAF, Rulliers, Satan, Velamos, Sirocco, MC, Fortis usw. produzierten noch weniger Motorräder und spielten nie eine bedeutende Rolle, obwohl besonders die Kochschen BD-Praga-Maschinen hochklassig und modern waren.

Das war eine Premier von 490 cm³ mit eigenem – JAP-ähnlichem – kopfgesteuertem Einzylindermotor aus dem Jahre 1927.

In Rennen erfolgreich

Groß war bei Premier in Eger das Interesse an Rennen. Da gab es fast immer Werksfahrer. Vorerst den wilden Gustav Matcha auf ohv-Rennmaschinen von 346 cm^3 und 996 cm^3 mit Ein- und V-Zweizylinder-JAP-Rennmotoren; 1927 kam der beste aller Premier-Werksfahrer, Alois Kraus, dazu. Er fuhr meistens 346er, 498er und 996er Rennmodelle mit JAP-Motoren. Die größten Erfolge errang er bei Bergrennen wie Königsaal-Jiloviste, Brno-Sobêsice, Knoviz-Olsany, Ecce-Homo, Schöberberg, Jeschken, Krivoklat u. a. mit der großen V-Zweizylindermaschine von 55 PS, die er ohne Seitenwagen fuhr. Mit Seitenwagen wurde ein ähnliches Modell von Victor Rindler, Josef Weiner und Karl Tauber erfolgreich gesteuert. Tauber fuhr gelegentlich auch Solomaschinen in Rennen. Zweiter Mann neben Kraus war hier aber von 1928 bis 1930 der hervorragende Prager Václav Liska, der mit Premier-JAP-Werksmaschinen große Erfolge errang und 1929 Zweiter der 350-cm^3-Klasse beim „Großen Preis der Tschechoslowakei" in Prag wurde. Mit 158 km/h hielt er auch den Kilometerrekord seines Landes, den er im selben Jahr auf der Strecke von Sichrov aufstellte. Alois Kraus und Václav Liska fuhren auch Bahnrennen und Wertungsfahrten. Andere bekannte Premier-Werksrennfahrer waren Emil Koubek, Rudolf Schmid (der Sohn eines Direktors), Karel Böhm, Mila Stipek, Ernst Haubner und Frantisek Jedlicka. Mit 746-cm^3-Premier-Seitenwagenmaschinen bestritt auch die Armee zahlreiche Veranstaltungen, wobei sie so hervorragende Fahrer wie Kpt. Kucka, Major Solansky, Kpt. Koselka, St. Kpt. Böhm, Rittm. Saska, Kpt. Dlouhy u. a. zur Verfügung hatte ... alles erfahrene Rennfahrer, die dem „Rennstall" der Armee-Versuchsabteilung in Prag angehörten. Dieser stand unter der Leitung von Brigade-General Kabrna, der – ein großer Rennenthusiast –

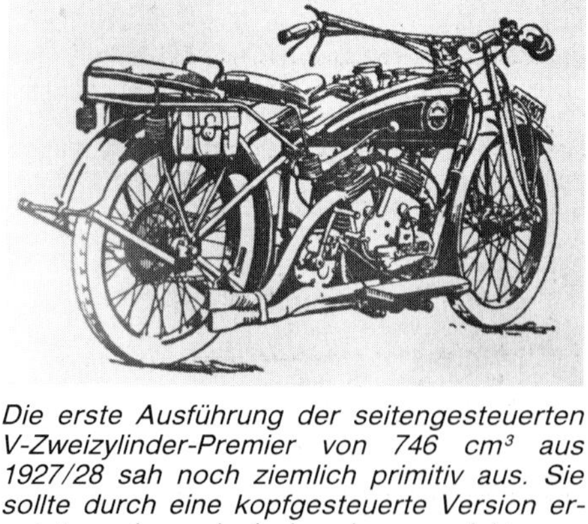

Die erste Ausführung der seitengesteuerten V-Zweizylinder-Premier von 746 cm^3 aus 1927/28 sah noch ziemlich primitiv aus. Sie sollte durch eine kopfgesteuerte Version ersetzt werden – doch dazu kam es nicht.

jahrelang nicht nur existierende Sportmaschinen in seinen militärischen Versuchswerkstätten „frisieren" ließ, sondern für das „Militär" aus dem Ausland so hervorragende Rennmaschinen wie die KTT-Velocette, „Camshaft"-Chater-Lea, Renntype „O" von Levis, die berühmte „SS 100" von Brough Superior (1925 für Kpt. Kucka), zwei 996-cm^3-McEvoy-„Anzani", mehrere englische Omega mit JAP-Rennmotoren, ohv-Modelle (R 42) von BMW und noch andere, zumeist ausgesprochene Rennmaschinen bezog und – natürlich für das Geld der Steuerzahler – in großzügiger Weise bei tschechoslowakischen Rennen einsetzen ließ. So „erzog" er viele gute Rennfahrer und belebte das Renngeschehen. Daß ihm 1930 die damalige tschechoslowakische Regierung nach rund achtjähriger „Renntätigkeit" einen Strich durch die Rechnung machte, war – nicht nur für mich! – sehr betrüblich, zumal es immer so schön war, auf den Depots bei Rennen anstatt den Namen einer Motorradmarke die Worte „Ministerstvo Národni Obrany" (Nationalverteidigungsministerium) zu lesen. Schade, daß nicht jedes Land wenigstens einen Brigadier Kabrna hat, der Rennmaschinen anstatt Waffen kauft.

Zurück zu Premier in Eger und zurück zu Premier in Coventry, weil dort Singer durch Erwerb der Premier-Werke auch in den Besitz von Premier-Eger kam. Ganz stimmt dies nicht, da inzwischen der Einfluß der Banken zu groß wurde, um den Herren Rotherham & Co. noch viele wichtige Entschlüsse zu ermöglichen. So kam es, daß Singer – ein Konzern, der jetzt zu Chrysler gehört – mit Premier in Eger nie eine direkte Verbindung hatte. Und als ich 1956 Basil Jones in seinem Heim außerhalb Coventrys aufsuchte, vertrat er die Ansicht, bei Singer hätte niemand gewußt, daß Premier in Eger beim Verkauf in den Vertrag einbezogen war.

Wie ich zu Premier in Eger kam

Eine falsche technische Ansicht brachte mich in meiner Jugend frühzeitig mit Geoffrey Rotherham, dem Chef von Premier in Eger, in Verbindung. Nach dem 1930er Ecce-Homo-Bergrennen, in dem Alois Kraus mit der 498er „Langhub"-Rennmaschine von Paul Oilter (Genf) auf Motosacoche und Otokar Henych auf Rudge geschlagen wurde, vertrat ich die – irrtümliche! – Meinung, daß die langen Kolbenwege und eine dadurch bedingte „Zeit- und Leistungsverschwendung" des Langhubmotors von Premier schuld an der Niederlage sein dürften. Ich riet dem baumlangen Engländer, durch die Verwendung der damals neu eingeführten englischen „Python"-Einbaumo-

Ende 1928 erschien dann die weiterentwickelte 746-cm³-Premier, auch sie hatte einen weiterentwickelten seitengesteuerten V-Zweizylindermotor.

toren – ein Erzeugnis von Rudge in Coventry – die Erfolgsmöglichkeiten von Premier-Rennmaschinen zu erhöhen. Ich war damals so jung, daß ich mir extra eine Schreibmaschine für diesen Brief an Rotherham auslieh, damit er meine noch unausgeschriebene Schrift und damit mein „begrenztes" Alter nicht erkennen könne. Sehr bald teilte er mir mit, daß Premier mit Rücksicht auf den eigenen Langhuber keine fremden Motoren verwenden könne. Trotzdem sei er bereit, meinen Vorschlag nicht ganz zu verwerfen, falls der eigene Motor auch in Zukunft bei Rennen ohne größere Erfolge bleiben werde. Übrigens möchte er sich, falls ich auf Premier-Kosten nach Eger kommen könnte, mit mir gerne unterhalten.

Das Resultat dieses Schreibens war ein Riesenkrach im Hause Tragatsch in Zwittau, wo mein Vater nur noch den Kopf schüttelte. „Mister Rotherham läßt dich bestimmt einsperren, wenn er sieht, wie jung du bist!" meinte er und – ließ mich zuletzt doch in das sehr weit entfernte Eger (ca. 350 km) mit der Eisenbahn fahren. Vorher hatte ich Mr. Rotherham über meine Ankunft informiert, ich wurde auch am Bahnhof mit einem amerikanischen „Overland"-Auto abgeholt. Ich war so nervös, bevor ich in das Büro Rotherhams eintrat, daß ich alle meine Englischkenntnisse vergessen hatte, als er mir die Hand zur Begrüßung gab. Was er sich dachte, als er einen jungen Studenten und keinen alten erfahrenen Techniker vor sich hatte, weiß ich nicht. Aber Geoffrey Rotherham, damals in den fünfziger Jahren, war nett und freundlich. Und als wir uns verabschiedeten, nachdem wir viele mit Motorrädern zusammenhängende Probleme kommerzieller und technischer Natur besprachen, lud er mich ein, nach Beendigung meiner Studienzeit bei Premier einzutreten. Ich tat es. Leider zu einer Zeit, als Premier fast am Ende war. Aber – und das gab mir eine große Genugtuung – noch 1931 erwarb Rotherham zwei 498-cm³-Python-Rennmotoren, Einzylinder mit vier Ventilen, wie sie bei den Rudge-Rennmodellen und auch von Imperia in Deutschland verwendet wurden. Der erste – und wie sich zeigte leider auch letzte – Start der neuen 498er Premier mit dem Rennvierventiler von „Python" war beim Rundstreckenrennen in Ostrau, wo Alois Kraus die beste Zeit des Tages vor dem französischen Terrot-Werksfahrer Paul Boetsch herausfuhr. Kraus, der 1955 in Makranstädt starb, war damals nicht mehr im Premier-Werk tätig; in Schalscha bei Karlsbad hatte er eine eigene Motorradwerkstatt. Auch ich verließ bald die Firma und ging zur Generalvertretung von Rudge in Prag, der Firma S. Vordrén & Co., wo ich mit der Elite der damaligen tschechoslowakischen Rennfahrer zusammentraf, die zum Großteil die hervorragenden Rudge-Rennmaschinen steuerte. Mit Bruno Rzehak, Willi Jung, Tonda Siska, Lada Nerad und vor allem aber mit zwei großen und erfahrenen Fahrern wie Mita

1929 hatten alle Premier-Motorräder eigene Motoren, auch diese seitengesteuerte 496-cm³-Einzylinder.

Die letzte Eigenkonstruktion entstand 1929 mit dieser 498-cm³-„Langhubversion", die noch einmal den Namen Premier in die Schlagzeilen der Fachpresse brachte.

Eisrennen im Jahre 1931! Alois Kraus, seit 1927 Spitzenfahrer im Werksteam von Premier, mit seiner kopfgesteuerten „Langhub"-Maschine von 498 cm³. Neben ihm sein Teamkollege Emil Koubek.

Vychodil und meinem alten Freund Václav Liska, der als Rennmaschinentechniker große Klasse war und von dem ich sehr viel lernen konnte. So erwarb er z. B. nicht die Rudge-„T.T.-Replica"-Rennmodelle, sondern „normale" 348er und 498er Rudge-Sportmaschinen. Die trimmte er so hin, daß er – auch dank seiner großen Fahrkunst – fast immer schneller bei Rennen war als die Fahrer mit den „T.T.-Replicas".

Václav Liska war natürlich der Mann, der vorher auch für Premier fuhr und nunmehr seine Werkstätte auf der Letná in Prag hatte. Er starb 1935 unter sehr tragischen Umständen. Das war zu einer Zeit, als Premier keine Motorräder mehr baute und Geoffrey Rotherham bereits im Ruhestand in Coventry lebte. Dort traf ich 1956 noch seine Witwe (er starb während des Krieges) und Basil Jones, der ein Bruder von Frau Rotherham war, und mit dem ich mich noch lange unterhielt: über Premier!

Doppelkolben-Zweitakter: Puch

Als man sich am Anfang der zwanziger Jahre in Deutschland den Kopf über die Vor- und Nachteile von Zwei- und Viertaktern zerbrach, handelte ein in Italien geborener Österreicher. Er baute als Chefkonstrukteur von Puch in Graz keine der damals üblichen Nasenkolben-Zweitakter, aber auch keine neuen Viertaktmaschinen. Ing. Giovanni Marcellino schuf Doppelkolben-Zweitakter, wie sie bis dahin – wenn auch in etwas anderer Form – nur von Garelli in Italien serienmäßig produziert wurden. Garelli war besonders im Sport mit dieser Konstruktion sehr erfolgreich.

Im Gegensatz zu Doppelkolben-Zweitaktern waren Dreikanal-Nasenkolbenmotoren einfacher, daher auch billiger im Bau und im Verkauf. So kam es, daß fast alle anderen Motorradhersteller, die Zweitaktmotoren verwendeten, auf die einfachere Konstruktion zurückgriffen, obwohl es auch Ausnahmen wie bei Ermag, Dolf, Ziro usw. gab, mit Schieber und ähnlichen Konstruktionselementen. Schlitzgesteuerte Zweitakter heutiger Prägung gab es noch nicht; Flachkolben kannte man bei „normalen" Zweitaktern genausowenig wie Umkehr-, Kreuzstrom-, Gleichstrom-, Steilstrom-, Schauer-, Quell- oder Wirbelstromspülungen. An Patenten für Zweitaktern hat es nie gemangelt, jedoch an leistungsfähigen, ökonomischen und zuverlässigen Konstruktionen. Sie waren selten, viele entsprachen nicht den Bedürfnissen und Wünschen der Kunden. Dadurch kam seinerzeit der Zweitakter zu einem schlechten Ruf, und es bedurfte seitens einiger Firmen großer Anstrengungen, ihn hoffähig zu machen.

Was damals DKW in Deutschland war, das war Puch in Österreich. Allerdings bestand ein Unterschied insofern, als man in Zschopau bei DKW den Nasenkolbenmotor zu einem hohen Standard entwickelte, während man bei Puch mit dem Doppelkolben-Zweitakter vorerst nicht recht an die breite Masse der Kunden herankam. Ihnen galt es die Leistungsfähigkeit dieser aufwendigeren Konstruktion zu beweisen. Das geschah durch den werksseitigen Einsatz bei Rennen und großen Zuverlässigkeitsfahrten, ähnlich wie es mit der verwandten Garelli-Konstruktion in Italien der Fall war.

Die Puchwerke in Graz gehörten im Motorradbau schon vor 1914, in der alten Österreichisch-ungarischen Monarchie, neben Laurin & Klement, Walter, Torpedo, Orion, Linser (Zeus) zu den führenden Unternehmen. Der am 27. Juni 1862 in der Untersteiermark geborene Johann Puch hatte schon 1890 einen Gewerbeschein zur fabrikmäßigen Erzeugung von Fahrrädern mit dem Standort in Graz erhalten. Ein Jahr darauf entstand die Firma Johann Puch & Comp., Graz, Strauchergasse 18a. Am 23. Februar 1897 wurde das Unternehmen in „Johann Puch & Comp. Styria-Fahrradwerke" umbenannt, doch schied Puch bald aus und durfte zwei Jahre lang keine neue Firma mit seinem Namen gründen. So entstand erst 1899 die Firma „Johann Puch, Erste Steyermärkische Fahrrad-Fabrics-Actiengesellschaft". Von 1901 bis 1903 machte er Versuche mit Motorrädern, Dreirädern und Automobilen, dann nahm er den Motorradbau mit einer einzylindrigen Maschine von 2¾ PS auf. 1906 kam der Autobau dazu, und am 19. Mai 1914 wurde das Unternehmen in „Puchwerke AG" umbenannt. Genau zwei Monate später, am 19. Juli 1914, starb Johann Puch.

Eine 1905 gebaute 4/5-PS-Puch mit eigenem V-Zweizylindermotor und Seitenwagen.

1905 konnte Josef Wetzka beim Ausscheidungsrennen zum „Coupe Internationale" in Pacov (Tschechoslowakei) mit dieser Puch, die einen V-Zweizylindermotor hatte und 120 km/h erreichte, den zweiten Platz belegen. Der „Rennmotor" gab 12 PS ab.

Durch Rennerfolge früh weltberühmt

Bis dahin wurden Ein- und V-Zweizylindermodelle mit 2¾, 3½, 4, 5, 6 und 7 PS gebaut sowie auch Rennmaschinen, die den Namen Puch weltberühmt machten. 1913 und 1914 starteten Puch-Maschinen sogar schon bei der englischen Tourist Trophy auf der Insel Man. Berühmte Fahrer, unter ihnen Louis Obruba, Josef Wetzka, Eduard Nikodem, Ing. Robert Medinger, Alfred Noll, der spätere Mercedes-Direktor Jacob Werlin, Otto Wolf und andere, konnten viele Erfolge für Puch vor dem Ersten Weltkrieg erringen. Die wohl interessanteste Puch entstand im Krieg, als man 1916 eine 496-cm³-Maschine schuf, die einen langliegenden zweizylindrigen Boxermotor besaß. Nur 10 dieser Maschinen wurden gebaut, dann verwendete man diesen Motor für stationäre Zwecke. Im ganzen gab es von 1903 bis 1917 zwölf Puch-Modelle, die Gesamtproduktion in dieser Periode betrug 5325 Motorräder. Dazu kamen rund 3000 Automobile, inklusive Lastwagen. Der seit 1906 bestehende Autobau wurde 1923 aufgegeben, man widmete sich nunmehr ganz dem Motorradbau, mit den erwähnten Doppelkolben-Zweitaktern.

Marcellinos erstes Modell war die LM mit 123 cm³. Ende 1924 folgte die 173-cm³-Version, von der es 1925 auch ein Sportmodell mit Doppelauspuff gab. Von 1926 bis 1928 war die 220-cm³-Puch in Serie und mit 12000 gebauten Einheiten auch ein kommerziell erfolgreiches Modell. Die LM hatte es auf 2500, die 175er auf 3500 Exemplare gebracht.

In diesen Jahren wurde fast jede Marke unter der Sonne nach Österreich importiert. Englische Maschinen „überschwemmten" das Land. Bei Puch wollte man nicht zusehen, und so schuf man 1928 eine einzylindrige 490-cm³-Maschine, die aber kein Doppelkolben-Zweitakter, sondern einen seitengesteuerten JAP-Viertaktmotor hatte. Nur 500 Stück wurden davon hergestellt – und noch eine dazu mit dem gleichgroßen ohv-JAP-Rennmotor: Für Hugo Höbel, den Puch-Werksfahrer, der diese einmalige Puch beim Großen Preis von Österreich 1928 fuhr.

Ein großer Wurf: die „S4"

Von 1924 bis 1928 wurden bei Puch 66307 Zweitaktmaschinen und 1050 Viertakter gebaut. 1929 entstanden die ersten 248-cm³-Modelle, die vorerst 6 PS und mit der 1934 bis 1938 gebauten fabelhaften Type S4 schon

Gebaut während des Ersten Weltkriegs: diese 4-PS-Puch Typ DR entstand 1915 und wurde nur in 115 Exemplaren hergestellt.

Puch baute bis 1923 auch Automobile, konzentrierte sich dann aber auf die von Ing. Giovanni Marcellino konstruierten Doppelkolben-Zweitakter. Dies war die erste Version, die LM mit 122 cm³.

10,5 PS hatten. Besonders diese sportliche S4 erfreute sich großer Beliebtheit. Mit etwas „Tuning“ konnte man die Leistung des elastischen und zuverlässigen Zweitakters noch erhöhen; es gab viele Fahrer, die mit der S4 auch erfolgreich an Sportveranstaltungen teilnahmen. Allein von diesem Modell wurden 7600 Maschinen verkauft, zum Teil auch in Deutschland, wo Puch jahrelang in Passau ein Zweigwerk hatte, das von dem sehr sportfreudigen Direktor Molnár geleitet wurde.

Der Name Puch war damals mit Doppelkolben-Zweitaktern so eng verknüpft, daß man bereits 1931 auch eine eigene 496-cm³-Zweitaktmaschine mit zwei hintereinanderstehenden Zylindern, das Modell Z mit 14 PS schuf. 1932 kam die verbesserte 496 cm³ Typ N dazu. Das waren sehr geschmeidige Motoren in typischen Puch-Fahrgestellen, die sich aber nicht in großen Stückzahlen – teilweise auch wegen der damaligen Wirtschaftskrise – verkaufen ließen. Ähnlich erging es in den späteren Jahren den weiterentwickelten Modellen 500 V, L und VL. Mit 14 PS Leistung waren diese Zweizylinder keine Hochleistungsmaschinen. Bekannt war auch, daß sie immer wieder bei hohen Geschwindigkeiten über längere Distanzen mit Schmierungs- und dadurch auch mit thermischen Schwierigkeiten zu kämpfen hatten. Im ganzen wurden 4250 Puch-Zweizylindermodelle gebaut; die letzten 1938. Schon 1933 waren die 198er ADP und 1937 der Typ 200 mit 198-cm³-Motoren dazugekommen. Dazu gesellten sich 1938 auch eine für Militärzwecke bestimmte 346-cm³-Zweitaktmaschine mit 12 PS und die kleine 60-cm³-Styriette, die allerdings keinen Doppelkolben besaß. Sie war ein verstärktes Fahrrad mit Hilfsmotor.

Außer der 1928 gebauten 500er mit JAP-Motor gab es nur noch ein Puch-Modell, das einen Viertaktmotor, ebenfalls seitengesteuert, besaß. Es erschien 1936 mit einem 792-cm³-Vierzylinder-Boxer von Puch, der quergestellt eingebaut wurde, mit Kettenantrieb zum Hinterrad. Auch diese 20-PS-Maschine, von der es 550 Exemplare gab, wurde hauptsächlich für die Armee hergestellt. Der große Schlager von Puch aber war in den dreißiger und später in den fünfziger Jahren die Doppelkolben-Zweitaktmaschine von 248 cm³, besonders eben die sehr rassige S4, der man auch noch nach 1945 oft begegnete.

Viel zur Popularität damaliger Puch-Maschinen trug die sehr aktive Rennbeteiligung der Grazer bei. Schon 1924 gab es beim Großen Preis der Nationen in Monza eine Sensation, als Hugo Höbel und Rupert Karner trotz Stürzen in der 250-cm³-Klasse den zweiten und dritten Platz belegen konnten. Auf einem Werksrennmodell, bei dem – grob ausge-

Die erste 246-cm³-Puch wurde 1928 auf den Markt gebracht und dann bis in die fünfziger Jahre mit weiterentwickelten Doppelkolben-Zweitaktmotoren gebaut.

Diese 1928 entstandene 490-cm³-Puch war sehr untypisch für diese Marke, hatte sie doch keinen Zweitaktmotor, sondern einen englischen seitengesteuerten JAP-Motor.

drückt – zwei nebeneinanderstehende LM-Zylinder mit vier Kolben auf einem gemeinsamen Kurbelgehäuse saßen. Unklar blieb damals, warum Puch diese so erfolgreiche Rennversion nach diesem Rennen gleich zurückzog, obwohl man für die Serie eine „Monza" von 346 cm^3 nachher vorbereitete, diese aber auch nur in wenigen Versuchsexemplaren baute. Von 1926 an wurden fast ausschließlich Doppelkolben-Einzylindermodelle von 173 cm^3 und vor allem 248 cm^3 bei Rennen mit so hervorragenden Fahrern wie Hugo Höbel, Rudolf Runtsch, Hans Sandler, Siegfried Cmyral, Elvetio Toricelli (ein Südschweizer), Rudi Hunger, Laszlo Kiss, Ferencz Lukawetz u. a. eingesetzt. Die letzteren stammten aus Ungarn, wo Puch schon immer große kommerzielle Interessen hatte und der Neffe des Firmengründers, Johann Puch jr., nicht nur die Budapester Filiale leitete, sondern selbst an Rennen und Zuverlässigkeitsfahrten teilnahm.

Von 1930 bis 1932 setzte Puch wassergekühlte 248-cm³-Werksrennmaschinen mit Ladepumpe ein und konnte zahlreiche große Rennen – darunter auch die 250er Klasse beim Großen Preis von Deutschland 1931 mit dem Schweizer Elvetio Toricelli im Sattel – gewinnen. Auch Siegfried Cmyral, Rudi Hunger, Laszlo Kiss und andere steuerten diese hervorragenden Maschinen.

Zusammenschlüsse und Firmenumbenennungen

Ende 1928 war es zu einem Zusammenschluß mit der Austro-Daimler-Autofabrik in Wiener Neustadt gekommen; im Wiener Handelsregister hieß Puch nunmehr „Austro Daimler-Puchwerke Aktiengesellschaft". Später kam auch Steyr dazu, und von 1935 an hieß die Firma „Steyr-Daimler-Puch AG", wobei Steyr eigene Automodelle baute und Daimler in Wiener Neustadt den Bau der prachtvollen großen Luxusautomobile einstellte. Nach dem Anschluß Österreichs 1938 an Deutschland wurde das Unternehmen in die „Hermann-Göring-Werke" eingegliedert. In den Kriegsjahren 1941–1942 entstand die hochmoderne neue Puch-Fabrik in Thondorf bei Graz, die ein Areal von 500 000 Quadratmeter umfaßte. Erst 1952 konnte Puch dort nach Freigabe durch die Besatzungstruppen wieder Motorroller und dann Mopeds in großen Mengen erzeugen. Das Stammwerk in der Puchstraße in Graz war noch stärker zerstört worden, konnte aber früher benutzt werden.

Dort begann schon 1946 der Serienbau der im Krieg entwickelten neuen 123-cm^3-Touren- und Sportmodelle. Ihnen folgten die TF-Doppelkolbenversionen von 248 cm^3 und dann die Schalenrahmenmodelle. Zu diesen gehörten die 148er TL sowie die SV- und SVS-Modelle von 123 cm^3 und 173 cm^3 sowie die prachtvollen 248er SG- und SGS-Versionen. In Thondorf wurde das Werk weiter modernisiert und ausgebaut, während man die ältere Fabrik in der Puchstraße immer mehr als Zulieferwerk für Teile, wie Naben, Lichtanlagen, Ketten usw., einrichtete. Nach wie vor wurden auch Fahrräder hergestellt und 1957 auch ein Assembling-Abkommen mit Fiat in Turin getroffen, das zum Bau des „österreichischen" Fiat 500 führte. 1959 kam auch der „Haflinger" dazu.

Damals stockte, wie überall, das Motorradgeschäft. Auch das Interesse für Roller hatte abgenommen, und so konzentrierte man jahrelang die Produktion auf Mopeds, die in zahlreichen Varianten auf den Markt kamen. Puch lieferte Moped- und Motorradmotoren auch an andere Firmen. Die Motorräder genossen auch in Deutschland einen guten Ruf; schon 1926 war der Freiburger Willi Zick auf Puch Meister der 175-cm^3-Klasse bei Straßenren-

Eine Sensation gab es 1931, als Puch eine zweizylindrige 496-cm³-Zweitaktmaschine mit vier Kolben und hintereinanderliegenden Zylindern auf den Markt brachte. Sie wurde bis 1938 in verschiedenen Ausführungen gebaut, hatte aber immer den elastischen 14-PS-Motor mit Luftkühlung.

nen. In späteren Jahren dominierte bei Zuverlässigkeitsfahrten das deutsche Puch-Werksteam mit Georg Stolze, Paul Günther und Fritz Stumfoll. Auch Carl Jurisch, nicht nur als Rennfahrer, sondern auch als Konstrukteur (u. a. von Hinterradfederungen) bekannt, fuhr oft auch auf Puch; Mitte der dreißiger Jahre sogar auf einer auf Wasserkühlung umgebauten 496-cm³-Zweizylinder. Ein Grazer Techniker und Ex-Rennfahrer – nunmehr in Wien ansässig – lieferte damals Wasserkühlungen zum nachträglichen Einbau für diese ziemlich heißlaufenden Vierkolbenmaschinen: Lajos Harmos-Hihalom.

Fabelhafte Ladepumpen-Maschinen

Wasserkühlung gab es schon 1930 bei den Puch-Werksrennmaschinen von 248 cm³. Vorher liefen bereits 173-cm³-Rennmodelle mit Ladepumpen. Der sehr vielseitige Chefkonstrukteur von Puch, Ing. Giovanni Marcellino, setzte sogar frisierte Maschinen von 220 cm³ und vor allem 248-cm³-Rennmaschinen erfolgreich bei Rennen ein. Er schuf, um konkurrenzfähig zu bleiben, auch mehrere Spezialkonstruktionen und dann die fabelhaften wassergekühlten Doppelkolben-Ladepumpenmaschinen, die zwischen 1930 und 1932 zahlreiche Grand-Prix- und T.T.- sowie andere Rennen in Österreich, Ungarn und anderen Ländern zum Teil überlegen gewannen. Damals führten noch die Engländer und Italiener die 250-cm³-Klasse mit Rudge, New Imperial, Excelsior, Moto Guzzi, Miller und anderen Marken an, auch die deutschen DKW, die noch mit Nasenkolbenmotoren fuhren, waren oft ganz vorn. Wie gut die Werks-Puch waren, konnte man 1931 am Nürburgring sehen, wo beim Großen Preis der kleine Elvetio Toricelli die 250-cm³-Klasse gegen stärkste Konkurrenz gewann. Das war ein Alarmzeichen für DKW in Zschopau, wo man nunmehr auch zum Bau von Doppelkolben-Zweitakt-Renn-

Großer Beliebtheit erfreute sich besonders bei jungen Sportlern ab 1934 die rassige Puch S4, deren 248-cm³-Doppelkolbenmotor 10,5 PS leistete.

1936 entstand eine 792-cm³-Puch mit quergestelltem Vierzylinder-Boxermotor, der seitengesteuerte Ventile aufwies und 20 PS abgab. Gebaut wurde dieser Typ 800 vornehmlich für die Armee und Behörden. Bis 1938 entstanden nur 550 Exemplare.

maschinen überging. Im Jahre 1932 lief – ich glaube, es war beim Lückendorfer Bergrennen – die erste dieser neuen DKW-Rennmaschinen in der 250-cm³-Klasse mit Toni Bauhofer im Sattel.

Zurück zu Puch, wo trotz zahlreicher Rennerfolge der Umsatz viele Wünsche offen ließ, weil die Käufer in diesen Krisenjahren einfach kein Geld hatten. So löste man Ende 1932 in Graz die Werks-Rennabteilung – die unter Leitung von Franz Gall stand – auf. Franz Gall war der älteste der drei rennfahrenden Brüder Gall. 1926 hatte er die Rennabteilung von Puch in Graz übernommen; Karl Gall, einer seiner Brüder, kam dann 1927 als Werksfahrer nach München zu BMW. Einige der schnellen Puch-Werksrennmaschinen wurden privat verkauft, besonders die Dreigangmodelle von 1930. So nahm Elvetio Toricelli, der Ende 1931 in die Schweiz zurückging, eine wassergekühlte Puch mit, zwei gingen nach Ungarn, und auch Rudi Hunger, bis 1932 Werksfahrer, steuerte diese dann als Privatfahrer. Der Wiener Franz Novotny fuhr eine solche Ex-Werks-Puch bis 1938 auch bei zahlreichen Rennen in Deutschland trotz der großen Konkurrenz der DKW-Zweitakter mit guten Erfolgen. Eine weitere Renn-Puch gab es in Passau, die man 1933 dem Berliner Charly Binder-Saam für das Avus-Rennen lieh. Ein Sturz brachte ihn ins St.-Hildegard-Krankenhaus und leider nicht ans Ziel.

Schon die ersten Sport-Puchs von 173 cm³ dienten vielen österreichischen Privatfahrern zum Einstieg in den Rennsport; später waren es die Modelle von 248 cm³ und nach 1945 von 123 cm³. Unter den Fahrern waren so bekannte Namen wie Martin Schneeweiß, Leopold Killmeyer, Otto Walz, Stanislav Suchanek usw. Wie schnell man z. B. die 125er machen konnte, sah ich 1950 beim Großen Preis von Österreich, der in Rankweil ausgetragen wurde. Sieger war Sepp Herburger auf Puch, hinter ihm Fahrer wie Nochi auf

Die 248-cm³-Doppelkolben-Einzylinder wurden ständig weiterentwickelt und verbessert wie dieses Puch-Modell SGS aus dem Jahre 1966.

MV-Agusta und Ubbiali auf FB-Mondial. Generell muß man das hervorragende Drehmoment und die Leistung fast aller Puch-Zweitakter hervorheben; im Gebirge waren sie schon immer hervorragend. So gab es auch nach 1945 in Wiesbaden ein Zentrum um Fahrer wie Ing. Erich Wolf, Carl Döring, Meister Thorn und noch einigen anderen, die aus 123-cm³-Puchs hervorragende Leistungen herausholten. Eugen Zöger aus Melle gehörte um 1950 auch auf einer Puch zu den führenden deutschen Rennfahrern in dieser Klasse.

Mehr Gewicht auf Wertungsfahrten

Das Grazer Werk selbst baute – offiziell – nach 1932 keine Rennmaschinen mehr, doch bestritt man fleißig Wertungsfahrten, wo oft weiterentwickelte Modelle unter schwersten Bedingungen bestehen mußten. Auch hier könnte man viele einst bekannte Namen aufzählen: Hans Weingartmann, Johann Kramer, Edi Beranek, Ing. Hubert Rauh, Herbert Czakoi usw. Ganz stimmt dies insofern nicht, als man schon Mitte der fünfziger Jahre Rennen ziemlich offiziell, jedoch nicht wie bis 1932 mit reinen Spezialkonstruktionen bestritt. So sah man nunmehr Werksfahrer wie Johann Kramer mit 248-cm³-Doppelkolbenmaschinen, die einen Leichtmetall-SGS-Motor mit zwei Vergasern, aber „normaler" Luftkühlung besaßen und 1954 rund 25 PS abgaben. Es gab aber auch Einvergaserversionen mit Alfin-Zylindern und 173-cm³-SVS-Modelle, die wie die Werks-SGS-Rennmaschinen riesige Megaphone besaßen.

Leistungsstark und sparsam

Mitte der fünfziger Jahre sah das Produktionsprogramm der österreichischen Fabrik folgendermaßen aus: die 125-cm³-SL, die in Deutschland 1495 DM kostete; die 150 TL (1510 DM), die 175 SV (1595 DM), die 175 SVS (1695 DM), die 250 TF (1745 DM), die 250 TFS (2200 DM) und die beliebte 250 SGS (1995 DM). Alle diese Zweitakter hatten noch den Doppelkolben-Motor, wobei die große SGS mit ihren 16,5 PS bei 5800 U/min wohl die beliebteste Maschine dieser damaligen Puch-Palette war. Daneben gab es noch den RL-Roller von 121 cm³, der für 1650 DM angeboten wurde. Puch mußte damals die Produktion erhöhen, um den Bedarf decken zu können, doch ging nach 1955 auch hier – wie bei allen anderen Motorradherstellern – der Umsatz zurück. Für Deutschland wurden die Maschinen von der Steyr-Daimler-Puch Aktiengesellschaft in Freilassing (Obb.) ausgeliefert; die Vorkriegsniederlassung in Passau existierte nicht mehr. Im Grazer Werk

In den sechziger Jahren verlegte sich Puch immer mehr auf Modelle mit kleineren Hubräumen ab 49 cm³. Das Bild zeigt eine 1967 gebaute 124er Puch – mit nur einem Kolben.

Baute Puch früher Straßenrennmaschinen, stieg man in den siebziger Jahren immer mehr in den Gelände- und Moto-Cross-Sport ein. Diese 248-cm³-Moto-Cross-Replica wurde 1976 eingesetzt.

selbst gab es den sehr beliebten Direktor Rösche, der sehr sportlich eingestellt war und immer wieder mit neuen Sportversionen – besonders der 248 cm³ SG und SGS – bei Zuverlässigkeits- und Geländefahrten die Qualität „seiner" Zweitakter unter Beweis stellte. Das betraf aber nicht nur die leistungsstarken Doppelkolbenmotoren, sondern auch die Schalenrahmen dieser Modelle. Überraschend, daß diese „heißen" Serienzweitakter gar nicht so durstig waren, wie man bei derartigen Konstruktionen annehmen könnte. Bei „normaler" Fahrweise kam man mit 3,5 bis 4 Liter auf 100 km aus, wenn die Motoren bzw. Vergaser gut einreguliert waren. Zweifellos gehörten diese Puchs zu den besten damaligen Motorrädern, und nicht selten sah man die 250er mit Seitenwagen auch die steilsten Gebirgsstraßen bewältigen. Puch sandte sogar diese Maschinen mit Seitenwagen zur Alpenfahrt, wo sie sich hervorragend bewährten. Die ersten Schalenrahmen hatte es bei der 150 Tl und den 125er und 175er Modellen SV bzw. SVS und dann bei

Diese kleine 49-cm³-Puch „Monza" ist als sportliches Motorrad für die Jugend gedacht. Hier die 1983er Version der beliebten Zweitaktmaschine aus Österreich.

der 250 SG und SGS gegeben, wobei es sich bei den Modellen mit dem „S" am Ende immer um höher gezüchtete Sportversionen gehandelt hat.

Weniger Motorräder, mehr „Fünfziger"

Das Motorradgeschäft wurde immer schwächer, das Mopedgeschäft nahm dagegen zu. Bei Puch gab es seit 1957 auch den Lizenzbau des kleinen Autos Fiat 500; 1959 kam „Haflinger", ein allradgetriebener Kleintransporter, hinzu. Aus den Mopeds entwickelte man in den folgenden Jahren Leichtkrafträder mit 49 und 59 cm³, aus den Kleinautomobilen größere Modelle mit 650 cm³ und 700 cm³. Bei den Motorradmotoren wurde nach wie vor am Doppelkolbenprinzip festgehalten; im Gegensatz zu anderen Firmen wie Garelli, Baier, Manet, Iso, Leprotto usw., die schon lange den Bau derartiger Zweitakter aufgaben. 1960 kamen Wettbewerbsmaschinen mit 123- und 173-cm³-Fünfgangmotoren heraus. In Freilassing wurden nach wie vor die für Deutschland bestimmten Puch-Maschinen aus von Graz gelieferten Teilen montiert. Anfangs der sechziger Jahre in keinen großen Stückzahlen; es fehlte der Motorradumsatz bei allen Firmen. Übrigens hatten die 48-cm³-Modelle bereits Flachkolben und ... nur einen!

1966 gab es dann die ganz neuen Einkolben-123-cm³-Puchs mit großflächig verrippten Leichtmetallzylindern. Sie bildeten den Anfang einer neuen Motorradepoche bei Puch, zumal auch der Umsatz an Motorrädern überall wieder zunahm. Die Zeit der seit 1923 gebauten Doppelkolben-Zweitakter war allerdings vorbei. Die neue 123er hatte 52 mm Hub und 55 mm Bohrung, sie gab 11 PS bei 7000 U/min ab. Ihr Preis betrug damals 1800 DM. Jetzt kostet die weiterentwickelte MC-125-Moto-Cross-Version 3513 DM und die ähnliche, aber mit einem 167-cm³-Motor ausgestattete MC 175 schon 3888 DM. Diese Motoren sind, wie auch die 49-cm³-Motoren, schlitzgesteuerte Zweitakter. Auch ausländische Firmen, wie z. B. Greeves in England, bauten die neuen Puch-Motoren ein, wobei Greeves nicht die erste englische Fabrik war. Schon Ende der vierziger Jahre gab es die EMC mit dem Puch-Doppelkolbenmotor von 123 cm³ sowie – in geringer Anzahl – auch 248-cm³-Modelle.

Maschinen für Moto-Cross und Trial

Mit Mopeds und der 125 MC „ging" Puch in die siebziger Jahre. Waren es früher Straßenrennen, in denen Puch-Maschinen dominierten, wandte sich das Grazer Werk immer mehr dem Moto-Cross zu. Der Erfolg blieb nicht aus. In den USA errang Harry Everts, der hervorragende Belgier, schon 1971 Siege auf der 123er Puch. In Österreich war es der Trial-Fahrer Walter Luft, der die Puch-Farben glänzend vertrat. Dann gab man in Graz die Herstellung serienmäßiger 123er Touren-Sportmodelle auf und baute nur noch Moto-Cross- und Trial-Versionen. Werksfahrer bekamen auch Modelle mit 247 und 388 cm³, die ersteren mit 70 x 64 mm Bohrung/Hub sowie 33 PS, die letzteren mit 84 x 70 mm Bohrung/Hub und 42 PS. Mit Hans Sommerauer, Otmar Ruby, Walter Leitgeb, Heribert Dietrich, Michael Weiß und einigen anderen Fahrern gab es – besonders in Österreich selbst – schöne Erfolge.

Schon seit Jahren konzentrierte man die Produktion auf Mofas, Mopeds und Mokicks, zu denen dann Kleinkrafträder, ebenfalls mit 49 cm³ Hubraum und Umkehrspülung, kamen. 1973 entstand das „Jet"-Kleinkraftrad mit schlitzgesteurtem Motor mit 40 mm Bohrung und 39,7 mm Hub, der 6,25 PS bei 8500 U/min abgibt. Verwendet wird hier ein Rohrrahmen, den auch die 123er Moto-Cross- und Trial-Modelle – in veränderter Form natürlich – haben. Bei den kleinen Mofas und Mopeds gibt es Rohr- und Schalenrahmen.

Heute ist Puch ein viel größeres Unternehmen als zu Zeiten von Ing. Giovanni Marcellino, dem genialen Konstrukteur der alten Doppelkolben-Zweitakter. Nach ihm war es der alte Zweitaktspezialist Dipl.-Ing. Oswald, der die Entwicklung der Puch-Zweitakter vorantrieb.

Puch wieder mit Viertaktern

Große Veränderungen gab es zu Beginn der achtziger Jahre, als Dipl.-Ing. Mario Sucher, der leitende Puch-Direktor für den Motorradbau, nach 22jähriger Tätigkeit ausschied. 1982 kam es dann zu einer engen Zusammenarbeit mit Suzuki, besonders im Rollersektor. Im selben Jahr entstanden in Zusammenarbeit mit der italienischen Firma Frigerio neue Geländesportmodelle mit von Rotax gelieferten und mit obenliegenden Nockenwellen ausgestatteten Einbaumotoren – seit 44 Jahren verwendete Puch im Serienbau erstmals wieder fremde Einbaumotoren, nachdem man 1928 auf englische seitengesteuerte JAP-Motoren von 490 cm³ zurückgegriffen hatte.

Puch baute jahrelang nur Zweitakter; lediglich in den dreißiger Jahren kamen 550 seitengesteuerte Vierzylindermaschinen mit querliegenden Boxermotoren von 796 cm³ – besonders für Militärzwecke gedacht – hinzu. Das war 1935/36. Nach dem Kriege konzentrierte man sich auf den Bau immer kleinerer Zweitakter, und selbst die hervorragenden 248-cm³-Doppelkolben-Zweitaktmodelle verschwanden in den sechziger Jahren vom Markt – Maschinen, die schon damals im Geländesport eine maßgebliche Rolle spielten. Gebaut wurden sie in Graz-Thondorf und im älteren Werk in der Grazer Puch-Straße.

Sieht man von zahlreichen 49-cm³-Modellen mit Puch-Zweitaktmotoren und ähnlichen Versionen mit 78,5 cm³ ab, werden nunmehr fast ausschließlich österreichische Rotax-Motoren eingebaut. Verantwortlich für Sportmaschinen ist die Sportabteilung der Steyr-Daimler-Puch AG in der Grazer Liebenau-Str. 317. Die „GS 504 F4T U.H.S." stellte 1983 das Spitzenmodell dar. Zum Einbau gelangt hier der ohc-Rotax-Einzylindermotor von 502,6 cm³ mit vier Ventilen, der 1:9,2 verdichtet ist und 45 PS bei 8400 U/min leistet. Diese Maschine, Gewicht 127 kg, besitzt ein Fünfgang-Klauengetriebe, 38-mm-Dell'Orto-Vergaser, Nippodenso-Zündung, einen Doppelschleifen-Rohrrahmen mit beiderseitigen Federungselementen von Mazocchi.

Jahrelang dominierte Puch mit Zweitaktern im östereichischen Motorradbau. Interessant, daß die Geländesportmaschine 504 F4T, Baujahr 1983, einen 503-cm³-Rotax-Einzylindermotor mit obenliegender Nockenwelle und vier Ventilen besitzt.

Einzylindrige Rotax-Motoren haben auch die anderen Puch-Geländemaschinen mit 365, 248, 123 und 78 cm³ Hubraum. Zu ihnen gesellen sich noch zwei Moto-Cross-U.H.S.-Einzylinder-Versionen mit ebenfalls von Rotax stammenden 468- und 248-cm³-Zweitaktern. Letztere haben 47 bzw. 40 PS. Mit Ausnahme der sechsgängigen Geländesport-Versionen von 78, 123 und 248 cm³ besitzen alle anderen Fünfganggetriebe.

Erwähnenswert auch Puchs 78-cm³-Moto-Cross-Maschine für die Jugend mit wassergekühltem, schlitzgesteuertem Zweitaktmotor, der 21 PS bei 11500 U/min entwickelt. Welch großer Unterschied zu den 124-cm³-Doppelkolben-Modellen der frühen zwanziger Jahre, die mit ihren 2 PS auch schon für sportliche Zwecke hergerichtet und eingesetzt wurden!

Damals begann eine Konzentration auf den Rennsport, die zehn Jahre andauerte und zuletzt hervorragende wassergekühlte Doppelkolben-Ladepumpen-Rennzweitakter von 246 cm³ hervorbrachte, deren Leistung seinerzeit selbst führende Rennmaschinen mit Viertaktmotoren nicht erreichten. So 1931 beim Großen Preis von Deutschland, als der Schweizer Puch-Werksfahrer die ganze Konkurrenz in der 250er Klasse hinter sich lassen konnte. Das war zu Zeiten, als auch Siegfried Cmyral, Rudi Hunger, Laszlo Kiss und der Berliner Charly Binder-Saam diese schnellen Rennzweitakter fuhren.

In den darauf folgenden Jahren waren es vor allem serienmäßige Puch S4, die man mit Erfolg auch für Rennen herrichten konnte.

Ein Blick zurück: Beim Großen Preis der Nationen (und gleichzeitig Großer Preis von Italien) 1924 in Monza belegte Hugo Höbel auf Puch den zweiten Platz, dritter wurde trotz Sturzes Rupert Karner (links). In der Mitte der langjährige Chefkonstrukteur Ing. Marcellino, der diese 246er Vierkolben-Rennzweitakter schuf.

Ihre normale Leistung von 10,5 PS aus 248 cm³ Hubraum ließ sich durch gutes „Frisieren“ bedeutend steigern. Noch nach 1945 errangen diese hervorragenden Zweitakter mit Fahrern wie Suchanek, Weingartmann und Fussi viele Erfolge.

Mit dem Wort „Replica“ bezeichnet man einen Nachbau, eine Imitation. Auch diese 248er Puch gehört in diese Kategorie. Das berühmte Grazer Werk baute 1912 derartige ohv-Modelle, doch blieb kein Exemplar erhalten. Aufgrund existierender Zeichnungen entstand nunmehr die „Replica“ der Maschine, die der bekannte Konstrukteur Ludwig Apfelbeck schuf.

Nürnberger Boxer: Victoria

Vor 90 Jahren gründeten Max Frankenburger und Max Ottenstein die Victoria-Werke in Nürnberg. Mit 100 Arbeitern stellten sie damals 280 Fahrräder im Jahr her zu Preisen zwischen 300 und 500 Mark. 1890 baute Victoria dann ein neues Werk in der Ludwig-Feuerbach-Straße. Das Geschäft lief gut, und als 1895 das Unternehmen in eine Aktiengesellschaft umgewandelt wurde, gab es bereits eine Jahresproduktion von 11300 Fahrrädern verschiedenster Typen. Die Firma hieß nunmehr „Victoria Fahrradwerke AG, vormals Frankenburger & Ottenstein", und hatte ein Aktienkapital von 1,5 Millionen Mark. Und als man 1899 den Bau von Motorfahrrädern aufnahm, wurde die Firmenbezeichnung abermals, nunmehr in „Victoria Werke AG", geändert. Hergestellt wurden zwei- und dreirädrige Motorfahrzeuge mit Einbaumotoren von Cudell, FN, Fafnir, Zedel und Minerva. Bald kamen Kleinautomobile mit Ein-, Zwei- und (ab 1907) auch Vierzylinder-Motoren hinzu. 1909 wurde aber der Autobau eingestellt. Fahrräder waren nach wie vor dominierend in der Victoria-Produktion, zumal der Motorradbau bis 1920 nicht besonders forciert wurde.

Zunächst mit BMW-Einbaumotoren

Nach dem Ersten Weltkrieg gehörte Victoria bald zu den Spitzenmarken im deutschen Motorradbau. Das war, als längsliegende Zweizylindermotoren beliebt waren und BMW den 493er 6,5-PS-sv-Boxer-Zweizylindertyp M2 B15 vor allem als Einbaumotor für die Victoria KR 1 lieferte. 1922 entschloß man sich bei BMW, komplette Motorräder zu produzieren, und stellte den Bau der seitengesteuerten Einbaumotoren ein. 1923 entstand dann auch die erste BMW, Typ F 32.

Martin Stolle kam zu Victoria

Bei Victoria benötigte man nun schnell einen Ersatz für den BMW-Motor, und so holte man sich gleich einen erfahrenen Konstrukteur von BMW: Obering. Martin Stolle. Victoria ließ den neuen, von Stolle konstruierten eigenen Motor zunächst in einer Münchner Maschinenfabrik, bei Wilhelm Sedlbauer herstellen. Auch er war, wie der BMW, ein zweizylindriger Boxermotor, hatte aber bereits von oben gesteuerte Ventile. Martin Stolle fuhr ihn selbst bei zahlreichen damaligen Sportveranstaltungen. Der Bedarf an Motoren war größer als die Fertigungsmöglichkeiten von Sedlbauer; so erwarb Victoria bald darauf die ganze Firma und transferierte fast alles ins Werk nach Nürnberg. Die KR 2 und die modernisierte Victoria KR 3 wurden mit ihren ohv-Zweizylindermotoren und erstklassigen Fahrgestellen bald sehr beliebte und erfolgreiche Maschinen. Da gab es vorn sogar schon eine weiche Teleskop-Federung.

Victoria in Nürnberg war eine Pionierfirma der deutschen Motorradindustrie. Diese 4½-PS-Einzylindermaschine aus dem Jahre 1904 ist dafür ein sichtbarer Beweis.

Berühmt wurde Victoria durch die mit 493-cm³-Zweizylinder-Boxermotoren ausgerüsteten Maschinen. Diese erste Ausführung hatte den bei BMW gebauten, seitengesteuerten Einbaumotor M 2 B 15, der 1921 in Serie ging.

Selbstverständlich war die Inflationszeit ein großes Problem. Victoria überstand sie und legte dann das Aktienkapital auf 2475000 RM fest.

Zusammen mit NSU, Wanderer, KG und der aufkommenden BMW gehörten die Victoria-Motorräder zu den führenden Marken Deutschlands. Sie errangen viele Erfolge bei Rennen und Wertungsfahrten. Ende 1924 verließ Obering. Martin Stolle das Werk, um sich in München zusammen mit Vorster als Hersteller der 2-Liter-„Stolle"-Sportwagen zu etablieren. Eine hervorragende Konstruktion, von Hugo Stinnes indirekt finanziert. Als dann 1925 der Stinnes-Konzern zusammenbrach, wurde auch dieser Sportwagen ein Opfer der Pleite.

Stolle, hervorragend als Techniker und Sportsmann, schuf für Victoria noch vor seinem Abgang zahlreiche sehr sportliche 498er ohv-Maschinen. Keine Sonderkonstruktionen, sondern nur gut frisierte Fahrzeuge, die mit Fahrern wie Johannes Rössig – der ab 1924 die Roconova-Motorräder baute und auch an der Motorradfabrik Roco beteiligt war –, Sepp Thevis, Hans Escoffier (der Betriebsleiter bei Victoria war), Adolf Brudes usw. viele Erfolge errangen. So gewann 1923 Rössig vor Thevis auf der Avus, Josef Mayr vor Karl Mahlenbrei auf der Solitude (damals noch ein 6 km langes Bergrennen!) und Adolf Brudes beim Rundstreckenrennen in Swinemünde. Dabei hatte er keine ausgesprochene Rennmaschine, sondern nur ein Fahrzeug, das vorher an der ADAC-Reichsfahrt teilgenommen hatte, bei der Josef Mayr vor Nikolaus Fellner – beide auf Victoria – die 500-cm³-Klasse gewann und Mahlenbrei die Klasse der Maschinen mit Seitenwagen. Victoria gehörte damals zweifellos zu den erfolgreichsten Motorradmarken Deutschlands.

Die ab 1923 gebaute Victoria KR II hatte einen bereits eigenen, von Oberingenieur Martin Stolle konstruierten kopfgesteuerten 496-cm³-Boxermotor und Zweiganggetriebe mit Riemenantrieb zum Hinterrad.

Von Steinlein die erste deutsche Viertakt-Kompressor-Rennmaschine

Stolles Victoria-Boxer-Zweizylinder (ohv) hatten 70,5 mm Bohrung und 64 mm Hub. Bei der KR 2 gab es noch Zweiganggetriebe und Riemenantrieb. Die KR 3 wurde dann bereits mit eigenem Dreiganggetriebe und meistens mit Kettenantrieb zum Hinterrad geliefert. Sie besaß auch Umlaufschmierung, hatte Ballon-Reifen 26 x 3 oder 27 x 3,5 sowie Getriebe- und Innenbandbremse. Sie wog nur 110 kg und kostete 1750 RM. Nachfolger Stolles wurde ein anderer hervorragender Konstrukteur, Dipl.-Ing. Gustav Steinlein, dessen Meisterstück wohl die 1925 entwickelte 498er Kompressor-Rennmaschine war. Die erste in Deutschland gebaute Viertakt-Kompressormaschine!

Bevor Stolle Victoria verließ, um in München seine Stolle-Sportwagen zu bauen, konstruierte er noch die KR III mit verbessertem ohv-Motor von 496 cm³, Dreiganggetriebe und Kettenantrieb zum Hinterrad. Eine Maschine, die sehr populär wurde.

Die Maschine mit hintenliegendem und durch Kette angetriebenem Kompressor modifizierte Steinlein 1926 derart, daß der Kompressor nunmehr über dem vorderen Zylinder lag und durch Zahnräder angetrieben wurde. Die erste Anordnung behinderte die Luftzufuhr zu den ohnehin nicht gerade im Fahrtwind liegenden hinteren Zylindern. Dazu kam die erhöhte Leistung durch den Kompressor und die dadurch noch komplizierteren thermischen Probleme. Die Stärke dieser Kompressor-Rennmaschinen mit dem verbesserten KR-III-ohv-Boxer-Motor lag bei kurzen Strekken; 1926 beim Freiburger Bergrekord stellte Adolf Brudes mit 166 km/h einen neuen deutschen Rekord auf. Bedauerlich, daß man 1927 bei Victoria die Weiterentwicklung dieser Maschinen einstellte ... gerade als BMW damit anfing. Interessant auch, daß es Dipl.-Ing. Rudolf Schleicher war, der die großen Erfolge der BMW-Kompressormodelle ermöglichte; interessant deshalb, weil sein Schwa-

Der Rennsport wurde bei Victoria jahrelang gefördert. 1925 entstanden neue 496-cm³-Rennmaschinen mit kopfgesteuerten 496-cm³-Zweizylinder-Boxermotoren, die durch einen Kompressor „gespeist“ wurden. Er lag damals über dem hinteren, 1926 – wie abgebildet – über dem vorderen Zylinder. Mit diesen von Dipl.-Ing. Gustav Steinlein konstruierten Kompressormaschinen stellte Adolf Brudes bei den Rekordtagen in Freiburg eine neue deutsche Bestleistung mit 166 km/h auf.

Eine der bestentwikkelten Victoria-Zweizylinder war 1931 die KR VI mit Satteltank, gekapseltem Ventilmechanismus und einem Hubraum von 596 cm³. Sie kostete damals 1470 RM und wurde auch in der – abgebildeten – einfachen Ausführung für 1360 RM geliefert.

ger Dipl.-Ing. Gustav Steinlein war, der überhaupt – eben bei Victoria – die ersten deutschen Kompressor–Rennmotorräder schuf. Sicherlich keine Familienangelegenheit, sondern reiner Zufall!

In den Jahren 1924 bis 1934 kam die zweizylindrige Victoria zu vielen Rennerfolgen. Im Bild der kleine, aber tüchtige Innsbrucker Eugen Grohmann und der „baumlange" Brandhuber 1928 beim Arlberg-Rennen.

Das war die „Normalausführung" der 596-cm³-KR VI, außerdem gab es noch die mit zwei Vergasern bestückte Sportversion.

Die thermischen Probleme dieser Motoren konnte auch selbst ein Dipl.-Ing. Steinlein mit dem damals zur Verfügung stehenden Material – und das betraf z. B. auch Kerzen und Öle – nicht bewältigen, vor allem weil der hintere Zylinder bei hohen Beanspruchungen, wie bei langen Rennen, mit dem Fahrtwind nicht ausreichend zu kühlen war. Diese Kühlungsprobleme wurden durch die Leistungssteigerung noch vergrößert. Außer Adolf Brudes fuhren die Kompressor-Maschinen u. a. Josef Alt aus München, Hans Richter aus Nürnberg, Gerlach aus Dortmund, Max Krieger aus Suhl (der 1924 KG verlassen hatte), Josef Mayr aus München. Zum Verkauf oder zur Serienherstellung gelangten die Kompressormodelle nie.

Victoria in Nürnberg war damals schon eine große Motorradfabrik mit 2000 Beschäftigten und einer jährlichen Produktion von 15000 Einheiten. Bis 1926 gab es nur ein Modell, die KR III mit ihren 12 PS bei nur 2600 U/min, die man solo und mit Seitenwagen fuhr. Viele Behörden, insbesondere die Postverwaltung,

Ein Blick zurück in das Jahr 1925, als Adolf Brudes noch die 496-cm³-Kompressorrennmaschine von 496 cm³ mit dem über dem hinteren Zylinder angebrachten Kompressor steuerte – als Werksfahrer natürlich.

verwendeten Victoria–Seitenwagenmaschinen in großer Anzahl. Sie waren von bestem Material, hervorragend ausgeführt und „durch Frisur" leicht auf 14 PS bei 2800 U/min zu bringen. Immer wieder konnte man feststellen, daß Victoria-Motorräder nicht von Theoretikern, sondern von Motorradfahrern geschaffen wurden. Und das waren sowohl Martin Stolle als auch Gustav Steinlein, der in den dreißiger Jahren zu Fichtel & Sachs ging und mancher Motorradfabrik erst dann seine Zweitakter verkaufte, wenn er sich selbst von der Qualität der dazukommenden Fahrgestelle überzeugt hatte. Zwei der besten deutschen Seitenwagenfahrer waren Hans Escoffier und Richard Theobald, beide auf Victoria, sowie einer der „Veteranen", Alfred Oberländer.

598 cm³ und nur 125 kg

1926 gab es neue Fahrgestelle mit einer tieferen Sitzposition und auch ein neues Modell, die Victoria KR VI, mit einem ähnlichen Motor wie die KR III, jedoch mit 77 mm Bohrung und 64 mm Hub, das waren 598 cm³. Zwei Jahre lang hatte man diesen neuen ohv-Zweizylinder-Boxer bei Veranstaltungen erprobt, 1927 kam er in die Serienproduktion. Die Tourenversion erreichte 100 km/h, die Sportversion bis 135 km/h. Sie kostete 1920 RM, während die Normalausführung für 1720 RM angeboten wurde; beide leistungsfähige und gut durchkonstruierte Maschinen, die mit ihrer lichtblauen Emaillierung auch sehr schön aussahen. Obwohl sie sehr gut gebaut und robust waren, wogen sie nur 125 kg. Als Fahrgestelle gab es steife Doppelrohrrahmen, hinten Backen- und vorn noch Felgenbremsen, die aber dann durch Innenbackenbremsen ersetzt wurden. Als Getriebe wurde ein eigenes Dreiganggetriebe mit Klauenschaltung verwendet.

Victorias letzter Seitenwagen-Rennfahrer war Sepp Möritz, hier 1933 mit einem schwenkbaren Seitenwagen. Auch Toni Babl, Eugen Reinfurt, Willi Hoffmann und andere steuerten schnelle Victoria-Gespanne.

Neben großen Zweizylindern auch kleinere Einzylinder

Bald genügten die Zweizylindermodelle nicht mehr zur Auslastung des großen und modernen Werkes. Man benötigte auch kleinere Einzylindermaschinen und kam mit der bekannten englischen Getriebefabrik Sturmey-Archer in Verbindung, zu der auch die Nottinghamer Raleigh-Motorradwerke gehörten. Mit einem bei Sturmey-Archer hergestellten Motor war Victoria die erste deutsche Fabrik, die schon 1928 mit einer 348er ohv-Einzylindermaschine herauskam. Interessanterweise hatte sie ein außenliegendes Schwungrad, das aber später – wie bei Viertaktern üblich – nach innen ins Kurbelgehäuse kam. Diese neue Victoria KR 35 war eine schöne und sportliche Maschine, zumal sie auch gleich gute 12 PS mitbrachte. Der gleiche Motor wurde auch bei Raleigh in England eingebaut und hatte bei 71 mm Bohrung 87 mm Hub. Daneben wurden die KR III und KR VI mit 499 cm^3 und 598 cm^3 weiter hergestellt. Es war Josef Möritz aus München, der damals mit einer 598-cm^3-Victoria mit Seitenwagen seine Klasse bei Bergrennen beherrschte und bald darauf noch eine zweite, sehr ungewöhnliche 998er Victoria-Seitenwagenrennmaschine fuhr: eine Spezialkonstruktion mit einem V-Zweizylinder-ohv-Rennmotor von JAP, der 45 PS und später 55 PS leistete. Damals tauchten noch andere hervorragende Victoria-Fahrer bei Rennen auf; darunter Fritz Rieß, Hoefle, Zimmermann und die Österreicher Eugen Grohmann und Ferdl Mitterer, der eine der ersten 350er Victorias bei Rennen erfolgreich fuhr. Unter der Bezeichnung KR 7 war 1928 eine reine Sportversion der KR 6 auf den Markt gekommen, die von vielen Seitenwagenfahrern erworben wurde. Ende 1928 kam auch die 198er KR 20 mit einem seitengesteuerten einzylindrigen Sturmey-Archer-Motor hinzu. Die KR 35 wurde weitgehend verbessert, und während sich noch Josef Möritz und Richard Theobald bei Rennen am Eibsee mit 600-cm^3-Seitenwagenrennmaschinen bekämpften, bereitete man 1929 im Werk neue 348er ohv-Rennmaschinen mit den neuen Motoren vor.

1930 deutscher Seitenwagen-Rekord

Die vom neugegründeten Solo-Werksteam gesteuerten Maschinen besaßen Motoren, die fertig frisiert von Raleigh-Sturmey-Archer in Nottingham kamen, während die serienmäßigen KR-35-Maschinen Motoren hatten, die bereits unter Raleigh-Sturmey-Archer-Lizenz bei Columbus (Horex) in Bad Homburg v. d. H. für Victoria in Nürnberg gebaut wurden. Das 1929 geschaffene Victoria-Werksteam fuhr nur gelegentlich Seitenwagenmaschinen, zumeist die neuen 348er und dann auch 498er ohv-Einzylinder, u. a. Herbert Adam, der Österreicher Othmar Mühlbacher, der Münchener Joe Will Brand, der Nürnberger Kurt Füglein, der junge Karl Bodmer aus Elbingen und dann auch der hervorragende Bielefelder Hermann-Paul Müller. 1930 fuhr Josef Möritz mit 144,927 km/h einen deutschen Seitenwagen-Kilometerrekord in der Klasse bis 600 cm^3 auf der Ingolstädter Autobahn.

1931 baute Victoria die 198er KR 20, die obengesteuerte 348er KR 35, die untengesteuerte, einzylindrige 498er KR 50, die obengesteuerte einzylindrige KR 50 F und nach wie vor die zweizylindrige obengesteuerte KR 6 mit dem eigenen Boxermotor. Diese kostete damals 1595 RM. Die 348 cm^3 KR 35 hatte inzwischen zwei Auspuffrohre bekommen;

Ab 1928 entstanden auch Victoria-Modelle mit englischen, teilweise aber von Columbus (Horex) unter Lizenz in Deutschland hergestellten Einzylinder-Einbaumotoren von Sturmey-Archer. Dies war die KR 35 mit 346 cm^3 aus dem Jahre 1928.

Außer solchen seitengesteuerten 198-cm³-Victorias gab es 1930 ähnliche 246er Ausführungen.

nur die reinen Rennsportmodelle hatten ein Auspuffrohr. 1932 kam die KR 15 mit einem 148er Ilo-Zweitaktmotor und die KR 20 Z mit einem 198er Ilo-Zweitakter dazu. Die Einzylinder-Viertaktmodelle mit den Sturmey-Archer-Motoren hatten nach vorn geneigte Zylinder, die KR 6 „Bergmeister" wurde nunmehr mit einem Vierganggetriebe ausgestattet.

Infolge der durch die Politik erschwerten Einfuhr ausländischer Motoren fielen 1934 alle Victoria-Modelle mit den Sturmey-Archer-Antriebsquellen aus. Das Programm war plötzlich auf die zwei Modelle mit Ilo-Zweitaktmotoren, der guten alten KR 6 und einer Neukonstruktion von Martin Stolle, der KR 8, zusammengeschrumpft. Sie hatte zwei nach vorne geneigte Parallel-Zylinder, wechselgesteuerte Ventile, 498 cm³ Hubraum, 16 PS und als „Sensation" eine seitliche Rahmenverkleidung. Gegen den Willen Stolles ließ man diese noch nicht voll entwickelten Maschinen „auf die Kunden" los, und da gab es viele Beschwerden, die für die Victoria-Werke zu einem ziemlichen Problem wurden und zur Umkonstruierung dieser KR 8 zur KR 9 führten.

1935 gab es einen neuen 98er Zweitakter mit Sachs-Motor und auch eine ähnliche 75er Version, ferner eine 148er und drei 198er Modelle sowie eine neue KR 35 mit einem 348er sv-Motor mit Lackler-Zylinderkopf. Der Motor wurde größtenteils bei Victoria selbst hergestellt. Die KR 8 bekam eine aus Stahlblech gepreßte Vordergabel und Veränderungen am Motor, um das Stehvermögen zu erhöhen. Zum Lackler-Zylinderkopf: Konstrukteur war der Wiener Ingenieur Lackler, der seitengesteuerte 348er Motor gab nunmehr 15 PS und damit 1 PS mehr ab als der alte 348er ohv-Motor. Die neue KR 35 kostete 1935 genau 935 Mark, die KR 8 wurde für 1240 RM angeboten, die KR 6 für 1550 RM.

KR 8 war „wärmekrank"

Schmerzenskind blieb die „wärmekranke" KR 8 mit ihrer wohl ungenügenden Schmierung bei hoher Beanspruchung. Unzureichend war die Luftzufuhr zwischen den Parallel-Zylindern, dazu lagen die Ventile hinten. Der nächste Schritt führte zur hängenden Ausführung des Auslaßventils und einem veränderten Leichtmetall-Zylinderkopf, und so entstand die KR 9 „Fahrmeister" für 1295 RM im Jahre 1936. Sicherlich etwas besser als die KR 8, konnte sie kein Terrain mehr aufholen. Abgesehen von ihren technischen Problemen, sah sie für die damalige konservative Motorradzeit doch etwas zu ungewöhnlich aus ... und da kaufte man doch lieber die KR 6, eine zwar alte, aber doch durch und durch ausgereifte und zuverlässige Maschine. Solange man sie nicht stundenlang mit vollbesetztem Seitenwagen auf Autobahnen jagte! Deshalb war die Sportausführung auch nur für Bergrennen oder Bahnrennen gut, sie hatte vorher schon mehrere deutsche Seitenwagenmeisterschaften mit Josef Möritz und Paul Müller (Augsburg) gewonnen.

Zwischen diesem Müller und dem Bielefelder Hermann-Paul Müller, der gelegentlich auch so eine Werks-KR 6 fuhr, gab es immer wieder Verwechslungen. Allerdings war der 1975

Zahlreiche Verbesserungen wiesen 1930 auch die kopfgesteuerten 346-cm³-Modelle von Victoria auf, mit denen u. a. Fahrer wie Kurt Füglein, Otto Mühlbacher, H. P. Müller, Joe Will Brand, Karl Bodmer hervorragende Erfolge bei Straßen-, Berg- und Bahnrennen erzielten.

verstorbene Bielefelder hauptsächlich in der 350er Solo-Klasse erfolgreich. Zuletzt Anfang 1934, als er anstelle des obengesteuerten 348er Sturmey-Archer-Einzylindermotors einen ähnlichen neuen JAP-Motor im Victoria-Fahrgestell fuhr. Selbstverständlich benötigte man neue Serienmodelle, und deshalb engagierte man Konstrukteure wie Richard Küchen und Albert Roder. Zweitakter standen hoch im Kurs, und so bemühte sich in der zweiten Hälfte der dreißiger Jahre fast jede größere deutsche Motorradfabrik um bessere Spülsysteme. Bei Victoria kam es zur Flachkolben-Steilstromspülung und zu den Modellen KR 20 Lux und KR 25 Aero mit 198er und 246er Einzylindermotoren, angeblockten Getrieben und vierfach gelagerten Kurbelwellen. 1937 gab es auch die KR 35 Sport mit einem ohv-Motor sowie die auf 20 PS gebrachte KR 6, die nach wie vor besonders bei Behörden sehr beliebt war.

Seit Horex (Columbus) für Victoria die 348er Sturmey-Archer-Motoren in Lizenz baute, bestand eine gute Verbindung zwischen Bad Homburg v. d. H. und Nürnberg, wo 1937/38 im Süden der Stadt das neue Victoria-Werk II entstand. Sie konnte man auch bei der 1938 herausgekommenen KR 35 SS beobachten, deren 348er ohv-Einzylindermotor eine gewisse Horex-Ähnlichkeit nicht verleugnete. Obwohl mit vollgekapselter Hinterradkette, handelte es sich um eine reine Sportmaschine mit 125 km/h Spitze. Sie kostete 1095 RM, mit frisiertem Motor 20 RM mehr.

„Heiße" Zweitakterzeit

Victoria baute gute und vor allem schöne Motorräder, auch als man sich seit 1933 vom reinen Rennsport ganz zurückgezogen hatte, weil konkurrenzfähige deutsche Rennmotoren fehlten. Vor dem Zweiten Weltkrieg ging es vor allem um immer bessere Spülsysteme für Zweitakter; Victoria entwickelte den Muldenkolben, der als Gegenstück zu Kreuzstromspülern von Firmen wie Ardie, NSU und Triumph oder dem Schnürle-Prinzip der Auto Union (DKW) ins Geschehen eingriff. Triumph in Nürnberg ging dann auf Drehschieber und Doppelkolben über ... Es war eine sehr „heiße" Zweitakterzeit, obwohl man damals eben noch nicht alles über Hochleistungszweitakter wußte. Es gab damals auch 98er und 123er Victoria-Zweitaktmodelle; bei der 123er wurde der Muldenkolben erstmalig verwendet. Dann kamen alle Zweitakter von 148 cm³, 198 cm³ und 245 cm³ hinzu. Kurz vor Kriegsausbruch war die KR 35 SN mit dem 348er ohv-Motor das größte Modell, nachdem die gute alte KR 6 und auch die unglückliche KR 9 aus der Produktion genommen waren.

Nach 1945 zunächst ein Fahrrad-Hilfsmotor

Im letzten Krieg wurden fast 80% der Gebäude durch Bomben zerstört. Mit 28 früheren Angestellten und Arbeitern begann der Wiederaufbau. Die Produktion lief an mit dem FM 38, einem Fahrrad-Einbaumotor, der ganz erstklassig im Gegensatz zu anderen Nachkriegsmotoren gleicher Art war. Er kostete, als die Fertigung auf vollen Touren lief, 248 DM, ein Fahrrad mit Motor 398 DM. Der spätere technische NSU-Direktor Albert Roder hatte 1946 diesen kleinen Victoria-Hilfsmotor geschaffen. Einen kompakten und ungemein elastischen Motor von relativ großer Leistung – zu groß für die Speichen vieler alter Fahrräder! 1951 erreichte Georg Dotterweich mit einem solchen 38-cm³-Motörchen auf der Autobahn München-Ingolstadt 79 km/h!

Der tüchtige Innsbrucker Werksrennfahrer Otto Mühlbacher, hier mit einer 346er Victoria. Bei den Rennmotoren der Werksmaschinen handelte es sich nicht um Lizenzbauten, sondern um original englische Sturmey-Archer-Motoren, die von Raleigh in Nottingham geliefert wurden.

Nach seiner Rückkehr zu Victoria schuf 1936 Oberingenieur Martin Stolle neue Modelle mit luftgekühlten, nach vorn geneigten und seitengesteuerten Parallel-Zweizylindermotoren von 496 cm³, die völlig im Rahmen eingeschlossen waren. Diese KR 8 sah zwar schön aus, war aber nicht besonders leistungsfähig. So entstand 1937 die etwas stärkere KR 9.

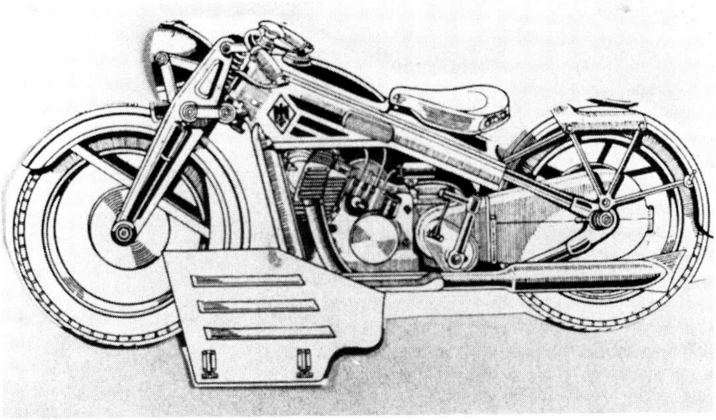

Als erste größere Nachkriegsmaschine brachte Victoria 1950 eine verbesserte Variante der 246er Vorkriegs-„Aero" mit dem eigenen Zweitakt-Muldenkolbenmotor und 8 PS heraus – sehr sportlich, sehr gut ausgeführt und mit einem bequemen Schwingsattel versehen. 1425 Mark hat sie 1950 gekostet. Damals gab es auch die große Deutschlandfahrt und einen großen Victoria-Erfolg, als ein Team – bestehend aus den Fahrern Hoffmann, Kraus und Eichel – mit den 38-cm³-Victoria-Fahrradhilfsmotoren den Großen Mannschaftspreis mit dem Goldenen Schild gewann. Aber auch die 247er „Aeros" mit Müller, Giggenbach und Goppert hielten sich hervorragend. Die 38er „Vicky", die 99er „Fix", die 123er „Bi-Fix" und die 247er „Aero"-Modelle bildeten in den folgenden Jahren die Victoria-Palette. Rennmaschinen und Viertakter hatte man schon ganz vergessen ... bis 1953 eine neue 345er „Bergmeister" herauskam. Mit ihrer „Vorgängerin" hatte sie nichts mehr gemeinsam, und verwunderlich ist, warum diese ohv-Maschine mit dem quergestellten V-Blockmotor und

Die Victoria KR 35 wurde noch Mitte der dreißiger Jahre gebaut. Sie erhielt ein ganz neues Aussehen mit einem seitengesteuerten 346-cm³-Motor und etwas nach vorn geneigtem Zylinder.

Leistungsfähige eigene Zweitaktmotoren zeichneten das Nachkriegsprogramm von Victoria aus. Hier eine KR 25 aus dem Jahre 1953 mit Einzylindermotor von 247 cm³, der 10,5 PS bei 4700 U/min abgab.

Kardanantrieb als „Nachfolgerin" der seligen KR 6 angeboten wurde. Nur in der Leistung war sie fast gleich; die Neue hatte 21 PS bei 6300 U/min, der Motor 64 mm Bohrung und 54 mm Hub. Eine schöne Maschine, für die man 2475 Mark zahlen mußte ... und das taten nicht allzu viele, bekam man doch für 3050 Mark in 1953 eine R 51/3 bei BMW.

Die „Bergmeister" war zweifellos eine fortschrittliche Konstruktion, bei der der berühmte Richard Küchen seine Ideen verwirklichen konnte, die er schon 1938 besaß, als er für Ardie eine ähnliche Prototype schuf. So eine moderne und komplizierte 345er kostete in der Herstellung aber kaum weniger als eine 498er oder 598er ähnlicher Konstruktion. Und so wurde sie kein kommerzieller Erfolg. Wenn ihr quergestellter Motor auf Gummi gelagert war, so nur deshalb, weil man sonst die Übertragung der Motorenschwingungen auf das Fahrgestell nicht wegbekommen konnte. Gut gingen die kleineren Zweitakter.

1953 wurde das neue Werk in der Nürnberger Nopitschstraße 70 bezogen, später Sitz der Zweirad-Union, als Victoria nicht mehr ein selbständiges Unternehmen war. Ein kommerzieller Erfolg wurde 1954 die „Vicky III", ein modernes Moped mit 1,75 PS und Zweiganggetriebe. Und da gab es auch noch den 198er „Peggy"-Roller mit 10 PS, einen guten Roller, der viel Anklang fand. Ab 1954 ging das Motorradgeschäft dann fast überall zurück. Bei Victoria arbeiteten in den fünfziger Jahren zahlreiche Ex-DKW-Zweitakt-Spezialisten, darunter Dipl.-Ing. August Prüssing, der vor 1939 Rennleiter bei DKW war, und auch der erfolgreichste aller DKW-Rennfahrer, Walfried Winkler. An klugen Köpfen in technischer Beziehung mangelte es nicht, die Victoria-Zweitakter ließen auch kaum Wünsche offen.

Die „Swing" mit elektrischer Schaltung

1955 gab es noch die KR 26 N „Aero" mit einzylindrigem Zweitaktmotor, der 14 PS bei 5250 U/min leistete, und die 345er „Bergmeister" mit dem quergestellten ohv-V-Zweizylinder-Block-Kardan-Motor, die nunmehr für 2475 DM angeboten wurde, und dazu noch eine vergrößerte Modellpalette. Norbert Riedel, der junge und einfallsreiche Konstrukteur der wenig glücklichen „Imme" von 1948/50, hatte nunmehr die „Swing" mit Triebsatzschwinge und 198er Zweitakt-Einzylindermotor geschaffen – hochmodern und sogar mit elektrischer Schaltung, aber herstellungsmäßig sehr kompliziert und daher auch wieder sehr teuer. In einer Zeit, als man 20 Kleinautomobile leichter verkaufen konnte als ein Motorrad! Sportfreudig war man aber noch immer, und bei der 48-Stunden-Nonstopfahrt Lüttich–Mailand–Lüttich gab es auch wieder große Erfolge, sogar mit dem „Bergmeister"-Gespann. Wer da alles aus Nürnberg fuhr? Hans Best, Georg Goppert, Heinz Mayer und Rudi Ebert. Und da waren auch noch Harald Oelerich, erstklassiger Geländefahrer und Techniker, und andere sehr gute Leute bei Victoria. Wohl waren „Aero" und „Bergmeister" wie auch die „Swing" (letztere bis zu einem gewissen Punkt) erstklassige Maschinen, doch blieben kommerzielle Erfolge aus. Schließlich bot man die Swing für 1385 DM an; einen Preis, der wohl nur bei einem sehr großen Umsatz 1956 zu halten gewesen wäre. Den gab es aber nicht, auch nicht bei der schönen „Peggy".

Gut gingen fast nur Mopeds und deren Motoren, für die sich sogar die Italiener interessier-

Kleine Fahrrad-Hilfsmotoren von Victoria mit nur 39 cm³ Hubraum wurden nach dem Zweiten Weltkrieg beliebt. Werksrennfahrer Georg Dotterweich „frisierte" 1951 einen solchen Motor und baute ihn in ein Rekordfahrzeug ein, mit dem er auf der Autobahn München-Ingolstadt einen neuen Rekord mit 79 km/h in der Klasse bis 50 cm³ herausfuhr.

ten. So kam es zu einem Gegengeschäft mit der Motorradfabrik Parilla in Mailand. Victoria lieferte 48-cm³-Zweitaktmotoren, Parilla dafür 173er ohc-Sport-Einzylindermotoren, die 14 PS auf die Bremse brachten. Im neuen Victoria-Fahrgestell sahen diese Motoren gut aus. Sie liefen, obwohl die Maschine über 140 kg wog, wie „geschmiert", und auch bei 8000 U/min gab es keine Probleme. Allerdings kam diese rassige Sportmaschine 3 oder 4 Jahre zu spät auf den Markt, zu einer Zeit, als fast niemand größere Mengen Motorräder absetzen konnte.

Richard Küchen begann 1952 mit der Konstruktion und Entwicklung einer neuen 345-cm³-Zweizylinder-„Bergmeister" für Victoria, die 1954 mit kopfgesteuertem und quergestelltem V-Motor in die Serienproduktion ging.

Victoria der Zweirad-Union einverleibt

Bei Victoria suchte man einen Ausweg und produzierte den „Spatz"-Kleinwagen. Eine Verbindung, die genauso unglücklich endete wie bei anderen Motorradwerken, Kleinautomobile – mit verhältnismäßig beschränkten eigenen Mitteln und hohen Bankschulden – herzustellen. Es war auch kaum ein Geheimnis, daß Horex seine Mopeds damals bei Victoria herstellen ließ. Dort war man hochmodern und für den Bau großer Quantitäten gut eingerichtet, daher auch leistungsfähig. Dennoch war der Niedergang nicht aufzuhalten. Victoria hatte 1953 noch 10500 Krafträder verkauft, 1956 aber nur 700. Ende 1957 war man dann am Ende. Nach langen Verhandlungen mit der Flick-Gruppe, vertreten durch Dr. Odilo Burkhardt, wurde am 8. November 1958 Victoria zusammen mit DKW und Express in die neugegründete „Zweirad-Union AG" mit dem Sitz in Nürnberg eingebracht. Im selben Jahr entstand schon das erste gemeinsame Produkt, die Victoria „Avanti" mit einem 98er Sachs-Motor, bei dem es sich um eine Express-„Radex" mit dem Namen Victoria handelte.

Die „Bergmeister" wurde kein Erfolg, und so engagierte man Norbert Riedel, der von 1948 bis 1952 die ungewöhnliche „Imme" baute. Bei Victoria schuf er die 246-cm³-„Swing", eine hochmoderne, aber in Herstellung und Wartung zu komplizierte und teuere Konstruktion mit elektrisch geschaltetem Getriebe.

1966 kam es zum Zusammenschluß der Nürnberger Hercules-Werke GmbH mit der Zweirad-Union AG als „Töchter" der Fichtel & Sachs AG in Schweinfurt. Noch verwendete man in der ersten Zeit den alten Namen Victoria auf Leichtkrafträdern. Dann aber verschwand er immer mehr, und heute können sich nur „die Alten" an die schönen hellblauen Maschinen erinnern. Und auch an Männer wie Adolf Brudes, Hans Escoffier, Richard Theobald, Josef Alt, Herbert Adam, Othmar Mühlbacher, H. P. Müller, Karl Bodmer, Josef Mayr, Kurt Füglein und Josef Möritz, die in den großen Tagen dieser Firma von Sieg zu Sieg eilten und damit viel zur Popularität dieser erstklassigen Maschinen beitrugen.

Ein Meisterwerk an Präzision: Wanderer

Wanderer ist heute – leider! – eine der jüngeren Generation unbekannte Motorradmarke. Das letzte „richtige“ Wanderer-Motorrad wurde 1929 gebaut. Danach gab es nur noch Motorfahrräder mit diesem einst so prominenten Markenzeichen und natürlich die hervorragenden Wanderer-Automobile, die von der Auto Union noch bis 1944 gebaut wurden – zuletzt im Krieg für die Wehrmacht.

Die Wanderer-Werke, vormals Winklhofer & Jaenicke AG, befanden sich in Schönau bei Chemnitz, der jetzigen Karl-Marx-Stadt. Sie waren nur eine der vielen Motorradfirmen, die schon lange vor dem Ersten Weltkrieg und dann in den zwanziger Jahren existierten. Doch lassen sich Vergleiche nicht ziehen, da man in Schönau nicht nur Motorräder zusammenstellte, sondern von Grund auf konstruierte und in den eigenen – für damalige Verhältnisse sehr modernen – Werken mit höchster Präzision auch baute. Gerade diese Präzision war es, die Wanderer-Motorräder aus vielen Konkurrenzfirmen hervorhob. Typisch hierfür war, daß man – wie mir selbst ein erfahrener, aber nie bei Wanderer tätig gewesener Konstrukteur berichtete – während des Ersten Weltkrieges in Armeewerkstätten mit ruhigem Gewissen 30 oder 50 Wanderer-Modelle von 3 PS demontieren und aus Teilen dieser Maschinen problemlos wieder Motorräder zusammensetzen konnte, ohne daß eine weitere Bearbeitung nötig gewesen wäre.

Keine glückliche Modellpolitik

Kein Geringerer als Ernst Neumann-Neander, der im Ersten Weltkrieg Werkstätten leitete, erzählte mir dies deshalb, weil so etwas bei anderen Marken nicht der Fall war. „Da mußte man beim Zusammenmontieren immer wieder mit der Feile oder Gewindebohrern nachhelfen, aber nie bei einer Wanderer“, meinte dieser erfahrene Techniker. Waren Qualität und Verarbeitung allerhöchste Klasse, so hatte die Firma doch keine glückliche Modellpolitik, auch wenn die Fabrikate technisch bis auf eine Ausnahme keine Wünsche offenließen. Mit anderen Worten: Man baute bei Wanderer von etwa 1924 an zu gut und daher zu teuer. Dazu kam, daß die damaligen neuen V-Zweizylinder-Blockmaschinen mit 746 cm^3 und obengesteuerten Achtventil-Motoren zwar schnell, infolge etwas zu hoher Fahrgestelle jedoch nicht auszufahren waren. Die Katastrophe begann jedoch 1927, als man mit einer neuen ohv-Einzylinder-Blockmaschine (498 cm^3), die Kardanantrieb zum Hinterrad und ein Preßstahlfahrwerk mit ebensolcher Vordergabel hatte, auf den Markt kam. Als direkte Konkurrenz zur aufstrebenden BMW gedacht, war die Halbliter-Wanderer (von Alexander von Novikoff konstruiert) zweifellos

Die 3 PS starke V-Zweizylinder-Wanderer von 1905 besaß bereits einen stabilen durchgehenden Rahmen und auch schon eine Vorderradfederung.

ein schönes, modernes, aber auch viel zu früh in Serie gegangenes Motorrad. Jüngeren Lesern dürfte Alexander von Novikoff durch seine Alno-Motorradvergaser bekannt sein, da diese auch noch nach 1945 hergestellt wurden. Seine 498-cm³-Wanderer wurde von 1927 bis 1929 mehrmals umkonstruiert und modifiziert, doch konnte sie – mild ausgedrückt – nie ein Erfolg werden. Im Gegenteil: Sie schadete dem Namen Wanderer, und da die störungsanfälligen Maschinen oft zu Garantiereparaturen zurück ins Werk kamen, zahlte man wohl an jeder verkauften Maschine ganz schön drauf.

Aus „Janeček" und „Wanderer" wurde „Jawa"

Zuletzt hatte die Wanderer-Direktion doch noch Glück mit dieser „unglücklichen" Konstruktion, geradezu unbegreifliches Glück! Da entschloß sich nämlich zur gleichen Zeit ein wohlhabender Waffenfabrikant in Prag, Dr.-Ing. Frantisek Janeček, zum Bau von Motorrädern. Anscheinend hatten es viele Völker satt, Kriege zu führen, und die Bestellungen für Waffen ließen nach. Für die dadurch freiwerdende Produktionskapazität suchte Janeček jetzt durch den Motorradbau eine Beschäftigung. Alles ging so schnell, daß keine Zeit für Neukonstruktionen blieb. Janeček wollte daher die Lizenz einer guten Marke erwerben. Zuletzt standen drei Firmen – Puch in Graz, Schliha in Berlin und Wanderer in Schönau bei Chemnitz – zur engeren Wahl. Die Wanderer gewann.

Sehr zur Freude der Wanderer-Direktion, die damit noch Geld für einen Lizenzbau bekam... Sicherlich das einzige Geld, das sie an dieser Maschine überhaupt je verdiente. Wenn man davon absieht, daß weiteres Geld kurze Zeit darauf für die komplette Einrichtung zum Bau dieser letzten Wanderer von Janeček aus Prag kam. Das war auch das Ende des Baues richtiger Motorräder bei Wanderer in Schönau und der Anfang einer Marke, die noch heute ganz vorn steht: Jawa. Der Name Jawa entstand 1929 durch Zusammensetzung der ersten zwei Buchstaben von Janeček und Wanderer. Bei Janeček wurde die letzte Wanderer und gleichzeitig die erste Jawa verbessert und bis 1933 weitergebaut. Sie bewährte sich auch bei der Internationalen Sechstagefahrt, doch blieb sie kommerziell ohne Erfolg. Nur dadurch, daß der kapitalkräftige Janeček ab 1932 eine kleine 173er mit Villiers-Motor baute und mit diesem Modell dem Namen Jawa einen großen Aufschwung gab, wurde die Ex-Wanderer nicht auch bei Jawa zum Verhängnis.

Aufgrund guter Motorleistungen und erstklassiger Qualität errangen Wanderer-Motorräder bald einen hervorragenden Ruf in Fachkreisen und bei Fahrern. So kam es, daß auch diese 1912 gebaute Zweizylinder-Maschine viele Freunde fand.

Zurück zu Wanderer. Hier schuf man nach dem Verkauf der Novikoffschen 498er eine Interessengemeinschaft mit der einstigen großen Konkurrenz, mit NSU in Neckarsulm, ohne jedoch dadurch weiter im Motorradbau zu bleiben. Etwas Ähnliches geschah wenige Jahre später, als auch das Spandauer D-Rad von NSU „übernommen", die Produktion aber sogleich eingestellt wurde.

Kurz vor dem Ersten Weltkrieg gab es bei den in den Wanderer-Werken in Schönau (jetzt DDR) gebauten Ein- und Zweizylinder-Modellen gute Kurzschwingen. Dieses 1,5-PS-Modell kostete 1913 744,50 Mark.

1913 entstand diese V-Zweizylinder-Wanderer von 408 cm³ und 3 PS, der nach Kriegsende zahlreiche weiterentwickelte Ausführungen folgten. Sie war eine der meist eingesetzten Maschinen im Ersten Weltkrieg, viele Meldefahrer lernten sie schätzen.

Damals – 1929 – bestand die Wanderer-Modellreihe aus drei Typen: einer 183-cm³-Einzylindermaschine, deren Blockmotor einen horizontal liegenden Zylinder besaß, ferner aus der obengesteuerten 748er V-Zweizylinder mit Vierventil-Blockmotor und aus der 498er, die zur Jawa wurde. Bemerkenswert war die Preisgestaltung. Die steuer- und führerscheinfreie 183er wurde mit 775 Reichsmark angeboten, während die einzylindrige 498er und die zweizylindrige 748er Wanderer zum gleichen Preis, nämlich 1300 Reichsmark, verkauft wurden. Dabei hatte die Einzylindermaschine 16 PS, die V-Zweizylinder 20 PS. Hier muß man wohl zur Relativitätstheorie Zuflucht nehmen, zumal das ältere Zweizylindermodell nicht nur mehr PS, sondern sicherlich auch mehr Zuverlässigkeit als die moderne Einzylinderkonstruktion hatte.

Auch im Sport mitgemischt

Bis Mitte der zwanziger Jahre spielte Wanderer auch im Sport eine gute Rolle. Weniger bei ausgesprochenen Rundstreckenrennen als bei den zahlreichen Berg- und Bahnrennen, die es damals gab, vor allem aber auch bei vielen Wertungs- und Zuverlässigkeitsfahrten. In Albert Schuster, Alfred Urban, Ernst Schwarz, Karl Ertelt, Albin Sachs, Rolf Millauer, Georg Muth, Fritz Creutz, dem späteren Hersteller der „Superia“-Motorräder, Adolf Kornmann und dem berühmt gewordenen Autorennfahrer Robert „Bobby“ Kohlrausch gab es eine Reihe ganz hervorragender Wanderer-Fahrer. Der letzte war wohl Stefan Aschauer aus Berchtesgaden, der noch Ende der zwanziger Jahre zahlreiche Bergrennen in Österreich und Bayern mit einer 746-cm³-Seitenwagen-Wanderer erfolgreich bestritt. Übrigens war auch der berühmte DKW-Spitzenfahrer Walfried Winkler in seiner Jugend bei Wanderer tätig.

So fing es an

Gegründet wurden die Wanderer-Werke bereits 1885 von Richard Jänicke und Johann Baptist Winklhofer. Man baute Fahrräder und ab 1902 Motorräder. 1911 kamen Automobile dazu, nachdem man die Werke in Schönau bedeutend vergrößert und modernisiert hatte. Und schon vor dem Ersten Weltkrieg war dieser Kleinwagen unter dem Namen Wanderer „Puppchen“ sehr bekannt und beliebt geworden. Auf dem Motorradsektor gab es jahrelang eine Einzylinder- und eine V-Zweizylin-

Die ersten zwanziger Jahre brachten verbesserte und weiterentwickelte Vorkriegsmodelle, gehörte Wanderer doch jahrelang zu den konservativsten Motorradwerken in Deutschland. Erkennbar auch an dieser 1919 hergestellten 2,5-PS-Einzylindermaschine.

dermaschine von 1,5 bzw. 3 PS, die von Jahr zu Jahr weiterentwickelt und verbessert wurden. So hatte die Einzylindermaschine schon vor dem Ersten Weltkrieg eine untersetzte Riemenscheibe, einen Teleskop-Federrahmen, eine Vorderradschwinge und einen eigenen Motor, der seine 1,5 PS bei 2000 U/min abgab, wobei das Ansaugventil automatisch gesteuert wurde. Schwierigkeiten schien es mit der Ansaugventilfeder gegeben zu haben, die nach 700 bis 800 km Fahrt stets erneuert werden mußte. Die Spitze dieser Einzylindermaschine betrug 40 km/h, der Benzinverbrauch lag bei einem Liter auf 40 km, während ein Liter Öl für 400 bis 450 km Fahrt „genügte".

Bei dem V-Motor der 3-PS-Zweizylindermaschine war ein Zylinder senkrecht angeordnet, der zweite um ca. 45 Grad nach vorn geneigt. Sie entstand 1909. Das Fahrgestell war, wenn man von einigen Versteifungen und Verstärkungen absieht, dasselbe wie beim Einzylindermodell.

Serienmäßig gab es hier eine Riemenfelge mit 320 mm Durchmesser. Für Sportzwecke konnte eine mit 260 mm Durchmesser geliefert werden. Wanderer garantierte eine Steigfähigkeit von ca. 15 Prozent im Gebirge, untersagte aber auch in der Ebene die Benützung eines Seitenwagens. Gestartet wurde diese Maschine durch Pedale oder Anschieben. Die Hinterradfederung beruhte auf dem Doppelfedersystem, wobei sich die beiden Spiralfedern in den vom Sattel zum Hinterrad führenden Rollen befanden. Dies verhinderte ein „Verbiegen" des Hecks in Kurven, wie es bei den Hinterradfederungen mit einer Zentralfeder vorkam. Die Zweizylindermaschine lief 70 km/h und wog – heute klingt dies fast unglaublich! – nur 67 kg. Das Modell hatte

Zweifellos wurde auch diese 1922 gebaute Wanderer mit seitengesteuertem V-Zweizylindermotor von 616 cm³ schon vor dem Ersten Weltkrieg konstruiert.

schon eine automatische Schmierung und konnte auch mit Seitenteilen an den Schutzblechen bei einem Mehrpreis von 6,75 Mark pro Laufrad geliefert werden. Und wer einen Kotschützer über den oberen Riemenlauf begehrte, mußte nochmals 5 Mark drauflegen. Im Jahre 1913 mußte man übrigens dem Motorrad mindestens alle 8 Tage eine „gründliche Ölung" laut Katalogangabe verabreichen. Aufpreise gab es aber auch für verschiedene Bereifungen, die zwischen 6 Mark und 23,50 Mark pro Reifen lagen. Das teuerste war ein 2,5zölliger extrastarker Dunlop-Gleitschutzreifen. Interessant auch der Aufpreis von 7,50 Mark, falls man den Vergaserregulierungshebel nicht am oberen Rahmenrohr, sondern an der Lenkstange haben wollte. Es gab auch zusätzliche (in Deutschland schon damals verbotene) Auspuffklappen zu 7,50 Mark das Stück.

Zahlreiche Wanderer-Maschinen wurden im Ersten Weltkrieg eingesetzt. Nach dem Krieg gab es verbesserte Modelle von 2,5 PS und 4,5 PS. Dazu kam 1923 auch eine Sportversion der seitengesteuerten V-Zweizylinderma-

Erst diese 1924 entstandene V-Zweizylinder-Wanderer von 616 cm³ zeigt eindeutig das Ergebnis konsequenter Weiterentwicklung, auch wenn der Motor nach wie vor seitengesteuerte Ventile hatte.

schine, die nunmehr den V-Motor in „orthodoxer Weise“ im Fahrgestell montiert hatte. Die Sportversion selbst hatte ein etwas kürzeres Fahrgestell mit einem tiefer liegenden Motor. Eine solche Werksmaschine, von Albert Schuster 1923 bei der österreichischen Tourist Trophy gesteuert, führte die Klasse bis 1000 cm^3 an, obwohl die Wanderer nur 616 cm^3 besaß, und zwar bis in die letzte Runde. Dann stieß Schuster mit einem Sanitätsauto zusammen, das die Rennleitung gegen die Fahrtrichtung auf die Strecke ließ! Unglaublich, und doch gab es immer wieder derartige Unfälle. Zum Glück wurde Schuster nicht allzuschwer verletzt.

Beide Wanderer-Modelle – das heißt auch die 327-cm^3-Einzylindertype – hatten nunmehr dreigängige Wechselgetriebe mit Leerlaufkupplung. Alles war im Block und, wie auch der Magnet, durch Zahnräder angetrieben. Das Einzylindermodell wurde mit Riemen- oder Kettenantrieb, das Zweizylindermodell nur noch mit Kettenantrieb zum Hinterrad geliefert. Um 1925 ließ man das Einzylindermodell langsam auslaufen, nachdem es nur noch in geringen Stückzahlen zu verkaufen war. Der seitengesteuerte Motor mit 70 mm Bohrung und 85 mm Hub war vielen Kunden jedoch zu schwach. Beim 4,5-PS-Zweizylindermodell wurde die 70-mm-Bohrung verwendet, der Hub jedoch auf 80 mm verkürzt. In Wirklichkeit handelte es sich bei den PS-Angaben um Steuer-PS; die Einzylindermaschine hatte 5–6 PS, die Zweizylinderversion 11–12 PS bei 3000 U/min. Die Fahrgestelle beider Modelle bestanden aus hochwertigen – gemufften und hartgelöteten – Stahlrohren.

Das Jahr 1925 brachte die interessante 708-cm^3-Wanderer mit obengesteuertem Acht-Ventil-V-Motor, die 1927 durch eine vierventilige 746er ersetzt wurde. Es waren die letzten „richtigen“ V-Zweizylinder von Wanderer.

Beide Bremsen, das heißt Hand- und Fußbremse, wirkten auf das Hinterrad. Eine Hinterradfederung gab es nicht, doch hatte der Sattel eine neuartige Schraubenfederung. Vorn verwendete Wanderer eine verbesserte Form der altbekannten Kurzschwinge.

Kleine Wanderer „zu gut“

Wanderer gehörte damals mit NSU zu den deutschen Spitzen- und Traditionsmarken, zumal sonst kaum eine andere Marke ohne Unterbrechung aus der Vorkriegsperiode weiterbestand. Dazu zählten Pioniermarken wie Hercules, Brennabor, Phaenomen, Diamant, Presto, Corona, Victoria, Adler, Opel, Gritzner und andere, die erst viel später – meistens auch nur mit Leichtkrafträdern – wieder auftauchten. 1925 kam Wanderer mit einer ohv-Einzylindermaschine von 184 cm^3 heraus, deren vierventiliger Zylinder nach vorn liegend angeordnet war. Nur wenige gelangten richtig auf den Markt, zumal es an der für Wanderer typischen Zuverlässigkeit bei diesem Modell mangelte. Auch entsprach die Leistung, die man von dieser Konstruktion erwartete, nicht den Anforderungen. Erst als man die 60-mm-Bohrung auf 62 mm vergrößerte, den 65-mm-Hub beibehielt und dazu noch zwei der obengesteuerten Ventile „zu Hause ließ“, wurde die nunmehr auf 196 cm^3 Hubraum gebrachte kleine Wanderer ein erstklassiges Motorrad.

Ich würde hier sogar noch weitergehen: „Es wurde zu gut!“ So unglaublich so eine Äußerung ist, so wahr war sie doch gerade hier im Falle Wanderer. Einerseits durfte man die Maschine nicht zu teuer verkaufen, andererseits wollte man die berühmte Wanderer-Präzision beibehalten. Das Ergebnis war ein viel zu niedriger Verkaufspreis im Verhältnis zu den Produktionskosten; der Nettoverdienst an diesem Modell war also bescheiden. Dabei handelte es sich um eine Sportmaschine, die bis zu 5000 U/min drehte und bis auf 80 km/h ohne jede „Frisur“ kam. Ursprünglich kostete die Vierventilmaschine rund 1200 Mark und war dabei teurer als viele 500er Maschinen! Auch das war ein Grund, warum Wanderer zum Zweiventiler überging, der zuletzt, 1929, 775 RM gekostet hat – als es bei DKW schon eine 198er für 485 RM gab. Bei Wanderer kannte man nur das „Beste“ und nie das „Billigste“. So hatte dieser ohv-Einzylindertyp Leichtmetallkolben, Chromnickelstahl-Kurbeltrieb, Rollenlager, Zahnrad-Primärantrieb, zwei Sätze Bremsbacken im Hinterrad usw.

Wie bei Wanderer üblich, baute man bald darauf auch eine Zweizylinderversion mit einem neuen ohv-Motor, der ursprünglich ein Fahr-

Letzter Blick auf die „große" Wanderer, die leistungsfähig und qualitativ hochwertig, aber doch eine schon etwas veraltete Konstruktion war und durch eine „sensationelle" Neukonstruktion ersetzt werden sollte.

gestell bekam, das dem älteren Wanderer-Rahmen nicht unähnlich sah. Ungewöhnlich war aber diesmal der Hubraum: 708 cm³, bei 70 mm Bohrung und 92 mm Hub. Später gab es aber auch hier eine Veränderung und zweiventilige Köpfe beim V-Blockmotor. Dieser hatte ab 1926 76 mm Bohrung und 82,5 mm Hub. Das waren rund 746 cm³, und damit war es möglich, ohne Handikap in der 750-cm³-Klasse bei Veranstaltungen zu starten. Zweifellos war der „Vierventiler" eine richtige klassische Konstruktion und auch für damalige Verhältnisse sehr stark. Dasselbe kann man vom verbesserten Fahrgestell mit der Parallelogrammgabel behaupten, doch schien mir dieses für Rennzwecke wegen seiner nicht gerade geringen Höhe nicht besonders geeignet. Übrigens hatten damals alle Wanderer-Maschinen, auch das Einzylindermodell, steife Doppelrohrfahrgestelle. Interessant die verrippten Auslaßkrümmer beim V-Zweizylinder, wie wir sie nur bei wenigen Marken wie Brough-Superior (SS 100) und Schüttoff vorfanden. Ob diese viel praktischen Wert besaßen, möchte ich bezweifeln. Aber sie sahen „rassig" aus. Und bei Wanderer sparte man an nichts.

Die letzte Wanderer ein Fehlschlag

Der Motorradbau war 1927 trotz sehr guter Konjunktur unrentabel geworden, als Alex von Novikoff dann die letzte Wanderer-Konstruktion, die einzylindrige 498-cm³-Blockmaschine mit Kardanantrieb und Preßstahlrahmen, schuf. Ich führe hier eine gewisse Linie auf die selige „K. G." von Krieger und Gnädig zurück, obwohl die neue Wanderer als BMW-Konkurrenz gedacht war. Diese kam immer mehr auf, während die schon 1919 konstruierte „K. G." – nunmehr von Allright und Henkel gebaut – nicht mehr modernisiert werden konnte. Nun war aber Novikoff einer der Männer um Franz Gnädig, der die „K. G." aufs Papier gebracht hatte und 1925–1926 in Berlin auch die „Gnädig" baute. Novikoff fuhr ein solches Modell sogar bei Avus-Rennen. Dann schloß Gnädig die Tore und ging zu Kühne nach Dresden, um dort den 346er-ohv-Motor für Diamant zu entwickeln. Mit ihm ging auch Novikoff nach Sachsen, um für Wanderer das letzte Motorrad zu bauen, das diesen einst so großen Namen trug. Leider steht nicht fest, wer die Schuld am Schicksal der von ihm konstruierten 498-cm³-Wanderer trug. Eines ist

Schön, aber keineswegs billig in der Herstellung waren auch die letzten Einzylinder-Modelle von 184 und 196 cm³, die Wanderer seit 1925 mit liegenden kopfgesteuerten Motoren ausstattete.

Das war die 1927 erschienene „sensationelle“ Wanderer. Von Alex von Novikoff als Konkurrenz zu BMW konzipiert, hatte sie einen kopfgesteuerten 498-cm³-Einzylinder-Blockmotor, Kardanantrieb zum Hinterrad und einen modernen Preßstahlrahmen.

sicher: Sie ging völlig unentwickelt in Serie, fand jedoch bei den Kunden wegen ihrer modernen Konzeption und schönen Form zuerst großen Anklang. Bald zeigten sich aber die schwachen Stellen; die Rahmenbrüche unter dem Steuerkopf, die Lagerschäden wegen ungenügender Ölzufuhr und auch andere Defekte. Eine Maschine nach der anderen kam deswegen zurück ins Werk nach Schönau. Man modifizierte die Schmierung und den Zylinderkopf, der nunmehr zwei Auslaßkanäle bekam. Viel wurde damit nicht erreicht. Die „Sonne“ schien in der Direktionskanzlei in Schönau bei Chemnitz erst wieder, als – wie eingangs erwähnt – die Konstruktion und dann auch die Produktionseinrichtung mit vielen halbfertigen und fertigen Teilen von den neugegründeten Jawa-Werken in Prag für gutes Geld erworben wurden.

Was mich persönlich an dieser ganzen Wanderer-Story in bezug auf Jawa immer gewundert hat, war, daß der Jawa-Chef, Dr.-Ing. Frantisek Janeček, mit Wanderer und der Auto Union – zu der Wanderer als Autohersteller 1932 kam – trotz dieses Debakels stets in sehr gutem Einvernehmen geblieben ist. So erwarb er 1935 für seine 246-cm³-Jawa die Lizenz für die Schnürle-Zweitaktpatente und baute auch den DKW-Zweitaktwagen von 700 cm³ in Lizenz. Die Ex-498er Einzylinder-Wanderer bekam sofort einen Satteltank, eine gelb-rote Farbe und zahlreiche Verbesserungen. Ich glaube, daß rund 3500 dieser Maschinen bis 1933 bei Jawa in Nusle (bei Prag) gebaut wurden. Auch hier gab es viele Beanstandungen, und es waren hauptsächlich die Zweitakt-Jawas von 173 cm³ und 246 cm³, die – ab 1932 gebaut – die von der Ex-Wanderer verursachten Defizite überbrücken halfen.

Aber vergessen wir diese unglückliche Konstruktion! Im allgemeinen kann man nur das Beste über Wanderer-Motorräder berichten. Über Motorräder, die zum Symbol für Zuverlässigkeit und Ausdauer wurden. Bedauerlich, daß ab 1930 keine neuen V-Zweizylinder oder andere gute Neukonstruktionen mehr herauskamen. Nur noch motorisierte Fahrräder wurden dort fast bis Kriegsende gebaut. Nach 1945 gab es überhaupt keine Wanderer-Fahrzeuge mehr aus dem in der DDR liegenden Schönau.

In weiterentwickelter Form bekam die neue 498-cm³-Wanderer 1928 zwei Auspuffrohre, doch blieb sie durch verschiedene Probleme ein Sorgenkind, bis sie 1929 an die neue Motorradfabrik Jawa in Prag unter Lizenz verkauft wurde. Jawa erwarb bald darauf auch die Produktionseinrichtungen zusammen mit den noch vorhandenen Teilen.

Dreierlei Kühlung bei Windhoff

Am 10. Mai 1925 startete Punkt 13 Uhr die Klasse bis 125 cm^3 beim Frühjahrs-Avus-Rennen auf der 19,6 km langen Strecke. Am Start waren Maschinen von Stock, Grade, DKW, Bekamo, Rinne und Windhoff; am Ziel nach 10 Runden lag Walter Ebstein auf Windhoff vorn vor Max Hucke auf Windhoff und der Werks-DKW von Kurt Friedrich. Die neuen wassergekühlten 124-cm^3-Zweitakter von Hans Windhoff hatten hier ihr erstes großes Rennen bestritten und es überlegen gewonnen.

Gleich mit Wasserkühlung

Im Gegensatz zu vielen anderen damaligen Namen im Motorradbau war Windhoff nicht unbekannt. Schon lange vor dem Ersten Weltkrieg wurden Windhoff-Automobile in Rheine in Westfalen gebaut und in Berlin hergestellte Windhoff-Kühler von führenden deutschen Automobilfirmen in großer Zahl verwendet. Zweifellos verstand man dort etwas von Kühlung, und das war sicherlich auch der Grund, daß man auch normale Serienmaschinen sofort mit wassergekühlten Zylindern versah. Es waren dies Zweitakter von 124 cm^3 und 174 cm^3, die nach dem Ruppeschen Bekamo-System mit einem Hilfskolben im Kurbelgehäuse ausgerüstet waren.

Daß Hans Windhoff mit Zweitaktern in den Motorradbau einstieg, war nicht verwunderlich; gerade die frühere Reichshauptstadt war ein großes Zentrum der Zweitaktspezialisten. Da experimentierte Heinrich Schlüpmann mit seinen „obengesteuerten“ Schliha-Zweitaktmotoren, Rinne versuchte sein Glück mit Verdampfungskühlung. Engelbert Zaschka steckte bei Orionette schon Ventile ins Kurbelgehäuse, Hugo Ruppe versuchte es mit Pumpenkolben und Fahrgestellen aus gepreßtem Eschenholz, Westendarp & Pieper (auch Hersteller der Taxameteruhren von Bruhns) bauten den Bekamo-Zweitakter in Tankrohr-Fahrgestelle ihrer TX-Maschinen ein, und beim Kahn-Konzern, zu dem Stock gehörte, stattete man für sportliche Wettbewerbe den 119-cm^3-Nasenkolbenmotor auch mit Wasserkühlung aus. Das eben waren die berühmten Berliner zwanziger Jahre, in denen John Wenskus mit Zweitaktmotoren versehene Vorderräder für Fahrräder baute, Kurt Passow die schauderhafte 452-cm^3-Wegro ohne Erfolg anbot, Franz Anders vergeblich Luft an den hinteren Zylinder seiner Vis-Duplex heranzubringen suchte und dabei die Sympathie von Ing. H. F. Günther besaß, dem es mit seiner zweizylindrigen Star, die dann zum ersten D-Rad wurde, nicht besser ging. Ihnen gegenüber hatten Ing. Pässlers Boxer-Zweizylinder gleich Wasserkühlung und mit Albatros, Menos und Sterna in zwei Jahren gleich drei Namen. Es fehlten nur die Kunden in diesen Inflationszeiten.

Am 27. September 1925 wurde auf der Avus wieder ein viel beachtetes Motorradrennen ausgetragen: der Große Preis von Deutschland. Und hier waren auch schon die größeren 174-cm^3-Windhoffs am Start. Mit dem Weltkriegspiloten und jetzt 78jährigen Rudolf

Windhoff, eine große Kühlerfabrik in Berlin, baute 1924 die ersten Motorräder mit wassergekühlten Zweitaktmotoren von 122 cm^3, die nach Hugo Ruppes Prinzip mit einem Ladekolben im Kurbelgehäuse arbeiteten.

1926 entstanden weiterentwickelte 122er und gleichzeitig ähnliche Modelle von 173 cm³, die sich anderen damaligen Zweitaktern meistens überlegen zeigten, auch bei reinen Geschwindigkeitswettbewerben.

Schirmer aus Neu-Tempelhof und dem starken Erich Tennigkeit, einem der besten Berliner Rennfahrer, im Sattel. Die größeren Windhoffs unterschieden sich nur im Zylinderinhalt von den kleineren Modellen; ansonsten waren sie vollkommen gleich. Windhoff hatte bei diesem Großen Preis acht Werksmaschinen in vier Klassen laufen: außer den 174ern auch zwei kleine 124er mit Walter Ebstein und Richard Scholz (der hier Zweiter wurde) sowie zwei – direkt sensationelle – einzylindrige 493-cm³-Windhoffs in der 500er Klasse mit dem späteren DKW- und BMW-Werksfahrer Ernst Zündorf aus Köln und dem bekannten Berliner Sepp Thevis. Grob ausgedrückt, sahen sie wie eine vergrößerte Version der „kleinen" Windhoffs aus. Und da sie sicherlich sehr „durstig" waren, hatten sie für diese Avusrennen nicht nur riesige Kühler fürs Wasser, sondern auch entsprechende Kraftstoffbehälter. Immerhin sollten sie 16 Avus-Runden = 315 km zurücklegen. Aber keine dieser großen Spezialrennmaschinen, ebenfalls Zweitakter mit Hilfskolben im Kurbelgehäuse, konnte jemals ein Rennen hier beenden – weder 1925 noch fünf Jahre später.

Große Einzylinder einmalig, aber unzuverlässig

Ihr Avus-Start war jedoch eine Sensation in der 500-cm³-Klasse – und auch in der Klasse bis 750 cm³. Dies, weil man am Nollendorfplatz außer den 493-cm³-Rennmodellen auch gleich zwei größere Varianten mit 517 cm³ Hubraum für die 750er Klasse gebaut hatte. Äußerlich unterschieden sie sich genausowenig wie die 174er von der 124er, und auch im Prinzip waren alle mit ihren wassergekühlten Zweitakt-Pumpenkolbenmotoren nach dem Bekamo-System gleich. In der Praxis sah die Situation anders aus: Während die kleineren Modelle von Sieg zu Sieg eilten, waren die großen Einzylinder sehr unzuverlässig. Kolben fraßen trotz der Wasserkühlung, und Kerzen, die den hohen Beanspruchungen standhielten, gab es nicht. Man sah die Maschinen während der Jahre in mehreren Versuchsausführungen, auch mit gesonderter und zusätzlicher Schmierung, doch stimmten die Dinge

Selbst schwergewichtige Rennfahrer wie der bekannte Berliner Erich Tennigkeit konnten mit den 173-cm³-Rennzweitaktern von Windhoff gegen stärkste Konkurrenz viele Siege erringen.

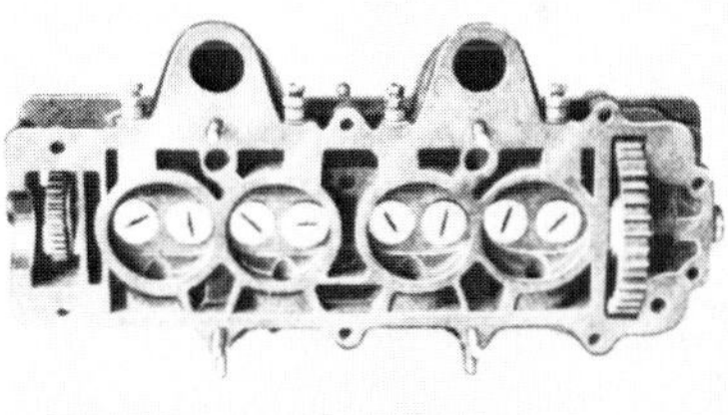

Erregten schon die kleinen Maschinen von Windhoff viel Aufsehen, war das nichts gegen die Sensation, als 1927 die ölgekühlte Vierzylinder-Windhoff von 746 cm³ mit längs eingebautem Motor auf den Markt kam, die von Hans Windhoff und seinem Chefkonstrukteur Dauben entwickelt wurde. Der Kurzhubmotor mit obenliegender Nockenwelle leistete 22 PS bei 4000 U/min. Die mit Kardanantrieb ausgerüstete Maschine war sehr glattflächig, hatte untereinander auswechselbare Räder und erreichte 130 km/h. Das ganze Fahrwerk „hing" am Motor (und nicht umgekehrt!), ebenso der Kraftstoffbehälter und das Hinterrad. Eine schöne, aber eigenwillige Konstruktion.

nie. Entweder gab es zuviel Öl und verklebte Kolbenringe mit verrußten Kerzen oder zuwenig Öl und Kolbenklemmer am laufenden Band. Selbst so erfahrene Konstrukteure wie Dauben (später Mercedes) und Ing. Kurt Pohle, der 1929 nach dem TX-Torschluß zu Windhoff kam, kämpften ohne Erfolg gegen die Tücken des Objekts. Sie waren sehr laut mit ihren bulligen Auspuffrohren, diese ungewöhnlichen großen Windhoffs, und sie waren auch einmalig. Damit endeten ihre „Vorzüge" , und selbst Jule von Krohn und Gustav Flick, die sie auf der Avus fuhren, konnten nicht viel mehr des Guten berichten. Zur Ehre Hans Windhoffs sei aber gleich erwähnt, daß diese großen Rennmodelle auch am Nollendorfplatz nur als Versuchskonstruktionen angesehen wurden. Ich glaube kaum, daß mehr als ein halbes Dutzend von ihnen gebaut worden ist, die 124er und 174er Modelle waren dagegen Serienprodukte.

Man könnte nun, da ich immer den Nollendorfplatz erwähne, glauben, daß Windhoff-Motorräder unter freiem Himmel und umgeben von Tausenden Berlinern gebaut wurden. Dem war – natürlich! – nicht so.

Am Nollendorfplatz lag aber Nr. 106 der Bülowstraße in Berlin W 57, und hier – gar nicht weit vom so beliebten „Kudamm" – befand sich die Windhoff-Motorenbau GmbH mit dem tüchtigen Kühlungsspezialisten Hans Windhoff an der Spitze, Ing. Dauben als Versuchsingenieur und zahlreichen anderen erfahrenen Männern im Werk. Nebenbei: Die 124-cm^3-Windhoff kostete 1926 in Serienausführung mit Zweiganggetriebe 900 Mark, die 174er mit Dreiganggetriebe 1100 Mark ab Werk. Sie waren sehr formschön, hatten Doppel-Dreiecksrahmen, tiefliegende Sättel, Lamellen-Kupplung sowie gekapselte Kickstarter und entsprachen in jeder Beziehung modernen und guten Konstruktionsprinzipien. Interessant, daß die Zylinder direkt innerhalb des unteren Kühlerteiles saßen und daß die Kühler infolge der breit ausladenden Rahmenrohre auch bei Stürzen nicht beschädigt werden konnten.

Hatten die ersten 124er noch Riemenantrieb zum Hinterrad, einen einfachen Rahmen, einen zu hoch liegenden Sattel und auch keine Innenbackenbremsen, so wurde diese Version durch verbesserte Modelle bald ersetzt. Hier gab es schon die vorerwähnten Konstruktionsdetails und – natürlich – Kettenantrieb zum Hinterrad. Verschwunden waren auch das außenliegende Schwungrad, der gekröpfte unschöne Getriebehebel und das obenliegende Tankrohr. Auch die Vordergabel wich einer verbesserten Ausführung, die nunmehr eine Zentralfeder besaß. Diese kleinen Windhoffs hatten sich sehr schnell „gemausert"; sie waren ab 1926 prachtvolle und daher auch beliebte Maschinen.

Bei Windhoff gab es dann auch einen Fahrer, der – angeblich – griechischer Abstammung war, Phokion de Tsiris hieß, in Hannover wohnte und nie als Rennfahrer besonders hervorstach. Er fuhr „kleine" wie auch „große" Einzylinder-Rennmaschinen. Noch 1930 sah man eine 493-cm^3-Windhoff, nunmehr mit einem Zoller-Doppelkolben-Zweitakter, von Hans Erdmann gesteuert – beim DMV-Avusrennen. Ohne Aussicht auf Erfolg; sie gab schon im Training ihren Geist auf.

1927 die ölgekühlte 748-cm^3-Vierzylinder

Anfang 1927 übersiedelte der „Hans Windhoff Motorenbau" nach Berlin-Johannisthal. Noch in diesem Jahr kam die sensationelle und heute noch berühmte ölgekühlte 748-cm^3-Vierzylindermaschine auf den Markt. Nicht nur die ungewöhnliche Kühlung, die ganze Konstruktion dieser Windhoff „4" war neu und noch nicht dagewesen. Granville Bradshaw baute wohl schon ölgekühlte Motorradmotoren in England, aber so einen prachtvollen vierzylindrigen Blockmotor und so eine ungewöhnliche Fahrgestellkonstruktion hatte noch niemand gesehen. Bisher waren die Motoren im Rahmen verankert oder aufgehängt ... Hier bildeten sie einen Ersatz für den Rahmen! Am Motor „hingen" nicht nur die Vordergabel und Lenkung, sondern auch der Kraftstoffbehälter und auch das Hinterrad. Der Kurzhuber hatte 63 mm Bohrung, 60 mm Hub und drehte 4000 U/min, wobei er 22 PS abgab. Er hatte eine (durch Novotex-Stirnzahnräder angetriebene) obenliegende Nockenwelle und war sehr elastisch. Mit dem „Dritten" konnte man schüttelfrei 10 km/h fahren. Er war auch sparsam, 4 Liter Benzin genügten auf 100 km, während ½ kg Öl für 200 km reichte. Die mit Kardanantrieb ausgerüstete Maschine wirkte sehr glattflächig und harmonisch, besaß leicht untereinander auswechselbare Räder und lief 130 km/h. Sie hatte eine dreifach gelagerte Kurbelwelle, rollengelagerte I-Profil-Pleuelstangen, Aluminiumkolben, Druck-Umlaufschmierung mit mechanischer Windhoff-Ölpumpe, einen Bosch-Magnet mit Zündmomentverstellung, Trockenlamellenkupplung und ein Dreiganggetriebe mit den Übersetzungen 4.3, 6 und 10.1. Der Kickstarter war gekapselt, die Windhoff-Federgabel besaß Blattfedern und Stoßdämpfer. Für das Hinterrad gab es eine Kardanbremse, vorn eine 5 cm breite Innenbackenbremse mit 20 cm Durchmesser. Der 70 cm hoch liegende Pfannensattel war nach amerikanischen Vorbildern geschaffen, der

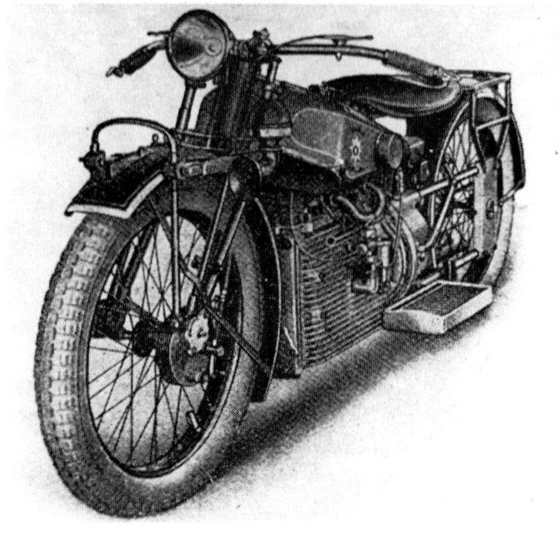

Seitenansicht der 746-cm^3-Vierzylinder-Windhoff, die sich als sehr bequeme Tourenmaschine erwies, aber trotz der obenliegenden Nockenwelle keineswegs besonders temperamentvoll war.

Tank faßte 14 Liter Benzin, das Gesamtgewicht betrug 175 kg. Interessant, daß das Werkzeug in den Fußbrettern lag.

Zurück zum aus Aluminium hergestellten Motorblock, der eingezogene Laufbüchsen besaß und dessen auf Kugeln gelagerte Nokkenwelle im abnehmbaren Zylinderkopf angeordnet war. Die hängenden Ventile wurden direkt, ohne Kipphebel, durch die Nocken gesteuert. Der Motorblock selbst bestand aus zwei in vertikaler Richtung aneinandergefügte (zusammengeschraubte) Hälften aus Aluminiumguß, die zugleich das Kurbelgehäuse bildeten und die Zylinder selbst, d. h. die als solche fungierenden Stahlbüchsen, umhüllten. Die äußeren Wände dieser Zylinder wurden von Öl umspült, was eine ausgiebige Kühlung bewirkte. Angeboten wurde diese vierzylindrige Windhoff für 1750 RM – zu einer Zeit, als die 746-cm³-ohv-Maschine von BMW 1600 RM gekostet hat.

Dann eine luftgekühlte 996-cm³-Zweizylinder-Boxer

Das war 1928, als man den Bau der kleinen wassergekühlten 124-cm³- und 174-cm³-Zweitaktmodelle bereits ganz aufgegeben hatte. Schon 1929 kam eine weitere Windhoff auf den Markt, die sich – wie ihre Vorgänger – durch ungewöhnliche Konstruktionstendenzen von den meisten anderen Motorrädern unterschied. Daß man allerdings vorher ein gutes Auge auf die zweizylindrige BMW warf, läßt sich wohl kaum ableugnen. Hans Windhoffs Absicht war es vorerst, die 746-cm³-Vierzylinder auf 996 cm³ zu vergrößern. Es gab auch schon derartige Prototypen; ich besitze sogar ein Bild einer derartigen 996er Vierzylinder-Windhoff mit – Kettenantrieb zum Hinterrad! In Serie ging sie jedoch nicht; sie wurde durch die BMW-ähnliche Konstruktion mit dem 996-cm³-Zweizylinder-Boxermotor ersetzt. In Wirklichkeit war nur die Anordnung der Zylinder BMW-ähnlich; ansonsten ging auch diese große Windhoff ihre eigenen Wege. Hans Windhoff war lange Zeit in konstruktiver Hinsicht sehr eigenwillig und ließ

Kein gutes, aber ein einmaliges Bild einer einmaligen Windhoff-Rennmaschine, die 1925 als wassergekühlte Einzylinder von 499 und 517 cm³ gebaut wurde und wie die damaligen kleinen Serienmodelle einem Pumpenkolben unten im Kurbelgehäuse (System Ruppe) besaß. Sie war bedeutend lauter als alle anderen Rennmaschinen und auch viel „durstiger“ (der große Tank bewies es!). Ging es um Zuverlässigkeit und Spitzengeschwindigkeit, erfüllte sie nicht die in sie gesetzten Erwartungen. Mehrfach umkonstruiert und bis 1930 bei Rennen eingesetzt, erreichte sie bei größeren Distanzen nie das Ziel.

Hans Windhoff wollte auch gegen BMW antreten. Schon 1929 baute er Motorräder mit seitengesteuerten und quergestellten Boxer-Motoren von 996 cm³, die ihre Ähnlichkeit mit BMW-Maschinen nicht verleugnen konnten, auch wenn der Motorblock als Fahrwerkzentrum diente. Und natürlich auch hier Kardanantrieb zum Hinterrad.

sich das auch etwas kosten, zumal die Entwicklung seiner bisherigen, meist unorthodoxen Motorradkonstruktionen keinesfalls billiger waren.

Die neue luftgekühlte Boxer-Zweizylindermaschine von 996 cm³ traf auf eine internationale Wirtschaftskrise, die die Motorradhersteller zwang, vor allem kleine Maschinen zu bauen, als billiges Transportmittel.

Im Gegensatz hierzu war die „große" Windhoff ausgelegt mit ihrem Blockmotor und Kardanantrieb wie bei der ölgekühlten 750er; auch hier trug der Motor die Vordergabel mit Lenker und Vorderrad sowie das Hinterrad. Allerdings sah man hier etwas „mehr" Rahmen als bei der 750er, obwohl im Grundprinzip diese seitengesteuerte 996-cm³-Windhoff wieder viel mit der Vierzylindermaschine gemeinsam hatte. Mit Ausnahme des Preises: Als er 1930 für die komplett ausgestattete 746er Vierzylinder-Windhoff auf 2050 RM gestiegen war, konnte der Hans Windhoff Motorenbau, Berlin-Johannisthal, Friedrichstraße 27–29, die 996-cm³-Zweizylindertype für 1850 RM ab Werk anbieten. Aber auch dieser Preis war für viele Kunden zu hoch.

Er zwang Windhoff zu radikalen Veränderungen seiner Produktionspolitik, und während er bisher vor allem eigene Ideen in seinem Sinne verwirklichte, mußte er nunmehr die aktuelle Situation am Motorradmarkt akzeptieren.

Am Schluß „normale" Zweitakter

Das Resultat war der Bau völlig „normaler" Zweitaktmaschinen mit 198-cm³-Motoren von Villiers in England. Dann übernahm er die Lizenz und baute selbst Villiers-ähnliche Dreikanal-Zweitakter mit Nasenkolben, Hubraum 198 cm³ und 298 cm³. Das waren normale luftgekühlte Zweitakter, die er auch als Einbaumotoren anderen Firmen wie Elfa, wenn auch nicht in großer Stückzahl, lieferte. Geändert hatte sich auch die Verkaufspolitik; während man für die großen Windhoff-Modelle viel Werbung betrieb, unterließ man diese gerade bei diesen kleinen – dem Volke näherstehenden! – Modellen.

Entwickelt wurden sie von einem bekannten Zweitaktspezialisten, Ing. Kurt Pohle, der bis zum Zusammenbruch bei Westendarp & Pieper tätig war und dort die unorthodoxen TX-Maschinen nicht nur entwickelte, sondern auch erfolgreich bei Rennen fuhr. Bei Windhoff endeten die Rennambitionen schon mit den kleinen wassergekühlten Modellen. Die ölgekühlte Vierzylindermaschine eignete sich

Bescheiden war Windhoffs Abgang vom Motorradbau. Er begann 1930 mit 198er Einzylinder-Zweitaktern konventioneller Konstruktion.

beim besten Willen nicht für Geschwindigkeitsfahrten, wie z. B. die Fünfländerfahrt 1928 unter Erich Tennigkeit, als daß man mit ihr stark rechnen mußte. Und nachher gaben weder die seitengesteuerte 996-cm³-Zweizylindermaschine noch die letzten luftgekühlten Zweitakter eine Möglichkeit, Rennen zu bestreiten. So blieben nur Erinnerungen an die Jahre bis 1928, als Windhoff-Motorräder Rennen fuhren und auch gewannen – und sogar Weltrekorde brachen! Wie beim 24-Stunden-Rennen auf der Opelbahn in Rüsselsheim, wo die Mainzer Fahrer Groß und Burnecker mit der 124er Windhoff in 24 Stunden 1451,6 km zurücklegten und damit eine neue Weltbestleistung erzielten. Das waren 37,75 englische Meilen in der Stunde, über 1000 km brachten sie es sogar auf 38,24 englische Meilen. Damit gab es zwei Weltrekorde für Windhoff – für Maschinen, die nur unwesentlich von den Serienmodellen abwichen.

Zurück noch zu den letzten Windhoff-Motoren, die Mitte 1930 entstanden und mit 198 cm³ eine Leistung von 6,2 PS, mit 298 cm³ eine solche von 9,3 PS abgaben. Beide hatten 64 mm Hub und 63 mm resp. 77 mm Bohrung, wogen 17 bzw. 19 kg und wurden mit 76 oder 81 mm Kettenlinien geliefert. Es waren dies keine Hochleistungs-, sondern richtige Bauernmotoren. Die kompletten Maschinen wurden nur in verhältnismäßig geringen Stückzahlen gebaut; man hatte den Eindruck, Hans Windhoff hätte mit diesen einfachen Konstruktionen sein großes Interesse am Motoren- und Motorradbau verloren. Dazu kam, daß er hier in direkter Konkurrenz zu großen Unternehmen wie DKW, NSU, Zündapp u. a. stand und sich in einen „Großkampf" nicht einließ. So war man in Fachkreisen nicht allzusehr überrascht, als die nunmehr in Berlin-Friedenau, Benningsenstraße 20–22, beheimatete Firma 1933 ganz den Motoren- und Motorradbau aufgab, sehr zum Bedauern vieler Freunde dieser Maschinen.

Im Gelände zu Hause: Zündapp

Keine Motorradfabrik ist wie die andere, jede hat ihre Individualität, und während man bestimmte Marken vornehmlich mit dem Straßenrennsport in Verbindung bringt, gelten die Erzeugnisse anderer als Spitzenmaschinen im Geländesport, bei Wertungs- und Zuverlässigkeitsfahrten. Zündapp gehört zu letzteren und wurde bekannt als Hersteller besonders robuster und zuverlässiger Maschinen. Und damit ist es bis zum heutigen Tag geblieben. Kein Wunder, daß Zündapp-Motorräder immer wieder die großen Zuverlässigkeitsfahrten der Welt – darunter auch die „Internationale Sechstagefahrt" – mit Erfolg bestritten und damit die ganze deutsche Motorradindustrie ins Rampenlicht brachten.

Den ersten, im Herbst 1921 entstandenen 211-cm³-Nasenkolben-Dreikanal-Zweitaktern mag als Vorbild die hervorragende englische Levis gedient haben. Da man es verstand, bald auch den gleichen hohen Qualitätsstandard wie bei diesem damals besten englischen Einzylinder-Zweitakter zu erreichen, gehörten Zündapp-Motorräder auch bald zu den führenden Marken in Deutschland. Teilweise wohl, weil man sich an eine bereits bewährte Konstruktion hielt, aber auch auf Grund der Produktionserfahrungen, die das am 17. September 1917 gegründete Unternehmen mit Kriegsmaterial bereits gewonnen hatte. Gründer waren die Zünder- und Apparatebau GmbH und der Nürnberger Industrielle Fritz Neumeyer, wobei aber auch Krupp an diesen Unternehmen nicht ganz unbeteiligt war. Bis 1919, dann ging alles in den Alleinbesitz von Fritz Neumeyer über.

Die ersten fünf Zündapp-Motorräder dienten der Erprobung und Entwicklung; 1922 kam es dann zur Serienfertigung, zum Modell „Z 22", das später durch den verbesserten Typ G 22 ersetzt wurde. Neumeyers Ambition war der Bau eines Volksmotorrades, das zwischen den schwachen damaligen Fahrrad-Hilfsmotoren und Kleinwagen lag. Die Z 22 kostete 14025 Mark. Am 21. Oktober 1922 hatten bereits 1000 Zündapp-Motorräder das Werk verlassen. Dann kam bald die große Inflation, und am 20. November 1923 kostete ein Motorrad in Deutschland eine unbegreifbare Summe: 120 Billionen Mark. Kurz darauf gab es wieder eine „normale" Währung; 1924 lagen die Preise bei Zündapp zwischen 1020 und 1440 RM, wobei es sich nach wie vor um die Nachfolgemodelle der Z 22 mit dem $2^1/_2$-PS-Zweitaktmotor, Keilriemenantrieb und Felgenbremsen gehandelt hat.

Selbstverständlich erprobte man die Maschinen auch bei Wettbewerben, und schon 1921 waren die Werksfahrer Wolf und Metsch bei der „Würgauer Bergprüfungsfahrt" erfolgreich. Die kompletten Maschinen wogen nur 58 kg, benötigten 2 Liter Kraftstoff für 100 km und liefen 65 km/h, die Sportmodelle über 80 km/h. Als 1923 der Werksfahrer Hans Hieronymus die 250er Klasse auf der Avus mit einer auf 249 cm³ aufgebohrten Zündapp

Mit dieser 211-cm³-Zündapp Typ „Z 22" begann 1922 der Serienbau von Zweitaktmotorrädern in dem damals in Nürnberg befindlichen Werk.

Frühzeitig stieg Zündapp in das Renngeschehen ein. Schon 1923 siegte das Werk mit neuen Motoren von 249 cm³, aber noch ohne Getriebe, beim großen Swinemünder Bäderrennen. Hier zwei der Werksfahrer: Alfred Matsch (90) und Hans Hieronymus (89).

gewann, fuhr er einen Durchschnitt von 73,5 km/h. Es war dies ein Vorläufer des Modells K 429, das mit einem 249er Motor ab 1924 in Serie gebaut wurde. Serie bedeutete bei Zündapp auch schon die Fließbandproduktion, die zu einer Jahreserzeugung von 3400 Motorrädern führte. Die K 249 hatte 3,5 PS, und Hans Hieronymus erzählte mir vor kurzer Zeit, daß seine „Avus-Maschine" 1923 über 100 km/h gelaufen sei und bereits ein Dreiganggetriebe besaß.

„Einheitsmodell" schlug ein

1925 kam Zündapps „Einheitsmodell", eine verbesserte Version der K 249, heraus. Es schlug wegen der Robustheit und Zuverlässigkeit wie eine Bombe ein. So kam auch die Produktion 1927 auf 8348 und 1928 sogar auf 16877 Maschinen. Mit seinem 4,5-PS-Zweitaktmotor, vollautomatischer Schmierung und 85 kg Eigengewicht war Zündapps „Einheitsmodell" für 860 RM ein sehr preiswertes und beliebtes Motorrad. Man baute es auch als Transport-Dreirad, das hinten zwei Räder hatte. Je nach Aufbau kostete es zwischen 1200 und 1580 RM.

Wo es damals Zuverlässigkeitsfahrten gab, waren auch Zündapp-Fahrer erfolgreich dabei. Hieronymus ging zu Ermag und Hekker, kehrte aber 1928 zu Zündapp zurück. Dort fuhr er dann im Team mit Könnern wie Jule von Krohn, Fischer, Siekmann, Kittner, Weismantel, Glas, Baylon, Stork, Kolmsperger, Linner, Hecker, Bütow, Mittenzwei, Dürr, Grenz, die Rührschneck-Brüder, Heimbucher, Haselbeck, Weiß... derselbe Schorsch Weiß, der später Zündapp-Sportleiter wurde. Die Aufzählung der Erfolge dieser Fahrer würde ein Lexikon der Zündapp-Erfolge bei Zuverlässigkeitsfahrten füllen. Allein Hans Hieronymus gewann zehnmal hintereinander die „Goldene" bei der großen tschechoslowakischen Tourenfahrt auf dem „Einheitsmodell" und später auch mit anderen Zündapp-Maschinen. Ihn ärgerte nur immer, daß seine Firma keine Rennmaschinen baute, zumal er auch gern Rennen bestritt. So baute er sich selbst mit englischen JAP-Motoren ausgerüstete Rennmaschinen und fuhr dann Zündapp-Maschinen bei Rennen, als man – ab 1931 – in Nürnberg auch vierventilige englische „Python"-ohv-Einzylindermotoren in Serienmaschinen einbaute.

Großer-Sechstagefahrt-Erfolg

1928 hatte Zündapp in Deutschland bereits ein dichtes Händlernetz, eine leistungsfähige Dachorganisation mit 33 Fabriklagern und auch vier Filialen. In diesem Jahr kam auch das Ende des „Einheitsmodells", das bereits Kettenantrieb zum Hinterrad, Innenbackenbremsen und Ballonbereifung besaß, durch die zum 1. April verkündete Steuerfreiheit für alle Motorräder bis 200 cm³. Zu einer Zeit, als Zündapps damaliger technischer Direktor Dipl.-Ing. Wittig den Motor von 4,5 PS auf 6,5 PS gebracht hatte. Inzwischen hatte man das Werk vergrößert und auch eine passende 198er Zündapp geschaffen, mit dem bewährten Nasenkolben-Dreikanalmotor, großem außenliegendem Schwungrad und einem neuen und tieferen Fahrgestell. Im Juni 1928 kamen diese Zündapp 198 auf den Markt. Ihr Preis: 790 RM ab Werk. Jule von Krohn hatte sie vorher gut ausprobiert, er fuhr in 15 Tagen 5580 km quer durch Europa. Bald darauf gewann Zündapp die schwere Deutsche Sechstagefahrt. 12 Zündapps waren am Start und alle 12 nach sechs Tagen am Ziel. Das war die beste Werbung für die Nürnberger. 1929 kam dann das neue 298er-Zündapp-„Stahlmodell" für 920 RM heraus, das einen neuen Rahmen aus „unzerbrechlichem" Stahl und auch eine solche Gabel besaß.

Auch Zündapp-Motorräder wurden 1931 billiger. Die 198 kostete 710 RM, die 298er 830 RM in ihren einfachsten Ausführungen. Daneben waren noch Luxusmodelle bei beiden Typen zu haben, die eine beige Farbe aufwiesen, im Gegensatz zum Einheitsmodell, das ganz in Schwarz mit goldenen Zierleisten gehalten war. Gegen Aufzahlung gabe es auch die Gazda-Blattfedergabel und später auch im Gesenk geschmiedete Profilstahlrohrrahmen. Die Sensation waren aber die neuen 489er Zündapp-ohv-Einzylindermodelle mit ihren vierventiligen, von Rudge in England gebauten Python-Einbaumotoren. Es gab zwei Ausführungen: das Modell „S" mit 18 PS und die sportlichere „SS" mit 22 PS.

Gebaut wurden alle Zündapps damals im neuen Werk in Nürnberg-Schweinau, das 1929 bezogen worden war, eine der modernsten Motorradfabriken der Welt. Allein im April 1929 wurden 4200 Motorräder gebaut. Dann begann die Wirtschaftskrise, welche die Produktion 1932 auf nur 5329 Einheiten „zurückschraubte". Bereits 1929 war Dipl.-Kaufmann Hans-Friedrich Neumeyer, der Sohn des Gründers, als Assistent des Vaters in die Direktion eingetreten. Mit 26 Jahren kam eine schwere Krisenzeit für das Werk. Kein Wunder, daß er sich nach einer Zusatzproduktion umsah und dadurch auch mit Dr.-Ing. h. c. Ferdinand Porsche zusammenkam, der einen Hersteller für seinen Typ 12 – einen VW-Vorläufer – suchte. Gebaut wurden dann auch drei Prototypen dieses Kleinwagens mit einem 998er ohv-Motor, der unter 2000 RM kosten sollte. Zuletzt ließ aber Geheimrat Neumeyer, ein sehr erfahrener Industrieller, vom Kleinwagenbau ab, das Risiko im Krisenjahr 1932 war doch zu groß. 1932 kam auch ein neues Zündapp-Kleinkraftrad mit 170 cm^3 heraus. Damals wurde der junge Hans-Friedrich Neumeyer zum Geschäftsführer ernannt. Er war es auch, der für völlig neue Zündapp-Modelle sorgte, die 1933 in Berlin auf der Motorradausstellung vorgestellt wurden und

Dieses ab 1925 gebaute Zündapp-„Einheitsmodell" von 249 cm^3 gewann dank seiner guten Konstruktion, Leistungsfähigkeit und Zuverlässigkeit nicht nur viele Wettbewerbe, sondern auch die Gunst zahlreicher Kunden.

Zündapps Modell „Z 300" wurde 1928/29 gebaut. Der Dreikanal-Zweitaktmotor von 298 cm^3 mit leicht nach vorn geneigtem Zylinder hatte eine große außenliegende Schwungscheibe und leistete 9 PS bei 3200 U/min. Er galt, wie das Triebwerk des älteren „Einheitsmodells", als robuster „Bauernmotor".

Die ersten bei Zündapp gebauten Motorräder mit Viertaktmotoren entstanden 1930/31. Sie hatten englische – von Rudge in Coventry gebaute – kopfgesteuerte „Python"-Einzylindermotoren von 449 cm^3 mit vier Ventilen. Das abgebildete Modell S leistete 18 PS bei 4250 U/min.

für deren sensationelle Konstruktion die Brüder Richard und Xaver Küchen verantwortlich waren, dieselben, die vorher den „K"-Einbaumotor entwickelten.

„Frischer Wind" durch die Brüder Küchen

Diese neuen Zündapp-Modelle ergaben ein Programm, das von der 174er Zweitaktmaschine mit Kettenantrieb bis zur 796er Vierzylinder-Blockkonstruktion mit Kardanantrieb zum Hinterrad reichte und prachtvolle Blechstahl-Preßrahmen und Viergang-Kugelschaltung besaß. Richard Küchen war begnadeter Konstrukteur. Xaver Küchen brachte die technischen Feinheiten in die Schöpfungen seines Bruders ein. Das waren Meisterwerke, diese 198er und 346er Zweitakter, die 498er ohv- und 598er sv-Boxer-Zweizylinder und nicht zuletzt die 796er Vierzylinder-sv mit ihren glattflächigen Blockmotoren. Wieder handelte es sich mehr um robuste und schöne Tourenmaschinen, obwohl die obengesteuerte 498er Maschine mit dem quergestellten Boxermotor in sportlicher Beziehung kaum Wünsche offenließ. Kommerziell erwiesen sich die kleineren Modelle als sehr erfolgreich; schon für 525 RM konnte man die billigste 198er von Zündapp erwerben. Selbst die große Vierzylindermaschine kostete nur 1550 RM.

Ein neues Spülsystem, die Dreistromspülung, wurde 1934 bei den Zündapp-Zweitaktern eingeführt und die damals neuen 198er Derby-Modelle mit diesem System ausgestattet. Geschäftlich ging es der Motorradindustrie wieder besser; 1935 wurden 18822 Zündapp-Motorräder produziert, nachdem es 1934 nur 9502 Maschinen waren. Im September 1933 lief das 100000. Zündapp-Motorrad, eine 498er Zweizylinder-Kardanmaschine, vom Fließband, 1936 hatten schon 150000 Motorräder das Werk verlassen, 1938 gab es eine Firmennamen-Änderung und die 200000. Maschine. Aus der Zündapp GmbH war die „Zündapp-Werke" GmbH geworden. Drei Jahre vorher verstarb der Firmengründer Geheimrat Dr. e. h. Neumeyer an seinem 60. Geburtstag, gerade als das Werk einen großen Auschwung genommen hatte, denn 1936 wurden 24519 Maschinen abgesetzt. Zündapp baute damals außer Motorrädern auch vierzylindrige Reihenmotoren für Leichtflugzeuge mit 40, 50 und 60 PS. 1938 erschien eine obengesteuerte 348er Zündapp mit neben dem Zylinder liegenden gekapselten Stösselstangen, doch wurden nur wenige wegen der damaligen politischen Verhältnisse gebaut. Immer mehr konzentrierte man die Produktion – auf „höheren Befehl" – auf Rüstungsmaterial und mußte schon im März

Von 1933 bis 1935 baute Zündapp auch diese 198-cm³-„Derby". Ihr Zweitaktmotor gab 7 PS bei 3850 U/min ab.

1940 den Bau „ziviler Motorräder" einstellen. Dafür entstand ein 746er Boxer-Viertakter mit obengesteuerten Ventilen und organisch angebautem Seitenwagen für militärische Zwecke. Diese KS 750 hatte zweimal vier Gänge mit Rückwärtsgang und Seitenwagenantrieb. Eine solche Militärmaschine war auch das am 13. März 1942 produzierte 250000. Zündapp-Motorrad.

Der „Grüne Elefant" wurde geboren

Bei Kriegsende war Zündapp weitgehend zerstört. Mit 170 Mann Belegschaft begann der Wiederaufbau. An einen Motorradbau war vorerst nicht zu denken. Man stellte eiserne Leiterwagen, Kartoffelpressen, Achsen, Beschläge, später auch Müllereimaschinen und Nähmaschinen her. Zündapp gehörte jetzt Hans-Friedrich Neumeyer und seiner Schwester Elisabeth Mann, deren Gatte, Dr. rer. pol. Eitel-Friedrich Mann, 1946 Geschäftsführer wurde. Er leitete das neue Zündapp-Werk in München, Anzinger Straße 1, wo vorerst Kleinmotoren mit 49 cm³ Hubraum gebaut wurden. Abfang August 1947 war in Nürnberg der Motorradbau wieder angelaufen, bis 1949 wurden 15000 Leichtkrafträder gebaut, zum Großteil die 198er DB 201 mit ihrem 7,5-PS-Zweitaktmotor. Schon 1959 waren 300000 Nachkriegsmotorräder fertiggestellt, ab 1952 ergänzten sich die Zündapp-Werke in Nürnberg und München. Bereits 1951 wurde auch der Bau des berühmten „Grünen Elefanten", einer prachtvollen 598er ohv-Zweizylindermaschine mit quergestelltem Boxermotor, Hinterradfederung und Teleskopgabel, aufgenommen. Diese KS 601, eine weiterentwickelte Vorkriegskonstruktion, hatte 75 mm Bohrung, 67,6 mm Hub und leistete 28 PS bei 4700 U/min. Die KS 601 war

Richard Küchen zeichnete zusammen mit seinem Bruder Xaver für die ab 1933 gebauten Zündapp-Modelle mit Blechpreß-Kastenrahmen verantwortlich. Hier die populäre „K 500", die einen quergestellten seitengesteuerten Boxer-Zweizylindermotor von 498 cm³ und Kardanantrieb zum Hinterrad besaß.

eine sehr gute Maschine und besonders bei Seitenwagenfahrern beliebt. Auch die 198er „Norma"- und „Comfort"-Modelle hatten Zündapp-Telegabeln und hinten Jurisch-Geradwegfederungen. Das Motorradgeschäft ging so gut, daß der Müllereimaschinenbau an eine Schweizer Firma abgegeben wurde, während man die Nähmaschinenherstellung nach München verlegte. Dort begann 1953 auch die Großserienherstellung der neuen 49er Zündapp-Zweitakt-Moped-Motoren.

Vielseitiges Produktionsprogramm

Fast gleichzeitig nahm das Werk Nürnberg den Bau der „Bella", eines vorzüglichen und schönen Rollers mit 148-cm³- und 198-cm³-Zweitaktmotoren, auf... und stellte im Mai 1953 das 400000. Zündapp-Motorrad fertig. 1954 waren es bereits 500000 Maschinen, in München entstanden die ersten Bootsmotoren, aber noch andere Kleinmotoren, eine eigene Druckgußfertigung und neue Fabrikanlagen. Man lieferte Moped-Motoren auch an andere Zweiradhersteller im In- und Ausland. Das umfangreiche Modellprogramm bestand aus den 198er Zweitaktern Norma-Luxus und Elastic, der KS 601 und 601 Sport mit 597er Zweizylinder-ohv-Boxermotoren und einer – nie in Serie gebauten – Zündapp-Sensation: einer 247er Zweizylinder-ohv-Blockmaschine, deren Boxermotor quergestellt war. Sie hatte einen hochmodernen Schalenrahmen und wurde wohl deshalb nicht serienmäßig gebaut, weil sie für eine 250er zu teuer gekommen wäre und sich schon „dunkle Streifen" am Horizont abzeichneten. Das bis dahin große Motorradgeschäft ließ nach.

Neumeyer, sein Leben lang mit Motorrädern verbunden, erkannte die Gefahr, und so kam die zweizylindrige 247er Zündapp nie auf den Markt. Damals kostete die Norma-Luxus 1450 DM, die hochmoderne Elastic mit der Hinter-

Die größte jemals in Serie bei Zündapp gebaute Maschine war die „K 800", deren luftgekühlter seitengesteuerter 791-cm³-Block-Kardanmotor vier Zylinder und einen sehr geschmeidigen Lauf aufwies. Gebaut wurde sie – in nicht sehr großen Stückzahlen – von 1933 bis 1938.

Zündapps obengesteuertes Modell „DS 350" von 346 cm³, eine 1939/40 gebaute Einzylinder-Konstruktion, hatte ein etwas kompliziertes Ventilsystem, das wohl höhere Produktionskosten und mehr Komplikationen, leistungsmäßig aber keine Vorteile erbrachte.

Wie auch BMW baute Zündapp ab 1940 schwere Wehrmacht-Seitenwagenmaschinen von 751 cm³ mit 26 PS bei 4000 U/min und angetriebenem Seitenwagenrad. Mit vier normalen, vier Gelände- und zwei Rückwärtsgängen ausgerüstet, hatte diese Konstruktion mit Zweizylinder-Boxermotor ein Fahrwerk, das aus Schmiedeteilen, U-Blechen und verschraubten Rohren bestand.

Zu den beliebtesten Nachkriegsmodellen gehörte die 198er „DB 201", die bereits eine Telegabel besaß und 1950/51 produziert wurde. Sie hatte 7,5 PS bei 4000 U/min und erreichte 85 km/h

radschwinge 1625 DM, die größere Elastic 1825 DM, die zweizylindrige KS 601 schon 3125 DM und die Sportversion des „Grünen Elefanten" 3225 DM. Die beiden „Bella"-Roller wurden mit 1595 DM beziehungsweise 1695 DM angeboten und gut verkauft. Die beiden „Elastic"-Versionen stellten hochmoderne Konstruktionen dar, die Motoren waren aber – man möchte fast sagen traditionsgemäß – nach wie vor richtige „Bullen", die mit ihren 10 PS (198 cm³) und 14 PS (247 cm³) gar keine Spitzenleistungen aufbringen wollten. Dafür hatten sie „unten" viel drinnen und hielten auch bei höchsten Beanspruchungen durch. Wie die großen KS-601-Seitenwagenmaschinen der Werksfahrer Keitel, Weiß und Ernst, die bei der Sechstagefahrt und anderen schweren Geländeveranstaltungen geradezu fantastische Leistungen mit diesen Zündapps vollbrachten, ebenso wie andere Fahrer, wie Kritter, Schach und Käser.

1955/56 erschienen die drei „S"-Modelle mit 173, 198 und 247 cm³, die aus der „Elastic" entwickelt wurden und diese an Einfachheit wie an Robustheit noch übertrafen. Im Gegensatz zu anderen Firmen, die in der Nachkriegskonjunktur aufkamen und auch mit ihrem Ende untergingen, war Zündapp stets eine hochsolide Motorradfabrik. Man konnte sich nicht erlauben, ein schlechtes Motorrad in den Verkauf zu bringen, und die fabelhaften „S"-Modelle waren typisch für die Qualitätsarbeit von Zündapp. Ihr einziges Handikap war, daß sie herauskamen, als man Motorräder kaum noch verkaufen konnte, auch nicht die besten und die preiswertesten. Viele Kunden bevorzugten Kleinwagen. Die Struktur hatte sich verändert. Neumeyers „Antwort" war der „Janus", ein vierrädriges Rollermobil mit einem 247er Zündapp-Zweitaktmotor. Der „Janus" hatte die Aussicht für die Passagiere nach rückwärts; sie saßen gegen die Fahrtrichtung. Was sicherlich viele Kunden vom Kauf abhielt, dabei war der „Janus" gar kein schlechtes Fahrzeug.

Zurück aber zu den „S"-Modellen, die 1957 die Internationale Sechstagefahrt in der Tschechoslowakei gewannen und von da an die Bezeichnung „Trophy" bekamen. Inzwischen baute man das Werk in München weiter aus und veräußerte am 1. 7. 1958 alle Nürnberger Werksanlagen. Die Fertigungseinrichtungen wurden in das Münchner Werk verlegt.

Zahlreiche Weltrekorde in Monza

In München entstanden dann auch neue Kleinkrafträder, Mopeds usw., darunter die

Mit ihrem kopfgesteuerten 597-cm³-Zweizylinder-Boxermotor und Kardanantrieb war die von 1950 bis 1957 gebaute zweizylindrige KS (Kardan-Sport) 601 eine schöne, hochwertige und auch sehr beliebte Zündapp. Das Fahrwerk war ein verschweißter Doppelrohrrahmen.

Super-Combinette und die Falconette mit ihrem 4,2-PS-Zweitaktmotor. 1960 arbeiteten dort wieder 2500 Mann. Zündapp war 1961 größter Hersteller von motorisierten Zweirädern in Deutschland. 1963 baute man in München täglich außer 400 Motoren auch 300 komplette Fahrzeuge. Im selben Jahr fuhren auf der Monza-Rennbahn bei Mailand drei KS 50 in 144 Stunden 10600 km, was einen Gesamtschnitt von 70,24 km/h entspricht. Als die drei Fahrer auch 1964 nach Monza zu 144-Stunden-Testfahrten kamen, ging es noch besser. Sie fuhren 12247 km und erreichten einen Schnitt von 85,5 km/h. Daneben gab es immer wieder zahlreiche Meisterschaften und große Erfolge in Wertungsfahrten (Trials) mit Fahrern wie Hans Schweizer, Fritz Rotermundt, Gerd Lohse, Gernod Leistner, Dieter und Volker Kramer, Leo Holy, Günter Sengfelder, Willi Gehring, Richard Hessler, Lorenz Specht, Andreas Brandl, Heinz Brinkmann, Siegfried Gienger und anderen. Besonders erfreulich die Siege bei der Internationalen Sechstagefahrt, die immer wieder die Zuverlässigkeit der Zündapp-Maschinen bewiesen. Zuletzt im Jahre 1975 mit Rolf Witthöft, Josef Wolfgruber, Peter Neumann, Eberhard Weber, Eduard Hau und Jürgen Grisse, die Zündapp–Werksmaschinen von 100, 125 und 175 cm³ fuhren, nachdem Zündapp schon 1968 die wertvolle Trophy gewonnen hatte.

Auch 1965 war Zündapp wieder in Monza auf Rekordjagd und blies dort zahlreichen Weltrekorden das Licht aus. U. a. wurde der Weltrekord über 1 Stunde auf einer 49-cm³-Zündapp auf 162,609 km/h verbessert. Daß man hier keinen „reinen“ Serienmotor benützte, liegt auf der Hand, doch bewiesen die Konstrukteure von Zündapp, was sie konnten. 1966 gab es bereits die bekannten Fächerzylinderköpfe bei Zündapp, 1967 das 50jährige Firmenjubiläum und die neue KS 50 Super-Sport. 1970 folgte die neue KS 125 Sport mit ihrem 15-PS-Motor und Doppelschleifenrahmen. Dazu kamen ein gleich starkes Geländemodell für Privatfahrer wie auch ein Automatic-Moped bzw. -Mofa. Ein moderner Roller mit 49-cm³-Motor war schon früher dabei, während der „Bella“-Roller nach zehnjährigem Bau 1963 aufgegeben wurde.

Dr. Eitel-Friedrich Mann war kaum 50 Jahre alt, als er 1960 starb, und es war seine Gattin, die Schwester des Firmenchefs, die dann immer dort zugegen war, wo Zündapp-Fahrer bei Wertungsfahrten starteten und meistens auch gewannen. Wichtige Sportergebnisse ohne Elisabeth Mann sind kaum vorstellbar. 1973 starb ihr Bruder, Dr. h. c. H.-F. Neumeyer, kurz nach seinem 70. Geburtstag. Seither leitet sein Sohn, Dr. Dieter Neumeyer, die Geschicke dieses Unternehmens zusammen mit bewährten Mitarbeitern. Im Programm dominierten Fünfziger und Motorräder bis 123 cm³, wobei bei den 50cm³-Modellen die wassergekühlte KS 50 mit 39 mm Bohrung und 42 mm Hub absolute Spitze darstellte. Gebaut werden ausschließlich schlitzgesteuerte Zweitakter in zahlreichen Ausführungen, darunter auch 49er Moto-Cross und 123er Geländesport-Modelle. Überhaupt wird das Wort „Sport“ bei Zündapp mit großen Buchstaben geschrieben.

Seit vielen Jahren beobachtete ich aufmerksam die Zündapp-Erfolge bei den großen Geländeprüfungen. Lange Zeit führte ich diese auf die Konstruktion zuverlässiger und daher robuster „Bauernmotorräder“ zurück. Das war schon zu Zeiten des „Einheitsmodells“ Ende der zwanziger Jahre der Fall, und auch in den fünfziger Jahren, als die „Grünen Elefanten“ in Form der KS 601 mit ihren Seitenwagen von Erfolg zu Erfolg eilten. In den letzten Jahren mußten auch Motorräder mit kleinen Hubräumen bei Geländefahrten zuverlässig, dazu aber auch sehr schnell und dabei

Die 198-cm³-„Norma-Luxus“ von Zündapp hatte einen Zweitakt-Blockmotor mit Zweistromspülung, der 8,3 PS bei 4600 U/min leistete. Die von 1953 bis 1955 gebaute Maschine besaß auch schon ein fußgeschaltetes Vierganggetriebe, eine Telegabel und Hinterradfederung.

1976 wurden die ersten wassergekühlten 49-cm³-Zündapps gebaut, 1977 folgte die 163-cm³-„KS 175“ mit Fünfganggetriebe und einer Leistung von 17 PS bei 7400 U/min. Sie besaß bereits Alu-Druckgußräder und eine vordere Scheibenbremse.

Das sportliche Image von Zündapp hielten die beiden von 1956 bis 1963 hergestellten „Trophy-Sport“-Modelle von 174 und 245 cm³ aufrecht. Sie leisteten 10,5 PS bei 5400 U/min bzw. 14,5 PS bei 5500 U/min und bewiesen in vielen Wettbewerben ihre hohe Qualität.

Die Zündapp-„KS 125 Sport“ entstand 1971, leistete 15 PS bei 7900 U/min und erreichte 125 km/h Spitze. Eine moderne und sportliche Maschine.

keineswegs gewichtsmäßig schwer sein. Und es zeugt vom großen Können der Zündapp-Konstrukteure, daß sie alle diese Eigenschaften in erfolgreichen Fahrzeugen vereinen konnten. Das „Bauernmotorrad-Image“ ist damit längst verschwunden.

Mit dem Bau der ersten Zweitakt-Motorräder Anfang der zwanziger Jahre stand das Nürnberger Zündapp-Werk am Anfang einer Produktion mit vielen Höhepunkten. Unvergessen sind die 796-cm³-Vierzylinder-Modelle mit ihren seitengesteuerten Boxermotoren der dreißiger Jahre und die später entstandenen „Grünen Elefanten“ mit kopfgesteuerten 592-cm³-Boxermotoren und Kardanantrieb; den gleichen Antrieb des Hinterrades hatten schon in den ersten dreißiger Jahren die von den Brüdern Richard und Xaver Küchen konstruierten Zündapp-Modelle von 198 cm³ aufwärts. Es waren schöne Maschinen, obwohl sie mit ihren Blockmotoren in Preßstahlrahmen keineswegs zu den temperamentvollen Sportmotorrädern rechneten – im Gegensatz zu der 1937/38 gebauten KKS 500, deren kopfgesteuerter Zweizylinder-Boxermotor von 496 cm³ im blechgepreßten Kastenrahmen für 140 km/h gut war.

Die Situation änderte sich

Ende der schweren fünfziger Jahre verkaufte Zündapp das Nürnberger Werk an Bosch und übersiedelte in die Fabrik in München, Anzinger Str. 1–3, um dort vornehmlich Kleinkrafträder, Mofas, Mopeds und Mokicks sowie leichte Motorräder herzustellen. Für große Maschinen gab es kaum noch Absatzchancen, so daß auch die Produktion der großarti-

Geht es um Leichtkrafträder, ist Zündapp immer mit dabei. Ein Beweis dafür ist auch die „KS 80" von 1982, ausgestattet mit wassergekühltem 79-cm³-Zweitaktmotor und Fünfgang-Klauengetriebe.

gen KS 601 mit Boxermotor bereits 1957 vor dem Umzug nach München eingestellt wurde. Ebenso ging die Nachfrage nach dem schönen Bella-Roller zurück, und auch kleinere Zweitaktmaschinen ab 163 cm³ spielten keine bedeutende Rolle mehr im Zündapp-Programm. Die gesamte deutsche Motorradproduktion steuerte einer Talsohle zu. Der Wiederaufstieg begann mit der Invasion japanischer Motorräder, die zu Preisen angeboten wurden, mit denen Hersteller in Westeuropa nicht mehr Schritt halten konnten. Da reichten auch die hervorragende Qualität, Leistung und Ausführung der Zündapp-Maschinen nicht mehr aus, die Preisunterschiede wettzumachen. Bei Zündapp wurden immer solide und gute Motorräder gebaut, und es war im Grunde richtig, daß man ihren guten Ruf nicht durch Billigware aufs Spiel setzen wollte. Es gibt immer noch Kunden, die bereit sind, für erprobte und gute einheimische Erzeugnisse auch mehr zu bezahlen.

1983 setzte sich die Zündapp-Produktion vorwiegend aus Modellen von 49 und 73 cm³ in verschiedenen Ausführungen zusammen, wobei Mofas nach wie vor eine bedeutende Rolle spielen. Zu ihnen gesellten sich luft- und wassergekühlte Leichtkrafträder modernster Konstruktion von 78 cm³.

Erfreulich ist, daß Zündapp – wo man jahrelang von Rennmaschinen für die großen Straßenrennen nichts wissen wollte – 1983 doch offiziell ins Renngeschehen der 80-cm³-Klasse einstieg und hier bewährte Zweitaktkonstruktionen erfolgreich einsetzte. Erfreulich schon deshalb, weil keine andere deutsche Motorradfabrik zu dieser Zeit wirklich konkurrenzfähige Rennmaschinen baute.

Bildnachweis

Der Verfasser dankt den folgenden Herren und Unternehmen für die Zurverfügungstellung von in diesem Band veröffentlichten Illustrationen: Auto-Union AG, Bayerische Motoren Werke AG, George Brough, Jiri Bayer, DKW (Zweirad Union AG), Harley Davidson Motor Co. Inc., Ed. Heidmann, Ing. Michael Heise, Ing. Otto Heller, Archiv Hiller, Günther Holweg, Horex-Werke (Fritz Kleemann) KG, Walter Klemm, Dipl.-Kfm. Dr. Helmut Krackowizer, La Moto, Mars-Werke AG, Motociclismo, Moto Guzzi S.E.I.M.M., Motor-Cycling, Das Motorrad. Motorrad, Ing. Otto Mühlbacher, Norton Motors Ltd., NSU Motorenwerke AG., Leo Pauzin, Václav Petřik, Photo-Stundl, Steyr-Daimler-Puch AG., George Swan, Betty Tragatsch, TT-Special, Victoria-Werke AG (Zweirad Union AG), H. Wagenbach, Wanderer-Werke AG., Gerald E. West, Hans Windhoff Motorenbau, Kurt Wörner, C. H. Wood, Siegfried Wünsche, Ludwig Zemene, Zündapp-Werke GmbH.

Erwin Tragatsch

Motorräder

Berühmte Konstruktionen

2. Band

Illustrationen in diesem Buch stammen von
Walter Brandstetter, Peter Clare,
John Deacon, Granville Grenfell,
John Griffith, G. L. Hartner, Emmett Moore,
Cyril J. Scott, Jim Sheldon, Fop Smit,
Hans Wasiewicz und dem eigenen Archiv
von Erwin Tragatsch.

Inhaltsverzeichnis

	Seite
Vorwort	205
Die „sagenhafte“ ABC	208
ACE – eine klassische Amerikanerin	211
Typisch englisch: AJS	215
Nürnberger Kindl: Ardie	223
Albin Liebisch und seine Böhmerland	231
Ignaz Schwinns schnelle Excelsior Super-X und Henderson	237
Die „Gouverneur“: Hoffmanns ungeratene Erzählung	245
Ein TT-Sieger baute die HRD (Vincent-HRD)	248
Die fabelhafte rote Indian	255
Die Jawa-Story Verfehlter Start mit Wanderer-Lizenz	265
Bereits 1919 mit Kardan: die KG (Krieger-Gnädig)	275
Die englische „Levis“ Begriff für hochwertige Zweitakter	280
Einst weltberühmt: Motosacoche (MAG)	285
Ein Künstler schuf die Neander	295
Motorrad mit Raketenantrieb von Opel	299
Sportlich und erfolgreich: Das war die „Rudge“!	305
Aus Belgien die schnelle Saroléa	318
Englisches Zweitakter-Idol: Scott	322
Schwäbische Meisterarbeit: Standard	328
Stock Einst Berlins größte Motorradfabrik	334
Englisches Spitzenerzeugnis: Die Sunbeam	337
Aus Österreich mit neuen Ideen: Titan	345
Ein Goldschmied schuf die Tornax	349
Englands ruhmreiche und schnelle Velocette	354
50 Jahre mit Motoren	365

Vorwort zur zweiten Auflage

Die bisherigen drei Bände meiner Buchreihe „Motorräder – Berühmte Konstruktionen" haben viel Interesse und Anerkennung gefunden. Nachdem Band 1 nunmehr in dritter erweiterter Auflage erschienen ist, wurde auch für Band 2 die vorliegende Neuauflage notwendig. Sie enthält zahlreiche neue, teilweise noch nie veröffentlichte Bilder der unten angeführten Marken aus vielen Ländern der Welt.

***Vor 50 Jahren** veröffentlichte ich meinen ersten Rennbericht in der angesehenen österreichischen Fachzeitschrift „Das Motorrad". Er bildete den Anfang meiner Tätigkeit als Kraftfahrzeug-Fachschriftsteller in vielen Ländern der Welt. Wie beim ersten Band „Motorräder – berühmte Konstruktionen", so stehen technisch bemerkenswerte Maschinen und Entwicklungen auch im Mittelpunkt dieses zweiten Bandes. Als Techniker interessierte ich mich schon immer insbesondere für solche Motorräder, deren Erbauer mit oft unorthodoxen Konstruktionen neue Entwicklungsrichtungen einschlugen, mochten sie zukunftweisend sein oder sich als abwegig herausstellen. Viele sind längst in Vergessenheit geraten. So enthält auch dieser zweite Band eine Auswahl von Motorrädern, die heute weithin unbekannt sind, für die aber die Herzen früherer Generationen oft höher schlugen. Zum Teil bisher unveröffentlichte Fotos aus vergangener Zeit, die leider nicht immer hohen fototechnischen Anforderungen genügen können, veranschaulichen den Werdegang des Motorrades, des motorisierten Zweirades schlechthin auch in der skizzenhaft dargestellten Geschichte von Firmen, die in der Ahnengalerie des Motorrades einen bedeutenden Platz einnehmen.*

Hier ein kurzer Überblick über die in diesem Band verzeichneten Marken:

***ABC** hießen englische Motorräder mit kopfgesteuerten, quergestellten Boxer-Motoren von 398 cm³ der früheren Sopwith-Flugzeugwerke. Sie wurden 1919 von dem berühmten Granville Bradshaw konstruiert und oft als BMW-Vorgänger angesehen, doch hatten sie außer der Anordnung des Boxer-Motors im Fahrwerk mit der BMW nichts gemeinsam.*

***ACE** gehörte in den USA zu den führenden Herstellern von großen Motorrädern mit luftgekühlten Vierzylinder-Reihenmotoren. Sie waren eine Schöpfung von William „Bill" Henderson, der einige Jahre vor der Aufnahme der ACE-Produktion die Konstruktion seiner Henderson-Vierzylinder an die Excelsior-Werke von Ignaz Schwinn in Chicago verkaufte.*

***AJS** baute von 1909 an Motorräder in Wolverhampton (England). 1931 wurde die Produktion von den Brüdern Collier übernommen und nach London verlegt. Erfolgreiche Rennmaschinen mit Ein-, Zwei- und Vierzylindermotoren machten die Marke weltberühmt; 1939 war die Kompressor-AJS die schnellste englische Maschine.*

***Ardie** schuf in Nürnberg anfänglich Zweitaktmotorräder von 304 cm³, die unter dem Spitznamen „Minimax" bekannt wurden – wegen der Tankform, die an einen damals verbreiteten Feuerlöscher erinnerten. Von 1925 an bereicherten Viertakter mit englischen Jap-Motoren die Modellpalette, aber auch Zweitakter wurden weitergebaut.*

Böhmerland hießen sehr unorthodoxe Motorräder mit langen Fahrwerken, ausgesparten Vollscheibenrädern und einem eigenen, von Albin Liebisch konstruierten kopfgesteuerten Einzylindermotor von 598 cm^3, die 1925 herauskamen und bis zum letzten Produktionsjahr (1939) noch keinen gekapselten Ventilantrieb besaßen.

Excelsior war viele Jahre neben Indian und Harley-Davidson ein führendes Motorradwerk in den USA. Besonders beliebt waren die großen Zweizylinder in V-Form. Firmenchef Ignaz Schwinn, ein Einwanderer aus Deutschland, erwarb auch die Marke Henderson. Mit Excelsior in England und Deutschland bestand weder eine technische noch eine kommerzielle Verbindung.

Hoffmann in Lintorf baute nach dem Zweiten Weltkrieg die italienischen Vespa-Roller in Lizenz und schuf später mit den kopfgesteuerten Zweizylinder-Boxermotoren von 248 und 298 cm^3 mit Kardanantrieb – quer zur Fahrtrichtung eingebaut – eine sensationelle Neuentwicklung.

HRD wurde 1925 von dem englischen Rennfahrer H. R. Davies gegründet und nach drei Jahren von Phil Vincent übernommen, der später die berühmten Vincent-Motorräder mit 996er V-Zweizylinder-Motoren – damals die schnellsten Serienmaschinen der Welt – herstellte.

Indian in Springfield/USA war einmal die größte Motorradfabrik der Welt. Die 498er Scout und die 746er Police-Scout wurden in viele Länder geliefert. 1927 übernahm das Werk die Produktion der vierzylindrigen ACE und baute auch noch größere Zweizylinder-Maschinen, verlor in den fünfziger Jahren jedoch immer mehr an Boden, bis die Fertigung schließlich ganz eingestellt werden mußte.

Jawa, 1929 gegründet, wurde bald ein bekanntes Unternehmen der Tschechoslowakei, das 1932 kleine Zweitakter sowie 346er Viertakter, seiten- und kopfgesteuert, herstellte, aber auch Werksrennmaschinen von 173 bis 598 cm^3 für Straße und Bahn. Viele hatte der Engländer George-William Patchett konstruiert.

KG stand für Krieger-Gnädig; die Firma brachte 1919 die ersten deutschen Serienmaschinen mit kopfgesteuerten Einzylinder-Blockmotoren und Kardanantrieb auf den Markt. Dann übernahmen Cito und Allright die Produktion. Als sie 1927 aufgegeben wurde, war es Paul Henkel in Mäbendorf bei Suhl/Thüringen, der diese Motorräder bis 1932 weiter herstellte.

Levis zählte zu den erfolgreichsten Herstellern von Zweitakt-Motorrädern in England. Von 1927 an wurden auch Viertakter produziert, alle von Bob Newey konstruiert. Das Werk war bekannt für seine gute Werkmannsarbeit und gewann auch die ersten englischen TT-Rennen in der 250er Klasse.

Motosacoche war viele Jahre die Nobelmarke der Schweiz. Die Motorräder dieses Werkes in Acacias bei Genf waren in Qualität und Verarbeitung Spitzenprodukte und die Rennmaschinen international sehr erfolgreich. Sie trugen die Handschrift so berühmter Konstrukteure wie Dougal Marchant und Bert Le Vack.

Neander baute in Deutschland sehr ungewöhnliche Motorräder mit Preßstahl-Fahrwerken und „Clubsesseln" sowie Vorderradgabel, die kurze Blattfederbündel aufwiesen, mit Einbaumotoren von 147 bis 996 cm^3. Ihr Konstrukteur Ernst Neumann-Neander war ein erfahrener Techniker mit künstlerischen Ambitionen.

Opel, ein Pionier im Motorradbau, brachte bereits 1921 u. a. Bahnmaschinen mit wassergekühlten Vierventil-Einzylindermotoren von 204 cm^3 heraus. Die letzten, 1928 gebauten Maschinen hießen „Motoclub" und waren eine Lizenzfertigung von Neander.

Rudge, lange Zeit eine Spitzenmarke der englischen Motorradindustrie, wurde durch schnelle Vierventil-Einzylinder-Maschinen mit hervorragender Straßenlage weltbekannt. Fred Anstey und George Hack gehörten hier zu den maßgeblichen Konstrukteuren, sie schufen hauptsächlich Modelle von 248 bis 498 cm^3, darunter die fabelhafte „Ulster".

Saroléa in Belgien lehnte sich eng an die englischen Konstruktionstendenzen an, fertigte auch kleine Zweitakter, baute aber vor allem schnelle 350er und 500er und zuletzt Zweizylinder-Twins mit Hubraum bis zu 598 cm^3. In den dreißiger Jahren gab es auch Werksrennmaschinen mit Königswellenmotoren.

Scott wurde über England hinaus durch erstklassige Motorräder mit eigenwilligen Fahrwerken und wassergekühlten Parallel-Zweizylinder-Zweitaktmotoren bekannt. Alfred Angas Scott, der Firmengründer, war ein Pionier auf dem Gebiet des Zweitaktmotors. Trotz der englischen Skepsis gegenüber Zweitaktern konnte er seine Maschinen zuletzt doch durchsetzen.

Standard *baute seit 1927 Motorräder im Schwabenland, teilweise auch in der Schweiz. Sie verschafften sich schnell einen ausgezeichneten Ruf und wurden durch Rennerfolge besonders bekannt. Firmengründer Wilhelm Gutbrod war vorher bei der Stuttgarter Motorradfabrik Klotz tätig. Zu seinen Konstrukteuren und Rennfahrern gehörte auch Dipl-Ing. A. F. Dom.*

Stock *war eine große, zum Kahn-Konzern gehörende Motorradfabrik in Berlin, die später nach Heidelberg verlegt wurde. Sie begann Anfang der zwanziger Jahre mit dem Bau eines 119er Zweitaktmodells und stellte später sehr schöne Zweitaktmotorräder von 173 bis 298 cm³ mit Blockmotoren und Kardanantrieb her, die Ing. Heuß konstruiert hatte.*

Sunbeam *wurde als Hersteller hervorragend gebauter englischer Einzylinder-Motorräder, aber auch durch große Rennerfolge weltbekannt. Nach dem Zweiten Weltkrieg entstanden moderne Maschinen mit Blockmotor, Kardanantrieb und zwei hintereinander stehenden Zylindern mit oberliegender Nockenwelle von 498 cm³.*

Titan *in Österreich brachte 1926 von Ing. Karl Schüber entwickelte 174er Werksrennmaschinen mit Zweizylindermotoren mit oberliegender Nockenwelle und wassergekühlten Zylinderköpfen heraus, die den Namen „Austro-Motorette" trugen. Zweitaktmotoren mit Membraneinlaßsteuerung waren typisch für die späteren Titan-Modelle von 346 cm³.*

Tornax, *einst eine führende Marke im deutschen Motorradbau, trat in den zwanziger Jahren mit Maschinen an, die von Firmenchef Ernst Wewer und Otto Karpe konstruiert waren. Eingebaut waren Jap-, Columbus- und Jlo-Einbaumotoren. Tornax-Motorräder waren auch bei Rennen erfolgreich.*

Velocette *baute in der englischen Industriestadt Birmingham jahrelang Zweitaktmaschinen und von Mitte der zwanziger Jahre an auch rassige Viertakter, von denen die 348er KTT-Rennmaschinen zu vielen Erfolgen in aller Welt kamen. Nach 1945 gehörten auch Motorräder mit wassergekühlten, seitengesteuerten und quergestellten Zweizylinder-Boxermotoren von 198 cm³ mit Kardanantrieb zum Herstellungsprogramm.*

Der erste Band „Motorräder – berühmte Konstruktionen" hat viel Zustimmung gefunden. Dieser zweite Band nun will gleichermaßen die Frühzeit des Motorrades aufhellen helfen und andere interessante Konstruktionen gleich welcher Baujahre ins Licht rücken. Motorräder haben heute wieder einen großen Freundeskreis, der ihrer speziellen Technik gegenüber aufgeschlossen ist; ihm ist dieses Buch zugedacht.

Erwin Tragatsch

Eine Erinnerung an die großen Rennjahre der Motorradindustrie Europas. Erwin Tragatsch, Verfasser dieses Buches, mit der schnellen und erfolgreichen Vierzylinder-„Gilera"-Werksrennmaschine von 498 cm³ der fünfziger Jahre.

Die „sagenhafte“ ABC

Bereits 1913 wurden ABC-Motorräder von der All British (Engine) Company Limited gebaut. Sie hatten wechselgesteuerte Boxermotoren von 493 cm^3 (Bohrung/Hub 68/68 mm), die beiden Zylinder lagen hintereinander, längs zur Fahrtrichtung. Dann kam der Erste Weltkrieg und damit das vorläufige Ende der von dem berühmten englischen Konstrukteur Granville Bradshaw geschaffenen Maschine.

Kurz nach dem Krieg – man schrieb 1919 – ersuchte der Chef der Flugzeugfabrik Sopwith, Tom Sopwith, denselben Konstrukteur, schnellstens ein neues Motorrad als Ersatz für die Herstellung von Flugzeugen zu bauen. In einer Rekordgeschwindigkeit, wie es hieß, brachte Bradshaw die neue ABC aufs Papier und dann auch in die Produktion. Ein Rekord lag auch bald an Bestellungen für diese Maschine vor, zumal es in den ersten Nachkriegsjahren an Fahrzeugen und an Material für ihre Fertigung fehlte. Sopwith verfügte zwar über das Material, aber ließ sich nicht genug Zeit, die Neukonstruktion genügend zu erproben und auszuentwickeln. Die Serienproduktion lief an, obwohl es noch einige technische Probleme gab. So konnten Schwierigkeiten für das Werk nicht ausbleiben. Sie ergaben sich daraus, daß Sopwith einerseits genügend flüssiges Kapital für das Unternehmen und die Beschäftigung seiner Mitarbeiter benötigte, andererseits aber immer mehr Kunden ihre eben gekauften Maschinen in die Fabrik zurückbrachten, weil nicht alle „Geburtsfehler“ der ABC ausgemerzt waren, bevor sie auf die Kundschaft losgelassen wurde.

Wie bot sich diese ABC an? Sie hatte einen quergestellten Zweizylinder-Boxermotor, kopfgesteuert, von 398 cm^3 (Bohrung/Hub 68,6/54 mm) mit halbkugelförmigen Verbrennungsräumen und konkaven Kolben. Über das angeblockte Vierganggetriebe und Kette wurde das Hinterrad angetrieben, das – ebenso wie die Vorderradgabel – durch Blattfedern abgefedert war. Das Fahrgestell bestand aus einem Doppelrohrrahmen, allerdings mit nur einem Tankrohr. Der Motorblock war für die damaligen Verhältnisse glattflächig, der Sattel niedrig und verstellbar angeordnet. Von ihrer Konstruktion her war diese ABC ein sehr fortschrittliches Motor-

Die 1921 gebaute 398er ABC in der französischen Version. Sie hatte einen im Werk selbst entwickelten, quergestellten und kopfgesteuerten Zweizylinder-Boxermotor, ein Vierganggetriebe sowie Blattfederung vorn und hinten.

rad, was auch die starke Nachfrage erklärt.

Aber gerade diese Nachfrage führte paradoxerweise zum vorzeitigen Ende der ABC. Immer mehr Maschinen verließen das Herstellerwerk, die „Sopwith Aviation & Engineering Co., Ltd." in Kingston-on-Thames in der englischen Grafschaft Surrey – aber immer mehr kamen auch zur Reparatur zurück. Sie waren bequem und auch schön, galten als gut und leistungsfähig – solange sie liefen. Aber allzu oft versagten sie. So war der Ventilmechanismus eine Katastrophe und die Schmierung höheren Beanspruchungen über eine längere Zeit nicht gewachsen. Es gab sogar mehrere Firmen wie Alan und Jarvis in Wimbledon, die den ABC-Fahrern verbesserte Ventilkonstruktionen anboten; nicht wenige Besitzer dieser Motorräder machten davon Gebrauch.

Granville Bradshaw, der Konstrukteur, schob alle Schuld am ABC-Debakel auf Sopwith, der entgegen seinem Wunsch die Produktion zu früh aufnahm. Andererseits beging Bradshaw immer wieder den Fehler, nur an neue Konstruktionen zu denken, ihre Produktion und Weiterentwicklung aber interessierten ihn nicht. Das war auch der Fall bei seinen ölgekühlten Motorradmotoren von 346 und 496 cm^3, beim Belsize-Bradshaw-Kleinauto und vor allem bei der von 1926 bis 1928 gebauten „P. & M.-Panthette", die einen quergestellten und kopfgesteuerten V-Zweizylindermotor von 246 cm^3 besaß. Sie war teuer in der Herstellung, unzuverlässig und ohne besondere Leistung. Als der Verkauf enttäuschte, zerschlug man im Werk die noch vorhandenen Motoren und baute in das Fahrwerk der „Panthette" normale Einzylinder-Zweitaktmotoren mit 246 cm^3 von Villiers ein.

In den dreißiger Jahren befaßte sich Bradshaw viel mit Hubschraubern von de la Cierva; 1938 schuf er seine letzte Motorradkonstruktion, deren Fertigung – so seltsam es auch klingt – wieder P. & M.-Panther in Cleckheaton übernahm; dieselbe Fabrik, die schon die „Panthette" hergestellt hatte. Zu einer Serienproduktion kam es jedoch wegen des herannahenden Zweiten Weltkrieges nicht mehr. Die neue Maschine hatte einen kopfgesteuerten Parallel-Zweizylindermotor von 498 cm^3 mit hintereinanderstehenden luftgekühlten Zylindern, eine Bauart, die kurz nach dem Kriege auch von Sunbeam verwendet wurde.

Zurück zur Sopwith'schen ABC. Ihre Fertigung wurde 1921 aufgegeben, als das Werk freiwillig liquidierte. Warum es zu diesem Schritt kam, bleibt ein Geheimnis, zumal die

Möglichkeit einer Weiterentwicklung der Konstruktion gegeben war. Firmenchef Tom Sopwith war finanzstark und auch an der Motorradfabrik P. & S. (Pearson & Sopwith) beteiligt; zu Pearson bestand eine enge Beziehung. Hier wurden allerdings nur „normale" Konfektionsmaschinen in typisch englischer Bauweise hergestellt. Auch ein anderer Freund von Sopwith, der bekannte Flugzeugbauer und Rennfahrer Harry Hawker, wandte sich nach dem Ersten Weltkrieg der Herstellung von Motorrädern zu. Von ihm wird berichtet, daß er zum Start von Wertungsfahrten immer mit einem von einem Chauffeur gelenkten Rolls-Royce mit dunklem Anzug und Zylinder erschien – erst dann zog er sich um. Übrigens war Sopwith's Sohn in den fünfziger Jahren auf Jaguar ein sehr erfolgreicher Autorennfahrer, auch auf dem europäischen Kontinent.

Versuchsingenieur bei ABC war der bekannte Rennfahrer Jack Emerson, der 1920 auf der südlich von London gelegenen Brooklands-Rennbahn in der Grafschaft Weybridge mit einer Maschine von 398 cm^3 zahlreiche Rekorde brach. Bei Wertungsfahrten und Rennen mit ABC-Motorrädern waren Cpt. Bartlett und Naas sehr erfolgreich. 1921 hatte die einst berühmte französische Flugmotorenfabrik Gnome & Rhone in Paris die Lizenz zum Bau der ABC-Motorräder erworben; der englische Cpt. Bartlett wurde Leiter des neuen Zweigwerkes. Naas war als Ein- und Rennfahrer tätig, er errang zahlreiche Siege im In- und Ausland. Als dann 1923/24 die ersten „normalen" Motorräder von Gnome & Rhone entstanden, blieben beide Fahrer im Werk in der Rue de Boetie. Dort baute man nicht nur eine etwas weiterentwickelte ABC von 348 cm^3, sondern auch ein ähnliches Modell von 498 cm^3; bis 1924, als die ABC auch aus der französischen Produktion verschwand.

War die ABC, wie verschiedentlich behauptet wurde, eine Vorläuferin der BMW? Diese Ansicht stimmt genauso wenig wie der Ausspruch Bradshaws, er hätte die ABC-Konstruktion auch an BMW verkauft. Wegen dieser Behauptung hatte ich mit ihm in den fünfziger Jahren eine kleine Auseinandersetzung in der englischen Presse; etwa zur selben Zeit, als er seinen „sensationellen“ Omega-Motor der Öffentlichkeit vorstellte und dessen phantastische Leistung rühmte – ohne allerdings dafür einen stichhaltigen Beweis liefern zu können. Zweifellos war er ein einfallsreicher Techniker, doch gingen manchmal – ähnlich wie bei vielen anderen Konstrukteuren – seine Ideen mit ihm durch. Schon damals hatte ich genug Erfahrungen mit Konstrukteuren gesammelt und war nicht bereit, eine völlige Neukonstruktion ohne Beweise für die ihr zugeschriebenen Eigenschaften und Leistungen zu akzeptieren. Ich behielt auch in diesem Falle recht, der Omega-Motor verschwand nach seiner Vorstellung wieder von der Bildfläche – für immer.

Welche Ähnlichkeiten und Übereinstimmungen gab es zwischen der ABC und der BMW? Sie hatten außer dem quergestellten Zweizylinder-Boxermotor wenig gemeinsam. So war die erste BMW seitengesteuert, die ABC aber kopfgesteuert. Die ABC hatte einen Kettenantrieb zum Hinterrad, die BMW gleich Kardanantrieb. Auch besaß die BMW anfänglich keine Hinterradfederung und nur ein Dreiganggetriebe gegenüber dem Vierganggetriebe der englischen Maschine. Viele Fachleute vertreten die Ansicht, daß die ABC heute vielleicht den Platz der BMW einnehmen könnte, hätte man sie nicht vor über 50 Jahren als unfertiges Motorrad auf den Markt gebracht. Über dieses Thema gab es schon viele Diskussionen, die Theorie bleiben müssen. Zweifellos hatte Granville Bradshaw gute Einfälle, aber ihm fehlte wohl die Beharrlichkeit in der Weiterentwicklung einer Konstruktion, ohne die sie nicht ausreifen und zum Erfolg kommen kann.

Auch einige deutsche Motorradkonfektionäre verwandten am Beginn der zwanziger Jahre seine Motoren, so Andrees und Agon. Zu einer gewissen Berühmtheit kam sein ölgekühlter Einzylindermotor von 346 cm^3, den u. a. Dot, Excelsior, OK-Bradshaw, Matador, Toreador, Connaught, Verus, Sirrah, New Scale, Montgomery, Omega und andere Hersteller einbauten, während der gleichfalls ölgekühlte Zweizylinder-Boxermotor von 498 cm^3 fast nur bei Zenith anzutreffen war. 1926 endete die Fertigung dieser Einbaumotoren; Bradshaw schuf dann die bereits erwähnte mißratene „Panthette“.

Schon 1921, als die Sopwith-Werke den Motorradbau „freiwillig“ einstellten, kostete die ABC ab Fabrik £ 120, doch konnte man sie bei einigen Händlern auch um £ 110 bekommen. Heute ist sie bei Veteranenliebhabern als „Delikatesse“ eines der gesuchtesten und beliebtesten Objekte; auch deshalb, weil sie einst als revolutionäre Motorradkonstruktion in die Hegemonie der typisch englischen Konstruktionen eindrang. Und es war wohl auch die unorthodoxe Konstruktion, die schließlich zu ihrem Untergang beitrug.

Der englische Cpt. Bartlett leitete nicht nur die Produktion der in Frankreich bei Gnome & Rhone gebauten englischen ABC-Motorräder, sondern bestritt auch zahlreiche Rennen mit diesen obengesteuerten Boxer-Zweizylindermaschinen von 398 cm^3.

ACE
eine „klassische“ Amerikanerin

Berühmt waren Tom und William Henderson als Hersteller ihrer vierzylindrigen Henderson-Motorräder schon vor dem Ersten Weltkrieg. 1917 entschlossen sie sich, zu der Firma Schwinn in Chicago überzuwechseln, die seit Jahren bereits ein- und zweizylindrige Excelsior-Motorräder sowie Fahrräder baute. Der Firmenchef Ignaz Schwinn war aus Deutschland in die USA gekommen und konnte dank seiner Tüchtigkeit ein großes und erfolgreiches Unternehmen aufbauen, das heute zu den größten Fahrradfabriken gehört. Erfolgreich waren aber auch seine Excelsior-Motorräder bei den großen amerikanischen Rennen.

Nun, so recht funktionierte die Zusammenarbeit mit den Hendersons nicht, die bereits 1919 wieder ihre eigenen Wege gingen. William „Bill“ Henderson, der tüchtige Techniker, machte sich bald wieder selbständig und schuf eine neue luftgekühlte Vierzylindermaschine, die von 1919 an in einem neuen Werk in Philadelphia gebaut wurde. Max Sladkin, ein anderer erfolgreicher Fahrradfabrikant, finanzierte die neue Firma, die ihr ACE-Motorrad „ganz bescheiden“ als Triumph im Motorradbau bezeichnete. Nicht ganz zu Unrecht, zumal Henderson hier all seine Kenntnisse und langjährigen Erfahrungen in der Konstruktion von Vierzylindermaschinen verwirklichte. Wie früher seine Henderson-Motorräder, so hatte auch die ACE vier luftgekühlte Zylinder in einer Reihe hintereinander. Mit dem glattflächigen, modern gebauten Motor von 1229 cm^3, der wechselgesteuerte Ventile besaß, und ihrer dunkelblauen Farbgebung mit cremefarbigen Rädern galt sie als schöne Maschine, die rasch viele Käufer fand.

So groß war die Nachfrage, daß schon Ende 1920 das Werk erweitert werden mußte. Allerdings stellte sich heraus, daß Max Sladkin nicht über das notwendige Kapitalpolster verfügte, und fast sah es nach einem frühzeitigen Torschluß aus. Im letzten Augenblick gelang es ihm jedoch, eine halbe Million Dollar in bar aufzutreiben, so daß die Produktion weitergehen und noch erhöht werden konnte. Als im Frühjahr 1922 ACE-Maschinen auf den damals noch keineswegs guten amerikanischen Straßen neue Rekorde aufstellten, ging es mit dem Umsatz weiter aufwärts. So fuhr der als „Kanonenkugel“ berühmte Baker, bereits Inhaber zahlreicher Langstreckenrekorde, im September 1922 von Los Angeles

Diese vierzylindrige ACE von 1229 cm^3, Baujahr 1922/23, schuf der berühmte amerikanische Konstrukteur William „Bill“ Henderson.

nach New York; die 5331 Kilometer legte er in 7 Tagen, 16 Stunden und 16 Minuten zurück – damit war er rund 17 Stunden schneller als der bisherige Rekordinhaber. In dieser Zeit schlief er nur 9 Stunden und 15 Minuten. An der vierzylindrigen ACE wechselte er lediglich zwei Zündkerzen aus (sicher bei den Zylindern 3 und 4) und brauchte auch nur einmal das Ventilspiel zu korrigieren. Dieser Rekord brachte auch Rekordaufträge, und so sah die Zukunft für die ACE Motor Company – theoretisch wenigstens! – sehr rosig aus.

Aber nur theoretisch – denn die ACE-Geschäftsführung, euphorisch gestimmt durch die Verkaufserfolge der neuen hervorragenden Konstruktion Bill Hendersons, hatte sich wohl verkalkuliert, als sie im August 1922 den ursprünglichen Preis der ACE von 395 auf 335 Dollar herabsetzte, obwohl sich die Herstellungskosten infolge der serienmäßigen Einführung der elektrischen Ausrüstung stark erhöhten. Durch den niedrigeren Verkaufspreis stiegen die Umsätze – in gleichem Maße aber auch die Verluste, weil der Abgabepreis nicht die Fertigungskosten deckte. So konnten Liquiditätsschwierigkeiten nicht ausbleiben. Schwer traf das Werk auch ein weiteres Verhängnis: Chefkonstrukteur William „Bill“ Henderson verunglückte am 19. Dezember 1922 bei der Erprobung eines 1923er Modells tödlich, als er von einem Auto angefahren wurde. Mit ihm verlor die amerikanische Motorrad-Industrie – und nicht nur ACE – einen der tüchtigsten Konstrukteure.

Hendersons Nachfolger als technischer Leiter von ACE wurde Arthur Lemon, einst sein Assistent, als er noch für Schwinn in Chicago im Excelsior-Motorradbau tätig war. Der tüchtige und ambitionierte Lemon hatte schon bei Excelsior zahlreiche Rennmaschinen mit Ein- und Zweizylindermotoren konstruiert und ging nun daran, für ACE vorerst eine Renn-Vierzylindermaschine für die damals sehr beliebten Bergrennen zu bauen. Und es war diese von Lemon konstruierte ACE, die auf fast allen Großveranstaltungen dieser Art in den USA dominierte. Erneut stiegen die Umsätze, erwarben doch viele Amerikaner ihre Motorräder aufgrund der errungenen Rennerfolge, obwohl siegreiche Maschinen auch zu jener Zeit nicht als „serienmäßig“ anzusprechen waren. Man ging aber davon aus, daß ein Werk, das solche Maschinen zu bauen verstand, auch fähig sein müßte, gute Tourenmotorräder herzustellen.

Das war bei ACE auch tatsächlich der Fall. Wenn das Unternehmen trotzdem nicht florierte, lag es an der bereits erwähnten Unfähigkeit der kommerziellen Leitung, die Maschinen zu einem angemessenen Preis auf den Markt zu bringen, und so stand ACE zu Beginn des Jahres 1924 auf sehr wackligen

Der luftgekühlte ACE-Vierzylindermotor hatte wechselgesteuerte Ventile. Die Maschine galt als schnell und zuverlässig, sie wurde auch von der amerikanischen Polizei viel gefahren. Das Bild zeigt die Ausführung des Baujahres 1925. Bald darauf erwarb Indian die ACE-Konstruktion.

Eine ACE-Rennmaschine, mit der Red Wolverton zahlreiche Rekorde brach. Rechts neben ihm (Bildmitte) Arthur Lemon, der nach dem Unfalltod Hendersons die vierzylindrige Konstruktion weiterentwickelte. Rechts der Journalist E. B. Holton.

finanziellen Beinen. Was die Entwicklungsarbeit Arthur Lemons nicht beeinträchtigte: Er kümmerte sich zwar wenig um die geldlichen Sorgen seiner Firma, stellte dafür aber ein neues Meisterwerk vor – eine neue ACE-Vierzylinder-Rennmaschine von 45 PS. Das erregte Aufsehen zu einer Zeit, als beispielsweise 1000er V-Zweizylinder kaum mehr als 25 bis 30 PS hatten, und man kann sich vorstellen, wie überlegen diese ACE war. Gesteuert von Red Wolverton, einem der erfahrensten Rennfahrer Amerikas, erreichte sie 1923 solo 214,4 km/h und mit Seitenwagen 172,8 km/h. Obwohl finanziell stark angeschlagen, machte ACE eine riesige Sensation aus diesen Leistungen und nannte die Rekordmaschine auf der nationalen Motorradausstellung Anfang 1924 in Chicago das „schnellste Motorrad der Welt". Nicht genug damit, verkündete eine große Anzeige, daß die ACE-Geschäftsführung jedem, der diese Rekorde breche, sofort tausend Dollar auszahlen werde.

Tatsache ist, daß dieser „Weltrekord" von Red Wolverton nie ins offizielle Buch der FIM-Rekorde kam. Zwar wurde mit elektrischen Uhren gestoppt, aber es fehlte die offizielle Beglaubigung, daß die angegebenen Geschwindigkeiten wirklich erreicht wurden; die USA waren seinerzeit noch nicht Mitglied der FIM (damals noch FICM). Übrigens wurde die ACE in jenen Jahren auch erfolgreich nach Deutschland exportiert; einer der Händler und erfolgreichen Rennfahrer war der bekannte Josef Möritz in München, der später für Victoria mit großem Erfolg Seitenwagenrennen bestritt.

Ende 1924 brach die ACE Motor Company in Philadelphia zusammen. Für Eingeweihte nicht unerwartet, da man vom Draufzahlen nicht leben kann. Und das tat man, wie erwähnt, bei ACE. Möglicherweise ist die verfehlte Preispolitik auf die Konkurrenz der ähnlichen Vierzylindermaschinen von Henderson und Cleveland zurückzuführen – die hervorragende, in der Produktion aber ausgesprochen teure ACE mit dem Vierzylinder-Reihenmotor fuhr ihre Kosten nicht ein.

ACE wurde an eine neue Firmengruppe verkauft, die jedoch den Motorradbau gar nicht erst aufnahm. 1926 ging dann das Unternehmen in den Besitz der Michigan Motor Corporation über, die jedoch nur wenige neue ACE-Motorräder entstehen ließ. Im Januar 1927 übernahmen schließlich die damals großen Indian-Motorradwerke in Springfield, Mass., die ACE-Konstruktion, die hier unter dem Namen Indian-ACE bis 1929 weitergebaut wurden. Dann entstand aus der Indian-ACE die Indian-4 – das ACE verschwand. Geblieben war nur der hervorragende Techniker Arthur Lemon, er wurde zusammen mit seiner Konstruktion von Indian übernommen. Lemon betrieb auch die Weiterentwicklung der Indian durchaus erfolgreich und brachte die Maschine auf einen technisch hohen Stand. Der Pferdefuß jedoch: auch die vierzylindrige Indian erwies sich nach wie vor in der Produktion als zu teuer, und, obwohl das Werk in Springfield an ihr kein Geld verlor, war sie mehr oder weniger nur ein Paradepferd im Angebot. Der hohe Preis schränkte auch die Absatzmöglichkeiten ein, und so blieb die Maschine ein exklusives Fahrzeug für Enthusiasten, die nicht mit dem Dollar zu rechnen brauchten. Aber auch technisch stellten sich Probleme ein; durch immer höhere Motorleistungen traten thermische Schwierigkeiten auf, die kaum noch zu meistern waren. So kam es, daß die so fabelhaft und weich laufende Indian-4 noch vor Beginn des Zweiten Weltkrieges aus der Produktion genommen wurde.

In Amerika wurde die ACE jahrelang viel von der Polizei benutzt, in Europa traf man sie nur selten an. Nur in Österreich, wo sie von Katay in Wien importiert wurde, konnten größere Umsätze erzielt werden. Tschechoslowakischer Importeur war Ingenieur Frühbauer in Prag. Nach der Übernahme von ACE durch Indian im Jahre 1927 lag die Einfuhr beim Wiener Indian-Importeur Proček & Co., der nunmehr auch die vierzylindrige Indian-ACE anbot.

Technisch gesehen gab es zuletzt zwei ACE-Modelle. Die Sportmaschine unterschied sich dabei von der Tourenausführung durch die Verwendung von Aluminiumkolben und eines sportlichen Lenkers. Beide hatten vier Zylinder in Reihe mit 68,6 mm Bohrung und 82,4 mm Hub. Der Motor mit einer Leistung von 20 PS bei 2500 (!!) U/min war eine Blockkonstruktion, die Kupplung und Getriebe einschloß. Er war wechselgesteuert mit dem Einlaß- über dem Auslaßventil, der Zylinderkopf bestand aus einem Stück für alle vier Zylinder. Die Kurbelwelle lief auf Weißmetallagern und Rotgußschalen, die Schmierung war automatisch. Das Fahrgestell bildete ein Doppelschleifenrahmen, die Räder hatten bereits Steckachsen und Firestone-Ballonreifen 3.85 x 20. Die ACE wog solo 175 kg und benötigte 4,5 Liter Benzin auf 100 km. Als ACE von Indian übernommen wurde, wurde das Verhältnis Bohrung/Hub auf 69,55/82,55 mm geändert; der Hubraum betrug 1265 cm^3.

Heute gehört die ACE zu den großen klassischen Motorrädern Amerikas, zu den Meisterwerken von William „Bill“ Henderson und Arthur Lemon.

Typisch englisch: AJS

Eine typisch englische Marke, die durch ihre großen Rennerfolge und die hervorragende Konstruktion ihrer Motorräder weltberühmt wurde: AJS. Schon 1901 lieferte das Werk in Wolverhampton Einbaumotoren an verschiedene Motorradhersteller, 1909 kamen dann die Brüder Stevens – Inhaber von AJS – mit eigenen Einzylindermaschinen von 293 cm^3 auf den Markt. Es folgten seitengesteuerte 346er Modelle und 1920 bereits kopfgesteuerte Versionen. Bekannt wurde AJS damals durch die 346er Rennmaschinen. 1925 brachte das Werk seiten- und kopfgesteuerte Motorräder von 498 cm^3 heraus. 1927 entstand die erste 348er AJS-Rennmaschine, deren Motor eine obenliegende Nokkenwelle aufwies, die durch eine Kette angetrieben wurde.

Schon 1926 gewann der als temperamentvoller Fahrer bekannte Jimmy Simpson die 350er Klasse im Großen Preis von Deutschland auf der Avus mit einer kopfgesteuerten AJS-Rennmaschine, die auch unter deutschen Fahrern zu Erfolgen kam; erwähnt seien von ihnen Albert Schneider, Erich Tennigkeit, Harry Heyer, Eugen Bussinger, Paul Karbstein, Herbert Ernst, Konrad Leimer, Karl Stegmann, Hubert Borchert, Karl Binder-Saam, Hans Hippmann, Bruno Ahlswede, Heinrich Koch, Fritz Niß, Richard Schindel, Fritz Schröter, Werner Mazanec, Hans Baltisberger, H. G. Jäger, Kurt Knopf, Rudi Stein, Hans Hoetzer, Fritz Kläger, Rudi Knees, Robert Zeller, Hans Grösch. Eine ähnliche Beliebtheit fand die Marke auch in anderen Ländern, vor allem natürlich in England, wo AJS viele Jahre zu den führenden Rennmaschinen gehörte. Sie wurde – außer von Simpson – bevorzugt von so weltberühmten Fahrern wie Walter Handley, George Rowley, H. G. Tyrell-Smith, Harold Daniell, Walter Rusk, Bob Foster, Frank Longman, Jimmy Guthrie, Freddy Hicks, Jock West, Les Graham, Leo Davenport, Bill Doran, Ted Frend, Bill Lomas, Cecil Sandford, Reginald Armstrong, Howard Davies, John Clark, Rod Coleman, Luigi Taveri, Guglielmo Sandri, Michael Geyer, Max Reheis, Fred Czerny, George Monneret, Rudolf Runtsch und vielen anderen. Im äußeren Bild typisch für AJS war die schwarze Lackierung mit den Goldlinien auf dem Tank.

In den zwanziger Jahren gab es auch 348er Rennmaschinen mit „großen Ventilen“, die zwar sehr schnell, aber wenig zuverlässig wa-

Das waren noch große Zeiten, als Motorradfabrikanten ihre Maschinen selbst bei Veranstaltungen fuhren. Hier Jack Stevens auf seiner AJS bei einer englischen Sechstagefahrt im Jahre 1913.

Eine schöne 346er AJS, kopfgesteuert, aus dem Baujahr 1926.

„Typisch englisch" war die 1928 gebaute AJS mit eigenem kopfgesteuerten 496er Einzylindermotor.

Diese erfolgreiche Rennmaschine, Baujahr 1929, hatte einen 348er Einzylindermotor mit (durch Kette angetriebener) obenliegender Nockenwelle.

1931 baute AJS diese seitengesteuerte Maschine mit dem für England ungewöhnlichen Hubraum von 399 cm³.

Als diese kopfgesteuerte 349er Sportmaschine 1931 in die Produktion ging, wurde AJS von Matchless in London übernommen, blieb aber als Marke bestehen.

ren. Immerhin verbesserte man 1929 Rekorde auf der früheren Brooklands-Rennbahn südlich von London mit „aufgebohrten" Einzylindern mit obenliegender Nockenwelle, die einen Hubraum von 743 cm³ (!) hatten und von Pat Driscoll und Bert Denly gefahren wurden. Nigel Spring, ein Likörfabrikant in Grimsby, übernahm die Kosten für die Maschinen und die Rekordfahrten, weil das Werk – auch durch die damalige Weltwirtschaftskrise – finanziell bereits angekränkelt war.

Um 1930 entstanden mehrere Prototypen, die aber nie in die Serienfertigung gingen, darunter 498er Vierzylinder mit Reihenmotoren und V-Zweizylinder mit quergestellten seiten- und dann auch kopfgesteuerten Motoren. Auch die 1935 von Herbert Collier konstruierte V-Vierzylinder mit obenliegenden Nockenwellen kam nicht in die Produktion. Sie lief nur als Werksrennmaschine, besaß Luft- und später Wasserkühlung und verfügte über einen Kompressor, als sie 1939 – kurz vor dem Zweiten Weltkrieg – unter Walter Rusk und Bob Foster in das Renngeschehen eingriff und dabei Englands schnellste Straßenrennmaschine der Vorkriegszeit wurde. Der Krieg verhinderte ihre Weiterentwicklung, nur Jock West steuerte sie noch nach 1945 bei einigen Rennen. Dann fuhr er zusammen mit anderen die damals neuen – von Joe Craig konstruierten – 498er „Stachelschweine", nach der Verrippung der Zweizylindermotoren mit obenliegender Nockenwelle so genannt, die ursprünglich für Kompressorbetrieb ausgelegt waren; als Kompressoren nach 1945 bei Rennmaschinen verboten wurden, waren auch die „Stachelschweine" in ihrer Leistung gehandikapt.

Schon 1931 hatte sich die Struktur des Unternehmens geändert, nachdem man im Jahre zuvor eine 998er V-Zweizyinder mit obenliegenden Nockenwellen gebaut hatte, mit der J. S. Wright den Weltrekord brechen sollte – was ihm aber nicht gelang. Damals mußte das Werk, das den Brüdern Jack, Harry, Joe und George Stevens gehörte, liquidieren. AJS wurde durch die Londoner Fabrikanten der Matchless-Motorräder, Harry und Charles Collier, übernommen, deren jüngster Bruder Herbert dann zahlreiche Rennmaschinen unter dem AJS-Banner schuf, darunter die neuen 348er und 498er mit Einzylinder-Motoren mit obenliegender Nockenwelle.

Als Joe Craig nach einem Intermezzo bei BSA während des Krieges zu Collier nach London ging, war er als technischer Direktor und

Eine schwere Tourenmaschine: die 1930 gebaute 996er AJS mit eigenem V-Zweizylindermotor.

Rennleiter bei Norton in Birmingham schon weltberühmt geworden. Während der Kriegszeit schuf er die „Porcupine"-Werks-Rennzweizylinder (die bereits erwähnten „Stachelschweine"), die dann von Les Graham, Jock West, Bill Doran, Jack Brett, Ted Frend und anderen Fahrern gesteuert wurden. 1945 ging er zu Norton zurück. Herbert Collier, der erfolgreiche Techniker, war inzwischen beim Ausprobieren einer BMW tödlich verunglückt. Nach 1945 wurden die meisten Rennmaschinen für Associated Motor Cycles, wie das Unternehmen nun firmierte, von Phil Walker und H. J. Hatch konstruiert.

Die „Stachelschweine" wurden bis 1954 in verschiedenen Ausführungen werksseitig bei Rennen eingesetzt. Mehr Erfolge als sie verzeichneten jedoch die 348er Einzylinder mit obenliegender Nockenwelle, von denen es auch Dreiventil-Versionen und sogar eine (nie zum Einsatz gelangte) Königswellen-Ausführung mit drei Ventilen gab. Als ich 1960 in die Rennabteilung von AJS in Woolwich bei London kam, versuchte ich diese interessante Konstruktion von H. J. Hatch weiterzuentwickeln, was die damaligen Chefs – Harry und Charles Collier lebten zu jener Zeit auch nicht mehr – leider verhinderten; in dem Motor steckten noch viele Möglichkeiten zur Leistungssteigerung.

In den sechziger Jahren erwarb das Werk die Motorradfabriken von Francis-Barnett in Coventry, James in Birmingham und zuletzt auch Norton, ebenfalls in Birmingham. Man baute auch – von Piatti konstruierte – 246er Zweitaktmotoren, die die bewährten Villiers-Motoren ersetzen sollten, doch gab man diese Fertigung nach großen Verlusten auf. Ge-

Einen quergestellten V-Zweizylindermotor, seitengesteuert (und später auch kopfgesteuert), von 496 cm³ entwickelte AJS 1930/31. Zu einer Serienfertigung kam es jedoch nicht.

Ein rassiges Motorrad: die 1938 gebaute AJS mit kopfgesteuertem Einzylindermotor von 496 cm^3.

dacht waren die Zweitakter für die zusammengelegten Firmen James und Francis-Barnett.
Norton übersiedelte von Birmingham nach London-Woolwich in die Plumstead Road. Dort fertigte man jahrelang AJS und Matchless nebeneinander, oft lag der Unterschied nur bei Geringfügigkeiten oder in der Farbgebung. Es gab hauptsächlich kopfgesteuerte Einzylinder-Modelle von 248 bis 498 cm^3, dann aber auch Parallel-Zweizylinder, ebenfalls kopfgesteuert, mit 498 und 646 cm^3. Daneben wurden Geländesport- und Moto-Cross-Maschinen (Scrambler) mit kopfgesteuerten Einzylindermotoren von 247 bis 498 cm^3 gebaut sowie seit 1948 die beliebte 348er 7R „Boy Racer", eine serienmäßige, sehr gute Straßenrennmaschine – die es dann auch unter dem Namen Matchless mit 498 cm^3 gab. Auch im Geländesport standen AJS-Motorräder unter bekannten Werksfahrern wie Gordon, Jackson, Bob Manns, Hugh Viney, Frank Giles, George Rowley und anderen stets im Vordergrund.

Ein Traum für „Kilometerfresser"; doch wurde diese 1935 entwickelte Supersportmaschine mit einem V-Vierzylindermotor von 496 cm^3 mit obenliegenden Nockenwellen nie in Serie gebaut.

Eine gute Rennmaschine für viele Privatfahrer ab 1949: die 346er „Boy Racer" Modell 7R mit obenliegender, durch Kette angetriebener Nockenwelle.

AJS baute sowohl unter den Stevens als auch den Brüdern Collier Motorräder der klassischen englischen Schule. Die letzte 7R wurde 1962 hergestellt. Wohl hatte man die Absicht, die bedeutend kompliziertere Dreinockenwellen-Ausführung in Kleinserie zu produzieren, doch ließ man dann diese Pläne wegen der hohen Fertigungskosten fallen. Bezeichnend für die Arbeit des Konstrukteurs H. J. Hatch, daß er schon bei Excelsior in den dreißiger Jahren die schnelle „Mechanical Marvel" von 248 cm^3 schuf, die aber

Ein „Star" der Earls-Court-Motorradausstellung 1952 in London war die berühmte 498er Zweizylinder-Rennmaschine von AJS mit der „Stachelschwein"-Zylinderverrippung, hier bewundert von Prinz Philip (links im Bild, mit rechter Hand am Kinn), der sich mit dem damaligen AJS-Verkaufsleiter und Rennfahrer Jock West unterhält. Hinter der Maschine Jack Sangster, Chef von Ariel, Triumph und dann auch BSA, und rechts von ihm mit Brille Major Watling, der damalige Generalsekretär des Motorrad-Industriellen-Verbandes von England.

Beliebt nach dem letzten Krieg: die 348er und 498er Einzylinder, kopfgesteuert, von AJS.

ebenfalls wegen ihrer aufwendigen Konstruktion und der damit erhöhten Empfindlichkeit nie in die Serie ging und der einfacheren „Manxman" Platz machen mußte.
In den sechziger Jahren ging der AJS-Umsatz stark zurück, die Motorradinvasion aus Japan hatte begonnen. Associated Motor Cycles geriet in finanzielle Schwierigkeiten und wurde von Dennis Poore, einem bekannten früheren Autorennfahrer und Chef des großen Industrieunternehmens Manganese Bronze, erworben. Er verlegte 1966 die Produktion in ein neues Werk nach Andover, wo nach einer vollständigen Reorganisation unter dem Na-

Eine glattflächige 348er AJS aus dem Jahre 1963.

men AJS Zweitaktmaschinen von 248 cm³ hergestellt wurden. Für Poore eine leichte Entscheidung – er war ja auch schon Herr von NVT, also auch von Villiers, der größten englischen Fabrik für Zweitaktmotoren, die nunmehr von Peter Inchley entwickelt wurden. So baute AJS dann ausschließlich Moto-Cross- und Geländemaschinen. Vorerst mit gutem Erfolg unter Werksfahrern wie Malcolm Davis, Dick Clayton, Andy Roberton und Jimmy Aird. Dann ließ wohl das Interesse Poores an dieser Produktion nach; er verkaufte den gesamten AJS-Komplex an die kleine Firma Fluff Brown in Andover, die die bisherigen Zweitakter weiter baute und größere hinzunahm. Die Fahrwerke wurden von Cotton bezogen.
Ein tragischer Niedergang für AJS, der alten, renommierten und erfolgreichen Marke, die zu den Pionieren des Motorradbaues in England gehörte und durch zahlreiche große Erfolge eine Spitzenstellung im internationalen Rennsport einnahm. Unverständlich mußte anmuten, wie Poore seine Unternehmen „regierte“ – mit ständigen Neugründungen, Übersiedlungen und „Einäscherungen“. Viel besser wäre die Konzentration auf eine Produktionsstätte und die Beibehaltung eingeführter und angesehener Marken gewesen. So ließ man BSA und natürlich auch AJS ganz fallen, desgleichen Norton und Triumph, die mit Villiers in der Firma NVT aufgingen, die Poore nicht mehr gehörte. Dafür kam eine Marke wie „Easy Rider“ hinzu, und unter dem Namen Norton will man in einem Birminghamer Werk Motorräder mit Wankelmotoren bauen. Etwas komplizierte Vorgänge, zumal für ausländische Betrachter, aber auch sogar für die britische Fachpresse, wie sich kürzlich erst zeigte.

Sammy Miller, in den fünfziger und sechziger Jahren weltberühmt als Renn- und Geländefahrer (er fuhr auch auf NSU), besitzt unter anderem ein Motorradmuseum in seiner englischen Heimat. Hier präsentiert er die seltene, 1939 gebaute Vierzylinder-AJS-Werksrennmaschine, deren V-DOHC-Motor von 498 cm³ Wasserkühlung und einen Kompressor aufweist. Gefahren wurde sie seinerzeit von Walter Rusk, Bob Foster und Jock West.

Nürnberger Kindl: Ardie

Im Jahre 1919 wurden die ersten Ardie-Motorräder in Nürnberg gebaut, ihr Vater hieß Arno Dietrich – und von ihm stammt auch die Bezeichnung Ardie, durch die Zusammenfügung der ersten beiden bzw. drei Buchstaben seines Vor- und Zunamens. Mit sehr bescheidenen Mitteln stellte man die ersten Maschinen her. Und weil ihr Kraftstoffbehälter die gleiche rote Farbe aufwies wie die damals weit verbreiteten Feuerlöscher von Minimax, blieb es nicht aus, daß man sie eben auch „Minimax" in Motorradfahrerkreisen nannte.

Das war die berühmte „Minimax" mit rotem, in der Form einem damaligen Feuerlöscher nicht unähnlichen Tank. Eingebaut waren von Ardie selbst hergestellte Nasenkolben-Zweitaktmotoren von 288 bzw. 304 cm³, hergestellt wurden diese Motorräder von 1920 bis 1925 in verschiedenen Ausführungen.

Von 1925 an verwendete Ardie lange Zeit englische Jap-Motoren. Diese Rennmaschine entstand 1927, sie hatte einen Jap-Einzylindermotor von 346 cm³, kopfgesteuert, mit zwei Auslaßkanälen. Die erfolgreichsten Fahrer waren Georg Thumshirn und Karl Dobberkau.

Diese Ardie mit dem seitengesteuerten Jap-Motor gehörte in der Halbliterklasse zu den meistgekauften Maschinen in der zweiten Hälfte der zwanziger Jahre.

Dietrich war viele Jahre bei Premier und Triumph in Nürnberg als Werkmeister im Fahrrad- und Motorradbau tätig gewesen, bevor er die Ardie-Werke gründete. Nur drei Jahre stand er an der Spitze dieses Unternehmens: Am 9. September 1922 verunglückte er, erst 52 Jahre alt, bei einer Probefahrt tödlich. Nach seinem Tode wurde das Werk in eine GmbH und später in eine AG umgewandelt. Wohl blieb die Witwe Dietrichs im Unternehmen, Chefs aber wurden die Brüder Bendit aus Fürth, zwei tüchtige Rechtsanwälte und gleichzeitig begeisterte Motorradsportler, die immer sehr viel für die neu geschaffene, wenn auch kleine Rennabteilung übrig hatten, die später hinzukam.

Die ersten Maschinen von Dietrich hatten einen von ihm konstruierten Dreikanal-Zwei-

Auch der Motor dieser Ardie des Jahres 1927, ein V-Zweizylinder von 746 cm^3, seitengesteuert, wurde von Jap in London gebaut.

Berühmt war diese Ardie-Rennmaschine mit dem kopfgesteuerten Jap-Rennmotor in V-Form, der aus einem Hubraum von 996 cm³ 55 PS herausholte und 1929/30 auch bei Ardie „serienmäßig" eingebaut wurde – allerdings wohl kaum mehr als ein dutzendmal. In Gespannrennen war auch hier Werksfahrer Georg Thumshirn der erfolgreichste, gut mischte auch der Stuttgarter Dobler mit.

Das Ardie-„Jubiläumsmodell" des Jahres 1931, ebenfalls mit dem seitengesteuerten 490er Jap-Motor.

taktmotor von 288 cm^3, ausgestattet mit Konuskupplung, zwei Gängen und Hinterradantrieb durch Keilriemen. Bohrung/Hub 70/75 mm; 1920 wurde die Bohrung auf 72 mm und der Hubraum dadurch auf 304 cm^3 vergrößert.

Die Ardie-Motorräder galten als gut, zuverlässig und relativ schnell, ihre Motoren zählten zu den besten Zweitaktern jener Zeit, die an ähnlichen Konstruktionen nicht arm war – jedoch waren viele von ihnen in der Notzeit der großen Inflation entstanden und mit gravierenden Mängeln behaftet: Unzuverlässigkeit, geringe Leistung, hoher Verbrauch. Solche Eigenschaften bei einem großen Teil der damals gebauten Zweitakter verschafften diesen Motoren einen schlechten Ruf.

Bei Rennen, von Eugen Bussinger gefahren, bewies der Ardie-Zweitakter immer wieder seine Zuverlässigkeit, wenngleich ihn auch keine besondere Überlegenheit in der Geschwindigkeit auszeichnete. Von 1921 bis 1925 gewann er auch die Reichsfahrt, eine damals hoch bewertete mehrtägige Zuverlässigkeitsprüfung. Die letzte Version der eigenen Zweitaktmodelle – 1926 gebaut – hatte den 1924 eingeführten Motor von 349 cm^3, Bohrung/Hub 75/79 mm. Er gab 5 PS bei nur 2000 U/min ab, Spitze etwa 75 km/h. Weitere Kennzeichen: abnehmbarer Zylinderkopf, Dreiganggetriebe mit Lamellenkupplung, Kettenantrieb zum Hinterrad. Die Maschine hatte einen geschlossenen Rahmen und von 1925 an Innenbackenbremsen vorn und hinten. Die letzte dieser Zweitakt-Ardies hatte bereits einen großen, modernen Kraftstoffbehälter; die „Minimax"-Ausführung verschwand 1924.

Durch beachtliche Sporterfolge machte Ardie in der Folgezeit von sich reden, und berühmt wurde die neu geschaffene Sportabteilung durch die drei Brüder Georg, Hans und Konrad Thumshirn, von denen Georg der erfolgreichste war. 1926 und 1927 gewann er die österreichische und 1927 auch die ungarische TT. Seine Maschine hatte einen kopfgesteuerten Einzylindermotor von Jap mit 490 cm^3. Es waren vornehmlich auch Jap-Motoren von 198 bis 998 cm^3, die das Nürnberger Werk bis 1933 einbaute, nachdem man sich 1926 noch auf seiten- und kopfgesteuerte Motoren von 346 und 490 cm^3 beschränkt hatte, sie liefen in beiden Hubraumklassen auch in Rennmaschinen.

Sehr beliebt war die seitengesteuerte Ardie von 490 cm³, deren Preis von ursprünglich 1330 bis 1930 auf 950 Mark herunterging. Das „Jubiläumsmodell", von 1930 bis 1931 gebaut, kostete 1190 Mark und war trotz mancher Verbesserungen eine der billigsten 500er Maschinen in Deutschland. Neben Georg Thumshirn zeichnete sich auch Karl Dobberkan aus Suhl in Thüringen gegen Ende der zwanziger Jahre mit einer 346er Ardie-Jap bei Rennen aus. Thumshirn fuhr von 1929 an eine 1000er Ardie mit Seitenwagen, deren Jap-Rennmotor – ein V-Zweizylinder – 55 PS leistete. Privatfahrer erhielten sie nur auf besondere Bestellung. Serienmäßig gab es damals auch Modelle mit seitengesteuerten Jap-V-Zweizylindern von 746 und 996 cm³ sowie 490er mit seiten- oder kopfgesteuerten Jap-Einzylindermotoren.

Bis 1930 wurden die Ardie-Motorräder nach typisch englischen Vorbildern mit vielen englischen Teilen gebaut. Da waren nicht nur die Jap-Motoren, sondern auch die Burman-Getriebe, Amal-Vergaser usw. Ende 1930 kamen dann neue Fahrwerke aus Duraluminium (leicht wie Aluminium, fest wie Stahl, sagte man), neben den traditionellen Rohrrahmen zur Verwendung. Die Dürener Metallwerke stellten Duraluminium bereits seit 1909 her. Spitzenmodell der Duraluminium-Fahrwerkserien war der „Silberadler" mit dem kopfgesteuerten Jap-Einzylindermotor von 490 cm³ und einem Burman-Vierganggetriebe, das auf Wunsch schon mit Fußschaltung geliefert werden konnte. Der aus Duraluminium gebaute Doppelschleifrahmen hatte Profile mit einem U-Querschnitt, die Preßstahlgabel stammte von Tiger (Allright).

Einfachere Duraluminium-Fahrwerke hatten die „Silberfuchs"-Modelle von Ardie, die mit seitengesteuerten Jap-Motoren von 197 und 297 cm³ ausgerüstet waren. Die kleinere Ausführung, nach einer neuen Verordnung damals steuer- und führerscheinfrei, leistete 5 PS und wurde 1930 für 875 Mark angeboten. Im Jahre 1932 trat eine neue 198er mit Zweitaktmotor und Rohrrahmen für 700 Mark an ihre Stelle. Neu war auch eine Duraluminium-Version mit dem kopfgesteuerten Jap-Motor von 248 cm³, sie kam bei vielen Rennfahrern gut an. Der sportliche Einsatz bei Ardie verstärkte sich. Die Internationale Sechstagefahrt 1932 bestritten die drei Brüder Thumshirn auf „Silberadler"-Maschinen, die auch der erfolgreiche Seitenwagenfahrer Mittenzwei aus Leipzig einsetzte. Erstmals seit 1929 griff die kleine Sportabteilung wieder in das Renngeschehen ein. Man nahm nicht nur Werksfahrer unter Vertrag, sondern unterstützte auch gute Privatfahrer wie Karl Frentzen, Erich Reuter, Josef Hecker, Rudolf Grenz, Fritz Kirchner, Gert in der Elst, den

Anfang der dreißiger Jahre kamen Preßstahlfahrwerke in Mode, und auch Ardie verwendete solche Versionen aus Duraluminium; eingebaut ist hier der kopfgesteuerte Jap-Doppelport-Einzylindermotor von 490 cm³.

Als Ardie keine englischen Motoren mehr beziehen konnte, baute man solche von Bark und Küchen ein. Hier das Modell „Bergfreund" mit dem 497er Küchen-Motor mit obenliegender Nokkenwelle, Baujahr 1938.

Österreicher Josef Schörg, den früheren DKW-Werksfahrer Josef Klein und andere. Sie fuhren Maschinen mit kopfgesteuerten 248er Motoren von Jap oder mit von Rudge gebauten Python-Vierventil-Motoren, starteten aber auch in den Klassen bis 350 und 500 cm^3.

Bereits in den Jahren 1931/32 stellte Ardie auch Maschinen mit kopfgesteuerten englischen Python-„Special"- und „Ulster"-Motoren von 498 cm^3 her, von denen jedoch aufgrund der damaligen politischen Verhältnisse nur wenige gebaut wurden. Devisenmangel und später auch andere Einfuhrprobleme behinderten den Import ausländischer Einbaumotoren, zu denen natürlich auch die Jap- und Python-Triebwerke gehörten. Überhaupt gab es 1932/33 bei Ardie zu den technischen Veränderungen auch persönliche in der Leitung des Unternehmens, zumal die Inhaber, die Familien Bendit in Fürth, mit der neuen Führung des Reiches auf Kriegsfuß standen...

Die Einbaumotoren kamen nunmehr von der deutschen Firma Bark, sie entstanden in der früheren Kühne-Fabrik in Dresden und waren schön, aber nicht besonders leistungsfähig. Ob mit 497, 597 cm^3 und später auch mit 347 cm^3, seiten- oder kopfgesteuert: alle Modelle hatten gummigelagerte Blockmotoren mit etwas nach vorn geneigten Zylindern, zum Teil völlig gekapselter Hinterradkette und automatisch geschaltetem Freilauf. Die Duraluminium-Fahrwerke mußten wieder Doppelschleifen-Rohrrahmen weichen. Von Bark kam auch der Zweitaktmotor von 192 cm^3, der damals in das kleinste Ardie-Modell eingebaut wurde. Man bot diese 200er sogar mit elektrischem Anlasser an!

Eine neue kleinste Ardie entstand 1934, sie hatte einen Zweigang-Blockmotor von 98 cm^3. Der Dreikanal-Zweitakter leistete 2,3 PS bei 4000 U/min. Das Fahrzeug wog 63 kg, erreichte 58 km/h und war ein richtiges Leichtkraftrad. Andere neue Modelle: eine fortschrittliche 198er mit Zweitaktmotor, der 6,5 PS bei 4300 U/min abgab, und eine kopfgesteuerte 348er mit doppeltem Rohrrahmen, deren Bark-Motor ein angeblocktes Dreiganggetriebe aufwies. Die Ardie-Modellreihe war damals sehr groß: sie umfaßte eine 100er (Preis 345 Mark), vier 200er, eine 350er, vier 500er und eine 600er.

1935 bezog Ardie von Sachs Zweitaktmotoren mit 98 cm^3, baute zugleich aber auch eigene Zweitakter von 198 cm^3 mit hintenliegenden Auslaßkanälen. Das Zweitakt-Programm wurde auch durch eine Maschine mit kopfgesteuertem Motor, der 9 PS leistete,

Mit von Ardie gebautem Einzylinder-Zweitaktmotor von 246 cm³ ausgerüstet, kam diese Maschine 1939 heraus; typisch für sie die hintenliegenden Auslaßkanäle.

ergänzt. Neu war auch die Verwendung von seitengesteuerten Küchen-Motoren anstelle der Bark-Triebwerke; in der 500er Klasse kam ein weiteres Modell mit kopfgesteuertem Küchen-Motor und nach vorn geneigtem Zylinder hinzu. Die Stößelstangen waren von einem Zentralrohr umschlossen, ähnlich wie beim „Wettbewerb"-Modell von Motosacoche der Baujahre 1931/33. Der ganze Ventilmechanismus des mit 79,5 mm Bohrung und 100 mm Hub ziemlich langhubigen Motors war gekapselt, die olivfarbige Maschine sah recht gut aus. Der Motor allerdings war nicht auf hohe Leistung ausgelegt und ließ sich auch kaum „frisieren". Die Bezeichnung „schnelle Sportmaschine" war für die damalige Zeit angebracht.

Ardie verschwand dann ganz von den Rennstrecken, zumal es keine deutschen Einbaumotoren gab, die sich für Straßenrennen geeignet hätten. Das Werk beteiligte sich fürderhin nur an Zuverlässigkeitsfahrten und widmete sich – mit einem Auge auf Aufträge der Wehrmacht – auch dem Geländesport. So gab es 1937 die 198er „Feuerreiter" mit kopfgesteuertem Motor und zwei hochgezogenen Auspuffrohren und in der kleinen Klasse außer dem Modell mit Sachs-Zweitaktmotor auch eins mit eigenem Zweitakter von 123 cm³ mit der Ardie-Kreuzstromspülung und hintenliegenden Auslaßkanälen. Richard Küchen, damals eng mit den Ardie-Konstruktionen verbunden, schuf auch eine zweizylindrige Block-Kardan-Maschine mit kopfgesteuertem V-Motor, quer eingebaut wie nach dem Kriege bei der „Bergmeister" von Victoria. Allerdings kam dieses Modell nie in die Serienfertigung.

Ardie baute damals recht gute Maschinen, hatte aber im Laufe der Zeit alles sportliche Image verloren. So wandte man sich immer mehr luxuriösen Ausführungen zu, zumal auch alle damals erhältlichen Einbaumotoren nicht mit sehr hohen Leistungen aufwarten konnten. Gute Aufträge lagen auch von Wehrmacht, Polizei usw. vor. Inzwischen war das Unternehmen in den Besitz der Familie Barthel übergegangen, der u. a. auch die Bielefelder Dürkopp-Werke gehörten.

Spitzenmodell war 1939 die RBZ 250, hervorgegangen aus der RBZ 200. Alle größeren Motorräder hatte man aufgegeben, so daß die Palette nur noch aus vier Typen, alle mit Zweitaktmotoren mit Flachkolben und Kreuzstromspülung ausgestattet, bestand: neben der 250er RBZ (9,5 PS) gab es die RZ 200 (7 PS), die S 125 (4,2 PS) und eine 125er (3,5 PS).

Als dann 1949 die ersten Nachkriegsmodelle herauskamen, waren es vornehmlich etwas verbesserte Vorkriegsausführungen mit Zweitaktmotoren von 123 und 247 cm³. Und es gab auch einen jungen Fahrer, der seine Rennfahrerlaufbahn mit einer selbstgetunten Ardie von 123 cm³ begann und später auf

Eine sehr ansprechende Konstruktion, diese 1954 erschienene Ardie mit einem zweizylindrigen Zweitaktmotor von 246 cm³ aus eigener Fertigung. Aber zu spät: als sie herauskam, ging die Zeit der großen Motorradnachfrage vorerst zu Ende.

NSU Weltmeister wurde: Werner Haas. Das Werk baute keine Rennmaschinen mehr, und an die einst so berühmten Thumshirn-Brüder erinnerte nur noch ein „Georg-Thumshirn-Gedächtniswettbewerb". Die neue Geschäftsführung brachte niemals Interesse für Rennen oder andere motorsportlichen Veranstaltungen auf.

Zu den von Dr. Noack konstruierten Flachkolben-Zweitaktern mit Kreuzstromspülung von 122, 172 und 245 cm³ gesellte sich 1955 noch die zweizylindrige BZ 350 mit 344-cm³-Motor (Bohrung/Hub 60/61 mm), ebenfalls ein Zweitakter in Parallel-Ausführung, der 20 PS bei 5000 U/min abgab. Eine recht schöne Maschine, thermisch allerdings nicht voll ausgereift – bei langen Vollgasfahrten gab es Schwierigkeiten.

Bald darauf begann die „Durststrecke" der Motorradindustrie. Von wenigen Ausnahmen abgesehen, waren Maschinen der größeren Hubraumklassen kaum noch zu verkaufen. Die „große" Ardie kostete damals 2175 DM und war dennoch kein „Bestseller". In der Bevölkerung schwand das Interesse für Motorräder immer mehr, und so fanden auch die

Und das war der Abgesang: eins der letzten Ardie-Motorräder von 1956, mit Einzylinder-Zweitaktmotor von 198 cm³. Das Werk gehörte damals zu Dürkopp in Bielefeld und beendete bald darauf den Bau von Motorrädern.

anderen Modelle kaum noch Abnehmer. Die Folge: Ardie und Dürkopp stellten etwa 1958 den Motorradbau ein. Später wurde das Ardie-Werk von der Frieseke & Hoepfner GmbH in Erlangen übernommen und als Zweigwerk für die Herstellung von hydraulischen Geräten sowie kernphysikalischen Meßapparaturen ausgelastet. Mitte 1977 entschloß man sich, diese Produktion ins Stammwerk nach Erlangen zu verlegen und das Nürnberger Werksgelände von Ardie zu verkaufen.

Damit verschwand der einst in Sportkreisen so populäre Name Ardie endgültig von der Bildfläche. Tatsache bleibt, daß man lange Zeit bei Ardie sportlich betonte Viertakt-Motorräder baute und sich später dann auf „Bauernmotorräder“ festlegte. Vorbei waren die Tage einer großen Vergangenheit, als man sogar – es war in den Jahren 1929/30 – Rennmaschinen mit kopfgesteuerten V-Zweizylinder-Jap-Motoren von 996 cm^3 baute und mit Georg Thumshirn und Hans Dobler viele Rennen gewann.

Mitte der zwanziger Jahre hatten verschiedene Rennmotoren der englischen Einbaumotorenfabrik JAP 8 Federn je Ventil. Auch diese 1927 entstandene 346-cm^3-Ardie aus Nürnberg besaß einen solchen einzylindrigen ohv-Motor.

Albin Liebisch und seine Böhmerland

Konstrukteure sind oft eigenwillige Techniker. Kommerzielle Gesichtspunkte nehmen nur den zweiten Rang ein ... bis sie erkennen, daß man auf die Dauer keine Motorräder ohne entsprechende Kalkulationen herstellen kann. Das war der Fall bei Fritz Cockerell und seiner sagenhaften Megola, bei Ernst Neumann-Neander und seinen eigenwilligen Neander-Motorrädern, bei Ing. Claus Franzenberg und seiner mit Maybach-Motoren ausgerüsteten Mars und bei anderen nicht immer ganz orthodoxen Motorradkonstruktionen.

Wie auch bei Albin Liebisch und der wirklich ungewöhnlichen Böhmerland, die er erstmalig 1925 in der Tschechoslowakei auf den Markt gebracht hat. Allerdings standen, im Gegensatz zu vorerwähnten Firmen, keine nur auf Gewinne bedachten Banken hinter diesem Konstrukteur, sondern ein wohlhabender Großindustrieller, der selbst großes Interesse am Kraftfahrzeugwesen hatte und dem es nicht darauf ankam, ob Albin Liebisch seine in Kleinserie gebauten Motorräder mit großen Gewinnen oder sogar kleinen Verlusten baute und verkaufte. Sein Name: Alfred Hielle.

Hielle, ein großer Freund des berühmten Automobilkonstrukteurs Ettore Bugatti, hatte nicht nur mit diesem kommerzielle Verbindungen, sondern auch mit den österreichischen Steyr-Werken; so kam es, daß z.B. Bugattis in Österreich über die Steyr-Werke eingeführt wurden. Inoffiziell natürlich; offiziell wurden sie von der Firma Oskar und A. Stöckler in Wien vertrieben. Alfred Hielle fuhr selbst Rennen auf Bugatti, trat aber sonst selten ganz groß an die Öffentlichkeit. Auch nicht im Falle der Böhmerland. In Wirklichkeit war Albin Liebisch jahrelang Chauffeur von Hielle. Bis dieser ihm dann die Möglichkeit zur Gründung einer Motorradfabrik und zur Entwicklung seiner mit vielen guten Ideen versehenen Böhmerland-Motorräder gab. In Schönlinde in Nordböhmen, wo auch Alfred Hielle seinen Sitz hatte.

Das war im Jahre 1925, und weil ich gerade „gute Ideen" erwähnte, so sei gleich auf die Leichtmetall-Vollscheibenräder der Böhmerland verwiesen, wie wir sie – wenn auch in veränderter Form – immer mehr wiederfinden. Oder auf den ungemein robusten Rahmen mit der ungewöhnlichen Gabel für das Vorderrad. Er war damals notwendig, weil es mehr mit Schlaglöchern versehene Wege als glatte Straßen im heutigen Sinne gab und weil viele Motorradrahmen den Anforderungen – besonders auch beim

Das von 1925 an gebaute „kurze" Touren-Modell der 598er Böhmerland mit dem eigenen Liebisch-Motor.

Zu stolzer Höhe ragte der Liebisch-Motor auf, mit offenliegendem Ventilantrieb in Sattelhöhe unmittelbar vor der Sattelnase.

Seitenwagenbetrieb – nicht genügten. Zweifellos hatte Albin Liebisch viel Erfahrung und gute Einfälle und Absichten. Daß seine Böhmerland-Motorräder trotzdem keine „Verkaufsrenner" wurden, lag schon allein an ihrem Aussehen, vor allem aber auch in der bereits erwähnten mangelnden kommerziellen Voraussicht. So gab es nirgends Böhmerland-Vertreter oder Böhmerland-Händler. Wer eine solche Maschine wollte, mußte schon persönlich nach Schönlinde kommen und sie dort im Werk kaufen.

Auch war die Werbung in der Fachpresse vollkommmen ungenügend. Diese stellte die Böhmerland oft nur als Kuriosum dar. Und das betraf vor allem Fachzeitschriften in deutscher Sprache. Wohl machte Albin Liebisch nur tschechisch sprechenden Käufern eine Konzession, indem er das Wort „Böhmerland" durch das Wort „Čechie" ersetzte. Viel half dies nicht, da infolge mangelnder Zeitungsreklame diese Maschinen einfach unbekannt waren. So überstiegen seine Produktionszahlen 50 Stück in keinem Jahr; die Kunden stammten wohl zu 90 Prozent aus der näheren Umgebung, aus Nordböhmen.

Würde Albin Liebisch, der nach 1945 in Passau den „Bayerland-Motorenbau" hatte, noch leben, könnte er heute wohl leichter und in größeren Stückzahlen seine Böhmerland-Motorräder (vor allem als interessante Ausstellungsobjekte) verkaufen als zu den Zeiten, in denen – es war von 1925 bis 1939 – seine Motorräder wirklich gebaut wurden. In Schönlinde und später in einer größeren Fabrik in Schluckenau-Kunratitz. Nebenbei bemerkt: Der „Bayerland-Motorenbau" hatte mit den früheren Bayerland-Motorrädern nichts gemeinsam; hier stellte Albin Liebisch auch keine Motorräder mehr her.

Motorradkunden waren jahrelang konventionell eingestellt, auf typisch englische Konstruktionen – und was von diesen abwich, wurde oft mit großem Mißtrauen, das nicht immer berechtigt war, betrachtet. Darunter litt natürlich auch die Böhmerland. Dabei sah sie mit ihrem gelben Fahrgestell und roten oder grünen Kraftstoff- und Werkzeugbehäl-

Bis 1939 wurde der von Albin Liebisch konstruierte Motor kaum verändert, sowohl Stössel als auch der Ventilmechanismus lagen völlig offen. Interessant die „erleichterte" Pleuelstange des langhubigen 598-cm^3-Motors.

Eine „lange", 1927 gebaute Böhmerland mit zwei seitlichen Kraftstofftanks neben dem Hinterrad. Vor der Sitzbank für zwei Personen der ungeschützte Ventilantrieb. Über dem Hinterrad ein dritter Sitz! Besitzer: Karel Mareš, Liberec (ČSSR).

tern direkt „schön" aus. Wobei in diesen Vorkriegsjahren, und das dürfen wir nicht übersehen, Motorradfahrer noch mit anderen Augen ihre Maschinen betrachteten. Vor allem mit den Augen von Enthusiasten, die bereit waren, gewisse Mängel in Kauf zu nehmen – und ein Enthusiast mußte man schon sein, um auch in den dreißiger Jahren noch die unverkleideten Stößelstangen des kopfgesteuerten „Liebisch"-Einzylinder-Motors von 598 cm^3 zu akzeptieren. Tatsächlich war der ganze Ventilmechanismus am Zylinderkopf offen, und Liebisch gab sich herzlich wenig Mühe, diese Motorenkonstruktion zu modernisieren. Wohl änderte er Nocken, Kanäle usw. in den rund 15 Jahren der Böhmerland-Produktion, um einige PS mehr aus dem Motor herauszuquetschen. Richtig modernisiert hatte er ihn nie.

So blieben die Kugeln am oberen Ende der Stößelstangen immer ohne Öl; der Fahrer mußte sie nach einer gewissen Strecke immer wieder mit Fett „einschmieren". Eine richtige Ölzufuhr wäre – da bei einigen Modellen der offene Ventilmechanismus gerade vor der Hose des Fahrers lag – für diese sicherlich nicht ohne „Gefahren" geblieben. Das war bezeichnend für Liebisch, der als typischer damaliger Pionier wohl nie daran dachte, daß man auch auf einem Motorrad reine Hände und Kleider behalten könnte. Da er ohnehin Motorräder baute, deren Material- und Produktionskosten über dem Durchschnitt lagen, wäre es kommerziell wohl kaum aufgefallen, wenn diese Böhmerland-Zylinderköpfe, vor allem aber der Ventilmechanismus, auch eine Verkleidung erfahren hätten. Aber ein „richtiger" Motorradfahrer der Periode bis zum Zweiten Weltkrieg durfte, nach Ansicht von Liebisch, eben keine Angst vor solchen „Kleinigkeiten" haben, und so kam es, daß er diesen auch keinen Wert zumaß.

Der Einzylinder-Motor von 598 cm^3 mit dem 120 mm langen Hub, der 79,8-mm-Bohrung und den 23 Kühlrippen war einer Lokomotive ähnlich: kraftvoll, aber „faul" und bei niedrigen Touren ohne jegliches Temperament. Ursprünglich mußte er bis 4000 U/min drehen, um 16 PS zu leisten; spätere Modelle kamen bei 3600 U/min auf 24 PS. Diese Leistung hatten – angeblich – die nur in wenigen Exemplaren gebauten Böhmerland-Rennmodelle schon 1925, als sie unter Albin Liebisch und Anton Hawlik vor allem an Bergrennen wie Eichwald-Zinnwald, Schöberberg, Jeschken u.a. mit guten Erfolgen in der 750-cm^3-Klasse teilnahmen.

Die Böhmerland waren sicherlich auf den Geraden ganz vorzüglich und, obwohl es sich hier um die „kurzen" Fahrgestelle gehandelt hat, in den vielen Kurven doch gehandikapt. So kam es, daß sie nach 1929 nicht mehr bei Rennen gesehen waren; Rundstreckenrennen bestritt wohl nie eine Böhmerland, zumal sie mit ihrem Hubraum auch nur für die wenig gefragten Klassen über 500 cm^3 in Frage gekommen wäre. Nebenbei bemerkt, waren die Böhmerland-Maschinen aus bestem Material und handwerksmäßig hervorragend ausgeführt; die Rennmaschinen besaßen zwei Auslaßkanäle, obwohl dies mehr der Mode als einer technischen Notwendigkeit entsprach.

Wie das Fahrgestell, so bewies auch der Liebisch-Motor, daß das Wort „Sparen" nur kleingeschrieben wurde. Da gab es überall Kugel- und Rollenlager bekannter Firmen; die von oben bis unten „durchlöcherte" Pleuelstange war im Gesenk geschmiedet. Die Ölpumpe kam von der damals bekannten deutschen Firma „Michalk", der FFI-Magnet von Bosch, und als Vergaser wurden engliche Bing und Amac, später Amal verwendet. Aus England kamen auch die schweren Sturmey-Archer-Dreiganggetriebe, in den dreißiger Jahren solche von Hurth in München. Die Abbildungen zeigen das sehr robuste Fahrgestell aus Mannesmann-Rohren und die Federung der nicht weniger starken Vordergabel mit den bereits erwähnten Leichtmetall-Gußrädern, die auf F&S-Kugellagern liefen und leicht – durch Herausziehen der Achse – ausgewechselt werden konnten.

Jahrelang lieferte Goodyear die Reifen 26x3 für diese Räder, doch konnte man auch Ballonreifen 27x3.85 bekommen, außerdem auch Reifen von Dunlop. Erstklassig war auch das Kettenfabrikat: Coventry und Druckworth in der Größe $^5/_8$x$^3/_8$. Die Sättel kamen von den Framo-Werken, einer deutschen Firma, die zu J. S. Rasmussen (DKW) gehörte. Die Kraftstoffbehälter in normaler Form vor dem Sattel hatten einen Fassungsraum von 10 Litern; die bei anderen Modellen verwendeten zwei Seitenbehälter neben dem Hinterrad je 5 Liter. Solo verbrauchte eine Böhmerland kaum mehr als 3 Liter und mit Seitenwagen 4 Liter auf 100 km. Die Spitze wurde – je nach Modell – mit 120 bis 130 km/h angegeben, für das Rennmodell sogar 150 km/h; leider sah ich nie eine Böhmerland mit dieser Geschwindigkeit „dahinrasen". Und ich glaube auch, daß diese Geschwindigkeitsangaben mit etwas Liebisch-Optimismus gemacht wurden. Aus eigener Erfahrung kann ich eine sehr gute Straßenlage auf Geraden bestätigen, was auch auf den langen und schweren Rahmen zurückzuführen ist. Der ansonsten gesprächige Albin Liebisch verriet nie dessen Gewicht, doch gehörten seine Motorräder zweifellos zu den

Mitte der dreißiger Jahre kam diese Böhmerland mit einem Kraftstofftank in „normaler" Anbringung und zwei zusätzlichen Tanks neben dem Hinterrad auf den Markt.

Ein „Volksmotorrad" sollte diese 1937 herausgebrachte Böhmerland mit einem Einzylinder-Zweitaktmotor von 346 cm^3 werden, jedoch wurden nur sechs Exemplare hergestellt; Konstrukteur und Fabrikant Liebisch brachte es nicht zu einer Serienfertigung.

schwersten in ihrer Klasse, und das wirkte sich natürlich auch in den Kurven aus. In Wirklichkeit war das Kurvenfahren bis zu einer gewissen Geschwindigkeitsgrenze gar nicht so schlecht; mit den „langen" Modellen mußte man allerdings manchmal schon etwas zaubern, diese waren auch hauptsächlich für den Seitenwagenbetrieb bestimmt.

Albin Liebisch, an dessen Konstruktionen man sich im wahrsten Sinne des Wortes erst gewöhnen mußte und der nie bereit war, aus kommerziellen Gründen Kompromisse zu schließen, stand 1937 am Scheideweg, weil sich die existierenden 598-cm^3-ohv-Einzylindermodelle mit der nun wirklich veralteten Motorenkonstruktion nicht mehr verkaufen ließen. Andererseits wollte er die „Böhmerland" nicht ganz aufgeben, und so kam es zu einem kommerziellen Kompromiß mit dem Geldgeber Alfred Hielle – und gleichzeitig aber auch zu einem technischen Kompromiß zwischen dem verbissenen Eigenbrödler Albin Liebisch und „einem weniger verbissenen Albin Liebisch", der, nunmehr der Zeit gehorchend, nachgeben mußte und ein Motorrad für die breiten Massen, ein Volksmotorrad, schaffen wollte.

Ein VM (Volks-Motorrad) nach den Ideen von Albin Liebisch: kein einfaches, offenes und daher billiges Fahrgestell; kein normaler Dreikanal-Zweitakter oder ein solcher mit Umkehrspülung. Das Fahrgestell war wieder kompliziert, stark und schwer; der Motor ein 346-cm^3-Zweitakt-Einzylinder mit 9 Kanälen, der nach einem von Liebisch patentierten Wirbelstromsystem arbeitete. Und das Resultat: wieder ungewöhnlich im Aussehen und wieder zu teuer im Bau. Und wieder offerierte er diese Neukonstruktion zu einem wahren Volkspreis, der sicherlich keine Verdienstspanne offenlassen konnte: 6800 Tschechenkronen. Mit dem langen Sattel und Soziussitz offiziell für drei Personen zugelassen, kostete diese „kleine" Böhmerland 7820 Tschechenkronen. In Wirklichkeit wurde sie nie serienmäßig mehr gebaut, weil sie nach dem Anschluß des Sudetenlandes nicht im Bauprogramm der Hitler-Regierung stand. Das war praktisch das Ende der Firma Liebisch als Motorradhersteller; das Unternehmen war zu klein, um irgendeine wertvolle Rolle in den folgenden Kriegsjahren zu spielen, obwohl man weiter in Schluckenau-Kunratitz Motorräder reparierte. Und dies auch nach 1945 tat, als „Böhmerland" nationalisiert und unter der Leitung eines früheren Angestellten von Jawa namens Pokorny war, während Albin Liebisch nach Passau zog, um dort unter schwersten Bedingungen neu anzufangen.

Als Konstrukteur war er eigenwillig bis zur Starrköpfigkeit, aber dabei auch klug. So wußte er, daß er als kleiner Produzent etwas Besonderes, etwas Einmaliges herstellen müsse, um im Motorradbau durchhalten zu können. Und so entstanden auch keine schnell konfektionierten und einfachen Maschinen, sondern in jeder Beziehung typische Eigenkonstruktionen, die nicht die Welt zusammenreißen, sondern nur einer bestimmten Klasse von Kunden dienen sollten. Kunden, welche die ungewöhnliche Konstruktion akzeptierten und sich auch nicht scheuten und ärgerten, wenn ein bißchen Öl auf die Hände oder Kleidung kam. Typisch für Liebisch, der mit Rohren beim Fahrgestell nie sparte, daß er zugleich aber Kettenkästen anbrachte, die viele Wünsche in bezug auf Kettenschutz übrig ließen. Und ähnlich war es auch, wie bereits erwähnt, mit der Verkapselung des Ventilantriebs. Der schien Liebisch gar nicht zu interessieren, obwohl Ende der dreißiger Jahre kaum ein anderer Motorradhersteller den Ventilmechanismus frei und offen darbot.

In all den Jahren der Böhmerland-Produktion habe ich die Tätigkeit von Albin Liebisch verfolgt, vor allem aus rein technischen Gründen. Ich sah lange Böhmerland-Maschinen und kurze Versionen, rote Modelle mit grauen Rahmen und grüne Kraftstoffbehälter mit gelben Fahrgestellen. Ich traute diesem Konstrukteur viel zu, aber keinesfalls den Bau eines Motorrades mit zwei hintereinanderliegenden Getrieben. Und wenn es jetzt, obwohl die Firma nach 1938 keine Motorräder mehr gebaut hat, in Prag eine „Doppelgetriebe"-Böhmerland gibt, so bin ich der Meinung, daß sich hier ein Enthusiast selbst dieses Fahrzeug gebaut hat, zumal für einen Motorradhersteller kein Grund für eine praktisch so wertlose Konstruktion vorlag. Auch nicht für Albin Liebisch, der normalerweise vor ungewöhnlichen Konstruktionstendenzen nicht zurückscheute. Es gab auch nie einen Böhmerland-Katalog, der diese sinnlose Konstruktion (6 Gänge mit zwei normalen, hintereinanderliegenden Dreiganggetrieben) gezeigt hätte.

Wie erwähnt, ging die 346-cm³-Zweitakt-Einzylinder-Böhmerland infolge der damaligen politischen Ereignisse nie in Serie. Ich glaube allerdings auch, daß Liebischs patentiertes Wirbelstrom-Zweitaktsystem dazu noch nicht ganz ausgereift, noch nicht voll entwikkelt war. Der Zweitakter schien noch zu „durstig" gewesen zu sein, zumal er selbst den Verbrauch mit 3,6 Litern für 100 km angab, im Gegensatz zur 598-cm³-ohv-Maschine, die – laut Liebisch – nur 3 Liter für 100 km benötigte. Auffallend auch, daß der Konstrukteur nie die PS-Zahl dieses Zweitakters bekanntgab; warum er zwei Auspuffrohre benötigte, konnte ich auch nie richtig begreifen. Andererseits waren Zweitakter schon immer ein beliebtes Betätigungsfeld plus Hobby für viele Konstrukteure. Auch für Einzelgänger wie Albin Liebisch.

Vor kurzem besuchte ich den in Deutschland lebenden Sohn von Albin Liebisch, er übergab mir das seltene Bild der einzigen (1952) in Deutschland gebauten 198-cm³-Böhmerland-Prototype mit einem Zündapp-Zweitaktmotor. Zu einer Serienproduktion kam es nicht. Sie war die letzte unorthodoxe Motorradkonstruktion von Albin Liebisch.

Die letzte Böhmerland mit dem Zündapp-Zweitaktmotor von 198 cm³ – lediglich ein Prototyp aus dem Jahre 1952.

Ignaz Schwinns schnelle Excelsior Super-X und Henderson

„Excelsior" kommt von excellent, und das bedeutet hervorragend, ausgezeichnet, vortrefflich. Kein Wunder, daß es gleich mehrere Motorradhersteller in der Welt gab, die mit der Bezeichnung „Excelsior" für ihre Maschinen deren Vortrefflichkeit hervorheben und solchermaßen einen werblichen Vorsprung vor der Konkurrenz gewinnen wollten. So existierte schon seit 1896 die englische Marke Excelsior, von 1907 an wurden Excelsior-Motorräder auch in einer Fabrik in Chicago hergestellt, die der deutsche Einwanderer Ignaz Schwinn gegründet hatte, und 1923 entstand in der Arnulfstraße zu München eine weitere Motorradfabrik, deren Erzeugnisse diesen populären Namen trugen. Allerdings war dieses Werk so klein und unbedeutend, daß die ältere deutsche Herstellerin von Excelsior-Motorrädern, die Firma Gebr. Conrad & Patz AG in Brandenburg, nicht einmal zum Kadi ging, um diese neue „Excelsior" wegen des gleichen Namens zu belangen. Da war die englische Excelsior aus Birmingham schon gefährlicher, und wann immer sie in Deutschland bei Rennen erschien oder gehandelt wurde, stand nicht „Excelsior" am Tank, sondern „Bayliss-Thomas", nach den Begründern dieser ursprünglichen Fahrradwerke.

Bleiben wir bei der amerikanischen, von Ignaz Schwinn gebauten Excelsior, die in England aus markenschutzrechtlichen Gründen den Namen „American-X" trug. Mitte der zwanziger Jahre wurde aus dieser Konstruktion die berühmte „Super-X". Schwinn stellte sie neben der vierzylindrigen Henderson bis 1931 in der an der Randoph-Street Chicagos gelegenen Fabrik her und später im riesigen neuen Werk an der Cortland-Street; es war so groß, daß die Maschinen auf einer Bahn auf dem Dach des Gebäudes eingefahren werden konnten.

Als Schwinn 1907 seine Excelsior herausbrachte, waren Harley Davidson und Indian die größten amerikanischen Motorradhersteller. Wohl gab es noch viele andere Werke wie Yale, Reading-Standard, Jefferson, Flying Merkel, De Luxe, Spake, Thor, Cyclone, American, Yankee, Neracar, Pirate, Michaelson, Curtiss, Sears usw., doch spielten sie über eine längere Produktionsperiode nie eine besondere Rolle. Viele nahmen zunächst eine kometenhafte Entwicklung, verschwanden aber bald wieder, ohne bleibende Spuren zu hinterlassen. Schwinn baute dagegen bis 1931 Motorräder, seine Nachkommen spielen auch heute noch eine große Rolle im Fahrradbau, dem ursprünglichen Betätigungsfeld des deutschen Einwanderers.

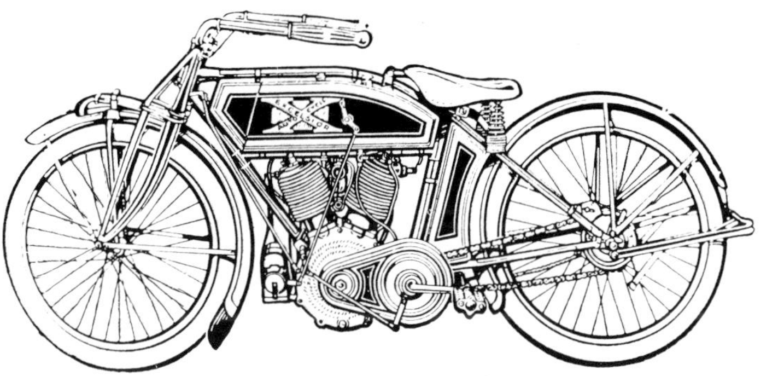

Ignaz Schwinn, aus Deutschland stammend, baute in Chicago Motorräder, die vorerst den Namen Excelsior trugen. Diese 1913 hergestellte V-Zweizylinder hatte wechselgesteuerte Ventile und einen Hubraum von 999 cm^3.

Schon das erste in Chicago gebaute Excelsior-Motorrad war von typisch amerikanischer Bauweise, guter Konstruktion und hervorragender Qualität. Es hatte einen Einzylindermotor von 499 cm^3 mit automatisch arbeitendem Einlaßventil, nur einen Gang,

So sah die 1914 gebaute amerikanische Excelsior aus. Die V-Zweizylindermotoren hatten immerhin einen Hubraum von 999 cm³.

Riemenantrieb zum Hinterrad und eine sehr starke Vorderradgabel. Sehr stabil war auch das Fahrwerk. Zum Antrieb gehörten Pedale, mit denen man nicht nur den Motor starten, sondern auch starke Steigungen mit zusätzlicher Muskelkraft angehen konnte. Ein neues Modell, das 1911 auf den Markt kam, machte die Firma berühmt: es war eine V-Zweizylindermaschine von 999 cm³, die schnell viele Freunde fand und „frisiert" immer mehr Rennen gewann. Rennerfolge waren damals das A und O für jede amerikanische Motorradfabrik, die auch kommerziell gut abschneiden wollte. Dabei gab es „Rekorde" sowohl zwischen einzelnen Städten (auf keineswegs sehr guten Straßen) als auch bei „offiziell anerkannten" Rennen; neben ihnen existierten viele nichtoffizielle und sehr riskante Veranstaltungen, bei denen sich niemand um die Ausrüstung von Fahrer und Maschine oder um Sicherheitsvorkehrungen kümmerte. Und so kostete es die AMA als oberste Sportbehörde der USA viel Mühe und Arbeit, auf diesem Felde für Ordnung und Sicherheit zu sorgen.

Bei Excelsior in Chicago beteiligte man sich allerdings nur an offiziellen Rennen oder offiziell angemeldeten Rekordfahrten, die vorerst mit frisierten Versionen der wechselgesteuerten V-Zweizylinder von Werksfahrern bestritten wurden. Ihre Motoren hatten 999 cm³ Hubraum. Mit einer dieser Maschinen legte Werksfahrer Lee Humiston auf der Rennbahn von Playa del Ray die Meile in genau 36 Sekunden zurück; er war der erste Mann auf einem Motorrad, der hier einen Durchschnitt von 100 Meilen (160 km/h) erreichte. Außerdem stellte er noch andere

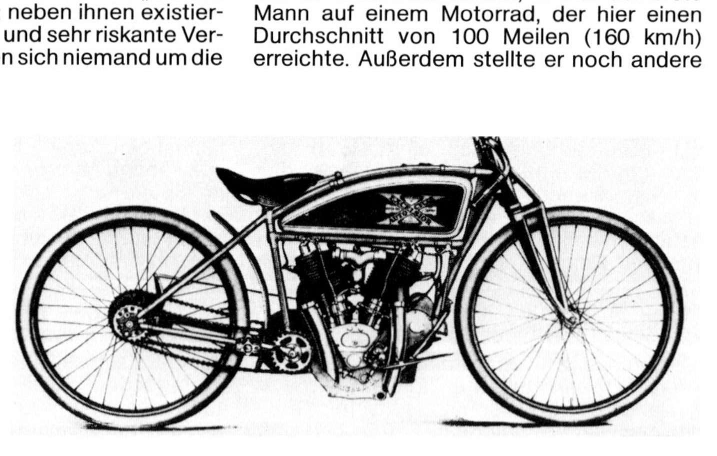

Viele Rennen in den USA wurden auf Holzbahnen ausgetragen. Excelsior gehörte zu den erfolgreichsten Marken. Unser Foto: eine 999er Bahnrennmaschine von Excelsior etwa zur Zeit des Ersten Weltkrieges.

Die kleine Excelsior-Zweitaktmaschine von 226 cm³ wurde von 1916 bis 1920 gebaut. Sie konnte ihre Abstammung von der englischen Triumph-„Baby" nicht verleugnen. Der größte Unterschied lag in dem kleineren Hubraum (die Triumph-„Baby" hatte 269 cm³) und der Form des Sattels.

neue Rekorde, die jahrelang nicht gebrochen wurden, auf. Schon vor ihm siegten Charlie Balke und Joe Wolters auf Excelsior-Maschinen bei zahlreichen Veranstaltungen. Sehr erfolgreich waren auch Carl Goudy und Bob Perry, Techniker und Rennfahrer zugleich.

Bemerkenswert an diesen amerikanischen V-Zweizylindermotoren von Excelsior: alle Ventile wurden von nur einer Nocke gesteuert. Von 1913 an hatten diese Maschinen statt des Riemenantriebs eine zum Hinterrad führende Kette, außerdem eine neue Blattfedergabel. Die Handkupplung konstruierte Frank Kunce, ein bekannter Excelsior-Rennfahrer und -Händler, nachdem die Kupplung bis dahin über ein Fußpedal betätigt wurde. Er gehörte zusammen mit meinem früheren Chef Floyd Clymer, mit Red Parkhurst, Curly Fredricks, Larry Fleckenstine, Morty Graves, Jake de Rosier, Don Johns u. a. ebenfalls der Werksmannschaft an.

Die großen Rennerfolge sorgten für eine große Nachfrage, und so wurde 1914 das bereits erwähnte Riesenwerk von Schwinn an der Cortland-Street errichtet. Hier entstanden nunmehr die 499er Einzylinder- und die 999er V-Zweizylinder-Modelle in Großserien, wobei das Schwergewicht immer bei den großen Motorrädern lag. Ständige Verbesserungen erhöhten auch die Motorleistungen und die Bequemlichkeit für den Fahrer. So gab es 1915 schon Dreiganggetriebe, größere Ventile und elektrische Ausrüstungen. Das Excelsior-Werk gehörte damals zusammen mit Harley Davidson und Indian zu den drei führenden Motorradherstellern in den USA.

Schön und beliebt waren die 999er V-Zweizylinder-Maschinen von Excelsior. Diese entstand 1921. In England hießen sie aus markenschutzrechtlichen Gründen „American-X"; es gab dort auch eine Marke Excelsior.

An Rekorden besonderer Art war zu jener Zeit kein Mangel. So soll Eddy Perron auf der 999er Zweizylinder mit einer Gallone (4,5 l) Benzin 162,6 Meilen (260 km) zurückgelegt haben, bei einem Verbrauch von 1,73 l auf 100 km also. Mit einer selbst frisierten 499er Excelsior brach Floyd Clymer fast alle Streckenrekorde in Colorado. 1959 zeigte er mir die alte Rennstrecke von Dodge City, wo er 45 Jahre zuvor viele Rekorde errang – ein Kurs mit etwas Beton und vielen Steinen!

Ein Leichtmotorrad brachte Schwinn 1916 heraus, wobei er zu einer bereits in England bewährten Konstruktion griff, die Triumph in Coventry unter dem Namen „Baby" produzierte – dasselbe „Baby" übrigens, das später in Deutschland bei Triumph/Nürnberg „Knirps" hieß und sich bei Premier in der Tschechoslowakei in ähnlicher Form als „Liliput" vorstellte. Gegenüber dem Hubraum von 269 cm^3 der englischen Originalkonstruktion wies der von Schwinn bis 1920 gebaute Dreikanal-Zweitakter jedoch nur 226 cm^3 auf. Ein geschäftlicher „Renner" wurde die kleine Excelsior, die 140 Dollar kostete, trotz ihrer guten Konstruktion und Ausführung nicht. Die Amerikaner waren seit jeher Liebhaber großer und robuster Motorräder, die sich für Überlandfahrten unter härtesten Bedingungen eigneten, und brachten kleinen Krafträdern für den Nahverkehr wenig Interesse entgegen. Unklar ist, ob Schwinn an die englischen Triumph-Werke Lizenzgebühren bezahlte oder ob seine Konstrukteure die etwas ältere Triumph-„Baby" lediglich als „Vorbild" betrachteten. Nachdem 1913 aus der Excelsior Supply Company die Excelsior Motor Manufacturing and Supply Companie geworden war, trug auch die kleine Zweitaktmaschine ein „X" hinter dem Namen am Tank.

Für Rennen baute das Werk sehr schnelle 999er V-Zweizylinder mit besonders großen Ventilen, aber auch Einzylinder-Versionen. Es lag sogar ein Beschluß vor, neue Straßenrennmaschinen von 499 cm^3 mit obenliegender Nockenwelle zu bauen, die für die englische Tourist Trophy auf der Insel Man bestimmt sein sollten, doch kam es nie dazu, weil inzwischen alle amerikanischen Motorradhersteller offiziell keine Rennen mehr bestreiten wollten – eine ähnliche Situation wie 1954 und 1957 in Europa, als führende Rennmarken wie Norton, AJS, Matchless, NSU, BMW, Moto Guzzi ihre Werksteams auflösten.

Zurück zum Jahr 1916, als Excelsior doch noch neue kopfgesteuerte Rennmaschinen von 999 cm^3 schuf, die zuletzt von Floyd Clymer erworben und teilweise umgebaut wurden. Und es waren vor allem die vielen Bergrennen der damaligen Zeit, die diese Maschinen gewannen. Zwei Jahre später erwarb Schwinn von den Brüdern Henderson die fabelhafte Vierzylinder-Konstruktion, deren Schöpfer William „Bill" Henderson zusammen mit seinem Bruder Tom ebenfalls zu Schwinn nach Chicago kam. Allerdings nicht für lange Zeit; 1919 schieden sie bereits aus, um eine neue Vierzylinder, die ACE, auf die

Die große Excelsior wurde 1925 durch die „Super-X" mit einem V-Zweizylindermotor von 737 cm^3 abgelöst. Auch dieser ausgezeichnete Motor hatte obengesteuerte Einlaß- und seitliche Auslaßventile. Die abgebildete Maschine wurde 1927 hergestellt.

Das war das letzte „Super-X"-Modell; der Motor hatte noch immer 737 cm^3 Hubraum, doch gab es ein moderneres Fahrwerk mit Satteltank. Der Bau wurde 1931 eingestellt.

Räder zu stellen. Später wurde aus ihr die Indian-ACE und die „Indian-4", während Schwinn die Henderson bis zum Ende des Motorradbaues in seiner Firma weiter produzierte. William „Bill" Henderson wurde schon 1922 Opfer eines Verkehrsunfalles, als er eine neue ACE-Version ausprobierte und mit einem Auto kollidierte. Zu seinem Nachfolger als Chefkonstrukteur berief Schwinn dann Arthur Lemon, einen technisch hervorragenden Mann. Seine Fähigkeiten kamen auch der Produktion zugute, zumal immer mehr Teile der zweizylindrigen Excelsior von 999 cm^3 (in England hieß sie American-X) mit denen der vierzylindrigen Henderson ausgetauscht werden konnten. Lemons Version der Henderson trug die Modellbezeichnung „K" und kam 1920 auf den Markt; sie wurde ein großer Erfolg und galt viele Jahre als ein Spitzenmodell der USA. Schwinn wollte aber auch im Rennsport wieder Erfolge erringen, trotz der – auf dem Papier bestehenden! – Vereinbarung amerikanischer Motorradhersteller, keine Spezial-Werksrennmaschinen mehr zu bauen. Darüber setzte man sich 1919 hinweg, als in der Cortland-Street von Chicago der Rennleiter und Excelsior-Spitzenfahrer John MacNeill neue V-Zweizylinder-Rennmaschinen mit Königswellenmotoren von 999 cm^3 schuf, nachdem bereits

Eine Original-Henderson, 1912 gebaut – mit luftgekühltem Vierzylinder-Reihenmotor, die William „Bill" Henderson im eigenen Werk in Detroit herstellte. Fünf Jahre später erwarb Ignaz Schwinn die inzwischen verbesserte Konstruktion.

Dieses Bild einer Henderson ist weniger wegen der Maschine als wegen des ungewöhnlichen Reifenprofils bemerkenswert.

andere Firmen wie Cyclone und Reading Standard ähnliche Konstruktionen entwickelten.

Die ersten Testfahrten der neuen Excelsior-Werksrennmaschinen fanden im Januar 1920 auf der Ascot-Rennbahn in Los Angeles statt. Gefahren wurden sie von MacNeill selbst, von Joe Wolters, Well Bennett und dem jungen Techniker-Rennfahrer Bob Perry. Der letztere, von Firmenchef Ignaz Schwinn protegiert, verunglückte bei diesen Probefahrten tödlich. Schwinn rief sofort das Team nach Chicago zurück; da ihm der Tod Perrys persönlich sehr naheging, soll er – so hieß es – die neuen Rennmaschinen mit einem großen Hammer selbst zerschlagen haben. Bemerkenswert an diesem ungewöhnlichen Vorfall, wenn er sich überhaupt zugetragen hat, wäre, daß sich Schwinns Zerstörungswut nur gegen die neuen Rennmodelle mit obenliegender Nockenwelle gerichtet hätte. Denn 1921 wurden kopfgesteuerte Maschinen, Einzylinder von 499 und V-Zweizylinder von 999 cm^3, wieder mit Stößelantrieb der Ventile, offiziell mit Fahrern wie Paul Anderson, Roy Artley, Red Parkhurst u. a. bei Rennen eingesetzt.

Die von Schwinn gebauten Hendersons mit luftgekühlten Vierzylinder-Reihenmotoren von 1301 cm^3 wurden – für Seitenwagenbetrieb – gegen Aufpreis auch mit einem Rückwärtsgang geliefert. In Amerika kosteten sie rund 400 Dollar und mit Leichtmetallkolben

Zweifellos gehörte die 1031-cm^3-Vierzylinder-Henderson zu den besten Konstruktionen der amerikanischen Motorradindustrie. Auf Wunsch wurde sie auch mit einem Rückwärtsgang geliefert. Ihre hohen Produktionskosten, wie auch gewisse thermische Probleme infolge immer höher werdenden Leistungen, machten sie jedoch zu einer etwas exklusiven Maschine.

30 Dollar mehr. Sowohl die Excelsior-X als auch die Henderson wurden stetig verbessert und weiterentwickelt, doch war Mitte der zwanziger Jahre ein neues V-Zweizylindermodell fällig, um den Scout-Motorrädern von Indian nicht in den kleineren Klassen von 600 und 750 cm^3 den ganzen Markt überlassen zu müssen. So entstand 1925 die sagenhafte „Super-X"; der Name „Excelsior" verschwand gleichzeitig von den Tanks der 1000er V-Zweizylinder. Die Neukonstruktion war kleiner und hatte erstmals einen glattflächigen Blockmotor von 737 cm^3, der Kupplung und Getriebe einschloß. Die Ventile waren wechselgesteuert und vergrößert worden, so daß die „Super-X" die gleiche Geschwindigkeit wie die „alten" Modelle mit 999 cm^3 Hubraum erreichte. Dazu hatte sie ein niedriges Fahrwerk und eine erstklassige Straßenlage. Es wurde auch eine Supersport-Version dieses Typs u. a. mit leichteren Schwungmassen gebaut, die bis auf 4900 U/min kam. Sie wurde auch mit besonderen Rennkolben zur höheren Verdichtung angeboten, mußte dann allerdings mit einer Kraftstoffmischung betrieben werden, die zu gleichen Teilen aus Benzin und Benzol bestand. Besonders in Amerika wurde die „Super-X" sehr häufig noch als „Excelsior" bezeichnet und so auch in den Rennergebnissen aufgeführt. Joe Petrali, erfolgreicher Rennfahrer, brachte diese Maschine auf immer höhere Leistung. Sein Werk war auch eine V-Zweizylinder-Rennmaschine von 737 cm^3, die sogar acht Ventile hatte. Zuletzt baute er auch eine 1000er Rennmaschine, ebenfalls mit V-Zweizylindermotor und acht Ventilen, die in den Jahren 1928/29 bei 31 Rennen 31 Siege errang. Außerdem entwickelte er eine Einzylinder-Rennmaschine von 349 cm^3.

In Europa war die 999er Excelsior – in England hieß sie American-X – wenig bekannt, dagegen drangen die Henderson und die „Super-X" auch in mitteleuropäische Bereiche vor. Sie wurden in Prag sogar von einem Warenhaus, der früheren Firma Brouk & Babka, vertrieben und die schnelleren Modelle der „Super-X" von bekannten tschechoslowakischen Rennfahrern wie Václav Lischka und Jaroslav Melzer erfolgreich gesteuert. In Wien fanden wir Henderson- und „Super-X"-Motorräder bei der Firma Temple & Co. in der Mollardgasse. Eine sehr schnelle „Super-X" mit Seitenwagen fuhr, es mag 1930 gewesen sein, Ingenieur Patterson bei Bahnrennen in der Krieau. Er war in der Konstruktionsabteilung von Excelsior in Chicago tätig und hielt sich mit der bestens vorbereiteten Maschine sehr gut. Dann sah und hörte man von ihm nichts mehr, vielleicht auch wegen der damaligen wirtschaftlichen Verhältnisse in der amerikanischen Motorradindustrie, die zu einem scharfen Preiskampf führten und den Bau von Motorrädern unrentabel machten. So war es nicht verwunderlich, daß auch Schwinn im März 1931 die Produktion von Henderson- und „Super-X"-Motorrädern aufgab und nur die Fahrradfertigung weiterbetrieb – mit großem Erfolg.

Das war die letzte Version der berühmten vierzylindrigen Henderson von 1301 cm^3. Mit ihrem starken Doppelschleifenrahmen, dem Satteltank und einem bequemen Pfannensattel war sie für die damalige Zeit sehr schön und bequem. Im März 1931 lief ihre Fertigung aus . . .

Die letzten Satteltank-Modelle der „Super-X" waren in jeder Hinsicht ausgezeichnet, von Praktikern konstruiert und gebaut, zugeschnitten – vorerst – auf den amerikanischen Markt. Ihre V-Zweizylindermotoren hatten 76 mm Bohrung und 83 mm Hub, große Ventile, rollengelagerte Pleuelstangen, Alu-Kolben, Schebler-Vergaser, Lamellenkupplung, Dreiganggetriebe; den Motor nahm ein Doppelschleifenrahmen auf, die Laufräder hatten die Bereifung 27 x 4" Firestone, das Vorderrad wurde an einer Kurzschwinge gezogen.

Stehende Auslaß- und obengesteuerte Einlaßventile wies auch der vierzylindrige Henderson-Reihenmotor (Bohrung/Hub 68,8/89 mm) auf. Er hatte eine fünffach gelagerte Kurbelwelle, die Pleuelstangen liefen auf Gleitlagern. Die Gemischaufbereitung besorgte ein Autovergaser von Zenith, die Kraftübertragung erfolgte durch Zahnräder zum Dreiganggetriebe und durch Kette zum Hinterrad. Mit dem schweren durchgehenden Doppelschleifenrahmen wog diese prachtvolle Konstruktion 240 kg, das letzte Modell von 1931 sogar nur 220 kg. Selbstverständlich besaß es auch einen modernen Satteltank und einen bequemen Pfannensattel mit einer Höhe von nur 65 cm.

Als Schwinn den Motorradbau einstellte, bedeutete dies einen schweren Verlust für die amerikanische Motorradindustrie, zumal beide Maschinen in jeder Beziehung erstklassige Konstruktionen waren. Jedoch: ihre Fertigung war zu teuer, der Absatz litt nicht nur unter der damaligen Wirtschaftskrise in den USA, sondern auch unter dem immer stärkeren Vordringen billiger Automobile. Daß Ignaz Schwinn bei ständig wachsenden Defiziten die Lust am Motorradbau verlor, ist verständlich. Hier kann man eine Parallele zu Vincent in England ziehen, wo 25 Jahre darauf der Motorradbau aus ähnlichen Gründen aufgegeben wurde. Geblieben ist nur die Erinnerung an zwei hervorragende Maschinen der einst so mächtigen amerikanischen Motorradindustrie.

Als Bill Henderson 1913 diesen Reihenvierzylinder schuf, konnte er bei den damaligen Leistungen mit den thermischen Problemen noch halbwegs „fertig werden". Heute, wo viele Konstruktionen weit über 100 PS Literleistung aufbringen, müßte man den Vierzylinder wohl querstellen und auch mit Wasser kühlen. Ähnliche luftgekühlte Vierzylinder waren in Amerika einst beliebt, sie wurden auch von Cleveland, Pierce-Arrow, ACE (Indian-ACE) und anderen Firmen gebaut.

Die „Gouverneur“: Hoffmanns ungeratene Erzählung

Der selige Jacques Offenbach verfaßte „Hoffmanns Erzählungen“ zu einer Zeit, als die Hoffmann-Werke in Lintorf, Bez. Düsseldorf, noch gar nicht existierten. Und als diese bald nach dem Ende des letzten Krieges neben vielen anderen Firmen in die Motorrad-Konfektion einstiegen, da kannte man zwar noch die „Erzählungen“; er – der „alte Hoffmann“ – war aber schon längst nicht mehr unter den Lebenden.

In Lintorf hatte man bis zum Anfang der fünfziger Jahre ganz brav Zweitaktmotorräder gebaut. Sie hatten solide, maßproduzierte Antriebsquellen von Fichtel & Sachs oder Jlo, wobei sich das Hubraumangebot von 98 cm^3 über 123, 148, 174, 198 bis 246 cm^3 spannte. Die Fahrgestelle galten als modern und gut ausgeführt, doch bildeten diese Krafträder nicht den Schwerpunkt der Hoffmann'schen Produktion in Lintorf.

Das Schwergewicht lag im erfolgreichen Lizenzbau der damals überaus populären Vespa-Roller. Während NSU in Nekarsulm die bekannte Lambretta im Programm hatte, konnte die weitaus jüngere Firma Hoffmann ebenfalls eine bedeutende Rolle auf dem damals ausgesprochen aufnahmefähigen Rollermarkt spielen. Dadurch wurde Hoffmann bekannt und kommerziell gesund – aber auch, ich möchte fast sagen, leichtsinnig.

Aus dieser Unbekümmertheit erwuchs die Ambition – die es auch bei anderen Motorrad-Konfektionären gab – selbst ganz neue, luxuriöse Leichtmotorräder mit eigenen Motoren herzustellen. Hoffmann wollte der Welt erzählen, resp. beweisen, daß er Motorräder herstellen konnte, die keine Konkurrenz scheuen mußten, Motorräder, die hochmodern konstruiert und mit allen Finessen ausgestattet waren.

Kurz vorher hatten die renommierten und im Motorradbau weitaus erfahreneren Zündapp-Werke ähnliche Absichten gehegt wie nun – 1952 – Hoffmann. Mit einer oben gesteuerten

Sehr schön, kommerziell aber ohne Wert war die 1953 gebaute Eigenkonstruktion von Hoffmann, die 249-cm^3- (und 298-cm^3-)Gouverneur mit dem quergestellten Boxer-ohv-Blockmotor und Kardanantrieb.

248-cm³-Zweizylindermaschine, deren Block-Kardan-Boxermotor die Zylinder quer zur Fahrtrichtung stellte, wollte man ein großes Loch in die Wand des internationalen Motorradmarktes schlagen. Dann untersuchte man aber noch einmal die Situation, betrachtete den bereits weitgehend gesättigten Markt, rechnete nochmals die Herstellungs- und Entwicklungs- sowie die Einführungs- und Vertriebskosten durch und gab noch rechtzeitig auf, bevor diese sensationell unorthodoxe Zündapp in Serie ging.

Dieser Entschluß war logisch und konsequent, weil die Konstruktion und der Bau eines derart aufwendigen 250-cm³-Leichtmotorrades kaum weniger verschlang als die Herstellung einer Maschine ähnlicher Konzeption mit dem zwei- bis dreifachen Hubraum. Das Ausschlaggebende war und bleibt jedoch, daß man eine 250er bedeutend billiger verkaufen muß als eine 500er oder 750er Maschine.

Der Kunde, der ein 250-cm³-Motorrad wünscht, tut dies meist deshalb, weil er sich eine größere Maschine nicht leisten kann. Rückt nun der Verkaufspreis in Folge hoher Herstellungskosten in die Nähe einer schweren Maschine, so ist mit den erforderlichen Absatzzahlen einfach nicht zu rechnen. Eine 250er muß daher vergleichsweise billig sein. Und dieses Ziel konnte die Zweizylinder-Zündapp nicht erreichen.

Und was für Zündapp galt, das mußte auch auf die ähnlich konzipierte „Gouverneur“ von Hoffmann zutreffen. Während man aber bei Zündapp die einzige richtige Schlußfolgerung zog, nahm Hoffmann die 250er und eine ansonsten gleiche 300er in die Produktion. Und das war im Jahre 1953, als schon deutlich

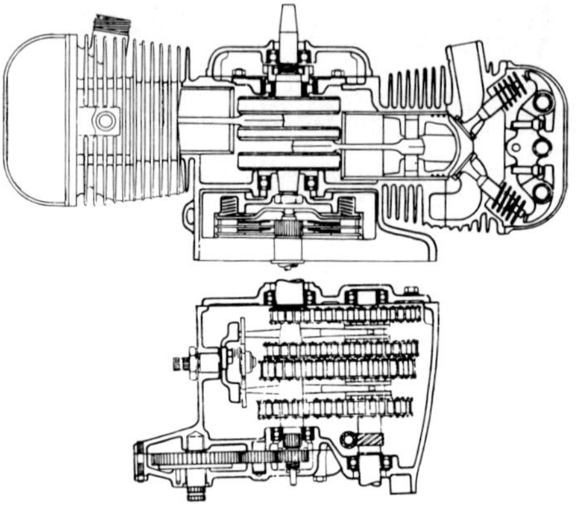

Der 248-cm³-Boxermotor der Hoffmann „Gouverneur“ Typ MP 250 im Schnittbild.

sichtbar Gewitterwolken am deutschen Motorradhimmel aufzogen, als man für etwas mehr Geld bereits ein Vierradfahrzeug wie ein Goggomobil oder eine Isetta von BMW erwerben konnte.

Wie der Preis der „Gouverneur“ lag, geht aus dieser Gegenüberstellung hervor: 198-cm³-Hoffmann mit Einzylinder-Ilo-Motor 1850,– DM; 247-cm³-BMW mit Einzylinder-OHV-Motor 2060,– DM; 296-cm³-Hoffmann „Gouverneur“ 2350,– DM.

Bis dahin galt die BMW in der 250-cm³-Klasse im Hinblick auf Konstruktion, Ausführung und den berühmten Namen als die oberste Grenze, und es war nur selbstverständlich, daß die bis dahin unbekannte und unerprobte Hoffmann'sche Neukonstruktion, die sich hauptsächlich auf ihre Schönheit stüt-

Hoffmann in Lintorf baute in der ersten Hälfte der fünfziger Jahre auch Zweitaktmaschinen mit Ilo-Motoren. Hier die 123-cm³-Version von 1952.

Diese Details belegen es, daß Hoffmanns „Gouverneur“ von Richard Küchen hervorragend konstruiert war. Man möchte fast sagen, „zu aufwendig“ für eine 248-cm³Maschine in einer Zeit, als die Kleinwagen auf den Markt drängten.

zen mußte, mit diesem Verkaufspreis nicht durchdringen konnte. Es fehlte bei Hoffmann an der BMW-Reputation, es fehlte an einer ausgebauten Vertriebs- und Kundendienstorganisation, und es mangelte auch an dem Beweis für die Qualität, die an und für sich – wie sich zeigen sollte – keineswegs schlecht war.

Daß die Konstruktions-, Bau- und Entwicklungskosten auch bei Hoffmann sehr hoch waren, braucht nicht besonders erwähnt zu werden. Daß die „Gouverneur“ vielen gefiel, läßt sich nicht leugnen. Nur kam sie nicht zur rechten Zeit, und ihr Preis war zu hoch. Zu einer Zeit, in der es schon schwer war, überhaupt Motorräder abzusetzen, mußte davon ausgegangen werden, daß hohe Stückzahlen nicht mehr zu realisieren waren. Und so wurde sie, die bildschöne Hoffmann'sche „Gouverneur“, das schwarze Schaf, welches mehr oder weniger dann zur Einstellung des Motorradbaues in den Hoffmann-Werken im Jahre 1954 beitrug.

Ein TT-Sieger baute die HRD (Vincent-HRD)

Die Bezeichnung HRD ist abgeleitet aus den Anfangsbuchstaben des Namens eines berühmten englischen Rennfahrers: Howard R. Davies. Bereits 1914 wurde er auf Sunbeam Zweiter der Senior-Klasse (500 cm^3) der englischen Tourist Trophy; den gleichen Platz belegte er 1921 in der TT-Junior-Klasse (350 cm^3) und gewann in derselben Woche mit derselben 348er AJS sogar die Senior-TT. Das war der erste und zugleich auch der letzte Sieg einer 350er in der 500er TT-Klasse.

Davies verließ I924 die AJS-Fabrik in Wolverhampton, um bald darauf eine eigene Motorradfabrik zu gründen, die Maschinen mit dem „HRD" am Tank baute. Er galt auch als ihr Konstrukteur, doch war es in Wirklichkeit E. J. Massey, der diese ersten und sehr sportlichen HRD-Modelle schuf; derselbe Massey, der zuvor die Sportmaschinen „Massey" und „Massey-Arran" konstruiert hatte. Diese Tatsache fand ein englischer Fachjournalist und Historiker rund fünfzig Jahre später heraus. Massey bot die schöne Rahmenkonstruktion der HRD 1926 sogar den OK-Supreme-Werken in Birmingham an; hier ging sie aber nicht in die Serienfertigung, weil dieses von Massey konstruierte Fahrwerk dem der HRD-Maschinen „etwas zu ähnlich sah" und der Chef von OK-Supreme, Bill Humphries, wenig Lust verspürte, sich mit Davies vor Gericht auseinanderzusetzen.

Mit einer Sensation wartete HRD im Jahre 1925 auf, als der Firmenchef selbst auf seinem eigenen Erzeugnis die englische Senior-TT gewann. Seine schöne und rassige Maschine hatte einen kopfgesteuerten Jap-Einzylindermotor von 490 cm^3 mit Doppelauspuff. Davies gewann das Rennen in Rekordzeit vor Frank Longman auf AJS und Alec Bennett auf Norton. In derselben Rennwoche auf der Insel Man belegte Davies bei der Junior-TT den zweiten Platz, und zwar mit einem ähnlichen Modell wie bei seinem Sieg in der 500er Klasse, in das jedoch ein Jap-Rennmotor von 346 cm^3 eingebaut war. Walter Handley, der Sieger der Junior-TT, steuerte übrigens eine Rex Acme mit kopfgesteuertem Blackburne-Motor.

Als HRD 1924 gegründet wurde, befand sich die Firma HRD-Motors Ltd. in Hearth Town, Wolverhampton; sie siedelte dann in die Freyer Street über. Gebaut wurden kopf- und seitengesteuerte Motorräder mit Einzylindermotoren von 346, 490 und 596 cm^3. Die kopfgesteuerten Modelle wurden in mehreren

Bald nach der Gründung von HRD gewann Firmenchef Howard R. Davies im Jahre 1925 die Seniorklasse der Tourist Trophy auf der Insel Man. Die Maschine hatte einen kopfgesteuerten 490-cm^3-Rennmotor von Jap.

Etwas kompliziert nahm sich die Hinterradfederung dieser HRD-Maschine von 1929 mit dem seitengesteuerten Jap-Einzylindermotor von 596 cm^3 aus.

1932 baute HRD, bereits im Besitz von Phil Vincent, auch Motorräder mit dem sportlichen vierventiligen „Python"-Motor von Rudge.

Versionen geliefert, als sportliche Tourenmaschinen, reine Sport- oder ausgesprochene Rennmaschinen. Mit einer 350er HRD gewann der berühmte Freddy Dixon 1927 noch die Junior-TT; beim Großen Preis der Schweiz kam er in der 500er Klasse auf den zweiten Platz. Außerhalb Englands gab es nur wenige HRD-Rennmaschinen; eine 350er fuhr der Berliner Fritz Engel, und auch der Österreicher Franz Messner steuerte in den Jahren 1926 und 1927 ein gleiches Modell. Am erfolgreichsten unter den kontinentalen Fahrern war wohl der Schweizer Emil Frey, der mit seiner 490er HRD zahlreiche Rennen gewinnen konnte.

1928 wurde HRD zum Verkauf angeboten; es war der „Erzfeind" Humphries, der die Firma erwarb – um sie bald darauf an einen jungen Ex-Cambridge-Studenten, Philip C. Vincent, weiterzuverkaufen. Vincent konstruierte einen neuen Federrahmen, den er auch gleich in seine ersten Motorräder einbaute. Dies geschah in einer neuen Fabrik, der Vincent-HRD Co., Ltd., Great North Road, in Stevenage. Noch war die Federrahmen-Konstruktion nicht ausgereift, sondern etwas klobig und schwer; es dauerte noch mehrere Jahre, bis ihre Entwicklung bestmöglich abgeschlossen war. In diese Rahmen baute das Werk jahrelang Jap-Motoren von 346, 490 und 596 cm^3 ein, mit Ölpumpen von Best & Lloyd, ML-Magneten, Amal-Vergasern, Druid- bzw. Webb-Federgabeln und Burman-Getrieben. Wie die Anfang der dreißiger Jahre hinzugekommenen Modelle mit luft- und wassergekühlten Villiers-Einzylinder-Zweitaktmotoren von 246 cm^3 hatten sie bereits einen modernen Satteltank.

Damals gab es auch neue Modelle mit den 499er kopfgesteuerten Einzylinder-Vierventil-Motoren von Rudge. Inzwischen hatten sich auch die Federrahmen „herausgemausert", sie waren besser, einfacher und vor allem billiger in der Herstellung geworden. In sie wurden 1934 dann auch eigene Einzylinder-Motoren von 498 cm^3 eingebaut, kopfgesteuert, mit hochliegenden Nockenwellen und kurzen Stößelstangen. Sie wurden mit einem Auspuffrohr in verschiedenen Ausführungen geliefert, von der „Meteor" für £ 81,– über die „Comet" und „Comet–Special" bis zur „TT-Replica"-Rennmaschine für £ 105,–.

Im Jahre 1936 wars, als man alle Modelle mit Python- und Jap-Motoren auslaufen ließ und nur noch die Motoren eigener Konstruktion und Fertigung verwendete. 1937 entstand dann die erste 996er V-Zweizylinder namens „Rapide"; ihr Motor war sozusagen aus der „Verdoppelung" des Einzylinder-Triebwerks von 498 cm^3 entwickelt worden. Für eine Tausender war sie leicht, handlich und auch sehr schnell. Über ihre Schönheit konnte man streiten, doch gab es an ihrem äußeren Bild in den folgenden Jahren einige Korrekturen. Konstrukteur war der bekannte Australier Phil Irving, Entwicklungsleiter der nicht minder bekannte Rennfahrer C. J. „Jack" Williams, der zusammen mit Fahrern wie dem Amerikaner Jack Forbes, dem Iren Manliff Barrington, dem Engländer Jock West und anderen mit der Halblitermaschine viele Rennen erfolgreich bestritt. Diese Rennmaschinen wurden 1935 erstmals eingesetzt und waren bereits 1936 sehr zuverlässig, allerdings mit einer Spitze von 172 km/h, die man ihnen nachsagte, für große internationale Rennen doch nicht schnell genug. Mehr brachten die 1936 ausprobierten Vincent-HRD-Kompressor-Maschinen, doch waren sie noch mit technischen Mängeln behaftet, als sie bei der TT auf der Insel Man eingesetzt werden sollten. Die Zoller-Kompressoren hatte Michael McEvoy, einst selbst Motorradhersteller und nunmehr Zoller-Vertreter in England, geliefert. Im Rennen wurden alle HRD ohne Kompressor gefahren.

Bald nach Kriegsende kam eine weiterentwickelte Vincent-HRD mit dem 996er V-Zweizylinder-Motor als „Serie B" auf den Markt, den sie in ihrer Klasse auch schnell eroberte. Der Motor hatte 84 mm Bohrung und 90 mm Hub. Das vordere Rahmenrohr ersetzte – wie bei allen damaligen HRD-Modellen – der schräg nach vorn geneigte vordere Zylinder. So kam es, daß auch alle folgenden Einzylinder-Maschinen den nach vorn geneigten Zylinder aufwiesen. Es gab mehrere Versionen der V-Zweizylinder von Vincent-HRD, von denen die „Black Lightning"-Rennmaschine auf der Bremse mit Alkohol als Kraftstoff eine Leistung von über 100 PS erbrachte. Mit ihr erreichte der Amerikaner Roland Free zunächst 240 km/h, später kam er sogar auf 250,7 km/h. Auch andere Piloten, wie der kleine belgische Meisterfahrer René Milhoux und der Engländer George Brown, dessen „Gunda Din"-Werksmaschine wohl die schnellste der je gebauten 996er Vincent-HRD war, brachen zahlreiche nationale Rekorde. Aus der Bezeichnung verschwand 1950 das HRD, fortan hießen alle Maschinen nur noch „Vincent". Gebaut wurden damals

Eigene 498er Einzylinder-Motoren mit einer hochliegenden Nockenwelle und dadurch kurzen Stößelstangen gab es bei Vincent-HRD seit 1935. Einen solchen Motor hatte auch das abgebildete 1937er Rennmodell.

Aus dem Baujahr 1937 stammt diese schnelle Sportmaschine „Comet" (Spitze 135 km/h) mit 498 cm^3 Hubraum. Auch sie hatte die von Phil Vincent konstruierte Hinterradfederung.

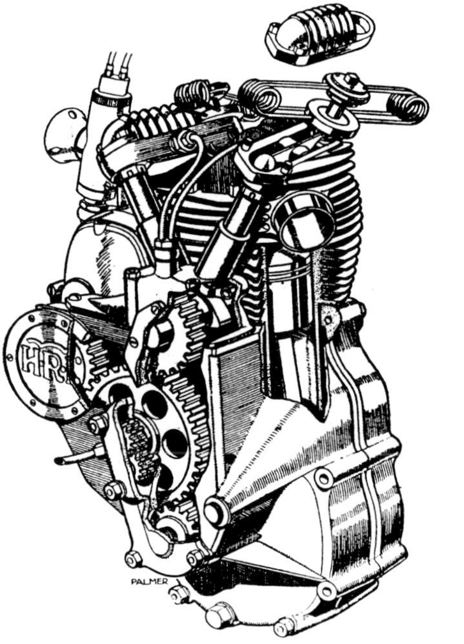

Ein Schnitt durch den kopfgesteuerten Vincent-HRD-Einzylindermotor von 498 cm³ zeigt die hochliegende Nockenwelle und die Haarnadelfedern der Ventile.

die Einzylindermodelle „Meteor“ und „Comet“ sowie die V-Zweizylinder „Rapide“, „Black Shadow“ und „Black Lightning“; die 498er Rennversion „Grey Flash“ gab es nur auf Bestellung. Sie war aus der „Comet“ entwickelt worden und eignete sich vor allem für Kurzstreckenrennen. Während einige deutsche Fahrer, darunter Rudi Knees, mit ihr nicht zu besonderen Erfolgen kamen, konnte der damals junge Engländer John Surtees mit der „Grey Flash“ zahlreiche Siege auf Kurzstreckenrennen erringen. Sehr erfolgreich war auch der Engländer Hobson auf der Cadwell-Park-Strecke, dagegen dominierte Surtees vor allem in Brands Hatch.

Die ersten fünfziger Jahre waren die große Zeit der Vincent-V-Zweizylinder von 996 cm³, die man Phil Vincent buchstäblich „aus der Hand riß“. Besonders in Amerika waren sie sehr gefragt. Viel trugen dazu auch die Rennerfolge serienmäßiger Maschinen bei. Bereits 1948, als die erste Clubman's TT ausgetragen wurde, siegte in der 1000er Klasse Jock Daniels vor Phil Heath, im folgenden Jahr dann Dennis Lashmar vor Jack Wright und Peter Wilson auf diesen Maschinen. Eine ständige Weiterentwicklung, zu der auch der Einbau von „Girdraulic“-Vorderradgabeln gehörte, machte die großen Vincent-Modelle überall zu sehr begehrten Maschinen. Auch ihre hohen Preise (um 1950 etwa £ 400,—) schreckten die Kunden zunächst nicht ab. Die Produktion wurde stetig erhöht – allerdings bei immer geringeren Verdienstspannen infolge der stark gestiegenen Lohn-und Materialkosten.

Dieses Problem spitzte sich 1954 durch den schwächer gewordenen Markt und eine härtere Konkurrenz weiter zu. Die Vincents, immer unter hohen Qualitätsanforderungen gebaut, waren – vor allem im Export – zu teuer geworden, sie konnten keine großen Umsätze mehr erzielen. Wohl scharten sich überall treue Anhänger zu Vincent-„Clans“ zusammen, aber auch sie konnten die geschäftlichen Verluste nicht aufhalten. Fir-

1952 entstand die letzte einzylindrige Vincent-Rennmaschine von 498 cm³. Sie bewährte sich vor allem bei kürzeren Rennen. Einer ihrer Fahrer hieß John Surtees, ein anderer Phil Heath. Rudi Knees fuhr sie in Deutschland.

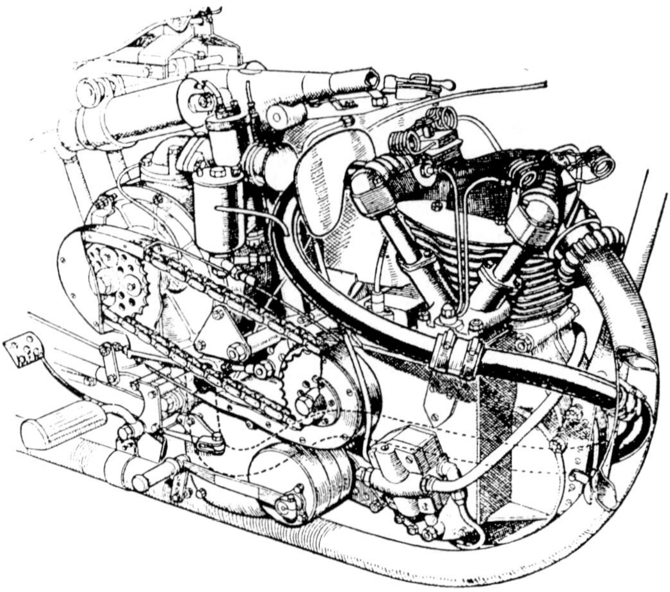

Bei Vincent-HRD experimentierte man 1935/1936 auch mit Kompressor-Rennmaschinen. Auf der Zeichnung gut zu erkennen: der hinter dem Einzylindermotor liegende Zoller-Kompressor. Er wurde von McEvoy in England geliefert, der schon 1926 selbst eine Kompressor-Rennmaschine baute.

menchef Phil Vincent, dessen Eltern Großgrundbesitzer waren (ich glaube in Rhodesien), hatte bereits viel Geld zugesetzt, als er sich gezwungen sah, einen Bankverwalter in sein Unternehmen zu bringen. Der Bankverwalter strebte auch eine Diversifikation an, und während man sich um Aufträge für Kraftfahrzeugteile bemühte, übernahm man auch den Import von NSU-Erzeugnissen, die unter dem Namen NSU-Vincent auf den englischen Markt kamen. Dazu gehörten die kopfgesteuerte Fox von 98 cm^3, die 123er Zweitakt-Fox, die Quickly von 49 cm^3 und zuletzt auch die Max von 246 cm^3. Das Vincent-Programm umfaßte 1954 noch die 499er „Victor" mit 28 PS bei 5800 U/min, die 998er „Black Knight"

1937 kamen die ersten Vincent-HRD-Motorräder mit kopfgesteuerten V-Zweizylinder-Motoren von 996 cm^3 heraus; hier das Modell „Rapide". Von dem 498er Einzylinder-Motor wurden möglichst viele Bauteile verwendet.

Das ist die 1952 gebaute „Rapide" der Serie C mit dem weiterentwickelten 996er V-Motor und der „Girdraulic"-Vorderradgabel. Spitze dieser Serienmaschine: 176 km/h.

mit 45 PS bei 5200 U/min, die „Black Prince" mit 55 PS bei 5700 U/min und die Rennversion „Black Lightning". Als diese Maschinen 1954 auf der Motorradausstellung in Earls Court ausgestellt waren, fehlten die Preise für 1955 – man scheute sich, sie den Interessenten zu nennen, wegen ihrer Höhe. Wohl hätten sich die Vincents etwas billiger herstellen lassen, allerdings nur auf Kosten von Qualität und Ausstattung. Dazu fand sich Phil Vincent nicht bereit; er wollte – wie George Brough vor ihm – möglichst hochwertige Motorräder herstellen, ohne Rücksicht auf die Kosten. Alles andere interessierte ihn wenig.

Der Abgesang kam Ende 1955; kurz vor Weihnachten verließ die letzte Vincent das Werk in Stevenage, das inzwischen Vincent Engineers (Stevenage) Ltd. hieß. Es wurde an die Harper-Gruppe verkauft, die noch viele Jahre Ersatzteile für alle Modelle anbot. Kurz vorher, im Sommer 1955, war der Name Vincent noch einmal in aller Munde, als Russell Wright auf einer „Black Lightning" den Motorradweltrekord brach und sein Freund Bob Burn auf einer gleichen Maschine mit Seitenwagen ebenfalls eine neue Weltbestleistung erzielte. Der Ruf der Vincent ging noch einmal nach diesen Rekorden, die in Australien aufgestellt wurden, um die Welt – das Ende des großen Namens im Motorradbau war dennoch nicht abzuwenden. Tragisch auch für Phil Vincent, der viele Opfer für seine Maschinen gebracht hatte – die größten und stärksten, die je in England gebaut wurden.

Wem die 176 km/h der C-Serien von Vincent nicht genügten, konnte die „Black Lightning" erwerben. In Handarbeit einzeln gebaut, erreichte sie je nach Vorbereitung 240 km/h und mehr. Zahlreiche Rekorde wurden mit ihr in England, Belgien, Amerika, Neuseeland usw. gebrochen.

Auf Komfort, Bequemlichkeit, Sauberkeit und schöne Linie ausgelegt, fand diese verkleidete „Black Knight" von 996 cm^3 zahlreiche Liebhaber, vor allem in den USA, von denen viele noch heute dieser luxuriösen Vincent nachtrauern.

Phil Vincent war Motorradbauer aus Leidenschaft. Deshalb gehörten seine Maschinen auch zur internationalen Extraklasse. Zusammen mit seinen Technikern wie Phil Irving, Ted Davis, George Brown, Bill Clarke und anderen konnte er seine technischen Träume verwirklichen. Besonders ging es ihm um die Konstruktion einer guten Hinterradfederung; alle Vincents hatten eine. Ein anderes „Hobby" von ihm: die Motorrad-Verkleidung. Schon im 1934er Katalog gab es eine Maschine mit dem seitengesteuerten Jap-Motor von 596 cm^3, die „voll" verschalt war. In den fünfziger Jahren schuf Phil Vincent die Serie D der „Black Knight", bei der das Hinterrad in der oberen Hälfte und der Motor völlig abgedeckt waren. In diesen Konstruktionen steckte sehr viel Entwicklungsarbeit. Als sie dann zum Verkauf kamen, erwiesen sie sich als praktisch perfekt und auch weitgehend unempfindlich gegen Seitenwind, sie fuhren sich leichter und besser als die unverkleidete C-Serie. In allem, was er unternahm, strebte Vincent höchstmögliche Vollkommenheit an. Wohl mußte man sich erst an das Aussehen der schwarzen „Black Knight" gewöhnen, was nach kurzer Zeit nicht schwerfiel – dann gewann man den Eindruck eines in Erfüllung gegangenen Wunschtraumes.

Daß man in den letzten Jahren der Vincent auch einen Zweitakt-Fahrradhilfsmotor von 49 cm^3, die „Firefly", baute, paßte zu dem berühmten Namen ebenso wenig wie die kleinen NSU-Maschinen, die man in England vertrieb. „Vincent" – das war viele Jahre ein Begriff für große, sportliche Motorräder mit hoher Leistung, Beschleunigung und Endgeschwindigkeit bei hervorragender Straßenlage.

Mehrere Unternehmen, wie beispielsweise Egli in der Schweiz, erstellten später etliche – zum Teil weiterentwickelte – Vincent-Varianten. Zu einer neuen Serienproduktion kam es jedoch nicht mehr. Ersatzteile gibt es dagegen noch, insbesondere bei Vincent-Motors in London, wo man sich viele Jahre hindurch ausschließlich mit Vincent-Motorrädern befaßt hatte.

Phil Vincent, George Brown und C. F. „Jack" Williams starben 1979.

Seit einigen Jahren existiert wieder der Name HRD auf den Tanks kleiner Motorräder. Allerdings in keinem Zusammenhang mit den vorerwähnten englischen Maschinen, sondern in Italien, wo in der Via Cortina d'Ampezzo 9 in 21052 Busto Arsizio (Va) sportliche und auch hübsche Zweitakter von 49 und 79 cm^3 entstehen und wo man auch Ambitionen hat, größere Zweitakter auf den Markt zu bringen.

Die fabelhafte rote Indian

Berühmt wurde Indian vor allem durch das „Scout"-Modell mit seitengesteuertem Motor von 596 cm^3, das als „Police-Scout" einen 745er V-Zweizylindermotor besaß. Der irische Konstrukteur Charles Franklin, einst erfolgreicher Rennfahrer, konstruierte sie nach dem Ersten Weltkrieg, für viele Jahre waren die „Scout"-Maschinen die Spitzenmodelle der amerikanischen Indian Motorcycle Company in Springfield/Mass. Durch sie gehörte das Werk eine Zeitlang zu den größten Motorradherstellern der Welt.

Gegründet wurde die Firma von George M. Hendee und dem hervorragenden Techniker und Radrennfahrer Oscar Hedstrom, der (9 Jahre alt) 1880 mit seinen Eltern aus Schweden in die USA übersiedelte. 1899 gründeten Hendee und Hedstrom gemeinsam die Hendee Manufactoring Company. Hendee wurde Präsident und Generaldirektor, Hedstrom – der bereits einen Prototyp mit De-Dion-Motor entwickelt hatte – Chefkonstrukteur.

Jake de Rosier, ein bekannter Rennfahrer, auf einer Indian-Werksmaschine aus dem Jahre 1911.

Bei der 1903 hergestellten Indian war der Motor als „tragender Rahmenbestandteil" zwischen Sattel und Tretlager eingebaut.

Bereits 1913 lieferte Indian diese 999er V-Zweizylinder „Elektric-Special" mit einem elektrischen Starter.

Schon 1901 wurde eine Indian auf der Stanley-Fahrradschau in London ausgestellt, sie erregte dank ihrer schönen und guten Konstruktion viel Aufsehen. Die erste Indian rollte übrigens am 25. Mai 1901 auf die Straßen. 1902 wurden schon 147 „Indianer" hergestellt. 1905 schuf Hedstrom die erste V-Zweizylinder, hinzu kamen bereits Drehgriffe für Gas und Zündung. 1909 gab es neue, verbesserte Fahrwerke, 1910 wurde die automatische Schmierung eingeführt. Damals entstanden auch verbesserte Vorderradgabeln und 1913 die ersten Indian-Hinterradfederungen. Schon 1913 brachte man die elektrische Beleuchtung in die Serienfertigung ein und im folgenden Jahr Dreiganggetriebe. Doppelrohrrahmen und Zahnräder zwischen Motor und Getriebe zogen 1920 in die Fertigung ein, Ballonreifen seit 1925.

Die ersten Indian-Maschinen hatten verbesserte De-Dion-Motoren von 213 cm^3, bei denen der nach hinten geneigte Zylinder einen Teil des verstärkten Fahrradrahmens zwischen Sattel und Tretlager bildete. Von 1904 an arbeitete Hedson an 425er V-Zweizylindermotoren (Winkelstellung 42 Grad), die bald ebenso gut gefragt waren wie die Einzylinder-Modelle, von denen 1904 fast 600 Stück verkauft wurden. Ihr Inlandsabsatz und Export nahmen bis zum Kriegsausbruch in Europa im Jahre 1914 ständig zu. 1906 wurde das Einzylindermodell auf 311 cm^3 vergrößert.

Unter der Bezeichnung „B 18" stellte Indian 1918 diese 681er „Lightweight" her.

Das waren „fette" Boomjahre für Indian, in denen die Produktion immer wieder erweitert werden mußte. Das ursprünglich kleine Werk in der Worthington-Straße zu Springfield sah sich nach größeren Räumlichkeiten um, zumal man eine eigene Gießerei einrichten wollte. So mietete Hendee 1906 zunächst den Teil eines großen Gebäudes in der State-Street, das er 1909 insgesamt erwarb. Auch der Personalbestand wuchs, und Hedstrom bekam Sekundanz durch den schwedischen Techniker Charles Gustafson sen. und dessen Sohn, die sich als sehr tüchtig erwiesen. 1908 schuf er eine verbesserte V-Zweizylinder, deren Kraftstoffbehälter nach wie vor hinter dem Sattel über dem Schutzblech angeordnet war; der hintere Zylinder bildete weiterhin einen Teil des Fahrwerks. Hedstrom konstruierte und baute fast alles, den Vergaser ebenso wie die Mica-Zündkerzen. Eine Rennversion von 988 cm^3 leistete damals 7 PS, sie erreichte 104 km/h und wog weniger als 70 kg! Eine ständige Weiterentwicklung erfuhren die Ein- und V-Zweizylinder, die bald 499 und 999 cm^3 Hubraum hatten. Eine kopfgesteuerte V-Zweizylinder kam 1911 hinzu, dann auch eine neue 311er Tourenmaschine.

Das Jahr 1913 brachte Probleme. Die „Hendee Special" mit 999er V-Zweizylindermotor und elektrischem Anlasser – auf Hendees Anweisung und ohne Zustimmung von Hedstrom gebaut – wurde wegen der unzuverlässigen Elektrik ein Versager. Hedstrom resignierte bald darauf und zog sich zurück. Charles Franklin wurde sein Nachfolger als Konstrukteur, Charles Gustafson als Chefingenieur. Das immer größer gewordene Werk beschäftigte damals 3000 Mitarbeiter und arbeitete in drei Schichten, um die Nachfrage zu befriedigen. Franklins erste Konstruktion war eine 221er Zweitaktmaschine mit Dreiganggetriebe nach dem Vorbild von Villiers/England. Sie war kein geschäftlicher Erfolg; die Amerikaner bevorzugten große, starke Motorräder und keine kleinen Zweitakter. 1914 zog sich auch Firmeninhaber Hendee aus der Geschäftsführung zurück, die er an Frank Weschler, seit einigen Jahren erfolgreich bei Indian tätig, übergab.

Hedstrom war Perfektionist. Seine Indian-Motorräder waren von bester Qualität – und entsprechend teuer herzustellen. Das brachte ihn immer wieder in Konflikt mit der Verkaufsabteilung, die billigere Konstruktionen forderte. Wohl auch deshalb schied Hedstrom aus; er war lange Zeit im Werk das treibende Element und ein hochqualifizierter Mann. Aber auch Charles Franklin war ein hervorragender Techniker, der 1916 die 999er Indian-„Powerplus" schuf, eine seitengesteuerte V-Zweizylinder, die dann auch von der Armee eingesetzt wurde. Geliefert wurde sie auch mit Hinterrad-Blattfederung

Die erfolgreichste und berühmteste aller von Indian gebauten Maschinen war die „Scout"; hier die 598er mit V-Zweizylindermotor von 1926.

Die vergrößerte und modernisierte „Scout“ war die Indian-„Police-Scout“ mit dem seitengesteuerten 746er V-Zweizylindermotor. Das Bild zeigt ein Modell aus dem Jahre 1931.

neben der Ausführung mit starrem Hinterbau. Aus ihr entstand dann auch ein 540er Einzylindermodell, ebenfalls seitengesteuert. 1917 brachte Franklin eine 246er Maschine mit seitengesteuertem Boxermotor heraus, der englischen Douglas ähnlich; sie verschwand aber nach 1918 wieder vom Markt. Die Amerikaner wollten eben ihre guten V-Zweizylindermaschinen haben und waren sehr konservativ, wenn es um neue Konstruktionen ging.

Schon in der Frühzeit des amerikanischen Motorradbaues waren hier viele Fabriken „aus dem Boden geschossen“, so Orient, Thor, Mitchell, Holley, Thomas, Merkel, Yale, Pope, Marsh, Curtiss, Royal, Wagner und natürlich auch Harley Davidson, später die große Konkurrenz für Indian. Die großen Entfernungen zwischen den amerikanischen Städten und teilweise noch sehr schlechte Straßen erforderten besonders starke und ausdauernde Motorräder. Der Verbrauch spielte bei den niedrigen amerikanischen Benzinpreisen keine wesentliche Rolle. Wichtig waren Zuverlässigkeit und Dauergeschwindigkeit, und so erstellte man Motorräder nach anderen Gesichtspunkten als in Europa. Sie hatten zumeist große Motoren, kräftige und schwere Fahrwerke, bequeme Sättel und breite Lenker. Lange Distanzen und verhältnismäßig wenige Tankstellen erforderten relativ große Kraftstoffbehälter, für Bequemlichkeit sorgten Fußbretter und Drehgriffe. Nur am Rande erwähnt: der englische Rennfahrer und Techniker Freddy

Mitte der zwanziger Jahre brachte Indian die „Prince“ heraus, mit seitengesteuertem Einzylindermotor von 346 cm^3.

Eine kopfgesteuerte Version der „Prince" wurde in begrenzter Stückzahl gebaut; neben der Ausführung mit 346 cm³ gab es auch einige Werksrennmaschinen mit 496 cm³.

Dixon, bekannt durch seine Eigenwilligkeit, gewann 1927 die Junior-Tourist-Trophy auf einer 346er HRD mit Fußbrettern, die er von Indian-Maschinen, mit denen er Anfang der zwanziger Jahre Rennen fuhr, noch besaß. Neben ihm gehörten damals Bert le Vack, die Alexander-Brüder aus Schottland, Jack Moorhouse, Charles Franklin, Reuben Harveyson und andere zu den führenden Indian-Rennfahrern des Inselreiches. Viele erfolgreiche Indian-Rennfahrer gab es auch in Italien, der Schweiz und der Tschechoslowakei.

Gelegentlich schickte Indian auch amerikanische Werksfahrer nach Europa, manchmal auch nur Werksrennmaschinen. Schon 1909 wurde G. L. Evans zweiter bei der englischen TT, und 1911 belegten O. C. Godfrey, C. B. Franklin und A. Moorhouse die ersten drei Plätze der Senior-TT. Beim gleichen Rennen 1921 kamen Dixon und le Vack auf den 2. und 3. Platz. 1923 gab es den letzten TT-Erfolg, als Dixon mit einer 346er seitengesteuerten Einzylinder dritter in der Senior-TT wurde. Bert le Vack waren 1921 beim Großen Preis von Belgien auf die Plätze zwei und drei gekommen, 1923 siegte bei diesem Rennen eine von Dixon gesteuerte Indian.

Doch zurück zum Werk selbst, das infolge eines Auftrages über 20000 Motorrädern, die an die amerikanische Armee zu Verlustpreisen geliefert wurden, in eine Krise zu geraten drohte. Um Ordnung in der an Organisationsmängeln leidenden Produktion zu schaffen, mußte Hedstrom noch einmal zurückkommen. Nach dem Ersten Weltkrieg baute man eine 549er Einzylinder und die 999er „Powerplus"; später schuf Charles Franklin das so berühmt gewordene Modell „Scout", eine seitengesteuerte V-Zweizylinder mit 596 cm³. Das Werk ging an einen neuen Besitzer über, die Henry Skinners Alvord Gruppe, ohne daß sich in der Firma viel veränderte, der tüchtige Weschler blieb an der Spitze.

Rennerfolge brachten dem Verkauf von Serienmotorrädern starken Auftrieb, und so baute Indian für die Werksfahrer auch kopfgesteuerte Rennmaschinen von 498 und 999 cm³, hauptsächlich zum Einsatz bei den damals vielen Bahnrennen in den USA. Zu den

Außer den „Scout"-Modellen baute Indian schon in den zwanziger Jahren die der „Scout" ähnlichen 999er „Chief" und die 1212er „Big Chief" vor allem für den Seitenwagenbetrieb.

1927 übernahm Indian den Bau der 1265er ACE mit luftgekühltem Vierzylinder-Reihenmotor; hier die 1928er Version.

Werksfahrern gehörten u. a. Erwin Baker, die „Kanonenkugel“, Roy Artley, Wells Bennett, Ray Weishaar, Ralph Sullivan, Gene Walker und Jim Davis. Zwischen ihnen und den Werksfahrern von Harley Davidson und Excelsior gab es immer wieder harte Kämpfe. Franklin experimentierte auch mit Achtventil-Zweizylindern und sogar mit obenliegenden Nockenwellen; Siege in Rennen fuhren fast nur die seitengesteuerten Versionen und erst später kopfgesteuerte Rennmotoren ein; noch waren die seitengesteuerten am zuverlässigsten.

In den Jahren um 1920 riß man sich um jeden Kunden, und es war die erfolgreiche „Scout“, die bei Indian zur meistverkauften Maschine wurde. Aus ihr entstanden dann die 999er „Chief“ und die 1206er „Big Chief“ mit V-Zweizylindermotoren, hauptsächlich für lange Strecken und Seitenwagenbetrieb gedacht.

Geschäftliche Schwierigkeiten warfen das Werk 1922 stark zurück. Man wollte u. a. die einst berühmte Marke „Flying-Merkel“ neu aufleben lassen, was nicht gelang und zu großen Verlusten führte. Bei steigenden Löhnen kam es nur noch sehr selten vor, daß Indian Gewinne erzielen konnte. 1923 wurde das reorganisierte Indian-Werk von der du-Pont-Gruppe übernommen und aus der Hendee Manufacturing Co. die Indian Motorcycle Company. Frank Weschler blieb Präsident.

Derweil wurde die Indian-„Scout“ in verschiedenen Ländern nachgebaut – in Deutschland 1923 in Berlin bei Max Bernhardt & Co., wobei Siemens & Halske die seitengesteuerten 596er und später die 746er V-Zweizylindermotoren lieferten. Diese Marke „Mabeco“, zuerst in grüner Farbgebung und dann in „Indianrot“, unterschied sich kaum von den Konstruktionen Franklins. Eine Ausnahme bildete ab 1926 eine kopfgesteuerte Renn-Mabeco, die Ingenieur Curt Weichelt baute. Selbstverständlich traf man sich vor Gericht, worauf Mabeco umorganisiert wurde, mit Reinhold Kleiber an der Spitze – offiziell wenigstens. Dennoch wurden Mabeco-Motorräder nach 1927 nicht mehr hergestellt, nachdem sie vorher viele Freunde gefunden und auch bei Rennen zahlreiche Siege errungen hatten, vor allem unter Heinrich und Hermann Roßner, Gustav Gubela, Paul Kozal, Erich Tennigkeit, Frank Heck, Konrad Reisdorf, Peter Birnholz, Georg Retiene, Rudolf Arndt und Adolf Kleemann. Aber auch in Japan wurde die Indian-„Scout“ nachgebaut.

1924 zog das Motorradgeschäft wieder an. Allein in der Tschechoslowakei wurden 1925 über 1700 Indian-Motorräder durch den Importeur „Papa“ Mařik in Prag verkauft. Er importierte auch Neracar, Cleveland und andere Marken sowie Stutz-Automobile aus den USA und hatte zuletzt das luxuriöse „Indian-Haus“ gebaut, ein vorzügliches Verkaufs- und Kundendienstzentrum. Selten fuhr er einen großen Stutz-Wagen, viel lieber seine Indian-Motorräder, und zwar auch bei Wettbewerben.

1925 konstruierte Franklin die Indian-„Prince“ mit seitengesteuertem 348er Einzylindermotor, der auch in einer geringen Zahl in kopfgesteuerter Ausführung herauskam. 1927 erwarb das Werk die Konstruktion der 1264er Reihen-Vierzylinder von ACE, die von Bill Henderson und zuletzt Arthur Lemon stammte. Vorhandene Maschinen liefen, mit roter Farbe versehen, als Indian-ACE, aus der 1929 die Original-Indian-„4“ entstand; 1932 erhielt sie einen moderneren Zweiblock-Vierzylindermotor und zahlreiche Teile der bewährten „Scout“. In ständig weiter verbesserter Form wurde die vierzylindrige Indian „4“ bis 1941 gebaut. Hohe Produktionskosten und ein verhältnismäßig geringer Absatz waren die Gründe, warum diese prachtvolle große Vierzylindermaschine nach dem Zweiten Weltkrieg nicht mehr hergestellt wurde.

Noch ein Blick auf die technischen Daten der berühmtesten Indian-Modelle: die „Scout", vorwiegend bis 1931 gebaut, hatte einen V-Zweizylindermotor von 599 cm^3 (Bohrung/Hub 70/78 mm), gußeiserne Zylinderköpfe, seitengesteuerte Ventile, Schebler-de-Luxe-Vergaser, Bosch-Zündlichtmaschine vor dem Motor, Indian-Ölpumpe mit Zusatzpumpe, Vielplattenkupplung im Ölbad mit Fußbetätigung, angeblocktes Dreiganggetriebe mit Handschalthebel direkt am Getriebe, Kettenantrieb zum Hinterrad, gelöteten Doppelrohrrahmen, Indian-Vorderradgabel und Hilfsgabel mit Blattfedern, Satteltank für 11 l Kraftstoff und 2,5 l Öl, Vorderrad-Innenbakkenbremse, Hinterrad-Außenbandbremse, Wulstreifen 25 x 3,85, Armaturenbrett mit Tacho auf dem Lenker, Fußbretter und ein Gewicht von 175 kg. Die „Police-Scout" besaß einen größeren 15-l-Tank und hatte bei 73 mm Bohrung und 89 mm Hub einen Hubraum von 744 cm^3; sie wog 180 kg. Die seit 1927/28 gebaute Vierzylinder-Indian (Ex-ACE) war mit einem luftgekühlten Reihenmotor von 1225 cm^3 ausgestattet (Bohrung/Hub 69/82 mm). Diese schöne Konstruktion wurde nach dem Tode Bill Hendersons von Arthur Lemon weiterentwickelt.

Indians Präsident wurde 1927 Louis J. Bauer, der auch seinen Sohn mit nach Springfield brachte, nachdem der vorherige hochbefähigte Präsident Weschler seine Position aufgegeben hatte. Bauers Versuch, auch Automobile herzustellen sowie andere von ihm angeregten Experimente zur Verbreiterung der Produktion kosteten viel Geld. Zu den verlustreichen Experimenten gehörte auch die Stoßdämpferherstellung. Schlimmer noch, daß die Produktion der 746er „Scout" durch die neuen Fertigungszweige zu kurz kam und die Nachfrage nicht in den Stückzahlen befriedigt werden konnte, wie es Händler und Kunden verlangten. Als Bauer 1929 zurücktrat, wies die Bilanz des vorher so starken Werkes gefährliche Verluste auf. Finanziell bei Indian sehr stark engagiert war damals Charles Levine, der 1927 zusammen mit Chamberlain den Ozean als zweiter überquert hatte. Er wollte einen Teil der Produktionseinrichtungen für die Fertigung von Flugmotorenteilen nutzen – doch ebenfalls ohne geschäftlichen Erfolg. Nach dem „Börsenkrach" in der Wallstreet von New York verschlechterten sich die Verhältnisse in den USA, und eine Folge war, daß auch der Motorradabsatz zurückging. Der Bau von Außenbordmotoren brachte ebenfalls nur Verluste ein, so daß Indian Anfang der dreißiger Jahre vor dem Zusammenbruch stand. Er wurde nur aufgehalten durch Paul du Pont, einem Mitglied der großen Industriellenfamilie, der auch die Autofabrik du Pont gründete.

Nach Mitte der zwanziger Jahre bestand die Modellreihe von Indian aus der 348er Einzylinder-„Prince" mit seitengesteuerten und – in geringer Stückzahl – kopfgesteuerten Motoren. Dann kamen die 596er „Scout" und die 764er „Police-Scout" mit seitengesteuerten V-Zweizylindermotoren. In der 1000er Klasse gab es vorerst die wechselgesteuerte „Standard" und dann die seitengesteuerte „Chief", als letzte die 1206er Chief-Version, die „Big Chief". Die Ex-ACE mit dem luftgekühlten Reihen-Vierzylindermotor wurde 1927 in das

1953 entstand als letztes Modell der großen V-Zweizylinder diese 1310er Indian „80".

Programm aufgenommen. Ende der zwanziger Jahre verschwand die kleine „Prince" aus dem Programm, und etwa zehn Jahre später die 999er „Cief". Bei den Solofahrern war die „Police-Scout" und bei den Seitenwagenfahrern die „Big Chief" besonders beliebt. Gute Abnehmer für sie waren auch amerikanische Städte, die ihre Polizei mit „Big Chief"-Motorrädern ausrüstete.

Charles Franklin starb 1932, erst 46 Jahre alt. Als glänzender Rennfahrer und Techniker hatte er großen Anteil am guten Namen der Marke Indian. Sein Nachfolger wurde Briggs Weaver, der aus dem Schiffsmotorenbau kam und bald eine 737er Sportversion der „Scout" schuf, die u. a. ein neues Fahrwerk und eine neue Vordergabel erhielt. Trotz dieser offensichtlichen Verbesserungen zogen viele Kunden die „alte" Ausführung der Standard-Scout mit der Blattfedergabel vor – eben jene Franklin-Konstruktion, die wohl das beste und populärste Indian-Motorrad war.

In den frühen dreißiger Jahren entstand auch die „Pony-Scout", eine auf 499 cm³ gebrachte seitengesteuerte V-Zweizylinder, und die „Motoplane" mit einem ähnlichen 737er Motor, gedacht als Ersatz der „Police-Scout". Bemerkenswert, daß Indian damals von dem typischen Indianrot abging und nicht weniger als 24 Farbkombinationen anbot. Die „Pony-Scout" wurde ein Erfolg, weniger die „Motoplane" infolge des zu leichten Fahrwerks, das dem Hochleistungsmotor nicht immer gewachsen war.

Geschäftlich ging es weiter bergab. Es zeigte sich, daß viele Teile von Spezialfirmen billiger als im Werk selbst hergestellt werden konnten. So vergab man Aufträge, entließ Mitarbeiter und verkaufte im Laufe der Jahre nicht nur Fabrikationseinrichtungen, sondern auch ein Gebäude nach dem anderen. Und das, obwohl du Pont keineswegs ein armer Mann war – er wollte nur nicht allzuviel draufzahlen.

Nach dem letzten Kriege wurde die verbesserte V-Zweizylinder „80" mit 1310 cm³ zunächst weitergebaut. Ihre Konstruktion beruhte auf Erfahrungen mit 999er Militärmaschinen während des Krieges. Als er begann, hatte sogar Frankreich 5000 Indians bestellt; weit mehr wurden es, als die USA in den Krieg eintraten, so daß die Firma diesmal gut aus dem Krieg herauskam.

Später importierte das Werk aus England die Marken Matchless, Norton, Royal Enfield, AJS, Excelsior und auch die 996er Vincent. Nach dem Vorbild der englischen Parallel-Zweizylinder nahm man die Produktion eigener „Warrior"-Modelle mit 440 und 496 cm³ auf, die aber nicht das hielten, was man sich technisch und kommerziell von ihnen versprochen hatte. Neben der nunmehrigen „The Indian Co." gab es die Indian Sales Corporation als Verkaufsorganisation, die zum Ende der fünfziger Jahre wohl das einzige Überbleibsel der einst so großen Motorradwerke in Springfield war. Das hielt die Indian Co. in Springfield nicht davon ab, sich als „größte Fabrik in der Welt, die sich ausschließlich dem Motorradbau widmet", zu bezeichnen. Es war ein schlechter Witz. Sie befand sich bereits im Besitz der englischen Brockhouse-Gruppe, die für Indian eine seitengesteuerte 246er Einzylinder baute, die Indian-„Brave". Auch ihr Verkauf entsprach nicht den Erwartungen, so daß sich Indian dann zum besagten Import englischer Maschinen entschloß, die zum Großteil mit dem „Indian" am Tank in den USA angeboten wurden. 1958 ging dann die amerikanische Fabrik an die Londoner „Associated Motorcycles Ltd." über, um die es damals finanziell schon nicht zum Besten stand. Wie es um Indian wirklich bestellt war, erfuhr ich 1960 persönlich von dem damaligen Verkaufsleiter von AJS/Matchless, dem bekannten Rennfahrer Jock West, bei der Eröffnung einer Filiale in Pasadena (Kalifornien). Er erklärte mir: „Wir erwarben fast nur den Namen Indian; von Gebäuden usw. war nichts mehr vorhanden. Um unsere aus England importierten Matchless-Maschinen und -Ersatzteile unterbringen zu können, mußten wir erst rasch Hallen bauen."

Schon 1951 war Frederick E. Stote Präsident der Indian Sales Corporation geworden, die dann auch die Produktion der Indian Motorcycles Companie übernahm. Man sprach von Konsolidierung, doch ging es aber auch unter ihm nicht besser. Angeblich war er ein Brockhouse-Mann aus England, der sich mit den amerikanischen Mitarbeitern und Händlern nicht immer gut verstand. So gab es ständig Veränderungen, und nicht erfüllte Pläne trugen zum Niedergang des Unternehmens bei. Hätte es damals in der Indian-Firmenspitze erfahrene Männer gegeben, würde Indian höchstwahrscheinlich neben Harley Davidson noch heute zu den amerikanischen Motorradherstellern gehören. Während man die unglückliche „Warrior" herausbrachte, ging das Verlangen unzähliger Kunden in aller Welt nach neuen „Scout"-Modellen – eine folgenreiche Fehlplanung, zumal die „Warrior"-Parallel-Zweizylinder nach zu kurzer Entwicklungszeit auf den Markt kamen und mit thermischen Problemen behaftet waren.

Die Indian-„Brave" war eine Mitte der fünfziger Jahre in England gebaute 246er Einzylinder.

Sie beschworen nicht nur kostspielige Garantiereparaturen herauf, sondern schadeten dem Namen Indian auch ungemein. Und das war der Anfang vom Ende, das 1953 kam.

Wohl gab es immer wieder Interessenten, die den großen Namen Indian zu neuem Leben erwecken wollten. So Ende der sechziger Jahre den amerikanischen Ex-Rennfahrer, Motorradhändler und Verleger Floyd Clymer, der moderne Indians – aber auch die „Scout"! – bei Friedl Münch in Deutschland mit englischen, italienischen und anderen Motoren herstellen wollte. Auf einer IFMA sah man sogar Prototypen, doch kam es nie zu einer Serienfertigung. Kurz darauf starb auch der vielseitige Clymer. Sein langgehegter Traum, Motorradfabrikant zu werden, ging nicht in Erfüllung. Seit mehreren Jahren gibt es trotzdem wieder Indian-Motorräder – kleine Zweitakter, in Taiwan gebaut, die in den USA angeboten werden. Mit der einst so prominenten Marke haben sie aber nur den Namen gemeinsam; eine „richtige" Indian gibt es leider nicht mehr.

Auch in Deutschland hat Indian dermaleinst eine große Rolle gespielt, sowohl schon vor

Auch diese „Trials"-Indian mit 498 cm^3 aus dem Jahre 1954 hatte – außer dem Abziehbild mit dem Namen Indian am Tank – nichts mit den in Springfield gebauten Maschinen gemeinsam; sie wurde bei Royal Enfield in England gebaut.

dem Ersten Weltkrieg als auch bis zur Motorradkrise in den fünfziger Jahren, als der Import erlosch. Dafür wurden frühere Armee-Maschinen gehandelt. Indian-Motorräder kaufte man bei Hugo Pfohe in Hamburg, bei Walter Manthey in Berlin-Steglitz, bei Berthold Bielagk in Berlin und anderen Händlern. Im europäischen Rennsport waren Indians vornehmlich in den frühen Motorradjahren anzutreffen, erfolgreich u. a. durch Georg Retiene. Zwischen den Weltkriegen fuhr Hans Sönius gelegentlich eine 498er Indian bei Bahnrennen ebenso wie der Dresdener Indian-Vertreter und frühere Wanderer-Werksfahrer Albert Schuster. Häufig sah man bei deutschen Rennen auch die Dänen Nils Sörensen und Otto Hansen erfolgreich sowie den Holländer Harry Herkuleyns, der als hervorragender Bahnfahrer auch Ex-Werksmodelle mit kopfgesteuerten 996er Motoren fuhr, vor allem in der Zeit um 1930, und zu zahlreichen Siegen kam.

Schon 1920 erreichte Ernie Walker auf einer Indian 167 km/h über den fliegenden Kilometer. Das war neuer Weltrekord. Rekorde wurden durch die Amerikaner Paul Anderson und Johnny Seymour 1925 auch in Europa gebrochen, und zwar in Arpajon. Zuletzt waren es die Brüder Art und Alf Pechar, die um 1930 herum viele Speedway-Rennen in Europa auf Indian-Maschinen gewannen. Einen besonderen Ruf errangen sich übrigens die „Scout"-Modelle bei den Steilwandfahrern auf Jahrmärkten, die ihre Motoren wegen des ausgeglichenen Laufes, ihrer Zuverlässigkeit und ihrer Kraft in den unteren Drehzahlbereichen schätzten. Noch Ende der siebziger Jahre wurden die Indian-V-Zweizylinder für solche Zwecke nicht nur in Europa gesucht. Schon „Tornado" Smith, der wohl berühmteste aller englischen Steilwandfahrer, benutzte seit Mitte der zwanziger Jahre die „Scouts" von Indian für seine Fahrten im Zylinder und in der Kugel.

Wie andere Einzylindermaschinen fand auch diese Indian mit seitengesteuertem Motor von 346 cm³, Baujahr 1925, zu jener Zeit wenig Anklang. Sie wurde in den USA für 185 Dollar (ohne elektrisches Licht) angeboten.

Neben der 596er V-Zweizylinder „Scout" waren große seitengesteuerte V-Zweizylinder mit 996 und 1206 cm³ (Chief und Big Chief) als Seitenwagenmaschinen auch in Europa sehr populär. Hier die 1926 gebaute „Big Chief".

Die Jawa-Story

Verfehlter Start mit Wanderer-Lizenz

Der Krieg ist nicht immer der Vater aller guten Dinge gewesen. Das beweist die Geschichte der Motorradmarke Jawa, die nur entstehen konnte, weil das Handwerkszeug der Krieger Ende der 20er Jahre nicht sonderlich gefragt war. Damals nämlich war die Produktionskapazität der Prager Waffenfabrik von Dr. Ing. Techn. h. c. František Janeček in Nusle nicht ausgelastet. Andererseits hatte das Unternehmen in der Vergangenheit an der Streitlust der Menschheit so gut verdient, daß man genug Geld hatte, um auf den Motorradbau umzusatteln. Und weil die Maschinen nicht so lange stillstehen konnten, bis eigene Entwicklungen serienreif waren, schauten sich die Prager Waffenschmiede nach geeigneten Konstruktionen für Lizenzbauten um. So kam es, daß man zahlreiche Marken und Modelle unter die Lupe nahm und zuletzt - man schrieb das Jahr 1928 – drei Maschinen in die engere Wahl zog. Es waren der österreichische Doppelkolben-Zweitakter von Puch in Graz, die „obengesteuerte" Zweitakt-Schliha von Heinrich Schlüpmann in Berlin und die von Ing. Novikov für Wanderer konstruierte kopfgesteuerte 498-cm^3-Einzylinder-Blockmaschine mit Kardanantrieb und Preßstahlrahmen.

Den Zuschlag erhielt schließlich die Wanderer, deren ersten beiden Buchstaben man dem „Ja" von Janeček anhängte, womit der Name „Jawa" schon gefunden war. Mit dieser ersten Jawa des Jahres 1929 wurde man in Prag-Nusle nicht recht froh – anders war es in Schönau bei Chemnitz, wo es einem cleveren Direktor gelungen war, gutes Geld für eine schlechte Lizenz zu erhalten. Damit nicht genug: bald kaufte ihm der Prager Großindustrielle auch noch die gesamte Produktionseinrichtung für diese Maschine ab.

Die 498er Wanderer kam 1927 heraus und war als Konkurrenz zu BMW gedacht. Sie wirkte schön und modern, versagte aber in mancherlei technischer Hinsicht. Es gab Probleme mit der Schmierung, mit dem Ge-

1929 stieg Jawa mit dieser in Wanderer-Lizenz hergestellten Maschine, die einen Einzylinder-Blockmotor von 498 cm^3, Kardan und Preßstahlfahrwerk hatte, in den Motorradbau ein. Sie erwies sich als unzuverlässig und zu schwer.

Der große Durchbruch für Jawa kam 1932, als der englische Chefkonstrukteur George-William Patchett dieses Motorrad mit dem 172er Zweitaktmotor von Villiers und schönem Preßstahlrahmen schuf.

triebe und dem Ventilmechanismus. Rahmenbrüche waren an der Tagesordnung. Selbst nach zweijähriger Entwicklung von Jawa ließ die Konstruktion noch viele Wünsche offen. Zwar erhielt die Maschine einen Satteltank, eine gelbrote Farbe und in Luxusausführung auch viel Chrom, aber auch noch mehr Gewicht: 192 kg! Nur das finanzstarke Unternehmen Jawa konnte den Bau dieses Motorrades vier Jahre durchhalten. Rund 3500 Exemplare entstanden in dieser Zeit in Nusle, von denen die Hälfte zwei Fahrwerke bekam: das eine bei der Lieferung der neuen Maschine und das zweite – gratis unter Garantie – nach eingetretenem Rahmenbruch, zumeist am Steuerkopf.

Daß diese schweren Brocken bei großen Wertungsfahrten wie den Internationalen Sechstagefahrten in Italien und Deutschland sogar zu Erfolgen kamen, verdankten sie vor allem den großen Fahrern der ersten Jawa-Sportperiode wie Anton Vitvar, Jaroslaw Kaiser, Franta Brand, Robert Uvira, Zdeněk Houška und anderen. Im Laufe der Zeit wurden viele technische Probleme behoben, doch war der Erwerb der Wanderer-Lizenz nie ein kommerzieller Erfolg. Besser wäre Janeček mit einer Puch-Lizenz gefahren, mit dem für damalige Verhältnisse sehr guten Doppelkolben-Zweitaktmotor, den Ing. Giovanni Marcellino konstruiert hatte.

Die englische Motorradindustrie behauptete zu jener Zeit die Spitzenstellung. Das galt auch für ihre Konstrukteure und Rennfahrer. Aus England kamen Douglas Marchant zu Motosacoche und Walter-William Moore zu NSU. Zu FN in Herstal/Belgien ging der Engländer George William Patchett; er hatte bei Brough-Superior in Nottingham seine Laufbahn begonnen, war 1925 zur damals neuen Motorradfabrik von McEvoy nach Derby übergesiedelt und gab 1929, als McEvoy den Motorradbau einstellte, eine Gastrolle bei FN. Sie dauerte nur ein Jahr; Patchett konnte sich bei FN wohl nicht durchsetzen, und als schon beim Training zum Großen Preis von Deutschland auf dem Nürburgring mehrere FN-Fahrer (unter ihnen die Engländer Hicks und Himing) durch Fahrwerkbrüche ausfielen, geriet er zusätzlich unter Beschuß. Schon während des Trainings verließ er den Nürburgring.

Bei Jawa hatte man inzwischen den Wert von Erfolgen bei Rennen und Zuverlässigkeitsprüfungen erkannt, für sie auch bald eine eigene Abteilung eingerichtet sowie erfahrene

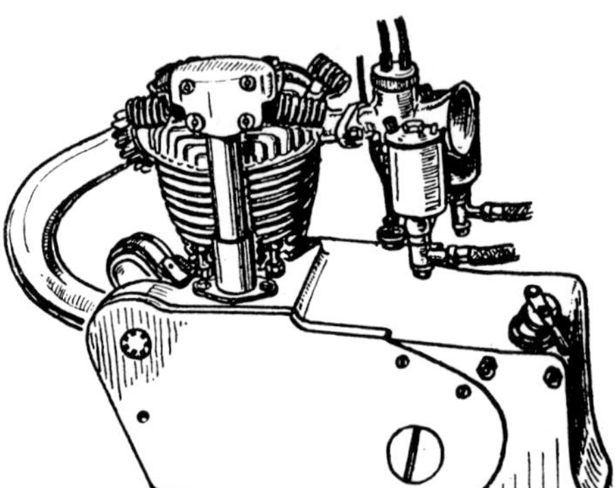

Kein Königswellenmotor, sondern der kopfgesteuerte 498er Rennmotor der Jawa-Werksmaschinen von 1932.

S. „Ginger“ Wood, hervorragender britischer Rennfahrer, auf einer 498er Jawa-Werksrennmaschine bei der englischen TT 1933. Das Bild entstand während der Trainingszeit.

Techniker und Fahrer von anderen Firmen herangezogen. Ich erinnere mich noch gut an den ersten Einsatz von Jawa-Rennmaschinen im Jahre 1930 beim Prager Bergrennen von Königsaal-Jiloviště: An den Start gingen fast serienmäßige 498er Modelle in etwas „abgemagerter“ Ausführung. Erst als Patchett die Sportabteilung übernahm, erschienen neue Jawa-Rennmaschinen von 498 cm^3 – prachtvolle kopfgesteuerte Einzylinder mit sehr glatten Blockmotoren, gekuppelten Bremsen und Kettenantrieb zum Hinterrad. Sie wirkten rassig, wenn auch etwas schwer, und erregten auch durch ihre modernen Preßstahlfahrwerke viel Aufsehen. International traten sie 1931 beim Großen Preis von Belgien erstmals in Erscheinung. George-William Patchett lag nach rasantem Start in der ersten Kurve sogar vor den Norton-Spitzenfahrern Stanley Woods und Percy Hunt, mußte aber bereits in der ersten Runde wegen eines Motordefekts aufgeben. Patchett war ein sehr einfallsreicher Techniker und – was selten vorkommt – ein tüchtiger Geschäftsmann dazu. In den Jahren 1926/1927 hatte er auf der englischen Brooklandsbahn beachtliche Erfolge mit McEvoy-Maschinen errungen, war aber bei großen Straßenrennen kein Mann der Spitzenklasse. Das bewiesen auch seine Stürze bei der 1926er TT, über die man noch jahrelang sprach. Erfolgreich dagegen war er bei vielen Kurzstreckenrennen, die es in den zwanziger Jahren in England sehr zahlreich gab. 1932 schied er beim Großen Preis von Österreich schon nach der ersten Runde aus, und auch die englische TT beendete er im Ziel zu Fuß, ohne Maschine.

Trotzdem vollbrachte Patchett in diesem Jahre 1932 seine größte Leistung, und zwar mit der Konstruktion einer einfachen, sportlichen Maschine, in deren rotem und leichten Preßstahlfahrwerk der Villiers-Zweitaktmotor von 172 cm^3 eingebaut war. Eine Art Volksmotorrad, leicht, leistungsfähig und dazu auch noch schön. Was es aber besonders schnell populär machte, war der Preis von nur 4500 Kĉ. Bis dahin kostete das billigste Motorrad in der Tschechoslowakei fast das Doppelte! So wurde diese 172er Jawa rasch sehr beliebt – nicht nur als Transportmittel, sondern auch als Sportmaschine der jungen Generation, zumal sich der Zweitaktmotor auch gut „frisieren“ ließ. In den ersten Serien stammte er direkt von Villiers in Wolverhampton, später wurde er bei Jawa in Lizenz gebaut.

Die große Jawa mit dem kopfgesteuerten Einzylinder-Block-Kardanmotor von 498 cm^3 verschwand 1933 aus der Produktion. Sie war technisch nie ganz problemlos und geschäftlich wenig erfolgreich. Hinzu kam, daß die Nachfrage nach der 172er Zweitakt-Maschine so groß geworden war, daß sie nicht nur die ganze Fertigungskapazität beanspruchte, sondern sogar noch zum Ausbau eines Zweigwerkes in Týnec an der Sázava führte. Jawa wurde immer größer, während andere tschechoslowakische Motorradhersteller wie Premier in Eger, Orion in Slány, Praga in Prag und Grizzly in Pardubice ihre

In der 350er Klasse setzte Jawa von 1935 bis 1937 Rennmaschinen mit diesem kopfgesteuerten Motor mit Haarnadelventilfedern erfolgreich ein.

Tore für immer schließen mußten – wegen veralteter Konstruktionen und unrationeller Produktionsmethoden, die zum Teil auf Kapitalmangel beruhten.

Daran litt man bei Jawa nicht. Das Werk baute ein großes Kundendienst- und Vertreternetz auf, ließ sich aber auch die Werbung in Presse und Sport viel kosten – Geld, das den Namen Jawa bis in das letzte Haus hinein bekannt machte. Für viel Publicity sorgte Patchett auch bei Rennen, und zwar nicht nur mit verbesserten 498er Rennmaschinen, sondern auch mit kleinen Zweitaktern, die werksseitig teilweise mit Wasserkühlung ausgerüstet waren. Bereits 1932 traute er sich mit dem Werksrennteam auch ins Ausland. Franta Brand war zwar schnellster Fahrer bei der österreichischen TT – aber nur bis zu seinem Ausscheiden. Die englische TT über 420 km beendete er an 14. Stelle; 1933 schied er in diesem Rennen aus, während seine englischen Teamkollegen S. „Ginger" Wood den 8. und Tommy Spann den 14. Platz belegten. Die größten Jawa-Erfolge gab es in der Tschechoslowakei, wo das Werk Bahnrennen offiziell bestritt, und bei schweren Zuverlässigkeitsfahrten, bei denen Jawa – wie in der Internationalen Sechstagefahrt – die Tschechoslowakei offiziell vertrat.

Sich nur auf die Produktion der erfolgreichen kleinen Zweitaktmaschine beschränken? Bei Jawa dachte man nicht daran. Bereits 1933 gab es den Prototyp eines Motorrades mit einem seitengesteuerten 346-cm^3-Einzylindermotor, der sogar einen elektrischen Anlasser hatte; zu einer Serienfertigung kam

Die kopfgesteuerte 346er Jawa, die 1936 das ähnliche seitengesteuerte Modell gleichen Hubraums ersetzte. Konstrukteur war George-William Patchett.

Sehr erfolgreich war auch die erste 246er Zweitakt-Jawa mit einem Flachkolben-Zweitaktmotor und Schnürle-Umkehrspülung, die 1936 herauskam.

es aber nicht. Dafür brachte man eine robuste Maschine mit einem seitengesteuerten Motor gleichen Hubraums von 11 PS bei 4000 U/min in einem einfachen Preßstahlfahrwerk ohne elektrischen Anlasser heraus, die 1936 aufgegeben und durch eine ähnliche Version mit kopfgesteuertem Motor ersetzt wurde; sie leistete 15 PS bei 4500 U/min. Neu war damals auch eine 246er Zweitakter, deren Motor keinen Nasenkolben wie die 172er besaß, sondern mit Flachkolben und der Umkehrspülung System Schnürle (nach DKW-Patent) arbeitete. Viele Besitzer der kleineren Zweitaktmaschine von 172 cm³ wechselten auf die 248er über. Als „Duplex-Block" mit 9 PS bei 4000 U/min (Hub/Bohrung 68 mm) gab es später eine Ergänzung der „normalen" Ausführung, die 8,2 PS bei 3750 U/min abgab. Kurz vor Kriegsausbruch schuf Josef Jozif, einer der tüchtigsten Mitarbeiter Patchetts, die sehr leichte, ansprechende und zuverlässige Jawa-„Robot" mit einem 98-cm³-Zweitaktmotor.

Im Zuge der sportlichen Aktivitäten entstanden bei Jawa zahlreiche Spezialrennmaschinen. So gab es 1935 bereits ein Modell mit kopfgesteuertem Einzylindermotor von 348 cm³, dem ähnliche mit 248 cm³ Hubraum folgten, ferner 498er Rennmaschinen mit ge-

George-William Patchett – ein ausgesprochener Praktiker. Von 1930 bis 1938 war er Chefkonstrukteur bei Jawa, nachdem er vorher bei Brough-Superior, McEvoy und FN gearbeitet hatte.

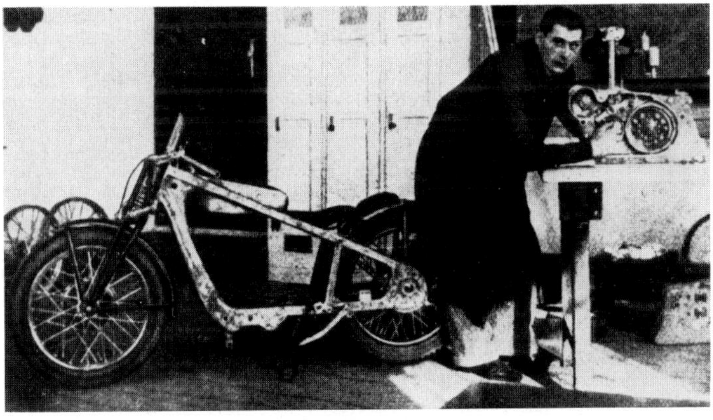

Auch diese Bahnrennmaschine mit einem 498er Königswellenmotor wurde von Patchett bei Jawa im Jahre 1937 konstruiert.

trenntem Getriebe und 1938 eine mit kopfgesteuertem Einzylindermotor von 174 cm^3, die man in Kleinserie auch für Privatfahrer baute. Die Werksmaschinen für Straßen- und Bahnrennen hatten Hubräume von 248, 348, 498, 548 und 598 cm^3. Große Zuverlässigkeitsprüfungen bestritten die Werksfahrer vornehmlich mit 248er und 348er Maschinen, deren Triebwerke „enttunte" Ausführungen der Rennmotoren waren. Zu zahlreichen tschechoslowakischen Rennfahrern, die für Jawa fuhren, gesellten sich u. a. die Engländer Scott Mickie, S. „Ginger" Wood, Jack Williams und Tommy Spann sowie der deutsche Bahnmeister Hermann Gunzenhauser und der famose Österreicher Leopold Killmeyer. Auch bei vielen Privatfahrern waren die Jawa-Rennmaschinen beliebt.

Von 1946 bis 1948 trat das Jawa-Werksteam mit diesen Rennmaschinen an, deren Zweizylindermotoren mit zwei obenliegenden Nockenwellen und Kompressor sich jedoch als wenig zuverlässig erwiesen.

1948 schuf Josef Jozif, nunmehr Chefkonstrukteur bei Jawa und Schüler Patchetts, diese 248-cm³-Maschine, die das Werk bald in aller Welt bekannt machte. Dieses Modell, ausgestattet mit eigenem Flachkolben-Einzylinder-Zweitaktmotor, wurde zur Basis für alle derzeitigen Jawa-Zweitaktmaschinen.

Absatzsorgen gab es nicht, das Werk konnte fast die gesamte Produktion im eigenen Lande verkaufen, so daß der Export eine untergeordnete Rolle spielte. Als einheimische Konkurrenz existierten nur zwei Firmen: CZ in Strakonice, ursprünglich ebenfalls eine Waffenfabrik, die zum Skoda-Konzern gehörte, und Ogar in Prag, wo von 1934 an 248er Zweitakter in einem Unternehmen gebaut wurden, das zur alten Kfz-Zubehör-Großhandlung Machek & Co. gehörte. CZ produzierte damals außer Mopeds sehr ansprechende Motorräder mit Preßstahlfahrwerken und Dreikanal-Zweitakt-Motoren von 173 und 247 cm³, die Ignaz Uhl konstruierte. Bis 1932 waren fast alle ausländischen Motorradhersteller in der Tschechoslowakei vertreten, dann jedoch verschwanden sie mehr und mehr vom Markt infolge von Einfuhrbeschränkungen und der starken Jawa-Konkurrenz, die auch hinsichtlich der Preise den Mitbewerbern weit überlegen war.

George-William Patchett, der englische Chefkonstrukteur, kehrte vor Ausbruch des letzten Krieges in seine Heimat zurück, wo er viel Geld mit Lizenzgebühren für die Entwicklung von Waffen verdiente; mit Motorrädern hatte er nichts mehr im Sinn. Zwar gehörte er nicht zur ersten Garde der Spitzenkonstrukteure wie Douglas Marchant, Bert Le Vack, Harold Willis oder Arthur Carrol, aber er ging einfallsreich neue Wege, die zu geschäftlichen Erfolgen führten. So auch bei der 172er

Mitte der fünfziger Jahre baute Jawa auch neue Serienmaschinen mit Einnockenwellen-Zweizylindermotoren von 498 cm³.

Jawa baut jährlich rund 100000 Zweitaktmotorräder, aber auch Spezialmaschinen wie diese kopfgesteuerte Einzylinder von 497 cm³ für Eisrennen, die besonders in Rußland sehr populär sind.

Jawa mit Villiers-Motor, die eine Marktlücke ausfüllte, das Werk vor dem Ausscheiden aus dem Motorradbau rettete und den großen Aufschwung dieser Marke einleitete.

Nebenbei erwähnt: Fast wäre der politisch sehr rechts stehende Jawa-Chef Dr.-Ing. h. c. František Janeček 1938 statt Hácha Präsident der Tschechoslowakei geworden. Während des Krieges reparierte man im Jawa-Werk fast ausschließlich Motorräder für die deutsche Wehrmacht – offiziell jedenfalls. Inoffiziell befaßte man sich mit der heimlichen Entwicklung von Prototypen, die – als Wehrmachtmotorräder getarnt – nie zu einem militärischen Einsatz kommen sollten. Das bedeutete erhebliche Risiken, doch ging für das Werk alles gut. Und als 1945 der Krieg beendet und ein Großteil der europäischen Motorradindustrie entweder zerstört war oder aus Materialmangel nicht produzieren konnte, war eine Fabrik imstande, ein ganz neues Modell vorzustellen: Jawa.

Es war eine 247er Zweitakt-Einzylindermaschine mit Blockmotor, automatischer Kupplung, Telegabel, Hinterradfederung und vielen in der damaligen Zeit fortschrittlichen Konstruktionsprinzipien. Sie wurde das Vorbild vieler moderner Konstruktionen, die weiterentwickelt seither aus den großen Werken in Prag-Nusle, Týnec an der Sázava, Považská Bystrica kamen und in der ganzen Welt ihre Kunden fanden. Alles Zweitakter von 47 bis 348 cm³ – mit einer Ausnahme: das waren kopfgesteuerte Zweizylinder-Motoren von 498 cm³, die Mitte der fünfziger Jahre hergestellt wurden. Nach dem Krieg übernahm Jawa – nunmehr ein nationales Unternehmen – auch die Ogar-Werke in Prag-Strašnice, die jetzt als Entwicklungszentrum für Neukonstruktionen dienen, nachdem man dort noch die 348er Zweizylinder-Zweitaktmaschine in Serie baute. Hier entwickelte Vincenz Sklenář in den Jahren 1947/1948 auch eine 348er mit kopfgesteuertem Einzylinder-Blockmotor, die aber nie in die Produktion ging. 1949 verließ er Jawa und schuf in der Slowakei die Manet-Maschine mit dem Doppelkolben-Zweitaktmotor von 89 cm³.

In mancher Beziehung besteht eine enge Zusammenarbeit zwischen Jawa und den großen CZ-Werken in Strakonice, die vor dem Krieg mit Jawa konkurrierten. Sie sorgt mit dafür, daß im Export konkurrenzfähige Preise gemacht werden können. Ihre hohe Qualität haben Jawa-Motorräder, die nunmehr in großen Stückzahlen in modernsten Werksanlagen entstehen, auch durch zahllose Siege bei schwersten Prüfungen, u. a. bei der Internationalen Sechstagefahrt, bewiesen. Sie ist ein Verdienst hervorragender Konstrukteure wie Josef Jozif, Ján Křivka, Ján Sirotek und andere. Jahrelang baute man auch Moto-Cross-Modelle und Straßenrennmaschinen, zumeist mit Zweizylindermotoren mit zwei obenliegenden Nockenwellen von 248, 348 und 498 cm^3; später gab es auch neben Rennzweitaktern mit einem Zylinder solche mit vier Zylindern für Werksfahrer, denen seit 1976 wieder neue wassergekühlte Rennmodelle von 248 cm^3 zur Verfügung standen. Konstrukteur dieser neuen Jawa war Ing. Zdeněk Tichý. In den Konstruktionsabteilungen mangelte es nicht an Erfahrungen. Schon 1967 hatte man eine Straßenrennmaschine mit luftgekühltem Zweizylindermotor von 124 cm^3 gebaut.

Neu sind auch Geländemaschinen von 74, 98 und 123 cm^3, die Jawa im Werk von Považská Bystrica in der Slowakei herstellt. Eine Aufzählung aller Modelle, die Jawa seit dem Krieg produzierte, darunter Mopeds und zahlreiche Leichtkrafträder, ist aus Platzmangel nicht möglich. Zu Jawa kam auch das frühere Eso-Werk, das sich auf den Bau von Bahnmaschinen und -Motoren, eine Zeitlang aber auch auf Moto-Cross- und Straßenrennmaschinen konzentrierte. Das jetzt in Týnec und Sázavou beheimatete Werk fertigt hauptsächlich einzylindrige Bahnrennmotoren von 493 cm^3 sowie komplette Bahnrennmaschinen. Anfangs waren es kopfgesteuerte zweiventilige Motoren, den berühmten Jap-Bahnmotoren nicht unähnlich. Die neuesten Jawa-Konstruktionen haben zwei obenliegende Nockenwellen und vier Ventile. Drei Versionen passen sich den verschiedenen Bahnbedingungen an. Alle leisten über 62 PS (46 kW) bei 9000 U/min; Bohrung/Hub 88/81 mm. Die Jawa-Bahnmaschinen gehören zur Weltspitzenklasse.

Nach dem Krieg experimentierte man bei Jawa auch mit Kompressor-Motoren. So konstruierte Vincenz Sklenář Rennmaschinen mit Parallel-Zweizylindermotoren von 348 und 498 cm^3 mit zwei obenliegenden Nockenwellen und Kompressoren. Der Halbliter-Kompressormotor wurde sogar in Bahnmaschinen eingebaut, die an Gewicht alle vergleichbaren Konstruktionen weit übertrafen. Selbst ein weltberühmter Bahnspezialist wie der Engländer Bill Kitchen wurde mit diesen „schweren Brocken" nicht fertig. Von den über 150 kg abgesehen, die diese Maschine wog: der Kompressor arbeitete „mit Verzögerung", seine Wirkung entfaltete sich erst, wenn der Fahrer selbst auf 750 m langen Bahnen bereits zudrehen mußte. Auch die mit Kompressoren ausgerüsteten Straßenrennmaschinen waren zu schwer und außerdem nicht genügend zuverlässig. Zudem konnten sie bei internationalen Rennen nicht

Diese verkleidete 348er Jawa-Werksrennmaschine mit zwei Zylindern und zwei obenliegenden Nockenwellen gehörte zum TT-Aufgebot der sechziger Jahre. Beim Training unterhalten sich hier (von links) Werksmechaniker Šeda, Jawa-Spitzenfahrer František Štastný und Verfasser Erwin Tragatsch.

Eine Erinnerung an die Tage, als bei Jawa auch noch Viertakter gebaut wurden. Dies war die erfolgreiche Werksrennmaschine der mittleren fünfziger Jahre mit Doppelnockenwellen-Zweizylindermotor von 498 cm³, als noch Franta Stasny, Gustav Havel, Lada Steiner, Karel Rykr und der unvergessene Tonda Vitvar auf Jawa Rennen bestritten.

eingesetzt werden, da nach 1945 die Verwendung von Kompressoren verboten war.

Bei Jawa, einem der größten Motorradwerke der Welt, entstanden im Laufe der Jahre viele interessante und gute Konstruktionen. Eine 248er Zweitakter fuhr ich bis 1948 auch in Geländewettbewerben, außerdem viele andere Modelle. Maschinen, die mich wegen ihrer Einfachheit und gelungenen Konzeption immer wieder faszinierten. Unvergessen auch heute noch George-William Patchett, der 1932 mit der 172er Jawa mit Villiers-Motor den Anstoß zum großen Aufstieg des Werkes gab, und Franta Brand, der eine Jawa erstmals in Wettbewerben steuerte.

In letzter Zeit mehren sich Nachrichten über den Bau neuer Jawa-Modelle mit ... Viertaktmotoren. Dies überrascht, nachdem bisher nur Zweitakter im Produktionsprogramm standen. Zu den neuen Jawa-Viertaktern sollen auch 497-cm³-Zweizylinder mit quergestellten Boxermotoren und zahlreichen patentierten Neuerungen, besonders hinsichtlich Ventilsteuerung und Antrieb, gehören. Auch ein einzylindriger ohv-Motor steht im Programm, der sich durch besonders niedrigen Kraftstoffverbrauch auszeichnen soll. Offizielle Nachrichten über die neuen Modelle gab es bis zum Druckbeginn leider noch nicht.

1948 entstand die erste zweizylindrige Zweitakt-Jawa von 346 cm³, die weiterentwickelt noch in großen Stückzahlen hergestellt wird. Hier eine 1982 gebaute Maschine.

Bereits 1919 mit Kardan: Die KG (Krieger-Gnädig)

Als 1919 in der kleinen thüringischen Stadt Suhl, die durch ihre „Waffenschmieden" bekannt war, die ersten Motorräder unter der Bezeichnung KG (Krieger-Gnädig) entstanden, hatten sie bereits einen Kardanantrieb. Wohl gab es vorher schon den Kardan bei Motorrädern, aber die KG war die erste in größeren Serien gebaute Maschine mit diesem Hinterradantrieb – vier Jahre bevor die erste Kardan-BMW von Max Friz geschaffen wurde. Später folgten dann auch Windhoff, Wanderer, Stock, Gruhn, Zündapp und andere. Freilich war der KG-Antrieb nicht problemlos. Weil der waagerecht im Fahrwerk angeordnete Motor recht tief eingebaut war, mußte die Kardanwelle gekröpft werden. Es war diese Kröpfung, die zu Schwierigkeiten führte, zumal auf den damals mit Schlaglöchern übersäten Straßen, denen die Stabilität des Fahrwerks nicht gewachsen war, wodurch die starr angetriebenen Kegelräder des Hinterrades – der Wellenantrieb hatte keine Stoßdämpfer – oft beschädigt wurden. Erst als später durch eine andere Motoraufhängung auf die Kröpfung verzichtet werden konnte, gingen diese Pannen zurück. In den Kardanantrieb wurde bei KG in der ersten Zeit zweifellos viel Geld investiert; verbesserte Bearbeitungsmaschinen und größere Stückzahlen waren für die Herstellung guter Wellenantriebe notwendig. Dennoch war der KG-Kardanantrieb geeigneter als die damaligen Ketten, die oft rissen, oder Riemen, die sich immer wieder längten; ihm sind viele KG-Erfolge mit zu verdanken, die Maschine konnte zu jener Zeit als ein gutes und zuverlässiges Motorrad angesprochen werden.

Schöpfer der KG waren die früheren Kriegsflieger Max, Peter und Otto Krieger sowie der technische Zeichner Franz Gnädig; daher auch das „K" für Krieger und das „G" für Gnädig. Nach dem Ersten Weltkrieg, als ein großer Bedarf an Motorrädern entstanden war, erlebte die KG eine stürmische Periode. Jedoch waren die Herstellungsmöglichkeiten in der kleinen Firma begrenzt und es fehlte auch an Kapital für einen größeren Serienbau und die Entwicklung. So kam es, das die Produktion 1922 an die ebenfalls in Suhl befindlichen Cito-Werke abgegeben wurde, wo man schon Motorräder mit eigenen Zweitakt-Ein-

Die erste Krieger-Gnädig (KG) hatte einen Hubraum von 503 cm³ und einen „gekröpften" Kardan; sie wurde in den Jahren 1919/29 gebaut.

So sah die bereits weiterentwickelte KG aus, wie sie 1923 bei Cito in Suhl/Thüringen hergestellt wurde.

zylindermotoren von 346 cm^3 gebaut hatte. Als die Schöpfer der KG mit ihrer Konstruktion zu Cito übersiedelten, konnten sie auf eine wesentlich größere Produktion unter verbesserten Bedingungen hoffen. Die Pläne der Brüder Krieger und des Franz Gnädig erfüllten sich nur zum Teil. Im Strudel der großen Inflation wurde Cito von der Firma Allright in Köln erworben, die bis dahin schon Motorräder nach typisch englischer Art baute, hauptsächlich mit Jap-Motoren von 148 bis 346 cm^3. Die KG mit dem eigenen kopfgesteuerten Blockmotor von 497,4 cm^3 (anfänglich 503 cm^3) paßte als Spitzenmodell gut in das Programm von Allright, wo man schon kurz nach der Jahrhundertwende mit dem Bau von Motorrädern unter den Namen Allright, Tiger, Roland, Vindec-Special, VS usw. begonnen hatte. Wie Cito stellte auch Allright außerdem Fahrräder und Automobile her. Zu Allright kam 1924 auch ein bekannter Konstrukteur, der dort seine ersten Motorräder mit englischen Villiers-Zweitaktmotoren von 122 und 174 cm^3 und ungewöhnlichen Preßstahl-Fahrwerken schuf: Ernst Neumann-Neander.

Der Sitz von Cito war offiziell in Köln-Klettenberg, der von Allright in Köln-Lindenthal, doch wurde auch die Allright-KG im Suhler Zweigwerk weiter produziert. Allerdings schieden dort die Firmengründer bald aus dem Unternehmen aus. Max Krieger ging zunächst zu Victoria nach Nürnberg, seine Brüder bauten eine verbesserte 497er KG unter dem Namen „Original-Krieger" weiter, bis ihnen dies untersagt wurde, und sie sich auf eine „normale" Maschine mit dem 346er seitengesteuerten Blackburne-Einbaumotor konzentrierten. Später produzierte die Waffenfabrik von Hermann Schilling in Suhl diese Maschine unter dem Namen „Rennsteig" und „K-2" weiter, ohne jedoch an die früheren KG-Erfolge anknüpfen zu können.

Franz Gnädig gründete 1924 in Berlin seinen Gnädig-Motorradbau. Die erste Gnädig mit eigenem kopfgesteuerten Motor von 349 cm^3 fuhr Ernst von Schöler im selben Jahr auf der Avus, wo 1925 Gnädig-Maschinen von Fritz Straßberger, Hugo Gerlandt und Alex von Novikow gesteuert wurden. Mit Novikow zog Gnädig 1926, als seine Maschine nicht mehr gebaut wurde, zu Kühne nach Dresden bzw. zu Diamant nach Siegmar-Schönau. Während sein 349er bei Kühne als Einbaumotor weiter hergestellt wurde, schuf Gnädig bei Diamant gute Fahrwerke, die außer diesem Motor später auch von ihm stammende kopf- und seitengesteuerte 498er Versionen aufnahmen. Dann kam Elite zu Diamant, wo Gnädig 1927 zum Betriebsleiter avanciert war. Elite hatte schon vorher Fahrradhilfsmotoren gebaut, Diamant bereits 1903 die ersten Motorräder hergestellt. Kurz nach dem Zusammenschluß Elite/Diamant entstanden hier die „Motoclub"-Modelle von Opel mit eigenen kopf- und seitengesteuerten Motoren von 496 cm^3 in den von Neumann-Neander konstruierten Fahrwerken.

Als Cito von der Firma Allright übernommen wurde, erschien die KG unter „neuer Flagge“; ihre Grundkonstruktion blieb aber zunächst, von wenigen Verbesserungen abgesehen, fast unverändert.

Alex von Novikow war nicht mehr dabei. Er schuf für Wanderer in Schönau-Chemnitz die aufsehenerregende, aber keinesfalls gute Maschine mit kopfgesteuertem Einzylinder-Blockmotor von 496 cm³, Kardan und Preßstahlfahrwerk, die 1929 von Jawa zusammen mit der Produktionseinrichtung übernommen wurde. Nach dem Zweiten Weltkrieg baute Novikow in der DDR die Alno-Vergaser. Diamant übrigens stellte 1930 den Motorradbau ein.

Zurück zur guten, alten KG. Sie war zu ihrer Zeit, bis etwa 1925, sehr populär. Anfänglich hatte sie 80 mm Bohrung und 100 mm Hub, der 1922 auf 99 mm verringert wurde, um den Hubraum von 502,4 cm³ auf 497,4 cm³ zu verkleinern und die Maschine so in die Klasse bis 500 cm³ zu bringen. Schon die ersten KG, mit den Stößelstangen vor dem Zylinder, hatten Aluminium-Kolben und ein Kurbelgehäuse aus einer Aluminiumlegierung; andere Werke kannten nur Graugußkolben. Die Schmierung arbeitete nach dem Umlauf-Drucksystem. Als Kupplung wurde eine Innenkonuskupplung wie im Automobilbau verwendet, wobei beim Entkuppeln der Konus von dem als Schwungmasse ausgebildeten Außenkonus gelöst wurde. Als die meisten Motorräder bestenfalls zwei Gänge besaßen, hatte die KG bereits ein Dreiganggetriebe mit einer ebenfalls vom Automobilbau übernommenen Kulissenschaltung. Serienmaschinen erreichten zwischen 75 und 80 km/h, spätere Ausführungen bis 120 km/h, nachdem Albert tiefgreifende Veränderungen am Motor vorgenommen hatte.

Hoch, aber verwindungssteif waren die ersten Fahrwerke. Die Grundkonstruktion mit dem Dreiecksverband des Rahmens erwies sich als sehr zweckmäßig; sie war weniger von Theoretikern als von Praktikern geschaffen worden; als alte Motorradfahrer wußten die Brüder Krieger, worauf es ankam. Der Blockmotor war im Knotenpunkt der Dreiecksverbände aufgehängt, also geschützt untergebracht, und übertrug nur wenig Vibrationen auf das Fahrwerk. Trotz ihres robusten Rahmens wog die KG nur 118 kg – beachtlich, vergleicht man damit das Gewicht heutiger Motorräder, obwohl die Hersteller jetzt über wesentlich leichtere und bessere Werkstoffe verfügen. In den ersten Jahren hatte die KG eine Vorderrad-Pendelgabel mit einer senkrecht stehenden, halben Blattfeder, die am unteren Ende starr am Steuerkopf und oben an der Verbindung der Gabelhälften befestigt war. Vorerst gab es

Ing. Otto Dehne, Erfinder und Konstrukteur mit Vorliebe für Motorräder, schuf Mitte der zwanziger Jahre den auch nachträglich einzubauenden „Dehne-Schaltlenker“. Das Bild zeigt ihn auf seiner 1924 gebauten KG.

keine Vorderradbremse, sondern zwei Hinterradbremsen, die beide auf dieselbe Bremstrommel wirkten – als Außenbandbremse durch einen Bowdenzug vom Lenker und als Innenbackenbremse durch ein fußbetätigtes Gestänge.

Die Konstruktion der KG wurde im Laufe von zehn Jahren häufig verändert und dabei auch – wenngleich nicht durchgreifend – immer wieder verbessert. Als sie zu Allright kam, wollte man die Kardan-Probleme ausmerzen; hier konstruierte Ing. Rudi Albert (später bei Phänomen, Mars und Sachs) den Motor und Wellenantrieb so um, daß er gradlinig zwischen Motorabtrieb und Hinterradantrieb lag, so daß sich eine Kröpfung erübrigte und die Zuverlässigkeit erhöhte. Verändert wurden auch der Zylinderkopf und die Lage des Auspuffrohres; der Auslaß wanderte aus dem hinteren Zylinder-„Windschatten" seitlich weiter nach vorn in den Luftstrom. Zuletzt, im Jahre 1932, war die KG zwar kein modernes Motorrad nach damaligen Begriffen geworden, doch gab es starke Abweichungen von ihrer ursprünglichen Konstruktion. So wurde die Motorleistung von anfänglich 7,8 PS auf 12 PS und schließlich auf 15 PS gesteigert, die Höhe des Sattels verringert, seine Federung verbessert und von 1928 an ein neuer Satteltank verwendet. Dazu kamen Kardangelenke, Innenbackenbremsen vorn und hinten, eine neue Kühlrippenanordnung, ein verbesserter Zylinderkopf, breite Reifen und als Ersatz für die alte Blattfeder-Pendelgabel die neue Tiger-Parallelogramm-Federgabel von Allright. Das Ende der KG bei Allright war gekommen, als der technische Direktor dieses Werkes, Brüsselbach, 1927 die Einstellung des Motorradbaues veranlaßte, wenngleich man auch noch bis 1930 Einzelexemplare mit englischen Jap-Einbaumotoren lieferte. Fürderhin stellte man außer Fahrrädern noch Tiger-Motorradgabeln, Bremsnaben und andere Teile für verschiedene Werke der Zweiradindustrie her.

Die Produktion der 498er Allright-KG mit dem modernisierten Kardanantrieb übernahm dann Paul Henkel, seit vielen Jahren Betriebsleiter bei Cito und Allright, in seinem Betrieb in Mäbendorf bei Suhl. Viele Teile bezog er von Allright, und was fehlte, stellte er nunmehr selbst her. Dadurch wurde die Maschine allerdings nicht moderner, sie blieb mehr oder weniger auf dem bisherigen technischen Stand und wurde immer weniger gekauft. Erschwerend kam hinzu, daß Fachhändler und Kundendienststellen fehlten – die Maschinen wurden zumeist nur direkt ab Werk an die Kunden geliefert. So geriet die KG von Henkel immer mehr ins Hintertreffen, während die Konkurrenz fortlaufend neue Modelle herausbrachte. Eine steuer- und führerscheinfreie Maschine mit dem 198er seitengesteuerten Blackburne-Einzylindermotor sollte 1929 für Auftrieb sorgen. Da sie jedoch nur in kleinen Serien gebaut werden konnte, war sie nicht besonders konkurrenzfähig gegenüber den großen Marken wie DKW, NSU, Zündapp usw. Die 198er Maschine von Henkel kostete damals 825,– DM, die billigste 198er DKW wurde dagegen für 485,– DM angeboten. Wohl war die kleine Henkel reine Handarbeit, dafür wurde die DKW in Europas größter und modernster Motorradfabrik gebaut, und sicher nicht schlecht. Und hinter der DKW auf Zschopau stand damals schon ein weites Kundendienstnetz, während die Henkel außerhalb Thüringens kaum gesehen wurde.

Die „Tiger"-Gabel in dieser 1926 gebauten Allright-KG beweist, daß sie nach 1925 entstand.

Bergab ging es zugleich mit der 498er KG, eine Folge der veralteten Konstruktion, aber auch unter der Einwirkung der Wirtschaftskrise in Deutschland und ständigen Kapitalmangels. Die 498er KG mit 12 PS wurde 1929 für 1450,– DM angeboten und in der sportlicheren Ausführung mit 15 PS für 1500,– DM. Nur 1450,– DM kostete damals aber die BMW mit dem Zweizylinder-Boxermotor! Ein Jahr darauf gab es die Normalausführung nicht mehr, die 15-PS-Maschine fiel im Preis auf 1420,– DM, und 1931 waren Henkels Preise für die 198er auf 785,– DM und für die große „Henkel-KG" auf 1375,– DM zurückgegangen. Trotzdem blieb der Absatz unbefriedigend, teure Maschinen konnten damals auch andere Werke angesichts der internationalen Krisenzeit kaum verkaufen. Henkel versuchte mit allen Mitteln, sich über Wasser zu halten. Er verkaufte KG-Fahrwerke an eine kleine Hamburger Firma, die sie mit seitengesteuerten 596er Jap-Motoren zu Schleuderpreisen offerierte, er schliff Zylinderblöcke für andere Firmen und stellte verschiedene Teile für Kraftfahrzeuge her. Aber nichts half dem biederen und ambitionierten Mann in Mäbendorf; 1932 ging es nicht mehr weiter. Paul Henkel, der die KG zu neuem Leben erwecken wollte, verübte Selbstmord.

Geblieben ist die ferne Erinnerung an das erste deutsche Kardan-Motorrad, an eine fortschrittliche Konstruktion, die ihre Leistungsfähigkeit und Zuverlässigkeit in sportlichen Veranstaltungen bewies und auch Rennlorbeer unter Fahrern wie Otto und Heinrich Keßler, Walter Henning, Otto Öttling, Willi Böbel, Max Krieger, ferner Harry Herzogenrath, Paul Greifzu, Peter Faust, Willi Ehrlenbruch, Wilhelm Kniebecke, Paul Roggenbuck, Karl Frings, Otto Karsch, Ernst Zündorf und anderen auf der 498er Allright-KG sammelte. Und fast vergessen ist das Schicksal einer Marke, die im Motorradbau Deutschlands einst eine so bedeutende Rolle spielte und in einer menschlichen Tragödie endete.

Auf der 1921 gebauten KG einer der Firmengründer und auch erfolgreicher Rennfahrer: Max Krieger. Mit dieser Rennmaschine siegte er auch auf der Avus.

Durch ständige Weiterentwicklung veränderte sich auch das Aussehen der KG-Motorräder. Diese Maschine, Baujahr 1927, war eine der letzten Versionen der Allright-KG, nachdem sie Ing. Rudi Albert umkonstruiert hatte.

Die englische „Levis"
Begriff für hochwertige Zweitakter

Villiers war Englands führender Hersteller von Zweitaktmotoren, Scott baute die berühmtesten britischen Zweitakt-Motorräder – und Levis die erfolgreichsten Einzylinder-Zweitaktmaschinen, die es bis 1939 auf der Insel gab. Die konservativen Engländer waren damals Zweitaktmotoren keineswegs zugetan; daß eine Konstruktion gut war, mußte sie durch Rennerfolge bei der englischen TT auf der Insel Man beweisen, erst dann wurde sie akzeptiert.

Meine enge Verbindung zu Levis beruhte nicht zuletzt auf meiner Mitarbeit an der englischen Rennfahrerzeitschrift „TT-Special", deren Herausgeber Geoffrey Davison war – derselbe Davison, der als Levis-Werksfahrer 1922 u. a. auch die Lightweight-TT gewann. Er konnte mir nicht nur viel berichten, sondern brachte mich auch mit Arthur Butterfield (Mitinhaber von Levis) und Bob Newey (Butterfields Schwager und viele Jahre Chefkonstrukteur des Werkes) in Kontakt. Außerdem war ich befreundet mit Vladimir Stěpář und Jiři Hanák, die Levis-Motorräder in die Tschechoslowakei importierten. Unvergeßlich ist mir eine Story, die mir Arthur Butterfield erzählte. Als er einmal Jack Sangster, Chef von Ariel, traf, fragte der ihn: „Wie kommt es, daß Ihre Levis-Motorräder ein so hervorragendes Finish haben?" Butterfields Antwort: „Wir legen fünf Schichten Email auf." Sangster darauf: „Würde ich das an meinen Maschinen machen, wäre ich schon längst pleite."

Levis war für England fast das gleiche wie DKW für Deutschland: ein Zweitakt-Pionier. Das 1911 gegründete Werk baute erst 1927 das erste Viertaktmodell. Bis dahin konzentrierte man sich auf Zweitakter und entwickelte zahlreiche interessante Prototypen, zu denen auch Boxermotoren und Parallel-Zweizylinder gehörten, von denen die Boxer in Serie gebaut wurden, und zwar für tragbare Wasserpumpen der britischen Armee im Ersten Weltkrieg. Bei ihrer Gründung hieß die Firma Hughes, Butterfield Bros., sie baute auch Fahrwerke für die Cotton-Motorradwerke in Gloucester. Der Name Levis stammte aus dem Lateinischen, er bedeutet hier u. a. leicht, beweglich, geschwind. Er sollte schon für die ersten Motorräder des Werkes mit zuverlässigen, anspruchslosen Einzylinder-Zweitakt-Nasenkolben-Motoren ein zutreffendes Synonym sein. Sie hatten 211 cm³ Hubraum sowie ein außenliegendes Schwungrad und wurden auch in einer Ausführung für Damen geliefert. Mit gutem Beispiel als eine der ersten Frauen, die diese Maschinen fuhren, ging eine Schwester Butterfields, die nachherige Mrs. Newey, voran. Sie

Eins der ersten Levis-Motorräder, 1913 gebaut, mit eigenem Dreikanal-Zweitakt-Nasenkolbenmotor von 211 cm³.

Mitte der zwanziger Jahre lieferte Levis Modelle von 211 und 246 cm³ sowohl mit Riemen- als auch mit Kettenantrieb zum Hinterrad.

war zusammen mit einer Schwester und zwei Brüdern die Inhaber des Werkes, das sich 1913 in Butterfields Ltd. umfirmierte und eine neue moderne Fabrik in Stechford bei Birmingham bezog. Ähnlich wie beim alten Fiat-Werk in Turin, drehten hier die Einfahrer auf dem Flachdach ihre Runden. Und weil von außen eine ziemlich steile Rampe auf dieses Dach führte, konnten die Einfahrer schon bei der Auffahrt die Leistungsfähigkeit der einzelnen Motoren erkennen und vergleichen.

Schon 1913 brachte Levis eigene Maschinen an den Start zur TT. Weil es eine 250er Klasse noch nicht gab, beteiligte man sich mit Einzylindermaschinen von 349 cm³ (Bohrung/Hub 75/79 mm). Eine kam an zwölfter Stelle ins Ziel. 1920 gewann Levis dann die 250er Klasse der Junior-TT mit R. O. Clark; Gus Kuhn und Frank Applebee belegten auf Levis die nächsten Plätze. Alle drei fuhren neue 247er Dreikanal-Zweitakter (Hub/Bohrung 67/70 mm), die bis zu 5000 U/min drehten. Die Maschinen hatten ein Dreiganggetriebe und wogen knapp 70 kg! Bei der 1921er TT war in der Klasse bis 250 cm³ Douglas Prentice auf einer New Imperial mit seitengesteuertem Jap-Motor und einem Durchschnitt von 71,4 km/h über die 320 km lange Strecke vorn. Zweiter wurde Davison auf Levis mit 70,8 km/h Schnitt; 1922 aber gewann er die 250er Lightweight-TT mit einer Levis und einem Durchschnitt von 79,8 km/h. Die schnellste Runde fuhr in diesem Rennen mit 81,6 km/h der späterhin große Walter Handley, damals kaum 18 Jahre alt, auf einer OK mit Blackburne-Motor. Davison siegte in diesem Jahr auch bei den Grand-Prix-Rennen in Belgien und Frankreich. Wie schnell sein luftgekühlter Dreikanal-Zweitakter mit Nasenkolben (Bohrung/Hub geändert auf 62/82,5 mm) damals war, verriet er mir viele Jahre später: 100 km/h war die Spitze. 1924 wurde für ihn eine 173er Levis-Rennmaschine zur Teilnahme an der neu eingeführten 175er Klasse der TT gebaut. Sie war sehr schnell, krankte aber zunächst an einem thermischen Problem: die Wärmeableitung über polierte Zylinder-Kühlrippen aus Kupfer reichte nicht aus – ein Mangel, den erst eine Schwärzung der Rippen behob.

Inzwischen hatte das Werk erfolgreiche Jahre hinter sich. Bereits 1914 befaßte man sich mit einer Hinterradfederung, die aber nicht in die Serie ging. Die Levis-Motorräder waren sehr gefragt, weil ihre Zweitaktmotoren – im Gegensatz zu vielen anderen – gut konstruiert und zuverlässig waren und auch mit „Einganggetriebe“ als sehr bergsteigefreudig galten. 1922 gab es dann schon Zweigangmodelle mit Primär- und Sekundärkette.

Konstruktiv beschritt man verschiedene Wege. So wurde bereits 1913 die „Levisette“ gebaut, eine Art „Volksmaschine“ mit einem 174er Zweitaktmotor (Bohrung/Hub 58/66 mm), daneben sogar ein Fünfzylinder-Zweitakt-Reihenmotor von 1750 cm³ mit einer Leistung von 35 PS sowie luftgekühlte 422er und wassergekühlte 548er Boxermotoren.

Die „Levisette“ von 1927 hatte ein Zweiganggetriebe mit Hinterrad-Kettenantrieb.

Schon vor der Zeit, als 1925 Deutschlands führender Rennzweitakter DKW eine Wasserkühlung und eine Ladepumpe bekam, wurde 1923 bei Levis der „normale“ 248er Zweitaktmotor mit einem Bekamo-ähnlichen Hilfskolben ausgerüstet, der in einem mit dem Kurbelgehäuse verbundenen Aluminiumzylinder lief (Bohrung/Hub 62/18 mm). Da jedoch Schwingungsprobleme auftraten, die vor der TT nicht gelöst werden konnten, wurde diese Konstruktion zur Seite gelegt – für immer.

In der Folgezeit wandte sich Levis-Chefkonstrukteur Newey allmählich mehr den Viertaktmotoren zu. 1927 brachte er das erste kopfgesteuerte Modell A mit 347 cm^3 Hubraum heraus, als solide Tourenmaschine mit breitem Leistungsband, das bald viele Freunde fand. Den Bau von Zweitaktmaschinen gab er aber nicht auf. 1928 erschien ein 246er Sechskanalmotor mit je zwei Auslaß- und Einlaßkanälen. Dazu kam ein Überströmkanal und zwecks besserer Kühlung ein Kanal im Kolben. Serienmäßig wurde der 248er Motor in verschiedenen Ausführungen gebaut. Seine Abmessungen (Bohrung/Hub 67/70 mm) hatte auch der kopfgesteuerte Viertaktmotor des Modells „B-Special“ Anfang der dreißiger Jahre. Nachdem die Stößelstangen bei den ersten kopfgesteuerten Viertaktern 1927 noch offen lagen, waren sie jetzt von einem Rohr umkleidet, ebenso wie bei den neuen 346er Maschinen. 1934 kam eine 498er Version hinzu, 1938 sogar eine 598er mit kopfgesteuertem Einzylindermotor. Zwischen 1932 und 1934 gab es dagegen keine Zweitakter im Programm. Andererseits wurde 1934 eine 248er Einzylindermaschine mit obenliegender Nockenwelle offeriert, die – wie bei den AJS-Rennmaschinen – durch eine Kette angetrieben wurde. Erstaunlich, daß sie nicht für Rennen eingesetzt wurde, zumal die Rennzweitakter vorher doch bereits so erfolgreich waren. Und noch gut war in Erinnerung, daß der bekannte Percy Hunt 1928 mit einem serienmäßigen, aber gut getunten 348er Levis-Motor, natürlich kopfgesteuert, die Sensation der TT dieses Jahres war.

Besser als in Deutschland kannte man die Le-

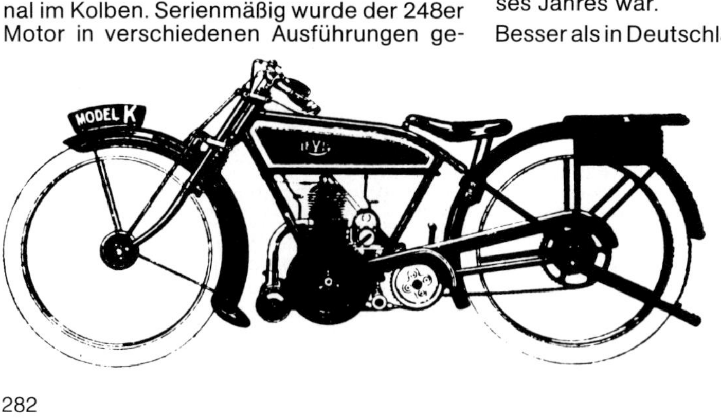

Sehr populär war dieses 246-cm^3-Levis-Modell „K“, das auch mit einem leichten Seitenwagen geliefert wurde.

Als sehr sportlich galt diese Levis „O" mit einem 246er Nasenkolben-Zweitaktmotor. Sie kam Ende der zwanziger Jahre auf den Markt.

vis in Holland, Belgien, der Tschechoslowakei und der Schweiz. Mit ihr gewannen tschechoslowakische Rennfahrer wie Kpt. Janda und Mirko Sochor viele Wettbewerbe, während der Holländer Les Ravenhall besonders bei Zuverlässigkeitsprüfungen dominierte. Kurz vor Ausbruch des letzten Krieges gehörte der berühmte TT-Sieger Bob Foster mit einer 598er Levis zur Spitzenklasse im Moto-Cross-Sport.

Während des Zweiten Weltkrieges stellte man bei Levis verschiedenes Kriegsmaterial her, aber keine Motorräder; die verhältnismäßig kleine Fabrik war auf die Lieferungen größerer Stückzahlen für das Militär nicht eingerichtet. Und das bedeutete gleichzeitig das Ende des Motorradbaues in diesem Unternehmen. Andere Werke wie Ariel, Triumph, Matchless, BSA, Norton, Royal Enfield usw. bauten während der Kriegszeit nicht nur viele tausend Motorräder, sie hatten nach Kriegsende auch nicht so große Probleme bei der Beschaffung des Materials für die neue Friedensproduktion. Sie konnten bald die Fertigung wieder aufnehmen, während es für Levis schwerfiel, die benötigten hochwertigen Werkstoffe zugeteilt zu bekommen. Durch diese Beschaffungsprobleme wohl verbittert, entschlossen sich die Butterfields, die während des Krieges noch wichtige Posten in der englischen Regierung eingenommen hatten, lieber aus dem Motorradbau auszusteigen, als „Motorräder zweiter Klasse" zu bauen, die ihren Ruf als Hersteller erstklassiger Maschinen gefährdet hätten. Im Levis-Werk wurden bis 1955 lediglich noch 80er Zweitaktmaschinen von HEC hergestellt, deren Fertigung schon vor dem Krieg angefangen hatte.

Arthur Butterfield hatte schon 1913 eine seiner Levis-Maschinen im TT-Rennen gesteuert. Ich traf ihn wie auch seinen Schwager, den früheren Chefkonstrukteur Bob Newey, noch in den fünfziger Jahren und erfuhr viel Wissenswertes über ein Unternehmen, das zu den solidesten in der Branche gehörte. Hier stand man nicht mit dem Rechenschieber hinter jedem Motorrad, sondern baute sie noch mit „Liebe" – und machte trotzdem gute Gewinne. Zu den Levis-Bestsellern gehörte u. a. das Modell „M" von 1926, das mit einem Nasenkolben-Zweitakter (Bohrung/Hub 67/70 mm) für £ 34,— zu haben war. 1928 wurde eine Luxusausführung mit elektrischem Licht und breiteren Reifen (25 x 3,00") für £ 32,— angeboten. Gleich stark, aber noch billiger war die „Levisette", sie kostete nur £ 28,–.

Zu den besten englischen Viertaktmotorrädern gehörte diese 1930 herausgebrachte Levis „A2" mit dem von Bob Newey geschaffenen und im eigenen Werk gebauten kopfgesteuerten Einzylindermotor von 346 cm³.

In Deutschland wenig bekannt war dieses Levis-Modell „D-Special" mit dem kopfgesteuerten 498er Motor eigener Fertigung – eine schöne und ansprechende Konstruktion.

Die schnellste, je bei Levis hergestellte Maschine war übrigens das 598er Modell mit kopfgesteuertem Einzylindermotor (Bohrung/Hub 82/112 mm) und hochliegenden Auspuffrohren. Es gab von ihm einige „Spezialexemplare", die – wie Fosters Maschine – besonders getunt auf den Markt kamen. Konstruiert waren sie übrigens nicht von Bob Newey, sondern von Ray Mason, der – bevor er zu Levis kam – Mitinhaber der Firma JMB – Jones, Mason und Barrow – war, die Mitte der dreißiger Jahre Dreiradfahrzeuge baute; zuvor hatte Mason bei OK-Supreme als Techniker gearbeitet.
Levis, einst führend im Bau englischer Zweitakt-Motorräder, ist heute nur noch ein legendärer Name, der einmal Symbol war für hochwertige Werksmannsarbeit und fortschrittliche Konstruktion. Die Levis-Motorräder verkörperten jene Perfektion, die einst so typisch für die meisten Erzeugnisse der englischen Motorradindustrie war.

*Levis baute von 1913 bis 1927 nur Zweitakter. Dies war das erste Viertaktmodell mit einem eigenen, von Bob Newey konstruierten obengesteuerten Einzylindermotor von 346 cm³.
Eine robuste Sportmaschine erster Klasse.*

Einst weltbekannt: Motosacoche (MAG)

Vor kurzem schrieb mir der bei Motosacoche in Acacias bei Genf tätige Walter Gutbrod, dessen Vater Wilhelm Gutbrod die Standard-Werke in Ludwigshafen gründete und von 1925 bis nach dem letzten Krieg hervorragende Motorräder baute, die auch zahlreiche Rennerfolge errangen. Viele dieser Maschinen hatten Einbaumotoren von Motosacoche (MAG) in einer Zeit, als der damals noch sehr junge Walter Gutbrod sicherlich noch nicht daran dachte, einmal bei Motosacoche eine führende Stellung einzunehmen.

Als der früh verstorbene Wilhelm Gutbrod im Jahre 1925 bei der Motorradfabrik Klotz in Stuttgart ausschied und bald darauf die Standard-Werke in einer alten Ludwigshafener Kaserne ins Leben rief, war Motosacoche nicht nur die größte Motorradfabrik in der Schweiz, sondern auch einer der bedeutendsten Lieferanten von Einbaumotoren, die in viele Länder gingen. Es gab sogar Motosacoche-Zweigfabriken in Frankreich und Italien. Selbst in England, damals noch „Mutterland guter Motorräder, bezogen so angesehene Werke wie Brough-Superior, Matchless, Ariel, Lea Francis, New Henley, Rec Acme und Edmund die hervorragenden Motoren aus der Schweiz.

Angefangen hatte es 1899 in der von Henry und Armand Dufaux gegründeten Fabrik, die ihren guten Fahrrad-Hilfsmotoren von 241 und 290 cm^3 den Namen Moto-sa-coche (Motor in der Tasche) gab. Da sie qualitäts- und leistungsmäßig die Konkurrenz übertrafen, wurde der Name des Werkes weltbekannt. Am Rande interessant: 1905 entstand ein Megola-ähnlicher, im Hinterrad eingebauter Radialmotor, der aber nie in die Serie ging. Man baute V-Zweizylinder mit 346 cm^3 schon vor dem Ersten Weltkrieg, arbeitete mit Royal-Enfield in England eng zusammen

Das war der größte Tag in der Renngeschichte von Motosacoche: Beim Großen Preis von Europa in Mayrin/Schweiz gewann der Engländer Walter Handley (auf der Maschine) die Klassen bis 350 und 500 cm^3. Im Hintergrund (mit offenem Hemdkragen) Chefkonstrukteur Dougal Marchant, zweiter von links Francesco Franconi. Das Jahr: 1928.

Dieser „Fahrrad-Hilfsmotor" von 241 cm³, der in etwas einfacherer Form bereits vor fast 80 Jahren geliefert wurde, gab Motosacoche („Motor in der Tasche") den Namen und machte die Marke weltbekannt.

und legte auch dann noch kleine V-Zweizylinder von 498 und 598 cm³ auf, als bei anderen Werken in diese Hubraumklassen Einzylindermotoren eingezogen waren.

Jahrelang dominierten die V-Zweizylinder-Motoren mit 498, 598, 746 und 996 cm³. Bis 1927 wurde auch eine 248er Einzylinder mit wechsel- und kopfgesteuerten Ventilen ge-

Vorläufer der Megola? Schon 1907 bauten die Brüder Dufaux, Inhaber von Motosacoche, diesen Siebenzylinder-Radialmotor für das Hinterrad. Die Konstruktion ging aber nie in die Serienfertigung.

Typisch für viele Motosacoche-Motorräder und -Einbaumotoren waren die wechselgesteuerten V-Zweizylinder-Tourenmaschinen von 498 bis 996 cm³. Diese 498er entstand 1924.

baut. Von 1928 an enthielt das Programm Einzylinder-Ausführungen von 346 und 496 cm³ mit wechsel- und kopfgesteuerten Ventilen sowie 746er und 996er V-Zweizylinder mit wechselgesteuerten Ventilen. Bei den Einzylinder-Motoren lösten von 1931 an seitengesteuerte Ventile die wechselgesteuerten ab. Damals wurde auch die von Bert Le Vack konstruierte 846er V-Zweizylinder mit seitengesteuerten Ventilen auf den Markt gebracht. Von 1925 bis 1933 war die große Zeit der Einbaumotoren von Motosacoche (MAG); allein in Deutschland wurden sie u. a. von Standard, OD, Imperia, Göricke, Bayern, Hecker, Mars, Sieg, Allright, Bücker, Ernst-MAG, KR, Andrees, Luwe, Neander, Avis-Celer, Orial, Nestoria, Atlantis, Spiegler und TAS verwendet. Wer erinnert sich noch dieser Namen?

Motosacoche war auch auf dem Rennsektor berühmt und am erfolgreichsten wohl 1928 beim Großen Preis von Europa, der in Mayrin bei Genf, nicht weit entfernt von den Motosacoche-Werken, ausgetragen wurde. Der Engländer Walter Handley, damals Spitzenfahrer des Werkes, siegte überlegen in den Klassen bis 350 und 500 cm³. Auch ein Jahr

Eine 598er Sportmaschine mit dem eigenen MAG-V-Zweizylindermotor von 598 cm³, kopfgesteuert, Baujahr 1926 – aber noch ohne Innenbackenbremse. Ähnlich sah auch Franconis Werksrennmaschine mit dem 746-cm³-Motor aus.

Auch das 347-cm³-Tourenmodell von 1928 hatte einen eigenen Motor mit wechselgesteuerten Ventilen. Seitengesteuerte Tourenmotore baute Motosacoche erst ab 1930.

später, als ihm das Werk eine 250er Rennmaschine anvertraute, gehörte er zu den führenden Fahrern. Konstruiert hatte die schnellen Maschinen der Engländer Dougal Marchant, der bei Blackburne tätig war, bevor er zu Motosacoche kam. Alle seine Rennmotoren hatten eine obenliegende Nockenwelle, 1929 gab es sie mit Hubräumen von 248, 348 und 498 cm³. Als er 1930 zu FN nach Belgien ging, übernahm sein nicht weniger berühmter Landsmann Bert Le Vack, der zuvor bei Duzmo, Indian, Jap und New Hudson gearbeitet hatte, seinen Aufgabenbereich. Dieser hervorragende Techniker und Rennfahrer wurde bald darauf das Opfer eines nie aufgeklärten Verkehrsunfalls, als er eine 846er Seitenwagen-Maschine mit dem von ihm konstruierten seitengesteuerten V-Zweizylinder-Motor erprobte.

Rennmotoren mit obenliegenden Nockenwellen wurden übrigens bereits 1925/1926 gebaut, und zwar als V-Zweizylinder mit 498, 598 und 746 cm³. Mit der 746er Version gewann der „baumlange" Werks-Spitzenfahrer Francesco Franconi besonders 1926 zahlreiche große Bergrennen (Klausenpaß, Simmering, Ecce–Homo, Brünn–Sobeschitz u. a.). In Deutschland verfügte Ernst-MAG über einige kleinere Versionen des V-Zweizylinder-Rennmotors mit obenliegender Nockenwelle, die hauptsächlich von Landolf Rhode und Edgar Kittner gesteuert wurden. Der Bau serienmäßiger V-Zweizylinder-Sportmotoren mit Stößelantrieb der hängenden Ventile wurde 1927 eingestellt, dafür traten neue kopfgesteuerte Einzylinder mit 348 und 498 cm³ auf den Plan. Auch die 1931 in diesen Hubraum-

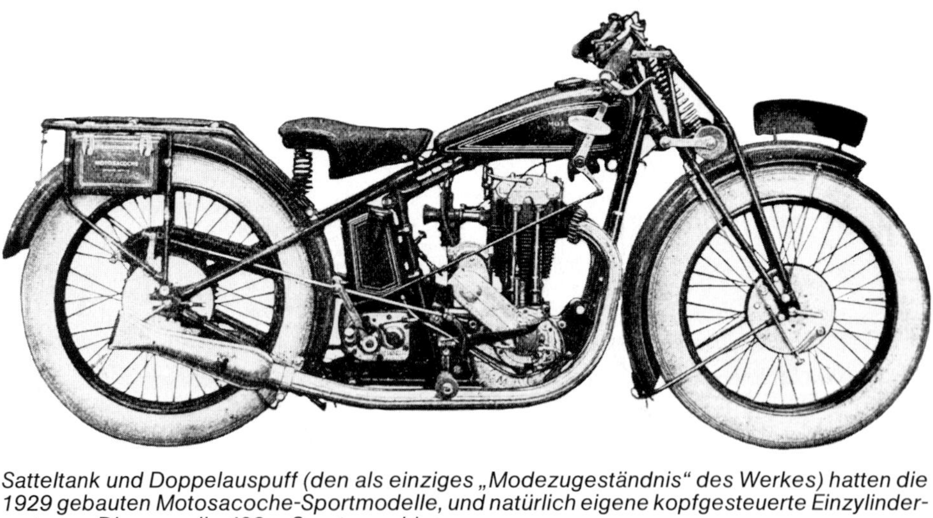

Satteltank und Doppelauspuff (den als einziges „Modezugeständnis" des Werkes) hatten die 1929 gebauten Motosacoche-Sportmodelle, und natürlich eigene kopfgesteuerte Einzylindermotoren. Dies war die 498er Sportmaschine.

Mit einem seitengesteuerten 498er Einzylindermotor ausgerüstet, galt dieses 1933 gebaute Motosacoche-Modell als eine sehr schöne und gute Konstruktion.

klassen neu herausgebrachten Motoren in neuen Rennmaschinen sahen nur äußerlich wie Triebwerke mit obenliegenden Nockenwellen aus, da die Stößelstangen nach oben in einem Rohr geführt wurden, das einer Königswelle ähnelte. Motoren mit „echter" obenliegender Nockenwelle gab es bei diesen von Marchant konstruierten und ab 1930 von Bert Le Vack weiterentwickelten Motoren nur für das eigene Werksteam und für gute Kunden von MAG-Einbaumotoren.

Zum eigenen Werksteam gehörten außer Francesco Franconi u. a. Bruno Martinelli, Paul Oilter, Josef Augsbuger, Arthur Simcock, Luigi Arcangeli, Ignaco Faura, Carlo Barsanti, Charles Dodson, Hans Soenius, Anton Uroiĉ, Fritz Köhler und später auch Ernst Hänny, Arthur Bizzozero, Casagranda und andere. Auch Arthur F. Dom, ein in Niederländisch-Indien geborener Techniker und Rennfahrer, war bei Motosacoche, bevor er als Chefkonstrukteur und Rennfahrer nach Deutschland zu Standard und 1930 zu Imperia ging. Zu MAG kam damals auch Orlindo Geißler, der viele Jahre in München wohnte und auf Moto Guzzi und Ernst-MAG viele Rennen gewonnen hatte; er wurde Leiter der dortigen Rennabteilung.

Den wohl größten Rennerfolg in Deutschland brachte 1930 das Avus-Rennen in Berlin, das der in England lebende Australier Arthur Sim-

Bestechend diese serienmäßige Motosacoche-Rennmaschine, die von 1931 bis 1933 gebaut und mit 347 bzw. 498 cm³ als Wettbewerbsmodell 322 und 422 geliefert wurde.

Der seitengesteuerte V-Zweizylindermotor dieser Motosacoche wurde noch von Bert Le Vack konstruiert. Auch Standard, OD und andere deutsche Motorradwerke verwendeten diesen bis 1936 gebauten 846er Tourenmotor.

cock gewann, nachdem Walter Handley (nunmehr auf FN) und Tom Bullus auf NSU ausgeschieden waren. Sehr erfolgreich in Deutschland war der frühere Leipziger Fritz Köhler mit 346er Solo- und 498er Seitenwagenmaschinen von MAG, und auch der polnische Graf Alvensleben aus Ostrometzko fuhr eine schnelle Solo-Rennmaschine von Motosacoche. Und weil man sich mit den größeren Motorenkunden gut verstand, waren gelegentlich auch Franconi und Martinelli auf deutschen Standard-(MAG-)Maschinen anzutreffen. Als sich Triumph-Nürnberg 1929 von Triumph-Coventry löste, baute man auch in Nürnberg MAG-Motoren bis 746 cm^3 ein. Später bekamen die Nürnberger auch Marchants Rennmotoren von 346 und 498 cm^3 mit obenliegender Nockenwelle, die Otto Ley und Toni Fleischmann steuerten. Fleischmann hatte auch Bahnrennmaschinen, jedoch mit dem serienmäßigen Stößelstangen-Rennmotor von 498 cm^3 in Triumph-Fahrwerken.

Standard, damals noch in Ludwigsburg, erhielt als erstes deutsches Werk die 346er und 498er MAG-Rennmotoren mit obenliegender Nockenwelle und stellte damals – man schrieb 1929 – ein sehr starkes Werksteam zusammen, mit Karl Gall und Rudi Ecker, die von BMW kamen, mit dem früheren Harley-Davidson-Fahrer Paul Rüttchen und dem jungen Hermann Lang, der vornehmlich Seitenwagenrennen für Standard fuhr. Gelegentlich lieh man solche Maschinen auch an andere Fahrer wie Schminke, Martin und den Tschechoslowaken Lischka aus.

Wie bei anderen Marken gab es auch bei Motosacoche lange Zeit typische Motorenabmessungen, vom Touren- bis zum Rennmotor. So hatten die 348er Einzylinder ein Bohrung/Hub-Verhältnis von 72/85 mm; es betrug bei den 498ern 82/96 mm, bei den 746er V-Zweizylindermotoren 72/91 mm und bei den 996er V-Zweizylindern 82/94 mm. Interessant auch die Leistungen der vor etwa 50

Ausländer sahen diese Motosacoche mit dem 248-cm^3-Zweitakt-Einzylindermotor fast nur bei einem Besuch in der Schweiz, wo diese Maschine Mitte der dreißiger Jahre ziemlich viel gefahren wurde.

Eine Werksrennmaschine von Motosacoche aus dem Jahre 1924 mit dem 996-cm³-V-Motor, die wechselgesteuerte Ventile und Klotzbremsen aufwies. Gesteuert wurde sie zumeist von Gex, Rossi und Franconi.

Jahren gebauten Motosacoche-Motorräder und MAG-Einbaumotoren: die wechselgesteuerten Tourenmotoren von 348 cm³ gaben 9 PS bei 3600 U/min ab, die 498er kamen auf 13 PS bei 3600 U/min, die kopfgesteuerten Sportmotoren erbrachten 15 PS bei 4600 U/min bzw. 22 PS bei 4200 U/min. Selbst der wechselgesteuerte V-Zweizylinder von 996 cm³ leistete nur 24 PS bei 3600 U/min. Typisch für alle Motoren war ihre Geschmeidigkeit, die etwas an die berühmte englische Sunbeam erinnerte, und allen sagte man eine gewisse „Unverwüstlichkeit" nach. Selbst die große einheimische Konkurrenz, Condor in Courbevoie, baute viele Jahre MAG-Motoren ein; beide Werke arbeiteten schon recht eng zusammen, und wenn Condor-Spitzenfahrer wie Georges Cordey, Ernst Hänny, Leon Divorne, Armin Bättig und Paul Wuillemin siegten, dann waren in ihren Rennmaschinen häufig die MAG-Motoren mit obenliegender Nockenwelle eingebaut.

Auch in Frankreich war Motosacoche lange Zeit erfolgreich. Ein Zweigwerk in Lyon belie-

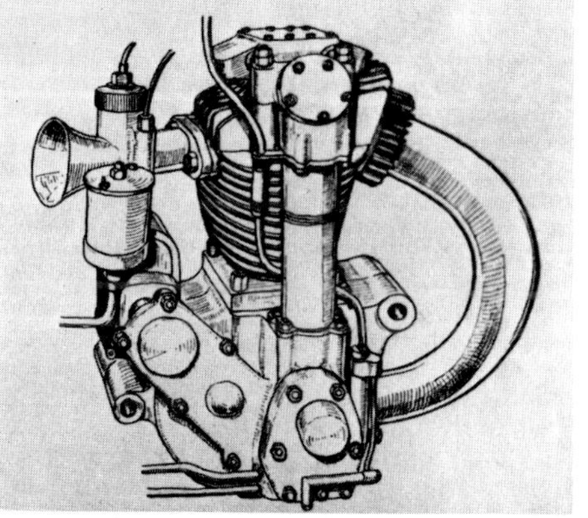

Unverkäuflich war dieser Motosacoche-Königswellenmotor von 498 cm³, den Dougal Marchant 1928 konstruierte. Nur den Werksrennfahrern und großen Abnehmern der MAG-Motoren stand er für Berg- und Straßenrennen zur Verfügung.

ferte hauptsächlich französische Motorradhersteller mit MAG-Einbaumotoren. Auf diesem Markt war Monet-Goyon besonders stark, und deshalb auch wurden die Spitzenfahrer dieses Werkes wie Debaisieux, Goussorgues, Hommaire und Sourdot mit Werks-Rennmotoren versorgt. Richard, bis Ende 1927 Werksfahrer bei Peugeot, ging 1928 als Werksfahrer nach Acacias.

Die internationale Wirtschaftskrise Anfang der dreißiger Jahre, der tödliche Unfall von Bert Le Vack und der Ausfall Deutschlands als Abnehmerland für Einbaumotoren brachten auch die Motosacoche AG in einige Schwierigkeiten. Damals wurde auch die Firma Wolf & Co. in Frankfurt/Main aufgelöst, die zu Motosacoche gehörte und viele Motoren nach Deutschland einführen konnte. Lediglich Triumph in Nürnberg baute noch MAG-Motoren in Lizenz. Von anderen deutschen Motorradherstellern, die Schweizer Motoren verwendeten, waren nur OD und Standard geblieben. Bei OD liefen diese Modelle aus, während Standard „eine Hand in der Schweiz hatte“: Zu Standard gehörte seit 1929 die Motorradfabrik Zehnder in Gränichen, wo man außer eigenen Motoren auch MAG-Motoren einbaute. Insgesamt ging der Motorradabsatz so zurück, daß die Motosacoche-Werke in Acacias sich von 1936 an auch dem Bau von Fahrrädern, Dieselmotoren und anderen Produkten zuwandten. Unter diesen Schwierigkeiten litt auch der Einsatz im Rennsport. Schon 1931 erhielten Hans Soenius und Charles Dodson nicht mehr die für große Erfolge erforderliche Unterstützung. Drei Jahre hindurch begnügte man sich mit Privatfahrern, ehe man sich 1934 entschloß, verbesserte 498er Einzylinder-Rennmaschinen herauszubringen, die jedoch nicht mehr an die vielen Siege von Motosacoche in früheren Jahren anknüpfen konnten.

Dem Fortschritt aufgeschlossen, aber auch der Tradition verhaftet, so ging die technische Entwicklung bei Motosacoche ihren Weg. Schon 1918 baute das Werk eine Rennmaschine mit wechselgesteuertem V-Zweizylindermotor von 992 cm^3, der erstmals eine Trockensumpfschmierung besaß; sie wurde zwar ständig weiterentwickelt, kam aber nie in die Serienproduktion, und selbst die 1931 gebaute 498er Renn-Einzylinder D 50 und die neuen seitengesteuerten Einzylinder-Tourenmotoren, die dann auch Triumph/Nürnberg in MAG-Lizenz herstellte, hatten eine Druckschmierung. Bezeichnend auch, daß die von Franconi gefahrene 746er V-Zweizylinder-Werksrennmaschine mit obenliegenden Nockenwellen noch 1926 einfache Felgen- und keine Innenbackenbremsen hatte. Diese Königswellenmaschinen waren übrigens wenig zuverlässig und eigentlich nur für Bergrennen geeignet; die 21,5 km lange Strecke auf den Klausenpaß war wohl die Grenze für diese empfindlichen Motoren, die zwar eine hervorragende Beschleunigung, aber keine besonders hohe Spitzengeschwindigkeit erzielten. Vergessen ist heute das in den zwanziger Jahren von Motosacoche hergestellte Kleinauto „Maximag“, und wenig bekannt auch die Tatsache, daß das Werk Zweizylindermotoren bis 1098 cm^3 lieferte, die auch in englische Dreiradfahrzeuge von New Hudson und insbesondere von Morgan eingebaut wurden. Als George Brough 1938 seine „Golden-Dream“-Motorräder mit 996-cm^3-Vierzylinder-Boxermotoren, seitengesteuert, als Prototypen im Londoner „Earls Court“ vorstellte, waren diese Motoren zwar wohl von Brough, Hatch, Dixon und Webb in England konstruiert worden, aber – und das blieb weitgehend unbekannt – zum großen Teil von Motosacoche in Acacias bei Genf für Brough in Nottingham gebaut worden. Schade, daß es heute weder Brough-Superior-Motorräder noch solche von Motosacoche mehr gibt!

Denn der gesamte Motorradbau von Motosacoche war praktisch schon vor dem letzten Krieg beendet. Was nach 1946 noch entstand, war nicht mehr so bezeichnend für diese einst weltberühmte Motorrad- und Mo-

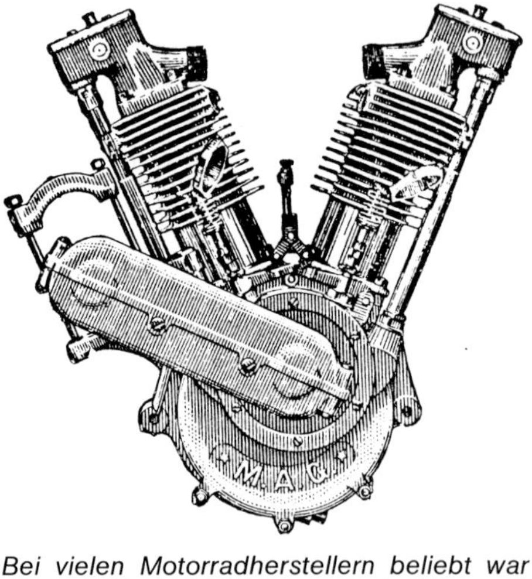

Bei vielen Motorradherstellern beliebt war dieser 746er MAG-Einbaumotor in V-Form mit wechselgesteuerten Ventilen, der bis 1929 gebaut wurde.

torenfabrik. Typisch waren immer die khakibraunen Fahrwerke der Motosacoche-Motorräder, typisch die wechselgesteuerten V-Zweizylinder-Tourenmotoren und kopfgesteuerten Sport- und Rennmotoren. Aus der Reihe fielen Zweitakt-Einzylinder-Nasenkolbenmotoren von 198 und 248 cm^3, die Anfang der dreißiger Jahre entstanden, wie auch Rennmotoren mit obenliegender Nockenwelle, die nie an Private verkauft wurden.

Nach dem Krieg wurde zwar mit viel Enthusiasmus versucht, den Motorradbau wieder aufzunehmen. Schon 1946 schuf der Engländer Dougal Marchant, der bereits von 1927 bis 1929 erfolgreicher MAG-Chefkonstrukteur war, einen sensationellen 235-cm^3-Prototyp – jedoch war diese Maschine so unorthodox, so „revolutionär" zugleich, daß sie nie in die Serie ging. Marchant hatte sie beispielsweise mit Riemenantrieb zum Hinterrad ausgestattet – zu einer Zeit, als diese Antriebsart schon 30 Jahre lang aus dem Motorradbau verschwunden war. Trotzdem gab man nicht auf, und so entstand bald darauf eine neue 248er Einzylindermaschine mit eigenem kopfgesteuerten Motor und Kardanantrieb. Eine schöne, aber zu aufwendige Konstruktion, die vor allem international nicht konkurrenzfähig war. Sie wurde bald „eingemottet". 1954 wurde das letzte Motorrad gebaut, das den einst so stolzen Namen Motosacoche trug – ein Motorrad allerdings, das nicht einmal einen Motosacoche-Motor besaß. Das Werk, einst größter kontinentaler Hersteller von Einbaumotoren, kaufte von Richard Küchen in Deutschland dessen 246er Parallel-Zweizylindermotoren mit obenliegender Nockenwelle, um sie in eigene Fahrwerke einzubauen. Beinahe eine Tragödie für alle, die das Werk aus den zwanziger Jahren kannten, zumal Küchens „Opti"-Motor nicht ausgereift, nie besonders zuverlässig und keineswegs dem technischen Konzept wie dem Aufwand entsprechend leistungsfähig war. Er bewährte sich natürlich auch nicht in

Von 1929 an lieferte Motosacoche diesen kopfgesteuerten 498-cm^3-Einzylindermotor mit zwei Auspuffrohren in mehreren Versionen, die in Deutschland von einer Reihe namhafter Firmen eingebaut wurden.

Auch wechselgesteuerte MAG-Einzylindermotoren - hier eine 346er Ausführung – entstanden bis Ende der zwanziger Jahre bei Motosacoche.

Mitte der fünfziger Jahre wurden die letzten Motosacoche-Motorräder hergestellt. Sie hatten „Opti“-Zweizylinder-Motoren mit obenliegender Nockenwelle von 248 cm^3, die Richard Küchen in Deutschland konstruiert hatte, und waren längst nicht mehr so berühmt wie ihre Vorgängermodelle mit den eigenen Triebwerken von Motosacoche.

den Motosacoche-Fahrwerken, und so stellte man mit der Fertigung dieser Maschine auch den gesamten Motorradbau ein. Motosacoche hatte kapituliert – vor einer Absatz- und Strukturkrise, die auch die Schweiz nicht ausließ.

Übrigens noch: Um das „MAG“ auf den Motoren gab es immer wieder viele Diskussionen. Die einen leiteten es von den Anfangsbuchstaben Motosacoche-Acacias-Genf ab, andere schrieben es auf gleiche Weise der Wortverbindung Motosacoche-Aktiengesellschaft-Genf zu. Woher die Abkürzung MAG auch immer kam: Das Werk war ein Musterbeispiel für eine gute Motorradfabrik mit moderner technischer Ausstattung. Dazu kamen eine Sauberkeit, die man nicht immer bei Motorradherstellern fand, und eine Verarbeitungspräzision, die sich kaum von derjenigen in Uhrenfabriken unterschied. Nach dem Ende des Zweiten Weltkrieges kannte man außerhalb der Schweiz den einst so berühmten Namen Motosacoche nur noch in Kreisen älterer Fachleute – so schnell verblaßt der Ruhm.

Motosacoche in Acacias bei Genf gehörte einst zu den führenden Rennmarken Europas. Besonders Ende der zwanziger Jahre, als Dougal Marchant diese 497-cm^3-Werksrennmaschine mit ohc-Motor konstruierte, und als Walter Handley, Bruno Martinelli, Luigi Arcangeli, Carlo Barsanti u. a. diese Schweizer Meisterwerke fuhren.

Ein Künstler schuf die Neander

Ernst Neumann-Neander – ein Name, der für eine Unzahl revolutionärer Ideen im frühen Motorradbau steht, die er mit aller Hartnäkkigkeit auch verfocht. Kein Kaufmann konnte ihn je überzeugen, daß man Motorräder nicht nur konstruieren und bauen, sondern auch mit einem Gewinn verkaufen muß. Für ihn waren nur seine technischen Einfälle und Ideen maßgebend; kommerzielle Fragen spielten keine Rolle. Seine Lebensumstände waren deshalb nicht immer rosig, doch schien sich Ernst Neumann-Neander darüber keine besonderen Sorgen zu machen. Sein Gehirn war ständig mit neuen konstruktiven Gedanken beschäftigt, und so hatte er scheinbar auch kaum Zeit, über finanzielle Probleme nachzugrübeln.

Von Beruf war er ursprünglich Grafiker, doch hat er in seinem langen Leben zahlreiche Zwei-, Drei- und Vierradfahrzeuge und zu ihnen gehörende Teile entworfen. Als Grafiker war er Spitzenklasse und mindestens ebenso unorthodox wie Pablo Picasso bei seinen Bildern. Er zeichnete in seiner Jugend Theaterplakate, doch faszinierte ihn immer mehr die Technik. Ernst Neumann, der seinem Namen erst später den Zusatz Neander zufügte, wollte ein Wegbereiter des Fortschritts sein – und das nicht nur in seinen Grafiken, sondern auch in seinen Autokarosserieschöpfungen und in seinen Motorradkonstruktionen. Es gab kaum eine für ihn erreichbare motorsportliche Veranstaltung, die er nicht wenigstens als Zuschauer wahrnahm. Mit Kritik an allem Möglichen sparte er nicht. Manche bezeichneten ihn als Genie, andere als technischen Perfektionisten und wieder andere als einen Träumer, der unerreichbaren Idealen nachjagte. Alles, was er in seinem Leben tat, war ungewöhnlich und eigenwillig.

Schon vor dem Ersten Weltkrieg entwarf er Sportkarosserien für Austro-Daimler, Szawe und andere Werke. 1924 baute er seine ersten Neander-Motorräder mit Duralumin-Fahrgestellen, vorerst bei den Allright-Werken in Köln-Klettenberg. Zentralrohrrahmen, gerade Rohre ohne Lötung und Schweißung, stählerne U-Profile usw. zeichneten seine überall auffallenden Maschinen aus. Sie hatten zunächst englische Zweitaktmotoren von 147 und 172 cm^3 von Villiers in Wolverhampton; 1925 fuhr Neumann-Neander seine eigene Maschine bei der Reichsfahrt und anderen Veranstaltungen. Bald darauf gründete er die Neander Motorfahrzeuge GmbH in Euskirchen und übersiedelte sein Unternehmen dann später in die Kölner Lindenburger Allee, um zuletzt in Düren-Rölsdorf im Rheinland seßhaft zu werden.

Ernst Neumann-Neander war Tüftler und Praktiker zugleich. Bequemlichkeit sollte seine Maschinen schon zu Beginn seiner Motor-

Bereits 1925 schuf Ernst Neumann-Neander dieses Motorrad mit einem 147er Villiers-Motor in einem ungewöhnlichen Fahrwerk.

radfertigung auszeichnen – beim Fahren, beim Zusammenbau und bei Reparaturen. Alles war gut zugänglich, alles praktisch angeordnet. Als alter Fahrer kannte er die Sorgen anderer, und wenn er beispielsweise „normale" Motorradsättel ablehnte, so deshalb, weil sie ihm zu unbequem waren. Neander-Motorräder kannten auch weder Farbe noch Lack. Ihre Fahrwerke waren metallisch-silbergrau mit einem Cadmium-Überzug und einer härteren Nickelschicht darüber. Nicht immer führten seine Ideen zu guten Ergebnissen. So war seine Federung der Vorderradgabel mit kurzen, in einem Bündel zusammengefaßten vertikalen Blattfedern mehr oder weniger eine Katastrophe. Aber er wäre nicht Neumann-Neander gewesen, hätte er dieses unglückliche Prinzip ohne weiteres aufgegeben; die Wirkung dieser oszillierenden Gabelfederung war zu gering, die Blattfedern – obwohl nur kurz – neigten ständig zu Brüchen.

Daneben gab es glänzende Konstruktionsideen: Räder, die man ohne Werkzeugbenutzung untereinander auswechseln konnte; eine Zentralschraube, die es ermöglichte, den Motor in Minuten auszuwechseln, ohne die Kettenspannung zu verändern; und dann war da auch noch der Pfannensattel bei den späteren Modellen, der mit Luftpolstern versehen war. Alles war durchdacht, alles so konstruiert, daß der zuletzt gebaute Neander-Einheitsrahmen alle Motoren von 350 bis 1000 cm^3 aufnehmen konnte.

Schon in Euskirchen baute Neumann-Neander auch Villiers-Motoren bis 347 cm^3 in seine Fahrwerke ein. Die später in Düren-Rölsdorf hergestellten Fahrgestelle waren mit kuppelförmigen, aus Stahl gepreßten und feuerverzinkten Kraftstoffbehältern ausgestattet, die mit nur drei Bolzen am Rahmen befestigt waren. Zum Reinigen seiner Maschinen empfahl er übrigens eine Persil-Lauge, mit der verschmutzte Stellen abgebürstet werden sollten.

Zu den Lieblingsthemen Ernst Neumann-Neanders gehörte der Einbau kleinerer Hinterräder bei Motorrädern, die er jedoch nie in die Serienfertigung brachte, obwohl er im Laufe der Jahre mehrere Prototypen mit bedeutend kleineren Hinter- als Vorderrädern konstruierte.

Der berühmte Konstrukteur Neumann-Neander auf einer 1928 gebauten Neander mit dem 996er V-Zweizylindermotor von MAG, der gegengesteuerte Ventile besaß.

Fast alle erhältlichen Einbaumotoren ließen sich in den Neander-Fahrwerken unterbringen. Hier eine Maschine mit dem 498er kopfgesteuerten MAG-Einzylindermotor.

Auf der Berliner Automobil-Ausstellung 1926 wartete er mit einer kleinen Sensation auf: Der Stand der Dürener Metallwerke AG zeigte sein „erstes Motorrad aus Leichtmetall in Naturfarbe als Präzisionsausführung des bekannten Dürener Metallwerks". Als Hauptvorteile dieser Bauart wurde eine fünfzigprozentige Gewichtsverminderung des Fahrwerks bei hoher Festigkeit angegeben, ferner absolute Kaltbehandlung ohne Löt- und Schweißstellen beim Bau, kein Rosten und keine Lakkierung. Daneben stellte Neumann-Neander auch eine 497er seitengesteuerte Einzylinder aus, deren Motor – soweit ich mich erinnere – von der kleinen Einbaumotorenfirma CKE in Köln stammte. Als dann die verbesserten und „endgültigen" Neander-Einheitsfahrwerke herauskamen, waren sie hauptsächlich auf den Einbau von MAG-(Motosacoche-)Motoren von 347, 497, 597 und 746 cm^3 zugeschnitten, doch gab es keine Probleme, auch die höher bauenden Küchen-Motoren mit obenliegender Nockenwelle sowie ebenfalls die Jap-Einbaumotoren in ihnen unterzubringen.

Ausgesprochene Rennmaschinen schuf Neumann-Neander nur für die 175er Klasse, als er 1927 die schnellen 172er „Brooklands"-Motoren von Villiers in sportliche Fahrwerke setzte. Goretzky, Gohr und Wittig hießen die erfolgreichsten Fahrer. Wittig, obwohl keineswegs ein Leichtgewicht, belegte damals u. a. den dritten Platz bei der Deutschen TT in Kolberg hinter den neuen wassergekühlten DKW-Werksrennmaschinen von Kurt Friedrich und Kurt Henkelmann; beim Freiburger Bergrennen kam Goretzky vor Wittig auf den dritten Platz.

Als die Neander auf den Markt kam, schrieb die Presse: „Vor allem fällt uns an den Neander-Maschinen der Werkstoff und die patentierte Form des Rahmens auf. Dieser zeigt U-förmig gepreßte Längsträger in statischer Bestform bei dreidimensionaler Festigkeit des gesamten Rahmens. Das Gefüge ist derart gehalten, daß die Profile ihren Halt ineinander finden und die Nieten nur als Vorbinder beansprucht werden. Der Gestellkopf besteht aus einem flossenähnlichen Stahlgußstück mit Lenkvorrichtung, ähnlich der Automobil-Achsschenkellenkung." Neumann-Neander verwendete englische Burman- oder Sturmey-Archer-Getriebe, englische Coventry- oder Renold-Ketten, Ölpumpen von Best & Lloyd oder Pilgrim, Amac-Vergaser, Bosch-Magnete, Dunlop- oder Continental-Reifen und auch sonst nur erstklassiges Zubehör.

Der ansonsten ziemlich glücklose Konstrukteur hatte 1928 sein großes Jahr, als er die Lizenz seiner Fahrwerke nach Opel in Rüsselsheim vergab. Zusammen mit neuen, von Opel gebauten 498er Einzylindermotoren, seiten- bzw. kopfgesteuert, entstanden damals die „Motoclub"-Modelle von Opel, die jedoch nur ein Jahr lang in der Opel-Zweigfabrik Elite-Diamant in Siegmar bei Chemnitz bzw. Brand-Erbisdorf gebaut wurden. Zwei Jahre darauf sollten dort die EO-(Elite-Opel-)Maschinen gebaut werden, doch kam es nie zu einer Serienfertigung. Dafür wurden verbesserte Neander-Fahrwerke mit 347er und 498er K-Motoren mit obenliegender Nockenwelle von Küchen ausgerüstet.

Das Neander-Werk in Düren-Rölsdorf geriet 1930 – oder war es schon 1929? – in finanzielle Schwierigkeiten, nicht zuletzt als Folge der wirtschaftlich schweren Zeit, in der auch

Auch diese Neander wurde 1928 gebaut, mit einem Küchen-„K“-Motor von 498 cm³, der obenliegende Tellernocken hatte.

andere Motorradfabriken aufgeben mußten. Ernst Neumann-Neander blieb in Düren, hörte nie auf zu konstruieren und erlangte zahlreiche Patente für Zwei-, Drei- und Vierradfahrzeuge mit allen nur erdenklichen Achsen, Lenkungen und Motoren. Auch an neuen Federungssystemen mangelte es nie im Hause Neumann-Neander. Immer wieder versuchte der „Revolutionär der Technik“, bewährte Konstruktionen „auf den Kopf zu stellen“, immer wieder opferte er Zeit und Geld für Ideen, die ihm zwar Freude, aber keine Einnahmen brachten. Viele seiner Einfälle waren gut, doch verstand er es nicht, aus ihnen Kapital zu schlagen. Für ihn gab es nur die technische Seite. Seine erfolgreichsten Konstruktionen waren überraschenderweise die von 1937 an gebauten Sport- und Rennwagen mit den „schwenkbaren“ Rädern, die – von guten Fahrern wie Paul Weyres und Teddy Vorster gesteuert – manche Rennen in ihren Klassen gewannen. Weyres verwendete einen 998er V-Zweizylindermotor von Harley Davidson, Vorster einen 996er Zweizylinder-Rennmotor mit obengesteuerten Ventilen von Jap.

Als der 83jährige Neumann-Neander am 3. 11. 1954 starb, hinterließ er einen guten Namen als tüftelnder Techniker, der sich zuletzt ganz seinen ungewöhnlichen „Fahrmaschinen“ – wie er seine schnellen Kleinwagen mit ihren leicht abnehmbaren Schalenkarosserien nannte – zugewandt hatte. Auch sie waren interessante Studienobjekte, wenn sie auch – wie viele seiner gut gemeinten Ideen – wenig kommerziellen Wert hatten. Auf jeden Fall gehört der einfallsreiche Neumann-Neander in eine Reihe mit anderen großen deutschen Konstrukteuren wie Fritz Cockerell, Dr.-Ing. Rolf Schrödter, Norbert Riedel, Franz Augst, Ing. Päßler, Ing. Hubert Ruppe, Dr. Martin Böhme, Richard Küchen und andere, die uns bessere Fahrzeuge geben wollten.

Ernst Neumann-Neander war zweifellos ein einfallsreicher Praktiker. So kam es, daß er verschiedene Motoren in fast gleiche Fahrgestelle einbaute, u. a. diesen gegengesteuerten 996-cm³-V-Zweizylindermotor von MAG (Motosacoche).

Motorrad mit Raketenantrieb von Opel

Als Opel 1928 in Rüsselsheim die Motoclub-Motorräder mit eigenen seiten- bzw. kopfgesteuerten 498er Einzylindermotoren baute, gab es schon Versuche mit einem Raketenantrieb. An beiden Seiten des Hinterrades der Versuchsmaschine, einer normalen „Motoclub", waren je drei Raketen angeordnet. Zu bewundern war diese von Fritz von Opel inspirierte Maschine auch auf der damaligen Berliner Motorradausstellung. Ebenfalls wurden durch Raketen angetriebene Rennfahrzeuge zu jener Zeit auf der Berliner Avus erprobt. Rekorde gab es jedoch mit dem Opel-Raketenmotorrad nicht, und kurz darauf war es auch nicht mehr im Gespräch – der Weltwirtschaftskrise, die 1929 mit dem „schwarzen Freitag" an der New Yorker Börse begann, fiel auch der traditionelle Motorradbau in Rüsselsheim zum Opfer.

So ganz stimmt diese Feststellung nicht. Produziert wurden diese Halblitermaschinen nämlich in den von Opel gemieteten Elite-Werken in Brand-Erbisdorf in Sachsen. Von dem bekannten Konstrukteur Ernst Neumann-Neander stammte das Fahrwerk, der auch in Düren eigene Motorräder herstellte, mit Einbaumotoren von Spezialfirmen wie Villiers, MAG, Küchen und Jap. Die Opel-Motorräder hatten dagegen einen bei Opel konstruierten und gebauten Motor. Offiziell endete bereits 1928 der Bau der „Motoclub"-Modelle, doch umfaßte das Lager noch so viele Teile, daß diese schönen, aber auch sehr unorthodoxen Maschinen noch 1930 vom Werk angeboten wurden.

Eine „geheimnisvolle" Opel ging ihnen voraus. Sie hatte einen seitengesteuerten Einzylindermotor von 498 cm^3 (Bohrung/Hub 84/90 mm) und einen normalen Rohrrahmen. Wohl existiert eine Beschreibung und das beigefügte Bild dieser Konstruktion, doch hat sie – soweit ich recherchieren konnte – außerhalb des Werkes niemand zu Gesicht bekommen. Offensichtlich handelte es sich nur um einen Prototyp, eine Versuchskonstruktion, die wahrscheinlich 1926/27 entstanden ist. Als Hersteller wurde die Adam Opel, Fahrräder und Motorwagenfabrik in Rüsselsheim/M., angegeben, doch bestehen gewisse Zweifel, ob sie dort auch wirk-

Eins der ersten Opel-Motorräder (Baujahr 1903) mit seitengesteuertem Einzylindermotor von 2¼ PS.

Die Opel mit 2¾-PS-Motor von 1904 hatte ein stärkeres Fahrwerk und einen weit hinten angebrachten Soziussitz.

lich entstand. Mit der von 1928 an gebauten „Motoclub" hat sie nichts gemeinsam, weder in der Konstruktion, in den Abmessungen noch im Aussehen. Um hinter ihr „Geheimnis" zu kommen, muß man wissen, daß damals die Firma Elite und die Diamant-Werke zusammengingen und daß Diamant in Sigmar-Schönau selbst Motorräder herstellte. Wenn auch diese Maschinen keine Ähnlichkeit mit der „Motoclub" hatten, ist die Möglichkeit nicht auszuschließen, daß man dort im Auftrag von Opel einige Prototypen baute. Als Opel dann 1928 zum Motorradbau zurückkehrte, entschied man sich jedoch nicht für diese Maschine, sondern bevorzugte die „Motoclub"-Version von Neumann-Neander. Konstrukteur bei Diamant und zugleich bei der Einbaumotorenfabrik Kühne in Dresden war übrigens Franz Gnädig, der schon 1919 mit den Brüdern Krieger die KG (Krieger–

Ein Opel auf Opel bei den Manövern 1905. Mit Helm: Dr. jur. Ludwig Opel.

Kurz vor dem Ersten Weltkrieg entstand bei Opel der neben dem Hinterrad angebaute Fahrrad-Hilfsmotor mit 140 cm³ und seitengesteuerten Ventilen.

Gnädig) und 1924 seine eigenen Gnädig-Motorräder in Berlin herstellte.

Bei Adam Opel in Rüsselsheim, weltberühmt als Fahrradfabrik, hatte der Motorradbau bereits 1901 begonnen, als das Unternehmen noch von den Brüdern Carl, Wilhelm, Heinrich, Fritz und Dr. Ludwig geleitet wurde. Man stellte Maschinen mit 1¾, 2¼, später mit 2¾ und 3½ PS her, in robuster, guter Ausführung mit verstärktem und stark modifizierten Fahrradrahmen. Das erste Opel-Motorrad mit 1¾ PS kostete 700 Mark; für 800 Mark bekam man schon die Opel mit 2¼ PS, die 26-Zoll-Räder, einen Freilauf im Hinterrad, elektrische Zündung und einen Spritzvergaser sowie einen Riemen zum Hinterrad hatte. Von 1903 an wurden auch V-Zweizylinder-Modelle mit bis zu 4,5 PS hergestellt, nach 1907 aber der Motorradbau – wie sich zeigte vorübergehend – wegen des verstärkten Bedarfs an Automobilen aufgegeben.

Ein Fahrrad-Hilfsmotor von 140 cm³, der neben dem Hinterrad angebaut wurde, brachte Opel 1913 wieder zur Fertigung motorisierter Zweiräder zurück. Der Einzylindermotor hatte 57 mm Bohrung und 55 mm Hub, er wurde nach dem Ersten Weltkrieg auch in kompletten Fahrzeugen mit zum Teil gekröpften Rahmen und Kurzschwingen geliefert und war später sogar innerhalb des Rahmens von „normalen" Motorrädern anzutreffen.

Fritz von Opel war stets die „treibende Kraft" im Rüsselsheimer Motorradbau, obwohl sich in den Anfangsjahren schon sein Vater und sein Onkel – besonders Wilhelm Opel (nunmehr Kommerzienrat) und Dr. Ludwig Opel – sich mit Erfolg an Wertungsfahrten und Rennen beteiligt hatten. Nicht ungewöhnlich in der Pionierzeit des Motorrades, als noch Fabrikbesitzer selbst ihre Maschinen fuhren und dabei natürlich auch wertvolle Erfahrungen sammeln konnten.

Bereits 1921 baute das Werk auch Bahnrennmaschinen mit einem sehr ungewöhnlichen, wassergekühlten und kopfgesteuerten Vierventil-Einzylindermotor von 204 cm³, die ungemein leicht waren. Fritz von Opel, der damals auch Autorennen bestritt und 1928 die Raketenversuche mit Opel-Motorrädern und -Automobilen unternahm, steuerte diese schnellen Maschinen zusammen mit Fahrern wie Knappke und Karrer zu vielen Erfolgen. Bis 1925, als sich Opel vom Sport zurückzog – das Werk konzentrierte sich voll auf den kleinen Opel-„Laubfrosch“, der als „Volksauto“ bald großen Anklang fand. Fritz von Opels Sohn Rikky fuhr in den ersten siebziger Jahren übrigens Autorennen in der Formel 1. Nicht auf Opel; am Sport zeigte die amerikanische Firma General Motors, die das Rüsselsheimer Unternehmen in den zwanziger Jahren erwarb, kein Interesse.

Den Hubraum der Leichtkrafträder hatte man 1923/24 auf 148 cm^3 vergrößert. Dann ruhte der Motorradbau – bis 1926, als die erwähnte seitengesteuerte 498er Einzylinder mit Rohrrahmen als Prototyp entstand. Die letzten Motorräder wurden 1928 im angemieteten Elite-Werk gebaut, nachdem Opel die „Motoclub“-Lizenz von Neumann-Neander erworben hatte. Typisch für diese Maschinen war das Fahrwerk aus starkem Stahlblech, der „Klubsessel“ und die – wie der Rahmen aus U-förmig gepreßtem Spezialstahl hergestellte – Vorderradgabel. Oben trug sie hinter einer Verkleidung zwei „Pakete“ von kurzen vertikalen Blattfedern, die oft brachen und in ihren Federungseigenschaften viel zu wünschen übrig ließen. Aber der starrköpfige Neumann-Neander beharrte auf dieser Konstruktion. Völlig vom Herkömmlichen wich auch der Kraftstoffbehälter mit seiner Kuppelform ab. Er bestand aus feuerverzinktem Stahlblech, in ihn eingebaut waren sowohl Reservetank als auch ein Tachometer. Der Öltank befand sich unter dem Sattel. Beide Laufräder hatten Innenbackenbremsen, die des Vorderrades konnte sowohl durch Handhebel als auch durch das Fußpedal betätigt werden. Der von Opel hergestellte Motor wurde in zwei Ausführungen geliefert, seitengesteuert mit 16 PS für die Tourenmaschine und kopfgesteuert mit 22 PS und zwei Auspuffrohren für die sportliche Version. Beide hatten einen Hubraum von 499 cm^3 (Bohrung/Hub quadratisch mit 86 mm). Pleuel und Kurbelwelle liefen auf großdimensionierten Rollenlagern und die Aluminiumkolben auf Stahlgleitflächen. Die Schmierung übernahm eine automatische Ölpumpe. Die Kraftübertragung erfolgte über ein Dreiganggetriebe und Hinterradkette. Insgesamt bot diese Maschine ein ungewohntes, aber durchaus ansprechendes Bild. Die Fahrwerk-

Das war einmal eine schnelle Bahnrennmaschine von Opel. Fritz von Opel, Knappke und Karrer fuhren diese kopfgesteuerte vierventilige Einzylinder von 204 cm^3 mit Wasserkühlung in den Jahren 1921 bis 1924 zu zahlreichen Siegen.

Den Antrieb dieser Opel aus dem Jahre 1924 besorgte ein Motor von 148 cm³, der aus dem Fahrrad-Hilfsmotor entwickelt wurde.

teile waren durch einen silberfarbenen Cadmiumüberzug vor Rost geschützt, der rote „Klubsessel" war zugleich ein gefälliger Farbtupfer.

Opels „Motoclub" kam zu einer Zeit auf den Markt, als es immer schwerer wurde, große Maschinen zu verkaufen. Als Neuling brachte sie außerdem viele Besonderheiten in ihrem Aufbau mit, die nicht allen Interessenten gefielen. Wie andere ungewöhnliche Konstruktionen konnte sie nur auf einen bestimmten Käuferkreis rechnen, der sich über eine gewisse Grenze hinaus nicht ausdehnen ließ. Sie war wie z. B. die Megola, Mars, Bekamo, TX oder die Schliha ein Motorrad für Liebhaber, die angesichts ihrer durchweg guten Qualität und Leistung auch die erwähnten, oft brechenden Blattfedern der Vorderradgabel in Kauf nahmen.

Das war die ungewöhnliche Opel-„Motoclub"; das Fahrwerk konstruierte Ernst Neumann-Neander. Geliefert wurde sie mit seiten- oder kopfgesteuerten 498er Einzylindermotoren von Opel. Hier das seitengesteuerte Modell, Baujahr 1928.

Ein Bild, das bisher nur wenige kannten: Die „geheimnisvolle" seitengesteuerte Opel von 496 cm^3, die 1927 entstanden sein dürfte.

Die „Motoclub"-Modelle waren die letzten Motorräder, die Opel serienmäßig herstellte. Sie stehen bei Veteranensammlern heute hoch im Kurs. Damals brauchte Opel die Elite-Werke nicht mehr für den Motorradbau, so daß in Brand-Erbisdorf Kapazität frei wurde. Bei Elite hatte man schon in den Jahren 1924/25 die österreichische „Austo-Motorette" als Fahrradhilfsmotor gebaut, allerdings ohne großen Erfolg. Jetzt wollte man eine der Opel ähnlichen Maschine in eigener Regie weiter herstellen und unter dem Namen EO (Elite-Opel) anbieten. Zwar entstanden sechs Prototypen, ausgerüstet mit 346er und 496er Küchen-Motoren mit obenliegender Nockenwelle und einem Fahrwerk von Neumann-Neander wie bei der „Motoclub", doch kam es nie zu einer Serienfertigung. Und das war das endgültige Ende – für Opels Motorradbau wie für Elite.

Einmalig! Das 1928 von Opel gebaute Raketen-Motorrad. Die Raketen waren auf beiden Seiten des Hinterrades einer normalen kopfgesteuerten Opel-„Motoclub" von 498 cm^3 montiert.

Sportlich und erfolgreich: Das war „Rudge"!

Dominieren heute in den Ergebnissen international beschickter Rennen große japanische Hersteller, war es vor etwa 50 Jahren der Name „Rudge". Neben Norton war Rudge die führende Rennmarke Englands und zugleich auch eine sehr beliebte Sportmaschine, die zwar als etwas „empfindlich" galt, aber in bezug auf Fahreigenschaften und Straßenlage weit über dem Durchschnitt rangierte. Eine Rudge war schlechthin das Motorrad der sportlichen Jugend. Gebaut wurden diese prachtvollen Maschinen von 1911 bis 1940; bis 1938 in Coventry, einst die Motorrad-Metropole in Mittelengland, und dann in Hayes in Middlessex, wo die weltbekannte Grammophon- und schallplattenfirma „His Masters's Voice" ihren Sitz hatte. Sie war es, die zusammen mit einer großen Industriegruppe das Rudge-Werk kontrollierte und bei Kriegsbeginn seinen Untergang herbeiführte.

Das Unternehmen Rudge entstand aus einer Fahrradfabrik, einer der ersten in England und als Rudge-Whitworth bekannt, wo man den Motorradbau mit einer wechselgesteuerten 499-cm^3-Einzylindermaschine begann. Kaum waren die ersten Exemplare fertig, wurden sie auch schon bei sportlichen Wettbewerben eingesetzt. Sie konnten 1911 bei der Senior-Tourist-Trophy (TT) auf der Insel Man zwar nur die Plätze 21 und 22 belegen; wie schnell sie jedoch waren, erwiesen sie auf der einst berühmten Brooklands-Rennstrecke in Weybridge, als J. V. Surridge als erster den Stundenweltrekord auf 96,72 km/h brachte, den schon wenige Monate später Stanhope Spencer, ebenfalls auf Rudge, mit 104,7 km/h erheblich übertraf.

Rudge verwendete damals deutsche NSU-Zweiganggetriebe und später das Rudge-Multi-Getriebe in Form einer verstellbaren Riemenscheibe, die bis zu 21 Übersetzungsstufen ergab. Einige Ausführungen hatten „nur" 19, die natürlich auch einen großen Vorteil gegenüber der oft getriebelosen Konkurrenz ergaben. Von Roy Abbott gesteuert, belegte eine solche Rudge 1913 bei der Senior-TT den zweiten Platz, mit nur 5 Sekunden Rückstand hinter H. O. Wood auf einer Zweitakt-Zweizylindermaschine von Scott. Und 1914 gewann Cyril Pullin, später auch als Motorradkonstrukteur bekannt, auf Rudge die letzte Senior-TT vor dem Ersten Weltkrieg mit einem Durchschnitt von 79,18 km/h.

Alle Rudge-Motorräder hatten damals den 499-cm^3-Einzylindermotor mit 85 mm Bohrung und 88 mm Hub, doch baute das Werk bald auch einen 748-cm^3-Einzylinder, ebenfalls mit wechselgesteuerten Ventilen, der 85 mm Bohrung und 132 mm Hub aufwies. Nach dem Ersten Weltkrieg offerierte die Fabrik ihre hervorragenden Fahrräder für £12,— (nach dem heutigen Umrechnungskurs etwa 50 Mark, damals etwa 135 Mark) und die

So sah die 499er Rudge-Multi aus, mit der Cyril Pullin 1914 die englische Senior TT gewann. Der Motor hatte wechselgesteuerte Ventile, das Multi-Getriebe 21 Übersetzungsstufen.

Auch diese 998er V-Zweizylinder von Rudge, Baujahr 1922, besaß noch das Multi-Getriebe mit Riemenantrieb zum Hinterrad.

498er Einzylinder für £ 85,—. Hergestellt wurden auch Kugellager und abnehmbare Drahtspeichenräder für Kraftwagen. Eine Bohrung von 85 mm hatte auch der V-Motor von 998 cm^3, den Rudge vorwiegend für Seitenwagenmaschinen anbot und der in seinen Abmessungen und der Ventilanordnung sozusagen der „verdoppelte" Einzylindermotor war. Mit einer getunten Maschine dieses Typs brachen die Brüder Ducker auf der Brooklands-Bahn zahlreiche Rekorde.

Diese große Rudge – sie hieß damals noch Rudge-Whitworth – hatte ein Dreiganggetriebe eigener Fertigung, 650 x 65-Reifen und einen Senspray-Vergaser. Sie kostete 1921

Diese vierventilige 499er Rudge von 1924 hatte offenliegende Ventile und den Senspray-Vergaser, aber bereits Vierganggetriebe eigener Fertigung.

rund £ 167,—, mit dem einfacheren Multi-Getriebe nur £ 145,—. Bei beiden Modellen waren die Laufräder untereinander auswechselbar. Chef bei Rudge war bis Mitte der dreißiger Jahre der sportbegeisterte und tüchtige John Vernon Pugh. Ihm gehörten mehrere andere Unternehmen im Kraftfahrzeugbereich, darunter auch die Senspray-Vergaserwerke in Birmingham. Kein Wunder also, daß Rudge seine Motorräder mit Senspray-Vergasern ausrüstete. Offiziell war Charles H. Pugh, ein Bruder des Rudge-Chefs, Besitzer von Senspray, wo man damals einen Vergaser für £ 3.12.0 bekam. Hergestellt wurden diese Vergaser in dem früheren Whitworth-Fahrradwerk, das auch noch andere Teile für Rudge in Coventry erzeugte.

Allmählich wurde das Multi-Getriebe von technisch moderneren Getriebekonstruktionen verdrängt; so ließ man es in der Fertigung auslaufen. 1923 konnte man eine 499er Rudge-Multi für £ 65,— erhalten, mit dem neuen Vierganggetriebe und Kettenantrieb zum Hinterrad kostete sie £ 85,— und die 998er V-Zweizylinder £ 100,—. Die 746er Einzylinder wurde nicht mehr gebaut. Die neuen Rudge-Motorräder hatten schon Aluminiumkolben, die Triebwerksteile waren weitgehend kugel-und rollengelagert. Typisch für Rudge und andere führende englische Marken: man hielt solange wie möglich an einer Modellreihe fest, sowohl im Interesse des Werkes als auch seiner Kunden. Es fehlte dabei nicht an Modellpflege und Verbesserungen dort, wo sie angebracht erschienen. Aber ständig neue Modelle herauszubringen, wie es in Japan geschieht, lehnte man ab. Neukonstruktionen und -entwicklungen kosteten auch damals viel Geld. Erst als man aus Konkurrenzgründen neue Rudge-Maschinen benötigte, stieß man die alten 499er für £ 50,— und die 998er für £ 75,— ab.

Als eine Sensation wurden die neuen Modelle bezeichnet. Alle hatten kopfgesteuerte Vierventilmotoren und Vierganggetriebe sowie eine mechanische Schmierung. Sehr schnell waren sowohl die neue 499er Ausführung (Bohrung/Hub wieder 85/88 mm) als auch die 346er Version (Bohrung/Hub 70/90 mm). Ohne elektrische Lichtanlage kosteten sie £ 68,10 bzw. £ 58,—, mit Licht £ 73,10 und £ 63,—. Eine nur leicht frisierte 346er Rudge brach 1925 zahlreiche Langstreckenrekorde und bewies damit ihre Zuverlässigkeit. Gesteuert wurde sie von einem Ehepaar, dem Colonel Stewart und seiner Frau Gwenda, einer Schwester des berühmten General Glubb Pascha von Jordanien. Frau Gwenda fuhr vorher schon Rennen auf einer Levis und Terrot sowie auf dem dreirädrigen Morgan-Rennfahrzeug und Miller-Derby-Rennwagen. Sehr erfolgreich war sie besonders auf der französischen Montlhéry-Bahn.

Trotz vieler Erfolge stellte Rudge den Bau der 346er ein (allerdings nur vorübergehend) und konzentrierte sich auf das 499-cm^3-Modell, das es bald in drei Ausführungen – Touren, Special und Sport – gab. 1926 nahm man offiziell auch wieder an Rennen teil, wenn auch vorerst mit bescheidenen Erfolgen wie dem 13. und 15. Platz bei der englischen Senior-TT mit Syd Ollerhead und Frank Whit-

1925 entstanden die ersten 346er Rudge-Motorräder, ebenfalls mit vierventiligem Einzylindermotor und zwei Auspuffrohren, die in einen vor dem Motor liegenden Auspufftopf führten.

Diese 1926 gebaute Rudge von 499 cm³ wurde zum Vorbild für zahlreiche weiterentwickelte Versionen. Sie errang als ausgesprochenes Tourenmodell bald große Beliebtheit.

worth jun. Frank, ein Mitglied der zu Rudge gehörenden Whitworth-Familie, war selbständiger großer Motorradhändler in Birmingham und kein Berufsfahrer des Werkes. Immerhin erreichten bei diesem Rennen beide gestarteten Rudge-Maschinen das Ziel.

1926 wurden gekuppelte Bremsen eingeführt und ein Zahnrad- statt des üblichen Kettenantriebs für den Magneten. Chefkonstrukteur dieser vierventiligen Maschinen war Frank Anstey. Weil er sich jahrelang auf ein einziges Modell konzentrieren konnte, reifte es zu einer der besten Konstruktionen heran, die je von der englischen Motorradindustrie hervorgebracht wurden. Auch außerhalb Englands wurden Rudge-Maschinen immer bekannter und beliebter. Beim Großen Preis von Europa im belgischen Spa-Francorchamps kamen in der 500er Klasse zwei Rud-

Am Tank dieses 1926 gebauten Sportmodells, das durch seine Auspuffanlage leicht von der Tourenausführung zu unterscheiden war, stand „Rudge-Whitworth – Four valves and four speeds“ (vier Ventile und vier Gänge).

Alle Rudge-Motorräder erhielten 1928 neue Fahrwerke und moderne Satteltanks. Der Vierventil-Motor wurde verbessert, wie bei dieser 499er „Standard“ waren die Bremsen schon gekuppelt.

ge-Fahrer auf die Plätze 4 und 6: Ernie Nott und Syd Ollerhead. Ihre Werksmaschinen leisteten 25 PS (gegenüber 18 PS der Serienmotorräder).

Zum Großen Preis von Europa, der 1927 erstmals in Deutschland auf dem Nürburgring ausgetragen wurde, meldete Rudge ein Werksteam mit den Fahrern Ernie Nott, Frank Longman und C. T. „Count“ Ashby, der dritter wurde vor Longman, hinter Graham Walker auf Sunbeam und Stanley Woods auf Norton. Von den 42 gestarteten Fahrern erreichten nur 10 das Ziel – mithin eine Ausfallquote von 76%! Beim Großen Preis von Belgien gewann Stanley Woods die 500er Klasse auf der neuen, vom Engländer Moore konstruierten NSU mit obenliegender Nockenwelle vor Ernie Nott auf Rudge.

Die Rudge-Erfolge sorgten für eine steigende Nachfrage auch außerhalb Englands, bald gab es in fast jedem europäischen Land Importeure und Händler. In Deutschland waren es vornehmlich Neisse in Leipzig, Spengler in Dresden, Schulz in Altona, Gschwilm in München und vor allem Brumm in Berlin, die Rudge-Motorräder forcierten. Brumm, vordem bei D-Rad in Spandau tätig gewesen, galt als einer der besten Motortuner für Rudge-Rennmaschinen. Er hatte sein Unternehmen in der Innsbrucker Straße in Berlin-Schöneberg. Wutte, König und Hoffmann waren die österreichischen Importeure. Max Hoffmann, der ursprünglich in dem kleinen Ort Purgstall wohnte, verlegte seine Firma nach St. Pölten und dann nach Wien, er übersiedelte später in die USA und wurde hier als VW-Importeur mehrfacher Millionär. Den Import in die Tschechoslowakei besorgten die Firmen Hans Westen & Co. in Böhmisch-Budweis, Sepp Vordrén und Vávra in Prag. Ich war 1932 bei Vordrén tätig, einem ständigen Treffpunkt bekannter Rudge-Rennfahrer. In Brüssel vertrat die Firma Breslau die Firma Rudge für Belgien. In Italien wurden viele Rudge-Motorräder durch Carlo Veladini und Guido Fantoni, Mailand, eingeführt und verkauft.

Im Rennsport kam der große Durchbruch für Rudge 1928 durch den Sieg von Graham Walker beim Ulster-Grand-Prix. Dieser Erfolg führte 1929 zum Bau der sportlichen, schnellen „Ulster“-Modelle mit kopfgesteuertem Vierventil-Einzylindermotor von 499 cm^3, nachdem die „Special“ und „Sport“ schon 1928 einen Satteltank erhalten hatten. Jetzt besaßen alle Rudge-Motorräder Amal- statt der bisherigen Senspray-Vergaser. Amal entstand aus dem Zusammenschluß der Vergaserwerke Amac, Brown & Barlow und Binks. Die „Special“ lief damals 125 km/h, die Sportversion 145 km/h, wobei zu bemerken ist, daß ihre Leistungen von 20 bis 25 PS

Mit dieser Rudge gewann Graham Walker 1928 den „Ulster Grand Prix“. Das war der Ausgangspunkt für den Serienbau der Rudge-„Ulster“-Rennmaschinen mit hochgezüchteten und natürlich kopfgesteuerten Vierventil-Motoren von 499 cm^3.

durch die hervorragenden Fahrwerke auch weitgehend ausgenutzt werden konnten.

1928 entstand unter der Leitung des jungen Technikers George Hack ein neues Werksteam mit Graham Walker (vorher bei Norton und Sunbeam), H. G. Tyrell-Smith (vorher bei Rex Acme und Triumph), Ernie Nott und Jack Amott. Zwar fiel Graham Walker bei der Senior-TT, nachdem er sechs Runden geführt hatte, in der letzten wegen eines Defektes aus; dafür gewann er die holländische TT in Drenthe, wurde zweiter vor seinem Teamkollegen Ernie Nott auf dem Nürburgring und dritter hinter Nott beim Großen Preis von Europa im schweizerischen Mayrin.

1929 nahm Rudge den Bau der 346er Maschine wieder auf und stellte auch eine neue 246er vor, ebenfalls mit Vierganggetriebe und gekuppelten Bremsen, doch stammte der Motor nicht von Rudge, sondern von Jap. Neben einer seitengesteuerten gab es eine zweiventilige kopfgesteuerte Version. Neu war auch eine „Dirt-Track“-Ausführung für Aschenbahnrennen, deren 499er Motor 21 PS abgab. Ohne Getriebe und Bremsen wog dieser Vierventiler 118 kg. Die neue vierventilige 346er leistete 14 PS und wog 130 kg.

Siege 1929 bei Großen Preisen durch den jungen Werksfahrer H. G. Tyrell-Smith in Prag, durch Nott vor Walker in Holland und wieder durch Tyrell-Smith auf dem Nürburgring. Erfolge gab es auch bei großen Zuverlässigkeitsprüfungen wie der Internationalen Sechstagefahrt, die in der 500er Klasse ein Rudge-Werksteam mit den Fahrern Jack Williams, Frank Peycroft und Fred Powey gewann. An allen Maschinen wurde auch die

Die erste serienmäßige 499er „Ulster“ kam 1929 auf den Markt und erfreute sich bei Sportfahrern bald großer Beliebtheit.

Wenig Anklang fanden die 1930 produzierten Rudge-Motorräder mit 246er Jap-Einbaumotoren; hier die seitengesteuerte Version.

neue Trockensumpf-Umlaufschmierung erprobt, die dann die 1930er Modelle serienmäßig besaßen. Die Vierganggetriebe wurden verbessert und verstärkt.

Das Jahr 1930 wurde für Rudge noch erfolgreicher. Otto Steinfellner gewann gleich zu Beginn die Österreichische TT und Terzo Bandini in Rom den Königspreis. Dann ließen sensationelle neue Rudge-Rennmaschinen in der 350er Klasse aufhorchen, mit halbkugelförmigen Zylinderköpfen und – natürlich – vier Ventilen, Bohrung/Hub 70/90 mm. Sie wurden kurz vor der Junior-TT auf der Insel Man fertig und erwiesen sich sofort als Volltreffer: mit Tyrell-Smith, Nott und Walker kamen sie auf die ersten drei Plätze, mit einem Zeitunterschied von nur 58 Sekunden nach rund 420 km. Sie dokumentierten die hohe Geschwindigkeit und Zuverlässigkeit dieser Neukonstruktion von Fred Anstey; aber auch Georg Hack, Leiter des Werksteams, hatte daran hervorragenden Anteil. Als Anstey das Werk verließ, trat er an seine Stelle. Den Rudge-Triumph bei der 1930er TT vervollständigten Handley und Walker, sie gewannen die Seniorklasse dieses schwersten Motorradrennens der Welt. Erfolg reihte sich an Erfolg: Beim Großen Preis von Europa, ausgetragen in Spa-Francorchamps, gewann Tyrell-Smith vor Walker in der 500er Klasse und Nott bei den 350ern. Selbst die mit obenliegenden Nockenwellen ausgestatteten Norton-Werksrennmaschinen von Joe Craig konnten die Rudge-Vierventiler (noch) nicht besiegen. Auf Rudge gewann sogar eine Frau, die Engländerin Betty Lermitte, „Gold“ bei der Internationalen Sechstagefahrt.

Die Jap-Motoren von 246 cm^3 in Rudge-Fahrwerken fanden nicht viel Anklang, und so stellte Rudge 1931 nicht nur serienmäßig „TT-Replica“-Rennmaschinen von 348 und 498 cm^3 her, sondern schuf auch eine neue 246er mit Vierventilmotor, der später ebenfalls eine TT-Replica-Version folgte. Die Modelle mit Jap-Motor wurden nicht mehr gebaut. Bis dahin trugen die Tanks die Aufschrift „Rudge-Whitworth“, dann verschwand das „Whitworth“. Durch die Einführung der TT-Replica-Rennmodelle wurde die „Ulster“ zur schnellen Sportmaschine „zurückgestuft“, ohne jedoch an Beliebtheit zu verlieren. Die neuen 244er TT-Replica-Motoren (Bohrung/Hub 62,5/80 mm) mit radial angeordneten vier Ventilen im halbkugelförmig ausgebildeten Zylinderkopf waren weitgehend identisch mit den neuen Werksrenn-

Leistungsstärkere Motoren zeichneten 1931 auch die Serie der 499er Tourenmodelle von Rudge aus.

1931 entstand als eine der besten Rennmaschinen, die je serienmäßig gebaut wurden, die 346er Rudge-„TT-Replica", die es auch mit 499 und 246 cm³ gab. Alle hatten kopfgesteuerte Vierventil-Motoren, vier fußgeschaltete Gänge, Doppelauspuff und gekuppelte Bremsen.

motoren, sie wurden von zahlreichen Rennfahrern in aller Welt eingesetzt.

Mit dem Bau von „Python"-Einbaumotoren beschritt Rudge einen neuen Weg zur Ausweitung der Produktion. Mit ebenfalls vier Ventilen ähnelten sie den anderen Rudge-Motoren, und jeder Eingeweihte wußte, woher die „Python"-Motoren stammten. In Deutschland wurden diese 499er Motoren in den Jahren 1931/32 vor allem von Zündapp im neuen Nürnberger Werk eingebaut. Man traf sie auch bei Imperia in Bad Godesberg an, und hier interessierte man sich besonders für die Rennversionen, die sehr erfolgreich von Dipl.-Ing. Arthur Dom, Ernst Loof, Wilhelm Schminke, Otto Kohfink, Alfred Hartmann, Franz Steiner, Otto Schranz und anderen gesteuert wurden. Auch der Engländer Fergus Anderson und der hervorragende Hein-Thorn-Prikker errangen ihre ersten Erfolge mit diesen schönen und schnellen Maschinen. Zu den englischen Einbaufirmen von „Python"-Motoren gehörten u. a. Grindley-Peerless, AJW, James, Cotton, Newmount (englische Zündapp-Version); in Holland wurden sie von Eysink, in Belgien von Ready und Lady, in Italien von Italia und Miller-Balsamo verwendet.

Das 1967 aufgenommene Bild einer 246er Rudge-„Rapid". Allerdings: der Sitz und auch andere Teile sind nicht mehr „original".

Die schnellste aller 346er Rudge-Rennmaschinen! Von „Papa" Brumm in Berlin getunt, wurde sie bis zum Zweiten Weltkrieg von Hans Richnow erfolgreich gefahren.

Es gab auch weiterhin viele Rennerfolge. Die Leightweight-Klasse bis 250 cm^3 der 1931er englischen TT gewann Walker vor Tyrell-Smith, der auf dem Nürburgring in der 350er Klasse siegte – vor Dom auf einer Imperia mit dem „Python"-Motor. Immer bewiesen die Rudge-Maschinen ihre Schnelligkeit und Zuverlässigkeit, doch zog sich das Werk nach einer Reorganisation 1933 offiziell vom Rennsport zurück. Darauf rief Graham Walker einen privaten Rennstall ins Leben, mit Ex-Werksmaschinen von 246, 348 und 499 cm^3. Dieses „Graham-Walker-Syndicat" wurde am Saisonende 1934 aufgelöst. Außer Walker fuhren Tyrell-Smith, Nott und Jimmy Simpson in diesem Semi-Werksteam. Sie gehörten auch weiterhin dem Werk an, Walker als Verkaufsleiter, die anderen in der technischen Entwicklung. Chefkonstrukteur und Rennleiter George Hack blieb bis 1938. Dann ging er zusammen mit Tyrell-Smith, nachdem dieser Rennen für New Imperial und Excelsior gefahren hatte, zu Bristol Siddeley. Tyrell-Smith war nach 1945 bei Triumph und Girling tätig. Walker wurde 1937 Chefredakteur von „Motor Cycling" und war zuletzt Motorradreferent im Montague-Motor-Museum. Ernie Nott fand bei Triumph eine neue Wirkungsstätte, er starb bereits Anfang der fünfziger Jahre.

Groß war damals auch die Zahl deutscher Rennfahrer auf Rudge. Im Stall von „Papa" Brumm fuhr der Berliner Erich Tennigkeit eine 350er ebenso wie sein Nachfolger, der hervorragende Hans Richnow, dessen Maschine später dank Brumms technischer Zauberei sogar schneller als die Werksausführung war; er gewann bis zum Zweiten

Mit einem 98-cm^3-Villiers-Zweitaktmotor entstand 1938 bei Rudge das nachher von Norman in Ashford, Kent, gebaute „Autobyk".

Die letzte, 1938/39 gebaute 499er „Ulster" – ein schönes und sportliches Motorrad.

Weltkrieg viele Rennen. Auch Bernhard Petruschke, später DKW-Werksfahrer, verdiente sich auf 346er und 499er Rudge-Maschinen seine Sporen. Sehr erfolgreich bei Berg- und Bahnrennen war der Bayer Georg Gschwilm, der bei einem Eibsee-Rennen jedoch tödlich verunglückte, sowie bei Rundstreckenrennen Sepp Giggenbach aus Mühlheim und Hugo Kohlus aus Bayreuth, der eine 500er fuhr. In der 350er Klasse machten

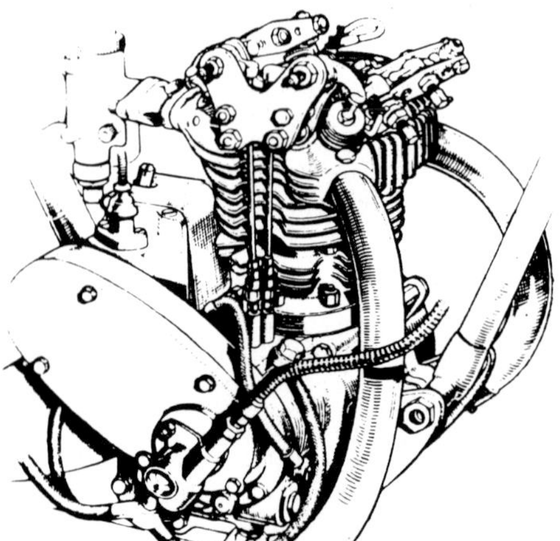

Der interessante 348er Vierventil-Motor der ersten „TT-Replica"-Rennmaschine von Rud-

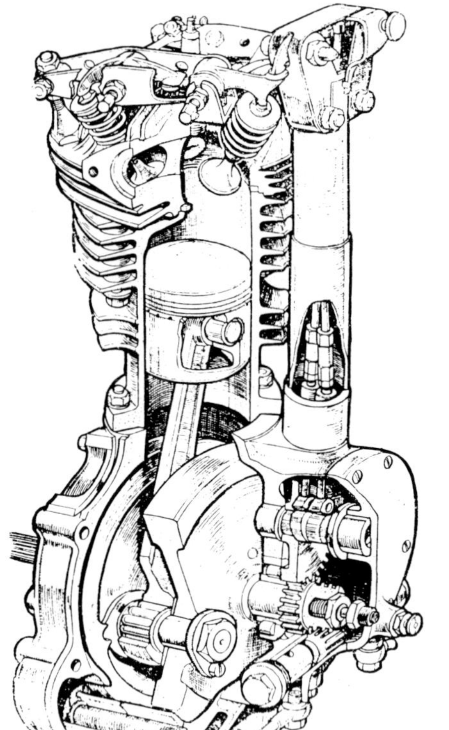

Schnitt durch den 499er Rudge-Sportmotor aus dem Jahre 1934. Bis 1939 gab es nur kleine Veränderungen.

Das ist der 1932 bei der englischen TT eingesetzte 499er Rudge-Werksrenn-motor. Gegen die neuen Norton-Motoren mit obenliegender Nockenwelle war er nicht schnell genug, doch errang er immer noch gute Plätze.

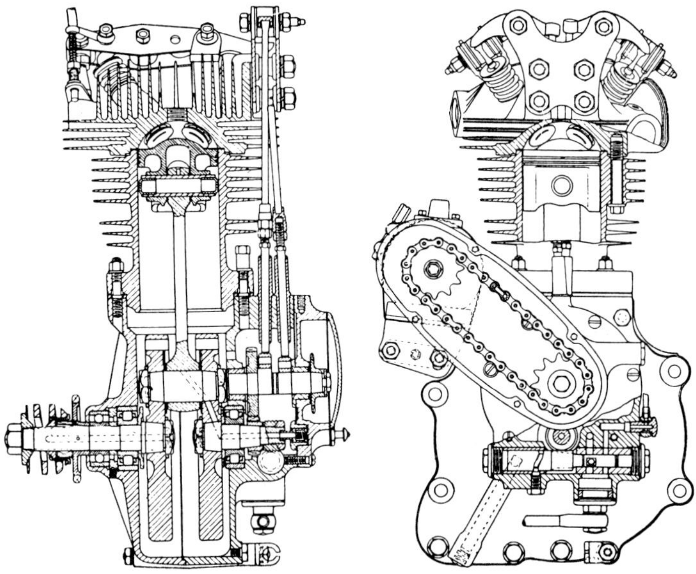

eine gute Figur auch Hans Winkler aus München und Bernhard Port aus Saarbrücken, dessen Bruder Toni meist eine 250er TT-Replica steuerte. Von sich reden machten auch der Rudge-Vertreter Neisse und Richard Heinrich, beide Leipziger, sowie insbesondere bei Kurzstreckenrennen Joe Will Brand aus München, hauptberuflich Fotograf. Zu seinen Konkurrenten gehörten sein junger Landsmann Rudi Klein und die schnellen Nürnberger Kurt Füglein und Jakob Storck. Überhaupt war Bayern ein ausgesprochenes „Rudge-Land", in dem auch Thomas Seppenhauser, Feistenhammer, der Seitenwagenfahrer Josef Lohner, der Bahnfahrer Josef Pongratz, Toni Plenk, Wolf und andere beheimatet waren. Sehr erfolgreich waren u. a. auch die Bahnfahrer Buttler aus Bottrop, Hermann Gunzenhauser und Sebastian Roth aus Stuttgart, der tüchtige Düsseldorfer Paul Karbstein, weiter die Berliner Kurt Riese, Kurt Mix und von Bachmayer, Karl Prelle aus Altenhagen, Jupp Wenzel und Bertholet aus Köln sowie Oggerin Martini aus Berlin.

Ähnlich sah es auch in anderen Ländern aus. Bruno Rzehak, Franta Dvořak, Otto Scheufler, Karl Gube, Franta Krystlik, Karl Aichinger, Mirko Sochor, Jan Smrž, Ottokar Henych, Tonda Siška, Václav Lischka, Boris Nikolajev (Willi Jung), Mita Vychodil, Otto Schustek und Jarda Trnka waren erfolgreiche Rennfahrer in der Tschechoslowakei. In Österreich gehörten Otto Steinfellner, Martin Schneeweiß, Franz Kofler, Karl Hoffmann, Prinz Rudolf Windischgrätz, Josef Walla, Leopold Killmeyer, Josef Schittler, Karl Bohmann, Josef Illichmann, Franz Zederbauer (Hehle), Hubert und Hans Hubmann und Josef Wertitsch zu den besten Rudge-Fahrern. Das galt in Ungarn für Nandor Hora, Ladislav Deli, Béla Komlossy, Endre Kozma, Sandor Kovac, Stefan Ausländer, Tivadar Zamecznik und Janos Stiegler. In Belgien gehörte Raymond Renier mit der 500er Rudge zur absoluten Spitzenklasse. Ähnlich war es in Italien mit Terzo Bandini und Mario Ghersi, der wie Guido Cerato, Lama und Bonisegni die Rudge-Maschinen des bekannten Rennstalles von Enzo Ferrari steuerte. In Spanien waren Ignaco Faura und Manuel Aranda die dominierenden Rudge-Fahrer.

Zu den sehr prominenten englischen Fahrern, die außerhalb des Werksteams Rudge-Maschinen bei Straßenrennen fuhren, gehörten Walter Handley (zweiter der 350er Klasse und dritter bei den 250ern der 1932 TT in England), der Ire Charlie Manders (dritter in der Klasse bis 250 cm^3 der TT 1933) und der draufgängerische Jimmy Simpson, der 1934 den letzten TT-Sieg für Rudge in der 250er Klasse errang, vor Ernie Nott und Graham Walker, während Tyrell-Smith und Nott 1935 noch an zweiter und dritter Stelle in der 250er Klasse einkamen.

1930 aufgenommen, zeigt das Bild (von links) den sportfreudigen Rudge-Chef John Vernon Pugh, den erfolgreichen Werksrennfahrer Ernie Nott und den jungen George Hack, zunächst Rennleiter und später Chefkonstrukteur bei Rudge in Coventry.

So überlegen die Rudge-Rennmaschinen auch viele Jahre waren: in den Klassen bis 350 und 500 cm^3 dominierten die inzwischen schneller gewordenen Norton – und teilweise – Moto Guzzi, BMW, Gilera und andere Maschinen. Die „kleine" Rudge erhielt 1934 einen neuen zweiventiligen Einzylindermotor von 246 cm^3, mit dem – privat hergerichtet – Roland Pike 1948 sogar noch zweiter und 1949 dritter bei der englischen Leightweight-TT werden konnte. Daneben gab es 1934 im Bauprogramm noch vierventilige Sportmodelle von 246 cm^3 mit Fußschaltung (£ 49,10) und Special- wie Ulster-Maschinen (£ 73,10). 1937 wurden in der 500er Klasse die Modelle Special, Sport-Special und Ulster angeboten, die letztere zwar noch in Rennausführung, aber nicht mehr als TT-Replica-Modell, deren Bau aufgegeben wurde. Das Paradepferd war die Ulster als schnelle und schöne Sportmaschine geblieben. Ihr Ventilmechanismus war nun völlig gekapselt, ein Handhebel erleichterte das Aufbocken der Maschine, beibehalten wurden die gekuppelten Rudge-Bremsen für Vorder- und Hinterrad. Die Ulster kostete 1938 £ 82,—. Sie war vorn 3 x 21 und hinten 3,25 x 20" bereift und leicht, verfügte mit einer neuen Gabel über eine exzellente Straßenlage und gehörte sicherlich zu den besten Motorrädern, die je in England entstanden. Der von Georg Hack verbesserte Motor hatte eine in einem weiten Drehzahlbereich angehobene Leistung und erhöhtes Drehmoment; er war keineswegs ein hochgezüchteter Rennmotor, aber die Ulster ließ sich gleichermaßen gut für schnelle Langstrecken-Tourenfahrten wie für Wettbewerbe einsetzen. Bei den großen Straßenrennen allerdings gaben die Motoren mit obenliegender Nockenwelle den Ton an – Rudge aber war bei Stößelstangen-Motoren geblieben.

Der Untergang des Unternehmens Rudge bahnte sich an, als der Zweite Weltkrieg begann. John Vernon Pugh war bei der Reorganisation 1933 als Unternehmenschef ausgeschieden, er starb 1936. Mit seinem Weggang erlosch jene Begeisterung, die zu sportlichen Aktivitäten und Konstruktionen antrieb. Von einem Stahlkonzern kam Generaldirektor Denniss zu Rudge, und mit Hilfe einer Versicherung übernahm ein Mann namens De Stein das Unternehmen, der aus der Versicherungsbranche kam, mit der Schallplattenfirma „His Master's Voice" eng verbunden war, von Motorrädern aber keine Ahnung hatte und nie die richtige Einstellung zum Motorradbau fand. Kein Wunder, daß damals viele führende Rudge-Mitarbeiter das Unternehmen als „sinkendes Schiff" betrachteten und es schleunigst verließen – hochqualifizierte Fachkräfte, die ihr berufliches Können mit der Liebe zum Motorrad und dem Stolz auf das Werk Rudge vereinten.

Das Ende kam, als die große Fabrik in Coventry verkauft und das Unternehmen nach Hayes in Südengland verlegt wurde. Das wollten viele Angestellte und Arbeiter nicht mitmachen, sie gingen zu Triumph und blieben in Coventry. Wohl wurden in Hayes hochmoderne Fertigungseinrichtungen und eine vorbildliche Lackieranlage in neuen Gebäuden erstellt, aber die Produktion kam nie mehr so recht in Schwung. Schnell entwickelte man noch eine 98er Zweitaktmaschine nach Art heutiger Mopeds, doch wurde diese Konstruktion bald an die Motorradfabrik Norman und dann die Fahrradabteilung an die BSA-Werke veräußert, später wurde sie von Raleigh (zum Konzern Tube Investments Ltd. gehörend) erworben.

Auch äußerlich waren alle Rudge-Motorräder mit ihrer tiefschwarzen Lackierung, die Gold-

Trainingspause beim Großen Preis von Deutschland 1929 auf dem Nürburgring. Hinter der siegreichen 499er Werksrennmaschine von Rudge ihr Fahrer Tyrell-Smith. Rechts stehend: Hans Wasiewicz.

leisten schmückten, sehr schöne Konstruktionen. Für mich ist die letzte Version der „Ulster" von 1938/39 noch heute ein faszinierendes Motorrad, das bei einer Weiterentwicklung auch jetzt viele Käufer finden würde; der Trend zum großen Einzylinder kehrt ja auch bei japanischen Maschinen wieder. Obwohl die „Ulster" in den letzten fünf Jahren ihrer Produktion praktisch nur in Einzelheiten verändert und weiterentwickelt wurde, stand sie besonders bei der jüngeren Generation der Motorradfahrer dank ihrer vorzüglichen Fahreigenschaften und ihres bestechenden Aussehens in hohem Ansehen.

Anfang der dreißiger Jahre baute man bei Rudge in Coventry auch diese 248-cm³-„TT-Replica"-Rennmodelle mit vier Ventilen. George Hack konstruierte sie, und Graham Walker, H. G. Tyrell-Smith sowie Ernie Nott fuhren sie mit Erfolg. Auf dem europäischen Kontinent wurden sie von Josef Illichmann, Paul Gube, Otto Scheufler, Franz Zederbauer (Fritz Hehle), Jupp Wenzel, Hans Marschall, Gerd in der Elst und anderen gesteuert.

Aus Belgien die schnelle Saroléa

In Herstal bei Lüttich war einst die erfolgreiche belgische Motorradindustrie beheimatet. Mit FN an der Spitze, mit Saroléa, Gillet, Brondoit, Mineur, PA und noch einigen anderen kleineren Unternehmen. Joseph Saroléa baute dort schon im Jahre 1850 Waffen, von 1892 an auch Fahrräder und seit 1902 Motorräder, zunächst mit Kerry-Motoren von 2,75 und 3,5 PS, die er bald durch eigene Konstruktionen ersetzte. Diese eigenen Motoren lieferte er dann auch an andere Motorradhersteller, besonders nach England und Italien, wo sie in Konkurrenz standen zu bekannten Motorenmarken wie Minerva, De Dion, MMC, Fafnir, Werner, Moto-Rêve, Anzani, Jap, Präcision, Scout, Whitley, Coronet, Hamilton, FN, Zedel und andere.

Sehr früh diente Englands bekannte und einst berühmte Motorradindustrie auch für Saroléa als Beispiel. So konnte die von 1914 an gebaute seitengesteuerte Einzylinder von 546 cm^3 ihre Ähnlichkeit mit den damals neuen Sunbeam-Konstruktionen nicht verleugnen. In den zwanziger Jahren trat die Ähnlichkeit der Saroléas mit Greenwoods Sunbeams noch stärker hervor, sie waren direkte Vorbilder, sowohl in der typisch englischen Bauweise als auch durch die schwarzen, goldverzierten Kraftstoffbehälter und Fahrwerke, durch die starke Verwendung englischer Teile wie Vorderradgabeln, Getriebe, Vergaser, Ölpumpen, Sättel usw. Den weichen, geschmeidigen Lauf und Ton der Sunbeam-Motoren konnte man aber auch in Belgien nicht kopieren. Die Saroléa-Motoren klangen härter, rassiger und temperamentvoller, ohne allerdings in ihrer Leistung den Konstruktionen von Sunbeam überlegen zu sein.

Saroléa gehörte zu den Pionieren im Motorradbau, wie diese Maschine aus dem Jahre 1903 beweist.

Maßgeblich von englischen Konstruktionstendenzen beeinflußt: eine 1927 gebaute Saroléa mit kopfgesteuertem 496er Sportmotor.

Um 1930 waren nach vorn geneigte Zylinder die große Mode, wie bei dieser 1932 hergestellten kopfgesteuerten Saroléa von 496 cm^3.

Auch in Italien gab es Firmen, besonders Frera, die sich die schöne Sunbeam zum Vorbild nahmen, wobei sie alle – Sunbeam wie auch Frera und Saroléa – ihre Modellpalette viele Jahre auf 347er und 497er Einzylinder konzentrierten. Erst 1932 kam bei Saroléa eine 597er Version heraus, bald darauf auch eine 147er Zweitakter. Sowohl die 347er als auch die 497er Saroléa wurden mit eigenen, seiten- bzw. kopfgesteuerten Motoren ausgestattet; große Erfolge errangen bei sportlichen Wettbewerben vor allem die Halblitermaschinen. Jahrelang lieferte Saroléa mehr Rennmaschinen als andere belgische Werke. Auch gab es hier ein ziemlich großes Werksrennteam; Chefkonstrukteur Tom war selbst ein erfolgreicher Fahrer. Führende belgische Fahrer der Werksmannschaft waren Edmond Claessens, Robert Grégoire, Jean Vidal, Mineur (der später selbst Motorräder baute), Virgo, Bonivert, Hufkens und auch Renier sen.
Das war in den zwanziger Jahren, als auch zahlreiche Ausländer Saroléa-Werksmaschinen fuhren, darunter einige Privatfahrer, die auf verschiedene Weise vom Herstellerwerk unterstützt wurden. Im Werk tätig war der Engländer George Stobart, während z. B. der

Kurz vor dem Zweiten Weltkrieg schuf Saroléa diese schöne Einzylinder mit kopfgesteuertem 598er Motor.

Bei Saroléa entstanden viele Rennmaschinen. Diese kopfgesteuerte Einzylinder von 598 cm³ war besonders bei Seitenwagenrennen erfolgreich.

Kölner Erich Pätzold – vorher auf Imperia und Sunbeam schon sehr erfolgreich – eine 497er Werks-Saroléa „nur" fuhr, ähnlich wie die Österreicher Leopold Dirtl und Michael Gayer sowie die Deutschen Karl Schmidt aus Vilsbiburg und Willi Schwarz aus Koblenz. Groß war auch die Zahl italienischer Rennfahrer auf Saroléa; Luigi Arcangeli, Mario Colombo, Edoardo Self, Luigi Quatrocchi, Guido Premoli, Ing. Dall'Oglio und Erminio Visioli gehörten zu den erfolgreichsten. Martinelli, zusammen mit Alfredo Carmine auf Saroléa als Schweizer Fahrer sehr erfolgreich, fuhr 1930 beim Großen Preis der Schweiz auf einer kopfgesteuerten 497er Werks-Saroléa die schnellste Runde und belegte trotz eines Sturzes in der Halbliterklasse den zweiten Platz. Eine schnelle Saroléa steuerte nach 1945 auch der Österreicher Fritz Trella, und mehrere andere Österreicher – unter ihnen Rudolf Runtsch, Josef Walla, Leo Benesch und Alois Groß – kamen auf 497er und 597er Seitenwagenmaschinen zu zahlreichen Erfolgen.

„Sensationen" technischer Art waren bei Saroléa kaum zu finden. Wohl wurden die Motoren stets weiterentwickelt und modernisiert, doch nie grundlegend verändert. So führte das Werk 1931 die Trockensumpf-Umlaufschmierung mit dem Ölbehälter im Kurbelgehäuse ein. Frühzeitig wurden auch Viergangetriebe eigener Konstruktion geliefert, doch sahen die Maschinen zu keiner Zeit unkonventionell oder unorthodox aus. Es war sogar eine Stärke dieses Werkes, daß man Bewährtes verbesserte und jahrelang keine Risiken mit neuen Modellen einging. Eine Konzession an die Mode machte man 1931 durch die Einführung nach vorn geneigter Zylinder, was sich auf die Leistung und das Fahrverhalten praktisch nicht auswirkte. Gleiches gilt von den doppelten Auspuffrohren, ebenfalls eine Modeerscheinung der damaligen Zeit, die von vielen Kunden gewünscht wurden, oft in der irrigen Annahme, daß zwei Auspuffrohre mehr Leistung erwarten ließen. Die Wirklichkeit sah anders aus – nicht nur die Werksrennmaschinen von Saroléa hatten nur ein Auspuffrohr.

Jahrelang dominierte die kopfgesteuerte 497er als Werksrennmaschine, während die kleinere 347er Version auch werksseitig nur

So sah die 498er Rennmaschine von Saroléa aus, die 1930 serienmäßig gebaut wurde.

Nach dem Zweiten Weltkrieg baute auch Saroléa verschiedene kopfgesteuerte Parallel-Zweizylindermodelle von 496 cm³. Dies war die „Atlantic"-Version von 1953, die besonders für den Export nach den USA bestimmt war.

selten eingesetzt wurde. Erst in den dreißiger Jahren änderte sich diese Situation, als z. B. die Österreicher Ernst Karner (nicht zu verwechseln mit dem unvergessenen Rupert Karner), Fritz Faltner und Karl Arthaber auch mit den 347er Rennmodellen gute Ergebnisse erzielten, obwohl andere käufliche Rennmaschinen wie die Velocette, Norton und AJS mit obenliegenden Nockenwellen der Saroléa den Rang abgelaufen hatten. Aus der Geschichte des Motorradrennsports ist die belgische Marke jedoch nicht wegzudenken.

Walter Brandstetter besaß in St. Pölten (Österreich) die größte und schönste Sammlung historischer Rennmaschinen. Darunter war auch diese 598-cm³-Saroléa mit schwenkbarem Seitenwagen. 1983 verkaufte er seine wertvolle Sammlung nach Hockenheim in ein neues Museum, das den Namen des Enthusiasten Walter Brandstetter fortleben lassen wird. Das Bild zeigt ihn mit seinem Enkel, der inzwischen herangewachsen ist.

Englisches Zweitakt-Idol: Scott

Beim Wandern in den Höhlen von Yorkshire in England zog sich Alfred Angas Scott 1923 eine Lungenentzündung zu, an der er kurz darauf starb. Damit ging das Leben eines Mannes zu Ende, der als Pionier auf dem Gebiet der Entwicklung des Zweitaktmotors galt und mit seinen Maschinen eigener Prägung zum Idol der britischen Zweirad-Enthusiasten wurde.

Bald nach der Jahrhunderwende schuf er seine ersten Zweitakter und wandte sich 1908 in den Werken von Jowett in Bradford dem Motorradbau zu. Die ersten Motoren hatten zwei nebeneinanderstehende Zylinder von 333 cm^3 (Bohrung/Hub 58/63 mm) mit einem wassergekühlten Zylinderkopf. Sie wogen nur 19 kg und drehten zuverlässig bis zu 2690 U/min. Scott war damals stets mit neuen und besseren Konstruktionen seiner Dreikanal-Zweitakter beschäftigt. So entwickelte er auch wassergekühlte Zylinder mit luftgekühlten Köpfen sowie Motoren nur mit Luftkühlung. Zuletzt gab es nur noch wassergekühlte Ausführungen – und dabei blieb es. Nichts wurde unterlassen, diese zweizylindrigen Zweitakter schnell und vor allem zuverlässig zu machen, kam es doch entscheidend darauf an, die Qualität und Leistungsfähigkeit der Scottschen Konstruktionen bei den skeptischen Engländern unter Beweis zu stellen.

Jede Niederlage eines Viertakters war Ansporn für den Zweitakt-Fanatiker A. A. Scott, noch mehr aus seinen Motoren zu machen, er fand auch bald viele Anhänger, besonders in „seinen" Yorkshire. Schon 1909 sah man eine Scott bei der englischen Tourist Trophy auf der Insel Man, ihr Fahrer H. S. Mayer mußte nach einem Sturz in der letzten Runde aufgeben. 1910 belegten zwei Scott-Fahrer die Plätze 9 und 26. Ihre Maschinen waren die ersten Zweitakter, die ein TT-Rennen beendeten.

Neue Maschinen sah man in der TT des Jahres 1911, als Scott mit wassergekühlten 534er Zweizylindern antrat, die bereits einen Einlaß-Drehschieber aufwiesen. Sie waren sehr schnell, aber noch nicht besonders zuverlässig. Immerhin: mit einer solchen Scott fuhr Frank Philipp mit 81 km/h die schnellste Runde! 1912 wurde der Hubraum auf 486 cm^3 (Bohrung/Hub 70/63 mm) reduziert, und während die Zylinder wassergekühlt blieben, gab es nunmehr luftgekühlte Zylinderköpfe mit je zwei Zündkerzen pro Zylinder. Statt durch eine Kette wie im Jahre zuvor wurde

Eine erfolgreiche Zweitakt-Rennmaschine: die 498er Zweizylinder von Scott für die englische TT 1914.

Alfred Angas Scott, Englands berühmtester Konstrukteur von Zweitaktern, auf einer seiner ersten Rennmaschinen.

Diese 1926 gebaute Scott war typisch für alle Modelle, ob sie nun wassergekühlte Zweizylinder-Zweitaktmotoren von 498 oder 598 cm^3 besaßen.

der Drehschieber nunmehr durch Zahnräder angetrieben. Mit dieser Scott führte Frank Applebee 1912 auf der TT vom Start bis ins Ziel – ein klarer Beweis für die Überlegenheit der Konstruktion von Alfred Angas Scott. Ähnlich war es 1913, als H. O. „Timm" Wood dieses große Rennen für Scott gewann; im selben Jahr konnte Applebee die 500er Klasse der spanischen TT für sich entscheiden.

Nach dem Ersten Weltkrieg gab es dann weniger TT-Erfolge für die tüchtigen Männer in Shipley, wo die Scott-Motorräder nunmehr im eigenen Werk gebaut wurden. Hinzu kam, daß sich der Firmengründer 1921 aus der Motorradfertigung zurückzog, um im benachbarten Bradford ein ungewöhnliches Fahrzeug, das Scott-„Sociable", zu bauen. Ungewöhnlich deshalb, weil dieses Fahrzeug zwar wie ein „normales" vierrädriges Auto aussah, aber doch nur drei Räder besaß – es „fehlte" das linke Vorderrad. Angeblich keine schlechte Konstruktion, doch sehr irritierend für viele Interessenten – ein solches Fahrzeug war denn doch zu sehr „aus dem Rahmen fallend".

Im Scott-Motorradwerk schuf der neue Chef-

Das war die 498er „Sprint-Special" von Scott, 1930 führte sie der Katalog in erster Linie für Kurzstreckenrennen auf.

Die 1928 gebaute „Sports“ wurde auch mit dem großen Tank geliefert, der den Raum zwischen Steuerkopf und Sattelrohr ausfüllte.

konstrukteur William „Bill“ Cull unter der Leitung des neuen Besitzers Vinter verbesserte Modelle, ohne von der traditionellen Scott-Zweitaktkonstruktion abzugehen, zu der auch der Rundtank gehörte; er wurde erst später durch einen Tank ersetzt, der den freien Raum zwischen Steuerkopf und Sattelrohr ausfüllte, wie ihn schon die TT-Maschinen von 1921 aufwiesen. Die gesamte Konstruktion blieb aber im Prinzip unverändert – und das galt auch für die letzten in Shipley und später in Birmingham gebauten Scott-Motorräder.

Der Scott-„Clan“ wurde immer berühmter, obwohl die großen TT-Erfolge nicht mehr so zahlreich waren. Harry Langman belegte 1922 den dritten Platz und führte 1923 in der ersten Seitenwagen-TT bis zu seinem Sturz in der letzten Runde; 1924 wurde er zweiter. Den letzten TT-Erfolg gab es 1928, als Tommy Hatch dritter im Senior-Rennen wurde. Wenn hier von einem „Clan“ die Rede ist: gemeint sind so berühmte Scott-Fahrer wie Harry Langman, Eric Mayers, Frank Philipp, C. O. Wood, H. O. „Timm“ Wood, „Fluffy“ Longfiled, Eric und Oliver Langton, Albert Reynolds, Tommy Hatch, Jimmy Simpson (der später Werksfahrer bei AJS und Norton wurde), Geoff Clapham, der große Ire Stanley Woods, Jack Watson-Bourne, Ernie Mainwaring, Matthew Roley (Scott-Werksdirektor, der im Kriege ums Leben kam), Jim Capstick, Phil Vare, Bill Kitson, Kenn Shakleton (Designer bei Scott) und die als Speedway-Fahrer bekannten Frank Varey und Bill Kitchen.

Scotts fuhren in Deutschland u. a. Erich Pätzold und Ernst Zündorf, in der Schweiz Felber, die Stärkles und Schwab, in Österreich gelegentlich auch der erfolgreiche Martin Schneeweiß und in der Tschechoslowakei Stan Chaloupka und Frank Bulíř, ebenso Karel Navratil nach 1945, obwohl die Scotts doch schon zu langsam waren. Ihre großen Rennjahre endeten um 1930, später baute man noch 498er Speedway-Bahnrennmaschinen, deren dominierende Fahrer Frank Varey und Allan Jefferies hießen.

Seit 1920 gab es die Scotts immer in mehreren Modellen und Ausführungen. Sie wurden mit Motoren von 498 und 598 cm^3 geliefert, stets wassergekühlte Zweitakt-Twins mit etwas nach vorn geneigten Zylindern. Es gab Touren-, Sport- und Rennmodelle mit nur

Die letzte Scott-Rennmaschine mit dem 498er Zweizylinder-Zweitaktmotor entstand 1929.

Senkrecht stehende Zylinder hatte die 1930er TT-Scott von 498 cm^3, doch wurde sie nie bei Rennen eingesetzt.

geringen Preisunterschieden zwischen den beiden Hubraumgrößen. Äußerlich war eine 500er von einer 600er Scott kaum zu unterscheiden. Im Laufe der Jahre wurden sie technisch und leistungsmäßig weiterentwikkelt, hatten etwa von 1923 an fußgeschaltete Zweigang- und später auch handgeschaltete Dreiganggetriebe. Es gab mehrere Gabelsysteme, nach dem Zweiten Weltkrieg auch Hinterradfederungen – und einige Ausnahmen von der typischen Scott-Bauweise.

So entstanden 1929 luftgekühlte 298er und 348er Einzylinder-Zweitakter, die aber nur kurze Zeit gebaut wurden. Mit senkrecht stehenden Zylindern ausgestattete TT-Rennmaschinen schuf William Cull etwa um 1930, sie sollten mit 648 cm^3 1931 in die Serie gehen – Fehlanzeige! Eine Sensation war die 1934 von Scott herausgebrachte 746er mit wassergekühltem Dreizylinder-Zeitaktmotor, die dann mit 996 cm^3 Hubraum in verbesserter und weiterentwickelter Ausführung auch in einer Kleinserie gebaut wurde. Angeblich – man sagt, daß nur ein halbes Dutzend dieser großen Scotts hergestellt wurde, von denen dann eine über den Pariser Scott-Vertreter in eine große deutsche Auto- und Motorradfabrik gelangte ...

Nie fehlte es in Shipley an Prototypen und ungewöhnlichen Konstruktionen, Flugmotoren eingeschlossen. Und immer waren es Zweitakter! Es gab daneben auch „von fremder Hand“ verbesserte Scotts; so war es vor allem Albert Reynolds, ein Scott-Spezialist in Liverpool, der diese Maschinen modifizierte und von 1932 an als „Reynolds-Special“ auch gut verkaufte. Bei ihm entstanden zahlreiche schnelle Maschinen, doch war für Dreikanal-Zweitakter bei den großen Rennen nach 1930 in der 500er Solo- und 600er Seitenwagenklasse kaum noch etwas zu holen.

Scott-Chef Vinter baute seine Scotts auch noch nach 1945, ging aber 1950 freiwillig in Liquidation. Nicht nur wegen seines Alters, sondern auch deshalb, weil man schon ein echter Scott-Liebhaber sein mußte, um für

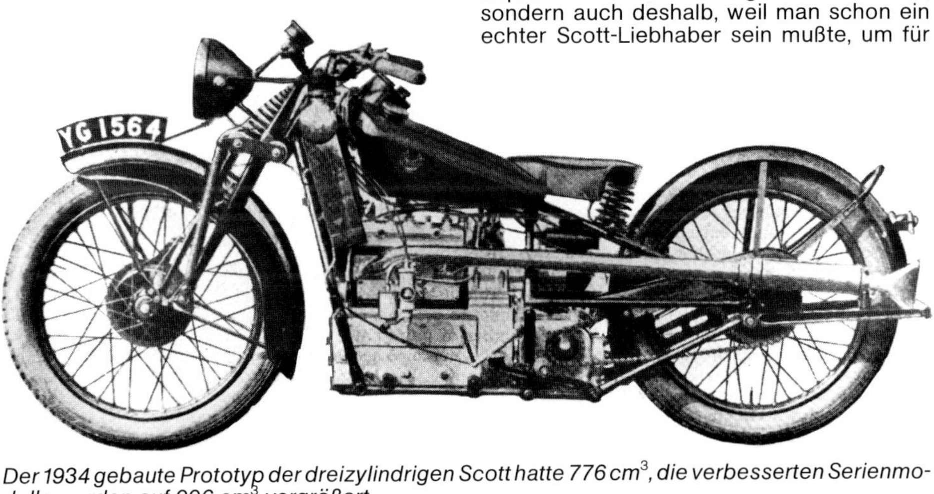

Der 1934 gebaute Prototyp der dreizylindrigen Scott hatte 776 cm^3, die verbesserten Serienmodelle wurden auf 996 cm^3 vergrößert.

Von dieser 996er Dreizylinder-Scott wurden insgesamt nur sechs Exemplare gebaut. Das war 1935.

viel Geld eine technisch veraltete Konstruktion zu kaufen. Von solchen Idealisten gab es nicht mehr allzuviele. Auch bessere Fahrwerke mit Telegabeln vorn und Hinterradfederungen konnten daran nichts ändern.

Dennoch war die Scott damit keineswegs „tot". Matt Holder, Scott-Enthusiast und Werkzeugfabrikant in Birmingham, übernahm Konstruktionspläne, halbfertige Maschinen und Teile, um die Scott in beschränkter Stückzahl noch jahrelang weiterzubauen. Zuletzt war es Georg Silk, der die nach ihm benannte Nachfolge-Scott schuf, ohne jedoch eine größere Produktion in Gang setzen zu können. Das lag einmal an der beschränkten Nachfrage nach diesen handgearbeiteten und deshalb auch nicht billigen Maschinen. Zum anderen war es für kleine Unternehmen wie Silk schwer, von der einst so dominierenden englischen Zubehörindustrie die benötigten Teile wie elektrische Ausrüstung, Vergaser, Getriebe usw. zu bekommen, da diesen Großfirmen an der Fertigung spezieller Artikel in geringen Mengen nicht gelegen ist.

Scott war eigentlich ein „Außenseiter" der englischen Motorradindustrie, wie beispielsweise auch Panther, AJW und Cotton, während zur Gruppe der im Industriellenverband zusammengeschlossenen Traditionsfirmen Marken wie Triumph, BSA, Matchless, AJS, Sunbeam, Royal Enfield, Velocette, Brough-Superior, Zenith, Rudge, New Imperial, Excelsior, OK-Supreme, James und andere gehörten.

Billig waren die Scott-Motorräder nie. So kostete 1936 z. B. eine 500er Calthorp 46,10 Pfund Sterling, eine Cotton 47,10, eine BSA 58,00, eine Ariel 58,10, eine Matchless 57,00,

Eine der letzten Scotts. Sie hatte den 598er Zweizylinder-Motor und enstand 1955 bei Matt Holders Aero Tool Company.

Noch ein Blick auf die rassige 498-cm³-Scott-„TT-Replica", Baujahr 1929, die damals 23 PS abgab. Mit ihrem wassergekühlten Zweizylinder-Dreikanal-Zweitaktmotor hatte sie gegen moderne Rennmaschinen, die über ohv- und ohc-Viertaktmotoren verfügten, nicht mehr viel zu bestellen.

eine Norton 57,11, eine Triumph 57,00 – eine Scott aber 80,00. Sicherlich ein großer Preisunterschied; die 600er Scott war noch um 3 Pfund teurer. Dafür war man dann glücklicher Besitzer einer exklusiven zweizylindrigen Zweitaktmaschine, die nie in Großserien hergestellt wurde. Selbst die „normale" 498er Rudge kostete nur 65 Pfund, die leistungsmäßig der Scott weit überlegene „Ulster" von Rudge lediglich 77,00 Pfund. Für die Dreizylinder-Scott von 996 cm^3 wurden sogar 115,00 Pfund verlangt, genau soviel wie damals (1936) in England für eine kopfgesteuerte BMW R 5 von 500 cm^3 oder eine seitengesteuerte BMW R 12 von 745 cm^3. Gemessen am einfacheren Aufbau des Motors hätte – rein theoretisch – die Scott billiger als vergleichbare Konkurrenzfabrikate sein müssen. Aber sie war eben anders als sonstige Zweitakter. Heute ist die große Dreizylinder-Scott eine Rarität, ihr Wert unter Liebhabern übersteigt bei weitem den Neupreis. Eine soll sich noch in England befinden, eine andere in der Schweiz sein und von einem dritten Exemplar wird angenommen, daß es 1945 über Paris und Zschopau in der Sowjetunion gelandet ist.

Je nach Hubraum hatten die 498er und 598er Scott-Motorräder in den dreißiger Jahren eine Leistung von 20 bis 30 PS, die 598er TT-Rennmaschine offiziell lediglich 27 PS, doch konnten erfahrene Tuner einiges mehr aus den Motoren herausholen. Hub und Bohrung betrugen bei den 498er Maschinen 68,25 mm, die 598er Modelle hatten bei gleicher Bohrung einen Hub von 74,6 mm. Die Motoren der TT-Modelle hatten andere Abmessungen: bei gleichem Hub von 71,4 mm wies der 498er 66,6 mm und der 598er 73,0 mm Bohrung auf. Auch der luftgekühlte 298er Einzylindermotor, von 1929 bis 1931 gebaut, besaß 73 mm Bohrung und 71,4 mm Hub. Er fügte sich nie so richtig in das Scott-Programm ein und verschwand genau so sang- und klanglos, wie er kam.

Alfred Angas Scott gehörte zu den wenigen Engländern, die trotz aller Schwierigkeiten und Rückschläge an den Zweitaktmotor glaubten und sich ihm verschrieben. Er benötigte auch sieben Jahre, bis er mit seiner Konstruktion an die Öffentlichkeit trat. Man könnte ihn mit dem Deutschen Hugo Ruppe, dessen Geburtstag sich 1979 zum hundertsten Male jährte, vergleichen. Beide leisteten wertvolle Entwicklungsarbeit auf dem Gebiet von Zweitaktmotoren.

Schwäbische Meisterarbeit: Standard

Die Motorradfabrik Klotz in der Stuttgarter Bahnhofstraße baute bis 1925 gute Motorräder mit eigenen 247-cm^3-Zweitaktmotoren. Dann mußte Eugen Klotz für immer die Tore schließen, seine führenden Mitarbeiter zerstreuten sich. Einige gingen zu Bergmüller & Co. wo UT-Motorräder entstanden, andere zogen nach Ludwigsburg, angeführt von Wilhelm Gutbrod. In einer Kaserne dieser Stadt hatte er seinen Militärdienst absolviert, und gerade diese Kasernengebäude waren frei geworden. Wilhelm Gutbrod mietete sie. In früheren Pferdeställen an der Hindenburgstraße 40 erstellte er mit einem Team, zu dem auch der Ingenieur Gustav Kast gehörte, die ersten „Standard"-Motorräder. Gutbrod hatte sich sofort voll für den Motorradbau engagiert, obwohl es damals rund 100 andere Hersteller von Motorrädern gab, von denen manche schwer um ihre Existenz kämpfen mußten. Unter dem Namen „Standard" hatte bereits ein Werk in Hagen/Westfalen Motorräder gebaut, es war dann 1924 eingegangen.

Die Neukonstruktionen Gutbrods zeichneten sich durch stabile und formschöne Fahrwerke aus, in die man Motoren der schweizerischen Firma Motosacoche (MAG) einbaute, zunächst mit 347 bis 748 cm^3, später auch solche von 997 cm^3. Die Maschinen entsprachen typisch englischen Konstruktionsprinzipien und waren erstklassig verarbeitet; ihr Vorbild hätten die englischen HRD-Motorräder von 1925 sein können, von der Vorderradgabel abgesehen: Gutbrod baute bei den luxuriösen und sportlichen Modellen die Castle-Gabel ein, die der von Brough-Superior verwendeten ähnelte. Die ersten Modelle waren in Schwarz gehalten mit Streifen und Namen in Gold. 1929 erhielten sie mehr Farbe durch rote und gelbe Streifen auf den hellen Kraftstofftanks.

Bemerkenswert, daß Standard sogleich auch ins Renngeschehen einstieg. Aber nicht mit MAG-Rennmotoren, sondern mit solchen von Jap. Eugen Gerlach aus Weil im Dorf fuhr eine 250er, Josef „Seppl" Thevis aus Berlin eine 350er. An großen Wertungs- und Zuverlässigkeitsfahrten beteiligten sich damals neben Gerlach auch August Baltes aus Annen und Gustav Kast, der gebürtige Stuttgarter, zunächst meistens auf 497er wechselgesteuerten Einzylindermaschinen, später auch mit kopfgesteuerten Modellen.

Verstärkung erhielt das Werk 1928 durch den bekannten Konstrukteur und Rennfahrer Dipl.-Ing. A. F. Dom, der von Motosacoche in Acacias bei Genf zu Standard überwechselte. Der in Niederländisch-Indien geborene

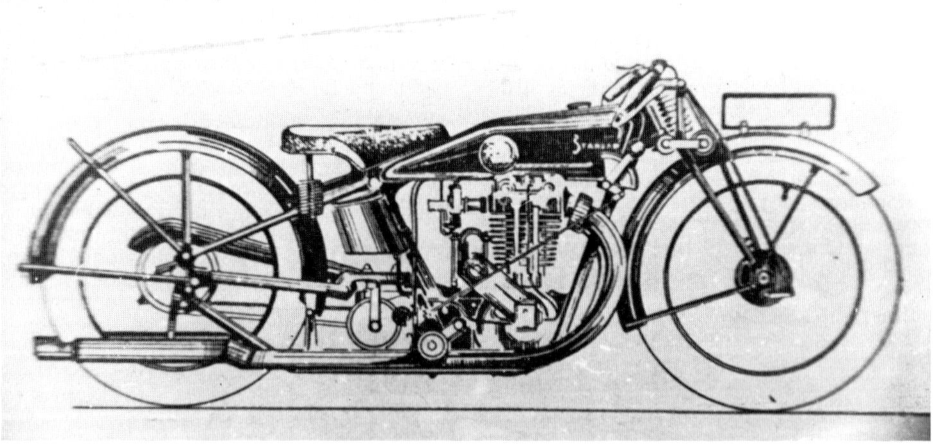

Eines der ersten Standard-Motorräder. 1928 gebaut, hatte diese Maschine einen kopfgesteuerten 498er MAG-Motor mit zwei Auspuffrohren.

Auch diese Standard-„Supersport“ aus dem Jahre 1930 hatte den kopfgesteuerten MAG-Motor von 498 cm³ und die 1929 eingeführte „Castle“-Vorderradgabel. Ihre Farben: rot-gelb oder rot-chrom.

und mit einem holländischen Paß versehene Dom entwickelte neue Rennmaschinen, die er auch selbst bei deutschen Veranstaltungen erfolgreich fuhr. Seine eigenen Maschinen, zunächst mit kopfgesteuerten Stößelstangenmotoren und später mit Motoren mit obenliegender Nockenwelle ausgestattet, unterschieden sich äußerlich von denen der Konkurrenz durch einen ziemlich hoch angebrachten Lenker und tiefen Sattel – Dom war klein von Statur und hielt wenig von einer „gebückten Rennhaltung“. Ende 1930 ging er zu Imperia nach Bad Godesberg. Zwischendurch fuhr er in Holland englische Scott-Maschinen, und 1934 kehrte er nach Holland zurück, um eine Hochschulprofessur anzunehmen.

Kurz darauf saß ich mit Hermann Lang, dem späteren erfolgreichen Mercedes-Fahrer, im Restaurant des Tribünenhotels am Nürburgring zusammen, wir unterhielten uns über seine Zeit als Ein- und Rennfahrer bei Standard. Als junger Mechaniker war er 1929 zu Gutbrod gekommen, wo er dann hauptsächlich Seitenwagenrennen mit zwei Werksmaschinen bestritt. Eine hatte den 498er MAG-Werksrennmotor mit obenliegender Nockenwelle, den der Engländer Dougal Marchant 1927/28 bei Motosacoche konstruiert hatte, die andere einen V-Zweizylindermotor von Jap mit 998 cm³, der mit Alkoholbetrieb damals bereits 55 PS abgab; entworfen hatte ihn Jap-Chefkonstrukteur „Sam“ Greening.

Für 1929 hatte Gutbrod ein großes Rennteam engagiert. Da waren der Österreicher Karl Gall und der Landshuter Franz Ecker, die von BMW kamen, und Paul Rüttchen aus Erkelenz, der zuvor die große 998er Rennmaschinen von Harley-Davidson solo fuhr. Ihnen standen neue 348er und 498er Maschinen mit Marchant'schen Rennmotoren mit obenliegender Nockenwelle zur Verfügung, die ausschließlich Werksfahrern vorbehalten waren. Eine der wenigen Ausnahmen bildete

Standard-Chefkonstrukteur Dipl.-Ing. A. F. Dom – körperlich nicht der größte – bevorzugte hohe Lenker und tiefe Sättel bei den von ihm gefahrenen Rennmaschinen. Diese 1931 von Standard gebaute 498er mit dem MAG-Rennmotor D 50 war typisch für seine Konstruktionsprinzipien.

Mit kopfgesteuerten Einzylindermotoren von 198 und 246 cm^3 (unser Bild), die unter Jap-Lizenz gebaut wurden, stattete Standard mehrere kleine Sportmaschinen aus.

der Weimarer Karl Schminke, der bei Standard Einfahrer gewesen war und bei Ausweisfahrerrennen in Deutschland auch einen der Werksmotoren benutzen durfte. MAG-Hersteller Motosacoche unterstützte den Renneinsatz von Standard nach Möglichkeit, und so wurden deutsche Rennmaschinen auch unter Motosacoche-Werksfahrern wie Francesco Franconi und Bruno Martinelli erfolgreich eingesetzt. Zweifellos war es diesem beispielhaften Renneinsatz zu verdanken, daß der Name Standard in kürzester Zeit zu einem Begriff in Motorradfahrerkreisen wurde. Weder die erwähnte erste deutsche „Standard" noch die von 1921 bis 1923 in England gebaute „Standard" erreichten je den Bekanntheitsgrad der Gutbrodschen Konstruktion, die sich den führenden Marken in Deutschland zurechnen konnte. Übrigens ging Karl Gall 1930 zu BMW zurück, Rüttchen wanderte zu NSU ab, und nur Hermann Lang blieb zunächst in Ludwigsburg – bis er dann später zu Mercedes nach Untertürkheim übersiedelte. Seine Seitenwagenmaschinen bestieg dann als Privatfahrer der Ulmer Konrad Dürr, groß und „dürr" von Gestalt, nachdem er sie vom Werk erworben hatte.

Bei den Freiburger Rekordtagen hatte Eugen Gerlach schon 1927 mit dem kopfgesteuerten 250er Jap-Rennmotor im Standard-Fahrwerk 121 km/h erreicht. Damit begann eine lange Reihe von Erfolgen bei Berg- und Straßenrennen und später zum Teil auch bei Bahnrennen, auf denen Josef Hecker (ein Neffe des damaligen Motorradfabrikanten Hecker in Nürnberg) eine Standard mit den serienmäßigen kopfgesteuerten 498er Rennmotor steuerte. Unter Jap-Lizenz gebaut, entstanden 1931 neue kopfgesteuerte Modelle mit 198 und 248 cm^3. Hinzu kam 1933 eine „Rex"-Version mit 346 cm^3 und später eine mit 496 cm^3, deren Königswellenmotoren aus eigener Fertigung mit angeblockten Getrieben für Sportmaschinen, aber nicht für Rennzwecke ausgelegt waren. Überhaupt gab es bei Standard in den dreißiger Jahren keine größere offizielle Rennbeteiligung mehr. Der kostspielige Rennstall von 1929 hatte doch wohl die finanziellen Möglichkeiten des Werkes überfordert, so mußte man in sportlicher Hinsicht dann mehr oder weniger passen.

Kleine 174er Zweitakter erweiterten das Bauprogramm von Standard, das 1933 auch ein von Dipl.-Ing. Josef Ganz konstruierter Kleinwagen mit Einrohrrahmen, Vollschwingachsen und Heckmotor bereicherte. Seine Produktion erzwang eine Verlegung des Werkes, zunächst nach Stuttgart-Feuerbach; später wurde eine leerstehende Konservenfabrik in Plochingen/Neckar erworben, wo die Standard-Motorräder hergestellt wurden. Schon vorher kam Wilhelm Gutbrod in den Besitz der Zehnder-Motorradwerke in Gränichen/Schweiz, wo Zehnder-Maschinen weitergebaut wurden, aber auch Standard-Motorräder für den schweizerischen Markt entstanden. Außerdem verfügte Gutbrod über ein weiteres Werk in der Schweiz, die AG für Motorfahrzeuge in Schleitheim-Oberwiesen bei Schaffhausen.

Die von Standard anfänglich verwendeten MAG-Einbaumotoren erfreuten sich bei vielen angesehenen Motorradherstellern in Europa einer großen Beliebtheit. Die 348er Modelle hatten 72 mm Bohrung und 85 mm Hub, die 498er Einzylinder 82 mm Bohrung und 94 mm Hub. Schon zu Beginn der Produktion gab Standard 5 Jahre Garantie auf das Fahrwerk und 3 Jahre auf die von Tiger gelieferte Parallelogrammgabel. Bemerkenswert, daß Motosacoche die MAG-Tourenmotoren erst von 1929 an mit seitengesteuerten Ventilen ausrüstete; bis dahin hatten alle, auch die V-Zweizylinder, wechselgesteuerte Ventile (Einlaß von oben, Auslaß seitengesteuert). Eine 596er Version hatte 85 mm Bohrung und 104 mm Hub, war aber sonst identisch mit der 498er. Die ab 1930 gebauten MAG-Motoren von 597 cm³ hatten 90 mm Bohrung und 94 mm Hub, die großen 997er V-Zweizylinder mit gegengesteuerten Ventilen wieder 82 mm Hub und 94 mm Bohrung.

Neu war 1931 der ebenfalls von Standard eingebaute 498er MAG-„Wettbewerbsmotor“ mit gekapselten Ventilen, innen poliertem Zylinderkopf, Leichtmetallkolben, rollengelagerter Kurbelwelle, Trockensumpf-Umlaufschmierung, Amal-Doppelschwimmer-Rennvergaser und Hurth-Dreiganggetriebe. Er wurde auch von bekannten Bahnfahrern wie Josef Hecker, Martin aus Sonthofen und Czernitzki erfolgreich eingesetzt. Diesen Motor gab es auch in einer Ausführung mit 348 cm³ und den für diese Hubraumgröße bei allen MAG-Motoren gebräuchlichen Abmessungen (Bohrung/Hub 72/85 mm).

Mit Bark in Dresden (vorher Kühne) eng zusammenarbeitend, schuf Standard in den dreißiger Jahren 247er Dreikanal-Zweitakter, seitengesteuerte Viertakter von 343 cm³ und die beiden erwähnten „Rex“ Sportversionen mit Einzylindermotoren, deren Ventile durch eine Nockenwelle im schräg nach vorn geneigten Zylinder betätigt wurden. Noch bis 1938 lieferte MAG Motoren in verschiedenen Ausführungen an Standard, darunter auch als einer der schönsten den bereits 1931 von dem Engländer Le Vack konstruierten, seitengesteuerten 846er V-Zweizylinder. Er leistete bei 72 mm Bohrung und 104 mm Hub 22 PS und brachte die Maschine auf 120 km/h. Alle Luxusausführungen der damaligen Zeit wiesen nicht nur die berühmte Castle-Vorderradgabel auf, sondern auch viel

Eine der schönsten Tourenmaschinen von Standard mit dem von Bert Le Vack konstruierten, seitengesteuerten MAG-V-Zweizylindermotor von 846 cm³, dessen 22 PS für 120 km/h gut waren. Sie wurde von 1932 an gebaut.

Standard-Motorräder hatten immer ein sportliches Image, doch baute das Werk von 1934 an auch seitengesteuerte Bark-Einzylindermotoren ein.

Chrom – die Zweizylinder BT 850 hatte sogar verchromte Bremsstrommeln! Als billiges Modell war die BT 500 ohne abnehmbaren Zylinderkopf noch 1937 im Angebot sowie die BT 600, die beide nach wie vor die alte MAG-Motorenkonstruktion mit wechselgesteuerten Ventilen besaßen.

Eigene seiten- und kopfgesteuerte Einzylindermotoren von 198 bis 596 cm³ wurden von Standard bis knapp vor dem Ausbruch des letzten Weltkrieges gebaut, doch überwogen zahlenmäßig damals schon Zweitakter von 173 bis 248 cm³, die jedoch aus kommerziellen Gründen mit den Zweitaktern großer Unternehmen wie DKW (Auto Union) nicht konkurrieren konnten. Die eingeführten MAG-Motoren unterlagen immer schärferen Importbeschränkungen, die schließlich das einst so berühmte Motor- und Motorradwerk Motosacoche zwangen, diese Fertigung einzustellen. Auch bei Standard in Plochingen

Die berühmte, von 1933 an gebaute Standard-„Rex" hatte einen 348er Königswellenmotor und war als schnelle Sportmaschine entworfen, aber nicht für Rennen bestimmt. Aus noch vorhandenen oder teilweise neuangefertigten Teilen stellte das Werk nach 1945 noch Hunderte dieser Maschinen für Behörden zusammen.

„Feuergeist" hieß eines der letzten bei Standard gebauten Motorräder mit Telegabel und dem eigenen 247er Zweitaktmotor.

lief die Produktion aus, nach 1945 baute Standard keine Motorräder mehr. In der Schweiz hergestellte Standard-Maschinen mit 244er Jlo-Zweitaktmotoren waren in der Produktion zu teuer, als daß sie auf dem deutschen Markt ernsthaft hätten konkurrieren können.

Ihre Blütezeit erlebten die Standard-Werke kurz nach Beginn des Motorradbaues, als diese Marke durch zahlreiche Sporterfolge rasch bekannt wurde. Die hohen Kosten, mit denen man, wie gesagt, den Renneinsatz 1929 forcierte, waren aber für die damals noch kleine Fabrik auf die Dauer nicht tragbar, zumal Karl Gall, Paul Rüttchen und Franz Ecker „Profis" waren und nur Rennen fuhren, anders als Hermann Lang, der auch als Einfahrer tätig war und wohl die meisten Erfolge errang, obwohl Gall besonders bei Bergrennen auf 350er und 500er Solomaschinen und Wilhelm Schminke 1930/31 auf einer Werksmaschine viele Siege errangen; Schminke ging wie Dipl.-Ing. Dom später zu Imperia. Für Hermann Lang waren die Seitenwagenrennen, wie er mir kürzlich verriet, ein gutes Training für seine spätere Laufbahn als Mercedes-Rennfahrer.

Firmengründer Wilhelm Gutbrod starb, erst 55 Jahre alt, kurz nach Kriegsende. Er hinterließ u. a. den hervorragenden Gutbrod-Kleinwagen, an dessen Konstruktion und Fertigung viele frühere Mercedes-Techniker großen Anteil hatten. Weil eine Produktion in größeren Serien nicht möglich war, mußte der Kleinwagenbau Ende der fünfziger Jahre eingestellt werden. Geblieben war der Gutbrod-Rasenmäher, der in großen Stückzahlen von der Gutbrod-Werke GmbH in Saarbrücken-Bübingen gebaut wird.

Nach dem Tode Wilhelm Gutbrods traten seine Söhne Walter und Wolfgang Gutbrod, die am Steuer ihrer Kleinwagen bei sportlichen Wettbewerben der fünfziger Jahre oft erfolgreich waren, an die Spitze des Unternehmens. Heute ist Wolfgang Gutbrod in führender Position bei Gutbrod in Bübingen tätig, während sein Bruder Walter wichtige Aufgaben in jenem Unternehmen wahrnimmt, das viele Jahre die MAG-Einbaumotoren für Standard lieferte und das mit der Familie Gutbrod immer eng verbunden war: bei Motosacoche in Acacias nahe Genf, wo man – leider! – schon lange keine Motorräder und Motoren mehr herstellt.

In den kleinen Hubraumklassen herrschten um 1930 noch Zweitakter vor, und so hatten es selbst diese schönen ohv-Modelle von Standard mit 198 und 246 cm³ schwer, gegen ihre Konkurrenz anzukommen.

Stock
Einst Berlins größte Motorradfabrik

Der Kahn-Konzern gehörte einst zu den größten Industriegruppen in Deutschland. Seine Zentrale und drei Werke befanden sich in Berlin, andere außerhalb der damaligen Reichshauptstadt; so stellte eine große Fabrik in Heidelberg Schnellpressen und von 1930 an die Stock-Motorräder her.

Die erste Stock jedoch entstand in Berlin. Sie wurde von „guten Eltern" übernommen. Von Evans kam sie kurz nach dem Weltkrieg, in Rochester im Staat New York/USA produziert, auf den amerikanischen Markt. Die „Amstea" in Berlin führte den 119er Zweitakter nach Deutschland ein, hier fand er bald einen sehr guten Absatz. Der in einen verstärkten Fahrradrahmen mit gefederter Vorderradgabel eingebaute Dreikanal-Motor mit Nasenkolben erwies sich als einfach und zuverlässig. Evans stellte 1923 die Produktion in Amerika ein, und nun war es der kapitalstarke Kahn-Konzern, der Konstruktion und Baurechte erwarb. Während die 30 bis 40 anderen Berliner Motorradhersteller meist in kleinen Fabriken und Werkstätten mit primitiven Einrichtungen arbeiteten, entstand in der Prinz-Albrecht-Straße 8 ein großes Werk für den Motorenbau mit einem benachbarten Montagehallenkomplex und Fließbandfertigung der neuen Stock. Wohlweislich konzentrierte sich die Kahn-Gruppe auf nur ein Modell der verbesserten „Evans", das dann auch bis 1930 fast unverändert gebaut wurde. Gegenüber der Schwinggabel der Original-„Evans" hatte die neue 119er Stock eine harte, aber doch wirksame Blattfederung, einen verbesserten Schalldämpfer, eine veränderte Übersetzung, verstellbare Tretkurbeln und auch einen Reservetank für Öl. Der Zweitaktmotor leistete 2 PS bei 55 mm Bohrung und 50 mm Hub. Mea lieferte die Zündanlage, der Vergaser wurde selbst hergestellt. Das Hinterrad wurde durch einen starken Lederkeilriemen angetrieben. Die Räder hatten die Bereifung 26 x 2,00″, das Hinterrad besaß eine Freilauf-Bremsnabe. Der Inhalt des Tanks von 7 l reichte für fast 300 km Fahrstrecke. Gegen einen Mehrpreis von 17,50 Mark war eine kleine elektrische Wechselstrom-Lichtanlage zu haben; für eine Zweigang-Hinterradnabe von Fichtel & Sachs wurde ein Aufpreis von 90 Mark verlangt. In der Normalausführung war die Stock 1925 mit einem Preis von 380 Mark Deutschlands billigstes Motorrad, ermöglicht wurde dieser Preis durch die Großserienfertigung. Neben-

Die erste aus der „Evans" entwickelte Stock von 119 cm^3, Baujahr 1925.

bei: für die Expreßgutverpackung wurden 3 Mark, für einen Holzverschlag 7 Mark berechnet.

In den zwanziger Jahren war Berlin ein Eldorado für Freunde und Hersteller von Zweitaktern. Um gegenüber der starken Konkurrenz die Überlegenheit ihrer Maschinen zu beweisen, bauten viele Marken auch Rennmaschinen für die 125er Klasse, so Windhoff, Bekamo und Hucke-Rinne. Bei Stock wollte man nicht abseits stehen. In Ing. Josef Heuß hatte die Firma einen tüchtigen und sehr erfahrenen Konstrukteur, der jahrelang selbst an schwersten Zuverlässigkeitsfahrten erfolgreich teilnahm. Mit auf 123 cm^3 aufgebohrten, wassergekühlten Rennzweitaktern, die unter seiner Regie entstanden, kamen „Charly" Geffers, Hanni Köhler, Ernst Wittig und andere zu guten Ergebnissen, insbesondere bei Langstreckenprüfung wie der 24-Stunden-Fahrt auf der früheren Opel-Rennbahn in Rüsselsheim. In der kleinen Klasse mischen übrigens außer deutschen Firmen wie DKW, Grade, Neander usw. auch italienische Hersteller wie GD und MM mit.

Die kleine Stock war ein billiges und wirtschaftliches Transportmittel, mit ihren 2 PS allerdings kein Renner und gegen Ende der zwanziger Jahre auch technisch veraltet, obwohl ihr noch ein 10-l-Stecktank und zuletzt ein moderner Satteltank verpaßt wurde. Aber am Motor geschah nicht viel. Kein Wunder, daß der Absatz zurückging und man sich bei Stock etwas Neues ausdenken mußte.

Der gute Zweitaktmotor von Stock mit der „Blase" am Auspuffansatz. Das vor den Unterbrecher am Magnet geklemmte Stück Holz als Ersatz für einen verlorengegangenen Deckel sollte man als untaugliches Provisorium großzügig übersehen!

Für eine Überraschung sorgte Ing. Josef Heuß, als er einige neue Kardan-Motorräder schuf, die 1930/31 in den Handel kamen. Es handelte sich um drei hochmoderne und aufwendig gebaute Einzylinder mit Zweitakt-Blockmotoren von 198 und 298 cm^3. Von der wenig beachteten 198er Gruhn abgesehen,

Für 1931 supermodern war die Konstruktion dieser 246er Sportversion der Kardan-Stock mit Doppelauspuff.

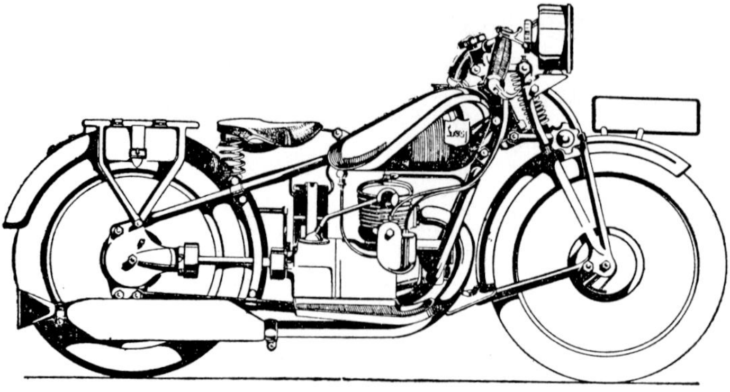

Das Tourenmodell der Stock von 1932, mit 246er Blockmotor und Kugelschaltung.

waren dies die kleinsten Kardanmaschinen in Deutschland und auch die schönsten damaligen Motorräder in ihren Klassen. Die Kurbelwelle lag in Fahrtrichtung, sie trieb das angeflanschte Getriebe über eine in Öl laufende Stahllamellenkupplung direkt an. Interessant war auch die Kugelschaltung wie bei den damaligen Automobilen. Zum Fahrwerk gehörte ein moderner Doppelrohrrahmen aus nahtlos gezogenen Stahlrohren. Ein Nachteil: das Gewicht dieser Maschinen war relativ hoch. Ihre Fertigung wurde bald nach dem Erscheinen der neuen Modelle Anfang der dreißiger Jahre von Berlin in die Heidelberger Schnellpressenfabrik verlegt, die auch zum Kahn-Konzern gehörte.

Im Aufbau waren alle drei Modelle, zu denen sich für einige Länder aus steuerlichen Gründen noch eine 248er Ausführung gesellte, gleich. Die Kraftstoffbehälter faßten vorerst 8, ab 1932 dann 11 Liter. Während die alte 119er Stock nur 49 kg auf die Waage brachte, wogen die neuen Modelle zwischen 118 und 125 kg. Das 198er Touren-Modell war in Weinrot, die Sportversion in Orange gehalten. Sie besaß wie die ebenfalls weinrote 298er zwei Auslaßkanäle. Zuletzt wurden in Heidelberg drei 198er Modelle und die 298er Version gebaut. Die kleinere Stock kostete zwischen 655 und 820 Mark, die größere Kardanmaschine 895 Mark. Die verbesserte, aber schon rund zehn Jahre alte 119er Stock wurde 1932 für 375 Mark angeboten und nur noch in geringen Stückzahlen gebaut, zumal man bei DKW damals die modernere 123er KM für 410 Mark und die gleiche 174er für 485 Mark bekam. Motorräder bis 200 cm^3 waren zu jener Zeit steuerfrei. Obwohl Stock nie an die Umsatzzahlen von DKW herankam, waren die Kardan-Motorräder beliebte Tourensportmaschinen – für Rennen allerdings schon wegen ihres Gewichtes ungeeignet. Dafür sah man Werkteams von Stock häufig bei Gelände-und Zuverlässigkeitsprüfungen.

Die politischen Veränderungen von 1933 in Deutschland hatten auch Folgen für den Kahn-Konzern, der bald aufgelöst wurde. Damit wurde auch die Produktion der Stock-Motorräder, die einen guten Ruf genossen, eingestellt.

Das war die letzte, um 1930 gebaute Ausführung der 119-cm^3-Stock, die Mitte der zwanziger Jahre in Deutschland populär war. Sie kostete damals als billigstes deutsches Modell nur 325 Reichsmark, die billigste DKW (das 198-cm^3-„Volksrad") dagegen 485 Reichsmark.

Englisches Spitzenerzeugnis: Die Sunbeam

Bevor die Firma John Marston Ltd. in Wolverhampton im Jahre 1913 ihre ersten Motorräder baute, war sie schon eine bedeutende Fabrik. Bereits 1899 lief die Automobilfertigung an, das Werk produzierte auch hochwertige Fahrräder und andere Metallwaren. Die Sunbeam-Rennwagen siegten bei vielen Rennen unter so berühmten Fahrern wie Kenelm Lee Guiness (Gründer der KLG-Zündkerzenwerke), Dario Resta, Jean Chassagne, Victor Rigal, Sir Henry Segrave, Sir Algernon Lee Guiness; die Erfolgsreihe setzten in den zwanziger Jahren Kaye Don, Sir Malcolm Campbell und Graf Giulio Mesetti fort.

Ihren hervorragenden Ruf errangen die Sunbeam-Motorräder, deren ganz große Zeit die Jahre bis 1929 waren, durch ihre außergewöhnliche Qualität. In Ermangelung hochwertiger Bearbeitungsmaschinen, wie sie heute gebräuchlich sind, kam es damals vor allem auf geschulte Fachkräfte an, und die waren im Automobilbau herangewachsen. Die Sunbeam-Motorräder wurden zudem ohne Rücksicht auf ihre Herstellungskosten produziert und galten als anerkannte Spitzenerzeugnisse. Eine Sunbeam war kein gewöhnliches Motorrad, sondern eben eine Sunbeam.

Typisch für alle Sunbeam-Motorräder mit dem eigenen Einzylindermotor war ein satter, dumpfer Auspuffton, den keine andere Maschine vorzuweisen hatte. Daran waren sie akustisch schon von weitem zu erkennen. Konstruiert hatte diese hervorragenden Maschinen der von Rover zu Sunbeam gekommene J. E. Greenwood. Er verkörperte in seinen Motorrädern viel britische Tradition, die Sunbeam war im Aufbau zu jener Zeit das britische Motorrad schlechthin – aber mit dem besonderen Pfiff.

Auf die ersten Sunbeam-Maschinen mit Einzylindermotoren von 347 cm^3 aus eigener Produktion, die 1913 entstanden, folgten bald V-Zweizylinder-Modelle mit Jap-Motoren, die hauptsächlich für die verschiedenen alliierten Armeen während des Ersten Welt-

Sunbeam-Motorräder gehörten zur englischen Spitzenklasse. Typisch die 493er „Longstroke" aus den frühen zwanziger Jahren, die auch viele Sporterfolge errang.

Prototyp einer Sunbeam-Rennmaschine aus dem Jahre 1921. Mit dem kopfgesteuerten Einzylindermotor von 497 cm^3 erreichte Entwicklungsingenieur und Werksfahrer George Dance 139 km/h und mit angehängtem Rennseitenwagen 112 km/h.

krieges gebaut wurden. Beide Typen hatten seitengesteuerte Motoren. Nach dem Kriege gab es vorerst 499er Einzylinder in Touren- und Sportausführung (Bohrung/Hub 85/88 mm) sowie eine Seitenwagenmaschine mit dem 976er seitengesteuerten V-Zweizylindermotor von Jap. Sie hatten Vorderradgabeln mit horizontalen Schraubenfedern, die Tourenmodelle völlig gekapselte Ketten und Fußbretter. Austauschbare Räder gab es schon an allen Modellen.

Bemerkenswert, daß Sunbeam die englische Tourist Trophy (TT) 1920 mit einer seitengesteuerten Einzylindermaschine gewann; kopfgesteuerte Motoren entstanden erst 1923 in „Sunbeamland", wie damals das große Werk in Wolverhampton genannt wurde. Dieser TT-Sieg führte zu bedeutenden geschäftlichen Erfolgen und Lieferzeiten, die für englische Verhältnisse fast zu lang waren. Der TT-Sieg hatte die Zuverlässigkeit und Ausdauer von Sunbeam-Maschinen in den Augen vieler Interessenten bewiesen – für sie ein ausschlaggebender Kaufgrund. Und am Finish war, auch für den Laien erkennbar, nichts auszusetzen; es war einmalig.

Von dieser 1925 gebauten Werksrennmaschine mit 497-cm^3-Königswellenmotor wurden nur fünf Exemplare hergestellt. Eine existiert noch heute im Privatmuseum von Walter Brandstetter in St. Pölten; Sunbeam-Werksfahrer Francesco Franconi brachte sie seinerzeit in die Schweiz.

Wie diese 1926 gebaute 347er Sunbeam konnten alle Tourenmaschinen mit geschlossenen Kettenkästen geliefert werden. Bei den großen Modellen waren sie sogar serienmäßig vorhanden.

Neu kam 1922 eine Maschine mit einem 347er Motor (Bohrung/Hub 70/90 mm) heraus, die ab Werk £ 94,10 kostete; eine 499er Version wurde für £ 110,40 angeboten. Neu war auch die schnelle „Longstroke“ (Langhuber) mit einem seitengesteuerten 492er Einzylindermotor (Bohrung/Hub 77/105 mm). Er war von Greenwood für Sport- und Rennzwecke entworfen worden und wurde für Rennen insbesondere von George Dance „frisiert“. Diese Maschine gewann unter anderem bei der TT und mit Alec Jackson auch beim Großen Preis von Frankreich in Straßburg. Eine Seitenwagenmaschine hatte einen 599-cm^3-Einzylindermotor, sie war für bequemes Reisen gedacht. Den Bau von Maschinen mit Jap-Zweizylindermotoren gab Sunbeam 1923 auf.

Interessant, daß Sunbeam die sportliche „Longstroke“ vorerst ohne Kickstarter anbot – nach der Devise: Rennmaschinen läuft man an! Erst 1923 war sie zu haben. In diesem Jahre entstanden auch, wie erwähnt, die ersten kopfgesteuerten Motoren von Sunbeam, und zwar mit 347 cm^3 (Bohrung/Hub 70/90 mm) und mit 499 cm^3 (Bohrung/Hub 80/98 mm). Sie wurden zunächst nur bei kurzen Rennen eingesetzt, da man kopfgesteuerten Motoren damals noch nicht die für lange Strecken erforderliche Zuverlässigkeit zutraute. Erst 1925 wurden diese Maschinen als „fit“ auch für große Rennen befunden, nachdem es 1924 mit ihnen noch genug Schwierigkeiten gegeben hatte. Die glattflächigen Motoren hatten abnehmbare Zylinderköpfe und eigene Getriebe mit nunmehr vier Gängen.

1925 schuf Sunbeam für seine Werksrennfahrer neue Motoren mit obenliegender Nok-

Sehr rassig und zuverlässig war diese 347er Sunbeam-Rennmaschine Modell 8; eine ähnliche Version mit 497 cm^3 hieß Modell 9, beide mit einem Auspuffrohr. Sie wurden von 1924 an gebaut; die abgebildete Maschine entstand 1926.

Beliebt, berühmt und prächtig war das 1927 herausgebrachte Sunbeam-Rennmodell 90 mit dem kopfgesteuerten Doppelport-Motor von 493 cm^3 (wie auch das ähnliche Modell 80 mit 347 cm^3). Diese Maschine war auch auf dem europäischen Kontinent sehr erfolgreich.

kenwelle, und zwar für fünf Solomaschinen (Bohrung/Hub 80/98 mm) und eine 600er Ausführung (Bohrung/Hub 80/117 mm) für Seitenwagenrennen. Diese Königswellenmotoren enttäuschten; sie waren nicht ausentwickelt und auch nie erfolgreich. So griff Sunbeam 1926 auch für das Werksrennteam wieder auf kopfgesteuerte Motoren mit Stößelstangen zurück. Nur eine der Maschinen mit Königswellenmotor ist meines Wissens erhalten geblieben; sie stammte von Francesco Franconi und gehörte der berühmten Rennmaschinensammlung von Walter Brandstetter an, die sich seit 1983 in Hockenheim befindet und in der sich noch zahlreiche andere Rennmodelle von Sunbeam befinden.

In den zwanziger Jahren spielte die Marke Sunbeam auch auf dem europäischen Kontinent eine große Rolle. Der deutsche Import lag in den Händen des Kölner Jack Woodhouse, der selbst viele Rennen bestritt und Sunbeam-Fahrer unterstützte. Erfolgreichster deutscher Sunbeam-Fahrer war wohl der Kölner Erich Pätzold, neben ihm behaupteten sich u. a. auch der Münchner Josef Kagerer, der Berliner Eddy Ziemer (er fiel im Krieg) und sein Freund H. G. Ryll.

Gut vertreten in Österreich war Sunbeam durch den Importeur Anton Karner, dessen Bruder Rupert 1928 tödlich verunglückte, nachdem er 1926 beim Großen Preis von Europa in Belgien in der 500er Klasse zweiter wurde; den gleichen Platz belegte bei den 350ern Otto Putz auf Sunbeam. Zu guten Erfolgen auf dieser Marke kamen auch die Österreicher Eddy Linser, Othmar Mühlbacher, Ladi Möslacher, Willi Melichar, Michael

Mit Satteltank und Zentralfeder-Parallelogrammgabel: die Sunbeam 90 (ähnlich das Modell 80) im Jahre 1931. Mit solchen Maschinen gewannen Charlie Dodson in den Jahren 1928 und 1929 die englische Senior-TT und Mario Colombo viele Rennen in Italien.

Gayer, Leopold Killmayer, Josef Walla, der Autofabrikant Karl Abarth, Toni Untermarzoner und andere. In der Tschechoslowakei waren Paul Ille, Gustav König, Fritz Kowarsch und der Prager Sunbeam-Importeur Max Grabecz oft erfolgreich, in Ungarn die Fahrer Walter Delmar, Laszlo Balasz und Dr. Paul Feledy. Spitzenfahrer in der Schweiz waren Edgar d'Eternod und Francesco Franconi, in Italien die Brüder Achille und Angelo Varzi, Luigi Arcangeli, Mario Colombo, Angelo Rava, in Frankreich Jean Francisquet. Das große Ansehen, das Sunbeam genoß, beruhte nicht zuletzt auf Siegen in großen internationalen Rennen.

Die großen Rennerfolge stellten sich 1926 ein, sie hielten etwa vier Jahre an. Hatten die Senior-TT in England 1920 Tommy de la Hay und 1922 Alec Bennett gewonnen, so war es Charly Dodson in den Jahren 1928 und 1929. Artur Simcock siegte 1929 beim Großen Preis von Österreich und wurde zweiter beim Großen Preis von Deutschland auf dem Nürburgring. Hier gab es in der 1000er Klasse einen sensationellen Sieg des Kölners Erich Pätzold, der eine 347er Sunbeam vor einer 746-cm^3-BMW-Rennmaschine ins Ziel brachte. Graham Walker, der 1924 von Norton kam und bis 1927 bei Sunbeam blieb, gewann 1927 die 500er Klasse beim Großen Preis von Europa auf dem Nürburgring. Ein Jahr zuvor belegte im Großen Preis von Europa auf der belgischen Rennstrecke von Francorchamps der Österreicher Rupert Karner, wie kurz erwähnt, den zweiten Platz, und zwar hinter Jimmy Simpson auf AJS, aber vor so großen Fahrern wie Stanley Woods auf Norton und Ernie Nott auf Rudge. Ein Grund für die Rennerfolge lag auch in der Tatsache, daß Sunbeam serienmäßig gute Rennmaschinen mit kopfgesteuerten Stößelstangen-Motoren lieferte – zu einem annehmbaren Preis.

Das Sunbeam-Programm von 1926 umfaßte Tourenmotorräder mit 347, 499 und 599 cm^3, Sportmaschinen mit 347, 499 und 492 cm^3 sowie kopfgesteuerte Rennmaschinen mit 347 und 492 cm^3; letztere gab es mit ein oder zwei Auslaßkanälen als Modelle 8, 9, 80 und 90. Sie waren zwar teurer als die Konkurrenz, aber doch so hervorragend, daß man für sie gern etwas mehr bezahlte. Zwischen dem Modell 90, das zunächst nur an ausgesuchte Fahrer abgegeben wurde, und der Werksrennmaschine bestand kein großer Unterschied. Eine serienmäßige 90er hatte damals 28 PS bei 4800 U/min und eine Spitze von 160 km/h. Das Getriebe hatte drei Gänge, der Vergaser stammte von Amac und dann von Amal, ML lieferte die Magnete und Renold die Ketten; die Gabel stammte von Druid. Die komplette Maschine wog 135 kg. 1930 gab es auch ein Dirt-Track-(Speedway-)Modell von 492 cm^3. Die Mittelklasse-Motoren hatten nunmehr 344 cm^3 (Bohrung/Hub 74/80 mm). Lediglich die 599-cm^3-Seitenwagenmaschine erfuhr keine Weiterentwicklung. Als ihre Produktion Ende der zwanziger Jahre aufgegeben wurde, hatte sie immer noch den alten, langen Stecktank und die an anderen Motorrädern längst aufgegebene Pendelgabel, die im Verein mit dem unaus-

1932 stellte Sunbeam den Rennmaschinenbau fast ganz ein. So war auch diese 1938 hergestellte Sunbeam mit 497er Doppelport-Motor nicht viel mehr als ein schnelles Sportmodell.

geglichenen Lauf des großen Einzylindermotors das Fahrzeug zu einem „Springbock" machte. Bemerkenswert immerhin war das Vertrauen der Engländer in die gute alte 599er Sunbeam mit Seitenwagen, sie wurde – allerdings mit einem kopfgesteuerten Motor – noch erfolgreich im englischen Trophy-Team der Internationalen Sechstagefahrt des Jahres 1934 unter N. P. O. Bradley eingesetzt.

Die Sunbeams der dreißiger Jahre waren schöne, aber nicht mehr so exklusive Motorräder wie früher. Als der Motorradbau von Marston dann an die Firma Imperial Chemical Industries (ICI) überwechselte, wurde die Entwicklung von Rennmaschinen fast ganz eingestellt, und damit verschwand auch das offizielle Werksteam, das große Erfolge auch in schweren Zuverlässigkeitsprüfungen errungen hatte. 1937 wurde „Sunbeamland" von den Brüdern Collier, Hersteller der Matchless- und AJS-Motorräder in London, übernommen. Vier Jahre später erwarb die BSA-(Triumph-)Gruppe, was von Sunbeam noch übrig geblieben war.

Nicht erstaunlich, daß Sunbeam-Motorräder bei Rennen immer seltener wurden. Wo sie auftauchten, handelte es sich entweder um ein älteres Rennmodell oder eine privat hergerichtete kopfgesteuerte 499er oder 599er. Die für Sunbeam so typische „Rasse" verlor sich immer mehr zugunsten von „mehr Luxus". So wurde auch das Sunbeam-Modell 9 mit geschlossenen vorderen und hinteren Kettenkasten ausgestattet; das gab es früher bei solchen Rennsportmodellen nicht. Sie gehörten aber zur Serienausstattung, ebenso wie die elektrische Beleuchtung. Im Jahre 1935 kostete eine kopfgesteuerte 500er £ 66,–.

Das 1935er Angebot umfaßte als billigste Maschine (£ 49,10) eine kopfgesteuerte 247er, eine ähnliche Version gab es mit 347 cm^3. Tourenmodelle hatten seitengesteuerte Motoren von 498 und 598 cm^3. Mit den gleichen Hubräumen wurden kopfgesteuerte Sportmaschinen mit zwei Auspuffrohren angeboten, die auch die Rennmodelle 80 und 90 hatten. Dagegen besaß die auf Bestellung lieferbare 95 R nunmehr nur einen Auslaßkanal; sie stellte sich als Fast-Rennmodell mit Fußschaltung vor (alle anderen serienmäßigen Sunbeams hatten noch Handschaltung). Eine gut getunte, auf 598 cm^3 aufgebohrte 95 R verhalf dem österreichischen Seitenwagenfahrer Karl Abarth, wie schon erwähnt, zu vielen Rennerfolgen.

Von 1936 an gab es verbesserte Fahrwerke. Aus dem früheren Modell 90 wurde eine kopfgesteuerte Doppelport-Maschine von 598 cm^3, die mit gleichem Hubraum, aber seitengesteuert, als „Lion"-Modell für Seitenwagenfahrer offeriert wurde. Beide Semi-Rennmodelle der 95er Serie verschwanden; an ihrer Stelle trat eine „kleine" 9er mit werksseitig frisiertem Motor, den das Werk als Sportmotor und nicht als Rennmotor deklarierte. Unübersehbar: die im Rennsport groß gewordene Marke Sunbeam trat immer mehr von dieser Bühne ab, sie verlor damit einen

Von AJS-Matchless in London gebaut, erhielten die letzten Sunbeams aus der Vorkriegszeit neue Motoren mit hochliegenden, seitlichen Nockenwellen und kurzen Stößelstangen – wie diese 1939 entstandene 497er.

1941 hatte die BSA-Gruppe die Marke Sunbeam übernommen. Sie wollte das „ideale Motorrad" bauen und produzierte von 1947 bis 1955 diese Sunbeam, die einen 498-cm^3-Zweizylinder-Blockmotor, Zylinder hintereinander angeordnet, mit obenliegender Nockenwelle besaß, ferner Kardanantrieb und andere „Delikatessen". Trotzdem wurden diese letzten Sunbeams nicht mehr zu einem besonderen Erfolg.

Nimbus, der sie weithin bekannt und berühmt gemacht hatte; man baute schließlich nur noch Durchschnittsmotorräder, trotz stets guter Qualität.

Die ICI war froh, als die Firma Matchless-AJS der Brüder Collier 1937 Sunbeam übernahm. Bei der neuen Associated Motor Cycles Ltd. (Matchless, AJS und Sunbeam) fristete Sunbeam aber ein überaus bescheidenes Dasein, da man sich vorerst fast nur um die eigenen alten Marken kümmerte. Wohl konstruierte und baute man neue Modelle, die 1938 herauskamen und technisch gut waren; zu einer größeren Produktion kam es aber nicht. Das Werk konzentrierte sich bald darauf auf die 347er Matchless G3 und G3L, also Armeemodelle. Deshalb kam auch der Verkauf der Marke Sunbeam im Jahre 1941 an die Birminghamer BSA-Gruppe sehr gelegen, obwohl dabei sicher nicht viel Geld einkassiert wurde. Die vorher bei AMC in London konstruierten Sunbeams hatten „high-camshaft"-Motoren mit hochliegenden Nockenwellen und sehr kurzen Stößelstangen zur Betätigung der im Zylinderkopf hängenden Ventile. Sie waren robust und hatten Hubräume von 246, 347, 498 und 598 cm^3. Weitergebaut wurden die seitengesteuerten Versionen mit 492 und 598 cm^3.

Bei BSA wollte man die Marke Sunbeam gleich nach Kriegsende ganz groß herausbringen. Man ging so weit, daß man 1945 in der englischen Motorradpresse wiederholt Interessenten um Mitteilung bat, wie sie sich das „ideale Nachkriegsmotorrad" wünschten. Das ungefähre Ergebnis: eine 500er Parallel-Zweizylinder mit obenliegender Nockenwelle und angeblocktem Vierganggetriebe, mit Kardanantrieb zum gefederten Hinterrad und einer Telegabel vorn, mit großvolumigen Reifen und gutem Fahrkomfort. Die noch recht gut betuchte Firma BSA engagierte Earling Poppe, der eine solche Maschine nach Kundenwünschen konstruierte. Schon 1946 kam sie auf den Markt. Sie sah gut und schön aus, war auch sehr bequem – doch bereiteten dem Konstrukteur starke Vibrationen des Motors mit seinen in Fahrtrichtung hintereinanderstehenden Zylindern viele schlaflose Nächte. Auch durch die Aufhängung des Motors in Gummi ließ sich dieses Problem nie ganz beseitigen.

Die Kunden, denen nun ihr „ideales" Motorrad vorgesetzt wurde, waren aber nicht so zahlreich, wie man vermutet hatte. Auch als man eine leichtere, sportlichere Version mit schmaleren Reifen anbot, hielt sich der Verkauf in bescheidenen Grenzen. Wohl wurden beide Modelle, die S 7 und die S 8, bis in die fünfziger Jahre hinein fabriziert, doch konnten sie den alten, großen Ruf von Sunbeam nicht wiederherstellen. Zuletzt gab man noch einigen bei BSA gebauten Motorrollern den

Namen Sunbeam, der einst so viele siegreiche Rennmaschinen schmückte und lange Zeit die Gewähr für ein Motorrad-Spitzenerzeugnis bot. Der Roller, vom berühmten Edward Turner konzipiert, kam aber fünf Jahre zu spät auf den Markt, als dieser vom Roller schon zum Kleinwagen übergegangen war.

Das war das traurige Ende einer großen Motorradmarke, die einst die besten Einzylindermaschinen der Welt von Motorradfahrern für Motorradfahrer baute. Auch in ihrer Farbgebung (schwarz mit goldenen Zierleisten) hoben sie sich bis 1939 von der Masse ab, ausgenommen die für Militärzwecke des Ersten Weltkriegs gebauten Maschinen. Erst bei BSA kam es zu anderen Farbzusammenstellungen. Eine „richtige" Sunbeam der zwanziger Jahre war geprägt von einer Tradition, die sich natürlich auch im Aussehen auswirkte. Sunbeam-Werksrennmaschinen waren nie die schnellsten, aber sie hielten durch, wenn schnellere Konstruktionen zusammenbrachen. Eben Qualität! Sie zeigte sich auch an den Serienmaschinen bei „Kleinigkeiten": so ließ sich eine durch Sturz verbogene Fußraste kalt wieder in ihre Ursprungslage zurückbringen – bei den meisten anderen Maschinen brach sie bei dieser Prozedur ab.

Eine persönliche Erinnerung: in der mährischen Stadt Zwittau (jetzt Svitavy) konnte ich schon mit sehr jungen Jahren erste Erfahrungen mit Sunbeam-Motorrädern sammeln und durfte jede freie Minute während meiner Schulzeit bei dem erwähnten Rennfahrer und Sunbeam-Vertreter Paul Ille verbringen. Außerdem fuhren zwei meiner Lehrer Sunbeams, die ich gelegentlich sogar putzen durfte. Klein fängt man eben an! Außerdem lernte ich durch Ille auch den Generalvertreter Grabecz aus Prag kennen, der ein Modell 90 mit Hughes-Rennseitenwagen fuhr. Es war ein unvergessener Tag, als ich im Seitenwagen mit ihm durch die Stadt fahren durfte. Solche Eindrücke wirken nach...

Aufgrund von „Kundenwünschen", veröffentlicht in führenden Motorradzeitschriften, schuf Earling Poppe 1946 für Sunbeam ein „Traummotorrad", das für das Werk zum Alptraum wurde. Es hatte einen kopfgesteuerten Zweizylindermotor von 497 cm³, die luftgekühlten Zylinder in Fahrtrichtung hintereinander, und gab 25 PS bei 5800 U/min ab. Ferner besaß es Kardanantrieb, kleine Räder (Bereifung 4,50 x 16 und 4,75 x 16 Zoll), Hinterradfederung und Telegabel. Der Preis ab Werk (BSA in Birmingham) betrug rund 260 Pfund Sterling. Eine leichtere, sportlichere Version kam bald hinzu, doch fehlte es an den vielen Kunden, die ursprünglich diese neue Sunbeam gefordert hatten.

Aus Österreich mit neuen Ideen: Titan (Austro-Motorette)

Die österreichische Titan gibt es seit rund 50 Jahren nicht mehr – nicht zu verwechseln mit der heutigen Titan, die – man glaubt es kaum – in dem kleinen San Marino gebaut wird. Angefangen hatte es 1924 mit einem Fahrrad-Hilfsmotor von 81,6 cm^3, der in Puntigam bei Graz entstand, unter der Bezeichnung „Austro-Motorette" auf den Markt kam und auch im Ausland, so von Elite in Brand-Erbisdorf (Sachsen), in Lizenz gebaut wurde. Seinen Platz fand er neben dem Vorderrad. Bei 51 mm Bohrung und 40 mm Hub leistete er offiziell 1 PS, die für 35 km/h gut sein sollten. Böse Zungen behaupteten, daß er allenfalls bergab auf diese Geschwindigkeit kam. In Österreich kostete er 220 Schilling, und viele, die sich kein „richtiges Motorrad" leisten konnten, bauten ihn an ihr Fahrrad an. Ob das Fahrrad diesem motorischen Antrieb gewachsen war, hing nicht nur von seiner Qualität und Stabilität ab, sondern vor allem auch von den damaligen schlechten Straßen in Österreich, die selbst bei großen Maschinen häufig Fahrwerkbrüche zur Folge hatten. Den meisten Fahrrädern bekam dieser Anbaumotor auf die Dauer schlecht.

Konstrukteur dieses Motörchens war Ing. Karl Schüber, ein eigenwilliger Techniker. Er gehörte zu den großen Zweitaktspezialisten der europäischen Motorradindustrie wie Hugo Ruppe, Otto Reitz, Hermann Weber, Karl Baier, Heinrich Schlüpmann, Engelbert Zaschka, Giovanni Marcellino, Adalbert Garelli, van Oirbeck und Bob Newey. Schüber hatte – im Gegensatz zu vielen anderen – nicht nur originelle, sondern auch wertvolle Konstruktionen geschaffen. Mit einem größeren und kapitalkräftigeren Untenehmen im Rücken hätten seine Motoren und Maschinen sicher einen weit größeren Absatz gefunden.

Für viele Kunden war der Hilfsmotor nur die Vorstufe zum Leichtkraftrad, das immer mehr verlangt wurde. Diesem Bedarf entsprach Schüber 1926 mit der Austro Motorette Modell IIZ, einem Motorrad, das durch seinen zweizylindrigen Zweitaktmotor besonders auffiel. Er hatte 144 cm^3 und Parallel-Zylinder, mit 48 mm Bohrung und 40 mm Hub war er ein ausgesprochener Kurzhuber wie schon der Fahrrad-Hilfsmotor. Der in einem unten offenen Rahmen eingehängte Motor leistete 2,5

Die von Ing. Karl Schüber 1926 konstruierte Austro-Motorette mit Zweizylinder-Zweitaktmotor von 144 cm^3 war als „Volksmotorrad" gedacht.

PS bei 3000 U/min, hatte ein Zweiganggetriebe und erreichte 65 km/h. Im Blockmotor war eine Konuskupplung untergebracht, das Hinterrad mit Keilfelgenbremse trieb eine Kette an. Die Maschine wog kaum mehr als 50 kg und kam nach den Ansprüchen um die Mitte der zwanziger Jahre auch für längere Reisen in Frage. Neben der MW von Paffrath war dies die einzige Zweitaktmaschine mit zwei vertikalen Zylindern in jener Zeit.

Mutete diese serienmäßige Austro-Motorette schon sehr unorthodox an, so waren zwei Werksrennmaschinen, die 1926 bei der Österreichischen Tourist-Trophy eingesetzt wurden, noch viel ungewöhnlicher, noch mehr „typisch Schüber“. Der Motor hatte einen Hubraum von knapp 175 cm^3, Bohrung/Hub betrugen 45/55 mm. Das Besondere: es war ein Königswellenmotor mit wassergekühlten Zylinderköpfen, Kompressor und Dreiganggetriebe. Beim ersten und letzten Rennen mit diesen Maschinen, die von Lajos Harmos-Hihalom und Rudolf Mezera gesteuert wurden, gab es bei dem einen ständig Kerzendefekte, so das er nach sieben Runden aufgab; der zweite schied nach einer schnellen ersten Runde in der zweiten mit Getriebedefekt aus. Diese Versuchskonstruktion wurde leider nicht weiterentwickelt. Ing. Rath, der Chef der Grazer Motoren-Werke AG in Puntigam, zog beide Maschinen nach dem Rennen aus dem „Verkehr“.

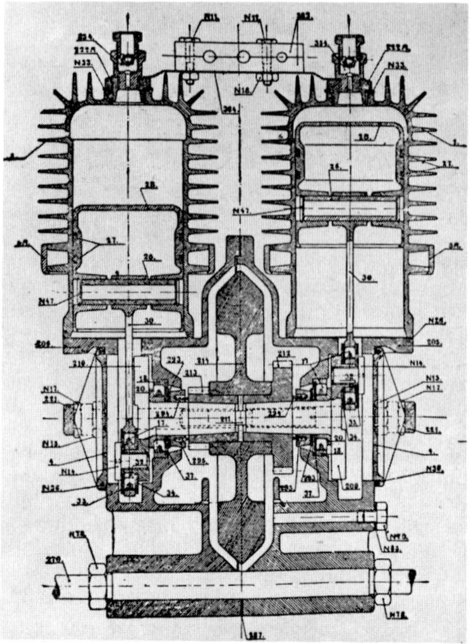

Das war der interessante 144er Zweitakt-Twin der Austro-Motorette: fortschrittlich, aber technisch noch nicht ausgereift.

Nunmehr konzentrierte sich alles auf eine Neukonstruktion von Schüber, die Titan. Ihr neuartiger Einzylinder-Zweitaktmotor hatte einen Hubraum von 340 cm^3 (Bohrung/Hub

Die von 1927 an in Puntigam bei Graz gebaute Titan besaß einen Einzylinder-Zweitaktmotor mit Membran-Einlaßsteuerung.

1928 entstand diese Titan mit dem seitengesteuerten Jap-Einzylindermotor von 490 cm³.

Die 346er Titan-„Special“ war bereits 1930 mit einem Satteltank ausgestattet.

Das letzte Titan-Modell, 1930/31 gebaut, hatte den seitengesteuerten 496er Blackburne-Motor.

75/77 mm) und – was technisch viel Aufsehen erregte – im Ansaugtrakt eine Membrane, die den Einlaß steuerte. Zur damaligen Zeit etwas kompliziert, aber gut durchdacht. Eine Verbesserung brachte der Einbau von zwei Membranen, die die Einlaßschlitze öffneten und schlossen, bei den von 1927 an gebauten Modellen. Der mit zwei Auslaßschlitzen ausgestattete Zylinder hatte zwei Auspuffrohre und einen abnehmbaren Bronze-Zylinderkopf mit großen Kühlrippen. Der Motor wies ein gutes Drehmoment auf und leistet vorerst 8 PS bei 3500 U/min. Der Preis: mit Dreiganggetriebe und Dynamolichtanlage 1800 Schilling – die 144er Austro-Motorette kostete zur gleichen Zeit ab Werk Graz 890 Schilling.

Gebaut wurden die 340er Einzylinder-Titan mit dem Zweitakt-Membranmotor von 1926 bis 1931, auch in Sportausführung und als ein mit zwei „gekoppelten" Sitzen ausgerüstetes Tandem. Sie besaßen Amal-Vergaser, Siemens-Magnete und Sturmey-Archer-Getriebe sowie die Bereifung 27 x 3,85 Ballon. Zuletzt wurde das Tourenmodell für 1600 Schilling, das Sportmodell für 1650 Schilling und die etwas leistungsstärkere „Special" – mit neuem Fahrwerk und Satteltank – für 1780 Schilling angeboten.

Offiziell nahm das Werk selten an großen Wettbewerben teil, an Straßenrennen – sieht man von den erwähnten Königswellen-Versuchskonstruktionen ab – nur mit den Austro-Motoretten 1926 und 1927 bei der Österreichischen TT. Mit den nicht sehr schnellen, aber recht zuverlässigen Maschinen belegten Oswald, Gödel und Mairhuber beim letztgenannten Rennen die Plätze 8, 9 und 11. Sie gewannen auch den Mannschaftspreis, und das war sicher mehr als nur ein Achtungserfolg für die Fahrer, die keine weltberühmten Stars waren, und die frisierten Sportmodelle. Die Internationale Fünfländerfahrt 1927 fuhr Morawetz auf der Titan erfolgreich mit.

Technisch sensationell, aber noch nicht voll entwickelt waren die 1926 bei der Österreichischen TT erstmals gestarteten 174-cm³-Werksrennmaschinen von Austro-Motorette. Sie hatten obenliegende Nockenwellen, wassergekühlte Zylinderköpfe und sogar Kompressoren. Dieses seltene Bild zeigt sie mit den Werksfahrern Ladislaus von Harmos-Hihalom (Nr. 45) und Rudolf Mezera (46) vor dem Start. Bedauerlich, daß beide wegen Defekte ausschieden, und noch bedauerlicher, daß diese Konstruktionen niemals mehr eingesetzt wurden und verschwanden.

Ein Goldschmied schuf die
Tornax

Goldschmiede sind an Präzision gewöhnt, und als 1926 Ernst Wewer – Sohn eines Goldschmiedes und selbst gelernter Goldschmied in Wuppertal-Langerfeld – seine erste Tornax schuf, war auch sie Präzisionsarbeit. An dieser erstklassigen und harmonischen Konstruktion stimmte alles, jedes Teil fügte sich gut in den Gesamtaufbau dieser Motorräder ein, deren Motoren vorerst ausschließlich von Jap in England bezogen wurden.

Ernst Wewer kam es nicht auf möglichst niedrige Verkaufspreise an, sondern auf bestmöglich gebaute, solide und robuste Maschinen zu einem vernünftigen Preis. Diese Einstellung zahlte sich in geschäftlichen Erfolgen aus. Sportliche Erfolge gab es auch, vor allem bei Straßenrennen, und schon 1927 gingen Hans Theisen und Emil Hobelmann mit Tornax-Rennmaschinen an den Start, die kopfgesteuerte Jap-V-Zweizylinder-Rennmotoren von 746 cm^3 hatten. Ähnliche Rennversionen mit 996 cm^3 wurden bald auch für Heinz Kürten und Anton Gosse gebaut. Hinzu kamen dann auch Rennmodelle mit Jap-Einzylindermotoren von 346 und sogar 246 cm^3, obwohl man damals serienmäßig hauptsächlich seiten- oder kopfgesteuerte Jap-Einzylindermotoren von 498, 548 und 598 cm^3 einbaute und eine 996er mit dem seitengesteuerten V-Zweizylindermotor von Jap herstellte, der sich 1929 eine kopfgesteuerte Version hinzugesellte.

Hans Theisen gewann schon 1927 beim Eröffnungsrennen auf dem Nürburgring, und es war dann vor allem Heinz Kürten, der in der 1000er Seitenwagenklasse der überragende deutsche Fahrer und mehrfacher deutscher Seitenwagenmeister wurde. 1930 belegte er beim Großen Preis von Deutschland in der 350er Klasse den dritten Platz auf seiner Tornax mit kopfgesteuertem Jap-Rennmotor; vor ihm waren nur Jimmy Guthrie auf AJS und Otto Ley auf einer deutschen Triumph mit dem schweizer Werksmotor mit obenliegender Nockenwelle von MAG (Motosacoche). Sonst fuhr Kürten die große V-Zweizylinder auf vielen Seitenwagenrennen, und hier war er immer wieder an der Spitze. Besonders faszinierend waren seine Kämpfe auf der Avus mit dem Berliner BMW-Fahrer Theo Schoth und seine vielen „Schlachten" mit dem Aachener Paul Weyres auf der Harley-Davidson. Aber auch Willy Ehrlenbruch, Fritz Schröter, Willy Colle und Karl Braun gehörten zu den erfolgreichen Tornax-Rennfahrern.

Unter Chefkonstrukteur Otto Karpe wurden die Tornax-Motorräder damals mehr handwerksmäßig und nicht in größeren Serien gebaut. Wewer fuhr übrigens selbst Zuverlässigkeitsfahrten und kleinere Rennen, um seine Maschinen zu testen. Verwendet wurden ausschließlich erstklassige Komponenten, beim Jap-Motor angefangen. Die Getriebe stammten von Getrag, die Vergaser von Amac und Binks (Amal), die Federgabeln von Tiger, Ölpumpen von Best & Lloyd, Zündanlagen von Bosch, Ketten von Renolds, Bremsbeläge von Ferodo usw.

Als Motorräder bis 199 cm^3 im Jahre 1928 steuer- und führerscheinfrei wurden, schuf bald jede Fabrik solche Leichtkrafträder. Tornax schaltete sich erst 1931 in diese Hubraumklasse ein und brachte 198er mit seiten- bzw. kopfgesteuerten Jap-Motoren auf den Markt, fand aber keinen sehr großen

Eine erstklassige Konstruktion und gute Arbeit verkörperte bereits die erste Tornax von 1926/27 mit dem seitengesteuerten 548er Jap-Motor.

Schon 1927 griff Tornax erfolgreich ins Renngeschehen ein. Hier Hans Theisen aus Milspe mit der ersten Rennmaschine, die einen kopfgesteuerten V-Zweizylindermotor von Jap mit 746 cm³ Hubraum besaß.

Absatz. Das lag vor allem an den Preisen: Die Tornax-Modelle waren mit 795 und 895 Mark wesentlich teurer als die 198er DKW, die bereits für 550 Mark angeboten wurde; die Großserienproduktion in Zschopau – DKW war damals die größte Motorradfabrik der Welt – machte es möglich. Dagegen wurde bei Tornax jede Maschine einzeln mit viel Handarbeit erstellt. Die Firma hieß übrigens ursprünglich Wewer & Schmidtmann, doch schied letzterer bereits 1927 aus dem Unternehmen aus.

Die Tornax-Modellreihe umfaßte im Jahre 1931 seiten- und kopfgesteuerte 198er, 346er, 595er und 996er. Alle hatten englische Jap-Motoren und gehörten zu den bestkonstruierten und schönsten Motorrädern der damaligen deutschen Motorradindustrie. Die seitengesteuerte V-Zweizylinder von 996 cm³ kostete 1595 Mark, die kopfgesteuerte Version 1795 Mark.

Harte Zeiten brachen für Tornax an, als nach der nationalsozialistischen Machtübernahme im Jahre 1933 die Einfuhr ausländischer Motoren immer schwieriger wurde, auch wenn das Fahrwerk im Inland entstand. Die Importe wurden radikal gedrosselt und schließlich ganz unterbunden. Gleichwerti-

Modern und schön: die Tornax-„Sport“ von 1930 mit dem kopfgesteuerten 490er Jap-Motor.

Eine der schönsten deutschen Maschinen war 1932 die 996er Tornax mit dem seitengesteuerten V-Zweizylindermotor von Jap.

gen Ersatz aber für die rassigen und guten Jap-Motoren gab es kaum, obwohl Einbaumotoren auch von Bark (früher Kühne), Küchen und Columbus in Bad Homburg v. d. H. in Deutschland hergestellt wurden.

1935 baute Tornax nur noch drei Modelle – und dazu einen prachtvollen kleinen Zweisitzer-Sportwagen mit dem 698er DKW-Automotor, den „Rex". Die Motorräder hatten entweder den seitengesteuerten Columbus-Einzylindermotor von 598 cm³ oder die 1933 von Hermann Reeb konstruierten 598er und 798er Parallel-Zweizylindermotoren mit obenliegender Nockenwelle, wie sie auch Horex einbaute. Einige speziell für Rennen hergestellte Ausführungen hatten einen Hubraum von 996 cm³, sie wurden von Tornax-Werksfahrer Anton Gosse aus Köln in Seitenwagenrennen gesteuert. Die Serienmaschinen kosteten 999, 1260 und 1498 Mark. Dann wurden die Parallel-Zweizylinder im Programm ersetzt durch eine vierventilige Einzylinder von 598 cm³ sowie eine neue kopfgesteuerte 346er Einzylinder, die S 35, die schon 1937 wiederum durch eine 198er kopfgesteuerte Einzylinder, die K 20, abgelöst wurde. Auch sie hatte einen Columbus-Motor.

Nach dem Zweiten Weltkrieg gehörte der Tornax Fahrzeug- und Apparate-Bau von Ernst Wewer zu den ersten, die wieder in den Motorradbau einstiegen. Der große Enthusiast Wewer konnte es nicht lassen! Schon 1949 erschien eine neue 123er mit dem Zweitakt-Einzylindermotor von Jlo, mit Doppelrohrrahmen und Telegabel. Da damals alles noch bescheiden war, konzentrierte Wewer die Produktion auf leichte Maschinen, den Neuanfang gab es in der Achtelliterklasse. Auch nahm Tornax wieder an Wettbewerben teil, jedoch nur im Zuverlässigkeitssport,

Diese 1934 gebaute Tornax hatte einen 596er Vierventil-Motor von Columbus.

Sehr beliebt war in den ersten fünfziger Jahren die 198er Tornax mit dem Jlo-Zweitaktmotor.

bestritt z. B. die Deutschlandfahrt mit Werks- und Privatfahrern und schnitt dabei glänzend ab. Bis 1954 erschien eine Reihe stärkerer Motorräder mit Jlo-Zweitaktmotoren; angeboten wurden eine 173er mit 9,5 PS, eine 174er mit 8,2 PS, eine 197er mit 11 PS, eine 248er Einzylinder mit 10 PS sowie eine 248er Zweizylinder mit 15 PS. Von einer Maschine mit dem 247er Zweizylinder-„Opti"-Motor mit obenliegender Nockenwelle, den Richard Küchen konstruiert hatte, gab es nur eine kleine Vorserie. Es stellte sich heraus, daß dieser Motor unter thermischen Schwierigkeiten bei starker Belastung litt und keineswegs ausgereift war. Außerdem war er trotz der durch Kette angetriebenen obenliegenden Nokkenwelle nicht leistungsstärker als der einfachere und in der Fertigung wesentlich billigere Jlo-Zweizylindermotor. Auch der von Wewer 1952 gestartete Versuch, mit einem formschönen Einzylinder-Viertaktmotor mit obenliegender Nockenwelle von Küchen in

Überaus formschön, aber wenig erfolgreich: der von Richard Küchen konstruierte 246er „Opti"-Zweizylindermotor mit obenliegender Nockenwelle, den Tornax 1954 versuchsweise einbaute.

1982 wurde der Name Tornax durch die Tornax-Zweiradwerk GmbH in 6242 Kronberg 2 mit Zweitaktmodellen von 49 und dann von 79 cm³ zu neuem Leben erweckt. Außer Tourenmaschinen kamen auch mehrere Sportversionen mit Morini-(Franco-)Motoren ins Programm. Dies ist die 79er Moto-Cross von Tornax.

der 125er Klasse wieder Fuß zu fassen, scheiterte. Paul Ried, der diese neue Rennmaschine von Tornax fuhr, brachte sie selten nach vorn, weil auch ihr Motor seine „Kinderkrankheiten" noch nicht überwunden hatte – er hätte weiterentwickelt werden müssen. Eine Schwäche vieler Konstruktionen von Küchen, der sich nie genügend Zeit ließ, einen Motor wirklich topfit zu machen. Das traf nicht nur für seine „Opti"-Motoren zu, sondern auch für einen Doppelkolben-Zweitakter, die Bergmeister von Victoria, die Gouverneur von Hofmann und auch für einen 2-l-Rennwagen, den er für Hans Stuck sen. schuf. Bei all seiner Tüchtigkeit – das waren eben zu viele Aufgaben, die er sich stellte. Und so kam es auch, daß die 125er Rennmaschinen von Tornax nie schnell und zuverlässig zugleich war.

Ernst Wewer baute seine Motorräder „aus Liebe und mit Liebe". So besaß auch die letzte Maschine mit dem 248er Jlo-Motor eine 1954 ganz moderne Vorderradschwinge und eine Hinterradschwinge. Man mußte jedoch für diese Tornax, „schwarze Josefine" genannt, 2195 Mark zahlen; die Version mit dem „Opti"-Motor sollte sogar 2295 Mark kosten – zu einer Zeit, als man gute 250er von anderen Firmen um 500 bis 600 Mark billiger bekam. Die Produktionskosten zu Lasten der Qualität zu senken, lag Wewer nicht und wäre bei der rückläufigen Nachfrage für Motorräder auch nicht möglich gewesen. So wurde Tornax eines der ersten Opfer der sich verschärfenden Absatzkrise, das Werk mußte 1954 seine Tore schließen.

Seine Kunden ließ Wewer aber nicht im Stich. Er erwarb bei dem Zusammenbruch das gesamte Ersatzteillager, das – zusammen mit einer Reparaturabteilung – seinen Abnehmern noch mehrere Jahre zur Verfügung stand. Anfang der sechziger Jahre starb er; ein Mann, der Qualität und Fairneß auf seine Fahne geschrieben hatte und bis zuletzt dafür aufopfernd tätig war. Heute erinnern sich nur noch wenige Kenner daran, daß Tornax einst mehrfach deutsche Meisterschaften errang und in seiner besten Zeit, um 1930, mit dem 55-PS-Jap-Motor und Heinz Kürten im Sattel fast alle Seitenwagenrennen gewann. Bei Tornax verstand man es, nicht nur robuste Touren- und Sportmaschinen, sondern auch leichte und gute Rennfahrwerke zu bauen. Tragisch, daß dieses solide und seriöse Motorradwerk so früh vor einer tiefgreifenden Krise kapitulieren mußte – aber es war, wie sich 1982 zeigte, nicht das Ende des Namens Tornax.

Englands ruhmreiche und schnelle Velocette

Velocette im englischen Birmingham, einst eine Metropole der Motorradindustrie, war ein mittelgroßes Familienunternehmen, das sich lange Zeit vorher im Vorort Hall Green, York Road, befand. Die Fabrik verfügte – gegenüber namhaften anderen britischen Motorradherstellern der damaligen Zeit – über moderne Fertigungseinrichtungen, sie hatte lange Zeit erstklassige Mitarbeiter, die sich der „Velocette-Familie“ eng verbunden fühlten; in diesem Werk entstanden Motorräder, die Enthusiasten schufen.

Die ruhmreiche Geschichte der Velocette begann im Jahre 1901, als die Firma Taylor, Gue Ltd. mit der Zentrale in Londons Wells Street und einem Werk in Birmingham Motorräder der bekannten Marke Ormonde und der belgischen Firma Kelecom mit 3, 3,5 und 4 PS anbot. Kelecom, führend im Bau von Einbaumotoren, stellte Motorräder nur in geringer Stückzahl her. Bereits 1904 führte die Taylor, Gue Ltd. Veloce-Motorräder von 2 PS für 25 Guineas im Programm, die von dem angeblich aus Deutschland gebürtigen John Goodman hergestellt wurden. Er benannte die von ihm gegründete Six Ways Fabrik in Veloce Ltd. um und brachte seine Veloce-Motorräder auch unter der Marke VMC (Veloce Motor Cycles) heraus, zunächst mit Viertaktmotoren aus eigener Fertigung, von 1913 an auch mit Zweitaktmotoren von 206 cm^3. Ihm zur Seite standen die Söhne Percy und Eugéne, beide hervorragende Techniker, die nach dem Tode John Goodmans im Jahre 1929 die Werksleitung übernahmen, gemeinsam mit ihrer Schwester, die sich als hervorragende „Finanzministerin“ erwies, und deren Mann George Denley, einem tüchtigen Verkaufsdirektor. Zu diesem „Familienteam“ stießen der Techniker und Rennfahrer Harold Willis als Leiter der Renn- und Entwicklungsabteilung sowie Bob Burgess, der für den Kundendienst verantwortlich zeichnete. Es war das beste und erfolgreichste Management, das die Firma Velocette je hatte. (Wie aus dem früheren Namen Veloce die Marke Velocette wurde, konnte mir übrigens auch

Bis 1924 baute Velocette hauptsächlich Zweitaktmaschinen von 249 cm^3 mit eigenen Dreikanal-Nasenkolbenmotoren.

Es gab verschiedene Ausführungen der Velocette-Zweitakter Diese Version mit zwei Auslaßkanälen wurden 1927/28 gebaut.

Eine der ersten 348er Königswellenmaschinen von Velocette. Percy Goodman, der damalige Firmenchef, konstruierte sie 1925/26.

Percy Goodman nie genau erklären; zweifellos hatte diese Umwandlung etwas mit Geschwindigkeit zu tun.)

Das Streben nach hohen Geschwindigkeiten lag den Goodman-Söhnen im Blute. Peter, Sohn von Eugéne Goodman, war Flugzeugpilot im Zweiten Weltkrieg und ebenso wie Bertram („Bertie"), der Sohn von Percy Goodman, ein hervorragender und erfolgreicher Motorradrennfahrer. Als nach dem letzten Krieg die Väter aus dem Unternehmen ausschieden, übernahm „Bertie" Goodman die Leitung des Werkes, bis es im Jahre 1970 seine Tore schloß. Wie sein Vetter Peter war er im Werk aufgewachsen, sehr tüchtig und überall beliebt. Nach dem Ende des Unternehmens ging er zur einstigen großen Konkurrenz Norton (NVT) und konstruiert dort die neuen Modelle, inklusive die BSA-Versionen. Aus Altersgründen waren auch die Denleys ausgeschieden. Percy Goodmans Leben endete in den fünfziger Jahren, Harold Willis war schon 1939 gestorben; sein Nachfolger Charles Udall wechselte später zu Associated Motorcycles nach London über.

Bevor Velocette durch seine großen Rennerfolge berühmt wurde, ging man 1918 daran, auf der Basis der vor dem Ersten Weltkrieg gebauten Nasenkolben-Zweitakter von 206 cm^3, die auf 220 cm^3 (Bohrung/Hub 62/73 mm) vergrößert wurden, ein Motorradprogramm fortzuführen, das auch ein Damenmodell mit tieferem Rahmendurchstieg enthielt. Es gab Ausführungen sowohl mit Riemen- als auch mit Kettenantrieb, ferner das Modell „G" mit zwei Auslaßkanälen und Dreiganggetriebe als teuerste Maschine. Die wachsende Bedeutung von Rennerfolgen in der englischen Tourist Trophy (TT) spornte dazu an, neue Zweitakter von 249 cm^3 (Bohrung/Hub 63/80 mm) zu entwickeln, die durch die Plätze 3, 5 und 7 Schnelligkeit und

Die 348er KTT von Velocette wurde ständig weiterentwickelt und sah 1929 so aus. Sie hatte schon eine Fußschaltung, die es nur bei wenigen Konstruktionen jener Zeit gab.

Mit dieser 348-cm³-Königswellen-Rennmaschine von Velocette gewann 1926 der hervorragende Alec Bennett die Junior-TT auf der Insel Man. Ein Erfolg, der viel zur Popularität von Velocette beitrug.

Zuverlässigkeit bewiesen. Auf der Brooklandsbahn stellten Rennversionen dieser Maschinen u. a. mit den Fahrern D. R. O'Donovan, Rex Judd und Bert Denly neue Rekorde auf. „Entschärfte" Exemplare fuhren Verkaufsdirektor George Denley auf Wertungsfahrten („traditionell" mit weißem Hemd, steifem Kragen und Krawatte!) sowie seine spätere Frau auf Trial-Veranstaltungen.

Daß die Velocette-Zweitakter gegenüber den neuen kopfgesteuerten Viertaktmotoren von Jap und Blackburne bei Rennen nicht mehr viel zu bestellen hatten, zeigte bereits das Training zur 1924er TT. Das veranlaßte den engagierten und fortschrittlichen Percy Goodman, 1925 Motorräder mit Königswellenmotoren zu konstruieren. Auf Anhieb siegte A. P. Hamilton 1926 am ersten Tag nach dem Erwerb einer neuen 348er Königswellen-Velocette überlegen in einem Handicap-Rennen auf der Brooklandsbahn. Und als damals Alec Bennett gleich die Junior-TT mit diesem „K"-Modell gewann (es war übrigens der erste TT-Sieg mit einem Motor mit obenliegender Nockenwelle), erschien in einer Motorradzeitschrift ein wohl einmaliges Inserat: Dorman in Stafford, damals Hersteller der ölgekühlten kopfgesteuerten Bradshaw-Einbaumotoren von 348 cm³, gratulierte der Konkurrenzfirma zu diesem großen Erfolg! Ein Novum, das nicht mehr wiederkehrte – leider.

In den Jahren 1926/27 wurden schon verschiedene Ausführungen der Königswellenmaschine angeboten; die 249er Zweitakter verschwanden aus der Produktion, jedoch tauchten 1928 wieder verbesserte Zweitakt-Versionen in der Velocette-Fertigung auf. Als 1928 die erste KTT in die Produktion ging, hatte sie eine obenliegende Nockenwelle (Bohrung/Hub 74/81 mm). Eine 1930 gebaute neue Werksrennmaschine mit 68 mm Boh-

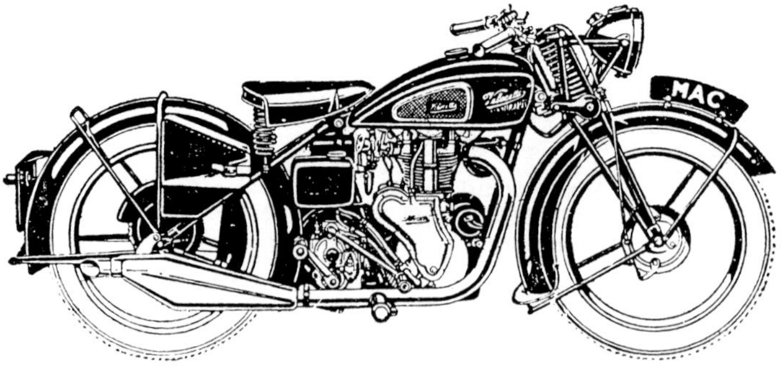

Dieses 348er MAC-Modell hatte eine hochliegende Nokkenwelle und dadurch kurze Stößelstangen, die in einem Rohr geführt wurden.

Mitte der dreißiger Jahre gebaut, war diese 246er Zweitakt-Version GTP von Velocette in England eine beliebte Maschine.

rung und 96 mm Hub bewährte sich nicht. Von 1931 an gab es verbesserte Rennmodelle mit 74 mm Bohrung und 81 mm Hub. Die Mark IV KTT aus den Baujahren 1933/34 hatte ein weiterentwickeltes Fahrwerk, Vierganggetriebe und Bronze-Zylinderkopf. Viereckige Zylinderköpfe waren bereits 1933 bei den Werksmaschinen eingeführt worden. 1934 entstanden auch die ersten 498er Werksrennmaschinen. Die serienmäßige 348er Mark V KTT erschien 1935/36 mit zahlreichen Verbesserungen an Motor und Fahrwerk. 1936 kamen die Werksrennmaschinen bereits mit zwei obenliegenden Nockenwellen heraus; sie wiesen 1937 teilweise schon eine Hinterradfederung auf, man ging aber wieder auf eine Nockenwelle zurück. Die 498er Motoren hatten 81 mm Bohrung und 96 mm Hub. Unter der Bezeichnung Mark VIII präsentierten sich 1938 die ein Jahr zuvor entwickelten 348er Serienmodelle (Mark VII) stark verbessert und mit Hinterradfederung. Die Königswellenmotoren erhielten Aluminium-Zylinderköpfe mit völlig gekapselten Ventilen. Die neuen 348er Maschinen mit obenliegender Nockenwelle gab es in drei Versionen mit den Bezeichnungen KTS, KSS und KTT. Der Unterschied: die KSS war die sportlichere Ausführung der KTT, während die KTS mehr als schnelle Tourenmaschine gedacht war. Beide kosteten £ 75.–. Um an Länge und Gewicht der Stößelstangen bei den anderen kopfgesteuerten Motoren zu sparen, wählte man die „high-camshaft"-Ausführung, also mit hochliegender seitlicher Nockenwelle.

Zu „Bestsellern" wurden die 1933 von Eugéne Goodman geschaffene 248er Einzylindermaschine MOV und das ähnliche Modell MAC mit 348 cm^3 sowie die 1935 herausgebrachte 495er MSS, natürlich ebenfalls mit eigenem kopfgesteuertem Motor. Viele dieser Maschinen gingen nach Übersee, nach Australien, Neuseeland und Südafrika; der amerikanische Markt war von der englischen Motorradindustrie noch nicht als guter Abnehmer entdeckt worden. Alle Velocette-Motorräder sahen mit ihrer schwarzen Lackierung und goldenen Zierstreifen nicht nur gut aus, auch ihre Qualität war untadelig. Die in vielen Rennen gewonnenen Erfahrungen schlugen sich auch im Bau „normaler" Touren- und Sportmaschinen nieder, die darum viele zufriedene Käufer fanden. 1936 umfaßte das Angebot nur die Viertakt-Modelle MOV

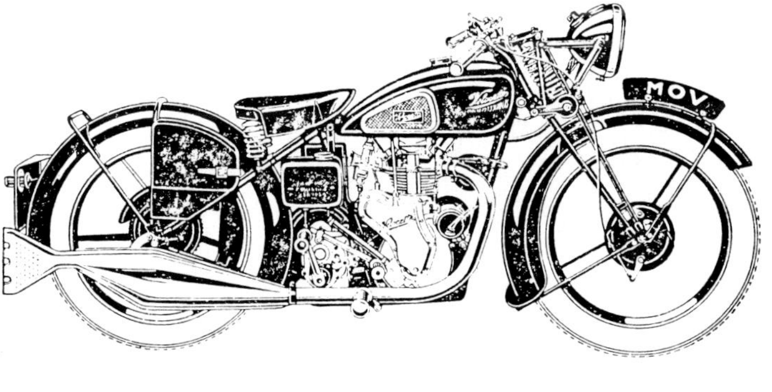

Auch die kopfgesteuerte 248er MOV errang bald viele Freunde und war besonders in der jüngeren Generation sehr beliebt.

Sehr sportlich, aber keine Rennmaschine war die 348er KSS mit Königswellen-Einzylindermotor.

von 248 cm^3, MAC von 348 cm^3 und MSS von 495 cm^3 sowie die gelungene 249er Zweitaktmaschine GTP mit vier Gängen und Fußschaltung. Die KTT wurde vorübergehend nicht hergestellt. Der Grund: die Rennabteilung hatte ihre Arbeit auf die Entwicklung einer neuen 498er Werksrennmaschine konzentriert, die „Roarer" mit zwei Parallel-Zylindern, Kompressor und Kardanantrieb. Sie wurde 1938/39 gebaut, wegen des Krieges aber nicht mehr ausentwickelt und werksseitig nie bei Rennen eingesetzt. Sie gelangte auch nicht in die Hände von Privatfahrern. Der Bau aller Rennmaschinen für Privatfahrer wurde 1949 eingestellt. Zwar erschienen 1951 noch einige 248er Einzylinder mit obenliegender Nockenwelle, aber auch sie gab man nicht an Privatfahrer ab. Auch diese letzten Modelle basierten auf der guten alten „K", freilich waren sie erheblich weiterentwickelt worden. Sie zeugten von der Tüchtigkeit des Konstrukteurs Percy Goodman und vom Können Harold Willis', der sie auf immer höhere Leistungen brachte.

Rennerfolge waren es, die den Namen Velocette weltweit berühmt machten und eine verhältnismäßig hohe Produktion ermöglichten. Dabei verwöhnte man die Fahrer keineswegs mit Stargagen: Ted Mellors, jahrelang Velocette-Werksfahrer Nr. 1, erzählte mir glaubhaft, daß ihm das Werk bei Rennen im Ausland nur einen Pfennig Reisekostenzuschuß pro Kilometer gewährte. Trotzdem wurde er Vollprofi, und trotzdem war Velocette in vielen Rennen der große Gegner von Norton. Harold Willis, bei Velocette Chefkonstrukteur, Rennleiter und Rennfahrer zu-

Die erfolgreichste Velocette-Rennmaschine war die von 1939 bis 1951 gebaute 348er Mark VIII KTT, die auch bei vielen bekannten deutschen Fahrern zu sehen war.

Kurz vor seinem Tode entwickelte Velocette-Chefkonstrukteur Harold Willis 1939 diese 498er Werksrennmaschine „Roarer", die sehr bekannt, aber nie bei einem Rennen eingesetzt wurde. Der Parallel-Zweizylindermotor hatte zwei obenliegende Nockenwellen, Kompressor und Kardanantrieb.

gleich, war der ebenbürtige Gegenspieler von Joe Craig, der bei Norton eine ähnliche Position einnahm. So gab es viele harte Kämpfe zwischen den Fabrikteams, und während Norton Spitzenfahrer einsetzte wie Stanley Woods (später bei Moto Guzzi, Husqvarna und Velocette), wie Jimmy Guthrie, Percy Hunt, Alec Bennett, Jimmy Simpson, Walter Rusk, Freddy Frith, Harold Daniell, Artie Bell, Geoff Duke, Reginald Armstrong, Ray Amm und John Surtess, fuhren für Velocette u. a. außer Woods und Mellors auch Ernie Thomas, Les Archer, Freddy Hicks, Peter Goodman, Bob Foster, Ernie Lyons, Bill Lomas, Cecil Sandfort sowie vor allem auch viele Privatfahrer, die ab 1928 „serienmäßige" KTT-Rennmaschinen von Velocette erwarben. Diese nur wenig von den Werksausführungen abweichende Einzylindermaschinen von 348 cm^3 mit ihren schnellen und zuverlässigen Motoren und dem Ventilantrieb durch eine obenliegende Nockenwelle ließen sich zudem gut „frisieren". Lediglich ihre etwas unorthodoxe Kupplung gab einigen Fahrern, die ihren Aufbau nicht kannten, gewisse Einstellungsprobleme auf.

Der Zweizylinder-Rennmotor von 498 cm^3 der 1939 gebauten Velocette-„Roarer". Durch den Tod von Chefkonstrukteur Harold Willis und den Zweiten Weltkrieg kam diese Kompressor-Rennmaschine nie zur Ausreifung.

Nach dem Zweiten Weltkrieg schuf Velocette eine neue 498er kopfgesteuerte Einzylindermaschine, die MSS. Eine einfachere Ausführung entstand schon Mitte der dreißiger Jahre.

Die lange Reihe der Erfolge bei der englischen Tourist Trophy auf der Insel Man, als schwerstes Straßenrennen der Welt bekannt, begann 1926, als Alec Bennett die Junior-TT gewann. Im folgenden Jahr wurde Harold Willis zweiter in der gleichen Klasse. 1928 siegte abermals Bennett, zweiter wurde Willis. 1929 gewann Freddy Hicks die Junior-TT, dritter wurde Bennett. Mit der 500er Werksrennmaschine siegte der blonde Ire Walter Rusk 1934 in der Senior-TT. Stanley Woods, zehnfacher TT-Sieger, fuhr 1936 auf Velocette die schnelle Runde und wurde zweiter in der Senior-TT; an dritter Stelle der Junior-TT kam Ted Mellors ins Ziel. Mit der großen Werksmaschine belegte Woods 1937 und 1938 abermals den zweiten Platz, gewann dann aber 1938 und 1939 die Junior-TT, in der Ted Mellors 1938 zweiter wurde. Als 1947 die TT erstmals nach dem Kriege wieder gefahren wurde, war Peter Goodman dritter in der Senior-TT; die ersten drei Plätze der Junior-Klasse gingen an die Velocette-Fahrer Bob Foster, David Whitworth und Jock Weddell. 1948 war in der Junior-TT Freddy Frith vorn, vor Bob Foster, 1949 wieder Freddy Frith, diesmal vor Ernie Lyons, einem Iren, der im selben Jahr auch dritter der Senior-TT mit der neuen Werksmaschine wurde. Bald darauf stellte Velocette die Weiterentwicklung der damaligen 348er und 498er Rennmaschinen ein – und damit ende-

Der auch in Deutschland bekanntgewordene Engländer Ernie Thomas, viele Jahre Privat- bzw. Werksfahrer auf Velocette, gehörte mit seiner KTT Mark VIII zu den großen Stilfahrern einer vergangenen Epoche.

te auch die Serie der Velocette-Erfolge bei den Rennen zur englischen TT.

Die Rennmaschinen von Velocette waren nicht nur bei einer großen Zahl englischer Privatfahrer heiß begehrt und erfolgreich, sondern auch bei Rennsportaktiven in aller Herren Länder. Schon 1927 wurde die „K"-Königswellenmaschine in Deutschland eingesetzt von Toni Ulmen, Franz Sieder, Fritz Apel, Curt Wemhöner und Albert Schneider. Toni Ulmen, der 1977 starb, gewann auch gleich am 18. Juni 1927 die 350er-Klasse beim Eröffnungsrennen auf dem Nürburgring. Später waren es dann Hein Thorn-Prikker, Erwin Aldinger, Bruno Ahlswede, Xaver Heiß, Erich Wünsche, Eddy Ziemer, L. Böhrer, Erich Bertram und andere, die auf ihre Velocette schworen. Ähnlich war es in vielen Ländern, in Österreich, Ungarn, Italien, der Schweiz, Holland, Spanien, Belgien, Frankreich und der Tschechoslowakei, wo Josef Stěpan mit der ersten in dieses Land gelieferten Velocette-Rennmaschine gleich die 350er-Klasse der tschechoslowakischen TT gewann. Die große Zeit von Velocette, die mit dem Modell „K" 1926 begann, endete praktisch 1949, als der Bau von Rennmaschinen für Privatfahrer auslief und das Team hervorragender Fachleute sich wegen des Krieges auflöste.

Während des Krieges stellte Velocette anfänglich kopfgesteuerte 348er Motorräder, zugeschnitten auf militärische Zwecke, für die französische Armee unter der Bezeichnung MAF her; ein Teil von ihnen erreichte durch deutsche Angriffe nie das Bestimmungsland. Weiteres Kriegsmaterial produzierte man bis 1945 auch in einer zweiten Fabrik, die von der britischen Regierung zur Verfügung gestellt wurde, für die alliierten Streitkräfte. Schon zu dieser Zeit grübelten die Chefs über die Motorradproduktion nach dem Kriege: Man wollte neben der bekannten Modellreihe ein ganz neues, sensationelles Motorrad bauen.

Diese neue Velocette war schon eine Sensation – nicht nur ungewöhnlich, sondern auch in der Abkehr von den bis dahin gebauten sportlichen Maschinen ein ausgesprochenes Tourenmodell ohne jedwede sportliche Ambitionen, aber bequem, sehr leise und zuverlässig. Das neue Modell LE besaß einen

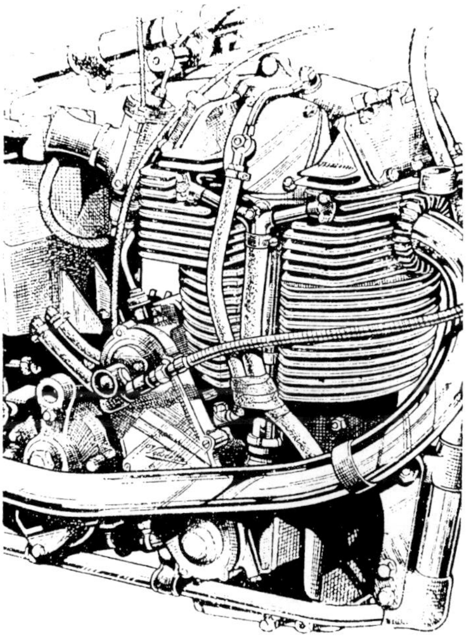

Für das Werksteam schuf Velocette bereits 1934 diesen 498er Einzylinder-Doppelnockenwellenmotor.

Eine der letzten Ausführungen des käuflichen Velocette-Rennmotors KTT Mark VIII.

Grundverschieden von allen früheren Velocette-Konstruktionen war die sensationelle 198er LE von 1952 mit seitengesteuertem, wassergekühltem und quergestelltem Zweizylinder-Boxermotor; sie hatte ein Dreiganggetriebe noch mit Handschaltung.

seitengesteuerten, wassergekühlten Zweizylinder-Boxermotor, quer eingebaut, von 192 cm^3, ferner Kardanantrieb und ein Dreiganggetriebe mit Handschaltung, zu einer Zeit, als kein Werk mehr Handschaltungen verwendete. Das Fahrwerk wies vorn eine moderne Telegabel und hinten eine gute Schwinge auf. die LE wurde vorerst kritisch bestaunt und dann ein wirklicher Verkaufserfolg. Besonders von der Polizei, die von dieser geräuscharmen Maschine angetan war, kamen große Bestellungen. Gut zu verkaufen war damals auch die verbesserte 348er MAC, die – wie die anderen Velocette-Modelle – 1950 eine Hinterradfederung erhielt. In fast neuer Ausführung erschien das ebenfalls wesentlich verbesserte MSS-Modell mit dem 495er Einzylindermotor. Von Charles Udall 1954 konstruiert und auf den letzten technischen Stand gebracht, fand es auf dem nunmehr doch entdeckten USA-Markt besonders viele Freunde.

Zwei sportliche Velocette-Maschinen kamen 1956 mit der Venom und Viper und 1957 mit Clubman-Versionen dieser Neukonstruktionen heraus. Seit die Fertigung der KTT in den Jahren 1951/52 eingestellt worden war, gab es ständig Anfragen nach „heißeren" Modellen; solche Wünsche sportlich eingestellter Fahrer sollte die 1957 auf den Markt gebrachte Valiant erfüllen. Im Aufbau der wasserge-

Auf dem europäischen Kontinent kaum bekannt war diese Velocette-„Valiant" von 1963 mit kopfgesteuertem Zweizylinder-Boxermotor von 198 cm^3 und Kardanantrieb. Ein Verkaufsschlager wurde sie nicht.

Sehr sportlich die 1964 gebauten „Clubman"-Modelle von Velocette, die einzylindrige ohv-Motoren besaßen. Geliefert wurden sie als „Viper Clubman" mit 349 cm³ und als „Venom Clubman" mit 499 cm³ Hubraum.

kühlten LE ähnlich, hatte sie einen kopfgesteuerten und luftgekühlten Zweizylinder-Zweitakt-Boxermotor von 198 cm³ und Kardanantrieb. Für den Hubraum besaß sie eine gute Leistung, doch waren die Herstellungskosten wohl zu hoch, als daß sie zu größeren Verkaufserfolgen kommen konnte. Von der 495er MSS erschien eine Moto-Cross-Ausführung, die allerdings nur in sehr geringen Stückzahlen hergestellt wurde. Zudem war das Werk mit MAC-, MSS- und vor allem LE-Modellen mehr als ausgelastet, bis 1958 waren längere Lieferzeiten häufig nicht zu umgehen. Und da in der Produktion auch neue oder angelernte Kräfte beschäftigt wurden, entsprachen die Maschinen trotz moderner Fertigungseinrichtungen nicht mehr den Anforderungen, die man an Velo-

Modern, leistungsfähig und schön dazu: der „Viceroy"-Roller von Velocette mit 248er Zweizylinder-Zweitakt-Boxermotor, Kardanantrieb und elektrischem Starter. Er kam jedoch erst Ende der fünfziger Jahre auf den Markt – viel zu spät.

cette-Erzeugnisse zu stellen gewohnt war. Außerdem gab es zu wenig Platz für Expansionen.

Die letzten Velocette-Modellreihen umfaßten die wassergekühlte 192er LE und die neue Vogue mit dem gleichen seitengesteuerten Boxermotor der LE, aber in völlig verkleideter Luxusausführung. Die Vogue, deren zahmer Motor auch nur 8 PS bei 5000 U/min abgab, hatte immerhin ein fußgeschaltetes Vierganggetriebe statt des handgeschalteten Dreiganggetriebes der LE. Ebenfalls 50 mm Bohrung und 49 mm Hub wies die sportlichere, luftgekühlte Valiant auf, deren kopfgesteuerter Boxermotor 12 PS bei 7000 U/min leistete. Quadratisch ausgelegt (Bohrung/Hub je 85 mm) war der 499er kopfgesteuerte Einzylindermotor der neuen MSS, dessen Leistung von 28 PS bei 5000 U/min in der „Endurance"-Ausführung auf 36 PS bei 6200 U/min gesteigert war. Auf 40 PS bei 6200 U/min kam der „Scrambler" für Moto-Cross-Zwecke; angeboten wurden auch drei Sportversionen – die Venom, Venom Special und Venom-Veeline – mit 36 PS. Für Straßenrennen gab es zwei schnelle Modelle mit 38 PS, die Venom-Clubman und Clubman-Veeline. Auf der Monthléry-Bahn bei Paris konnten sie zahlreiche Langstrecken-Weltrekorde brechen, wobei der nachherige Werksdirektor Bertie Goodman zum erfolgreichen Fahrerteam gehörte.

Der 499er Venom ähnliche Maschinen wurden unter der Bezeichnung Viper mit 348er kopfgesteuerten Einzylinder-Motoren (Bohrung/Hub 72/86 mm) gebaut. Sie leisteten 27 PS bei 7000 U/min; die „heißeren" Viper-Versionen kamen ebenso wie die „Scrambler"-Ausführungen auf 29 PS bei 7000 U/min. Motor und Getriebe der Viper- und Venom-„Special"-Modelle waren fast völlig verkleidet – so geschickt, daß auch optisch nichts auszusetzen war. Die Veeline-Verkleidung war mehr auf Fahrerschutz zugeschnitten. Bei den Clubman-Modellen handelte es sich um Semi-Rennmaschinen, die in erster Linie für lange Strecken gedacht waren. Eine 499er Version mit dem kopfgesteuerten Stößelstangenmotor erreichte als erstes Motorrad der Welt einen Durchschnitt von über 160 km/h über 24 Stunden – schon eine hervorragende Leistung! Schließlich kam noch eine „Thruxton"-Rennausführung heraus, die als „production racer" in der 500er Klasse sehr erfolgreich war.

Ende der fünfziger jahre brachte Velocette noch den „Viceroy"-Motorroller mit Zweizylinder-Boxermotor von 246 cm^3, Kardanantrieb, 12-V-Anlage und elektrischem Anlasser auf den Markt. Zu spät – der Roller-Boom war bereits abgeklungen, der frühere Roller-Interessent wechselte zu preiswerten Rollermobilen und Kleinwagen über. So kam es, daß der neue „Viceroy"-Roller, in dessen Produktion viel Geld investiert worden war, kein Verkaufserfolg wurde. Insgesamt war die Nachfrage nach motorisierten Zweirädern, besonders auch nach Motorrädern, stark abgeflaut.

Selbst Modelle, die dem Werk zuvor aus den Händen gerissen wurden, fanden immer weniger Abnehmer. Auch der USA-Markt, wo das 499er „Endurance"-Modell viele Freunde fand, konnte den Absatzverlust in Europa und anderen Kontinenten nicht ausgleichen.

Wohl lieferte Velocette noch Zweitakt-Rollermotoren für eine Hovercraft-Firma und produzierte auch Teile für andere Unternehmen; eine Lösung des Absatzproblems war damit aber nicht erreicht. 1970 ging Velocette freiwillig in Liquidation, das einst so berühmte Motorradwerk schloß für immer seine Tore. Auch die Fabrik besteht nicht mehr, sie wurde vor wenigen Jahren abgerissen. Geblieben ist der gute Ruf der Marke Velocette und die Erinnerung an die großen Rennjahre, als die in Birmingham gebauten Maschinen zur internationalen Spitzenklasse zählten.

50 Jahre mit Motorrädern

Ich war 13 Jahre alt, als ich meine ersten Rennberichte für eine österreichische Motorradzeitschrift schrieb. Vor einem halben Jahrhundert also – aber angefangen hatte mein Leben mit Motorrädern, in dem vieles ungewöhnlich und auch von Zufällen bestimmt war, bereits viel früher. Schon als Kind träumte ich von Kraftfahrzeugen, und während meine Altersgenossen spielten, malte ich Rennmaschinen und Rennwagen; natürlich las ich auch alles, was mit Motorrädern und Automobilen zusammenhing.

Der tschechoslowakische Rennfahrer Ferdinand Hroch im Jahre 1935 auf einer kopfgesteuerten 348er Indian aus dem Baujahr 1928. Rechts Rennmechaniker Erwin Tragatsch.

Mein Jugendtraum war es, in die damals blühende Motorradindustrie Englands zu kommen. Das Erlernen der englischen Sprache fing damit an, daß ich Motorradzeitschriften wie „The Motor Cycle" und „Motor Cycling" mit Hilfe englischer Wörterbücher studierte. In meiner Familie bestand zwar für Motorräder kein Interesse, aber man hatte auch nichts dagegen, daß ich mich ständig in einer benachbarten Motorradwerkstatt aufhielt. Hier war man sehr freundlich zu mir, so durfte ich die Werkstatt auskehren, Teile waschen und gelegentlich für die Mechaniker ein Bier holen. Der Chef – er hieß Ernst Findeis – gab mir dafür Motorradzeitschriften und Kataloge; gelegentlich nahm er mich auch auf einem Motorrad mit. Das war in der Marktgemeinde Vierzighuben (jetzt Lánu) bei Zwittau in Mähren (Tschechoslowakei). Hier erblickte ich auch das Licht dieser Welt am 20. Februar 1916 während des ersten Weltkrieges – noch in der alten österreichisch-ungarischen Monarchie, die Tschechoslowakei wurde erst in meinem zweiten Lebensjahr gegründet.

Ich besuchte deutsche Schulen, sprach aber mit acht Jahren auch tschechisch und – dank meines Zeitschriftenstudiums – etwas englisch. So wußte ich bereits, daß ein pneu ein Reifen, eine clutch eine Kupplung und Graham Walker einer der besten englischen Rennfahrer auf Sunbeam war: ein Mann, den ich bewunderte und der mir später in meiner beruflichen Laufbahn viel half.

Für Schularbeiten hatte ich wenig Zeit; die schrieb ich ab. Und ich wäre zu jener Zeit fast „verhungert", hätte mir meine Mutter nicht immer das Essen in die Werkstatt von Ernst Findeis gebracht, der damals bekannte Marken führte: Eichler, später das D-Rad, Zündapp, Windhoff und zuletzt Jawa. Dort verbrachte ich jede freie Minute, bis ich im August 1924 schwer erkrankte und zu einer Kur nach Meran kam.

Der 5. September 1924 wurde für mich ein denkwürdiger Tag. Da erschienen zwei stattliche Automobile vorm Hotel. Das eine ein Mercedes, von einem Chauffeur gesteuert, mit dem Grafen Nikolaus von Bismarck und dem bekannten Berliner Motorjournalisten Oskar Weller. In dem anderen saßen der Motorrad- und spätere Auto-Rennfahrer Ernst-Günther Burggaller sowie mein motorradbegeisterter Onkel Max aus Berlin. Zwar fuhr er nie selbst Motorrad, ließ sich aber – durch Burggaller inspiriert – nach Möglichkeit kein Rennen entgehen. Meinem Onkel gehörte das Modehaus Drécoll am Kurfürstendamm; zu seinen Kundinnen zählten viele Ufa-Filmstars, die das Autofahren beim Fahrschulbesitzer Burggaller erlernten. So kamen diese beiden ungleichen Männer zusammen – sozusagen über den Film. Ihr Auto war ein in Berlin gebauter Protos.

Onkel Max kam nur auf einen kurzen Besuch, er war zusammen mit seinen Freunden auf dem Wege zum „Gran Premio delle Nazioni", einem großen Rennen in Monza – und das bestimmte mein Schicksal! Ich bat meine Mutter solange, bis sie mich mitfahren ließ – als kleiner Schuljunge erlebte ich erstmals ein großes Motorradrennen. Nicht genug damit: Graf Bismarck, Weller und Burggaller waren vielen Rennfahrern gut bekannt, und ich durfte mit ins Fahrerlager, zu den Meisterfahrern der damaligen Zeit: Tazio Nuvolari, Jimmy Simpson, Graham Walker, Guido Menstasti, Pietro Ghersi, Luigi Arcangeli, Achille Varzi, Amilcare Moretti, Hugo Höbel, Rupert Karner, Edoardo Self – und wie sie alle hießen.

Meine Aufregung war unbeschreiblich, als ich von ihnen Autogramme erbat, die mir leider durch den Zweiten Weltkrieg verloren gingen. In den folgenden Jahren sah ich Rennen, wo immer es nur möglich war: Ecce-Homo, Brünn-Soběschitz, Königsaal-Jilovitscht, Knoviz-Olschau, Pilsen, Wien usw. Ein Problem war es, zu den Rennstrecken zu kommen; mein Vater, ein Mehl- und Landesproduktengroßhändler, hinderte mich zwar nicht, gab mir aber auch keinen Pfennig für meine „verrückten" Reisen. Ich mußte mir das Reisegeld selbst verdienen. Zunächst sammelte ich altes Eisen, das ich verkaufte. Dann fand ich einmal eine alte Zahnbrücke, die ein Zahnarzt wegen des in ihr verarbeiteten Platins erwarb – allerdings erst, nachdem ich ihm versicherte, daß ich sie nicht meiner Mutter weggenommen hatte.

Eine neue Idee brachte dann eine Serie von Erfolgen: Auf einem Plakat im Schaufenster eines Lebensmittelgeschäftes bot ich Autobusreisen zu Rennen an. Das war 1930 und ich knapp 14 Jahre alt. Gleich beim ersten Mal waren zwei Busse voll. „Voll" war aber auch ich auf der Rückfahrt vom Ecce-Homo-Rennen bei Sternberg in Mähren: die dankbaren Businsassen schleppten mich von Gaststätte zu Gaststätte – und ich, noch unerfahren im Umgang mit Alkohol, war erst drei Tage später so nüchtern, daß ich wieder die Schule besuchen konnte.

Erwin Tragatsch im Jahre 1947 auf einer von ihm konstruierten Bahnrennmaschine mit Jap-Bahnrennmotor, der modifiziert und mit einem Leichtmetallzylinder ausgerüstet wurde.

Zum Geldverdienen erschloß ich mir bei diesen Rennbesuchen einen weiteren Weg. Von meinem Freund Findeis, dem Motorradhändler und Werkstattinhaber, erwarb ich in Kommission verschiedene Teile wie Kerzen, Düsen, Öle, Reifen und auch Rennkraftstoffe, die ich in „meinen" Autobussen transportierte und auf den Veranstaltungen an Fahrer veräußerte, die sie oft dringend benötigten. Und da meine Preise sehr fair waren, fand ich immer mehr Abnehmer, die sich auf mich verließen. Am Tage darauf rechnete ich dann mit meinem Lieferanten ab und gab ihm die verbliebenen Teile zurück.

Für mich sprang dabei noch ein Vorteil heraus: Ich wurde bei den Fahrern und dann auch bei den Veranstaltern gut bekannt, man beanspruchte meine Dienste immer mehr. Würde man mich nach dem größten Erfolg meines damaligen „Motorradlebens" in Zusammenhang mit dem Rennsport fragen, brauchte ich nicht lange zu suchen: 1932 war's und ich 16 Jahre alt, als mich der „Ostböhmische Motorradklub" bat, für den „Goldenen Sturzhelm" in Pardubitz, damals das bedeutendste Grasbahnrennen, sämtliche Fahrer zu engagieren. Ich brachte Rennfahrer aus zwölf Nationen an den Start. 250000 (!) Zuschauer säumten die 2,4 km lange Strecke, und ich erhielt am Abend des Renntages – ich konnte es nicht fassen – einen Blankoscheck! Sicher konnte der Veranstalter großzügig sein, ich hatte auch die gesamte Pressearbeit übernommen. Was ich auf den Blankoscheck schrieb? Ich weiß es noch genau: Kĉs 200,–. Für mich damals viel Geld, für den erfolgreichen Klub jedoch so wenig, daß er mir von sich aus den doppelten Betrag gab.

Wie gesagt, 1929 schrieb ich – zur Finanzierung meiner Rennbesuche, aber auch aus Liebe zum Fachjounalismus – meine ersten Rennberichte, die in der bedeutenden österreichischen Fachzeitschrift „Das Motorrad" erschienen. Bald darauf kamen auch technische Artikel an die Reihe. Ich verdanke es meinem Freund Dipl.-Kaufmann Dr. Helmut Krackowizer, daß ich heute Hefte mit meinen – meist namentlich gezeichneten – Beiträgen von damals besitze; als er diese Zeitschriften vor Jahren in Österreich fand, übermittelte er sie mir, ich hatte durch den Krieg alles verloren. Wenn ich mir diese Artikel heute anschaue, kann ich kaum glauben, was ich den Lesern damals – mit 13 Jahren – anbot. Das war immerhin der Beginn meiner schriftstellerischen Tätigkeit

Seither bin ich in drei Kontinenten mit Fachpresse, Sport und Industrie eng verbunden, wobei schnelle Automobile genau so dazugehören wie Motorzweiräder, für die ich allerdings stets eine besondere „Schwäche" bewahrt habe. Hunderte von Artikeln in einem halben Dutzend Sprachen, ein Dutzend Motorrad- und Autobücher und enge Beziehungen zu berühmten Rennfahrern wie zu Persönlichkeiten des Motorradwesens scheinen mir zu beweisen, daß die 50 Jahre meiner schriftstellerischen Arbeit für das Fach nicht ohne Erfolg geblieben sind.

Gern würde ich hier noch viel über mein – nicht immer ruhiges – Leben mit Kraftfahrzeugen aussagen, doch möchte ich nicht mehr Platz in diesem zweiten Band „Motorräder – Berühmte Konstruktionen" dafür beanspruchen.

Meinen Lesern danke ich für ihre Treue, meinen Verlegern für die angenehme Zusammenarbeit und meinem Freund Hermann Marten, früher Chefredakteur der Fachzeitschrift „Radmarkt", für die Zusammenstellung dieses Buches. Vielleicht gibt es eines Tages doch noch eine vollständige Story von Ihrem

Erwin Tragatsch

Erwin Tragatsch

MOTORRÄDER
BERÜHMTE KONSTRUKTIONEN

3. Band

Bildnachweis

Milada und Jiri Bayer, George Beresford, Alan W. A. Bruce, Jaroslav Divišek, Břetislav Dmych, Arthur Fenzlau, Rudolf Hiller, Helmut Hütten, Roberto Patrignani, Václav Petřik, Leo Pauzin, Dieter Schnase, H. J. von Barnekow, Norman Webb - Adler Werke AG, Ariel Motors Ltd., Fratelli Benelli SpA, Edoardo Bianchi SpA. BSA Motorcycles Ltd. (BSA Company Limited), Ceska Zbrojovka (Motokov), Douglas Sales & Service Ltd. Excelsior Motor Co. Ltd., Agrati-Garelli SpA, Honda Motor Company Ltd., Matchless (A.M.C. Ltd.), Yamaha Motor Co. Ltd. - Messe- und Ausstellungs-GmbH, Köln, und die Zeitschriften Auto, La Moto, Motocykl, Motorrad, Motor Cycling, The Motor Cycle, Motor-Revue sowie Deutsches Zweirad-Museum, Neckarsulm. Alle anderen Bilder Archiv Erwin Tragatsch.

Inhaltsverzeichnis

		Seite
Adler	(Schnelle Frankfurter Delikatessen)	374
Ariel	(Motorräder der englischen Spitzenklasse)	382
Benelli	(Sechs Brüder und eine berühmte Marke)	396
Bianchi	(Meisterliche Motorräder)	409
BSA	(Einst Englands größter Motorradhersteller)	416
CZ	(Von der J.F.K. zur Cezet)	432
Douglas	(Boxerpionier aus dem englischen Westen)	448
Excelsior	(Die Geschichte der schnellen Engländerin)	460
Garelli	(Groß geworden mit Doppelkolben-Zeitaktern)	472
Honda	(Größte Motorradfabrik der Welt)	479
Matchless	(Einst Londons führende Motorradfabrik)	497
Peugeot	(Schnelle Rennmaschinen)	512
Roconova	(Erste deutsche Königswellenmaschine)	518
Yamaha	(Von Uhren und Orgeln zu schnellen Motorrädern)	523
Walter	(Rund um eine interessante Maschine)	539

Vorwort zum dritten Band

Dieser dritte Band von „Motorräder – Berühmte Konstruktionen“ will in neuen Geschichten mit berühmten Motorradwerken vertraut machen – mit riesigen und hochmodernen Werken wie Honda und Yamaha, aber auch mit traditionsreichen und bedeutenden Motorradherstellern wie Adler, Ariel, Benelli, Bianchi, BSA, CZ, Douglas, Excelsior (England), Garelli, Matchless, Peugeot, Roconova und Walter, die ebenfalls im Laufe der Jahre auf technischem und sportlichem Gebiet großes Ansehen errangen.

Über 300 Abbildungen – darunter viele, die noch nie veröffentlicht wurden – wollen einstmals führende Schöpfungen der Motorradtechnik anschaulich in Erinnerung bringen. Nicht ausgelassen sind aber auch die zum Redaktionsschluß modernsten Honda-Dreizylinder-Rennzweitakter von 498 cm³ sowie Yamaha-Rennmaschinen, ebenso wie viele Trial-, Moto-Cross-, Enduro- und Speedway-(Dirt-Track-)Motorräder.

Von 1925 bis 1930 war Tazio Nuvolari, der große Motorrad- und Autorennfahrer, mit der von Albino Baldi konstruierten 348er Doppel-Nockenwellen-Werksrennmaschine von Bianchi kaum zu besiegen. Das Buch zeigt diese Maschine in mehreren Ansichten, ebenso die 1938 gebaute, sensationelle Vierzylinder-Version mit Kompressor und auch Bianchi-Motorräder der Nachkriegszeit, desgleichen die schnellen – bei der TT auf der Insel Man auch siegreichen – Benellis, Rennmodelle von CZ und die schnellen und zuverlässigen Walter-Maschinen, eingeschlossen die 998er Walter mit kopfgesteuertem, quer eingebautem V-Zweizylindermotor, die auch Rennen gewann.

Freunde englischer Motorräder finden viele Textseiten und Abbildungen über die Konstruktionen von BSA, Ariel, Douglas, Excelsior und Matchless, während die Geschichten und Illustrationen über Adler und Roconova viele Liebhaber deutscher Motorräder erfreuen werden. Roconova baute die ersten serienmäßigen Königswellenmotoren in Deutschland. Dargestellt werden Ariels berühmte „Square-Four“- und „Red-Hunter“-Modelle, die erfolgreichen „Gold Stars“ von BSA, die „Silver Arrow“ und „Silver Hawk“ von Matchless und deren 498er Rennmaschinen G 45 und G 50, die Excelsior-Rennversionen „Mechanical Marvel“ und „Manxman“ – alles Konstruktionen, die Aufsehen erregten, und viele große Rennen in aller Welt gewannen.

Etwas stolz bin ich auf die Abbildungen der sagenhaften – 1913 konstruierten und 1923 umgebauten – Königswellenrennmaschinen mit 498er Parallel-Zweizylindermotor von Peugeot, zumal es kaum noch gute Illustrationen dieser damals einmalig modernen und schnellen sowie oft siegreichen Konstruktionen gibt.

Ist man jahrzehntelang mit der Technik des Motorradwesens verbunden, lernt man viele bedeutende Motorradtechniker kennen und oft auch schätzen. Solche Männer, für die die Konstruktion eines Motorrades oft Lebenszweck und -inhalt geworden ist. Aber auch Männer, die andere Aufgaben im Motorradsektor zu erfüllen hatten, nicht zuletzt im Motorradsport, der ja soviel zur Motorradentwicklung beigetragen hat.

Ihnen widme ich das folgende Bild aus der Zeit, als Englands Motorradindustrie noch die größte war und auch in sportlicher Hinsicht weltweit eine Spitzenstellung behauptete. Das Foto entstand im „Wheatsheaf“-Hotel in Birmingham, jener Stadt, die einst neben Coventry und Wolverhampton das Zentrum der englischen Motorradhersteller war. Hier trafen sich fast wöchentlich Techniker führender englischer Firmen wie

BSA, Triumph, Ariel, Royal Enfield, Levis, New Imperial, Excelsior, Norton, Rudge, Sunbeam, Velocette, HRD, James usw.

Das Bild zeigt von links: Geoff Davison (Levis, Martinsyde, Velocette), Sieger der 1922er Lightweight-TT auf Levis, Erwin Tragatsch (Triumph und Autor dieses Buches), David Munro (BSA-Entwicklungsingenieur und Konstrukteur), Harold Perrey (Ariel, BSA, Triumph, New Imperial-Rennfahrer und Entwicklungsingenieur), Wilmot Evans (Triumph-Einfahrer, Cheftester und Rennfahrer), Bert Kershaw (im Bild durch Perreys Kopf verdeckt, war bei New Imperial, James und zuletzt Leiter der Zweitaktmotorenentwicklung bei Villiers, außerdem Renn- und Trial-Werksfahrer), H. G. Tyrell-Smith (Rudge, AJS, Triumph und Excelsior-Rennfahrer und -Entwicklungsingenieur, 1929 auf Rudge Sieger des Großen Preises von Deutschland und 1936 auf Excelsior bei diesem Rennen Gewinner der 250er Klasse).

Ende 1981 starb der Irländer H. G. Tyrell-Smith, einer der besten Rennfahrer und Techniker, denen ich je begegnete, und einer der fairsten und besten Freunde, die ich hatte. Seinem Andenken widme ich dieses Buch und hoffe, daß meine geschätzten Leser in ihm viel Interessantes und Wissenswertes vorfinden.

Erwin Tragatsch

Bielefeld, im März 1983

Treffen im „Wheatsheaf"-Hotel, Birmingham, 1957. Von links: Geoff Davison, Erwin Tragatsch, David Munro, Harold Perrey, Wilmot Evans, Bert Kershaw, H. G. Tyrell-Smith.

Schnelle Frankfurter Delikatessen: Adler

Bereits 1901 baute die Adler Fahrradwerke AG, vormals Heinrich Kleyer AG in Frankfurt/Main, Motorräder in einem Werk, das Heinrich Kleyer (1853 als Sohn des Darmstädter Maschinenfabrikanten Wilhelm Kleyer geboren) 1886 als Fahrradfabrik schuf und das 1900 auch den Automobilbau aufnahm. Auf einer Studienreise in Amerika besuchte er auch „Bicycle-Rennen“ und kam mit einer derartigen Begeisterung für Fahrräder in seine Heimatstadt zurück, daß er bereits 1880 eine Maschinen- und Velociped-Handlung in Frankfurt gründete. Daraus entstanden 1895 die Adler-Fahrradwerke, die – bald darauf in eine Aktiengesellschaft umgewandelt – bereits 1898 100 000 Fahrräder erzeugten.

Auch im Automobil- und Motorradbau gewannen die Adler-Produkte durch Qualität und erstklassige Ausführung schnell den gleichen guten Ruf, den Fahrräder besaßen. Produziert wurden Motorräder mit Viertaktmotoren von $1^3/_4$, $2^1/_2$ und 3 PS. Sie waren für die damalige Pionierzeit modern und auch so schnell, daß Adler bald zusammen mit den Marken Wanderer, Neckarsulmer (NSU), Progreß, Opel und Fafnir zu den erfolgreichsten Firmen der deutschen Motorradindustrie gehörte. Zu den besten Adler-Rennfahrern zählten Erwin und Otto Kleyer, die beiden Söhne des Firmengründers, dessen großes Interesse dem Automobilbau gehörte. Als dieser 1907 vergrößert werden mußte, nahm man die Motorradproduktion vorübergehend aus der Fertigungspalette. Fahrräder und Autos dominierten zwischen beiden Weltkriegen in den Werken, die sich in der Frankfurter Höchster-Straße (Kleyerstraße) befanden.

Neuer Anfang mit 98 cm^3

Wie viele andere Werke war auch Adler im Jahre 1945 teilweise zerstört. Obwohl noch einige Automobil-Prototypen entstanden, kam es nie mehr zum Serienbau vierrädriger Motorfahrzeuge. Bedauerlich, wenn man be-

Als 1903 diese Adler von 3 PS in der Adler Fahrradwerke AG gebaut wurde, stand noch Heinrich Kleyer, der Firmengründer, an der Spitze des bekannten Unternehmens.

Nach fast fünfzigjähriger Unterbrechung nahm Adler 1949 mit dieser 98er Einzylinder-Zweitaktmaschine den Motorradbau wieder auf.

denkt, daß auch die bis zum Kriege gebauten Autos von hoher Qualität, modern und in vielen Ländern beliebt und erfolgreich waren. Bis 1949 widmete man sich bei Adler, wo die Kleyers schon in den dreißiger Jahren ausgeschieden waren, ganz der Herstellung von Büromaschinen und Fahrrädern. Erst danach baute der tüchtige Adler-Direktor Friedrich eine neue Motorradproduktion auf, nicht in großem Maßstab mit großen Maschinen, sondern von Grund auf mit neuen Ideen und beginnend mit schönen Zweitakt-Einzylindermaschinen von 98 cm^3, nachdem Motorräder mit 60 cm^3 Hubraum sich bei eingehenden Versuchsfahrten als ungeeignet erwiesen hatten. So entstand die etwas stärkere M 100 mit ihrem bei Adler konstruierten und gebauten Zweitaktmotor mit Umkehrspülung und einem „quadratischen" Bohrung/Hub-Verhältnis von 50 mm. Er leistete 4,1 PS bei 5200 U/min, der luftgekühlte Zylinder war zur besseren Wärmeabführung nach vorn geneigt. Der gemischgeschmierte Motor besaß Kugel- und Rollenlager, aufgenommen wurde er von einem Duplex-Rohrrahmen mit Schwinghebelgabel. Die Maschine erreichte 70 km/h und war, im Gegensatz zu anderen ähnlichen Konstruktionen, überaus modern und von bester Qualität. Ihr Verbrauch: 1,8 Liter bei 45 km/h Durchschnitt auf 100 km.

Obwohl von Grund auf neu, konnte diese Adler viele Konstruktionen älterer Motorradhersteller auf Anhieb überflügeln. So mangelte es nicht an Aufträgen; bereits nach fünf Jahren beschäftigte der Adler-Motorradbau mehr als 5000 Arbeiter und Angestellte. Inzwischen waren weitere Zweitakter mit größeren Hubräumen und zwei Zylindern hinzugekommen. Waren auch die meisten Kunden in den ersten Produktionsjahren mit der 98er M 100 noch voll und ganz zufrieden – mit ihrem höheren Einkommen stieg auch der Wunsch nach stärkeren Adler-Modellen mit mehr Spitzengeschwindigkeit.

So entstanden die sehr ähnlichen Motorräder M 125 mit 124 cm^3 und 6,8 PS und die 149er M 150 mit 8,4 PS. Doppelrohrrahmen und Schwinggabel wurden beibehalten, eine ölgedämpfte Geradweg-Hinterradfederung bürgerte sich immer mehr ein. Obwohl man bei Adler ein kluges Baukastensystem eingeführt

In konsequenter Weiterentwicklung entstand bereits Anfang der fünfziger Jahre die stärkere und modernere Adler-Einzylinder von 149 cm³.

hatte, wies die 1953 eingeführte M 150 mit Hinterradfederung wesentliche Verbesserungen gegenüber der M 125 auf.

Erstklassige Zweizylinder

Ganz groß wurde Adler mit Zweizylinder-Zweitaktmotoren von 195 und 247 cm³. Mit fußgeschalteten Vierganggetrieben wurden sie nicht nur als ausgesprochene Tourenmaschinen, sondern später auch in Gelände- und sogar in reiner Renn-Ausführung angeboten, die Rennmaschine natürlich mit dem Viertellitermotor. Die Adler-Zweizylinder waren überraschend standfest, ziemlich unkompli-

Infolge des von Adler angewandten Baukastensystems waren die Zweizylinder-Zweitakter von 195 und 248 cm³, soweit es die normalen Serienmodelle betraf, äußerlich kaum voneinander zu unterscheiden.

ziert und dabei auch elastisch und schnell. Darüber hinaus waren sie auch formschön, und man mußte den Männern gratulieren, die in kürzester Zeit mit verhältnismäßig geringen Mitteln und Möglichkeiten Maschinen bauten, die bis heute vielen - auch ausländischen - Konstruktionen als Vorbild dienten. „Böse Zungen" behaupteten sogar, daß die englischen Motorräder „Leader" und „Arrow" von Ariel hier ihre Vorbilder hatten, und daß auch japanische Firmen nicht nur einen Blick auf diese rein deutschen Motorräder warfen . . .

gemeinsam und gab (Hub/Bohrung 60/65 mm) etwa 10,5 PS bei 5700 U/min ab. Rund 100 km/h schnell, benötigte sie dank der verbesserten Motorkonstruktion nur 2,4 Liter Kraftstoff auf 100 km.
„Baukastensystem" bedeutete bei Adler gleiche Konstruktionsprinzipien bei den 98er und 124er Modellen, bei den 149er und 199er Einzylinderversionen und bei den Zweizylindern von 195 und 247 cm^3. Gleich war jeweils die im Ölbad laufende Mehrscheibenkupplung, das fußgeschaltete Vierganggetriebe,

Die ab 1953 gebauten Adler-Sportmodelle M 250 S hatten Zweizylinder-Zweitaktmotoren von 249 cm^3, die 16 PS bei 5000 U/min abgaben. 1954 wurde die Leistung auf 18 PS bei 6200 U/min erhöht.

Fast gleichzeitig mit der zweizylindrigen MB 200 entstand auch eine - mit der 149er stark verwandte - Einzylinder-Version von 199 cm^3, die M 2011. Sie war zwar in Herstellung und Verkauf etwas billiger, trotzdem bevorzugten viele Kunden die Adler-Zweizylinder, die bald einen ausgezeichneten Ruf errungen hatten. Die Einzylinder war etwas wirtschaftlicher als das Zweizylindermodell mit gleichem Hubraum. Sie hatte mit der M 150 das Fahrgestell der Doppelrohrrahmen, die Zylinderform, fast gleich auch die Ausstattung.

Die zweizylindrige Adler wurde 1952 entwikkelt, bereits im nächsten Jahr stand sie im Bauprogramm. Mit 48 mm Bohrung und 54 mm Hub leistete sie 11,4 PS bei 5200 U/min (nach anderen Angaben bei 5600 U/min). Im Stadtverkehr erwies sie sich als ungemein handlich, aber auch in den Bergen ließ sie manchen Konkurrenten hinter sich. Wenn man sie nicht wirklich „jagte", verbrauchte sie 2,9 Liter Kraftstoff auf 100 km. Seit 1952 Spitzenmodell bei Adler war zweifellos die MB 250, von der es mehrere Varianten wie die M 250 G oder die M 250 S gab – und dazu die nicht ganz serienmäßigen „richtigen" Adler-Rennmaschinen mit luft- oder wassergekühlten Zweizylindermotoren. Begonnen hatte alles mit dem Prototyp M 250, eine Tourenmaschine, die mit 54 mm Hub und Bohrung 16 PS bei 5600 U/min leistete, ausreichend für eine Spitze von 117 km/h. Aus ihr entstanden u. a. eine erstklassige Geländemaschine, die M 250 G, mit 18 PS, und die sportliche M 250 S, die auf dem Papier auch „nur" 18 PS hatte, zumeist aber bedeutend mehr leistete. Aus ihr wurde 1954 die M 250 RS, eine Spezialausführung der „S" mit zwei Vergasern und getuntem Motor; sie entfaltete 26 PS und erreichte eine Höchstgeschwindigkeit von rund 160 km/h. Ab 1953 erfolgreich bei Rennen eingesetzt, wies sie auch ein stark verändertes, rassiges Fahrwerk und andere Besonderheiten auf. Später gab es wassergekühlte Rennzweitakter von Adler, die mehr als 30 PS abgaben und mit einer Spitze von fast 200 km/h ihre Erfolge errangen. Eine glänzende technische Leistung, zumal wenn man berücksichtigt, daß sie auch über lange Distanzen von einer Konstruktion gehalten wurde, die ursprünglich keineswegs als Rennmaschine ausgelegt war. Schon die serienmäßige Adler „S", als reine Sportmaschine konzipiert, kam auf 120 km/h. Nebenbei bemerkt: Die „normale" Adler M 250 kostete in Deutschland 2055 DM, während Konkurrenzfabrikate mit JLO-Zweitakt-Zweizylindermotoren von 250 cm^3 schon für knapp 2000 DM angeboten wurden. Im Preis wollte man bei Adler gar nicht konkurrieren, sondern „nur" das bestmögliche Zweitaktmotorrad in dieser Klasse hervorbringen. Und das gelang fast völlig.

Männer, die sie schufen

Daß die ab 1949 gebauten Adler-Zweitaktmaschinen so gut und erfolgreich wurden, lag natürlich an den tüchtigen Männern um Direk-

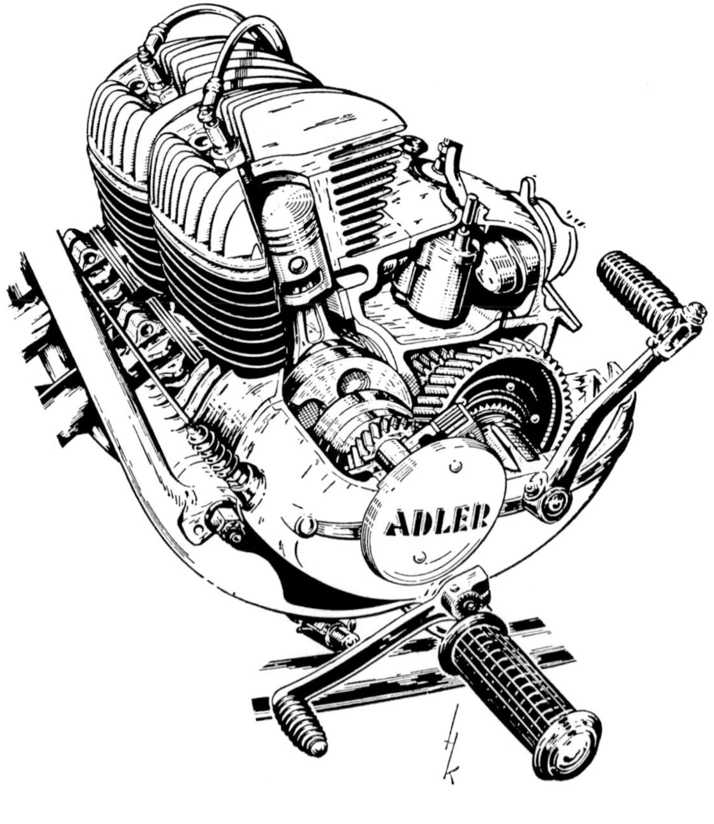

Der 249er Zweizylinder-Motor von Adler im Schnitt. Er war einfach aufgebaut und doch leistungsfähig.

Auch heute würde die 1954 gebaute 249er Zweizylinder-Adler als – für damalige Verhältnisse – moderne und fortschrittliche Konstruktion gelten. Ausländische Motorradhersteller nahmen sich an ihr ein Beispiel; ein Beweis für die hervorragenden Schöpfungen der Adler-Werke.

tor Friedrich, die sie schufen. Hinzu kam, daß keine Vorbelastungen durch einen bereits existierenden Motorradbau bestanden. So brauchte man sich nicht an bestehende Werkseinrichtungen oder Konstruktionsprinzipien und Modelle zu halten, sondern konnte ein von Grund auf gesundes Konzept neu entwerfen und durchführen, auch wenn die kommerzielle Situation keine allzugroßen Sprünge erlaubte. Friedrich verstand es, fähige Mitarbeiter zu gewinnen wie Dipl.-Ing. Kurt Graßmann, ein Konstrukteur schneller Zweitakter, und Dipl.-Ing. Jan Friedrich Drkosch, ein erfahrener Motorradkonstrukteur, der sich besonders auch dem Fahrwerk widmete; ich war dabei, als Drkosch schon 1932 seine ersten Rennmaschinen, die „Barry", schuf und selbst in Rennen fuhr. Erwähnt werden muß hier auch Hellmut Hallmeier und dessen Vater, die zusammen mit Walter Vogel an der Wiege des Rennmaschinenbaues bei Adler standen und zu den vielen Erfolgen technischer und sportlicher Art beitrugen.

Zu Hallmeier und Vogel gesellten sich bald andere Rennfahrer, die auf Adler bei vielen Rennen im In- und Ausland glänzende Erfolge errangen. Als nach 1957 in Frankfurt keine Rennmaschinen mehr gebaut wurden, entstanden dennoch weitere aus vorhandenen und privat hergestellten Teilen, teilweise von Willi Klee zusammengebaut, der als Adler-Spezialist weltberühmt wurde. Und da waren die Fahrer Günther Beer, Herbert Luttenberger, Siegfried Lohmann, Rudi Meier, Jürgen Karrenberg und auch Dieter Falk, der noch 1958 in der Leichtgewichtsklasse der englischen T.T. auf der Insel Man den 5. Platz belegen konnte – mit einer wassergekühlten Adler RS von 248 cm^3, die – im Gegensatz zu seinen Konkurrenten – ohne jedwede Verkleidung das schwere Rennen bestritt. Im selben Jahr wurde Falk auch Deutscher Meister der 250er Klasse.

Die Geschichte der Rennsportmaschinen von Adler geht auf das Jahr 1953 zurück, als Hallmeier sen. für seinen Sohn einen zum „Frisieren“ geeigneten 250er Motor suchte und ihn in der zweizylindrigen 16-PS-Adler vorfand. Er experimentierte mit Steuerzeiten, Kolbenformen und verschiedenen „Löchern im Zylinder“ so erfolgreich, daß nach allen Versuchen der Motor auf dem Bremsstand gute 24 PS abgab – ausreichend für eine Spitze von 158 km/h. Als dann mit viel Kleinarbeit und großem – privatem – finanziellem Aufwand eine zweite Adler-Rennmaschine entstand, waren Hellmut Hallmeier und Walter Vogel in ihrer Klasse in Deutschland kaum noch zu schlagen. 1954 erreichten ihre Maschinen bereits 182 km/h – und wurden ständig weiterentwikkelt. Dann wurde von dieser Konstruktion mit Unterstützung des Werkes, besonders auch von Dipl.-Ing. Kurt Graßmann und anderen Adler-Technikern, eine Kleinserie von zehn Maschinen vorbereitet, bei der möglichst viele Teile aus der normalen Produktion verwendet werden sollten. Sicher ein guter Beweis der hohen Qualität serienmäßiger Zweizylindermaschinen von Adler! Andererseits kamen viele unter höchsten Beanspruchungen bei Straßenrennen gewonnene Erfahrungen und Kenntnisse wieder dem Serienbau zugute.

Schnelle Rennmaschinen

Selbstverständlich gab es bei den RS-Modellen zahlreiche Veränderungen. Die Kühlrippen der Zylinderköpfe wurden vergrößert und später die Wasserkühlung eingeführt. Zwei TT-Vergaser traten an die Stelle des einen serienmäßigen Vergasers, die Batteriezündung wich einem Bosch-Rennmagneten. Auf die Gasschwingungen abgestimmt wurde auch die Auspuffanlage. Zugleich mit einem leichten und festen Rahmen für die RS konstruierte Drkosch eine neue Schwinggabel und Hinterradschwinge. Wichtig war es, beim Fahrwerk die notwendige Verwindungssteifheit beizubehalten und gleichzeitig wo nur möglich an Gewicht zu sparen, auch bei Leichtmetall-Vollbremsnaben mit 180 mm Durchmesser. Eine neue Form bekam der Tank, und wenn viele

Bei der Internationalen Sechstagefahrt 1956 in Garmisch-Partenkirchen errangen die Adler-Fahrer Willi Bilger (8), Walter Vogel (163) und Georg A. Steindl (6) drei Goldmedaillen und den Goldenen Mannschaftspreis der FIM – sicher eine ausgezeichnete Leistung auch der Maschinen.

Schnell und rassig waren die wassergekühlten 249er Zweizylinder-Rennmaschinen von Adler. Dieser Karl Zimmermann gehörende Renner von 1957 mit Hinterradschwinge ist eine der schnellsten Maschinen, die von Adler je gebaut wurden.

Rennfahrer damals an den neuen Rennmaschinen etwas vermißten, so war es ein Fünfganggetriebe, das ein Teil der Konkurrenz bereits besaß.

Ende 1956 erhielten alle serienmäßigen Adler-Modelle neue Fahrwerke mit modernen Schwingen. Dadurch sahen sie noch gestreckter und eleganter aus. Eine Änderung erfuhr auch die Modellbezeichnung: aus der MB 250 wurde die „Favorit" mit 16 PS bei 5600 U/min und einer Spitze von 116 km/h. Sie hatte Reifen von 16 Zoll, während das sportlichere Modell über 18-Zoll-Räder und eine Motorleistung von 18 PS verfügte.

Zu diesen Adler-Serienmodellen hinzu kam eine „Sixdays"-Geländeversion mit ebenfalls 18 PS, aber Reifen von 19 Zoll (vorn) und 18 Zoll (hinten). Zur Ausstattung gehörten zusätzliche Stoßdämpfer und weitere geländetypische Bauteile. Anders sah die „Moto-Cross" aus, deren Motor 20 PS abgab und die mit einer vorderen Langarmschwinge geliefert wurde. Von diesen Maschinen stellte Adler nur eine geringe Zahl her, ähnlich wie beim „Junior-Roller", der Ende 1955 das Licht dieser Welt erblickte – viel zu spät für einen größeren Umsatz. Bereits 1954 begann eine Krise der Motorradindustrie; bei vielen Betrieben ging der Verkauf existenzgefährdend zurück. Man versuchte dieser Situation auf verschiedenen Wegen Herr zu werden, durch Zusammenarbeit mit konkurrierenden Unternehmen, Typisierung, höhere Motorleistungen, niedrigere Preise und Versuche, Roller und Rollermobile herzustellen, in den meisten Fällen aber ohne nennenswerten Erfolg. Auch die Adler-Werke blieben nicht ungeschoren; viele frühere Interessenten für hochwertige Motorräder zogen nunmehr Rollermobile oder Kleinwagen vor. Verzweifelt versuchte man eine technische und kommerzielle Anlehnung an die beiden Nürnberger Motorradhersteller Hercules und Triumph (TWN), zumal diese – wie inzwischen auch Adler – in die Hände neuer Eigentümer gekommen waren.

Adler sollte nur noch einen „Einheitsrahmen" für 198er und 245er Zweizylinder-Zweitakter herstellen und mußte aufgrund dieser Abmachung die gesamte Produktion von Einzylindermaschinen auslaufen lassen. Eine große Hilfe war dies, wie sich bald zeigte, nicht. 1957 mußte das renommierte Frankfurter Werk, in dem 1954 noch fast 5000 Mitarbeiter ihr Geld im Motorradbau verdienten, die Produktion der prächtigen und erstklassigen Motorräder für immer einstellen. Eine große Tragödie für die einst so bedeutende und geschätzte Motorradindustrie Deutschlands. Erfreulich nur, daß wir heute noch in hervorragendem Zustand befindliche RS-Rennmaschinen von Adler bei Veranstaltungen immer wieder bewundern können.

Motorräder der englischen Spitzenklasse: Ariel

Die Erfolge der einst in Birmingham (England) beheimateten großen Ariel-Werke lagen vornehmlich auf technischen und kommerziellen Gebieten. Kein Wunder, gab es doch unter den Konstrukteuren so bekannte Namen wie Edward Turner, Val Page, Bernard Knight und auch Bert Hopwood, der letztere später Nachfolger Edward Turners bei Triumph und vorher bei Norton. Viele Erfolge, besonders bei großen Zuverlässigkeits- und Wertungsfahrten, errangen erstklassige Fahrer wie Harold Perrey, Sammy Miller, Len Heath sowie in der Pionierzeit Männer wie Alec Stock und J. S. Campbell, die oft mit Werksunterstützung, aber bei Rennen nie als offizielle Werksfahrer an den Start gingen.

Vor und nach dem Zweiten Weltkrieg war es der in London ansässige L.W.E. Hartley, der hervorragende Leistungen aus Ariel-Motoren herausholte, mit denen Fahrer wie der berühmte Jock West, wie Len Terry, Ditchburn, Tolley usw. sehr gute Erfolge errangen, teilweise sogar mit „frisierten" seitengesteuerten Motoren. Vornehmlich Ben Bickell war es, der auf der einst berühmten Brooklands-Rennbahn mit Ariel-Maschinen buchstäblich „Wunderdinge" bei reinen Geschwindigkeitswettbewerben vollbrachte. Hartleys Stärke war vor allem die Vorbereitung von Ariel-Motoren, die mit Alkohol-Treibstoff gefahren wurden – genauer gesagt, bei bestimmten Rennen gefahren werden konnten. Bei internationalen Straßenrennen ist die Verwendung von Alkohol seit Mitte der dreißiger Jahre von der FIM nicht mehr gestattet.

Bereits 1898 stellte das Unternehmen, das sich damals noch Components Ltd. nannte, motorisierte Dreiräder mit französischen De-

Bereits der ersten Ariel, Baujahr 1903, war ein gewisser Charme nicht abzusprechen. Sie leistete 2½ PS und hatte bereits eine Vorderradfederung sowie eine vordere Felgenbremse, die von einem Fahrrad stammte.

Bevor man bei Ariel das erste Motorrad schuf, baute man dreirädrige Fahrzeuge. Diese Konstruktion entstand 1900, sie wird gerade vom Generaldirektor Ken Whistance (mit Hut) und Bernard Knight, dem Ariel-Konstrukteur der fünfziger und sechziger Jahre, begutachtet.

Dion-Bouton-Motoren her. Als 1902 das erste Ariel-Motorrad entstand, besaß es einen von Kerry gebauten Motor. Einer der führenden Männer der Components Ltd. war damals Charles Sangster; zu seinen Partnern gehörte Max Türkheimer, der in Mailand dann jahrelang Ariel-Produkte importierte und vertrieb. Er war es auch, der in den dreißiger Jahren Astra-Motorräder mit zahlreichen von Ariel hergestellten Teilen schuf und außerdem noch mit anderen Motorradunternehmen eng verbunden war. Mit Absicht schrieb ich „Ariel-Produkte", denn von 1898 bis 1915 und von 1922 bis 1925 gab es auch drei- und vierräd-

Kaum bekannt ist, daß Ariel in den ersten zwanziger Jahren auch eine seitengesteuerte 249er mit dem Einbaumotor von Blackburne lieferte, der wie alle damaligen Motoren dieser Fabrik eine große außenliegende Schwungscheibe besaß.

Die Ariel-Modellpalette von 1923. Von oben nach unten: eine seitengesteuerte 249er Einzylinder, eine seitengesteuerte 498er Sport-Einzylinder, eine 586er Einzylinder und eine 994er V-Zweizylinder mit wechselgesteuertem MAG-Motor.

rige Fahrzeuge, die bei Ariel – von der Ariel Motor Co. Ltd. und von Ariel Motors Ltd. in Birmingham gebaut – den Markt bereicherten. Die letzten Ariel-Autos hatten Vierzylindermotoren von 1096 cm³ mit Wasserkühlung. Ab 1925 wandte sich das Unternehmen, nunmehr mit Jack Sangster, dem Sohn von Charles Sangster an der Spitze, ganz dem Motorradbau zu.

Aufstieg mit Jack Sangster

Die große Zeit der Marke Ariel lag in den zwanziger Jahren, nachdem schon vorher interessante Modelle – teilweise mit bei White & Poppe in Coventry gebauten Motoren – entstanden waren. So gab es schon 1906 gefederte Vordergabeln, zu einer Zeit, als diese noch zu den Seltenheiten im Motorradbau gehörten. 1910 wurden erstmals auch Blockmotoren verwendet, und 1911 hatten fast alle Modelle dieser aufstrebenden Motorradfabrik schon eine Lenkerschaltung und Kettenantrieb. Als aber 1915 eine neue Ariel entstand, besaß sie zwar ein modernes Dreiganggetriebe mit Kickstarter, aber doch wieder einen Riemen zum Antrieb des Hinterrades, weil man den damaligen Ketten nocht nicht ganz trauen konnte . . . 1919, bald nach dem Ersten Weltkrieg, entstand ein neues Fahrwerk, das sogar eine Hinterradfederung aufwies – es wurde freilich nur spärlich gebaut. 1927 gehörte Ariel dann zu den ersten größeren Motorradwerken der Welt, die serienmäßig Satteltanks bei allen Modellen einführten.

Ansonsten war Ariel fast immer „typisch englisch" – robust, teilweise etwas schwer, aber sehr zuverlässig und qualitativ hochwertig. Dominiert wurden die ersten zwanziger Jahre durch vier Typen: je eine seitengesteuerte Einzylinder von 498 und 568 cm³ und V-Zweizylindermodelle von 996 cm³, die wechselgesteuerte Motoren von MAG (Motosacoche-Schweiz) aufwiesen und vornehmlich für Sei-

1928 verwandten die Ariel-Konstrukteure – mit Val Page an der Spitze – bereits moderne Satteltanks. Hier eine seitengesteuerte 557er Einzylinder mit einem Motor aus eigener Produktion.

Besonders bei Wertungsfahrten waren die obengesteuerten Ariel-Sportmodelle – wie diese 1928 gebaute 497er – beliebt und erfolgreich. Werksfahrer Harold Perrey wurde mit einer „frisierten“ Maschine zweiter in der Halbliterklasse beim Großen Preis von Polen.

tenwagenbetrieb gedacht waren. 1921 kostete die 498er Einzylinder 120 Pfund Sterling, die 586er Version 135 Pfund; die beiden V-Zweizylinder wurden für 140 bzw. 155 Pfund verkauft. Erfolge in Zuverlässigkeitswettbewerben waren in der damaligen Entwicklungsperiode des Motorradwesens von großem kommerziellem Wert – Ariel-Fahrer errangen allein 1920 32 Pokale, 84 Gold- und 61 Silbermedaillen. 1922 kam eine kleinere Ariel mit einem seitengesteuerten Blackburne-Motor von 246 cm^3 in die Produktion; sie fand jedoch wenig Nachfrage, ihre Fertigung wurde bereits 1924 wieder eingestellt. Umsatzmäßig vorn lagen nunmehr seitengesteuerte Einzylinder von 496 und 547 cm^3, deren Motoren bereits in der eigenen Fabrik konstruiert und gebaut wurden.

Turner und Page bei Ariel

Edward Turner kam 1927 zu Ariel, nachdem er bereits 1925 eine Königswellen-Einzylindermaschine von 346 cm^3 ohne Werksunterstützung in London gebaut hatte. Bei Ariel begann er in der Konstruktionsabteilung unter Val Page, der vorher Chefkonstrukteur in der bekannten JAP-Einbaumotorenfabrik in Tottenham (London) gewesen war und einen hervorragenden Ruf als Konstrukteur von Motorradmotoren genoß. Von 1923 war die 246er Ariel auch mit dem kopfgesteuerten Blackburne-Motor erhältlich, doch war auch sie kein Verkaufsschlager, zumal damals auch zahlreiche andere Motorradhersteller wie Cotton, Hobart, OK, Verus, Excelsior, Zenith, Henley usw. diesen Motor einbauten. Ab 1924 kon-

1930 bekamen die Satteltanks von Ariel ein neues Aussehen wie bei dieser Tourensportmaschine mit kopfgesteuertem 497er Motor.

Groß war die Palette der 1931 gebauten Ariel-Modelle. Die kopfgesteuerten 497er Einzylindermaschinen hatten Motoren mit stehendem oder nach vorn geneigtem Zylinder, was im letzteren Fall einer damals herrschenden „Mode“ entsprach.

zentrierte man sich fast ausschließlich auf die Weiterentwicklung der seiten- bzw. kopfgesteuerten Einzylinder von 547 und 497 cm³, deren Absatz immer mehr zunahm.

Ariel gehörte in diesen zwanziger Jahren neben Triumph, Douglas, BSA, Sunbeam, AJS, New Imperial, Royal Einfield, Norton und Rudge zu den führenden Motorradfabriken Englands. Unter dem tüchtigen Geschäftsmann und Techniker Jack Sangster erlebte das Unternehmen eine Blütezeit, vor allem ab 1927, als die Einführung der Satteltank-Modelle viel zu den großen Umsätzen in aller Welt beitrug. In England selbst hatte Ariel mehrere Werksdepots, in Europa trugen Ariel-Importeure wie Howie in Wiesbaden, Türkheimer in Mailand, Weininger & Co. in Wien oder Ŝtepaȓ & Hanák in Prag viel zu den Umsätzen bei.

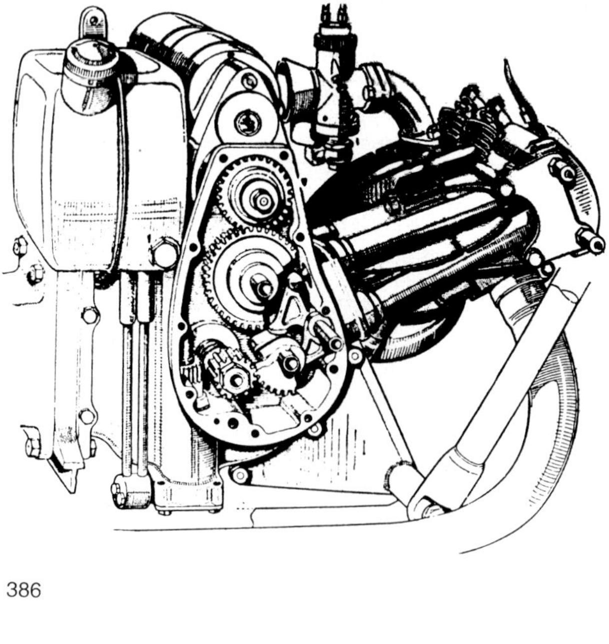

Neue Ariel-Motoren kamen 1932 hinzu, darunter diese 497er mit vier Ventilen. Sie wurde nur kurze Zeit produziert, der Vierventilkopf zeitigte keine besonderen Vorteile.

1926 kostete die 497er ohv-Einzylinder von Ariel in England nur noch 55 Pfund Sterling. Als dann 1927 auf der Olympia-Show in London die Satteltank-Modelle ihren Einzug hielten, konnte man diese mit verbesserten seitengesteuerten Einzylindermotoren von 557 cm^3 bzw. obengesteuerten 497er Motoren – letztere auch mit dem damals modernen Doppelauspuff – bekommen. Diese Motorräder waren der Traum vieler Enthusiasten, und das Werk hatte Schwierigkeiten, den Bedarf in den folgenden Jahren zu decken. Neu waren auch die sportlichen Fahrwerke – alt war die Abneigung des Unternehmens, ausgesprochene Rennmaschinen herzustellen. Tradition wurde bei Ariel großgeschrieben, und es war rung betrugen 61/51 mm. Der etwas veränderte Doppelschleifenrahmen der neuen großen Einzylinderversionen nahm den Motor auf. Phantastisch war der summende Ton dieses Motorrades, das lediglich 150 kg wog und eine Sattelhöhe von nur 67 cm hatte. In Österreich kostete diese Vierzylindermaschine 3900 Schillinge (welch „goldene" Zeiten!), während man für die obengesteuerte 497er Einzylinder 3280 Schillinge bezahlen mußte. Dennoch blieb die Vierzylinder immer ein etwas exklusives Motorrad.

Bereits 1931 wollte der englische Rennfahrer Sommerville Sikes so eine Vierzylinder durch

Eine Sensation hatte sich schon 1931 angebahnt, als Ariel mit einer quadratischen Vierzylinder – der „Square Four" – auf den Markt kam. Der 497er Motor mit obenliegender Nockenwelle hatte 51 mm Bohrung und 61 mm Hub. Der Hubraum wurde ein Jahr darauf auf 597 cm^3 vergrößert.

daher eine internationale Sensation, als das Werk 1931 mit einer umwerfenden Neukonstruktion in Form eines Vierzylinder-Modells auf den Markt kam, nachdem schon 1930 neue seiten- und kopfgesteuerte Einzylindermaschinen von 247 cm^3 das Bauprogramm nach unten bereichert hatten.

Die „Square Four"

Edward Turner selbst hatte die 497er Vierzylinder (mit zwei luftgekühlten vertikalen Zylinderpaaren in einem quadratischen Block auf einem gemeinsamen Kurbelgehäuse) geschaffen und vorerst damit viel Aufsehen erregt. Der einteilige Zylinderkopf mit völlig eingeschlossenem Ventilmechanismus hatte eine obenliegende Nockenwelle, der Motor rollengelagerte Kurbelwellen und Pleuel, Hub/Bohdie Zuschaltung eines Kompressors „technisch mißbrauchen" und damit Rennen gewinnen; ein Vorhaben, das ihn zwar viel Geld und Arbeit kostete, aber nie Erfolge einbrachte. Diese 4 F 31 von Ariel blieb ein bequemes Touren-Sportmotorrad, wurde aber nie ein Rennfahrzeug, obowhl es noch nach 1945 ähnliche Versuche durch den englischen Rennfahrer Foster-Pegg gab, dem es nicht besser erging als Sommerville Sikes fast zwanzig Jahre zuvor. Neu waren 1931 auch einige 497er Einzylinder mit um 30 Grad nach vorn geneigtem Zylinder. Diese „Modekrankheit" bemächtigte sich auch anderer Marken, sie fiel bald dem Verstand der Kunden zum Opfer. Ein schwarzes Pferd war damals das Wahrzeichen von Ariel.

Für weitere große Publicity sorgte u. a. Harry

Sehr sportlich waren die ab 1933 hergestellten „Red Hunter", mit denen Ariel bis in die sechziger Jahre erfolgreich war. Gebaut wurden kopfgesteuerte Einzylinder mit 247, 347 und 497 cm³. Val Page hatte sie konstruiert und jahrelang weiterentwickelt.

Perrey, der mit einer auf „Schwimmflossen" montierten 557er Ariel den Ärmelkanal überquerte und Berge erklomm, die bis dahin mit Motorrädern noch nicht bezwungen waren. Er gewann zahlreiche Verbrauchskonkurrenzen und fuhr bereits 1927 unter offizieller ACU-Kontrolle 5000 Meilen, ohne auch nur einmal den Motor abzustellen.

Wie erwähnt, bestritt Ariel – offiziell – keine Rennen, doch war Perrey 1929 Zweiter der 500er Klasse beim Großen Preis von Polen, natürlich nicht auf einem einfachen Privatmodell. Als Fahrer und Techniker war er ganz große Klasse. Sehr erfolgreich war auch Jock West, der auf teilweise sehr alten, von L.W.E. Hartley „getunten" Einzylindermodellen, seiten- oder obengesteuert, zahlreiche Siege errang und teilweise auch Rekorde brach. Der Schnellste war aber wohl Ben Bickell, der 1934 mit einer von ihm und seinem Bruder her-

Die Ariel-„Square Four" wurde 1935 völlig umkonstruiert, sie bekam einen Hubraum von 996 cm³ und kopfgesteuerte Ventile. Das Bild zeigt die Ausführung mit Hinterradfederung aus dem Jahre 1949.

gerichteten Vierzylinder-Ariel auf der Brooklands-Rennbahn einen Rundendurchschnitt von 178,3 km/h erzielte und dann mit einer defekten Zylinderkopfdichtung liegenblieb. Seine Vierzylinder war ein 1932er Modell von 597 cm³, das Bickell auf 497 cm³ „reduzierte“. Diese Maschine von Bickell besaß einen der damals beliebten Powerplus-Kompressoren, und es zeugt von den technischen Fähigkeiten dieses Fahrers, daß der Motor die durch den Kompressor erhöhten Beanspruchungen gut verkraftete, obwohl er keineswegs für Rennzwecke ausgelegt war.

Neue Vierzylinder

Bei den Vierzylinderversionen gab es Probleme, vor allem thermischer Natur, da die Kolben infolge unzureichender Zylinderkühlung bei höherer Beanspruchung zu heiß wurden. Auch erwies sich das Schwungrad als zu leicht, doch wollte Turner den kompakten Motor wohl aus ästhetischen Gründen nicht vergrößern, um ein umfangreicheres Schwungrad unterzubringen. So kam es, daß man 1934 eine völlig neue „Square Four“ (so hieß dieses Modell) mit 996 cm³ schuf, deren obengesteuerten Ventile durch Stössel statt durch eine Nockenwelle betätigt wurden. Bald darauf wurde aus der 597er Vierzylinder eine ähnliche kopfgesteuerte Version, die später jedoch zugunsten des größeren Modells aufgegeben wurde, das bis Mitte der fünfziger Jahre – wenn auch mit geringen Verkaufserfolgen – im Ariel-Typenprogramm blieb. Die 996er Vierzylinder leistete zuletzt 34,5 PS bei 5500 U/min, sie lief 103 Meilen in der Stunde (etwa 165 km/h), wog allerdings schon 195 kg und war, wie aus diesen Zahlen zu ersehen, keinesfalls ein „reinrassiges“ Motorrad für sportliche Zwecke. Von 1938 an konnte dieses Modell auch mit Hinterradfederung geliefert werden, doch wurde es vor allem als Seitenwagenmaschine gefahren, was vielen Kunden den Verzicht auf eine solche Federung nahelegte.

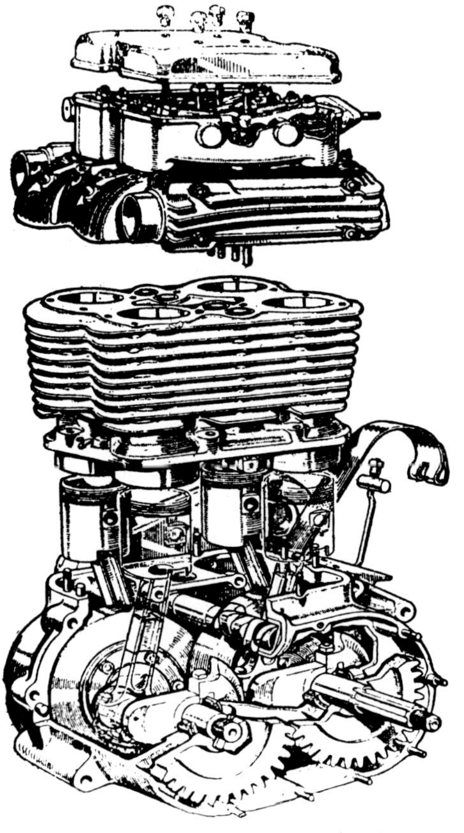

Ein Blick in den interessanten und verbesserten Vierzylindermotor, wie er nach 1945 eingebaut wurde. Er hatte 65 mm Bohrung und 78 mm Hub sowie eine Leistung von 34,5 PS bei 5500 U/min.

Der Motor der 996er Ariel-Vierzylinder, dessen Grundkonzeption von Edward Turner, dem späteren Chef von Triumph, stammte, nachdem er 1936 von Ariel in das Werk Meriden (Coventry) „übergesiedelt“ war.

Für Käufer mit sportlichen Ambitionen entstand 1932 die erste 497er „Red Hunter", ein einzylindriger kopfgesteuerter Hochleistungstyp mit vier Ventilen, der trotz hoher Leistung und rasanter Beschleunigung auch nicht als Rennmotor gedacht war, obwohl man in den folgenden Jahren immer wieder gut frisierte Maschinen bei Wettbewerben bewundern konnte. Schon vorher gab es bei Ariel Vierventilmotoren, die zwar höhere Fertigungskosten und Verkaufspreise, jedoch kaum Vorteile erbrachten. Erst als die „Red Hunter" mit ihrem roten Kraftstofftank erschien, gesellte sich zur höheren Leistung auch eine sportliche Eleganz, die man damals nur selten antraf. Sie war zweifellos eine der besten Konstrutionen, die das Werk in Selly Oak (Birmingham) verließen. Auf Wunsch war sie auch mit Doppelauspuff lieferbar, und obwohl es in der Krisenzeit auch bei Ariel nicht gut stand, fand sie bald ihre Liebhaber und war jahrelang in der Produktion, nicht nur mit 497 cm^3, sondern auch mit 347 cm^3 und sogar mit 247 cm^3 Hubraum. Die letztere kostete 1936 54 Pfund Sterling, das wären – theoretisch – in 1983 rund 233 DM! Selbst die 597er Vierzylinder mit dem obengesteuerten Motor kostete nur 80 Pfund, die 996er ganze 90 Pfund. Weitergebaut wurden auch weniger „heiße" kopfgesteuerte Versionen sowie die seitengesteuerten 557er Einzylinder. Die 497er „Red Hunter" wurde 1936 für 65,10 Pfund angeboten, sie war die teuerste Einzylindermaschine von Ariel. Weiterentwickelt und produziert wurden diese hervorragenden Maschinen bis lange nach dem Zweiten Weltkrieg. Heute gehören sie zu den gesuchtesten Veteranen und den feinsten Erzeugnissen der einst so großen und weltbekannten englischen Motorradindustrie.

Im Zweiten Weltkrieg

Ariel blieb auch im letzten Weltkrieg beim Motorradbau und lieferte zwischen 1939 und 1945 tausende Maschinen, vor allem kopfgesteuerte 347er Einzylinder, an die Armeen der Alliierten. Einfache, aber zuverlässige und gute Motorräder, in der Ausführung teilweise von den „Red Hunter" beeinflußt, deren Grundkonstruktion nicht von Edward Turner, sondern von Val Page stammte.

War Ariel auch nie eine richtige „Rennmarke", so bestritt das Werk mit großen Erfolgen doch zahlreiche Wettbewerbe wie die Internationale und die Schottische Sechstagefahrt und die für England so typischen Trials. Zu den führenden Werksfahrern gehörten hier Charly Ray, Len Heath, Alfie West; schon 1945 griffen sie wieder in das sportliche Geschehen ein.

Technisch gesehen, handelte es sich bei den ersten Nachkriegsmodellen, die bereits im Juli 1945 herauskamen, um etwas weiterentwickelte Vorkriegsversionen. Da gab es nun „Red Hunter" von 347 und 497 cm^3 sowie andere kopfgesteuerte Maschinen in diesen Hubraumklassen, und auch die seitengesteuerte Einzylinder von 557 cm^3 wie die große 996-cm^3-Vierzylinder blieben vorerst im Bauprogramm. Geändert hatten sich die Ventil-Kapselung, teilweise die Fahrwerke und die Ausrüstung der kompletten Maschinen, die zu einem Großteil noch die alten Vordergabeln besaßen. Aber Ende 1945 waren alle Mo-

Wie viele andere Motorradfabriken wandte sich auch Ariel nach dem Zweiten Weltkrieg dem Bau von Parallel-Zweizylindern zu. Vorerst mit 497er Modellen, später auch mit kopfgesteuerten 646er Versionen wie diese „Huntmaster Twin" von 1955.

Die 996er Ariel wurde stetig weiterentwickelt, aber nie in großen Stückzahlen hergestellt. Sie war und blieb ein exklusives Luxusmotorrad ohne Anspruch darauf, besonders schnell oder leistungsstark zu sein. Der abgebildeten Maschine aus dem Jahre 1959 folgten nur noch wenige.

delle auch schon mit Telegabeln und Hinterradfederung lieferbar. Dank des auch im Kriege fortgesetzten Motorradbaues gehörte Ariel zu den wenigen Herstellern in England, die mit Material so gut versorgt waren, daß die Produktion – wie auch bei Triumph, BSA und Norton – für den zivilen Bedarf bald wieder aufgenommen werden konnte. Probleme gab es nur bei neuen Fertigungsmaschinen, und darin lag der Grund, warum vorerst keine

Die kopfgesteuerten „Red Hunter"-Einzylinder wurden in verschiedenen Ausführungen, teilweise auch mit Doppelauspuff, geliefert. Abgebildet die moderne 497er Version von 1958 mit einem Auslaßkanal. Mit Trial-Maschinen dieses Typs wurde der hervorragende Sammy Miller weltberühmt.

neuen sensationellen Konstruktionen den Motorradmarkt bereicherten.

Die erste kopfgesteuerte Parallel-Zweizylinder von 497 cm^3 erschien bei Ariel 1948. In sportlicher Ausführung bekam auch sie den Namen „Red Hunter“, als bequeme Tourenversion hieß sie „De Luxe Twin“. Einzylindrige 347er und 497er „Red Hunter“ gab es auch mit hochgezogenen Auspuffrohren und als ausgesprochene Trialmaschinen mit Hinterradfederung. Bemerkenswert, daß die kopfgesteuerte Zweizylinder nie solche Beliebtheit errang wie die „Speed Twin“ und „Tiger 100“ der späteren Schwesterfirma Triumph. Das galt auch für andere englische „Twins“ wie z. B. die von Matchless oder BSA . . . und es war in den fünfziger Jahren, als die damals große BSA-Gruppe in Birmingham nicht nur Triumph, sondern auch Ariel übernahm, obwohl diese vorerst unabhängig voneinander ihre Namen beibehielten und sich die Kundschaft streitig machten. Technisch gab es natürlich eine mehr oder weniger enge Zusammenarbeit, besonders zwischen Ariel und BSA; zuletzt übersiedelte Ariel von Selly Oak in die – inzwischen eingerissenen – Werksgebäude von BSA in Armoury Road.

Zweitakt-Zweizylinder

Bis 1958 blieb Ariel beim Bau typisch englischer Viertakter, um dann ganz plötzlich mit einer sensationellen Neukonstruktion aufzuwarten: einer 246er Zweizylinder-Zweitaktmaschine mit Luftkühlung und nach vorn geneigten, nebeneinanderstehenden Zylindern. Konstruiert vom berühmten Val Page, gebaut unter der Leitung von Ken Whistance, dem damaligen Ariel-Generaldirektor, handelte es sich zunächst um eine bequeme und moderne Tourenmaschine, die den Namen „Leader“ (Führer) trug und begeistert aufgenommen wurde. Später gesellte sich ihr eine sportliche Version, die „Arrow“, zu. Während die „Leader“ ganz verschalt war und besonders bequem zu fahren sein sollte, besaß die sportliche „Arrow“ mehr Temperament, mehr „zip“ und wurde gelegentlich auch für Rennen frisiert, die in England vor allem Mike O'Rourke bestritt.

Zuerst wurde die „Leader“ ein kommerzieller Erfolg, aber auch die „Arrow“ fand viel Beliebtheit bei sportlich eingestellten jüngeren Fahrern. Statt nun diese Modelle weiterzuentwikkeln, „schraubte“ man plötzlich den Hubraum beider Zweitakter auf 198 cm^3 zurück – und konnte dabei keine Kunden gewinnen. So verlor man immer mehr an Boden, zumal in der nunmehr von Edward Turner völlig beherrschten BSA-Gruppe nie viel Zeit für Ariel-Angelegenheiten blieb. Eine sehr ungewöhnliche und für mich unverständliche Situation, die ich als jahrelanger Angestellter von Triumph natürlich sehr gut kannte, ebenso wie die alte und neue Rivalität zwischen Triumph und

Die Ariel-„Scrambler“ von 1955, die mit einem modifizierten 497er „Red Hunter“-Motor ausgerüstet war. Mit einer ähnlichen Maschine gewann Sammy Miller viele Veranstaltungen.

Ende 1958 schuf Val Page die „sensationellste" Ariel aller Zeiten. Sie hatte einen Parallel-Zweizylinder-Zweitaktmotor von 246 cm³. Als Modell „Leader" – wie abgebildet – wurde sie als ausgesprochene Tourenmaschine mit weitgehender Verkleidung, später als Modell „Arrow" für Sportzwecke gebaut. Als Ariel 1962 von Selly Oak nach Small Heath, den BSA-Werken in Birmingham, umzog, kam das langsame Ende dieser Zweitakter, die zuletzt mit 198 cm³ hergestellt wurden.

BSA, obwohl man technisch eng zusammenarbeiten mußte. Viel zu dieser tragischen Konstellation trug allerdings der große Chef Edward Turner selbst bei, ein hundertprozentiger Triumph-Mann, der andere zur Gruppe gehörenden Motorradhersteller wie BSA und Ariel nur als „Mitläufer" betrachtete. Turner war ein tüchtiger Geschäftsmann, der Kundenwünsche häufig rechtzeitig erkannte, mit dem reibungslos zusammenzuarbeiten aber oft sehr schwer war, nicht zuletzt wegen seiner Launen und Eigenwilligkeiten. Daß viele seiner Mitarbeiter darüber nicht immer sehr glücklich waren, muß nicht besonders betont werden. Einer von ihnen war sein Nachfolger bei Triumph, der hervorragende Konstrukteur Bert Hopwood.

Katastrophales Dreiradmoped

Zurück zu Ariel, wo man im Juli 1970 mit einem kleinen Dreiradmoped – es hatte hinten zwei Räder – auf den Markt kam. Angetrieben von einem in Holland gebauten Zweitakt-Einzylindermotor von 49 cm³, war dieses neuartige „Gebilde" in fast jeder Beziehung eine Katastrophe. Es war unstabil, unzuverlässig, unschön und zu teuer in Produktion und Verkauf. Edward Turner hatte keinen Einfluß auf diese Fehlkonstruktion. Er war 1968 in den Ruhestand gegangen – viel zu spät, wie manche, die mit ihm zu tun hatten, meinten. Seit der Übernahme von Triumph im Jahre 1936 hatte er sich herzlich wenig um Ariel gekümmert. Als Ariel 1953 teilweise die von Er-

Ein Blick in die Technik der Ariel-„Leader".

nie Earles konstruierten Vorderrad-Langschwingen einbaute, war nicht Turner, sondern Val Page dafür verantwortlich. Er schuf auch die Wettbewerbsmodelle, die bei Gelände- und Moto-Cross-Wettbewerben ansehnliche Erfolge erzielten. Allerdings konnte sich die Earles-Schwinggabel nie in stärkerem Umfang durchsetzen, die meisten Kunden bevorzugten nach wie vor die guten Telegabeln, die natürlich auch die ab 1954 gebauten 347er „Hunter Single" aufwiesen – eine Konstruktion, die auf Gabeln der Militärmaschinen beruhte, inzwischen aber weiterentwickelt und verbessert worden war. Zusammen mit einer Hinterrad-Schwinge war sie modern und blieb dabei doch „typisch englisch".

Auf der bewährten Grundkonstruktion ständig weiterentwickelt wurden die Ein-, Zwei- und Vierzylindermodelle von Ariel, so die seitengesteuerte 597er Einzylinder als „friedlichstes" Modell von Ariel der fünfziger Jahre, dem es jedoch nicht an bulliger Kraft vor allem im unteren Drehzahlbereich mangelte. Ganz

Die sportliche 246er „Arrow" von Ariel mit Parallel-Zweizylinder-Zweitaktmotor von 1961.

neu waren damals die „Huntmaster Twin“ von 646 cm^3, sportliche obengesteuerte Parallel-Zweizylinder mit zweimal Bohrung/Hub von 70 und 84 mm. Ihre elastischen Motoren – teilweise bei der Schwesterfirma BSA entstanden – erlaubten ein ungemein ruhiges und geschmeidiges Fahren, auch wenn diese Konstruktion nicht so rasant wie sportliche Zweizylinder von Triumph in Coventry war. An der großen 4G „Square Four“, der kopfgesteuerten Vierzylindermaschine, wurde nicht viel geändert. Ihr Hinterrad gab auf dem Bremsstand 43 PS bei 5800 U/min ab – und das genügte ihren Liebhabern.

Ihr Gegenstück war die kopfgesteuerte 198er Einzylinder „Colt“ mit bescheidenen 10 PS und 105 km/h Spitze. Sie hatte keinen großen Erfolg, was wohl das Werk veranlaßte, die 198er „Leader“ und dann die „Arrow“ herauszubringen. Unverkennbar war die äußere Ähnlichkeit mit den damaligen Zweizylinder-Zweitaktern von Adler, doch anstatt die eigenen Motoren bei Ariel weiterzuentwickeln, wandte man sich hier neben den erfolglosen kopfgesteuerten Viertaktern von 74 cm^3 dem „unglücklichen“ Zweitaktdreirad von 50 cm^3 zu und verlor dabei mehr Geld, als sich die große BSA-Gruppe, zu der ja auch Ariel gehörte, leisten konnte. Sie umfaßte, nachdem der Fahrradbau schon vorher aufgegeben und die englischen Daimler-Autowerke sowie Armstrong-Siddeley in Coventry an British Leyland verkauft war, noch zahlreiche große Unternehmen wie BSA-Waffen, BSA-Heating (Heizungen), BSA-Components (Teile), Birtley Ltd. usw. Interne Probleme organisatorischer und technischer Art gab es genug. Sie wurden hervorgerufen oder verstärkt durch an die Unternehmensspitze berufene Nichtfachleute, die oft nicht ahnten oder wußten, daß man den Motorradbau nicht so führen kann wie die Herstellung von Kochtöpfen. Tatsächlich war die Motorradproduktion bei BSA und auch bei Triumph gesund, und da Ariel direkt an die BSA-Gruppe angeschlossen war, hätte es auch hier keine Schwierigkeiten gegeben. Aber es fehlten die richtigen Männer, die imstande waren, das Unternehmen zu retten, die befähigten Vorgänger waren in den Ruhestand getreten oder verstorben. Obwohl Aufträge, besonders aus dem Ausland und vor allem aus den USA, genug vorlagen, mußte dieses einst so berühmte Unternehmen seine Tore schließen.

Eigene Erfahrungen

Ich selbst fuhr schon vor dem Zweiten Weltkrieg verschiedene Einzylinder-Viertakter von Ariel sowie auch eine 597er „Square Four“ aus dem Jahre 1933, ebenso während des Krieges die kopfgesteuerten 347er Einzylinder-Militärmaschinen, die ich auch reparierte und testete. In den ersten fünfziger Jahren saß ich im Sattel der Geländeversion der 497er „Red Hunter“, nach meiner Ansicht eine der feinsten Einzylindermaschinen, die je gebaut wurden. Und obwohl man bei Ariel nie ausgesprochene Straßenrennmaschinen baute, gab es in vielen Ländern schöne Erfolge bekannter Rennfahrer. Mit einer getunten 248er Zweizylinder „Arrow“ konnte der Engländer Mike O'Rourke 1960 in der englischen T.T. auf der Insel Man sogar den 7. Platz erringen und bei anderen Rennen gute Plätze belegen. Sieht man von dem kleinen Dreiradmoped ab, wurde 1966 die letzte Maschine gebaut, die den einst so großen Namen „Ariel“ trug.

Schließlich noch ein Blick auf die 647er „Cyclone Twin“ von Ariel. Sie hatte einen obengesteuerten Parallel-Zweizylinder-Motor, der bereits bei den BSA-Werken – zu denen Ariel gehörte – entstand. Herstellungsjahr: 1959.

Sechs Brüder und eine berühmte Marke: Benelli

Das Motorrad heißt „Benelli", aber Giuseppe, Giovanni, Francesco, Filippo, Domenico (Mimo) und Tonino Benelli – die sechs Brüder der Gründerfamilien – sind nicht mehr an der Spitze der Benelli-Werke in Pesaro. Diese gehören nunmehr Alessandro de Tomaso, dem in Argentinien geborenen Autorennfahrer und Finanzmann, der jetzt auch Herr von Moto Guzzi in Mandello del Lario am Comersee ist und noch andere Interessen im Kraftfahrzeugwesen hat.

Benelli in Pesaro . . . Ich erinnere mich noch heute an das total zerbombte Motorradwerk nach dem Kriege. Keine Wand blieb stehen, und kaum hatte man eine Halle wieder aufgebaut, stellte man dort aus Vorkriegsteilen, die man irgendwo fand, eine neue 248er Doppelnockenwellen-Rennmaschine zusammen.

Getrieben von einer Rennbegeisterung, die man wohl als einmalig bezeichnen konnte. Tonino, der jüngste der Brüder, war nicht mehr dabei. 1932 hatte er seine erfolgreiche Rennfahrerlaufbahn nach einem schweren Sturz aufgeben müssen und 1937 bei einer Testfahrt einen Zusammenstoß mit einem Lastwagen nicht überlebt.

Die 1911 gegründete Firma Benelli baute 1919 den ersten Motor, einen Zweitakter von 75 cm^3, und 1921 das erste mit diesem Motor ausgestattete komplette Benelli-Motorrad, dem bald eine 98er Version – wieder mit Zweitaktmotor – folgte. 1922 wurden auch schon 147er und dann 173er Zweitaktmodelle hergestellt. Die selbst konstruierten Motoren kamen aus eigener Produktion. Eine 173er Benelli kostete übrigens Mitte der zwanziger Jahre 4750,– Lire.

Die ersten ab 1920 gebauten Benelli-Motorräder hatten Zweitaktmotoren von 98, 123 und 148 cm^3. Berühmtheit kam erst 1927 mit 174er Rennmaschinen mit obenliegender Nockenwelle, die jahrelang von Sieg zu Sieg eilten. Das Bild zeigt eine 1929 gebaute Rennmaschine.

Der schnelle, 1929 hergestellte 174er Einzylinder-Rennmotor mit obenliegender Nockenwelle, die Zahnräder antrieben.

Damals 147 italienische Motorrädhersteller

1926 gab es auch eine 147er Benelli-Sportmaschine mit Doppelauspuff, ein Fahrrad mit einem Zweitakt-Hilfsmotor von 123 cm³ und – auf Initiative von Tonino Benelli – auch schon eine 173er Rennmaschine, die einen eigenen Viertaktmotor mit obenliegender Nockenwelle besaß und bald Italiens stärkste „Waffe" bei Rennen in dieser Klasse wurde. 147 Motorradhersteller gab es damals in Italien, und wer hier bestehen wollte, mußte schon zeigen, was er konnte. So formierte Benelli eine komplette Werksrennmannschaft, die sich vorerst aus Tonino Benelli, Ricardo Brusi und Carlo Baschieri zusammensetzte. Sie gewann die meisten Rennen der 175er Klasse – und Tonino war fast immer der schnellste. Diese Rennmaschinen leisteten 11 PS bei 6500 U/min und erreichten 130 km/h. Von 1930 an wurde diese Maschine auch an Privatfahrer geliefert, außerdem stellte man 123er und 147er Zweitakter serienmäßig her. Nebenbei bemerkt, bekamen Privatfahrer „nur" die 173er mit einer obenliegenden Nockenwelle, während das Werksteam bereits über Doppelnockenwellen-Rennmaschinen verfügte. Die Motoren hatten je 60,5 mm Hub und Bohrung, die Nockenwellen wurden – typisch auch für spätere Benellis – durch Zahnräder angetrieben.

Jahrelang entwickelte man diese 173er weiter. Sie war sehr schnell und auch sehr zuverlässig. Exportiert wurde sie nur wenig, weil sie einmal sehr teuer war und vor allem auch deshalb, weil es außerhalb Italiens immer weniger Rennen für Maschinen bis 175 cm³ gab. Ich erinnere mich nur an eine einzige Benelli-Rennmaschine, die ins Ausland ging, und zwar 1933 in die Tschechoslowakei. Sie gehörte dem Prager Rennfahrer Franta Chaloupka. Eine 498er Einzylinder-Benelli-Sportmaschine mit obenliegender Nockenwelle kam 1933 heraus, eine ähnliche Tourenversion 1934. Die Sensation von 1934 bei Benelli war aber eine ganz neue 248er Sportma-

Im Zuge der Weiterentwicklung erhielten die 173er Benelli-Rennmaschinen zwei obenliegende Nockenwellen und damit mehr Leistung. Dies ist eine 1933 gebaute Version mit Scheiben-Hinterrad, die auch von dem tschechoslowakischen Fahrer Franta Chaloupka gesteuert wurde.

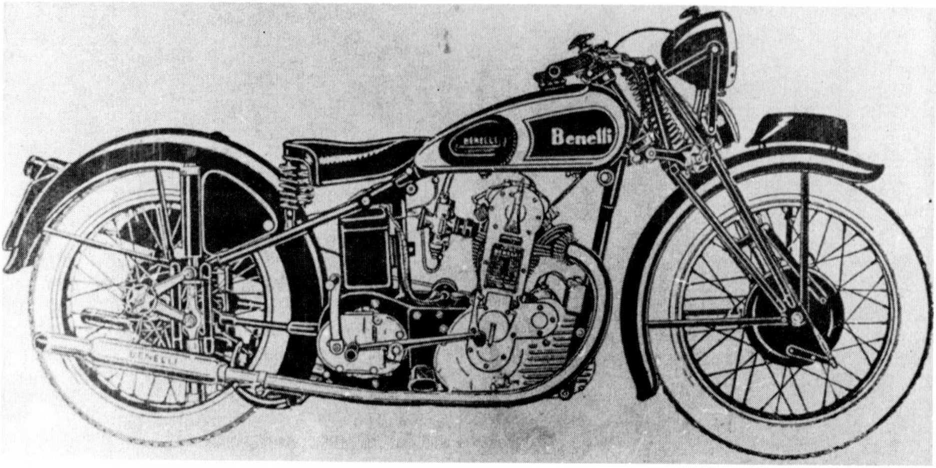

Im Laufe der dreißiger Jahre bekamen die meisten Touren- und Sportmaschinen von Benelli – wie diese 248er Version von 1938 – obenliegende Nockenwellen, doch bestanden zwischen Serienmotorrädern und Werksrennmaschinen große technische Unterschiede.

schine mit obenliegender Nockenwelle und Vierganggetriebe. Die 173er Rennmaschine mit dem Doppelnockenwellen-Motor gab damals 15 PS bei 9000 U/min ab und lief gute 140 km/h.

Auch TT-Sieg

Sensationell sah eine neue 498er Einzylinder-Rennversion mit Doppelnockenwellen-Motor aus, die 1935 erschien. Man sagte ihr 50 PS

1939 gab's auf der Insel Man eine Sensation, als der Engländer Ted Mellors auf einer 248er Doppelnockenwellen-Benelli die Lightweight-TT gewann.

Diese 174er Benelli war eine starke Konkurrenz für die 174er Rennmaschinen von Miller-Balsamo, deren Vierventilmotoren bei Rudge (Python) in England entstanden.

und eine Spitze von 195 km/h nach, doch blieben größere Erfolge aus. Teilweise deshalb, weil man sich in Pesaro mehr auf die kleineren Modelle konzentrierte, zumal die Konkurrenz in der Halbliterklasse durch Maschinen wie die vierzylindrige „Rondine" mit Kompressor und die V-Zweizylinder-Werks-Moto-Guzzi doch zu stark war. Hier mußten auch die schnellsten Einzylinder von Norton, Velocette, Bianchi und Gilera die Mehrzylinder vorlassen, zumindest auf sehr schnellen Kursen. Anders sah es bei den verbesserten 248er Benellis aus, die mit einer Leistung von 25 PS bei 8000 U/min 170 km/h erreichten. Ganz groß war diese Benelli 1939 im Gespräch, als der Engländer Ted Mellors mit ihr die Lightweight (250 cm³) bei der englischen Tourist Trophy auf der Insel Man gewann. Ein TT-Sieg

Ein Blick auf die schöne und sehr schnelle 248er Benelli-Werksrennmaschine, die 1939 nur die Moto Guzzi und die wassergekühlte DKW als ernste Konkurrenz hatte.

Ein technischer Traum, der unerfüllt blieb: die 1939 von Giovanni Benelli konstruierte 248er Vierzylinder-Doppelnockenwellen-Rennmaschine mit Wasserkühlung und Kompressor. Der Zweite Weltkrieg verhinderte ihre Ausreifung und den Renneinsatz.

Herzlich wenig im Originalzustand ist diese Benelli-Rennmaschine aus dem Jahre 1938. Sie wurde von dem Belgier Dickwell auch bei Rennen auf der Eilenriede, der Avus usw. gesteuert. Nach 1945 war sie im Besitz des Belgiers Léon Martin und des Engländers Frank Heath. Jetzt gehört sie dessem Landsmann Norman Webb.

Als Benelli 1947 wieder in das internationale Renngeschehen eingriff, fuhr der Werks-Spitzenfahrer Dario Ambrosini diese 1939 entstandene und nur etwas verbesserte 248er.

war ein riesiger Erfolg und von kommerziellem Interesse auch in Italien, wo diese Werks-Doppelnockenwellen-Rennmaschinen von Sieg zu Sieg eilten. Die Fahrer waren Rosetti, Martelli und Soprani. Eine 1938 gebaute 248er Benelli hatte auch der Belgier Dickwell, sie wurde nach 1945 von meinem belgischen Freund Léon Martin gefahren. Ich steuerte diese schnelle Rennmaschine 1947 und habe sie vor allem deshalb in Erinnerung, weil sie als erste von mir gefahrene Rennmaschine einen Lenker hatte, der tiefer lag als der sehr kleine Sattel. Hinzu kam, daß sie unter 6000 U/min „nichts drin" hatte und es sehr schwer war, in dichtem Verkehr mit ihr weiterzukommen, sie wollte in den unteren Gängen mit viel Gas auf Touren gehalten werden. Erst wenn man sie voll ausfahren wollte, ging sie „wie eine Rakete".

Kompressor-Rennmaschine

Von 1934 an gab es auch in Italien keine Rennklasse bis 175 cm^3 mehr, und so lag fortan das Schwergewicht bei den 250ern. Die engagierten Brüder Benelli statteten schon 1938 ihre Maschinen mit einer guten Hinterradfederung aus. Sie bauten einerseits seitengesteuerte 498er Einzylinder in größerer Zahl für die

Noch 1951 zählte diese 248er Doppelnockenwellen-Rennmaschine von Benelli zu den schnellsten Motorrädern ihrer Klasse. Beachtenswert die Verkleidung, die den Steuerkopf einschloß.

1952 baute Benelli außer der 124er „Leoncino"-Zweitaktmaschine auch diese 247er „Leonessa"-Zweizylinder in Serie. Sie leistete 16 PS bei 7000 U/min und lief 120 km/h.

Armee, schienen andererseits aber nicht mit einem Krieg zu rechnen. Daß er in Italien später doch kam, war eine Tragödie auch für das Rennwesen. 1939 hatte man zwei ganz neue 248er Rennmaschinen entwickelt; die eine mit Einzylinder-Kompressor-Motor, die andere als wassergekühlte Vierzylinder, die ebenfalls einen Kompressor besaß und ein wenig wie eine verkleidete Vierzylinder-Rondine von Gilera aussah. Der Krieg verhinderte, daß diese Maschinen voll entwickelt und bei Rennen eingesetzt wurden. Als dann das Kriegsende kam, lag die Benelli-Fabrik in Schutt und Asche. Die einzylindrige Kompressormaschine gab 35 PS bei 9000 U/min ab. Mit dem Prototyp erzielte man über 190 km/h. Die Vierzylinder leistete auf dem Bremsstand 45 PS bei 12000 U/min und war 1:13 verdichtet. Ihr sagte man eine Spitze von 230 km/h nach – heute ebensowenig nachprüfbar wie das Stehvermögen zu der Zeit, als diese Konstruktion eingemottet wurde. Keine dieser Kompressormaschinen tauchte nach 1945 auf – Motoren mit Kompressor waren ja bei internationalen Rennen verbannt.

Benelli hielt im Kriege durch, doch wurden hauptsächlich seitengesteuerte 498er Militärmodelle produziert, daneben noch 248er und 498er Motorräder mit obenliegender Nockenwelle. Auf einem Bauernhof hatte man die Maschine eingegraben, die 1939 die Lightweight-Klasse der englische TT gewann. Der Zufall wollte es, daß sie von dem in England lebenden australischen Rennfahrer Arthur Simcock gefunden wurde; er gab sie nach dem Kriege an die Benelli-Brüder zurück.

In Deutschland und Österreich erwarb Domenico Benelli nach Kriegsende die für die Motorradfertigung notwendigsten Maschinen, doch dauerte es mehrere Jahre, bis man in der Via Mameli wieder zu einer größeren Produktion kam. Eine 248er Sport- und eine 498er Tourenmaschine waren 1947 die ersten Nachkriegs-Serienmodelle. Hinzu kamen 1949 die 98er Zweitakter „Letizia" und 1951 die „Leoncino" mit einem 123er Zweitaktmotor. 1952 erschien die sportliche „Leonessa" mit einem kopfgesteuerten 247er Parallel-Zweizylindermotor.

Giuseppe stieg aus

1948 war Dario Ambrosini von Moto Guzzi zu Benelli gekommen, er baute sich seine erste 248er Benelli-Rennmaschine vorwiegend aus Vorkriegsteilen zusammen und gewann ein Rennen nach dem anderen. Dabei brachte er sie auf 27 PS bei 9000 U/min. Als er 1951 in Albi (Frankreich) tödlich verunglückte, war das ein solcher Schock für die Benelli-Brüder, daß sie für geraume Zeit offiziell nicht in den internationalen Rennsport einstiegen. Ein Grund dafür lag auch darin, daß Ing. Giuseppe Benelli das Werk nach einem Krach verließ und in Pesaro Strada Adriatica eine neue Motorradfabrik gründete. Ihre Erzeugnisse trugen das Zeichen „B", hießen bald darauf aber „Motobi", um sie von den „Original"-Benellis zu unterscheiden.

Die erste 1950 gebaute „Motobi“ hatte eine Triebsatzschwinge mit liegend angeordnetem 98er Zweitaktmotor. Es folgten Ausführungen mit 115 cm^3 und 1952 die 195er Zweizylinder-Zweitakter in „Eiform“ mit liegenden Parallelzylindern ebenfalls auf einer Triebsatzschwinge. 1953 wurden Modelle mit 98, 115, 123 und 195 cm^3 Hubraum gebaut, später auch 247er Zweizylinder-Zweitakter mit dem für Motobi typischen „Motorei“, die sehr rassig aussahen und schnell waren. 1956 gab es erstmals kopfgesteuerte 124er und 174er, 1959 den 75er „Pic-nic“-Roller und später einen Roller mit 123 cm^3.

Fusion Benelli/Motobi

1962 kam es zu der schon lange erwarteten Fusion von Motobi mit dem Benelli-Stammhaus. Giuseppe Benelli kehrte zurück, doch blieb der Name Motobi noch einige Jahre bestehen, obwohl diese Maschinen nunmehr zusammen mit den Benellis im alten Werk hergestellt wurden. Dort entstanden noch 49er Zweitaktversionen, die 124er „Leoncino“ mit obenliegender Nockenwelle und 1958 auch moderne 174er mit kopfgesteuerten Blockmotoren. Ähnliche 123er Versionen kamen 1960 hinzu. In dieser Zeit gab es auch wieder neue Benelli-Werksrennmaschinen, 249er Doppelnockenwellen-Einzylinder – schöne, aber zu langsame Maschinen für die damaligen Verhältnisse. Dies erkennend, konstruierten die tüchtigen Brüder eine neue 246er Rennmaschine mit quergestelltem, luftgekühltem Vierzylinder-Doppelnockenwellen-Reihenmotor.

Zahlreiche Leichtkrafträder mit 49er Zweitaktmotoren und Modelle bis 248 cm^3 gehörten zum Programm, als Benelli 1967 eine 643er herausbrachte mit kopfgesteuertem Zweizylinder-Blockmotor von 50 PS. Neu waren auch mehrere Moto-Cross-Maschinen, zum Teil mit Fünfganggetriebe. Auf dem Rennmaschinensektor wurde die 246er Vierzylinder weiterentwickelt, bis sie ca. 42 PS bei 12500 U/min leistete. Aus ihr entstanden dann noch Rennversionen mit vier Zylindern und 16 Ventilen von 322, 345 und 496 cm^3. Der letzteren sagte man 75 PS bei 12500 U/min nach, doch erwiesen sich diese neuen Vierzylinder als sehr empfindlich, sie waren auch nie besonders zuverlässig. Man hatte den Eindruck, daß sie nicht immer von den bestgeeigneten Fahrern gesteuert wurden, obwohl sie doch gerade in der Entwicklungsperiode erfahrene und ruhi-

Diese 248er Doppelnockenwellen-Rennmaschine von 1961 war schnell, aber nicht besonders zuverlässig. Auch 348er Versionen dieser Konstruktion entstanden damals.

Benellis 643er „Tornado" hatte einen zweizylindrigen Stösselstangenmotor von 50 PS bei 7200 U/min. Sie wurde erstmals 1962 in Serie gebaut und erreichte 180 km/h.

gere Rennfahrer und nicht zu junge und oft zu temperamentvolle Männer im Sattel gebraucht hätten. Wer kann schon einen temperamentvollen Italiener zügeln?

Auch eine Achtzylinder von 248 cm^3

1968 wartete man in Pesaro mit einer „sensationellen" Rennmaschinenkonstruktion auf, einer 248er Achtzylinder-Maschine in V-Form mit Doppelnockenwellenmotor. Angeblich hatte der Motor 70 PS – an den Start kam sie jedoch nie. Daneben konstruierte man einen 49er Rennzweitakter mit 7 PS bei 9700 U/min und auch einen Doppelnockenwellen-Einzylinder von 60 cm^3, der wie ein kompliziertes Spielzeug aussah. Mit der immer stärker werdenden Invasion japanischer Rennmaschinen verschwanden auch die kleinen Benellis, zumal es gerade damals in der Werksführung einen Generationswechsel gab. Die älteren Herren Benelli zogen sich zurück oder starben, die Söhne waren sich anscheinend nicht immer ganz einig, und das betraf auch den Rennsport, der immer mehr Geld und viel „Gehirn" benötigte, um mit den Japanern halbwegs mithalten zu können. Zu den Grundsätzen der Benellis gehörte es aber, alles möglichst hundertprozentig perfekt zu machen.

So kam es, daß zuletzt Alessandro de Tomaso die Firma Benelli übernahm und – ziemlich lose – mit Moto Guzzi vereinigte. Eine Situation, die man sich viele Jahre nicht hätte vorstellen können, waren doch Benelli und Moto Guzzi die großen Gegner vor allem bei den Rennen der 250er Klasse – und natürlich auch am italienischen und amerikanischen Markt.

Im Programm von 1970 standen die 124er Zweitakt-Benelli und die – mit horizontalem Zylinder ausgestattete – kopfgesteuerte 124er Motobi. Dazu kamen eine 245er Motobi und Benellis 643er „Tornado", eine kopfgesteuerte Zweizylinder mit 50 PS bei 7400 U/min. Gebaut wurden auch Gelände- und Moto-Cross-Zweitakter sowie die weiterentwickelten Benelli/Motobi-Versionen mit den kopfgesteuerten „Kraftei"-Motoren, zu denen sich 1972 Parallel-Zweizylinder-Zweitakter als neueste Benelli-Konstruktionen gesellten. Ständig verbessert wurde auch die 643er Zweizylindermaschine, die hauptsächlich für den amerikanischen Markt bestimmt war.

Ganz neu war 1974 eine 498er Vierzylinder, deren Reihenmotor mit obenliegender Nokkenwelle quer zur Fahrtrichtung eingebaut wurde. Sehr ähnlich war eine 348er Motorenversion, die aber in einem Fahrwerk der „Konkurrenz" Moto Guzzi angeboten wurde. Die vierzylindrige Benelli gab 50 PS bei 9300 U/min ab, dagegen wurde die Leistung des 643er Zweizylindermotors der „Tornado S" von 50 auf 45 PS zurückgenommen. Die Benelli-Sensation des Jahres war zweifellos die erste serienmäßig produzierte „Sei" mit quergestelltem und luftgekühltem Doppelnockenwellenmotor von 748 cm^3, der 76 PS bei 9600 U/min leistete. 1975 wurden für ihn offiziell

Die aus Benelli-Rennmodellen entwickelte 498er Vierzylinder mit obenliegender Nockenwelle. Ihre 50 PS erreichte sie bei 9300 U/min. Höchstgeschwindigkeit 190 km/h. Die abgebildete Maschine wurde 1974 gebaut.

Benelli baute 1974 auch diese schöne Zweizylinder-Zweitakter von 232 cm³. Ähnlich sah auch eine 124er Zweizylindermaschine aus.

1975 brachte Benelli erstmals eine serienmäßige Sechszylinder von 748 cm^3 heraus, die 1979 weiterentwickelt 906 cm^3 hatte und 68 PS bei 8000 U/min leistete.

Rassig und schön ist die 123er Benelli-Zweizylinder mit einer durch Kette angetriebenen obenliegenden Nockenwelle. Diese 1982 gebaute Maschine leistet 16 PS bei 10 600 U/min und erreicht 130 km/h.

Die Benelli 304 ist eine 1982 gebaute Vierzylinder von 231 cm³ modernster Konstruktion, Ventilbetätigung durch obenliegende Nockenwelle. Sie hat fünf Gänge und eine Höchstgeschwindigkeit von 150 km/h.

Schön und ansprechend auch diese Vierzylinder-Benelli von 604 cm³ mit obenliegender, durch Kette angetriebener Nockenwelle. In der 1982er Ausführung leistet der Motor 62 PS bei 8650 U/min.

63 PS bei 8500 U/min angegeben.

Eine neue 120er Enduro- bzw. Moto-Cross-Benelli mit 14 PS kam 1976 auf den Markt. Im Programm blieben die weiterentwickelten Ex-Motobi mit kopfgesteuerten Einzylindermotoren von 123 und 245 cm^3, die zweizylindrigen Zweitakter von 124 und 232 cm^3 sowie die 643er Tornado S und die über 200 km/h schnelle Sechszylinder. Fratelli Benelli S.p.A., Via Mameli 22, Pesaro – das Unternehmen trägt noch immer diesen berühmten Namen – kam dann 1977 mit einer neuen Tourenmaschine heraus, die den gleichen 120er Zweitakt-Einzylindermotor wie die ein Jahr zuvor geschaffene Enduro besaß, die ebenfalls weiterentwickelt und modernisiert wurde. Ganz neu war außerdem die Vierzylinder von 231 cm^3 im Monocoque-Fahrwerk mit Rohrheck, deren quer eingebauter Motor 26,6 PS leistete; als Spitze wurden 150 km/h angegeben. Eine schöne, jedoch aufwendige und teure Konstruktion. Wer aber eine 250er einer größeren Maschine vorzieht, tut dies oft aus finanziellen Gründen, weil ihn ein Motorrad mit größerem Hubraum zuviel kostet. Deshalb wurde die kleine Vierzylinder-Benelli auch kein Verkaufsschlager.

Gegen die japanische Konkurrenz

Viele Benelli-Modelle werden zusammen mit Maschinen von Moto Guzzi entwickelt. Als 1977 die Benelli 350 RS herauskam, hatte auch diese 345er Reihen-Vierzylinder mit durch Kette angetriebener obenliegender Nockenwelle ein Gegenstück bei Moto Guzzi, wo man gleichzeitig die kleineren V-Zweizylinder entwickelte. Die RS leistete 38 PS bei 9500 U/min bei großen technischen Aufwand, für den es sicher auch Liebhaber gibt. Dennoch bleibt die Frage, wieviele bereit sind, 38 PS teuer zu bezahlen, wenn man für weniger Geld die gleiche Leistung – allerdings mit weniger Reputation – anderswo bekommen kann. Mit der 231er „Quattro", der 345er RS, der vierzylindrigen 498er LS und der sechszylindrigen 748er „Sei" ging Benelli in den Kampf gegen die japanische Konkurrenz.

1982 stellte man in Pesaro eine Reihe von 49-cm^3-Leichtkrafträdern mit Zweitaktmotoren, drei Vierzylindermodelle, die 124er und 231er Zweitakt-Zweizylinder und eine hubraumvergrößerte „Sei" her. Diese Sechszylinder-Benelli hat nunmehr 906 cm^3 (Leistung 68 PS bei 8000 U/min) sowie fünf Gänge und eine Spitze von mehr als 200 km/h.

Im Zuge der Zusammenarbeit zwischen Alessandro de Tomaso und der französischen Firma Motobécane wird die Benelli wie die Moto Guzzi über Motobécane in vielen Ländern – auch in Deutschland – auf den Markt gebracht, während es früher nur wenige Benelli-Händler außerhalb Intaliens gab. De Tomaso kontrolliert auch Innocenti und die Autofabrik Maserati.

Motoren mit obenliegenden Nockenwellen wurden früher – teilweise wegen verhältnismäßig hoher Herstellungskosten – fast ausschließlich bei Rennmaschinen verwandt. Mit dieser 1930 gebauten 173er Rennversion gehörte Benelli in Pesaro zu den Pionieren in dieser Klasse.

Meisterliche Motorräder von Bianchi

Man sprach von Joe Craig (Norton), Rudolf Schleicher (BMW) sowie von Carlo Giannini und Pietro Remor, die die Opra, Rondine und wassergekühlte Vierzylinder-Gilera-Kompressor-Rennmaschine schufen. Zu den großen Motorradkonstrukteuren jener Zeit gehört auch Albino Baldi, der – obwohl außerhalb Italiens kaum bekannt – eine der phantastischsten Rennmaschinen ihrer Periode schuf: die einzylindrige 348er Bianchi mit ihrem zuverlässigen Doppelnockenwellenmotor aus den Jahren 1924/25. Eine Rennmaschine, die bis 1930 in ihrer Klasse in Italien dominierte und nur deshalb nicht auch zu großen Erfolgen im Ausland kam, weil das Werk an Starts außerhalb Italiens nur wenig Interesse zeigte. Ausnahmen waren hauptsächlich der schweizerische Grand Prix und 1926 die englische Tourist Trophy.

Mit der Bianchi muß man aber auch gleich deren Spitzenfahrer erwähnen, und das war kein geringerer als der große Tazio Nuvolari, der das Werksteam von 1925 bis 1930 anführte. Zusammen mit Amilcare Moretti und Gino Zanchetta siegte er immer wieder, oft war die 348er Bianchi schneller als 500er Rennmaschinen anderer Marken. Schade, daß die Bianchis nur selten mit englischen Spitzenfahrern zusammentrafen und es zu wenig Vergleichen mit der damaligen Velocette, AJS, Rex Acme und anderen englischen Werksrennmaschinen kam. Gelegentlich bekamen auch Fergnani, Mario Ghersi, der Österreicher Karl Kodric, Miro Maffeis, Luigi Arcangeli und andere diese schnellen Motorräder.

Schnell und zuverlässig

Wie zuverlässig sie waren, erwies sich 1926 bei der englischen TT, als sie in der Junior-Klasse die Plätze 13, 14 und 15 mit den Fahrern M. Ghersi, Maffeis und Arcangeli belegten, die vorher noch nie die Rennstrecke auf der Insel Man erblickt hatten. Falsche Übersetzungen und unzureichende Bremsen waren ihr großes Handicap. Der Traum, auf dieser Strecke einen Tazio Nuvolari zu sehen, erfüllte sich nie.

Die Italiener nannten diese von Baldi konstruierte 348er Bianchi die erste „Freccia Celeste". Sie war die erste italienische Einzylinder-Doppelnockenwellen-Rennmaschine

Die Werke von Edoardo Bianchi gehörten zu den ältesten Motorradfabriken in Italien. International wurden sie aber erst ab 1925 berühmt, als Albino Baldi, damals Bianchis Chefkonstrukteur, diese neue 348er Rennmaschine mit Doppelnockenwellen-Einzylindermotor schuf.

Die ersten 348er Bianchi-Werksrennmaschinen waren motorisch der ganzen Konkurrenz in der 350er Klasse überlegen. Angstgefühle erzeugen müssen die einfachen Klotzbremsen vorn und hinten sowie die völlig offen laufenden Ketten – bei der damaligen Qualität!

und hatte 74 mm Bohrung und 81 mm Hub. Mit einer Motorleistung von 20 PS bei 5000 U/min erreichte sie 140 km/h. Im Laufe der folgenden fünf Jahre wurde diese Konstruktion weiterentwickelt. Sie erhielt 1927 einen Doppelscheifenrahmen, bessere Bremsen, einen 25-PS-Motor, der eine Spitze von 150 km/h ermöglichte, und später auch einen Doppelauspuff. Die Entwicklung und der offizielle Renneinsatz dauerten bis 1930. Tazio Nuvolari, immer Spitzenfahrer im Werksteam, gab dann den Motorrad-Rennsport auf und konzentrierte sich nunmehr auf Autorennen; vorerst mit Alfa Romeos von der Scuderia Enzo Ferrari, früher hatte er schon auf Bugatti und anderen Marken Rennen bestritten.

Ab 1927 bekamen auch gute Privatfahrer die 348er Doppelnockenwellen-Bianchi, doch handelte es sich wohl um Maschinen, die von den Werksfahrern abgelegt und nicht mehr die neuesten Modelle waren. Als das Werk Ende 1930 die 348er Ausführungen zurückzog, schuf Baldi eine 498er Version, ebenfalls mit einem einzylindrigen Doppelnockenwellen-Motor; sie sollte die kleinere Rennmaschine ersetzen. Für 1931 aber fehlte ein wichtiger Mann in der Werksmannschaft: Tazio Nuvolari!

Zwar baute Baldi, der 1931 auch eine 172er Rennmaschine von 18 PS mit obenliegender Nockenwelle schuf, noch einige 348er Rennmaschinen, doch konzentrierte er sich immer mehr auf die 498er Rennversion, die nie so erfolgreich wurde wie die kleineren Ausführungen zu Zeiten von Nuvolari, Moretti und Zanchetta. Dabei saßen auf ihr einige der besten italienischen Rennfahrer der dreißiger Jahre wie Aldo Pigorini, Giordano Aldrighetti, Carlo Fumagalli, Frederico Susini, Aldo Rebuglie, Dorino Serafini, Guido Cerato und der damals noch junge Alberto Ascari, dessen Vater schon ein berühmter Autorennfahrer war; Alberto stieg nach 1945 dann auch auf Rennwagen um. Auf der 498er Bianchi gehörte er zu den besten und erfolgreichsten Rennfahrern. Trotzdem wurde diese Maschine nie so berühmt wie z. B. die Norton, mit der sie eine gewisse Ähnlichkeit hatte. Abgesehen davon, daß sie kaum außerhalb Italiens gefahren wurde, konnte diese Einzylinder-Maschine bei

1926 sah es, was Ketten angeht, schon etwas besser aus. Sie sind an dieser schnellen Werksrennmaschine wenigstens teilweise abgedeckt.

großen Rennen mit den Werksmaschinen von Gilera, BMW, Moto Guzzi und Norton nicht mehr mithalten.

Für Baldi der Anlaß, eine neue „sensationelle" Vierzylinder von 498 cm^3 mit Doppelnockenwellen-Kompressor-Motor zu konstruieren, die Mitte 1939 herauskam. Einige „Kinderkrankheiten" und die politischen Verhältnisse verhinderten ihren Einsatz – und dann kam schon der Krieg. Nach 1945 wurden Maschinen mit Kompressormotoren nicht mehr zu Rennen zugelassen, und das war auch das frühzeitige Ende dieser schönen Konstruktion. Ähnlich erging es damals auch einer 248er Vierzylinder-Benelli mit Kompressor und der „Stachelschwein" von AJS in England, ebenfalls mit Kompressormotor; diese Rennmaschine wurde wohl 1946 ohne Kompressor gebaut, aber nie ausentwickelt. Bei Bianchi bemühte man sich gar nicht, die Vierzylinder ohne Kompressor einzusetzen.

Fünf Jahre war der Motor von Baldi kaum zu schlagen, auch wenn englische Werksrennfahrer auf AJS, Velocette, Blackburne, JAP usw. den Bianchis besonders im Ausland Erfolge wegnahmen, weil die italienischen Fahrwerke für diese Rennmotoren auf kurvenreichen Strecken „zu langsam" waren. Das mußte selbst der große Tazio Nuvolari beim schweizerischen Grand Prix in Mayrin erleben.

Mit Fahrrädern begonnen

Doch zurück zu den Anfängen: Edoardo Bianchi baute schon 1885 sein erstes Fahrrad aus Eisen und 1897 Fahrräder mit Motorantrieb. 1900 übersiedelte das Mailänder Werk von der Via Borghetto in die Via Nino Bixio, wo 1903 eine moderne Einzylinder-Maschine entstand, die bald eine Truffault-Vorderradschwinge erhielt. Berühmt wurde die 498er Einzylinder, die Edoardo Bianchi 1912 herausbrachte und die mit einem Dreiganggetriebe viele Jahre produziert wurde. 1916 gesellte sich – trotz des Krieges – eine seitengesteuerte V-Zweizylinder von 650 cm^3 hinzu, deren Hubraum 1920 auf 741 cm^3 vergrößert wurde. Im selben Jahr entstand eine seitengesteuerte 598er V-Zweizylinder mit durchgehendem Doppelschleifenrahmen und englischer Brampton-Vordergabel. Ein langhubiger Einzylinder (Bohrung/Hub 73/112 mm) mit seiten-

Endlich – man schrieb 1927 – hatten auch die schnellen Bianchis keine Klotz-, sondern Innenbackenbremsen in beiden Rädern. Auch die Motorleistung wurde ständig erhöht und die Zuverlässigkeit verbessert.

Für „normale Erdenbürger" wurde 1927 diese kopfgesteuerte Einzylindermaschine von 346 cm³ geliefert, nachdem Bianchi lange Zeit Zweizylinder-Motorräder mit seitengesteuerten V-Motoren gebaut hatte.

gesteuerten Ventilen bereicherte 1922 das Programm; 1923 gab es die erste seitengesteuerte 348er Bianchi, natürlich mit eigenem Motor.

Obengesteuerte Ventile hatte die 1924 herausgekommene 173er Bianchi und im folgenden Jahr auch eine 348er. Zugleich entwickelte Baldi die Königswellen-Werksrennmaschinen, die für Privatfahrer 10 750 Lire kosteten; 1982 mußte man – nicht vergleichbar – für eine normale 345er Vierzylinder-Benelli, die keine Rennmaschine ist, schon 2 109 000 Lire bezahlen. Den größen Umsatz machte das Werk damals mit kopfgesteuerten 172ern, die in verschiedenen Versionen gebaut wurden. So

Von 1925 bis 1930 war der große Tazio Nuvolari Spitzenfahrer im Werksteam von Bianchi. Er gewann auch die meisten Rennen und war oft mit der 348er Werksrennmaschine schneller als die Konkurrenz auf Halbliter-Maschinen.

gab es 1931 diese Maschine als Tourenmodell und als Sportmodell mit zwei Auslaßrohren, 1932 erstmals eine kopfgesteuerte 496er Einzylinder sowie eine 99er Zweitakter. 1934 entstand eine kopfgesteuerte Supersport von 496 cm³, 1935 kam die 246er Bianchi mit kopfgesteuertem Blockmotor hinzu und 1936 eine seitengesteuerte 496er, die hauptsächlich für die Armee entwickelt wurde. Im Katalog standen auch kopfgesteuerte Einzylinder von 246 und 496 cm³ in Touren- und Sportausführung, teilweise schon mit Vierganggetrieben. Weiterentwickelte Ausführungen gab es bis zu Kriegsbeginn, der in Italien später als in Deutschland begann. So kam es, daß noch 1940 ein neues Modell, eine 246er Supersport-Maschine mit 17 PS bei 6800 U/min und Hinterradfederung entstand.

Bianchi nach dem Kriege

Serienmäßig wurden zunächst kopfgesteuerte Einzylinder-Motorräder mit 249 und 498 cm³ gebaut sowie Militärmaschinen mit seitengesteuerten 498er Einzylindermotoren, die 11 PS bei 3500 U/min entwickelten.

1946 starb der Pionier und Firmengründer Edoardo Bianchi. Sein Sohn Giuseppe Bianchi wurde Chef des Unternehmens, das auch Fahrräder herstellte; der Automobilbau war schon früher eingestellt worden. 1946 entstand auch die erste Bianchina, eine 122-cm³-Zweitaktmaschine. 1949 kam die obengesteuerte 248er Stelvio hinzu und 1952 der 45er Fahrradhilfsmotor Aquilotto, der 0,8 PS bei 4000 U/min leistete. Großer Wert wurde damals auf die 125er Klasse gelegt, für die das Werk mehrere Zweitakter wie die Bianchina, die Freccia Celeste und die Scudo del Sud mit 5,5 bis 7,5 PS herausbrachte. 1954 folgten 174er Zweitakter und dann eine Produktionsunterbrechung bis 1956, als neue kleine Zweitakter von 49 cm³ – teilweise unter Puch-Li-

1930 entstand die letzte Ausführung der fabelhaften 348er Bianchi-Rennmaschine. Gute Privatfahrer konnten bestenfalls ältere und gebrauchte Versionen erwerben.

zenz – bei Bianchi gebaut wurden. 74er Zweitakter und kopfgesteuerte Viertakter von 124 cm^3 erschienen 1958 und 1959. 1960 entstand der Orsetto-Roller mit 80 cm^3. Motorräder wurden nunmehr auch mit Motoren von 55 und 175 cm^3 hergestellt, dazu 220er Versionen.

Sehr schnell waren einige 175er Bianchis, mit denen 1957 Gino Franzosi und der bekannte Alano Montanari Rekorde über 100 km und 1000 km mit Geschwindigkeiten von 187 und 185 km/h aufstellten. Diese vollverkleideten Maschinen, abgeleitet vom Serienmodell Tonale, hatten Motoren mit obenliegender Nokkenwelle von 175 bzw. 226 cm^3, das Bohrung/Hub-Verhältnis war 60/61,8 bzw. 66/66 mm, sie leisteten 21 bzw. 23 PS. Konstrukteur war Ing. Sandro Colombo. Beim ersten Grand Prix für Sportmaschinen 1957 in Monza kamen fünf Tonale-Serienmaschinen mit den Fahrern Osvaldo Perfetti, Gino Franzosi, Luciano Dall'Ara, Remo Manganelli und Christiforo Fattori auf die ersten Plätze.

Neue 173er und 248er Bianchi-Rennmaschinen wurden 1959 von Lino Tonti und Luigi Oriani, dem Entwicklungsingenieur von Bianchi, geschaffen. Es waren dies Einzylindermodelle mit zwei obenliegenden Nokkenwellen. Die kleinere Version leistete 20 PS bei 10500 U/min, die Viertelliter-Maschine 30 PS bei 10000 U/min. Beide waren mehr für nationale Veranstaltungen bestimmt als für Grand-Prix-Rennen. Erst 1960 kamen „richtige" GP-Modelle zum Einsatz. Sie hatten 248er und dann auch 348er Parallel-Zweizylinder-Doppelnockenwellen-Motoren und waren ebenfalls von Ing. Tonti konstruiert, der dann auch einige 348er für die Halbliterklasse „aufbohrte". Unter den Werksfahrern dieser – wie sich bald zeigte – letzten Bianchi-Rennmaschinen befanden sich Ernesto Brambilla und der

Anfang der dreißiger Jahre konstruierte Baldi eine neue 498er Einport-Doppelnockenwellenmaschine, die 1933 unter Aldo Pigorini das Langstreckenrennen Mailand–Neapel gewann. Nuvolari war inzwischen ganz in den Autorennsport eingestiegen.

Auffallend bei dieser 1936 gebauten 498er Bianchi-Werksrennmaschine ist die starke Verrippung des Zylinders. Sie wurde u. a. gefahren von Alberto Ascari, Guido Cerato, Carlo Fumagalli, Dario Serafini und Aldo Rebuglio sowie dem Schweizer Arthuro Bizzozero.

Dieses Bild der 1950 gebauten 246er Bianchi-Serienmaschine ist typisch für viele Motorräder des Werkes von 246 bis 496 cm³, die in den dreißiger bis fünfziger Jahren mit kopf- und teilweise auch seitengesteuerten Motoren entstanden.

Anfang der sechziger Jahre schuf man bei Bianchi die letzten Rennmaschinen mit zweizylindrigen Doppelnockenwellenmotoren von 248, 348 und 498 cm³, die u. a. von Tino Brambilla gefahren und später in einigen Exemplaren nach Deutschland verkauft wurden.

Ein großes Projekt kam 1939 wegen der damaligen politischen Verhältnisse nicht mehr zum Abschluß: Bianchis phantastische 498er Reihen-Vierzylinder-Doppelnockenwellen-Kompressor-Rennmaschine. Sie wurde nie voll entwikkelt und bei Rennen eingesetzt.

hervorragende Schotte Bob McIntyre. Es waren dies schöne Rennmaschinen, doch ließ ihre Straßenlage vorerst Wünsche offen, und auch mit der Zuverlässigkeit war es nicht weit her. Zurückführen konnte man damals manches auf die prekäre Finanzsituation bei Bianchi, sie verhinderte auch die volle Entwicklung dieser Konstruktion.

Motorradproduktion 1964 liquidiert

Die schlechte finanzielle Situation führte 1961 zu einer Reorganisation der Firma und 1964 zur Liquidation der Motorradproduktion. Beibehalten wurde das Fahrradwerk von Bianchi, das 1965 auch den Bau von Hilfsmotoren aufnahm. 1961 standen noch die schöne 124er Zweitakt-Mendola und auch die 174er Tonale außer kleinen Zweitaktern von 49 und 75 cm^3 auf dem Programm. Bianchi baute ab 1962 auch die französische Mobylette unter Lizenz sowie den formschönen 78er Orsetto-Roller. Vor der Einstellung des Motorradbaues hatten die meisten Modelle (außer einer für das Militär bestimmten 318er Einzylinder) Motoren von 49 bis 203 cm^3. Der Orsetto-Roller wurde auch unter Lizenz von den Raleigh-Werken, dem größten englischen Fahrradhersteller, gebaut. Das geschah, als Roller bereits von Kleinwagen verdrängt wurden, und so fiel auch diese gute Konstruktion den gewandelten Käuferwünschen zum Opfer.

Auf dem Rennmaschinensektor wurde Tontis 248er Zweizylinder bald fallengelassen, dafür aber die 348er weiterentwickelt. Sie leistete 50 PS bei 11 000 U/min und soll 230 km/h schnell gewesen sein. Ergänzt wurde sie dann durch eine 497er, der man 1964 ihre 73 PS bei 10 000 U/min nachsagte, während die 348er Rennzweitakter im selben Jahr 53 PS bei 10 800 U/min entwickelten. Ein „Zwischenmodell“ mit 454 cm^3 soll auf 58 PS bei 10 000 U/min gekommen sein. Erfreulicherweise wurden einige dieser Werksrennmaschinen nach Deutschland verkauft und hier auch ohne Werksunterstützung weiterentwickelt. Der hervorragende Ingenieur Tonti machte sich nach dem Torschluß bei Bianchi vorerst selbständig und schuf 1967 die Linto-Rennmaschine, um dann für Moto Guzzi die ersten quergestellten V-Motoren bzw. komplette Maschinen mit solchen Motoren zu konstruieren.

Bedauerlich ist, daß die Pionierfirma Bianchi keine Motorräder mehr baut, zumal wenn man bedenkt, welche große Rolle das Werk früher im Motorradbau spielte. Vor allem in der zweiten Hälfte der zwanziger Jahre mit den 348er Doppelnockenwellen-Rennmaschinen, die in ihrer Klasse der Konkurrenz technisch weit überlegen waren. Es war wohl 1928, als Tazio Nuvolari den Großen Preis der Nationen in Monza gewann und mit der 348er Bianchi schneller war als der Sieger in der Halbliterklasse, Francesco Franconi auf Sunbeam. Nicht genug mit dieser Leistung: nach einem Unfall startete der zähe Mantuaner in einem Gesundheitszustand, der ihn hätte ans Bett fesseln müssen. Seine Mechaniker mußten ihn vor dem Start buchstäblich in den Sattel heben – trotzdem gewann er das große Rennen in überlegener Manier. Wer sich an ihn noch als Motorradfahrer erinnert, kann auch eine Marke nie vergessen: Bianchi.

Einst Englands größter Motorradhersteller: BSA

Viele Jahre, bevor man hier japanische Motorräder kannte, war BSA in Birmingham die größte Motorradfabrik Englands. Der Name kam von „Birmingham Small Arms Co. Ltd.“, einer großen Waffenfabrik mit weitverzweigten Interessen. Offiziell wurde der Motorradbau bei diesem Unternehmen am 3. 10. 1910 aufgenommen und am 16. 7. 1973 beendet. Damals wurde BSA einschließlich der zu diesem Werk gehörenden Marken Triumph, Ariel, Sunbeam und New Hudson von der Firma Manganese Bronze „einverleibt“, die wiederum andere prominente englische Motorradhersteller wie Matchless, Norton, AJS, Francis-Barnett, James und weitere Marken besaß oder kontrollierte. An der Spitze von Manganese Bronze stand der Ex-Autorennfahrer Dennis Poore, zumindest theoretisch der mächtigste Mann in der britischen Motorradindustrie.

Poore wußte allerdings mit dieser Macht nicht allzuviel anzufangen. Obwohl meines Wissens weder BSA noch Triumph Absatz- oder Kapitalprobleme hatten, mußten sie für Fehlschläge in anderen Zweigen der großen BSA-Gruppe den Kopf hinhalten. Für diese Fehlschläge waren fachlich unerfahrene Herren verantwortlich, die hervorragende Techniker und Kaufleute in Spitzenpositionen ablösten. Ihnen fehlte zudem meist die richtige Einstellung zu Motorrädern, sie hatten in den meisten Fällen nie Motorrad gefahren und setzten deren Herstellung der Produktion irgendwelcher anderer Dinge gleich.

Dabei gab es in der Geschichte des englischen Motorradbaues Persönlichkeiten wie Charles, Harry und Bert Collier, die Matchless zu großen Erfolgen brachten, die in England lebenden Deutschen Siegfried Bettmann und Maurice Schulte, denen die Gründung und der Aufstieg von Triumph zu verdanken war, sowie John Y. „Jack“ Sangster, der zusammen mit seinem Vater Charles Sangster Ariel aufbaute und dann später für Triumph tätig war. Die Beliebtheit der in England gebauten Motorräder in aller Welt weiter ausbauen konnten auch Männer wie Percy und Eugene Goodman von Velocette, die fünf Brüder Stevens von AJS, die Marstons von Sunbeam und Villiers, die Butterfields von Levis, George Brough (Brough-Superior), Alfred-Angas Scott (Scott), John-Vernon Pugh (Rudge), Bill und John Douglas (Douglas), der sehr fromme James L. Norton (Norton), der tüchtige Eric Walker (Excelsior) oder Bill Humphries (OK-Supremes).

Fahrräder und Motorräder

Schon lange vor dem ersten Motorrad lieferte BSA, bereits 1692 gegründet und bald zum größten Hersteller von Handfeuerwaffen in Europa geworden, Fahrradteile und ab 1908 komplette Fahrräder in großen Stückzahlen. Ihre hervorragende Qualität trug sicher dazu bei, daß schon die ersten BSA-Motorräder kaum „Kinderkrankheiten“ kannten. Nachdem der Firmengründer Edward Goodman 1900 im

Eine der ersten BSA-Maschinen, 1910 gebaut; 347 cm³, 3 1/2 h.p., direkter Riemenantrieb und Pedale.

Die seitengesteuerten 557er Einzylinder von BSA waren richtige starke „Bauernmotorräder", oft mit Seitenwagen benutzt, wie dieses Modell von 1921.

Alter von 83 Jahren gestorben war, gingen erfahrene Motorradtechniker ans Werk wie Frank Baker, der vorher schon „Precision"-Motorradmotoren baute, und Charles Hyde, der in führender Position bei der Motorradfabrik von James in Greet bei Birmingham wertvolle Erfahrungen gesammelt hatte; 1919 wurde er Generaldirektor der damals formierten BSA Cycles Ltd. Zunächst schuf man seitengesteuerte Einzylinder von 499 und 557 cm^3 mit Riemenantrieb zum Hinterrad, die später mit Dreiganggetriebe und Kettenantrieb ausgestattet wurden.

Vorher noch bestritten sechs Werksfahrer auf Ein- und Zweigangmodellen die englische Senior-TT. Das war 1913; nur eine Maschine konnte das schwere Rennen beenden, und zwar auf dem 7. Platz. 1921 schieden alle Fahrer aus, als sie erstmals für Rennen gebaute kopfgesteuerte Einzylinder von 499 cm^3 an den Start brachten. Es war wohl diese Niederlage, die das Werk veranlaßte, jahrelang allen Straßenrennen offiziell fernzubleiben und auch keine Rennmaschinen herzustellen.

Dennoch gab es in den zwanziger Jahren Rennerfolge mit frisierten Serienmaschinen. So gewann z. B. Alexander Strohmeyer 1926 die Junior-Klasse bei der Österreichischen TT mit einer obengesteuerten 346er Einzylinder. In den letzten zwanziger Jahren konnten die Jugoslawen Anton Strban und Anton Uroic mit 346er und 497er Maschinen in Mitteleuropa viele Erfolge verbuchen; Strban, dessen Schwiegersohn für den Weltrekordinhaber Wilhelm Herz in Ludwigsburg tätig war, siegte mit einer 497er kopfgesteuerten BSA „Sloper" sogar beim ersten Rennen um den „Goldenen Sturzhelm" 1929 in Pardubitz. Zwar baute man in den Jahren 1929/30 bei BSA auch Aschenbahn-Rennmaschinen, die von dem talentierten Jack Parker konstruiert und die auch mit guten Erfolgen eingesetzt wurden, doch konzentrierte man die sportliche Tätigkeit mehr auf Zuverlässigkeits- und Wertungsfahrten. Daneben machten Werksfahrer auch sogenannte „Stunts" unter offizieller Kontrolle, wie beispielsweise die „Besteigung" des englischen Berges Ben Nevis mit Motorrädern auf einer Schmalspurstrecke.

Die große BSA mit seitengesteuertem V-Zweizylindermotor von 986 cm^3 lag oft im „Kampf" gegen die 1924 viel gebauten Kleinwagen. Ihre gute Konstruktion und hohe Qualität brachten ihr viele Freunde. Klotzbremsen waren auch bei schweren Maschinen damals üblich.

Berühmte Fahrer

BSA verfügte seinerzeit über große Fahrer und Techniker wie Bert Perrigo, Len Crisp, Jeff Smith, Bill Nicholson, Charly Salt, Eddie Dow, Harold Perrey, Howard Uzzel, Bert Bird, Jack Wood, Chris Vincent, Fred Povey und viele andere. Erst 1937 kam neues Blut in die BSA-Entwicklungsabteilung, als der ausgezeichnete Rennfahrer Walter Hendley (vorher u. a. für OK-Supreme, Rex Acme, Motosacoche, FN, Rudge, Velocette tätig) viele Siege

Der 1924 gebauten V-Zweizylinder wohl noch ähnlich, aber dank einer systematischen Weiterentwicklung war diese 1926 produzierte 986er mit Seitenwagen wesentlich moderner und leistungsfähiger.

Die Mitte der zwanziger Jahre erschienene erste 246er von BSA mit ihrem runden Kraftstoffbehälter – als „Rundtank“-Modell bekannt – war mehr praktisch als harmonisch und schön, sie fand dennoch guten Absatz.

errang, auf der Brooklands-Rennbahn stellte er mit einer frisierten 499er Einzylinder „Empire Star“ einen neuen Rekord mit einem Durchschnitt von 172,1 km/h auf. Damit bewies er, wie schnell und zuverlässig eine BSA gemacht werden konnte.

Auf solche Erfolge aufbauend, wurden 1938 die ersten „Gold Star“-Modelle von 349 und 499 cm^3 geschaffen, die bis in die sechziger Jahre ständig weiterentwickelt wurden und sich nach dem Zweiten Weltkrieg einer großen Beliebtheit erfreuten, besonders bei sportlich eingestellten Privatfahrern. Die „Gold Star“ wurde nicht nur bei Straßenrennen eingesetzt, sondern in verschiedenen Ausführungen auch bei Geländefahrten und Moto-Cross-Wettbewerben. Ihr Vorteil lag auch in der verhältnismäßigen Seriennähe und dadurch billigen Anschaffungs- und Ersatzteilkosten; sie gehörte wohl zu den letzten Rennmaschinen, mit denen man auch zu den Rennen hinfahren konnte. Mit einer „Gold Star“ konnte man unter normalen Bedingungen kaum eine gute Norton-„Manx“, eine Velocette-„Mk-VIII KTT“, eine AJS-„7 R“ oder eine Matchless-„G 50“ schlagen, dafür aber hatte man ein bedeutend billigeres Allroundmotorrad für Beruf und Vergnügen. Es gab Zeiten, in denen Clubrennen fast ausschließlich mit diesen großartigen Maschinen bestritten wurden.

Die erste BSA mit Satteltank war die 1927 auf den Markt gebrachte „S 27“. Sie war auch die erste „kopfgesteuerte“ dieser großen englischen Marke in der Halbliterklasse und erregte mit ihrem nach vorn geneigten Zylindern („Sloper“) großes Aufsehen. Der 493er-Motor leistete 25 PS bei 5000 U/min, Höchstgeschwindigkeit 138 km/h.

Baute BSA früher „typisch englische“ Motorräder, die gut und zuverlässig waren, kam mit der „Gold Star“ nun auch die Sportlichkeit hinzu. Besonders für den US-Markt wurden rassige Modelle entworfen, dazu vom Werk hergerichtete Versionen, die bei amerikanischen Rennen jahrelang eine führende Rolle in der Hand bekannter Fahrer spielten. Das brachte wiederum verstärkte Umsätze und damit wichtige Dollars nach Birmingham in England und nicht Birmingham in Alabama. Die in den fünfziger Jahren und später gebauten „Gold Stars“ bildeten auch die Grundlage für zahlreiche zweizylindrige BSA-Modelle, die immer mehr in sportliche Bereiche vordrangen und deshalb vor allem auch in Amerika großen Anklang fanden.

Zunächst noch ein Blick zurück:

Bereits 1919 entstand bei BSA die erste seitengesteuerte 770er V-Zweizylinder. Sie war zuverlässig wie die einzylindrigen Modelle, hatte bereits untereinander auswechselbare Räder und war besonders für den Seitenwagenbetrieb gedacht. Schon damals verfügte BSA über ein gut ausgebautes Kundendienstnetz. Bedenkt man, daß in den ersten zwanziger Jahren in England mehr als 80 Unternehmen Motorräder bauten und auch schon Maschinen von Harley Davidson, Indian, FN, Cleveland und Henderson, aber auch von Peugeot, Saroléa und Motosacoche aus der Schweiz zu erhalten waren, klingt es fast unglaublich, daß rund 25 Prozent aller in England angemeldeten Motorräder von BSA stammten.

BSA in aller Welt

Als man nach der Währungsreform 1924 englische Motorräder auch wieder in Deutschland kaufen konnte, waren BSA-Maschinen natürlich auch dabei, vertrieben u. a. von Noll in Köln, Bach in Berlin-Charlottenburg, Geißler in Dresden, Dichtl und Söhne in München, Diepholz & Co. in Hamburg usw. Allerdings schien man in Deutschland zunächst nicht allzu viel Begeisterung für die „sture“ Konstruktion aus Birmingham aufzubringen, vielleicht auch, weil BSA in Rennfahrerkreisen – und fast jeder zweite Motorradliebhaber war ein Rennenthusiast – nie einen Ruf wie z. B. Sunbeam, Rudge, AJS, Norton oder Velocette erworben hatte. Das änderte sich erst nach 1945, als die ausgezeichneten „Gold Stars“ gebaut wurden und Fahrer wie Jeff Smith, Monty Banks, Rademacher, Basil Hall, die Brüder Rickman, Johnny Draper, Leif Gustavsson, John Avery und andere Meister der Moto-Cross- und Trial-Szene mit ihren BSA-Maschinen vorn waren.

Einzylindrige BSA-Viertakter der zwanziger Jahre. Von oben: eine seitengesteuerte 493er (1925), eine kopfgesteuerte 349er (1926), eine seitengesteuerte 249er (1927) und eine seitengesteuerte 498er (1927).

Anders als in Deutschland wurden relativ viele BSA-Motorräder in Österreich durch die Firma Hirschl & Co., in der Tschechoslowakei von den Brüdern Sulc, in Jugoslawien von Strban & Co., in Ungarn von Lantai Ede und in Italien von Bertocchi & Moretti verkauft. 1925 war es, als der alte Miro Maffeis mit einer 499er Einzylinder-BSA – seitengesteuert und noch mit Klotzbremsen – den „Giro d'Italia“

1929 gab es bei BSA nur noch Satteltankmodelle. Oben links die kleine 174er Einzylinder-Zweitakter, daneben die seitengesteuerte 249er. Unten die seitengesteuerte Einzylinder von 493 cm³, im Aussehen identisch mit dem 349er Modell, der L 29.

über 5 Tage und 2260 km gewinnen konnte. Erfolgreich beendete ebenfalls Edoardo Self, der auch viele Rennen in Deutschland bestritt, diese schwere, durch ganz Italien führende Zuverlässigkeitsfahrt.

Die damals gebauten BSA-Motorräder trugen, wie schon gesagt, typisch englische Züge. Es gab seitengesteuerte Einzylinder von 349, 493 und 557 cm³ (teilweise auch in Sportversionen). Das 1923er Programm ent-

„Typisch englisch" blieb BSA auch in den ersten dreißiger Jahren – wie diese seitengesteuerte 249er, eine Neukonstruktion aus dem Jahre 1932, beweist.

Moderne V-Zweizylinder mit 496 und 746 cm³ wurden Mitte der dreißiger Jahre in das BSA-Programm aufgenommen. Sie waren gut, doch ihre Preise mit 70 Pfund Sterling um 10 Pfund höher als bei kopfgesteuerten Einzylindern der 500er Klasse – was ihren Absatz begrenzte.

hielt auch eine seitengesteuerte V-Zweizylinder von 986 cm³. Sich nicht mit Neukonstruktionen verzetteln, sondern konsequent weiterentwickeln, hieß die BSA-Parole. So wichen die regenempfindlichen Klotzbremsen neuen Innenbackenbremsen, die Getriebe wurden verbessert und die Fahrwerke etwas niedriger. Interessant die Preise des Jahres 1923

Die 1935 gebauten sportlichen „Empire Stars" mit kopfgesteuerten Einzylindermotoren waren die Vorläufer der später berühmt gewordenen 348er und 498er „Gold Star"-Serien. Die „Empire Stars" galten als Mehrzweck-Motorräder und wurden besonders im Gelände erfolgreich gefahren.

Sehr robust gebaut waren die M 20 mit 499 cm³ und die M 21 mit 595 cm³, zwei bis auf den Hubraum fast identische seitengesteuerte Einzylinder. Während des Zweiten Weltkrieges wurden Tausende M 20 von den alliierten Armeen benutzt, das Werk hatte damals fast die ganze Motorradproduktion auf diese Maschine konzentriert.

für die seitengesteuerten Modelle: die 349er kostete 47.10 Pfund Sterling (heute wären dies – theoretisch! – 205 DM); die 499er 59.10 Pfund, die 557er 66.40 Pfund, die 770er V-Zweizylinder 78.10 Pfund und die 986er 89.10 Pfund. Die Tausender würde mithin – rein theoretisch! – nicht mehr als 390 DM kosten. Die Wirklichkeit sieht anders aus. Für

Ab 1937 erhielten die meisten kopfgesteuerten BSA – wie diese 499er „Silver Star" aus dem Jahre 1939 – neue Motoren mit einem modifizierten Ventilantrieb.

Gab es kurz nach Kriegsende zunächst nur weiterentwickelte Vorkriegsmodelle, wurden doch schon 1948 kopfgesteuerte Parallel-Zweizylinder von 497 cm³ und ab 1952 die abgebildete 646er Zweizylinder „Golden Flash" gebaut.

eine neue große BSA, Baujahr 1923, würde man heute das Zehnfache und mehr bezahlen – wenn man sie, was ja nicht möglich ist, bekommen könnte.

1926 kam BSA mit einer seitengesteuerten 249er Einzylinder heraus, die durch ihren runden Tank großes Aufsehen erregte und bald viele Freunde fand. Sie wurde je nach Wunsch mit zwei oder drei Gängen geliefert. Neu war auch eine kopfgesteuerte 349er, während die größeren Modelle nur in Details verbessert wurden. Anders 1927, als Satteltanks bei BSA einzogen und zum Bau neuer, niedrigerer Fahrwerke zwangen. Gut gelang dabei eine kopfgesteuerte 493er Einzylinder mit 80 mm Bohrung und 93 mm Hub, die den langen Zylinder nach vorn geneigt hatte und als „Sloper" bis heute in Fachkreisen bekannt ist. Dieser Motor leistete 20 PS bei 4000 U/min; es gab auch eine Sportausführung mit 25 PS bei 5000 U/min. Von ihr wurde später der „Speedway"-Bahnmotor abgeleitet.

Dreizehn Modelle verzeichnete 1928 das BSA-Programm, darunter einen 174er Nasenkolben-Zweitakter, der für 28.10 Pfund Sterling verkauft wurde; legte man 30.10 Pfund auf den Tisch, erhielt man schon die von Lucas gelieferte elektrische Lichtanlage dazu. Bis dahin wurden die meisten Motorräder bestenfalls mit einer Karbidlampe ausgestattet. In der Folge gab es serienmäßig mehr elektrische Beleuchtung, bald darauf sogar ohne Aufschlag. Verbessert wurden die seitengesteuerten Einzylinder von 249 bis 557 cm³, ebenso die seitengesteuerten Zweizylinder von 770 und 986 cm³. Hinzu kamen eine neue kopfgesteuerte 349er Einzylinder sowie eine „heißere" Supersport-Variante dieser Maschine, eine neue 493er Einzylinder „de Luxe" und eine neue Ausführung der 986er V-Zweizylinder mit verstärktem Fahrwerk, vornehmlich für den Betrieb in den englischen Kolonien.

Erwähnenswert, daß BSA eine Zeitlang auch Dreiradfahrzeuge und Kleinautomobile baute – und später ebenfalls mit anderen Autowerken wie der englischen Daimler und Armstrong-Siddeley in Coventry eng verbunden war. Als Triumph zu BSA gehörte, konstruierte Triumph-Direktor Edward Turner für Daimler sogar einen 2,5-Liter-Sportwagen, der 1959 auf der Autoausstellung in New York vorgestellt wurde. Damals reiste ich mit Turner und dem neuen englischen Daimler auf demselben Schiff, der Queen Elisabeth I, nach den USA.

Tradition und Fortschritt

Satteltanks hatten 1928 noch nicht alle BSA-Modelle, anders als im folgenden Jahr. Damals waren nach vorn geneigte Einzylinder groß in Mode. Sogar die 499er seitengesteuerte Einzylinder konnte man in dieser Ausführung bekommen. Daneben gab es aber auch eine neue 493er kopfgesteuerte BSA mit senkrecht stehendem Zylinder. Unverständlich, daß die kleine Zweitakt-BSA nicht viel Anklang fand und dann auch wieder aus der Produktion herausgenommen wurde. Dafür kam 1930 eine neue kopfgesteuerte 249er Einzylinder hinzu; die bestehenden Modelle wurden laufend verbessert. 1933 erschien eine Flüssigkeitskupplung mit Gangwahlgetriebe, die – nach Daimler-Patenten gebaut – jedoch aus kommerziellen und technischen Gründen dann doch nicht in die Serie übernommen wurde. Dafür gab es bald darauf neue kopfgesteuerte Sportmodelle, eine 595er Einzylinder und als Sensation eine 498er V-Zweizylinder mit kopfgesteuertem Viernocken-Motor.

Waren BSA-Motorräder früher vor allem rein zweckmäßig gebaut, wurden sie in den dreißiger Jahren auch rassiger, sportlicher und schöner. Man betrachtete sie nicht mehr nur als Zugpferde oder „Bauernmotorräder", sondern als sehr praktische Touren-Sportmaschinen. Modelle gab es schon 1935 von einer kopfgesteuerten Einzylinder mit 149 cm^3 bis zur 986er V-Zweizylinder, dazwischen Competition-, Luxus- und Sportausführungen wie die beiden kopfgesteuerten V-Zweizylinder mit 498 und 748 cm^3. Letztere kostete mit 75 Pfund Sterling übrigens genausoviel wie die seitengesteuerte 986er V-Zweizylinder.

Motorradpreise 1930

Und die Preise in Deutschland? Für das „Volksmotorrad von DKW wurden um 1930 nur 485 Reichsmark verlangt, für eine bessere und luxuriösere Ausführung zwischen 545 und 740 RM, während die 174er BSA-Zweitaktmaschine mit 760 RM sicher zu teuer war. Die BSA-Motorräder von 493 cm^3 kosteten mit Verzollung zwischen 1400 und 1750 RM, annähernd gleichviel wie die 493er BMW. Aber während BSA in England einen bekannt guten Kundendienst hatte und dadurch viele Kunden gewann, sah das in Deutschland etwas anders aus . . . und noch nachteiliger wurde es, als ab 1933 ein regulärer Import von Maschinen und Teilen fast nur noch über höchste politische Stellen möglich war.

Der „Roller-Boom" Mitte der fünfziger Jahre führte auch bei BSA zu interessanten Neukonstruktionen. Hier der kleine „Dandy" mit Triebsatzschwinge und 70-cm^3-Zweitaktmotor.

Für höhere Ansprüche entstand 1955 der „Beeza"-Roller mit seitengesteuertem Viertaktmotor von 198 cm^3, ebenfalls mit Triebsatzschwinge, dazu kamen ein elektrischer Starter, eine völlige Verkleidung und andere „Luxusteile". Er sollte in Deutschland 1900 Mark kosten, wurde aber nie in Serie gebaut – weil zu teuer in der Fertigung.

Mitte der dreißiger Jahre bereicherten neue sportliche Einzylinder, kopfgesteuert, mit 348 und 496 cm^3, mit Namen wie „Blue Star", „Empire Star" und dann auch eine 248er „Empire Star" mit vollgekapselten Ventilen das Produktionsprogramm, ebenfalls eine seitengesteuerte 598er Einzylinder für den Seitenwagenbetrieb. Sie war bis auf den etwas größeren Hubraum weitgehend identisch mit der 493er und ungemein robust und zuverlässig, aber auch ein bißchen schwer. Ein Motorrad, das „nicht umzubringen" war. Von diesen seitengesteuerten Einzylindern baute BSA viele tausend Stück für die alliierten Armeen im Kriege; sie taten auch lange nach Kriegsende noch ihren Dienst.

Nach dem Kriege

Im Jahre 1945 konnte BSA gleich einige Modelle anbieten, darunter eine neue 124er Zweitaktmaschine, die ihre Abstammung von der Vorkriegs-DKW nicht verleugnen konnte und die seit 1949 auch mit Hinterradfederung bis zum Ausklang der sechziger Jahre auch mit 149 und 174 cm^3 gebaut wurde. Ab 1945 hatten BSA-Motorräder zum Großteil schon Teleskopgabeln, doch gingen fast alle Modelle auf Konstruktionen der dreißiger Jahre zurück, die nach 1945 weiterentwickelt werden mußten.

Außer der kleinen Zweitakt-„Bantam" wurden bald wieder seiten- und dann vornehmlich

Die Grundkonstruktion dieser 1958 gebauten 175er BSA „Bantam Super D 5" war 30 Jahre vorher bei DKW in Zschopau (jetzt MZ in der DDR) entstanden. Ähnliche Zweitakter hatten 125 und eine Zeitlang auch 150 cm^3.

kopfgesteuerte Einzylinder von 248, 349 und 499 cm^3 gebaut. Ende 1947 kam eine kopfgesteuerte 498er Parallel-Zweizylinder als „A-7-Twin" und als rassige Sportversion unter dem Namen „Star Twin" auf den Markt. 1949 brachte BSA die „Golden Flash", eine kopfgesteuerte 646er Parallel-Zweizylinder, heraus. Dazu kamen zahlreiche Varianten fast aller BSA-Modelle von 124 bis 646 cm^3, vor allem auch die weiterentwickelten „Gold Star"-Motorräder von 348 und 498 cm^3, die als Straßen-, Renn-, Trial-, Enduro- und Moto-Cross-Maschinen weltberühmt wurden. Mit ihnen griffen so große Fahrer wie Bob McIntyre, Eric Houseley, Alistair King, Eddy Dow und andere erfolgreich in das Renngeschehen ein. Umfangreich war auch das für den amerikanischen Markt bestimmte Programm; da gab es um 1955 u. a. die 499er Zweizylinder „Shooting Star", die nur in den USA zu haben waren und zu den hochgezüchtetsten BSA-Motorrädern aller Zeiten gehörten.

BSA baute auch kopfgesteuerte Leichtkrafträder von 49 bzw. 74 cm^3. Das Werk präsentierte 1955 den prächtigen 198er „Beeza"-Roller mit kopfgesteuertem Motor und Kardanantrieb. Er wurde jedoch ebensowenig in Serie gebaut wie Parallel-Zweizylinder mit obenliegenden Nockenwellen (!), die bereits 1923 entstanden, und wie BMW-ähnliche Zweizylinder-Boxermotoren, seitengesteuert, die auch nur

Edward Turner, damals Chef von BSA und Triumph, brachte 1958 einen neuen Roller heraus. Unter zwei Markenzeichen – BSA-Sunbeam und Triumph-Tigress – wurde er von beiden Werken mit zwei verschiedenen Motoren (174er Zweitakt-Einzylinder und kopfgesteuertem 246er Zweizylinder) angeboten, aber so wenig gekauft, daß die Produktion bald verlustreich eingestellt werden mußte. Ariel (im Bildhintergrund) gehörte damals auch zur BSA-Gruppe.

Populär und viele Jahre in Serienproduktion war auch die 348er BSA B 31. Hier eine 1958 gebaute Maschine.

im Versuch gefahren wurden. Schon 1938 experimentierte man mit Mopeds . . . an Prototypen mangelte es nie. Ähnlich wie dem „Beeza"-Roller erging es dem zur gleichen Zeit erschienenen „Dandy"-Moped von 70 cm^3 sowie 1962 dem „Beagle"-Leichtkraftrad von 75 cm^3 und anderen Neukonstruktionen.

Sensationelle Dreizylinder

Sensationell war dagegen die 1968 herausgekommene dreizylindrige „Rocket-3" mit kopfgesteuertem Motor, der 58 PS bei 7 500 U/min leistete. Diese Maschine war mit der gleichzeitig gebauten Triumph-„Trident" fast identisch – kein Wunder, gehörten doch beide Fabriken den „gleichen Eltern", der BSA-Gruppe, an. Nur hatte die „Trident" 60 PS bei 8 000 U/min und einen Motor mit senkrecht stehenden Zylindern, die bei der BSA-Dreizylinder etwas nach vorn geneigt waren. Wie sich bald zeigte, bevorzugten die Kunden die „Trident", obwohl die „Rocket-3" ihr kaum nachstand. Hier entschied wohl das sportlichere Image für Triumph.

Zurück zum Jahr 1945, als BSA auch die Marken Sunbeam und New Hudson besaß. Unter dem Namen Sunbeam schuf man bequeme und luxuriöse Kardan-Blockmaschinen von

Mit ihrem neu konstruierten kopfgesteuertem Blockmotor von 248 cm^3 gehörte die „Star C 15" in den ausklingenden fünfziger Jahren zu den beliebtesten BSA-Modellen der Nachkriegsperiode.

Weltberühmt und sportlich sehr erfolgreich waren die schnellen – und dabei sehr preiswerten – „Gold Star"-Modelle von BSA, die es in zahlreichen Ausführungen jahrelang mit 348 und 498 cm³ gab. Diese 498er „Gold Star Clubman" entstand 1960.

498 cm³ mit zwei hintereinanderliegenden Zylindern sowie obenliegender Nockenwelle und 1962 auch noch einen – erfolglosen – Roller. Für New Hudson gab es dagegen nur ein 98er Zweitakt-Moped, das bald sang- und klanglos von der Bildfläche verschwand.

In den fünfziger Jahren führte zunächst der tüchtige Sir Bernard Docker die gesamte BSA-

Diese 498er Parallel-Zweizylinder A 7 „Shooting Star" von BSA stand in direkter Konkurrenz zu den sportlichen 498er Modellen gleicher Art von Triumph, einem zur BSA-Gruppe gehörenden Motorradhersteller.

Im Laufe der Nachkriegszeit entstanden bei BSA verschiedene Modelle mit den kopfgesteuerten Zweizylindermotoren von 654 cm³. Die 1966 gebaute „Lightning Clubman“ (unser Bild) war der Traum vieler junger Sportler. Ähnliche Motoren hatten auch die „Spitfire Mk-II-Special“, die „Highway Cruiser“ und die mit zwei Vergasern ausgestattete „Hornet“, die bei vielen USA-Rennen siegte.

Die 173er „Bantam Sports“ von 1967 verfügte über ein modernisiertes Fahrwerk, einen verbesserten Zweitaktmotor und als erster BSA-Zweitakter über ein Vierganggetriebe.

Gruppe. Er mußte 1956 das Feld räumen, und der befähigte Jack Sangster, Chef von Ariel und Triumph, zog in die BSA-Chefetage ein. Er war ein erstklassiger Techniker und zugleich ein guter Geschäftsmann, blieb aber nicht allzulange. Nach seinem Ausscheiden löste sich das große Unternehmen immer mehr in „einzelne Bestandteile" auf, weil einige Herren an der Spitze nicht über die erforderlichen Fähigkeiten verfügten, dieses Riesenunternehmen zu leiten. Hinzu kamen persönliche Differenzen, Überheblichkeiten und andere Unzuträglichkeiten, die einen normalen Fortgang bremsten oder verhinderten.

In der Nachkriegsperiode fungierte Harry Faulkner als Chefkonstrukteur des BSA-Motorradbaues. Als er in den Ruhestand ging, wurde der bekannte Norton- und Triumph-Chefkonstrukteur Bert Hopwood sein Nachfolger, ein tüchtiger und sehr fähiger Mann mit großer Erfahrung und echter „Liebe" zum Motorradbau wie zum Werk. Privat konstruierte er schon 1949 eine kopfgesteuerte Einzylinder-Rennmaschine von 248 cm^3, die dann Doug Hele, einer seiner besten Mitarbeiter, bis 1952 weiterentwickelte. Damals hatte sie schon 33 PS bei 10000 U/min und wog nur rund 120 kg. Der große Geoff Duke erprobte sie 1954 unter einer anderen Bezeichnung (GDS = Geoff Duke Special) und war begeistert. Weniger dagegen waren es einige maßgebliche Direktoren, die vom Rennmaschinenbau nichts wissen wollten. Daß er sich jedoch bei einem so großen Unternehmen auszahlt, bewiesen ihnen bald die Männer aus Japan!

BSA hatte in den Nachkriegsjahren eine mit rund 300 Mitarbeitern besetzte Konstruktionsabteilung. Man investierte viel Geld in Neukonstruktionen, die aber nicht immer in Serie gebaut oder erfolgreich wurden. Trotzdem denke ich noch immer gern an die verbesserten und modernisierten „Bantam"-Zweitakter der sechziger Jahre, an die rassigen 249er und 441er „Barracuda", die kopfgesteuerten „Victor"-Einzylinder und vor allem auch an die 654er Parallel-Zweizylinder wie die „Thunderbolt" (nicht zu verwechseln mit der Triumph-„Thunderbird"), an die „Lightning" und die „MK-III Spitfire", die mit einer Verdichtung von 1:10 ein sehr „heißes Eisen" war.

Viele Motorradmarken kamen in rund 85 Jahren, viele gingen inzwischen. Der – gar nicht notwendige – Torschluß bei BSA im Jahre 1971 bleibt für immer eine der größten Tragödien im Motorradwesen. Weil diese große Fabrik in technischer und kommerzieller Hinsicht jede Möglichkeit hatte, bei richtigem Management der starken japanischen Konkurrenz die Stirn zu bieten – zum Wohle der englischen wie der gesamten europäischen Motorradindustrie.

Trotz der Motorradgiganten im fernen Osten hätte der Motorradbau in der großen BSA-Gruppe nicht beendet zu werden brauchen, hätten Männer aus der Motorradindustrie das entscheidende Wort gehabt. Die aufgetretenen Schwierigkeiten waren in anderen Fertigungsbereichen entstanden.

Wenn auch die große BSA-Gruppe Anfang der siebziger Jahre ihre Tore für immer schloß, blieb doch der Name BSA erhalten – wie an dieser 1982 gebauten 174er „Tracker" mit Einzylinder-Zweitaktmotor, die in Garretts Green in Birmingham entstand.

Der weite Weg von der J.F.K. bis zur CZ (Cezet)

Dies ist nicht nur die Geschichte einer großen Motorradfabrik, sondern auch ein Bericht über einen großen Techniker, der sein Leben dem Motorradbau gewidmet hat: Jaroslav Frantisek Koch. Er wurde 1893 in Moelich bei Loucene in Böhmen geboren und lebt zur Zeit dieser Niederschrift bei guter Gesundheit in Praha (Prag). Seine vielen Freunde nannten ihn immer nur J.F.K., und da ich das Glück habe, zu ihnen zu gehören, will ich ihn hier ebenfalls nur J.F.K. nennen.

Seine enge Verbindung zum Motorradbau begann 1923, und seinen Namen trugen auch die damals von ihm konstruierten 346er Königswellenmaschinen. Vorher war er schon bei der Automobilfabrik Laurin & Klement (jetzt Skoda) in Mladá Boleslag (Jungbunzlau) tätig. Er wohnte damals zusammen mit dem erfolgreichen Rennfahrer Narcis Podsednicek, der in der Pionierzeit des Motorrades zahlreiche Wettbewerbe für diese Marke, die bis 1908 auch Motorräder baute, gewann, u. a. das Rennen Paris-Wien. In technischer Hinsicht von Podsednicek „infiziert", studierte J.F.K. privat Mathematik und Mechanik, sodann besuchte er die Technische Hochschule in Prag. Der Erste Weltkrieg brachte ihn in die damalige Flugzeugfabrik „Aviatik" nach Wien. 1921 gründete er mit seinen Freunden Benes (nicht der spätere Präsident Benes!) und Hain die Flugzeugfabrik „Avia", bei der er als stiller Teilhaber vor allem für die technische Seite verantwortlich zeichnete. Während seiner Tätigkeit bei der „Avia" konstruierte J.F.K. sein erstes Motorrad nicht nur auf dem Papier, er brachte auch einen Prototyp gut zum Laufen.

Kampf gegen starke Konkurrenz

Koch liebte Motorräder, und trotz größerer Einkommen in der Flugzeugindustrie, die er verließ, widmete er sich voll und ganz dem Motorradbau. Keine leichte Angelegenheit – zum einen verfügte er nicht über ein größeres Kapital, zum anderen hatte die Tschechoslowakei bereits genug Motorradhersteller und führte außerdem eine Vielzahl von Maschinen ein.

Trotz aller Schwierigkeiten mietete J.F.K. in Prag-Vysonacy einen Teil einer Fabrik, wo er mit dem Serienbau seiner Konstruktion begann. Nach einiger Zeit mußte er einsehen, daß er mehr Geld benötigte, als ihm durch eigene Ersparnisse zur Verfügung standen.

Dann schien die Rettung durch die Maschinenfabrik Stepanek & Spol. in der Kleinstadt Kostelec an der Elbe zu kommen – jedoch gab es auch hier Kapitalprobleme und nicht die technischen Einrichtungen, um die etwas komplizierte Königswellen-Maschine in guter Qualität und größeren Stückzahlen herzustellen; so verließen nur wenige dieser Motorräder das Werk.

Technisch gesehen war die J.F.K. neu und fortschrittlich. Ihr Ventilantrieb erfolgte über eine vertikale Welle (Königswelle). Das von Koch verwendete Bauprinzip war jedoch unnötig kompliziert und in der Herstellung teuer. Die senkrechte Welle lag ziemlich weit hinter dem Zylinder und erforderte deshalb eine weitere kurze Welle zur Verbindung mit der Nokkenwelle auf dem Zylinderkopf. Das bedeutete erhöhte Reibungsverluste. Der Motor von 346 cm^3 leistete bei 74,5 mm Bohrung und 80 mm Hub zunächst 8,6 PS bei 4000 U/min, nach der Weiterentwicklung im Jahre 1926 dann 12 PS. Er war mit dem angeblockten Zweiganggetriebe verhältnismäßig leicht und glattflächig. In ihm verwirklichte der damals 30jährige Konstrukteur einen Traum seines Lebens ohne Rücksicht auf kommerzielle Erwägungen; aus wirtschaftlichen Gründen kam dann auch die Herstellung zum Erliegen.

Koch blieb der Königswelle treu

Andere Konstrukteure und Werke benutzten die Königswelle fast ausschließlich nur für Hochleistungsmotoren, besonders für Rennmaschinen. Die Beschränkung erfolgte aus finanziellen und teilweise auch aus technischen Gründen; die Herstellungskosten lagen über denen von anderen Motoren, außerdem gab es in den zwanziger Jahren Probleme mit Materialien und Verarbeitungsmethoden, so daß man im allgemeinen für mehr Geld teilweise weniger Zuverlässigkeit bekam. Diese Situation änderte sich erst, als Marken wie Norton, Peugeot, Velocette, Moto Guzzi usw. hier wertvolle Entwicklungsarbeit leisteten und dadurch auch zu großen Erfolgen kamen. Kopfgesteuerte Motoren mit

Mit diesem motorisierten Fahrrad und einem 76-cm³-Zweitaktmotor stiegen die tschechoslowakischen CZ-Werke 1932 in den Bau motorisierter Zweiräder ein.

1933 verlegte man den 76er Zweitaktmotor in dieses robustere Fahrwerk mit Vorderrad-Kurzschwinge. Ein größerer Erfolg blieb auch dieser CZ versagt.

1935 vergrößerte CZ-Chefkonstrukteur Ignaz Uhl den Hubraum auf 98 cm³ und entsprach damit vielen Kundenwünschen.

Diese erste Ausführung der 174er CZ kam ebenfalls 1935 auf den Markt, mußte aber bald einer verbesserten Ausführung Platz machen.

obenliegenden Nockenwellen gab es vorerst nur bei Rennmaschinen, und es blieb unerfindlich, warum einige Konstrukteure wie J.F.K., Richard Küchen und August Paqué obenliegende Nockenwellen auch bei Motoren anwandten, die nicht unbedingt auf Hochleistung getrimmt waren. Heute ist die Situation aufgrund der von Kunden verlangten höheren Leistung natürlich anders; erweitertes metallurgisches Wissen und neue Bearbeitungsverfahren in der Großserien-Fertigung ermöglichen es, Motoren mit obenliegenden Nockenwellen unvergleichlich preisgünstiger herzustellen als vor 55 oder mehr Jahren.

J.F.K. war immer ein sehr kluger Mann, mit dem man stundenlang über technische Probleme diskutieren konnte, ohne daß er versuchte, seine Ideen partout durchzusetzen. Dennoch hatte seine nächste Motorkonstruktion wieder eine Königswelle – es war die von ihm 1926 entwickelte und ab 1927 in Serie gebaute B.D., die sogar zwei obenliegende Nokkenwellen besaß. Fast alle Rennmaschinen-Hersteller verwendeten damals nur eine Nokkenwelle, abgesehen von einigen Ausnahmen wie bei der 348er Werks-Bianchi.

B.D. stand für Breitfeld-Danek & Co., einer großen und bekannten Maschinenfabrik in Prag-Karlin, die u. a. Straßenkehrmaschinen, Traktoren usw. baute und gut eingerichtet war. Endlich hatte J.F.K. eine geeignete Fabrik für seine teure Konstruktion gefunden. Teuer deshalb, weil der Königswellenantrieb – wie schon bei der Original-J.F.K. – viel Geld verschlang, in bezug auf Material und Arbeitslohn. Wieder handelte es sich um eine 497er Touren-Einzylinder mit Blockmotor und Zahnradantrieb des Dreiganggetriebes, der natürlich teurer war als der Erwerb von getrennten Motoren und Getrieben mit Kettenantrieb von Spezialfirmen. Das konnte den jungen Konstrukteur jedoch nicht beirren . . .

Ohne Zweifel war die B.D. auch dank des Motorblocks eine leise und elastische Maschine mit vorzüglichen Fahreigenschaften. Sie war zugleich robust und mit ihrem Doppelschleifenrahmen auch verwindungssteifer als viele anderen Fabrikate, wobei ihr optisch auch das Fehlen der unschönen und unzuverlässigen außenliegenden Ölleitungen zugute kam. Koch wußte genau, was ihm vorschwebte, er selbst bestritt viele Langstrecken- und Zuver-

Mit dieser vorerst endgültigen Ausführung der 174er CZ entstand bald die große Konkurrenz zur gleichvolumigen Jawa. Daß Konstrukteur Uhl vorher einen Blick auf die Nürnberger Triumph 200 K geworfen hatte, ließ sich kaum bestreiten.

1936 brachte eine größere CZ mit 248 cm³, die wie die 174er sehr beliebt wurde. Die gleichstarken Jawa waren sportlicher und leichter, die mit Zweitakt-Blockmotoren ausgerüsteten CZ etwas schwerer und robuster.

lässigkeitsfahrten mit Erfolg und unterließ keine Gelegenheit, Qualität und Leistung seiner B.D.-Konstruktion unter Beweis zu stellen.

Bedeutende Erfolge gab es auch bei Rennen. Obwohl er nur eine gut frisierte B.D.-Serienmaschine mit dem 497er Zweinockenwellen-Motor fuhr, kam Ing. Stepan beim großen internationalen Bergrennen Königsaal – Jiloviště auf den vierten Platz hinter Stan Chaloupka auf einer Scott-Werksrennmaschine (wassergekühlte Zweitakt-Zweizylinder), BMW-Werksfahrer Rudi Eckert und dem Ardie-Spitzenfahrer Georg Thumshirn. Bald darauf war er Dritter beim Rennen Knoviz – Olsany. Auch bei großen Wertungsfahrten wie der 1000-km-Fahrt durch die Tschechoslowakei glänzten die B.D.-Fahrer; Koch gewann dabei die 600er Seitenwagenklasse mit einer seiner B.D.-Maschinen. Typisch für den Techniker Koch, daß er die von ihm konstruierten Motorräder bei schweren Wettbewerben selbst steuerte, was ihm viele wertvolle Erfahrungen einbrachte.

Die B.D. wurde bald auch in größeren Stückzahlen von der Armee (teilweise mit Seitenwagen) erworben und führte sich schnell ein, nachdem einige Änderungen vorgenommen waren. Sie betrafen den Zahnradantrieb des Getriebes, die nicht ganz dichte Ventilkapselung und auch den Bodenabstand, der bei den damaligen elenden Straßen nicht ausreichte.

1928 wurde die Firma Breitfeld-Danek AG von den großen Praga-Automobilwerken übernommen. Deswegen verschwand die B.D. jedoch nicht, ihr verchromter Tank wich lediglich einem in dunkelblauer Farbe mit dem Namen „Praga“. Ansonsten blieb alles wie gehabt, die „neue“ Praga eilte zu weiteren Erfolgen. Ihr einziger Nachteil blieben die hohen Herstellungskosten – an den Bau einer billigeren Maschine dachte Koch zu keiner Zeit.

1937 wollte man bei CZ auch in die 350er Klasse einsteigen, doch verhinderten vor allem thermische Gründe einen Serienbau dieser 348er Einzylinder-Nasenkolbenzweitakter. Ähnlich erging es damals einigen Prototypen von kopfgesteuerten und z. T. mit obenliegender Nokkenwelle ausgestatteten Viertaktern, die über das Versuchsstadium nicht hinauskamen.

Weiterentwickelt erschien 1937 die kleine 98er CZ, die, vor allem für die Jugend bestimmt, auch ein billiges und zuverlässiges Transportmittel war.

Gegen die neue Jawa

1929 bekam die 497er Praga, „geborene" B.D., noch eine starke Konkurrenz in der ersten Jawa, einer damals hochmodernen, unter Wanderer-Lizenz gebauten 498er Einzylinder mit kopfgesteuertem Blockmotor, Kardanantrieb und Preßstahlfahrwerk, die in großer Aufmachung auf den übersättigten Markt in der Tschechoslowakei kam. Kardanantrieb war aufgrund vieler BMW-Erfolge das „Schlagwort" in jener Zeit.

Koch erkannte bald die neue Situation, und so ging 1930 seine neue „Praga" von 346 cm^3 (Bohrung/Hub 70/90 mm) in Serie. Sie hatte einen Motor/Getriebe-Block mit nach vorn geneigtem Zylinder, Kardanantrieb zum Hinterrad und einen robusten Preßstahlrahmen mit sehr tiefem Sattel. Diese 350er war schön, aber auch etwas zu schwer und kam in einer weltweiten Wirtschaftskrise auf den Markt. So blieb der Gesamtumsatz beider Praga-Modelle wohl etwas hinter den Erwartungen der „Ceskomoravska-Kolben-Danek AG" – so hieß nunmehr die Herstellerfirma – zurück. 1933 wurde der Motorradbau zugunsten der Herstellung von Personen- und Lastkraftwagen ganz aufgegeben.

In den ersten dreißiger Jahren war es schwer, Motorräder zu verkaufen. Zu viele Hersteller und Importeure kämpften um verhältnismäßig wenige Kunden, die vor allem billigere Maschinen wünschten. So wurde z. B. die ab 1932 gebaute 172er Jawa mit dem englischen Villiers-Zweitaktmotor ein richtiger „Bestseller", der Jawa groß und stark machte.

Ein Kämpfer wie J.F.K. gab natürlich nie auf. Kaum hatte Praga die Motorradabteilung geschlossen, entstand auf seinem Reißbrett eine neue Konstruktion, die nicht nur die „Handschrift" ihres Schöpfers, sondern auch wirklich den Namen Koch am Tank trug. 1934 wurden zwei Prototypen vorgestellt und gleich mit Begeisterung aufgenommen. Fast überflüssig zu sagen, daß sie eine für J.F.K. so typische Königswelle besaßen – ohne sie konnte es wenigstens zur damaligen Zeit kein „richtiges" Motorrad dieses genialen Technikers geben, der bereits vor seiner ersten, 1923 erschienenen 346er J.F.K. eine Königswellen-246er als Versuchskonstruktion entwickelt hatte. Nur ins Versuchsstadium ging lediglich ein kopfgesteuerter Motor von 346 cm^3, den er bei Praga schuf und aus dem nach Einstellung des Motorradbaues noch eine Rennmaschine für Bergrennen wurde, nachdem ihn ein Techniker gekauft hatte.

Eine neue „Koch" in 1934

Die damals hochmoderne „Koch" entstand vollkommen in einem eigenen Werk in Prag VIII. Ihr 348er Einzylinder-Blockmotor hatte 74,5 mm Bohrung und 80 mm Hub, eine zur Nockenwelle führende Königswelle, einen im Zylinderkopf vollgekapselten Ventilmechanismus und zwei Auslaßkanäle, an die sich hochgezogene Auspuffrohre anschlossen, ferner ein fußgeschaltetes Vierganggetriebe und Hinterrad-Kettenantrieb. Schuf Koch vorher seine Maschinen als Tourenversionen mit „sportlichem Einschlag", war die Neukonstruktion von Grund auf als temperamentvollere Sportmaschine ausgelegt. Komplett ausgerüstet, war sie mit 130 kg auch sehr leicht; der Doppelschleifen-Rohrrahmen wog nur 11 kg. Bei einem Kompressionsverhältnis von 5,6 : 1 lief die Maschine sehr weich und erreichte trotzdem 115–120 km/h. Ursprünglich gab es vorn eine Trapezgabel, die aber bald – und das war noch 1934! – einer modernen Telegabel weichen mußte. Nicht genug damit, besaß die verbesserte „Koch" bereits auch eine in „Schienen" laufende Hinterrad-Federung, die es bei anderen Marken erst gegen Ende der dreißiger Jahre gab. Ältere Ausführungen wie bei Wanderer, NSU oder Wooler hatten sich nicht besonders bewährt. Kaum waren die ersten Sportmaschinen fertig, nannte Koch auch gleich zwei für einen schweren Winterwettbewerb. Er selbst fuhr eine, die andere vertraute er Jindra Kostlivec, einem bekannten Motorradrennfahrer, an. Beide kamen trotz vieler Schwierigkeiten durchs Ziel.

Alles wäre gut und schön gewesen, hätte das junge Unternehmen nur mehr Kapital zur Verfügung gehabt. Die Situation war für J.F.K. nicht neu, mußte er doch aus dem gleichen Grunde schon zwölf Jahre vorher den Bau seiner ersten serienmäßigen 346er Maschine einstellen. Hatte er bei Praga später auch mehr Betriebskapital und auch mehr technische Möglichkeiten zur Verfügung, so fehlten eben doch die guten kommerziellen Ergebnisse; so gaben die großen Autobauer die Motorradfertigung auf. Nun war es wieder soweit: J.F.K. sah – nachdem nicht viele „Koch"-Sportmaschinen gebaut worden waren – alle Hoffnungen schwinden und tat das Beste, was er unter den gegebenen Umständen machen konnte – er ging zu den aufstrebenden CZ-Motorradwerken nach Strakonitz, einer schönen Provinzstadt.

Bei CZ in Strakonitz

CZ war ursprünglich eine Waffenfabrik (deshalb auch der Name Ceska Zbrojovka), die zum großen Skoda-Konzern gehörte und 1931 in den Motorradbau eingestiegen war. Vorerst wurden Fahrrad-Hilfsmotoren von 76 cm^3 und später auch komplette Fahrzeuge mit verstärkten Fahrgestellen hergestellt, nachdem sich der zunächst vorgesehene 60-cm^3-Zweitakter als zu schwach erwiesen hatte. Verantwortlich für die ersten CZ-Motor-

Schon 1937 gab es im CZ-Werk eine neue luftgekühlte 498er Zweizylinder-Zweitaktmaschine im Versuch. Jagte man sie über längere Strecken, wurde sie ziemlich heiß. Außerdem brauchte sie viel Kraftstoff.

räder war Ing. Ignaz Uhl. Er hatte an den technischen Hochschulen in Pilsen und Wien studiert, ging dann zu Skoda und später zu den Steyr-Werken, wo er u. a. mit Ferdinand Porsche zusammenarbeitete. Als Porsche nach dem Zusammenschluß mit Austro-Daimler-Steyr sich in Stuttgart selbständig machte, kam Ignaz Uhl als technischer Direktor nach Strakonitz, um dort den Fahrradbau zu organisieren. Das war 1931, kurz darauf wandte er sich den zweirädrigen Motorfahrzeugen zu. Bald gingen die ersten CZ mit 60 und 76 cm^3 in die Produktion. Dann wurde man auf den Motorradbau besonders in Deutschland aufmerksam, wo z. B. Triumph in Nürnberg u. a. an einer sehr formschönen Maschine von 198 cm^3 mit Zweitakt-Einzylinder-Blockmotor, Kardanantrieb und Preßstahlrahmen arbeitete, für die der frühere NSU-Chefkonstrukteur Otto Reitz verantwortlich zeichnete. Als dieses – leider in der Herstellung zu teure – Motorrad Ende 1934 auf den Markt kam, konnte es sich nicht mehr durchsetzen.

Inzwischen hatte Uhl für CZ eine ähnliche – aber kardanlose – Konstruktion mit 172er Motor geschaffen. Die Ähnlichkeit betraf wohl Fahrwerk und Tank, jedoch nicht die Vordergabel und auch nicht den Motorblock mit Dreiganggetriebe; die deutsche Triumph hatte einen etwas nach vorn geneigten Zylinder, bei der CZ stand er senkrecht. Auf jeden Fall handelte es sich um eine schöne, harmonische und robuste Konstruktion, die auch in bezug auf Modernität keine Wünsche offen ließ. Diese CZ wurde auch ein guter kommerzieller Erfolg.

Bis 1929 existierten in der Tschechoslowakei rund 50 Firmen, die im Laufe der Jahre Motorräder bauten und zum Großteil inzwischen eingegangen waren. Marken wie Velamos, Sirocco, Aeros, CAS, Itar, Eisler, Kilear, B.V., Linser, Torpedo, Mat, Perun, Rössler & Jauernig, Achilles, Velox, Trusty, Zeus usw.

Dann entstand Jawa, wo ab 1932 die bereits erwähnte rassige und gute Maschine mit dem 172er Villiers-Zweitaktmotor (den Jawa dann unter Lizenz selbst herstellte) gebaut wurde. Sie hatte einen sportlichen Dreieck-Preßstahlrahmen, wurde in großen Stückzahlen gebaut und verhältnismäßig billig angeboten. Der Engländer Georg-William Pathett hatte sie konstruiert, sie verkaufte sich so gut, daß fast die ganze Konkurrenz den Kampf aufgeben mußte.

Geld und „know-how“

Zu den wenigen Unternehmen, die vor der Jawa nicht zurückschreckten, gehörte CZ in Strakonitz, wo Geld und auch viel „know-how“ von Skoda zur Verfügung standen. Die Skoda-Werke bauten außer Kanonen und Lo-

Das ist Milada Bayer, Frau des auch in Deutschland gestarteten DKW-Rennfahrers Jirka Bayer, die 1938 mit der 498er Zweizylinder-CZ mit Seitenwagen die „Große Tschechoslowakische Tourenfahrt“ erfolgreich beendete.

komotiven schon seit 1925 die weltbekannten Hispano-Suiza-Luxusautos unter Lizenz, sie erwarben bald darauf die bekannte Autofabrik von Laurin & Klement, und auch die Brünner Waffenfabrik, wo die „Z"-Zweitakt-Autos entstanden, befanden sich unter ihrer Kontrolle.

Ignaz Uhl schuf nicht nur die erste 172er CZ, sondern organisierte auch einen guten Händlervertrieb und viele Kundendienststationen. 1934 trat CZ in direkte Konkurrenz zur kleinen Jawa. Jawa-Chef Dr.-Ing. F. Janecek gefiel es gar nicht, daß sich die schwarz-weißen CZ-Zweitakter immer mehr ausbreiteten und zahlreiche Kunden wegschnappten. Wohl waren die kleinen roten Jawas leichter, etwas rassiger und sportlicher als die etwas plumperen, nichtsdestoweniger eleganten CZ, doch die ließen sich gut „frisieren" und kamen zu vielen sportlichen Erfolgen - ein weiterer Grund zur Beunruhigung für Janecek. Als Jawa 1935 auch 246er Zweitakter mit Flachkolben nach Schnürle-Patent baute und CZ sich bald auch in dieser Hubraumklasse als großer Konkurrent erwies, wurde für den Jawa-Chef das Leben nicht leichter.

Bereits vorher hatte man einen großen Mitbewerber, die Premier-Werke in Cheb (Eger), ausgeschaltet. Jawa und CZ teilten sich bis zum Zweiten Weltkrieg den großen tschechoslowakischen Motorradmarkt - sieht man von der 1934 gegründeten Firma Ogar ab, die sehr schöne, rassige 248er Zweitakt-Einzylinder herausbrachte, aber zusammen mit den ausländischen Marken kaum mehr als 20 Prozent Absatzanteil auf dem heimischen Markt erringen konnte. Böhmerland spielte beim Umsatz keine wesentliche Rolle. Exportiert wurden in den Vorkriegsjahren sicher kaum mehr als 4 bis 5 Prozent der Produktion von Jawa und CZ.

Jawa steckte damals viel Geld in eine große und erfolgreiche Rennabteilung, die zahlreiche Spezialmaschinen von 172 bis 595 cm^3 für Straßen- und Bahnrennen schuf. Außerdem baute man auch Spezialmaschinen u. a. für die Internationale Sechstagefahrt, bei der Jawa auch jahrelang das tschechoslowakische Trophy-Team stellte. Zu ihm gehörten Fahrer wie Anton Vitvar, Franta Brand, Jarda Kaiser, Vaclav Stanislav und andere, deren Gegner waren u. a. große deutsche Fahrer wie Sepp Stelzer, Ernst Henne, Wiggerl Kraus und Sepp Mauermayer. Bei CZ war man bescheidener, baute keine Rennmaschinen und verließ sich bei Zuverlässigkeitsfahrten hauptsächlich auf dafür hergerichtete Serienmodelle, mit denen man zu schönen Erfolgen kam. Es gab sogar Rennfahrer, die mit „frisierten" CZ-Zweitaktern bei nationalen Straßenrennen gut abschnitten.

Wenn der Chef mit einer Motorradfabrik eng verbunden ist, geschehen außergewöhnliche Dinge. Und als Vêra Svoboda, Sekretärin des Buchautors, die Ehe ansteuern wollte, fuhr er sie auf einer neuen CZ-„Special" zur Kirche - und das weiße Brautkleid blieb weiß!

Chefkonstrukteur Ignaz Uhl

Ing. Uhl und seine Mannen verbesserten nicht nur die bestehenden Serienmodelle von 172 und 246 cm^3, sie schufen ab 1937 auch mehrere Prototypen, darunter eine 346er Einzylinder-Zweitakter sowie - natürlich von Jaroslav Frantisek Koch inspiriert - eine Königswellen-346er Einzylinder, die alle längere Zeit im Versuch liefen, aber nie zu einer Serienproduktion kamen. Dasselbe Schicksal teilte eine 496er CZ mit luftgekühlten Parallel-Zweitakt-Zweizylindermotor von 496 cm^3, die auch 1937 entstand und bis zum Kriegsanfang 1939 nicht nur im Versuch, sondern bei Zuverlässigkeitsfahrten auch mit Seitenwagen - zumeist von der Rennfahrerin Milada Bayer gesteuert - lief. Einen Motor in ähnlicher Bauweise hatte DKW schon 1927 herausgebracht und die Fertigung luftgekühlter Zweitakt-Zweizylinder von 496 cm^3 - nicht für Rennzwecke! - fast

Vor dem Zweiten Weltkrieg kam auch die stärkere 174er CZ-„Special“ auf den Markt, die in Sportkreisen bald viele Freunde fand.

zur gleichen Zeit wieder aufgenommen, als Uhl seine Konstruktion schuf. Soweit mir bekannt, gab es hinsichtlich dieses Motors Kontakte mit der Auto Union, zu der ja DKW gehörte. Nachdem man bei CZ einige Dutzend derartiger Maschinen in Versuchsfahrten und bei Wettbewerben erprobt hatte, sah man von einer Serienfertigung ab. Möglicherweise wegen des herannahenden Krieges, der schon seine Schatten auf die Industrie warf; in erster Linie waren es aber wohl die ungelösten thermischen Probleme, die vor einem Serienbau zurückschrecken ließen.

Besuch bei J.F. Koch

Dann kam der Krieg, und als ich 1945 wieder nach Prag kam und meinen Freund J.F.K. besuchte, wollte er mich auch zu CZ nach Strakonitz bringen. Das ging aus verschiedenen Gründen nicht, doch schufen wir einen Kompromiß – ich wurde u. a. CZ-Händler in meiner Heimatstadt Zwittau. Eine sehr gute Sache, deren einziger Fehler darin lag, daß das Werk – obwohl damals schon groß und modern eingerichtet – nie so viele Maschinen liefern konnte, wie ich benötigte. Für den Eigengebrauch benutzte ich eine 172er und eine 246er CZ – und 1948 eine ganz neue 172er, als ich meine Sekretärin Vera Svoboda mit dem Motorrad (siehe Bild) zu ihrer kirchlichen Hochzeit brachte. Für diesen Weg mußte sich ihr Angetrauter mit einem Autositz begnügen. Was die Zusammenarbeit mit CZ angeht – sie war sehr angenehm. Als mich August Sulc, der sportliche Leiter bei CZ, einlud, bei der Vorbereitung neuer 124er Zweitaktmaschinen für die Schottische Sechstagefahrt mitzuhelfen, akzeptierte ich gern und verweilte einige Zeit mit den Rennfahrern Kohlicek, Marha, Pudil und Pastika sowie den führenden Technikern im Werk.

Die ersten CZ-Nachkriegsmodelle hatten 124er Zweitaktmotoren. Sie wurden in großen Stückzahlen in den modernen CZ-Werken in Strakonitz, die vor 1945 zu den Skoda-Werken gehörten, gebaut.

1948 besaßen die 124er CZ-Motorräder bereits moderne Telegabeln, aber noch keine Hinterradfederung. Es waren dies schöne und auch gute Leichtkrafträder.

Eine Hinterradfederung gab es dann bei den 124er Motorrädern von 1949, nachdem die Produktion der Vorkriegsmaschinen von 174 und 248 cm³ eingestellt worden war. Die neue 124er hatte nunmehr 6,2 PS.

In den ersten Nachkriegsjahren stellten sowohl CZ als auch Jawa Rikschas für fernöstliche Staaten her. Hier das 124er CZ-Modell.

Anfang der fünfziger Jahre schuf Jaroslav Walter für CZ neue 248er und 348er, später auch 124er Rennmaschinen, deren Einzylindermotoren auf früheren Walter-Konstruktionen beruhten. Hier der österreichische Meisterfahrer Leonard Fassl mit einer 348er Werksrennmaschine im Jahre 1955.

Das ist die von Jaroslav Walter konstruierte 248er CZ-Werksrennmaschine mit Doppelnockenwellen-Einzylindermotor, Fünfganggetriebe und Doppelschwinge aus dem Jahre 1956.

Sehr schnell und erfolgreich waren auch die 124er Werksrennmaschinen von CZ mit Doppelnockenwellenmotor in den letzten fünfziger Jahren.

Ing. Ignaz Uhl war inzwischen ausgeschieden. Auf seinem Platz kamen die Brüder Jaroslav und Jan Walter, die kurz vorher in die Dienste von CZ eintraten und langjährige Erfahrungen mitbrachten. Ihr Vater Josef Walter gehörte zu den Pionieren des Motorradbaues in der österreich-ungarischen Monarchie seit Beginn des Jahrhunderts. So wuchsen auch seine Söhne zwischen Motorrädern auf. Der jüngere, Jaroslav, bestritt schon in den dreißiger Jahren Rennen, baute verschiedene Motoren um und stellte bereits 1938 einen kopfgesteuerten Einzylinder-Rennmotor von 248 cm^3 her, der von Vaclav Hovorka erfolgreich eingesetzt wurde. Trotz aller Nachkriegsprobleme baute er schon 1946 neue verbesserte Versionen mit Königswelle und obenliegenden Nockenwellen. Zusammen mit 1947 herausgekommenen 348er Rennmotoren ähnlicher Konstruktion dominierten seine „Walter"-Maschinen jahrelang die Rennen der 250er und 350er Klasse in der Tschechoslowakei und teilweise auch im Ausland.

Hervorragende Fahrer wie der erwähnte Vaclaf Hovorka, Jan Lucak, Vaclav Stanislav, Borivoj Sedlak, Jarda Kost, Vojta Divis, Jan Horak, Karel Kadlec, Lada Steiner, Franta Bartoŝ, Jarda Fristensky, Lada Richter und andere bewiesen immer wieder die hohe Qualität und Geschwindigkeit dieser „Walter"-Rennmotoren. Es war daher kein Wunder, daß man ihn bald als Chefkonstrukteur in die neu

Ende der fünfziger Jahre schuf Chefkonstrukteur Walter neue 124er und ähnliche 248er Rennmaschinen mit neuartigem Antrieb der beiden obenliegenden Nockenwellen.

Der hervorragende Tschechoslowake Franta Bartoŝ mit einer – hier unverkleideten – 124er CZ-Einzylinder mit Doppelnockenwellenmotor, auf der er auch im Ausland viele Siege errang.

Zwei Zylinder hatten auch die 248er Werksrennmaschinen, die ebenfalls den ungewöhnlichen Antrieb für die obenliegenden Nockenwellen ähnlich dem der kleineren Rennmaschinen aufwiesen. Bald darauf mußte der Bau von Viertaktern für Rennen eingestellt werden, nachdem noch einige 248er Motoren auf einen größeren Hubraum „aufgebohrt" worden waren. Rennerfolge gab es bis 1970. 1969 war noch ein etwas komplizierterer Rennmotor von 348 cm^3 mit Vierventilkopf und obenliegenden Nockenwellen gebaut worden, doch konnte diese eigenwillige V-Konstruktion auf höhere Anordnung nicht mehr weiterentwikkelt werden.

gegründete CZ-Rennabteilung berief, wo er mit Hilfe des großen Unternehmens seine Motoren weiterentwickelte, die – nunmehr unter dem Namen CZ – noch jahrelang Siege errangen. Sogar Leonard Fassl, mehrfacher österreichischer Meisterfahrer, fuhr eine der 348er Werksrennmaschinen. Ab 1949 war auch Jan Walter, vor allem Spezialist für Getriebe und Zahnräder, bei CZ als Konstrukteur tätig.

Neue Modelle aus Strakonitz

Im Laufe der folgenden Jahre entstanden bei CZ noch viele neue Serienmodelle mit 98, 123, 173, 244 und 346 cm^3, alles Zweitakter (zum Teil Parallel-Zweizylinder) mit etwas nach vorn geneigten Zylindern und Rohrrahmen. Waren nach dem Zweiten Weltkrieg vorerst noch Vorkriegsversionen von 173 und 246 cm^3 in der Produktion, konzentrierte man den Bau vornehmlich auf modernere 123er Zweitakter und später auch – im Rahmen der Zusammenarbeit der ganzen nationalisierten tschechoslowakischen Motorradindustrie – auf Maschinen mit anderen Hubräumen, und zwar immer im Zuge einer zentralen Produktionssteuerung durch ein Zentralkonstruktionsbüro in Prag.

Waren vor dem Krieg Jawa und CZ die großen Konkurrenten, ist daraus eine sehr enge Zusammenarbeit geworden, besonders bei Serienmaschinen, während die Wettbewerbsmodelle lange Zeit von den beiden Werken unabhängig voneinander gebaut wurden und oft miteinander konkurrierten. Gerade auf sportlichem Gebiet bestand schon immer eine ausgesprochene Rivalität zwischen Jawa und CZ, ähnlich wie äußerlich in England zwischen BSA und Triumph, wo man dieselben Chefs

Auch im Gelände bewiesen CZ-Maschinen ihre Qualität. Hier eine 148er Geländeausführung aus den fünfziger Jahren.

Bei CZ wurden die Viertakt-Rennmaschinen ständig weiterentwickelt. Hier eine 1964 gebaute zweizylindrige Doppelnockenwellenmaschine von 124 cm^3 mit 45 mm Bohrung und 39,2 mm Hub.

Das war eine 244er Gelände-Einzylindermaschine von CZ aus dem Jahre 1971. Ähnlich sah auch eine damals gebaute 172er aus.

Die Amerikaner lieben Bequemlichkeit. Diesem Wunsch entsprechend lieferte CZ 1976 diese 123er und 173er Modelle mit Einzylindermotoren in die USA.

Moto Cross ist ein weiteres Betätigungsfeld für CZ-Fahrer. Diese 173er wurde Ende der siebziger Jahre international erfolgreich eingesetzt.

hatte, aber von „Liebe und Harmonie" intern herzlich wenig zu spüren war.

Heute ist der tschechoslowakische Motorradmotorenbau völlig konzentriert; es spielt kaum eine Rolle, ob auf dem Tank der Name Jawa oder CZ (Cezeta) steht. Ogar, das dritte Motorradwerk – es gehörte vor 1945 der Firma Autfit in Prag-Strasnice – wurde 1949 der Marke Jawa einverleibt und diente nur noch als offizielles Konstruktions- und Entwicklungsbüro für die gesamte Motorradindustrie des Landes. Bevor der Name Ogar von der Bildfläche verschwand, schuf der Jawa-Konstrukteur Vincenz Sklenar dort eine moderne 348er kopfgesteuerte Blockmaschine mit Telegabel, Hinterradfederung usw., doch ging diese Konstruktion nie in die Serie. Dafür aber eine 346er Zweizylinder-Zweitaktmaschine, die – auch von Ogar geschaffen – bald von Jawa in die Produktion genommen wurde und heute noch den Grundstock für alle tschechoslowakischen Zweizylinder-Zweitakter bildet. Sklenar hatte schon 1946 neue 346er und 498er Zweizylinder-Doppelnockenwellen-Motoren mit Kompressor für Jawa gebaut und später u. a. auch die Doppelkolben-Zweitakter von 90 cm³ bei Manet zu Papier und in die Produktion gebracht. Hergestellt wurden sie in Powazska-Bystica in der Slowakei, wo sich auch heute eine große Motorradfabrik unter Führung von Jawa befindet.

Die tschechoslowakische Motorradindustrie arbeitet seit Jahren eng zusammen. Ein großer Unterschied zwischen CZ und Jawa besteht nicht mehr, und so könnte diese Trial-Maschine mit 123er bzw. 173er Zweitaktmotor nicht nur CZ, sondern auch Jawa heißen.

Hervorragende Konstrukteure

Zurück zu CZ in Strakonitz, wo in den fünfziger und sechziger Jahren so hervorragende Konstrukteure wie J. F. Koch und Jaroslav Walter in den Ruhestand gingen und eine neue Generation von Technikern, unter ihnen der bekannte Fahrer Jaroslav Pudil, neue Rennmaschinen mit Doppelnockenwellenmotoren von 124 und 248 cm^3 schufen. Zu ihnen gesellten sich Zweitaktrennversionen, darunter auch größtenteils aus Serienteilen entwickelte „Productionracer“ - vor allem weil maßgebliche Stellen es verhinderten, daß im Rahmen der auf Zweitakter ausgerichteten Produktionspläne Rennmaschinen mit Viertaktmotoren weiter entwickelt oder sogar neu konzipiert und gebaut wurden.

Unmöglich, hier die komplette Geschichte der Marke CZ nachzuzeichnen und die vielen Erfolge aufzuzählen, die das Werk bei schweren Zuverlässigkeitsfahrten und Moto-Cross-Veranstaltungen in aller Welt errang. CZ war auch die erste tschechoslowakische Marke, die 1949 an der Sechstagefahrt in Schottland teilnahm und dort ganz hervorragend abschnitt, ähnlich wie bei vielen internationalen Sechstagefahrten und anderen schweren Prüfungen. Leider - und das muß bedauert werden - bestreitet CZ keine reinen Geschwindigkeitswettbewerbe mehr, obwohl die zahlreichen Rennmaschinen mit Doppelnockenmotoren von 124, 248 und 348 cm^3 durch ihre Erfolge viel zum Ansehen der Marke CZ und des Motorradsportes in der Tschechoslowakei beigetragen haben.

Diese Zeilen sollen nicht nur einen Wegabschnitt der Marke CZ wiedergeben, sondern auch an zwei meiner Freunde und hervorragende Techniker erinnern, an Jaroslav Frantisek Koch und Jaroslav Walter, der inzwischen leider verstarb.

Trotz aller Erfolge mußte sich das große Strakonitzer Motorradwerk 1981 der politischen Struktur anpassen und den Motorradbau - der im Laufe der Jahre mit Jawa ganz vereinigt wurde - aufgeben. Und wo einst so prachtvolle Motorräder entstanden, baut man heute Automotoren für ostdeutsche Kraftwagenhersteller.

Aus dem Namen CZ am Tank wurde in den letzten Jahren ein „Cezet“, wie diese zweizylindrige 348er Zweitaktmaschine aus dem Baujahr 1982 zeigt.

„Boxer-Pionier“ aus dem englischen Westen:
Douglas

Viermal kam die Marke Douglas mit Deutschland in direkten oder indirekten Kontakt: Zunächst im Ersten Weltkrieg, als englische Douglas-Motorräder gegen die deutschen Kriegsmodelle von NSU, Wanderer und Brennabor „antraten“. Dann 1921, als Bosch in Stuttgart die Lizenz für den Bau der seitengesteuerten 349er Zweizylinder-Boxermotoren von Douglas übernahm und diese Motoren an kleinere Motorradhersteller wie SMW, Astra, Karü usw. verkaufte. Zum dritten Male, als der Douglas-Techniker Walter-William Moore über Norton 1930 zu NSU nach Neckarsulm kam, und zuletzt in den ersten dreißiger Jahren, als der hervorragende Miesbacher Seitenwagenfahrer Toni Babl mit Douglas-Rennmaschinen von 598 und 746 cm^3 bei vielen Rennen in Mitteleuropa erfolgreich war. Schließlich noch: ab 1928 beherrschten zahlreiche Douglas-Bahnrennmaschinen mit kopfgesteuerten 498er und 598er Boxermotoren die Speedway-Szene auch in Europa.

Douglas war natürlich nicht der erste und einzige Hersteller von Motorrädern mit Boxermotoren. In Wirklichkeit brachte William Douglas, Seniorchef einer großen Gießerei in Kingswood, zusammen mit seinen Söhnen Willie und John nur eine Grundkonstruktion, die ursprünglich „Fairy“ (Fee) hieß und von Joseph Barter stammte, zur technischen Reife und zu einem kommerziellen Erfolg. Ursprünglich wurde die eigenwillige Konstruktion bei Humpage, Jacques und Pederson gebaut; erst die finanziell stärkere und erfahrenere Gießerei von Douglas bot die Voraussetzungen, ihr zu einem Durchbruch zu verhelfen. Der Erfolg stellte sich dann auch ein, nachdem besonders der junge John Douglas seinem Vater solange zugesetzt hatte, bis er einwilligte, Bar-

Eines der ersten Douglas-Motorräder. 1907 gebaut, besaß es einen für diese Marke typischen Zweizylinder-Boxermotor von 293 cm^3. Diese Maschine war der Grundstock für die bis 1939 gebauten Modelle.

1914 entstand diese seitengesteuerte Douglas-Zweizylinder von 346 cm^3. Während des Ersten Weltkrieges (1914–1918) wurde sie von mehreren Armeen in großen Stückzahlen eingesetzt. Nach dem Kriege baute Bosch solche Motoren unter Lizenz für kleinere deutsche Motorradhersteller.

ters Produkt – zusammen mit Barter selbst – zu übernehmen.

Mit Joseph Barter kam auch sein junger Assistent, dessen Vater schon um die Jahrhundertwende ein De-Dion-Dreirad besaß und der, obwohl er Marine-Ingenieur studierte, sofort Feuer und Flamme für Barters Neukonstruktion war. Sein Name, der ab 1930 auch in Deutschland bekannt wurde: Walter-William Moore. Derselbe Moore, der bei NSU in Neckarsulm die schnellen „Bullus"-Rennmaschinen und andere Konstruktionen schuf.

Keine Konkurrenz für BMW

Im Laufe der Jahre gab es zahlreiche Motorradhersteller, die zu verschiedenen Zeiten zweizylindrige Boxermotoren einbauten. Zumeist in Fahrtrichtung, gelegentlich aber auch quergestellt wie bei ABC, BMW, Cemec, Gnome & Rhone, Condor, Universal, Ratier, Marusho, Hofmann, Harley Davidson (Armeemaschinen im Zweiten Weltkrieg), Ifa usw.

Eine BMW-Kopie schaffen wollte Douglas bereits in den dreißiger Jahren, als man die „Endeavour" mit kopfgesteuertem und quer eingebautem Boxermotor schuf. Aber diese rein auf Zweckmäßigkeit ausgelegte Konstruktion von Ealing Poppe schlug nicht recht ein. Als dann Mitte der fünfziger Jahre die „Dragonfly" in gleicher Bauart herauskam, war es zu spät, um mit ihr in dem Kampf um Kunden ernsthaft einzugreifen.

Unter den Marken, die ihre Boxermotoren in Längsrichtung einbauten, waren Puch schon im Jahre 1915, ferner Harley Davidson (1920/22), Wooler, Raleigh, Humber, Brough (nicht Brough Superior!), Maxima, Itar, die belgische Jeecy-Vea, die auch König Albert fuhr, Coventry-Victor (England), SAR und auch Fongri in Italien, die deutschen Marken Victoria, Helios und Karü, die englische Matchless (1916/17), in Landshut gebaute Hochlands, in Nürnberg entstandene Heller und natürlich die ebenfalls dort gebaute 956er Mars mit dem von Maybach hergestellten Boxermotor, die sich in den ersten zwanziger Jahren einiger Beliebtheit erfreute. Das galt auch für die 393er Star und das daraus hervorgegangene D-Rad sowie für die wassergekühlten 614er Modelle von Sterna, Aristos und Menos. Auch Ocra baute solche „flat-twins", bei KC und FKS entstanden sie sogar mit Zweitaktmotoren, während die in Coventry hergestellte 996er Williamson mit Luft- oder Wasserkühlung geliefert wurde. „Böse Zungen" behaupteten sogar, diese Motorradfabrik habe sich inoffiziell im Besitz von John Douglas befun-

1922 schuf Douglas-Konstrukteur und Rennfahrer Cyril Pullin diese kopfgesteuerte 498er Rennmaschine. Auf der Brooklands-Rennbahn erreichte er über eine halbe Meile (800 m) einen Durchschnitt von 100 Meilen (160 km/h). Damit war er der erste Fahrer, der mit einer Halblitermaschine auf diese Geschwindigkeit kam.

den, in dessem Werk die Williamson-Motorräder gebaut wurden, und Williamson habe nur als Werksmanager seinen Namen für sie hergegeben. Mit ihren seitengesteuerten Boxermotoren waren es recht schöne Maschinen.

Joseph Barter, von dem John Douglas die Grundkonstruktion seiner Maschine erwarb,

In den ersten zwanziger Jahren wirkten die 346er Douglas-Maschinen recht leicht – was dieses Modell von 1923 beweist.

1923 gewann Tom Sheard die englische Senior-TT auf der Insel Man, seiner Heimat, mit einer 498er Douglas-Werksrennmaschine. Beachtenswert die Vorderradbremse!

Werksfahrer Jim Whalley mit seiner kopfgesteuerten 348er Douglas 1926 vor dem Start zum Grand Prix von Europa und Belgien (beide wurden zusammen ausgetragen). Im Ziel war er vierter.

hatte schon 1902 sein erstes Motorrad gebaut, noch bevor er mit der Firma Humpage, Jacques & Pederson verbunden war. Später gründete er mit Freunden die Light Motors Ltd. in Bristol. Ende 1905 wurde dann aus seiner „Fairy" die „Fee" – warum, weiß heute wohl niemand mehr. Als Barter nach dem Zusammenbruch von „Light Motors" zu Douglas kam, brachte er zahlreiche Patente mit, insbesondere für Verbrennungsmotoren. Vielfach wird angenommen, daß Douglas nur Boxermotoren baute und verwandte, die sogar bei kleinen Flugzeugen und Lieferwagen eingesetzt wurden. Daneben gab es noch andere Triebwerke. Von 1920 bis 1922 wurden auch Leichtkraftwagen in Kingswood hergestellt.

Douglas im Ersten Weltkrieg

Viele Erfolge bei Rennen und Zuverlässigkeitsfahrten brachten der Marke Douglas schon vor 1914 einen so guten Ruf, daß das englische Kriegsministerium zu Beginn der Feind-

Typisch für viele Douglas-Konstruktionen war diese seitengesteuerte 348er von 1927, die auch im Ausland guten Absatz fand. Freddy Dixon entwickelte diese EW-Modelle.

Zu den EW-Serien gehörte auch diese seitengesteuerte Douglas von 596 cm³, die oft mit Seitenwagen gefahren wurde.

Von 1928 bis 1930 gehörten Speedway-Maschinen für Bahnrennen mit 498 und 598 cm³ von Douglas zu den meistgekauften ihrer Art. Sie wurden in fast jedem Land bei Dirt-Track-Rennen von Spitzenfahrern gesteuert. Damit der Radstand nicht zu groß wurde, war das Getriebe über dem hinteren Zylinder angebracht.

seligkeiten nach ausgiebigen Versuchen große Quantitäten der Douglas-Maschinen mit dem 349er seitengesteuerten Zweizylinder-Boxermotor, der für dieses Unternehmen so typisch war, bestellte. Mit der Folge, daß nach 1918 viele dieser Ex-Kriegsmaschinen verhältnismäßig billig verkauft wurden – zu einer Zeit, als neue Motorräder nur schwer und teuer zu haben waren und infolge des Mangels an gutem Rohmaterial oft nicht allen Anforderungen entsprachen. So ging die frühere Flugzeugfabrik Sopwith mit ihren ABC-Motorrädern, die einen kopfgesteuerten 398er Boxermotor – ähnlich wie bei BMW quer eingebaut – besaßen, schon 1921 freiwillig in Liquidation, weil infolge schlechten Materials und einiger Konstruktionsmängel bei Ventilmechanismus und Schmiersystem fast alle gelieferten Maschinen ins Werk zurückkamen.

Vom Kriege kaum betroffen, baute Douglas bald wieder zivile Zweizylindermaschinen von 349 und 499 cm^3. Die großen Rennerfolge hatten bereits 1912 begonnen, als Harry Bashall und Teddy Kickham die beiden ersten Plätze bei der englischen TT auf der Insel Man belegten und Kickham mit 86 km/h auch die schnellste Runde fuhr. In den folgenden Jahren gab es auch viele Erfolge auf der Brooklands-Rennbahn, bei Berg- und Rundstreckenrennen sowie bei Trial-Veranstaltungen. Obwohl weit im Westen Englands gelegen, war Douglas bald eine große und berühmte Motorradfabrik. 1913 gab es einen zweiten TT-Platz, als Billy Newsome nur von Hugh Mason auf NUT geschlagen wurde.

Die Stärke von Douglas lag während dieser Periode in hervorragenden Technikern. Zu ihnen gehörten außer Joseph Barter auch Walter-William Moore, die Australier Len Bailay sowie Cyril Pullin, der später die Schwester Bailays heiratete und in den späten zwanziger Jahren nach Australien zurückkehrte. Jahrelang wurden nur 349er und 499er Modelle gebaut, erst Mitte der zwanziger Jahre kamen ähnliche 596er Motorräder auf den Markt. Ab 1921 gab es außer seitengesteuerten auch kopfgesteuerte Motoren, teilweise für Rennmaschinen. Die „Kleinen" waren mit je 60,8 mm Bohrung und Hub quadratisch, ebenso die Halbliter-Motoren mit je 68 mm Bohrung/Hub, während die „Großen" bei 68 mm Bohrung 82 mm Hub aufwiesen, jedoch verwandte Douglas besonders bei Rennmaschinen oft andere Zylinderabmessungen. In den dreißiger Jahren wurden auch Boxermotoren von 246 und 746 cm^3 gebaut, letztere teilweise obengesteuert. Deutschlands unvergessener Seitenwagenfahrer Toni Babl aus Miesbach hatte damals kopfgesteuerte Spezialmotoren von 596 und 746 cm^3, mit denen er besonders bei Bergrennen kaum zu schlagen war.

Ein erfolgreicher Einsatz solcher luftgekühlter und längs eingebauter Boxer-Zweizylinder wäre bei heutigen Rennen nicht mehr vorstellbar. Mit solchen Motoren konnte Douglas bei Rundstreckenrennen in den zwanziger Jahren anfänglich oft siegen, so 1923, als Tom Sheard die englische Senior-TT gewann und Freddy Dixon beim selben Rennen die Seitenwagenklasse, beide vor den gefürchteten Nor-

Satteltanks wurden 1929 bei Douglas eingeführt. Bei dieser D/29, einem kopfgesteuerten Sportmodell, lag der Motor ziemlich hoch im Rahmen. Er gab der Maschine eine Spitze von 115 km/h.

Eine ausgesprochene Tourenmaschine war diese F/29 mit seitengesteuertem 596er Motor. Sie kam auch mit Alu-Kolben und Fußrasten anstelle von Fußbrettern und anderen Änderungen 1929 und später als Sportmaschine heraus.

ton-Werksfahrern Graeme Black und Graham Walter. Beim Großen Preis von Frankreich war Jim Whalley in der Halbliterklasse auf einer Douglas vorn. Aber den letzten Werkseinsatz bei der TT 1932 konnte man nur als Fehlschlag bezeichnen: Alle Maschinen schieden aus, bis auf die von Frank Longman, der in der Senior-TT nur den 15. Platz belegte.

Freddy Dixon galt übrigens als einer der besten englischen Rennfahrer und Techniker. Er war ein untersetzter und bärenstarker Mann, der aus jedem Motor phantastische Leistungen herauszuholen verstand. 1925 konstruierte er die sehr gute und beliebte EW-Modellserie von Douglas mit seitengesteuerten Motoren und gewann selbst zahlreiche Wettbewerbe für die Kingswooder Motorradfabrik.

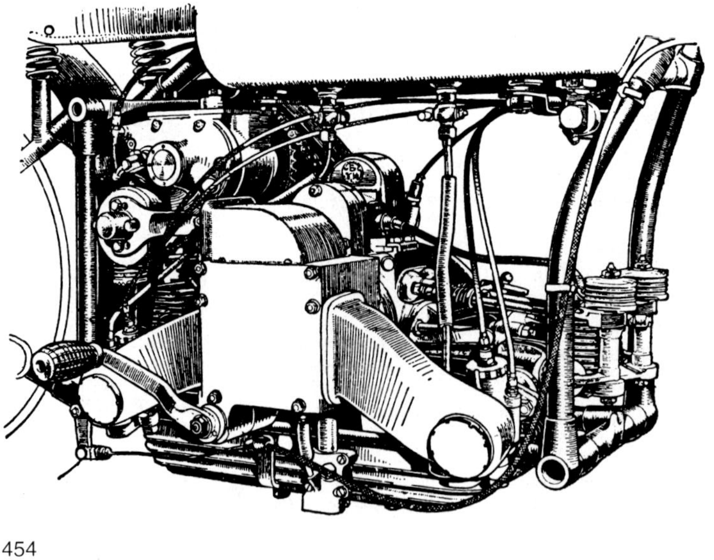

Zum letztenmal vor dem Kriege nahm Douglas mit drei kopfgesteuerten 498ern (von Cyril Pullin konstruiert) an Straßenrennen teil, hier bei der englischen TT. Sie waren zu langsam, und nur Longman kam auf Platz 15.

Runtsch bei Douglas

Nach Kingswood kam 1927 auch der talentierte Wiener Rennfahrer Rudolf Runtsch im Auftrag des Douglas-Importeurs für Österreich, Ing. Ferdinand Eichler. Runtsch blieb längere Zeit im Werk und arbeitete an neuen kopfgesteuerten Rennmotoren von 496, 596 und 746 cm^3, mit denen er in den folgenden Jahren – bis er 1931 Werksfahrer bei NSU wurde – bei Berg- und teilweise auch bei Bahnrennen kaum zu schlagen war, des öfteren mehrere Klassen gewann und fast immer Tagesbestzeiten herausfuhr. Ich kannte ihn persönlich als hervorragenden Sportler und Rennfahrer wie als erstklassigen Techniker, seinem großen Vorbild Freddy Dixon ähnlich, der 1928 mithalf, herausragende Bahnrennmaschinen für Speedway-Wettbewerbe mit kopfgesteuerten Boxermotoren von 499 und 596 cm^3 zu entwickeln, die mehrere Jahre lang kaum besiegt wurden. Die besten Speedway-Fahrer jener Zeit wie Sprouts Elder, Bluey Wilkinson, Max Grosskreuz, Alfred Rumrich, Nils Sörensen, Bill Bennett, Jack Perkins, Morian Hansen, Ginger Lees und andere bewiesen immer wieder die Überlegenheit der Douglas-Maschinen. Zu ihnen zählte auch die erste Frau als „Speedway-Profi", die Engländerin Fay Taylor. Auf dem Kontinent fuhren u. a. Sepp Feistenhammer (Deutschland), Fred Czerny und Toni Untermarzoner (Österreich), Franta Chaloupka, Karel Navratil und Eric Spevak (Tschechoslowakei) Douglas-Maschinen mit unterschiedlichen Boxer-Zweizylindermotoren, die man in Deutschland bei Reuter & Borchert in Berlin, in Österreich bei Ing. Eichler in Wien, in der Tschechoslowakei bei Dietz in Prag, Krĉmar in Teplitz-Schönau und bei Weigel in Proßnitz sowie in Italien bei Virginio Fieschi in Mailand kaufen konnte.

In den dreißiger Jahren bergab

In den dreißiger Jahren verblaßte das Ansehen von Douglas immer mehr, nachdem 1931 auch Rex Judd, einer der großen Rennfahrer und Techniker, ausgeschieden war. Übrigens bestand 1930 zwischen den Preisen für 499er und 596er Speedway-Maschinen von Douglas kein Unterschied. Sie wurden in Deutschland für 1800 Reichsmark und in Österreich für 4300 Schilling angeboten, wo man die seitengesteuerte 349er für 2350 Schilling erhielt. Immerhin soll Douglas in den Jahren 1928/29 mehr Speedway-Modelle als irgendein ande-

Als Konkurrenz gegen BMW gedacht war die 1934 vorgestellte Douglas-„Endeavour". Ihr seitengesteuerter Zweizylinder-Boxermotor von 492 cm^3 lag quer im Fahrwerk, es gab auch einen Wellenantrieb zum Hinterrad. Theoretisch war das neue Modell – für England – eine technische Sensation, doch blieb der kommerzielle Erfolg aus, und so versank diese moderne Konstruktion bald in der Versenkung. Angeblich wurden nur 100 Stück gebaut.

Dies ist eine 1936 gebaute „normale“ Douglas mit seitengesteuertem 496er Motor. Sie kostete bei Pride & Clarke in London nur 31.10 Pfund Sterling und hatte noch Handschaltung des Dreiganggetriebes.

res Werk auf der Welt verkauft haben. Von 1930 an hatten alle gekapselte Ventile.

Trotzdem verlor die Firma an Boden. Um wieder zu größeren Umsätzen zu kommen, schuf man eine 149er Zweitakt-Einzylindermaschine zunächst mit Villiers-Motor, später mit eigenem Motor. Der kommerzielle Erfolg blieb jedoch aus. 1934 versuchte man, wie schon erwähnt, mit einer BMW-ähnlichen 493er Kardanmaschine mit seitengesteuertem Motor in eine direkte Konkurrenz zu BMW zu treten – wieder ein Fehlschlag. Angeblich wurden von dieser „Endeavour“ kaum mehr als hundert Stück gebaut und in zwei Jahren abgesetzt.

Die ursprüngliche Firma Douglas Motor Ltd. wurde 1931 durch das neu gegründete Unternehmen Douglas Motors (1931) Ltd. abgelöst, das mit frischem Kapital die Geschäfte weiterführte. Nicht mehr ganz wie zuvor: Händler, eigene Niederlagen, die Rennabteilung usw. wurden abgebaut. Die große Londoner Firma Pride & Clarke, die als führender Douglas-Händler viel Geld in das Unternehmen investiert hatte, übernahm die Hauptvertretung für England, nachdem es zu der 1931er Krise nicht nur wegen der industriellen Situation, sondern vor allem durch Meinungsverschiedenheiten in der Douglas-Familie gekommen war. Freilich war die Zeit, als Douglas jährlich fast 2000 Speedway-Maschinen verkaufte, ein Stück Vergangenheit geworden, jetzt setzten Rudge und JAP die meisten Speedway-Motoren ab.

Kurz vor Beginn des Zweiten Weltkrieges wurde die Produktion bei Douglas sehr eingeschränkt. Damals entstand diese 596er mit fußgeschaltetem Vierganggetriebe.

Norman Manby, ein englischer Kugellagerfabrikant, fuhr noch nach dem Kriege diese schnelle kopfgesteuerte 596er Douglas, angeblich eine Spezialanfertigung, bei sportlichen Veranstaltungen.

Die Firma Pride & Clarke, die später Vespa-Motorroller und Gileras aus Italien importierte, hatte in den dreißiger Jahren mehr oder weniger ein Monopol beim Vertrieb von Douglas-Maschinen. Das galt gleichermaßen auch für die Marken Cotton, Scott, Panther und AJW. Beendet wurden damals die jährlichen Veränderungen der Modellreihe. Es gab nur Einheitsmodelle mit seitengesteuerten Boxermotoren von 246, 346, 496 und 596 cm^3. Bei guter Qualität und Ausstattung waren sie sehr preiswert. So kostete 1937 die 346er nur 34.10 Pfund Sterling, die 496er Douglas 40.10 und das 596er Modell auch nur 42.10 Pfund. Die 246er wurde bald aufgegeben, die 746er nur noch auf Bestellung aus vorhandenen Teilen hergestellt, sie erschien nicht mehr im Katalog. Die an die deutschen Seitenwagenrennfahrer gelieferten kopfgesteuerten Motoren von 496 und 746 cm^3 hatten die Modellbezeichnungen 6/H und 75/F, sie waren dem größeren Triebwerk 75/J ähnlich, daß für Leichtflugzeuge entwickelt wurde. Andere Rennmotoren wurden damals nur noch für die englischen Brüder Thorpe gebaut und teilweise von Phil Seymour noch nach 1945 bei Rennen über kurze Distanzen gesteuert.

Viele Schwierigkeiten auch nach 1945

Bis zum Zweiten Weltkrieg leiteten drei Generationen die Geschicke der Douglas-Werke. In dieser Zeit gab es viele Schwierigkeiten, kommerzielle Probleme und zum Teil radikale Veränderungen in der Unternehmensstruktur. Im Krieg wurden Flugmotoren, Flugzeugteile, Transportwagen für die Industrie und elektrotechnische sowie andere Dinge in großen Stückzahlen hergestellt, ebenso stationäre Motoren, für die es einen starken Bedarf gab. Damals trug das Werk den Namen Aero Engines Ltd.

Bereits 1946 wurden neue Douglas-Motorräder vorgestellt, die den Vorkriegsmodellen keineswegs glichen. Alle neuen Modelle besaßen 348er Boxermotoren mit obengesteuerten Ventilen, quer zur Fahrtrichtung liegenden Zylindern und ein neues Fahrwerk mit Torsionsstab-Vorderradfederung. Der neue Motor beruhte auf einem Triebwerk für Generatoren, das während des Krieges in großer Zahl gebaut wurde. Er hatte 60,8 mm Bohrung und 60 mm Hub und besaß ein angeblocktes Viergangetriebe. Eine in vielen Teilen völlige Neukonstruktion, bei der anfänglich besonders

Bald nach 1945 erschienen die ersten neuen kopfgesteuerten 348er Douglas mit quer eingebauten Boxermotoren auf dem Markt. Hier das 1947 gebaute Modell T 35.

die Drehstabfederung vorn einige Probleme aufwarf.

Rettung kam durch einen Mann, der schon 30 Jahre vorher bei Douglas als Techniker gearbeitet hatte und von 1930 bis 1939 auch in Deutschland als Chefkonstrukteur von NSU sehr bekannt wurde: Walter-William Moore. Er schuf, obwohl mehr als Werksleiter und weniger als Konstrukteur bei Douglas tätig, die bedeutend verbesserte „Radiadraulic"-Gabel.

Bei den ersten neuen Modellen gab es auch Rahmenbrüche, die von dem Chefkonstrukteur Ealing Poppe nicht ganz vermieden werden konnten. Einst Mitinhaber der Motorradfabrik Packman & Poppe (P.&P.) in Coventry, schuf er nach dem Zweiten Weltkrieg die sensationellen Sunbeam-Modelle S7 und S8, bevor er 1948 zu Douglas abwanderte. Dann wurde Freddy Dixon, der alte Douglas-Rennfahrer und erfahrene Techniker, als Berater hinzugezogen. Ihm gelang es, das neue Fahrwerk zu verbessern, während sich Poppe auf die Verfeinerung des Motors konzentrierte.

Die neuen 348er Douglas-Maschinen gab es in mehreren Ausführungen. Sie waren mehr zweckmäßig als schön und fochten mit der Konkurrenz manchen Kampf bei sportlichen

Über Formschönheit läßt sich streiten – auch bei dieser 1950 entstandenen Standard-Version der 348er Douglas Mk-V.

Veranstaltungen aus. 1948/49 entstand sogar eine kleine Rennabteilung unter Leitung von Eddy Withers, des alten Douglas-Spezialisten, dem der in Ungarn geborene Franz Pados als Werksrennfahrer zur Verfügung stand. Über durchschnittliche Leistungen bei größeren Rennen kam aber auch Pados nicht hinaus.

Im Jahre 1949 gab es erneut finanzielle Schwierigkeiten. Sie führten zu der neuen Firmenbezeichnung „Douglas (Sales & Service) Ltd.", die bis 1981 auch Vespa-Roller aus Italien importierte.

Wenig bekannt ist, daß Freddy Dixon auch mit der Konstruktion und Entwicklung einiger Nachkriegsmodelle, besonders der Douglas Plus 90, befaßt war. Als hochgezüchtetes Supersportmodell wurde dieses Motorrad besonders bei Clubrennen viel gefahren, als Mehrzweckmaschine diente es zahlreichen Amateuren zum Einstieg in den Rennsport. Zu diesen Fahrern gehörten u. a. Don Chapman, John Clark, Norman Vanhouse und Charly Robinson.

1956 war mit dem Motorradbau bei Douglas endgültig Schluß. Als letztes Motorrad, das den Namen Douglas am großen Tank trug, entstand 1954 die „Dragonfly" mit weiterentwickeltem 348er Motor. Kaum war die erste Serie fertig, geschah wieder ein Strukturwandel. Die große „Westinghouse Bremsen und Signal Company" erwarb das Unternehmen. Auf ihren Beschluß, den Motorradbau aufzugeben, folgte bald die Veräußerung der Produktionseinrichtungen. Mit ihren Langarmschwingen vorn und hinten und dem rassigen Aussehen wäre die „Dragonfly" noch lange eine interessante Konstruktion geblieben – schade, daß mit ihr die Motorradfertigung bei Douglas zu Ende ging.

1957 erschien die letzte Douglas, die moderne 348er „Dragonfly".

Die Geschichte der schnellen englischen Excelsior

In Band 2 von „Motorräder – Berühmte Konstruktionen“ beschrieb ich die in Amerika gebauten Excelsior-Super-X-Motorräder und die dazu gehörende vierzylindrige Henderson. Dies nun ist die Geschichte der englischen Excelsior-Maschinen, die mit den amerikanischen Vettern nur den Namen Excelsior – und sonst nichts! – gemeinsam hatten.

Komplizierter war schon das Verhältnis zwischen den englischen und den deutschen Excelsiors, die in Brandenburg/Havel (jetzt DDR) unabhängig von Amerikanern und Engländern entstanden. Kompliziert deshalb, weil z. B. die englischen Maschinen bei Exporten nach Deutschland oder Teilnahme an deutschen Rennen nicht den Namen Excelsior am Tank oder in Rennprogrammen und Inseraten aufweisen durften, weil das deutsche Werk schon 1901 mit dem Motorradbau begonnen hatte und damals bereits das faszinierende Wort „Excelsior“ verwandte.

Zwar war das 1874 in Coventry gegründete englische Werk älter, doch ging man erst 1902 dazu über, den Namen Excelsior für Motorräder zu benutzen. Sie konnten aus markenschutzrechtlichen Gründen in Deutschland nicht denselben Namen tragen wie die deutschen Excelsiors. Angeblich riß man sich deswegen keine Haare aus, doch die Brandenburger gingen zum Kadi, und der verbot den Männern vom Inselreich, ihre Motorräder unter dem Namen Excelsior in Deutschland auftreten zu lassen.

Was taten die wackeren Motorradbauer in Coventry, die verschiedene kommerzielle und sportliche Interessen in Deutschland wahrnehmen wollten? Es waren dies die Herren Bayliss, Thomas und Slaughter, die bereits 1874 die Firma Bayliss, Thomas & C. Ltd. ins Leben gerufen hatten und bald die Fahrradproduktion aufnahmen; angeblich waren sie die ersten, die auf rein kommerzieller Grundlage ihre damaligen Hochräder herstellten und mit ihnen ihr erstes Geld verdienten. Als dann 1902 die Motorradfertigung begann, konnten Besucher der Ausstellung im Crystal Palace nicht nur die englischen Excelsiors bewundern, sondern mit ihnen auf den Wegen des naheliegenden Parks auch das Fahren lernen.

Besagte Firmeninhaber nun lösten das Problem „Deutschland“ auf ebenso einfache wie kluge Weise: Ihre nach Deutschland exportier-

Ein 1904 von Bayliss-Thomas in Coventry gebautes Excelsior-Dreiradfahrzeug mit englischem MMC-Motor.

Bereits 1902 wurden Excelsior-Motorräder serienmäßig hergestellt. Bemerkenswert die ungewöhnliche Anbringung des nach vorn geneigten Motors. Die in Coventry befindliche Fabrik wurde nach dem Ersten Weltkrieg von der Walker-Familie erworben und nach Tyseley bei Birmingham verlegt.

ten Motorräder hießen nicht mehr „Excelsior", sondern – entsprechend dem Firmennamen – „Bayliss-Thomas". Fortan tauchte dieser Name an den Tanks, in Rennprogrammen und Anzeigen sowie auf dem Briefbogen des Unternehmens auf. Theoretisch gab es in Deutschland keine Namensschwierigkeiten mehr.

Ganz gelöst war dieses Problem aber immer noch nicht. Da entstand nämlich in der Inflationszeit in München die „Gesellschaft für Kleinkraftmaschinen", und die fand für ihre kleinen Motorräder auch keinen besseren Namen als „Excelsior"! Was die Chefs der Brandenburger Excelsior-Werke, die als Conrad & Patz AG firmierten, zu dieser Neugründung im eigenen Land sagten, ist nicht überliefert. Wahrscheinlich hatten sie in dieser wirtschaftlich schlechten Zeit andere Sorgen und betrachteten die Münchner Firma als das, was sie wirklich war: ein unterkapitalisiertes Unter-

Excelsior-Motorräder der mittleren zwanziger Jahre: oben mit 269er Villiers-Zweitaktmotor und dem seitengesteuerten 346er Blackburne; unten mit dem kopfgesteuerten JAP-Motor von 347 cm³ und dem seitengesteuerten Blackburne-Triebwerk von 557 cm³ mit Seitenwagen.

Diese 490er Excelsior-Supersport mit kopfgesteuertem JAP-Motor und zwei Auslaßkanälen wurde 1930 gebaut. Den Tank mit „Karomuster" gab es nur kurze Zeit.

nehmen, dem man wie vielen anderen Inflationsgründungen kein allzu langes Leben voraussagen konnte. Hatten doch alte und viel größere Firmen um ihre Existenz zu kämpfen – in einer Zeit, als eine Motorradzeitschrift schon einige Billionen Papiermark kostete und das Geld von Stunde zu Stunde am Wert verlor. So wunderte es niemand, daß Excelsior in München 1924 „entschlief".

Der Krieg um den Namen Excelsior war aus englischer Sicht jedoch noch nicht beendet. Da gab es die einst von dem deutschen Einwanderer Ignatz Schwinn in Amerika ge-

Heute lächelt man darüber, aber 1932 waren die meisten Rennmaschinen mit Polizei-Nummernschildern ausgestattet, auch diese 248er Excelsior mit JAP-Motor, auf der Syd und Leslie Crabtree, Chris Staniland, Jack Worters, Rudi Hunger, Josef Schörg und andere große Erfolge errangen.

gründete Firma Excelsior, die auch in England Motorräder verkaufen wollte, wo bereits Motorräder entstanden, die mit Fug und Recht den Namen Exelsior führten. So blieb den Männern aus Chicagos Cortland-Street nichts anderes übrig, als für die nach England gelieferten Maschinen eine neue Bezeichnung zu suchen: Aus der 996er V-Zweizylinder-Excelsior amerikanischen Ursprungs wurde in England die „American-X". Die ebenfalls aus Amerika stammende „Henderson" (sowie „Super-X") griff ja nicht in englische Excelsior-Rechte ein.

Herr Schwinn und sein Problem

Ein neues Excelsior-Problem entstand in den ersten zwanziger Jahren, als der alte Herr Schwinn eine Lizenz von Triumph in England zur Herstellung von 246er Einzylinder-Zweitaktmaschinen erwarb. Er konnte sie auch gut verkaufen – allerdings nicht in Europa, weil dies den Engländern aus geschäftlichen Gründen nicht gefiel, überdies hatten sie mit Triumph in Nürnberg eine sehr gut harmonierende „Ehe", die viele Jahre noch hielt. Aus dem 246er Zweitakter wurde in den zwanziger Jahren die deutsche Triumph, in England war sie als „Baby" erfolgreich.

Durften auch die unter englischer Triumph-Lizenz hergestellten amerikanischen Excelsior-Maschinen gemäß dem Vertrag nicht nach Europa ausgeführt werden, beruhigten sich dennoch bald die Gemüter. Denn weder Engländer noch Amerikaner konnten mit diesem Motorrad große Umsätze erzielen, während die in Brandenburg gebauten Excelsiors angeblich nur in die früheren Kolonien, aber in kein europäisches Land geliefert wurden. So gab es auch keine großen Produktionskapazitäten, aber Ende der zwanziger und Anfang der dreißiger Jahre eine auffallende Ähnlichkeit mit der englischen Excelsior (in Deutschland Bayliss-Thomas). Dazu kam, daß beide Werke englische JAP-Motoren einbauten, teilweise sogar die gleichen Typen.

Echte Schwierigkeiten aber entstanden z. B. beim Großen Preis auf dem Nürburgring, wo die Brüder Syd und Leslie Crabtree, Spitzenfahrer der englischen Excelsior-Werke von 1928 bis 1934 – als Syd bei der englischen TT tödlich verunglückte – nach zahlreichen Grand-Prix-Siegen bei den Rennen in Deutschland eine „Bayliss-Thomas-JAP" fahren mußten, die sich von den englischen Maschinen nur durch das Abziehbild am Tank unterschied. Besucher, die diese markenschutzrechtliche Auseinandersetzung nicht kannten, konnten wohl zu der Ansicht kommen, Bayliss-Thomas sei ein neuer Stern am Motorradhimmel. Das hörte in den dreißiger Jahren auf, und als der Hamburger Rennfahrer Bruno Ahlswede eine 348er Excelsior-„Manxman" an den Start brachte, dachte niemand mehr an einen anderen Namen.

Verkleidete Motorräder gab es schon in der Pionierzeit. Durchsetzen konnten sie sich aber damals genausowenig wie diese 1934 gebaute Excelsior mit dem Villiers-Einzylinder-Zweitaktmotor von 246 cm³. Man konnte auch eine wassergekühlte Ausführung oder andere Motoren in diesem Fahrwerk bekommen.

So fing es an

Die ersten Excelsiors hatten De-Dion- und MMC-Einbaumotoren. Außer Motorrädern wurden um 1900 auch dreirädrige Fahrzeuge bei Bayliss-Thomas & Co. in Coventrys Lower Ford Street hinter der berühmten Kathedrale gebaut. Später verwandte das Unternehmen Einbaumotoren von Blackburne, JAP und Villiers. Die hergestellten Modelle von 98 bis 998 cm^3 entsprachen zum Großteil englischen Konstruktionstendenzen.

Im benachbarten Birmingham-Tyseley stellte die Firma Reginald Walker & Son außer Schiffsuhren und ähnlichen Instrumenten auch Rahmen, Lenkstangen, Kotflügel usw. her, die an zahlreiche Motorradkonfektionäre geliefert wurden. Zu ihnen gehörte auch Bayliss-Thomas. Als die Firma ihren Namen 1910 in „Excelsior Motor Co., Ltd." änderte, produzierten auch die Walkers schon komplette Motorräder, die den Namen Monarch erhielten. Offizieller Produktionsbeginn war allerdings erst 1919.

In diesem Jahr vollzog sich noch ein bedeutendes Ereignis im komplizierten Geschäftsleben der Familie Walker. Sie erwarb nämlich die Firma Bayliss, Thomas & Co. und transferierte den gesamten Excelsior-Motorradbau ins eigene Werk nach Tyseley, einer Vorstadt Birminghams. Als Teil der Gegenleistung konstruierte Eric Walker, ein Sohn Reginald Walkers, für Bayliss-Thomas ein Kleinauto; auch Excelsior stieg in den Bau dieser Fahrzeuge ein, allerdings ohne größeren Erfolg. Als 1926 auch in Coventry der kleine Bayliss-Thomas nicht mehr gebaut wurde, erwarb ein anderes Motorradwerk, Francis Barnett, dieses Unternehmen.

Zu den zahlreichen Excelsior-Modellen der mittleren dreißiger Jahre gehörten auch diese 124er und 149er mit Villiers-Zweitaktmotoren.

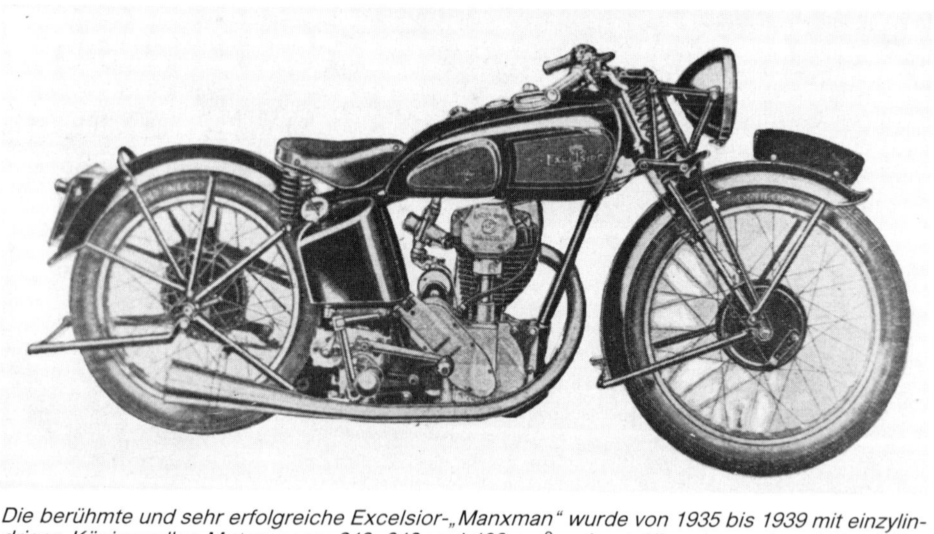

Die berühmte und sehr erfolgreiche Excelsior-„Manxman" wurde von 1935 bis 1939 mit einzylindrigen Königswellen-Motoren von 248, 348 und 498 cm^3 gebaut. Hier eine serienmäßige 248er von 1936; nicht jede „Manxman" war auch eine reinrassige Rennmaschine.

In den ersten zwanziger Jahren baute man bei Excelsior auch die Bradshaw-Motoren von 346 cm^3 ein. Sie hatten Ölkühlung, waren aber sonst von „normalen“ Konstruktionen nicht zu unterscheiden. Eine wichtige Rolle spielte bei Excelsior der Rennsport; führende Fahrer rüsteten ihre Maschinen bis 1933 vorwiegend mit kopfgesteuerten JAP-Motoren aus. Zu den erfolgreichsten Piloten gehörten Syd und Leslie Crabtree, Eric Fernihough, Chris Staniland, Jack Worters, Charly Dodson, die Österreicher Rudi Hunger, Rudolf Schörg und Josef Schmutz, der Jugoslawe Otto Kühar und der Deutsche Charly Binder-Saam aus Berlin, der ebenfalls eine Bayliss-Thomas „geborene Excelsior“ steuerte.

Am besten schnitten die 248er Rennmaschinen mit JAP-Motoren ab, doch gab es auch 174er und 490er Versionen, ebenfalls mit JAP-Triebwerken. 1932 versah Maurice McCudden eine 490er Excelsior mit einem Kompressor und brachte sie auf 50 PS bei 6000 U/min; dem Motor fehlte es aber an Stehvermögen. Erfolge mit einzylindrigen Kompressor-Viertaktern zählten damals noch zu den Seltenheiten. Das traf auch für die „Comet“ mit V-Zweizylindermotor von 996 cm^3 und „Powerplus“-Kompressor zu, die 1931 von Joe Wright und Claude Temple, zwei sehr erfahrenen Technikern und Rekordfahrern, aufgebaut wurde, um den Motorrad-Weltrekord zu brechen. Angepeilt waren 270 km/h, die jedoch nicht erreicht wurden. Abgesehen davon, daß Pleuelstangen und andere wichtige Motorteile zu

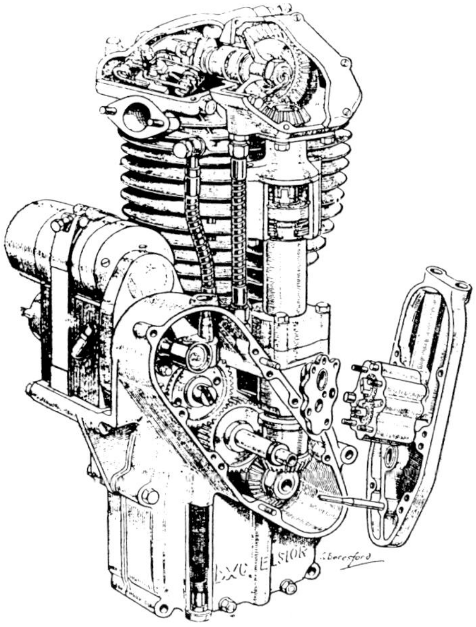

Das war der typische 248er „Manxman“-Königswellenmotor, wie er von dem Blackburne-Konstrukteur H. J. Hatch entworfen und später auch direkt bei Excelsior gebaut wurde, nachdem Blackburne Ende 1935 die Fertigung dieses Motors eingestellt hatte. (Zeichnung: G. Beresford, „Motor Cycling“.)

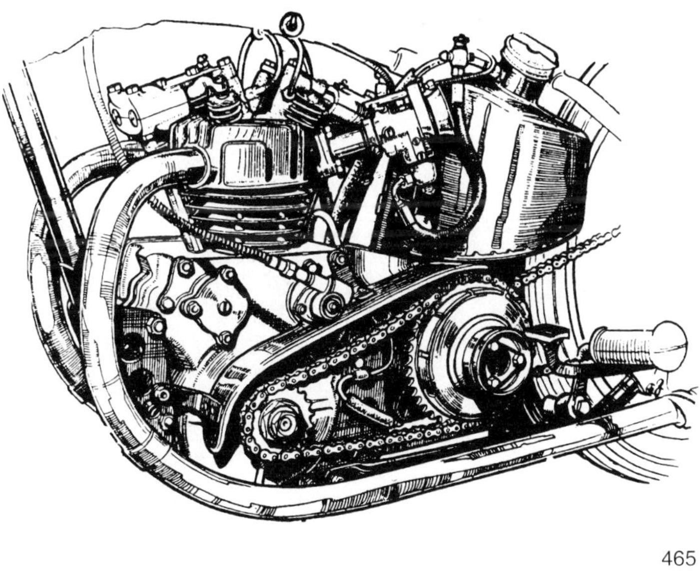

Sehr schnell, aber etwas kompliziert waren die 1933/34 von Excelsior bei Rennen eingesetzten vierventiligen 248er „Mechanical Marvel“-Werksmaschinen. Ihr folgten 1935 die neue „Manxman“ mit zwei Ventilen. Hier der kopfgesteuerte Motor der „Mechanical Marvel“.

Bruch gingen, erwies sich die Maschine bei Probeläufen auch als zu langsam.

Ab Mitte der dreißiger Jahre besaßen die meisten kleinen Excelsior-Maschinen Villiers-Zweitaktmotoren und in den Hubräumen von 248 bis 490 cm^3 kopfgesteuerte Einzylinder-JAP-Motoren, teilweise auch kopfgesteuerte 248er Motoren von Blackburne. Dominierend waren dabei die „Manxman"-Versionen.

Das „mechanische Wunder"

Verbesserte Viertelliter-Rennmaschinen von Rudge, New Imperial, DKW und Moto Guzzi verwiesen Maschinen mit dem damaligen 248er JAP-Rennmotor in eine Statistenrolle. Deshalb sah sich Eric Walker, Chef von Excelsior in Birmingham, nach einem aussichtsreicheren Triebwerk um. Er fand es bei Blackburne, wo Chefkonstrukteur H. J. Hatch gerade einen kopfgesteuerten Einzylindermotor mit vier Ventilen entworfen hatte. Walker erwarb alle Rechte, und so baute Blackburne das „mechanische Wunder" (Mechanical Marvel) ausschließlich für Excelsior. Es war dies ein schneller, aber etwas komplizierter und empfindlicher Einzylinder, der in zwei Jahren nur zwei große Rennen gewann, mit Syd Gleave im Sattel 1933 die Lightweight-Tourist-Trophy und mit Sven Aage Soerensen den Großen Preis von Schweden. Infolge seiner Kompliziertheit und hohen Herstellungskosten wurde dieser Motor nie in Serie gebaut. Eric Walker wollte einen etwas einfacheren, zugleich aber möglichst schnelleren und zuverlässigen Motor.

So entstand 1935 bei Blackburne der „Manxman"-Einzylinder von 248, 348 und 498 cm^3. Er hatte nur zwei Ventile, dafür aber eine über Königswelle angetriebene obere Nockenwelle. Geliefert wurde er nunmehr serienmäßig in verschiedenen Ausführungen, mit 248 cm^3 als brave Sportmaschine bis zur Spitzenrennmaschine. Diese 248er genoß im Werk die höchste Stufe der Weiterentwicklung, während man sich um die 348er schon weniger und um die Halbliterversion fast gar nicht kümmerte. So wurde die „Kleinste" der Bestseller und die „Größte" das ewige Stiefkind der „Manxman"-Familie.

Bis zum Zweiten Weltkrieg dominierten die „Maxman"-Renner in der 250er Klasse, von wenigen Ausnahmen abgesehen. Es war der australische Chefingenieur und Renleiter Alan Bruce, der sie immer weiterentwickelte. Dabei

Im Excelsior-Werk weiterentwickelt, hatten 1936 die Werksrennmaschinen auch vier Ventile und zwei Auslaßkanäle, doch wurde diese Anordnung nicht in die Serienproduktion übernommen. Das Bild zeigt die 248 cm^3 Excelsior, mit der Tyrell Smith 1936 den Großen Preis von Deutschland in Hohenstein-Ernstthal (jetzt DDR) gewann.

Einen zweiten Platz bei der englischen Lightweight-TT gab es 1936 für Tyrell Smith hinter Bob Foster auf New Imperial und vor dem DKW-Fahrer Arthur Geiss. Neben Tyrell Smith auf der Excelsior, der sich hier über seinen Erfolg freut, der australische Konstrukteur und Rennleiter von Excelsior Alan W. A. Bruce; er brach 1932 den Weltrekord für Seitenwagenmaschinen auf einer Brough-Superior-Kompressormaschine in Tát (Ungarn).

hatte er es nicht leicht, zumal Ende 1935, als man sich bei Blackburne plötzlich entschloß, den Bau von Motorradmotoren einzustellen. Ohne diese Triebwerke wäre Excelsior damals verloren gewesen, und so erwarb man von Blackburne alle notwendigen Maschinen und Einrichtungen für den Eigenbau der Motoren in Tyseley. Das war nur möglich, weil alle Hauptpersonen wie Reginald und Eric Walker, Alan Bruce und vor allem auch der hervorragende Tyrell Smith mit voller Begeisterung dabei waren. Tyrell Smith, Sieger im Großen Preis 1929 mit einer Rudge auf dem Nürburgring, brachte viel Erfahrung und Können sowie große Liebe zu seiner Tätigkeit mit; gerade das, was man beim Bau neuer Rennmotoren benötigte.

Erfolge mit der „Manxman"

Der überall populäre Tyrell Smith fuhr seit 1927 Rennen auf Triumph, Rudge, OK-Supreme, Velocette und AJS, er gewann mehrere Grand-Prix-Rennen. 1936 schlug er mit einer neuen „Manxman" die gesamte Konkurrenz beim Großen Preis von Deutschland in Hohenstein-Ernstthal (jetzt DDR). 1938 und 1939 wurde er Dritter bei der Lightweight-TT auf der Insel Man, für Excelsior gewann er in drei Jahren zahlreiche große Rennen in ganz Europa. Mit im Werksteam waren auch S. „Ginger" Wood und der Ire Charly Manders. Gelegentlich bekamen auch gute Privatfahrer schnelle Werksmaschinen, andere richteten sie selbst her. Unter diesen erfolgreichen Excelsior-Fahrern befanden sich auch Dennis Parkinson, Reginald Armstrong, Ben Drinkwa-

An die Norton-Manx oder die Velocette KTT kam die 348er Excelsior-„Manxman" nicht heran. Hier Excelsiors Spitzenfahrer Tyrell Smith 1936 bei der englischen „Junior"-TT, in der er wegen eines Motordefektes aufgeben mußte.

1939 wurde die letzte 248er Excelsior-Werksrennmaschine gebaut, die bereits eine Hinterradfederung besaß und bei der englischen Lightweight-TT mit Tyrell Smith dritte wurde, hinter der Benelli von Ted Mellors und der DKW von Ewald Kluge.

ter, Jock Worswick, Douglas Beasley, Freddy Hawken, Peter Gill und auch der erwähnte Hamburger Bruno Ahlswede, der allerdings eine 348er „Manxman" fuhr, mit der er kaum „Töpfe" bei größeren Straßenrennen gewinnen konnte. Viele Fahrer steuerten die 248er Version noch in den fünfziger Jahren.

Die Kriegs- und Nachkriegsproduktion

Den kommenden Krieg befürchtend, schloß Eric Walker – nunmehr mächtiger Excelsior-Chef, der auch noch andere kommerzielle Interessen wie den Bau von Autokühlern usw. hatte – die Rennabteilung in Tyseley. Alan Bruce erwarb damals die Rennmaschinen und viele Teile. Es war dann auch das Alan-Bruce-Rennsyndikat, das die Ex-Werksfahrer zur Tourist Trophy nannte. Später ging Bruce zu den Bristol-Siddeley-Flugmotorenwerken, während des Krieges war er Offizier in der englischen Armee. Nach Kriegsende war er mit der englischen Kontrollkommission fünf Jahre in Deutschland. 1950 etablierte er sich als Importeur der englischen Triumph-Motorräder

Auf der Eilenriede in Hannover begann meistens die deutsche Rennsaison. Charly Manders (rechts) fuhr hier 1935 die allererste 248er Excelsior-„Manxman". Er belegte den vierten Platz hinter den Werksmaschinen von DKW mit Arthur Geiss, Sepp Klein und Hans Winkler.

Über Rennmaschinen am besten schreiben kann, wer sie auch testet – wie Graham Walker, einst Spitzenfahrer bei Norton, Sunbeam und Rudge, der 1937 Chefredakteur von „Motor Cycling“ wurde, hier im Jahre 1939 auf einer schnellen „Manxman“-Werksrennmaschine des Alan-Bruce-Rennsyndikats.

in Köln. Als er 1965 in den Ruhestand trat, siedelte er mit seiner Familie nach Bremen über.

Während des Krieges wurde in Tyseley der 98er „Welbike“-Kleinroller hergestellt. Vollkommen zusammenlegbar, wurde er von Fallschirmjägern der alliierten Armeen viel benutzt. Als zivile Nachkriegsausführung entstand aus ihm der bei Brookhouse gebaute „Corgi“-Roller, zunächst mit dem „Spryt“-Eingangmotor, später mit dem „Goblin“-Zweigangtriebwerk. Es war dies ein billiges Transportfahrzeug für kurze Distanzen und gute Straßen. Bereits 1937 war das „Autobyk“ mit 98-cm^3-Zweitaktmotor entstanden, kostenniedrig in Anschaffung wie Betrieb und in etwa ein Vorläufer des Mopeds.

Als Excelsior nach 1945 wieder zur Friedensproduktion überging, wurden vorerst nur Villiers-Zweitakter von 98, 122, 148 und 198 cm^3 eingebaut. 1950 folgte eine 244er Zweizylinder-Zweitakter mit eigenem Motor, die „Talisman“, die später auch einen 328er Motor er-

Die „Manxman“ wurde für den Straßenrennsport entwikkelt und selten bei Zuverlässigkeitsfahrten eingesetzt. Daß sie auch hier erfolgreich sein konnte, bewies Tyrell Smith 1938 bei der Internationalen Sechstagefahrt, die er strafpunktfrei mit einer Goldmedaille auf einer 348er Maschine beendete.

Eine der letzten Excelsior-Maschinen aus dem Baujahr 1955 mit eigenem Zweizylinder-Zweitaktmotor, die 328-cm^3-„Talisman“, von der es auch eine 244er Version gab.

Bilder, die den Fortschritt im Bau von Rennmaschinen aufzeigen: Unten Harry Martin mit seiner erfolgreichen Excelsior bei einem 1903 ausgetragenen Rennen auf einer Londoner Radrennbahn. Links der hervorragende englische Rennfahrer Norman Webb bei der englischen Lightweight-TT des Jahres 1954. Seine Excelsior war eine 1939 gebaute Rennversion mit dem „Manxman“-Königswellenmotor.

hielt. Einige Kleinwagenhersteller wie z. B. Berkeley verwandten diesen Zweizylinder-Motor in ihren vierrädrigen Fahrzeugen, andere Firmen in Dreirädern.

Leider wurde nach dem Zweiten Weltkrieg der Bau von Viertaktmotoren ganz aufgegeben, so entstand auch kein neuer „Manxman"-Königswellenmotor mehr. Allerdings wurden mit vorhandenen und teilweise neu angefertigten Teilen noch einige Motoren zusammengebaut. Von den 248er „Mechanical Marvels" der Jahre 1933/34 existieren nur noch weniger Exemplare, eins hatte viele Jahre der frühere dänische Meisterfahrer Soerensen. In England besitzt ein anderer früherer Excelsior-Spitzenfahrer, Norman Webb, noch eine Reihe dieser einst so beliebten Maschinen, durchweg ausgesprochene Rennversionen F-11 „Manxman".

Das Werk experimentierte 1936 auch mit Vierventilköpfen und zwei Auslaßkanälen an den Rennmaschinen, kehrte dann aber zu den Einport-Ausführungen zurück. Berühmt war die Zuverlässigkeit dieser Rennmotoren, deren einziger Fehler wohl in dem etwas zu hohen Gewicht lag. Daß sie trotzdem von 1935 bis 1939 viele Rennen in aller Welt gewannen, bewies die hohe Qualität dieser damals schnellsten englischen Viertelliter-Maschinen. In der 350er und 500er Klasse hatten die größeren Versionen allerdings nicht viele Chancen, sie wurden daher nur wenig gekauft und selten bei Rennen gegen die Norton-„Manx" sowie die Werksrennmaschinen von dieser Firma und anderen Werken eingesetzt.

Das letzte Werksteam von Excelsior in England wurde 1939 wegen des herannahenden Krieges aufgelöst. Excelsior-Rennleiter und -Chefkonstrukteur Alan W. A. Bruce – links im Bild – schuf das Bruce-Rennsyndikat mit seinen Ex-Werksrennfahrern H. G. Tyrell-Smith, Charly Manders und S. „Ginger" Wood.

Groß geworden mit Doppelkolben-Zweitaktern: Garelli

Zweitakter hatten schon immer eine gewisse Faszination für Konstrukteure. Sie arbeiteten an Kanälen, Spülungen, Kolben, unnötigen Gemischverlusten und scheiterten häufig an thermischen Schwierigkeiten bei hochgezüchteten und -beanspruchten Zweitaktmotoren. Wasserkühlung anstatt der üblichen Luftkühlung schien damals ein Weg zu sein, um solche Schwierigkeiten zu überwinden. Aber Zweitakter sollten einfach und daher auch billig in Herstellung und Verkauf sein; je leistungsfähiger und schneller, wurden sie auch komplizierter und teurer. Außerdem mangelte es lange Zeit am „know-how“ und an entsprechenden Materialien. Als beispielsweise der Versuchsbau von Helmuth Hirth in Stuttgart 1924 Doppelkolben-Rennzweitakter von 144 und 244 cm^3 mit einer für die damalige Zeit sehr hohen Leistung schuf, gab es auf der Welt keine Zündkerze, die diesen hohen Beanspruchungen standhalten konnte.

Und es waren gerade diese Rennzweitakter, die dann doch zu besseren Rennkerzen führten. Als sich nämlich Hirth Ende 1925 zurückzog, wurden fast alle existierenden Hirth-Werksrennmaschinen an Bosch verkauft, wo sie jahrelang als Prüfstein für die Entwicklung von Zündkerzen dienten. Und das, wie sich zeigte, mit Erfolg.

Die Hirth war aber keineswegs die erste Einzylinder-Doppelkolben-Rennmaschine. Bereits 1913 hatte der italienische Ingenieur Adalberto Garelli eine solche Konstruktion geschaffen und 1919 – nach Erwerb der früheren Motorradfabrik De Vecchi in Mailand – den Serienbau der nach ihm benannten 349er Doppelkolben-Zweitakter aufgenommen, nachdem er selbst vorher bei den seinerzeit sehr renommierten Fabriken von Bianchi und Stucchi tätig gewesen war.

Die Neukonstruktion hatte 2 x 50 mm Bohrung, 89 mm Hub und leistete 3 PS, die für eine Spitze von 80 km/h ausreichten. Dank ständiger Weiterentwicklung und der Konzentration auf eine Grundkonstruktion konnte Garelli seine Maschinen fortlaufend verbessern und aus den Motoren immer höhere Leistungen herausholen, ohne daß sie an Zuverlässigkeit verloren.

Garelli errang Erfolge und Berühmtheit mit Doppelkolben-Einzylinder-Zweitaktern von 349 cm^3. Hier ein „Grand-Prix“-Rennmodell, das 1923 in Serie ging. In Deutschland wurde es u. a. von Rudolf Caracciola, dem bekannten Autorennfahrer, bei Rennen in Süddeutschland gesteuert; damals verkaufte er Mercedes-Automobile in Dresden.

Dieser von Ing. Adalberto Garelli konstruierte Doppelkolbenmotor mit 2 x 52 mm Bohrung und 82 mm Hub ging 1919 in die Serienproduktion.

Lange Zeit unschlagbar

Der große Durchbruch kam am 2. Oktober 1919, als Ettore Girardi mit einer solchen Garelli den „Raid Nord Sud" über eine Distanz von 865 km mit einem Durchschnitt von 38,296 km/h in 21 Stunden und 56 Minuten vor den 500er Maschinen von Amerio und Russo (beide Sunbeam), Maggi (Motosacoche) und Gambini auf einer 346er Douglas gewann. Er war 9 Minuten und 5 Sekunden vor Amerio am Ziel in Neapel. Dieser Erfolg bewies die Zuverlässigkeit und Qualität der neuen Garelli – und brachte trotz starker Konkurrenz viele Kunden.

Bereits ab 1922 wurde außer der normalen Tourenversion schon das sportliche Modell „Nord-Sud" gebaut, das bereits für 120 km/h gut war. Immer mehr Fahrer stiegen auf die junge Marke um, und zwei – Ernesto Gnesa und Aristide Fergnani – errangen bald internationale Erfolge und Berühmtheit. Dann kam

Garelli-Werksfahrer Ernesto Gnesa gewann in den frühen zwanziger Jahren viele große Rennen und war häufig Bester in der Gesamtwertung.

Die letzten Garelli-Werksrennmaschinen mit Doppelkolben-Zweitaktern wurden 1926 gebaut und nahmen auch an der englischen TT auf der Insel Man teil. Auf dem Rennkurs von Monza brachen sie zahlreiche Langstrecken-Weltrekorde.

die Sensation beim Großen Preis von Frankreich, der 1922 bei Straßburg ausgetragen wurde. Neue Garelli-Rennzweitakter gewannen mit den Fahrern Erminio Visioli, Ernesto Gnesa und Ing. Ottorino Dall'Oglio überlegen die 350er Klasse gegen starke internationale Konkurrenz. In wenigen Stunden wurden die technisch so interessanten Doppelkolben-Zweitakter zur Sensation der Motorradsportwelt. Gnesa siegte bald darauf auch bei der italienischen Tourist Trophy auf der Rennstrecke von Lario am Gardasee; auch bei zahlreichen anderen Rennen erwiesen sich die Garelli-Fahrer als unschlagbar, so in Monza beim Großen Preis von Italien, wo sie dann auch mehrere Rekorde für Garelli verbuchen konnten.

In Sesto San Giovanni hatte Garelli ein neues Werk erstellt. Hier arbeitete man auf „Hochtouren" am Bau dieser einfachen und doch sehr guten Zweitakter. Es gab monatelange Wartezeiten, die Kunden standen nach all den Rennerfolgen Schlange, um gute Lira für eine Garelli hinlegen zu dürfen.

Ing. Garelli war wohl mit dem langhubigen Motor nicht ganz zufrieden. So debütierten 1922 in Monza neue Rennmaschinen mit 2 x 52 mm Bohrung und 82 mm Hub, aber auch „normale" Konstruktionen mit den alten Bohrungen und längeren Hüben. 1923 erprobten Werksfahrer auf derselben Strecke bei Mailand auch Garellis mit 55 mm Bohrung und 73 mm Hub. Als Ernesto Gnesa den „Gran Premio delle Nazioni" in Monza gewann und auch alle Halblitermaschinen schlug, erzielte er einen Durchschnitt von 101 km/h. Noch schneller ging's zu, als die Garellis 1923 in Monza die Weltrekorde über 300, 400 und 500 Meilen (480, 640 und 800 km) brachen. Bis zum Jahresende besaß Garelli 76 Weltrekorde! Solo wurden sie von Ernesto Gnesa und Antonio Sbaiz, mit Seitenwagen von Aristide Fergnani und Enrico Manetti gesteuert.

Auch Nuvolari auf Garelli

Damals, 1923, saß sogar der große Motorrad- und Autorennfahrer Tazio Nuvolari auf einer Garelli, als er in Parma siegte. Sein großer Gegner Achille Varzi, der italienischer Meister der 350er Klasse wurde, gewann acht Rennen für diese Marke. Isacco Mariani war in der 350er Klasse beim „Giro d'Italia" und auch beim „Raid Nord Sud" auf Garelli vorn. Dazu kamen wertvolle Siege beim Großen Preis von Frankreich in Lyon und beim Großen Preis der Schweiz in Mayrin bei Genf durch Manetti und Mariani, der auch die 350er Klasse bei den Großen Preisen von Deutschland und Spanien gewann. Mariani war zweiter bei der ersten österreichischen Tourist Trophy im Jahre 1923, wo er nur von seinem österreichischen Garelli-Teamkollegen Karl Kodric besiegt wurde.

Auch in den folgenden Jahren gab es viele Erfolge, obwohl die Engländer immer mehr in den Vordergrund traten. 1924 war es ein Schlag für die italienische Motorradindustrie, als der Engländer Jimmy Simpson in Monza den Großen Preis mit einer obengesteuerten AJS gewann. Die „Antwort" kam 1925 – Bianchi erschien mit einer sagenhaft schnellen 348er Doppelnockenwellen-Einzylinder, die bis 1930 kaum zu schlagen war. Sie wurde immerhin auch von Fahrern wie Nuvolari, Moretti, Zanchetta, gelegentlich auch von Varzi, Kodric, Arcangeli usw. gefahren, von dem alten Miro Maffeis 1926 auch bei der englischen TT.

Die einzige Garelli bei diesem Rennen, von Erminio Visioli gefahren, mußte aufgeben. Es war dies ein „halbherziger" Start, da das Werk Ende 1924 die Rennabteilung schloß und Visioli mehr oder weniger als „Privatfahrer" auf die Insel kam, er kannte weder die englische Sprache, die Strecke noch die starke Konkurrenz. Nachteilig auch, daß die schnellen Garellis einen starken Appetit auf Kraftstoff hatten und nur über zwei Gänge verfügten, mit denen auf der bergigen und kurvenreichen Rennstrecke keine Wunder zu vollbringen waren.

Die letzte „große Zeit" der Doppelkolben-Rennzweitakter von Garelli kam 1926, als nicht weniger als 138 Rekorde über längere Distanzen und Zeiten durch die Werksfahrer Fergnani, Visioli, Acerboni und andere fielen. Es dauerte dann 56 Jahre, bis Garelli offiziell in den Rennbetrieb zurückkehrte und 1982 mit vielen Siegen und vordersten Plätzen in den Klassen 50 und 125 cm^3 bewies, daß man nach wie vor sehr schnelle und gute Rennmaschinen bauen kann. Vorher hatte Garelli allerdings die Rennabteilung von Minarelli erworben und baute nunmehr Motoren mit einem Kolben je Zylinder, außerdem verfügte man über so große Fahrer wie Eugenio Lazzarini und Weltmeister Angel Nieto. Diese Rennzweitakter entstanden bei Minarelli, waren aber neue, von Garelli entwickelte Konstruktionen.

Von 1919 bis 1935 gebaut

Zurück zur 349er Doppelkolben-Garelli, die bis 1935 weiterentwickelt, modernisiert und – wenn auch nicht mehr in großer Zahl – weitergebaut wurde. Als Touren-, Sport-, Supersport-Modell und in mehreren Formen auch als Rennmaschine, zumeist mit 52 mm Bohrung und 82 mm Hub. Die kompletten Rennmaschinen vom Typ „Grand Prix" und „Cremona" wogen nicht mehr als 95 kg, besaßen verschiedenartig geführte doppelte Auspuffrohre und teilweise sogar vier Schwimmerkammern an den beiden Vergasern der Renn-Garellis sowie zwei, dann drei Gänge im angeblockten

Bei Garelli wurden natürlich auch „zahme" Tourenmaschinen mit dem 349er Zweitakt-Doppelkolbenmotor gebaut. Dieses Modell entstand 1927.

Modern und schon mit einem Satteltank ausgestattet waren die 1930 auf den Markt gebrachten Garelli-Tourenmaschinen; die Rennbeteiligung des Werkes wurde 1926 ganz eingestellt.

Getriebe und Kettenantrieb zum Hinterrad. Zenith lieferte die Vergaser dieser „italienisch“ roten Motorräder.

Zehn Jahre und einen Weltkrieg dauerte es, bis der Name Garelli wieder zu Schlagzeilen kam. Mit einem Fahrrad-Hilfsmotor von 38 bzw. 49 cm^3, der 1946 in die Produktion ging, der gut, billig und leistungsfähig war und die Bezeichnung „Mosquito“ trug. Durch die Zerstörungen des Krieges war ein großer Bedarf an preiswerten Transportmitteln entstanden, und so kam es, daß diese Neukonstruktion, die auch im Verbrauch sehr ökonomisch war, bald das Straßenbild in Italien wie im Ausland belebte. Manche Fahrrad- und Motorradhersteller „warfen“ sich auf den Bau von Fahrzeugen mit „Mosquito“-Motoren, die unter dem Tretlager angebracht waren und mit einem Reibrad das Hinterrad antrieben. Rund 400 000 dieser Motoren mit 38 cm^3 wurden gebaut - eine beachtliche Zahl für die damalige Zeit. Sie wurden auch unter Lizenz in großen Mengen von Chapuis in einem früheren Flugmotorenwerk in Paris für Frankreich hergestellt.

Als es der Bevölkerung wieder besser ging, stiegen die Ansprüche, und so wurde aus dem 38er ein verbesserter und stärkerer 49er „Mosquito“-Motor, mit dem das Werk dann auch ein von ihm gebautes Moped ausstattete. 1957 erschien ein Leichtkraftrad von 70 cm^3 mit Centrimatic- bzw. Automatic-Schaltung, Kettenantrieb und immer mehr Varianten zum Thema Moped und Kleinmotorrad. Das Werk in Sesto San Giovanni wurde ebenfalls ständig vergrößert und modernisiert, so daß eine konkurrenzfähige und dabei rentable Großserienproduktion erzielt werden konnte. Bald gab es motorisierte Kleinfahrzeuge von Garelli in vielen Ländern der Welt.

Fusion Garelli/Agrati

1961 kam es dann zu der großen „Hochzeit“ zwischen der Firma Garelli und der bedeutenden Agrati-Gruppe in Monticello mit dem Ergebnis, daß durch diesen Zusammenschluß noch bessere und billigere Produkte für die anspruchsvoller gewordene Kundschaft angeboten werden konnten. Zugleich verstärkte sich die Marktstellung gegenüber einer immer härter gewordenen Konkurrenz, der man technisch wie kommerziell überlegen sein wollte. Dazu war die gemeinsame Stärke von Agrati-Garelli das richtige Mittel. Carlo Agrati, einer der Initiatoren dieser Fusion, starb bereits 1960, doch bewiesen andere Mitglieder der Agrati-Familie, daß sie in der Lage waren, das große Werk fortzusetzen und noch mächtiger zu machen.

Vereinfacht gesagt, blieb der Motorenbau bei Garelli, während Agrati hauptsächlich Fahrwerke, Verkleidungen usw. herstellte. Agrati war schon vor der Fusion mit Garelli als Hersteller erstklassiger Roller bekannt geworden, die „Capri“-Roller mit 70 und 124 cm^3 hatten bereits einen ausgezeichneten Ruf wegen der guten Ausführung, der hohen Leistung und akzeptabler Preise. Anders als bei anderen italienischen „Schmieden“ üblich, wo Motorfahrzeuge mehr oder weniger „zusammengeschustert“ wurden, entstanden sie in modernen Werken mit entsprechenden Einrichtungen.

Die 38er „Mosquito“-Motoren waren der Anfang einer Entwicklung, die bei Garelli bzw. Agrati-Garelli nicht nur zu kompletten Fahrzeugen führte, sondern auch den Grundstein zu einem großen Unternehmen schuf, das vom kleinsten Kinderfahrrad bis zu 124er

1935 wurden die letzten 349er Doppelkolben-Zweitakter als biedere Tourenmodelle bei der Moto Garelli s.p.A. in Mailand gebaut.

Mit Rennzweitaktern von 49 und 124 cm³ kehrte Garelli 1982 ganz groß in den internationalen Rennsport zurück. Der Spanier Angel Nieto (Bild) wurde Weltmeister der 125er Klasse und Eugenio Lazzarini zweiter in beiden Klassen.

Leichtkrafträdern wohl eine der größten Produktionspaletten besitzt. Sie umfaßt Mofas, Mopeds, Fahrzeuge für Jugendliche, Wettbewerbsmodelle, Werks-Rennmaschinen der 50er und 125er Klassen, Cross- und Mini-Cross-Maschinen, Kleinroller, motorisierte Transportdreiräder, Bootsmotoren, Rasenmäher und ähnliche Erzeugnisse mit kleinen, erstklassigen Zweitaktmotoren, die bei Agrati-Garelli in großen Stückzahlen mit modernsten Fertigungsmethoden entstehen. Das betrifft auch Go-Karts.

Ein Blick zurück in die Jahre 1919 bis 1935, als Garelli ausschließlich 349er Doppelkolben-Einzylinder baute, erinnert an andere Hersteller mit derartigen Zweitaktmotoren. Die Hirth'schen Renn-Zweitakter der Jahre 1924–1926 wurden bereits erwähnt. Puch in Österreich hatte in Ing. Giovanni Marcellino einen Konstrukteur, der solche Motoren schon 1923 schuf; Puch baute wohl die meisten derartigen Motorräder, bis man Ende der fünfziger Jahre die Produktion der 248er Doppelkolbenmodelle einstellte. DKW erzeugte vor dem Zweiten Weltkrieg nur Rennmaschinen mit solchen Motoren. Beier in Berlin brachte 1927 sogar Doppelkolben-Einzylinder von 473 cm^3 auf den Markt, kam aber bis zur Einstellung der Fertigung im Jahre 1930 nur auf geringe Stückzahlen. Nach dem Zweiten Weltkrieg gab's in der Tschechoslowakei Doppelkolbenmotoren in der 89er Manet; auch Iso in Italien verwendete solche Triebwerke, teilweise in Rollern. Daneben gab es noch andere Firmen, die in diese Gruppe gehören, aber nie eine nennenswerte Produktion hatten, wie beispielsweise EMC in England, wo 1947 u. a. ein 346er Einzylinder-Doppelkolben-Zweitakter erschien.

Technische Fortschritte, zusätzliches „know-how" und höhere Herstellungskosten brachten es mit sich, daß Doppelkolben-Zweitakter immer mehr abgelöst wurden durch Motoren mit einem Kolben je Zylinder. So kam es, daß selbst Pionierfirmen auf diesem Gebiet wie Garelli und Puch dieses Konstruktionsprinzip aufgaben.

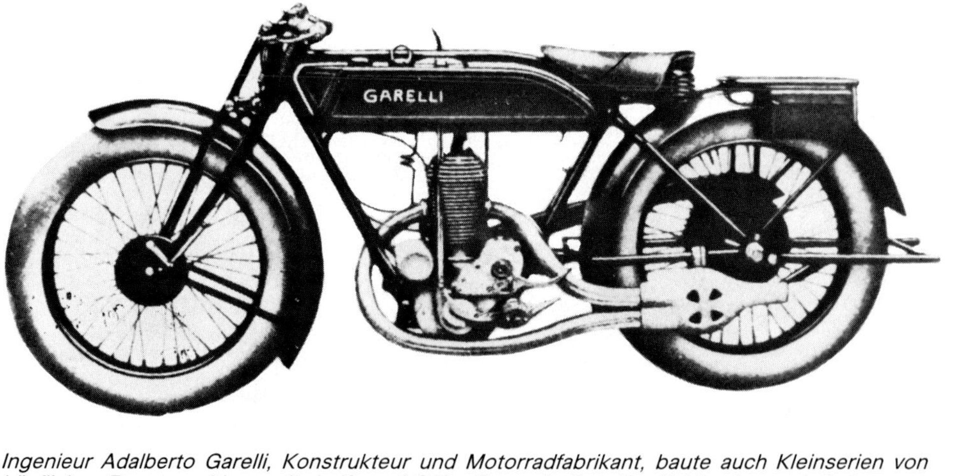

Ingenieur Adalberto Garelli, Konstrukteur und Motorradfabrikant, baute auch Kleinserien von käuflichen Rennmaschinen mit „heißeren" 346er Doppelkolben-Zweitaktmotoren als bei normalen Tourenmodellen. Diese 1926 entstandene „Super Sport" von Garelli wurde gelegentlich auch von Werksfahrern wie Ernesto Gnesa, Ottorino Dall'Oglio, Erminio Fergnani, Enrico Manetti, Antonio Sbaiz und anderen bei Langstrecken-Straßenwettbewerben gesteuert.

Größte Motorradfabrik der Welt: Honda

An Honda kann man nicht Maßstäbe wie bei anderen Motorradherstellern anlegen. Ein Werk, das jährlich 10000–20000 Maschinen baute, galt früher schon als große Fabrik. Sie stellen bei Honda, der größten Motorradfabrik der Welt, heute nur einen kleinen Bruchteil der Produktion dar, die sich um jährlich 4 Millionen Motorzweiräder bewegt.

Ins Leben gerufen hat Soichiro Honda das Riesenunternehmen – und es zusammen mit befähigten Mitarbeitern zu seiner heutigen Bedeutung emporgeführt. Er wurde 1906 als Sohn eines Hufschmieds in einem Dorf bei Hamamatsu in Japan geboren und war schon als kleiner Junge von allem begeistert, was mit Technik in Verbindung stand. Keineswegs ein Träumer, war er bald ein junger Mann, der „mit beiden Beinen auf dem Boden stand" und ein ungewöhnliches technisches Fingerspitzengefühl entwickelte, wenn es galt, bestehende Konstruktionen zu verbessern.

Die Schule, die ihn weniger als die väterliche Schmiede interessierte, verließ er mit 16 Jahren, um als Lehrling zur ART-Automobil-Kundendienststation nach Tokio zu gehen. Als diese beim großen Erdbeben am 1. September 1923 dem Erdboden gleichgemacht wurde, war Soichiro Honda einer der ersten Mitarbeiter, die sofort zurückkehrten, um ausgebrannte und zerschlagene Autos zu reparieren. Sein Chef war stolz auf ihn. Mit 22 Jahren kehrte Honda nach Hamamatsu zurück, seine neue Kundendienststation durfte sogar den Namen ART tragen. Weil er tüchtig, fähig und zuverlässig war, gewann er immer mehr Kunden. Kein Wunder, daß ihm der Besitzer von ART sogar den Auftrag gab, einen Rennwagen zu bauen. Für den Eigengebrauch schuf Honda später einen „Spezial" mit Ford-Kompressormotor, brach einen Rekord – und sich selbst fast das Genick. Er war gerade 31, als damit seine eigene Rennfahrerlaufbahn ein frühes Ende nahm. Vorher hatte er auch Motorradrennen bestritten.

Soichiro Honda nahm die Produktion von Kolbenringen für Kraftfahrzeuge, Schiffs- und Flugzeugmotoren auf. Er kam dabei zu großen Erfolgen. Dennoch verkaufte er nach dem letzten Kriege seine Fabrik und erwarb von der Regierung 500 überzählige Kleinmotoren,

Als erstes Modell entstand 1947 ein Fahrrad mit Hilfsmotor, dem 1948 ein Lastendreirad und die C-Type folgte, die teilweise der amerikanischen „Whizzer" nachempfunden war. Die erste „richtige" Honda wurde 1951 mit der abgebildeten 98er D-Type „Dream" gebaut, von der das Werk monatlich 300 Stück herstellte.

Ende der fünfziger Jahre nahm die nunmehr größte Motorradfabrik der Welt erstmals an internationalen Rennen teil. Die Abbildung zeigt die erfolgreiche 248er Vierzylinder-Werksrennmaschine mit zwei obenliegenden Nockenwellen. Sie wirkte noch etwas plump und unhandlich.

die er in verstärkte Fahrradrahmen einbaute und so gut absetzte, daß er ähnliche Motoren selbst herzustellen begann.

Erstes Ziel: ein „Volksmotorrad"

Es war typisch für Honda, daß in einer kleinen Hütte zunächst intensive Forschungs- und Entwicklungsarbeit geleistet wurde, bevor sein erstes Motorrad entstand. Er, der ganz klein angefangen hatte und die damaligen japanischen Transportprobleme genau kannte, wollte vorerst ein richtiges „Volksmotorrad" herstellen. Mit aufgekrempelten Ärmeln seines Monteuranzuges ging er selbst im

Als Honda 1960 diese populäre 246er Zweizylinder „Dream" baute, entstanden im Werk bereits monatlich 100 000 Motorräder.

Typisch für die Japaner ist das „schnelle Lernen". Ein Beweis dafür ist die 1962 eingesetzte 247er Vierzylinder-Werksrennmaschine. Sie hatte 45 PS bei 14000 U/min und erreichte mit einem Sechsganggetriebe über 220 km/h.

„Honda Technical Research Institute" ans Werk. Auch als Honda später die größte Motorradfabrik der Welt war, blieb er der einfache und bescheidene „erste Arbeiter" des Unternehmens.

Motorräder „Made in Japan" waren außerhalb des Landes vor dem Zweiten Weltkrieg vollkommen unbekannt, vor allem deshalb, weil es keine größere Motorradproduktion gab. Man kopierte in bescheidenem Maße V-Zweizylinder von Harley Davidson und importierte den Großteil der anderen Maschinen aus England und den USA, teilweise auch aus Italien und Deutschland. 1940 wurden nur rund 3000 Motorräder in Japan hergestellt, 1945 sogar nur 127, 1946 auch nur 270, 1947 waren es 446. Bis 1951 betrug die jährliche Produktion nie mehr als 1500 Maschinen.

1949 wurde die erste, komplett in Hamamatsu gebaute 98er „Dream" fertiggestellt, mit einem Einzylinder-Zweitaktmotor von 2,3 PS. Selbstverständlich hatte Firmenchef Soichiro Honda – er nannte sich Präsident – sie selbst konstruiert und entwickelt. Mit dem jungen Takeo Fujisawa stand ihm eine „Verkaufskanone" zur Seite. Ihn hatte Hiroshi Takeshima, der Generalmanager, dem Chef empfohlen. Honda stellte Fujisawa ein, der in „technischer Hinsicht ein Amateur", in kommerziellen Angelegenheiten aber ein Genie war.

Geld von der Regierung

Für das Betriebskapital sorgte vorerst die Regierung, und zwar waren es 5555 Dollar, mit denen die Werkseinrichtung zum Bau von monatlich 300 „Dream"-Maschinen erworben wurde. Vorher hatte man ziemlich primitive Fahrzeuge buchstäblich zusammengebaut,

Sensationell wirkte in den ersten sechziger Jahren die Zweizylinder-Honda mit ihrem Zweinockenwellenmotor von 124 cm^3, hier als sportliches Modell C 92 S.

Große kommerzielle Erfolge errang Honda mit der 124er „Benly“, die als eine der ersten Japaner auf dem europäischen Markt erschien. Ihr Einnockenwellen-Motor leistete 15 PS bei 10500 U/min und ermöglichte eine Spitze von 130 km/h.

Die erste „große“ Honda erschien Anfang der sechziger Jahre in Europa. Ihr ungewöhnlicher Hubraum von 444 cm³ erregte Aufsehen, und schon diese Tourensportmaschine mit Zweizylindermotor hatte zwei obenliegende Nockenwellen.

Sehr sportlich wirkte die 1965 erschienene Honda CB 160, deren Zweizylindermotor mit obenliegender Nockenwelle ausgestattet war.

Mit ihrem bulligen 736er Vierzylinder-Reihenmotor mit obenliegender Nokkenwelle eroberte sich die Honda CB 750 „Four“ in kurzer Zeit einen großen Marktanteil. Der Motor leistete 67 PS bei 8000 U/min und sorgte für eine Spitze von 200 km/h.

die dem Techniker Soichiro Honda keineswegs gefielen und für ihn nur ein „Notnagel“ in den ersten schweren Nachkriegsjahren waren. Erst mit der mit einem Preßstahlrahmen ausgestatteten „Dream“ begann der richtige Motorradbau in Hamamatsu.

1951 begann der Aufstieg

Schon die ersten Leichtkrafträder wie die Modelle A von 1947, B und C von 1948 mit ihren einfachen Zweitaktmotoren, die anfänglich in verstärkte Fahrradrahmen eingebaut wurden, hatten einen großen Umsatz und damit auch kommerzielle Erfolge gebracht. Als dann 1951 mit der „Dream“ ein „richtiges“ kleines Motorrad angeboten wurde, begann der große Aufstieg von Honda. Bereits 1953 wurden 32 000 dieser Maschinen – sie hatten 148 cm^3 und 5,5 PS sowie einen Preßstahlrahmen – hergestellt und problemlos verkauft. Im selben Jahr wurde das Honda-Kapital auf 166 000 Dollar erhöht. Als 1952 der „Bike Cup“, ein im Hinterrad eingebauter Fahrradhilfsmotor, entstand, stieg die monatliche Honda-Produktion auf 6500 Einheiten.

Ende 1952 unternahm Honda den wohl größten und wichtigsten Schritt auf dem Weg zur absoluten Spitze – einen Schritt, der Mut und auch Zuversicht erforderte: Die mit einem verhältnismäßig kleinen Kapital ausgestattete Motorradfabrik erwarb für 1,111 Millionen Dollar neue, hochmoderne Fertigungsmaschinen in den USA, der Schweiz und auch in Deutschland. Sie ermöglichten eine ungemein rationelle und kostengünstige Produktion. Während damals die meisten europäischen Motorradfabriken mit unmodernen Maschinen und veralteten Methoden arbeiteten und dabei infolge des großen Nachholbedarfs dennoch Gewinne erzielten, steckte der persönlich sehr anspruchslose Soichiro Honda fast den ganzen Reingewinn in sein Werk, in immer neuere und fortschrittlichere Produktionsverfahren und -maschinen – und natürlich auch in neue Modelle.

Trotzdem kam es 1953 und 1954 zu großen Absatzproblemen und damit auch zu finanziellen Schwierigkeiten, die dem Generaldirektor Fujisawa einiges Kopfzerbrechen bereiteten, zumal weiterhin modernste Fertigungsmaschinen angeschafft wurden. Es spricht für Fujisawas Fähigkeiten, daß er mit dieser unangenehmen Situation gut fertig wurde. Inzwischen reiste Präsident Soichiro Honda nach Europa, um sich vor allem die großen Motorradrennen um die englische Tourist Trophy auf der Insel Man anzusehen. Dabei entdeckte er, daß die damals führenden europäischen Rennmaschinen von MV Agusta, Gilera, Moto Guzzi, Norton, AJS, NSU usw. zum Teil dreimal höhere Motorleistungen erbrachten als gleich große Hondas. Schnell kehrte er nach Hamamatsu zurück, wo er mit der Weiterentwicklung und Neukonstruktionen seiner sportlichen Maschinen begann. Das war 1954, und es dauerte fünf Jahre, bis er sich wieder auf die bekannte Insel in der Irischen See wagte.

Mannschaftspreis beim ersten TT-Start

1959 startete ein fünfköpfiges Honda-Werksteam erstmals bei der TT in der 125-cm^3-Klasse mit dem Amerikaner Hunt und den vier Japanern Taniguchi, Tanaka, J. Suzuki und G. Suzuki auf 124er Zweizylinder-Doppelnockenwellen-Rennmaschinen, die wohl zuverlässig waren, aber noch nicht so schnell wie die Konkurrenz. Am Ziel lagen MV Agustas, Ducatis und MZ-Zweitakter noch vor Taniguchi, der die schnellste Honda auf Platz 6 brachte. Hinter ihm folgten seine Teamkollegen G. Suzuki (keine Verbindung zu Suzuki-Motorrädern!) und Tanaka, wodurch die Honda-Fahrer gleich bei ihrem ersten TT-Start den Mannschaftspreis in der 125er Klasse holten.

Damit begann die große Siegesserie der Japaner, die – mit Honda an der Spitze – Jahr für Jahr große Summen in ihre Werksmannschaften steckten. Dieser finanzielle Einsatz brachte nicht nur die Japaner im Sport an die Spitze, sondern sorgte auch für die erwünschte Werbung in aller Welt.

Die Honda-Techniker erzielten im Laufe der folgenden Jahre viele Fortschritte im Bau von Maschinen für Straßenrennen wie für andere sportliche Zwecke (Trials, Moto Cross usw.). Das geschah immer mit der Gründlichkeit und dem großen finanziellen und sportlichen Engagement, die man bei den Männern aus Hamamatsu gewohnt ist. Sie beherrschten erstaunlich schnell die Situation im Rennsport, auch wenn ihr beispielhafter Einsatz nicht immer im Einklang mit den erzielten Resultaten stand. Wohl errangen europäische Werke ihre Rennerfolge bis dahin mit weniger Geld und weniger Fahrern, mit weniger Personal und weniger aufwendigen Konstruktionen, doch dürfen die japanischen Firmen für sich in Anspruch nehmen, in technischer Hinsicht mit zum Teil unorthodoxen Konstruktionen, die sich nur ganz wenige Motorradhersteller Europas je hätten leisten können, ungemein viel Pionierarbeit geleistet zu haben. Soichiro Honda war in sportlicher Beziehung immer sehr großzügig. Das betraf nicht nur das Maschinenmaterial, sondern auch den eigentlichen Renneinsatz mit sehr vielen Spitzentechnikern, mit vornehmlich europäischen Spitzenfahrern, mit hochmodernen Transportern und einem riesigen Flugzeugeinsatz. Viele Fachleute schüttelten mit dem Kopf, wenn sie über die für die damalige Zeit unerhörten Kosten der Honda-Einsätze informiert wurden.

Kosten hin und her – sie zahlten sich aber in den guten Ergebnissen der Honda-Rennbeteiligung im Laufe der Jahre aus. Die Weltmei-

Der Vierzylindermotor der beliebten Honda CB 750 „Four". Er entstand 1969 und wurde 1979 bei einer völligen Umkonstruktion mit einem Doppelnockenwellenkopf versehen. Die Leistung stieg dadurch bis auf 79 PS bei 9000 U/min, der Hubraum wurde auf 748 cm³ vergrößert.

Im Laufe ihrer Entwicklung wurde die Honda CB 450 mit 444er Zweizylinder-Doppelnockenwellenmotor auf 45 PS bei 9000 U/min gebracht. Das Bild zeigt die 1974 gebaute Ausführung.

Das „Baby" in Hondas Zweizylinder-Palette von 1974 war die CB 125 mit 124 mm Hubraum (Bohrung 44 mm, Hub 41 mm). Der Motor leistete 15 PS bei 11 000 U/min.

sterschaft in der 125-cm^3-Klasse errangen 1961 Tom Phillis (Australien) und 1962 Luigi Taveri (Schweiz), der Weltmeistertitel auch 1964 und 1966 gewann. Die Siegesserie von Honda in der 250er Klasse eröffnete 1961 Mike Hailwood, den 1962 und 1963 der Südafrikaner Jim Redman ablöste. 1966 und 1967 war es wieder der sympathische Mike Hailwood, der Honda zu Weltmeisterehren brachte, nachdem 1965 der Ire Ralph Bryans auf Honda Weltmeister der Klasse bis 50 cm^3 geworden war. Sechs Jahre dauerte die Honda-Hegemonie in der Klasse bis 350 cm^3, wobei Jim Redman in den Jahren 1962, 1963, 1964 und 1965 und Hailwood in 1966 und 1977 siegreich waren. Wohl baute man in Hamamatsu auch Rennmaschinen der Halbliterklasse, doch blieben diese zunächst der Konkurrenz unterlegen, bis das Werk 1982 mit neuen wassergekühlten Dreizylinder-Rennzweitaktern ernsthaft in das Renngeschehen dieser Klasse eingriff, nachdem bis dahin gebaute Vierzylinder-Doppelnockenwellen-Rennmaschinen trotz jahrelanger Entwicklungsarbeit nicht die angestrebten Resultate brachten.

Daß man bei Honda über alle Voraussetzungen und Fähigkeiten verfügt, erstklassige Rennmaschinen herzustellen, bewiesen gerade diese 498er Dreizylinder-Zweitakter, die in verhältnismäßig kurzer Zeit nicht nur schnell, sondern auch zuverlässig wurden, als

Jahrelang war fast überall die 100er Klasse eine Domäne der Zweitakter. Es war eine ziemliche Überraschung, als Mitte der siebziger Jahre diese 99er Einzylinder mit obenliegender Nockenwelle von Honda erschien. Ihr damaliger Preis: 1848,– DM.

starke Konkurrenz zu den Zweitakt-Halblitermaschinen von Yamaha, Suzuki und Kawasaki. Auch bei Langstreckenwettbewerben trat Honda immer mehr in den Vordergrund.

Es gab über die Jahre hinweg nur wenige Spitzenfahrer, die nicht für Honda starteten. Zu den führenden Honda-Fahrern sind außer Mike Hailwood, Redman, Taveri und Bryans u. a. auch Bob McIntyre (Schottland), Tom Phyllis (Australien), Bob Brown (Australien), Stuart Graham (England), Derek Minter (England), George Godier und Alain Genoud (beide Frankreich), Takazumi Katayama (Japan), Freddie Spencer (USA), Marco Lucchinelle (Italien), Ron Haslam (England), Joey Dunlop (Schottland), Wayne Garner (Australien) zu rechnen.

Neue Modelle in schneller Folge

Eine komplette Aufstellung der im Laufe der Jahre gebauten Honda-Serienmaschinen kann hier allein aus Platzgründen nicht gebracht werden. Ihre enorme Zahl kam auch dadurch zustande, weil man sich bei Honda nicht an eine bestimmte Modellrichtung hielt, sondern immer gleich das schuf, was Kundenwünsche und der Markt verlangten.

Auch das Zweisitzer-Modell „City-Bike“ St 70 (Dax) von Honda mit liegendem Einzylinder-Motor und obenliegender Nockenwelle erregte als eine sehr unorthodoxe Konstruktion nicht wenig Aufsehen.

Motorräder mit quergestelltem Vierzylinder-Boxermotor waren schon früher ein Traum von Konstrukteuren. Als Honda 1975 die 999er „Gold Wing" mit einem solchen wassergekühlten Zweinockenwellenmotor und Kardanantrieb herausbrachte, war dies doch eine Sensation. 82 PS bei 7500 U/min ermöglichten eine Spitze von 200 km/h.

Während andere Motorradhersteller oft Monate und sogar Jahre brauchten, um ein neues Modell herauszubringen, geschah dies bei Honda in bis dahin unbekannt kurzen Zeiträumen. Auch bei der Modellpflege wird, wenn man in Hamamatsu eine Veränderung oder Verbesserung als notwendig empfindet, darüber nicht monatelang debattiert, sondern in kürzester Zeit gehandelt. Das wird ermöglicht durch eine weitestgehende Handlungsvollmacht der führenden Angestellten und natürlich auch durch die finanziellen Gegebenheiten eines Werkes, das jährlich mehrere Millionen Motorräder herstellt. Da muß man nicht Banken und Aktionäre fragen, ob sie bereit sind, Geld in eine Neukonstruktion oder Verbesserung zu investieren, da schreien auch keine Gewerkschaften, wenn schnelles Handeln im Interesse des Hauses Honda notwendig ist. Die vielen tausend Mitarbeiter von Honda betrachten sich buchstäblich als „integraler Teil" des Unternehmens, für das sie ihr Bestes zu leisten bereit sind.

Stark auch im Vertrieb

1955 existierten nicht weniger als 73 Motorradhersteller in Japan – heute sind es nur noch Honda, Yamaha, Suzuki und Kawasaki. Honda

Daß auch 124er Zweizylinder-Maschinen wie ein „richtiges" Motorrad aussehen können, bewies Honda auch mit dieser CB 125 von 1977.

Ein Mangel an verschiedenartigen Modellen existierte bei Honda schon lange nicht mehr. Ein Beweis dafür ist auch diese 1977 gebaute CB 400 „Four in One“ mit 408er Einnockenwellen-Vierzylindermotor.

ist nicht nur weltgrößte Motorradfabrik, sondern auch in vielen Ländern mit zahlreichen Zweigwerken und Vertriebsunternehmen zur Stelle. Dank kleiner und preisniedriger Modelle wie der ab 1955 gebauten 49er „Cub“, der 124er „Benly“ und der 248er „Dream“ wurde Honda immer mächtiger. Bereits 1962 belief sich der Umsatz auf 179,312 Millionen Dollar, der Reingewinn auf 19,473 Millionen Dollar. Verkauft wurden 800 000 „Cubs“, 168 000 „Benlys“ und rund 71 700 „Dreams“. In nur 14 Jahren wuchs das Kapital auf 25,250 Millionen Dollar. 1961 wurde in Westdeutschland die Honda Motor Trading GmbH gegründet, nur ein – wenn auch wichtiger – Teil der internationalen Verkaufsorganisation. Der Name Honda ist heute in aller Welt anzutreffen, in den USA wie in Südamerika, in Australien ebenso wie in Afrika, in Europa ebenso wie im Nahen Osten.

Erwähnt sei, daß mit der Honda-Produktion von rund vier Millionen Motorrädern pro Jahr auch große kommerzielle Risiken verknüpft sind. Allein 1981 erzeugten japanische Motorradfabriken 7 412 582 Motorräder, die bei aller

Aus der Honda CB 450 entstand diese weiterentwickelte CB 500 T, deren 498er Doppelnockenwellen-Zweizylindermotor 1978 eine Leistung von 42 PS abgab.

Im Februar 1978 stellte Honda die neue 1047er CBX mit 105 PS als erste in Serie gebaute Sechszylinder des Werkes vor.

Qualität und Preiswürdigkeit keineswegs leicht absetzbar sind.

Das Wort Werbung wird bei Honda ganz groß geschrieben. Schon 1965 gab das Werk allein in den USA über 2 Millionen Dollar fürs Fernsehen, für Inserate, Prospekte, Plakate und den Sport aus – und verbuchte ein Jahr darauf einen Umsatz von 106 Millionen Dollar in diesem Land.

Viel Computereinsatz

Soichiro Honda, Gründer und viele Jahre Präsident von Honda, wechselte in den Ruhestand über. Er war vor allem Techniker, und in seinem Sinne arbeiten auch heute seine Mitarbeiter und Nachfolger, denen die größten und besten Entwicklungsmöglichkeiten zur Verfügung stehen. Auffallen mag eine scheinbar nicht ganz rationelle Konstruktionsweise; jedes neue Modell wird unabhängig von anderen Konstruktionen des Hauses immer von einer selbständig arbeitenden Gruppe von Technikern geschaffen. So kommt es auch, daß nur verhältnismäßig wenige Teile zwischen den einzelnen Modellen ausgetauscht werden können, obwohl natürlich die riesigen Stückzahlen eine kostengünstige Produktion ermöglichen.

Sie wird nicht nur durch allzu niedrige Löhne und Personalkosten im Vergleich zu europäischen Firmen erzielt, sondern vor allem durch hochmoderne, computerisierte Fertigungsstätten und den großen persönlichen Einsatz von Arbeitern und Angestellten im Interesse des Unternehmens. Anders gesagt: mit verhältnismäßig geringen Personalkosten wird sehr viel geleistet. Das stand Soichiro Honda von Anfang an als Ziel vor Augen, als er frühzeitig ohne Rücksicht auf die Kosten seine Werke hochmodern und großzügig einrichtete und dadurch ungemein konkurrenzfähig wurde. Die durch den Einsatz von Computern eingesparten Gelder wurden sofort in noch bessere und teurere Einrichtungen ohne fremde Finanzhilfe investiert. Zustatten kam ihm dabei der Boom der frühen fünfziger Jahre, der ihm kleine und billige Transportmittel förmlich aus der Hand riß und bei großem Umsatz auch entsprechende Gewinne einbrachte.

Die Strukturen von Honda eingehend zu beschreiben, würde ein großes Buch füllen. Das gilt auch für die riesige Anzahl an Modellen, die im Laufe der Jahre das Werk verließen, wobei Ein-, Zwei- und Vierzylinder mit obenliegenden Nockenwellen eine besondere Rolle spielten und natürlich immer noch spielen. Sie

In der zweiten Hälfte der siebziger Jahre begann Honda mit dem Bau der Enduro-Modelle XL mit Einzylindermotoren von 178, 249 und 498 cm³, natürlich mit obenliegender Nokkenwelle. Die Abbildung zeigt die XL 250.

Jahrelang konzentrierte Honda den Motorenbau auf Viertakter, kam aber in den siebziger Jahren auch mit schlitz- und membrangesteuerten Zweitaktern wie dieser membrangesteuerten einzylindrigen 248er Moto-Cross CR 250 R (Elsinore) auf den Markt.

Eine schöne und populäre Honda ist die vierzylindrige CB 900 F mit ihrem Doppelnockenwellenmotor von 95 PS und einer Spitze von fast 215 km/h.

Mit ihrem 178er Einzylindermotor erwies sich die Honda XL 185 S - hier eine 1980 gelieferte Ausführung - als ideales „Einsteigmodell" bei Enduros.

stellen teilweise sehr aufwendige Konstruktionen dar, die bei Honda zu sehr niedrigen Preisen hergestellt und verkauft werden, ohne daß die riesigen Produktionsmengen zu Abstrichen an der Qualität führen.

Breite Produktionspalette

Die Modellreihen von Honda glänzen immer wieder durch sensationelle, enorm schnell entwickelte Neukonstruktionen. Und während andere Firmen für die kleinen Hubraumklassen oft aus Preisgründen nur Zweitakter wählen, genierte man sich in Hamamatsu nicht, sogar 49er Maschinen mit obenliegenden Nockenwellen, d. h. mit teuren und aufwendigen Viertaktmotoren, auszustatten. Selbst das zusammenklappbare City-Bike bekam einen solchen Motor mit durch Kette angetriebener obenliegender Nockenwelle. Mit ähnlichen Triebwerken verließen andere Konstruktionen wie z. B. zweisitzige Mopeds, Kleinroller und ähnliche Fahrzeuge schon vor vielen Jahren das Werk.

In Hamamatsu entstanden und entstehen Touren-, Sport- und Rennmaschinen in allen Größen, wobei letztere zum Großteil den Werksfahrern und vom Werk unterstützten Spitzenfahrern vorbehalten sind. Außerdem werden

Aus den Modellen CB 500 und CB 550 entstand in den ersten achtziger Jahren die weiterentwikkelte CB 650 mit 626er Vierzylinder-Reihenmotor von 50 PS bzw. 63 PS bei 9000 U/min. Gewicht nur 198 kg.

Das „Motorrad des Jahres 1979", die Honda CB 900 F, erhielt 1980 schwarze Comstar-Ränder, Luftdruckunterstützung der Vordergabel und Kegelrollenlager in Lenkkopf und Hinterradschwinge.

Maschinen für den Trial-, Moto-Cross- und Enduro-Sport gebaut, bei denen es keine für Honda typische Grundkonstruktion gibt. Richtschnur für den Entwurf neuer Modelle ist, das herzustellen, was gerade am praktischsten, wertvollsten, modernsten und beliebtesten ist. Bezeichnend dafür ist der Bau fünfzylindriger 124er Doppelnockenwellen-Rennmaschinen in den ersten sechziger Jahren oder die Serienfertigung von 1062er Reihen-Vierzylinder mit zwei obenliegenden Nokkenwellen, während zur gleichen Zeit die – als Tourenmaschine ausgelegte – GL mit einem vierzylindrigen, ebenfalls mit obenliegenden Nockenwellen ausgestatteten Boxermotor von 1085 cm^3 entstand.

In den sechziger Jahren gab es auch 248er Werksrennmaschinen mit Sechszylinder-Doppelnockenwellen-Motoren. Liebhabern von Sechszylindermaschinen steht die serienmäßige CBX Pro Link mit 1047 cm^3 zur Verfügung. Wem diese nicht genügt, kann zur vierzylindrigen CB 1100 R mit 1062 cm^3 und einer Spitze von rund 220 km/h greifen. Neue Wege ging Honda mit vierzylindrigen V-Motoren von 499 cm^3, luft- oder wassergekühlt. Fast unübersehbar ist die Zahl der kleineren Maschinen mit ein- oder zweizylindrigen Motoren mit obenliegenden Nockenwellen. Und wer ein Motorrad mit quergestelltem 497er V-Zweizylindermotor „benötigt", wird mit Hondas CX 500 Turbo von 82 PS sicher Aufsehen erregen.

Früher war oft die Farbe eines Kraftstofftanks typisch für eine bestimmte Marke. Bei Honda gibt es außer einer riesigen Modell- auch eine

Mit einer vierzylindrigen 498er Doppelnockenwellen-Werksrennmaschine hatte Honda 1979 noch Probleme. Die abgebildete Version wurde 1982 durch eine 498er Dreizylinder-Zweitakter ersetzt.

V-Motoren, einst fast schon „ausgestorben", kommen seit den achtziger Jahren auch bei Honda immer mehr zur Geltung. Ende 1982 stellte das Werk auf der IFMA in Köln außer den bekannten 748er V-Vierzylindern mit zwei obenliegenden Nockenwellen auch die neue VT 500, eine V-Zweizylinder, ebenfalls mit zwei obenliegenden Nockenwellen und neu konstruiertem Rahmen vor. Honda baut auch ähnliche 396er Vierzylinder und 246er V-Zweizylinder mit Wasserkühlung.

Die Sensation des Jahres 1982 war eine neue Honda-Werksrennmaschine mit 498er Dreizylinder-Zweitaktmotor, die unter Freddie Spencer, Marco Lucchinelli und Takazumi Katayama erfolgreich bei Grand-Prix-Rennen eingesetzt wurde.

Die GL 1100 ist die Nachfolgerin der „Gold Wing" von Honda, ebenfalls mit wassergekühltem Vierzylinder-Boxermotor. Er hat eine obenliegende Nokkenwelle, 1085 cm³ Hubraum und leistet 83 PS bei 7500 U/min. Eine mit Kardanantrieb ausgestattete bequeme Tourenmaschine, die 300 kg wiegt und mit Normalbenzin auskommt.

Anpassungsfähigkeit gehört zu den Honda-Tugenden. Kaum war die Klasse bis 80 cm³ eingeführt, offerierte das Werk auch schon moderne 79er Zweitakter für Enduros. Hier eine 1983er Ausführung.

Für den amerikanischen Markt bestimmt: Hondas Modell 1983 der GL 1100 unter der Bezeichnung „Aspencade". Der wassergekühlte Vierzylinder-Boxermotor hat 1085 cm³ und leistet 80,5 PS bei 7500 U/min.

große Farbpalette, zahlreiche unterschiedliche Fahrwerkskonstruktionen, Hinterradfederungen, Vordergabeln und unterschiedliche Leistungsbereiche bei einzelnen Motoren. Wer in der Honda-Auswahl, die oft erneuert, verbessert und ergänzt wird, kein Motorrad seines Geschmacks findet, dürfte es schwer haben, seine „Idealmaschine" – rein technisch gesehen – aufzutreiben. Fast jede Konstruktion besitzt für bestimmte Zwecke ihre Vor- und Nachteile. Mögen Tourenfahrer z. B. eine GL 1100 Interstate bevorzugen, werden ausgesprochene Sportfahrer wohl eine CB 1100 R mit 100 PS bei 9000 U/min auswählen.

Trotz der großen und vielseitigen Modellpalette tauchen immer wieder Sonderwünsche auf. Sie zu befriedigen, werden in verschiedenen Ländern vornehmlich für größere Honda-Mehrzylindermotoren Fahrwerke von erfahrenen Spezialunternehmen hergestellt. Erwähnt seien hier nur Egli in der Schweiz, Godier-Genoud und Martin in Frankreich, Bimota und MH-Magni in Italien, Seeley und Rickman in England sowie Eckert, AMC, Meyer und Rau in Deutschland. Sie liefern zum Teil Spezialfahrwerke, die den letzten Trend im Bau moderner und hochwertiger Maschinen darstellen – bei Preisen allerdings, die bis an die 30 000 DM für komplette Motorräder herankommen.

Honda, eine Weltmacht im Motorradbau, stellt auch Automobile in großen Stückzahlen her.

Auch unorthodoxe Neukonstruktionen geben Honda keine Probleme auf. Typisch dafür ist die CX 500 mit kopfgesteuertem und wassergekühltem V-Zweizylindermotor von 493 cm^3, der quer im Fahrwerk eingebaut ist. Er leistet 27 PS bzw. 50 PS. Daneben gibt es noch eine Chopper-Variante sowie eine Turbo-Version mit 76 PS.

Große Chancen für 1983 rechnet sich Hondas VF 750 Sports aus, mit wassergekühltem Vierzylinder-Motor in V-Form (je zwei Zylinder-Einheiten im 90° -Winkel). Die 16 Ventile werden durch zwei obenliegende Nockenwellen betätigt. Kompression 10,5, Leistung 81,6 PS bei 9000 U/min.

Geballte Kraft offeriert die Honda CB 1100 R von 1983. Der Vierzylindermotor mit zwei obenliegenden Nockenwellen leistet 115 PS bei 9000 U/min. Eine Spitzenmaschine für erfahrene Motorradfahrer.

Wie im Motorradbau betätigt sich das Werk – teilweise sehr großzügig – am Automobilrennsport, auch in der Formel 1, ohne in dieser Sparte bis 1982 allerdings die ganz großen Rennen gewinnen zu können. Jedoch: bei dem von Soichiro gegründeten Riesenunternehmen ist so ziemlich alles, wenn auch nicht sofort, möglich.

An Vielseitigkeit in Hondas Modellreihen mangelte es wirklich nicht. Typisch dafür ist auch die 496er CX 500 „Custom", deren kopfgesteuerter, wassergekühlter und quergestellter Motor 50 PS bei 9000 U/min leistet und vier Ventile je Zylinder aufweist. Ein elektrischer Starter, ein Fünfganggetriebe und doppelte Scheibenbremsen vorn gehören zur serienmäßigen Ausrüstung dieser mit Kardanantrieb zum Hinterrad ausgestatteten 1983er Honda.

Einst Londons führende Motorradfabrik:
Matchless

Die Geschichte der Firma Matchless gleicht weitgehend der Geschichte der englischen Motorradindustrie und des Motorradsports. In der Frühzeit der Motorradentwicklung gehörten die Brüder Harry und Charly Collier, Gründer und jahrelang Besitzer von Matchless in Londons Plumstead Road, zu den ersten, die Motorräder bauten; zugleich waren sie die erfolgreichsten englischen Rennfahrer dieser Periode.

Bert Collier, der jüngste der drei Brüder, war zunächst kein aktiver Motorradsportler. Erst in den letzten zwanziger Jahren steuerte er Matchless-Maschinen bei Rennen in Österreich und Ungarn. Berühmtheit aber errang er als Techniker, die 1934 von ihm erstellten 498er AJS-Vierzylinder-Werksrennmaschinen waren wohl der Höhepunkt seiner wertvollen konstruktiven Tätigkeit. Tragisch war sein Ende: 1941 verunglückte er bei Versuchsfahrten mit einem BMW-Motorrad tödlich. Sein ältester Bruder Harry Collier starb 1944, Charly Collier zehn Jahre darauf.

Zusammen mit den Colliers bestritt Bert Colver Rennen und Zuverlässigkeitsfahrten – ein Mann, der sein Leben lang der Marke Matchless treu blieb und weit über 70 Jahre alt noch im Werk tätig war, als ich 1960 zu AMC (Associated Motor Cycles), das heißt zu Matchless-AJS, kam. Bereits 1931 hatten die Colliers die in Wolverhampton beheimatete Marke AJS (A. J. Stevens Ltd.) übernommen und in das Londoner Matchless-Werk integriert. Vorerst waren die Marken noch – theoretisch – unab-

Berühmt wurde Matchless durch die zahlreichen Rennerfolge der Brüder Charly und Harry Collier. Hier Charly auf der Rennmaschine, mit der er 1909 die Tourist Trophy auf der Insel Man bestritt.

Schon früh wurden Spezial-Rennmaschinen mit großen Motoren und leichten Fahrwerken eingesetzt. So hatte die 1909 gebaute Rekordmaschine von Charly Collier 2712 cm^3 Hubraum (Bohrung und Hub jeweils 120 mm).

hängig, später bestanden Unterschiede überhaupt nur noch in den Abziehbildern, in Ausstattung, Farbe usw. In den ersten sechziger Jahren übernahm AMC Ltd. auch noch die Werke von James, Francis Barnett und Norton. Als zehn Jahre später die so mächtige BSA-Gruppe in Birmingham zerfiel und auch die Villiers-Motorenfabrik zu haben war, kamen auch sie – zusammen mit Triumph (BSA-Gruppe) – in das Hoheitsgebiet von Ex-Autorennfahrer Dennis Poore, dem Chef von Manganese Bronze Holdings Ltd., die AMC vorher übernommen hatte und nun fast die ganze englische Motorradindustrie kontrollierte. Offenbar ohne Erfolg, da alle diese einst so großen Namen inzwischen verschwunden sind, ausgenommen Triumph, das sich vor einigen Jahren ganz aus diesem „Gebilde" gelöst hat und nicht von MBH Ltd. kontrolliert wird.

Vorerst mit Einbaumotoren

Wie andere Motorradhersteller verwandten die Colliers zunächst Einbaumotoren von De Dion, MMC, JAP und später auch Triebwerke von MAG aus der Schweiz. Vater Collier hatte in seiner Firma Collier & Sons bereits Fahrräder gebaut, bevor man 1901 die ersten „motorisierten Fahrräder" in Plumstead schuf. Harry und Charly nahmen mit diesen auch bald an Rennen teil, die damals auf den Londoner Fahrradrennbahnen von Canning Town, Crystal Palace usw. ausgetragen wurden. Die Maschinen von Matchless waren bald sehr erfolgreich, und während andere Marken ihre Tore schließen mußten, florierte bei Matchless das Geschäft dank der Rennreklame ganz ausgezeichnet.

1904 begann man mit dem Bau von Dreirädern, 1905 wurde der Kettenantrieb zum Hinterrad eingeführt. Zugleich machte man Versuche mit Hinterradfederungen. Es begann auch die enge Zusammenarbeit mit der Einbaumotorenfabrik von J. A. Prestwich (JAP), die sich in Tottenham im Londoner Norden befand, während Matchless-Motorräder im Osten der englischen Hauptstadt gebaut wurden. JAP-Motoren befanden sich auch in den Rennmaschinen, die Harry und Charly Collier 1905 zum „Coupe Internationale" nach Frankreich mitnahmen. Hier war die Organisation so schlecht, daß der englische Begleiter und Teammanager Marquis de Mouzilly de St. Mars für das Jahr 1907 ein großes Rennen auf englischem Boden vorschlug – und das war die Geburt der englischen Tourist Trophy auf der Insel Man, nachdem man den damaligen ACC (Auto Cycle Club, jetzt ACU = Auto Cycle Union) als Organisator dieses Rennens gewonnen hatte.

Matchless baute natürlich auch solide Tourenmaschinen wie diese 996er V-Zweizylinder aus dem Jahre 1914. Der wechselgesteuerte MAG-Motor stammte von Motosacoche (Schweiz).

Charly Collier siegte mit seiner Einzylinder-Matchless-JAP im allerersten TT-Rennen mit 61,1 km/h Durchschnitt, der besten Zeit des Tages. Auf nur 57,9 km/h kam H. Rem Fowler auf Norton-Peugeot, Gewinner der Zweizylinder-Klasse. Damals gab es die Ein- und Zweizylinder-Klassen, dann auch Bestimmungen über den zulässigen Benzinverbrauch und später die bekannte Klasseneinteilung nach Hubräumen ohne Berücksichtigung der Zylinderzahl. Viele Jahre gehörten die Colliers zur Spitzenklasse der englischen Rennfahrer. So wurde Charly Collier 1908 Zweiter in der Einzylinderklasse der TT; 1909 gewann er das

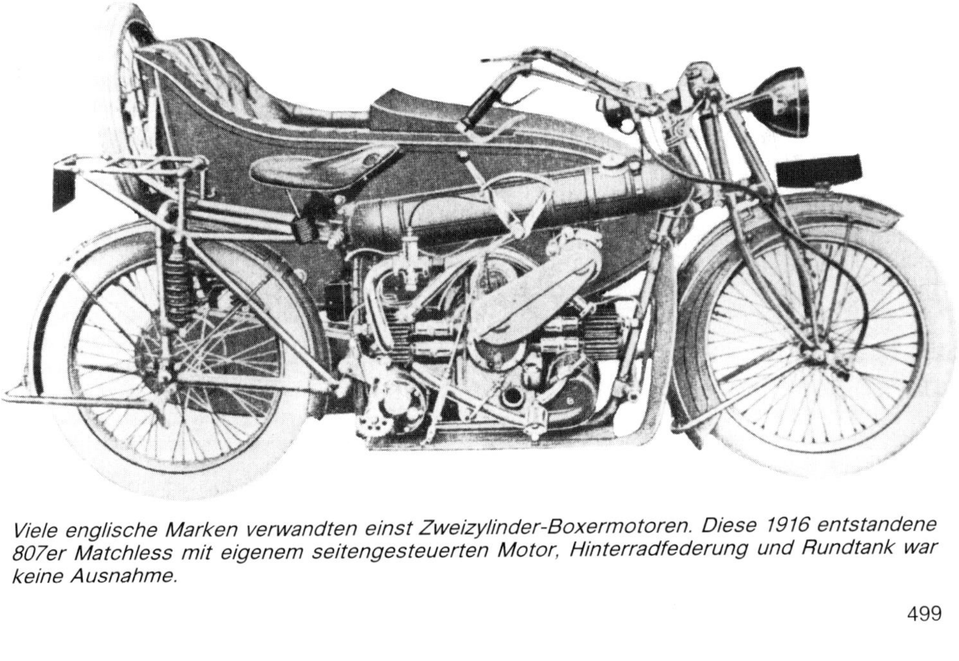

Viele englische Marken verwandten einst Zweizylinder-Boxermotoren. Diese 1916 entstandene 807er Matchless mit eigenem seitengesteuerten Motor, Hinterradfederung und Rundtank war keine Ausnahme.

Kein Erfolg war die 1923 gebaute und vollverkleidete 347er Matchless mit seitengesteuertem Einzylindermotor. Nicht nur, weil die konservativen Engländer ein so „ungewöhnliches“ Motorrad nicht liebten – zum anderen auch wegen thermischer Probleme und Schwierigkeiten bei Seitenwind.

Für den europäischen Geschmack war diese khaki-farbene 347er von Matchless aus dem Jahre 1924 keinesfalls eine Augenweide. Selbst die meisten Engländer schienen von ihr nicht begeistert gewesen zu sein.

In den ersten zwanziger Jahren behielt Matchless die Hinterradfederung bei, baute aber ansonsten „normale“ seitengesteuerte V-Zweizylinder von 996 cm³ und kehrte auch zu viereckigen Tanks zurück.

Mitte der zwanziger Jahre wurden runde Tanks die große Mode. Brough-Superior führte sie ein, bald waren sie wie bei vielen anderen Marken auch bei Matchless anzutreffen, wie diese 347er Königswellenmaschine aus dem Jahre 1926 beweist.

Rennen, 1910 belegte er den zweiten Platz hinter seinem Bruder Harry, der natürlich auch eine Matchless fuhr. 1911 gab es bereits die Klassen bis 350 cm^3 (Junior) und 500 cm^3(Senior) und für Harry einen zweiten Platz, während er 1912 in der „Senior"-TT hinter Frank Applebee auf der schnurrenden Zweitakt-Scott und Haswells englischer Triumph den dritten Platz belegte. Fast wöchentlich gab es damals Erfolge für Matchless, besonders auf der Brooklands-Rennbahn wurden von den Colliers mit ihren Matchless-Rennmaschinen viele Rennen gewonnen und Rekorde gebrochen. Gelegentlich hatten sie auch einen riesigen kopfgesteuerten V-Zweizylinder-Flugmotor von 24 PS in einem leichten Fahrwerk, das extra für Rekordversuche und -fahrten geschaffen wurde. Aufsehen erregten auch die „Zweikämpfe" mit Jake de Rosier, dem Spitzenfahrer der großen Indian-Werke in Spring-

Auch die obengesteuerte 596er Matchless, als Seitenwagenmaschine gedacht, war irgendwie zu „eckig". Sie kam 1926 ohne Rundtank auf den Markt und verschwand bald wieder.

Da man bei einem Hub von 101,6 mm und einer Bohrung von 85 mm die Kerze nicht mehr oben im Kopf unterbringen konnte, verlegte Matchless sie bei dieser kopfgesteuerten Einzylinder von 596 cm³ nach hinten.

field/USA, bei dessen Teilnahme an englischen Rennen. Der große kopfgesteuerte V-Zweizylindermotor von JAP in der Matchless-Rekordmaschine hatte bei 120 mm Bohrung und 120 mm Hub nicht weniger als 2712 cm³.

Weltrekord für Matchless

Charly Collier ging 1911 auch auf die Jagd nach einem neuen Weltrekord für Motorräder, den er mit 145,6 km/h aufstellte. Serienmaschinen bekamen damals schon drei Gänge, TT-Modelle von Matchless hatten sogar bereits Sechsganggetriebe. Alle Matchless-Maschinen erhielten einen graugrünen Farbton, er blieb mehr als 15 Jahre das „Wahrzeichen" der in Plumstead gebauten Ein- und V-Zweizylinder; der erste bei Matchless gebaute Einzylindermotor von 490 cm³ entstand 1912. Zwei Jahre später wurden Modelle mit V-Zweizylindermotoren mit wechselgesteuerten Ventilen von MAG eingeführt und bis Mitte der zwanziger Jahre hergestellt. In den ersten zwanziger Jahren entstanden auch Maschinen mit seitengesteuerten Blackburne-Einzylindermotoren von 346 cm³, doch verschwanden sie bald aus dem Bauprogramm. Die große 996er V-Zweizylinder wurde nunmehr auch wahlweise mit dem wechselgesteuerten MAG-Motor oder dem seitengesteuerten JAP-Motor geliefert.

Drei ganz neue Modelle mit eigenen – und grundverschiedenen – Einzylindermotoren kamen 1923 heraus: eine seitengesteuerte 347er, eine 347er mit obenliegender Nockenwelle (!) und eine kopfgesteuerte 591er. Die kleine Königswellenmaschine war bereits bei der Junior-TT zu sehen, doch blieb ein Erfolg aus. Einer ihrer Fahrer war Jimmy Simpson, der später auf New Hudson, AJS und besonders Norton weltberühmt wurde und 1937 beim Großen Preis von Deutschland in Hohenstein-Ernstthal (jetzt DDR) auf Norton an der Spitze liegend kurz vor dem Ziel tödlich verunglückte. Auf der 347er Rennmaschine, die bei der TT 1923 noch Kinderkrankheiten aufwies, errangen in späteren Jahren Gus Grose, Bob Barber, Fred Neill, Bert Colver und auch Bert Collier verschiedentlich gute Ergebnisse. In den Jahren bis zum Zweiten Weltkrieg gab es wohl schnelle Modelle, aber keine ausgesprochenen Rennmaschinen, die bei großen Rennen mithalten konnten. Trotzdem gewann Robert Eberan-Eberhorst, berühmter Techniker und Ex-Konstrukteur bei der Auto Union aus Wien, Mitte der zwanziger Jahre Bergrennen mit einer 996er Matchless-Sportmaschine, und der Engländer Freddy Blackpool steuerte um 1930 eine schnelle kopfgesteuerte Einzylinder von 497 cm^3 bei kleineren Rennen.

Doch zurück zu 1923. Nach meiner Meinung war die 591er Matchless mit ihrem kopfgesteuerten Einzylindermotor zwar sehr stark, aber mehr ein „Bock" als ein angenehm zu fahrendes Seitenwagen-Motorrad. Auch hinsichtlich ihrer Schönheit konnte man geteilter Meinung sein; sie wurde auch nur drei Jahre gebaut. In der Literklasse kam eine 996er V-Zweizylinder mit dem seitengesteuerten Doppelnocken-JAP-Motor als Sportmodell hinzu. Schon vorher wurde das 996er Modell „H" mit Hinterradfederung, gekapselter Hinterradkette und elektrischer Beleuchtung serienmäßig ausgerüstet – eine „Sensation" für die Technik der ersten zwanziger Jahre. 1926 wies der Katalog auch seitengesteuerte Einzylinder von 246 cm^3 auf, aber auch sie waren nicht der Schönheit letztes Wort. Dafür wurde damals die 346er Königswellenmaschine mit einigen Verbesserungen und einem Rundtank ähnlich dem der Brough-Superior geliefert, den 1927 auch die große Super-Sportmaschine bekam.

Diese Matchless T/3, Baujahr 1928, hatte einen seitengesteuerten Einzylindermotor mit einer Leistung von 12,5 PS. Im selben Jahr wurde auch eine 598er Version mit 16 PS angeboten.

1926, als der Seniorchef H. H. Collier, Vater der drei Söhne Harry, Charly und Bert, verstarb, wurde der Firmenname in Matchless Motor Cycles (Colliers) Ltd. geändert. Es war Harry Collier, der für 1928 neue Modelle mit modernen Satteltanks schuf, darunter eine kopfgesteuerte 498er Einzylinder mit eigenem Doppelport-Motor. Auffallend war an ihr der weiße Tank – wohl zum erstenmal an einem Motorrad zu sehen.

Das „leise Wunder"

Es entstand 1916/17 im Ersten Weltkrieg zu einer Zeit, als viele Motorradfabriken schon

Neu an fast allen Matchless-Modellen ab 1928 war der formschöne Satteltank mit schwarzweißer Farbe. Dieses Modell V/2 mit eigenem kopfgesteuertem „Double-Port"-Motor von 491 cm^3 (Bohrung 85,5 mm, Hub 85,5 mm) wurde mit einer von 22 auf 24 PS erhöhten Leistung als Rennmaschine offeriert.

Technisch einmalig war die 1930 entstandene 394er Matchless-„Silver Arrow", deren V-förmige Zylinder in einem Block vereinigt waren. Sie hatte seitengesteuerte Ventile, eine gefederte Hinterradgabel und Trockensumpf-Umlaufschmierung.

für den kommenden Frieden mit neuen Modellen, die teilweise zweizylindrige Boxermotoren besaßen, experimentierten. Zu ihnen gehörte auch Matchless, wo es seitengesteuerte Prototypen mit 732 und 807 cm^3, aber keine nennenswerte Produktion gab. Sie hatten Hinterradfederung, einen Kettenkasten, einen runden Tank, ein riesig langes Ansaug-

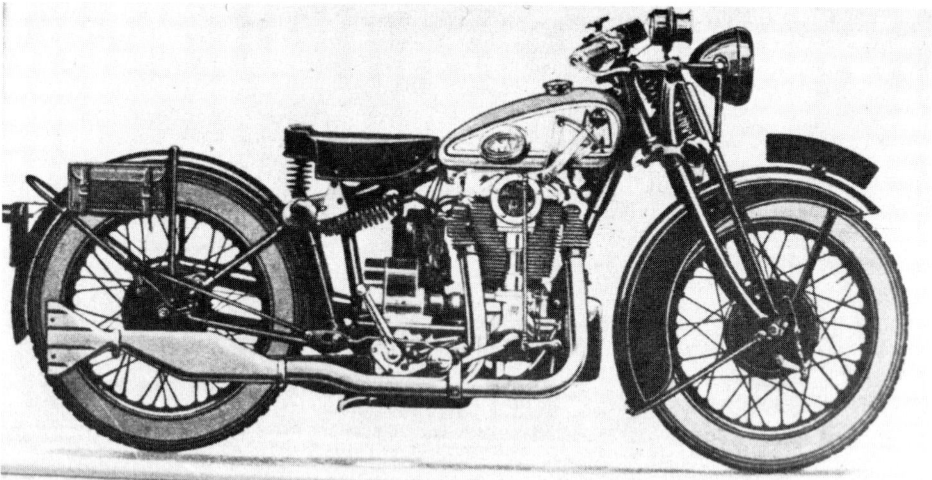

Der zweizylindrigen „Silver Arrow" folgte 1931 die 593er „Silver Hawk" mit vier Zylindern. Ihr Doppel-V-förmiger Motor hatte eine obenliegende Nockenwelle, einen verkapselten Ventilmechanismus und das Fahrwerk eine Hinterradfederung. Eine recht aufwendige Konstruktion, die sich bei der damaligen schlechten Wirtschaftslage nicht so ganz durchsetzen konnte.

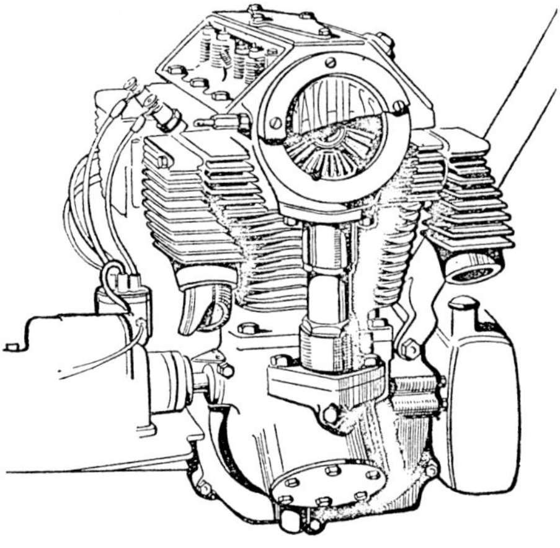

Das ist der Königswellenmotor der „Silver Hawk“. Bohrung 50,8 mm, Hub 73 mm. Die vier Zylinder waren in einem Block vereinigt.

rohr für den hinteren Zylinder und gut gekapselte Ventile. Bestechend war der sehr leise und ausgeglichene Lauf dieser Konstruktion, doch scheint es, wie bei solchen Motoren damals oft üblich, thermische Probleme bei höheren Beanspruchungen gegeben zu haben, die man nicht so leicht ausmerzen konnte.

Leise war auch eine seitengesteuerte Zweizylinder, die 1930 den Markt bereicherte. Diese „Silver Arrow“ hatte einen V-Motor von 397 cm^3, dessen Zylinder in einem Winkel von nur 26 Grad zueinander standen; ihre Anordnung in einem rechteckigen „Block“ erweckte den Eindruck eines in Fahrtrichtung eingebauten Reihen-Zweizylinders. Die Maschine war schmal, leicht und besaß eine neuartige Hinterradfederung. Ein Jahr darauf folgte eine weitere, ihr nicht unähnliche Konstruktion, deren 593er Vierzylindermotor eine obenliegende, durch Königswelle angetriebene Nokkenwelle aufwies. Die „Silver Arrow“ hatte 54 mm Bohrung und 86 mm Hub, die größere „Silver Hawk“ 50,8 mm Bohrung und 73 mm Hub. Sie wogen, beide mit Hinterradfederung, 139 bzw. 170 kg und wirkten optisch schön. Daß sie das Geschäft nicht revolutionierten, lag teilweise an den hohen Herstellungskosten, aber auch an der schlechten Wirtschaftslage, die es 1931/32 kaum erlaubte, viele teure Motorräder zu verkaufen.

Mitte der dreißiger Jahre entstanden sehr sportliche kopfgesteuerte Einzylinder von 497 cm^3, die unter den Bezeichnungen „Clubman“ und „Clubman-Special“ viele Freunde fanden und besonders bei schweren Wertungsfahrten ihre Leistungsfähigkeit und Zuverlässigkeit bewiesen. Ken Haynes, George Eighteen, Colin Edge, Bob Cotterel und auch der ausgezeichnete AJS-Rennfahrer George Rowley fuhren damals für Matchless – eigentlich kein Wunder, da eine Matchless mehr oder weniger eine AJS mit einem Matchless-Abziehbild am Tank war (oder auch umgekehrt). Gebaut wurden sie auf derselben Produktionslinie in derselben Fabrik aus den gleichen Teilen und natürlich auch von denselben Männern. Fast unglaublich, daß man in bestimmten Ländern nur AJS-Motorräder, in anderen – besonders in den USA – nur Matchless-Maschinen ver-

Weiterentwickelt wurden auch die großen V-Zweizylindermaschinen mit ihren seitengesteuerten 990er Motoren. Dieses Modell X/3 entstand 1931.

Als robuste Seitenwagenmaschine genoß die 990er Matchless großes Ansehen und wurde auch ständig weiterentwickelt. Hier die X/4 von 1936.

kaufen konnte. Das lag wohl teilweise am Importeur und an der Reklame, andererseits aber auch am Geschmack und den Gewohnheiten der Kunden.

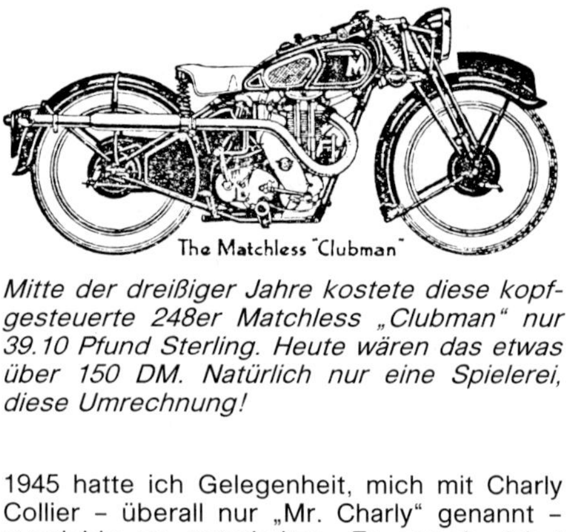

Mitte der dreißiger Jahre kostete diese kopfgesteuerte 248er Matchless „Clubman" nur 39.10 Pfund Sterling. Heute wären das etwas über 150 DM. Natürlich nur eine Spielerei, diese Umrechnung!

Die Telegabeln der G/3L

Im letzten Weltkrieg setzten englische und auch alliierte Armeen viele 347er Matchless-Einzylindermaschinen mit Parallelogramm-Vordergabeln ein, bevor das Werk mit neuen G/3L-Modellen herauskam, die etwas leichter waren und vor allem sehr gute, ölgedämpfte Teleskopgabeln besaßen. Diese die Federung und Straßenlage verbessernden Telegabeln brachte Matchless als eine der ersten englischen Motorradfabriken heraus. Als 1946 die ersten Matchless-Nachkriegsmodelle erschienen, waren sie mit weiterentwickelten Telegabeln ausgestattet. Mehr als 80 000 G/3L-Modelle wurden während des Krieges gebaut.

1945 hatte ich Gelegenheit, mich mit Charly Collier – überall nur „Mr. Charly" genannt – ausgiebig zu unterhalten. Er sprach dabei einen weisen Satz über Motorradkonstruk-

Typisch für alle ab 1936 gebauten Matchless-Modelle war das große „M" am Tank wie bei dieser 1936 gebauten seitengesteuerten Einzylinder-Maschine von 346 cm^3.

1941 führte Matchless Telegabeln bei den kopfgesteuerten Einzylinder-Modellen von 348 cm³ für die Armee ein. Auch diese 1947 angebotene zivile Ausführung der Armee-Maschine G/3L hatte eine dieser guten Gabeln.

teure aus, den ich nie vergessen werde: „Ein guter Konstrukteur ist derjenige, der ein besseres Motorrad für weniger Geld erstellen kann“, meinte der kluge und erfahrene Chef der Firma, die seit 1938 Associated Motor Cycles Ltd. hieß, nachdem man damals auch Sunbeam erworben hatte. Allerdings wurde Sunbeam 1941 wieder abgegeben, und zwar an

Ein Blick auf den robusten kopfgesteuerten 348er Motor der Matchless G/3L, der sich im letzten Kriege unter schwersten Bedingungen ausgezeichnet bewährte.

Der Mangel an guten englischen Straßenrennmaschinen führte 1952 zum Bau der erfolgreichen Matchless G 45, deren 497er Zweizylindermotor von Seriensportmotoren abgeleitet wurde. Leistung: 50 PS bei 7000 U/min. Das Fahrwerk stammte vom AJS-Rennmodell 7R, das ebenfalls bei AMC Ltd. gebaut wurde.

Aus der Matchless G 45 wurde die G 50 entwickelt, deren einzylindriger Motor mit obenliegender Nockenwelle dem der kleineren 7R von AJS sehr ähnelte, aber einen Hubraum von 497 cm³ besaß und ebensoschnell wie zuverlässig war. Gebaut wurde die G 50 bis in die sechziger Jahre und dabei ständig weiterentwickelt.

die Konkurrenz, die BSA-Gruppe in Birmingham.

Nach Kriegsende stieg Matchless wieder in das Sportgeschehen ein. Vorerst nur bei Moto-Cross- und Trial-Wettbewerben, später auch mit den kopfgesteuerten Zweizylinder-Modellen G 45 von 498 cm^3 und der G 50 mit obenliegender Nockenwelle bei Straßenrennen. Spitzenfahrer der Trial-Mannschaft war Hugh Viney und des Moto-Cross-Teams Basil Hall. Andere erstklassige Fahrer waren u. a. Ted Usher, Alfie Ratcliffe, Bob Wicken und Arthur Pullman.

Jahrelang lebten Matchless und AJS einträchtig in Frieden nebeneinander. AJS baute seit 1948 das Rennmodell 7R mit 348 cm^3 und obenliegender Nockenwelle. Als dann Mitte der fünfziger Jahre die Matchless G 45 nicht mehr konkurrenzfähig war, formte Matchless-Chefkonstrukteur Philipp Walker aus der AJS 7R die Matchless G 50. Sie war im Grunde eine Vergrößerung der AJS auf 497 cm^3, wie bei der AJS wurde die obenliegende Nockenwelle des Einzylindermotors durch Kette angetrieben. Die AJS war normalerweise schwarz, die größere Matchless rot.

Große Rennfahrer fuhren die beiden Halbliter-Maschinen von Matchless, so Frank Perris, Bob Brown, Mike Duff, John Clark, Phil Carter, Arthur Wheeler, Colin Seeley, Pip Harris, Peter Murphy, Alistair King. Auf Matchless errang Ernst Hiller sechsmal die Deutsche Motorradmeisterschaft der 500er Klasse. Hinzu kamen viele Erfolge bei Rennen in den USA, wo das Werk um 1960 in Pasadena sogar eine eigene Niederlage eröffnete, nachdem man die frühere Indian-Fabrik in Springfield erworben hatte. Genauer gesagt: die AMC Ltd. erwarb nur den Namen, die Werksgebäude waren inzwischen an andere Firmen veräußert worden. Als man damals Motorräder aus England importierte, existierten bei Indian nicht einmal Lagerhallen, um diese unterzubringen, und so mußte das englische Werk zunächst neue Hallen in Springfield errichten. Ein tragisches Ende der Marke Indian, in den zwanziger Jahren die größte Motorradfabrik der Welt!

In europäischen Ländern war Matchless gut vertreten. Dazu trugen die Erfolge von Matchless bei sportlichen Veranstaltungen in den zwanziger und späteren Jahren wesentlich bei. Der Vertrieb lag in Österreich zunächst bei Rademacher & de Riedmatten, später bei Karl Basch, während Steinhilber und dann Vaněk in Prag diese Marke in der Tschechoslowakei gut vertraten.

In den Nachkriegsjahren wurden vornehmlich 347er Einzylinder, 498er Ein- und Zweizylinder, später auch 246er Einzylinder und 646er Parallel-Zweizylinder – alle mit eigenen kopfgesteuerten Motoren – gebaut (außerdem die erwähnte Rennmaschine G 50). Von jedem Modell gab es verschiedene Varianten in Trial- und Scrambler-Ausführung und verschiedene sehr sportliche Straßenmaschinen.

Eine komplette Modellreihe

Sie bestand 1960 aus kopfgesteuerten Einzylinder-Modellen von 248 cm^3, darunter als G 2 CS ein Scrambler mit höherer Kompression, größerer Bodenfreiheit und anderem Fahrwerk als beim serienmäßigen Modell G 2. G 5, G 3 und G 3 C hießen drei Einzylinder mit 348 cm^3 Hubraum, 72 mm Bohrung und 85,5 mm Hub bzw. 69 mm Bohrung und 93 mm Hub bei den beiden letztgenannten Typen. Ähnlich gab es bei den 498ern „zahme" Sportmaschinen mit 82,5 mm Bohrung und 93 mm Hub sowie die „temperamentvolle" Moto-Cross-Ausführung G 80 CS mit 86 mm Bohrung und

Für englische Trial-Veranstaltungen gebaut: eine 497er Matchless aus dem Jahre 1957. Es gab auch 347er Ausführungen, die sich äußerlich von den größeren kaum unterschieden.

Die zweizylindrige 646er Matchless G 12 CSR „Monarch“ war eine der besten und schönsten aller je von Matchless gebauten Maschinen. Auf Wunsch wurde sie in den Jahren 1963/64 auch mit Zweivergasermotor geliefert. Sie errang besonders in den USA viele Erfolge.

85,5 mm Hub, Verdichtung 8,7; die gleich große G 80 hatte ein Kompressionsverhältnis von 6,5 bzw. 7,3.
Zu den kopfgesteuerten Parallel-Zweizylindern gehörten neben der 498er G 9 vier 646er Modelle, und zwar die „normale“, der G 9 ähnliche Seriensportmaschine G 12, die Luxusausführung der G 12, die besonders in den USA sehr populäre Moto-Cross-Ausführung G 12 CS, deren „heißer“ Motor identisch war

Mit der G 80 CS schuf Matchless eine schöne einzylindrige Moto-Cross-Maschine von 497 cm^3, die in den ersten sechziger Jahren viele Erfolge errang. Das Bild zeigt eine 1963 gebaute G 80 CS.

mit dem der Straßenversion G 12 CSR. Dazu kam noch die 496er Einzylinder G 50 mit obenliegender Nockenwelle (Bohrung 90 mm, Hub 78 mm) und einem Kompressionsverhältnis von 10,6. Typisch für alle Modelle war das große „M" am Tank – ein Zeichen, das später Nachahmer fand.

In den sechziger Jahren entstanden nur wenige neue Konstruktionen, dafür aber neue Namen für weiterentwickelte Modelle. So wurde die 248er G 2 zum Modell „Monitor", die 348er Modell 16 zur „Mercury" und die 498er zur „Major". Aus der zweizylindrigen 646er G 12 wurde die „Majestic" und aus der „heißen" G 12 CSR die temperamentvolle „Monarch". Auch reine Competition-Maschinen erhielten neue Bezeichnungen: die einzylindrige 347er Trial-Maschine G 3 C wurde als „Maestro" und die Moto-Cross-(Scrambler)-Version G 80 C als „Marksman" angeboten. Nicht zufällig schreibe ich „angeboten", denn viele Maschinen wurden nicht mehr verkauft, bevor in den ersten siebziger Jahren der Name Matchless von der Bildfläche verschwand. Die einst so große Fabrik in Plumstead Road (Woolwich) mußte einer Städteplanung weichen. Nach Andover in Südengland verlegt, konzentrierte das Unternehmen die Produktion auf die Marke Norton und vorübergehend teilweise auch auf AJS. Ein Ende des Namens Matchless, das sicher kein Enthusiast dieser Marke wollte.

Noch ein Blick auf die 1953 von Matchless in London gebaute zweizylindrige Rennmaschine G 45, deren kopfgesteuerter Motor von 497 cm³ eine Weiterentwicklung existierender Sportmotoren darstellte. Besonders bei Privatfahrern erfreute sie sich damals großer Beliebtheit. In späteren Jahren wurde sie durch die Matchless G 50 – eine „vergrößerte" einzylindrige AJS R7 – mit kopfgesteuertem Einzylindermotor ersetzt. Erklärlich durch die Tatsache, daß Matchless bereits 1931 die Marke AJS erworben hatte.

Schnelle Rennmaschinen von Peugeot

Bei Peugeot, heute eine weltbekannte französische Autofabrik, schuf man parallel zu Kraftwagen schon vor rund 80 Jahren schnelle und gute Motorräder, dazu Einbaumotoren für andere Motorradhersteller. Als 1907 der Engländer H. Rem Fowler beim ersten Tourist-Trophy-Rennen auf der Insel Man die Zweizylinderklasse gewann, fuhr er eine englische Norton-Rennmaschine – mit einem V-Zweizylindermotor aus den Peugeot-Werken in Valentigny.

Angefangen hatte alles mit Rennfahrrädern in den Jahren 1896 bis 1898, als Fahrer wie Bourillon, Nossam, Moram und Jacquelin viele Siege auf dem ganzen Kontinent errangen und den Namen Peugeot weithin bekanntmachten.

Mit eigenen Maschinen kam Peugeot bereits 1909 zur englischen TT; Jean Giuppone, einer der Werksfahrer, belegte den 12. Platz. Nachher, im Jahre 1912, entstanden die Peugeot-Rennwagen, die damals zu den fortschrittlichsten Konstruktionen gehörten. Sie hatten Motoren mit Vier-Ventil-Köpfen und zwei Nockenwellen je Zylinder und waren von Ernest Henry, Paul Zuccarelli und Georges Boillot, der aus dem Motorradrennteam zum Spitzenfahrer des Rennwagens aufstieg, geschaffen worden.

Die Rennwagenmotoren waren der Ausgangspunkt für die Triebwerke der berühmten und erfolgreichsten Peugeot-Rennmotorräder, die der aus Rumänien stammende Peugeot-Techniker Jean Antoinescu 1913 konstruiert hatte. Sie besaßen zwei nebeneinanderstehende luftgekühlte Zylinder, wie man sie vorher schon bei Buchet, Berclay, Motor-Rêve usw. vorfand, die sich bis dahin aber nicht richtig durchsetzen konnten. Die neuen Peugeot-Motoren hatten vier Ventile und zwei Nockenwellen je Zylinder – analog den Rennwagenmotoren – sowie 62 mm Bohrung und 82 mm Hub, mithin einen Hubraum von 495 cm^3. Zum Nockenwellenantrieb wurden bei der ersten Version Zahnräder verwandt. Erst als Antoinescu 1923 die komplette Konstruktion verbesserte und modernisierte, ging er zu Zwei-Ventil-Köpfen mit nur noch einer Nockenwelle über, der Zahnradantrieb mußte einer Welle mit Kegelrädern weichen.

28 PS und 175 km/h

Gaben die ersten Ausführungen rund 15 PS ab, die eine Spitze von 110 bis 115 km/h ermöglichten, leisteten die ab 1923 gebauten 495er Peugeot-Rennmaschinen mit Zweizylindermotoren – sie hatten inzwischen auch Dreiganggetriebe mit Mehrscheibenkupplung

Frankreichs große Marke Peugeot war schon in der Pionierzeit nicht nur Lieferant erstklassiger Motoren für andere Motorradhersteller (z. B. Norton in England), sondern auch sehr erfolgreich bei Rennen. Hier der Franzose Champoneau mit einer V-Zweizylinder-Peugeot im Jahre 1904.

Schon die 1909 auf der Insel Man durchgeführten Tourist-Trophy-Rennen sahen den französischen Peugeot-Werksfahrer Jean Giuppone am Start. Beachtenswert die Truffault-Vorderradgabel an der Einzylinder-Maschine.

statt nur zwei Gänge aufzuweisen – bis zu 28 PS bei 5200 U/min. Sie erreichten Geschwindigkeiten bis zu 175 km/h, wie sie in ihrer weiterentwickelten Form bis zum Ende des werksseitigen Renneinsatzes 1927 immer wieder bewiesen. In jenem Jahr trennten sich bei Peugeot die Automobil- und Motorrad-Abteilung, der offizielle Renneinsatz entfiel. Bedauerlich angesichts der weiterentwickelten 495er Werkszweizylinder, die damals unzweifelhaft über die schnellsten Motoren ihrer Klasse verfügten.

Daß sie nicht auch die schnellsten Maschinen auf allen Rennstrecken waren, lag an den Fahrwerken. Sie erwiesen sich immer wieder als „zu langsam" für die starken Motoren; ihre Stärke konnten sie vor allem auf schnellen Rennstrecken ausspielen. Als das Werksteam 1924 zur englischen Tourist Trophy kam, zeigten sich die Fahrwerke für die kurvenreiche Rundstrecke von 60 km als so ungeeignet, daß man sie teilweise verändern und vor allem auch mit neuen Gabeln ausrüsten mußte, um annehmbare Trainingszeiten zu erzielen. Beim Rennen erreichten trotzdem die Werksfahrer Péan, Gillard und Richard keine herausragenden Rundenzeiten. Konnten auch früher bei hohen Beanspruchungen aufgetretene Mängel bei der Motorschmierung, bei Getrieben, Kupplungen und Bremsen abgestellt werden – es blieben die Sorgen mit den Fahrwerken, die sich allenfalls für schnelle Strecken wie z. B. die Monthléry-Bahn oder den Rekordkurs von Arpajon eigneten, aber keineswegs für mit Kurven gespickte Rundkurse.

Eine sensationelle Konstruktion war die 1913 von Antoinescu geschaffene 496er Parallel-Zweizylinder-Doppelnockenwellen-Rennmaschine. Sie brachte Peugeot in den zwanziger Jahren viele große Erfolge.

Die erste Ausführung des 496er Zweizylinder-Rennmotors von Peugeot mit großer außenliegender Schwungscheibe.

Daß Peugeot dennoch von 1923 bis 1927 eine führende Rolle im internationalen Rennsport spielte, war den Motoren zu verdanken, die in den meisten Fällen bedeutend höhere Leistungen erbrachten als die Erzeugnisse der Konkurrenz, die sich vor allem auf bewährte Einzylinder verließ. Mit Péan, Gillard und Richard hatte Peugeot technisch versierte Werksfahrer, die bei vielen Rennen dominierten. Schon 1923 erreichte Gillard bei Rennen im Pariser Bois de Boulogne eine Geschwindigkeit von 142,85 km/h, den Großen Preis der Schweiz in Meyrin bei Genf gewann er mit einem Schnitt von 99,7 km/h.

Beim französischen Grand Prix ging die Rechnung nicht auf

Enttäuschend für Peugeot endete damals der für das Werk wichtige Große Preis von Frankreich in Tours, wo das Werksteam von André Boillet, dem jüngeren Bruder des im ersten Weltkrieg umgekommenen berühmten Georges Boillet, betreut wurde. Mit der schnellsten Peugeot sollte Gillard hier die Konkurrenz „zu Tode" hetzen, Péan gewinnen, Richard ihm Rückendeckung geben und möglichst Zweiter werden. Aber es kam anders.

Die große Konkurrenz bildeten englische Fahrer wie Freddy Dixon, Jim Whalley, Alex Bennett, Bill Hassal und Bill Hollowell auf Douglas- und Norton-Maschinen. Gillards Peugeot ging wie geplant zunächst in Führung, aber Péan mußte wegen technischer Probleme mehrmals an die Boxe. Richard war zu langsam, er schied infolge unzureichender Motorleistung nach fünf Runden aus. Und obwohl der „rasende" Gillard nach wie vor an der Spitze lag, ging André Boillots Rennstrategie nicht auf. Péan verlor durch seine Boxenaufenthalte immer mehr Zeit, er kam für einen Sieg nicht mehr in Frage, dann kam der führende Gillard aus der 13. Runde nicht mehr zurück – angeblich ging sein Motor wegen eines Schmierungsdefektes fest. So hieß der Sieger des Grand Prix von Frankreich 1923 weder Péan noch Gillard, sondern Jim Whalley, der eine kopfgesteuerte 498er Douglas mit einem längs eingebauten Zweizylinder-Boxermotor fuhr.

Nach diesem Rennen gab es im Hause Peugeot „lange Gesichter", doch kam die Revanche bald darauf beim Großen Preis von Italien in Monza, wo Gillard das Rennen mit einem Durchschnitt von 120,44 km/h überlegen vor Edoardo Self auf Norton und dem Belgier Vidal auf Saroéa gewann. An den Peugeots hatte man inzwischen das zu Defekten neigende Schmiersystem und die Qualität der Ventilfedern verbessert, und das genügte, um alle drei Werksmaschinen ins Ziel zu bringen. Grémaud, der hier den verletzten Péan er-

Anfang der zwanziger Jahre wurde der Parallel-Zweizylinder-Rennmotor von Peugeot völlig umkonstruiert. Er hatte nunmehr nur eine durch Königswelle angetriebene obenliegende Nockenwelle. Beim älteren Modell waren es noch durch Zahnräder angetriebene zwei Nockenwellen.

Roger Gillard, ab 1923 zusammen mit Péan und Richard in der jahrelang erfolgreichen Werksmannschaft von Peugeot, posiert hier mit der damals neuen 496er Parallel-Zweizylinder mit obenliegender Nockenwelle, die ihm viele Siege einbrachte.

setzte, belegte den neunten Platz, Richard wurde zehnter. Die schnellen Werksmaschinen (die damals nicht verkauft wurden) und die Organisation der Rennabteilung wurden weiter verbessert, so daß Peugeot fast überall Siege bei Straßenrundstreckenrennen wie auch bei den damals vielen Bergrennen erringen konnte. Einige Motoren wurden für den Start in der 750er Klasse auf 698 cm^3 aufgebohrt, sie gaben 30 PS ab – eine erstaunliche Leistung Mitte der zwanziger Jahre.

Nach der 1926 erfolgten „Teilung" des Unternehmens in ein eigenes Autowerk und ein getrenntes Motorradwerk konnten die Werksfahrer noch ein Jahr lang diese hervorragenden Rennmaschinen bis Ende 1927 erfolgreich steuern, vornehmlich auf der Montlhery-Rennbahn, bei Rekordtagen in Arpajon und bei Bergrennen. Als dann Ende 1927 die Mannschaft aufgelöst wurde, zogen sich Péan und Gillard vom aktiven Rennsport zurück, während Richard zu Motosacoche in die Schweiz und dadurch dann auch zu Monet-Goyon im französischen Macon als Werksfahrer ging. Monet-Goyon war damals der größte Abnehmer von MAG-Einbaumotoren, die aus der Motosacoche-Zweigfabrik in Lyon stammten.

Robuste Serien-Motorräder

Als Serienmaschinen lieferte Peugeot vorerst zahlreiche V-Zweizylinder, deren Motoren auch zum Einbau an andere Motorradherstel-

Nicht immer reichte es zum Sieg, zumal bei Rennstrecken mit vielen Kurven und schlechten Straßen. Da waren die Fahrwerke „zu langsam" für die schnellen Halbliter-Zweizylindermotoren. Das erkannte auch Pierre Péan (im Bild) 1924 beim Training zur englischen TT. Er landete auf Platz 14 in der Senior-Klasse.

Beim Bau von Serienmaschinen blieb Peugeot etwas bescheiden, auch wenn diese 173er Stufenkolben-Zweitakt-Einzylindermaschine in der zweiten Hälfte der zwanziger Jahre oft im Straßenverkehr zu sehen war.

ler verkauft wurden. Die gut konstruierten und robust gebauten Modelle wurden in den Werken von Valentigny und Levallois-Perret (Doubs) hergestellt und erzielten in den zwanziger Jahren hohe Umsätze. Sehr populär war auch die 175er Zweitakt-Peugeot als billiges französisches Volksmotorrad, obwohl es Mitte der zwanziger Jahre nur 2,5 PS leistete. Auch andere kleine Zweitakter mit einfachen, aber zuverlässigen Nasenkolben-Einzylindermotoren stützten den guten Ruf dieser Marke.

Nachdem sich das Werk 1927 offiziell vom Rennsport zurückgezogen hatte und die hervorragenden Werksrennmaschinen „eingemottet" worden waren, hörte man nur noch von Erfolgen bei Wertungs- und Zuverlässig-

Für anspruchsvolle Kunden baute das Werk in Valentigny auch 346er Einzylinder mit Blockmotoren. Diese 1929 hergestellte kopfgesteuerte 346er wurde jahrelang weiterentwickelt und gebaut.

Weiterentwickelt wurden auch die 496er Parallel-Zweizylinder-Werksrennmaschinen. Hier der Werksfahrer Richard auf einer der letzten Peugeot-Rennmaschinen. Nachdem Motocycles Peugeot sich von Automobiles Peugeot getrennt hatte, wurde das Werksteam 1927 aufgelöst.

keitsfahrten. Meines Wissens ist bis heute nur ein Exemplar der von 1923 bis 1927 so erfolgreichen Werksrennmaschinen – und das nicht im Originalzustand – erhalten geblieben.

Wertungsfahrten bestritt Peugeot in den letzten zwanziger und in den dreißiger Jahren vornehmlich mit kopfgesteuerten Einzylindermaschinen von 346 cm^3. Zu den Fahrern, die mit ihnen von Langstreckenveranstaltungen sehr gute Ergebnisse mitbrachten, gehörte auch der berühmte Robert Sexé. Er war bereits 1926 mit einer seitengesteuerten FN von 346 cm^3 um die Welt gereist und war bei Gillet in Herstal/Belgien tätig, bevor er um 1930 herum zu Peugeot überwechselte. Bekannt wurde er auch durch seine Fahrt von Paris nach Moskau auf einer Peugeot.

Ende der zwanziger Jahre wurden die Zweitakter vorübergehend aus der Produktion genommen; alles konzentrierte sich auf die Entwicklung der kopfgesteuerten 346er Einzylindermaschine, die 10 PS leistete. Eine große Verbreitung außerhalb Frankreichs und seiner Kolonien fand sie jedoch nicht, wie man überhaupt französische Motorräder im Ausland nur selten sehen konnte. Ausnahmen bildeten in beschränktem Umfang u. a. Gnome & Rhone und Terrot, letztere Marke einst Frankreichs größter Motorradhersteller zwischen 1927 und 1935, als man dort sehr schnelle Rennmaschinen mit JAP-, Blackburne- und eigenen Motoren schuf. Die meisten Rennerfolge konnte die kopfgesteuerte Einzylinder von 248 cm^3 erringen – zu Zeiten, als man bei Peugeot keine Rennmaschinen mehr baute.

Rekorde in Monthléry

Anfang der dreißiger Jahre bestand die Peugeot-Modellpalette aus seitengesteuerten Einzylindern von 198 und 346 cm^3 und einer weiterentwickelten kopfgesteuerten 346er Maschine, die als die verkäuflichsten Versionen galten – wegen ihrer Robustheit und Zuverlässigkeit. Das Bauprogramm umfaßte 22 Modelle, es begann von unten mit 174er und 246er Zweitaktern. Der Hauptunterschied lag in der verschiedenartigen Ausrüstung, doch gab es auch einige Viertakter mit Blockmotoren. „Ganz oben" standen 498er Einzylinder, seiten- oder kopfgesteuert, die Mitte der dreißiger Jahre auch schon Vierganggetriebe mit Fußschaltung besaßen. 1934 brach eine für Rekordzwecke besonders hergerichtete 498er die Weltrekorde über 24 Stunden, 2000 km und 3000 km auf der Monthléry-Bahn südlich von Paris.

In der Nachkriegsperiode dominierten Zweitakter bei Peugeot, Einzylinder von 98, 122, 125, 150 und 175 cm^3 und eine Parallel-Zweizylinder von 246 cm^3. Sie fanden guten Absatz – 1950 war Peugeot mit 22664 verkauften Maschinen zum größten Motorradhersteller Frankreichs geworden. Hergestellt wurden auch Motorroller mit 49 und 124 cm^3 sowie kleine Zweitaktmotoren. Alle Produkte von Peugeot waren gut konstruiert und von erstklassiger Qualität, wenngleich die Motoren auch nicht als „temperamentvoll" galten.

Im Jahre 1957 wurde der Motorradbau bei Peugeot zum Großteil aufgegeben.

Erste deutsche Königswellenmaschine: Roconova

Johannes Rössig, ein ambitionierter Motorradtechniker, brachte 1923 den Mut auf, das bis dahin in Deutschland kaum erforschte Neuland der Herstellung von Königswellenmotoren zu betreten; damals hatten die meisten Motorräder Zweitakter oder seitengesteuerte Viertakter. Viele Motorenhersteller waren damals sogar gegen die Verwendung obengesteuerter Ventile, weil es an Erfahrungen und oft auch an geeigneten Materialien für die Fertigung hochbeanspruchter Teile mangelte – ganz abgesehen von Schmierungs- und vor allem thermischen Problemen.

Mit Königswellenmotoren – das heißt Motoren mit durch Vertikalwellen angetriebenen obenliegenden Nockenwellen – hatte Peugeot ab 1923 Zweizylinder-Rennmaschinen ausgerüstet. Bereits 1913 waren hier Rennmaschinen mit zweizylindrischen Doppelnockenwellenmotoren von 495 cm^3 erschienen, deren Nokkenwellen vorerst über einen Zahnradantrieb verfügten. Koehler-Escoffier baute seit 1921 große V-Zweizylinder von 996 cm^3 mit Königswellen, und auch in Amerika wurden von Cyclone, Reading-Standard, Indian, Excelsior usw. erfolgreiche Werksrennmaschinen mit Königswellenmotoren – teilweise schon vor dem Ersten Weltkrieg – hergestellt. Cyclone baute sie sogar in Serie, allerdings waren die Fertigungskosten damals zu hoch, als daß sich große Umsätze erzielen ließen. Oft war die Leistung nicht besser als bei guten kopfgesteuerten Motoren ohne Königswelle, und auch die Zuverlässigkeit erfüllte nicht alle Wünsche von Herstellern und Fahrern.

Rennfahrer und Konstrukteur

Es war daher ein gewagter Schritt, als Johannes Rössig (bereits erfolgreicher Rennfahrer auf Douglas- und Victoria-Maschinen, die beide zweizylindrige kopfgesteuerte Boxermotoren hatten) die Fachwelt mit der Roconova überraschte. Sie entstand in Berlin-Charlottenburg bei der Firma Roco-Motorfahrzeuge AG, deren Mitinhaber Johannes Rössig war und an der auch die Brüder Heinrich und Hermann Rossner, bekannte und erfolgreiche Rennfahrer, gewisse Anteile hatten. Rössig war mit dem Bau der kleinen Roco-Zweitakter seit 1922 eng verbunden. Mit 110 cm^3, einem Motor mit liegendem Zylinder und Nasenkolben waren es für die damalige Zeit recht ansprechende Maschinchen – jedoch wegen der primitiven Herstellung zu teuer. Zu einer moderneren und damit lukrativeren Produktion fehlte das nötige Kapital. Ins Gewicht fie-

Aufsehen erregte Johannes Rössig, Konstrukteur und Fabrikant der Roconova, als er 1925 mit seiner 248er Rennmaschine mit obenliegender Nockenwelle auf der Berliner Avus mit 118,8 km/h einen neuen Rundenrekord für die 250er Klasse aufstellte.

len auch die niedrigen Preise der damals sehr starken Konkurrenz und die Inflation, die in kommerzieller Hinsicht eine verheerende Rolle spielte. Im Jahre 1923 war dann auch das Ende der Firma gekommen. Beim Zusammenbruch verließen die Brüder Rossner den Firmengründer Johannes Rössig, der jedoch nicht aufgab. Nachdem er wieder etwas Kapital gefunden hatte, stellte er eine neue Firma, die „Roconova", auf die Beine - allerdings wieder in einer finanziellen Enge, die es verhinderte, daß er seine Fähigkeiten als Konstrukteur voll entfalten konnte.

Unter solchen Umständen ist es schwer, Neukonstruktionen zu schaffen und diesen die Kinderkrankheiten auszutreiben. Bei dem Kapitalmangel, unter dem die Roconova litt, mußte Rössig Rennen bestreiten, um seine Maschinen zu verkaufen, obwohl sie noch nicht voll „ausgereift" waren. Zwar handelte es sich um gut konstruierte und auch schnelle Motorräder, die aber oft nicht sehr zuverlässig waren, weil ihnen Rössig aus finanziellen Gründen nicht die notwendige Entwicklungsperiode angedeihen lassen konnte und auch Probleme hatte, die bestmöglichen Rohstoffe und Bearbeitungsmethoden einzusetzen. Viele Schwierigkeiten nahm ihm der erfahrene Gerard Zadek ab, einer der Roconova-Werksfahrer, der Rössig seine ausgezeichnet eingerichtete Werkstatt in Berlin zur Verfügung stellte.

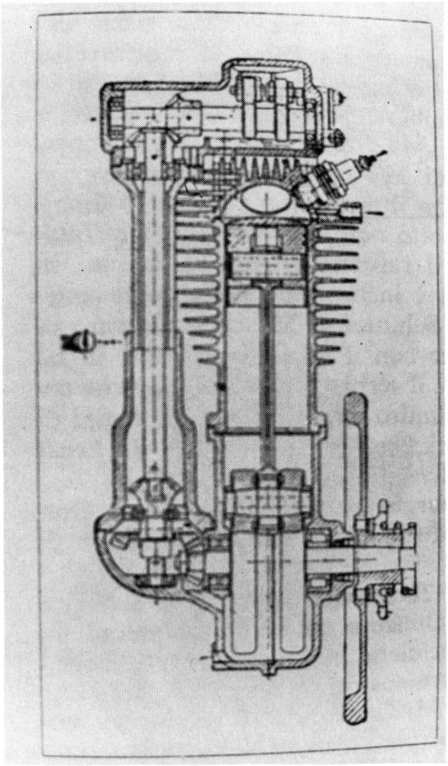

Als erste deutsche Motorräder besaßen die Roconovas seit 1924 einen in Serie gebauten Einzylindermotor mit obenliegender Nockenwelle, die von einer Königswelle angetrieben wurde. Der 248er Motor hatte 60 mm Bohrung und 88 mm Hub, die 348er Version 71 mm Bohrung und 88 mm Hub. Auch einige 174er entstanden im Charlottenburger Werk.

Erster Nockenwellenmotor von Rössig

Mit seinem 1924 gebauten ersten Königswellenmotor von 248 cm^3 konnte er schon ein Jahr später beim Avus-Rennen in Berlin in der 250er Klasse einen Rundenrekord mit 118,8 km/h aufstellen. Serienmäßig leistete diese Maschine 7,5 PS und erreichte bei einem Eigengewicht von nur 85 kg eine Spitze von 90 km/h. Es spricht für den Techniker Rössig, daß er mit der Rennversion so gute Durchschnitte erzielen konnte. Jedoch wurde der Viertellitermotor von ihm besonders forciert, während die 348er Roconova und auch die in nur wenigen Exemplaren hergestellte 174er auf weniger „Entwicklungsliebe" stießen. Für die serienmäßige 348er gab er ein Gewicht von 90 kg und eine Spitze von 100 km/h an – in Rennausführung dürfte sie 125 bis 130 km/h erreicht haben. Allerdings gab sie während eines Rennens oft ihren Geist auf. Der Grund für Defekte lag häufig im Kegelradantrieb der obenliegenden Nockenwelle, besonders bei den ersten Modellen. Ansonsten sparte man nicht, und wo es nur ging, wurden erstklassige Kugellager verwendet. Typisch für alle Roconova-Motoren waren die außenliegende Schwungscheibe, der keineswegs schwere Doppelrohrrahmen und der tief angeordnete Sattel.

In Augsburg war es übrigens August Paqué, ein Konstrukteur und Motorradhersteller, der Rössig nacheiferte. Kurz nach dem Erscheinen des ersten Roconova-Königswellenmotors mit 60 mm Hub und 88 mm Bohrung versuchte er den Stössel-Ventilantrieb seines 198er kopfgesteuerten Motors auf Wellenantrieb umzustellen. Angeblich gab er nach kurzer Zeit diese Ambitionen auf, obwohl einige dieser Motoren gebaut und von Paqué selbst

Diese 248er Roconova von 1925 war typisch für alle Königswellenmotoren der Firma Johannes Rössig. Ähnliches galt auch für die 348er Version, die allerdings weniger für Rennen weiterentwickelt wurde als die kleinere Maschine.

sowie von Luwe und anderen kleinen Herstellern verwendet wurden. Eine Paqué steuerte der bekannte Franz Islinger sogar bei Rennen.

Doch zurück zu Johannes Rössig. Er war schon ein erfahrener Mann, der aber immer wieder unter den damaligen technischen und finanziellen Schwierigkeiten litt. Bezeichnend dafür ist, daß z. B. Graf Nikolaus Bismarck vom Schloß Varzin in Ostpreußen, ein bekannter und erfolgreicher Rennfahrer, seine neue Roconova schon bezahlen mußte, als er den Auftrag für ihren Bau erteilte. Bei Auslandsrennen waren Roconovas nur selten anzutreffen. Als 1925 zwei Werksmaschinen mit Rössig und Josef Thevis im Sattel beim Großen Preis der Nationen in Monza mitmischten, waren sie zwar sehr schnell, erreichten aber nicht das Ziel – sie mußten ausscheiden. In der Tschechoslowakei vertrat Gustav Kroboth die Marke Roconova, er konnte 1926 bei der ersten tschechischen Tourist Trophy, die auf einer Rennstrecke bei Karlsbrunn im Altvatergebirge ausgetragen wurde, in der 250er

Die Roconovas glichen sich durchaus nicht wie ein Ei dem anderen. Das zeigt die 1926 gebaute 248er des Berliner Rennfahrers Hans-Walter Elsner.

Zu den erfolgreichsten Roconova-Rennfahrern gehörte Graf Nikolaus Bismarck vom Schloß Varzin in Ostpreußen, der nach 1926 auch Rennen auf DKW, BMW, AJS und anderen Marken fuhr. Er starb 1941 in Berlin.

Klasse den zweiten Platz belegen. Nach dem Zweiten Weltkrieg baute er übrigens in Deutschland die nach ihm benannten Kroboth-Roller.

Erfolgreiche Rennfahrer

Außer Sepp Thevis, Graf Nikolaus Bismarck, Gerhard Zadek und Johannes Rössig selbst gab es noch zahlreiche Roconova-Rennfahrer, u. a. Rössigs Bruder Kurt, den Sohn eines rumänischen Ministers namens Carp, den Sohn des bayerischen Ministerpräsidenten Held sowie Heinz Hammerstädt, Gerhard Hellmann und den Berliner „Grasbahn-Raben" Hans-Walter Elsner. Bei Roconova konnte man auch Königswellenmotoren einzeln erwerben, und so kam es, daß sie u. a. in Rennmaschinen von Patria in Solingen und TX (Westendarp & Pieper) in Berlin anzutreffen waren. Kurt Pohle selbst, der TX-Konstrukteur und Rennfahrer, steuerte so eine TX-Roconova bei Rennen.

Firmenchef Rössig sammelte mit seinen Maschinen natürlich viele wertvolle Erfahrungen. Als er gerade eine verbesserte Motorkonstruktion fertig hatte, konnte er aus kommerziellen Gründen nicht mehr weitermachen. Das war 1927, nachdem er schon vorher den späteren Chefredakteur der Zeitschrift „Das Motorrad" als Mitinhaber in die Firma aufgenommen hatte. Es war dies Gustav Müller, der 1949 „Das Motorrad" wieder zu neuem Leben erweckte und bald darauf nach einer Operation starb.

Mit dieser 348er beendete Roconova den Bau der sportlich erfolgreichen Maschinen mit obenliegender Nockenwelle. Serienmäßig erreichte sie nur etwa 100 km/h, bedeutend schneller war sie in Rennausführung. Wohl aus kommerziellen Gründen gab es keine entsprechende Weiterentwicklung.

Ein Blick zurück auf das Jahr 1922, als die Brüder Rossner – in Zeitz geborene und in Berlin-Charlottenburg wohnhafte Motorradhändler und Rennfahrer – die 110er und 145er Leichtkrafträder „Roco" (Rossner & Co.) bauten und wo Johannes Rössig seine fachliche Laufbahn begann. Eigentlich war die Roco die „Mutter" der Roconova – wenn auch keine starke.

Rössig bei Rossner

Bedauerlich, daß Rössig seine Roconova-Pläne nicht verwirklichen konnte. Sein Lebensweg: 1889 geboren, begann er bereits 1905 bei Hiller in Dresden seine Laufbahn als Techniker; er wurde später Ingenieur und Oberingenieur und arbeitete auch für Daimler beim Bootsmotorenbau in Marienfelde. Von dort kam er zur Firma Rossner & Co. in Berlin, die Motorräder der Marken Indian, Douglas und dann auch Mabeco importierte bzw. vertrat. Aus „Rossner & Co." entstand 1922 die „Roco", ein Firmenname, der unter dem „Co." Johannes Rössig als Teilhaber einschloß. Als er 1924 die Neukonstruktion mit dem Königswellenmotor baute, war es gewissermaßen eine „neue Roco", die deshalb den Namen Roconova erhielt, wobei „Nova" eben für das Neue stand.

Als Roconova nicht mehr existierte, ging Rössig Ende 1927 als Nachfolger des Konstrukteurs und Motorradherstellers Franz Gnädig (KG, Gnädig, Diamant, Kühne) zu den Kühne-Werken nach Dresden, wo Einbaumotoren für zahlreiche Motorradhersteller gebaut wurden. Ende der zwanziger Jahre mußten viele Motorradwerke wegen der damaligen Wirtschaftskrise die Produktion einstellen, darunter auch solche, die vornehmlich von Kühne die seinerzeit beliebten 346er kopfgesteuerten Einzylindermotoren bezogen. Dadurch wurde der Familienbetrieb Kühne so in Mitleidenschaft gezogen, daß Johannes Rössig auch dort den Bau seines verbesserten Königswellenmotors nicht verwirklichen konnte. Es handelte sich um eine sehr moderne Konstruktion mit völlig eingeschlossenem Wellenantrieb und vollgekapseltem Ventilmechanismus im Zylinderkopf. Der sehr schöne Motor fiel der schlechten Wirtschaftslage zum Opfer, von der auch Kühne – damals führender Viertaktmotorenhersteller in Deutschland – nicht verschont blieb, da zahlreiche Kunden die Wirtschaftskrise nicht überstanden und keine Möglichkeit hatten, die bereits gelieferten Motoren zu bezahlen.

Wie ich von Dipl.-Ing. Helmut Hütten erfuhr, verließ Johannes Rössig die Firma Kühne und trat im Januar 1929 in die Dienste der Shell in Hamburg, wo seine Erfahrungen und Kenntnisse voll zur Geltung kamen, als er als Renndienstleiter der Shell im Laufe der Jahre vielen Rennfahrern mit Rat und Tat helfen konnte. Als Rössig sich in den fünfziger Jahren in den wohlverdienten Ruhestand zurückzog, wurde der nicht minder tüchtige Techniker und Ex-Rennfahrer Hütten sein Nachfolger bei der Shell. Heute zählt immer noch die Tatsache, daß Rössig 1923 die erste deutsche Serienmaschine mit Königswellenmotor schuf, die 1924 in die Produktion ging.

Von Uhren und Orgeln zu schnellen Motorrädern: Yamaha

Heute ist Yamaha die zweitgrößte Motorradfabrik in Japan und zugleich die zweitgrößte Motorradschmiede der Welt. Millionen Yamaha-Motorräder bevölkern die Straßen, Hunderte siegen jährlich bei kleinen und großen Rennen und anderen sportlichen Veranstaltungen in vielen Ländern. Bedenkt man, daß die erste Yamaha-„YA 1" erst 1955 gebaut wurde, dann wird deutlich, welchen Aufschwung die Motorradproduktion bei Yamaha in Hamamatsu in einer verhältnismäßig kurzen Zeit genommen hat.

Während Yamaha zusammen mit Honda, Suzuki und Kawasaki immer stärker nach vorn drängte, traten andere japanische Motorradwerke - unter ihnen Bridgestone, Tohatsu, Lilac, Yamaguchi, Meguro, Tsubasa, Rotary und andere - von der Szene ab. Der rasche Aufstieg von Yamaha beruht auf moderner Technik, die zu wirtschaftlichen und sportlichen Erfolgen führt. Motorräder werden hier nicht nur gebaut, um einen Bedarf zu befriedigen, sondern auch auf einer Grundlage hergestellt, die es ermöglicht, immer wieder ganz vorn mitzumischen. Teils durch erstklassige Konstruktionen, hervorragende Qualitat und modernste Vertriebsmethoden, teils aber auch durch große Leistungen der japanischen Techniker hinsichtlich kostengünstiger Fertigungsmethoden, die eine gute Rentabilität der Produktion sichern.

Zuerst zehn Jahre Uhrmacherlehre

Der 1851 geborene Torakusu Yamaha hatte eine zehnjährige Lehre bei einem englischen Uhrmacher in Japan absolviert, bevor er mit 30 Jahren nach Hamamatsu kam, um eine erst drei Monate alte Orgel zu reparieren, was ihm auch gelang. Dabei „verliebte" er sich in diese Stadt, gab seinen bisherigen Wohnsitz auf und blieb in Hamamatsu, um dort selbst Orgeln zu bauen, da er bald die Schwächen der existierenden Konstruktionen erkannt hatte. Sein Freund Kisaburo Kawai gab ihm dazu die notwendigen finanziellen Mittel. Jetzt fehlte nur noch eine Freigabe zur Herstellung der neukonstruierten Orgel durch die rund 350 km entfernte Handelskammer in Tokio. Da es

Als bei Yamaha 1955 die ersten Motorräder, 123er Zweitakter, gebaut wurden, konnten sie ihre „Großeltern" deutscher Herkunft (DKW) nicht verleugnen.

In den sechziger Jahren ging man dann schon mehr eigene Wege, wie diese 246er Zweizylinder beweist, doch hätte auch hier die Adler aus Frankfurt als Vorbild angesehen werden können.

keine anderen Transportmöglichkeiten gab, trugen Yamaha und Kawai die an zwei Stangen befestigte Orgel höchstpersönlich in die Hauptstadt. Freilich umsonst - die Orgel war so verstimmt, daß sie den Anforderungen der Handelskammer nicht entsprach.

Torakusu Yamaha blieb zunächst in Tokio, studierte dort auf Kosten befreundeter Angestellter der Handelskammer einige Zeit Musik und kehrte dann nach Hamamatsu zurück, um eine zweite Orgel aufgrund seiner neuen Erfahrungen herzustellen. Als er sie zur Abnahme nach Tokio brachte, wurde die Orgel sofort akzeptiert. So konnten Yamaha und Kawai nunmehr in Hamamatsu ein eigenes Unternehmen gründen - die Firma Nippon Gakki, heute einer der größten Industriekonzerne Japans.

1926 wurde Kauchi Kawakami Präsident von Nippon Gakki. Unter seiner Leitung erblickte 1955 in der nunmehr sehr großen Fabrik für Musikinstrumente das erste Yamaha-Motorrad das Licht dieser Welt, eine Einzylinder-Zweitakter von 123 cm^3. Sie konnte eine gewisse Ähnlichkeit mit damaligen DKW-, BSA- und Harley-Davidson-Konstruktionen nicht verleugnen . . . Rund 200 Exemplare dieser ersten Yamaha liefen monatlich vom Band - eine bescheidene Stückzahl. Im Juli 1955 wurde das erste Motorradwerk von Yamaha eröffnet; auf einem Areal von 18 500 qm arbeiteten damals 200 Beschäftigte.

Nippon Gakki - und Yamaha

Die „Japan Instrument Company", zu der auch Yamahas Motorradwerke gehören, stellt Pianos, Trommeln, Gitarren und andere Musikinstrumente her, jetzt auch Stereoanlagen, Tennisschläger und ähnliche Produkte. Auch heute ist Yamaha mit dem Stammhaus in wirtschaftlicher und technischer Hinsicht engstens verbunden. Diese Zusammenarbeit schließt ein, daß beispielsweise die Geräuschentwicklung der bei Yamaha gebauten Schneemobile im selben Raum geprüft wird wie der Klang von Musikinstrumenten aus der Yamaha-Produktion.

Mit dem Bau neuer Motorradwerke ging bei Yamaha der Aufbau eines weltweiten Vertriebs einher. Wurden 1962 12 017 Motorräder gebaut, waren es 1965 bereits rund 120 000. Ende der siebziger Jahre verkaufte die Motorraddivision Erzeugnisse im Werte von 1,54 Milliarden Dollar und beschäftigte rund 10 000

Eine der ersten Rennmaschinen von Yamaha mit einem luftgekühlten Zweizylinder-Zweitaktmotor, sie entstand Mitte der sechziger Jahre und hatte 248 cm^3.

Personen. Anfang der sechziger Jahre wurde auch die Produktion von Booten, Außenbordmotoren und Schneemobilen aufgenommen; dominierend aber blieb der Motorradbau mit 60 bis 65 Prozent Anteil.
In den Verkaufsbemühungen unterstützt wird die Mutterfirma – Yamaha Motor Co. Ltd., 2500 Shingai Iwata-Shi Shizuoka-Ken, Japan – durch vier Überseegesellschaften: die Yamaha Motor Corporation USA in Cypress, Kalifornien; die Yamaha Motor Canada Ltd. in Willowdale, Ontario; die Yamaha Motor N. V. in

Auch bei Yamaha lernte man schnell. Diese 1973 gebaute 348er Zweizylinder-Zweitaktmaschine war bereits eine schöne und moderne Konstruktion.

Amsterdam und die Yamaha Motor do Brasil Ltda. in São Paulo. Die dadurch ermöglichten großen Umsätze erlauben natürlich auch rationelle Herstellungsmethoden sowie große Forschungs- und Entwicklungsabteilungen, umfangreiche Design-Studios voll mit Computern und den Bau eigener Teststrecken mit den dazu gehörenden Anlagen.

Wie andere japanische Motorradhersteller ist auch Yamaha sehr anpassungsfähig, um den Wünschen der Kunden zu entsprechen. Das zeigt sich in einer Vielzahl von Modellen, die noch dadurch gesteigert wird, daß einige Typen für viele Länder verschieden ausgerüstet werden müssen und andere nur in bestimmten Ländern angeboten werden. Rennmaschinen werden oft nur an bestimmte Werks- oder Semi-Werksfahrer abgegeben oder über einzelne Yamaha-Gesellschaften – wie z. B. Mitsui in Deutschland – bzw. anerkannte Rennställe Spitzenfahrern zur Verfügung gestellt.

Die Vielfalt serienmäßiger Modelle und ihre ständige Weiterentwicklung macht im Vertrieb große Schwierigkeiten, auch wenn Computer die Lagerhaltung bei Importfirmen und Händlern unterstützen. Folgen neue und verbesserte Versionen rasch aufeinander, entstehen Probleme vor allem in der Ersatzteilversorgung bei „älteren" Modellen, die oft erst vor Jahresfrist geliefert wurden. Diese Sorgen kennen alle Motorradhersteller mit einem enorm großen Programm, aber auch der Fachhandel. Schließlich kann ein kleinerer Händler nicht Millionenwerte an verschiedensten Ersatzteilen jahrelang am Lager haben.

Siegreiche Rennmaschinen

Zu Beginn der sechziger Jahre beteiligten sich japanische Firmen erstmals an den großen Straßenrennen Europas – zuerst Honda, dann Suzuki und Yamaha, anfänglich mit zweizylindrigen Zweitakt-Rennmaschinen von 248 cm^3. Fumio Ito wurde bereits 1963 Dritter in der Weltmeisterschaft der 250er Klasse. Schon 1964 gewann Phil Read diese Klasse für Yamaha vor Jim Redman auf einer Honda. Auch 1965 siegte Phil Read, diesmal vor seinem Yamaha-Teamkollegen Mike Duff. 1966 stieg Yamaha auch in die 125er Klasse ein mit dem Ergebnis, daß der kleine Engländer Bill Ivy Weltmeisterschafts-Zweiter wurde. Er gewann diese Meisterschaft 1967; 1968 lag Phil Read vor ihm an der Spitze. In der 250er

Neben Rennmaschinen entstanden in den siebziger Jahren auch schon erfolgreiche Trial-Modelle wie diese 1973 gebaute DT 250 mit 246er Einzylindermotor.

Eine erfolgreiche Moto-Cross-Maschine von 246 cm^3, gebaut in den mittleren siebziger Jahren.

Klasse sah es genau so aus: Phil Read vor Bill Ivy, beide natürlich auf Werksrennmaschinen von Yamaha. Ähnlich ging es in den folgenden Jahren weiter, in denen Yamaha auch in den Klassen bis 350 und 600 cm^3 erfolgreich mitmischte.

Unmöglich, an dieser Stelle die Namen aller Fahrer aufzuführen, die für Yamaha Rennerfolge errangen – und das gilt auch für die Vielzahl der bisher gebauten Modelle. Fast alle Spitzenfahrer steuerten zu verschiedenen Zeiten diese schnellen Rennmaschinen, von denen die meisten Zweitaktmotoren hatten bzw. haben. Hier seien außer den bereits erwähnten Fahrern noch Kent Andersson, Silvio Grassette, Rod Gould, Kelvin Carruthers, Jarno Saarinen, Charles Mortimer, Deutschlands Dieter Braun, Teuvo Länsovuori, Giacomo Agostini, Johnny Cecotto, Charly Williams, John Williams, Mick Grant, Tony Rutter, Victor Paloma, Jack Findley, Takazumi Katayama, Gené Romero, Patrick Pons, Kenny Roberts, John Dodds, Steve Baker, Christian Sarron, Roger Marshall, Ron Haslam, Tom Herron, Barry Ditchburn, Jon Ekerold, Franco Uncini, Marc Fontan, Steve Parrish, Barry Sheene, Manfred Herweh, Martin Wimmer, Jean Tournadre und Graeme Crosby besonders angeführt, wobei dies keinesfalls eine Rangliste sein soll. Dazu kommt noch die Seitenwagenklasse, in der man schnelle Yamaha-Motoren in vielfältigen Fahrwerken antrifft.

Eine große Rennabteilung befaßt sich bei Yamaha mit der Weiterentwicklung schneller und zuverlässiger Maschinen. Seit Jahren werden besonders 248er und 348er Zweitaktversionen an gute Privatfahrer abgegeben. In der Halbliterklasse kam Yamaha mit zwei Vierzylinderversionen heraus, denen man in den ersten achtziger Jahren eine Leistung von rund 150 bis 160 PS nachsagte. Alle Rennzweitakter, auch die käuflichen 248er und 348er mit 60 bzw. 65 PS, sind mit Wasserkühlung ausgerüstet. Da sich diese Motoren noch weiter „tunen" lassen, sind diese Zahlen mit etwas Vorsicht zu genießen; so hatte z. B. der 248er Yamaha-Motor des hervorragenden Münchners Martin Wimmer schon zu Beginn der Rennsaison 1982 mehr als 65 PS auf dem Bremsstand nachgewiesen. Es sind dies seit vielen Jahren bewährte und zuverlässige, aufgrund der Rennerfahrungen stetig weiterentwickelte Triebwerke.

Zu diesen Weiterentwicklungen gehörte beim kleineren Modell die Verwendung eines Rollenschiebers zur Gassteuerung und bei allen Rennmodellen die Einführung eines Cantilever-Fahrwerks. Die TZ 250 besitzt zudem noch eine Power-Valve-Auslaßsteuerung. Bei den 498er Vierzylinder-Rennmaschinen sind die Zylinder quadratisch angeordnet, bei den ab 1982 eingesetzten Werksrennmaschinen auch in V-Form. Die käufliche TZ mit 498 cm^3 besitzt im Gegensatz dazu einen Reihenmo-

Daß japanische Motorradwerke sehr anpassungsfähig sind, bewies Yamaha, als man unter den Wankel-Patenten von NSU die Lizenz für die „Rotary RZ 201" erwarb. Im Herbst 1972 wurde sie in Tokio vorgestellt. Der wassergekühlte Zweischeiben-Wankelmotor mit Frischgas-Innenkühlung leistete bei einem Kammervolumen von 330 cm³ 68 PS bei 6600 U/min. Verkaufsrekorde erzielte diese Maschine nicht.

Auch bei Yamaha kamen Viertakter immer mehr nach vorn; diese kopfgesteuerte 743er Zweizylinder von 1974 ersetzte vorausgegangene 646er Modelle.

Ein Querschnitt durch den Zweizylindermotor von 743 cm³ der TX 750 von Yamaha.

tor und leistet 125 PS bei 11 000 U/min, ihr Gewicht beträgt rund 135 kg. Verschiedene Fahrer verwenden aber auch leichtere Fahrwerke von Spezialfirmen, so daß eine große Yamaha-Rennmaschine auf mehr als 50 000 DM kommen kann, ohne den Konkurrenzerzeugnissen überlegen zu sein. Von den Kosten für Werksrennmaschinen gar nicht zu reden, zumal diese auch von Honda und Suzuki mit großem Aufwand weiterentwickelt und bei Rennen eingesetzt werden. Das betraf beispielsweise 1982 auch die dreizylindrige 498er Honda und die schnellen Suzukis, die unter Franco Uncini eine Weltmeisterschaft erringen konnten.

Auch im Moto Cross erfolgreich

Neben Straßenrennmaschinen spielen auch Moto-Cross-Modelle eine prominente Rolle im Bauprogramm von Yamaha. Es gibt sie mit Hubräumen von 59 cm³ (nur für die USA) bis 487 cm³ nunmehr auch mit Wasserkühlung für die einzylindrigen Zweitaktmotoren und mit Power-Valve-Auslaßsteuerung bei den größeren Modellen. Verschiedene Firmen bauen

Zehn Jahre nach dem Entstehen der ersten 123er Zweitakt-Yamaha gab es schon eine 123er mit Zweizylinder – anstelle des Einzylindermotors.

Eine schnelle und schöne 248er Zweizylinder-Zweitaktmaschine war die Yamaha RD von 1975.

Rassig auch die Yamaha XS 500 von 1977 mit ihrem zweizylindrigen Vierventil-Doppelnockenwellenmotor von 498 cm^3. Spitze: 175 km/h.

Yamaha-Motoren auch in eigene Fahrwerke ein. Ohne Zweifel leisten auch hier Yamaha-Ingenieure in Verbindung mit neuesten Computern hervorragende Entwicklungsarbeit, die zu guten Ergebnissen bei Veranstaltungen in aller Welt führt.

Das gilt natürlich auch für die Produktion von Serienmaschinen, bei denen ungemein schnell neue Modelle oder Verbesserungen an vorhandenen entstehen. Jahrelang beherrschte Yamaha zusammen mit Honda und Suzuki den Markt, erreichte immer höhere Verkaufszahlen und erweiterte die Produktion in aller Welt. Etwa 1980 schien der Markt ziemlich gesättigt zu sein, es kam zu einer Überproduktion, wie auch bei anderen japanischen Motorradherstellern. Die Folge waren – und sind – harte Kämpfe um jeden Kunden, Preisnachlässe bei neuen Maschinen und – um diese wenigstens teilweise auszugleichen – verhältnismäßig hohe Ersatzteilpreise. Dazu bereicherten immer mehr neue Modelle das Angebot, die die Lagerhaltung von Ersatzteilen bei vielen Unternehmen sehr erschwerten und viel (oft von Banken zu hohen Zinsen geliehenes) Kapital banden.

Yamaha ging teilweise auch zum „Einkauf" in existierende europäische Unternehmen über; es läßt sich kaum abschätzen, wie groß hier der ohnehin schon dominierende Einfluß der japanischen Motorradindustrie zukünftig sein wird.

Wie erwähnt, liefert Yamaha für jeden Bedarf und jeden Geschmack ein Modell, angefangen beim kleinen Mokick und 49er Roller bis zu großen V-Zweizylindern und Vierzylindern mit Doppelnockenwellen-Reihenmotor. Außerdem gibt es schon wassergekühlte 79er Enduromaschinen und ähnliche Leichtkrafträder, schnelle RD 350 LC-Modelle mit membrangesteuerten und mit Power-Valve-Auslaßsteuerung ausgestatteten wassergekühlten Zweitaktmotoren sowie auch 853-cm^3-Vierzylinder mit Doppelnockenwellen-Reihenmotor, die 96 PS bei 9000 U/min abgeben.

Große Beliebtheit errang bald Yamahas XS 650, eine 653er Einnockenwelle-Zweizylinder von 51 PS, Spitze etwa 180 km/h und sehr zuverlässig. Das Bild zeigt das 1977 gebaute Modell.

Schnell ist schon die „normale" RD 250 mit ihrem Zweizylinder-Zweitaktmotor, die in der 38-PS-Ausführung gute 160 km/h erreicht. Die RD 350 bringt es auf über 170 km/h und ist keinesfalls eine Rennmaschine. Auffallend der kommerzielle Erfolg der SR 500, einer 498er Einzylinder mit obenliegender Nockenwelle, die zu Beginn der achtziger Jahre ein Verkaufsschlager wurde; auch die XT 500, eine Enduro-Version, gehörte zu den meistverkauften Yamahas. Nicht weit hinter ihr folgt in der Absatzstatistik die 1979 geschaffene XJ 650 mit ihrem 653er Doppelnockenwellen-Reihenmotor, Kardanantrieb und 71 PS bei 7500 U/min, die fast 200 km/h erreicht und dabei

Drei Zylinder, zwei durch Kette angetriebene obenliegende Nockenwellen und Kardanantrieb zum Hinterrad kennzeichneten die in den siebziger Jahren herausgebrachte Yamaha KS 750, die man als sportliche Reisemaschine bezeichnen könnte.

auch „unten“ sehr stark ist. Von dieser XJ 650 abgeleitet ist eine Turbo-Maschine, deren Leistung auf 85 PS bei 8500 U/min gebracht wurde. Bei ihr wurden die vier 28-mm-Hitachi-Vergaser durch vier 34-mm-Mikuni-Vergaser abgelöst.

Sehr schnelle Yamahas

Wie immer man über die japanische Motorradindustrie denken mag – sie pflegt Ziele sehr schnell zu erreichen, auch bei Rennen! 1965 gewann Phil Read für Yamaha das erste TT-Rennen, die 125 Tourist Trophy, auf der Insel Man mit einer wassergekühlten Zweizylinder-Zweitaktmaschine, die schon ihre 14000 U/min drehte. Fünf Jahre später gewann der kleine Bill Ivy diese Klasse mit dem sensationellen Durchschnitt von über 160 km/h auf einer Yamaha mit vierzylindrigem, wassergekühlten Motor, der bei 18000 U/min nicht weniger als 44 PS abgab – das entsprach einer Literleistung von nicht weniger als 352 PS! Dabei war dieser „Mini-Vierzylinder“ auch standfest, er gewann viele andere internationale Rennen mit der gleichen Zuverlässigkeit. Es war ein weiter, aber rasch zurückgelegter Weg von den 1961 erstmals bei Rennen eingesetzten 123er Einzylinder-Yamahas; bereits 1963 hatten die Yamahas Drehschieber-Zweitaktmotoren.

Wie schnell man diese Zweitakter machen kann, bewies schon 1970 der Amerikaner Don Vesco, dessen Rekordmaschine zwei 348er Motoren besaß; er kam damals in Bonneville (USA) auf 405,6 km/h. 1974 verwandte er zwei 748er Yamaha-Motoren und schraubte den Weltrekord auf 468 km/h.

Richtig in die großen Straßenrennen stieg Yamaha 1973 ein. Man setzte zwei Zylinderblöcke von 248 cm^3 auf ein gemeinsames Kurbelgehäuse und hatte so eine schnelle 496er Maschine. Ähnlich war es bei der ersten 696er Vierzylinder-Yamaha, die aus zwei 348er Zweizylinder-Motoren „zusammengesetzt“ wurde und überraschenderweise auch schnell und zuverlässig war. 1974 wurde dieser Motor auf 746 cm^3 gebracht und mit einer Einlaß-Drehschiebersteuerung versehen. In den folgenden Jahren gab es viel Entwicklungsarbeit bei den Rennmaschinen die immer schneller, zuverlässiger und auch fahrwerkmäßig besser wurden. Und so wagte sich Yamaha dann auch an den Serienbau dieser erfolgreichen Rennzweitakter, die auch bald – von dem Schweizer Rolf Biland angeführt – immer mehr in die Seitenwagenklassen einzogen. Erwähnt seien hier auch seine Konkurrenten wie Michel, Streuer, der 1982 verunglückte Schotte Taylor, Weltmeister Schwärzel usw.

Der ansteigenden Enduro-Welle entsprach Yamaha in den späten siebziger Jahren mit der einzylindrigen XT 500 von 499 cm³ mit obenliegender Nockenwelle.

In das Yamaha-Programm zogen 1977 die ersten XS-360-Modelle mit Zweizylindermotoren von 356 cm³ mit obenliegender Nockenwelle ein; der Hubraum wurde 1979 auf 386 cm³ vergrößert. Die neue XS 400 wurde dann auch ein sehr viel gefragtes Motorrad.

Mit der 500er Enduro von Yamaha wuchs auch das Verlangen nach einer ähnlichen bulligen Straßenversion. Die ab 1979 gebaute 499er SR 500 gab darauf die Antwort. Die obenliegende Nokkenwelle wird durch Kette angetrieben.

Aus der Yamaha RD 350 wurde 1979 die 399er RD 400 mit Zweizylinder-Zweitaktmotor und 43 PS bei 7500 U/min entwickelt, gut für 160 km/h.

Serienmäßige 498er Yamaha-Rennmaschinen, die z. B. 1982 rund 45 000 DM kosteten und 125 PS bei 11 000 U/min abgaben, besaßen noch Reihenmotoren. Offiziellen Werksfahrern standen dagegen Rennversionen mit quadratischen Vierzylinder- und V-Vierzylinder-Zweitaktmotoren, die bedeutend stärker waren, zur Verfügung.

Beachtlich die 81 PS der 748er Yamaha XJ 750 mit ihrem vierzylindrigen Doppelnockenwellenmotor, der durch vier Hitachi-Vergaser mit 32 mm Durchlaß gespeist wird.

Selbstverständlich baut Yamaha auch weiterhin Zweitakter. Hier die zweizylindrige RD 250 mit 247er Membranmotor, der 27 PS bei 8100 U/min abgibt.

Im Gegensatz zu vielen anderen Marken baute Yamaha schon frühzeitig Rennzweitakter für Privatfahrer. Wohl kamen diese an Werksrennmaschinen selten heran, doch konnte man sie durch geschicktes „Tunen" sehr schnell und erfolgversprechend machen.

Eine ausgereifte und beliebte Yamaha ist die XS 400 DOHC, deren 399er Zweizylinder-Doppelnockenwellenmotor mit zwei „Mikuni-34"-Vergasern 45 PS leistet. Sie ist aber auch mit 27 PS bei 8000 U/min zu haben. Die 45 PS der stärkeren Version werden bei 9500 U/min erzielt.

Erwähnenswert ist dabei die um 1970 gebaute luftgekühlte TD 2 mit schlitzgesteuertem Zweizylinder-Zweitaktmotor von 246 cm^3, die 44 PS bei 10 000 U/min leistete und bei einem Eigengewicht von 125 kg bereits 215 km/h erreichte. Die TR 2 mit einem ähnlichen 348er Motor brachte es auf 54 PS und lief 225 km/h – sofern sie nicht, was öfter vorkam, mit einem Kolbenklemmer liegenblieb. Das führte dann auch zur Einführung der bei hohen Leistungen notwendigen Wasserkühlung, mit der in den siebziger Jahren die Yamaha-Rennmodelle TZ 250, TZ 350 und 750er Versionen ausgestattet wurden.

248er Rennzweitaktern und natürlich den Halbliter-Werksrennmaschinen gewidmet. In dieser Klasse bekommen Privatfahrer für gutes Geld bestenfalls die Modelle mit Reihenmotoren, während Werksfahrer über quadratische und V-Vierzylinder-Zweitaktmaschinen verfügen. Der Wert guter käuflicher Rennmaschinen übersteigt trotz hoher Preise die Herstellungskosten bei weitem, von den Entwicklungskosten ganz abgesehen. Gleiches gilt auch für die notwendigen Ersatzteile, die werksunterstützte Fahrer ebenfalls zu Vorzugspreisen erhalten. Für den Hersteller wichtig sind die durch Rennerfolge erzielte Wer-

Yamahas Flaggschiff, die XS 1100, gehört zu den stärksten 1982 gebauten Serienmaschinen. Der vierzylindrige Doppelnockenwellenmotor leistet 95 PS bei 8500 U/min und ermöglicht eine Spitze von 215 km/h.

Käufliche Rennmaschinen

Yamahas TZ-Modelle wurden ständig weiterentwickelt. Es gibt gute Fahrer wie Martin Wimmer, Carlos Lavado und andere, die entweder direkt oder indirekt werksunterstützt werden und dabei zu Spitzenmotoren kommen. Seit 1980 hat man sich besonders den

bung und wertvoll die großen technischen Erfahrungen, durch die Herstellung erstklassiger Rennmaschinen gewonnen und oft – soweit es geht – auf den Serienbau übertragen werden.

Die Rennklassen bis 250 und 350 cm^3 sowie die Gespannklasse werden seit vielen Jahren

Ein Stück „Neuzeit", die Yamaha XJ 650 Turbo von 1982. Sie hat vier Zylinder, zwei obenliegende Nockenwellen, vier Mikuni-Vergaser und wiegt trocken 225 kg. Der Motor leistet 85 PS bei 8500 U/min.

von Yamaha so dominiert, daß man – rein technisch gesehen – von der großen Überlegenheit und, damit teilweise verbunden, von „Eintönigkeit" sprechen kann. Yamaha zeigte zugleich, daß man Rennzweitakter bauen kann, die auch von Privatfahrern zu großen Erfolgen gebracht werden können. Das bewies z. B. der reine Privatfahrer Manfred Herweh, der 1982 die 350er Klasse beim Großen Preis von Deutschland in Hockenheim gewann.

Früher hielt fast jeder Motorradhersteller eine bestimmte „Modell-Linie" ein. Zusammen mit anderen japanischen Firmen ist Yamaha später davon abgegangen und liefert Ende 1982 rund 45 Grundmodelle mit völlig unterschiedlichen Konstruktionsrichtungen: Zweitakter, luft- und wassergekühlte Motoren, Zweizylinder-, Reihen-Vierzylinder (auch Dreizylinder) sowie V-Zweizylinder-Motoren mit obenliegenden Nockenwellen.

In Japans großen Yamaha-Werken entstehen immer mehr Motorräder für sportliche Zwecke. So auch diese ab 1982 gebaute KT 550, eine Enduro-Maschine, deren 558er Einzylindermotor mit vier Ventilen, dem Yamaha-Duo-Intake-System (YDIS), obenliegender, durch geräuscharme Kette angetriebener Nockenwelle und angeblocktem Fünfganggetriebe 38 PS bzw. 27 PS leistet. Vollgetankt wiegt diese Sportversion nur 145 kg.

Rund um die interessante
Walter

Patriotismus, Politik, Pioniergeist und Planwirtschaft spielten eine wichtige Rolle in der komplizierten Geschichte der Firma Walter. Das galt nicht für Walter in Mühlhausen/Thüringen, sondern für Walter in Prag in der Tschechoslowakei, wo der „Vater aller Walter", Josef Walter, sich bereits 1901 dem Motorradbau zuwandte und Konstruktionen schuf, die fast ganz im eigenen Werk in Prag-Smichov entstanden. Seit 1898 stellte er dort Fahrräder mit Teilen her, die zum Großteil von BSA in England stammten, einem Werk, das damals Fahrradteile in alle Welt lieferte.

1909 wurden auch Dreiräder (mit einem Vorderrad und zwei Hinterrädern) produziert; 1912 begann man mit der Herstellung von Automobilen und nach dem Ersten Weltkrieg auch mit der Produktion von Flugmotoren, die weit über die Grenzen des Landes hinaus bekannt und geschätzt wurden. Damals war die Fabrikation bereits in ein neues Werk nach Prag-Jinonice verlegt worden, wo Josef Walter allerdings bereits 1921 ausschied und danach in Prag-Kosire eine neue Fabrik zur Herstellung von Zahnrädern, Kegelrädern, Getrieben usw. gründete.

Jaroslav Walter war der jüngste Sohn von Josef Walter und einer der größten Konstrukteure auf dem Gebiet des Motorradwesens. Jahrelang im väterlichen Werk tätig, bestritt er auf Indian auch Rennen, praktizierte bei Jawa, studierte an der technischen Hochschule und schuf ab 1938 zahlreiche sehr erfolgreiche Rennmotoren und bei CZ auch komplette Rennmaschinen.

Josef Walter, Pionier der tschechoslowakischen (damals noch österreich-ungarischen) Motorradindustrie erblickte 1873 im Dorf Veprek bei Schlan das Licht der Welt. 1898 begann er mit dem Fahrrad- und später dem Motorradbau.

Die von ihm konstruierten Motorräder hatten zunächst Einzylinder-, ab 1905 auch V-Zweizylindermotoren. Ursprünglich mit Riemenantrieb zum Hinterrad ausgestattet, erhielten

Schon 1903 stellte „Papa“ Josef Walter selbstkonstruierte Einzylindermaschinen in Prag-Smichov in Serienanfertigung her.

alle Walter-Modelle 1907 Kettenantrieb. Die Personen-Dreiräder wurden 1911 durch ein Lasten-Dreirad ergänzt, das auch in Deutschland viele Kunden fand.

Die Firma Walter war auch ein „Sprungbrett“ für berühmte Konstrukteure wie Ing. Josef Zubaty, der später u. a. zu Farman nach Paris ging, bevor er danach zu Skoda in die Tsche-

Den Einzylindermaschinen folgten bald auch V-Zweizylinder-Modelle, die zunächst noch Riemenantrieb zum Hinterrad hatten.

Sicher noch etwas unbequem zu fahren, aber doch schon ein harmonisch konstruiertes Motorrad war das 1905 entstandene Modell „B" von Walter mit dem verbesserten V-Zweizylindermotor von 5/7 PS.

choslowakei zurückkehrte. Für Walter schuf er 1917 ein neues Motorrad mit einem längs eingebauten seitengesteuerten Boxermotor von 746 cm³, das aber nie bei Walter, sondern ab 1921 bei der Firma „Itar" in Serie gebaut wurde.

Hervorragende Konstrukteure

Ein anderer Walter-Konstrukteur, Ing. Smejkal, war später lange Zeit bei Peugeot in Frankreich, bevor er zu Laurin & Klement (jetzt Skoda) in seine Heimat zurückkam. Ähnlich wie Ing. Tobek, der sogar mehrere Angebote aus Frankreich erhielt. Nach dem Zweiten Weltkrieg war es Walter-Testpilot Jan Anderle, der noch im hohen Alter als Techniker zu Hirth nach Deutschland und dann nach Frankreich ging. Ein Mann, der zahlreiche ungewöhnliche und interessante Auto- und Motorradkonstruktionen schuf, obwohl er vor allem ein hervorragender Testpilot und Flugakrobat mit großem internationalen Ruf war, der sich aber auch begeistert mit Motorrädern befaßte.

Ing. Zubatys Motorrad mit dem Zweizylinder-Boxermotor wurde, wie gesagt, 1921 an die Firma „Itar" übergeben, weil man sich bei Walter in Jinonice entschloß, keine Motorräder mehr herzustellen – um dann doch zwei Jahre darauf mit einer Motorrad-Neukonstruktion am Markt zu erscheinen. Die von Ing. Karel Plocek konstruierte und 1923 herausgebrachte 746er Walter hatte einen quer eingebauten, kopfgesteuerten V-Blockmotor, wie er damals selten war. Eine gute Maschine, die – wie die „Itar" – vornehmlich an die neu aufgebaute tschechoslowakische Armee in größeren Stückzahlen geliefert wurde.

Josef Walter verwandte als einer der ersten Motorradhersteller den Kettenantrieb des Hinterrades, auch wenn diese lange Kette sicher nicht von Schwingungen frei war. Beachtlich der luftige und hohe Seitenwagensitz. Es war eben noch die Pionierzeit des Motorrades.

Bald nach dem Ersten Weltkrieg verließ Josef Walter das in Prag-Jinonice befindliche Werk und baute sich in Prag-Kosire eine Zahnradfabrik auf. In Jinonice stellte man nunmehr Automobile und Flugmotoren und von 1923 bis 1925 auch diese kopfgesteuerten und von Plocek konstruierten 746er V-Zweizylinder her.

Aus der 746er Walter-Zweizylinder entstand 1925 auch ein Werksrennmodell, dessen Motor auf 996 cm^3 vergrößert war und das beachtliche Erfolge mit Fahrern wie Knapp, Turek, Liska und Chaloupka in den folgenden Jahren errang.

Unabhängig von den in Jinonice gebauten 746er Zweizylindermaschinen schuf Josef Walter in seiner Zahnradfabrik 1926 einige Prototypen einer seitengesteuerten 496er Einzylinder nach englischem Vorbild, die jedoch nie in Serie ging.

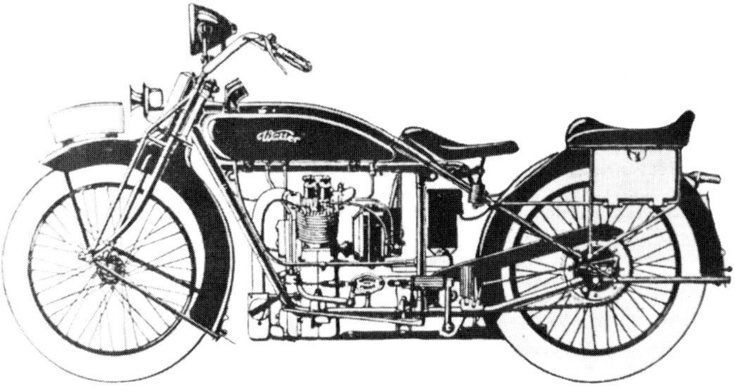

Die Zeichnung zeigt die 746er Walter mit kopfgesteuertem Zweizylindermotor in einer Anordnung, wie sie viel später auch bei Moto Guzzi und Honda anzutreffen war.

1925 entstanden sogar einige Werksrennmaschinen mit ähnlichen kopfgesteuerten Motoren von 996 cm^3, die mit Rennfahrern wie dem 1982 verstorbenen Jindrich Knapp, Bohumil Turek, Vaclav Liska und Standa Chaloupka bis 1929 erfolgreich bei kürzeren Rennen, besonders Bergrennen, eingesetzt wurden, obwohl man in Jinonice 1926 den Motorradbau wieder – und diesmal endgültig – aufgegeben hatte, weil das Werk mit der Herstellung der ausgezeichneten Walter-Automobile und -Flugmotoren kaum noch alle Wünsche befriedigen konnte. Knapp, der fast sein ganzes Arbeitsleben bei Walter verbrachte, war auch ein sehr erfolgreicher Werksfahrer der Walter-Automobilabteilung, wo er zusammen mit den Firmenchefs Direktor Dr. Vitêslav Kumpera und dessen Bruder Generaldirektor Ing. Tenny Kumpera das Walter-Werksteam bei großen internationalen Zuverlässigkeitsfahrten bildete.

Der Seniorchef Josef Walter

Doch zurück zum Gründer der Walter-Dynastie, zu Josef Walter, dessen Zahnradfabrik in

Die große und hervorragend eingerichtete Zahnradfabrik von Josef Walter konnte alles im eigenen Betrieb herstellen – nicht nur diesen seitengesteuerten 496er Motor, sondern auch das komplette Dreiganggetriebe. Die Söhne des Firmenchefs, Jan und Jaroslav, waren an diesen Schöpfungen bereits beteiligt, sie stellten in den dreißiger Jahren auch Prototypen von Automobilen her.

In etwas ungewöhnlicher Haltung pflegte Ein- und Rennfahrer Bohumil Turek 1925 auf einer 746er Zweizylinder-Walter das Fabriktor in Jinonice zu passieren.

In Josef Walters Zahnradfabrik begann sein Sohn Jaroslav 1938 mit dem Bau von kopfgesteuerten 248er Rennmotoren; nach dem Kriege schuf er verbesserte Motoren von 248 und 348 cm³ mit durch Königswelle angetriebenen obenliegenden Nockenwellen. Diese 248er entstand 1948.

Prag-Kosire gut florierte, der aber trotzdem seine Liebe zu Motorrädern und Automobilen nicht ganz vergessen konnte. Bestärkt wurde er darin von seinen Söhnen Jan und Jaroslav Walter. Jaroslav war ein hervorragender Techniker und Sportsmann, der 1926 seinen Vater dazu brachte, wieder – natürlich ganz unabhängig von Walter in Jinonice – Motorräder zu planen. Zwei Prototypen mit seitengesteuerten Motoren von 496 cm³, nicht unähnlich den damaligen englischen New Hudson-Konstruktionen, wurden gebaut und getestet. Jedoch entschied der „alte Herr" in Kosire, daß sie nicht in die Serie gehen sollten. Um so interessanter ist die wiedergegebene Abbildung dieser Konstruktion.

Selbstverständlich war dies noch keineswegs das Ende der Motorrad- und auch Wagenliebe des jungen Jaroslav Walter. Nachdem er in den dreißiger Jahren mehrere Kleinwagen-Prototypen geschaffen hatte, stieg er in das Renngeschehen mit einer Seitenwagen-Rennmaschine ein. Es war eine kopfgesteuerte 746er V-Zweizylinder vom Typ Indian-„Daytona", die 1927 durch den Indian-Importeur Ing. Frantisek Marik in Prag für den Rennfahrer Zdenek Pohl importiert worden war. Sie wurde von Jaroslav Walter erworben, der sie mit seinen Erfahrungen und Kenntnissen stark umbaute und den Hubraum auf 906 cm³ vergrößerte. 1937 begann er mit der Konstruktion neuer kopfgesteuerter Einzylinder-Rennmotoren von 248 cm³, die bereits 1938 mit Vaclav Hovorka im Sattel erfolgreich eingesetzt wurden.

Die Stärke Jaroslav Walters als Rennmaschinenkonstrukteur beruhte nicht nur auf eigenen Rennerfahrungen, sondern auch auf seinen praktischen Kenntnissen, die er in seiner langjährigen Arbeit mit Zahnrädern, Zahnradwellen, Kettenrädern usw. im väterlichen Betrieb erworben hatte. Wichtig für ihn waren auch sein Studium an der Technischen Hochschule unter dem Motorradspezialisten Pro-

Die andere Seite des erwähnten Rennmotors, der modern, schnell und zuverlässig war. Ähnlich sah die 348er Version aus. Als Jaroslav Walter 1949 zu CZ als Rennmotorenkonstrukteur ging, bildeten die Walter-Königswellen-Motoren die Grundlage für alle weiteren CZ-Rennmaschinen.

Im Werk Kosire wurden von Jaroslav Walter und seinen Mitarbeitern nur Motoren, aber keine kompletten Rennmaschinen gebaut. So besaß jede bis 1949 entstandene Rennmaschine ein anderes Fahrwerk. Typisch dafür ist diese 248er Walter.

fessor Cermak sowie seine Praxis bei „Autfit“ und „Jawa“, wo er große praktisch-technische Erfahrungen sammelte und oft mit absoluter Sicherheit beim Motorenbau gleich das richtige Material fand.

Diese Fähigkeiten kamen ihm nach dem letzten Krieg besonders zustatten, als unter den neuen politischen Gegebenheiten auch das Werk in Kosire von der Regierung nationalisiert wurde. Jaroslav Walter und sein Bruder Jan konnten hier nur noch als Techniker weiterarbeiten, Vater Josef schied bald aus Altersgründen ganz aus. Jaroslav durfte nach der regulären Arbeitszeit wohl an seinen Rennmotoren weiterarbeiten, mußte aber jedes im Werk erzeugte Teil wie ein Kunde normal bezahlen – weder er noch sein Bruder oder der Vater hatten ja noch Besitzrechte an dem von ihnen groß aufgebauten Unternehmen.

Hervorragende Rennmotoren

Trotz aller Schwierigkeiten verbesserte Jaroslav Walter noch den 248er Rennmotor und arbeitete gleichzeitig an einer Neukonstruktion, einem Königswellen-Einzylinder von 248 cm^3, der natürlich auch nur als Rennmotor gedacht war. Da er alles selbst aus eigener Tasche bezahlen mußte, konnte er sich natürlich teure Experimente mit verschiedenen Konstruktionen, Materialien usw. nicht leisten, er mußte gleich beim ersten Versuch „das Richtige“ finden und tun. Darin lag seine Stärke. Er schuf ab 1949 auch Königswellen-Rennmotoren von 348 cm^3, die keine Wünsche offenließen. Etwa 50 Motoren dürften es gewesen sein, die damals den Namen „Walter“ trugen und fast wöchentlich dank ihrer Geschwindigkeit und Zuverlässigkeit bei Rennen an der Spitze oder im Ziel auf den vorderen Plätzen waren. Von

Bei dieser 348er Rennmaschine stammt nur der Motor aus der Walterschen Zahnradfabrik.

Gewicht und Konstruktion her eigneten sie sich auch für den Einbau in Bahnrennmaschinen, die oft siegreich waren. Bei Walter wurden nur Motoren gebaut, deren Käufer selbst für entsprechende Rennfahrwerke sorgen mußten.

So kam es, daß jede dieser Rennmaschinen mit 248er und 348er Walter-Motoren bis 1949 anders aussah. Man fand sie nicht nur in selbstgebauten Fahrwerken, sondern auch in solchen von Norton, Excelsior, Velocette usw.; einige waren auch in modifizierten Fahrwerken der damals neuen 246er Zweitakt-Serienmaschinen von Jawa anzutreffen. Jaroslav Walter sagte mir einmal, daß sich alle Walter-Rennmaschinen darin glichen, daß keine aussah wie eine andere. Selbstverständlich hätte er lieber komplette, von ihm konstruierte Maschinen gebaut, doch war das unter den damaligen Umständen nicht möglich. So gelangten manchmal auch Motoren in Fahrwerke, die den Anforderungen durch Motoren und Fahrer nicht gewachsen waren. Zu Jaroslav Walter selbst: als sein Freund und Kunde kann ich nur guten Gewissens bestätigen, daß er einer der feinsten Männer war, die je mit Motorrädern zu tun hatten. Er hatte die „richtige Liebe", das Können und die Fairneß, die einen Mann aus der Masse hervorheben.

Keine Angst vor Strohballen hat hier Peter Kopal bei einem Rennen 1950 in Podebrady auf einer 348er Walter vor seinem Markenkollegen Lada Steiner.

Selbst bei Bahnrennen konnten die Rennmotoren von Walter überzeugen. Hier der Walter-Spitzenfahrer Jan Lucak mit einem 348er Motor im Bahnfahrwerk.

Erfüllung eines Traums

1949 ging der große Traum Jaroslav Walters in Erfüllung, als ihn die großen CZ-Werke als Rennmaschinenkonstrukteur und Chef der Rennabteilung ins Werk nach Strakonitz beriefen, wo er endlich komplette 248er und 348er, später auch 124er und 248er Doppelnockenwellen-Rennmaschinen mit voller Werksunterstützung schaffen und seine älteren Walter-Motoren in weiterentwickelter Ausführung unter dem CZ-Markenzeichen weiterbauen durfte. Auch hier bewies er sein Können, zumal er mit verhältnismäßig bescheidenen Mitteln erstklassige und schöne, dabei einfache und erfolgreiche Rennmaschinen erstellte. Jaroslav Walter, der seinen älteren Bruder Jan als Getriebekonstrukteur mit nach Strakonitz gebracht hatte, ist inzwischen verschieden. Sein Vater Josef Walter, einer der großen Pioniere der Motorradindustrie Europas, war bald nach dem Zweiten Weltkrieg verstorben.

Erwin Tragatsch

MOTORRÄDER
BERÜHMTE KONSTRUKTIONEN

4. Band

Erwin Tragatsch †

In der Nacht zum 6. Dezember 1984 erlag der Autor dieses Buches, Erwin Tragatsch, einem Herzinfarkt. Er hatte es kurze Zeit vorher vollenden können, als letztes Werk einer Reihe angesehener Fachbücher, die ihn weltweit bekannt machten.

Sein berufliches Leben und Schaffen konzentrierte sich von Jugend an auf Motorräder und schnelle Kraftwagen. 1916 nahe Zwittau (Mähren) geboren, verbrachte er als Schüler die meiste Freizeit in Motorradwerkstätten. Mit 13 Jahren schrieb er seinen ersten Rennbericht, mit 16 organisierte er sein erstes großes Motorradrennen. Seine Begeisterung für Motorfahrzeuge fand fortan ihren Niederschlag in vielen hundert Fachartikeln und Büchern, u. a. mit Titeln „Alle Motorräder – 1894 bis heute" und „Das große Bugatti-Buch". Fundierte Kenntnisse erwarb er in drei Kontinenten, praktische Erfahrungen sammelte er in Fabriken, u. a. bei Jawa in der Tschechoslowakei sowie bei Triumph und Rolls Royce in England. Mit ungezählten Rennfahrern verbanden ihn enge persönliche Beziehungen, in fruchtbarem Kontakt stand er mit maßgeblichen Konstrukteuren und Persönlichkeiten der Industrie. Trotz einer aufgezwungenen Odyssee, der sein Leben viele Jahre glich, konnte er ein wohl einmaliges Archiv aufbauen. Ebenso einmalig war sein Gedächtnis, das ein phänomenales Wissen jederzeit präsent hielt.

Erwin Tragatsch wurde als fairer, hilfsbereiter Mensch ebenso hochgeschätzt wie als Experte, der die Entwicklung des Kraftfahrzeugs mehr als ein halbes Jahrhundert unmittelbar miterlebt und in seinen Büchern der Nachwelt überliefert hat. Im unteren Bild befaßt er sich mit einer 498-cm^3-„Speed Twin" der englischen Triumph-Werke in Meriden, wo er in den fünfziger Jahren tätig war.

Vorwort zum vierten Band

Seit 1894 werden Motorräder auf kommerzieller Grundlage gebaut, den Anfang machten Hildebrand und Wolfmüller in München. Mehrere tausend Hersteller in aller Welt folgten. Deutschland allein hatte im Laufe der Jahre Hunderte von Motorradproduzenten, und es ist nicht verwunderlich, daß es auch heute noch viele Motorräder von Firmen gibt, die schon vor langer Zeit ihre Tore schlossen.

Dieser neue vierte Band von „Motorräder – Berühmte Konstruktionen" enthält wieder eine „Mischung" von Maschinen aus dem internationalen Motorradbau. Er bringt zum Teil neue, bisher unbekannte Illustrationen in Verbindung mit der Geschichte der verschiedenen Marken.

Aufgezeichnet ist der Werdegang auch heute noch existierender großer Marken wie Husqvarna in Schweden, Kawasaki in Japan und der neu erstandenen englischen Triumph. Aus dem Dunkel der Vergangenheit bringt das Buch viele Firmen ans Licht, die einstmals bekannt und berühmt waren.

Die englische Motorradindustrie ist außer durch die erwähnte Triumph durch Martin, P&M-Panther und Raleigh sowie durch die technisch hochinteressanten OEC und Chater-Lea vertreten.

In Deutschland boten die Konstruktionen von Baier und Schüttoff „technische Leckerbissen". Aber auch Marken wie Hansa, die UT aus dem schönen Schwabenland und die seit 1921 gebaute AWD von August Wurring verdienen ebenso Beachtung wie die Story der in Berlin hergestellten Indian-ähnlichen Mabeco und die Geschichte der AWO-Simson, heute beheimatet in Suhl in Thüringen (DDR).

Belgien wartet mit der berühmten FN auf, Frankreich mit der Gnome & Rhone und Amerika mit der Militor. Und wenn es um ungewöhnliche Maschinen ging, waren die in der Tschechoslowakei hergestellten JAC-Halbliter-Motorräder kaum zu überbieten.

Wie die ersten drei Bände will auch dieser vierte die großen Fortschritte im Motorradbau aufzeigen. Deshalb auch die vielen Illustrationen, die bis in die Pionierzeit des Motorrades zurückreichen und Konstruktionen von 1984 einbeziehen.

Meinen Leserinnen und Lesern wünsche ich bei der Lektüre der nachfolgenden Motorradgeschichten viel Freude – mindestens ebensoviel, wie ich bei der Niederschrift dieser Zeilen selbst hatte.

Erwin Tragatsch

Bildnachweis

Für die Überlassung der vielen, teilweise bisher noch nicht veröffentlichten Illustrationen dieses Buches danke ich Freunden, Firmen und Verlagen, insbesondere Dr. Josef Bayley, Jaroslav Cvach, der Zeitschrift „Das Motorrad“, Ivor Davis, L. F. Harris, Ing. Michael Heise, Ing. Rudolf Hiller, der Husqvarna A.B., der Kawasaki Heavy Industries Ltd., den Zeitschriften „Motor Cycling“ und „Motor Cycle“, Harry Mundy, der Osborn Engineering Co. Ltd., der Phaelon & Moore Ltd., Karl Schleuter, dem unglücklichen Meisterfahrer Martin Schneeweiß, meiner Frau Betty Tragatsch, der früheren Triumph Engineering Ltd., Nigel Usher, August Wurring, Ludwig Zemene, dem Deutschen Zweiradmuseum in Neckarsulm sowie dem Zweitakt-Motorrad-Museum auf der Augustusburg (DDR).

Inhaltsverzeichnis

		Seite
Baier	(Doppelkolben aus Berlin)	555
Chater-Lea	(Königswelle und Tellernocken)	560
FN	(Erstklassig und sehr erfolgreich)	568
Gnome & Rhone	(Flugmotoren und Motorräder)	585
Hansa	(Schön, aber nur kurzlebig)	592
Husqvarna	(Schwedens berühmte Motorräder)	593
Cvachs JAC	(Eine einmalige Konstruktion)	609
Kawasaki	(Motorräder aus dem Flugzeugwerk)	612
Mabeco	(Professor Bernhardts Indian-Kopie)	628
Martin	(Erst Rennfahrer, dann Hersteller)	633
Militor	(Sieben Firmenzusammenbrüche)	637
OEC	(Weltrekorde am laufenden Band)	641
P&M-Panther	(Von der Textil- in die Motorrad-Industrie)	653
Raleigh	(Fahrrad-Imperium baute einst Motorräder)	663
Schüttoff	(Vergangene Meisterschaftsmarke)	670
Simson	(Vorläuferin war die AWO)	676
Triumph	(Von Deutschen in England gegründet)	683
UT	(Vergessene Meisterschaftsmarke)	705
Wurrings AWD	(Qualität vom Rand des Kohlenpotts)	712

Doppelkolben aus Berlin: Die große Baier

Die zwanziger Jahre waren in Berlin ein Zweitakter-Eldorado. Da gab es sehr viele und oft auch sehr kleine Motorradhersteller, und weil sie häufig die Konkurrenz mit besseren Konstruktionen zu schlagen bemüht waren, entstanden hier zahlreiche, bisweilen sehr unorthodoxe Motoren. Hugo Ruppe schuf die Bekamo (Band 1) mit dem Ladepumpen-Zylinder im Kurbelgehäuse, da tauchten „obengesteuerte" Zweitakter bei Orionette und Schliha auf, wassergekühlte bei Böhme und auch – bei Baier – Zweitakter mit zwei Kolben in einem Zylinder, ähnlich wie sie bei Garelli, Puch und Bacchi anzutreffen waren.

Sportliche Brüder

Etwa um 1923 begannen die Berliner Brüder Willi und Karl Baier mit dem Bau ihrer ersten Maschinen, die bereits schöne eigene Einzylinder-Zweitakt-Blockmotoren von 246 cm^3 besaßen. Für damalige Verhältnisse waren es gute und ansprechende Konstruktionen eines kleinen Familienbetriebes, in dem die Liebe zum Motorradbau die kommerziellen Möglichkeiten der ambitionierten Brüder überstieg. Und in der Zeit nach der großen Inflation bedurfte es schon guter Nerven, mit den zur Verfügung stehenden Mitteln eine richtige Produktion aufzuziehen.

Die Brüder hatten auch sportliche Ziele. Schon 1924 fuhren sie eine 246-cm^3-Zweitakt-Rennmaschine mit Wasserkühlung, von der es leider wohl keine Illustrationen mehr gibt. Mit diesen Modellen bestritten sie damals auch das internationale Avus-Rennen in Berlin. Auch 1925 waren ihre Maschinen hier am Start, doch diesmal fuhr von den Brüdern nur Willi Baier, der von Anfang an in der 250er Klasse führte und das große Frühjahrs-Avusrennen gewann. Der bekannte Berliner Rennfahrer Sepp Thevis ersetzte hier Karl Baier, mußte aber ausscheiden.

Als „Gegner" traten die Brüder Baier 1926 an: Willi für den Motorradklub von Deutschland und Karl für den Motorrad-Sportklub Berlin. Keiner erreichte auf der Avus das Ziel. Die Zweitakter waren schnell, doch kam es immer wieder zu thermischen und vor allem Zündungsproblemen, weil es damals kaum Kerzem gab, die den hohen Beanspruchungen durch „heiße" Zweitakter genügten.

Die erste, 1924 gebaute 246-cm^3-Baier war typisch für die vielen damals in Berlin hergestellten Zweitaktmaschinen. Beachtlich der eigene Zweigang-Blockmotor.

Das Jahr 1925 brachte der 246-cm³-Baier mehrere Verbesserungen. So erhielt sie eine neue Vorderradgabel und ein Dreiganggetriebe. Vom Werk „frisierte" Motoren erwiesen sich auf der Avus und bei anderen Rennen als schnell und zuverlässig.

Von 1927 an starteten sie zumeist mit den damals neuen Rennversionen von 474 cm³, die – wie vieles andere bei Baier – ungewöhnlich waren, vor allem wegen des einzylindrigen Doppelkolbenmotors in dieser Hubraumgröße, der schon einmalig war.

Ein ungewöhnlicher Zweitakter entstand 1927 bei Baier, als diese 474-cm³-Doppelkolben-Einzylindermaschine mit eigenem Motor die Berliner Motorradszene bereicherte.

Auf den ersten Blick könnte der große Baier-Doppelkolbenmotor den Anschein erwecken, es handele sich bei ihm um zwei direkt miteinander verbundene Zylinder. Bemerkenswert auch die „Blase" am Beginn der Auspuffrohre.

Tüftler mit Zweitaktern

Die Berliner Konstrukteure von Zweitaktern waren in den zwanziger Jahren jederzeit für eine Überraschung gut. Oft schien es, als hätte es in ihren Köpfen neben technischen Einfällen kommerzielle Lücken gegeben, die sie nicht zustopfen konnten. Da wurde immer wieder draufloskonstruiert, ohne zu überlegen, ob das Endprodukt in genügender Zahl unter die Leute gebracht werden konnte. In anderen Fällen konzentrierte man sich nur auf den Motor und vernachlässigte das – als notwendiges Übel angesehene – Fahrwerk. Diesen Eindruck erweckte auch die 1927 geschaffene Baier mit ihrem Doppelkolbenmotor von 474 cm^3.

Viele Berliner Hersteller von Zweitaktmaschinen kamen aus dem ewigen Kampf ums nackte Überleben nicht heraus. „Böse Zungen" behaupteten sogar, daß man oft freitags einige Maschinen ins Versatzamt brachte, um die Löhne von Mitarbeitern zum Wochenende auszahlen zu können. Wenn dann in der folgenden Woche wieder etwas Bargeld hereinkam, löste man diese versetzten Motorräder wieder aus.

Hinsichtlich der Firma Baier fehlen hier genaue Angaben. Immerhin ist festzustellen, daß sie in rund sechs Jahren nicht weniger als fünfmal ihre Anschrift veränderte. Eine Tatsache, die – wie bei vielen anderen Unternehmen – auf Kapitalmangel einerseits und ständige Konstruktions- und Entwicklungsarbeiten, die viel Geld benötigen, schließen läßt, so daß das meiste Kapital für rein technische Arbeiten aufgewendet werden mußte, bevor durch die Produktion die notwendigen Profite erzielt werden konnten. Nicht selten mußte auch die Produktion forciert werden, bevor das Produkt so ausgereift und entwickelt war, daß man es guten Gewissens dem Kunden verkaufen konnte.

Am Kundendienst haperte es

Die ersten 246-cm^3-Einzylinder-Zweitakter von Baier hatten zwei, später drei Gänge und Riemenantrieb zum Hinterrad, der 1926 durch einen Kettenantrieb ersetzt wurde. Gebaut wurden die Motorräder in kleinen Stückzahlen durch erstklassige Kräfte, aber mit bescheidenen Mitteln und Produktionseinrichtungen.

Man hatte auch nur wenige Händler, und diese führten notwendige Ersatzteile wie Kolben, Kolbenringe, Düsen usw. nur selten. Bei Bedarf mußten solche Teile erst vom Werk bezogen werden, und da gab es oft Verzögerungen, die das Wort Kundendienst zu einem schlechten Witz machten, obwohl Motorradfahrer der zwanziger Jahre noch nicht sehr anspruchsvoll waren. Davon abgesehen, scheuten die meisten Motorradfahrer damals auch keineswegs schmutzige Hände, wenn mal repariert werden mußte.

Feste Ersatzteilpreise gab es ebenfalls nicht; für Ersatzteile konnten Baier-Händler und -Vertreter berechnen, was sie wollten. Von ihrer Kulanz hing viel ab. Auch wenn manche Händler selbst auch Motorrad-Enthusiasten waren – „schwarze Schafe“, die nur auf Gewinn erpicht waren, gab es genug. Selbstverständlich existierten auch renommierte Betriebe und Werkstätten, doch die konzentrierten sich mehr auf größere und bekanntere Werke wie BMW, DKW, NSU, Zündapp, Wanderer, Horex und ausländische Marken wie Sunbeam, Triumph, Norton, FN oder Saroléa.

Auch 650-cm³-Doppelkolbenmotoren?

„Serienmäßig“ stellte man bei Baier offiziell nur Viertel- und Halbliter-Maschinen her – wobei das Wort serienmäßig mit einiger Vorsicht genossen werden muß.

Es soll aber auch eine werkseigene Einzylinder-Rennmaschine von 348 cm³ gegeben haben. Bekannt ist mir auch, daß bei einem Rennen auf der Berliner Avus eine – privat – aufgebohrte Halblitermaschine mitfuhr, die allerdings das Ziel nicht erreichte.

Vor Jahren stellte mit Dr. Leistritz, einst „Vater des Frankfurter Topfes“ (Schalldämpfer der fünfziger Jahre), das Bild eines 650-cm³-Baier-Doppelkolben-Motorrad in Aussicht, doch hat es mich nie erreicht. Ich sah auch weder ein solches Baier-Modell noch fand ich

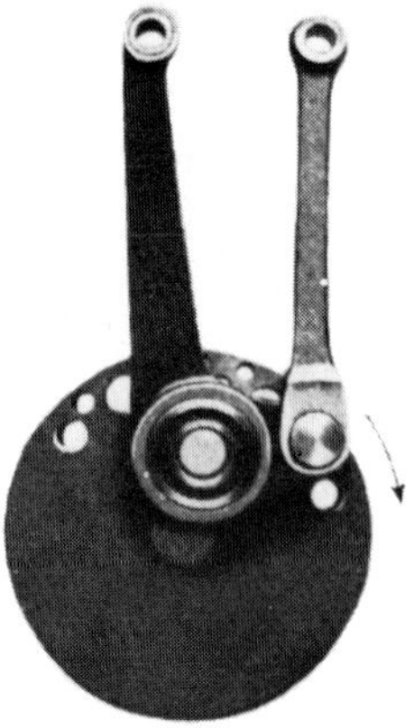

Teile des rechts oben abgebildeten Baier-Doppelkolbenmotors von 474 cm³. Oben links die beiden Pleuelstangen, unten die beiden Kolben in verschiedenen Positionen.

irgendwo eine Zeitungsveröffentlichung oder -reklame dieser sicherlich interessanten Konstruktion. Gebaut wurden jedoch auch – wenn auch nur in geringer Stückzahl – Modelle mit Stufenkolben-Dreikanal-Motor von 198 cm^3.

Möglicherweise waren die Brüder Baier zu sehr auf den Motorenbau fixiert, als daß sie sich mit konkreten Ideen um bessere Fahrwerke kümmerten. Hatten die ersten 246-cm^3-Einzylinder durchgehende Doppelrohrrahmen, begnügte sich die 1927 herausgebrachte Doppelkolbenmaschine von 474 cm^3 mit einem offenen Fahrgestell. Überdies hatte sie einen zu kleinen, BMW-ähnlichen Stecktank, über den die harte Sattelspitze wie ein Kirchturm emporragte, obwohl schon 1924 die 246er Modelle in dieser Hinsicht bedeutend schnittiger konstruiert waren. Wohl handelte es sich um gute und leistungsfähige Maschinen, doch waren sie eben „nur" Zweitakter, die es damals ohne große Unterschiede in zahlreichen Varianten gab.

Leistungsmäßig theoretisch überlegen

Die Erfolge von BMW führten vielerorts zu Nachahmungen von Teilen (besonders Fahrwerksteilen) der Münchner Konstruktion. Das begann gleich in Stockdorf nahe München bei der – bis auf den Motor – BMW-ähnlichen SMW und betraf auch die mit Kühne-Motoren ausgerüstete sächsische Wels sowie die in der Tschechoslowakei mit K-(Küchen-)Motoren gebauten Aeros. Keine Ausnahme machte die sensationelle 474-cm^3-Maschine von Baier mit einem Tank und einigen Fahrwerkteilen, die ihre Ähnlichkeit mit entsprechenden BMW-Teilen kaum verleugnen konnten.

Dieser Doppelkolben-Zweitakter hatte zwei Bohrungen von je 65 mm und 72 mm Hub. Er gab 10,7 kW (14,5 PS) ab und war damit, jedenfalls theoretisch, vielen damaligen Viertaktern leistungsmäßig voraus. Ob diese Leistung über längere Strecken und bei harter Beanspruchung auch gehalten werden konnte, ist eine andere Frage, zumal angesichts der thermischen Schwierigkeiten, die gerade bei größeren und luftgekühlten Zweitaktern auftraten. Dabei hatte die Baier einen gesonderten Ölbehälter mit Zusatzpumpe. Spezialfirmen lieferten verschiedene Teile. So kamen die Vergaser von Brown & Barlow (später Amal), die moderne Tigel-Federgabel und Bremsen von Brüsselbach, die Sättel von Wittkop und die Getriebe teilweise von Getrag.

Als ausgangs der zwanziger Jahre die internationale Wirtschaftskrise auch die deutsche Motorradindustrie heimsuchte, verschwanden bald zahlreiche Firmen von der Bildfläche. Davon blieb natürlich auch Berlin mit seinen vielen kleinen Herstellern nicht verschont. Hier mußten Marken wie Ruppe, SAR, Württembergia, MFZ, Rinne, Kurras, TX, Windhoff, Robako, Lorenz, Herold, Rapid, Zeugner, Wenskus, Werno, Mabeco, Record, MGF, Gnädig, Roconova und Helo die Tore schließen, und auch Baier war nach einer wechselvollen Firmengeschichte am Ende.

Königswelle und Tellernocken: Marchants Chater-Lea

Internationale Berühmtheit errangen englische Chater-Lea-Motorräder durch die 1926 entstandene „Camshaft"-Rennversion von 347 cm^3 und durch ihren hervorragenden Konstrukteur und Rennfahrer Douglas Marchant, der mit diesen von Chater-Lea-Chefkonstrukteur A. C. Woodman geschaffenen und von ihm weiterentwickelten Maschinen zahlreichen Weltrekorden das Licht ausblies. Als „Camshaft"-Modell auch im offiziellen Katalog enthalten, konnte es diese Konstruktion – zuerst in der Londoner Banner Street und später in Letchworth/Herfordshire gebaut – mit den bekannteren Rennmaschinen der Konkurrenz wie Sunbeam, AJS, Velocette, Rudge usw. aufnehmen. Während diese Marken aber eigene Rennställe und Werksfahrer besaßen, gab es bei Chater-Lea nie eine eigene Rennabteilung. Selbst Marchants Rekordmaschinen entstanden teilweise in der Entwicklungs-, vor allem aber in seiner eigenen privaten Rennmaschinenwerkstatt.

So wurden Rekorde gebrochen

Douglas Marchant war schon vor und nach dem Ersten Weltkrieg bei der angesehenen Einbaumotorenfabrik von J. A. Prestwich & Co., Ltd. (JAP) in London-Tottenham tätig. Als 1922 ein noch sehr junger Rennfahrer namens Walter Handley auf einer OK-Supreme

Chater-Lea baute bereits in der Pionierzeit Teile für die Motorradfertigung anderer Firmen, aber auch schon selbst Motorräder bis 998 cm^3 mit Einbaumotoren von Werken wie Minerva, Antoine, Fafnir, JAP, Blackburne, Villiers usw. Das Bild zeigt den bei Jaguar berühmt gewordenen Autokonstrukteur Harry Mundy, als er 1911 eine 996-cm^3-Chater-Lea fuhr.

Im Ersten Weltkrieg stellte Chater-Lea auch Motorräder für britische (und koloniale) Armeen her. Wie so eine 990-cm³-„Kriegsmaschine" aussah, zeigt dieses Bild. Beachtlich die Anbringung des Reserverades.

mit JAP-Motor seine schnell nach oben führende Laufbahn begann, war es Marchant, der ihm mit Rat und Tat zur Seite stand. Er leitete damals auf der berühmten Brooklands-Rennbahn in der Grafschaft Weybridge südlich von London eine Werkstatt, wo JAP die Rennmotoren entwickelte und gleich auf der Rennstrecke testen konnte. War man zufrieden, kam es oft vor, daß die Tuner/Rennfahrer unverzüglich existierenden Rekorden nachjagten. Bei Erfolg brachte das ihnen ein ansehnliches Einkommen sowie der Herstellerfirma viel Publicity und damit einen guten Absatz ein.

So kam es, daß sich dort viele Abteilungen englischer Motorradhersteller befanden. Hauptzweck war es, Rennmaschinen noch schneller und zuverlässiger zu machen. Hier legten die meisten Techniker, die auch Rennen fuhren, mit ihren Assistenten selbst Hand an – im Gegensatz zur Neuzeit, wo auch Profirennfahrer bisweilen nicht viel Ahnung haben, warum sich das Hinterrad ihrer Maschinen so schnell dreht.

Die berühmtesten englischen Spezialisten gaben sich hier ein Stelldichein. So Freddy Dixon, der für Indian, Harley-Davidson, Douglas, Brough-Superior und HRD arbeitete; Cyril Pullin und Jack Emerson, die für ABC und – wie auch Rex Judd, Les Bayley und Granville Bradshaw – für Douglas tätig waren; George-William Patchett und Archibald Birkin in Diensten von McEvoy; Jack Worters und Chris Staniland für Excelsior, während Nortons Interessen hier von D. R. O'Donovan, Rex Judd, Bert Denly, Pat Driscoll und Nigel Spring vertreten wurden. Vic Horsmann und „Curly" Quinn kümmerten sich um die Maschinen von Triumph; E. C. E. „Barry" Baragwanath, Eric Fernihough und Noel Pope um die großen Brough-Superiors; „Bill" Laces war für Gryndlay-Peerless und auch für Norton zur Stelle, während Gordon Cobbold und George Dance schnelle Sunbeams schufen.

Zwar veränderte sich zwischen den Weltkriegen die Situation öfter, doch blieb Douglas Marchant für JAP, Blackburne, Chater-Lea und später auch für die Schweizer Firma Motosacoche hier mit Erfolg tätig. Es gab aber auch Leute, die behaupteten, einige dieser Motorenspezialisten hätten noch einen zwei-

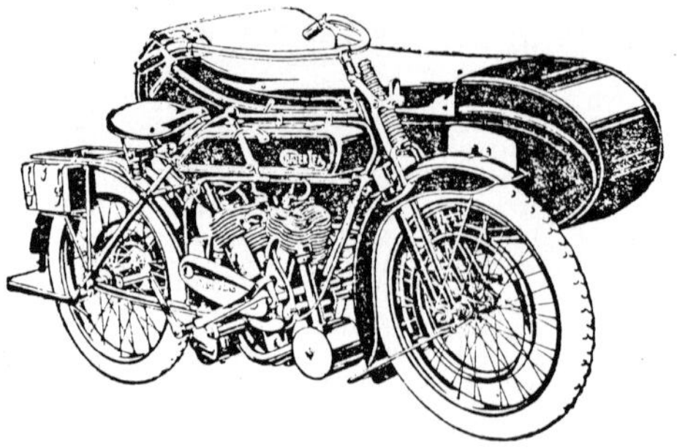

Zu den ersten Modellen der zwanziger Jahre gehörten die „zivilen" 976-cm³-V-Zweizylinder mit seitengesteuerten JAP-Motoren. Sie waren vornehmlich für den Seitenwagenbetrieb gedacht.

ten Grund, an dieser Rennstrecke in Weybridge zu sein. Dort gab es damals keine Kraftstoff-Vorschriften, alle Versuche und Rekordangriffe wurden mit alkoholhaltigen Betriebsstoffen unternommen. Wobei man munkelte, daß einige tüchtige Techniker tagsüber weniger Alkohol in ihre Rennmaschinen gossen, als sie abends in Weybridge Pubs zu sich nahmen. Daß zu ihnen sogar der berühmte Freddy Dixon gehörte, kann ich aus eigener Erfahrung bezeugen.

Mit Fahrradteilen begonnen

Bereits 1890 gründete William Chater-Lea in Clerkenwell, einem Londoner Stadtteil, ein Unternehmen zur Herstellung von Fahrradteilen. Als um die Jahrhundertwende immer mehr Motorradhersteller ihr Glück versuchten, kamen Motorradteile hinzu. Fast gleichzeitig begann Chater-Lea mit der Herstellung eigener Maschinen, vorerst mit Einbaumotoren zahlreicher Spezialfirmen wie Minerva, Antoine, Peugeot, FN, Hamilton, Coronet, Scout, JAP, Whitley, Villiers, Fafnir und anderen. Da es sich nicht um eine Massenproduktion handelte, sah in dieser Frühzeit des Motorradbaues fast jedes Motorrad anders aus. An Ersatzteile und Kundendienst dachte man weniger, schließlich verstanden es Motorradfahrer damals, die meisten Pannen selbst zu beheben – und sei es mit Hilfe von Schmieden.

Daß man bei Chater-Lea gute Fahrwerke baute, sprach sich schnell herum. Das Unternehmen mußte seine Anlagen bald erweitern und landete in einem großen Komplex der Londoner Banner Street, um Jahre später dann eine neue Fabrik in Letchworth, Hertfordshire, in Betrieb zu nehmen.

Schon 1911 schuf man Motorräder mit eigenen V-Zweizylindermotoren von 990 cm³ und seitengesteuerten Ventilen, die dann in den Kriegsjahren 1914–1918 mit Seitenwagen und aufmontierten Maschinengewehren auch „Militärdienst" leisteten. Angeblich war die Zahl dieser „Chater-Lea-Maschinengewehrmotorräder" nicht sehr groß.

Tatsache ist, daß sie auch nach 1918 als „normale" Modelle in zivilen Farben geliefert wurden und guten Absatz fanden. Bald nach

Bereits 1922 brachte Chater-Lea die seitengesteuerte 545-cm³-Einzylinder heraus, sie wurde in weiterentwickelter Form fast bis zur Mitte der dreißiger Jahre gebaut. Bei den englischen Automobilklubs diente sie mit Seitenwagen als Straßenwacht-Modell.

Zwischen Chater-Lea und der Einbaumotorenfabrik Blackburne gab es in den zwanziger Jahren eine enge Zusammenarbeit. So wurden die ersten Sportmaschinen mit kopfgesteuerten 347-cm³-Motoren von Blackburne ausgerüstet.

Kriegsende kam A. C. Woodman, Chefkonstrukteur bei Chater-Lea, mit zwei neuen Modellen auf den damals stark überfüllten englischen Motorradmarkt. Es handelte sich um eine seitengesteuerte 545-cm³-Einzylinder-Tourenmaschine mit eigenem Motor und eine Sportausführung, deren 347-cm³-Motor von der bekannten Einbaumotorenfabrik Blackburne stammte. Dieses Werk hatte 1921 den Bau kompletter Motorräder aufgegeben, sich bei der Firma Burney & Blackburne, Atlas Works, Bookham, Surrey, ganz der Herstellung von Einbaumotoren zugewandt und zu diesem Zweck auch bald Douglas Marchant von der Konkurrenzfirma JAP als Konstrukteur und Entwicklungsingenieur wegengagiert.

Beide Modelle sahen vorerst ziemlich konventionell aus, doch schuf Woodman bereits 1923 neue Fahrwerke mit den bis dahin kaum bekannten und sehr schönen Satteltanks, die eine tiefe Sitzposition und ein sehr harmonisches Aussehen ergaben. Bis zu ihrer Einführung baute das Werk auch Motorräder mit 267-cm³-Dreikanal-Villiers-Motoren, wegen der Konzentration auf die neuen Maschinen wurden sie jedoch ebenso wie die großen V-Zweizylinder aus der Produktion genommen.

Die 545-cm³-Einzylindermaschine war gut und zuverlässig. Bald wurde sie das „Einheitsmodell" der englischen Automobile Association, die diese Chater-Leas mit Seitenwagen als Pannenhilfsfahrzeuge auf Englands Straßen in großer Zahl einsetzte. Die kleinere Sportmaschine wurde, in mehreren Ausführungen gebaut, bald bei Sportlern populär. Viel trugen dazu auch die Erfolge von Douglas Marchant bei, der besonders auf der Brooklandsbahn intensiv an diesen Motoren arbeitete und mit ihnen einen Strecken- und Weltrekord nach dem anderen purzeln ließ.

Die Sensation von 1926 waren die neuen 347-cm³-„Camshaft"-Supersportmodelle von Chater-Lea, deren Königswellenmotoren von dem hervorragenden Konstrukteur und Rennfahrer Douglas Marchant in Zusammenarbeit mit Blackburne nur für Chater-Lea entwickelt wurden.

Sensationeller Königswellenmotor

Mitte der zwanziger Jahre ging der Trend bei Rennmotoren immer mehr zu Triebwerken mit obenliegenden Nockenwellen, auch wenn die erzielten Leistungen nicht stets den Erwartungen entsprachen. So baute Sunbeam ohc-Maschinen von 497 cm³ für die englische TT – und errang im Jahre darauf mit ohv-Motoren bedeutend bessere Resultate. Auch Calthorpes schöner 498-cm³-ohc-Motor von 1925 brachte keine Siege, ähnlich ging es auch anderen Motorradherstellern.

Inzwischen arbeitete Douglas Marchant an verschiedenen Königswellenkonstruktionen in seiner zu Blackburne gehörenden Entwicklungsabteilung, baute diese Versuchsmotoren in Chater-Lea-Fahrwerke ein und kam zu guten Ergebnissen. Ständig veränderte er Zylinderköpfe, Nocken und Nockenantriebe; zuletzt löste er den Ventilantrieb durch Verwendung von zwei Tellernocken, die am oberen Ende der Vertikal-(Königs-)Welle saßen. Ganz oben war der Teller mit den Nocken für das Einlaßventil, darunter der Nockenteller für die Auslaßseite angebracht.

Über den Techniker, der den Grundgedanken für diesen Chater-Lea-Motor hatte, gibt es keine einheitlichen Angaben. Man schrieb ihn Woodman zu, da der Motor bei Chater-Lea – ab 1926 – in Kleinserie gebaut wurde. Doch war es wohl Marchant, der aufgrund seiner Brooklands-Versuche und der bei Blackburne gegebenen Möglichkeiten „das Letzte" aus diesem Motor herausholen wollte.

Es ist heute müßig, sich darüber den Kopf zu zerbrechen. Fest steht, daß Marchant mit dem Motor sehr erfolgreich war, mochten seine auf der Brooklands-Rennbahn verwendeten Fahrwerke auch nur mit einem Abziehbild auf Chater-Lea hinweisen. Hinzu kamen weitere Erfolge auf der Montlhéry-Rennstrecke in Frankreich und dem Rekordkurs von Arpajon, beide südlich von Paris. Was Motoren mit Tellernocken angeht: in Deutschland gab es

Das war der große Douglas Marchant, nachdem er mit seiner 345-cm³-„Camshaft" 1926 auf der Brooklandsbahn mehrere Rekorde gebrochen hatte. Der lächelnde Beifahrer im Seitenwagen war sein großer Konkurrent Bill Lacey, der noch in den fünfziger und sechziger Jahren für die technische Vorbereitung von Mike Hailwoods Rennmaschinen verantwortlich zeichnete.

Der für Chater-Lea entwickelte „Camshaft"-Motor von 347 cm³ war Marchants letzte Konstruktion in England. 1927 ging er zu Motosacoche in die Schweiz und 1930 zu FN nach Belgien. Bei beiden Firmen baute er ebenfalls Königswellenmotoren.

schon die „K"-Einbaumotoren von 347 und 497 cm³, von Richard und Xaver Küchen konstruiert, damals in einem Werk in Bergzabern hergestellt. Allerdings waren sie als Tourensportmotoren ausgelegt, während Marchants Chater-Lea-„Camshaft"-Motor ein Rennmotor war.

Stunden-Weltrekord

Marchant vermochte Motoren auf (für die damalige Zeit) phantastische Leistungen zu bringen. Bereits 1924 erreichte er 100,81 Meilen (über 160 km/h) in der Stunde, obwohl der von ihm verwendete Motor von Blackburne „nur" obengesteuerte Ventile besaß. Dann wandte er sich ohc-Konstruktionen zu. Diese waren schneller, verloren aber an Zuverlässigkeit, und erst am 5. September 1926 gelang es ihm, den eigenen Stundenweltrekord mit 102,99 Meilen (fast 165 km/h) zu brechen. Dann hängte er der Maschine noch einen leichten Seitenwagen an und schuf einen neuen Meilen-Weltrekord für Gespanne, der noch jahrelang im FIM-Buch der Weltrekorde stand.

Die Engländer bezeichneten diesen neuen Motor von Chater-Lea als „face-cam"-Motor. Ende 1926 wurde er in Kleinserie aufgelegt. Mit 71 mm Bohrung und 88 mm Hub kam er in „unfrisiertem Zustand" auf 22 PS bei 6000 U/min. Er wurde in den folgenden vier Jahren weiterentwickelt, und gute private Tuner konnten aus dem schönen Einzylinder noch einige Pferdchen mehr herausquetschen.

Meister in dieser Beziehung war der bekannte österreichische Rennfahrer Michael Gayer aus Wien. Gleichzeitig war er Importeur dieser Maschinen in Österreich und zwischen 1927 und 1929 bei Straßen-, Berg- und Bahnrennen kaum zu schlagen. Ja, er gewann die Tourist-Trophy-Rennen in Österreich und Ungarn vor führenden englischen Werksfahrern und war – bezieht man Douglas Marchant nicht ein – bei weitem der erfolgreichste aller Chater-Lea-Rennfahrer. Dabei war seine schnelle und zuverlässige „Camshaft“ ein normales, von ihm selbst frisiertes Serienmodell.

Weil diese Marke bei der TT auf der Insel Man keine großen Erfolge wie z. B. Sunbeam, AJS, Velocette, Norton usw. errang, blieb sie in kommerzieller Hinsicht, was Rennmaschinen betraf, etwas im Hintergrund. Sicher war es kaum klug, daß man keine eigene Rennabteilung mit Werksrennfahrern in Letchworth hatte. Rennerfolge waren zu jener Zeit ein wichtiger Verkaufshelfer.

Auch kontinentale Rennerfolge

Selbstverständlich gab es auch in England Privatfahrer auf den „Camshaft“-Rennmaschinen. George Tucker, der 1928 an der englischen TT teilnahm, erhielt sogar eine gewisse werksseitige Unterstützung, erreichte aber das Ziel nicht. Man sah diese Maschinen auch bei Rennen im Syston Park, in Pendige und auf anderen Kursen. Ihre Ergebnisse drangen nicht auf den Kontinent durch, hier erzielten sie keine Publikumswirkung.

So fuhren in Österreich u. a. Ferry Pachta und Hermann Trummer diese Maschinen. In Italien war es vornehmlich Mario Barsanti, in der Tschechoslowakei starteten mit ihnen Josef Hajek, Ing. Fritz Racek, der spätere Autorennfahrer Jaroslav Vlĉek sowie Josef Klasek, der in Prag die Chater-Leas importierte und diese ohc-Modelle mit Seitenwagen zu vielen Erfolgen führte.

In Ungarn waren es Beicsi, Valentiny, Szilner, Vicze und Szatmary, die Rennen mit Maschinen von Chater-Lea gewannen. Deutsche Rennfahrer gingen mit ihnen nicht an den Start, mit Ausnahme von Adolf Esch, der später in Köln selbst Esch-Motorräder baute. Nach meiner Meinung hatte seine Chater-Lea aber nicht einen ohc-Motor, sondern einen ohv-Motor von Blackburne.

Normalerweise verkaufte Chater-Lea keine „Camshaft“-Motoren als Einbaumotoren – mit einer Ausnahme: 1927 bot der große Pariser Motorradhändler Lucien Psalty Rennmaschinen von Terrot in Dijon mit 347-cm^3-„Camshaft“-Motoren von Chater-Lea an. Mit diesen Maschinen errang Terrot-Werksfahrer Coulon schöne Erfolge bei Bergrennen und teilweise mit Seitenwagen.

Weitere kontinentale Chater-Lea-Importeure waren Fragner in Prag, Gayer und Schardmüller (nachher nur Michael Gayer) in Wien, Lantai Ede in Budapest, Moser in der Schweiz, Mazzoli in Italien. Sie erzielten keine „Verkaufsrekorde“, weil die englische Fabrik nicht ganz billige, aber stets erstklassige Motorräder baute, deren Preise immer etwas über dem Durchschnitt lagen. Auch fehlte es an Werbung durch Erfolge von Werksrennfahrern bei großen internationalen Rennen, besonders bei der englischen TT.

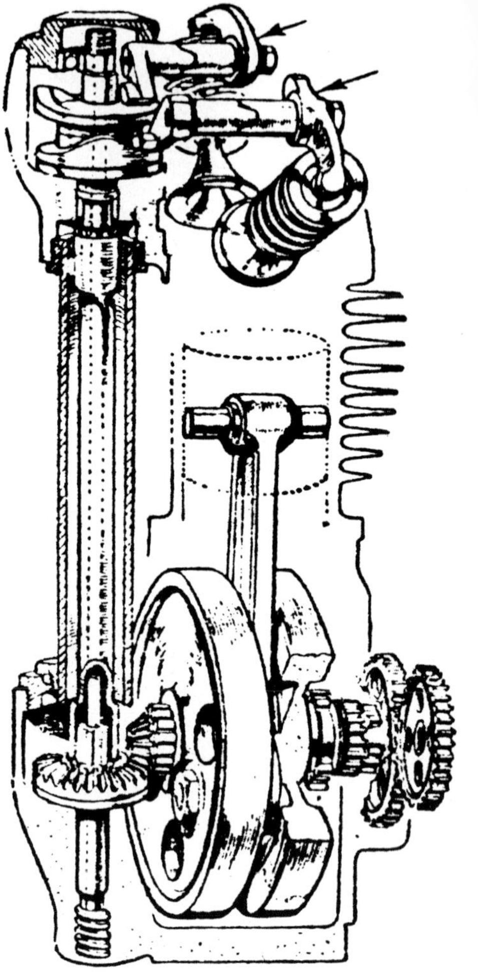

Interessant war der Chater-Lea-Motor durch die am oberen Ende der Königswelle angebrachten Nockenscheiben (Tellernocken), ähnlich wie bei den ersten Küchen-(„K“-)Einbaumotoren. Erfolgreichster Chater-Lea-Rennfahrer auf dem europäischen Kontinent war der Österreicher Michael Gayer. Leider wurde dieser Motor werksseitig nie voll entwickelt und auch nicht in größerem Maße bei Rennen eingesetzt.

Adieu Chater-Lea

Die von Douglas Marchant 1926 aufgestellten Rekorde waren leider auch der Beginn der letzten Phase von Chater-Lea, zumal nach dem 347-cm^3-„Camshaft"-Modell keine eigentlichen Neukonstruktionen mehr in Letchworth entstanden. Auch die Weiterentwicklung dieser Supersport-Rennmaschine lag nicht ganz auf der Linie der ursprünglichen Absichten. Statt sie werksseitig über die 22-PS-Grenze zu bringen, machte man aus ihr eine Art „Luxus-Motorrad" mit breiteren Reifen, zahmeren Ventilzeiten usw. Und das gerade zu einer Zeit, als z. B. die Velocette-KTT bei Rennfahrern immer mehr an Boden gewann und auch die „Ketten"-AJS dank ihrer Rennerfolge immer beliebter wurde.

Ende 1926 hatte Douglas Marchant England verlassen, um bei Motosacoche in Acacias bei Genf neue Rennmaschinen zu bauen. Chefkonstrukteur A. C. Woodman ging von Chater-Lea nach Coventry zu Coventry-Eagle, wo er zahlreiche neue Maschinen – darunter die „Pullman" in den dreißiger Jahren – schuf. Mit Marchant übersiedelte auch der große Walter Handley als Spitzenfahrer in die Schweiz, obwohl er immer noch Anteile an den Rex-Acme-Motorradwerken in Coventry besaß.

Als der Firmengründer starb, übernahm sein Sohn William Bernard Chater-Lea die Leitung der seit 1929 in Letchworth ansässigen Werke. Er fuhr schon in den letzten zwanziger Jahren Rennen auf der Brooklandsbahn. Motorräder wurden noch bis 1935 hergestellt, hauptsächlich die seitengesteuerte 545-cm^3-Einzylinder als Straßenwachtfahrzeug für die britische Automobile Association. Vom 345-cm^3-„Camshaft"-Modell, das 1932 praktisch auslief, wurden rund 500 Maschinen gebaut. Als dann die Motorradproduktion eingestellt wurde, widmete sich Chater-Lea wieder ganz der Herstellung von Teilen für die Fahrradindustrie – und ist auch heute noch auf diesem Gebiet tätig.

Erstklassig und sehr erfolgreich:
Die belgische FN

Die „Fabrique Nationale d'Armes de Guerre" in Herstal bei Lüttich in Belgien gehört zu den Werken, die außer Waffen und Flugmotoren auch hochklassige Motorräder bauten. Wie BMW, Simson, Rennsteig oder Wanderer in Deutschland, BSA und Royal Enfield in England, Gnome & Rhone in Frankreich und auch CZ und Jawa in der Tschechoslowakei.

Für gute Konstruktionen sprachen auch die Namen führender FN-Techniker wie Paul Kelecom, De Grady, George-William Patchett, Douglas Marchant und Ing. Van Hout. FN war auch im Sport ganz vorn, bei Langstrecken-Wertungfahrten genauso wie bei Straßenrennen, Rekordfahrten und großen internationalen Moto-Cross-Wettbewerben.

Große FN-Rennfahrer

Wo gute Maschinen für sportliche Zwecke gebaut werden und es sogar eine eigene Rennabteilung gibt, fehlt es zumeist auch nicht an erstklassigen Rennfahrern. FN machte keine Ausnahme. Schon vor 1914, dem Beginn des Ersten Weltkrieges, baute man dort verhältnismäßig schnelle und zuverlässige Motorräder. So belegte bereits 1908 bei der zum zweiten Mal ausgetragenen englischen Tourist Trophy der Engländer R. O. Clark mit einer belgischen FN den dritten Platz in der Zweizylinder-Klasse – ein Kuriosum, da Mister Clark eine FN mit luftgekühltem Vierzylinder-Reihenmotor von 410 cm³ fuhr. Trotzdem durfte er offiziell in der Zweizylinder-Klasse starten. Zweizylindrige FN-Maschinen gab es damals noch nicht.

International war das Aufgebot an FN-Rennfahrern. Da gab es natürlich vorerst Belgier wie Lovinfosse, Lempereur, De Grady, Hardy, Van Gent, Colette, Charlier, Tacheny, Renier jun., René Milhoux, Léon Demuiter, „Noir" (Frans Heps), Paul Mingels, René Beaten; den Holländer Marten Flinterman; den Italiener Antonio Sbaiz; den Schweden Ivar Skaepstedt; den Deutschen Alois Stößer; den Tschechoslowaken Josef Feuerstein; den Österreicher Carl Abarth; den Franzosen Robert Sexé; den Schweizer Fritz Mühlemann. Und da war auch Alois Stößers Frau Lore, geborene Lore Keller, die Ende der zwanziger Jahre auf einer schnellen FN mit Seitenwagen viele Rennen gewann.

FN auf Rekordjagd

In Herstal war in den letzten zwanziger Jahren, als der Schwede Skaepstedt für FN Rennen fuhr, der berühmte schwedische Konstrukteur Folke Mannerstedt tätig, der wenig später in seiner Heimat die sagenhaften Husqvarna-Rennmaschinen mit ohv-V-Zweizylindermotoren schuf. Gelegentlich wurden noch weitere Rennfahrer wie die Engländer Freddy Hicks, George Himing, Ted Mellors oder S. „Ginger" Wood engagiert; letzterer

Die ersten FN-Motorräder entstanden 1901 mit einem Hubraum von 133 cm³, der 1903 auf 188 cm³ vergrößert wurde. Den Hinterradantrieb besorgte ein Riemen.

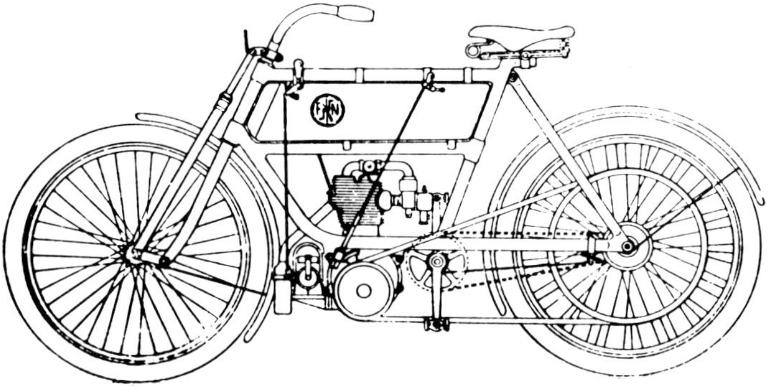

Stabile Fahrwerke mit Vorderradfederung wiesen bald darauf die 188-cm³-Zweitakter von FN auf. Hier ein Bild aus dem Jahre 1905.

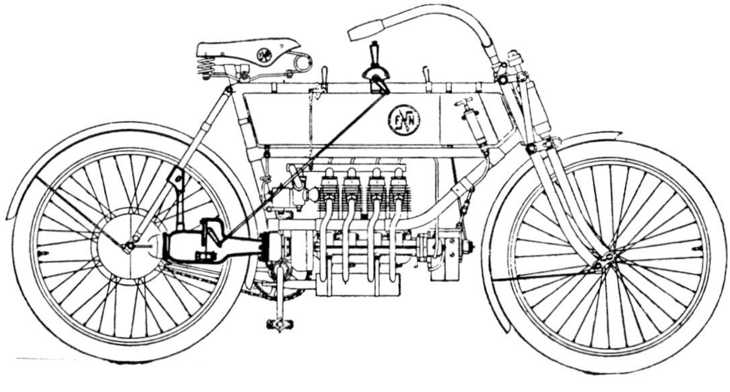

Mit dieser 1905 eingeführten 362-cm³-Reihenvierzylinder-Maschine und dem Kardanantrieb zum Hinterrad erlangte FN Weltberühmtheit. Verbessert und weiterentwickelt wurden Vierzylinder-Modelle bis 1926 gebaut.

fuhr auch die 1937 von Ing. Van Hout konstruierte Zweizylinder-Kompressor-Rennmaschine von 498 cm³. Der berühmteste Engländer im Werksteam war zweifellos der große Walter Handley, der 1930 zusammen mit dem englischen Konstrukteur Douglas Marchant von Motosacoche zu FN überwechselte und auf einigen Strecken, wie z. B. 1930 auf der Berliner Avus, sensationell schnell war, aber nur selten das Ziel erreichte. Immerhin konnte er mit ohc-Werksmaschinen von 348 und 498 cm³ zahlreiche Weltrekorde brechen.

Als dann Handley und Marchant FN verließen, war es vornehmlich der kleine, sympathische Brüsseler René Milhoux, der für FN auf Rekordjagd ging. Sein am 28. Oktober 1937 in Montlhéry (Frankreich) aufgestellter Weltrekord von 158 km/h über 50 km hatte bis in die fünfziger Jahre Bestand. Die Rekordmaschine: eine einzylindrige FN mit 486-cm³-ohc-Motor.

Weltrekorde gab es bereits vorher für FN, als 1926 die Werksfahrer Flinterman, Sbaiz und Lovinfosse neue Bestzeiten bis zu 24 Stunden herausfuhren. Zumeist Stundenrekorde, wobei sie mit der 348-cm³-Maschine bis auf über 120 km/h kamen und über 24 Stunden noch 105,25 km/h erreichten. Ein großer Erfolg für die ohv-Einzylinder.

Riemen, Kardan, Kette

FN gehört zu den Pionieren des Kardanantriebs, vor allem durch die wertvolle Entwicklungsarbeit des damaligen Chefkonstrukteurs Paul Kelecom. Tatsache ist allerdings, daß die ersten FN-Maschinen – seitengesteuerte Einzylinder – noch den Riemenantrieb des Hinterrades aufwiesen. Die ersten Modelle entstanden 1901 und hatten 133 cm³ Hubraum, der dann 1903 auf 188 cm³ und 1904 sogar auf 300 cm³ vergrößert wurde.

Die Antriebsriemen der damaligen Zeit waren nicht ideal. Besonders bei nassem Wetter auf den schlechten Straßen erfüllten sie nur in beschränktem Maße ihren Zweck. Zudem mußten sie auch infolge ihrer schnellen Ausdehnung oft verkürzt oder durch eine Spannrolle gestrafft werden. Je mehr Kraft der Motor hergab, um so problematischer wurde diese Art des Hinterradantriebs.

1905 entstand die erste FN mit luftgekühltem Vierzylinder-Reihenmotor, und zwar mit Kardan- anstatt des empfindlichen und unzuverlässigen Riemenantriebs. Seinen großen Vorteilen standen jedoch höhere Herstellungskosten und damit auch höhere Verkaufspreise gegenüber. Weil die Vorteile aber auch in den Augen der Kundschaft weit überwogen, ließen sich die Kardanmodelle gut absetzen. Auch in Deutschland, wo FN eine Vertriebsgesellschaft unter Leitung des baumlangen Direktors Glaser hatte, der nur im hohen und steifen Vatermörderkragen seine Kundschaft bediente. Ihm zur Seite stand u. a. Ernst Geuder (auch als „Papa" Geuder bekannt), der fast sein ganzes Leben lang für FN tätig war, zunächst in Herstal und dann in Berlin.

Vierzylinder erregte Aufsehen

Die erste vierzylindrige FN hatte 362 cm³ und war eine technische Sensation auf dem Motorradmarkt. Viele Besitzer älterer Modelle mit Riemenantrieb stiegen auf die neue FN um. Längere Lieferfristen waren in verschiedenen Zeiten nicht zu vermeiden, zumal diese Maschine auch in England und anderen Ländern sowie in den belgischen Kolonien bald sehr beliebt war.

Weitergebaut wurden aber auch die Einzylinder-Motorräder, die man ebenso wie die Vierzylinder ständig weiterentwickelte, verbesserte und modernisierte. Bereits 1906 erhielt die Vierzylinder einen auf 410 cm³ vergrößerten Hubraum. 1907 erschien eine neue Einzylinder mit 224 cm³. Die Vierzylinder bekam 1910 einen Hubraum von 492 cm³ und wurde 1912 mit einem Zweiganggetriebe und Kickstarter ausgestattet. Im selben Jahr wurden auch einzylindrige FN-Motorräder mit 285 cm³ und Kardanantrieb (!) hergestellt und gut verkauft.

Bald darauf begann der Erste Weltkrieg. FN produzierte Munition und stellte den Motorradbau zunächst zurück, um bald nach Kriegsende verstärkt auf diesem Gebiet und auch im Sport tätig zu werden. Schon lange hatte man den Wert von Sporterfolgen sowohl für die technische Entwicklung als auch für die Werbung erkannt und damit auch den guten Ruf der FN-Motorräder in aller Welt vergrößert und gefestigt.

FN kontra Gillet-Herstal

An Motorradherstellern fehlte es nach dem Ersten Weltkrieg in Belgien nicht. Da waren die alte Firma Saroléa, das fast ebenso alte Unternehmen FN sowie die 1919 gegründete Marke Gillet-Herstal, die alle drei nahe Lüttich ihre Werke hatten. Und alle drei bauten bald auch wieder Rennmaschinen. Als weitere Konkurrenten kamen noch die belgischen Motorrad-Konfektionäre Rush und P.A. hinzu, die englische ohv-Einzylinder-Rennmotoren von Blackburne erfolgreich einbauten. Es kam zu einem harten Wettbewerb, bei dem sich

Die FN-Vierzylindermaschinen wurden 1906 auf 410 cm³ und 1910 auf 492 cm³ vergrößert. Wegen ihrer damals hohen Leistung und Zuverlässigkeit wurden sie in viele Länder exportiert.

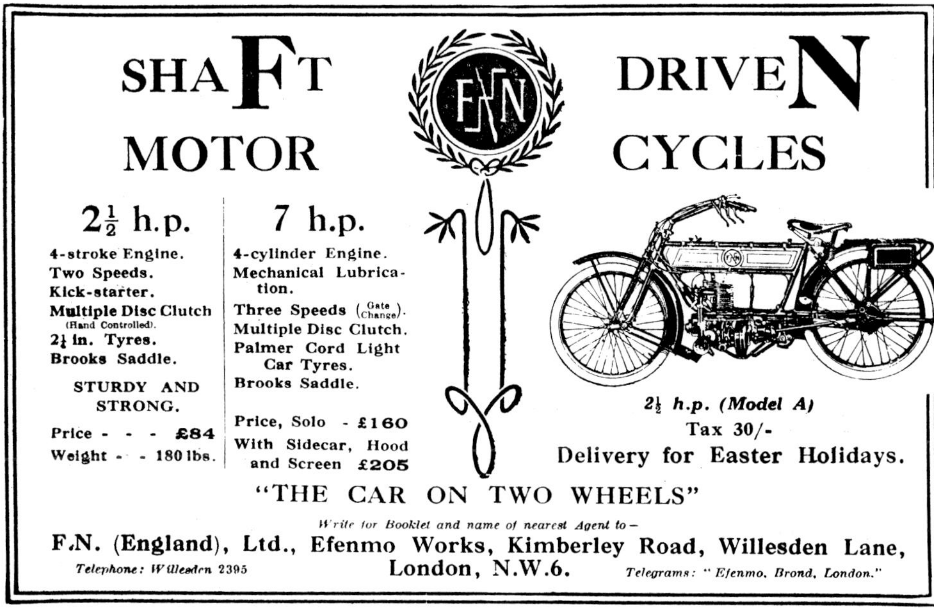

Ein FN-Inserat, das 1921 in der englischen Fachzeitschrift „The Motor Cycle“ erschien. Es zeigt die damals gebaute 285-cm³-Einzylinderversion mit Hinterrad-Kardanantrieb.

FN und Gillet-Herstal besonders in der 350-cm³-Klasse bei großen Rennen heftig befehdeten.

Um vorn zu sein, baute FN 1923 erstmals Einzylinder-Maschinen mit Königswellenmotoren, während Gillet-Herstal 346-cm³-Zweitakter mit Drehschieber und Wasserkühlung einsetzte. Alles schnelle, aber vorerst nicht besonders zuverlässige Renner. Erst gegen Saisonende, beim Großen Preis in Monza (Italien), waren die FN schon ausdauernder. Hier konnte der belgische Werksfahrer Edmond Claesseins den zweiten Platz hinter dem italienischen AJS-Fahrer Ernesto Gnesa belegen.

Den Großen Preis von Belgien gewann FN-Werksfahrer Huynen auf der neuen Königswellen-Rennmaschine vor seinem Landsmann Delvigne auf Rush. Interessant: die beste Tageszeit erzielte in der 500er Klasse der berühmte englische Rennfahrer Freddy Dixon auf einer seitengesteuerten Indian, die wohl

Neue Vierzylinder-Modelle entstanden 1922 bei FN. Sie besaßen einen 748-cm³-Reihen-Blockmotor und den damals für FN typischen Kardanantrieb. Es waren sehr bequeme Tourenmaschinen.

1924 erhielten alle FN-Modelle Kettenantrieb zum Hinterrad; der Kardanantrieb erwies sich in der Herstellung als zu teuer. Zugleich entstand diese neue Einzylindermaschine mit kopfgesteuertem Dreigang-Blockmotor von 346 cm^3.

zum allerletzten Mal bei einem europäischen „Grand Prix" auf den ersten Platz kam.

Rätsel um ohc-FN

Die meisten Rennmaschinen wurden damals schon mit ohv- und ohc-Motoren ausgerüstet, da man mit ihnen höhere Leistungen erzielen konnte. Es blieb ein nie aufgeklärtes Geheimnis, warum FN am Ende der Rennsaison die Königswellenmotoren zurückzog und in den folgenden Jahren nur Einzylindermaschinen mit ohv-Motoren von 348 cm^3 und 498 cm^3 offiziell an den Start brachte. So kam es auch, daß – von Langstreckenwettbewerben abgesehen – FN in der zweiten Hälfte der zwanziger Jahre keine großen Erfolge bei Straßen-Rundstreckenrennen erringen konnte. Sie stellten sich lediglich noch bei kürzeren Bergrennen ein. Eine andere belgische Marke, Saroléa, erwies sich mit einzylindrigen ohv-Rennmaschinen besonders in der Halbliterklasse überlegen. Hier gab es erstklassige Fahrer wie Hufkens, Mineur, Vidal, den Engländer Stobart und die Italiener Arcangeli und Colombo.

Erst 1928 kehrte FN mit verbesserten 348- und 498-cm^3-Modellen unter Leitung des englischen Konstrukteurs und Rennfahrers George-William Patchett ins große Renngeschehen zurück, allerdings ohne den gewünschten Erfolg. Patchett mußte mit beschränkten Mitteln aus existierenden ohv-Modellen die neuen Rennmaschinen entwickeln. Und das genügte nicht, um gegen die damals führenden englischen Straßenrennmaschinen von Rudge, Norton, Sunbeam usw. anzukommen.

Zurück zur Kette

Eine sportliche 285-cm^3-Einzylindermaschine mit Kardanantrieb hatte 1920 das Programm bereichert. Sie verkaufte sich gut, brachte aber wegen der hohen Produktionskosten – vor allem durch den teuren Kardanantrieb bedingt – nicht viel Geld in die Kasse. Und während gerade BMW mit neuen Kardanmodellen den Markt bereicherte, entschied FN-Generaldirektor Alexandre Galopin, neue Modelle nur noch mit dem billigeren Kettenantrieb auszustatten.

Die bereits erwähnten Werksrennmaschinen mit modernen ohv-Einzylinder-Blockmotoren von 348 cm^3 besaßen bereits den Kettenantrieb. Ihn hatten auch neue Einzylinder-Motorräder mit ohv-Blockmotoren und drei Gängen, die Ende 1923 herauskamen. 1926 folgten ähnliche 498-cm^3-Einzylinder und 1927 das wohl beliebteste aller damaligen FN-Modelle, die seitengesteuerte 346-cm^3-„Sahara", leicht erkennbar an ihrem rot verzierten schwarzen Stecktank.

Leider nur ein schlechtes, aber einmaliges Foto des ersten FN-Königswellen-Werksrennmotors von 346 cm^3. 1923 von den Werksfahrern eingesetzt, erwies er sich zwar als schnell, aber noch zu wenig zuverlässig.

Ein großer Verkaufserfolg wurde die ab 1926 gebaute 346-cm³-„Sahara" von FN. Mit ihrem seitengesteuerten Einzylinder-Dreigang-Blockmotor galt sie als ungemein zuverlässig und dazu gegenüber ihren Konkurrenten auch noch als sehr preiswert.

Umkonstruiert wurden die bekannten Vierzylinder-Motorräder mit den luftgekühlten Reihen-Blockmotoren. Es war der Konstrukteur Ing. Delataille, der die ab 1924 gebaute neue 748-cm³-Vierzylinder-Blockmaschine mit Kettenantrieb schuf, die wie auch die neuen Einzylinder-Modelle mit einer vollautomatischen Schmierung ausgestattet war. Eigentümlich dabei, daß die sonst so fortschrittliche Konstruktion nach wie vor mit Klotz-Felgenbremsen ausgestattet wurde, ebenso wie die obengesteuerten Einzylinder. Dagegen erhielt die 346-cm³-„Sahara" – wegen der erfolgreichen Durchquerung der Sahara-Wüste so benannt – bald Innenbackenbremsen. War Paul Kelecom, der technische FN-Direktor, etwas zu konservativ?

Das muß angenommen werden, denn selbst Werksrennmaschinen hatten zum Teil noch bis 1928 derart primitive Bremsen. Nicht anders als die 350er, mit der Edmond Claessens 1923/24 die belgische Meisterschaft in dieser Klasse errang. Nebenbei bemerkt: De Grady, damals sein Teamkollege, wurde später Direktor im Werk. Auf geringes Eigengewicht der Werksfahrer legte man damals herzlich wenig Wert; Männer wie De Grady, Lempereur u. a. waren alles andere als „Leichtgewichte".

Neben Klotzbremsen Ballonreifen

Schon damals baute FN gute Maschinen – sieht man davon ab, daß es bei den einzylindrigen ohv-Maschinen häufig Ventilbrüche gab. Die Produktion der weich laufenden 748-cm³-Vierzylinder, einer sehr bequemen und guten Luxus-Tourenmaschine, wurde Ende 1926 ganz eingestellt. Für die Herstellung

FN war auch in Deutschland sehr beliebt und hatte jahrelang in Berlin eine eigene Verkaufsniederlassung, die vom baumlangen Direktor Glaser mit hohem „Vatermörderkragen" (im Bild ganz links) geleitet wurde. Auf der seitengesteuerten 346-cm³-Maschine der bekannte frühere Rennfahrer „Papa" Geuder.

1929 hatte die billige 346-cm³-FN bereits einen Satteltank, bessere Innenbackenbremsen – und einen großen Kundenkreis.

der „Sahara", die bald ein „Bestseller" wurde, benötigte man immer mehr Platz.

Etwas paradox waren einerseits die altmodischen und nicht sehr wirksamen Klotzbremsen und zum anderen die gleichzeitige Verwendung riesiger Ballonreifen bei den meisten Modellen. Beide trugen nicht besonders zur Sicherheit bei den damals erreichbaren Höchstgeschwindigkeiten bei. Als 1933 beim Großen Preis von Schweden der einheimische Fahrer Lundberg mit dem englischen Spitzenfahrer Hunt kollidierte, wobei Lundberg getötet und Hunt schwer verletzt wurde, saß der Schwede im Sattel einer alten FN-Werksrennmaschine, die – noch 1933 mit Klotzbremsen! – zum Start bei einem so großen Rennen zugelassen wurde. Der 1984 verstorbene Percy Hunt konnte nach diesem Unfall kein Motorrad mehr besteigen.

Es waren Cpt. Bruneteau, Ltn. Gimié und Joseph Weerens, die 1927 mit der neuen 346-cm³-„Sahara" von Dakar nach Lüttich reisten und damit gleich die Zuverlässigkeit dieser Konstruktion bewiesen. Dies führte zu einer starken Nachfrage, die Jahresproduktion stieg auf über 15000 Maschinen. Ende der zwanziger Jahre kam es dann zur internationalen Weltwirtschaftskrise, die natürlich auch das Motorradgeschäft beeinträchtigte. Bis zum Zweiten Weltkrieg baute FN auch Automobile, doch mußte deren Herstellung nach 1929 stark gedrosselt und zu einem Großteil auf den Armeebedarf konzentriert werden.

Wechsel der Konstrukteure

Mit fünf Fahrern kam George-William Patchett, der bei FN auch Rennleiter war, 1929 zum Training für den Großen Preis von Deutschland 1929 zum Nürburgring, unter ihnen auch die für dieses Rennen extra engagierten Engländer Freddy Hicks und George Himing. Nach zwei gefährlichen Rahmenbrüchen kehrte die komplette Mannschaft noch während des Trainings in das nahegelegene Herstal zurück. Es kam zum Bruch mit Patchett, der bald darauf als Chefkonstrukteur, Rennleiter und Rennfahrer zu Jawa nach Prag ging. Bei FN wurde er 1930 durch einen anderen Engländer, Douglas Marchant, der von Motosacoche in der Schweiz kam, abgelöst. Dieser war dort zusammen mit seinem Spitzenfahrer Walter Handley 1928/29 in der 250er, 350er und 500er Klasse ungemein erfolgreich.

Bei FN schuf Marchant zunächst 498-cm³- und dann auch 348-cm³-Rennmaschinen mit hochmodernen ohc-Einzylinder-Blockmotoren. Die größere Version brachte er auch gleich auf die Avus, wo er in einem sensationellen Rennen der gesamten Konkurrenz von NSU, BMW, DKW, Motosacoche usw. auf- und davonfuhr. Weit in Führung liegend, schied er jedoch ohne Kraftstoff in der Südkurve aus – er hatte vergessen, das Zeichen zum Nachtanken rechtzeitig zu beachten. Ein tragisches Mißgeschick, den Sieg hatte er praktisch „schon in der Tasche". Sowohl Marchant als auch Handley brachen dann noch zahlreiche Rekorde mit den neuen FN-Rennmaschinen, doch blieben die ganz großen Erfolge bei Straßenrennen aus. Auch bei der

Schon 1926 entstand das Modell M 67 von FN mit dem obengesteuerten Einzylinder-Blockmotor, das wie die kleinere M 60 in Rennausführung viele Erfolge verbuchte. Hier ein Bild der 1929 gebauten M 67.

Senior-TT auf der Insel Man mußte Walter Handley schon bald nach dem Start aufgeben.

Der rückläufige Motorradabsatz und die geschäftliche Unsicherheit der ersten dreißiger Jahre führten auch bei FN zur Kürzung des Rennbudgets. Marchant mußte die Weiterentwicklung bremsen und war bald genau so unzufrieden wie sein Fahrer Handley, der natürlich ohne entsprechende Unterstützung keine Wunder vollbringen konnte. So trennte man sich bald von FN, und beide Engländer kehrten in ihre Heimat zurück. Handley fuhr nunmehr für englische Werke wie Rudge, Excelsior, Velocette und Norton.

Die neue Garde bei FN

Douglas Marchants Nachfolger als Chefkonstrukteur bei FN wurde Ing. Van Hout. Wenig später kam auch Léon Demuiter als Rennfahrer von der benachbarten Firma Saroléa zur Fabrique Nationale, wo man besonders bei Langstrecken-Wettbewerben die Zuverlässigkeit der FN-Motorräder immer wieder unter Beweis stellen konnte, mit berühmten „Tourenfahrern“ wie Robert Sexé und anderen.

In den FN-Rennstall kam auch der draufgängerische Moenens, ein Mann aus Zypern, der unter dem Pseudonym „Edyson“ vornehmlich Seitenwagenrennen mit dem Engländer Clarke als „Schmiermaxe“ bestritt.

Serienmäßig stellte das Werk damals Einzylinder-Maschinen mit seiten- bzw. obengesteuerten Blockmotoren von 348 cm³ und 498 cm³ her, während Henri Van Hout vorerst Marchants ohc-Rennmaschinen weiterentwickelte. Eine neue Serienmaschine entstand

1930 schuf der von Motosacoche gekommene englische Konstrukteur Douglas Marchant neue FN-Rennmaschinen mit ohc-Einzylindermotor von 348 cm³ und 498 cm³, die von seinem berühmten Landsmann Walter Handley – hier mit der Halblitermaschine am Start zur englischen TT auf der Insel Man – gesteuert wurden.

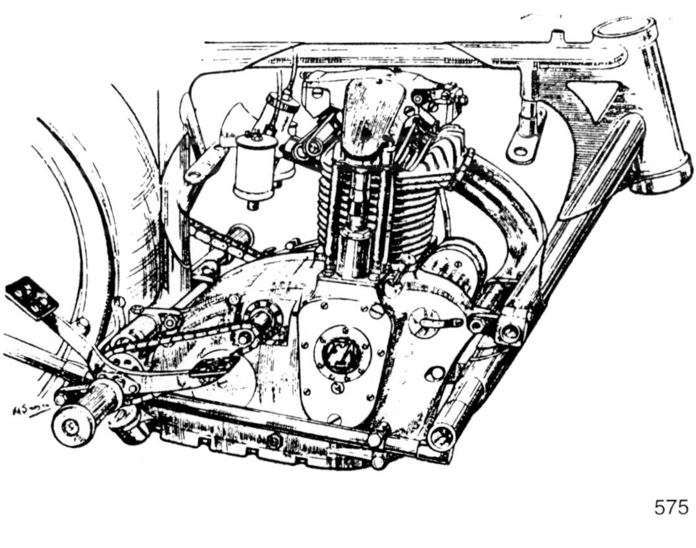

Das war der schnelle 498-cm³-Werksrennmotor, teilweise „aufgeschnitten“, von FN mit fußgeschaltetem Vierganggetriebe. Ihm fehlte jedoch die notwendige Zuverlässigkeit. Mit ihm war Handley auf der Avus bedeutend schneller als alle Konkurrenten, erreichte aber nicht das Ziel.

Mit der von Marchant konstruierten FN-Rekordmaschine stellte Walter Handley (im Bild) zahlreiche neue nationale und Weltbestleistungen auf. Bevor diese Maschine jedoch ausgereift war, verließen Marchant und Handley 1932 FN.

1932, als 198-cm³-Villiers-Zweitaktmotoren aus England in FN-Fahrwerke eingebaut wurden.

In Deutschland hatte die Berliner FN-Importfirma ein gut ausgebautes Vertreternetz; geliefert wurden die Maschinen von einem FN-Montagewerk in Aachen. Bissige Zungen behaupteten damals, daß FN die niedrigen Preise nur halten konnte, weil die Grenzen zum naheliegenden Herstal nie ganz dicht waren. Und das bringt mich auch gleich zu den Preisen für FN-Motorräder in Deutschland. 1930 kostete die M 70 „Sahara" nur 850 Reichsmark, die obengesteuerte 498-cm³-Einzylinder 1125 RM, während man für die billigste Halbliter-BMW 1450 RM bezahlen mußte. 1933 gab es zwei 198-cm³-Zweitakter für 625 und 685 RM, drei 346er für 795 bis 995 RM sowie seitengesteuerte 498er für 1130 RM und obengesteuerte Versionen bis 1350 RM.

Zu den 34 offiziell anerkannten FN-Händlern in Deutschland gehörten bekannte Rennfahrer wie Alois Stößer in München, Paul Schneider, Konrad Reisdorf, Richard Freytag und Otto Thönus in Berlin sowie die Gebrüder Retienne in Wilmersdorf, die zu verschiedenen Zeiten mit FN-Maschinen sportliche Wettbewerbe bestritten.

Es gab kaum ein Land, in dem diese robusten Maschinen nicht vertreten waren. In England hatte FN jahrelang eine werkseigene Filiale. Gute Umsätze gab es auch in der Tschechoslowakei, wo in Brünn die Eisenwaren-Großhandlung Konrad Vichr viele Jahre FN-Maschinen importierte. Der Prager Importeur Dr. Rawicz erlangte später, in England lebend, als Konzertpianist sogar Weltberühmtheit mit dem Duo Rawicz und Landauer.

In Österreich importierte die Wiener Firma Müller & Co. lange Zeit die belgische Marke

Teilweise „aufgeschnitten": eine 1933 von FN gebaute 346-cm³-Tourenmaschine mit seitengesteuertem Blockmotor.

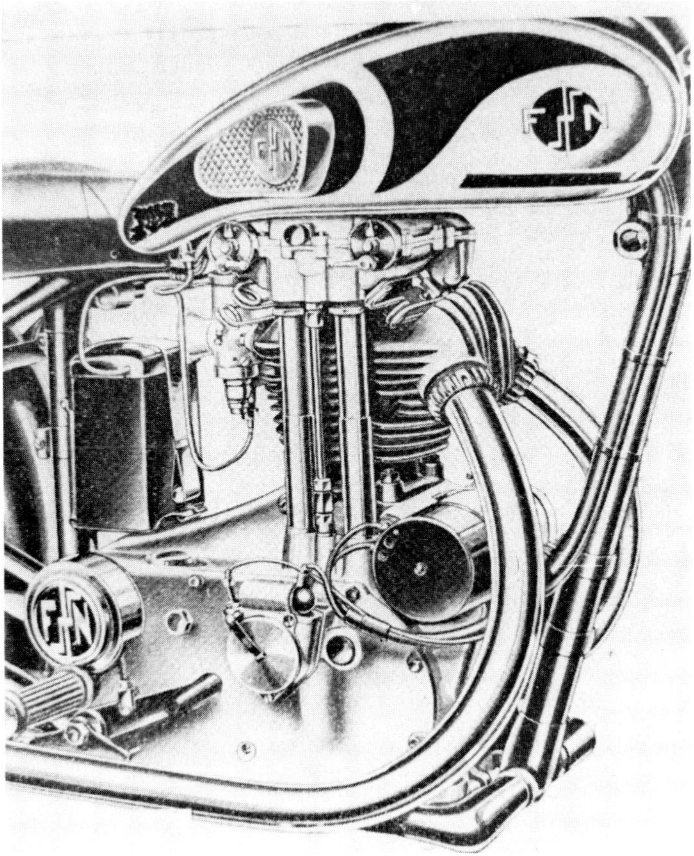

Mit den Erfahrungen aus dem Rennmaschinenbau schuf FN 1934 neue 498-cm³-Einzylindermodelle mit obengesteuerten Viergang-Blockmotoren modernster Konstruktion. Es gab mehrere Varianten. Der Österreicher Carl Abarth, der nach 1945 die Abarth-Autowerke in Turin gründete, errang mit FN-Seitenwagenmaschinen zwischen 1934 und 1939 zahlreiche Rennsiege.

mit Erfolg. Hier kosteten um 1930 die bereits mit modernen Satteltanks ausgestatteten FN-Maschinen verhältnismäßig wenig Geld: die 346-cm³-„Sahara" 1975 Schilling, die 498-cm³-ohv-Sportversion 2495 Schilling. Auch noch lange nach dem Zweiten Weltkrieg vertrat derselbe Importeur die beliebte Marke aus Belgien.

Mit Henri Van Hout, der 1933 FN-Chefkonstrukteur wurde, bekam auch die Rennabteilung neuen Schwung. In typischer FN-Tradition entwickelte er auch Maschinen zur Jagd auf bestehende Rekorde. Sehr erfolgreich war dabei der kleine, leichte und zähe Belgier René Milhoux als Fahrer.

So sah die 1935 gebaute 498-cm³-ohv-Sportversion des FN-Modells M 86 aus; ihr Viergang-Blockmotor hatte Fußschaltung und zwei Auspuffrohre.

In den dreißiger Jahren stellte Österreich wohl auch den erfolgreichsten aller Rennfahrer auf FN-Maschinen. Es war dies der große Carlo Abarth, der nach dem Kriege in Turin die berühmten, nach ihm benannten Sport- und Rennwagen schuf. Ab 1935 fuhr er bis zum Kriegsausbruch FN-Seitenwagenmaschinen mit 598-cm³-ohv-Motoren – und gewann zahlreiche Rennen.

Rekorde, Siege und Todesstürze

René Milhoux aus Brüssel war ein hervorragender Motorradrennfahrer. Körperlich klein und leicht, brachte er gute Voraussetzungen für neue Rekorde mit. Bereits 1933 erreichte er mit der 498-cm³-Einzylinder-FN über den fliegenden Kilometer 224 km/h. Große Rennerfolge gab es 1934, als Léon Demuiter mit Henri Van Houts weiterentwickelter 498-cm³-FN den Großen Preis von Europa in Assen (Holland) gewann und Noir den zweiten Platz belegte. Auch bei anderen großen Rennen kamen die nunmehr zuverlässiger gewordenen FN-Maschinen auf vorderste Plätze. Große Freude darüber in Herstal – aber bald auch große Trauer.

Beim Großen Preis von Deutschland auf dem Sachsenring in Hohenstein-Ernsttal (jetzt DDR) stürzten Demuiter und Noir (Frans Heps) tödlich. Ein schwerer Schlag in einer Zeit, als die rein belgischen Rennmaschinen die Konkurrenz kaum zu fürchten hatten. Die beiden so hervorragenden Fahrer waren kaum zu ersetzen, nicht als Mensch und nur schwerlich bei Rennen.

Jules Tacheny und Colette wurden nunmehr die Teamkollegen von René Milhoux, doch wirkten sich die tödlichen Unfälle von Demuiter und Noir in den folgenden Monaten auf den ganzen Rennbetrieb sehr negativ aus.

Schwierigkeiten für den Absatz von FN-Motorrädern in Deutschland entstanden durch eine neue Verfügung der damaligen Hitler-Regierung. Weil die in Aachen montierten FN-Motorräder nicht mehr als „rein deutsch“ an-

Nur ein Auspuffrohr hatten die einzylindrigen Werksrennmaschinen von FN, wie diese 498-cm³-ohc-Version des Jahres 1935, die u. a. von Milhoux, Renier jun., Charlier, Van Gent und Colette gefahren wurde.

Das war der berühmte Carl Abarth, der mit seiner auf 598 cm³ aufgebohrten FN-Seitenwagenmaschine bei Straßen-, Berg- und Bahnrennen bis zum Beginn des Zweiten Weltkrieges große Erfolge errang.

erkannt wurden, mußte der Name geändert werden, wenigstens am Tank und auf Briefköpfen, obwohl sich an der bewährten FN-Blockkonstruktion nichts änderte; lediglich die 198er mit Villiers-Zweitaktmotor hatten ein getrenntes Albion-Dreiganggetriebe. So wurden die FN-Motorräder auf BAM „umgetauft“; das BAM stand für Berlin-Aachener-Motorradwerke. Das ging nicht sehr lange gut. Der Druck auf die Belgier wurde immer stärker, so daß auch die BAM verschwinden mußte.

Die fabelhafte M 86

Sie entstand Ende 1934 als Resultat der Erfahrungen, die mit Werksrennmaschinen gesammelt wurden. Ihr neuer obengesteuerter 497-cm³-Viergang-Blockmotor, Bohrung/Hub

Die große Zündapp stand wohl Pate, als man 1936 bei FN diese für Militärzwecke bestimmte 996-cm³-Maschine mit Boxermotor und Kardanantrieb zum Hinterrad herausbrachte.

80/90 mm, hatte bereits einen völlig gekapselten Ventilmechanismus, Fußschaltung, Doppelauspuff und andere Finessen. Als ausgesprochener Sportmotor ausgelegt, besaß er eine hervorragende Leistung, die durch „Frisieren" noch gesteigert werden konnte. Auch der Motor in Abarths Gespann war eine Weiterentwicklung dieser gesunden Neukonstruktion. Geliefert wurde er mit 497 und 597 cm³ Hubraum, in der letzteren Ausführung hauptsächlich für den Seitenwagenbetrieb.

Ab 1936 stellte FN auch eine Kardan-Maschine mit seitengesteuertem, quer eingebautem Boxer-Blockmotor von 996 cm³ her. Ein schweres Motorrad, das vornehmlich für die belgische Armee gebaut und mit Seitenwagen gefahren wurde.

Zwei Jahre nach dem Tod der Werksfahrer Demuiter und Noir kehrte FN 1936 – wenn auch nicht voll – ins Renngeschehen zurück. Zumeist mit Milhoux, Colette und dem jungen Renier, dessen Vater (bereits weit über 50) in Konkurrenz zu seinem Sohn fuhr, nunmehr auf Velocette. Beim Großen Preis von Belgien erwies sich Renier jun. als sehr talentierter Fahrer, blieb aber seinem gelernten Beruf als Fotograf treu. Tragisch, daß er später in Belgisch-Kongo zusammen mit seinem Vater bei einem Motorradstraßenunfall das Leben verlor.

Die Maschinen der Halbliterklasse wurden immer schneller. Schon 1937 gab es bei BMW, Gilera und NSU Rennmaschinen mit Kompressormotoren. Van Hout wollte nicht zurückbleiben, er schuf damals auch für FN neue Kompressor-Rennmaschinen mit zweizylindrigen Vertikalmotoren und zwei obenliegenden Nockenwellen. Ihre Leistung wurde mit 48 PS bei 6200 U/min angegeben. Wegen der unsicheren Zeiten vor dem Kriegsausbruch auch in Belgien kam diese damals hochmoderne Konstruktion nie voll zur Entwicklung. FN mußte die Waffenherstellung forcieren, und die schien wichtiger zu sein als der Bau vollblütiger Rennmaschinen. Sie brachte jedenfalls Geld ein, während die Entwicklung von Rennmaschinen nur Geld kostete.

Mit den seitengesteuerten Boxer-Zweizylindermotoren von 996 cm³ rüstete man in den letzten dreißiger Jahren auch Transport-Dreiräder aus, die hauptsächlich für militärische Zwecke bestimmt waren; erst nach dem Zweiten Weltkrieg gab es solche Dreiräder auch in „ziviler" Ausführung.

Aus der fabelhaften M 86 entwickelte Chef-

FN-Chefkonstrukteur Henri Van Hout schuf 1937 erneut Kompressor-Rennmaschinen, um in den damaligen Kampf der Halbliterklasse zwischen BMW und Gilera eingreifen zu können, die bereits über Kompressor-Motoren verfügten. Die neue FN hatte einen Parallel-Zweizylinder-Doppelnockenwellenmotor von 498 cm³, konnte aber unter den damaligen politischen Verhältnissen nicht mehr voll entwickelt werden. 1938 bot man sie über den englischen Rennfahrer S. „Ginger" Wood mit allen Produktionseinrichtungen zum Verkauf an. Aber auch Triumph-Chef Edward Turner wollte sie nicht.

Schier sensationell wirkte die von FN gebaute unorthodoxe Vorderradschwinge, hier an einer einzylindrigen Moto-Cross-Maschine von 498 cm³, mit der Spitzenfahrer große Erfolge errangen. Die Vorderradschwinge, schon vor dem letzten Krieg konzipiert, war wohl gut, konnte sich aber nicht zuletzt wegen ihres ungewöhnlichen Aussehens auf die Dauer nicht durchsetzen.

konstrukteur Van Hout zahlreiche Varianten, darunter Motoren mit einer durch Kette angetriebenen obenliegenden Nockenwelle. Es waren diese Einzylindermotoren, aus denen nach 1945 die hervorragenden Moto-Cross-Triebwerke entstanden.

Schnelle Kompressor-Maschinen

Henri Van Hout war ein erfahrener Techniker mit großen Ambitionen. Man könnte ihn mit Dipl.-Ing. Rudolf Schleicher (BMW), Joe Craig (Norton), Giulio Carcano (Moto Guzzi) oder Folker Mannerstedt (Husqvarna) vergleichen. Als er 1936/37 erkennen mußte, daß mit einzylindrigen Rennmaschinen keine sportlichen Erfolge mehr zu erringen waren, schuf er Parallel-Zweizylinder-Werksrennmaschinen von 497 cm³ gleich mit Kompressor. Vorher hatte er noch sein Glück mit einem einzylindrigen Dreiventil-Motor (1 Auslaß-, 2 Einlaßventile) versucht, doch erwies sich dieser nicht als konkurrenzfähig.

Eine der ersten Ausführungen der ungewöhnlichen FN-Vorderradschwinge.

Mit ihrem Fünfgang-Blockmotor und dem leichten Gewicht war die schöne neue Kompressormaschine eine erstklassige Konstruktion. Der kleine Belgier Milhoux unternahm bereits 1937 mit ihr Versuchs- und Entwicklungsfahrten. Im Winter 1937/38 bekam sie außer anderen Verbesserungen auch eine

Die ungewöhnlichen, wenn auch guten Vorderradgabeln von FN waren nicht immer verkaufsfördernd. So lieferte das Werk auch Maschinen mit Telegabeln wie diese Mitte der fünfziger Jahre gebaute 446-cm³-ohv-Einzylinder mit Hinterradschwinge.

Hinterradfederung. Vorher hatte Milhoux 1937 beim Großen Preis von Belgien in Spa-Francorchamps die Neue gefahren und lag an dritter Stelle, als er wegen Kolbenbruchs ausfiel. Ähnliches passierte auch bei anderen Veranstaltungen, bei denen sich herausstellte, daß der Motor mit zwei separaten Zylindern (der besseren Kühlung wegen) und gesonderten Kettenantrieben der beiden obenliegenden Nockenwellen noch nicht genügend ausgereift und zuverlässig war. Den Roots-Kompressor trieb Van Hout durch Zahnräder an.

Außer von René Milhoux wurde die Kompressor-Werksrennmaschine 1938 von den beiden Engländern S. „Ginger" Wood und Ted Mellors (der schon 1935 für FN gelegentlich gestartet war) gesteuert, vor allem bei den Grand-Prix-Rennen von Belgien und der Schweiz. Die Maschinen waren sehr schnell –

Dem allgemeinen Trend folgend, stellte FN in den fünfziger Jahren auch neue ohc-Zweizylinder mit modernen Konstruktionstendenzen her.

Schon 1932 entstanden FN-Motorräder mit englischen Villiers-Zweitaktmotoren von 198 cm³ und 246 cm³. Hier die seit 1954 hergestellte 246-cm³-Zweitaktmaschine mit JLO-Motor aus Pinneberg. Später baute das belgische Werk nur noch 49-cm³-Modelle, bis es anfangs der sechziger Jahre die Produktion einstellte.

zweitschnellste beim Training in Belgien hinter der Kompressor-BMW von „Schorsch" Meier –, aber auch schwer zu fahren und wenig zuverlässig; immer wieder gab es Kolbenschwierigkeiten. Als der Krieg näherrückte, versuchte S. „Ginger" Wood (bitte nicht mit Stanley Woods verwechseln), diese Maschinen im Auftrag von FN zu verkaufen. Dabei dachte er besonders an Triumph in Coventry, doch wollte Triumph-Chef Edward Turner von einem Kauf nichts wissen. Diese „Twins" mit Kompressor blieben in Belgien. Heute existiert noch ein Exemplar, allerdings nur in Teilen, bei einem jungen Sammler in Brüssel.

Nach dem letzten Kriege

Die ersten Nachkriegsmodelle von FN waren etwas weiterentwickelte Vorkriegsmaschinen mit seiten- oder kopfgesteuerten Motoren. Ganz neu und sehr auffallend war eine 1947 entstandene Vorderradgabel, mit der vorerst eine seitengesteuerte 448er ausgestattet wurde. Diese eigenwillige Vorderradfederung, eine unkonventionelle Schwinge, sah so ungewöhnlich aus, daß viele Kaufinteressenten von ihr abgeschreckt wurden. Es dauerte mehrere Jahre, bis man den Mißgriff mit dieser unschönen Konstruktion erkannte, obwohl nicht zu leugnen war, daß sie in bestimmten Bereichen herkömmliche Vorderradfederungen übertraf. Sie gehörte zu den weniger erfolgreichen Konstruktionen Van Houts, deren Idee allerdings einem Assistenten zugeschrieben wurde.

Serienmaschinen hatten damals Viergang-Blockmotoren von 346 cm³ und Hinterradfederungen. 1947 erschien auch eine 248-cm³-FN. Erst 1952 folgte FN dem Trend zu serienmäßigen Motorrädern mit Zweizylinder-Parallelmotoren, die mit den 1937 eingesetzten Werks-Kompressormaschinen nicht mehr viel gemeinsam hatten. Auch hier gab es obenliegende Nockenwellen, Vierganggetriebe und das für FN typische hohe Eigengewicht. Robuste Motorräder, auch von Van Hout konstruiert, wie sie nicht zuletzt in den belgischen Kolonien mit ihren elenden Straßen benötigt wurden. In den folgenden Jahren wurde das Modell M 20 weiterentwickelt und verbessert. Es war dies die letzte, grundlegend neue Viertakter-Konstruktion bei FN, wobei man dann – soweit es Viertakter betraf – hauptsächlich die Moto-Cross-Maschinen im Visier hatte.

Große Moto-Cross-Jahre

Offiziell schied FN nach dem Zweiten Weltkrieg ganz aus dem Straßenrennsport aus, verstärkte aber die Teilnahme an Gelände- und Langstrecken-Wettbewerben. In Herstal konzentrierte sich die Sportbegeisterung vor allem auf Moto-Cross-Maschinen mit ohc-Einzylindermotoren von 498 cm³. Sie wurden aus den Modellen M 86 entwickelt und durch viele Teile aus Elektron und Leichtmetallen stark „abgemagert"; die Maschinen sahen sehr robust und schwer aus, wogen aber kaum viel mehr als 140 kg. Sie brachten durch große Erfolge FN in den letzten fünfziger Jahren nochmals Ruhm und Ehre ein. Das Werksteam, das damals aus René Beaten und Scaillet bestand, war kaum zu schlagen, und noch 1958 wurde Beaten auf einer solchen FN Weltmeister im Moto Cross. Bald darauf kam dieser hervorragende Fahrer bei einem Unfall ums Leben.

Das Ende mit kleinen Zweitaktern

1953 brachte FN eine 175-cm³-Zweitaktmaschine mit eigenem Motor auf den Markt, die sich von einer 124-cm³-Version nur wenig unterschied. Dann gesellte sich eine 198-cm³-Zweitakt-FN hinzu sowie eine zweizylindrige 244er, deren Zweitaktmotor von JLO in Pinneberg bezogen wurde. Daneben existierte Mitte der fünfziger Jahre noch eine 249er mit eigenem kopfgesteuerten Motor, zu denen noch seiten- und kopfgesteuerte Einzylinder von 348 cm³ und 498 cm³ mit den bewährten Blockmotoren hinzukamen. Sie lasteten die Fertigungskapazitäten nicht aus, deshalb wurde 1955 der Großserienbau von 49-cm³-Zweitaktern aufgenommen.

Als René Beaten 1958 für FN die Moto-Cross-Weltmeisterschaft gewann, beschäftigte das Werk in Herstal 13500 Mitarbeiter, baute jährlich rund 9000 Motorräder und hatte eine Werksfläche von 50 Hektar, die natürlich nicht allein für die Motorradproduktion zur Verfügung standen. Schließlich lag das Schwergewicht der Fabrique Nationale nach wie vor auf der Herstellung von Waffen. Zum Motorradprogramm, das anfangs der sechziger Jahre aufgegeben wurde, gehörten zuletzt einzylindrige Zweitakter von 49 cm³ und 174 cm³ sowie eine zweizylindrige von 244 cm³.

Dank ihrer erstklassigen Qualität erwarben FN-Motorräder große Erfolge, in den letzten fünfziger Jahren besonders bei Moto-Cross-, aber auch bei Trial- und Langstreckenwettbewerben. 1959 fuhr das Ehepaar Robert und Eva Dupont mit einer zweizylindrigen 244-cm³-Zweitaktmaschine von FN 43000 km quer durch Afrika ohne nennenswerte Defekte.

An FN, einst Belgiens größte Motorradfabrik, erinnert sich die junge Generation wohl nur selten. Das Werk verschwand ebenso wie vorher Saroléa, Gillet-Herstal, Bovy, Ready, Jeecy-Vea, Ruah, Lyon-Rapide, Socovel, P.A., Brondoit-Herstal oder Minerva, um nur einige einmal bekannte Namen zu nennen.

Flugmotoren und Motorräder:
Gnome & Rhone

Man schrieb das Jahr 1919, nach dem Ersten Weltkrieg ruhten die Waffen. Da man in Friedenszeiten nicht so viele Kampfflugzeuge benötigt, hatte auch Gnome & Rhone in Paris, einer der größten damaligen Flugmotorenhersteller Europas, Beschäftigungssorgen für die große Belegschaft. Wie bei vielen Werken in anderen Ländern wurde eine rentable Ersatzproduktion gesucht. So baute die französische Konkurrenz Salmson nunmehr Automobile, während Sopwith in England auch Probleme hatte, vom Flugzeugbau auf eine mechanische Neuproduktion umzuschalten.

Sopwith und Bradshaw

Mr. Sopwith baute nicht nur Kampfflugzeuge, sondern war auch ein begeisterter Motorradfahrer. Man erzählte von ihm, daß er bei Sportveranstaltungen mit einem Rolls-Royce und Chauffeur zum Start kam, wo ihm dann hochklassige Mechaniker seine vorbereitete Maschine buchstäblich vor die Nase stellten. Sein persönlicher Diener nahm ihm währenddessen die „Melone“, die damals von vielen Engländern getragen wurde, ab und half ihm, den Fahrerdress anzuziehen. Sopwiths Sohn war schon moderner. Er fuhr nicht mehr Motorräder, sondern bestritt in den fünfziger und sechziger Jahren Tourenwagenrennen mit englischen Jaguars.

Zurück zum Jahr 1919, als der „alte“ Mr. Sopwith – der damals noch gar nicht so alt, dafür aber sehr reich war – mit Granville Bradshaw über eine neue Motorradkonstruktion sprach, die dieser in kürzester Zeit fertigstellen sollte. Das geschah angeblich in kaum drei Wochen! Inzwischen hatte Tom Sopwith sen. schon etwas Geld in die „Pearson & Sopwith“-Motorradfabrik in Shortlands, Kent, gesteckt, wo man Motorräder konfektionierte, also mit gekauften Einbaumotoren und anderen Teilen zusammenschraubte. Verwendet wurden Einzylindermotoren von Dalm (318 cm³), seitengesteuerte JAP-Motoren von 293 cm³ und seitengesteuerte Blackburne-Versionen von 499 cm³. Die Produktion war bescheiden, gab es doch damals in England hunderte derartiger „Motorrad-Konfektionäre“.

Der Anfang bei Gnome & Rhone

Bereits Ende 1919 hatte Granville Bradshaw, der schon 1913 Motorräder mit eigenen 499-cm³-Zweizylinder-Boxermotoren unter dem Namen ABC – All British (Engine) Company – baute, seine für Sopwith geschaffene Neukonstruktion fertig, und – wie er meinte – auch serienreif. Das letzteres nicht stimmte, mußte man bei Sopwith in Kingston-Thames, Surrey/England, bald unter hohen Kosten erkennen.

Granville Bradshaw war bereits während des Ersten Weltkrieges von 1914–1918 bei Sopwith im Flugmotorenbau tätig, wo er einige erstklassige Konstruktionen schuf. Damals bestand geschäftlich eine starke Konkurrenz zwischen Gnome & Rhone und Sopwith. Nach dem Kriege fand man sich in der gleichen schwierigen Situation. Es lag nahe, daß

Die ersten Motorräder von Gnome & Rhone besaßen eigene, seitengesteuerte Einzylindermotoren konventioneller Bauart. Dieses Modell entstand 1926 als 499-cm³-Tourenversion.

Das 1927 herausgebrachte ohv-Sportmodell von 499 cm³ sah rassig aus, war auch sehr laut, aber nicht besonders schnell. Trotzdem war es mit Werksfahrern wie Bernard, Naas und Lezin bei Sportveranstaltungen erfolgreich.

es zu einer Zusammenarbeit zwischen dem Engländer und den Franzosen kam. Gnome & Rhone erwarb bald die Herstellungslizenz für die geradezu sensationelle ABC-Neukonstruktion von Sopwith, die einen quergestellten kopfgesteuerten 398-cm³-Viergang-Blockmotor und Hinterradfederung hatte. Vorn gab es eine Blattfedergabel, dazu kam ein Doppelschleifenrahmen, der eine tiefe Sattelposition erlaubte.

Bevor die ersten Maschinen von Sopwith ausgeliefert werden konnten, waren die Auftragsbücher für diese Neukonstruktion schon übervoll. Trotzdem erwies sich die – übereilt konstruierte und gebaute – ABC als kommerzieller Reinfall, besonders in England. Weil einige Teile wie der Ventilmechanismus, das Schmiersystem und das Getriebe noch nicht ausgereift waren und wegen ihrer Pannen zu zahlreichen Beschwerden und Auftragsstornierungen führte. Obwohl gut in der Leistung, errang die ABC wegen ihrer Störanfälligkeit bald einen Ruf, der dem Werk und dem Namen Bradshaw ziemlich schadete. Die Situation war zuletzt so tragisch, daß die Firma Sopwith bereits 1921 freiwillig (?) in Liquidation gehen mußte.

Inzwischen hatte man die ABC-Produktion bei Gnome & Rhone aufgezogen und für sie ein neues Unternehmen, die „Société Francaise

Eine Sensation bildeten 1930 die ersten zweizylindrigen Modelle von Gnome & Rhone mit den BMW-ähnlichen, seitengesteuerten Boxer-Blockmotoren, Kardanantrieb und Preßstahlfahrwerken.

des Moteurs ABC“ in Paris, 118, Rue de Boétie, gegründet.

Bald besser als die englischen Originale

Gnome & Rhone stand ganz hinter dem neuen Unternehmen, doch trat der französische Firmenname vorerst nicht besonders in Erscheinung. Der englische Kapitän Ken Bartlett, nunmehr Cheftechniker in Paris, war nicht nur ein Sopwith-Freund, sondern auch ein erfolgreicher Rennfahrer auf in Frankreich gebauten ABC-Maschinen, die u. a. auch von den Armeen in Frankreich und der neugegründeten Tschechoslowakei erworben wurden. So kam es, daß ein Angestellter von Gnome & Rhone und erstklassiger Rennfahrer, Henri Naas, 1922 beim großen Prager Bergrennen Königsaal-Jílowitsche die 500er Klasse gewann. Ebenfalls auf ABC-Maschinen erreichten zwei tschechoslowakische Militärfahrer, die Kapitäne Böhm und Beranek, das Ziel.

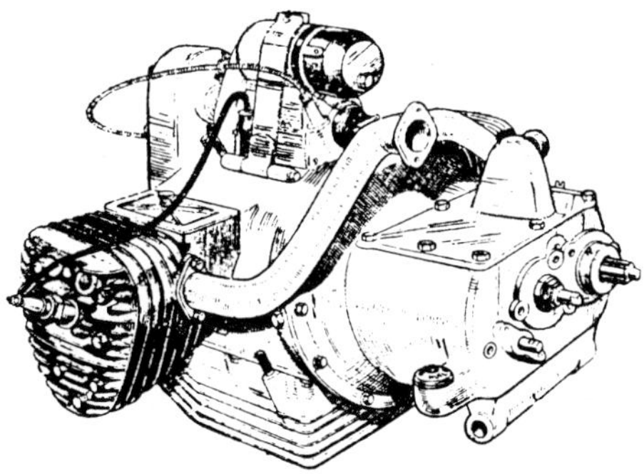

Das war der seitengesteuerte, dem BMW-Triebwerk ähnliche Motor von Gnome & Rhone. Hier die erste Ausführung 1930.

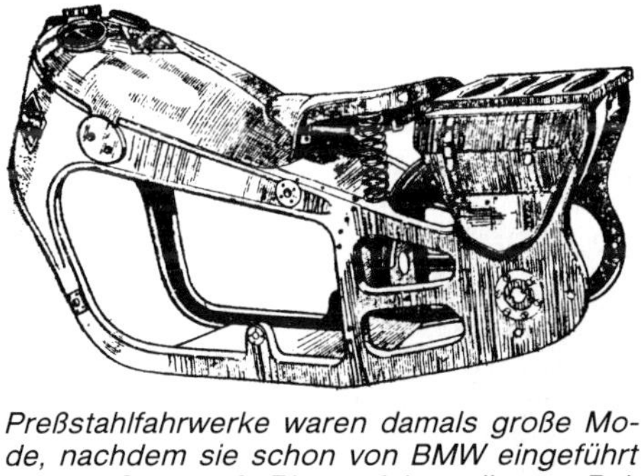

Preßstahlfahrwerke waren damals große Mode, nachdem sie schon von BMW eingeführt waren. Gnome & Rhone folgte diesem Beispiel, obwohl sportlich eingestellte Fahrer meist Rohrrahmen bevorzugten, und schuf dieses Fahrwerk.

Im Gegensatz zur „Original“-ABC gab es die französische Lizenzmaschine auch mit 498-cm³-Motoren, aus denen beachtlich schnelle Werksrennmaschinen entwickelt wurden. So erreichte 1922 bei den Rekordfahrten im Bois de Boulogne in Paris der Sieger Gillard auf der sagenhaften 498-cm³-ohc-Zweizylinder-Rennmaschine von Peugeot 142,85 km/h, Kapitän Bartlett mit der ABC aber auch 125,8 km/h, obwohl er nur eine „frisierte“ Serienmaschine steuerte. Naas wurde Dritter mit 116,25 km/h.

Kapitän Ken Bartlett verstand es, die in Frankreich gebauten Modelle soweit zu entwickeln, daß sie besser als die englischen Originale waren. Trotzdem wurden viele Kaufinteressenten durch die Probleme bei den englischen ABC-Maschinen derart verunsichert, daß sie herkömmliche Motorradkonstruktionen vorzogen. Eine Situation, die man natürlich auch bei Gnome & Rhone in Paris erkannte. Wohl wurden weiterentwickelte ABC-Motorräder bis 1924 gebaut; doch schuf man bereits 1922/23 eine seitengesteuerte Einzylindermaschine von 497 cm³, die nunmehr unter dem Namen Gnome & Rhone auf den Markt kam, als Ersatz für den erwarteten Auslauf der ABC-Produktion.

Die neue Gnome & Rhone

Ihr Hubraum von 497 cm³ ergab sich aus 85 mm Bohrung und 88 mm Hub. Die Maschine wog nur 85 kg, hatte ein handgeschaltetes Zweiganggetriebe und Riemenantrieb zum Hinterrad, das 750 × 65 mm bereift war und auf Wunsch auf mit Reifen 28 × 3 Zoll bestückt wurde. Noch fehlte eine Vorderradbremse, doch lernten die Franzosen ziemlich schnell und verbesserten bald diese Konstruktion. Sturmey-Archer lieferte vorerst das Getriebe, doch wechselte man bald auf ein eigenes Dreiganggetriebe über.

Die Fernfahrt Paris–Nizza gehörte zu den ersten Veranstaltungen, bei denen die neuen Maschinen eingesetzt wurden. Henri Naas hatte nunmehr in Marcel Bernard einen guten Teamgenossen. Das führte auch bald zu sportlichen Erfolgen dieser robusten Motorräder. Macel Bernard siegte sogar 1923 bei der Motorrad-„Tour de France“, was von großem propagandistischem Wert für Gnome & Rhone war.

1924 kam eine neue 173-cm³-Zweitaktmaschine mit Dreikanal-Nasenkolbenmotor hinzu. Auch sie hatte noch Riemenantrieb und als

Ab 1930 konzentrierte sich Gnome & Rhone immer mehr auf die großen Zweizylinder; 1932 kam diese obengesteuerte 498er auf den Markt. In verschiedenen Ausführungen gesellten sich 724-cm³-Zweizylinder-Modelle hinzu, die sogar viele Langstreckenrekorde brachen.

Besonderheit ein auf der Zylinderrückseite angebrachtes Auspuffrohr. Dies war ein Modell, das in Frankreich viele Abnehmer fand.

Bald darauf erschien bereits die erste kopfgesteuerte 497-cm³-Einzylindermaschine von Gnome & Rhone auf dem Markt. Keine hochgezüchtete, aber eine solide Konstruktion, die man schon in mehreren Ländern erwerben konnte. In England besaß das Werk sogar eine Vertriebsgesellschaft, in Österreich bekam man sie lange Zeit bei Auhlela in Wien, in Prag übernahm Tomschu den Import für die Tschechoslowakei und führte bis 1924 gleichzeitig auch die von Gnome & Rhone gebauten ABC-Maschinen ein. Das Verkaufsprogramm wurde 1927 um eine 247-cm³-Maschine mit 3 PS bereichert, die jedoch nicht besonders ansprach. Im Gegensatz zu den 173ern, die auch bei sportlichen Wettbewerben wie der großen französischen Sechstage-Winterfahrt mit Werksfahrern wie Lezin und Bourgoin hervorragende Leistungen bot.

Technische Wunderwerke waren diese Gnome & Rhone-Motorräder der letzten zwanziger Jahre nicht, aber durchaus geeignet für die damals überall anzutreffenden schlechten Landstraßen. Etwas paradox auch, daß sich die 173er besser als die modernere 248er verkaufte. So hatte die kleinere Maschine auch 1927 noch keine Vorderrad- und eine schlechte Hinterradbremse, die 248er dagegen bereits Innenbackenbremsen.

Von den Gnome & Rhone-Einzylindermotorrädern blieb in den ersten dreißiger Jahren nur noch diese weiterentwickelte kopfgesteuerte 344er in Produktion.

Unerklärlich auch, warum das Werk die seitengesteuerte 497er als Modell „Grand Sport" bezeichnete, obwohl sie mit einer Spitze von kaum 100 km/h wirklich nicht sehr sportlich war. Rassiger und temperamentvoller war schon die kopfgesteuerte 497-cm³-Gnome & Rhone mit ihrem 18-PS-Motor, der allerdings als „laut, bockig und rauh" eingestuft wurde und nur von harten Fahrern gezähmt werden konnte.

Bernard und Naas starteten gelegentlich auch bei Berg- und Straßenrennen im Ausland, konnten jedoch selbst mit im Werk hergerichteten ohv-Modellen mit reinen Rennmaschinen nur bedingt konkurrieren. Man wollte nur in guter Zeit das Ziel erreichen. So kam es, daß diese französischen Motorräder hauptsächlich bei Wertungsfahrten ihre wirkliche Stärke zeigen konnten. Ende der zwanziger Jahre wurden sie modernisiert, doch mußte man sich um wirkliche Neukonstruktionen bemühen und suchte deshalb nach guten Vorbildern.

Nach 1945 dominierten auch bei Gnome & Rhone moderne Zweitakter. Hier 1952 gebaute Einzylinder von 124 cm³ und 174 cm³, doch gab es auch Maschinen mit 98 cm³, 198 cm³ und 246 cm³, die bis in die letzten fünfziger Jahre in verschiedenen Ausführungen hergestellt wurden.

Die BMW als Vorbild

Das Vorbild kam aus München. Die neue Gnome & Rhone, erstmals auf dem Pariser Motorradsalon 1930 offiziell vorgestellt, war wirklich sehr BMW-ähnlich. Sie hatte einen seitengesteuerten 495-cm³-Zweizylinder-Blockmotor, quer eingebaut und mit Kardanwelle zum Hinterrad wie bei BMW. Der Motor saß in einem modernen Preßstahlrahmen, der ihr allerdings ein ziemlich „tourenmäßiges" Aussehen verlieh. Ein Jahr später erschien bereits eine weiterentwickelte und modernere 495er auf dem Salon in Paris, die nunmehr nicht nur obengesteuerte Ventile, sondern auch ein eigenwilligeres und rassigeres Aussehen aufwies. Sie hatte sich schon mehr von ihrem Münchener Vorbild entfernt und war eine sehr ansprechende Konstruktion.
Vor dem großen Modell hatte Gnome & Rhone noch eine 306-cm³-Einzylindermaschine mit Blockmotor herausgebracht, der 1932 sogar noch eine neue kopfgesteuerte 346er folgte. Diese Einzylinder-Motorräder nahm man erst später aus der Produktion und konzentrierte sich in den dreißiger Jahren immer mehr auf die Zweizylindermodelle. Sie wurden stetig weiterentwickelt und auch mit kopfgesteuerten 724-cm³-Motoren (Bohrung/Hub 80/72 mm) geliefert. Das waren schnelle und recht zuverlässige Motorräder, die noch in den fünfziger Jahren zahlreiche Langstrekken-Weltrekorde hielten, eingeschlossen den 48-Stunden-Rekord mit 5961 km.

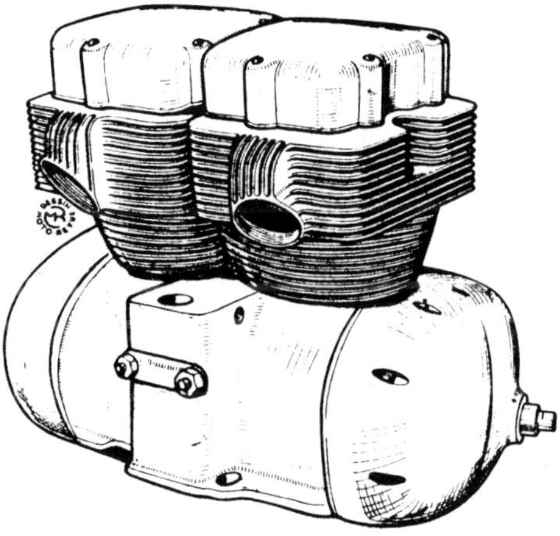

Etwas zu spät kam 1957 eine Maschine mit dem von Ing. Remondini konstruierten, kopfgesteuerten und glattflächigen 498-cm³-Zweizylindermotor.

Gute Verkäufe gab es damals bei den Behörden, und das betraf außer der Armee auch

Polizei, Post und ähnliche Stellen. Mit BMW wollte man nicht sehr konkurrieren, und so kam es, daß – abgesehen von Einfuhrproblemen – immer weniger Motorräder von Gnome & Rhone nach europäischen Ländern exportiert wurden.

Neue Modelle nach dem Kriege

Berühmt geworden war Gnome & Rhone schon frühzeitig durch Flugmotoren, mit denen Ozeanüberquerungen und Flugrekorde durch Charles Lindberg sowie Chamberlain und Levine geschafft wurden. Auch das deutsche Riesenflugboot DO-X war mit Motoren des französischen Werkes ausgerüstet.

Flugmotorenhersteller müssen in Kriegszeiten mit Zerstörungen rechnen. Auch Gnome & Rhone blieb nicht verschont. 1941 nahm man die Produktion eines 98-cm³-Fahrradhilfsmotors auf, erreichte aber keine höheren Fertigungszahlen. Als dann der langersehnte Frieden kam, wurde das große Werk der nationalisierten Flugmotorengruppe SNECMA (Société Nationale d'Etrudes et de la Construction des Moteurs d'Avion) angegliedert.

Bereits 1946 entstanden in der Motorradabteilung ganz neue Konstruktionen, die sich hauptsächlich auf moderne Zweitakter ausrichteten, vorerst auch auf Doppelkolbenmotoren von 344 cm³, die 17 PS bei 6000 U/min leisteten. Von diesem Modell wurde sogar eine Rennversion entwickelt, die jedoch nie in Erscheinung trat. 1947 kamen dann einzylindrige Modelle von 98 cm³ und 124 cm³ hinzu, während eine kopfgesteuerte 804-cm³-Zweizylinder mit quergestelltem Boxermotor und Kardanantrieb – teilweise beruhend auf den Vorkriegs-Zweizylindermodellen von Gnome & Rhone – nicht in größerem Maße in private Hände kam. Den größten Absatz erzielte das Werk damals mit 124-cm³-Einzylinder-Zweitaktern, denen Versionen mit 174 cm³, 198 cm³ und 246 cm³ folgten. Ab 1955 wurden auch englische Villiers-Zweitaktmotoren von 49 cm³ bis 198 cm³ eingebaut. Damals schufen die Konstrukteure Bourguin (bekannt auch als Vorkriegs-Werksfahrer) und Guillemot bei Gnome & Rhone auch eine neue 247-cm³-Maschine mit Drehschieber und zwei liegenden Zylindern, doch kam es nicht zu einem nennenswerten Serienbau.

Interessant war auch eine neu konstruierte, kopfgesteuerte 498-cm³-Vertikal-Zweizylindermaschine, für deren glattflächigen Motor Ing. Guiseppe Remondini verantwortlich zeichnete – derselbe Konstrukteur, der in den dreißiger Jahren die hervorragenden Jonghi-(Prester-Jonghi-)Rennmaschinen von 248 cm³ und 348 cm³ geschaffen hatte, die mit Fahrern wie Jeanin, Perrin, Renier, Monneret usw. zahlreiche Rennen gewannen und Weltrekorde brachen. Die Situation der Motorradindustrie gestaltete sich in der zweiten Hälfte der fünfziger Jahre jedoch so schwierig, daß es nicht mehr zu einer größeren Serienproduktion dieser schönen Gnome & Rhone kam. Als dieses Jahrzehnt zu Ende ging, verschwand auch diese große Motorradmarke Frankreichs.

Ein deutscher „Ableger"

Fast vergessen ist die Tatsache, daß es zwischen 1924 und 1928 einen deutschen „Ableger" von Gnome & Rhone gab. Gemeint ist

La Gnome Rhône R5 carenata di 125 cc del 1956

Wie eine teure Luxusmaschine wirkte die „verkleidete" 124-cm³-Gnome & Rhone Modell R5, die 1956 entstand und zu den letzten Motorrädern dieses bekannten französischen Werkes gehörte.

damit die frühere Fahrradfabrik Trumpf-As AG in Saarbrücken, die Mitte der zwanziger Jahre mit der Motorradmarke TAS auf den Markt kam, hauptsächlich seitengesteuerte 497-cm³-Einzylinder anbot und später auch im deutschen Motorradsport mitmischte, als Hans Kahrmann aus Fulda – später berühmt als Rennfahrer bei Hercules und DKW (Auto Union) – mit TAS-Maschinen gute Rennerfolge errang.

Bei näherer Betrachtung der TAS-Motorräder zeigte sich eine frappierende Ähnlichkeit mit den damaligen Einzylinder-Modellen von Gnome & Rhone. Man mußte den Eindruck gewinnen, daß TAS-Motorräder bis 1928 entweder von Gmone & Rhone stammten, mit dem TAS-Abziehbild am Tank, oder in Saarbrücken montierte Maschinen des französischen Werkes waren, die hier auch den neuen Namen TAS erhielten. Eine Situation, wie sie später auch bei den in Aachen hergestellten „deutschen" FN-Motorrädern anzutreffen war.

1928 gab es eine Trennung zwischen der Pariser Motorradfabrik und dem Saarbrücker Unternehmen, das nunmehr Neukonstruktionen mit Schweizer MAG-(Motosacoche-)Motoren herausbrachte, unter denen eine 347-cm³-Einzylinder mit wechselgesteuerten Ventilen die prominente Rolle spielte. Nach zwei Jahren, 1930, wurde der Motorradbau eingestellt. Das Ende der Motorradmarke TAS war gekommen.

Schön, aber nur kurzlebig: Die fortschrittliche Hansa

Einst wurden Motorräder handwerksmäßig und bestenfalls in Kleinserien hergestellt. Wie in anderen Industrien gab es im Laufe der Jahre auch hier einen Strukturwandel, der zum Großserienbau und damit zum Torschluß bei vielen kleinen Herstellern führte. Deutschland hatte in den zwanziger Jahren rund 500 (!) Motorradfabriken, von denen fast 30 in und um Bielefeld arbeiteten. Die Stadt war neben Nürnberg, Berlin, München und Köln/Düsseldorf ein Zentrum der Fahrrad- und Zubehör-Industrie, der Bau von Motorrädern ließ nicht auf sich warten.

Zu den besten Konstruktionen der damaligen Zeit gehörte die Hansa. Doch bald, nachdem 1926 die neuen Modelle der Hansa-Präzisionswerke AG in Berlin vorgestellt wurden, entschloß sich das Bremer Hauptwerk von Hansa, die Zweigfabrik in der Bielefelder Vorstadt Brackwede zu verkaufen und damit den Motorradbau einzustellen.

Hier hatte Hansa schon 1913 ein fast neues Werk erworben, in dem bis dahin „Westfalia"-Automobile hergestellt wurden. Erst 1921 nahm Hansa an diesem Platz den Motorradbau auf. Die ersten Maschinen hatten einfache seitengesteuerte Viertaktmotoren von 148 cm³ und 178 cm³ mit etwas nach vorn geneigtem Zylinder. Die Fahrgestelle entsprachen denen verstärkter Fahrräder. Bis 1925 wurden diese Maschinen – auch mit 198 cm³ – gebaut.

Sensationell mutete eine Neukonstruktion an, die 1925/26 entstand. Sie erschien in zwei Ausführungen: dem steuerfreien Modell A, Bohrung/Hub 60/69,4 mm (198 cm³) sowie dem Modell B, Bohrung/Hub 65/75 mm (246 cm³). Bis auf die unterschiedlichen Motorabmessungen stimmten sie überein. Die kopfgesteuerten Triebwerke hatten außenliegende Schwungräder, rollengelagerte Kurbelwellen, Leichtmetallkolben und im eigenen Werk gebaute Zweiganggetriebe. Die steuerfreie Version gab 4 PS ab, die größere 5 PS. Das waren für damalige Verhältnisse gute Leistungen. Gut und fortschrittlich war die gesamte Konzeption mit doppeltem Dreiecksrahmen, tiefliegendem großen Sattel, einer Gabel mit Parallelogrammfederung, Fußauflagen aus Leichtmetall und tiefgezogenen Schutzblechen.

Zweifellos gehörten die neuen Hansa-Modelle mit ihren schwarzen Fahrwerken und grünen Tanks zu den schönsten Motorrädern der damaligen Periode. Jedoch gab es 1926 noch „Nachwehen" der großen Inflation, und bevor 1928 der Motorradabsatz einen neuen Höhepunkt erreichte, war diese Hansa schon vom Markt verschwunden. Weil Hansa in Bremen mit dem Automobilbau kommerzielle Probleme hatte, stieß man das Brackweder Werk schnell ab. Später wurden Hansa und auch das Hansa-Lloyd-Werk in Varel/Oldenburg von Borgward übernommen.

Schwedens berühmte Motorräder aus Husqvarna

Daß Rennerfolge bei großen internationalen Veranstaltungen eine verhältnismäßig unbekannte Motorrad-Marke weltberühmt machen können, bewiesen in den dreißiger Jahren die schwedischen Waffenwerke in Husqvarna. Sie verfügten damals über eine kopfgesteuerte V-Zweizylinder-Rennmaschine von 497 cm^3 (die es auch mit 347 cm^3 gab) und die besonders von 1932 bis 1935 von Erfolg zu Erfolg eilte.

Erstaunlich an diesen schnellen und ausgezeichnet beschleunigenden Maschinen war die Tatsache, daß sie trotz ihres leichten Gewichts von ursprünglich nur 123 kg hervorragend zuverlässig waren; erst später wurden sie verstärkt und etwas schwerer. Ein Problem der ersten Versionen war die Unstabilität des Fahrzeughecks in scharfen Kurven, die weniger auf die Lenkung als auf die Beanspruchung der Hinterradkette Einfluß hatte. Michael Gayer, der zu den besten und erfahrensten österreichischen Rennfahrern gehörte, benutzte fast jede in der Welt hergestellte Hinterradkette; es dauerte sehr lange, bis es ihm gelang, der ständigen Kettenbrüche Herr zu werden. Gerade als er dieses Problem gelöst zu haben schien, stürzte er 1936 im Großen Preis von Deutschland in Hohenstein-Ernsttal (Sachsen, jetzt DDR) und gab auf ärztliches Anraten seine erfolgreiche Rennfahrerlaufbahn auf. Seine Maschine veräußerte er danach an den damals in Wien studierenden deutschen Rennfahrer Hugo Roigk.

Präzision wie im Waffenbau

Waffenfabriken sind an Genauigkeit und Qualitätsarbeit gewöhnt. Auch in Husqvarna, wo seit 1903 Motorräder gebaut werden, machte

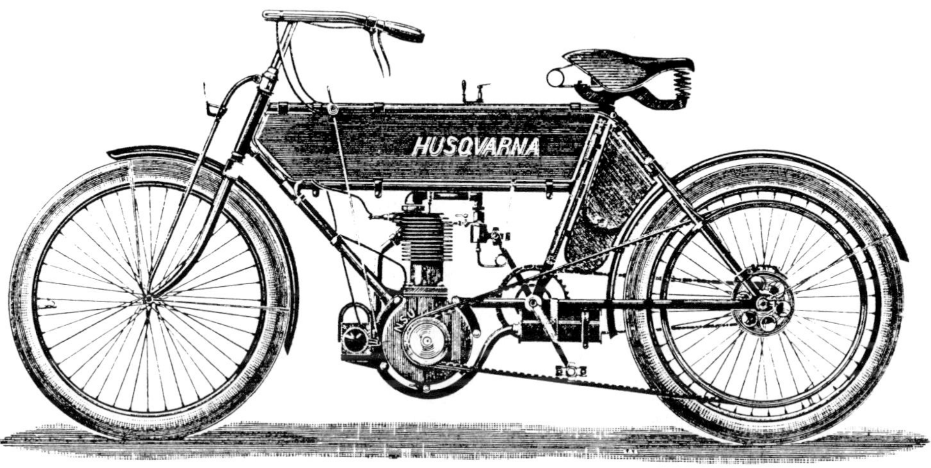

Schwedens berühmte Waffenfabrik in Husqvarna baut seit 1903 Motorräder, die vorerst Motoren von Minerva, Antoine, FN, Moto-Rêve oder – wie diese 1908 entstandene Einzylinder-Maschine – von NSU hatten.

Die letzte und interessanteste Hansa entstand 1926. Sie besaß einen eigenen kopfgesteuerten 246-cm^3-Zweigang-Blockmotor, wurde aber auch mit 198 cm^3 in gleicher Ausführung geliefert. Hinterradantrieb durch Riemen, das Fahrgestell aus nahtlos kaltgezogenen Stahlrohren mit Außenlötung war als Doppelrahmen ausgebildet.

man keine Ausnahme. Der Firmennahme Husqvarna kommt von diesem Herstellungsort in Schweden. Hier entstanden schon damals auch andere Produkte, erstklassige Haushaltsgeräte eingeschlossen. Es scheint, daß man mit der belgischen Konkurrenz im Waffen- und Motorradbau schon in der Pionierzeit des Motorrades zusammenarbeitete, waren doch schon die ersten Husqvarna-Motorräder mit Motoren ausgerüstet, die von der „Fabrique Nationale d'Arms du Guerre" (FN) in Herstal bei Lüttich ausgerüstet.
Außer FN-Motoren hatten einige Husqvarna-Modelle auch andere, darunter schweizerische Moto-Rêve-Triebwerke, doch kam es dann 1916 zur Konstruktion eigener Motoren,

Eigene seitengesteuerte V-Motoren zeichneten Husqvarna-Motorräder bald nach dem Ersten Weltkrieg aus. Hier eine 1919 gebaute 546-cm³-Version.

Die schlechten Straßen der damaligen Zeit erforderten gute und robuste Motorräder. Typisch für sie ist diese 1926 gebaute Husqvarna mit seitengesteuertem 546-cm³-V-Zweizylindermotor.

1926 konstruierte Harold Toller für Husqvarna auch die ersten Motorräder mit eigenen kopfgesteuerten V-Zweizylindermotoren von 730 cm³.

auch weil wegen des Krieges der Bezug von Einbaumotoren aus dem Ausland immer schwieriger wurde. Dabei handelte es sich vornehmlich um Ein- und V-Zweizylinder-Versionen. Exportiert wurde vor dem Ersten Weltkrieg nur in beschränktem Maße, doch beteiligte sich das große Werk bereits erfolgreich an sportlichen Wettbewerben, besonders Wertungsfahrten. Erfolgreich, weil man schon gute Konstruktionen schuf und Schweden einen hervorragenden internationalen Ruf in der Herstellung hochwertiger Stähle hatte – und natürlich auch heute noch besitzt.

Zum Orts- und Firmennamen Husqvarna: wörtlich übersetzt bedeutet das Wort „Hausmühle". Schon im Mittelalter soll es dort, in der Nähe des Wettern-Sees mit großem Wasserfall, mit Wasser angetriebene Mühlen gegeben haben, aus denen sich Husqvarna ableitete. Und bereits 1699 wurden hier die berühmten schwedischen Waffen hergestellt, wobei die Jagdgewehre lange Zeit an der Spitze standen. Ein überzeugter Schwede meinte einmal, daß in seinem Land die Elche umfielen, wenn sie erkannten, daß die auf sie gerichtete Waffe von Husqvarna stammte. Welch ein Patriot! Tatsache ist, daß Husqvarna-Erzeugnisse in fast jedem Haushalt anzutreffen sind – wenn nicht ein Motorrad, so wenigstens ein Fahrrad oder eine Nähmaschine.

Gegen die amerikanische „Invasion"

In den zwanziger Jahren baute Husqvarna zwei Standard-Modelle mit seitengesteuerten V-Zweizylindern eigener Konstruktion und Produktion. Sie hatten einen Hubraum von 550 cm³ bzw. 992 cm³ und leisteten 14 PS bzw. 22 PS. Mit ihrem hochgezogenen Lenker und großen Radstand waren sie sehr bequeme und zuverlässige Tourenmaschinen, das

Als zweites Serienmodell der zwanziger Jahre entstand diese große Maschine mit seitengesteuertem V-Zweizylindermotor von 992 cm³. Sie war stark und zuverlässig und hauptsächlich für den Seitenwagenbetrieb konstruiert.

Folke Mannerstedt kam 1929 von FN als Chefkonstrukteur zu Husqvarna. Selbst aktiver Fahrer, besaß er große praktische Wettbewerbserfahrungen. Er war es auch, der bald die fabelhaften obengesteuerten 498-cm³-V-Zweizylinder-Rennmaschinen schuf.

größere Modell war besonders als Seitenwagenmaschine gedacht.

Beabsichtigt war damals auch, die amerikanische „Motorradinvasion" nach Europa zu stoppen. Daher auch das etwas „amerikanische" Aussehen der beiden V-Zweizylinder-Maschinen. Paradox, daß es ausgerechnet ein gebürtiger Schwede – Oskar Hedström – war, der schon 1901 einen entscheidenden Einfluß auf die Entwicklung der damals größten amerikanischen Motorradfabrik, Indian, hatte. Ich erinnere mich auch noch an Ing. Patterson, Konstrukteur bei der Schwinn Company in Chicago, die Henderson- und Super-X-(Excelsior-)Motorräder baute; in Europa bestritt Hedström 1929 Rennen mit einer Super-X-Seitenwagenmaschine von 746 cm³.

Das war eine der ersten Versionen der 1931 von Husqvarna herausgebrachten 498-cm³-V-Zweizylinder-Rennmaschinen mit obengesteuerten Ventilen.

Während Husqvarna vorerst keine V-Zweizylinder-Rennmaschinen abgab, konnten Privatfahrer Einzylinder-Rennmodelle in verschiedenen Ausführungen mit obengesteuerten JAP-Motoren von 348 und 490 cm³ erwerben. Diese Halbliter-Sportversion entstand 1931.

Erstklassig und nicht billig

Husqvarna baute qualitativ erstklassige und für schlechte Straßen geeignete Maschinen. Sie waren auch keineswegs billig, zumal sie natürlich in kleineren Stückzahlen entstanden als die Motorräder der amerikanischen Giganten Indian, Harley Davidson usw. Es galt als klug und weise, eine Husqvarna zu besitzen. Das setzte aber auch die notwendigen finanziellen Möglichkeiten voraus, zumal Ratenkäufe selten waren.

Husqvarna-Motorräder waren keine Produkte für die „breite Masse“. Einmal wegen ihrer verhältnismäßig hohen Preise, aber außerhalb Schwedens auch wegen eines fehlenden Händlernetzes. In Österreich hieß der Importeur Arthur Köhler. Er wohnte in Wien und war gleichzeitig Chefredakteur der maßgeblichen österreichischen Motorradzeitschrift „Das Motorrad“. Dadurch hatte er natürlich „gewisse Möglichkeiten“, doch ließ sich beim besten Willen nicht behaupten, er hätte das Land mit den schwedischen Meisterwerken überschwemmt.

Nach Deutschland kamen in den zwanziger Jahren die Motorräder von Husqvarna über die Firma Carl Göhlich in Hamburg. Sie hatte, da es kaum Händler gab, nur einen bestimmten, auf das nördliche Deutschland beschränkten Absatz. Davon abgesehen war die Konkurrenz sehr stark und meistens auch billiger. Das Wort „preiswerter“ wäre nicht am Platze, nur wenige andere Maschinen erreichten die Qualität der schwedischen Maschinen.

In Italien, Frankreich, Spanien, usw. waren Husqvarna-Motorräder nur wenig bekannt, selbst in England sagte dieser Name nicht allzuviel. Bis dann in den ersten dreißiger Jahren die Siegesserie dieser Maschinen bei Rennen aufhorchen ließ und ihren Namen in alle Welt trug.

Mit 78 mm Bohrung und 104 mm Hub war diese einzylindrige 499-cm³-ohv-Maschine von 1932 vor allem als Bahnrennmaschine konzipiert.

Das war Gunnar Kalén, jahrelang Spitzenfahrer bei Husqvarna, bis er 1934 beim Großen Preis von Deutschland in Hohenstein-Ernsttal (jetzt DDR) tödlich verunglückte.

Schon früh sportfreudig

Im Werk wurde viel mit Rennmaschinen experimentiert. Nicht nur mit Ein- und V-Zweizylinder-Triebwerken, sondern auch mit in Husqvarna-Fahrwerke eingebaute englische Rennmotoren von JAP, wobei es sich besonders um obengesteuerte 348-cm³- und 490-cm³-Einzylinder handelte.

Grundsätzlich wurden Husqvarna-Rennmaschinen nicht an private Fahrer verkauft, doch gab es Ausnahmen. Zu den letzteren gehörte der Österreicher Michael Gayer, der – wie schon erwähnt – seine V-Zweizylinder 1936 an Ing. Hugo Roigk abgab, und der Schweizer Hans Taveri, der – bei Universal tätig – eine von Universal erworbene Rennmaschine steuerte. Es war dies eine 1935 gebaute 500er V-Zweizylinder, die 1938 von Husqvarna zurückerworben wurde – zu einer Zeit, als es bei den Schweden keine offizielle Werksmannschaft mehr gab. Andere Fahrer wie Hans Haldemann, Werner Gerber und Fritz Luty fuhren diese Maschine in den Nachkriegsjahren, während die Husqvarna, die früher Gayer und Roigk gehörte, in die Hände weniger bekannter Fahrer kam, dann aber noch umgebaut wurde und schon ganz verändert – mit moderner Telegabel! – aussah, als sie von Karl Reese für das Zweirad-Museum in Neckarsulm wieder in den Originalzustand

Husqvarnas Versuchs- und Rennabteilung war in den ersten dreißiger Jahren sehr aktiv. So entstand auch diese 348-cm³-ohv-Einzylinder-Rennmaschine.

gebracht und auch dort ausgestellt wurde.

Als sportfreudig hatte sich Husqvarna bereits sehr früh erwiesen. Schon 1922 setzte das Werk ein offizielles Werksteam bei der in der Schweiz ausgetragenen Internationalen Sechstagefahrt ein; die Fahrer Gustav Göthe (der bereits 1914 für Husqvarna gestartet war und als „alter Hase" galt), Bernhard Malmberg und Per Svanbeck benutzten Solomaschinen mit seitengesteuerten V-Zweizylindermotoren von 550 cm^3. In späteren Jahren wurde Per Svanbeck oft durch Gunnar Lundgreen ersetzt. Auf der großen „Deutschlandfahrt" 1925 schnitten die Husqvarna-Fahrer Yngve Ericsson und Gustav Göthe ganz hervorragend ab, ähnlich wie Malmberg, Göthe und Ericsson bei der Sechstagefahrt 1927 in England.

Zu den Modellen der zwanziger Jahre gehörten die mehrfach weiterentwickelte 550-cm^3- und später auch die seitengesteuerten 992-V-Zweizylinder sowie mit JAP-Motoren ausgerüstete Einzylinderversionen, darunter eine 174er mit Sturmey-Archer-Dreiganggetriebe, die nur 77 kg wog.

Drei Konstrukteure

Drei Konstrukteure waren es, die viel zur Größe der Marke Husqvarna beitrugen: Ing. Harold Toller, Carl Heimdahl und Ing. Folke Mannerstedt. Wer für die schnellen Rennmaschinen der dreißiger Jahre verantwortlich zeichnete, ist nicht genau zu sagen. Carl Heimdahl oblag die Grundkonstruktion, auf der die von Ing. Toller geschaffenen Maschinen beruhten, während Ing. Mannerstedt die erfolgreiche Weiterentwicklung der Rennmaschinen zugeschrieben wird.

Mannerstedt hatte schon bei FN in Belgien seine Sporen verdient, als er 1929 zurück nach Schweden kam, um hier nicht nur neue Konstruktionen (auch mit seiten- und kopfgesteuerten Einzylinder-JAP-Motoren von 490 cm^3) zu schaffen, sondern auch die hervorragenden V-Zweizylinder-Rennmaschinen weiterzuentwickeln. Gelegentlich bestritt er auch selbst sportliche Wettbewerbe mit seinen Schöpfungen, besonders Rekordfahrten auf zugefrorenen Seen, wobei eine seiner Eisrennmaschinen durch ein sehr kleines Hinterrad auffiel. Er nahm auch an vielen Zuverläs-

Husqvarna startete 1931 erstmals bei der englischen TT auf der Insel Man. Das Bild zeigt (von links) Chefrennmechaniker „Nette" Lund, den englischen Rennfahrer Bob Gelling, Husqvarna-Rennchef Stig Tham und Gunnar Kalén. Auf der Rennmaschine Yngve Ericsson.

Zu den 1933 bei Husqvarna entstandenen Versuchs-Rennmaschinen gehörte auch eine von Artur Olsson gesteuerte 250er Version mit obenliegender Nockenwelle.

sigkeitsfahrten und zusammen mit Yngve Ericsson auf 496-cm³-Solomaschinen an der Internationalen Sechstagefahrt 1929 teil, während hier Bernhard Malmberg mit einer 992-cm³-Seitenwagenmaschine antrat.

Schon vorher hatte Ing. Harole Toller die ersten obengesteuerten Halbliter-V-Zweizylindermaschinen geschaffen. Es war vor allem Husqvarna-Direktor Gustaf (Stig) Tham, dem die Rennabteilung unterstand und der sie immer wieder zu größeren Leistungen antrieb. Er wollte die Rennmaschinen auch international „hoffähig" machen. Zu den Modellen gehörten auch Maschinen mit kopfgesteuerten 346-cm³-Einzylindermotoren von JAP und 696-cm³-Zweizylinder-Triebwerken, die auch bei den „Sixdays" eingesetzt wurden.

Um 1930 wandte man sehr viel Geld für Versuche und Neukonstruktionen auf. So gab es einzylindrige ohv-Rennmaschinen mit nach vorn – und auch nach hinten! – geneigtem Zylinder und teilweise sogar stromlinienförmig gestalteten Teilverkleidungen, außerdem ausgesprochene Speedway-(Bahn-)Rennmaschinen, ebenfalls Varianten mit vertikalen und nach vorn geneigten Zylindern. Eine Husqvarna-Bahnmaschine fuhr der damals berühmte Däne Morian Hansen auch bei Rennen in Hamburg.

Die großen Rennfahrer...

Die Liste der führenden Husqvarna-Rennfahrer ist lang. Da waren berühmte Fahrer aus Großbritannien wie Stanley Woods und Ernie Nott und die großen Schweden wie Gunnar Kalén, Ragnar Sunnquist, Yngve Ericsson, Rudolv Jönsson, Äke Jönsson, Sten Edlund, Arthur Olsson, Ove Lamberg-Mueller, Helge Karlsson, Rolf Gülich, Carl Heimdahl, Martin Strömberg, Karl Kihlskog, Arnold Linder, Carl Bägenholm und Ivar Skaepstedt. Sehr gut auch der holländische Meisterfahrer Arie van der Pluym, der Österreicher Michael Gayer, der Deutsche Hugo Roigk, der Finne Raine Lampinen. Und 1936 wäre – fast – noch ein zweiter großer deutscher Fahrer, der junge

Husqvarna ganz vorn beim Start 1934 zum Großen Preis von Schweden in Saxtorp, den Ragnar Sunnquist gewann.

Die phantastische 498-cm³-ohv-Zweizylinder-Rennmaschine von Husqvarna machte die schwedische Marke weltberühmt. Gesteuert wurde sie von großen Fahrern wie Gunnar Kalén, Ragnar Sunnquist, Stanley Woods, Martin Strömberg, Michael Gayer, Hugo Roigk, Ivar Skaepstedt und vielen anderen Könnern.

Oskar Steinbach aus Mannheim, auf Husqvarna gestartet, wenn alles geklappt hätte.

Steinbach war Werksfahrer bei NSU, unterschrieb 1935 aber auch bei DKW (Auto Union). Als er 1936 dann zum Eilenriede-Rennen in Hannover fuhr, hatte man sich untereinander noch nicht geeinigt. Und nicht genug damit: Beim Training schwang sich der gute Oskar Steinbach auf eine Werks-Husqvarna. Sehr zum Mißvergnügen der damaligen Obersten Nationalen Sportbehörde, die über die „Reinheit" des Motorsports zu wachen hatte. Ihr Chef Hühnlein löste die Situation dadurch, daß er Steinbach disqualifizierte, d. h. ihm die Rennfahrerlizenz entzog. Schließlich sollte ein deutscher Spitzenfahrer nicht die Rennmaschine eines demokratischen Landes wie Schweden steuern, sondern der heimischen Motorradindustrie erhalten bleiben. So ge-

Von der erfolgreichen 498-cm³-Husqvarna erschien 1934 ein äußerlich fast gleicher „Ableger" mit 348 cm³. Mit dieser Version wurde der Engländer Ernie Nott 1934 Dritter bei der englischen Junior-TT (Klasse bis 350 cm³).

Vier große schwedische Husqvarna-Rennfahrer. Von links: Ragnar Sunnquist, Sten Edlund, Gunnar Kalén und – vorn sitzend – Ove Lambert-Mueller.

schah es dann auch: Steinbach fuhr während der Saison sowohl DKW- als auch NSU-Maschinen und keine aus dem nördlichen Schweden.

Schon vorher gab es Probleme für den tüchtigen Husqvarna-Rennchef Tham. Er verlor die Spitzenfahrer Gunnar Kalén und Arie van der Pluym bei Rennunfällen und fast alle Werksmaschinen, die durch einen Transporterbrand und beim Verladen für die Tourist Trophy 1934 zerstört wurden. Wohl baute man danach noch schnell einige Rennmaschinen zusammen, doch der Tod der beiden Werksfahrer und der Verlust der Werksmaschinen wirkten so deprimierend, daß das wirkliche „Rennfieber" verlorenging. 1936 waren die verbliebenen Rennfahrer mehr oder weniger auf sich selbst angewiesen, praktisch ohne Werksunterstützung. Damit endete auch die große Zeit der phantastischen Husqvarna-Rennmaschinen mit ihren obengesteuerten V-Zweizylinder-Motoren, die immer wieder die Konkurrenz niederrangen.

Stanley Woods, zehnfacher TT-Sieger aus Schottland, gewann 1935 auch den Großen Preis von Schweden mit der 498-cm³-V-Zweizylinder-Werksrennmaschine von Husqvarna.

... und große Rennerfolge

Man sollte annehmen, daß die großen Erfolge der ohv-Rennmaschinen auch zu ohc-Konstruktionen führen mußten. Tatsächlich schuf Mannerstedt auch mehrere derartige Rennmaschinen mit obenliegenden Nockenwellen. Es gab 498-cm³-V-Zweizylinder-Prototypen und auch eine 248-cm³-Version mit nach vorn geneigtem Zylinder.

Die ersten Husqvarna-Werksrennmaschinen, Mitte der zwanziger Jahre gebaut, hatten 728-cm³-ohv-Motoren. 1930 folgten die 497-cm³-Versionen, 1931 die einzylindrigen 348er und 1933 auch 248er mit ohc-Motoren. Dazwischen gab es sogar 498-cm³-Zweizylinder mit abgedecktem hinterem „Zylinderloch", so daß diese Maschinen in der 250-cm³-Klasse starten konnten. 1934 kamen dann die kopfgesteuerten V-Zweizylinder von 348 cm³ ins Renngeschehen.

Mit der famosen 498er Werksrennmaschine mit kopfgesteuertem V-Zweizylindermotor, der 44 PS bei 6700 U/min abgab, gewann Ragnar Sunnquist 1935 auf der Berliner Avus den Großen Preis von Deutschland, wobei er Karl Gall mit der neuen BMW-Werksrennmaschine hinter sich lassen konnte. Einen anderen großen Erfolg gab es bereits 1934 auf der Insel Man, als Erni Nott die neue 348er Werksrennmaschine auf den dritten Platz brachte. 1935 gewann Stanley Woods in Saxtrop den Großen Preis von Schweden. Mit der gleichen Maschine wurde Ragnar Sunnquist

Ein einmaliges Bild vom Avus-Rennen 1935, als Ragnar Sunnquist mit der V-Zweizylinder Husqvarna (oben) den BMW-Werksfahrer Karl Gall im Ziel um eine halbe Radlänge schlug. Das Foto wurde ca. 50 Meter vor dem Ziel geschossen.

Folke Mannerstedt kannte die Grenzen seiner ohv-V-Zweizylindermotoren und zeichnete 1936 neue Husqvarna-Mehrzylinder-ohc-Rennmaschinen. Leider zog sich das Werk bald ganz vom offiziellen Rennsport zurück.

Kenner werden sich über diese 498-cm³-Husqvarna-Werksrennmaschine wundern. Sie wurde 1936/37 vom österreichischen Meisterfahrer Martin Schneeweiß für Rennen auf langen Bahnen entwickelt. Es war kein Erfolg, und deshalb griff Schneeweiß zu einem kopfgesteuerten 498-cm³-Einzylindermotor von Husqvarna, mit dem er 1937 Europameister auf der 750-m-Bahn im Prager Strahov-Stadion wurde.

in einem seiner letzten Rennen für Husqvarna 1949 Erster in Skarpnäck (Schweden) – allerdings schon als reiner Privatfahrer. Dreizehn Jahre vorher, 1936, hatte er den Großen Preis von Frankreich in seine schwedische Heimat gebracht.

An den Großen Preis von Italien 1936 in Monza erinnere ich mich besonders gut, weil hier Wilhelm Herz erstmals eine 348-cm³-Einzylinder-NSU im Team mit Oskar Steinbach fuhr, der nun wieder „ganz" bei den Neckarsulmern war. Sunnquist, der „normalerweise" die Halblitermaschine steuerte, gewann hier die 350er Klasse auf einer 348-cm³-Zweizylinder. Er war auch der letzte Husqvarna-Fahrer bei den Rennen um die englische TT, als er 1936 in der Junior-Klasse bis 350 cm³ auf Platz 17 kam und bei der Senior-TT ausscheiden mußte.

Unmöglich, an dieser Steller alle Rennerfolge von Husqvarna aufzuführen. Sie erregten viel Aufsehen, da sie oft gegen Königswellen- und Kompressormaschinen berühmter Marken errungen wurden. Daß sie bei diesen harten Kämpfen manchmal mit technischen Defekten liegenblieben, sei nicht verschwiegen. Zumeist waren es, wie schon erwähnt, Kettendefekte, die zum Ausscheiden zwangen und erst verschwanden, als die leichten Fahrwerke etwas verstärkt wurden.

Erwähnt sei noch Hugo Roigk, der 1936 die 498-cm³-Husqvarna-V-Zweizylinder von Michael Gayer erwarb und mit dieser großen „Husky", die Gayer weiterentwickelt hatte, gut zurechtkam. Vordere Plätze errang er u. a. bei den Großen Preisen der Schweiz und in Holland, bis er 1937 in Saxtorp mit dem engli-

Das ist der 498-cm³-V-Zweizylindermotor von Husqvarna, der in den dreißiger Jahren bei den Grand-Prix-Rennen kaum zu schlagen war. Für seine Konstruktion und Entwicklung waren Carl Heimdahl und Folke Mannerstedt verantwortlich. Es gab auch eine Variante mit 348 cm³ Hubraum.

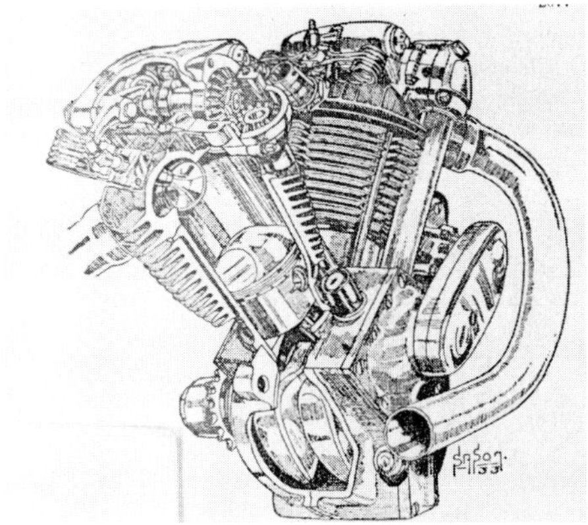

Diese Motorenzeichnung von 1933 beweist, daß man sich bei Husqvarna auch mit V-Zweizylinder-Königswellenmotoren befaßte, die aber nie voll entwickelt wurden.

schen Weltrekordmann Eric Fernihough im Training kollidierte, was ihn für einige Zeit kampfunfähig machte. Fernihough fuhr dort eine Zweizylinder-OK-Supreme, deren 348-cm³-JAP-Motor er selbst „schuf“, indem er zwei 174-cm³-Zylinder auf ein gemeinsames Kurbelgehäuse setzte. Bei diesem Unfall wurde er nicht schwer verletzt, kam aber bald darauf – 1938 – ums Leben, als er bei einem Angriff auf den Weltrekord mit seiner Brough Superior (mit 996-cm³-JAP-Kompressor-Motor und Seitenverkleidung) in Tát (Ungarn) von der Strecke abkam. Roigk fuhr mit der Husqvarna noch nach 1945 einige Rennen mit.

Husqvarna-Rennmaschinen unvergessen

Viele Rennmaschinen wurden im Laufe der Jahre gebaut, jedoch nur wenige – wie die kopfgesteuerten Husqvarna-V-Zweizylinder von 1933 bis 1935 – waren „unsterblich“. Vor allem schwedische Enthusiasten sind mit Recht stolz auf diese Maschinen, die in ihrer Glanzzeit kaum die Konkurrenz aus England, Deutschland oder Italien zu fürchten brauchten. In Japan wußte man damals kaum, was eine Rennmaschine ist.

Mit dem großen Husqvarna-begeisterten Curt Borgenstam an der Spitze, wurden in der Nachkriegszeit mehrere dieser alten Rennmaschinen in einen derart hervorragenden Originalzustand versetzt, daß sie sich von den fabrikneuen Modellen der Jahre 1934–1935 nicht unterscheiden. Wenn sie heute bei Veteranenrennen auftauchen, stehen sie im Mittelpunkt der Bewunderung. Von Harold Porry, Nils-Gunnar Swansson, Nils Jönssen und Curt Borgenstam gefahren, sind diese hochkarätig renovierten Rennmaschinen zugleich eine vorzügliche Werbung für die Marke Husqvarna.

Zweitakter nach dem Krieg

Motorräder, Motorsägen und Rasenmäher nehmen jetzt rund 20 Prozent der Produktionskapazität von Husqvarna in Anspruch. Und während man bis zum Zweiten Weltkrieg nur Viertaktmaschinen baute, gibt es nunmehr ausschließlich sportliche Zweitakter besonders für Moto-Cross-, Enduro- und Trial-Wettbewerbe. Ganz stimmt dies allerdings nicht mehr, denn seit einigen Jahren entstehen dort auch Maschinen mit 503-cm³-Vierventil ohc Einzylindermotoren, die sich als Geländemaschinen hervorragend bewähren.

Einmalig ist dieses Bild deshalb, weil Oskar Steinbach, erfolgreicher NSU- und DKW-Werksrennfahrer, diese 498-cm³-Husqvarna nur 1936 beim Training zum Eilenriederennen in Hannover fuhr. Da seine Vertragsangelegenheiten mit den beiden deutschen Werken nicht geklärt waren, konnte er die schwedische Maschine nicht im Rennen fahren. Dann kam die Klärung – und Steinbach fuhr wieder auf NSU und DKW.

Typisch für die letzten Ausführungen der 348er und 498er ohv-V-Zweizylinder-Rennmaschinen von Husqvarna war das weit nach hinten ragende Auspuffrohr des hinteren Zylinders, so daß eine gleiche Länge beider Auspuffrohre erzielt wurde.

Jahrelang sammelten Moto-Cross- und Trial-Maschinen von Husqvarna Meisterschaften in Europa und den USA. Hier Heike Mikkola, der finnische Weltmeister 1974.

Das Gelände hat für Husqvarna heute fast dieselbe Bedeutung wie die guten Straßen, auf denen das Werk in den dreißiger Jahren mit seinen Rennmaschinen brillierte. Die seit langem gebauten Gelände- und Moto-Cross-Zweitakter von 124, 245, 354 und 488 cm³ gewannen schon soviele Große Preise und Weltmeisterschaftsläufe, daß eine detaillierte Aufzählung hier nicht möglich ist. Sie gehören zur internationalen Spitzenklasse – dafür sind ihre Erfolge der beste Beweis.

In ihrer Technik weisen Husqvarna-Motorräder stets modernste Konstruktionstendenzen auf wie Zentralfederbeine, wassergekühlte Membraneinlaß-Motoren und Fliehkraft-Viergang-Automatikgetriebe. In anderen Fällen werden sie auch mit luftgekühlten Zweitaktmotoren oder Sechsganggetrieben geliefert. Eine Standardformel für alle Modelle existiert hier nicht. Das beweist z. B. die 500 AE, die über ein Dreigang-Automatikgetriebe verfügt und bei einem Leergewicht von 113 kg nur 17 PS leistet – im Gegensatz zur 510 TE, die bei einem Gewicht von 123 kg 44 PS abgibt. Erwähnenswert auch die 245-cm³-„Military", die seit mehreren Jahren hauptsächlich für die Streitkräfte Schwedens und anderer Länder geliefert wird. Auch sie besitzt das hervorragende Automatik-Viergang-Fliehkraftgetriebe und leistet 24 PS.

Erfolgreich im Moto-Cross

Husqvarna gehört sicherlich zu den international bekanntesten Moto-Cross-Marken und

Im Laufe der Jahre stellte Husqvarna Moto-Cross-Maschinen in fast allen Größen her. Dies war die 394-cm³-Einzylinder-Zweitaktversion von 1975. Sie hatte ein Vierganggetriebe mit Automatik und wog 102 kg.

selbstverständlich auch zu den führenden Herstellern von Trial-Maschinen. So ist die Vielzahl von Husqvarna-Fahrern nicht verwunderlich. Zu ihnen gehören die Schweden Torsten Halmann, Conny Carlsson, Bertil Oevgaard, Erik Jonsson, Magnus Nyberg, Sven Bergsson und Leif Persson.

Da gibt es aber auch viele Moto-Crosser aus anderen Ländern wie den Amerikaner Mike Guerra, den Belgier Rymond Boven, die Finnen Simo Taimi und Erkki Sundström, den Bulgaren Dimitri Ranguelov, den Franzosen Patrick Fura, den Holländer Henk Blömert, den Italiener Giovanni Cavatorta, den Schweizer Hubert Hägele oder den erstklassigen Österreicher Niedermayer. Unmöglich, alle aufzuzählen, die in aller Welt bei großen Wettbewerben auf Husqvarna starten.

Es war ein langer und oft dornenreicher Weg von den ersten, 1903 gebauten Husqvarnas mit ihren FN-, Moto-Rêve- und NSU-Motoren bis zu den modernen Zweitaktern und den neuzeitlichen ohc-Halbliter-Einzylinder-Versionen. Da gab es unersetzliche Verluste an Spitzenfahrern und -maschinen sowie Wirtschaftskrisen. Hätte Elektrolux 1977 nicht das Kapital aufgestockt, würde es vielleicht heute keine Husqvarna-Motorräder mehr geben.

Mit einem automatischen Sechsgang-Getriebe rüstete Husqvarna bereits 1977 diese 345-cm³-Moto-Cross-Maschine aus. Sie wog nur noch 96 kg.

Das war die 1978 von Husqvarna gebaute 384-cm³-Moto-Cross-Maschine mit nadelgelagerter hinterer Schwinge.

Auch wenn die Husqvarna AB, Fack, S-56101 Huskvarna, heute wieder viele Sporterfolge erringt und schnelle Motoren herstellt, war doch nach dem Zweiten Weltkrieg eine intensive Beteiligung an Straßenrennen auf die Zeit von 1971 bis 1974 beschränkt.

Unwillkürlich denkt man noch heute an die dreißiger Jahre zurück, wenn der Name Husqvarna fällt. An die fabelhaften kopfgesteuerten V-Zweizylinder, an große Rennfahrer und auch an den Konstrukteur Ing. Folke Mannerstedt.

Die 1984 von Husqvarna herausgebrachte 510 TE besitzt einen 503-cm³-ohc-Einzylinder-Viertaktmotor mit vier Ventilen und einer Leistung von 44 PS sowie ein für Husqvarna patentiertes neues Fahrwerk.

Eine einmalige Konstruktion: Cvachs JAC

Im Jahre 1929, da . . .

. . . verkaufte NSU in Neckarsulm die damalige Automobilproduktion an Fiat und engagierte den englischen Motorradkonstrukteur Walter William Moore,

. . . gehörten zum BMW-Rennstall nicht nur erstklassige Fahrer wie Toni Bauhofer, Karl Stegmann, Ernst Henne, Hans Soenius, Paul Köppen und Josef Stelzer, sondern zum BMW-Produktionsprogramm erstmals auch Vierradfahrzeuge, die vorher den Namen Dixi trugen,

. . . kaufte der tschechoslowakische Waffenfabrikant Ing. F. Janecek die von Novikow konstruierte 500-cm³-Einzylinder Wanderer mit Blockmotor, Preßstahlrahmen und Kardanantrieb und schuf die erste Jawa,

. . . entstand ebenfalls in der Tschechoslowakei eines der technisch interessantesten Motorräder, die es je gab – die JAC. Das waren die Anfangsbuchstaben des Namens J. A. Cvach, eines südböhmischen Konstrukteurs aus der kleinen Stadt Horazdovice, der bis 1932 diese ungewöhnlichen Motorräder fabrikmäßig herstellte.

Zweitakter mit 500-cm³-Einzylindermotoren waren immer sehr selten. Dunelt in England baute einen von 1919 bis 1927 mit einem Stufenkolben, der wie eine Art Kompressor wirkte. Schliha in Berlin suchte den Erfolg – wie in kleineren Klassen – mit einem „obengesteuerten" Zweitakter. Sowohl Paragon in England als auch Velamos in der Tschechoslowakei begnügten sich mit normalen Nasenkolbenmotoren. Andere Firmen wie Baier in Berlin und Orion in Schlan (jetzt Slany/Tschechoslowakei) stellten Doppelkolben-Einzylinder-Zweitakter von 500 und teilweise von 600 cm³ her, doch gelang es keiner Konstruktion, die Viertakter in dieser Klasse technisch oder kommerziell zu verdrängen. Eine Situation übrigens, die in den Jahren nach dem letzten Weltkrieg durch mehrzylindrige große Zweitaktmaschinen besonders aus Japan grundlegend verändert wurde.

Konischer Einlaßschieber

Cvach ging mit der JAC neue Wege. Sein Motor hatte einen patentierten Einlaßschieber, der durch die Kurbelwelle direkt angetrieben wurde. Auf der Kapsel des Schiebers war der Vergaser montiert. Der Schieber öffnete, wenn der Kolben den Ansaugtakt begann und schloß, wenn der Kolben zurückkehrte – das ergab ähnliche Steuerzeiten wie bei einem Viertaktmotor. Dieser konische Schieber aus Stahl wurde auf sein Gehäuse durch Federn angedrückt, wodurch er selbstdichtend wirkte. Bemerkenswert, daß die erste JAC-Versuchsmaschine mit einem solchen Schieber angeblich über 50 000 km zurücklegte und bei diesen Testfahrten nie mehr als 4 Liter Kraftstoff auf 100 km verbrauchte – bei einer nicht merkbaren Abnutzung des Schiebers.

Während ein Ende der Kurbelwelle durch diesen Schieber abgedichtet wurde, geschah das gleiche auf der anderen Seite, die das Schwungrad trug, durch einen Stahlring, der von der Kurbelwelle mitgenommen wurde und durch eine Feder an dem Stahlring des Kurbelgehäuses anlag. Es rieben demnach fein geglättete Stahlflächen aneinander, die fehlerlos abdichteten.

Der JAC-Zweitakter hatte 80 mm Bohrung und 98 mm Hub. Unter Kühlungsschwierigkeiten litt er nie; Cvach verwendete Aluminium-Zylinderköpfe und bis zu 80 mm lange Kühlrippen. Hinzu kam eine gute Kolbeninnenkühlung. In der Beherrschung der Motorthermik leistete Cvach wertvolle Entwicklungsarbeit, die leider nicht sehr bekannt wurde, weil er wie viele andere Zweitakter-Konstrukteure sich fast ausschließlich mit technischen, aber kaum mit kommerziellen oder werblichen Dingen befaßte. Die JAC-Motoren liefen mit einer Öl/Benzinmischung 1:15–20, und obwohl die Schmiermittel Ende der zwanziger Jahre noch längst nicht die heutige Qualität aufwiesen, gab es hier keinerlei Probleme, auch verschlackte Kolbenringe gehörten zu den Seltenheiten.

Die trocken laufende Einscheibenkupplung – einer Autokupplung sehr ähnlich – war auf dem Schwungrad angebracht und konnte leicht mit fünf Schrauben reguliert werden. Die Kupplungswelle war eine Verlängerung der Kurbelwelle und führte direkt in das Getriebegehäuse, wo sich die Räder des ersten

Man muß die tschechoslowakische JAC zweifellos zu den unorthodoxen Motorrädern in der Zeit zwischen den beiden Weltkriegen zählen – nicht nur wegen ihres 492-cm³-Einzylinder-Zweitaktmotors, sondern vor allem auch wegen des Fahrwerks, das eine sehr bequeme Sitzposition ermöglichte.

und dritten Ganges in ständigem Eingriff befanden. Die zweite Getriebewelle trug als Hohlrad das gezahnte Starter-Zahnrädchen, die Verlängerung dieser Welle bildete die Kardanwelle zum Hinterrad. Der leicht nach vorn geneigte Motor ermöglichte einen Anschluß der Kardanwelle ohne irgendwelche Übersetzungen; die Kardangelenke dienten mehr oder weniger zum Ausgleich von Montageungenauigkeiten und Rahmenspannungen.

Serienmäßig wies die JAC eine Soloübersetzung im direkten Gang von 1:4,35 auf (Höchstgeschwindigkeit 100 km/h). Die Beiwagen-Übersetzung betrug 1:5,2.

Rahmen aus Stahlblech

Der aus Stahlprofilen und -blechen genietete und geschweißte Rahmen bildete einen steifen Kastenträger, der auch härtesten Beanspruchungen gewachsen war. Die Vorderradgabel hatte Blattfedern, wie sie damals bei vielen Marken, wie z. B. Indian, D-Rad, BMW und Wanderer-Jawa, anzutreffen waren. Die Räder, mit Ballonreifen von 26 x 3½ Zoll ausgerüstet, waren untereinander und auch mit dem Seitenwagenrad austauschbar. Diese Auswechselbarkeit stellte den Konstrukteur vor Schwierigkeiten, er mußte den Hinterradantrieb und zumal die Lagerung des Tellerrades besonders stark halten, da auf die Hinterradachse kein Verlaß war. Im Kegelradgehäuse war auch die in Fett gelagerte hintere Bremse untergebracht, die einen Bronzebelag besaß.

Der Motor war im Rahmen an drei Punkten gelagert und außerdem durch eine Strebe am Zylinderkopf mit dem Rahmen verbunden. Die Motorkonstruktion ermöglichte es, den Tank niedrig unter dem Sattel anzubringen. Schmal und hoch fügte er sich in den Rahmen ein, konnte aber leicht demontiert werden. Der Sattel wies eine Höhe von nur 64 cm über dem Boden auf. Serienmäßig besaß die JAC eine Fußkupplung, nur auf Wunsch wurde sie mit einer Handkupplung geliefert. Die Touren-Fußbretter bestanden aus Aluminium, das Leergewicht der Maschine betrug 175 kg.

Soweit wie möglich erzeugte Cvach in seiner kleinen Fabrik fast alles selbst. Die Bereifung stammte von Dunlop oder Continental, der Vergaser von Zenith (!) und der Magnet von Bosch. Nirgendwo wurde an Material gespart. Das Gewicht hätte leicht um 30–40 kg geringer sein können, wenn Cvach nicht einen so großen Wert auf Robustheit gelegt hätte – teilweise mit Recht, denn damals gab es nur wenige gute, aber sehr viele schlechte Straßen in der Tschechoslowakei. Andererseits standen nur 18 PS zur Verfügung, das Leistungsgewicht ließ daher keine atemberaubende Beschleunigung oder hohe Spitzengeschwindigkeit zu.

Zwar billig, aber nicht gefragt

Die JAC kostete nur 9500 Tschechenkronen, während man damals für eine 500-cm^3-Terrot mit seitengesteuertem JAP-Motor 13500, für die deutsche Preßstahl-Neander mit ohc-Küchenmotor von 500 cm^3 ebenfalls 13500 und für das 30-PS-Auto von Citroën 47000 Tschechenkronen berappte. Trotz ihres günstigen Preises konnte sich die JAC jedoch nicht durchsetzen. Teilweise wegen ihres unorthodoxen Aussehens, der allgemeinen Abneigung gegen große Zweitakt-Einzylinder, der schlechten damaligen Marktlage und auch – wie erwähnt – wegen der persönlichen Einstellung von Cvach zu kommerziellen Dingen. Nach seiner Anschauung verkauft sich eine gute Sache von selbst – und welcher Konstrukteur glaubt nicht, daß seine Schöpfung die idealste und beste ist?

Zudem kam die JAC in der Tschechoslowakei auf einen nicht sehr kaufkräftigen Markt, auf dem fast jede Motorradfirma der Welt schon vertreten war. Deutschland kam mit Ardie, D-Rad, Zündapp, Wanderer, Mars, NSU, DKW, BMW, Triumph (TWN), Victoria, Mabeco, Windhoff. Dazu gesellten sich fast alle Marken aus England, Belgien, Frankreich, Italien, Amerika, der Schweiz und selbstverständlich aus der Tschechoslowakei selbst mit Jawa, Premier, Orion, B.D., Praga, Böhmerland, Aeros, BAF, Poustka, B.V., Mat, S-Fortis usw. Wer hier antrat, mußte Überlegenheit beweisen, um kommerziell mithalten zu können. Cvach blieb zuhause! Er hatte nicht einmal Vertreter, seine bescheidene Zeitungsreklame war eintönig. Man mußte nach Horazdovice in die Fabrik fahren, um so einen Zweitakter zu erwerben. Welcher Kunde aber legte gern 500–600 km mit der Eisenbahn zurück, wenn ihm die Vertreter anderer Firmen die Tür mit „Vorzugspreisen“ einrannten? Der tüchtige Techniker Cvach mußte zu Beginn 1932 die Produktion der JAC einstellen. Obwohl er sich noch einige Jahre mit interessanten Zweitaktern befaßte – zu einer regelrechten Fertigung kam es nicht mehr.

Motorräder aus dem Flugzeugwerk: Japans Kawasaki

Bei Rolls-Royce in England war der Automobilbau immer nur ein Bruchteil der Gesamtproduktion. Ähnlich sieht es mit dem Motorradbau von Kawasaki in Japan aus. Während bei Honda die Motorradproduktion neben dem Autobau dominiert, liefert die schon 1878 gegründete Firma Kawasaki auch Flugzeuge, Hubschrauber, Schiffe, Omnibusse, Baumaschinen, Industrieroboter, Stahlwerke, komplette Zementfabriken, Brücken, Turbinen, Öltanker und auch ausgewachsene Bohrinseln. Der heutige Kawasaki-Konzern umfaßt 18 Werke mit fast 40 000 Beschäftigten.

Erst Flugzeuge, dann Motorräder

Motorräder werden von der Kawasaki Heavy Industries Ltd. in Akashi hergestellt, einer mittelgroßen Industriestadt 620 km südwestlich von Tokio. Das Werk, eines der größten von Kawasaki, entstand 1930 für den Bau von Flugmotoren; hier wurde 1937 auch der Flugzeugbau aufgenommen. Das Werksareal umfaßt 430 000 qm, von denen 78 300 der Motorradfertigung vorbehalten sind. 1700 Angestellte und Arbeiter produzieren hier monatlich 43 000 Einheiten.

Shozo sah kein Motorrad

Der „Vater aller Kawasakis" sah in seinem Leben nie ein Motorrad. Es war dies Shozo Kawasaki, der 1878 in Tokio eine Schiffswerft errichtete, die als Kawasaki Heavy Industries Ltd. noch heute besteht und praktisch das Zentrum aller Kawasaki-Unternehmen ist. Zu diesem Imperium gehört u. a. auch die Kawasaki Steel Corporation und die „K"-Linie. Die ursprüngliche Schiffswerft stieg bald in andere Industriezweige ein, baute auch Schienenfahrzeuge einschließlich der notwendigen Brücken und andere Transportmittel und gelangte hier bald in eine Spitzenposition. Aus diesen Anfängen entstand dann auch ein Unternehmen, das Motorräder herstellt und sie in fast 100 Länder der Erde liefert.

Dabei kommen Kawasaki-Motorräder nicht nur aus Akashi, sondern auch aus Zweigwerken in den USA, Indonesien, Kolumbien, Nigeria, Thailand, auf den Philippinen und in anderen Ländern. Werksniederlassungen bestehen u. a. in Deutschland und England. Der dritte Platz, den Kawasaki unter den führenden japanischen Motorradherstellern einnimmt, dokumentiert, daß das Werk zu den erfolgreichsten Motorradherstellern der Welt

Das erste „echte" Kawasaki-Motorrad war das Modell B8. Ab 1962 gebaut, besaß es einen 124-cm³-Zweitaktmotor, dessen Grundkonstruktion wahrscheinlich vor dem letzten Weltkrieg in Zschopau (jetzt DDR) entstand.

Bereits 1963 folgte bei Kawasaki die erste Moto-Cross-Version von 124 cm³. Sie war in ihrer Klasse sehr erfolgreich.

gehört. Obwohl die Rennabteilung von Kawasaki bedeutend kleiner ist als die der japanischen Konkurrenz, verzeichneten Weltmeister Toni Mang und der Südafrikaner Kork Ballington auch im Rennsport herausragende Erfolge.

Die ersten Kawasakis

Schon 1949 experimentierte die Versuchsabteilung mit der Entwicklung von Motorradmotoren und auch von kompletten leichten Motorrädern. Das erste Motorrad erschien 1950 als KE-Modell mit einem eigenen obengesteuerten 148-cm³-Einzylindermotor. Zu einer größeren Motorenproduktion kam es erst 1954, als Kawasaki 58-cm³-Zweitaktmotoren an Meihatsu, einem zum Kawasaki-Konzern gehörenden Motorradwerk, lieferte. Dann gab es wieder etwas Ruhe, bis man in einem Zweigwerk in Kobe neue Modelle produzierte, die aus dort bereits vorhandenen Konstruk-

Das Jahr 1963 brachte auch eine kleine Kawasaki mit 85 cm³ Hubraum. Dieses Modell J1 wurde in den folgenden Jahren ein Bestseller.

Kawasakis „Samurai" war eine 246-cm³-Zweizylinder-Zweitaktmaschine, die ab 1966 in großen Stückzahlen das Werk in Akashi verließ. Dieses Modell A1 hatte zwei Drehschieber und leistete 31 PS.

tionen hervorgingen. Viel Zubehör wurde dabei noch von Spezialfirmen bezogen.

Im Februar 1961 entstand die erste 124-cm³-Zweitakt-Maschine mit dem Namen Kawasaki am Tank, die ganz bei Kawasaki gebaut wurde. Sie hatte einen Motor mit leicht nach vorn geneigtem Zylinder, der 8 PS bei 6500 U/min abgab. Die Maschine besaß bereits eine Telegabel und Hinterradschwinge. Ihre offizielle Bezeichnung: „Kawasaki B8".

Im Juni 1961 wurde eine alte japanische Motorradfabrik, die Meguro Manufactoring Co. Ltd., übernommen. Dadurch gewann Kawasaki nicht nur an Produktionskapazität, sondern auch Fachleute mit dem notwendigen „Know-how" und vielen Erfahrungen, die beim Neuaufbau einer Motorradproduktion natürlich von größtem Wert sind. Meguro hatte schon lange vor dem Zweiten Weltkrieg Motorräder hergestellt, darunter auch ohv-Einzylinder von 496 cm³. 1959 gab es dort eine zweizylindrige ohv-Maschine, sie hatte die damals erfolgreichen englischen BSA- und Triumph-Zweizylinderversionen zum Vorbild. Was Meguro fehlte, war das zum Werksausbau notwendige Kapital, das aber bei Kawasaki zur Genüge vorhanden war.

Da man bei Kawasaki sehr schnell den absatzfördernden Wert von Rennerfolgen erkannte, entstand bereits im Mai 1962 eine Rennversion der B8, die für den Kampf um die japanische Meisterschaft entwickelt und gebaut wurde. Ende 1963 gab es auch schon serienmäßige Moto-Cross-Modelle, die we-

Aus der 1966 entstandenen Zweizylinder-Zweitakter A1 leitete Kawasaki im selben Jahr diese Rennversion A1R mit 246-cm³-Drehschiebermotor ab.

1967 baute Kawasaki die erste Viertakt-Maschine, allerdings in Verbindung mit Meguro. Sie ähnelte BSA-Modellen und besaß einen 648-cm³-ohv-Parallel-Zweizylindermotor typisch englischer Art.

gen ihres roten Betriebsstoffbehälters bald den Beinamen „Red-Tank-Kawasaki“ erhielten. Die MC-Modelle trugen die Bezeichnung B8M und waren in den Händen zahlreicher Privatfahrer bald sehr erfolgreich.

Erfolge führten zur Erweiterung des Modellprogramms, so liefen schon im November 1964 Zweitakter der 85-cm³-J1-Serien und die 250 SG von den Bändern der Fabriken. Im April 1965 folgte die kleine M10 mit 48-cm³-Zweitaktmotor. Zur gleichen Zeit kam es zu einer Vertriebsorganisation, die in Chicago – für den amerikanischen Markt – ihr Zentrum hatte. Bald darauf, im März 1966, wurde die American Kawasaki Motors, Inc., in Los Angeles/Kalifornien gegründet – verständlich, ist doch Kalifornien seit jeher ein Hauptabsatzgebiet für Motorräder, schon wegen des Klimas, das dort einen „richtigen kalten Winter“ kaum kennt. Bereits im März 1967 kam auf der „anderen Seite“ des amerikanischen Kontinents, in New York, die Eastern Kawasaki Motors Inc. hinzu. 1968 wurden beide Vertriebsgesellschaften zur Kawasaki Motors Corporation zusammengelegt.

Schnelle Rennzweitakter

Schon 1966 erschien die A1R, Kawasakis erste Serien-Rennmaschine, mit einem luftge-

Vornehmlich für den amerikanischen Markt stellte Kawasaki 1967 erstmals Enduro-Zweitaktmaschinen her – wie dieses Modell C2TR von 120 cm³.

Die 1968 herausgebrachte Kawasaki F21M, eine 247-cm³-Ausführung für Moto-Cross-Wettbewerbe.

kühlten 123-cm³-Zweizylinder-Zweitaktmotor. Daneben auch die 248-cm³-Zweizylinder-Zweitakter „Samurai", die mit ihren 31 PS als rassige Tourensportmaschine bald große Beliebtheit errang. Außerdem gab es neue Einzylinder-Zweitakter von 88, 98, 118 und 123 cm³.

1967 wartete Kawasaki mit einer großen Überraschung auf, als in Akashi eine obengesteuerte 646-cm³-Parallel-Zweizylinder-Maschine entstand, als erste bei Kawasaki hergestellte Viertakter und zugleich als erste japanische Motorkonstruktion dieser Art. Dieses Motorrad war die W1, die noch ihren Meguro-Hintergrund, d. h. die englische Grundkonstruktion, nicht ganz verleugnen konnte. Während aber die Engländer – technisch gesehen – bald „die Bremsen anzogen", wurde bei Kawasaki und anderen japanischen Herstellern die Weiterentwicklung mit großem Aufwand betrieben. So entstanden damals die 348-cm³-Kawasaki A7, das 118-cm³-Modell C2SS, die genannte 646-cm³-Parallel-Zweizylinder W2SS und die sportlichere W2TT.

Es war auch das Jahr 1967, in dem Kawasaki erstmals Rennen in Europa bestritt und damit einen Fuß ins europäische Renngeschehen setzte, in dem es dann so prominent wurde. An neuen Kawasaki-Modellen gab es 1968 die

Im Juli 1968 erschien bei Kawasaki eine neue Tourenmaschine GA1 mit einem 90-cm³-Drehschieber-Zweitaktmotor, der 10,5 PS abgab. Sie wurde bald ein beliebtes Transportmittel in Städten.

Die Bezeichnung „Superbike" gab es bei Kawasaki erstmals 1969, als die „Mach III" mit luftgekühltem Dreizylinder-Zweitaktmotor von 498 cm³ auf den Markt kam.

populäre 89-cm³-Einzylinder GA1 mit Drehschiebermotor und 10,5 PS sowie die Versionen F3 und F4 von 174 cm³ und 246 cm³. Und dazu eine 246-cm³-Moto-Cross-Maschine, die F21M.

Neues Firmengebilde

Veränderungen in Japan kamen, soweit sie das Unternehmen Kawasaki betrafen, 1969 überraschend wie ein Erdbeben. Im April wurde nämlich die Kawasaki Heavy Industries Ltd. durch den Zusammenschluß der Firmen Kawasaki Aircraft Co., Ltd., Kawasaki Dockyard Co., Ltd., und Kawasaki Rolling Stock Co., Ltd., gegründet und damit ein riesiges, machtvolles und weitgehend unabhängiges Unternehmen geschaffen, dem natürlich auch das immer größer werdende Motorradwerk in Akashi angehörte.

Sensationell war damals auch das Erscheinen der ersten Kawasaki-Motorräder mit einem dreizylindrigen luftgekühlten Zweitakt-Reihenmotor von 498 cm³ mit 50 PS, dem Typ „Mach III". Dies war wohl das erste „richtige" Superbike am Motorradhimmel. Ende 1969 kam dann noch die 348-cm³-Enduro-Version F5 hinzu.

Bei Weltmeisterschaften vorn

Viel Aktivität gab es damals auch bei Straßenrennen, zwar noch nicht mit großen Spezialmaschinen, sondern in der 125er Klasse, in der der sympathische Engländer Dave Simmons auf einer luftgekühlten Zweizylinder-

Höhere Ansprüche an „Off-Road"-Maschinen veranlaßten Kawasaki erstmals 1969, diese Zweitakt-Version F5 zu bauen. Sie wurde als „Big Horn" bekannt.

Die Dreizylinder-Zweitakter-Palette vergrößerte sich 1971 um Maschinen von 248, 348 und 748 cm³, die zu der Halbliterversion hinzukamen. Es waren rassige und schnelle Motorräder, aber keine ausgesprochenen Rennausführungen.

Zweitakter Weltmeister wurde. Simmons, der bei einer Explosion sein junges Leben verlor, war nicht nur ein vorzüglicher Rennfahrer, sondern auch einer der besten englischen „Tuner" von Rennzweitaktern.

Für Kawasakis verhältnismäßig kleine Rennabteilung (klein im Vergleich zu den großen Rivalen Honda, Yamaha und Suzuki) gab es nach diesem Großerfolg kein Zurück mehr. Schon 1970 konnte man eine H1R, eine Rennversion der 498-cm³-Dreizylinder-Zweitaktmaschine, erwerben und mit ihr auch Rennen gewinnen. Die ganz großen Rennerfolge kamen aber später, besonders 1978, als der Südafrikaner Kork Ballington die Weltmeisterschaft in den Klassen bis 250 und 350 cm³ errang und diesen Kawasaki-Erfolg 1979 wiederholte. Dann begann die große Zeit des Anton Mang mit seinen grünen Kawasakis von 250 und 350 cm³. Schon 1980 wurde er Weltmeister der 250er Klasse, 1981 Doppelweltmeister der 250er und 350er Klasse. 1982 konnte er diesen wertvollen Titel in der 350er Klasse erneut erringen, den er in der Viertelliterklasse nur knapp verlor.

Der populäre Engländer Mick Grant verzeichnete – außer anderen Erfolgen – zwei Siege bei der Tourist Trophy auf der Insel Man. Überhaupt ließen sich viele Kawasaki-Motoren sehr schnell machen. Das bewies auch der Amerikaner Don Vesco, der auf seiner mit Kawasaki-Motoren ausgerüsteten Spezialma-

Neue Moto-Cross-Maschinen erschienen bei Kawasaki 1973. Hier die einzylindrige KX 250, die bald große Erfolge errang.

Kawasakis berühmte Z 650 aus dem Jahre 1977. Sie hatte vier Zylinder, zwei obenliegende Nokkenwellen, 652 cm³ Hubraum und gab mit Normalbenzin bereits 67 PS ab. Ähnlich sahen damals auch die stärkeren Modelle mit 745 und 1015 cm³ Hubraum aus.

schine schon 1978 einen Weltrekord mit einer Durchschnittsgeschwindigkeit von nicht weniger als 513,06 km/h herausfuhr. Kawasaki ist außerdem noch öfter in der Liste der Motorrad-Weltrekorde – und zwar an der Spitze – vertreten.

Immer gut für Überraschungen

Noch ein Blick zurück auf das Jahr 1970, als Kawasaki neue Moto-Cross-Maschinen von 124, 174 und 248 cm³ herausbrachte und in Holland im September die Kawasaki Motors N.V. als europäisches Hauptquartier geschaffen wurde. 1971 „überschwemmte" das Werk mit luftgekühlten dreizylindrigen Zweitaktmaschinen nicht nur die 500er Klasse, sondern auch die Klassen bis 250, 350 und 750 cm³. Alles neuartige Konstruktionen mit sehr leistungsstarken Motoren, im Verbrauch allerdings nicht gerade sparsam. In ihrer Weiterentwicklung kamen sie dann doch in etwa an den Kraftstoffbedarf guter Viertakter heran.

Überraschungen fehlten auch 1972 nicht. Da erschien vorerst die sehr schnelle Rennversion der H2 mit 749 cm³ unter der Bezeichnung H2R, die fast immer gewann, wenn sie an den Start ging. Kaum hatte man sich an diese schnellen dreizylindrigen Zweitakter gewöhnt, kam Kawasaki mit einer neuen sensationellen Konstruktion, der ersten Z1, sowie schlitzgesteuerten Moto-Cross-Modellen auch nach Europa.

Viele Jahre war Kawasaki als Vertreter der Zweitaktbauweise weltbekannt; die erste 646-cm³-ohv-Parallel-Zweizylinder war nur kurze Zeit produziert worden. Mit der Z1 wurde ein neuer „Viertakter-Anfang" gemacht. Als die neue vierzylindrige und luftgekühlte Kawasaki mit 983-cm³-Doppelnockenwellen-Reihenmotor erstmals nach Deutschland kam, trug sie den Namen „Pilot 900". Der quer im Doppelschleifen-Rohrrahmen eingebaute Motor leistete 82 PS bei 8500 U/min und ermöglichte eine Höchstgeschwindigkeit von über 200 km/h.

Kawasaki in Deutschland

Importiert wurden die Kawasaki-Motorräder anfänglich durch Detlev Louis in Hamburg. Die einzylindrige „Off-Road"-Zweitaktmaschine von 248 cm³ kostete damals 3250 DM, die

Das war die KH 400 von Kawasaki mit dem dreizylindrigen 395-cm³-Zweitaktmotor und einer Leistung von 36 PS – eine elastische und gute Maschine.

dreizylindrigen Zweitakter von 248, 348, 498 und 748 cm³ waren für 3490, 3890, 4700 und 5580 DM zu haben, wobei die letztere Maschine, Mach IV, 71 PS leistete. Für die 903-cm³-Doppelnockenwellen-Vierzylinder verlangte Louis 7500 DM; wie alle Motorräder über 750 cm³ wurde diese Maschine in ihrem Heimatland Japan nicht zugelassen. So konn-

Ganz neu kam 1977 die einzylindrige 197-cm³-ohc-Kawasaki Z 200 auf den Markt, mit Fünfganggetriebe in einem glattflächigen Blockmotor.

ten Japaner allenfalls das 746-cm³-Modell 750 RS mit 69 PS bei 9000 U/min erwerben.

Schnellste Kawasaki-Zweitakter war 1974 die dreizylindrige 746-cm³-Mach IV H2 mit 71 PS bei 6800 U/min und einer Höchstgeschwindigkeit von über 200 km/h, die kleinste Zweitaktversion war das hauptsächlich für den USA-Markt bestimmte Van-Van-Minimotorrad mit 73 cm³. Eine „normale" 99-cm³-Kawasaki kostete in Deutschland ab Hamburg 1800 DM. Bemerkenswert, daß das Werk nicht nur immer mehr Straßenmodelle, sondern auch Enduro- und Moto-Cross-Maschinen auf die Motorradmärkte der Welt brachte.

Leistungsfähige Motoren hatten auch die KS 125 „Enduro" mit einzylindrigem 124-cm³-Zweitaktmotor mit Plattendrehschieber, der 13 PS bei 5500 U/min abgab, und die ähnliche 247-cm³-Geländeversion, die auf 22 PS bei 6500 U/min kam, sowie eine 124-cm³-Enduro-Variante, die KX 125, für die 22 PS bei 9750 U/min angegeben wurden. Die 248-cm³-Moto-Cross-Kawasaki – fast überall nur „Kawa" genannt – erbrachte 34 PS bei 8000 U/min.

Neue Viertakter

Sie erschienen 1975, hatten 398 cm³, zwei luftgekühlte Zylinder und eine obenliegende Nockenwelle. Diesmal handelte es sich nicht um eine Konstruktion, die ursprünglich in England entstand, sondern schon um ein „rein japanisches Motorrad", obwohl es genau so einer englischen Konstruktionsabteilung hätte entstammen können. Da gab es „nur" 33 PS bei 9000 U/min, trotz zweier Kehin-Vergaser und einer Verdichtung von 9:1. Jedenfalls sah diese KZ 400 schon sehr gekonnt aus. 1976 folgte ihr eine ähnliche 745-cm³-Version mit 50 PS bei 7000 U/min. Sie hatte schon Scheibenbremsen an beiden Rädern.

Mit dem Erfolg der Viertakter war man bei der Motorcycle Division der Kawasaki Heavy Industries im World Trade Center Building in Tokio

1977 war die Z 1000 das Spitzenmodell von Kawasaki. Der mit zwei obenliegenden Nockenwellen ausgerüstete 1015-cm³-Vierzylindermotor entwickelte 85 PS und war sehr schön zu fahren.

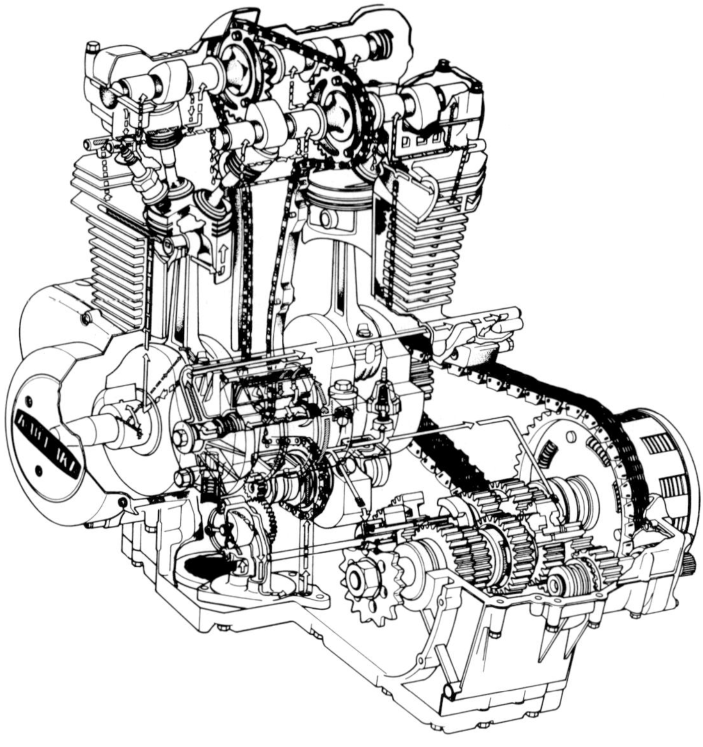

Kawasakis große Doppelnockenwellen-Vierzylindermotoren der letzten siebziger Jahre hatten viele technische Details gemeinsam. Hier das „aufgeschnittene" 745-cm³-Triebwerk.

sicherlich zufrieden, und so gab es bereits 1977 neue Viertakt-Modelle; eins mit 1015-cm³-Vierzylindermotor und zwei obenliegenden Nockenwellen, das 85 PS bei 8000 U/min leistete – ein Supermotorrad, das problemlos 210 km/h erreichte und auch in Deutschland für rund 9000 DM zu haben war. Hier war am 24. April 1975 die Kawasaki Motoren GmbH in Düsseldorf gegründet worden. Schon am 22. Juli desselben Jahres zog das Unternehmen nach Frankfurt-Niedereschbach um. Nach weiteren sechs Jahren genügten die dortigen Räumlichkeiten aber nicht mehr den Anforderungen, und so siedelte es 1981 nach Friedrichsdorf/Taunus um, wo auf einem eigenen Gelände von 10 000 m² auch ein hochmodernes Verwaltungszentrum eingerichtet wurde.

Neu war 1977 auch eine kleinere Vierzylinder-DOHC-Kawasaki, deren 652-cm³-Motor für 64 PS gut war und eine Spitze von 180 km/h erreichen ließ. Nicht genug damit, kam das japanische Werk nunmehr auch mit ohc-Einzylinder-Viertaktern, vorerst mit einer 198-cm³-Version, der Z 200, auf den Markt. Es war dies eine sportliche Tourenmaschine mit fünf Gängen. Als dann die Dreizylinder-Zweitakter von 746 cm³ aus der Produktion genommen wurde, kam zu der 498-cm³-Zweitakter eine 398er Version hinzu. Neu war auch die KX 400, eine einzylindrige Moto-Cross-Maschine von 401 cm³ mit 42 PS bei 7000 U/min.

Bemerkenswert der „Abbau" der nie sehr ökonomischen Dreizylinder-Zweitakter; 1977 wurde nur noch die KH 250 mit 249 cm³ Hubraum hergestellt. Dafür kamen immer mehr einzylindrige Enduro-, Semi-Enduro-, Moto-Cross- und Gelände-Zweitakter auf den Markt, mit Drehschieber- und Schlitzeinlaßsteuerung, letztere besonders bei Motoren mit größeren Hubräumen.

„Aufgeschnitten" präsentiert sich hier die Kawasaki Z 650 – ein sehr erfolgreiches und beliebtes Modell.

Die KX von Kawasaki aus dem Jahre 1979 wurde mit Membraneinlaßsteuerung und 124 bzw. 248 cm³ Hubraum als ausgesprochene Wettbewerbsmaschine angeboten. Geliefert wurde sie mit Fünf- und Sechsganggetriebe.

Mit 27 PS offerierte Kawasaki schon in den letzten siebziger Jahren die zweizylindrige Z 250 mit 248 cm³ Hubraum für 4300 DM. Eine sehr preiswerte ohc-Maschine mit gegossenen Alu-Rädern und Scheibenbremsen.

Mit Zweitaktern gab es schon immer ein „Auf und Ab“. In den früheren zwanziger Jahren dominierten sie wegen ihrer Einfachheit und ihrer niedrigen Herstellungskosten, später verloren sie an Boden. Auch nach dem Zweiten Weltkrieg hatten sie es zunächst schwer, von billigen „Volksmotorrädern“ abgesehen, wieder zur Geltung zu kommen, was erst durch Neu- und Weiterentwicklungen gelang. Als aber um 1975 die Japaner mit guten und preiswerten Viertaktern auf den Weltmarkt kamen, verloren Zweitakter wieder an Bedeutung, vor allem in den größeren Hubraumklassen. Dominierend blieben sie im Straßenrennsport, bei dem ja ökonomische Probleme meist keine Rolle spielen.

Rennzweitakter unter sich

Kawasaki setzte in den ersten achtziger Jahren werksseitig Rennzweitakter von 248, 348 und 498 cm³ ein. Mit Spitzenfahrern wie Anton Mang, Kork Ballington, Gregg Hansford, Mike Grant und anderen, doch war besonders die 498er bereits 1982 ohne größere Erfolge. Die verbesserten Rennzweitakter von Honda, Suzuki und Yamaha waren der „Kawa“ überlegen. Selbst in den beiden kleineren Klassen hatte es der Deutsche Mang immer schwerer,

Eine neue Kawasaki „Z 1000“ kam 1978 auf den Markt. Sie trug die zusätzliche Bezeichnung ST als Hinweis des Werkes auf den Kardanantrieb. Der DOHC-Motor ermöglichte eine Spitze von 216 km/h.

Das Motorrad der Superlative: die Kawasaki Z 1300 mit sechs Zylindern, 1277 cm³ Hubraum, zwei obenliegenden Nockenwellen, Wasserkühlung, 99 PS und wohl mehr Kraft, als ein Durchschnittsfahrer auf die Straße bringen kann. Das Leergewicht: 322 kg.

Sicher kein Motorrad für Anfänger! Die GP 1100 Z von Kawasaki aus 1984 leistet 100 PS bei 8750 U/min, erreicht 228 km/h und kostet als eine der schönsten und rassigsten Maschinen 11 680 DM.

Wie andere japanische Motorradhersteller baut auch Kawasaki eine Vielzahl von Modellen. Hier die KLR 600, eine Moto-Cross-Maschine mit 564-cm³-Einzylinder-Doppelnockenwellenmotor, der 42 PS abgibt.

die heranstürmende Konkurrenz zu schlagen. Typisch für sie waren die 1978 eingeführten wassergekühlten „Tandem"-Zweizylindermotoren von 248 und 348 cm³ mit je zwei Plattendrehschiebern und zwei Vergasern für die hintereinander liegenden und senkrecht stehenden Zylinder. Die Leistungen der 248er und 348er Kawasakis dürften etwa 75 PS bzw. 82 PS betragen haben, während man der vierzylindrigen 498er-Rennversion rund 115 PS nachsagte. Auch wenn diese Leistungen im Laufe der Jahre gesteigert wurden, konnte Kork Ballington, der Kawasaki-Spitzenfahrer in der Halbliterklasse, nicht mehr ernsthaft in die Spitzenkämpfe bei den Großen Preisen eingreifen. Man sprach 1982 von einer gewissen „Rennmüdigkeit" im Hause Kawasaki, die bestehenden Rennmaschinen wurden – laut Anton Mang – auch nicht so weiterentwickelt, wie es notwendig gewesen wäre.

Für die 1984 entstandene GPz 900 R gibt Kawasaki eine Spitzengeschwindigkeit von 235 km/h an. Der Doppelnockenwellen-Vierzylinder-Reihenmotor von 901 cm³ hat vier Ventile je Zylinder und vier 34-mm-Keihin-Vergaser, er leistet 100 PS bei 9500 U/min. Zweifellos eine ungemein rassige, wassergekühlte Maschine.

Sehr aktiv war das Werk dagegen in der Entwicklung von Serienmaschinen. Schon 1980 hatte es die 398-cm^3-Vierzylinder 400 J herausgebracht. Die Z 1000 mit elektronischer Kraftstoffeinspritzung schloß sich an, nunmehr mit einer Leistung von 97 PS bei 8000 U/min. Neu war auch die Z 1000 ST mit dem vierzylindrigen 1016-cm^3-Doppelnockenwellenmotor und Kardanantrieb zum Hinterrad, ebenfalls mit 97 PS bei 8000 U/min.

Schon vorher schuf man in Akashi eine der – im wahrsten Sinne des Wortes – gewichtigsten und größten Tourenmaschinen überhaupt: die Z 1300 mit 1277 cm^3, sechs wassergekühlten Zylindern in einer querstehenden Reihe, zwei obenliegenden Nockenwellen und Kardanantrieb. Als Gegenwert für diese große Sechszylindermaschine wurden 12 228 DM verlangt. Ein bekannter Motorradliebhaber meinte dazu trocken, dieses Motorrad könnte wohl mit einem Mercedes auf zwei Rädern verglichen werden.

Kawasaki in Grün

Millionen Rennbesucher und Fernsehzuschauer wissen, daß die schnellen Kawasaki-Rennmaschinen von Anton Mang immer grün waren. Als das Werk Ende 1982 mit der Z 1000 R auf den Markt kam, wurde auch diese vierzylindrige Doppelnockenwellen-Rennsportmaschine mit 998 cm^3 und 107 PS (in Deutschland 100 PS) in dieser Farbe vorgestellt. Zweifellos eine rassige Fünfgangmaschine mit einer Spitze von rund 225 km/h. Wer jedoch ein Motorrad mit Turbolader bevorzugte, dem konnte Kawasaki auch eine luftgekühlte vierzylindrige 738-cm^3-DOHC-Ausführung, die Z 750 Turbo, anbieten.

Kawasaki in Grün . . . so sahen die Maschinen auch 1982 beim großen französischen 24-Stunden-Rennen Bol d'Or aus, mit denen die französischen Langstreckenmannschaften Lafond–Guilleux–Igoa und Chemnarin–Cornu–Pellandini nach harten Kämpfen mit der japanischen Konkurrenz von Honda und Suzuki die beiden ersten Plätze belegten. Mit ihren grünen Kawasakis konnten die letzteren auch die Weltmeisterschaft auf der südfranzösischen Rennstrecke Paul Ricard erringen. Geleitet wurde das siegreiche Kawasaki-„Performance-Team" von Sergé Rosset.

Große Modellvielfalt

Bei japanischen Motorradwerken, und das betrifft nicht nur Kawasaki, hat man oft den Eindruck, als ginge es riesigen Konstruktionsabteilungen vor allem darum, die Produktion mit möglichst vielen neuen Modellen zu füttern. Selbstverständlich ist das nicht der Fall – doch fragt man sich immer wieder, ob eine so große Zahl von Modellen wirklich richtig und „gesund" ist – für den Hersteller, den Händler und den Kunden.

An neuen Motorrädern hat es auch in den letzten Jahren bei Kawasaki nicht gefehlt. So erschien 1982 die einzylindrige KL 500, eine wassergekühlte „Enduro" von 560 cm^3. Die große Z 1300 wurde mit 24 Ventilen in ihrem Sechszylindermotor ausgestattet und die Z 1000 R sowie die vierzylindrige GP Z 750 verbessert. Andere Kawasakis erhielten statt des Kettenantriebs zum Hinterrad Zahnriemen- oder Kardanantrieb. Es war ein ziemlich langer Weg von den seinerzeitigen grünen Dreizylinder-Zweitaktern zu den neuen Maschinen. Da gibt es zahlreiche weitere Enduros, Chopper, Turbos und auch Modelle, die nur in bestimmte Länder – vornehmlich in die USA – geliefert werden.

Obwohl der Motorradbau im gesamten Kawasaki-Konzern keine herausragende Rolle spielt, schufen erfahrene Konstrukteure im Laufe der Jahre zahlreiche hervorragende Motorräder bester Qualität und Ausführung. So ist es erklärlich, daß trotz stärkster Konkurrenz der Name Kawasaki in vielen Ländern bei Motorradliebhabern in hohem Ansehen steht.

Professor Bernhardts Indian-Kopie: Mabeco

Ihre Ähnlichkeit mit der seinerzeit weltberühmten amerikanischen Indian-„Scout" konnte die von 1923 bis 1927 in Berlin gebaute Mabeco nie verleugnen. Auch wenn sie vorerst grün und nicht „Indian-rot" war. Diese Farbe erhielt die Macebo erst später, als sich Mabeco-Chef Professor Max Bernhardt zu sicher fühlte und die Firma Indian in Springfield so reizte, daß sie endlich zum Kadi ging, um den in diesem Fall nicht ganz weisen Professor in seine Schranken zu weisen. Schließlich hätte es ja noch mehr Unternehmen geben können, die sich eine bewährte Konstruktion nachzeichnen und nachbauen ließen. Bei Indian taten dies ja auch damals schon die Japaner.

Motoren von Siemens & Halske

In den zwanziger Jahren war Berlin ein Zentrum der Hersteller von Zweitaktmotoren und Motorrädern. Professor Bernhardt ging zunächst eigene Wege, seine seitengesteuerten V-Zweizylindermaschinen mit 599 cm^3 Hubraum (Bohrung/Hub 70/78 mm) waren von der erwähnten Indian-„Scout" kaum zu unterscheiden.

Gebaut wurden die Motoren allerdings nicht von Mabeco (Max Bernhardt & Co.) in Berlin NO 55, Prenzlauer Allee 36 (jetzt Ostberlin), sondern von der Firma Siemens & Halske in derselben Stadt. Man munkelte sogar, daß alles von diesem großen Unternehmen finanziert und der Herr Professor Max Bernhardt nur als „Paradepferd" Mabeco vorstand.

Fast könnte der Eindruck entstehen, daß der Urberliner Professor bald nach dem Erscheinen der ersten Mabeco nicht nur etwas Angst bekam, sondern plötzlich auch von dem Berliner Zweitakterbazillus erfaßt wurde. Das begann schon Ende 1923, als italienische Garelli-Doppelkolben-Einzylinder-Zweitakter von 348 cm^3 fast alle Grand-Prix-Rennen in Europa und auch die großen Straßenrennen in Swinemünde gewannen und damit die Überlegenheit dieser Konstruktion bewiesen.

Die erwähnte Angst stand im Zusammenhang mit seinen Viertaktern, die ohne Einverständnis oder Lizenz von Indian gebaut wurden. Darüber schienen die Amerikaner nicht gerade erfreut. So wollte sich der Professor bei Garelli für alle Fälle absichern. Er verhandelte nicht nur wegen einer Garelli-Lizenz, sondern baute bereits in seinem Werk mehrere der Garelli ähnliche 348-cm^3-Rennzweitakter, für deren Entwicklung der italienische Rennfahrer Antonio Sbaiz verantwortlich zeichnete. Als der dann 1924 eine Mabeco-Garelli auf der Avus steuerte, handelte es sich – nach „berühmten Vorbildern" – in Wirklichkeit um eine Garelli-Werksrennmaschine mit einem Mabeco-Abziehbild am Tank. Allerdings gab es dann noch einige Prototypen, die tatsächlich in Berlin hergestellt wurden. In eine Serienproduktion gingen diese Mabeco-Garellis jedoch nie, so daß auch Angaben über sie im offiziellen Mabeco-Katalog fehlen. Sbaiz weilte 1924 längere Zeit bei Mabeco in der Prenzlauer Allee 36, wo er sich um die Entwicklung neuer Zweitakter bemühte. Warum diese nie in eine Serienfertigung gingen, ist und bleibt wohl ein Geheimnis.

Berliner Motorradfamilie

In Berlin gewann man damals den Eindruck, als gehörten viele Motorradhersteller zu einer Familie. Man befehdete sich nicht bis aufs Blut, sondern half untereinander aus, wenn irgendwelche Teile dringend benötigt wurden, man gab auch zur Kosteneinsparung gemeinsam Bestellungen auf. So kam es auch, daß die Brüder Hermann und Heinrich Rossner, die in Zeitz (jetzt DDR) eine große Mühle besaßen und in Berlin Roconova-Zweitaktmaschinen herstellten, auch mit dem Herrn Professor Max Bernhardt geschäftlich und sportlich verbunden waren. Sie fuhren die ersten Mabecos in Rennen, und als man später die Mabeco-Garellis veräußerte, erwarben sie mehrere dieser Versuchs- und Prototypen. Eine besaß auch Gustav Dierks, der einst bekannte „Vater der Eilenriede" in Hannover.

Bei Rossners war auch der tüchtige Johannes Rössig, Schöpfer der ohc-Roconova-Motorräder und erfolgreicher Rennfahrer, tätig – auch ein Beweis dafür, daß damals oft eine enge Zusammenarbeit herrschte, wo man – heute – einen scharfen Konkurrenzkampf er-

Der Indian ähnlich und mit ihr fast identisch waren die seitengesteuerten V-Zweizylinder mit 596 und 749 cm^3 Hubraum von Mabeco, auch wenn sie im Laufe der von 1923 bis 1927 dauernden Produktionszeit weiterentwickelt wurden.

Ing. Curt Weichelt entwickelte schon 1924 die ersten obengesteuerten 749-cm^3-Mabeco-Rennmaschinen, von denen es auch einige 996-cm^3-Versionen gab. Sie waren nicht im Firmenkatalog enthalten und wurden in der Versuchsabteilung einzeln gebaut. Daher gab es auch wesentliche Unterschiede zwischen den einzelnen Maschinen.

warten würde. Die Rossners bauten aber nicht nur die Roconova, sie besaßen auch eine Motorradhandlung in Berlin, die u. a. auch Mabecos führte. Angeblich sollen sie sogar mit Kapital am Mabeco-Werk von Professor Bernhardt beteiligt gewesen sein, eine kaum noch kontrollierbare und mit Vorsicht aufzunehmende Behauptung, zumal andere Stellen die Firma Siemens & Halske als das „Co." bei Max Bernhardt & Co. bezeichneten.

Daß die Rossners mit der Mabeco erfolgreich Rennen bestritten, geht auch aus der Tatsache hervor, daß Hermann Rossner bereits 1923 bei der Österreichischen Tourist Trophy den zweiten Platz in der Klasse über 500 cm^3 mit einer 599-cm^3-Mabeco hinter Lucky Schmidt auf einer 996-cm^3-Harley-Davidson belegte.

Bemerkenswert auch die Rolle von Ing. Curt Weichelt, der aus Swinemünde stammte und jahrelang mit dem in Berlin-Spandau gebauten D-Rad zu tun hatte, aber auch eine enge technische Verbindung zu Mabeco besaß. Er war es dann auch, der ab 1924 die obengesteuerten (teilweise achtventiligen) V-Zweizylinder-Rennmaschinen von 746 und 996 cm^3 für Mabeco entwickelte, obwohl serienmäßig hier nur seitengesteuerte 746-cm^3-V-Zweizylinder außer den erwähnten Indian-ähnlichen 599-cm^3-Versionen entstanden.

Beide Modelle waren bis auf den Hubraum fast identisch. Für den Seitenwagenbetrieb wurde die größere 746er Mabeco in den Jahren von 1925–1927 bevorzugt. Beide hatten Dreigang-Blockmotoren, Doppelschleifrahmen, untereinander auswechselbare Räder und gezogene Kurzschwingen vorn mit beiderseitigen Blattfedern. Obwohl seitengesteuert, wurden sie bald auch bei Rennen eingesetzt, besonders über längere Distanzen, hauptsächlich wegen ihrer robusten und guten Konstruktion und ihrer Zuverlässigkeit. Die ersten Maschinen hatten einen grünen Tank, der später aber das „Indian-Rot" aufwies. Dieses Rot war es wohl, das die Amerikaner besonders reizte. Die Indian-Direktoren protestierten nicht nur, sie gingen auch vor Gericht, um den Herrn Professor wegen des unlizenzierten Nachbaues der Indian-„Scout" zu verklagen.

Das direkte Ergebnis des Gerichtsverfahrens waren das „Ausscheiden" des Professors Bernhardt aus der Firma Max Bernhardt & Co. und eine Namensänderung des Unternehmens, das nunmehr als Mabeco GmbH firmierte, aber inoffiziell weiterhin von Professor Bernhardt mit Hilfe des Motorenherstellers Siemens & Halske geleitet wurde. Die mehrfachen Versuche, sich vom Indian-Vorbild ganz zu lösen, schlugen aber fehl, Ende 1927 ging es dann doch nicht mehr weiter. Mabeco in Berlin mußte die Tore schließen. Aus dem Motorradbau schied Professor Bernhardt ebenso wie die große Firma Siemens & Halske für immer aus – aus technischen Gründen zu bedauern.

Wenn schnell, dann „Superior"

Der gute Professor Bernhardt scheute sich auch nicht, das renommierte Wort „Superior" der englischen Brough-Superior-Maschinen für seine schnelleren Modelle zu akzeptieren. Wenn seine 348-cm^3-Mabeco-Garelli und die größeren obengesteuerten V-Zweizylindermaschinen das Ziel vor der Konkurrenz durchfuhren, stand neben dem Mabeco dieses „Superior". Daß George Brough, der englische Hersteller der Brough-Superior, damit einverstanden war, blieb zu bezweifeln. Um derartige „Nebensächlichkeiten" kümmerte sich Professor Bernhardt herzlich wenig – bis es 1927 eben wegen dieser Freizügigkeit zum Ende für Mabeco kam.

Bei den bereits erwähnten, von Ing. Curt Weichelt konstruierten Rennmaschinen mit obengesteuerten V-Zweizylinder-Motoren von 776 und 996 cm^3 handelte es sich fast ausschließlich um Prototypen, die zum Teil bald von Privatfahrern erworben und aufgrund eigener Erkenntnisse und Erfahrungen weiterentwickelt wurden. So kam es, daß kaum zwei dieser Maschinen einander völlig glichen und identische Leistungen aufwiesen. Gelegentlich wurden auch Motoren ausgetauscht.

Die ersten dieser ohv-V-Zweizylinder wurden in etwas veränderte Fahrwerke der serienmäßigen seitengesteuerten V-Zweizylinder eingebaut, während spätere Versionen bereits mit modernen Satteltanks und besseren Fahrgestellen hergestellt wurden. Insgesamt soll es nur rund 20 derartig große ohv-Motoren bei Mabeco gegeben haben, von denen einige an rennfahrende Mabeco-Händler zum Einbau in vorhandene Rahmen geliefert wurden. Es blieb dann dem betreffenden Fahrer überlassen, wie seine Rennmaschine letztendlich aussah. Eine richtige Rennabteilung gab es in der Prenzlauer Allee nicht. Die ohv-Motoren wurden als Einzelstücke in der Mabeco-Entwicklungsabteilung angefertigt, auch wenn z. B. Zylinder, Zylinderköpfe, Kurbelgehäuse usw. nicht einzeln hergestellt wurden. Ein Vergleich mit modernen Rennabteilungen, wie sie beispielsweise bei Honda, Yamaha und Suzuki bestehen, ist unmöglich.

Direkte und indirekte Mabeco-Werksfahrer

gab es viele. Oft waren es, wie erwähnt, Händler oder Vertreter, denen Motoren zur Verfügung gestellt wurden. In anderen Fällen gab es auch Erfolgsprämien, oder es wurden Maschinen und gute Rennmonteure zur Verfügung gestellt. Selbst bei den obengesteuerten Mabeco-Rennmaschinen ließ sich ihre Abstammung nie ganz verleugnen, zumal die damaligen wirtschaftlichen Verhältnisse echte Neukonstruktionen wohl auch kaum möglich machten. So blieb der Name Mabeco immer irgendiwe mit den roten Indians verknüpft.

Bekannte Rennfahrer

Zahlreiche Rennfahrer waren damals auf Mabeco-Maschinen anzutreffen, auch große deutsche wie Karl Stegmann aus Neu-Ölsnitz, der bald Werksfahrer bei DKW und BMW wurde, oder die genannten Brüder Rossner, die jahrelang zu den führenden deutschen Rennfahrern gehörten. Sehr gut auch der Berliner Mabeco-Händler Hans Friedrich und sein vielseitiger Landsmann Erich Tennigkeit, der in seiner Laufbahn auch zahlreiche andere Maschinen wie D-Rad, Windhoff, AJS, Rudge, NSU, Indus-JAP und andere fuhr.

Bekannte Mabeco-Fahrer waren auch der Berliner Gustav Gubela und Heinrich Erhardt, der Großindustrielle aus Zella-Mehlis, der auch die Erhardt- und Pluto-Automobile baute und gelegentlich Rennen als Hobby bestritt. Gerüchte wollten wissen, daß auch er finanziell bei Mabeco beteiligt war. Paul Kozal war dagegen ein Charlottenburger Motorradhändler, der u. a. 1925 auf der Avus die 750er-Klasse auf seiner Mabeco gewann.

Die Avus, nicht weit vom Werk gelegen, war natürlich ein Treffpunkt und Tummelplatz für die zahlreichen Mabeco-Liebhaber, zu denen auch Peter Birnholz, Konrad Reisdorf, André Klein und Franz Heck, der Sohn des Berliner Zoodirektors, mit seiner weißen Lederhose gehörten.

Die Mabeco war einfach Modesache in den mittleren zwanziger Jahren. Heute würde man sagen, sie war „in". Wer etwas auf sich hielt und es sich leisten konnte, fuhr Mabeco. Solide Männer mit Motorrad-Taxis, aber auch junge Herren mit großzügigen Vätern.

Zu diesen kam auch eine fabelhafte junge Dame, die wirklich aus purer Begeisterung Rennen und Zuverlässigkeitsfahrten bestritt und diese oft auch gewann: Hanni Köhler. Die berühmte Berliner Rennfahrerin und nachherige Freifrau von Skal auf Schloß Ellguth fuhr ihre große 746-cm³-Mabeco auch solo, ohne Seitenwagen, und absolvierte mit ihr u. a. die Internationale Fünfländerfahrt erfolgreich.

Wer noch auf Mabeco Rennen bestritt? U. a. Kölns draufgängerischer Fahrer und bekannter Operntenor Harry Herzogenrath. Als dann 1926 die große 998-cm³-ohv-Maschinen mit acht Ventilen entstanden, wurden sie auf der

Eine der letzten Mabeco-Rennmaschinen, die es mit 749 und 996 cm³ gab, teilweise auch mit kopfgesteuerten Achtventil-Motoren. Nur wenige dieser schnellen Motorräder wurden 1925/26 gebaut.

Avus von Konrad Reisdorf, Erich Tennigkeit, Robert Arndt und Adolf Kornmann, dem Karlsruher Hersteller der Superia-Motorräder, gesteuert. Kornmann gewann vor Tennigkeit. Die amerikanischen und englischen „Tausender" blieben im geschlagenen Feld.

Aushängeschild für Berlin

Die Mabeco war ein gutes Aushängeschild für die frühere Reichshauptstadt. Ihr repräsentatives Aussehen, ihre Sporterfolge und ihre Zuverlässigkeit hatten sie bald beliebt gemacht und ihr ein hohes Ansehen vermittelt. Um so bedauerlicher, daß sie mehr oder weniger ein Opfer der unklugen Praktiken des Professors Max Bernhardt wurde. Schließlich war Deutschland gar nicht arm an fähigen Konstrukteuren, die mit entsprechenden Mitteln sicherlich auch gute Motorräder ohne die amerikanische Inspiration geschaffen hätten. Wobei zugegeben werden muß, daß die Indian-„Scout" ein wirklich erstklassiges Vorbild, eine der besten Maschinen ihrer Zeit war.

Damals begann in Deutschland die Wirtschaftskrise, und bei Siemens & Halske hatte man durch den Zusammenbruch der zur Firma gehörenden Protos-Autofabrik auch so ziemlich „die Nase voll". Wohl war ihr das Autowerk NAG geblieben, doch alle Kraftfahrzeugfabriken hatten es damals schwer. Um so leichter fiel der Beschluß, sich auch aus dem Motorradbau zurückzuziehen, zumal von Mabeco nur verhältnismäßig teure Modelle auf den Markt kamen – zu einer Zeit, als die meisten Motorradkäufer bestenfalls das Geld für eine billige Maschine bis 200 cm^3 aufbrachten, die damals steuer- und führerscheinfrei war. So verschwanden sie alle – die schönen Mabecos und ihr ideenreicher Professor Max Bernhardt, von der Motorradszene.

Erst Rennfahrer, dann Hersteller der Martin

Harry Martin war ein bekannter und solider Motorradrennfahrer bei den Excelsior-Werken in Coventry/England, als er sich 1909 entschloß, mit wenig Eigenkapital eine neue Motorradfabrik in Croydon bei London, Vicarage Road, ins Leben zu rufen. Das fehlende Geld stellte A. G. Miller zur Verfügung, ein junger und begüterter Sportsmann, der Autorennen bestritt. Nun war es damals kein großes Problem, Motorräder herzustellen. Motoren, Ge-

Technik ist Fortschritt. Interessant, diese 1912 gebaute Martin-Rekordmaschine mit dem obengesteuerten JAP-Einzylindermotor mit modernen Rennmaschinen zu vergleichen. Für ca. 60 Pfund Sterling konnte jeder Enthusiast eine solche Rennmaschine erwerben.

Das war Harry Martin: Rennfahrer, Rekordbrecher und Motorradhersteller. Bevor er Motorräder baute, war er bei Excelsior tätig – und auch wieder ab 1923, als seine Fabrik die Tore schließen mußte.

Bei den ersten ohv-Motoren von JAP hingen die Ventile senkrecht nebeneinander im Zylinderkopf. Dies war auch bei der „Brooklands"-Martin-JAP-Rennmaschine von 1912 der Fall.

triebe, Vergaser usw. konnten leicht von Spezialfirmen bezogen werden, man brauchte eigentlich nur Montageplätze einzurichten. So bezog Martin die ersten Triebwerke von der Firma Precision, bald aber auch solche von der naheliegenden Firma J. A. Prestwich & Co., dem Hersteller der damals bereits bekannten JAP-Einbaumotoren.

Wichtig war ein großzügig angelegtes Verkaufslokal. Die Cars & Motor Sundries, Ltd. – so hieß der Hersteller der Martin-Motorräder – richtete es im Zentrum Londons in der Shaftsbury Avenue 175–7 ein. Böse Zungen behaupteten, es wäre größer gewesen als die Fabrik in Croydon. Tatsache ist, daß Harry Martin für die damalige Zeit schöne und zugleich gute Motorräder baute. Mit ihnen gewann er zahlreiche Rennen und Zuverlässigkeitsfahrten. Auch A. G. Miller fuhr sie bei Wettbewerben. Zweifellos war Martin, der mehrfach Bestzeiten bei Rennen fuhr und bei der Firmengründung schon zwölf Jahre mit Motorrädern engste Kontakte hatte, einer der erfahrensten Männer Englands in der Konstruktion und im Bau von Motorrädern. Er hatte auch nicht ein luxuriöses Büro, in dem er seine Zeit verbrachte, sondern arbeitete in der Montagehalle beim Zusammenbau seiner Maschinen mit.

Seine Fabrik, die später in die Scrubbs Lane in Willesden bei London – jetzt ein Londoner Bezirk – verlegt wurde, sollte man nicht mit der späteren Firma „Martin-JAP" verwechseln, die von der Mitte der dreißiger Jahre bis in die fünfziger Jahre ausschließlich Speedway-(Dirt-Track-)Maschinen für Bahnrennen mit ohv-JAP-Motoren von 347 und 498 cm^3 erstellte. Es gab Zeiten, in denen wohl 80 bis 90 Prozent aller Bahnrennfahrer sie steuerten.

Schon früh interessante Modelle

Vor dem Ersten Weltkrieg bestand die Martinsche Modellreihe aus einer billigen seitengesteuerten Einzylinder von 346 cm^3 mit direk-

Vor 1914 wurden ohv-Motoren oft mißtrauisch angesehen. Man zog es vor, lange Rennen mit seitengesteuerten Motoren zu bestreiten. Bemerkenswert bei dieser Martin-JAP-„TT"-Rennmaschine von 1913 die tiefgezogene Lenkstange.

Für Nicht-Rennfahrer entstand bei Martin das Modell „B" mit 484-cm³-Einzylindermotor, der bei 85,5 mm Bohrung einen Hub von 85 mm hatte. Dagegen wiesen die „heißeren" JAP-Versionen 90 mm Bohrung und 77,5 mm Hub auf.

tem Riemenantrieb zum Hinterrad, die 42 Guineas kostete (eine Guinea hatte 21 Shillinge, ein Pfund Sterling dagegen nur 20). Das Modell „B" war komfortabler ausgerüstet, es hatte eine bessere Gabel und Lenkstange sowie ein stufenloses Getriebe, das Übersetzungen von 3¾ bis zu 5:1 ermöglichte. 46 Guineas mußte man für diese Maschine auf den Tisch legen, allerdings hatte ihr Motor auch einen Hubraum von 484 cm^3. Das dritte Modell „Standard TT" besaß einen JAP-Kurzhubmotor von 493 cm^3 (Bohrung/Hub 90/77,5 mm), ebenfalls mit seitengesteuerten Ventilen. Der Preis für dieses Motorrad, das tiefgezogene Schutzbleche und einen ungewöhnlich tiefliegenden Lenker aufwies, betrug 50 Guineas. Für ausgesprochene Geschwindigkeitswettbewerbe konzipiert war das Modell „4 hp Brooklands Tourist Trophy" mit gleichen Motorabmessungen, aber obengesteuerten Ventilen, die senkrecht nebeneinander im Zylinderkopf angeordnet waren – wohl ein Zeichen dafür, daß man sich auch bei JAP nicht allzu sehr mit den Strömungsverhältnissen im Brennraum befaßt hatte. Diese Maschine hatte die Bereifung 26 x 2½ Zoll – bei den damaligen Straßenverhältnissen und einer wenig wirksamen Vorderradfederung sicher keine reine Freude für den Fahrer. 55 Guineas war der Preis für dieses Martin-Modell „D".

Außerdem gab es vor 1914 zwei seitengesteuerte V-Zweizylinder von Martin: die Modelle „E" mit 770 und „F" mit 975 cm^3, bei denen außer den Abmessungen der Motoren (Bohrung/Hub 76/85 bzw. 85,5/85 mm) keine konstruktiven Unterschiede bestanden.

Sechs Weltrekorde an einem Tag

Am 12. August 1912 brach Harry Martin mit seiner obengesteuerten 498-cm³-Martin-JAP sechs Weltrekorde auf der damaligen Canning-Town-Fahrradrennbahn. Nur auf Bestellung und auf Wunsch nach eigenen Angaben gebaut, lieferte er ein obengesteuertes Einzylinder-„Rekordmodell", das zwecks Gewichts-

Zwei große seitengesteuerte V-Zweizylinder mit JAP-Motoren von 770 bzw. 975 cm³ Hubraum rundeten das Programm der Firma Martin vor 1914 ab. Bis auf die Motorenabmessungen waren sie fast identisch.

einsparung weder eine Vorderradfederung noch einen richtigen Sattel besaß. Kaum vorstellbar, welche körperlichen Strapazen damals Rennfahrer auf sich nahmen, nur um einige Gramm „totes" Gewicht zu ersparen und dadurch die Beschleunigung zu verbessern. Das sieht heute im Zeichen moderner Cantilever-Federungen doch anders aus – auch wenn man bedenkt, daß moderne 498-cm³-Rennzweitakter rund dreimal so schnell sind wie die obengesteuerten Rennmaschinen von 1912 oder 1914.

Zurück zur Excelsior

Nach dem Ersten Weltkrieg wurde die Firma Martin reorganisiert. Der frühere Geldgeber A. G. Miller gründete ein Unternehmen gleichen Namens im alten Nordlondoner Werk in Willesden, nicht weit entfernt von der Firma JAP, von der er nach wie vor die Motoren bezog. Gebaut wurden nur zwei Grundmodelle, eine seitengesteuerte 293-cm³-Einzylinder und eine 498-cm³-V-Zweizylinder, ebenfalls seitengesteuert. Daneben stellte man für die englische TT auf der Insel Man drei Maschinen mit seitengesteuerten Motoren her. Harry Martin, A. G. Miller und Tom Eve fuhren sie, jedoch ohne besonderen Erfolg. Harry Martin kam mit einer 248-cm³-Martin-JAP auf Platz 12 in der Lightweight, die gleichzeitig mit der Junior-TT ausgetragen wurde, und nahm in der Gesamtwertung der Junior-TT nur den 36. Platz ein. Mit einem 347-cm³-Modell wurde A. G. Miller siebzehnter, während die dritte Martin-JAP, von Tom Eve gesteuert, ausschied.

Bald darauf stellte das Unternehmen die Produktion ein. Harry Martin kehrte dorthin zurück, von wo er kam und wo er noch lange nach dem Zweiten Weltkrieg, das heißt nach 1945, bis fast zu seinem 80. Lebensjahr tätig war: zu Excelsior, das allerdings nicht mehr in Coventry, sondern in Tyseley (Birmingham) seine bekannten Motorräder baute.

Sieben Firmen-Zusammenbrüche wegen der
Militor

Motorräder mit Vierzylinder-Motoren sind fast so alt wie die Bezeichnung Motorrad. 1894 stellten Hildebrand und Wolfmüller die ersten in Serie gebauten Motorräder her, 1897 war es der Colonel Holden, der ebenfalls serienmäßig gebaute Vierzylinder-Maschinen anbot. Andere Fabriken folgten seinem Beispiel, darunter Dürkopp, FN, Laurin & Klement, Henderson, Cleveland, Pierce-Arrow, Garabello, Hess, Hulbert-Bramley, Superb-Four, Binks, Nimbus, Wilkinson-TMC, Indian, ACE, Windhoff, Puch, BMW, Galbusera, Brough-Superior, McEvoy, Honda, Motobécane, Benelli, Moto Guzzi, Gilera, MV Agusta, Jawa, CZ, Suzuki, Kawasaki, Yamaha, NSU, Egli, Moko, Fischer, HSM, Magni, Jung, Rickman, Moko, Rondine, Opra, Matchless, AJS, Vauxhall, Train, MAT, Ariel, Chaise, Dollar, Zündapp, Majestic, Evart-Hall und andere mehr. Oft waren es nie in Serie gegangene Prototypen oder nur unverkäufliche, ausgesprochene Rennmaschinen.

Im Laufe der Jahre wurden Motorräder mit noch mehr Zylindern geschaffen, wie die Megola mit fünf, Honda und MV Agusta mit sechs, Motosacoche mit sieben oder Moto Guzzi mit acht Zylindern, nur um einige dieser Multis zu nennen. Von technischen „Auswüchsen" wie der Koppelung mehrzylindriger Hochleistungsmotoren für Rekordzwecke gar nicht zu sprechen.

Hersteller contra Techniker

Man kann Motorräder unter zwei verschiedenen Gesichtspunkten betrachten. Techniker sind ausschließlich an der Konstruktion, der Ausführung und der erzielten Leistung interessiert. Ihnen gegenüber stehen die Produzenten, Banken und Geschäftsleute, die den

Vorläufer der vierzylindrigen „Militor" war die 1912 entstandene einzylindrige „Militaire" von 4 PS. Sie sah so unorthodox aus, daß der Vergleich mit einem „richtigen" konventionellen Motorrad kaum möglich war.

Technikern auf verschiedene Weise die Mittel zur Verwirklichung ihrer Konstruktionsideen geben müssen.

Die Story der sensationellen amerikanischen „Militor"-Vierzylinder-Maschine beweist, was geschehen kann, wenn Ingenieure und Kaufleute zwei verschiedene Sprachen sprechen. Anders gesagt: wenn unerfahrene Menschen einem Ideal nachlaufen, das nur theoretisch, aber nicht in der Praxis zu verwirklichen ist.

Im Falle der „Militor" standen auf der einen Seite die zähen Techniker, die alles daran setzten, das nach ihrer Meinung bestmögliche Motorrad herzustellen, und auf der anderen Seite die Produzenten, die nicht warten wollten oder konnten, bis diese unorthodoxe Konstruktion reif für die Produktion war. Immer wieder wurden diese Maschinen vorzeitig dem Verkauf übergeben, obwohl nur ein Versuchsmodell zur Verfügung stand, und angeboten, als eine der Herstellerfirmen schon vor dem Bankrott stand. Schließlich gelangte eine kleine Stückzahl doch noch an ahnungslose Kunden, die ausnahmslos so enttäuscht waren, daß sie die Maschinen unter großen Verlusten dem Hersteller wieder zur Verfügung stellten.

Tragödie oder Skandal?

Der Fall „Militor" war keine Tragödie – es war ein Skandal! Die Unerfahrenheit von Firmen, die zum Großteil neu in der Motorradbranche waren, brachte nicht nur zahlreiche Aktionäre um ihr Geld, sondern tötete auch eine Motorradkonstruktion, die – vom technischen Standpunkt der damaligen Zeit gesehen – das Existierende weit überragte.

Die „Militor" war eine Weiterentwicklung der schon 1915 von der Militaire Motor Vehicle Co. in Buffalo, N.Y., hergestellten „Militaire". Bereits 1912 schuf diese Firma eine unorthodoxe Einzylinder mit einem Autochassis-ähnlichen Fahrgestell und einem Lenkrad anstelle des Lenkers. Als diese Maschine keinen Anklang fand, baute man in das verstärkte und komplizierte Fahrwerk einen luftgekühlten Vierzylinder-Reihenmotor ein, um die Kunden mit einer hohen Leistung zu beeindrucken. William Henderson, der Schöpfer der berühmten Henderson „4", errang mit seiner Konstruktion beachtliche Erfolge, und deshalb glaubte man bei Militaire, mit einer noch größeren und robusteren „4" die Konkurrenz übertrumpfen zu können. In Wirklichkeit war sie ein Versager: der Motor war unzuverlässig, das verwendete Material für verschiedene Teile ungeeignet und der Preis zu hoch. Zwei Jahre später geriet Militaire in Konkurs.

Produzent Nr. 2 – und weitere

Was übrig blieb, wurde von einer neuen Firma, der Militor Corporation in Jersey City, New Jersey, aufgekauft. Sie übernahm vorhandene Teile und auch frühere Techniker von Militaire, die sofort die Konstruktion umarbeiteten. Anfang 1918 wurden einige dieser – nunmehr „Militor" genannten Maschinen – nach Frankreich zur Armee des amerikanischen Generals Pershing gesandt, um an der Westfront ausprobiert zu werden. Davon erhoffte sich die Firma einen großen Auftrag für die Armee. Berichte fehlen, wie sich die „Militor"-Vierzylinder bewährten. Fest steht jedoch, daß vom Kriegsministerium kein Auftrag einging, und das bedeutete das Ende der Fabrik, Zusammenbruch Nr. 2.

Die Bilder zeigen besser als Worte die interessante, dem Autobau nachempfundene Konstruktion der „Militor": den aus zwei Längsträgern bestehenden Rahmen, den obengesteuerten, luftgekühlten Vierzylinder-Reihenmotor von 1115 cm^3, das kugelgeschaltete Getriebe mit drei Vorwärtsgängen und einem Rückwärtsgang, den Wellenantrieb zum blattgefederten Hinterrad, die Vorderradfederung ähnlich wie bei der „Ner-a-car" mit in der Hauptgabel untergebrachten Spiralfedern, die nach „Militor"-Patenten gebaute Vorderradaufhängung, die als Stoßdämpfer wirkte, die nicht unähnliche, durch viertelelliptische Blattfedern getragene Hinterradachse, die doppelten Gelenke der Kardanwelle, die Verbindung des Sattels mit der Heckpartie des Motorrades. Das Hinterradschutzblech war geteilt und konnte zum Hinterradausbau nach dem Lösen von vier Schrauben leicht abgenommen werden. Beide Laufräder hatten die damals im Autobau populären Holzspeichen! Eine Trockenscheibenkupplung mit 8 Zoll Durchmesser vermittelte die Kraftübertragung vom Motor zum Getriebe, eine Druck-Umlaufschmierung führte das Öl durch die Kurbelwelle den Lagern zu. Allerdings funktionierte dieses System nicht sehr gut, es gab viele Defekte durch Überhitzung. Wie bei ähnlichen Konstruktionen arbeiteten auch hier die hinteren Zylinder unter thermisch schlechten Bedingungen, und Kerzendefekte, gefressene Kolben usw. waren keine Seltenheit. Die Verwendung einer Zahnrad-Ölpumpe brachte keine Besserung: Zwar kam mehr Öl in Umlauf, aber auch mehr davon an die Kerzen!

Elektrische Beleuchtung

Die Zündung erfolgte durch einen Generator, doch konnte ein Magnet gegen Aufpreis geliefert werden. Beleuchtung und Horn funktio-

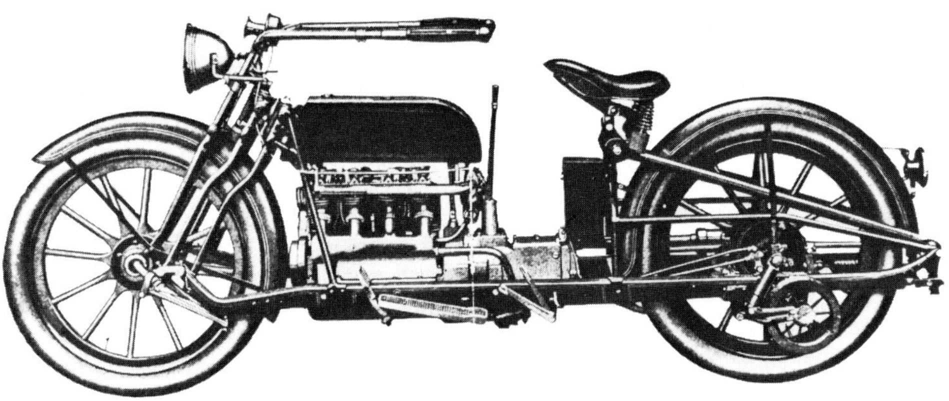

Die sagenhafte 1115-cm³-„Militor" („Militaire") des Jahres 1915 beruhte vornehmlich auf Erfahrungen aus dem Automobilbau. Deshalb der luftgekühlte Vierzylinder-Reihenblockmotor, das kastenförmige Fahrgestell mit der ungewöhnlichen Achsschenkellenkung, die Holzspeichenräder usw. Technisch sicher interessant, war diese aufwendige Konstruktion jedoch ein kommerzielles Debakel.

nierten bereits elektrisch. Drehgriffe wurden für die Gaszufuhr und die Zündverstellung verwendet und die Kupplung durch Fußhebel betätigt. Der Kraftstofftank faßte 15 Liter, das Ölreservoir 6 Liter. In Betrieb gesetzt wurde der Motor mit einem normalen Kickstarter. Interessant auch die hintere Abstützung des weit vor dem Sattel liegenden Kraftstofftanks und die Abfederung des Beiwagens, die mit der Abfederung der Maschine abgestimmt war.

Das Bestreben des Konstrukteurs, das Beste herzustellen, führte zur Verwendung der teuersten Materialien und Teile – eine Ambition, die sich gar nicht als sehr vorteilhaft erwies, denn das Teuerste ist nicht unbedingt auch das Geeignetste für einen speziellen Zweck. Davon konnten Besitzer einer „Militor" ein Lied singen. In Ausführung und Finish war sie zweifellos erstklassig – daß sie mehr als ein neuer Ford, Modell „T", kostete, sei nebenbei erwähnt.

1919 wechselte die Original-„Militaire", jetzt „Militor", zum dritten Mal ihre Heimat. Sie wurde von der Springfielder Firma „Knox Motors" aufgekauft und wanderte nunmehr ganz in die Nähe der ebenfalls in Springfield (Mass.) hergestellten Indian-Motorräder. Indian war damals der größte Motorradhersteller Amerikas. Dem Werk gegenüber auf der anderen Straßenseite etablierte sich nun die neue „Militor Motors Corporation".

Bei Indian sah man keinen Grund zur Beunruhigung. Bevor noch die erste in Springfield umkonstruierte und gebaute „Militor" die Verkaufsabteilung erreichte, befand sich auch die neue Firma schon in finanziellen Schwierigkeiten. Die „Sinclair Motors Corporation" kaufte, was bis dahin den Namen „Militor Motors Corporation" trug, für einen schönen Betrag vom Konkursverwalter.

Probleme ohne Ende

Die „Militor"-Schwierigkeiten waren nicht nur rein kommerzieller Art. In der Firma arbeiteten erfahrene Techniker, die früher in Automobilwerken in Detroit tätig gewesen waren und nunmehr einen ständigen Kampf mit den Firmeninhabern führen mußten, die immer wieder Maschinen auf den Markt bringen wollten, bevor sie völlig durchkonstruiert waren. Das wußten einige dieser Fachleute nur zu gut, die mit der Konstruktion noch von der ersten, der „Militaire"-Fabrik zur „Sinclair-Militor" gekommen waren. Ihre Argumente fanden bei den Direktoren kaum Gehör. So war es reiner Selbstmord, als man bei „Sinclair Motors Corporation" eine Serie von 5000 Maschinen vorbereitete, Vertreter in Amerika engagierte und dann, nachdem nur 20 Maschinen fertiggestellt waren, wegen technischer Probleme kapitulieren mußte. Zusammenbruch Nr. 4!

Pleite hier, Pleite dort . . .

. . . die „Militor" war trotzdem nicht tot! Sinclair gab nicht auf, nach fast einjährigem Dornröschenschlaf entstand 1921 die neue

„Sinclair Militor Corporation“ als Nachfolgefirma der „Sinclair Motors Corporation“, als Nachfolger von „Militor Motors Corporation“, als Nachfolger von „Militor Corporation“ und auch als Nachfolger der „Militaire Motor Vehicle Corporation“.

Der besondere Witz an der Sache war, daß die neue „Sinclair Militor Corporation“ die „Militor“ gar nicht selber baute. Für die Herstellung übergab sie die Lizenz an die „Bullard Machine Tools“-Fabrik in Bridgeport/Connecticut mit allen bereits existierenden Teilen und allen Fachleuten, die sich seit fast acht Jahren abplagten, diese unorthodoxe Maschine richtig zum Laufen zu bringen. Bullard baute auch nur etwa 20 komplette „Militor“-Motorräder – und bekam ebensoviele bald von den unzufriedenen Kunden zurück. Dies war das Ende . . . nicht der „unsterblichen“ Militor, sondern von „Sinclair Militor Corporation“.

Zwei Jahre später kaufte ein kleiner Motorradhändler in der Provinz die Reste: Teile, Werkzeuge, Maschinen, Zeichnungen usw. Er baute noch etwa 30 bis 40 Maschinen zusammen und verkaufte sie ganz billig. Insgesamt wurden ca. 100 „Militors“ hergestellt, und das in zehn Jahren!

Nicht weniger als sieben Firmen „brachen sich ihretwegen den Hals“. Es wäre für alle Beteiligten viel einfacher und bequemer gewesen, die riesigen Beträge, die sie dabei verloren, gleich direkt zum Fenster hinauszuwerfen. In diesem Fall hätte es allerdings nie eine „Militor“ gegeben und damit auch nicht die Möglichkeit, an einem Beispiel vor Augen zu führen, wie leicht es ist, infolge Unerfahrenheit, Leichtsinn und Gewinnsucht sein Geld durch eine schöne und interessante, aber nicht ausgereifte Motorradkonstruktion zu verlieren.

Weltrekorde am laufenden Band:
Die OEC-Story

Die Abkürzung OEC stand für die Firma Osborn Engineering Company, deren Gründer Frederick Osborn bald nach der Jahrhundertwende ein Motorrad mit einem „Automotor" von 4 PS schuf, der am Lenkkopf über dem Vorderrad angebracht war.

Eine „richtige" Motorradproduktion nahm 1920 ihren Anfang. Damals begannen Frederick Osborns Sohn John Osborn und Fred Wood in der früheren Flugzeugfabrik von „United Aircraft" in der Lees Lane zu Gosport (Hampshire, England) mit dem Serienbau von Motorrädern. Ihr Name „OEC-Blackburne" geht teilweise auf die bekannte Motorenfabrik Blackburne zurück, die damals die Herstellung kompletter Motorräder aufgab, um sich ganz dem Bau von Einbaumotoren für Motorräder, Dreiräder und Automobile zuzuwenden. Wobei anzumerken ist, daß an der Firma Burney & Blackburne neben den Brüdern Cecil und Gordon Burney der berühmte Flugmotorenkonstrukteur Geoffrey de Havilland in technischer Hinsicht maßgeblich beteiligt war.

Das Werk in Gosport war nicht groß, gebaut wurden aber im Laufe der Jahre hochinteressante Motorräder mit verschiedenen Einbaumotoren. Darunter auch Werksrennmaschinen, die in sechs Jahren zahlreiche nationale und internationale Rekorde aufstellten. Es war vor allem Fred Wood, der immer wieder mit ungewöhnlichen Konstruktionen überraschte. Sie waren oft unorthodox und in kommerzieller Hinsicht nicht immer erfolgreich.

Motorräder mit Lenkrad

Typisch war dafür eine 1923 entstandene Seitenwagenmaschine mit einem V-Zweizylinder-Blackburne-Motor von 996 cm³. Sie hatte statt einer Lenkstange – ein Lenkrad! Wohl deswegen, weil es sich um ein Motorrad-Taxi handelte, das für den Passagier eine geschlossene Karosserie vorsah. Eine richtige Lenkstange hätte wohl schwerlich Platz gehabt, so daß man mit dem verhältnismäßig kleinen Lenkrad auszukommen hoffte. Nur

An technischen Überraschungen mangelte es bei OEC nicht. Das bewies auch diese 996-cm³-V-Zweizylinder-Maschine mit Lenkrad und Taxi-Seitenwagen, die 1923 vorgestellt, aber nicht mit großer Begeisterung bei möglichen Kunden aufgenommen wurde.

1923 entstand die berühmteste aller OEC-Maschinen: diese zum Brechen von Rekorden bestimmte 996-cm³-V-Zweizylinderversion mit einem von British-Anzani gebauten Königswellenmotor.

wenige Maschinen wurden gebaut, doch lenkte diese ungewöhnliche Konstruktion bei der Londoner Motorradausstellung viel Aufmerksamkeit auf sich.

Nach kurzer Zeit nahm man sich mehr Freiheit und baute außer Motoren von Blackburne auch Triebwerke anderer Firmen ein. So kam man auch mit British-Anzani in London in Verbindung, wo es einen sehr tüchtigen, aus Belgien stammenden Konstrukteur namens Hubert Hagens gab, der bald einen 996-cm³-V-Zweizylinder-Königswellenmotor schuf, um mit diesem existierende Geschwindigkeitsre-

Zwei Männer, die den Namen OEC weltberühmt machten: auf der Maschine sitzend Rekordbrecher Claude Temple und im Bild rechts von ihm Hubert Hagens, nach England übergesiedelter Belgier und Motorenkonstrukteur bei British-Anzani.

Hubert Hagens entwickelte den 996-cm³-Rekordmotor bei British-Anzani von 1923 bis 1926. Hier eine der frühesten Versionen. OEC stellte dafür das Fahrwerk nach Angaben von Claude Temple her.

korde zu brechen und damit die Überlegenheit von British-Anzani gegenüber der Konkurrenz von JAP, Blackburne, Barr & Stroud, Bradshaw, MAG usw. zu beweisen.

Serienmäßig baute British-Anzani damals vornehmlich obengesteuerte V-Zweizylinder mit 996 cm³ und acht Ventilen sowie in geringerer Stückzahl auch obengesteuerte 497-cm³-Einzylinder mit vier Ventilen. Und während man bei OEC die Fahrwerke für die 996-cm³-Rekordmaschinen schuf, wurden bei den Serienmaschinen vorerst nur Blackburne-Motoren mit 346, 496, 770, 996 und 1096 cm³ eingebaut. Von den vielen anderen englischen Modellen der damaligen Zeit unterschieden sie sich nicht wesentlich, sieht man von der Form des Kraftstofftanks ab. Getriebe kamen von Burman und Moss, Vergaser von Amac und Binks, Reifen von Dunlop, Vorderradgabeln von Druid und Webb und die elektrische Ausrüstung von Lucas. Alles war typisch englisch, eingeschlossen die Sättel von Lycett und Terry und die Ölpumpen von Best & Lloyd.

Mitte der zwanziger Jahre kamen OEC-Atlanta-Modelle mit ohc-Einzylinder-Motoren von 346 und 496 cm³ hinzu, doch konnten sie bei sportlichen Wettbewerben keine größeren Erfolge erzielen. Trotz der Tatsache, daß ihre Königswellenmotoren von Douglas Marchant konstruiert, bei Blackburne hergestellt und nur von OEC verwendet wurden.

Viele neue Konstruktionen

OEC-Mitinhaber und Cheftechniker Fred Wood war immer voller Ideen. So konnte es nicht verwundern, daß man sich immer wieder auf eine Neukonstruktion warf – auch wenn keine so erfolgreich war wie die 996-cm³-V-Zweizylinder-Rekordmaschine, die von dem Londoner Motorradhändler, Rennfahrer und Techniker Claude Temple gesteuert wurde. Mit ihr war er stets schneller als die Konkurrenz. Seine Lieblingsrennstrecken waren Brooklands südlich von London in der Grafschaft Kent, Montlhéry sowie die französische

Fortsetzung Seite 99

Claude Temple in voller Fahrt. Mit der 996-cm³-OEC-Anzani (das war der offizielle Name) brach er zahlreiche Rekorde auch auf der früheren Brooklands-Radrennbahn südlich von London.

Claude Temple im Jahre 1923, als er auf der Brooklandsbahn einen neuen Geschwindigkeits-Weltrekord mit 175 km/h aufstellte. Er verbesserte ihn 1926 mit der weiterentwickelten OEC-Anzani auf der französischen Arpajon-Rekordstrecke auf 195 km/h – wieder neuer Weltrekord!

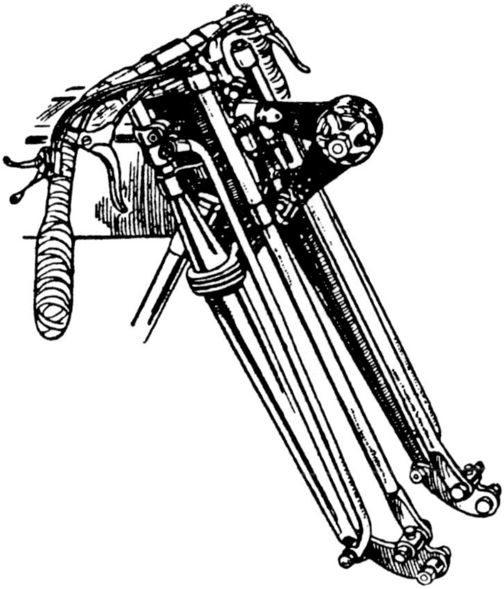

Die Vorderradgabel der von Temple gesteuerten Rekordmaschine konnte ihre Ähnlichkeit mit den damaligen Gabeln von Harley-Davidson nicht verleugnen.

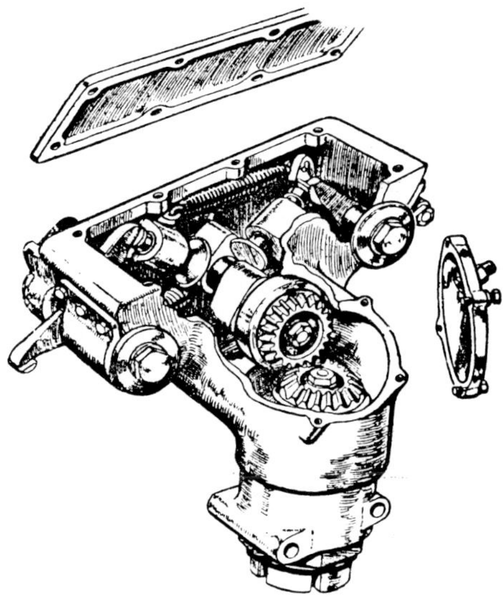

Ende der zwanziger Jahre noch sehr selten: die vollgekapselte Ventilbetätigung durch die obenliegende Nockenwelle der schnellen British-Anzani-Motoren.

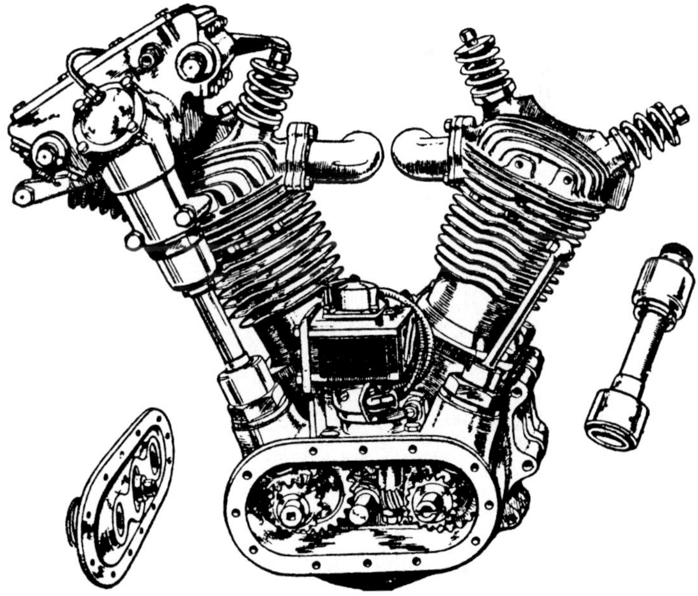

Das war der von Hubert Hagens konstruierte 996-cm³-V-Zweizylinder-Königswellenmotor von British-Anzani, der ausschließlich für OEC in nur wenigen Exemplaren gebaut wurde.

Serienmäßig stellte British-Anzani ab 1922 nur obengesteuerte 996-cm³-V-Zweizylindermotoren her – teilweise mit acht Ventilen.

Viele von OEC hergestellten Motorräder hatten Blackburne-Einbaumotoren – wie diese seitengesteuerte 1096-cm³-V-Zweizylinder-Tourenmaschine von 1924.

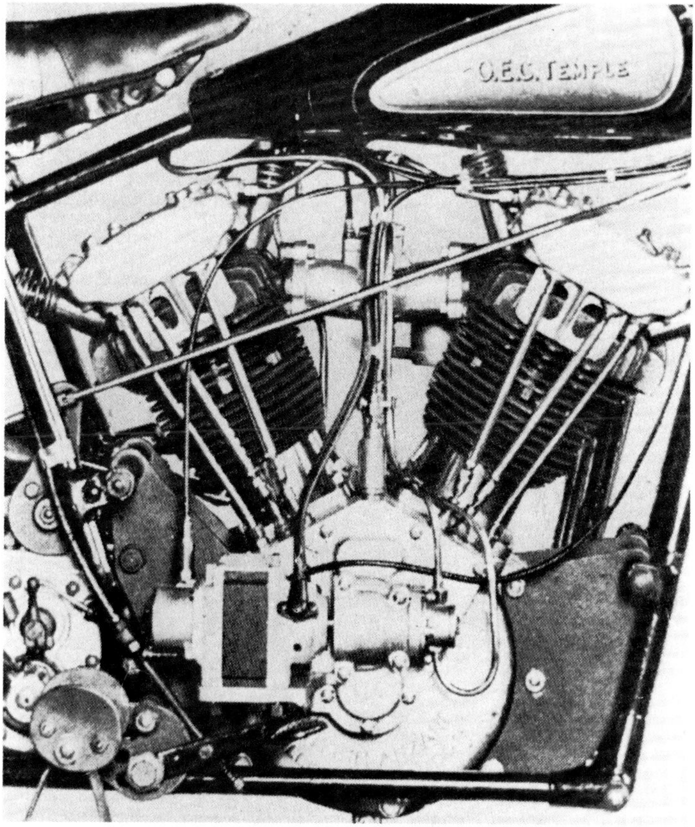

Kunden mit sportlichen Ambitionen konnten ab 1924 auch 996-cm³-OEC-Temple-Modelle mit obengesteuerten British-Anzani-Motoren erwerben.

Rekordstrecke von Arpajon südlich von Paris. Er bestritt aber auch andere Rennen, und als er 1922 bei der englischen Junior-Tourist-Trophy auf der Insel Man startete, brachte er seine Rennmaschine mit dem obengesteuerten 346-cm³-Blackburne-Motor auf den neunten Platz.

Man schrieb 1927, als bei OEC die berühmte Duplex-Lenkung entstand. Gegen entsprechenden Aufpreis konnte sie jeder Kunde beim Erwerb neuer Modelle bestellen. Nicht genug damit, offerierte die Gosporter Motorradfabrik damals auch die von Armond Tinkler konstruierte 496-cm³-OEC-Tinkler, die zwar auf der Londoner Olympia-Motorradausstellung vorgezeigt, aber nie in Serie gebaut wurde. Es handelte sich um eine sensationelle Neukonstruktion mit liegendem, wassergekühltem und völlig eingekapseltem ohv-Einzylindermotor, der bei der Senior-TT 1927 an den Start gehen sollte – ein Vorhaben, das aber wegen Erkrankung des Konstrukteurs, der auch als Fahrer genannt worden war, unterblieb.

Weltberühmt durch Weltrekorde

Weltberühmt wurde die Marke OEC, als Claude Temple 1925 mit seiner 996-cm³-V-Zweizylinder-Königswellenmaschine als erster Fahrer eine Durchschnittsgeschwindigkeit von mehr als 160 km/h über eine Stunde erreichte. Genau waren es 163 km/h. Der von British-Anzani gebaute Motor hatte 78 mm Bohrung und 104 mm Hub. An dem bei OEC entstandenen Fahrwerk hatte Temple mitgearbeitet. Es wurde im Laufe der Jahre wesentlich verändert und gewichtsmäßig leichter, war aber immer robust.

So kam es, daß Temple mit der verbesserten Rekordmaschine bereits 1926 – wieder als erster Fahrer überhaupt – den Stundenweltrekord auf 121,4 mph (194,2 km/h) „schrauben“

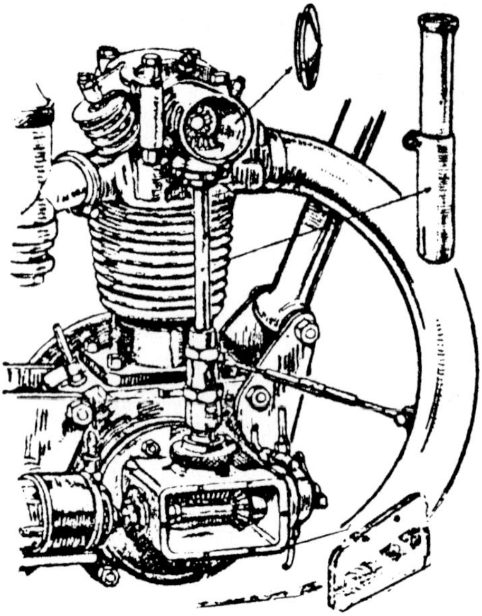

Ein weiterer, nur für OEC bestimmter Einbaumotor war der auch von British-Anzani hergestellte Atlanta-Königswellenmotor von 346 cm³.

und dann mit angehängtem Seitenwagen auch eine neue Stunden-Bestleistung für Gespanne mit 166,6 km/h erzielen konnte. Er siegte, wo immer er mit der großen Königswellenmaschine startete. Ende der zwanziger Jahre hatte er sich vom aktiven Sport zurückgezogen, war aber für eine neue OEC-Rekordmaschine von 996 cm³ verantwortlich, die Joe Wright fuhr. British-Anzani lieferte keine entsprechenden Motorradmotoren mehr, und so saß diesmal ein obengesteuerter V-Zweizylinder-JAP-Motor im OEC-Fahrwerk. Er hatte bereits einen richtigen Kompressor, der von der Firma Powerplus geliefert wurde. Bei den Rekordfahrten in Arpajon/Frankreich erreichte Wright über den „fliegenden Kilometer" eine Geschwindigkeit von 134,5 mph (215,2 km/h), die jedoch nicht den existierenden Weltrekord von Ernst Henne auf BMW auslöschen konnten. Wright ließ nicht locker, und nach einer Woche gelang es ihm, mit 137,3 mph (219,7 km/h) einen neuen Weltrekord aufzustellen.

Gegen Ernst Hennes BMW

Kurz danach verbesserte Ernst Henne erneut die Weltbestleistung mit der BMW-Kompressormaschine. Erst im November 1930 konnte Joe Wright in Cork (Irland) mit 150,7 mph (241,1 km/h) den Weltrekord erneut an sich reißen; in einer Richtung kam er sogar auf 244 km/h.

Bald darauf brach ein Riesenskandal aus, als man auf dem OEC-Stand der Londoner Olympia-Motorradausstellung die Rekordmaschine sehen konnte. Was war geschehen?

Joe Wright brachte zwei Maschinen nach Cork mit: seine neue OEC mit der Duplex-Lenkung und eine ältere Zenith mit einem normalen Fahrgestell. Als er dann auf der OEC mit einem Motorschaden liegenblieb, wechselte er auf die Zenith über – und mit ihr fuhr er den neuen Weltrekord heraus. Eine Tatsache, die aber erst nach einiger Zeit bekannt wurde. Beide Maschinen besaßen den gleichen 996-cm³-ohv-Zweizylindermotor in V-Form von JAP, und es blieb für immer ungeklärt, warum auf der Olympia-Schau die OEC als Weltrekordmaschine gezeigt wurde, obwohl es die Zenith war, die diesen Erfolg brachte. Da die Einbaumotorenfabrik JAP der Hauptsponsor der Rekordfahrten war, hatte

Seltenheitswert hat nicht nur diese 1927 gebaute OEC-Atlanta mit dem von British-Anzani hergestellten 346-cm³-Königswellenmotor, sondern auch das Bild. Es besteht heute wohl keine dieser Maschinen mehr, auch nicht in England.

Mitte der zwanziger Jahre konnte man OEC-Maschinen auch in Köln bei der Firma Becker erhalten. Selbst der bekannte Godorfer Rennfahrer Hans Soenius begann seine Laufbahn mit einer 678-cm³-OEC. Das 1925 geschossene Foto zeigt eine OEC-Atlanta-Maschine, die damals von der Firma Becker in Köln eingeführt wurde.

sie natürlich ein großes Interesse am Bekanntwerden ihres Erfolges. Fest steht auch, daß Zenith nach einem Zusammenbruch gerade damals keine Motorräder baute und man den Erfolg lieber einem Unternehmen zukommen ließ, das Motorräder mit JAP-Motoren liefern konnte.

Cork in Irland lag 1930 auch für die Presse buchstäblich „am Ende der Welt", und so gab es nur einen Pressefotografen, der Bilder von Joe Wright beim Start und während seiner später abgebrochenen Fahrt auf der OEC schoß. Ohne sich weiter um das spätere Resultat zu kümmern, übermittelte er die ersten Bilder seiner Agentur – und so geschah es, daß in der Presse das Foto von Joe Wright mit der OEC erschien, nicht aber ein Bild der Weltrekord-Zenith. So glaubte die ganze Welt zunächst an den Erfolg der OEC – bis es dann zum offenen Krach kam. Bis heute weiß niemand, wer für die Nennung der OEC als Rekordmaschine verantwortlich zeichnete. Naheliegender Schluß: Weil Zenith damals keinen Ausstellungsstand hatte, überließ man es der Gosporter Firma, mit einer „Rekordmaschine" aufzuwarten, die keine war – sie hatte den Weltrekord infolge eines technischen Defektes gar nicht gebrochen.

Kommerzielle Probleme

Ähnlich wie bei anderen Motorradherstellern war 1930 auch für OEC die finanzielle Situation nicht erfreulich. Eine Neuorganisation führte damals zum Bezug einer neuen Produktionsstätte in Portsmouth, Hilbury Street. Geblieben war der Erfindergeist von John Osborn und Fred Wood, die immer wieder mit neuen Konstruktionen auf OEC aufmerksam machten. In den ersten dreißiger Jahren boten sie neben der Duplex-Lenkung bereits eine gute Hinterradfederung an. Die OEC-Maschinen hatten anfänglich JAP-Motoren, bald darauf auch bei AJS-Matchless hergestellte seiten- und kopfgesteuerte Ein- und Zweizylinder-Triebwerke, die letzteren als seitengesteuerte V-Zweizylinder-Ausführungen mit 996 cm³ Hubraum. Kopfgesteuerte Einzylinder von 247, 347 und 497 cm³, die es 1935 mit einem Auspuffrohr oder deren zwei gab, tauchten gelegentlich bei Wertungsfahrten

Bei OEC entstanden natürlich auch „zahme" Motorräder wie diese 1929 gebaute 346-cm³-Maschine mit seitengesteuertem Einzylindermotor.

Viele erfolgreiche Motorräder hatten bei OEC gebaute Fahrwerke, wie diese Rekordmaschine mit dem 996-cm³-JAP-Motor, der damals 75 PS abgab. Konstruiert worden war sie von dem früheren Rekordmann Claude Temple, gefahren wurde diese Kompressor-Rennmaschine mit der OEC-Duplex-Lenkung – wie hier im Bild – von Joe Wright.

Auffallend die Duplex-Lenkung dieser 1937 gebauten 497-cm³-OEC, deren kopfgesteuerter Einzylindermotor von Matchless in London stammte.

Dieses 1938 von OEC gebaute „Commander"-Modell hatte eine „normale" Vorderradgabel, aber schon eine Hinterradfederung und den zuverlässigen kopfgesteuerten Matchless-Motor von 497 cm³.

auf. Im Straßenrennsport spielte OEC nie eine besondere Rolle. Eine kopfgesteuerte 247-cm³-OEC mit Hinterradfederung kostete damals – es klingt kaum glaublich – nur £ 34,19, das wären heute umgerechnet etwa DM 130,–. Fast alle Motorradhersteller arbeiteten damals an der Rentabilitätsgrenze – einige sogar darunter.
Zwischen 1935 und dem Kriegsausbruch im Jahre 1939 gab es bei den serienmäßigen OEC-Modellen nur Detailverbesserungen, wobei man 1937 eine Maschine mit Hinterradfederung und kopfgesteuertem Einzylindermotor von AJS-Matchless für 69 Pfund Sterling erwerben konnte – heute wären das rund DM 255,–. Wohl hatte OEC kein großes Vertriebsnetz, doch fungierte die große Londoner Motorradfirma Glanfield Lawrence mit Zweigstellen in Cardiff, Bristol, Portsmouth und Plymouth als erfolgreicher Motorradhändler. In Deutschland konnte man diese Maschinen in den zwanziger Jahren bei Howie & Co. in Wiesbaden erwerben, in Österreich bei Wilhelm Binder in Wien und in der Tschechoslo-

Das letzte Motorrad-Modell von OEC wurde 1953 mit einem seitengesteuerten 246-cm³-Motor der englischen Firma Brockhouse gebaut, die sich damals im Besitz der Indian-Motorradwerke in Springfield/USA befand. Für den amerikanischen Markt war dieser Einzylindermotor hauptsächlich bestimmt, größere Erfolge blieben aber aus.

wakei bei Frühbauer & Co. (Fugo) in Prag-Smichov. Größere Stückzahlen wurden im Ausland aber nirgendwo abgesetzt, und so verschwanden auch diese Vertretungen.

Gebaut wie ein Kriegsschiff

Das ist nicht so dahingesprochen, sondern war der offizielle Slogan von OEC vor dem Zweiten Weltkrieg, als diese Maschinen in der Marinehafenstadt Portsmouth entstanden. Sie waren sehr gut konstruiert und gebaut. Die kurz vor dem Krieg hergestellten „Commodore"-Versionen gaben sich außerdem sehr sportlich, wenn auch – wie erwähnt – OEC nie viel Geld in Wettbewerbe investierte; selbst bei Claude Temples Rekordfahrten in den zwanziger Jahren kamen die finanziellen Mittel mehr von Temple als von OEC. Und den schnellen ohc-Motor stellte ja British-Anzani zur Verfügung.

1935 gab es nochmals eine OEC-„Sensation", als die Fabrik auf der Londoner Motorradausstellung das „Whitwood-Monocar" ausstellte. Das Fahrzeug sah aus wie ein „Mauser"-Einspurauto von 1925, besaß eine Auto-ähnliche Karosserie und zum Abstützen zwei kleine Räder an den beiden Seiten. Es wurde mit seitengesteuerten JAP-Motoren von 246, 596 und 746 cm^3 angeboten und fand viel Interesse bei der Presse, aber – wie sich bald herausstellte – kaum bei der Bevölkerung. Wohl war es moderner als das „Mauser"-Einspurfahrzeug, zu einer Serienproduktion kam es jedoch nie. Es war zu unorthodox für die damaligen englischen Motorradenthusiasten.

Während des Krieges wurden Geräte für die Armee und die Marine hergestellt. Die 1949 aufgenommene Nachkriegsproduktion begann mit der Herstellung von Bahnrennmaschinen (Speedwaymaschinen) mit obengesteuertem JAP-Einzylindermotor von 498 cm^3. Das Werk war inzwischen reorganisiert und in der Portsmouther Stanshaw Lane ansässig geworden. Serienmäßig gebaut wurden nunmehr Motorräder mit Villiers-Motoren von 124 und 198 cm^3, die sich kaum von ähnlichen Konstruktionen anderer Firmen unterschieden.

Die letzten bei OEC entstandenen Motorräder besaßen seitengesteuerte 246-cm^3-Einzylindermotoren der Firma Brockhouse Engineering Co., Ltd. in Southport, die – nachdem sie zuvor von der einst so großen amerikanischen Indian-Motorradfabrik in Springfield (Mass.) erworben worden war – nunmehr derartige Motorräder für den USA-Markt herstellte. Dort hießen sie „Brave", konnten sich aber nicht durchsetzen. OEC baute diese Motoren auch in eigene Fahrwerke, doch blieb der kommerzielle Erfolg aus. 1954 mußte OEC dann die Tore für immer schließen. Bedauerlich, wenn man bedenkt, daß diese Marke einst das schnellste Motorrad der Welt gebaut hatte. Diese 1922 entstandene OEC-Temple-Rekordmaschine mit dem 996-cm^3-V-Zweizylinder-Königswellenmotor von British-Anzani ist noch heute unvergessen.

Von der Textil- in die Motorrad-Industrie: P&M-Panther

Joah C. Phelon erblickte 1858 in Cleckheaton, einer Industriestadt im englischen Yorkshire, das Licht der Welt. Beruflich zunächst in der Textil-Industrie tätig, kam er über Nähmaschinen in einen engen Kontakt zu mechanischen Dingen, bevor er eine eigene Fabrik zur Herstellung feinmechanischer Instrumente und Teile gründete.

1900 schuf er ein motorisiertes Fahrrad, auf dessen Konstruktion er ein Patent erhalten hatte, und richtete eine kleine Produktion in der Heaton Street zu Cleckheaton ein. Als er Geld für eine größere Fabrik benötigte, wandte er sich an den Industriellen H. J. Lawson in Coventry, dem er das Patent auf eine Motorradkonstruktion anbot. Der hatte schon vorher ein wertloses Pennington-Patent für viel Geld gekauft und war mit dem ebenfalls erworbenen Werner-Patent, das die Motor-Anbringung vor dem Lenkkopf vorsah, auch nicht glücklich geworden. Viel war daher für

P&M war eine der großen Pionierfirmen im Motorradbau und stellte bereits 1900 diese Einzylindermaschine mit – für diese Marke typisch – nach vorn geneigtem Motor her.

Große Beliebtheit genossen in der Frühzeit des Kraftfahrzeugwesens auch P&M-Dreiradfahrzeuge. Hier ein 1904 gebautes Modell.

Aus der englischen Grafschaft Yorkshire kamen viele gute Konstruktionen wie die Scott-Zweitakter und diese weiterentwickelten 557-cm³-P&M-Einzylinder, bei denen – wie dieses Modell von 1908 zeigt – der Motorzylinder tragendes Rahmenelement war.

Phelon nicht zu holen, doch kam es zwischen ihm und Lawson zu einem Vertrag, der ihm für jedes nach dem Phelon-Patent gebautes Motorrad als Lizenzgebühr einen Betrag von 7 Shilling und 6 Pence zugestand. Wichtig dabei war, daß sich der Erfinder aus Yorkshire – wo es angeblich viele kluge Köpfe gibt – alle Patentrechte vorbehielt und diese verkaufen oder selbst verwerten konnte. Lawson, dem auch die Humber-Werke gehörten, ließ dort auch die neuen Motorräder herstellen, die er „Humber" benannte.

Technisch gesehen lag der Vorteil der Phelonschen Konstruktion in der Anbringung des Einzylindermotors zwischen Tretlager und Lenkkopf. Dadurch wurden eine günstige Schwerpunktlage, bessere Lenkeigenschaften und eine bequeme Handhabung der Maschine erreicht. Auch Dreiräder mit zwei Hinterrädern wurden auf diese Weise gebaut. Phelon verkaufte das Patent auch an andere Unternehmen, zu denen u. a. Kynoch in England – einst eine große Industriegruppe, die der ICI (International Chemical Industries) nahestand – und Jürgensen in Dänemark gehörten. In Cleckheaton selbst wurde das Unternehmen vergrößert, als Harry Rainer Kapital investierte, aber bald darauf das Opfer eines Autounfalles wurde.

Das Glück mit Richard Moore

Joah C. Phelon wollte vorankommen und fand in dem jungen Richard Moore, der im Motor-

Ein unverwirklichter Traum! 1915, mitten im Ersten Weltkrieg, entstand diese 770-cm³-P&M mit um 90 Grad versetzten Zylindern des V-Motors. Zu einer Serienproduktion kam es nie.

Ab 1919 stellte P&M diese seitengesteuerten 499-cm³-Modelle in weiterentwickelter Form her, nachdem sich ähnliche Versionen im Ersten Weltkrieg gut bewährt hatten.

radbau seine große Zukunft sah, den richtigen Partner und Mitinhaber; er brachte nicht nur Kapital, sondern auch praktische Erfahrungen aus dem Bau von Dampfschiffen ein. So entstand 1904 aus den beiden Buchstaben P (für Phelon) und M (für Moore) die Markenbezeichnung P&M. Das Anfangskapital der Firma betrug 250 Pfund Sterling, was heute – theoretisch – rund 1075,– DM entsprechen würde. Das waren noch Zeiten, als man mit zwei Helfern eine Motorradfabrik gründen konnte.

Typisch für die ersten P&M-Motorräder war außer der Position des Motors auch die Verwendung einer Kette zum Hinterrad, als fast alle anderen Motorräder noch einen Riemenantrieb aufwiesen. Durch ständige Weiterentwicklung und Erfolge bei sportlichen Wettbewerben gewann die Marke immer mehr an Ansehen. Im Gegensatz zu Humber, wo man nach einigen Jahren den Motorradbau – wie sich zeigte vorübergehend – einstellte, allerdings mehr aus kommerziellen Erwägungen innerhalb des verzwickten Lawson-Imperiums als aus technischen Gründen.

1908 gründete P&M eine Filiale in London unter Leitung von Bertram Marians, der gleichzeitig weiteres Kapital mitbrachte und auch Teilhaber des Unternehmens wurde. Damals erfolgte die Eintragung in das Handelsregister unter den Inhabernamen Phelon, Moore und Marians. Nach dem Ableben von Phelon im Jahre 1929 und dem Ausscheiden von Moore in den ersten dreißiger Jahren übernahm die

Zu den bekanntesten P&M-Modellen gehörte auch diese 1923 gebaute 555-cm³-Einzylindermaschine, nach wie vor mit dem nach vorn geneigten Motor.

Die Sensation des Jahres 1926 war das Erscheinen der 246-cm³-„Panthette" mit quergestelltem, obengesteuertem V-Zweizylinder-Blockmotor. Von Granville Bradshaw konstruiert, war sie nicht ausgereift und in der Produktion so teuer, daß die Fertigung nach zwei Jahren eingestellt wurde.

Der „Panthette"-Motor mit Dreiganggetriebe und Kugelschaltung. Er war nicht ausentwikkelt und wenig zuverlässig, so daß es immer wieder Probleme und viele Garantiereparaturen gab.

Marians-Familie das Unternehmen, das bis Ende 1965 fast ausschließlich von Peter Marians geleitet wurde, nachdem Chefkonstrukteur Frank Leach nach 1945 eigene Wege ging und selbst mit dem Bau von Leichtkrafträdern (FLM = Frank Leach Motors) begann. Er gab 1953 die Produktion wieder auf und kehrte als Direktor von P&M-Panther nach Cleckheaton zurück, als sich das Werk bereits in der Horncastle Street befand.

Im Ersten Weltkrieg, als viele P&M-Motorräder bei der englischen Luftwaffe, dem Royal Flying Corps, verwendet wurden, gab es 1915 eine Neukonstruktion in Form einer seitengesteuerten 770-cm³-V-Zweizylinder (die beiden Zylinder in einem 90-Grad-Winkel) mit Vierganggetriebe. Bedauerlich, daß diese sehr fortschrittliche Konstruktion mit geschlossenem Kettenkasten, voll gekapseltem Ventilantrieb und vordere Kurzschwinge wegen des Krieges nie in eine Serienproduktion ging. Die Militärbehörden entschieden sich für seitengesteuerte 498-cm³-Einzylinder-Maschinen, bei denen der Zylinder des schräg eingebauten Motors die tragende Funktion des vorderen Rahmenrohres übernahm.

Bis 1914 wurden hauptsächlich drei Motorräder mit eigenen seitengesteuerten Einzylindermotoren und Hubräumen von 259, 453 und 498 cm³ hergestellt, alle nach dem gleichen Konzept mit nach vorn geneigten Zylindern. Sie erwiesen sich als zuverlässig und qualitativ sehr gut, ohne daß sie ein besonderes sportliches Image trotz vieler Erfolge bei Zuverlässigkeitsfahrten zur Schau trugen. Das änderte sich Mitte der zwanziger Jahre, als beim Rennen der 500er Klasse, der Senior-TT, auf der Insel Man ein komplettes Werksteam antrat. Unter den Fahrern befanden sich der damals noch sehr junge Tom Bullus, der 1930 Werksfahrer bei NSU wurde, sowie Vivian Olsson, Eric Headlam, Bill Braidwood, „C. T.

Eine sportliche ohv-Maschine von P&M-Panther von 498 cm³ entstand 1925. Diese als TT-Modell bezeichnete Version von 1927 mit einem Auspuffrohr und vier Gängen kostete 85.10 Pfund Sterling, mit Doppelauspuff 87.10 und mit Dreiganggetriebe 75.0 Pfund Sterling.

Das war eine serienmäßige 498-cm³-Tourenmaschine von P&M-Panther mit obengesteuerten Ventilen, wie sie 1926/27 geliefert wurde.

ten Erfahrungen veranlaßten die Fabrik, auch eine „heiße" 498-cm³-TT-Maschine ins Bauprogramm aufzunehmen. Bereits Ende 1923 stellte P&M die ersten Maschinen mit kopfgesteuerten Motoren vor, die dann auch bald das Rückgrat der Produktion bildeten und bis zum Ende des Werkes ständig weiterentwikkelt wurden. Die Motorleistungen wuchsen, die Fahrwerke wurden verbessert und modernisiert. Dazu kamen bald Alu-Kolben, automatische Schmierungen, große Innenbackenbremsen und teilweise auch Vierganggetriebe. 498-cm³-Serienmodelle leisteten 1928 18 PS, die 598-cm³-Modelle bei 3500 U/min 22

1928 kam dieses „Ersatzmodell" für die zweizylindrige „Panthette" auf den Markt. Statt des ursprünglichen eigenen Zweizylinder-Motors, der an vielen Stellen krankte, wurde der Villiers-Einzylinder-Zweitakter von ebenfalls 246 cm³ eingebaut.

Count" Ashby und Harry Walters, während der in Wien ansässige Eddy Mayer, Importeur von Brough-Superior und P&M, selbst gelegentlich eine der Maschinen aus Cleckheaton bei österreichischen Rennen fuhr.

Die bei Straßen- und Bergrennen gesammel-

PS. Die ab 1926 gebauten TT-Versionen mit 498-cm³-Doppelport-Motor kamen auf 22 PS bei 4000 U/min und erreichten rund 140 km/h.

Berühmter Konstrukteur enttäuschte

Bevor Granville Bradshaw, zuvor ein guter

Diese 1932 gebaute 498-cm³-P&M-Panther war eine schöne Maschine mit dem kopfgesteuerten, nach vorn geneigten Einzylindermotor.

Einen „normalen" Rahmen hatten die von 1933 bis 1939 für das Londoner Motorradhaus Pride & Clarke gebauten kopfgesteuerten „Red Panther"-Einzylindermaschinen. Obwohl von guter Qualität, waren sie billig.

Flugmotorenkonstrukteur, 1926 zu P&M kam, hatte er schon einige Fehlschläge hinter sich. Die 398-cm³-ABC mit kopfgesteuertem quergestelltem Boxermotor, die er 1919 für die Sopwith-Flugmotorenfabrik schuf, brachte die Herstellerfirma buchstäblich „ums Leben". Da gab es so viele Anstände mit dem Ventilmechanismus und dem Schmiersystem, daß die Maschinen zu Hauf zurück ins Werk kamen, wo die Garantiereparaturen kostenlos vorgenommen werden mußten. Bis Herrn Sopwith 1921 „der Kragen platzte" und er den Motorradbau liquidierte. Als Bradshaw dann seine ölgekühlten kopfgesteuerten Boxer-Motoren von 346, 496 und 596 cm³ als Einbaumotoren lieferte (auch an Andrees in Düsseldorf), war nur der kleine Einzylinder halbwegs konkurrenzfähig. Ende 1924 wurde auch dessen Bau eingestellt, und das betraf später auch die Belsize-Automobile von Bradshaw.

Bei P&M schuf Bradshaw mit der „Panthette" eine für die damalige Zeit ziemlich ungewöhnliche Neukonstruktion mit einem kopfgesteuerten 246-cm³-V-Zweizylinder-Blockmotor, dessen Zylinder – wie später bei Moto Guzzi – seitlich in den Fahrtwind ragten. Auch diese Maschine war ein Versager. Sie war zu kompliziert, der Ventilmechanismus nach wie vor nicht perfekt, die Schmierung mit Fehlern behaftet und die Leistung unzureichend. Man

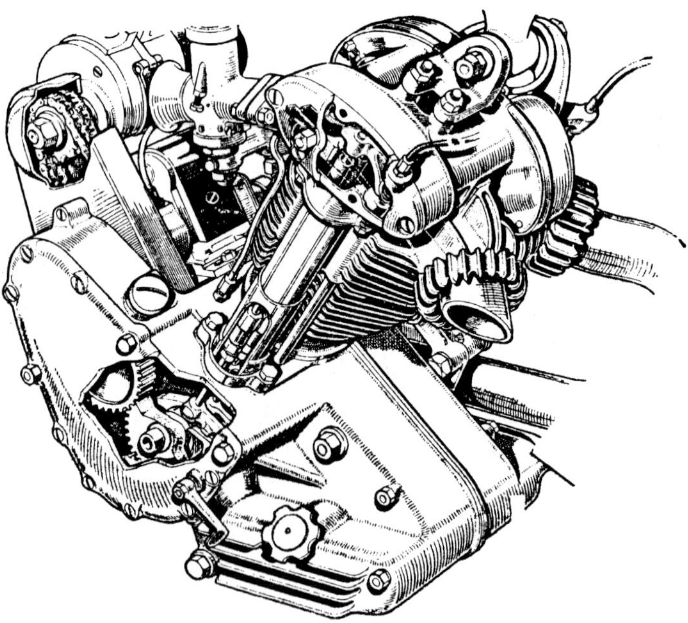

Der kopfgesteuerte 498-cm³-Einzylindermotor der „Redwing"-Modelle von Panther, die Mitte der dreißiger Jahre den Motorradmarkt bereicherten. Es gab auch 598er Maschinen, bei denen es sich mehr um solide Tourensport- als um „reinrassige" Sportausführungen handelte.

hatte den Eindruck, als hätte Bradshaw seine Schöpfungen für den Serienbau freigegeben, bevor sie voll ausgereift und entwickelt worden waren. Außerdem war die „Panthette“ naturgemäß teurer als „normale“ Maschinen mit 250-cm³-Einzylindermotoren. Nur wenige andere Motorenbauer hatten seinerzeit solche Konstruktionsprinzipien angewandt. Gerade über die „Panthette“ sprach ich viel mit meinem Freund Eddy Mayer, der sie ja nach Österreich brachte und die Konstruktionsfehler „auszumerzen“ versuchte.

Selbstverständlich traten diese Probleme auch in anderen Ländern auf, und selbst die Engländer lehnten diese Konstruktion ab. Kein Wunder, daß in Cleckheaton eine „Radikalkur“ beschlossen wurde: die noch vorhandenen V-Zweizylinder-Motoren wanderten auf den Schrott, und in die Fahrwerke, von denen es noch viele im Werk gab, kamen einfache 246-cm³-Zweitaktmotoren von Villiers. Durch den guten Absatz der neuen wurde das Schicksal der alten „Panthette“ schnell besiegelt, weil sie einfacher und in jeder Beziehung besser und auch billiger war.

Bereits Ende der zwanziger Jahre kam zum Namen P&M auch „Panther“ hinzu. In der Folgezeit trugen alle aus Cleckheaton stammenden Maschinen den Namen „Panther“. Mit in Deutschland gebauten Maschinen gleichen Namens waren sie aber nie in irgendeiner Weise verbunden.

Panther-Motoren der 500er Klasse hatten um 1930 84 mm Bohrung und 90 mm Hub, es gab sie auch mit 79 mm Bohrung und 100 mm Hub, während die 598-cm³-Ausführungen 87 mm Bohrung und 100 mm Hub aufwiesen. Mit Ausnahme der 246-cm³-Maschine waren alle Motoren kopfgesteuert, sie verfügten über einen gut gekapselten Ventilantrieb und, soweit es die Viertakter anging, über einen nach vorn geneigten Zylinder. Die große 598er, die wie eine „Dampfmaschine“ lief, war für den Seitenwagenbetrieb besonders beliebt und gehörte zu den Bestsellern im Bauprogramm von Panther.

Die „roten Panther“

Anfang der dreißiger Jahre litt auch Panther unter der internationalen Wirtschaftskrise. Wie bei Douglas, Cotton, AJS und anderen Marken wurde die große Londoner Motorradfirma Pride & Clarke als Hauptvertretung der Retter aus der Not. Hier ließ man existierende Modelle weiterlaufen, bestellte aber mehrere neue kopfgesteuerte 248er und 348er in großen Serien und verschiedenen Ausführungen, um diese auch billig anbieten zu können. Trotzdem waren sie, kenntlich an den roten und kurzen Satteltanks, von guter Qualität, dazu leistungsstark und sehr sparsam. Bei den neukonstruierten Motoren bildeten die nach vorn geneigten Zylinder nicht mehr einen Teil des Rahmens. Da diese modernen

1939, kurz vor Kriegsausbruch, schuf Granville Bradshaw, der bereits 1926 für P&M die mißratene „Panthette“ konstruiert hatte, eine ganz neue 498-cm³-Zweizylindermaschine mit hintereinanderstehenden Zylindern. Eine Serienfertigung erlebte sie nicht.

Besonders bei Seitenwagen-Tourenfahrern war das Modell M 100 von Panther (das P&M war inzwischen weggelassen worden) sehr beliebt. Der kopfgesteuerte 598-cm³-Motor gab zwar nur 26 PS bei 5000 U/min ab, doch waren dies starke „Brauereipferde".

„Red Panther" von 248 cm³ mit elektrischer Beleuchtung, dito Horn usw. 1936 nur 29.17.6 (Pfund Sterling/Shilling/Pence) kosteten, blieb ein guter Umsatz nicht aus. Zur Ausstattung zählten auch vier Gänge und zwei Auspuffrohre. Ähnliche 348er waren 1936 für nur £ 36 und die 498er für £ 44.10 zu haben. Bemerkenswert, daß die Firma Geo Clarke – ein Schwesterunternehmen von Pride & Clarke in London – weiter die „richtigen" Panther-Modelle verkaufte, die nach wie vor den Zylinder als tragendes Rahmenteil anstatt des vorderen Rahmenrohrs aufwiesen.

Wenig Neues gab es bis zum Beginn des Zweiten Weltkrieges. In den folgenden Jahren

Senkrechtstehende Zylinder führte Panther 1952 bei den kopfgesteuerten 246-cm³- und 346-cm³-Einzylindermotoren ein, die wie bisher der eigenen Fertigung entstammten.

produzierte man Flugzeugteile, und als dann wieder der Frieden einzog, kam das Werk mit verbesserten Versionen der kopfgesteuerten Vorkriegs-Einzylinder von 248, 348, 498 und 598 cm³ auf den Markt. Auffallend waren an ihnen die neuen Dowty-Telegabeln. Außerdem gab es auch zwei neue kopfgesteuerte Sportmodelle von 248 und 348 cm³ mit senkrecht stehenden Zylindern, die als „Stroud"-Competition-Panther bekannt wurden. Ihre kommerziellen und Trial-Erfolge in den folgenden Jahren könnte man als durchschnittlich bezeichnen, während die geschmeidigen und leisen Tourenmodelle von 498 und 598 cm³ weiterhin einen guten Zuspruch fanden.

Anfangs der fünfziger Jahre wurden die „Stroud"-Sportmodelle verbessert und die 498-cm³-Panther aus der Produktion genommen, weil fast alle Seitenwagenfahrer die etwas stärkere 598er, das Modell 100, bevorzugten, ein bei 87 mm Bohrung und 110 mm Hub bärenstarker Langhuber mit viel Kraft in den unteren Drehzahlbereichen. Solo wurden die großen Panther-Maschinen kaum gefahren. An die Stelle der Dowty-Telegabeln trat 1953 eine Eigenkonstruktion, die kleineren Modelle erhielten eine Hinterradfederung. 1955 konnte man die 598er auch mit nur einem Auspuffrohr erwerben. Das geschah zu einer Zeit, als es dem Werk – wie anderen auch – nicht mehr gut ging und man um jeden Kunden kämpfen mußte.

Panthers Endspurt

Um 1955 unternahm das ambitionierte Werk im Norden Englands neue Anstrengungen, mehr Kunden für seine Motorräder zu begei-

Eine „Panther 120" mit Seitenwagen aus der letzten Produktionsperiode, die gegen Ende der sechziger Jahre bei Panther eingestellt wurde. In den zehn Jahren davor wurden an der Modellpalette keine größeren Veränderungen mehr vorgenommen, sieht man von der abgebildeten „Panther 120" mit 644-cm³-Motor und einigen neuen Modellen mit Villiers-Zweitaktmotoren ab.

Kurz vor Betriebsschluß nahm Panther noch Zweitaktmaschinen mit Villiers-Motor in das Programm auf. Hier eine 324-cm³-Zweizylinder aus dem Jahre 1965.

stern. Man führte an allen Modellen Hinterradschwingen ein, modernisierte weiter und schuf dann noch eine große Einzylinder-Maschine mit 648 cm³ Hubraum, die ausschließlich für den Seitenwagenbetrieb bestimmt war. Ihr Motor arbeitete trotz des großen Hubraums ebenfalls leise und stoßfrei zur Zufriedenheit aller Besitzer. Es fehlte trotzdem an Kunden, zumal damals Kleinwagen immer mehr aufkamen und es beim besten Willen kaum möglich war, eine derart große Maschine mit Seitenwagen viel billiger als ein kleines Auto herzustellen und zu verkaufen. Um einen Ausgleich zu schaffen, wurden wieder neue Modelle mit Villiers-Zweitaktmotoren auf den Markt gebracht. Es waren sehr schöne und gute Motorräder – aber die Zeit gestaltete sich für die Motorradindustrie immer schwieriger. Ein Konkursverwalter kam ins Werk und kämpfte noch mehrere Jahre um den Erhalt dieser altrenommierten Motorradfabrik. Ein großer Verlust war auch das vorzeitige Ableben des Firmenchefs Peter Marians, der nichts unversucht ließ, Panther zu retten. Pride & Clarke in London hatten seit dem Kriege keinen direkten Einfluß mehr auf die Geschikke des Werkes.

An der Spitze des Bauprogramms stand Mitte der sechziger Jahre das 648-cm³-Modell 120. Angeboten wurden ferner das Modell 100 mit 598 cm³ und die kleineren Modelle 75 mit 348 cm³ und 65 mit 248 cm³, alle mit kopfgesteuerten Einzylinder-Motoren und – im Gegensatz zu älteren Versionen – senkrecht stehenden Zylindern. Außerdem gab es Motorräder mit Villiers-Zweitaktmotoren von 197 und 249 cm³ als Einzylinder-Ausführungen und eine Parallel-Zweizylinder von 324 cm³. Die Fahrwerke der Zweitakter bestanden aus Rohren und Preßstahl, sie waren keine Sportmaschinen, gehörten aber zu den bestgebauten und robustesten ihrer Klassen.

Noch ein Wort zu Granville Bradshaw

Dem Konstrukteur Granville Bradshaw, der 1926 die unglückliche P&M-„Panthette" schuf, mangelte es nicht an guten Einfällen. Noch 1938/39, kurz vor Ausbruch des Zweiten Weltkrieges, schuf er eine neue Panther. Sie hatte – wie Earling Poppes Sunbeam nach 1945 – 498 cm³ und zwei hintereinanderstehende luftgekühlte Zylinder. Eine Nockenwelle im Zylinderkopf steuerte die Ventile, die Blattfederung des Hinterrades sollte den Fahrer vor starken Stößen bewahren. Leider verhinderte der Krieg die volle Entwicklung und den Serienbau. Wie viele Konstruktionen von Bradshaw stand auch diese unter einem unguten Stern, sehr oft scheiterten seine Schöpfungen durch ungünstige äußere Umstände. So mußte er mit der ABC bei Sopwith 1919 zu schnell in die Produktion gehen, da das Werk wegen eines Verbots der Flugzeugherstellung dringend eine Ersatzfertigung benötigte. Ähnlich schien es auch mit seinen Einbaumotoren gewesen zu sein, die von zum Teil unerfahrenen Firmen mit beschränkten Mitteln hergestellt wurden und deren Ölkühlung bei höheren Beanspruchungen die Hauptlager vernachlässigte, wo das Öl am meisten benötigt wurde. Auch bei der Entwicklung der P&M-„Panthette" hätte er mehr Zeit benötigt, um sie ausreifen zu lassen. Hinzu kam, daß er vielzuviel in eine Konstruktion investierte, die in der – wichtigen – Endleistung keinen wirklichen Vorteil gegenüber einfachereren und preiswerteren Ausführungen brachte. Das wurde dann auch bewiesen, als man einen Villiers-Zweitakter in das „Panthette"-Fahrwerk montierte.

Fahrrad-Imperium baute einst
Raleigh-Motorräder

Heute noch hat die Raleigh-Industries Ltd. in Nottingham/England ein weltberühmtes Fahrrad-Imperium, das in vielen Ländern Zweigwerke besitzt. Das Unternehmen erwarb im Laufe der Jahre fast alle bekannten Namen der englischen Fahrradindustrie – darunter auch solcher Werke, die ebenfalls auf dem Motorradsektor zu hohem Ansehen kamen. Zu ihnen gehörten Rudge, BSA, Triumph, Sun, Norman und viele andere.

Motorradbau bereits 1899

Die ersten Raleigh-Motorräder entstanden bereits im Jahre 1899. Raleigh gehört zweifellos zu den Pionieren der englischen Motorradindustrie, obwohl das Werk 1906 die Motorradfertigung zunächst aufgab. Zu einem Neubeginn kam es in den zwanziger Jahren, als es in England weit mehr als hundert Motorradhersteller gab. Dabei war die Fahrradproduktion schon immer das Steckenpferd von Raleigh, sie ist es bis heute geblieben.

Mit diesem Namen war die Marke Sturmey-Archer eng verbunden, zunächst jahrelang als Hersteller von Motorradgetrieben, Naben usw., von 1927 bis 1933 auch als Produzent von Motorrad-Einbaumotoren, die ab 1929 in Deutschland von Horex in Lizenz hergestellt wurden, zum Teil besonders für Victoria. Diese verhältnismäßig einfachen und gut gebauten Motoren wurden in den ersten dreißiger Jahren von zahlreichen Motorradherstellern in ganz Europa verwendet, außer von Horex u. a. von Soyer, Austro-Omega, Nestoria, Dunelt, Aliprandi, Cotton, Lady, Ready, Eysink, OEC, Coventry-Eagle, Rex-Acme, Durandal, Galbusera, MP, Vaga, Oliverio, Allegro. Und natürlich auch von Raleigh.

Damals bot Sturmey-Archer seiten- und kopfgesteuerte Motoren von 174 bis 496 cm^3 und

Zweizylindrige Boxermotoren waren in den ersten zwanziger Jahren keine Seltenheit, und auch bei Raleigh gab es, als das Werk den Motorradbau nach dem Ersten Weltkrieg wieder aufnahm, eine sehr schöne derartige Konstruktion von 698 cm^3 mit seitengesteuerten Ventilen.

Das geschäftlich erfolgreichste Raleigh-Modell in den frühen zwanziger Jahren war diese seitengesteuerte 346-cm³-Einzylindermaschine, die vorerst einen Riemenantrieb zum Hinterrad aufwies.

vornehmlich für die englische Marke Dunelt einen 246-cm³-Königswellenmotor mit Tellernocken an, der jedoch kein Rennmotor war. Ziemlich aufwendig in der Herstellung, konnte er sich gegenüber anderen Einbaumotoren dieser Klasse nicht durchsetzen. So kam es auch, daß nicht viele dieser Dunelts gebaut wurden.

Boxer und V-Zweizylinder

Die ersten in der Pionierzeit gebauten Raleigh-Motorräder hatten den Motor über dem Vorderrad. Ab 1903 wurde er über das Fahrrad-Tretlager verlegt. Dann folgten Einzylindermaschinen mit verstärkten Fahrradrahmen, wie sie um die Jahrhundertwende auch von anderen Produzenten hergestellt wurden.

Als Raleigh 1919 den Motorbau abermals begann, entstanden von Frank Comery geschaffene Neukonstruktionen. Auch deswegen interessant, weil Comery Chefkonstrukteur bei Clyno – einem Motorrad- und Automobil-Hersteller in Wolverhampton – war und die Raleigh-Prototypen bei Clyno entstanden. Wahrscheinlich war Raleigh mit Clyno kommerziell verbunden, und so konnte Comery in diesem Werk auch die neuen Raleigh-Maschinen aufs Papier und dann in die Produktion bringen.

Die ersten Raleigh-Motorräder besaßen eigene seitengesteuerte Boxer-Zweizylinder-Triebwerke von 696 cm³, sie wurden auf Wunsch auch mit einer Hinterrad-Blattfederung geliefert. Die Zylinder hatten 77 mm Bohrung, der Hub betrug 75 mm. Die Motoren besaßen bereits eine automatische Schmierung, Sturmey-Archer-Dreiganggetriebe und Kettenantrieb zum Hinterrad, das mit Reifen der Größe 650 x 65 ausgestattet war. 1921 kostete die Maschine 162 und mit Seitenwagen 204 Pfund Sterling.

Obwohl vornehmlich für den Seitenwagenbetrieb gedacht, eignete sich diese bequeme 698er Raleigh auch als Solofahrzeug für Zuverlässigkeitswettbewerbe. Mit ihr erreichten 1921 die Fahrer Charles Guthrie und Eric Forster auf der Fernfahrt London–Edinburgh strafpunktfrei das Ziel – zu einer Zeit, als es noch keine Autobahnen oder gute Landstraßen gab, aber auf der langen Tour zahlreiche Sonderprüfungen.

Zu den wenigen englischen Viertaktmaschinen in den kleinen Hubraumklassen gehörte ab 1924 auch diese 173-cm³-Raleigh mit eigenem seitengesteuertem Motor.

Diese obengesteuerte Raleigh von 1925 hatte 347 cm³ Hubraum und gehörte zur Steuerklasse der Maschinen von 2¾ PS.

Neue kleinere Motorräder

Mit den großen Zweizylinder-Maschinen konnte die neue Raleigh-Motorradproduktion nicht ausgelastet werden, und so entstand schon 1922 eine neue seitengesteuerte 346-cm³-Einzylinder mit außenliegendem Schwungrad. Gebaut wurde sie vorerst in einfacher Ausführung mit Zweiganggetriebe und Riemenantrieb sowie als Standardmodell mit drei Gängen und Kettenantrieb zum Hinterrad. Die große Zweizylinder-Solomaschine kostete nunmehr nur noch 123 und 1923 sogar trotz Hinterradfederung lediglich 125 Pfund Sterling.

Die Fabrik hieß immer noch „Raleigh Cycle Co., Ltd.“. Für den Motorradverkauf nach Ansicht von Fachleuten ein Hindernis, da das Wort „Cycle“ (Fahrrad) zu der Annahme verleiten konnnte, es handele sich bei den Motorrädern nur um ein „Nebenprodukt“ des großen Fahrradwerkes. Das war jedoch keineswegs der Fall, zumal man technisch und personell hervorragend für den Motorradbau eingerichtet war. Schließlich gehörte Sturmey-Archer neben Burman zu den angesehensten Getriebeherstellern, und die konnten gewiß auch gute Motoren produzieren. Dennoch mußte Raleigh erst beweisen, daß man neben hervorragenden Fahrrädern auch erstklassige Motorräder zu bauen verstand.

Ende 1923 kam eine etwas größere Version des seitengesteuerten Einzylinders mit 399 cm³ auf den Markt, sozusagen als „halbierte“ Ausführung des V-Zweizylinders, von dem die Zylinderabmessungen übernommen wurden. Es scheint jedoch, daß die konventionellen Engländer das kleinere Modell bevorzugten.

Erfolge auf Zuverlässigkeitsfahrten

1922 gab es einen bescheidenen Versuch, mit einer 348-cm³-Maschine bei der TT auf der Insel Man mitzumischen. Der Fahrer blieb jedoch mit einem Defekt nach zwei Runden liegen. Es dauerte weitere sechs Jahre, bis eine Raleigh wieder bei der TT startete.

Anders sah es bei einer Fernfahrt für aus Händler-Lägern entnommenen Serienmaschinen über 1000 Meilen (1600 Kilometer) aus, bei der Raleigh eine seitengesteuerte 348-cm³-Maschine mit einer Dame im Sattel einsetzte: der hochqualifizierten Marjorie Cottle. H. W. Clark und Hugh Gibson waren hier ihre ebenfalls erfolgreichen Teamkollegen.

Aufsehen erregte 1924, als es noch keine Autobahnen oder Schnellstraßen gab, eine Raleigh-Reklamefahrt rund um die Küsten Englands. Das Unternehmen wurde offiziell von der Auto Cycle Union kontrolliert und führte über 3404 Meilen (5446 Kilometer). Um 8.45 Uhr am Morgen des 2. Juni 1924 startete Miß Cottle mit ihrer 348er Raleigh in Liverpool – von derselben Stelle aus, aber in entgegengesetzter Richtung, Hugh Gibson auf einer 699-cm³-Zweizylinder mit Seitenwagen, in dem der offizielle ACU-Kontrolleur saß. Am 14. Juni um 17.45 Uhr trafen sie wohlbehalten

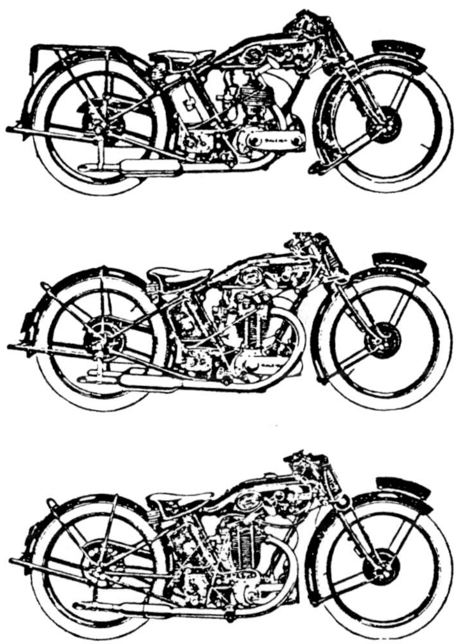

Die Modellpalette von Raleigh umfaßte 1927 u. a. (von oben nach unten) eine seitengesteuerte Einzylinder von 348 cm³ und zwei kopfgesteuerte von 498 und 348 cm³ mit bei Raleigh in Nottingham gebauten Sturmey-Archer-Motoren.

wieder in Liverpool ein. Die Fahrt sollte die Zuverlässigkeit der Raleigh-Motorräder beweisen – und war zugleich eine wertvolle Werbung.

Erstmals eine kopfgesteuerte 500er

Auf der Londoner Olympia-Show 1927 stellte das Nottinghamer Werk eine völlig neue Modellreihe vor, selbstverständlich mit eigenen Motoren. Neu waren seitengesteuerte Maschinen mit 248, 348 und 498 cm³. Die große Überraschung bildete eine völlig neue 498-cm³-Maschine mit obengesteuerten Ventilen und Doppelauspuff. Zu ihr gesellte sich dann noch eine ähnliche Ausführung mit 348 cm³ und nur einem Auspuffrohr.

Weiterentwickelt und modernisiert wurde auch die eigene 174-cm³-Maschine. Sie kostete mit 29 Pfund Sterling nur wenig mehr als ihre Vorgängerin.

Wieder Rennbeteiligung

Rennerfolge hatten damals in allen Ländern einen großen Propagandawert, sie belebten den Umsatz. Ein Werk, das sich nicht um den Rennsport kümmerte und nicht nur offiziell die TT-Rennen auf der Insel Man bestritt, galt mehr oder weniger als Außenseiter. So kam es auch, daß die damals größten und erfolgreichsten „Rennfirmen" wie Sunbeam, Norton, Rudge usw. im Verkauf sportlicher Motorräder die Spitze behaupteten. Andererseits gehörten nichtrennsportbegeisterte Firmen wie BSA, Ariel oder Matchless aus verschiedenen Gründen ebenfalls zu den damals führenden Motorradherstellern Englands. Selbst Triumph hatte noch kein eigenes Werksteam.

Bei Raleigh entschied man sich 1927 für die offizielle Beteiligung an Rennen. Nicht nur als Werbung für die eigenen Motorräder, sondern auch für die von Raleigh gebauten Sturmey-Archer-Einbaumotoren. Wie dies dann in der Praxis aussah, davon später mehr. Bemerkenswert, daß die Raleigh-Werksmaschinen bei den Kolberger Bäderrennen in Deutschland nicht unter dem eigenen Namen, sondern unter dem des Berliner Sturmey-Archer-Importeurs „Nordesta" an den Start gingen. Als später dann Horex in Bad Homburg Sturmey-Archer-Motoren in Lizenz baute, stellte man keine neuen Horex-Werksrennmaschinen mit diesen Motoren her, sondern veränderte einfach den Namen am Tank: aus Raleigh wurde Horex. Ähnlich geschah dies in Frankreich, wo die Werksrennmaschinen von Raleigh unter dem Namen „Soyer" fuhren und auch den Großen Preis von Frankreich gewannen.

Konstrukteur der neuen Raleigh-Werksrennmaschinen war der erfahrene, in England wohnende Ire Don R. O'Donovan, der nicht nur schon vor dem Ersten Weltkrieg schnelle Nortons entwickelte und Rekorde brach, sondern damals sogar für NSU in Neckarsulm konstruierte und für dieses Werk auch Rennen fuhr, die englische TT eingeschlossen. Nach 1918 gründete O'Donovan mit seinem Freund Bach ein Motorradhaus in London, wo er sich besonders auf Norton- und Velocette-Maschinen konzentrierte. Als Rekordbrecher auf der Brooklands-Rennbahn wurde er ebenso berühmt wie als Tuner von Motoren. Nun schuf er die schnellen kopfgesteuerten Raleigh-Einzylinder-Rennmotoren von 348 und 498 cm³ und außerdem Serienmotoren ähnlicher Konzeption.

Im Frühjahr 1928 waren die ersten Rennmaschinen einsatzbereit. Der junge C. J. „Jack" Williams fuhr sie beim Rennen im Syston-Park, um Kinderkrankheiten der neuen Konstruktion herauszufinden. Zur Überraschung von Chefkonstrukteur und Rennleiter O'Donovan und Williams fehlten sie fast ganz. So wurden für die TT fünf Halblitermaschinen und eine 348er genannt. Mit dieser konnte C. T.

1928 stieg Raleigh auch in den Straßenrennsport ein. Unter anderem mit dieser kopfgesteuerten 498-Doppelauspuff-Maschine, konstruiert von D. R. O'Donovan und gesteuert von Tom Bullus, Bob McGregor, Jack Williams, Arthur Tyler und Jock Duncan.

„Count“ Ashby gleich Siebter in der Junior-TT werden, während er in der 500er Senior-TT ebenso ausschied wie der nachherige NSU-Werksfahrer Tom Bullus. Von den restlichen Raleigh-Werksfahrern belegten die Schotten Jock Duncan den 8. und Bob McGregor den 16. Platz. Pech für McGregor: in der sechsten Runde – es goß in Strömen, Nebel behinderte die Sicht – kam er zum Nachtanken ins Depot, wo sein nervöser Helfer eine beträchtliche Benzinmenge über Bobs Lederdreß goß und dazu noch den vorbereiteten Whisky umwarf. So mußte McGregor die siebte und letzte Runde außen ganz durchnäßt und innen ganz trocken beginnen.

Tom Bullus in Kolberg

Kolberg war ein beliebter Kurort, wo es in den zwanziger Jahren die Bäder-Motorradrennen gab. Da der Name Raleigh in Deutschland damals weniger bekannt war als der Name „Nordesta“, der Sturmey-Archer-Vertretung in Berlin, stand dieser am Tank der 498-cm³-Raleigh-Werksrennmaschine des jungen Tom Bullus, der aus der englischen Grafschaft Yorkshire stammte. Er wurde Zweiter in seiner Klasse. Praktisch gab es überhaupt kein „Nordesta“-Motorrad.

Am Vertrieb kompletter Motorräder in Deutschland war die damalige Raleigh Cycle. Co., Ltd. nicht besonders interessiert, im Gegensatz zur Belieferung anderer kontinentaler Länder. In Wien hatte „Aviauto“-Barner jahrelang Raleigh-Motorräder importiert und 1928 dann die Firma Deszö-Kellner die Einfuhr übernommen – eine Firma, die von den aus England stammenden Brüdern Kent und Eddy Mayer geführt wurde. Ihr großes Geschäft

Seitengesteuerte Raleigh-Serienmodelle von 1929 mit (von oben) 498, 348 und 248 cm³. Alles typisch englische Konstruktionen mit getrennten Getrieben, die auch von Raleigh (Sturmey-Archer) zum Einbau an andere Motorradhersteller geliefert wurden.

Eine der letzten kopfgesteuerten 498-cm³-Einzylinder von Raleigh, die 1930 zu den schnellsten ohv-Halblitermaschinen gehörten.

machten sie mit den teuren Brough-Superior-Motorräder, auf diesen Maschinen war Eddy Mayer selbst ein erfolgreicher Rennfahrer. In der Schweiz wurden Raleigh-Motorräder durch die Züricher Firma Emil Frey gehandelt und in der Tschechoslowakei durch die alte Firma Justin Löschner in Prag.

Im Winter 1928/29 entwickelte O'Donovan seine Motoren weiter und baute auch mehrere Rekordmaschinen, die am 23. März 1929 auf der Brooklands-Bahn neue Bestleistungen erbrachten, darunter eine Rekordrunde in der Halbliterklasse mit 176,4 km/h. Gefahren wurden sie von Jack Williams, dem Techniker und Rennfahrer, der später u. a. bei HRD (Vincent-HRD) und AJS-Matchless tätig war.

Kolbenring-Pech für Bullus

Beim Großen Preis von Deutschland 1929 startete Tom Bullus auf einer 498-cm³-Horex – die in Wirklichkeit eine Raleigh mit dem Horex-Abziehbild am Tank war. Im Training brach ihm ein Kolbenring, der nicht ersetzt werden konnte. Da man Ersatzringe „zu Hause" (in Nottingham bei Raleigh oder in Bad Homburg bei Horex?) vergessen hatte, ging der gute Tom mit nur einem Ring an den Start und erreichte natürlich nicht das Ziel. Immerhin lag er fünf Runden lang an der Spitze des Feldes. Dann brach seine Horex – oder Raleigh – zusammen.

Glänzend schnitt das Raleigh-Werksteam 1929 bei der Internationalen Sechstagefahrt ab. Mit 348-cm³-Maschinen errangen Miß Marjorie Cottle, Georg Hole und Bob McGregor den zweiten Platz in der Teamwertung ihrer Klasse.

Als hervorragende Rennmaschine für Privatfahrer galt die Raleigh nie, doch fiel es auf, daß besonders 348er Sturmey-Archer-Motoren viel von Konfektionären in andere Fahrwerke eingebaut wurden und auch bei Bahnrennen zu Erfolgen kamen. Das bewiesen u. a. Austro-Omega-Rennfahrer wie Deimel, Behrendt und andere. In Holland wurden Raleigh-Maschinen von Vermaak, Rijnters und Broers bevorzugt, in Österreich von Franz-Josef Meyer und in der Tschechoslowakei von Robert Uvira.

Erwähnenswert auch der Dunelt-Erfolg bei einer 1930 auf der Insel Man mit sieben Fahrern durchgeführten Zuverlässigkeitsprüfung; unter äußerst schweren winterlichen Bedingungen wurden in 16 Tagen 21238 Kilometer mit einem Durchschnitt von 55,99 km/h zurückgelegt. Die Dunelt hatte den gleichen kopfgesteuerten 348-cm³-Motor von Sturmey-Archer, den auch Raleigh einbaute.

Oft schneller als Königswellenmotoren

Zweifellos zählten die von O'Donovan geschaffenen kopfgesteuerten Raleigh-Rennmotoren in der 350er und besonders in der 500er Klasse zu den schnellsten ihrer Art. Häufig ließen sie Königswellenmotoren hinter sich, litten aber – besonders 1929 – unter mangelnder Zuverlässigkeit. Man sah sie bei vielen englischen Rennen, aber auch bei den Großen Preisen auf dem Kontinent. Ihre Beschleunigung war hervorragend, zumal sie auch gewichtsmäßig sehr gut mit der Konkurrenz mithalten konnten.

Ihren sicher größten Erfolg errangen Raleigh-Rennmaschinen 1931 beim Großen Preis von Frankreich, der auf der Rennstrecke von Montlhéry südlich von Paris ausgetragen wurde. Wie erwähnt, siegte hier C. J. „Jack" Williams, der Raleigh-Werksrennfahrer, auf einer – Soyer! Die erfolgreiche 498er Soyer war wiederum eine Werks-Raleigh mit dem Soyer-Emblem am Tank. Die französische Motorradfabrik baute damals Sturmey-Archer-Motoren ein, und Raleigh – als Hersteller dieser Motoren – kam es sehr darauf an, ihren Verkauf in Frankreich zu fördern. Das war den Engländern wichtiger als der Export kompletter Raleigh-Maschinen nach Frankreich. Eine etwas ungewöhnliche Angelegenheit, die es ebenfalls bei anderen Firmen – auch in Deutschland – gab.

Ein anderer Großerfolg stellte sich beim Grand-Prix von Österreich 1930 ein, als hier Arthur Tyler die 500er Klasse gewann. Sein Teamkollege Jock Duncan fuhr zwar die schnellste Runde, schied aber dann aus. Beim Großen Preis von Deutschland auf dem Nürburgring gab es für Duncan und Tyler die Plätze 6 und 8. Beim Großen Preis von Europa im belgischen Spa wurde Duncan Dritter. Auch beim Großen Preis von Holland in Assen war er phantastisch schnell, mußte aber wegen eines Defektes aufgeben.

Reguläre Raleigh-Werksfahrer waren C. J. Williams, der Schotte Jock Duncan und der baumlange, aber erstklassige Arthur Tyler. Bob McGregor, hauptsächlich ein „Zuverlässigkeitsfahrer", war offizieller Ersatzmann, doch wurden auch andere Fahrer engagiert. So fuhr z. B. 1930 Leo Davenport auf der Berliner Avus eine 498-cm³-Raleigh – und das stimmte offiziell auch wieder nicht. Am Tank der Maschine stand diesmals „Victoria", obwohl bei Davenport kein Geringerer als Don R. O'Donovan, der große Rennchef von Raleigh, Regie führte. Alles erklärlich durch die Tatsache, daß Victoria in Nürnberg damals von Horex (Columbus) in Lizenz hergestellte

Sturmey-Archer-Motoren in die Serienmodelle einbaute. Daher auch, wie im Falle Soyer, kein direktes Interesse, dies unter dem Namen Raleigh zu propagieren.

In einem anderen Fall steuerte Tommy Spann eine Raleigh in der Tourist Trophy, obwohl sein Schwiegervater, George Stevens, Mitinhaber der Firma AJS in Wolverhampton war. Und der junge Tom Bullus, 1929 noch Werksfahrer bei Raleigh, gehörte 1930 bereits zum Werksteam von NSU.

Raleighs Abgesang

Serienmäßig baute man seiten- und kopfgesteuerte Einzylinder von 248, 348 und 498 cm^3, lediglich die 248er wurde nur mit seitengesteuertem Motor geliefert. Ab 1931 gab es Modelle mit schräg nach vorn geneigtem Zylinder, doch war dies damals mehr eine „Modeerscheinung" als eine technische Notwendigkeit.

Wohl registrierte man im Laufe der Jahre Erfolge, doch schienen sie dem großen Werk nicht genügt zu haben, es verlor langsam das Interesse am Bau von Motorrädern und Einbaumotoren sowie sogar an Getrieben. Die Wirtschaftskrise in den ersten dreißiger Jahren ließ das Interesse weiter erlahmen, und um 1934 war es dann ganz aus. Raleigh konzentrierte sich nunmehr auf die alteingeführte und bewährte Fahrradproduktion und erwarb immer mehr Fachunternehmen, die trotz großer Namen den Fahrradbau aufgaben.

Heute sind Raleigh-Motorräder geschätzte Sammelobjekte. Es war mein Freund Alfie Briggs, verheiratet mit der bekannten Trialfahrerin Molly Briggs, der sich der Reste der Motorradfertigung von Raleigh annahm und mit diesen Maschinen viele Rennen in England bestritt und gewann. Raleigh stellte in den dreißiger Jahren auch Dreiradfahrzeuge her, besonders Transportdreiräder, deren Produktion von der Firma Reliant unter Leitung des früheren Raleigh-Direktors Anderson aufgenommen, später erweitert und ausgebaut wurde.

Auch der Ire Don R. O'Donovan verließ damals das Werk und schuf die Fahrrad- und Motorradfabrik „Carlton" in Workshop (Nottinghamshire), wo er Motorräder mit 124-cm^3-Villiers-Zweitakter und hochwertige Fahrräder baute. Später kam die Fabrik als Zweigwerk wieder zu Raleigh, die Motorradproduktion gab man auf, in den Kreis der Raleigh-Direktoren zog ein Sohn von O'Donovan ein. Fahrräder am Anfang und heute – leider ohne Motorräder, wenn man davon absieht, daß Mofas, Mopeds usw. in aller Welt auch den Namen Raleigh tragen.

Vergangene Meisterschaftsmarke: Die Schüttoff aus Sachsen

Man schrieb das Jahr 1923, als die „rein deutschen“ Schüttoff-Motorräder der Maschinenfabrik Schüttoff & Baessler GmbH in Chemnitz (jetzt Karl-Marx-Stadt, DDR) erstmals in Erscheinung traten. Schon 1924 waren diese seitengesteuerten 246-cm³-Einzylinder gut bekannt. Sie zeichneten sich von Anfang an durch schöne Blockmotoren eigener Konstruktion und Produktion aus, im Gegensatz zu zahlreichen Konkurrenzfabrikaten, bei denen die meisten Teile einschließlich der Motoren von Spezialfirmen, zum Großteil aus dem Ausland, bezogen wurden.

Sensation im Rennsport

Bereits 1925 stieg Schüttoff mit seiten- und kopfgesteuerten 346-cm³-Maschinen ganz groß in den Rennsport ein. Fast gleichzeitig gründete man eine eigene Rennabteilung, um durch Rennerfolge die neue Marke im In- und Ausland tatkräftig zu propagieren.

Ein Vorhaben, das glänzend gelang. Schüttoff-Fahrer hatten bis zum Saisonende nicht nur 38 Siege, sondern auch die ADAC- sowie die DMV-Straßenmeisterschaft der 350er Klasse gewonnen. Zum großen Teil gegen führende ausländische Rennmaschinen, die oft schon seit Jahren zu den Spitzenerzeugnissen Europas gehörten. Schüttoff hatte zweifellos einen ganz hervorragenden Start in den Straßenrennsport.

Wo es damals in Deutschland welche Rennen gab? In Merseburg, Naumburg, Chemnitz, Pöhlberg, Gera, Frankfurt/Main, Rotenburg bei Bremen, Gottleuba bei Dresden, Hoyerswerda und an anderen Plätzen. Sehr bekannt waren das Fichtelgebirgsrennen, das Schleizer Dreiecksrennen, das Gabelbachrennen bei Ilmenau, das Inselbergrennen, das Marienberger Dreiecksrennen, das Saalfelder Bergrennen, das Solituderennen bei Stuttgart, das Oschatzer Rennen, das Borkau-Jägerhaus-Rennen und noch andere Veranstaltungen in vielen Teilen des Landes.

Der Name Schüttoff wurde buchstäblich „über Nacht“ bekannt, und die Erringung zweier Straßenmeisterschaften auf Anhieb war wirklich ein großer Erfolg. Daß diese Motorräder aus einer Maschinenfabrik kamen, die in der Metallbearbeitung über viele Erfahrungen verfügte, merkte man ihnen an – sie waren entsprechend gut gebaut und entwikkelt. Im Rennsport konnte Schüttoff die führende Position in der 350er Klasse bis 1928 halten. Dann verschwand die Marke langsam aus der Spitzengruppe, blieb aber weiter vorn bei großen Zuverlässigkeits- und Wertungsfahrten bis Anfang der dreißiger Jahre.

1924 kamen die ersten Schüttoff-Motorräder auf den Markt. Sie hatten bereits seitengesteuerte Blockmotoren von 246 und 346 cm³.

Bereits 1925 errangen Schüttoff-Rennmaschinen von 346 cm³ einen Sieg nach dem anderen und dazu auch zwei deutsche Meisterschaften.

Nie ganz billig, aber gut

Schüttoff baute nie ganz billige, aber gute Motorräder. 1925 wurde das Unternehmen in die Schüttoff Aktiengesellschaft umgewandelt und firmierte nunmehr als Schüttoff AG, Abt. Motorradbau. Ab 1928 kam es dann zur Verwendung von DKW-Einzylinder-Zweitaktmotoren mit 198 und 298 cm³ aus den naheliegenden DKW-Werken in Zschopau/Erzgebirge. Das war zu Zeiten, als man auch in Deutschland immer mehr die internationale Wirtschaftskrise zu spüren bekam und Motorradfabriken es zunehmend schwer hatten, ihre Produkte an die Käufer zu bringen.

Auch Schüttoff blieb davon nicht verschont und lehnte sich immer mehr an DKW, damals die größte Motorradfabrik der Welt, an, bis Jörgen-Skafte Rasmussen, der Zschopauer DKW-Chef, Schüttoff in der Chemnitzer Rößler Straße 30 ganz übernahm. So kam es, daß Schüttoff-Motorräder nunmehr von DKW hergestellt wurden, darunter auch die damaligen Viertakter als Auslaufmodelle, weil für sie noch genügend Teile zur Verfügung standen. Die Schüttoff AG befand sich seinerzeit in finanziellen Schwierigkeiten, und viele der zahlreichen von DKW gelieferten Einbaumotoren waren noch nicht bezahlt.

So wurden die letzten, bis 1933 gebauten Schüttoff-Modelle von DKW hergestellt. Sportlich und geschäftlich hatte zwischen beiden Werken vorher eine ziemlich starke Konkurrenz bestanden, zumal seit 1929, als

Die kopfgesteuerte 346-cm³-Schüttoff von 1927 gehörte zu den wenigen rein deutschen ohv-Einzylinder-Maschinen ihrer Klasse. Bemerkenswert die Kühlrippen am Beginn der beiden Auspuffrohre und der schöne Blockmotor.

Die beiden Spitzenfahrer Fritz Uhle und Arthur Lohse (rechts) sorgten zusammen mit Erich Hirth und dem Ehepaar Mittenzwei aus Leipzig jahrelang für große Schüttoff-Erfolge bei Rennen und Zuverlässigkeitsfahrten.

DKW bei Rennen der 350er Klasse erstmals wassergekühlte Motoren mit Hilfskolben einsetzte, die u. a. von Arthur Geiss, Günther Barhels und Arthur Müller gefahren wurden.

Schüttoffs Rennteam

Zu ihm gehörten der erfahrene Meisterschaftsgewinner Arthur Lohse, der junge Fritz Ihle, der von DKW gekommene und später dorthin zurückgekehrte Arthur Müller sowie Herbert Kirchberg, der ebenfalls zeitweise für Schüttoff fuhr, bevor er wieder nach Zschopau zurückging, ähnlich wie Erich Hirth, der später bei einem Langstreckenwettbewerb verunglückte.

Zu den erfolgreichsten Schüttoff-Rennfahrern zählte zweifellos Johannes Mittenzwei, der Seitenwagenrennen und Wertungsfahrten bestritt – mit seiner tüchtigen Frau im Seitenwagen. Er war mit dem Stoye-Seitenwagenwerk in Leipzig eng verbunden und übersiedelte später mit seiner Gattin, am Sport nach wie vor sehr interessiert, in die Bundesrepublik.

Ihre großen Erfolge errangen die Schüttoff-Werksfahrer mit obengesteuerten Einzylinder-Doppelport-Rennmaschinen von 346 cm³, die fast ganz auf serienmäßigen Sportausführungen basierten. Als diese Modelle dann 1928 nicht mehr ganz mitmischen konnten, versuchte man noch Rennmaschinen mit obenliegenden, durch Königswelle angetriebenen Nockenwellen zu entwickeln. Solche Schüttoffs gab es zwar im Versuch, doch konnten sie aus finanziellen Gründen nicht mehr voll entwickelt und eingesetzt werden. So verkaufte man sie hauptsächlich an einige sportbegeisterte Schüttoff-Händler wie den Münchner Emil Laßnack, der mit dieser – heute im Deutschen Museum in München stehenden – Maschine auch mehrere Rennen erfolgreich bestritt. In die Serie ging diese ohc-Version aber nie.

Typisch die Auspuff-Kühlrippen

Die ersten seitengesteuerten 246er wurden bald durch seiten- und kopfgesteuerte 346-cm³-Maschinen, ebenfalls mit Blockmoto-

Als 1928 die obengesteuerten 346-cm³-Schüttoffs bei großen Straßenrennen nicht mehr ganz mithalten konnten, entstanden in der Versuchsabteilung neue Motoren mit obenliegender Nockenwelle, die jedoch nie voll entwickelt wurden. Nach dem offiziellen Rückzug vom Rennsport gelangten sie zum Verkauf.

ren und handgeschalteten Dreiganggetrieben, ersetzt. Diese hatten 72 mm Bohrung und 85 mm Hub, automatische Schmierung, Mehrscheibenkupplung und Kettenantrieb des Hinterrades, das bei der seitengesteuerten Version die Bereifung 26 x 2,85 und bei den kopfgesteuerten Sportmodellen Reifen 26 x 3 aufwies. Beide Modelle besaßen vorerst Stecktanks, ab 1928 dann Satteltanks und wogen jeweils nur 105 kg, die Satteltank-Ausführungen dann etwas mehr.

Auffallend und typisch für die obengesteuerten Schüttoff-Motoren waren die großen Kühlrippen am Beginn der Auspuffanlage. Eine Konstruktion, die damals nur wenige deutsche Motorräder aufwiesen. Solche Kühlrippen hatten ab 1929 dann auch die seitengesteuerten 496-cm³-Versionen.

Die seitengesteuerte 346-cm³-Schüttoff kam offiziell auf 85 km/h, die ohv-Version auf 120 km/h, letztere konnte aber durch sorgfältiges „Tuning" auf noch höhere Leistung gebracht werden, ohne an Zuverlässigkeit zu verlieren. Die Halblitermaschinen kamen mit dem sv-Motor auf 100 km/h, mit dem ohv-Motor auf 130 km/h. Über die nie voll entwickelte 348-cm³-Nockenwellenmaschine gibt es keine Angaben, doch fehlten ihr sicherlich mindestens 5 PS, um sie in ihrer Klasse erfolgreich werden zu lassen.

Serienmäßig hatte die seitengesteuerte 346er 15 PS, die seitengesteuerte Halblitermaschine 13 PS und die kopfgesteuerte 16 PS. Die seitengesteuerte 346-cm³-Einzylinder wurde 1929 aus der Produktion genommen, als die ersten Schüttoff-Zweitakter mit den erwähnten DKW-Motoren von 198 und 298 cm³ erschienen. Die mit diesen Motoren ausgerüsteten Modelle bekamen neue Fahrwerke und auch neue Vorderradgabeln, die aus Spezialstahlblech kalt gepreßt waren. Für die Rahmen wurden nahtlose, innen konisch gezogene Stahlrohre verwandt. Ihre Ähnlichkeit mit den damaligen DKW-Modellen war unverkennbar – ein Beweis dafür, wie nahe sich diese Werke schon 1929/30 standen. Als 1932 die Auto Union gegründet wurde, begann der völlige Abstieg der einst so bekannten und sportlich erfolgreichen Chemnitzer Motorradfabrik Schüttoff.

Diese erste seitengesteuerte Halbliter-Maschine von Schüttoff entstand 1928 zusammen mit kopfgesteuerten 496-cm³-Modellen.

1929 hatten Schüttoff-Motorräder moderne Satteltank-Fahrwerke wie diese kopfgesteuerte 496-cm³-Version, die oft mit Seitenwagen gefahren wurde. Mit ihr gewann Johannes Mittenzwei – mit seiner Frau im Seitenwagen – zahlreiche Wettbewerbe.

Ab 1928 stellte Schüttoff auch Motorräder mit DKW-Zweitaktmotoren von 198 und 298 cm^3 her. Drei Jahre später wurde das Schüttoff-Werk von DKW in Zschopau erworben. Hier eine 1931 gebaute Schüttoff mit 298-cm^3-DKW-Motor.

Preise und Modelle

1927 kostete die seitengesteuerte 346-cm^3-Schüttoff 1290 Reichsmark und die kopfgesteuerte 1435 Reichsmark – zu einer Zeit, als man das 497-cm^3-D-Rad für 1190 Reichsmark und die 498-cm^3-NSU mit seitengesteuertem Blockmotor für 1200 Reichsmark erwerben konnte. Die in Kleinserien gebauten Schüttoff-Motorräder waren eben „exklusiver" als die in Massen produzierten Maschinen aus Spandau und Neckarsulm. Als es dann die ersten 198-cm^3-Zweitakter von Schüttoff gab, lag ihr Preis bei 695 Reichsmark. Zur gleichen Zeit lieferte DKW eine dieser damals steuer- und führerscheinfreien 198er für 638 Reichsmark, allerdings in viel einfacherer Form. 1930 ging der Preis bei Schüttoff auf 680 Mark zurück, die 300er kostete 840 Mark. Einen Preissturz gab es bei den größeren Maschinen – für die kopfgesteuerte 346er wurden nur noch 1015 Mark, für die beiden 498er Modelle 1070 und 1255 Mark verlangt – Reichsmark natürlich. Die kopfgesteuerte 496er mit Doppelauspuff wurde gern auch als Seitenwagenmaschine gefahren, mit ihr kamen die Mittenzweis zu ihren großen Erfolgen. Zuvor hatten sie die 346er Schüttoff mit Seitenwagen benutzt, mit ihr sorgten sie immer wieder für eine große Überraschung bei Wertungsfahrten, weil man diesem kleinen und leichten Gespann – noch dazu mit einer Frau im Seitenwagen – einfach keine größeren Erfolge zutraute.

Selbst Arthur Schüttoff war skeptisch, als er erstmals die Mittenzweis mit dem 346-cm^3-Gespann am Start sah – und sehr begeistert, als sie gleich ohne Strafpunkte das Ziel erreichten und damit auch Schlagzeilen in der Presse machten. Später erhielten sie Werksunterstützung und fuhren die 496er ohv-Maschine bei den großen Wettbewerben des In- und Auslandes. Mir erzählte Johannes Mittenzwei einmal, daß es viele neue Kunden für Schüttoff-Motorräder und Stoye-Seitenwagen gab, wenn er wieder mal strafpunktfrei eine Wertungsprüfung beendete. Die Maschinen von Schüttoff wären nie in so kurzer Zeit bekannt und beliebt geworden, hätte es keine Erfolge auf Rennen, Wertungs- und Zuverlässigkeitsfahrten gegeben.

Chef und Chefkonstrukteur zugleich

Unter den Motorradherstellern war Schüttoff in Chemnitz eine mittelgroße Fabrik. Arthur Schüttoff, Chef und Chefkonstrukteur in einer Person, kannte noch jeden Mitarbeiter, und auch sein Sohn Herbert war mit Motorrädern und besonders dem werkseigenen Rennteam eng verbunden. Arthur Schüttoff hatte schon bei Wanderer in Schönau nahe Chemnitz gearbeitet und viel mit Motorrädern und Präzision zu tun gehabt, bevor er seine eigene Fabrik schuf. Nicht verwunderlich, daß auch seine Maschinen von erstklassiger Konstruktion und Qualität waren. Trotzdem ging es bei der allgemein schlechten internationalen Wirtschaftslage Ende der zwanziger Jahre nicht mehr voran. Wohl hörte man gelegentlich, Schüttoff hätte vorher viel Geld in die Rennabteilung gesteckt – mehr, als das Unternehmen verkraften konnte. Dies stimmt aber nicht ganz. Den ohc-Rennmotor ausgenommen, verwandte man für die Werksrennmaschinen ausschließlich Teile der obengesteuerten Serienmodelle und begnügte sich mit Weiterentwicklungen. Es gab auch keine hochbezahlten Profi-Rennfahrer, vielmehr wurden Sportveranstaltungen von Einfahrern, Testern, Versuchsfahrern usw. wahrgenommen, die die ganze Woche über im Werk tätig waren und außer ihrer normalen Entlohnung zusätzlich nur Erfolgsprämien erhielten.

Lautstark gefragt

Außerhalb Deutschland waren Schüttoff-Motorräder nur selten anzutreffen. Kein Wunder, gab es damals doch rund 500 Motorradhersteller in Europa, und jeder kämpfte um einen Marktanteil.

Soweit ich mich erinnere, gab es Schüttoff-Vertretungen nur in Österreich und der Tschechoslowakei. In Wien importierte Hans Skorpil hauptsächlich BMW-Motorräder und sah in der Schüttoff-Vertretung mehr ein „zweites Bein". Importeur für die Tschechoslowakei war Ladislav Brantsch in Brünn, der auch den Rennfahrer Robert Peters unterstützte, ohne daß dieser bedeutende Erfolge erringen konnte.

Die obengesteuerten 346er Sportmodelle waren typisch für ihre Zeit. Zumeist ohne Schalldämpfer gefahren, besaßen sie vorerst auch einen offenen Ventilmechanismus, der den sportlichen Akzent dieser Konstruktion lautstark unterstrich. Die obengesteuerten, von 1925 bis 1928 gebauten Schüttoff-Motorräder profitierten von diesem Image. Als dann außer für Halblitermaschinen allerorten voll gekapselte Ventilantriebe aufkamen, wurde der Weg vom rein sportlichen Gehabe zu komfortableren und leiseren Maschinen auch bei Schüttoff beschritten. Geschäftlich war das keineswegs von großem Vorteil, weil dadurch der „sportliche" Klang verloren ging und besonders junge Interessenten davon abgehalten wurden, diese nunmehr weniger geräuschvollen und in ihren Augen dadurch weniger sportlichen Maschinen zu erwerben.

Ob seiten- oder kopfgesteuert – die 496er wurden zu schönen, zugleich auch guten und mehr zu Luxus tendierenden Modellen. Schade, daß sie nach der Übernahme des Schüttoff-Werkes durch DKW und die bald darauf gegründete Auto Union nicht weiterentwickelt wurden. Allein schon aus Prestigegründen wollte man aber in Zschopau von Viertakt-Motorrädern nichts mehr wissen. Bald darauf verschwand dann auch der Name Schüttoff.

Die Schüttoff-Werksmannschaft Ende der zwanziger Jahre. Von links Juniorchef Herbert Schüttoff (verantwortlich für das Werksteam), Frau und Johannes Mittenzwei, Walter Wagner, Arthur Müller (bekannt auch als DKW-Werksfahrer), Fritz Ihle, Arthur Lohse, Erich Hirth, Oskar Glasnitz, Hanni Bormann und der Leipziger Schüttoff-Händler Fritz Müller.

Auf die AWO folgte die
Simson

Waffenschmieden waren schon immer das Wahrzeichen der wunderschön gelegenen Stadt Suhl in Thüringen (jetzt DDR). Auch die Brüder Löb und Moses Simson stellten dort in ihrem 1856 gegründeten Unternehmen Stich- und Handfeuerwaffen her. Vierzig Jahre danach begann man mit der Fertigung von Fahrrädern, und 1908 wurde das erste Simson-Supra-Personenauto mit wassergekühltem 6/12-PS-Vierzylindermotor gebaut.

Berühmtheit errang Simson-Supra durch rassige Sportwagen mit ohc-Vierzylindermotoren von 1960 cm^3, die ab 1924 hergestellt wurden. Ihnen folgten 1925 die „S"-Typen, deren verbesserte Konstruktion sogar zwei obenliegende Nockenwellen und eine Leistung von 60 PS bei 4000 U/min hatte. Mit diesen von Paul Henze geschaffenen, 140 km/h schnellen Fahrzeugen erstritten Fahrer wie Charly Kappler, Ernst Kotte, Otto Reif und andere viele Siege.

1933 mußte die Autoproduktion bei Simson-Supra eingestellt werden. Nicht nur, weil der Absatz zurückgegangen war – den Firmeninhabern fehlte auch das „richtige arische Blut" bei der Machtergreifung Adolf Hitlers. 1936 wurde der Bau der BSW-Mofas mit 98-cm^3-Sachsmotor, eine Konstruktion von Obering. Martin Stolle, im früheren Simson-Supra-Werk aufgenommen. Das „BSW" stand für Berlin – Suhler – Waffenwerk, das im Volksmund aber immer Sinsom-Werke hieß.

Was eine Waffenfabrik im Kriege macht, muß hier nicht besonders erwähnt werden. Als 1945 dann der Frieden „ausbrach", stellte man schnell die notwendigsten Utensilien für den einfachen Haushalt her, unter den be-

Bei den ersten 246-cm^3-AWO-Simson-Maschinen, die zu Beginn der fünfziger Jahre entstanden, konnte man die „Verwandtschaft" zu den BMW nicht übersehen. Nicht ganz verwunderlich, wenn man bedenkt, daß BMW im nahe gelegenen Eisenach schon vorher Motorräder baute. Die AWO-Simson wurde in Suhl hergestellt.

Eine der ersten AWO-Simson-„Produktionsrennmaschinen" mit 11 : 1 verdichteten Stoßstangenmotor. Angegebene Leistung: 25 PS bei 7000 U/min. Solche Angaben variieren, da die meisten Maschinen noch privat „nachfrisiert" wurden. Beachtenswert die Geradweg-Hinterradfederung.

kannten schweren Bedingungen der ersten Nachkriegszeit.

Zuerst Fahrräder und EMW-Motorräder

Bereits 1946 konnte man die Fertigung der damals als Transportmittel sehr wichtigen Fahrräder aufnehmen, wenn auch wegen Materialmangels längst nicht in dem Umfang, um die Nachfrage auch nur annähernd befriedigen zu können. Auch an Kunden für Waffen mangelte es nicht, mußte doch die Jagd besonders damals zur Versorgung der Bevölkerung mit Fleisch beitragen. Trotzdem hatte man mehr Ambitionen. Und diese bezogen sich vornehmlich auf motorisierte Fahrzeuge, vor allem auf den Bau richtiger Motorräder, zumal wegen der damaligen Verhältnisse keineswegs daran zu denken war, wieder rassige und luxuriöse Automobile herzustellen.

BMW baute bis zum Kriegsende Motorräder in Eisenach (jetzt DDR), wo später auch EMW-Motorräder – den BMW-Maschinen sehr ähnlich – entstanden. An sie lehnte man sich auch in Suhl an: hier gab es – man schrieb bereits 1951 – die ersten Prototypen der AWO-Motorräder mit obengesteuerten 248-cm³-Einzylinder-Blockmotoren und Kardanantrieb zum Hinterrad.

Damals hieß der nationalisierte Hersteller der AWO-Maschinen VEB (Volkseigener Betrieb) Suhl. Auf dem Genfer Salon wurden 1952 AWO-Motorräder erstmals im Westen vorgestellt. Sie sahen gut aus, hatten quadratische Zylinderköpfe mit Haarnadel-Ventilfedern und ließen sich im Osten, wo es kaum Konkurrenz gab, auch gut verkaufen. Oft wurden sie für Geländefahrten und Rennen umgebaut und „frisiert". Sportfreudig, wie man in Suhl war, entstanden hier auch hochgezüchtete Motoren sowie zahlreiche Prototypen, die bei Rennen mit Werksfahrern eingesetzt wurden.

1956 gab es eine Umstrukturierung in der DDR-Industrie. Während aus der IFA die MZ wurde, machte man aus der AWO die Simson. Der gute alte Name sollte Erfolge bringen und nicht aussterben. Die Firma hieß nunmehr VEB Fahrzeug- und Gerätewerk Simson in Suhl, Thüringen.

Suhler Motorrad-Vorläufer

In Suhl entstand 1919 die erste, in Serie gebaute Maschine Deutschlands mit Kardanantrieb zum Hinterrad, die berühmte 499-cm³-KG (Krieger-Gnädig). Aus ihr wurde die „Original-Krieger", nachdem die KG-Konstruktion an Allright in Köln veräußert worden war. Als hier die Produktion auslief, wurde aus der „Original-Krieger" die „Rennsteig", deren Existenz schon 1928 beendet war. Suhl beheimatete auch die Marke Zehner, deren 197-cm³-Zweitaktmotor von Ing. Otto Dehne, Erfinder des nach ihm benannten Schaltlenkers, konstruiert wurde.

Zurück zu Simson. 1956 entstand das Modell 425 der nunmehr AWO-Simson benannten ohv-Viertelliter-Maschine, die erstmals auf dem Pariser Salon dieses Jahres zu sehen war. Bald darauf kam auch die sportliche Version heraus, die 425-Simson-Sport, die bis 1962 im Bauprogramm stand. Außer diesen Modellen stellte man bereits leichte Motorzweiräder, Mopeds usw. in größeren Stückzahlen her.

Oben: Ab 1958 stellte Simson verbesserte und modernisierte 246-cm³-ohv-Einzylindermaschinen mit Hinterradschwinge unter der Modellbezeichnung 425 S her. Sie wurden auch in der Bundesrepublik angeboten.

Nebenstehend: Ein Blick auf die rechte Seite der 425 S.

1962 entschied sich die DDR-Regierung für den ausschließlichen Bau von Zweitakt-Motorrädern – und das bedeutete das Ende der AWO-Simson-Maschinen 425 und 425 S wie überhaupt aller in der DDR gebauten Viertakter. Auch die in Eisenach hergestellte, der BMW ähnliche ohv-Einzylindermaschine von EMW verschwand vom Markt, der sich allerdings hauptsächlich in östlichen Ländern befand.

Simson gehörte wie MZ nunmehr zum großen IFA-Kombinat, das sich jahrelang um ein wirk-

Die letzten Produktionsrennmaschinen von AWO-Simson besaßen bereits Hinterradschwingen. Ähnliche Fahrwerke wurden auch bei den 248-cm³-Zweizylinder-Werksrennmaschinen mit Doppelnockenwellen verwendet.

sames Verkaufsnetz auch in westlichen Ländern bemühte. Einen Teilerfolg verzeichnete man nur bei den guten und robusten MZ-Zweitakt-Maschinen, zu dem die Werbewirksamkeit der von MZ-Rennfahrern errungenen Erfolge wesentlich beitrugen.

Rennmaschinen von AWO und Simson

Auf dem heutigen Gebiet der DDR besaß vor 1939 DKW (Auto Union) in Zschopau unter den Motorradfabriken die größte und teuerste Rennabteilung der Welt. Sie existierte nach 1945, als hier nunmehr IFA-Maschinen gebaut wurden, nicht mehr. Erst nach mehreren Jahren stellte der frühere DKW-Werksfahrer Bernhard Petruschke für ein Rennfahrerkollektiv neue IFA-Rennzweitakter her, die aber auf Serienmodellen beruhten.

Ähnlich war die Situation bei AWO-Simson. Einige begeisterte Techniker und Sportler machten aus serienmäßigen obengesteuerten AWO-Maschinen ziemlich schnelle Rennfahrzeuge, wobei ihnen das Werk vorerst wenig offizielle Unterstützung zukommen ließ. Erst in späteren Jahren wurde sie etwas besser. Es spricht für die Tüchtigkeit der Techniker, daß sie damals mit beschränkten Mitteln ihre Maschinen bauen und auch bei großen Rennen einsetzten mußten.

Um mit der ausländischen Konkurrenz bei Straßenrennen mithalten zu können, wurden Mitte der fünfziger Jahre bei AWO-Simson neue 248-cm³-Rennmotoren geschaffen – wie diesen Parallel-Zweizylinder mit zwei durch Kette angetriebene Nockenwellen.

1962 begann bei Simson die Großserienherstellung von 49-cm³-Motorzweirädern. Dieses Mokick S 51 wurde 1979 gebaut.

Selbstverständlich konnten „normale" obengesteuerte Maschinen, auch wenn sie „hochgezüchtet" waren, im internationalen Kampf gegen Rennzweitakter und Doppelnockenwellen-Maschinen kaum bestehen. So entwikkelte man verschiedene 248-cm³-Rennprototypen, die dann auch mit Werksfahrern wie Scheel, Juhrisch, Heilmann, Weinert, Hönig, Michael und noch einigen anderen eingesetzt wurden, vornehmlich bei Rennen in der DDR. Rudi Juhrisch wurde 1953 sogar DDR-Meister der 250er Klasse. Ein AWO-Erfolg, der sich 1954 und 1955 wiederholte, und zwar mit Hans-Joachim Scheel als Fahrer.

Das Thema „Rennmaschinen" wurde erstmals 1951 aktuell, als der Ausweisfahrer Gerhard Jung seine serienmäßige AWO zur Rennmaschine – ganz privat natürlich – umbaute und sich recht gut bei einigen Veranstaltungen

Schon seit längerer Zeit entstehen bei Simson auch Gelände-, Enduro- und ähnliche Modelle wie dieses 1981 gebaute Enduro-Mokick S 51.

Der Zweitaktmotor dieser Simson-„Enduro“ S 70 hat 69 cm³ Hubraum und gilt im Gelände als sehr stark. Seit 1984 ist er in der Serienproduktion.

plazieren konnte. Dies zeigte den Bedarf an; so baute man in Suhl in den folgenden Monaten 15 ähnliche, etwas weiterentwickelte Maschinen und verkaufte sie an gute DDR-Rennfahrer. Viele Teile dieser Rennversionen stammten aus dem Serienbau, einige wurden zweckentsprechend bearbeitet oder geändert. Bemerkenswert, daß diese Rennmaschinen eine Teleskop-Hinterradfederung hatten.

Neue Werksrennmaschinen

Nachdem man bei AWO-Simson 1953/54 den Wert von eigens für den Straßenrennsport gebauten Maschinen erkannt hatte, wurde die Versuchsabteilung verstärkt und teilweise zu einer Rennabteilung umgestaltet. Sie führte an den bestehenden Rennmaschinen zahlreiche Umkonstruktionen durch. Die verbesserten kopfgesteuerten Motoren (Bohrung/Hub 68/68) gaben bei einer Verdichtung 9,8 : 1 ganze 24 PS bei 8000 U/min ab. Sie besaßen nunmehr V-förmige Zylinderköpfe und von IFA hergestellte Vergaser. Bei diesen Rennversionen wurde das Auspuffrohr von der rechten auf die linke Seite verlegt. Der Motor hatte nach wie vor Kardanantrieb, der Doppelrohrrahmen wurde verbessert, das Fahrwerk erhielt 1954 eine Hinterradschwinge. Das Leergewicht betrug 125 kg, die Höchstgeschwindigkeit mit Verkleidung rund 175 km/h. Werksfahrer waren H. J. Scheel, K. H. Kirchner, W. Rosenhan und Max Byczkowski.

Selbstverständlich hatten auch diese verbesserten Ausführungen keine Chancen gegenüber den damaligen Spitzenrennmaschinen von MV Agusta, NSU, Moto Guzzi, MZ und FB-Mondial. Dies führte zu zahlreichen neuen Versuchsmodellen mit ganz unorthodoxen Motoren. Es entstanden Einzylinder mit obenliegenden Nockenwellen und auch Zweizylinder ähnlicher Konstruktion, deren Nockenwellen durch Königswellen, Zahnräder oder Ketten angetrieben werden.

Das beste Ergebnis erbrachte ein 248-cm³-Parallel-Zweizylindermotor, dessen beide obenliegenden Nockenwellen durch eine gekapselte Kette in Bewegung gesetzt wurden. Es waren recht schöne und rassig wirkende Maschinen, die bis zu einem gewissen Beanspruchungsgrad ganz gut liefen, für große internationale Rennen aber immer noch zu langsam und auch nicht genügend zuverlässig waren. Eingesetzt wurden sie 1955/56, und es war eigentlich bedauerlich, daß die Suhler an diesen Maschinen nicht mehr lange weiterarbeiten konnten und auch nicht die Möglichkeit hatten, mit ihnen mehr internationale Grand-Prix-Rennen zu bestreiten.

Nur noch kleine Motorzweiräder

1962 war es dann mit dem Motorradbau in Suhl ganz aus. Bereits 1955 hatte man die Mopedproduktion aufgenommen, 1957 kamen weitere Modelle hinzu. 1958 bereicherte der Kleinroller KR 50 die Fertigungspalette. 1962 hatte das Suhler Werk bereits eine Million Mopeds verkauft, zumeist in der DDR selbst und verschiedenen Ostblockstaaten. Damals entstanden auch die ersten 49-cm³-Geländemaschinen und eine neue Werkseinrichtung zur Herstellung von Kleinkrafträdern in großen Serien.

Neue Mofas erschienen 1964 und 1966. Schon 1967 konnte das Werk den Verkauf von 1,5 Millionen Leichtkrafträdern bekanntgeben. 1969 entstand das VEB-Fahrzeug- und Jagdwaffenwerk Ernst Thälmann Suhl aus der Zusammenlegung des VEB Fahrzeug- und Gerätewerks Simson Suhl mit dem VEB Ernst-Thälmann-Werk Suhl. 1970 wurde das Kombinat IFA für Zweiradfahrzeuge in Suhl geschaffen, bestehend aus dem 1969 gegründeten Kombinat, dem Motorradwerk Zschopau (MZ, früher DKW) sowie dem Mifa-Werk in Sangershausen, ebenfalls DDR.

1971 kam das erste Simson-Mokick heraus. Besonders bewährte sich das Modell S 50 B. 1977 fuhren bereits 3 Millionen kleine Simson-Maschinen auf den östlichen Straßen Europas und in Asien. Im selben Jahr wurden weitere Betriebe wie die Blechform-, Stanz- und Ziehwerke sowie die VEB Leichtmetallgießerei in Annaberg dem IFA-Kombinat für Zweiradfahrzeuge eingegliedert.

Immer mehr neue Mokicks und andere Leichtkrafträder entstanden, ab 1983 auch mit 69 cm³. Zur Jahresmitte 1983 hatten bereits 4 Millionen Simsons die Großserienproduktion verlassen.

Erfreulich, daß man bei Simson trotz des Riesenausstoßes von kleinen Motorzweirädern den sportlichen Einsatz nicht vergaß. Geländemaschinen von 49 und 69 cm³ errangen und erringen in der Hand von Werks- und Privatfahrern viele Erfolge. Das Unternehmen setzt auch offizielle Werksmannschaften bei großen Geländewettbewerben wie der Internationalen Sechstagefahrt und ähnlichen Veranstaltungen ein. Als diese Zeilen geschrieben wurden, hieß es, daß die Suhler eines Tages sogar in die 80er Klasse bei großen Straßenrennen einsteigen wollten und diesbezügliche Entwicklungen – wenn auch nicht ganz offiziell – im Gange seien.

Von Deutschen in England gegründet: Triumph

Siegfried Bettmann kam 1885 von Deutschland nach England, wo er Fahrräder unter dem Namen „Triumph“ vertrieb. 1886 gesellte sich sein Landsmann Moritz J. Schulte, ein junger Ingenieur, zu ihm, 1888 entschlossen sich beide, nach Coventry – dem Zentrum der englischen Fahrradindustrie – zu übersiedeln und dort selbst den Bau dieser „Velocipeds“ aufzunehmen. Dazu richteten sie ein Werk in der Much Park Street zu Coventry ein, wo sich später die Kundendienstabteilung von Triumph befand. 1897 entstand die „New Triumph Cycle Co., Ltd.“, doch wurde das „New“ bald weggelassen. Damals wurden zwei in Coventry beheimatete Geschäftsleute, A. E. Friedländer und S. A. Thomson, Gesellschafter der neuen und sehr erfolgreichen Fahrradfabrik.

Moritz Schulte, der Werksmanager bei Triumph wurde, brachte schon 1897 das erste Motorrad von Hildebrand & Wolfmüller nach England, zum Eigengebrauch und als Vorführmaschine. Die Absicht, diese eigenwillige und primitiv anmutende Konstruktion mit dem wassergekühlten Zweizylindermotor möglicherweise in die Produktion zu nehmen, wurde nach eingehenden Versuchen wieder fallengelassen. Sowohl Schulte als auch Bettmann waren nicht bereit, den guten Ruf von Triumph durch ein unzuverlässiges Motorrad zu gefährden.

Motorradbau ab 1902

1902 entstand dann das erste Triumph-Motorrad, dessen 217-cm³-Einzylindermotor mit 66 mm Bohrung und 70 mm Hub von Minerva in Belgien bezogen wurde. Als Fahrgestell diente ein verstärkter Fahrradrahmen. Der Motor hatte ein automatisches Einlaßventil und einen Oberflächenvergaser. Als sich die Konstruktion bewährte, gelangte eine größere Zahl dieser Motoren, die nach dem Zürcher-&-Lüthi-Patent von 1899/1900 gebaut wurden, nach England. Ab 1904 wurden auch englische JAP- und deutsche Fafnir-Einbaumotoren verwendet. 1905 begann man dann mit der Herstellung eigener seitengesteuerter 3-PS-Motoren, die Schulte selbst nach achtjähriger Erfahrung mit Motorrädern konstruiert hatte.

Hatten die ersten eigenen Motoren noch die Abmessungen des alten Minerva-Motors, erhielten die Triumph-Einzylinder 1907 82 mm Bohrung und 86 mm Hub. Mit 454 cm³ entwikkelten sie eine gesteigerte Leistung, die sie noch beliebter werden ließ, zumal andere Konstruktionen damals unter einem PS-Mangel litten. Das drückte sich natürlich auch in den Verkaufszahlen aus. Als Triumph dann jährlich tausend Maschinen baute und auch absetzte, war das für die damaligen Verhältnisse schon eine sehr beachtliche Zahl.

Die von den Deutschen Bettmann und Schulte gegründete Firma Triumph in Coventry verwendete zunächst belgische Minerva-Motoren wie bei diesem 1903 gebaute Einzylindermodell von 217 cm³.

Diese 1906 gebaute Triumph hatte bereits einen 454-cm³-Einzylindermotor eigener Konstruktion und Fertigung. Sie war der Vorläufer zahlreicher weiterentwickelter Modelle, die den Namen Triumph in aller Welt berühmt machten.

1909 bereits 3000 Motorräder

1908 hatten Triumph-Motorräder bereits 499 cm³ (Bohrung/Hub 85/88 mm). Im folgenden Jahr konnte das Werk schon 3000 Maschinen verkaufen. 1911 wurde eine Hinterradkupplung eingeführt, ab 1912 ließ sich das Ventilspiel justieren. Inzwischen hatte die Beliebtheit der Triumph-Motorräder derart zugenommen, daß 1912 neue Werksgebäude in der benachbarten Priory Street errichtet werden mußte. Ab 1913 konnte man Modelle mit Sturmey-Archer-Dreiganggetriebe erwerben. Im selben Jahr schuf der hervorragende Techniker Moritz Schulte auch den Prototyp eines 492-cm³-Parallel-Zweizylinders mit seitengesteuerten Ventilen, der jedoch nie in die Serienproduktion ging.

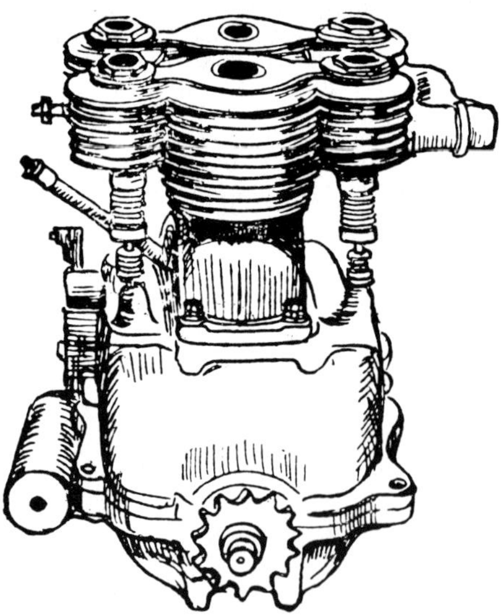

Bereits 1913 kokettierte man bei Triumph mit Parallel-Zweizylindermotoren. Diese seitengesteuerte Konstruktion ging damals aber nicht in die Serie.

Als erste Zweitaktmaschine entstand 1913 die Triumph-„Baby", die Mr. Schulte, nunmehr Managing-Direktor, ebenso wie seine jungen Töchter Muriel und Lena tagtäglich selbst fuhr. 1914 gab es ein verbessertes Fahrwerk mit niedriger angebrachten Sätteln und außerdem eine neue seitengesteuerte 547-cm³-Version mit 85 mm Bohrung und 97 mm Hub.

Auch im Sport war Triumph ganz vorn. Bei den ersten Tourist-Trophy-Rennen 1907 kamen in der Einzylinderklasse die Triumph-Werksfahrer Jack Marshall und Frank Hulbert auf den zweiten und dritten Platz. Jack Marshall besaß noch in den fünfziger Jahren in einem Vorort von Coventry ein gutgehendes Gasthaus (Pub); ich verbrachte dort viele angenehme Stunden, in denen er mir über Werk und Männer manch interessante Begebenheit aus der Frühzeit des Unternehmens erzählte. Er selbst siegte 1908 in der Einzylinderklasse der TT. Dritter wurde Sir Robert Arbuthnot, der ebenfalls eine 499-cm³-Triumph fuhr.

Dritte Plätze bei der TT gab es auch 1909 und 1910 mit Bill Newsome, der später Autohändler und Theaterbesitzer in Coventry wurde, und Bill Creyton. 1912 konnte Jack Haswell eine Triumph bei der Senior-TT auf den zweiten Platz hinter der schnurrenden Zweitakt-Scott von Frank Applebee plazieren.

Als 1914 der Erste Weltkrieg ausbrach, wurde die Produktion der 453-cm^3-Triumph-Maschinen weiter verstärkt.

Als 1914 der Erste Weltkrieg ausbrach, akzeptierte das englische Kriegsministerium das Triumph-Modell „H“ mit Kettenantrieb des Dreiganggetriebes und Riemenantrieb zum Hinterrad. Bis Kriegsende 1918 wurden 30000 dieser Maschinen an die Armee geliefert. Viele entstanden in einem neuen Triumph-Werk in der Dale Street zu Coventry, das zur Produktionsausweitung gebaut wurde. Als es dann wieder Frieden gab, bot Triumph die 225-cm^3-„Baby“ mit dem Zweitaktmotor und die nunmehr „zivilisierte“ seitengesteuerte 547-cm^3-Einzylindermaschine „H“ den Motorradinteressenten an.

Bald nach Kriegsende 1918 konnte man auch auf deutschen Straßen die seitengesteuerte 453-cm^3-Triumphs sehen. Teilweise kamen sie aus der Nürnberger Triumph-Fabrik, die damals mit Triumph in Coventry eng zusammenarbeitete.

In technischer Hinsicht sensationell war die ab 1921 eingesetzte Triumph-„Ricci"-Rennmaschine von 499 cm³, deren vierventiliger Zylinderkopf der berühmte Henry Ricardo konstruiert hatte.

Bald nach Kriegsende ging der ausgezeichnete Techniker Moritz Schulte in den Ruhestand. Etwas früh – doch war es kein Geheimnis, daß zwischen ihm und Firmenchef Siegfried Bettmann (der später sogar Oberbürgermeister von Coventry wurde) nicht immer vollste Harmonie bestand. Ersetzt wurde Schulte als Generaldirektor durch Colonel Sir C. V. Hoolbrook, der bis dahin im Kriegsministerium tätig war und 1914 die ersten hundert Triumph-Motorräder für die Armee bestellt hatte. Unter ihm gab es wieder mehr offizielle Rennbeteiligung, schon 1920 starteten Werksfahrer bei der wichtigen Senior-TT auf der Insel Man. Ende des Jahres kam eine neue Triumph heraus, das Modell SB mit eigenem Dreiganggetriebe und Kettenantrieb zum Hinterrad. Ihr seitengesteuerter Motor hatte 547 cm³ Hubraum.

Sensation bei der TT

Eine Sensation gab es 1921 bei den TT-Rennen, als Triumph sogar zwei Werksmannschaften auf 499-cm³-Einzylindermaschinen nannte, wobei drei Fahrer die neue – und erste – kopfgesteuerte Ausführung steuerten, die der berühmte Henry Ricardo mit einem Vierventilkopf ausgestattet hatte. Als „Ricci"-Triumph wurde sie bekannt und erfolgreich. 1922 konnte Walter Brandish bei der Senior-TT mit ihr den zweiten Platz hinter der Sunbeam von Alec Benett erringen, und Major Halford verbesserte mit dieser Maschine den Stunden-Weltrekord auf der englischen Brooklands-Bahn. In Deutschland errangen diese „Ricci"-Triumph-Rennmaschinen besonders unter den Fahrern Georg Högel und Franz Kellringer viele Erfolge.

Victor Horsman, damals in der Renn- und Entwicklungsabteilung von Triumph tätig, jagte auf der Brooklands-Bahn nicht nur Rekorden nach, sondern brach auch viele mit Solo- und Seitenwagenmaschinen. Ab 1924 allerdings nicht mehr mit den vierventiligen Ricardo-Motor, sondern mit von ihm selbst konstruierten und modernisierten ohv-Zweiventil-Moto-

Auch in Deutschland wurden die vierventiligen „Ricci"-Maschinen von Triumph bald bekannt und bei Rennen u. a. von Georg Högel und Josef Kellringer erfolgreich gefahren. Hier ein 1922er Modell.

Der schöne 498-cm³-Triumph-Vierventilmotor wurde bis 1926 in weiterentwickelter Ausführung gebaut.

ren – Maschinen, die als „Horsman-TT-Triumph" bis 1928 sehr erfolgreich waren. Mit einer von ihnen wurde Tim Simister 1927 Dritter bei der englischen Senior-TT hinter Alec Bennett auf Norton und Jimmy Guthrie auf New Hudson.

Ab 1923 wurde auch erstmals ein Motorrad mit seitengesteuertem 346-cm³-Einzylinder-Blockmotor und drei Gängen sowie eine auf 249-cm³ vergrößerte „Baby" mit Zweitaktmotor (Bohrung/Hub 67,35/70 mm) gebaut. Sie kostete 52.10 Pfund Sterling, während man für die vierventilige 499-cm³-„Ricci" schon £ 125.12 ausgeben mußte. Wie die „Ricci" hatten nunmehr auch die seitengesteuerten 499- und 547-cm³-Modelle Kettenantrieb. Sie kosteten £ 121, während die ältere Version mit Riemenantrieb und Seitenwagen schon für £ 96.10 angeboten wurde. Ende 1923 wurden diese Preise stark reduziert; die „Ricci" kostete nur noch £ 96.10 und die Zweitaktmaschine £ 52.10.

Hatten alle Maschinen bis 1928 graugrüne Tanks, erschienen diese nunmehr in Schwarz mit Goldverzierungen und blauer Seitenfarbe. Neu war damals auch eine seitengesteuerte 277er, die jedoch – wie auch das 346-cm³-Blockmodell – kein Verkaufsschlager wurde. 1929 erhielten alle Modelle Satteltanks, neu im Fertigungsprogramm war eine Doppelauspuff-Sportmaschine von 348 cm³.

Triumph in aller Welt

Coventry war zu Beginn der dreißiger Jahre ein Zentrum der englischen Motorradindustrie mit Werken wie Triumph, Francis Barnett, Coventry Eagle, Montgomery, Grindlay Peerless, Coventry Victor, Humber, Omega, Rex Acme, Newmount und natürlich auch Rudge. Man exportierte viel ins Ausland, und so waren auch Triumph-Motorräder in fast allen europäischen Ländern erhältlich, z. B. bei Howie in Wiesbaden, Opessi in Rom, Harbourn in Wien, Breslau in Brüssel, Psalty in Paris, Grasern in Reichenberg (Tschechoslowakei) und Lantay in Budapest.

Viel beachtet wurde der Sieg einer 499er Triumph (Horsman-TT) 1928 beim Großen Preis der Tschechoslowakei, zu dem Triumph den Engländer Wilmot Evans genannt hatte, der damals mit Tom Simister, Jack Hobbs und

Große Umsätze erzielte Triumph in der zweiten Hälfte der zwanziger Jahre mit der einfachen und sehr preiswerten sv-Einzylindermaschine, die unter der Modellbezeichnung „P" bekannt war.

Triumphs berühmte „Ricci" wurde 1927 durch die neue zweiventilige 498-cm³-„Horsman TT" ersetzt. Ihr Konstrukteur Vic Horsman war auch ein erfolgreicher Rennfahrer. Mit einer solchen Triumph gewann Bohumil Turek bereits 1928 den Großen Preis der ČSSR.

Freddy Edmont zum Werksteam gehörte. Mit zwei Maschinen kam er nach Prag, wo in der Nähe des Flugplatzes von Kbely der Große Preis ausgetragen wurde. Während des Trainings lieh Rennleiter Vic Horsman die Ersatzmaschine von Evans dem hervorragenden tschechoslowakischen Rennfahrer Bohumil Turek, dieser steuerte sie dann auch im Rennen – und gewann den Großen Preis, nachdem Evans, der die schnellste Runde fuhr, ausgeschieden war.

Zusammenarbeit mit Triumph/Nürnberg

Technisch gesehen, waren alle damaligen englischen Triumph-Motorräder von „typisch englischer" Konstruktion, dabei sahen sie teilweise fast wie die in Nürnberg gebauten Triumph-Maschinen aus. Eigentlich kein Wunder, waren doch die Werke in Coventry und Nürnberg technisch und kommerziell ziemlich eng verknüpft. Die meisten Motoren der deutschen Triumph-Motorräder stammten aus England, und das betraf auch einen Großteil des Zubehörs. Als es dann zum Bruch kam, gab es außer technischen auch ungewöhnliche geschäftliche Probleme. So konnten z. B. in einigen Ländern wie Österreich die aus Nürnberg kommenden Maschinen nicht mehr den Namen Triumph tragen, sie mußten auf Orial und dann auf TWN (Triumph-Werke Nürnberg) umbenannt werden, zumal der Name Orial schon in Frankreich registriert war.

Die nach Deutschland exportierten englischen Triumph-Modelle wurden nunmehr unter dem Namen TEC (Triumph Engineering Company) bekannt. Technisch wirkte sich der Bruch zwischen Nürnberg und Coventry insofern aus, als man in Nürnberg – wie bisher – die kleinen Zweitaktmotoren weiterbaute, während nunmehr alle Viertaktmotoren von 347 bis 746 cm³ von MAG (Motosacoche) in Acacias bei Genf bezogen wurden. Später stellte man einige dieser Schweizer Motoren unter MAG-Lizenz in Nürnberg her.

Zurück nach Coventry, wo es in der internationalen Wirtschaftskrise anfangs der dreißiger Jahre gar nicht gut ging. Nach einer Reorganisation wurde die Firma, die auch noch Fahrräder und Automobile baute, in Triumph

Blockmotoren gab es bei Triumph bereits 1924. Hier die „LS" mit seitengesteuertem Einzylindermotor und außenliegender Schwungscheibe.

Satteltanks zierten bereits 1929 die englischen Triumph-Modelle. Hier die 498-cm³-„CTT“ mit zwei obengesteuerten Ventilen.

Die Triumph-„NSD“ hatte einen seitengesteuerten Einzylinder-Tourenmotor von 549 cm³ und wurde oft mit Seitenwagen gefahren.

Ltd. umbenannt. A. A. Sykes, der damalige Chefkonstrukteur, schuf 1931 eine kleine 150-cm³-Zweitaktmaschine, aus der bald eine leistungsfähige Version mit kopfgesteuertem Motor wurde. 1933 wurde Sykes durch Val Page, bekannt durch seine Tätigkeit bei JAP und Ariel, ersetzt. Der Nachfolger schuf eine neue Modellreihe mit seiten- und kopfgesteuerten Einzylindermotoren von 248, 348 und 498 cm³.

Val Pages Parallel-Zweizylinder

Meistens wird Edward Turner als Konstrukteur der ersten bei Triumph gebauten Parallel-Zweizylindermaschinen angesehen, doch war es Val Page, der schon 1934 für diese Fabrik eine solche Version mit kopfgesteuertem Blockmotor von 646 cm³ schuf. Eine gute, aber etwas schwere Maschine, die vornehmlich für den Betrieb mit Seitenwagen gedacht war. Trotzdem entstand auch eine Werksrennmaschine mit diesem Motor, der sogar einen Zoller-Kompressor erhielt. Aber ein normaler „Production-Racer“ war es, der auf der Brooklands-Rennbahn mit Seitenwagen 800 km in 500 Minuten zurücklegte, gefahren von Len Crisp, Sid Slader, Tim Robins und Harry Perrey.

Mitte der dreißiger Jahre wollte man sich in Coventry vom Motorradbau trennen, nachdem die Herstellung von Triumph-Automobi-

Die wirtschaftlichen Verhältnisse der ersten dreißiger Jahre zwangen auch Triumph zum Bau kleiner Motorräder. Typisch dafür die 148-cm³-ohv-Einzylindermaschine, die 1932 den Markt bereicherte.

Val schuf 1933 die kopfgesteuerte 646-cm³-Parallel-Zweizylinder-Triumph. Sie wurde bis 1936 gebaut und später durch Edward Turners 497-cm³-„Speed-Twin" ersetzt.

len an die ebenfalls in Coventry ansässige Firma Standard übergegangen war. Jack Sangster, der tüchtige Chef von Ariel in Birmingham, sah sich die Sache an, erwarb dann auch Triumph und setzte 1936 seinen Chefkonstrukteur Edward Turner als Triumph-Chef in Coventry ein. Das war die Geburtsstunde der Triumph Engineering Co., und es war Turner, der gleich für 1937 die schnell beliebt werdende 497-cm³-Triumph-„Speed Twin" schuf, eine kopfgesteuerte Parallel-Zweizylindermaschine. Gebaut wurden die Motorräder in einer modernen Fabrik in der Dake Street, von der ein Teil der nunmehr separaten Automobilproduktion vorbehalten blieb. Turner schuf auch verbesserte Einzylinder-Modelle und 1939 die „Tiger 100", eine schnellere und sportlichere Version der „Speed Twin". Eine 348-cm³-Ausführung sollte folgen – aber 1939 zerschlug der Ausbruch des Zweiten Weltkrieges zunächst dieses Vorhaben.

Hochgezogene Auspuffrohre bei obengesteuerten Sportmaschinen gehörten zur Mode der letzten dreißiger Jahre – wie bei dieser kopfgesteuerten Triumph von 247 cm³, Baujahr 1935.

Bis November 1940, als ein deutscher Luftangriff auf Coventry die Triumph-Werke in Schutt und Asche legten, wurden kopf- und

Zweizylindermaschinen fanden 1935 in England nur zögernd Anklang. So baute Triumph auch diese ohv-Einzylinder von 498 cm³, die damals 50 Pfund Sterling kostete.

Arnold Zoller hieß ein in Deutschland lebender Konstrukteur von Zweitaktmotoren und vor allem von Kompressoren. Sein Vertreter in England war der Ex-Motorradfabrikant Michael McEvoy, der diese 645-cm³-Triumph-Parallel-Zweizylinder mit einem Kompressor ausrüstete.

seitengesteuerte Einzylindermaschinen von 348 und 498 cm³ für militärische Zwecke gebaut, ebenso Motoren für Generatoren usw. Dann geschah das große englische Wunder: Schon im März 1941 wurden in einem alten Gebäude in Warwick wieder Ersatzteile für Triumph-Motorräder und im Juni 1941 auch komplette Motorräder für die Streitkräfte hergestellt.

Zur gleichen Zeit entstand das neue Triumph-Werk in Allesley an der von Coventry nach Birmingham führenden Straße, nur wenige Kilometer vom offiziellen Zentrum Englands in Meriden entfernt, in einer Bauzeit von nur zehn Monaten, trotz Krieg und Bombenangriffen.

Bereits Mitte 1942 konnte hier die Motorradproduktion mit neuen Modellen wieder aufgenommen werden.

Mit Zweizylinder-Maschinen in den Frieden

Edward Turner war während des Krieges einige Zeit bei BSA, kehrte aber bald zu Triumph zurück und stellte für die erste Nachkriegszeit außer der „Speed Twin" und der „Tiger 100" auch die schon 1939 versprochene 348-cm³-Zweizylinder-Version, die 3 T,

Diese Triumph-Werksrennmaschine wurde in Meriden (Coventry) gebaut, um auf der Brooklands-Bahn Rekorde zu brechen. Auch sie wies einen Zoller-McEvoy-Kompressor auf, doch wurde der Hubraum des Motors von 645 auf 498 cm³ reduziert.

Bei den Behörden wegen ihrer Zuverlässigkeit geschätzt: die seitengesteuerte 549-cm³-Einzylinder-Triumph von 1936, die man auch bei der englischen Straßenpolizei vorfand.

vor. Bald wandte man sich auch wieder dem Sport zu und schuf 1947 aus der „Tiger 100" unter Verwendung des Zylinderblocks eines Generatormotors sogar eine neue 499-cm³-Rennmaschine, die bald mit dem Iren Ernie Lyons die Amateur-TT auf der Insel Man gegen stärkste Konkurrenz gewann. Turner konstruierte damals auch das „springende Hinterrad" (Spring Hub), das sich in jede zweizylindrige Triumph einbauen ließ, doch war ihm – wie sich bald zeigte – kein größerer Erfolg beschieden. Als ich 1955 zu Triumph nach Meriden kam, lagen noch Hunderte dieser federnden Hinterräder verlassen in einer Ecke des Ersatzteillagers und warteten vergeblich auf Kunden. Niemand wagte es, sie zu verschrotten, um nicht die Gefühle des „berühmten Konstrukteurs" zu verletzen.

Edward Turner war zweifellos ein tüchtiger Techniker, der es verstand, „die richtigen Konstruktionen zur richtigen Zeit" herauszubringen und damit auch kommerzielle Probleme zu meistern. Allerdings hatte er auch seine „schwachen Seiten", und so war schon seine 1930 geschaffene Ariel-„Square Four" wohl technisch interessant, aber nie ein kommerzieller Erfolg. Dieser kam erst 1937 mit der Triumph-„Speed Twin" und einigen folgenden Modellen, alle mit kopfgesteuerten Parallel-Zweizylindermotoren von 499 und 650 cm³, besonders durch den starken Export nach den USA, wo sogar eigene Montagewerke in Baltimore und Pasadena für den Osten bzw. den Westen der USA errichtet wurden. Teilweise wurden für Amerika spezielle Modelle gebaut, darunter auch Rennma-

1938 lieferte Triumph auch diese sportliche 246-cm³-ohv-Einzylindermaschine unter der Modellbezeichnung „Tiger 70". Ähnliche Ausführungen wurden auch mit 346 und 498 cm³ hergestellt.

Ende 1937 wurde Triumphs berühmtestes und erfolgreichstes Motorrad, die 498-cm³-„Speed-Twin" mit dem von Edward Turner neukonstruierten obengesteuerten Parallel-Zweizylindermotor, auf den Markt gebracht. Mit ihr wurde der Grundstock für alle weiteren Zweizylinder-Modelle wie „Tiger 100", „Bonneville" usw. geschaffen.

schinen, ohne die man dort kaum richtig ins Geschäft kommen konnte. Ich erwähne dies, weil Turner jahrelang offiziell nach 1950 nichts von Rennmaschinen, besonders für Europa, wissen wollte.

Die 1947 neu entwickelten 499-cm³-Rennmaschinen wurden als Triumph-„Grand-Prix"-Modelle bekannt. Sie spielten bei Straßenrennen eine dominierende Rolle und errangen auch außerhalb Englands viele Erfolge. In Deutschland wurden sie hauptsächlich von Siegfried Fuß und Hugo Schmitz gefahren. In Österreich waren Volzwinkler und Radler, in der Schweiz Gerber, Del Torchio und mit Seitenwagen Mühlemann die erfolgreichsten Fahrer auf „Grand-Prix"-Maschinen, die auch Perrin (Frankreich), Pesic (Jugoslawien) und Hajek (Tschechoslowakei) steuerten. Zu diesen gesellten sich noch viele Engländer und Iren, darunter David Whitworth, der 1947 mit der Prototype bei zahlreich großen kontinentalen Rennen zu vielen Erfolgen kam. Sieger im „Manx-Grand-Prix" wurden 1946 und 1948 Ernie Lyons und Don Crossley, wobei es sich im Falle Lyons nicht um das „richtige" Grand-Prix-Modell, sondern um eine Maschine handelte, die im Werk aus Teilen der „Tiger 100" mit gewissen Veränderungen zusammengebaut wurde.

Große Triumph-Rennfahrer

Zu ihnen gehörten so bekannte Meister wie Freddy Frith, Bob Foster, Reg. Armstrong,

Das war der schöne obengesteuerte Triumph-Parallel-Zweizylindermotor von 498 cm³, einer der besten seiner Klasse.

Diese 498-cm³-„Tiger 100" war eine sportliche Weiterentwicklung der „Speed Twin". Bei jüngeren Fahrern sehr beliebt, wurde sie oft bei Wettbewerben erfolgreich eingesetzt.

Kenn Bills, Syd Barnett, Vic Willoughby, Syd Jensen, Cliff Stevens, Arthur Wheeler, Ernie Thomas und viele mehr. Die Produktion der „Grand-Prix"-Modelle wurde auf Grund der Werksstrategie nach 1950 aufgegeben, die Maschinen waren zwar nie voll ausgereift, man hätte sie aber bei entsprechender Weiterentwicklung noch einige Zeit verkaufen können. In Wirklichkeit gab es nie einen offiziellen Rennstall in Meriden, und nur wenige Fahrer wie Lyons, Whitworth, Foster, Frith usw. genossen eine beschränkte Werksunterstützung. Zu den Männern, die sich damals um die Erfolge von Triumph-Maschinen kümmerten, gehörten auch die beiden früheren Rudge-Rennfahrer H. G. Tyrell-Smith und Ernie Nott, ferner Allan Jefferies, Frank Baker, Alex Scobie, Syd Gibbs und noch einige Angehörige der Triumph-Werke, darunter nicht zuletzt Chef-Rennmonteur Stan Truslove.

Im Gegensatz zum Straßenrennsport wurde der Geländesport bei Triumph immer ganz groß geschrieben. Mit Jim Alves, Allan Jefferies (Vater des bekannten Rennfahrers Nick Jefferies), Bert Gaymer, Johnny Giles, Jack

Auch nach 1945 wurden die „Speed Twin" und die „Tiger 100" produziert. Neu war allerdings das von Edward Turner geschaffene, serienmäßig aber nicht verwendete „federnde Hinterrad" – eine Fehlkonstruktion.

Ernie Lyons siegte 1946 beim Manx-Grand-Prix auf einer frisierten Triumph-Sportmaschine. Daraufhin entschloß sich das Werk 1947, neue 498-cm³-Rennmaschinen unter der Bezeichnung „Grand Prix" herzustellen. Sie erwiesen sich als sehr schnell und wurden auch in Deutschland gefahren.

Wicken, Ken Haenes, Roy Peplow, Peter Hammond, Bob Manns, Artie Ratcliffe, Gordon Blakeway, Ray Sayer und anderen verfügte man über eine Reihe erstklassiger Fahrer für Gelände und Moto Cross. Zu ihnen kam Molly Briggs, die den besten Vertretern des „starken Geschlechts" im Gelände in nichts nachstand. Sie fuhr die 499-cm³-„Trophy"-Zweizylindermaschinen ebenso gekonnt wie ab 1952 die Einzylinder-„Terrier" von 148 und 198 cm³ und „Tiger-Cub"-Geländeversionen, die von den erfolgreichen Serienmodellen abgeleitet waren und sich sehr gut bei Trials usw. bewährten.

Edward Turner war 1944 von BSA zu Triumph zurückgekehrt, Bert Hopwood, Turners zweiter Mann im Konstruktionsbüro, wechselte 1947 zu Norton über, 1961 war er dann wieder bei Triumph. Jack Sangster, der 1936 den Motorradbau bei Triumph gerettet hatte, verkaufte 1951 das große Werk an die BSA-Gruppe, deren Chef er 1956 selbst wurde. Damals baute man bei Triumph etwa 400 bis

Das war der Engländer David Whitworth, der den Prototyp der „Grand-Prix" in England und auf dem europäischen Kontinent 1947 erfolgreich einsetzte.

Eine der schnellsten, jegebauten 498-cm³-Triumph-Rennmaschinen. Sie entstand 1955 in der Entwicklungsabteilung in Meriden und wurde damals von dem Neuseeländer Maurice Low bei der englischen TT hervorragend gesteuert.

450 Maschinen wöchentlich, und wie gut es der ganzen BSA-Gruppe 1960 ging, bewies ein Profit von 3,5 Millionen Pfund Sterling. Zehn Jahre später gab es dann Riesenverluste, die aber nicht durch den Motorradbau entstanden waren, der nach wie vor florierte. Sangster, ein tüchtiger Geschäftsmann und auch Techniker, hatte beim Verkauf von Triumph rund 2,5 Millionen Pfund Sterling erhalten.

Techniker halfen sich selbst

Bereits 1949 entstand die „Thunderbird", eine hervorragende kopfgesteuerte Zweizylindermaschine von 643 cm³, der 1959 die schnellere „Bonneville" mit dem gleichen Hubraum folgte. Schon vorher, 1957, kam die zweizylindrige 347-cm³-„Twenty-One" mit Blockmotor und verkleidetem Hinterrad auf den Markt, die jedoch kein „Verkaufsrenner" wurde – von Triumph erwartete man allgemein rassigere und sportlichere Konstruktionen. Immer wieder wurde der Wunsch nach einer neuen Triumph-„Grand-Prix" laut, doch davon wollte die Direktion – soweit es den europäischen Markt anging – nichts wissen.

So schritten einige Techniker im Werk buchstäblich zur „Selbsthilfe", indem sie eine längere Abwesenheit Turners, der in den USA weilte, ausnützen und ohne sein Wissen eine rassige 499-cm³-Rennmaschine, basierend auf Teilen der „Tiger 100", bauten und zur Senior-TT auf die Insel Man mitnahmen. Der junge Neuseeländer Maurice Low fuhr mit ihr hervorragende Zeiten, bevor er in der fünften Runde aufgeben mußte. Geschwindigkeit wie Straßenlage überraschten Fahrer und Techniker. Für die letzteren war es aber auch eine Überraschung, als Edward Turner unerwartet am letzten Trainingstag auftauchte und keine besondere Freude an diesem Unternehmen – wenigstens offiziell – kundtat. Konstrukteur

Außer den 498er Parallel-Zweizylindermodellen stellte Triumph in den fünfziger und sechziger Jahren auch obengesteuerte Einzylinder von 148 und 198 cm³ unter der Bezeichnung „Cub" und „Tiger Cub" her.

Dies ist die 1958 von Triumph gebaute Geländemaschine Trophy TR 6 von 648 cm³, die sich bei vielen Wettbewerben auszeichnete. Gefahren wurde sie u. a. von Johnny Giles, Ken Heanes, Roy Peplow, Arthur Ratcliffe und Roy Sayer.

Frank Baker, Chefrennmechaniker Stan Truslove und ich als dritter in diesem „Komplott" vernahmen nach unserer Rückkehr einige berechtigte harte Worte vom Chef, der sich trotzdem für die Einzelheiten der Konstruktion sehr interessierte. Dann wurde diese Rennmaschine an den Triumph-Händler Allan Jefferies verkauft und von Colin Appleyard erfolgreich bei Rennen eingesetzt. Bedauerlich, daß wir keine Möglichkeit zu ihrer Weiterentwicklung hatten.

Geschwindigkeitswettbewerbe hatten schon immer einen großen Einfluß auf das Motorradgeschäft in Amerika. Während Triumph nach dem Bau der „Grand-Prix"-Modelle kein Interesse mehr an Rennen in Europa hegte, mußte das Werk – ob es wollte oder nicht – die USA mit guten Rennmaschinen versorgen, weil man eben Rennerfolge zum Absatz in den USA benötigte. So wurden immer wieder in Europa nicht erhältliche Rennmaschinen mit 499-cm³-ohv-Zweizylindermotoren für

1957 stellte Triumph die hochmoderne zweizylindrige „Twenty-One" von 346 cm³ vor. In der damaligen schweren Zeit für den Motorradabsatz konnte sie keine großen Verkaufserfolge erringen.

Triumph in Baltimore und bei Johnson Motors in Pasadena, den beiden Zentren von Triumph in Amerika, teilweise von Spezialisten gebaut. Sehr wichtig war dabei die Erringung des absoluten Geschwindigkeits-Weltrekordes für Motorräder.

Triumph fuhr Weltrekorde

Zu diesem Zweck wurden ab 1955 mehrere Rekordmaschinen mit zigarrenförmiger Stromlinienkarosserie und teilweise im Werk vorbereiteten „Thunderbird"-Motoren, die mit Alkohol „gespeist" wurden, eingesetzt. Johnny Allen erreichte damals bereits 308,8 km/h, doch wurde dieser Weltrekord aus formellen Gründen nicht anerkannt. 1956 brachte er es auf 342,4 km/h, einen neuen Rekord stellte Bill Johnson 1962 mit 359,31 km/h auf.

Zu den Amerikanern, die auf verschiedenen Triumph-Maschinen Rennerfolge errangen, gehörten so bekannte Fahrer wie Rod Coates, Bud Ekins, Sal Scirpo, Ed. Kretz jun., Sammy Miller – und da war auch ein weltberühmter Schauspieler namens Steve McQuen, der auf Triumph Rennen in der Wüste mit großen Erfolgen fuhr.

Weniger Erfolge gab es dagegen mit den in Meriden gebauten Motorrollern. Erst 1955, als der „Rollerboom" schon abgefahren war, befaßte sich Edward Turner ernsthaft mit ihnen. 1957 ging dann die „Tigress" mit 174-cm³-Einzylinder-Zweitaktmotor und 246-cm³-ohv-Zweizylindermotor in die Produktion – viel zu spät, um noch ins Geschäft zu kommen. Daß man 25 Jahre später wieder gute Roller benötigen würde, wußte man damals natürlich nicht.

Besser ging es schon mit dem Bau von Geländemaschinen, die u. a. bei der Internationalen Sechstagefahrt immer wieder erfolgreich abschnitten. 1949 wurde die TR5, eine Entwicklung aus der „Speed Twin", serienmäßig hergestellt, und 1951 entstand die 648-cm³-Version mit dem modifizierten Motor der „Thunderbird". 1952 gab es auch schon Scrambler-(Moto-Cross-)Modelle mit Teleskopfederung vorn und hinten. 1953 wurde die erste 148-cm³-„Terrier" von Henry Vale, dem Leiter der Geländesportmaschinen-Abteilung, entwickelt. 1956 kam die „Trials Cub" mit 198-cm³-Einzylindermotor heraus. Ich erinnere mich auch noch an eine 1957 gebaute 499-cm³-Moto-Cross-Maschine mit zwei Vergasern, die vorerst von Ken Heanes gesteuert wurde.

Wie die „Speed Twin" in der „Tiger 100", so erhielt auch die „Thunderbird" in der 650er Klasse eine sportliche Variante, die den Namen „Bonneville" (Typ 120) trug und auch zwei Vergaser sowie einen Leichtmetall-Zylinderkopf aufwies. Sie war nicht nur zuverlässig, sondern auch sehr schnell. Kein Wunder, daß sie oft erfolgreich für Rennen hergerichtet wurde, sowohl von der Fabrik als auch durch Privatfahrer. Ab 1959 spielte sie eine prominente Rolle in sportlicher und kommerzieller Hinsicht. Und man schrieb 1973, als man in Meriden auch mit einer kopfgesteuerten 746-cm³-Zweizylindermaschine der immer stärker werdenden Offensive japanischer Motorradhersteller – besonders auf dem amerikanischen Markt – entgegentrat, wo Gary Richards 1961 mit einer unverkleideten „Bonneville" eine Geschwindigkeit von 255,2 km/h erreichte. Daß dieser Motor nicht ganz serienmäßig und ein „Alkoholiker" war, steht fest. Trotzdem Respekt, daß er unter den erhöhten Beanspruchungen nicht zusammenbrach.

1971 wurde die „Bonneville" umkonstruiert und modernisiert, aber nicht mehr durch

Die weiterentwikkelte rassige „Tiger 100" mit ihrem 498-cm³-ohv-Zweizylindermotor wurde nach wie vor trotz aller Probleme bei Triumph von vielen Kunden bevorzugt. Diese Version entstand 1966.

Äußerlich ähnelten sich viele Triumph-Modelle, leistungsmäßig besonders stark war diese 646-cm³-„Bonneville 120". Trotz starker Konkurrenz konnte sie sich auch auf dem amerikanischen Markt gut behaupten.

Edward Turner und seine Mannen im Triumph-Werk, sondern durch das rund 300 Mann starke Entwicklungsteam in Umberslade Hall, wo nunmehr alle zur BSA-Gruppe zählenden Fahrzeuge entstanden. In Wirklichkeit wurde die „Bonneville" mehr den amerikanischen Wünschen angepaßt, und das gefiel vielen Europäern nicht besonders . . . Man mußte Kompromisse schließen, was dann auch geschah. Diese letzten Maschinen besaßen bereits die umkonstruierten 748-cm³-ohv-Zweizylindermotoren und wurden unter der Herrschaft von Dennis Poore, dem Chef von NVT (Norton-Villiers-Triumph), gebaut.

Bald darauf kam es zu einem langandauernden Streik bei Triumph in Meriden. Erst 1977 wurde er beendet, als sich das Unternehmen von NVT (Dennis Poore) trennte und als Arbeiter-Kooperative unter dem Namen Meriden Motor Cycles Ltd. zu neuem Leben erweckt wurde – einem verkleinerten, beschränkten und mit vielen Hindernissen gespickten Leben, in dem finanzielle Probleme immer wieder echte Fortschritte behinderten. Und das zu einer Zeit, als die Japaner immer stärker und dominierender im Motorradgeschäft wurden.

„Production-Racer"

Sie brachten 1968 Triumph ins europäische Renngeschehen zurück. Im Sattel schneller „Bonnevilles" saßen Spitzenfahrer wie Mike Hailwood, Dan Shorey, John Hartle, Malcolm Uphill, Tony Jefferies (Sohn von Allan und Bruder von Nick Jefferies), Paul Smart, Ray Pickrell, Percy Tait (Cheftester bei Triumph), Mick Grant, Dave Croxford, Alex George. Schon 1966 hatte der Amerikanerr Bob Leppan mit seinem „Stromlinien-Projektil", das zwei 646-cm³-Zweizylindermotoren aufwies, den Weltrekord auf 393 km/h geschraubt.

Edward Turner, der schon 1925 eine 347-ohc-Einzylindermaschine für den Eigengebrauch hergestellt hatte, war selbst nicht gegen den Rennmaschinenbau, doch lag hierfür die Entscheidung beim Aufsichtsrat der BSA-Gruppe – und der wollte kein Geld in Spezialrennmaschinen stecken. 1966 schied Turner als Managing-Direktor der Motorradgruppe von BSA aus, blieb aber bis 1967 Direktor bei BSA. Im selben Jahr gewann Gary Nixon auf Triumph das große 200-Meilen-Rennen von Daytona in den USA.

Bert Hopwood wurde Chefkonstrukteur nach Turners Abgang. Zusammen mit dem ebenfalls von Norton gekommenen Doug Hele schuf er 1968 die dreizylindrige „Trident", die in ähnlicher Ausführung bei BSA „Rocket-3" hieß. Es waren die ersten kopfgesteuerten Dreizylinder, die in der BSA-Gruppe entstanden. Wie die 648-cm³-Zweizylinder waren sie vornehmlich für den US-Markt bestimmt. Technisch an die Konstruktion der „Tiger 100" angelehnt, leistete der luftgekühlte Reihenmotor bald 58 PS bei 7250 U/min und ermöglichte eine Spitze von 200 km/h.

Auch Dreizylinder-Rennmaschinen

Es war hauptsächlich Doug Hele, der die „Trident" zum „Production-Racer" weiterentwikkelte. Ähnlich wie die zweizylindrigen „Bonnevilles" nahmen auch die Dreizylinder bald eine Spitzenposition ein. Beim 200-Meilen-Rennen von Daytona landeten 1970 Gene Romero und Don Castro auf den Plätzen zwei und drei. 1971 siegte Dick Mann vor Romero und Don Emde, wobei Mann und Emde die mit der „Trident" fast identische BSA-Rocket-„3" fuhren. Ähnlich war es in Europa, wo Uphill, Dikkie, Pickrell, Tony Jefferies, Dave Croxford,

Das war die sensationelle „Trident“ von Triumph, die in Verbindung mit den BSA-Werken konstruiert und Mitte der siebziger Jahre mit kopfgesteuertem 741-cm³-Dreizylindermotor auch gebaut wurde. Triumph gehörte damals zur großen BSA-Unternehmensgruppe.

Mick Grant und andere von Erfolg zu Erfolg mit den Dreizylindermaschinen eilten. Durch ständige Weiterentwicklung wurde die „Trident“ immer besser und moderner. 1972 bekam sie ein Fünfganggetriebe und Scheibenbremsen, 1975 konnte man sie auch mit elektrischem Anlasser erwerben.

Bei BSA, wo auch die „Trident“ gebaut wurde, gab es dann 1975 kommerzielle Probleme, die Ende 1976 zur Einstellung der „Trident“-Produktion führten. Bereits 1974 war Bert Hopwood, der hervorragende Konstrukteur, zurückgetreten, nachdem 1973 die von Dennis Poore geleitete NVT-Gruppe das Werk in Meriden geschlossen hatte. Eine von der Regierung mit 4,2 Millionen Pfund Sterling ausgestattete Arbeiter-Kooperative übernahm es, das Werk nach eineinhalbjähriger Besetzung der Fabrik in beschränktem Umfang weiterzuführen. So kam die „Trident“-Fertigung 1974 ins Birminghamer BSA-Werk, wo man 1976 den Bau von BSA- und Triumpf-Motorrädern endgültig aufgab.

1977 erwarb die Kooperative in Meriden den Namen Triumph – wieder mit Regierungshilfe – von NVT und begann mit der Fertigung verbesserter „Bonneville“-Maschinen. Auch GEC (General Electric Company) steckte damals Geld in die Triumph-Produktion.

Tragödie und Neubeginn

Die Männer und Frauen der neuen Kooperative verfügten über guten Willen und teilweise auch Können. Was ihnen fehlte, waren wohl Erfahrungen sowie – wegen mangelnden Betriebskapitals – die notwendige technische und kommerzielle Freiheit. Ständig mußten sie gegen dieses Problem ankämpfen und wohl auch gegen eine Anti-Kooperativ-Stimmung. Dazu kam die immer stärker werdende japanische Konkurrenz, die technisch fortschrittlicher und kommerziell bedeutend flexibler war. Plante eine japanische Motorradfabrik irgendeine Verbesserung, konnte darüber oft ein einziger Mann in führender Position zusammen mit seinen Fachleuten entscheiden. An Geld brauchte er nicht zu denken.

Anders in Meriden. Man mußte zunächst ergründen, ob eine Änderung kommerziell möglich erschien. War dies der Fall, ging die Sache durch mehrere interne und oft auch externe Instanzen. Bis alle von der Notwendigkeit einer Änderung überzeugt waren, war es oft zu spät, um noch sinnvoll einzugreifen. Der Kapitalmangel und die dadurch erzwungene Einschaltung von Banken und unerfahrenen Gremien als Geldgeber führten zu weiteren Komplikationen. So konnten Auslandsaufträge oft nicht ausgeführt werden, weil die notwendigen Bankgarantien fehlten. Darunter litten Zulieferer ebenso wie die Produktion in Meriden. Trotz aller Bemühungen ging es in den ersten achtziger Jahren nicht mehr weiter.

In dieser kritischen Zeit setzte ein Kampf für oder gegen die Rettung des einst so großen Namens Triumph ein. Es gab Befürworter, aber auch Gegner, durch verschiedene Interessen politischer und kommerzieller Art. Man sprach vom Erwerb des Unternehmens durch Japaner, Amerikaner und sogar durch Saudi-Araber – aber auch durch englische Banken. Wollten einige Interessenten das gesamte Werk mit allen Einrichtungen erwerben, war anderen nur an einem Teil gelegen. Und die Regierungsbehörden? Obwohl sie schon viel Geld in das Unternehmen gesteckt hatten, kam es aus den finanziellen Engpässen nicht heraus. Vor weiteren Investitionen scheute man zurück – und so kam es zur Tragödie, zum Ende von Triumph in Meriden bei Coventry.

Hoffnungsschimmer

Dann geschah – buchstäblich im letzten Augenblick – doch noch ein kleines Wunder. Les Harris, ein Industrieller, der bereits seit vielen Jahren wichtige Teile für Triumph herstellte, ließ alles, was vorhanden war, in ein neues Werk nach South Devon im Südwesten Englands bringen.

Als ich mit Ken Heanes, Ex-Werksfahrer bei Triumph und später Motorradhändler und Großbauer in Fleet (Hants.), über den neuen Triumph-Chef sprach, meinte er: „Ein sehr braver, tüchtiger Mann, ein Enthusiast". Er hatte recht. Harris ist nicht nur ein versierter Geschäftsmann, sondern auch ein erfahrener Motorradfachmann, der den Mut hatte, in England eine neue Motorradfabrik zu errichten – wohl wissend, daß sein risikoreiches Vorhaben nicht ohne Schwierigkeiten verlaufen würde. Und es mangelte auch nicht an Problemen. Daß es Harris und seinen Mitarbeitern, von denen einige aus dem früheren Werk in Meriden stammten, Mitte 1984 doch gelang, die ersten neuen 744-cm³-Triumph-„Bonneville" herzustellen, beweist seine großen Fähigkeiten.

Die neuen „Bonneville" besitzen nach wie vor zweizylindrige ohv-Motoren (Bohrung/Hub 76/82 mm, Verdichtung 7,9:1), Fünfganggetriebe, zwei Scheibenbremsen vorn und eine hinten und hydraulische Stoßdämpfer. Gewicht: 186 kg. Sie haben schwarze, mit Rot und Goldlinien dekorierte Tanks und machen einen sportlichen Eindruck. Die Firma L. F. Harris (Rushden) verfügt über die Lizenzrechte und baut die neuen Triumph-Maschinen in Units 1 & 2 Silverhills Road, Decoy Industrial Estate, Newton Abbot, South Devon/England.

Bevor Harris Triumph übernahm, stellte seine Firma außer normalen Triumph-Teilen auch „Racing Spares" für Hochleistungsmaschinen her. Nicht ausgeschlossen deshalb, daß es eines Tages auch wieder „heiße" Triumph-Maschinen geben wird, je nach den Erfahrungen und Erfolgen mit der neuen „Bonneville". Viel dürfte auch davon abhängen, ob die

„Slippery Sam" hieß eine 746-cm³-Triumph, die im Werk von einigen Technikern aus einer „Trident" für Straßenrennen „umfunktioniert" und dadurch die schnellste und erfolgreichste „Trident" wurde. Percy Tait, Triumph-Chefkonstrukteur, war ihr erfolgreichster Fahrer.

Die Triumph-„Bonneville" wurde im Laufe der Jahre auf 744 cm³ vergrößert, um sich besonders auf dem US-Markt halten zu können. Dieses 1979 gebaute Modell entstand noch in der „alten" Fabrik in Meriden kurz vor dem vorläufigen Ende der Marke.

Zulieferanten so mitziehen wie vor einigen Jahrzehnten, als es in England noch 20 bis 30 Motorradhersteller gab und die Zubehörindustrie viele Abnehmer fand. Dann verschwanden aber diese Werke und damit die Kunden, die eine rentable Herstellung vieler Teile ermöglichten. Jetzt muß alles neu aufgebaut und eingerichtet werden, fast ausschließlich für Triumph. Die Frage bleibt offen, wer hier weiter mitmacht, da Harris ja nicht alles produzieren kann, was er zum erfolgreichen Motorradbau benötigt.

Meine Zeit bei Triumph

Rückblickend ist festzustellen, daß Triumph in vieler Beziehung eine gute Motorradfabrik war – und vielleicht wieder sein wird. Ihr Pech war der 1951 erfolgte Anschluß an die BSA-Gruppe, deren Untergang, zum Teil durch ein Mißmanagement verursacht, auch Triumph mitriß. Dabei wäre der Zusammenbruch zu vermeiden gewesen, von dem nicht nur die Motorradherstellung bei BSA in Birmingham betroffen wurde, sondern auch Abteilungen, die mit dem Motorradbau allenfalls kommerziell verbunden waren. In der Führungsspitze kannte man sich mit dem Motorradbau zu wenig aus, die Experten waren nicht mehr da, es fehlten Männer wie Jack Sangster, Edward Turner, Bert Hopwood, James Leek und noch andere, für die Motorräder nicht nur Handelsobjekte waren.

Von 1955 bis 1959 war ich selbst bei Triumph in Allesley bei Coventry tätig, gern denke ich noch heute an diese schöne Zeit zurück. Auch wenn Edward Turner, der Chef und Chefkonstrukteur, von Launen nie ganz frei war und man daher oft nicht genau wußte, was die nächste Überraschunhg bringen würde. Aber er verstand es, Motorräder zu schaffen, die Kunden gern kauften.

Edward Turners Politik war nie ganz klar. Bezeichnend dafür, daß er bereits als Student in London 1925 eine 346-cm³-ohc-Maschine baute und mit ihr auch kleinere Rennen bestritt, später aber streng den Bau von Rennmaschinen ablehnte, um 1946 doch die

„Grand-Prix"-Rennzweizylinder in Serie herausbringen. Dann wollte er vom Rennmaschinenbau wieder nichts wissen, lieferte jedoch in den fünfziger und sechziger Jahren Modelle für Rennmaschinen, die zu Hunderten in den USA hergestellt wurden – weil man dort ohne Rennerfolge Motorräder nicht verkaufen konnte. Edward Turner starb mit 72 Jahren 1973 in Dorling/England, zuvor arbeitete er in einer Art Ruhestand weiter an Neukonstruktionen für Triumph und BSA. Zu diesen gehörte auch die schöne und rassige „Bandit", die jedoch nie in die Serienproduktion ging. Triumph beschäftigte in den im Zentrum Conventrys gelegenen Betriebsstätten in der Priory Street rund 3000 Betriebsangehörige und stellte bis zu 1000 Motorrädern in der Woche her, bis das Werk 1941 durch Bomben dem Erdboden gleichgemacht wurde. Nach dem Ausscheiden so bekannter Marken wie Rudge, Humber, Coventry-Eagle, Montgomery, Grindlay Peerless usw. traten viele erfahrene und tüchtige Männer wie H. G. Tyrell-Smith und Ernie Nott zu Triumph über.

Erinnerungen

Einige der wichtigsten Männer, die im Laufe der Jahre bei der Triumph tätig waren, habe ich schon genannt. Alle aufzuführen, ist hier unmöglich. Persönlich war ich u. a. mit Pressechef Ivor Davis sehr befreundet, ebenso mit Kundendienstchef Jack Fields sowie mit den Rennfahrern und Technikern Vic Horsman und Allan Jeffries, obwohl sie zu meiner Zeit nicht mehr im Werk, sondern große Motorradhändler in Liverpool und Shipley waren.

Gern denke ich an den hervorragenden Techniker Frank Baker zurück, der sich zusammen mit seinem Assistenten Stan Truslove sehr für den Bau von Rennmaschinen einsetzte, an Henry Vale und den dicken Vic Fiedler, die für Geländemaschinen verantwortlich zeichneten, an erfahrene Männer wie Arthur Jakeman, Les Williams und Jack Shemans, dessen Vater schon Ein- und Rennfahrer bei Triumph in den zwanziger Jahren war. Fair und anständig auch Werksdirektor Bert Coles und Montageleiter Syd Tubbs, Verkaufsleiter Neale Shilton, Kundendienstchef Alec Masters, und auch der später zu BSA abgewanderte Direktor Bob Fearson gehört zu den unvergessenen Charakteren von Triumph in Meriden, desgleichen John Nelson, der nach Masters Abgang Kundendienstchef wurde. Nicht zu vergessen auch Alex Scobie und Percy Tait, die als Cheftester wöchentlich Tausende von Kilometern abspulten und so manches neue Modell über Stock und Stein – und selten langsam – bewegten. Percy Tait war ein her-

Mitte 1984 erschien die neueste 744-cm³-Zweizylinder-Maschine. Hergestellt wurde diese „Bonneville" als erste Triumph der Firma L. F. Harris (Rushden) Ltd. in South Devon/England.

vorragender und erfolgreicher Rennfahrer – dazu „nebenberuflicher Schweinezüchter".

Erwähnen möchte ich auch den eleganten Vertriebschef A. J. Mathieu, der mit allen Triumph-Importeuren in der Welt in Verbindung stand – mit Johnson in Pasedana (Kalifornien), Uno Ranch in Schweden, Reinhard in Dänemark, Wöhrer in Österreich und Alan W. A. Bruce in Köln. Gut in Erinnerung sind mit auch bekannte Vorkriegsimporteure wie Rudolf Grasern in der Tschechoslowakei, Thomas Harbourn in Österreich, Piero Opessi in Rom. Oft denke ich noch an dem im letzten Krieg ums Leben gekommenen Brünner Triumph-Händler Otto Breda, der mir – als ich dort studierte – immer die Möglichkeit gab, in seinen Werkstätten zu praktizieren. Mir fallen auch Wilbur Cedar ein, der nach Bill Johnsons frühzeitigem Ableben Triumph in Kalifornien vertrat, und Denis Corner, der in Baltimore das Triumph-Zweigunternehmen für den Westen der USA erfolgreich leitete, mit Jack Mercer als „unwiderstehlichem" PR-Chef.

Gut im Gedächtnis sind mir auch Johnny Allen, der 1956 mit einer Triumph auf Weltrekordjagd ging, der später nach den USA übergesiedelte Turner-Assistent Jack Wickes, der Amerikaner Bud Ekins, der für Triumph auch die Internationale Sechstagefahrt in Deutschland während der fünfziger Jahre bestritt, und vor allem auch hervorragende britische Werksfahrer wie der Ire Ernie Lyons, Don Crossley von der Insel Man, die Jefferies-Brüder Tony und Nick, Jim Alves, Ken Heanes, Bert Gaymer, Johnny Giles, Jack Wicken, Peter Hammond, Gordon Blakeway und der immer hilfsbereite Bob Mann, der später zu AJS-Matchless nach London ging.

Für Triumph erfolgreiche Straßenrennfahrer waren u. a. auch die Deutschen Holthaus, Fuß, Böhm/Troisdorf, H. Schmitz und Knees; die Briten W. Evans, R. Armstrong, A. Wheeler, B. Foster, D. Whithworth, S. Barnett, D. Beasley, S. Jensen, C. A. Stevens, F. Frith, A. Moule, J. Hobbs, T. Simister, J. West, J. Marshall, C. Quinn, J. Hitchcock und H. G. Tyrell-Smith, die Österreicher H. Volzwinkler und K. Radler; der Italiener M. Opessi; die Tschechoslowaken B. Turek und E. Hajek; der Schweizer Del Torchio; der Holländer van Rijswick und der Belgier A. Goffin.

Vergessene Meisterschaftsmarke:
Die schwäbische UT

Die Bezeichnung UT kam, so ist wohl anzunehmen, aus der heute weltberühmten Autostadt Untertürkheim, wo Hermann Scheihing 1922 sein erstes Motorrad, eben diese „Unter-Türkheim", schuf. Er selbst war ein aktiver Rennfahrer, ein Praktiker und ein echter Schwabe, der es sich in den Kopf gesetzt hatte, trotz vieler Schwierigkeiten erstklassige Motorräder auf der Grundlage eigener Erfahrungen herzustellen.

Zuerst mit Bekamo-Motoren

1922 war Deutschland mit mehr oder – zumeist – weniger guten Motorrädern gesegnet. Viele Firmen brauchten nach dem Ersten Weltkrieg eine neue Produktion und glaubten, ihr großes Glück im Motorradbau finden zu können. Da gab es Nachbauten, Fehlkonstruktionen und Unternehmen ohne jede Erfahrung im Bau von Motorrädern. Und es gab viele Marken, viel Auswahl – und zuletzt unglückliche Motorradbesitzer, die für oft unzuverlässige und gefährliche Maschinen ihr Geld ausgaben. Das betraf vor allem Zweitakter, die hoch im Verbrauch, niedrig in der Leistung und oft katastrophal unzuverlässig waren. So kam es auch, daß viele Unternehmen ihre Tore bald wieder schlossen und ihre Kunden ohne Ersatzteilversorgung im Stich ließen.

Hermann Scheihing wollte bei seiner UT ein solches Dilemma vermeiden. So baute er seine ersten Modelle mit bewährten und leistungsfähigen Bekamo-Motoren in robusten und gut durchkonstruierten Fahrwerken. Der berühmte Hugo Ruppe war Konstrukteur und Produzent dieser Motoren, die wegen ihres Hilfskolbens im Kurbelgehäuse eine bessere Füllung und Leistung erzielten, allerdings in der Herstellung und im Verkauf etwas teurer waren als „normale" Dreikanal-Nasenkolben-Zweitakter.

Dem Perfektionisten Scheihing machte der höhere Preis des Motors, den Ruppe in Berlin herstellte, nichts aus. Er wollte den besten der damaligen Zweitaktmotoren. So entstanden seine ersten Maschinen mit einzylindrigen Bekamo-Motoren von 129 und 173 und später auch mit 246 cm³, die liegend in ansprechenden Fahrwerken mit niedrig angebrachtem Sattel eingebaut waren.

UT bei Bergmüller & Co.

Scheihings UT-Motorräder hatten bald einen guten Ruf und fanden mehr Kunden, als er beliefern konnte. Dennoch geriet er durch die große Inflation, die 1923 ihren Höhepunkt erreichte, in finanzielle Schwierigkeiten – wie viele andere Firmen und Bekamo-Hersteller Ruppe auch.

Als er nicht mehr weiterkonnte, übernahm die gut eingerichtete Maschinenfabrik Bergmüller & Co. in Vaihingen an der Filder alles, was von seinem Unternehmen noch vorhanden war, um die Produktion der UT-Motorräder weiterzuführen. Zunächst mit dem 246-cm³-Modell, dessen Bekamo-Motor nicht mehr von Ruppes Werk gebaut wurde, sondern von einem anderen Berliner Motorenwerk, das die Lizenzfertigung erworben hatte. 1927 brachte

Die ersten in den zwanziger Jahren gebauten UT-Motorräder hatten liegende 246-cm³-Einzylinder-Zweitaktmotoren von Bekamo, die nach dem von Hugo Ruppe entwikkelten Hilfskolbenprinzip arbeiteten.

Ab 1929 gab es Satteltanks auch bei UT. Hier eine 198-cm³-Maschine mit seitengesteuertem JAP-Motor.

man dann UT-Motorräder mit JAP-Motoren und hauptsächlich Blackburne-Motoren in seiten- und kopfgesteuerter Ausführung von 347 und 497 cm³ heraus. Sie hatten typisch englische Konstruktionsmerkmale. Später kamen Modelle mit Einzylindermotoren von 198, 246 und 597 cm³ hinzu und außerdem solche mit seitengesteuerten JAP-Motoren von 297 und 546 cm³.

Schnell ins Unglück

In dieser Überschrift liegt Tragik. Weil die Vaihinger Maschinenfabrik bald in den Bau von Rennmaschinen mit so gutem Erfolg einstieg, daß sie sogar eine eigene Rennabteilung schuf, für diese eine ganze Reihe von Werksfahrern engagierte oder Privatfahrer werksseitig unterstützte. Das kostete Geld – und zwar mehr, als sich das Unternehmen leisten konnte. In den Jahren 1926 bis 1928 ging alles noch gut, als aber 1929 eine Wirtschaftskrise den Absatz immer mehr reduzierte, mußte die Rennabteilung aufgelöst werden. Sie hatte unter der Leitung von Erwin Gehrung gestanden, einem erfahrenen und technisch erstklassigen schwäbischen Rennfahrer, der Bahn-, Straßen- und Bergrennen mit Erfolg bestritt. Andere UT-Spitzenfahrer waren Max Kiemel und Karl Frentzen, ferner Erich Blind, Erwin Nonnemann, Johan Nicodemus, Joe-Will Brand, der bald berühmt gewordene Bielefelder H. P. Müller und Otto Kohfink.

Auch größere UT-Modelle wie diese 346-cm³-Version mit seitengesteuertem JAP-Motor wiesen am Schluß der zwanziger Jahre Satteltanks auf.

Joe-Will Brand, Rennfahrer und Fotograf aus München, fuhr im Laufe der Jahre verschiedene Rennmaschinen. Das 1929 geschossene Foto zeigt ihn auf einer 490-cm³-UT-Bahnmaschine mit JAP-Motor, die ihm viele Erfolge einbrachte.

UT errang Ende der zwanziger Jahre sogar die Deutsche Straßenmeisterschaft der 350er Klasse durch Max Kiemel, doch verschlechterte sich die Situation der Rennabteilung immer mehr. Als Kiemel und Frentzen 1929 nach Barcelona zum Großen Preis von Europa fuhren, mußten sie auf ältere Maschinen zurückgreifen, die schon zahlreiche Rennen bestritten hatten. Bei der einen brach ein Ventil des kopfgesteuerten Blackburne-Motors und bei der anderen der – bereits geschweißte! – Steuerungsdämpfer; ein Zubehörteil, daß man normalerweise in solchen Fällen erneuert.

Dr. Nicodemus, UT-Vertreter in Leipzig und Rennfahrer, hatte die wohl einzige, je gebaute UT mit kopfgesteuertem 996-cm³-Zweizylinder-Rennmotor von JAP, der 45 PS abgab. Er fuhr sie ziemlich erfolgreich bei Seitenwagen-Rennen. Als es dann 1929 zum „Ausverkauf" der Werksrennmaschinen kam, erwarb der damals noch junge H. P. Müller die 246er und die 346er Maschine, die vorher der in Bonn beheimatete Karl Frentzen gefahren hatte.

Auch wenn Werksrennfahrer der letzten zwanziger Jahre kaum einen Bruchteil vom möglichen Verdienst heutiger Spitzenfahrer erhielten, war die finanzielle Belastung für kleine Motorradhersteller mit eigenen Rennabteilungen oft zu groß. Auch für Bergmüller & Co. Man war 1931 am Ende, fand aber in der Schwenk & Schnürle GmbH zu Vaihingen bald eine Nachfolgefirma, die die technische und kommerzielle Struktur der Marke UT von Grund auf veränderte. Sie verlegte die Produktion bald in das benachbarte Möhringen an der Filder, wo es nach kurzer Zeit zu einer neuen Modellreihe kam.

Um 1930 hatten bei UT englische Blackburne-Einzylinder-Einbaumotoren in verschiedenen Ausführungen, seiten- und kopfgesteuert, von 198, 246, 346, 496 und 596 cm³ dominiert. Verwendet wurden einfache, unten offene, aber sehr stabile Rahmen mit modernen Satteltanks. Die Motorräder verrieten gute, typisch schwäbische Werkmannsarbeit.

Nach 1933 wurden fast nur noch deutsche Einbaumotoren verwendet. Zum einen, weil Blackburne bis 1935 Motoren nur noch auf Bestellung lieferte, und zum anderen (und noch entscheidender), weil es in der Hitler-Zeit immer schwieriger und später unmöglich wurde, Einbaumotoren aus dem Ausland zu beziehen.

Die UT-Angebotspalette umfaßte 1933 eine 198er mit Bark-Zweitaktmotor für RM (Reichsmark) 560, eine 198er mit seitengesteuertem Bark-Motor für RM 720, eine 198er mit seitengesteuertem JAP-Motor für RM 820, eine 198er mit kopfgesteuertem JAP-Motor für RM 890, eine 298er mit seitengesteuertem JAP-Motor für RM 860, eine 346er mit kopfgesteuertem JAP-Motor für RM 1120, eine 490er bzw. 586er mit seitengesteuerten JAP-Motoren für RM 1150 bzw. RM 1230. Mit kopfgesteuerten JAP-Motoren kosteten diese Maschinen RM 1290 bzw. RM 1360. Angebo-

Diese 1930 gebaute UT-Sportmaschine war mit einem 496-cm³-Blackburne-Motor ausgestattet. Ähnlich sah die 346-cm³-Version aus.

Bei Rennen erfolgreiche UT-Motorräder besaßen JAP- oder Blackburne-Motoren. Hier eine Maschine mit 490-cm³-JAP-Doppelport-Rennmotor.

ten wurde auch eine 497er UT mit seitengesteuertem Blockmotor von Küchen.

Im Vergleich zu DKW, NSU, BMW, Zündapp, Ardie usw. war UT nach wie vor eine verhältmäßig kleine Firma, doch hatte sie einen guten Ruf und konnte alle hergestellten Maschinen auch absetzen. Viele bislang aus dem Ausland bezogene Teile wurden nunmehr durch deutsche ersetzt.

1934 gab es nur noch wenige Maschinen mit ausländischen Einbaumotoren. Verwendet wurden lediglich einige ältere Modelle von Blackburne; JAP-Motoren standen nicht mehr zur Verfügung. Wieder mußte die Produktion verändert werden. Das Angebot bestand jetzt aus zwei 198ern mit Bark-Motoren (einmal mit getrenntem Getriebe, einmal in Blockausführung), einer 198er mit kopfgesteuertem Blackburne-Motor, einer 497er und einer

Diese 346-cm³-UT-Sportmaschine mit kopfgesteuertem Bark-Motor entstand 1936.

Eine der schönsten UT-Nachkriegsmaschinen war die 1954 gebaute 244-cm³-Zweizylinder-Zweitakter mit JLO-Motor und Telegabel.

597er mit seitengesteuerten Küchen-Blockmotoren, dem Typ SB 110, einem Auslaufmodell mit kopfgesteuertem 347-cm³-Blackburne-Motor sowie einem Rest von Motorrädern mit kopfgesteuerten 346-cm³-JAP-Motoren.

In den dreißiger Jahren schrumpfte die einst zahlenmäßig so große deutsche Motorradindustrie auf 14 Hersteller zusammen. UT gehörte zu den kleineren und konzentrierte sich auf den Einbau deutscher Bark- und Küchen-Motoren, die sich als solide, gute Antriebsaggregate bewährten, aber keine besonders sportlichen Hochleistungsmotoren waren. Hergestellt wurden 193er, 199er, 343er, 499er und 582er Modelle, wobei Bark auch die kleinen Zweitakter lieferte. Die meisten Maschinen wurden damals im heimatlichen Württemberg verkauft, gut kamen die glattflächigen modernen Küchen-Motoren bei den Käufern an.

Typisch für die UT-Motorräder der Vorkriegszeit waren die kopfgesteuerten Modelle 500S mit 499 cm³ und 600S mit 582 cm³. Ihre Bark-Motoren leisteten 20 bzw. 24 PS bei 4800 U/min, sie hatten fußgeschaltete Hurth-Vierganggetriebe, Amal-Vergaser, Tiger-Federgabeln und andere erstklassige Teile. Als verhältnismäßig kleiner Produzent konnte UT natürlich nicht viel Geld für die Werbung ausgeben, und so trat dieses Fabrikat auch nicht so stark hervor wie die Marken großer Werke. Zu den bekanntesten UT-Fahrern bei Zuverlässigkeitswettbewerben gehörten übrigens auch Rennfahrer wie Otto Küstner, Karl Braun und Erwin Badsching.

Mitte der fünfziger Jahre entstand auch die erste UT-Sportmaschine mit dem von Richard Küchen konstruierten 246-cm³-Opti-ohc-Zweizylindermotor. Sie ging aber nicht mehr in die Serienproduktion.

Langschwingen an beiden Laufrädern gehörten Mitte der fünfziger Jahre zum „letzten Schrei" im Motorradbau. Auch die Zweizylinder-UT mit JLO-Motor besaß sie.

Nach 1949 schwerer Anfang

Als die Firma Schwenk & Schnürle (nunmehr Kommanditgesellschaft) 1949 wieder in den Motorradbau einsteigen konnte, sah sie sich völlig veränderten Verhältnissen in einem verarmten, geteilten Deutschland gegenüber. Es fehlte an allem, und auch der Motorradbau konnte nur unter großen Schwierigkeiten und großen Opfern wieder aufgenommen werden. Da Deutschland auch motorradmäßig „ausgehungert" war, übertraf die Nachfrage die Produktionsmöglichkeiten bei weitem. Selbst eine so große Zweitaktmotorenfabrik wie JLO in Pinneberg konnte zunächst nur einen kleinen Teil der Aufträge aus der deutschen Motorradindustrie ausführen.

So mußte sich auch UT vorerst schön anstellen, um die 123-cm³-Zweitaktmotoren für die ersten Nachkriegsmodelle zu erhalten. Sie waren, soweit möglich, in Qualität und Ausführung so gut, wie bei UT immer gewohnt. In dem Bestreben, gute Motorräder zu bauen, wurde auch nicht gespart. So konstruierte eine Zeitlang der bekannte und hervorragende Fahrwerkspezialist und Fachschriftsteller Jan-Friedrich Drkosch die Fahrgestelle der UT-Maschinen. Sie hatten bald auch gute Telegabeln und Tele-Hinterradfederung. Der 123er JLO-Zweitakter, nunmehr mit Umkehrspülung, leistete 5,8 PS bei 5500 U/min. Auch die folgenden Modelle von 174 und 198 cm³ hatten JLO-Einzylinder-Zweitakter. Die letzte UT mit dem 244-cm³-Zweizylinder-Zweitaktmotor von JLO, der 15,1 PS bei 6000 U/min leistete, gehörte Ende der fünfziger Jahre zu den schönsten deutschen Motorrädern.

„Opti" kam nicht mehr zum Zuge

Alle UT-Maschinen hatten JLO-Motoren – mit einer Ausnahme: die KS 175 F wies einen 173-cm³-Zweitaktmotor von Fichtel & Sachs auf, der 9,5 PS bei 5250 U/min abgab. Telegabeln und Hinterradschwingen hatten verschiedene Modelle, einige auch die von Karl Jurisch geschaffene Hinterradfederung. Als man dann Ende der fünfziger Jahre auch

Mopeds baute, erhielten sie 49-cm³-JLO-Motoren in verschiedenen Fahrwerken.

Kurz bevor der UT-Motorradbau ganz eingestellt wurde, hatte man noch eine prächtige 240er mit ohc-Parallel-Zweizylinder-Opti-Motor im Versuch – ähnlich wie damals bei Tornax. Von Richard Küchen konstruiert, war dieser Motor mit der durch Kette angetriebenen obenliegenden Nockenwelle aus drei Gründen kein Erfolg: im Bau zu aufwendig, technisch noch nicht ausgereift und zu spät erschienen. Er gelangte erst zu einer Zeit zu einigen Herstellern, als der Motorradabsatz Mitte der fünfziger Jahre vor dem Zusammenbruch stand. In die Serienfertigung ging der Opti-Motor nicht mehr.

Technisch war es schade um diesem ohc-Motor. Richard Küchen bildete zusammen mit seinem Bruder Xaver ein ausgezeichnetes Team, wobei Richard der Liebhaber schöner Formen und Xaver derjenige war, der bis in die letzten Einzelheiten alles durchkonstruierte. Den notwendigen Rest hätte ein erfahrener Motorenhersteller dazu geben müssen, und der – so hatte man den Eindruck – fehlte.

So blieb UT ähnlich wie auch Tornax nur der „Viertakt-Traum". Trotzdem sollte man UT nicht vergessen. Die tüchtigen Schwaben haben zu ihrer Zeit den Motorradmarkt um viele gute und schöne Konstruktionen bereichert.

Qualität vom Rand des Kohlenpotts:
August Wurrings AWD

Nicht auf dem Reißbrett, sondern auf Grund praktischer Erfahrungen, die August Wurring auf den schlechten Straßen der zwanziger Jahre sammelte, entstanden seine Motorräder in Breitscheid bei Düsseldorf. Nicht verwunderlich, daß er sich einen guten Ruf als Fachmann für den Fahrwerkbau erwarb.

Die Motoren für seine Fahrzeuge erstand Wurring immer dort, wo er gute Qualität zu günstigen Preisen fand. Vor dem Zweiten Weltkrieg bezog er sie von DKW in Zschopau und Kühne in Dresden (beide jetzt DDR), von Blackburne in England, Columbus in Oberursel (gehörte zu Horex in Bad Homburg v. d. H.) und gelegentlich auch von anderen Firmen. Nach Kriegsende wurden fast ausschließlich Zweitakter von JLO in Pinneberg mit Hubräumen bis 244 cm³ verwendet. Auch Fichtel & Sachs in Schweinfurt lieferte Einbaumotoren, doch überwogen die aus Norddeutschland.

Wurring lehnte es von jeher ab, große Mengen von Motorrädern zu besonders niedrigen Preisen herauszubringen. Mit diesem Prinzip überstand er auch schlechte Zeiten in den zwanziger Jahren, als andere deutsche Motorradhersteller wie Snob, Fadag, Pimph, Autinag, Esch-Rekord, Roland, FHG, Andrees, Dümo, Cyclop, KMB, Allright, Rüder, Delta, Hens, Apex, Ruwisch und andere oft schon nach kurzer Zeit die Waffen strecken und den Motorradbau aufgeben mußten. Auch Preiskämpfe, die Mitte der fünfziger Jahre zwischen Motorradfabriken ausbrachen und manchen Motorradkonfektionär zwangen, möglichst billig zu produzieren, machte Wurring nicht mit. Er blieb seinem Grundsatz treu, Qualität über den Preis zu stellen, und damit erhielt er sich einen treuen Kundenkreis.

Bei Wurring spielte auch der Bau von Spezialfahrwerken für Renn-, insbesondere Bahnrennmaschinen eine bedeutende Rolle. So besaßen z. B. auch die von Werner Mazanec und Ing. Erwin Aldinger benutzten AJS- bzw. Rudge-Bahnmaschinen von AWD hergestellte Fahrgestelle.

Motoren-Vielfalt

In den ersten zwanziger Jahren standen anfänglich leichte Motorräder mit 122, 145 und 172 cm³ Hubraum von DKW auf dem AWD-Programm sowie eine Maschine mit 149-cm³-Zweitaktmotor von Villiers. Größere Modelle wiesen später Blackburne-Motoren

August Wurring, erfahrener Techniker und Motorrad-Enthusiast, schuf bereits 1923 dieses Maschinchen mit DKW-Zweitaktmotor von 145 cm³.

Im Laufe der Jahre reichte die Wurring-Modellpalette bis zu Motorrädern von 1096 cm³ Hubraum, die seitengesteuerte Blackburne-V-Zweizylinder mit großer außenliegender Schwungscheibe – wie bei dieser 1925 gebauten Maschine – aufwiesen.

auf, darunter gab es Maschinen mit kopfgesteuerten 678-cm³-V-Zweizylindermotoren und sogar mit seitengesteuerten V-Zweizylinder-Triebwerken von 1098 cm³. Mitte der zwanziger Jahre begann die Aera der kopfgesteuerten 346-cm³-Kühne-Einzylindermotoren, denen sich – teilweise seitengesteuerte – 496-cm³-Versionen hinzugesellten. In den letzten zwanziger und dann in den dreißiger Jahren baute Wurring seiten- und kopfge-

Englische Komponenten spielten bei AWD immer eine bedeutende Rolle wie dieser 172-cm³-Villiers-Zweitaktmotor, mit dem das Breitscheider Werk bei seinen Kunden gut ankam.

Kühne in Dresden lieferte diesen damals neuen und von Franz Gnädig (früher KG) konstruierten kopfgesteuerten 347-cm³-Motor, den Wurring 1925 einbaute. Er wurde – wie bei der abgebildeten Maschine – für Rennzwecke „frisiert“, obwohl Kühne-Einbaumotoren keinesfalls besonders dafür ausgelegt waren.

steuerte 496-cm³-Einzylindermotoren in seine robusten und damals modernen Fahrwerke ein.

Bis 1926 hatte der Breitscheider Motorradfabrikant eine selbst hergerichtete Rennmaschine mit dem kopfgesteuerten 346er Kühne-Motor gefahren, dann stieg er auf eine 246er Rennmaschine mit Blackburne-Motor um – und mit der startete er auch beim Eröffnungsrennen 1927 auf dem Nürburgring. Erfolge gab es genug, der Blackburne-Motor war in der zweiten Hälfte der zwanziger Jahre wohl der schnellste Viertakter in der 250er Klasse. Weltberühmte Fahrer wie die Engländer Walter Handley (Rex Acme), Jock Porter

Der AWD-Firmenchef erkannte bald die Chancenlosigkeit des Kühne-Motors besonders bei größeren Straßenrennen. Schon 1926 baute er in seine neue Rennmaschine den kopfgesteuerten englischen Blackburne-Motor von 246 cm³ ein, den damals schnellsten Rennmotor in der Viertelliterklasse. Das Foto zeigt Wurring auf seiner Maschine mit Blackburne-Motor.

Zu den 1930 von AWD hergestellten Serienmodellen gehörte auch diese Maschine mit dem weiterentwickelten Kühne-Einbaumotor von 347 cm³. Neu waren der Satteltank und die Tiger-Vorderradgabel.

(New Gerrard) und Paddy Johnston (Cotton) benutzten ihn ebenso wie die Berliner Brüder Günther und Herbert Ryll und die Österreicher Otto Cecconi und Karl Machu.

Damalige Rennen und Rennmaschinen

In Wurrings Fabrik gab es zu keiner Zeit eine Rennabteilung, keine hochbezahlten Rennfahrer wie Kenny Roberts oder Barry Sheene und auch keinen Raum, in dem Rennmaschinen gebaut wurden. Sie waren in den zwanziger Jahren eben „Motorräder" und keinesfalls technisch sensationelle und fast unbezahlbare Meisterwerke.

Normalerweise erwarben Firmen wie AWD bei einer erfolgreichen Einbaumotorenfabrik das gewünschte Triebwerk, rüsteten es mit Rennvergaser und manchmal auch mit einem Renngetriebe von Burman, Hurt oder Sturmey-Archer aus und hängten es in einen

Mitte der dreißiger Jahre entstand diese AWD mit seitengesteuerten Columbus-Einzylindermotor von 496 cm³. Columbus in Oberursel war ein Zweigwerk von Horex in Bad Homburg.

In den dreißiger Jahren lieferte Wurring auch ein AWD-Motorrad mit obengesteuertem vierventiligem Columbus-Motor von 496 cm³. Für ihre Zeit eine schöne Maschine, die nie ein „Massenprodukt" wurde.

leichten, aber gut gemachten Rahmen. An der Tagesordnung war Alkohol-Kraftstoff, der damals bei allen Rennen erlaubt war. Ich erinnere mich, wie selbst Fahrer größerer Werke auf der eigentlichen Rennmaschine – mit Ersatzteilen und Betriebsstoff im Rucksack – die Anfahrt zur Rennstrecke zurücklegten. Es gab kaum noch bissige Hunde, die einen Fahrer anbellten, der ohne Schalldämpfer über die damals löcherigen Straßen jagte. Manche nahmen erst vor dem Training die Schalldämpfer ab und wunderten sich sogar, daß ihre „Rennzweitakter" ohne Dämpfer nicht schneller wurden. Sie brachten mehr Lautstärke, aber weniger Leistung.

Fast jedes Wochenende gab es mehrere Rennen auf Bahnen, Berg- und Rundstrecken. Erst 1929 wurden die Behörden mit Rennerlaubnissen etwas geiziger, nachdem 1928 Huldreich Heusser auf seinem Bugatti-Rennwagen in Bukow tödlich verunglückt war – das Fahrzeug zerschellte auf zu schmaler Landstraße an einem Baum.

August Wurring startete damals bei vielen

AWD baute Motorräder nie in großen Stückzahlen, aber stets in guter, solider und moderner Ausführung. Wie diese Maschine mit dem 244-cm³-Zweizylinder-Zweitaktmotor von JLO, die 1954 entstand.

norddeutschen Veranstaltungen und gelegentlich auch in Holland und Belgien. Mit anderen AWD-Fahrern gewann er viele Pokale und sonstige Preise.

Später wandte er sich ganz der Weiterentwicklung seiner Motorräder zu. Aber als großer Enthusiast konnte er von der Rennerei nicht lassen. Bald nach dem Zweiten Weltkrieg, dem 50. Lebensjahr nahe, stieg er doch wieder ein – nicht auf einer AWD, wie man annehmen müßte, sondern auf einer obengesteuerten 746-cm^3-Seitenwagenmaschine von BMW. Neue Rennmotoren für seine eigene Fabrik gab es in Deutschland damals ja nicht.

Mit beiden Füßen auf dem Boden

In den mittleren und späten fünfziger Jahren stellte Wurring Motorräder mit F&S-Einzylindermotoren von 97, 145 und 173 cm^3 und mit JLO-Einzylinder-Zweitaktern von 122, 172, 197 und 247 cm^3 her. Hinzu kam eine sehr schöne Maschine mit dem zweizylindrigen JLO-Motor von 244 cm^3, der 15,1 PS leistete.

Als dann die große Flaute im Motorradabsatz kam, erwies sich Wurrings Geschäftspolitik wieder als richtig: nicht unbedingt nach den Sternen greifen. Während andere Werke in der Zeit der Motorrad-Hochkonjunktur um 1951/52 große Bankkredite zur Ausweitung ihrer Produktion aufnahmen, blieb der kluge August Wurring mit beiden Füßen auf der Erde; er dachte nicht an eine Betriebsvergrößerung. Als es dann mit dem Motorradverkauf immer mehr abwärts ging, konnten viele Mitbewerber ihre Bankzinsen nicht mehr entrichten und mußten liquidieren. Anders August Wurring, der Tatsachen akzeptierte und das Fach so gut kannte, daß er nie annahm, der damalige Motorradboom würde auf unabsehbare Zeit anhalten.

Marken-/Modell-Verzeichnis

ABC II/208
ACE II/211
Adler III/374
AJS II/215
Ardie II/223
Ariel III/282

Baier IV/555
Bekamo I/5
Benelli III/396
Bianchi III/409
BMW I/11
Böhmerwald II/231
Brough-Superior I/27
BSA III/416

Chater-Lea IV/560
CZ III/432

DKW I/33
DKW-Rennmasch I/46
Douglas III/448
D-Rad I/56

Excelsior III/460
Excelsior Super-X II/237

FN IV/568

Garelli III/472
Gnome & Rhone IV/585

Hansa IV/592
Harley-Davidson I/62
Henderson II/237
Hoffmann II/245
Honda III/479
Horex I/73
HRD (Vincent-HRD) II/248
Husqvarna IV/593

Imperia I/82
Indian II/255

JAC IV/609
Jawa II/265

Kawasaki IV/612
KG (Krieger-Gnädig) II/275

Levis II/280

Mabeco IV/628
Mars I/90
Martin IV/633
Matchless III/497
Megola I/95
Militor IV/637
Moto Guzzi I/103
Motosacoche II/285
MV Agusta I/115

Neander II/295
Norton I/124
NSU I/135

OEC IV/641
Opel II/299

Peugeot III/512
P & M-Panther IV/653
Premier I/148
Puch I/155

Raleigh IV/663
Roconova III/518
Rudge II/305

Saroléa II/318
Schüttoff IV/670
Scott II/322
Simson IV/676
Standard II/328
Stock II/334
Sunbeam II/337

Titan II/345
Tornax II/349
Triumph IV/683

UT IV/705

Velocette II/354
Victoria I/165

Walter III/539
Wanderer I/176
Windhoff I/183
Wurrings AWD IV/712

Yamaha III/523

Zündapp I/189